2022 97卷

AATCC 国际测试方法和程序手册

AATCC Manual of International Test Methods and Procedures

美国纺织化学家和染色家协会 编著

中国纺织信息中心
中国纺织工业联合会检测中心 编译

中国纺织出版社有限公司

内 容 提 要

本书介绍了由美国纺织化学家和染色家协会(AATCC)提供的2022版国际测试方法和程序手册,重点包括129个测试方法、3个实验室程序、12个评定程序和6篇专论。内容涉及纺织品的色牢度性能、染色性能、生物性能、物理性能及纤维鉴别分析方法等。

本书对研究纺织品检测技术、掌握检测方法、控制和提高纺织品质量具有指导意义。可供在检测机构、科研院所、纺织品服装企业中从事质量检测、进出口贸易及相关工作的人士学习和参考。

图书在版编目(CIP)数据

2022AATCC 国际测试方法和程序手册 : 97卷 / 美国纺织化学家和染色家协会编著 ; 中国纺织信息中心, 中国纺织工业联合会检测中心编译. -- 北京 : 中国纺织出版社有限公司, 2022.6
ISBN 978-7-5180-9524-7

Ⅰ. ①2… Ⅱ. ①美… ②中… ③中… Ⅲ. ①纺织品-染色(纺织品)-测试方法-手册 Ⅳ. ①TS193.8-62

中国版本图书馆CIP数据核字(2022)第077381号

责任编辑:孔会云　　责任校对:寇晨晨　　责任印制:何　建

中国纺织出版社有限公司出版发行
地址:北京市朝阳区百子湾东里A407号楼　邮政编码:100124
销售电话:010—67004422　传真:010—87155801
http://www.c-textilep.com
中国纺织出版社天猫旗舰店
官方微博 http://weibo.com/2119887771
北京华联印刷有限公司印刷　各地新华书店经销
2022年6月第1版第1次印刷
开本:889×1194　1/16　印张:49
字数:1135千字　定价:1800.00元

凡购本书,如有缺页、倒页、脱页,由本社图书营销中心调换

前言

长期以来，由于《AATCC 国际测试方法和程序手册》仅有英文版本，在一定程度上制约和限制了我国出口型企业对该标准的准确理解和实施。中国纺织信息中心于2007 年 7 月得到美国纺织化学家和染色家协会（AATCC）的正式授权后，组织专家、学者对《AATCC 国际测试方法和程序手册》进行了全文翻译，于 2008 年、2010 年、2012 年、2014 年、2016 年、2018 年和 2020 年分别出版了中文版《AATCC 技术手册》83 卷、85 卷、87 卷、89 卷、91 卷、93 卷和 95 卷，并于 2009 年、2011 年、2013 年、2015 年、2017 年和 2019 年分别出版了该标准的中文版增补册。于 2021 年手册更名为《AATCC 国际测试方法和程序手册》，并出版了增补册。

中文版《2022AATCC 国际测试方法和程序手册》（97 卷）以 2022 英文版《AATCC 国际测试方法和程序手册》（97 卷）为基准，邀请和组织行业专家、学者将更新和修订的标准译为中文，共 100 多万字。其中包含 129 个现行有效的测试方法，3 个实验室程序，12 个评价程序及 6 篇专论，内容涉及纺织品物理、色牢度、染色及生物性能，评定程序及纤维鉴别分析等，与 2020 版相比，更新或再确认 46 个标准。

中文版《AATCC 国际测试方法和程序手册》自出版以来，在一定程度上方便了企业、检测机构及科研院所从事标准检测及相关贸易人士使用 AATCC 标准，得到了行业内同仁的广泛欢迎及大力支持，同时，也反馈了许多宝贵建议，惠及再版的改进，在此表示感谢。

由于时间和水平所限，中文版《AATCC 国际测试方法和程序手册》较之原文难免有理解偏差或翻译不准确之处，恳请专家、读者提出宝贵意见，并参照原文使用。

《AATCC 国际测试方法和程序手册》编译委员会

2022 年 3 月 31 日

《AATCC 国际测试方法和程序手册》编译委员会

若有任何疑问，请联系：
《AATCC 国际测试方法和程序手册》编译委员会
地址：北京市朝阳区延静里中街 3 号科研楼七层 706
电话：010－65855509
传真：010－65934577
电子信箱：peixun@fabricschina. com. cn

目　录

AATCC 测试方法

AATCC 实验室程序

AATCC 评定程序

AATCC 专论

AATCC 测试方法

AATCC TM6-2021

耐酸和耐碱色牢度

1. 目的和范围

评定试样在实验室环境下，被酸沾染或被碱熏时的颜色变化。适用于各种纤维制成的有色纱线和织物，包括染色、印花和其他有色纺织品。

2. 原理

用简单的实验仪器将试样在规定的溶液中浸泡或使其沾有污渍，允许在室温下进行干燥，然后观察其颜色变化。

3. 引用文献

3.1 AATCC EP1，变色灰卡评定程序（见 12）。

3.2 AATCC EP7，仪器评定试样变色（见 12）。

3.3 ASTM E1402，抽样计划的标准指南。

4. 术语

色牢度：材料在加工、检测、储存或使用过程中，暴露在可能遇到的任何环境下，抵抗颜色变化和/或颜色向相邻材料转移的能力。

5. 安全和预防措施

5.1 本方法/程序中所列的安全和预防措施有助于测试，但未指出所有可能的安全问题。

5.2 使用者在采用本标准处理材料时，有责任参考合适的安全数据表，采用安全和合适的技术，并配戴合适的个人防护设备。

5.3 使用者务必向制造商咨询详尽信息，例如设备操作说明和其他的建议。咨询并遵守合适的健康和安全规范（如美国职业安全卫生管理局（OSHA）的标准和规定）。

6. 仪器、材料和试剂

6.1 烧杯，250mL。

6.2 钟形的玻璃容器，4L，底部配有玻璃板。

6.3 蒸发皿，7.6cm。

6.4 盐酸（HCl），浓度 35%。

6.5 乙酸（CH_3COOH），浓度 56%。

6.6 氢氧化铵（NH_4OH），含 28% 无水氨（NH_3）。

6.7 无水碳酸钠（Na_2CO_3），工业级。

6.8 氢氧化钙［$Ca(OH)_2$］，新配置的，糊状。

6.9 评价变色的设施和环境条件。

6.9.1 视觉评价采用变色灰卡（见 12）。按照 AATCC EP1 使用其他材料和灰色样卡。

6.9.2 仪器评价采用 AATCC EP7 中所述的分光光度计。

7. 试样准备

剪取大小和形状适宜的试样。

8. 操作程序

8.1 酸性测试。

8.1.1 配制盐酸溶液，将 100mL 35% 的盐酸加入到半装满蒸馏水的容量瓶中，然后定容到 1L。用盐酸溶液在 21℃（70℉）下浸渍试样，不需漂洗，在室温下干燥试样。

8.1.2 用乙酸溶液（56%）浸渍试样，不需漂洗，在室温下干燥试样。

8.2 碱性测试。

8.2.1 在 21℃（70℉）条件下，将试样浸泡在氢氧化铵溶液（含 28% 无水氨）中 2min，不需漂洗，在室温下干燥试样。

8.2.2 在21℃（70℉）条件下，将试样浸泡在10%碳酸钠溶液中2min，不需漂洗，在室温下干燥试样。

8.2.3 在玻璃板上放上一个4L的钟形玻璃容器，在容器内放入装有10mL氢氧化铵溶液（含28%无水氨）的蒸发皿，将试样悬挂在蒸发皿上方7.6cm（3英寸）处24h。

8.2.4 用配制新鲜的糊状氢氧化钙（由氢氧化钙加少量水混合制成）沾污试样并干燥试样，然后用刷子刷掉试样上干的粉末。

9. 评级

在相对湿度（65±5）%，温度（21±2）℃[（70±4）℉]的大气环境下调湿1h后，通过与变色灰卡比较来评价每个测试样的颜色变化[AATCC评价程序（EP）1]，或采用程序AATCC EP7测试样变色的仪器评价方法进行评价，并且记录与灰卡相当的级数。

10. 报告

10.1 测试样品的描述或识别。

10.2 报告样品是按照AATCC TM6-2021进行测试的。

10.3 报告试验条件。

10.3.1 所使用的酸和碱溶液。

10.3.2 所使用的评价方法。

10.3.3 变色评价程序（AATCC EP1或AATCC EP7）。

10.4 报告测试结果。每种试剂溶液的颜色变化及所使用的评价方法。

10.5 描述对本发布方法的任何偏离。

11. 精确度和偏差

11.1 精确度。本测试方法的精确度还未确立，在关于其精确度的说明产生之前，采用标准的统计方法，比较实验室内或实验室之间试验结果的平均值。

11.2 偏差。耐酸和耐碱色牢度只能根据某一实验方法予以定义，因而没有单独的方法用以确定真值。本方法作为预测这一性质的手段，没有已知偏差。

12. 注释

可从AATCC获取，地址：P. O. Box 12215, Research Triangle Park NC 27709；电话：+1.919.549.8141；传真：+1.919.549.8933；电子邮箱：ordering@aatcc.org；网址：www.aatcc.org。

13. 历史

13.1 2021年修订以明确并符合AATCC标准的统一格式。

13.2 2019年编辑修订，2016年修订，2011年重新审定，2010年编辑修订，2006年重新审定，2004年编辑修订，2001年编辑修订并重新审定，1995年编辑修订，1994年编辑修订并重新审定，1989年重新审定，1986年、1981年编辑修订并重新审定，1978年、1975年、1972年重新审定，1957年、1952年、1945年修订。

13.3 AATCC RR1技术委员会于1925年制定，由RA99维护。

AATCC TM8-2016e

耐摩擦色牢度：摩擦测试仪法

AATCC RA38 技术委员会于 1936 年制定；1937 年、1952 年、1957 年、1961 年、1969 年、1972 年、1985 年、1988 年、1996 年、2004 年、2005 年、2007 年、2013 年、2016 年修订；1945 年、1989 年重新审定；1968 年、1974 年、1977 年、1981 年、1995 年、2001 年编辑修订并重新审定；1986 年、2002 年、2008 年（更换标题）、2009 年、2010 年、2011 年、2019 年编辑修订。部分等效于 ISO 105-X12。

1. 目的和范围

1.1 本测试方法用来评定有色纺织品表面和其他有色材料（如皮革）因摩擦而发生颜色转移到其他表面的程度。

1.2 测试程序中使用正方形的摩擦白布，包括干燥和用水湿润的。

2. 原理

2.1 在规定条件下，有色试样与摩擦白布进行摩擦。

2.2 通过与沾色灰卡（AATCC EP2）或 AATCC 9 级沾色彩卡（AATCC EP8）或用仪器评定（AATCC EP12）进行比较，评价颜色转移到摩擦白布的程度，并确定沾色级数。

3. 术语

3.1 色牢度：材料在加工、检测、储存或使用过程中，暴露在可能遇到的任何环境下，抵抗颜色变化和/或颜色向相邻材料转移的能力。

3.2 摩擦脱色：通过摩擦，着色剂从有色纱线或织物表面转移到另一个表面或同一织物的邻近区域。

4. 安全和预防措施

本安全和预防措施仅供参考。本部分有助于测试，但未指出所有可能的安全问题。在本测试方法中，使用者在处理材料时有责任采用安全和适当的技术；务必向制造商咨询有关材料的详尽信息，如材料的安全参数和其他制造商的建议；务必向美国职业安全卫生管理局（OSHA）咨询并遵守其所有标准和规定。

遵守良好的实验室规定，在所有的试验区域应佩戴防护眼镜。

5. 使用和限制条件

5.1 本方法不推荐用于地毯或面积太小的印花纺织品（见 14.1 和 14.2）。

5.2 水洗、干洗、缩水、熨烫、后整理等整理可能对材料的颜色转移程度产生影响，因此，可在上述各处理前或后或前和后均进行测试。

5.3 本方法使用 14.5 所描述的 AATCC 摩擦布。征得利益双方同意，也可以选择性使用相近的纺织基材。

6. 仪器和材料（见 14.3）

6.1 摩擦测试仪（见 14.4 和图 1）。

6.2 AATCC摩擦白布，剪成 50mm ± 1mm 正方形（见 14.5）。

6.3 AATCC 9 级沾色彩卡（AATCC EP8，见 14.6）。

图 1 摩擦测试仪

6.4 沾色灰卡（AATCC EP2，见 14.6）。

6.5 白色 AATCC 纺织吸水纸（见 14.6）。

6.6 摩擦仪的试样夹持器（见 14.4）。

6.7 螺旋金属夹将摩擦布固定在摩擦头上。

6.8 摩擦测试仪校准布，或可以重复和预测摩擦结果，具有已知的较低摩擦色牢度性能的实验室织物。

6.9 为摩擦仪基座提供摩擦力的砂纸（见生产说明）。

7. 核查

7.1 定期核查试验操作和仪器，并保留记录结果。当异常摩擦图影响评级程序时，观察和纠正操作对避免错误的测试结果很重要（见 14.7）。

7.2 使用摩擦测试仪校准布或已知摩擦牢度级数较低的实验室内部摩擦织物，进行三次干摩擦和三次湿摩擦测试。

7.2.1 如果摩擦白布因沾色不匀而使沾色图形不圆，则表明摩擦头可能需要重新修复表面（见 14.8）。

7.2.2 如果产生重影的细长图形，则表明螺旋金属夹可能松动（见 14.8）。

7.2.3 如果产生拉长的条纹图形，则表明摩擦布安装可能倾斜。

7.2.4 如果试样边缘有磨损痕迹，则表明螺旋金属夹向下安装了，且位置不够高，导致其对试样表面产生摩擦。

7.2.5 如果摩擦布中间部位有沿着摩擦方向的条纹，则表明金属基座顶部可能发生翘曲且不平。需要插入一个托架来调平测试仪基座。

7.2.6 如果使用了试样夹，将试样夹固定在测试仪基座的试样上。摇动摩擦臂使摩擦头到最前端的位置，观察摩擦头是否碰到了试样夹的内侧。如果碰到了，则后面所有测试将试样夹的固定位置稍稍前移。如果不进行相应的调整，将导致摩擦布沾色图形的一边颜色特别深。

7.2.7 含湿量的确认方法（见 10.2）。

7.2.8 如果摩擦仪基座上的摩擦砂纸的摩擦区域用手摸起来与其旁边的区域相比很平滑或者试样发生明显的滑动，则应及时更换摩擦砂纸。

7.2.9 在常规测试中，观察摩擦布的沾色图形上是否出现多个条纹。试样的长度方向一般倾斜于织物的经向和纬向。如果摩擦的方向平行于斜纹方向或花型方向，产生多个条纹，则可以轻微调整测试的角度。

8. 试样准备

8.1 两块试样，一块用于干摩擦测试，一块用于湿摩擦测试。

为了增加结果平均值的精度，可增加试样数量（见 13.1）。

8.2 剪取样品，尺寸至少为 50mm × 130mm，最好使试样的长度方向倾斜于织物的经纬向或纵横向（见图 2）。

当需要进行多个测试以及进行产品的生产测试时，可以使用更大的或者全幅的实验室样品，而不必单独地裁剪试样，但是大试样应当倾斜放置，如果不可以的话，应当在报告中备注。避开缝线和凸起的区域。

取样应与织物经向和纬向呈一定的角度，即不平行、垂直或呈 45°，而应当是倾斜的。

8.3 纱线。将纱线编结成尺寸至少为50mm ×

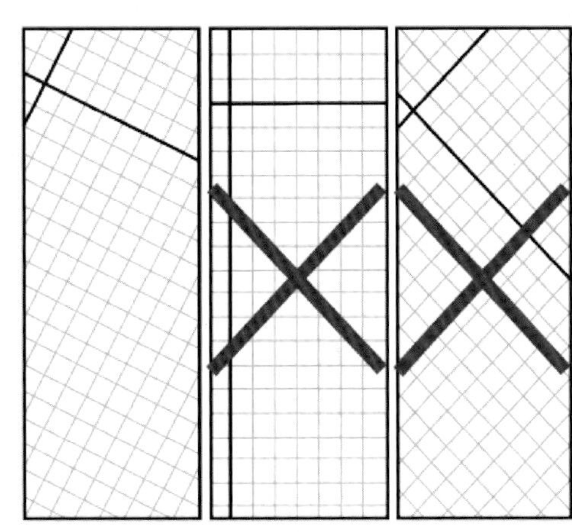

图 2 试样的正确倾斜（左边）

130mm 的织物，且按 8.2 放置；或将纱线沿长度方向紧密缠绕在一个合适的、尺寸至少为 50mm × 130mm 的模板上；或者采取铺开方式（见 14.9）。

9. 调湿

测试前，按照 ASTM D1776《纺织品调湿和测试标准方法》的要求对试样及摩擦白布进行预调湿和调湿。将每块试样或摩擦白布分开放在筛网或调湿用多孔架上，在温度为 21℃ ±2℃（70℉ ±4℉）和相对湿度 65% ±5% 的大气条件下调湿至少 4h。

10. 操作程序

10.1 干摩擦测试。

10.1.1 将试样平放在铺有砂纸的摩擦仪基座上，使其长度方向沿摩擦方向。

10.1.2 将试样夹持器固定于试样上，施加足够张力以防止试样滑动或折皱。

10.1.3 将摩擦白布固定在从滑动臂向下突出的摩擦头上，纹路平行于摩擦方向。用专门的螺旋金属夹固定摩擦白布，保持弹簧夹向上。如果弹簧夹向下就会对试样产生牵拉。

10.1.4 将装有摩擦白布的摩擦头放到试样上，摩擦头的起始位置位于前端，以每秒一圈的速度，摇动曲柄把手 10 圈，使摩擦头往复滑动 20 次。对于电动摩擦测试仪，设置并运行仪器 10 圈。对于其他的运行圈数，根据规定进行参数设置。

10.1.5 取下摩擦白布，调湿（见 9.1）并按照本方法中 11 的规定进行评级。对于拉毛、起绒或磨毛试样，松散纤维可能影响评级，因此在评级前，用透明胶带轻压摩擦白布，以沾去松散的纤维。

10.2 湿摩擦测试。

10.2.1 称量调湿后的干燥摩擦质量。计算湿重应为原干重的 1.65 倍（吸湿 65% ±5%）。

在摩擦布上均匀地滴加水分，直到确认吸湿了 65% ±5% 的量。如果必要时，舍弃质量不足或超重的摩擦布，重换新的。每天重复此程序（见 14.10）。获得吸湿量的一种方法：使用注射器管、刻度移液管或者自动移液管，吸取干摩擦白布重量 0.65 倍重的水量（mL）。例如，摩擦布重 0.24g，则吸取的水量（mL）为 0.24 ×0.65 = 0.16mL。将摩擦白布放在盘子内的白塑料网上，如有必要，可以调整用来润湿摩擦白布的水量，并用一块新的摩擦白布重复上述步骤。当达到 65% ±5% 的含湿率时，记录用水量。用注射器管、刻度移液管或自动移液管吸水润湿摩擦白布时，可使用其当天记录的用水量来进行准备。也可以使用其他可行的方法。

10.2.2 在实际摩擦测试开始前，应防止因水分蒸发引起含湿量降低到规定范围 65% ±5% 以下。

10.2.3 按照 10.1 的要求继续进行测试。

10.2.4 在空气中晾干摩擦白布，评级前需调湿（见 9）。对于拉毛、起绒或磨毛试样，松散纤维可能影响评级，因此在评级前，用透明胶带轻压摩擦白布，以沾去松散的纤维。

11. 评级（见 14.11）

11.1 在评级时，用三层未使用过的摩擦白布垫于待评摩擦白布的下面。

11.2 用沾色彩卡 EP8 或沾色灰卡 EP2 或色差

评定仪 EP12 评定试验后颜色从试样转移到摩擦白布上的程度（见 14.12 和 14.13）。

11.3 当测试多块试样或一组评级者评定沾色时，取结果的平均值，精确到 0.1 级。

12. 报告

12.1 除非利益双方有其他要求，否则应声明干湿摩擦级数。

12.2 按照 11.3 报告级数。

12.3 注明评级使用的是沾色灰卡 EP2 还是 AATCC 9 级沾色彩卡 EP8，或是仪器评定沾色 AATCC EP12（见 14.12）。

12.4 如果试样经过处理（见 5.2），则在报告中注明。

13. 精确度和偏差（见 14.14）

13.1 精确度。1986 年进行了实验室间的比对试验，以确定本测试方法的精度。各实验室的比对测试均在常规大气条件下进行，不必在 ASTM D1776 标准大气条件下进行。12 个实验室参加本次比对测试，每个实验室有两位操作员参加，共五块织物，每块织物取三个重复试样，用干摩擦和湿摩擦两种方法分别进行评价。三位评级者使用沾色灰卡和沾色彩卡，独立对沾色摩擦白布进行评级。原始数据归档在 AATCC 技术中心。

13.1.1 沾色灰卡或沾色彩卡评级的标准偏差构成见表 1。

表 1　标准偏差构成

测试范围	干摩擦		湿摩擦	
	沾色彩卡	沾色灰卡	沾色彩卡	沾色灰卡
单个操作者/评级员	0.20	0.20	0.24	0.25
实验室内	0.20	0.19	0.31	0.34
实验室间	0.10	0.17	0.38	0.54

13.1.2 临界差见表 2。

表 2　临界差

对表 1 的偏差构成，如果两个平均值之间的差值等于或大于下述的临界差值，则认为其在 95% 置信区间下显著不同。

测试范围	观察数量	干摩擦		湿摩擦	
		沾色彩卡	沾色灰卡	沾色彩卡	沾色灰卡
单个操作者/评级员	1	0.55	0.54	0.68	0.70
	3	0.32	0.31	0.39	0.40
	5	0.24	0.24	0.30	0.31
实验室内	1	0.77	0.75	1.08	1.17
	3	0.60	0.61	0.93	1.02
	5	0.60	0.57	0.90	1.00
实验室间	1	0.82	0.89	1.53	1.90
	3	0.69	0.77	1.43	1.81
	5	0.66	0.74	1.41	1.79

注　临界差的依据：$t = 1.96$，无限自由度。

13.1.3 使用一个评级者和沾色彩卡来确定实验室间差异的示例见表 3。

表 3　沾色彩卡确定摩擦测试结果

项　目	干摩擦	湿摩擦
实验室 A	4.5	3.5
实验室 B	4.0	1.5
差值	0.5	2.0

说明：对于干摩擦测试，由于实验室间的结果差值小于表 2 中所述的临界差值（0.82），因此，结果之间的差异不显著。对于湿摩擦测试，由于实验室间的结果差值超过了临界差值（1.53），因此，结果之间的差异很显著。

13.2 偏差。摩擦色牢度的真值只能以试验方法进行定义，因此本方法没有已知偏差。

14. 注释

14.1 对于地毯的摩擦色牢度测试，应使用

RA57 技术委员会制定的 AATCC 165《耐摩擦色牢度：铺地纺织品——摩擦测试仪法》进行测试。

14.2 对于花型面积太小的印花面料，其面积达不到标准摩擦仪的测试需要（见 TM116，旋转垂直摩擦仪法）。这时两种测试方法得到的测试结果不一致，两种方法之间没有已知的相关性。

14.3 本测试方法相关的仪器信息，参见 AATCC 购买者手册，网址为 www.aatcc.org/bg。AATCC 提供合作商出售的仪器和材料列表，但 AATCC 不限制，不刻意支持或证实仪器、材料能够满足测试方法要求。

14.4 摩擦测试仪模拟的是人的手指和前臂动作的往复摩擦运动。

摩擦测试仪设计成直径为 16mm ± 0.3mm（0.625 英寸 ±0.01 英寸）的摩擦头往复移动，曲柄每转一圈，样品上形成一个 104mm ±3mm 的直线轨迹，同时施加向下的压力为 9N ±0.9N（2 磅 ±0.2 磅）。

14.5 摩擦白布应满足下述条件：

纤维：100% 的 10.3 ~ 16.8mm 精梳棉原纤，不含荧光增白剂。

纱线：15tex（40/1 英支棉纱），5.9 捻/cm，“Z”捻向。

密度：经密 32 根/cm ±5 根/cm，纬密 33 根/cm ±5 根/cm。

组织：$\frac{1}{1}$平纹。

成品：经退浆、漂白，不含荧光增白剂和整理剂。

pH：7 ±1。

克重：100g/m^2 ±3g/m^2（整理后）。

白度：W =78 ±3（见 AATCC 110）。

警告：基于对摩擦布的研究，使用 ISO 摩擦布和使用 AATCC 摩擦布所测得结果不可等同。

14.6 AATCC 9 级沾色彩卡、沾色灰卡和白色 AATCC 纺织吸水纸可从 AATCC 获取，地址：P. O. Box 12215，Research Triangle Park NC 27709；电话：+1.919.549.8141；传真：+1.919.549.8933；电子邮箱：ordering@aatcc.org；网址：www.aatcc.org。

14.7 有关摩擦实验的讨论，可参见 J. Patton 的文章 Crock Test Problems can be Prevented，Textile Chemist and Colorist，Vol.21，No.3，p13，March 1989；以及 Allan E. Gore 的文章 Testing for Crocking：Some Problems and Pitfalls，Textile Chemists and Colorists，Vol.21，No.3，p17，March 1989。

14.8 摩擦头、螺旋夹或砂纸的意外损坏可以参照下述方法进行处理：先更换砂纸；扳动螺旋夹使其开口更大，或者用直径比摩擦头略细的棒对其进行闭合；模拟正常使用方式，在额外一张细砂纸上对摩擦头表面进行打磨。

14.9 依据经验，对于多股纱或线的摩擦试验，使用定位销附件会更方便。定位销附件可用来避免摩擦头嵌入纱线之间和将纱线推到一边或从纱线滑落而可能导致错误的结果。定位销直径为 25mm，长 51mm。安装在一侧并由标准摩擦头固定，可提供更宽的测试区域，并用两个弹簧加载夹固定摩擦白布。关于相关研发资料请参考 C. R. Trommer 的文章 Modification of the AATCC Crockmeter for yarn Testing，American Dyestuff Reporter，Vol.45，No.12，p357，June 4，1956；以及 S. Korpanty 和 C. R. Trommer 的文章 An Improved Crockmeter for Yarn Testing，American Dyestuff Reporter，Vol.48，No.6，p40，March 23，1959。

14.10 一旦确定操作技术，在测试过程中，有经验的操作者不必重复称量过程。

14.11 注意：有报告显示，对于含有聚酯和氨纶或其混纺的深色产品（如藏蓝色、黑色等），使用本方法得出的结果与消费者实际使用时的沾色倾向可能不一致。所以，本方法不建议作为验收实验方法。

14.12 采用沾色灰卡或 AATCC 9 级彩卡得到

的评级结果不一样，因此报告中应注明使用的评级方式。对于关键性的评级及用于仲裁情况的评级，必须使用沾色灰卡进行。

14.13 可采用自动评级系统，只要该系统可提供与有经验的评级人员目光评定结果相同或与其的重现性和再现性相同或更好。

14.14 本测试方法的精确度取决于被测试样品自身的组成、方法本身和评级过程。

14.14.1 本方法13中的精度是人用视觉进行评级得出的（AATCC EP8和AATCC EP2）。

14.14.2 使用仪器进行评级（AATCC EP12）的预期结果精度更高。

AATCC TM15-2021

耐汗渍色牢度

1. 目的和范围

1.1 本测试方法用于评定各种有色纺织品耐酸性汗液作用的色牢度。可适用于染色、印花及其他种类的有色纤维、纱线和织物，也可适用于纺织品染料的测定。

1.2 RA52 技术委员会研究显示本测试方法与有限领域的研究相关。在此之前，有酸性汗液和碱性汗液两种测试，而经研究后取消了碱性测试（见13.1）。

2. 原理

有色试样和其他纤维材料（用于沾色）连接，浸泡在模拟的酸性汗渍溶液中，施加固定机械压力，在稍高的温度中慢慢干燥。经过调湿后，评定试样颜色变化和其他纤维材料的沾色程度。

3. 术语

3.1 色牢度：材料在加工、检测、储存或使用过程中，暴露在可能遇到的任何环境下，抵抗颜色变化和/或颜色向相邻材料转移的能力。

3.2 汗渍：汗腺分泌的生理盐溶液。

4. 安全和预防措施

本安全和预防措施仅供参考。本部分有助于测试，但未指出所有可能的安全问题。在本测试方法中，使用者在处理材料时有责任采用安全和适当的技术；务必向制造商咨询有关材料的详尽信息，如材料的安全参数和其他制造商的建议；务必向美国职业安全卫生管理局（OSHA）咨询并遵守其所有标准和规定。

4.1 遵守良好的实验室规定，在所有的试验区域应佩戴防护眼镜。

4.2 所有化学物品应当谨慎使用和处理。

4.3 注意小轧车安全性，切勿移动安全警示，尤其是在夹持点处要确保足够的安全。推荐使用脚踏开关。

5. 仪器、材料和试剂（见 13.2）

5.1 耐汗渍测试仪（仪器配有丙烯酸夹板）（见图 1 和图 2）。

图 1 水平耐汗渍测试仪

图 2 垂直耐汗渍测试仪

5.2 烘箱（对流）。

5.3 天平，精确到 ±0.001g。

5.4 多纤维贴衬织物［纤维条宽 8mm（0.33 英寸）］，包含醋酯纤维、棉、锦纶、蚕丝、黏胶纤维和羊毛，用于含有蚕丝的样品。多纤维贴衬织物［纤维条宽 8mm（0.33 英寸）］，包含醋酯纤维、棉、锦纶、聚酯纤维、腈纶和羊毛，用于不含有蚕丝的样品（见 13.3）。

5.5 pH 计，精确到 ±0.01。

5.6 AATCC 9 级沾色彩卡（AATCC EP8）或沾色灰卡（AATCC EP2）（见 13.4）。

5.7 变色灰卡（AATCC EP1 或 EP7）（见 13.4）。

5.8 小轧车。

5.9 AATCC 白色吸水纸（见 13.4）。

5.10 酸性汗渍溶液。

5.11 深度大于 1.5cm 的培养皿，可容纳 6cm×(6±0.2)cm 试样。

5.12 未染色的贴衬织物。

6. 试剂制备

6.1 酸性汗渍溶液。在 1L 的容量瓶中注入一半蒸馏水，加入以下化学药品并混合，确保所有的化学药品充分溶解。

氯化钠（NaCl），10g±0.01g

乳酸，1g±0.01g，USP 85%

无水磷酸氢二钠（Na_2HPO_4），1g±0.01g

L－组氨酸盐酸盐一水合物（$C_6H_9N_3O_2 \cdot HCl \cdot H_2O$），0.25g±0.001g

再加蒸馏水至容量瓶中 1L 刻度线。

6.2 用 pH 计测量溶液的 pH，pH 应为 4.3±0.2，否则应废弃并重新配制，确保精确称量所有的化学品。由于 pH 试纸精度低，在此不推荐使用 pH 试纸。

6.3 汗渍溶液有效期不能超过 3 天（见 13.5）。

7. 核查

7.1 应定期核查试验操作和仪器，结果以 log 表示。按 7.2 的观察和校正操作对避免产生错误的测试结果很重要。

7.2 用内部汗渍织物（其与多纤维贴衬织物沾色最严重的纤维条，经视觉评定为中间级数）作为核查试样，每一次核查试验用三块试样，核查试验应周期性进行，且对每次使用新的一批多纤维织物或未染色贴衬织物需进行核查试验。

不均匀的沾色可能是由于浸湿程序不恰当，或者是由于仪器的夹板变形，给试样施加的压力不均匀的结果。应检查浸湿程序，确保天平称量准确，认真遵守操作程序，确认所有夹板未变形，处于良好状态。

8. 试样准备

试样的数量及尺寸。

8.1 如果测试样品为织物，将一块尺寸为 (5±0.2)cm×(5±0.2)cm 的多纤维贴衬织物贴附于尺寸为 (6±0.2)cm×(6±0.2)cm 的试样正面，采用单线针迹，沿一条边缝合在一起，使多纤维贴衬织物紧贴试样。

8.2 如果测试样品为纱线或散纤维，取约相当于贴衬织物总质量一半的纱线或散纤维，将其置于 (5±0.2)cm×(5±0.2)cm 的多纤维贴衬织物和 (6±0.2)cm×(6±0.2)cm 的染不上色的贴衬织物之间，并缝合四边。

8.3 不要使用熔边、密封或预缝的多纤维贴衬织物，因为在其边缘会产生厚度变化，导致在测试过程中受压不均匀。

9. 操作程序

9.1 称量每个试样（按 8.1 制备的）的质量，精确至 0.1mg。放在培养皿里，加入新制备的汗渍溶液至 1.5cm 处，浸泡试样 30min±2min，不时加以搅动和挤压，以确保试样完全浸透。对于很难润湿的试样，润湿后通过小轧车压轧，进行交替润湿，直至其完全被浸透。

9.2 浸泡 30min±2min 后，使组合试样通过

小轧车，多纤维织物条与轧辊长度方向垂直（所有的纤维条同时通过小轧车），将试样称重，使其为原重的（2.25±0.05）倍。当通过小轧车时，某些试样不可能保留规定量的溶液，这类试样可以用 AATCC 白色吸水纸（见 13.4）吸到要求的含湿量后再进行测试。为了获得一致的结果，在一系列试验中，一定结构的所有试样应该含有相同的含湿量，因为沾色程度会随着含湿量的增加而加重。

9.3 将每一组合试样放在丙烯酸夹板上，使多纤维织物纤维条与板的长度方向垂直（见图 3）。

9.4 根据仪器类型，可使用下列操作程序。

9.4.1 水平耐汗渍测试仪（见图 1）：夹板放于汗渍仪器中，使组合试样在 21 块夹板间均匀分布，不考虑试样的数量，将所有的 21 块夹板放进汗渍架中。在最后一块夹板放在最上面后，将带有补偿弹簧的双板放在规定位置。将一个 3.63kg（8.0 磅）的重锤放在顶端，加上压板的重量，使总重量达到 4.54kg（10.0 磅）。拧紧螺栓以锁住压板。取走重锤，将汗渍架侧放入烘箱，汗液测试仪的侧面与烘箱壁平行（见图 4）。

9.4.2 垂直耐汗渍测试仪（见图 2）：夹板放于汗渍仪器中，使组合试样在 21 块夹板间均匀分布，不考虑试样的数量，将所有的 21 块夹板放进汗渍架中。夹板固定在垂直位置，在刻度标尺之间，一端是固定的金属板，另一端是可移动的金属板。通过调整螺丝，可对夹板施加 4.54kg（10.0 磅）的力。用固紧螺栓锁住带有试样的汗渍架，取出汗渍架，将其放入烘箱中。可将另一汗渍架加到压力量具中，重复加载程序。

9.5 在温度 38℃ ±1℃（100℉ ±2℉）烘箱中，加热 6h ±5min。定时检查烘箱温度，确保整个试验过程中温度均在规定的范围内。

9.6 取出耐汗渍色牢度仪，取下组合试样，将试样和多纤维贴衬织物拆开，如果使用未染色织物，将试样和未染色织物拆开，并分别放在金属网上，在温度 21℃ ±1℃（70℉ ±2℉）和相对湿度 65% ±2% 的条件下调湿一个晚上。

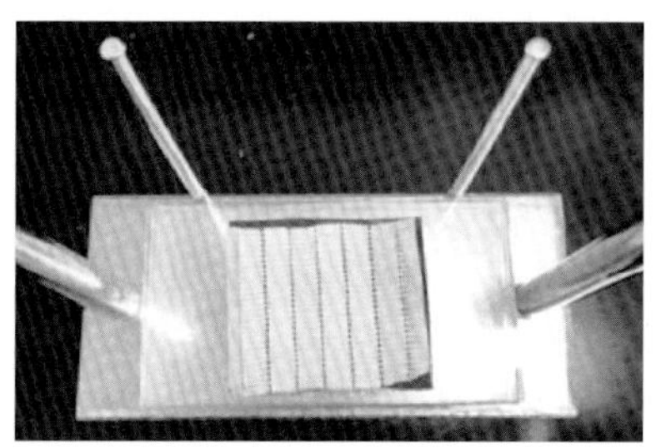

图 3 在支架上的样品

图 4 放置在烘箱中的水平耐汗渍测试仪

10. 评级（见 13.7）

10.1 汗渍色牢度不合格可能由于渗色或染料泳移，或染料的变色引起。应该注意到令人不满意的颜色变化可能是由于发生了不明显的渗色。另一方面，也可能是渗色不明显的变色，或可能是既渗色又变色。

10.2 通过与变色灰卡（AATCC EP1）比较，评定试样的颜色效果，或使用 AATCC EP7，测试试样变色的仪器评定。记录与灰卡相当的级数（见 13.4）。

10.3 通过与沾色灰卡（AATCC EP2），或 AATCC 9 级沾色彩卡（AATCC EP8）比较，评定多纤维贴衬织物的每一纤维条的沾色程序和未染色织物的沾色程度。或使用沾色程度的仪器评定（AATCC EP12）。记录与其相当的级数（见 13.4）。

11. 报告

报告试样变色级数和多纤维贴衬织物中各纤维条的沾色级数，并注明评定沾色样卡的种类（AATCC EP2，AATCC EP8 或 AATCC EP12）（见 13.4）。

12. 精确度和偏差

12.1 精确度。用188个不同实验室在五个不同时间段（2012年6月、2012年12月、2013年6月、2013年12月和2014年6月）形成的成熟数据，并以此来测定沾色等级和变色等级值的精确度。每个实验室使用相同的织物材料来获得沾色等级和变色等级值。每个实验室对每种测试材料进行了三次重复测试，并使用三个不同的评估者来分别评判沾色和变色等级。每个实验室还使用含有醋酸纤维、腈纶、棉、锦纶、聚酯纤维和羊毛纤维的多纤维织物条来评估单个纤维条的沾色情况。

12.1.1 表1～表6给出了醋酸纤维、腈纶、棉、锦纶、聚酯纤维和羊毛纤维的沾色等级的实验室内和实验室间精确度。

12.1.2 表7给出了变色等级的精确度。如上所述，188个不同实验室形成的多期数据用于计算精确度。

表1 醋酸纤维染色等级精度表

样品编辑	实验室内准确度	实验室间准确度
1	0.01173	0.01519
2	0.0083	0.0108
3	0.0068	0.0088
4	0.0059	0.0076
5	0.0052	0.0068
6	0.0048	0.0062

表2 腈纶染色等级精度表

样品编辑	实验室内准确度	实验室间准确度
1	0.02733	0.03646
2	0.0196	0.0258
3	0.0160	0.0210
4	0.0139	0.0182
5	0.0124	0.0163
6	0.0113	0.0149

表3 棉染色等级精度表

样品编辑	实验室内准确度	实验室间准确度
1	0.09994	0.1315
2	0.0708	0.0931
3	0.0577	0.0759
4	0.0500	0.0658
5	0.0447	0.0588
6	0.0408	0.0537

表4 尼龙染色等级精度表

样品编辑	实验室内准确度	实验室间准确度
1	0.040426	0.05312
2	0.0286	0.0376
3	0.0233	0.0307
4	0.0202	0.0266
5	0.0181	0.0238
6	0.0165	0.0217

表5 聚酯纤维染色等级精度表

样品编辑	实验室内准确度	实验室间准确度
1	0.019723	0.026041
2	0.0140	0.0184
3	0.0114	0.0150
4	0.0099	0.0130
5	0.0088	0.0116
6	0.0081	0.0106

表6 羊毛染色等级精度表

样品编辑	实验室内准确度	实验室间准确度
1	0.01951	0.02552
2	0.0138	0.0181
3	0.0113	0.0147
4	0.0098	0.0128
5	0.0087	0.0114
6	0.0080	0.0104

表7 变色等级精度表

样品编辑	实验室内准确度	实验室间准确度
1	0.02182	0.02552
2	0.0155	0.0181
3	0.0126	0.0147
4	0.0109	0.0128
5	0.0098	0.0114
6	0.0089	0.0104

12.1.3 除了提供精确度外，对多期数据的分析还揭示了以下统计事实：

不同实验室对醋酸纤维的沾色评级在95%的置信水平上存在显著差异。

对应于五个不同时间段的醋酸纤维的平均沾色等级在95%的置信水平上存在显著差异。

不同实验室对腈纶的沾色评级在95%的置信水平上存在显著差异。

对应于五个不同时间段的腈纶的平均沾色等级在95%的置信水平上存在显著差异。

不同实验室对棉纤维的沾色评级在95%置信水平上没有显着差异。

对应于五个不同时间段的棉纤维的平均沾色等级在95%的置信水平上有显着差异。

不同实验室对锦纶的沾色评级在95%置信水平上没有显着差异。

对应于五个不同时间段的锦纶的平均沾色等级在95%的置信水平上存在显著差异。

不同实验室对聚酯纤维的沾色评级在95%置信水平上存在显著差异。

对应于五个不同时间段的聚酯纤维的平均沾色等级在95%的置信水平上存在显著差异。

不同实验室对羊毛纤维的沾色评级在95%置信水平上存在显著差异。

对应于五个不同时间段的羊毛纤维的平均沾色等级在95%的置信水平上存在显著差异。

不同实验室的平均变色评级在95%的置信水平上存在显著差异。

五个不同时间段的平均变色评级在95%的置信水平上存在显著差异。

12.2 偏差。耐汗渍色牢度只能根据某一实验方法予以定义，没有单独的方法用以确定真值。本方法作为预测这一性质的手段，没有已知偏差。

13. 注释

13.1 有关委员会研究的背景信息和决定取消碱性试验的两篇文章发表在 Textile Chemist and Colorist，Colorfastness to Perspiration and Chemicals（October 1974）和 Evaluating Colorfastness to Perspiration Laboratory Test vs. Wear Test（November 1974）。尽管碱性试验已经从本测试方法中取消，但碱性试验在贸易和一些特殊最终用途中仍是有需求的。在这种情况下，碱性试验可应用 AATCC 15－1973 测试方法。为方便参考，试验中碱液的组成如下：

氯化钠，10g

碳酸铵，4g，USP

无水磷酸氢二钠（Na_2HPO_4），1g

L－组氨酸盐酸盐，0.25g

加蒸馏水至1L，pH 为8.0

13.2 关于此方法的相关仪器信息，请访问 AATCC 网站上的顾客指南，http://www.aatcc.org/bg。AATCC 尽可能地提供公司会员销售的仪器和材料目录，但 AATCC 没有证明，或以任何方式批准、支持和证明目录中的仪器或材料符合此测试方法的要求。

13.3 此测试方法中应使用含有6种纤维的不熔边的贴衬织物。

13.4 AATCC 9级沾色彩卡、沾色灰卡、变色灰卡及 AATCC 白色吸水纸可从 AATCC 获取，地址：P. O. Box 12215，Research Triangle Park NC 27709；电话：+1.919.549.8141；传真：+1.919.549.8933；电子邮箱：ordering@aatcc.

org；网址：www. aatcc. org。

13.5 AATCC RR52 技术委员会确定，酸性汗渍溶液在室温下，即使在密封试剂瓶中保存，三天后，细菌会开始繁殖并使 pH 逐渐升高。

13.6 对于关键性的视觉评级及用于仲裁情况的评级，必须使用沾色灰卡，而不是 9 级沾色彩卡。

13.7 注意：有报告显示，对于含有聚酯和氨纶或其混纺的深色产品（如藏蓝色、黑色等），使用本方法得出的结果与消费者实际使用时的沾色倾向可能不一致。所以，本方法不建议作为验收实验方法。

14. 历史

14.1 为了清晰起见，2021 年进行了修订，并根据 AATCC 格式规定，添加了历史部分。2013 年修订，2010 年编辑修订，2009 年修订，2008 年编辑修订，2007 年重新审定，2005 年、2004 年编辑修订，2002 年编辑修订和重新审定，1997 年修订，1995 年编辑修订，1994 年编辑修订和重新审定，1989 年重新审定，1986 年编辑修订，1985 年重新审定，1983 年、1981 年编辑修订，1979 年重新审定，1976 年、1975 年修订，1974 年编辑修订，1973 年、1972 年修订，1967 年重新审定，1967 年编辑修订，1962 年修订，1961 年编辑修订，1960 年、1957 年、1952 年修订。

14.2 AATCC 委员会 RR52 于 1949 年制定；2006 年权限移交至 AATCC 委员会 RA23；与 ISO 105 - E04 相关。

AATCC TM16.1-2014e2

耐光色牢度：户外法

AATCC RA50 技术委员会于 1964 年制定；1971 年、1974 年、1978 年、1981 年、1982 年、1990 年（替代 AATCC 16-1987、16A-1988、16C-1988、16D-1988、16E-1987、16F-1988、16G-1985）、1993 年、2003 年、2004 年、2012 年（替代 AATCC 16-2004）、2014 年；1977 年、1998 年重新审定；1983 年、1984 年、1986 年、1995 年、1996 年、2009 年、2016 年、2019 年编辑修订。技术上等效于 ISO 105-B01。

---

1. 目的和范围

1.1 本测试方法提供了透过玻璃的日光法测定纺织材料耐光色牢度的通则和程序。备选的测试方法适用于各种纺织材料以及应用于纺织材料的染料、整理剂和助剂。

1.2 本测试方法包含下列各部分。

章节

2. 原理

在规定条件下，将纺织品试样和参照标准同时放在玻璃窗内并在日光下暴晒。用 AATCC 变色灰卡（AATCC EP1）或测色仪（AATCC EP6）对比试样的暴晒部分和遮挡部分或原样之间的颜色变化，评定试样的耐光色牢度。通过评价一系列同时暴晒的 AATCC 蓝色羊毛标样完成耐光色牢度的等级评定。

3. 术语

3.1 AATCC 蓝色羊毛标样：AATCC 发布的一组染色羊毛织物，用于确定试样在耐光色牢度测试过程中的暴晒量（见 20.1）。

3.2 AATCC 褪色单位（AFU）：在规定条件下，不同测试方法达到的特定暴晒量。一个 AATCC 褪色单位（AFU）相当于 AATCC 蓝色羊毛标样 L4 达到变色灰卡的 4 级或（1.7 ± 0.3）CIELAB 单位的色差时，所需暴晒量的 1/20。

3.3 宽带通辐射计：用于辐射计的相对术语。最大透光率为 50% 时，带宽大于 20nm 的辐射计，用于测量一定波长范围的辐照度，如波长 300~400nm 或 300~800nm。

3.4 变色：通过原样和试后样的比较，可辨别的无论是明度、彩度或色相的任何一种还是这些因素的组合所发生的颜色变化。

3.5 色牢度：材料暴露在加工、测试、储存或使用过程中，暴露在可能遇到的任何环境下，抵抗颜色变化和/或颜色向相邻材料转移的能力。

3.6 耐光色牢度：材料经日光或人造光源的暴晒，其耐颜色特性变化的性能。

3.7 红外辐射量：波长大于可见光、小于1mm的单色光组成的辐射能量。

红外线辐射的光谱范围不特别明确，可根据使用者的需要变化。CIE（国际照明委员会）的E-2.1.2委员会在光谱范围780nm和1mm之间进行如下划分：

IR-A　　780~1400nm

IR-B　　1.4~3.0μm

IR-C　　3.0μm~1mm

3.8 辐照度：单位面积接收到的辐射功率，单位是瓦特每平方米（W/m^2）。

3.9 "L"编号：AATCC蓝色羊毛标样的序列号，根据其变色达到AATCC变色灰卡的4级所需的AATCC褪色单位（AFU）来确定。

AATCC蓝色羊毛标样的"L"编号与AFU之间的数值关系见表1；试样的耐光色牢度也可以根据暴晒后试样的变色与AATCC蓝色羊毛标样最接近变色的比较得到，见表2。

表1 AFU与AATCC蓝色羊毛标样的等量辐射量（见17）①

AATCC 蓝色羊毛标样	AFU	氙弧 [kJ/(m²·nm)] (420nm)	氙弧 [kJ/(m²·nm)] (300~400nm)
L2	5	21	864
L3	10	43	1728
L4	20	85②	3456
L5	40	170	6912
L6	80	340②	13824
L7	160	680	27648
L8	320	1360	55296
L9	640	2720	110592

① 达到AATCC变色灰卡的4级。

② 经透过玻璃的日光法和连续光照的氙弧法确认，其他的数据可计算得出（见17）。

表2 AATCC蓝色羊毛标样评定试样变色

颜色变化			色牢度等级	等量AFU
小于	等于不大于	大于		
—	—	L2	L1	
—	L2	L3	L2	5
L2	—	L3	L2~L3	
—	L3	L4	L3	10
L3	—	L4	L3~L4	
—	L4	L5	L4	20
L4	—	L5	L4~L5	
—	L5	L6	L5	40
L5	—	L6	L5~L6	
—	L6	L7	L6	80
L6	—	L7	L6~L7	
—	L7	L8	L7	160
L7	—	L8	L7~L8	
—	L8	L9	L8	320
L8	—	L9	L8~L9	
—	L9	—	L9	640

注　使用本表进行评级的示例：试样与L4、L5和L6同时暴晒，经暴晒和调湿后，试样的变色比L4和L5少，但是比L6多。测试可表示为L5~L6，或使用以下示例：经各阶段暴晒的试样变色达到变色灰卡的4级，如果这个现象发生在40~80AFU，试样可被评定为L5~L6。

3.10 兰利（langley）：太阳辐射总能量的单位，表示为每平方厘米辐射表面产生1克卡能量。

注意：国际单位制中，焦耳（J）表示辐射量，瓦特（W）表示辐射功率，每平方米（m^2）表示面积。使用下列的换算关系：

1langley = 1cal/cm²，1cal/cm² = 4.184J/cm² 或 1cal/cm² = 41840J/m²。

3.11 耐光牢度：材料的性能，通常以指定的级数表示，描述材料在日光或人造光源下暴晒颜色特性变化的结果。

3.12 窄带通辐射计：用于辐射计的相对术语。最大透光度为50%时，带宽小于或等于20nm的辐射计，用于测定一定波长的辐照度，如波长为340nm±0.5nm或420nm±0.5nm。

3.13 光致变色：当暴晒终止后，试样的暴晒部分与未暴晒部分立即出现的某种颜色（无论色相或彩度的变化）的可逆变化的定性名称。

注意：在暗处颜色变化的可逆性，或色相或彩度的不稳定性，用于区别光致变色与永久褪色。

3.14 日射强度计：一种辐射计，测量总日辐照度，或者半球向日的辐照度。

3.15 辐射功率：单位时间内发射、转移或接收的辐射量。

3.16 辐射计：测量辐射量的仪器。

3.17 总辐照度：某一时间点内所有波长的辐射能积分，单位为瓦特每平方米（W/m^2）。

3.18 紫外辐射量：波长小于可见光、大于100nm的单色光组成的辐射能量。

注意：紫外线辐射的光谱范围界定不特别明确，根据使用者的需要变化。CIE（国际照明委员会）的 E－2.1.2 委员会在光谱范围 400nm 和 100nm 之间进行如下划分：

UV－A　　315～400nm

UV－B　　280～315nm

UV－C　　100～280nm

3.19 可见光辐射量：引起视觉的任何辐射能量。

注意：可见辐射光的光谱范围界定不特别明确，根据使用者的需要变化。波长的下限通常被认为在380～400nm，上限在760～780nm（$1nm = 10^{-9}m$）。

3.20 本测试方法使用的其他相关光牢度术语的定义，参见 AATCC M11。

4. 安全和预防措施

本安全和预防措施仅供参考。本部分有助于测试，但未指出所有可能的安全问题。在本测试方法中，使用者在处理材料时有责任采用安全和适当的技术；务必向制造商咨询有关材料的详尽信息，如材料的安全参数和其他制造商的建议；务必向美国职业安全卫生管理局（OSHA）咨询并遵守其所有标准和规定。

4.1 皮肤和眼睛长期在日光下暴露可能有危险，故应注意保护这些部位。

4.2 遵守良好的实验室规定，在所有的试验区域应佩戴防护眼镜。

5. 使用和限制条件

5.1 即使在相同的光源和环境下，并不是所有的材料都会受到同样的影响。用任何一个测试方法得到的结果，并不能代表其他的测试方法获得的结果或者最终应用的情况，除非协议双方对指定的材料或指定应用已经建立了数学相关性。

封闭式的碳弧灯法、氙弧灯法和日光法广泛应用于纺织品贸易。不同制造商提供的测试仪器的光谱功率的分布、空气温度和湿度传感器的位置，以及测试箱的尺寸可能有着较大的差异，这将可能导致不同的测试结果。因此，由不同制造商提供的不同测试箱尺寸，或不同光源和过滤组合器所提供仪器测得的数据不可互换，除非他们之间已建立一种数学关系。据 AATCC RA50 委员会所掌握的资料，不同结构的测试仪器之间没有相关性。

5.2 对于所有的材料，氙弧灯法与透过玻璃的日光法得到的结果有良好的一致性（见表1）。有特殊过滤玻璃、且产生光暗交替的氙弧灯与透过玻璃的平均或典型日光的光谱分布非常接近。可以预测，其结果与透过玻璃的日光法获得的结果有较好的一致性。在特定条件下，两种碳弧灯法（连续和间歇光照）与透过玻璃的日光法产生的结果也有相关性，除非碳弧和自然光的光谱特性差异对测试材料产生相反的作用。

5.3 使用本标准方法时，方法的选择应根据历史的数据和经验，并结合光照条件、湿度条件及热效应条件。所选的方法也应反映出与测试材料最终用途相关的使用条件。

5.4 使用本标准方法时，测试材料应与经特定暴晒且已知耐光牢度的参照标样对比。为此，应广泛使用 AATCC 蓝色羊毛标样。

6. 仪器和材料（见 20. 2）

6. 1 AATCC 蓝色羊毛标样，L2 ~ L9（见 20. 1 和 20. 3）。

6. 2 变色灰卡（AATCC EP1，见 20. 3）。

6. 3 背衬卡片，每片 $163g/m^2$（90 磅），白色优质纸卡。

6. 4 遮盖物，透光率接近 0，适合于多阶段的暴晒，如 10 个 AFU、20 个 AFU、40 个 AFU 等。

6. 5 分光光度计或比色计（见 19. 2）。

6. 6 日光暴晒箱（见 20. 4、20. 7 和附录 A）。

7. 参照标准

7. 1 AATCC 蓝色羊毛标样定义见 AATCC TM16. 1，适用于所有方法。但是在任一测试方法中，AATCC 蓝色羊毛标样的褪色速度可能因测试方法不同而不同。

7. 2 参照标样可以是任何已知其颜色变化速度的、合适的纺织材料。

用于比较的参照标样必须确定且协议双方达成一致。参照标样与试样需同时暴晒。使用参照标样有助于随时确定仪器和测试程序的变化。如果参照标样暴晒后的测试结果与已知标准值差异超过 10%，就需要彻底地检查测试仪器的操作条件，以及校验故障或缺陷的零件，然后重新测试。

8. 试样准备

8. 1 试样数量。为了提高精确度，应至少剪取三块试样和参照标样，除非买卖双方有其他协议。

注意：在实际操作中，剪取一块试样和控制样即可。有争议时，应按照常规测试剪取足够的试样。

8. 2 剪取和安装试样。测试期间用耐测试环境影响的标签区分每块试样。将试样和参照标准安装在样品架上，两者的表面与光源的距离相等。应使用避免挤压试样表面的遮盖物，尤其是测试起绒织物。试样的尺寸和形状应与参照标样相同。

按以下要求剪取和准备试样。

8. 2. 1 试样的背衬。对于所有方法，将试样和参照标准装在白色背衬卡上，该背衬卡是不反光的白色硬纸板。AATCC 购买者指南提供了相关资料（http://www. aatcc. org/bg）。用透光率几乎为 0 的遮盖物盖住安装好的试样。将装好的、或装好且遮盖好的试样以合适的材料作背衬，如无背衬、金属网或固体背衬（白纸板）。

8. 2. 2 织物。剪取试样时，其长度方向平行于经向（长度方向），尺寸至少为 70. 0mm × 120. 0mm（2. 75 英寸 ×4. 7 英寸），试样的暴晒面积至少为 30. 0mm × 30. 0mm（1. 2 英寸 × 1. 2 英寸）。将有背衬的试样固定在测试仪器提供的样品架上，确保架子的前后遮盖物与试样紧紧地接触，使暴晒和未暴晒区域之间有一条明显的界限且没有挤压试样（见 20. 5）。为防止试样脱边，可对其缝边、剪锯齿边或熔边。

8. 2. 3 纱线。将纱线缠绕或固定在白色背衬卡上，长度约为 150. 0mm（6. 0 英寸），宽度至少为 25. 0mm（1. 0 英寸），仅对直接面对暴晒的那部分纱线的变色程度进行评级。控制标样应与暴晒试样具有相同数目的纱线。暴晒结束后，用 20. 0mm（0. 75 英寸）的遮盖物或者其他合适的带子将这些面对光源的纱线捆紧，使纱线紧密地排列在暴晒架上，以进行评级（见 20. 6）。

9. 常规测试情况

9. 1 将 AATCC 蓝色羊毛标样和试样装在背衬卡上，然后用不透光的遮盖物盖住其一半。

9. 2 将 AATCC 蓝色羊毛标样和试样同时在透过玻璃的相同测试条件下（见 20. 8 和附录 A）进行暴晒。AATCC 蓝色羊毛标样和试样的正面至少距离玻璃盖的内表面下方 75. 0mm（3. 0 英寸），且距离玻璃架的边缘至少 150. 00mm（6 英寸）。

为了达到所需的暴晒条件，暴晒箱的背衬可采用表 3 中的材料。

表 3 暴晒箱的背衬

背 衬	暴晒条件
敞开的/金属网	低温
固体的	高温

AATCC 蓝色羊毛标样和试样保持一天暴晒 24h，仅在检查时才可取出。

9.3 监测暴晒箱附近的温度和相对湿度（见 20.10）。

10. 日光暴晒法——指定的辐射量

10.1 使用 AATCC 蓝色羊毛标样，首先按 9.1 将参照标样和试样装好，然后按 9.2 所述的相同测试条件下同时暴晒。为了监测光的作用，应不断地把参照标样从样品架上取出并评估其变色，继续暴晒至参照标样的遮盖和未遮盖部分的色差显示出的第 14 部分描述的色差。当试样暴晒至规定的 AFU 数量时，选择合适的标准以确定终点。为达到所需的终点，可使用一套 L2 ~ L9 标样，或者连续地暴晒多块参照标样，即单独暴晒两块 L2 标准可达到 10 个 AFU，或者暴晒一块 L3 标准也可达到 10 个 AFU。

10.1.1 当试样达到所需的 AFU 时，取出试样，按规定的评定程序评级。对于多步暴晒法，即 5 个 AFU 和 20 个 AFU，试样按照标准要求的间隔进行暴晒和遮盖试样。试样上有被遮盖的、未暴晒部分及开始暴晒随后被遮盖的不同暴晒部分。试样的每一部分代表了一定的暴晒间隔，可与试样遮盖部分或未暴晒的部分进行评级。

10.2 辐射监测仪的使用。将参照标样和试样按 9.1 的要求安装，同时在 9.2 所述的透过玻璃的测试条件下暴晒。

注意：暴晒已知性能的 AATCC 蓝色羊毛标样有助于确定测试过程中是否存在异常的情况（见 20.8）。

10.2.1 用辐射计记录试样在同等条件下暴晒时的总日、宽带通或窄带通的任一或组合的辐射量。

10.2.2 当辐射计测量的辐射量达到规定时，取出参照标样和试样。对于多步暴晒法，试样以一定的暴晒间隔分步骤地遮盖试样进行暴晒（见 10.1.1）。

11. 日光暴晒法——参照标样

用参照标样替代 AATCC 蓝色羊毛标样，按照 10.1 ~ 10.2 的要求操作。

12. 日光暴晒法——耐光牢度分级

12.1 一步法。按照 9.1 和 9.2，同时暴晒试样和一系列 AATCC 蓝色羊毛标样，测量试样的变色程度达到变色灰卡的 4 级时所需的 AFU 数量（见 20.11）

12.2 两步法。首先按 12.1 进行，不同的是试样的暴晒面积增加 1 倍。当试样暴晒至变色灰卡的 4 级时，从暴晒箱内取出试样，用遮盖物盖住已暴晒面积的一半，继续暴晒直到达到变色灰卡的 3 级（见 20.11）。

结果评级

13. 调湿

暴晒结束取出试样和参照标样。按照 ASTM D 1776《纺织品调湿和测试标准方法》要求的标准大气条件下（温度 21℃ ± 2℃，相对湿度 65% ± 5%），在暗室里调湿至少 4h 后再评级。

14. 变色评级

14.1 按照材料的规格或协议要求，对试样的暴晒部分与遮盖部分或原样部分（优先）评级。全面评价试样的耐光性能需要使用两步法暴晒。原样和已暴晒样品的遮盖部分之间存在着色差，表明织物不仅仅受到光的影响，还受到其他因素（如受热或大气中的某种反应性气体）的影响。虽然产生色差的确切原因尚未知，但是此现象发生时应在报告中注明。

14.2 不管是暴晒至所规定的 AFU 或与参照标样进行对比，均可使用 AATCC EP1《变色灰卡》或 AATCC EP7《仪器评定试样变色》对样品进行变色评级（见 20.12 和 20.13）。

14.3 测定总色差（ΔE_{CIELAB}）、明度差（ΔL^*）、彩度差（ΔC^*）和色相差（ΔH^*）。使用带有 CIE 1976 公式、D_{65} 光源和 10° 观察视角且可提供数据的仪器。也可使用测量中包括反射光谱，带有散射功能的仪器（见 AATCC EP6《仪器测色方法》）。

15. 同时暴晒的参照标样的接受性判断

15.1 按照第 14 部分，用参照标样（非蓝标）评定试样的颜色变化程度。

15.2 按以下的方法评定试样的耐光色牢度。

15.2.1 满意——当参照标样的变色达到变色灰卡的 4 级时，试样的颜色变化等于或小于参照标样的变色。

15.2.2 不满意——当参照标样的变色达到变色灰卡的 4 级时，试样的颜色变化大于参照标样的变色。

15.3 买卖双方可依据 14.3 部分，制定可接受的颜色变化程度。

16. 报告（见表 4）

表 4 报告格式

操作者：＿＿＿＿＿＿＿＿ 操作时间：＿＿＿＿＿＿＿＿

样品描述：＿＿＿＿＿＿＿＿

材料暴晒：正面＿＿＿＿＿＿＿＿ 反面＿＿＿＿＿＿＿＿

耐光色牢度级数：＿＿＿＿＿＿＿＿ 色牢度分级：＿＿＿＿＿＿＿＿

与参照样品相比的可接受程度（Yes/No）：＿＿＿＿＿＿＿＿

试样与：遮盖部分＿＿＿＿＿＿＿＿ 未遮盖部分＿＿＿＿＿＿＿＿ 未暴晒原样＿＿＿＿＿＿＿＿

评估耐光色牢度由：AATCC 变色灰卡＿＿＿＿＿＿＿＿ 仪器评级，名称和型号＿＿＿＿＿＿＿＿

分级方法：＿＿＿＿＿＿＿＿

参照标准：＿＿＿＿＿＿＿＿

控制温度由：周围环境（干球）＿＿＿＿＿＿＿＿℃ 黑板温度计＿＿＿＿＿＿＿＿℃ 黑标温度计＿＿＿＿＿＿＿＿℃

控制暴晒由：AATCC 标准蓝色羊毛标样＿＿＿＿＿＿＿＿ 辐射量＿＿＿＿＿＿＿＿ 其他＿＿＿＿＿＿＿＿

总辐射量：＿＿＿＿＿＿＿＿

测试仪器类型：＿＿＿＿＿＿＿＿ 型号：＿＿＿＿＿＿＿＿ 序列号：＿＿＿＿＿＿＿＿ 制造商：＿＿＿＿＿＿＿＿

样品架：倾斜型＿＿＿＿＿＿＿＿ 2 层＿＿＿＿＿＿＿＿ 3 层＿＿＿＿＿＿＿＿ 水平型＿＿＿＿＿＿＿＿

供水类型：＿＿＿＿＿＿＿＿

选用方法：＿＿＿＿＿＿＿＿ 已用暴晒时间：＿＿＿＿＿＿＿＿

安装程序：有背衬＿＿＿＿＿＿＿＿ 无背衬＿＿＿＿＿＿＿＿

样品旋转时间表：＿＿＿＿＿＿＿＿ 相对湿度：＿＿＿＿＿＿＿＿%

透过玻璃日光法，报告以下信息

地理位置：＿＿＿＿＿＿＿＿

暴晒时间：从＿＿＿＿＿＿＿＿ 到＿＿＿＿＿＿＿＿

暴晒高度：＿＿＿＿＿＿＿＿ 暴晒角度：＿＿＿＿＿＿＿＿

透过玻璃暴晒：是/否＿＿＿＿＿＿＿＿ 如果是，指出类型＿＿＿＿＿＿＿＿

每天周围温度：最低＿＿＿＿＿＿＿＿℃ 最高＿＿＿＿＿＿＿＿℃ 平均＿＿＿＿＿＿＿＿℃

每天黑板温度：最低__________℃ 最高__________℃ 平均__________℃

测试环境温度：最低__________℃ 最高__________℃ 平均__________℃

每天的相对湿度（%）：最小__________ 最大__________ 平均__________

潮湿的时间：雨__________ 雨和露__________

报告至少应包含下列内容：

（1）操作者和测试时间；

（2）样品描述；

（3）耐光色牢度级数/光牢度；

（4）与参照样品或遮盖部分相比的可接受程度（Yes/No）；

（5）耐光色牢度：AATCC 变色灰卡或仪器评价；

（6）分级方法；

（7）参考标准（如果有）；

（8）控制暴晒：AATCC 蓝色羊毛标样、辐射能量或其他；

（9）总辐射量；

（10）暴晒时间；

（11）安装程序（有背衬或无背衬）；

（12）如果存在与 AATCC 16.1 或参考标准有偏离部分；

（13）地理位置；

（14）暴晒时间；

（15）暴晒高度和角度；

（16）暴晒类型；

（17）每日环境温度（最低、最高和平均）和相对湿度（最小、最大和平均）。

精确度和偏差

17. 精确度

17.1 实验室间的测试概述。AATCC RA50 委员会已做了大量的研究来评估辐射监测仪终止耐光色牢度测试中的暴晒测试。在亚利桑那州和南佛罗里达州为期两年的实验中，实验室间研究采用了可控的辐射氙弧仪并在白天采集数据。研究中，某一实验室对所有已暴晒的样品的颜色变化进行仪器测量。

17.2 实验室间的研究使用了八种不同的耐光色牢度标准织物，通过已测的辐射量确定 20 个 AFU 的定义。研究表明，如果在耐光色牢度测试中辐照度、黑板温度、环境温度和相对湿度得到控制，那么实验室之间可达成一致。总之，不同的实验室用仪器测量已暴晒样品的色差变化小于 10%。所有测试样品的标准偏差都小于变色灰卡的半级。根据这些测试的结果可知，当按照氙弧灯连续光照方法 3 中规定的条件测试时，20 个 AFU 相当于在波长为 420nm 处测得的辐射量为 85kJ/（m^2·nm）（连续光照约 21.5h）。

17.3 在日光研究中，除了对 AATCC 和 ISO 蓝色羊毛标样外，还对 16 种不同织物进行了暴晒测试。每个季节，在两个地点开始持续两年的一系列暴晒测试。根据辐射能量的仪器测量结果终止暴晒测试。测试期间，气候条件变化非常大。得到的数据清楚地表明由于温度、湿度、大气污染物等因素的不同而造成样品颜色变化不同，其中，最重要的变量是辐射量。在不同年度、地点和季节所做的暴晒测试得到的色差变化的平均值是 30%。

17.4 这些测试结果的详细内容已在 ISO/TC 38 的第一分技术委员会的 ISO 第 14 次会议上，以 38/1 N 993 号文件提交，题为《美国关于耐光牢度测试中对辐射量的监控报告》。

18. 偏差

耐自然光或人造光的色牢度的定义仅限于某一标准方法。没有独立的方法可以测定其真实值。作为评估该特性的方法不存在偏差。

19. 引用文献

19.1 AATCC EP1《变色灰卡评定程序》(见20.3)。

19.2 AATCC EP6《仪器测色方法》(见20.3)。

19.3 AATCC EP7《仪器评定试样变色》(见20.3)。

19.4 ASTM G24《透过玻璃进行日光暴晒试验的标准程序》(见20.9)。

20. 注释

20.1 AATCC蓝色羊毛标样除L2外都是用蓝色酸性铬媒染料B(C.I.43830)染色羊毛和牢度好的蓝色印地科素染料AGG(C.I.73801)染色羊毛以不同比例混纺特制而成的。每个编号较高的羊毛标样是前一编号牢度的两倍。AATCC蓝色羊毛标样和ISO蓝色羊毛标样(用于ISO 105 B01)的评估结果不同,因而不可互换使用。规格为LOT8和LOT9的AATCC耐光色牢度蓝色羊毛标样L2是通过批染获得的。L2暴晒可产生两个清晰的褪色终点,用于5个或20个AFU褪色单位的测试。5个AFU和20个AFU的L2褪色标准具体可以从AATCC获取(见20.3)。

20.2 有关适合测试方法的设备信息,请登录http://www.aatcc.org/bg。AATCC提供其企业会员单位所能提供的设备和材料清单。但AATCC没有给其授权,或以任何方式批准、认可或证明清单上的任何设备或材料符合测试方法的要求。

20.3 可从AATCC获取,地址:P.O.Box 12215,Research Triangle Park NC 27709;电话:+1.919.549.8141;传真:+1.919.549.8933;网址:www.aatcc.org;电子邮箱:ordering@aatcc.org。

20.4 参考ASTM G24对测试箱体的选择。

20.5 对于纤维容易发生移位现象的簇绒织物,如地毯等或面积太小难以评估的织物,取样时应不小于40.0mm×50.0mm(1.6英寸×2.0英寸)的暴晒面积。应取足够的尺寸和多个试样,以包括样品的所有颜色。

20.6 样品架必须用不锈钢、铝或者适当涂层的钢制成,以避免可能催化或抑制降解产生的金属杂质污染样品。当用订书钉固定样品时,订书钉应有涂层且不含铁,以避免腐蚀性产物污染样品。样品架应进行哑光处理,在设计上应避免可能影响材料性能的反射。为了某种性能需求,样品架的尺寸应取决于试样的类型。

以下的参考文献提供了关于用光控制系统测量辐射度的背景信息。

20.6.1 《化学和物理手册》,第61版,1980,由Robea C. Weast编辑;The Chemical Rubber Co.,Cleveland OH。

20.6.2 国际照明委员会(CIE)的出版物,No.20,1972。

20.6.3 *Atlas Sun Spots*,Vol.4,No.9,1975年春,Atlas Material Testing Technology LLC,Chicago,IL。

20.7 参考ASTM G24对测试用窗玻璃的选择。

20.7.1 为了减少由于玻璃的紫外线透射率发生变化而引起的差异,在把玻璃安装到暴晒箱之前,应将所有新玻璃根据所在位置的纬度面朝赤道方向暴晒,或者置于玻璃暴晒箱中至少三个月。

20.7.2 三个月的暴晒期后,建议从每一批玻璃中抽出有代表性的样品,测量光谱透射率。一般来讲,经过三个月的老化之后,单层玻璃的光谱透射率在波长320nm时为10%~20%,在波长380nm及以上时至少为85%。测得玻璃的透射率后,报告中应体现所测批次玻璃中最少三片玻璃的透射率的平均值。应按照所使用的紫外—可见分光光度计制造商推荐的测试固体样品透射率的方法进行测量。如果使用带积分球的分光光度计,应根据ASTM E

903 标准中用规定的积分球测试材料的太阳光吸收比、反射比和传播透射比的方法进行测量。关于该主题的更多信息可参考下面的 ASTM 论文：由 W. D. Kemla 和 J. S. Robbin 著的《单料窗玻璃的紫外透射率》。此文收录在美国实验与材料协会（ASTM）1993 年出版的专业技术出版物 ASTM STP 1202 中。此出版物名为《有机材料的加速和室外耐用性测试》，由 Warren D. Ketola 和 Douglas Grossman 等编著。

20.8 在某些高湿度及空气中有污染物的情况下，样品的色差与光照导致的颜色变化一样大。需要时，制备一套试样和标样，并把它们安装放在纸卡上，但不要遮盖，同时暴晒在同类型的另一个箱内。暴晒箱的玻璃用不透明材料覆盖，避免有光。由于有光、温度、湿度和大气污染物的共同作用，所以通过对遮盖暴晒箱内与不遮盖暴晒箱内样品的比较，无法区分出仅由光照引起的变化。然而，两组样品与未在箱内暴晒的原样相比较后，可显示出材料对湿度和大气污染物是否敏感，这有助于解释为什么在日光暴晒时，辐射能量相同而地点和时间不同却得到不同的结果。

20.9 可从 ASTM 获取，地址：100 Barr Harbor Dr., West Conshohoeken PA 19428；电话：+1.610.832.9500；传真：+1.610.832.9555；网址：www.astm.org。

20.10 在测量样品和参照标样所暴露的环境及暴晒箱附近环境条件相同的空气温度和相对湿度时，任何合适的显示和记录装置都可采用，但最好可连续记录温度和相对湿度。

20.11 可采用自动评级系统，只要该系统可提供与有经验的评级人员目光评定结果相同或与其的重复性和再现性相同或更好。

20.12 AATCC 蓝色羊毛标样的分级。

20.12.1 一步法暴晒。试样的耐光色牢度分级如下：

（1）比较试样和同时暴晒的 AATCC 蓝色羊毛标样的颜色变化（见表 2）。

（2）测定试样的颜色变化等于变色灰卡 4 级时所需的 AFU 数量（见表 1）。

20.12.2 两步法暴晒。试样的耐光色牢度分级如下：

测定试样的颜色变化达到变色灰卡 4 级和 3 级所需的 AFU 数量（见表 1）。

20.12.3 两个级数。3 级变色的结果写在前面，括号里注明 4 级变色时的结果。例如：L5（4）表示在试样变色达到灰卡 3 级时为 L5 级，在试样变色达到灰卡 4 级时为 L4 级。当仅仅只用 1 级表示时，用产生试样变色 4 级时的 AFU 数量来表示。

20.13 高于 L7 的 AATCC 蓝色羊毛标样的分级。

高于 L7 的 AATCC 蓝色羊毛标样的分级见表 5，暴晒过程中 L7 蓝色羊毛标样的变色达到 4 级时，试样的变色也达到灰卡的 4 级。

表 5 高于 L7 的 AATCC 蓝色羊毛标样的分级

暴晒 L7 的数量			色牢度等级	等量 AFU
小于	等于不大于	大于		
—	2	—	L8	320
3	—	2	L8 ~ L9	—
—	3	—	L8 ~ L9	480
4	—	3	L8 ~ L9	—
—	4	—	L9	640
5	—	4	L9 ~ L10	—
—	5	—	L9 ~ L10	800
—	—	5	L9 ~ L10	—
6	6	—	L9 ~ L10	960
—	—	6	L9 ~ L10	—
7	7	—	L9 ~ L10	1120
—	—	7	L9 ~ L10	—
8	8	—	L10	1280
等等①	等等①		等等①	等等①

① 分级每增加 1 级，表示间隔为前一级所需的 AFU 数量的两倍。任何一个试样所需的 L7 的数量位于两个整数之间，那么其分级定位两级的中间值。

附录 A 日光暴晒箱

A1 日光暴晒箱有一个玻璃外罩，使用金属、木材或者其他满足要求的材料，使试样不受雨水和气候条件的影响，充分地对流并保证试样表面有自由的空气流动。玻璃罩的厚度应该为 2. 0 ~ 2. 5mm，用优级的、干净的、平拉制的玻璃制成。玻璃必须具有均匀的强度，而且没有气泡或其他瑕疵。

A2 暴晒箱内装有支撑试样的架子，该架子应使试样与玻璃罩平行，试样正面离玻璃罩面下方的距离不小于 75. 0mm（3. 0 英寸）。制备样品架的材料与试样应该是匹配的。样品架可以是使试样的背部有较好的通风条件的开放式，或所需的固体材料。为了尽可能地减少暴晒箱顶部和侧面阴影的影响，玻璃下的可用暴晒面积应在玻璃罩到试样距离的 2 倍范围内。

A3 暴晒箱放在整个白天都能被日光直接照射、且不会被附近物体的影子所遮挡的地方。当暴晒箱安放在地上时，箱的底部和清洁的地面之间距离应该足够大，防止在进行维护期间（如割草、铺路及除草等）对试验产生影响。

A4 玻璃罩和试样以一定角度向赤道倾斜，与水平的角度应和测试所在位置的纬度接近。也可以使用其他暴晒角度如 45°，在测试结果报告中必须注明该角度。

A5 暴晒箱安置在干净的地方，最好是放在一些能代表测试材料将要使用的不同条件的具有气候性差别的地方。主要的气候变化包括亚热带、沙漠、海岸（空气中含盐）、工业大气和一些能够接收到很大比例范围太阳光的地区。暴晒箱的下方和周围的区域应该具有较低的反射率，并且该地表是该气候地区的典型地表。在沙漠地区，地表应该都是砂砾，而在大部分的温带和亚热带地区，地表的草较低。地表的类型应在报告中注明。

A6 暴晒期间，测定气候数据的仪器放在暴晒箱的中间。如需要，得到数据应作为报告中的一部分。为了表征测试架周围的条件，仪器应该能够记录周围的温度（日最大值和日最小值）、相对湿度（日最大值和日最小值）、降水时间（雨水）以及总的潮湿时间（包括雨水和露水）。如果需要表征测试架内部的条件，测试仪器应该能够记录玻璃下的环境温度（日最大值和日最小值）、玻璃下的黑板温度传感器温度、与试样同样暴晒角度下的总辐射量和紫外辐射暴晒（宽带通或窄带通）、相对湿度（日最大值和日最小值）。

附录 B AATCC 16.1 测试方法示意图

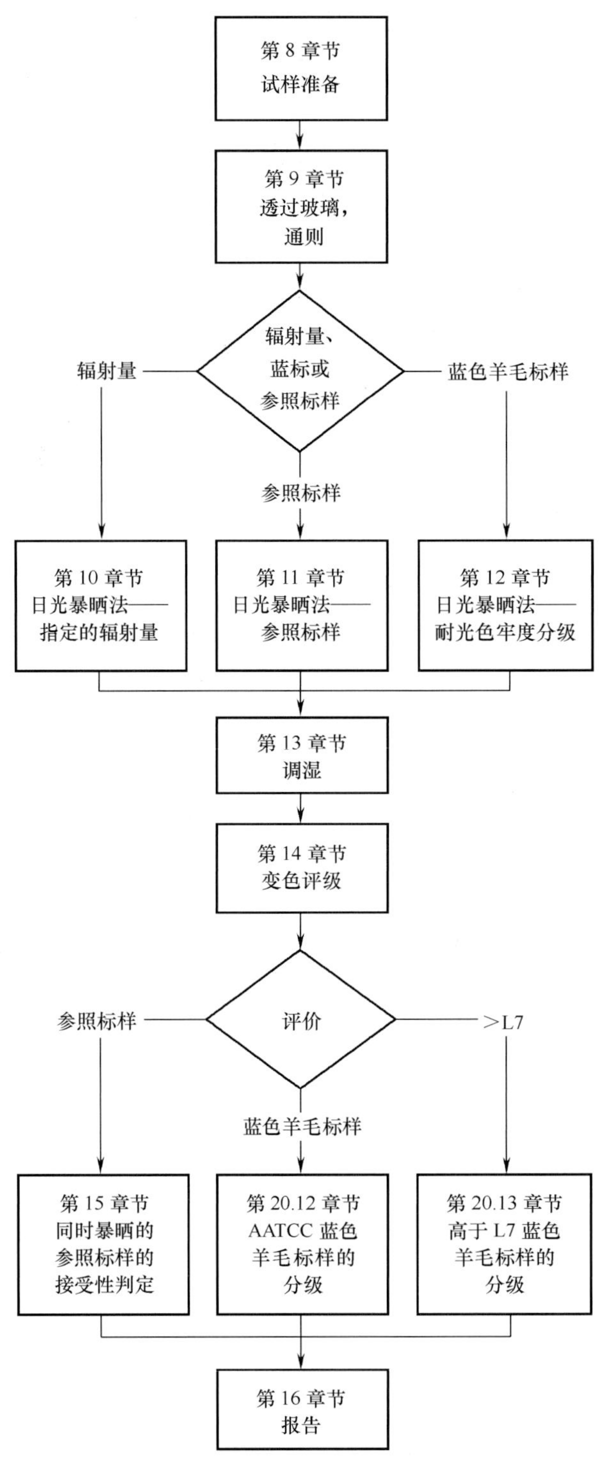

AATCC TM16. 2-2014e2

耐光色牢度：碳弧法

AATCC RA50 技术委员会于 1964 年制定；1971 年、1974 年、1978 年、1981 年、1982 年、1990 年（替代 AATCC 16-1987、16 A-1988、16C-1988、16D-1988、16E-1987、16F-1988、16G-1985）、1993 年、2003 年、2004 年、2012 年（替代 AATCC 16-2014）、2014 年修订；1977 年、1998 年重新审定；1983 年、1984 年、1986 年、1995 年、1996 年、2009 年、2016 年、2019 年编辑修订。

1. 目的和范围

1.1 本测试方法提供了测定纺织材料耐光色牢度的通则和程序。备选的测试方法适用于各种纺织材料以及应用于纺织材料的染料、整理剂和助剂。

备选方法有：

1—封闭式碳弧灯，连续光照。

2—封闭式碳弧灯，间歇光照。

1.2 使用这些方法并不是特指对某个具体应用的快速测试。协议双方必须确定耐光色牢度测试和实际暴晒之间的关系并达成一致。

1.3 本测试方法包括以下章节，该部分有助于在测定纺织材料的耐光色牢度时，对各种方法的使用和完成。

章节

2. 原理

在规定条件下，将纺织品试样和参照标准同时暴晒。用 AATCC 变色灰卡或测色仪对比试样的暴晒部分和遮挡部分或原样之间的颜色变化，评定试样的耐光色牢度。通过评价一系列同时暴晒的 AATCC 蓝色羊毛标样完成耐光色牢度的评级。

3. 术语

3.1 AATCC 蓝色羊毛标样：AATCC 发布的一组染色羊毛织物，用于确定试样在耐光色牢度测试过程中的暴晒量（见 34.1）。

3.2 AATCC 褪色单位（AFU）：在规定条件下，不同测试方法达到的特定暴晒量。一个 AATCC 褪色单位（AFU）相当于 AATCC 蓝色羊毛标样 L4 达到变色灰卡的 4 级或（1.7 ± 0.3）CIELAB 单位的色差时，所需暴晒量的 1/20。

3.3 黑板温度计：测量温度的装置，其感应部分涂有黑漆，以吸收耐光测试中接收到的大部分辐射量（见 34.2）。

该装置可估测试样在自然光或人造光暴晒下达到的最高温度。任何与 34.2 中描述的装置偏离都会影响所测温度。

3.4 黑标温度计：测量温度的装置，其感应部位涂有黑色材料，以吸收耐光测试中接收到的大部分辐射量，并通过塑料板使其隔热（见 34.2）。

该装置可估测试样在人造光暴晒下达到的最高温度。任何与 34.2 中描述的装置偏离都会影响所测温度。黑标温度计与黑板温度计所测温度不同，故不能互换使用。

3.5 宽带通辐射计：用于辐射计的相对术语。最大透光率为 50% 时，带宽大于 20nm 的辐射计，用于测量一定波长范围的辐照度，如波长 300～400nm 或 300～800nm。

3.6 变色：通过原样和试后样的比较，可辨别的无论是明度、彩度或色相的任何一种还是这些因素的组合所发生的颜色变化。

3.7 色牢度：材料暴露在加工、测试、储存或使用过程中，暴露在可能遇到的任何环境下，抵抗颜色变化和/或颜色向相邻材料转移的能力。

3.8 耐光色牢度：材料经日光或人造光源的暴晒，其耐颜色特性变化的性能。

3.9 红外辐射量：波长大于可见光、小于 1mm 的单色光组成的辐射能量。

红外线辐射的光谱范围不特别明确，可根据使用者需要变化。CIE（国际照明委员会）的 E－2.1.2 委员会在光谱范围 780nm 和 1mm 之间进行如下划分：

IR－A　　780～1400nm

IR－B　　1.4～3.0μm

IR－C　　3.0μm～1mm

3.10 辐照度：单位面积接收到的辐射功率，单位是瓦特每平方米［$W/(m^2 \cdot nm)$］。

3.11 “L”编号：AATCC 蓝色羊毛标样的序列号，根据其变色达到 AATCC 变色灰卡的 4 级所需的 AATCC 褪色单位（AFU）来确定。

AATCC 蓝色羊毛标样的“L”编号与 AFU 之间的数值关系见表 1；试样的耐光色牢度也可以根据暴晒后试样的变色与 AATCC 蓝色羊毛标样最接近变色的比较得到，见表 2。

表 1　AFU 与 AATCC 蓝色羊毛标样的等量辐射量（见 31）①

AATCC 蓝色羊毛标样	AFU	氙弧 ［$kJ/(m^2 \cdot nm)$］ (420nm)	氙弧 ［$kJ/(m^2 \cdot nm)$］ (300～400nm)
L2	5	21	864
L3	10	43	1728
L4	20	85②	3456
L5	40	170	6912
L6	80	340②	13824
L7	160	680	27648
L8	320	1360	55296
L9	640	2720	110592

① 达到 AATCC 变色灰卡的 4 级。

② 经透过玻璃的日光法和连续光照的氙弧法确认，其他的数据可计算得出（见 31）。

表 2　AATCC 蓝色羊毛标样评定试样变色

颜色变化			色牢度等级	等量 AFU
小于	等于不大于	大于		
—	—	L2	L1	
—	L2	L3	L2	5
L2	—	L3	L2～L3	
—	L3	L4	L3	10
L3	—	L4	L3～L4	
—	L4	L5	L4	20
L4	—	L5	L4～L5	
—	L5	L6	L5	40
L5	—	L6	L5～L6	
—	L6	L7	L6	80
L6	—	L7	L6～L7	
—	L7	L8	L7	160
L7	—	L8	L7～L8	
—	L8	L9	L8	320
L8	—	L9	L8～L9	
—	L9	—	L9	640

注　使用本表进行评级的示例：试样与 L4、L5 和 L6 同时暴晒，经暴晒和调湿后，试样的变色比 L4 和 L5 少，但是比 L6 多。测试可表示为 L5～L6，或使用以下示例：经各阶段暴晒的试样变色达到变色灰卡的 4 级，如果这个现象发生在 40～80AFU，则试样可被评定为 L5～L6。

3.12 兰利（langley）：太阳辐射总能量的单位，表示为每平方厘米辐射表面产生1克卡能量。

注意：国际单位制中，焦耳（J）表示辐射量，瓦特（W）表示辐射功率，每平方米（m^2）表示面积。使用下列的换算关系：

1langley = 1cal/cm^2，1cal/cm^2 = 4.184J/cm^2 或 1cal/cm^2 = 41840J/m^2。

3.13 耐光牢度：材料的性能，通常以指定的级数表示，描述材料在日光或人造光源下暴晒颜色特性变化的结果。

3.14 窄带通辐射计：用于辐射计的相对术语。最大透光度为50%时，带宽小于或等于20nm的辐射计，用于测定一定波长的辐照度，如波长为340nm ±0.5nm 或420nm ±0.5nm。

3.15 光致变色：当暴晒终止后，试样的暴晒部分与未暴晒部分立即出现的某种颜色（无论色相或彩度的变化）的可逆变化的定性名称。

注意：在暗处颜色变化的可逆性，或色相或彩度的不稳定性，用于区别光致变色与永久褪色。

3.16 日射强度计：一种辐射计，测量总日辐照度，或者半球向日的辐照度。

3.17 辐射功率：单位时间内发射、转移或接收的辐射量。

3.18 辐射计：测量辐射量的仪器。

3.19 总辐照度：某一时间点内所有波长的辐射能积分，单位为瓦特每平方米（W/m^2）。

3.20 紫外辐射量：波长小于可见光、大于100nm的单色光组成的辐射能量。

注意：紫外线辐射的光谱范围界定不特别明确，根据使用者需要变化。CIE（国际照明委员会）的E-2.1.2委员会在光谱范围400nm和100nm之间进行如下划分：

UV-A	315 ~400nm
UV-B	280 ~315nm
UV-C	100 ~280nm

3.21 可见光辐射量：引起视觉的任何辐射能量。

注意：可见辐射光的光谱范围界定不特别明确，根据使用者需要变化。波长的下限通常被认为在380 ~400nm，上限在760 ~780nm（1nm = 10^{-9}m）。

3.22 本测试方法使用的其他相关光牢度术语的定义，参见AATCC M11。

4. 安全和预防措施

本安全和预防措施仅供参考。本部分有助于测试，但未指出所有可能的安全问题。在本测试方法中，使用者在处理材料时有责任采用安全和适当的技术；务必向制造商咨询有关材料的详尽信息，如材料的安全参数和其他制造商的建议；务必向美国职业安全卫生管理局（OSHA）咨询并遵守其所有标准和规定。

4.1 操作测试仪器前，应先阅读和理解制造商的说明书。操作实验室测试仪器时，应按照制造商提供的安全建议。

4.2 测试仪器内有高强度光源，不要直接对视光源。仪器运行时暴晒箱门应为关闭状态。

4.3 应在灯停止运转并冷却30min后，才可进行光源维修。

4.4 维修测试仪器时，应关闭仪器和主电源开关。安装仪器时，应确保机器前面板的主电源指示灯已经熄灭。

4.5 遵守良好的实验室规定。

5. 使用和限制条件

5.1 即使在相同的光源和环境下，并不是所有的材料都会受到同样的影响。用任何一个测试方法得到的结果，并不能代表其他的测试方法获得的结果或者最终应用的情况，除非协议双方对指定的材料或指定应用已经建立了数学相关性。

封闭式的碳弧灯法、氙弧灯法和日光法广泛应用于纺织品贸易。不同制造商提供的测试仪器的光谱功率的分布、空气温度和湿度传感器的位置，以及测试箱的尺寸可能有着较大的差异，这将可能导致不同的测试结果。因此，由不同制造商提供的不同测试箱尺寸，或不同光源和过滤组合器所提供仪器测得的数据不可互换，除非他们之间已建立一种数学关系。据 AATCC RA50 委员会所掌握的资料，不同结构的测试仪器之间没有相关性。

5.2 使用本标准方法时，方法的选择应根据历史的数据和经验，并结合光照条件、湿度条件及热效应条件。所选的方法也应反映出与测试材料最终用途相关的使用条件。

5.3 使用本标准方法时，测试材料应与经特定暴晒且已知耐光牢度的参照标样对比。为此，应广泛使用 AATCC 蓝色羊毛标样。

6. 仪器和材料（见 34.3）

6.1 AATCC 蓝色羊毛标样，L2 ~ L9（见 34.1，34.4 和 34.5）。

6.2 褪色的 AATCC 蓝色羊毛标样 L4，已暴晒 20 个褪色单元（AFU）（见 34.5）。

6.3 褪色的 AATCC 蓝色羊毛标样 L2，已暴晒 20 个褪色单元（AFU）（见 34.5）。

6.4 变色灰卡（AATCC EP1）（见 34.5）。

6.5 背衬卡片，每片 163g/m^2（90 磅），白色优质纸卡。

6.6 遮盖物，透光率接近 0，适合于多阶段的暴晒，如 10 个 AFU、20 个 AFU、40 个 AFU 等。

6.7 黑板温度计（见 3.3 和 34.2）。

注意：黑板温度计与黑标温度计（AATCC TM16.3）不可混用，后者用于连续光照的氙弧灯方法 2 和一些欧洲测试程序。在相同测试条件下，两种不同温度计所测出的温度通常也是不一致的。本方法中的“黑色温度计”术语，同时指黑板温度计和黑标温度计。

6.8 分光光度计或比色计（见 33.2）。

6.9 封闭式碳弧灯测试仪（见附录 A 和 34.6）。

7. 参照标准

7.1 AATCC 蓝色羊毛标样，定义见 AATCC TM16.2，适用于所有方法。但是在任一测试方法中，AATCC 蓝色羊毛标样的褪色速度可能因测试方法不同而不同。

7.2 参照标样可以是任何已知其颜色变化速度的、合适的纺织材料。

用于比较的参照标样必须确定且协议双方达成一致。参照标样与试样需同时暴晒。使用参照标样有助于随时确定仪器和测试程序的变化。如果参照标样暴晒后的测试结果与已知标准值差异超过 10%，就需要彻底地检查测试仪器的操作条件，以及校验故障或缺陷的零件，然后重新测试。

8. 试样准备

8.1 试样数量。为了提高精确度，应至少剪取三块试样和参照标样，除非买卖双方有其他协议。

注意：在实际操作中，剪取一块试样和控制样即可。有争议时，应按照常规测试剪取足够的试样。

8.2 剪取和安装试样。测试期间用耐测试环境影响的标签区分每块试样。将试样和参照标准安装在样品架上，两者的表面与光源的距离相等。应使用避免挤压试样表面的遮盖物，尤其是测试起绒织物。试样的尺寸和形状应与参照标样相同。

按以下要求剪取和准备试样。

8.2.1 试样的背衬。对于所有方法，如果样品没有完整的背衬，则将试样和参照标准装在白色背衬卡上，该背衬卡是不反光的白色硬纸板，AATCC 购买者指南提供了相关资料（http://www.aatcc.org/bg）。用透光率几乎为 0 的遮盖物盖住安装好的试样。

8.2.2 织物。剪取试样时，其长度方向平行于经向（长度方向），尺寸至少为 70.0mm × 120.0mm（2.75 英寸 × 4.7 英寸），试样的暴晒面积至少为 30.0mm × 30.0mm（1.2 英寸 × 1.2 英寸）。将有背衬的试样固定在测试仪器提供的样品架上，确保架子的前后遮盖物与试样紧紧地接触，使暴晒和未暴晒区域之间有一条明显的界限且没有挤压试样（见34. 7 和 34. 8）。为防止试样脱边，可对其缝边、剪锯齿边或熔边。

8. 2. 3 纱线。将纱线缠绕或固定在白色背衬卡上，长度约为 150. 0mm（6. 0 英寸），宽度至少为 25. 0mm（1. 0 英寸），仅对直接面对暴晒的那部分纱线的变色程度进行评级。控制标样应与暴晒试样具有相同数目的纱线。暴晒结束后，用 20. 0mm（0. 75 英寸）的遮盖物或者其他合适的带子将这些面对光源的纱线捆紧，使纱线紧密地排列在暴晒架上，以进行评级（见 34. 8）。

方法 1　封闭式碳弧灯，连续光照

仪器操作条件

9. 测试仪器的准备

9. 1 测试程序运行前，用以下的测试程序检验仪器的运转情况。为了提高测试结果的重现性，应按照制造商的建议将测试仪器安装在可控制温度和相对湿度的房间内。

9. 2 检查仪器是否按照制造商建议的校准间隔周期表进行了校准或维护。

9. 3 如适用，取下所有的架子和试样喷淋装置。

9. 4 设定仪器操作条件见表 3。

表 3　仪器操作条件（方法 1）

光　源		封闭式碳弧连续光照
黑板温度计［℃（℉）］		63 ±3（145 ±6）
暴晒箱内温度［℃（℉）］		43 ±2（110 ±4）
相对湿度（%）		30 ±5
过滤器种类		硼硅玻璃
辐射量		—
水的要求（进水）	种类	去离子水、蒸馏水或逆渗透水
	硬度（mg/kg）	低于 17，最好低于 8
	pH	7 ±1
	环境温度［℃（℉）］	16 ±5（61 ±9）

确保所需温度与所用的黑色温度计相适应（见 34. 2 和附录 A）。安装好带白色背衬卡的样品夹和所需的黑色温度计，没有装试样的白色背衬卡可模拟测试过程中暴晒箱内空气流动的情况。按上面的描述和制造商的说明书操作和控制测试仪器。为了达到需要的黑板温度、箱内空气温度和相对湿度，需按该模式操作和调节仪器。当没有外部的显示器时，可透过暴晒箱门的窗户读取黑色温度计。

9. 5 用 AATCC 蓝色羊毛标样按照 11. 1 ~ 11. 2 部分校准。如果按照制造商的说明书进行校准，而 AATCC 蓝色羊毛标样 L2 或 L4 的褪色不能满足要求，则应使用新的 L2 或 L4 蓝色羊毛标样重新暴晒至 20 个 AFU。如果褪色已经满足第 11 部分的要求，则从样品架上取出白色背衬卡，继续操作。

9. 6 参照制造商的说明书和以下内容，准备和操作测试仪器，以获得更多的信息。

对封闭式碳弧法，可用测试标准 ASTM G151 和 G153（见 33. 4 和 33. 5）。

10. 校准、检验和测量 AFU

10. 1 仪器校准。为了保证标准化和精确度，应对与暴晒仪器有关的装置（即光监控系统、黑色温度计、箱内空气传感器、湿度控制系统、UV 传感器和辐射计）进行定期校准。如有可能，校准应溯源到国家或国际标准。校准周期和程序参照制造商的说明书。

10. 2 通过对 AATCC 蓝色羊毛标样的暴晒和对其每 80 ~ 100 个 AFU 的评估来检验仪器的精确性。参照标样应放置在邻近黑板温度传感装置的样品夹的中间位置暴晒。

11. AATCC 蓝色羊毛标样检验

11. 1 在规定的温度、湿度条件下，按所选的方法，将 AATCC 蓝色羊毛标样 L4 连续暴晒 20h ± 2h。暴晒后，用目光或仪器评定暴晒的标准试样。增加或减少灯的瓦数、暴晒时间或这两个方面，再暴晒一块新的蓝色羊毛标样，直到蓝色羊毛标样的变色达到以下的基准。

11.1.1 目光评定。等于所用批次的已褪色L4标样显示的变色级数。

11.1.2 仪器测量。对于很多批次的AATCC蓝色羊毛标样L4，按照AATCC EP6测得其CIELAB值必须等于该蓝色羊毛标样的校准证书中的值。

11.2 在规定的温度、湿度条件下，按所选的方法，将AATCC蓝色羊毛标样L4连续暴晒20h±2h。暴晒后，用仪器或褪色的AATCC蓝色羊毛标样L2评定暴晒的标准。如果需要，可增加或减少灯的瓦数、暴晒时间或这两个方面，再暴晒一块新的蓝色羊毛标样，直到蓝色羊毛标样的变色达到以下的基准。

11.2.1 目测评定。等于所用批次的已褪色L2标样显示的变色级数（见34.5）。

11.2.2 仪器测量。对于很多批次的AATCC蓝色羊毛标样L2和L4，按照AATCC EP6测得其CIELAB值必须等于该蓝色羊毛标样的校准证书中的值。

12. AATCC蓝色羊毛标样测量AFU

12.1 用AATCC蓝色羊毛标样和AATCC褪色单元（AFU）对不同的暴晒方法提供了一种通用的暴晒标准，如日光、碳弧灯和氙弧灯。不可用术语“时钟显示小时数”和“仪器显示小时数”的报告方式。

12.2 表1中列出了每个AATCC蓝色羊毛标样产生变色灰卡（见33.1）或测色仪（见33.3）的4级变色所需的AFU数量。

12.3 仪器测色可用CIE 1964的10°观察和D_{65}光源计算色度数据。按照AATCC EP6的规定，以CIELAB单位表示色差。

仪器暴晒程序

13. 仪器暴晒程序，通则

13.1 安装试样。将装好的试样安装在样品架上，并确保样品架支撑住所有试样。靠近或远离光源的任何移动，即使很小的距离，都可能导致试样之间褪色的差异（见8.2）。使用间歇光照的方法时，应从光照循环开始进行暴晒。

13.2 对于机织物、针织物和非织造布，除另有规定，试样的正面应正对辐射光源。

13.3 启动测试仪器直到暴晒结束。需要更换过滤器、碳弧或灯管而中断暴晒时，应避免不必要的拖延，否则会导致结果偏差或错误。也可用合适的记录仪监控暴晒箱内的条件。如需要，可重新调整控制条件，以保持指定的测试条件。

14. 仪器暴晒——指定的辐射量

14.1 一步法。将试样和合适的参照标准暴晒至5、10、20或20个倍数的AFU，直到试样暴晒至所需的辐射量。辐射量可通过同时暴晒合适的蓝色羊毛标样测量AFU。

14.2 两步法。首先按照14.1进行，不同的是试样的暴晒面积增加1倍。当试样暴晒到第一阶段规定的辐射量后，从暴晒箱内取出试样，用遮盖物盖住已暴晒面积的一半，然后继续暴晒20或20个倍数的AFU，直至达到更高的辐射量。

注意：两步法可较好地表征试样耐光色牢度的性能。

15. 仪器暴晒——参照标样

将试样和参照标样同时暴晒到所需的终点，以AFU或参照标样的性能（即参照标样的变色达到变色灰卡的4级）判定终点。

16. 仪器暴晒——耐光色牢度分级

16.1 一步法。同时暴晒试样和一系列AATCC蓝色羊毛标样，测量试样的变色程度达到变色灰卡的4级时所需的AFU数量（见34.11）。

16.2 两步法。首先按16.1进行，不同的是试样的暴晒面积增加1倍。当试样暴晒至变色灰卡的4级时，从暴晒箱内取出试样，用遮盖物盖住已暴晒面积的一半，继续暴晒直至达到变色灰卡的3级（见34.11）。

方法2 封闭式碳弧灯，间歇光照

仪器操作条件

17. 测试仪器的准备

17.1 测试程序运行前，用以下的测试程序检验仪器的运转情况。为了提高测试结果的重现性，应按照制造商的建议将测试仪器安装在可控制温度和相对湿度的房间内。

17.2 检查仪器是否按照制造商建议的校准间隔周期表进行了校准或维护。

17.3 如适用，取下所有的架子和试样喷淋装置。

17.4 设定仪器操作条件见表4。

表4 仪器操作条件（方法2）

光 源		封闭式碳弧光照/黑暗交替（灯开/关）
黑板温度计（光周期）[℃（℉）]		63±3（145±6）
暴晒箱内温度[℃（℉）]	光周期	43±2（110±4）
	暗周期	43±2（110±4）
相对湿度（%）	光周期	35±5
	暗周期	90±5
光周期（h）	开	3.8
	关	1.0
过滤器种类		硼硅玻璃
辐射量[W/(m²·nm)]（420nm）		—
水的要求（进水）	种类	去离子水、蒸馏水或逆渗透水
	硬度（mg/kg）	低于17，最好低于8
	pH	7±1
	环境温度[℃（℉）]	16±5（61±9）

确保所需温度与所用的黑色温度计相适应（见34.2和附录A）。安装好带白色背衬卡的样品夹和所需的黑色温度计，没有装试样的白色背衬卡可模拟测试过程中暴晒箱内空气流动的情况。按照上面的描述和制造商的说明书操作和控制测试仪器。为了达到需要的黑板或黑标温度、箱内空气温度和相对湿度，需按该模式操作和调节仪器。当没有外部的显示器时，可透过暴晒箱门的窗户读取黑色温度计。

17.5 用AATCC蓝色羊毛标样按照19.1～19.2部分校准。如果按照制造商的说明书进行校准，而AATCC蓝色羊毛标样L2或L4的褪色不能满足要求，则应使用新的L2或L4蓝色羊毛标样重新暴晒至20个AFU。如果褪色已经满足第19部分的要求，则从样品架上取出白色背衬卡，继续操作。

17.6 参照制造商的说明书和以下内容，准备和操作测试仪器，以获得更多的信息。

对封闭式碳弧法，可用测试标准ASTM G151和G153（见33.4和33.5）。

18. 校准、检验和测量AFU

18.1 仪器校准。为了保证标准化和精确度，应对与暴晒仪器有关的装置（即光监控系统、黑色温度计、箱内空气传感器、湿度控制系统、UV传感器和辐射计）进行定期校准。如有可能，校准应溯源到国家或国际标准。校准周期和程序参照制造商的说明书。

18.2 通过对AATCC蓝色羊毛标样的暴晒和对其每80～100个AFU的评估来检验仪器的精确性。参照标样应放置在邻近黑板温度传感装置的样品夹的中间位置暴晒。

19. AATCC蓝色羊毛标样校准

19.1 在规定的温度、湿度条件下，按所选的方法，将AATCC蓝色羊毛标样L4连续暴晒20h±2h。暴晒后，用目光或仪器评定暴晒的标准试样。增加或减少灯的瓦数、暴晒时间或这两个方面，再暴晒一块新的蓝色羊毛标样，直到蓝色羊毛标样的变色达到以下的基准。

19.1.1 目光评定。等于所用批次的已褪色L4标样显示的变色级数。

19.1.2 仪器测量。对于很多批次的AATCC蓝色羊毛标样L4，按照AATCC EP6测得其CIELAB值必须等于该蓝色羊毛标样的校准证书中的值。

19.2 在规定的温度、湿度条件下，按所选的方法，将AATCC蓝色羊毛标样L4连续暴晒20h±2h。暴晒后，用仪器或褪色的AATCC蓝色羊毛标样L2评定暴晒的标准。如果需要，可增加或减少灯的瓦数、暴晒时间或这两个方面，再暴晒一块新的蓝色羊毛标样，直到蓝色羊毛标样的变色达到以下的基准。

19.2.1 目光评定。等于所用批次的已褪色L2标样显示的变色级数（见34.5）。

19.2.2 仪器测量。对于很多批次的AATCC蓝色羊毛标样L2和L4，按照AATCC EP6测得其CIELAB值必须等于该蓝色羊毛标样的校准证书中的值。

20. AATCC 蓝色羊毛标样测量 AFU

20.1 用AATCC蓝色羊毛标样和AATCC褪色单元（AFU）对不同的暴晒方法提供了一种通用的暴晒标准，如日光、碳弧灯和氙弧灯。不可用术语“时钟显示小时”和“仪器显示小时”的报告方式。

20.2 表1中列出了每个AATCC蓝色羊毛标样产生变色灰卡（见33.1）或测色仪（见33.3）的4级变色所需的AFU数量。

20.3 仪器测色可用CIE 1964的10°观察和D_{65}光源计算色度数据。按照AATCC EP6的规定，以CIELAB单位表示色差。

仪器暴晒程序

21. 仪器暴晒程序，通则

21.1 安装试样。将装好的试样安装在样品架上，并确保样品架支撑住所有试样。靠近或远离光源的任何移动，即使很小的距离，都可能导致试样之间褪色的差异（见8.2）。使用间歇光照的方法时，应从光照循环开始进行暴晒。

21.2 对于机织物、针织物和非织造布，除另有规定，试样的正面应正对辐射光源。

21.3 启动测试仪器直到暴晒结束。需要更换过滤器、碳弧或灯管而中断暴晒时，应避免不必要的拖延，否则会导致结果偏差或错误。也可用合适的记录仪监控暴晒箱内的条件。如需要，可重新调整控制条件以保持指定的测试条件。

22. 仪器暴晒——指定的辐射量

22.1 一步法。将试样和合适的参照标准暴晒至5、10、20或20个倍数的AFU，直到试样暴晒至所需的辐射量。辐射量可通过同时暴晒合适的蓝色羊毛标样测量AFU。

22.2 两步法。首先按照22.1进行，不同的是试样的暴晒面积增加1倍。当试样暴晒到第一阶段规定的辐射量后，从暴晒箱内取出试样，用遮盖物盖住已暴晒面积的一半，然后继续暴晒20或20个倍数的AFU，直至达到更高的辐射量。

注意：两步法可较好地表征试样耐光牢度的性能。

23. 仪器暴晒——参照标样

将试样和参照标样同时暴晒到所需的终点，以AFU或参照标样的性能（即参照标样的变色达到变色灰卡的4级）判定终点。

24. 仪器暴晒——耐光色牢度分级

24.1 一步法。同时暴晒试样和一系列AATCC蓝色羊毛标样，测量试样的变色程度达到变色灰卡的4级时所需的AFU数量（见34.11）。

24.2 两步法。首先按24.1进行，不同的是试样的暴晒面积增加1倍。当试样暴晒至变色灰卡的4级时，从暴晒箱内取出试样，用遮盖物盖住已暴晒面积的一半，继续暴晒直至达到变色灰卡的3级（见34.1）。

结果评级

25. 调湿

暴晒结束取出试样和参照标样。按照ASTM D 1776《纺织品调湿和测试标准方法》要求的标准大气条件下（温度21℃ ±2℃，相对湿度65% ±5%），在暗室里调湿至少4h后再评级。

26. 变色评级

26.1 按照材料的规格或协议要求，对试样的暴晒部分与遮盖部分或原样部分（优先）评级。全面评价试样的耐光性能需要使用两步法暴晒。原样和已暴晒样品的遮盖部分之间存在着色差，表明织物不仅仅受到光的影响，还受到其他因素（如受热或大气中的某种反应性气体）的影响。虽然产生色差的确切原因尚未知，但是此现象发生时应在报告中注明。

26.2 不管是暴晒至所规定的AFU或与参照标样进行对比，均可使用AATCC EP1《变色灰卡评定程序》或AATCC EP7《仪器评定试样变色》对样品进行变色评级（见34.11）。

26.3 测定总色差（ΔE_{CIELAB}）、明度差（ΔL^*）、彩度差（ΔC^*）和色相差（ΔH^*）。使用带有CIE 1976公式、D_{65}光源和10°观察视角且可提供数据的仪器。也可使用测量中包括反射光谱，带有散射功能的仪器（见AATCC EP6《仪器测色方法》）。

27. 同时暴晒的参照标样的接受性判断

27.1 按照第26部分，用参照标样（非蓝标）评定试样的颜色变化程度。

27.2 按以下的方法评定试样的耐光色牢度。

27.2.1 满意——当参照标样的变色达到变色灰卡的4级时，试样的颜色变化等于或小于参照标样的变色。

27.2.2 不满意——当参照标样的变色达到变色灰卡的4级时，试样的颜色变化大于参照标样的变色。

27.3 买卖双方可依据26.3部分，制定可接受的颜色变化程度。

28. AATCC蓝色羊毛标样的分级（见34.12）

29. 高于L7的AATCC蓝色羊毛标样的分级（见34.13）

30. 报告（见表5）

报告至少应包含下列内容：

（1）操作者和测试时间；

（2）样品描述；

（3）耐光色牢度级数/耐光牢度；

（4）与参照样品或遮盖部分相比的可接受程度（Yes/No）；

（5）耐光色牢度：AATCC变色灰卡或仪器评价；

（6）分级方法；

（7）参考标准；

（8）环境温度（干球），黑板温度或黑标温度；

（9）控制暴晒：AATCC蓝色羊毛标样、辐射能量或其他；

（10）总辐射量；

（11）仪器类别、型号、序列号、生产商、试样架（倾斜型，2层，3层或水平型）和供水类型；

（12）方法选择；

（13）暴晒时间；

（14）安装程序（有背衬或无背衬）；

（15）如果存在与AATCC 16.2或参考标准有偏离部分。

单位所能提供的设备和材料清单。但 AATCC 没有给其授权，或以任何方式批准、认可或证明清单上的任何设备或材料符合测试方法的要求。

34.4 用白纸板做背衬，可使 AATCC 蓝色羊毛标样和试样产生更好的一致性和重现性。最初测定 AATCC 蓝色羊毛标样终点时的色差值即是使用该背衬条件下完成的。虽然给定了 AATCC 蓝色羊毛标样的允差，但是应尽量达到标准要求的中间值。最终目的是仲裁时，AATCC 蓝色羊毛标样将按 3 的倍数进行暴晒，AATCC 蓝色羊毛标样的色差等同于 AATCC EP6 规定的适用标准证书上规定的 CIELAB 的色差值（见 34.5）。

34.5 可从 AATCC 获取，地址：P. O. Box 12215，Research Triangle Park NC 27709；电话：+1.919.549.8141；传真：+1.919.549.8933；网址：www.aatcc.org；电子邮箱：ordering@aatcc.org。

34.6 该方法参考 ASTM G151 和 ASTM G153 对仪器的详细说明。在附录 A 中有进一步的说明。仪器更多的信息可查询 AATCC 购买者指南。

34.7 对于纤维容易发生移位现象的簇绒织物，如地毯等或面积太小难以评估的织物，取样时应不小于 40.0mm×50.0mm（1.6 英寸×2.0 英寸）的暴晒面积。应取足够的尺寸和多个试样，以包括样品的所有颜色。

34.8 样品架必须用不锈钢、铝或者适当涂层的钢制成，以避免可能催化或抑制降解产生的金属杂质污染样品。当用订书钉固定样品时，订书钉应有涂层且不含铁以避免腐蚀性产物污染样品。样品架应进行哑光处理，在设计上应避免可能影响材料性能的反射。为了某种性能需求，样品架的尺寸应取决于试样的类型。

34.9 附录 A 中的表中的数据显示带有硼硅玻璃过滤器的封闭式碳弧的典型光谱能量分布。有关日光的数据表示的是在空气质量为 1.2、气柱臭氧为 2.94mm（一个大气压下）、相对湿度为 30%、海拔高度为 2100m（大气压强为 78.78kPa）以及气溶胶厚度在波长 300nm 时为 0.081 或在波长 400nm 时为 0.62 的条件下，太阳在水平面上的总辐照度。波长在 701～800nm 范围内的数据未在表中体现。

以下的参考文献提供了关于用光控制系统测量辐射度的背景信息。

34.9.1 《化学和物理手册》，第 61 版，1980，由 Robea C. Weast 编辑；The Chemical Rubber Co.，Cleveland OH。

34.9.2 国际照明委员会（CIE）的出版物，No. 20，1972。

34.9.3 *Atlas Sun Spots*，Vol. 4，No. 9，1975 年春，Atlas Material Testing Technology LLC，Chicago，IL。

34.10 可从 ASTM 获取，地址：100 Barr Harbor Dr.，West Conshohoeken PA 19428；电话：+1.610.832.9500；传真：+1.610.832.9555；网址：www.astm.org。

34.11 可采用自动评级系统，只要该系统可提供与有经验的评级人员目测评定结果相同或与其的重复性和再现性相同或更好。

34.12 AATCC 蓝色羊毛标样的分级。

34.12.1 一步法暴晒。试样的耐光色牢度分级如下：

（1）比较试样和同时暴晒的 AATCC 蓝色羊毛标样的颜色变化（见表 2）；

（2）测定试样的颜色变化等于变色灰卡 4 级时所需的 AFU 数量（见表 1）。

34.12.2 两步法暴晒。试样的耐光色牢度分级如下：

测定试样的颜色变化达到变色灰卡 4 级和 3 级所需的 AFU 数量（见表 1）。

34.12.3 两个级数。3 级变色的结果写在前面，括号里注明 4 级变色时的结果。例如：L5（4）表示在试样变色达到灰卡 3 级时为 L5 级，在试样变色达到灰卡4级时为L4级。当仅仅只用1级表示时，用产生试样变色4级时的AFU数量来表示。

34.13 高于L7的AATCC蓝色羊毛标样的分级。

高于L7的AATCC蓝色羊毛标样的分级见表6，暴晒过程中L7蓝色羊毛标样的变色达到4级时，试样的变色也达到灰卡的4级。

表6 高于L7的AATCC蓝色羊毛标样的分级

暴晒L7的数量			色牢度等级	等量AFU	暴晒L7的数量			色牢度等级	等量AFU
小于	等于不大于	大于			小于	等于不大于	大于		
—	2	—	L8	320	—	—	5	L9～L10	—
3	—	2	L8～L9	—	6	6	—	L9～L10	960
—	3	—	L8～L9	480	—	—	6	L9～L10	—
4	—	3	L8～L9	—	7	7	—	L9～L10	1120
—	4	—	L9	640	—	—	7	L9～L10	—
5	—	4	L9～L10	—	8	8	—	L10	1280
—	5	—	L9～L10	800	等等①	等等①		等等①	等等①

① 分级每增加1级，表示间隔为前一级所需的AFU数量的两倍。任何一个试样所需的L7的数量位于两个整数之间，那么其分级定位两级的中间值。

附录A 碳弧灯褪色仪

不同类型的碳弧测试仪器都可使用。暴晒箱内的设计可不同，但是应该使用防腐材料，除了辐射源之外，还有提供不同控制温度和相对湿度的方法。

A1 实验室光源。典型的碳弧光源通常使用包含一种金属盐的混合物的碳棒。碳棒燃烧释放出紫外、可见和红外辐射以产生电流。根据仪器制造商推荐使用适用的碳棒。

A2 过滤器。最常用的过滤器是包覆碳弧燃烧器的硼硅球形玻璃罩。

A3 碳弧发射的光谱在波长较长的紫外线范围内显示出很强的发射。在可见、红外和低于350nm紫外线短波的发射比玻璃窗后的日光弱（见右表）。碳弧与自然日光的辐射一致。

带有硼硅玻璃过滤器的碳弧发出的光谱。表7表示试样接受到的光谱辐射。

表7 带有硼硅过滤器的碳弧典型的光谱能量分布

［紫外波长范围的辐射（波长300～400nm的总辐射）］

带宽（nm）	带硼硅过滤器的碳弧（%）	日光（%）
290～320	0	5.6
320～360	20.5	40.2
360～400	79.5	54.2

A4 见34.9的附加信息。

A5 温度计。黑板或者黑标温度计可被使用，并且与34.2.1和34.2.2中描述的安装在样品架上的方式相符，报告中注明所用的黑色温度计、安装样品架的方式和暴晒温度。

A6 相对湿度。暴晒箱配备相关装置，以测量并且控制相对湿度，该装置应避光。

A7 仪器维护。仪器要求定期维修，以保持均匀的暴晒条件。按照制造商的指导进行维护。

附录 B AATCC 16.2 测试方法示意图

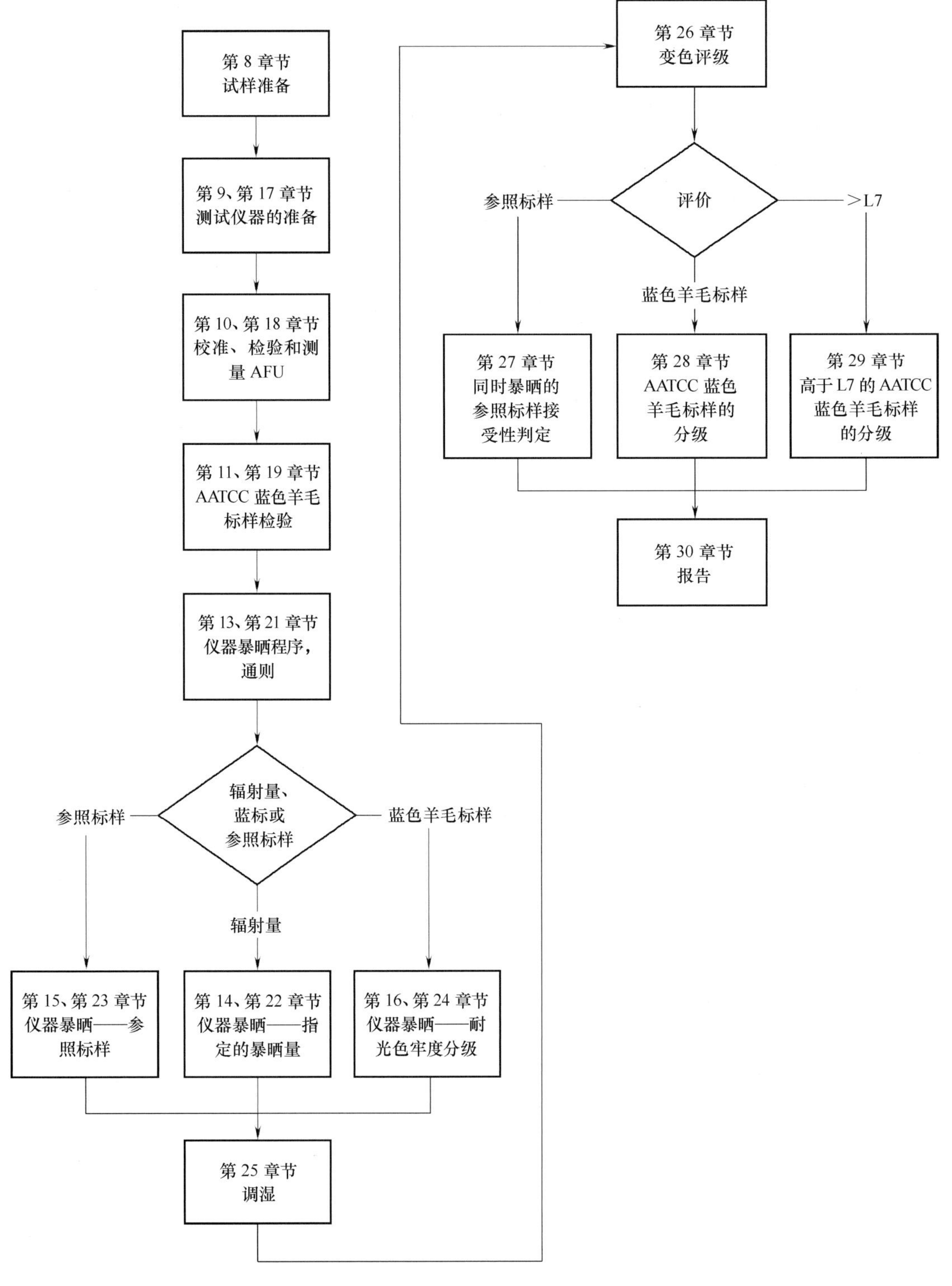

AATCC TM16.3-2020

耐光色牢度：氙弧法

1. 目的和范围

1.1 本测试方法提供了测定纺织材料耐光色牢度的通则和程序。备选的测试方法适用于各种纺织材料以及应用于纺织材料的染料、整理剂和助剂。

备选方法有：

1—氙弧灯，间歇光照。

2—氙弧灯，连续光照，黑标温度计法。

3—氙弧灯，连续光照，黑板温度计法。

1.2 使用这些方法并不是特指对某个具体应用的快速测试。协议双方必须确定耐光色牢度测试和实际暴晒之间的关系并达成一致。

1.3 本测试方法包括以下章节，该部分有助于在测定纺织材料的耐光色牢度时，对各种方法的使用和完成。

章节

2. 原理

在规定条件下，将纺织品试样和参照标准同时暴晒。用 AATCC 变色灰卡或测色仪对比试样的暴晒部分和遮挡部分或原样之间的颜色变化，评定试样的耐光色牢度。通过评估一系列同时暴晒的 AATCC 蓝色羊毛标样完成耐光色牢度的评级。

3. 术语

3.1 AATCC 蓝色羊毛标样：AATCC 发布的一组染色羊毛织物，用于确定试样在耐光色牢度测试过程中的暴晒量（见 44.1）。

3.2 AATCC 褪色单位（AFU）：在规定条件下，不同测试方法达到的特定暴晒量。一个 AATCC 褪色单位（AFU）相当于 AATCC 蓝色羊毛标样 L4 达到变色灰卡的 4 级或（1.7 ± 0.3）CIELAB 单位的色差时，所需暴晒量的 1/20。

3.3 黑板温度计：测量温度的装置，其感应部分涂有黑漆，以吸收耐光测试中接收到的大部分辐射量（见 44.2）。

该装置可估测试样在自然光或人造光暴晒下达到的最高温度。任何与 44.2 中描述的装置偏离都会影响所测温度。

3.4 黑标温度计：测量温度的装置，其感应部位涂有黑色材料，以吸收耐光测试中接收到的大部分辐射量，并通过塑料板使其隔热（见 44.2）。

该装置可估测试样在人造光暴晒下达到的最高温度。任何与44.2中描述的装置偏离都会影响所测温度。黑标温度计与黑板温度计所测温度不同，故不能互换使用。

3.5 宽带通辐射计：用于辐射计的相对术语。最大透光率为50%时，带宽大于20nm的辐射计，用于测量一定波长范围的辐照度，如波长300～400nm或300～800nm。

3.6 变色：通过原样和试后样的比较，可辨别的无论是明度、彩度或色相的任何一种还是这些因素的组合所发生的颜色变化。

3.7 色牢度：材料暴露在加工、测试、储存或使用过程中，暴露在可能遇到的任何环境下，抵抗颜色变化和/或颜色向相邻材料转移的能力。

3.8 耐光色牢度：材料经日光或人造光源的暴晒，其耐颜色特性变化的性能。

3.9 红外辐射量：波长大于可见光、小于1mm的单色光组成的辐射能量。

红外线辐射的光谱范围不特别明确，可根据使用者需要变化。CIE（国际照明委员会）的E-2.1.2委员会在光谱范围780nm和1mm之间进行如下划分：

IR-A 780～1400nm

IR-B 1.4～3.0μm

IR-C 3.0μm～1mm

3.10 辐照度：单位面积接收到的辐射功率，单位是瓦特每平方米（W/m^2）。

3.11 “L”编号：AATCC蓝色羊毛标样的序列号，根据其变色达到AATCC变色灰卡的4级所需的AATCC褪色单位（AFU）来确定。

AATCC蓝色羊毛标样的“L”编号与AFU之间的数值关系见表1；试样的耐光色牢度也可以根据暴晒后试样的变色与AATCC蓝色羊毛标样最接近变色的比较得到，见表2。

表1 AFU与AATCC蓝色羊毛标样的等量辐射量（见41）①

AATCC 蓝色羊毛标样	AFU	氙弧 [$kJ/(m^2 \cdot nm)$] (420nm)	氙弧 [$kJ/(m^2 \cdot nm)$] (300～400nm)
L2	5	21	864
L3	10	43	1728
L4	20	85②	3456
L5	40	170	6912
L6	80	340②	13824
L7	160	680	27648
L8	320	1360	55296
L9	640	2720	110592

① 达到AATCC变色灰卡的4级。

② 经透过玻璃的日光法和连续光照的氙弧法确认，其他的数据可计算得出（见41）。

表2 AATCC蓝色羊毛标样评定试样变色

颜色变化			色牢度等级	等量AFU
小于	等于不大于	大于		
—	—	L2	L1	
—	L2	L3	L2	5
L2	—	L3	L2～L3	
—	L3	L4	L3	10
L3	—	L4	L3～L4	
—	L4	L5	L4	20
L4	—	L5	L4～L5	
—	L5	L6	L5	40
L5	—	L6	L5～L6	
—	L6	L7	L6	80
L6	—	L7	L6～L7	
—	L7	L8	L7	160
L7	—	L8	L7～L8	
—	L8	L9	L8	320
L8	—	L9	L8～L9	
—	L9	—	L9	640

注 使用本表进行评级的示例：试样与L4、L5和L6同时暴晒，经暴晒和调湿后，试样的变色比L4和L5少，但是比L6多。测试可表示为L5～L6，或使用以下示例：经各阶段暴晒的试样变色达到变色灰卡的4级，如果这个现象发生在40～80AFU，试样可被评定为L5～L6。

3.12 兰利（langley）：太阳辐射总能量的单位，表示为每平方厘米辐射表面产生1克卡能量。

注意：国际单位制中，焦耳（J）表示辐射量，瓦特（W）表示辐射功率，每平方米（m^2）表示面积。使用下列的换算关系：

1langley = 1cal/cm^2，1cal/cm^2 = 4.184J/cm^2 或 1cal/cm^2 = 41840J/m^2。

3.13 耐光牢度：材料的性能，通常以指定的级数表示，描述材料在日光或人造光源下暴晒颜色特性变化的结果。

3.14 窄带通辐射计：用于辐射计的相对术语。最大透光度为50%时，带宽小于或等于20nm的辐射计，用于测定一定波长的辐照度，如波长为340nm ±0.5nm或420nm ±0.5nm。

3.15 光致变色：当暴晒终止后，试样的暴晒部分与未暴晒部分立即出现的某种颜色（无论色相或彩度的变化）的可逆变化的定性名称。

注意：在暗处颜色变化的可逆性，或色相或彩度的不稳定性，用于区别光致变色与永久褪色。

3.16 日射强度计：一种辐射计，测量总日辐照度，或者半球向日的辐照度。

3.17 辐射功率：单位时间内发射、转移或接收的辐射量。

3.18 辐射计：测量辐射量的仪器。

3.19 总辐照度：某一时间点内所有波长的辐射能积分，单位为瓦特每平方米（W/m^2）。

3.20 紫外辐射量：波长小于可见光、大于100nm的单色光组成的辐射能量。

注意：紫外线辐射的光谱范围界定不特别明确，根据使用者需要变化。CIE（国际照明委员会）的E－2.1.2委员会在光谱范围400nm和100nm之间进行如下划分：

UV－A	315～400nm
UV－B	280～315nm
UV－C	100～280nm

3.21 可见光辐射量：引起视觉的任何辐射能量。

注意：可见辐射光的光谱范围界定不特别明确，根据使用者需要变化。波长的下限通常被认为在380～400nm，上限在760～780nm（1nm = 10^{-9}m）。

3.22 本测试方法使用的其他相关光牢度术语的定义，参见AATCC M11。

4. 安全和预防措施

本安全和预防措施仅供参考。本部分有助于测试，但未指出所有可能的安全问题。在本测试方法中，使用者在处理材料时有责任采用安全和适当的技术；务必向制造商咨询有关材料的详尽信息，如材料的安全参数和其他制造商的建议；务必向美国职业安全卫生管理局（OSHA）咨询并遵守其所有标准和规定。

4.1 操作测试仪器前，应先阅读和理解制造商的说明书。操作实验室测试仪器时，应按照制造商提供的安全建议。

4.2 测试仪器内有高强度光源，不要直接对视光源。仪器运行时暴晒箱门应为关闭状态。

4.3 应在灯停止运转并冷却30min后，才可进行光源维修。

4.4 维修测试仪器时，应关闭“off”和主电源开关。安装仪器时，应确保机器前面板的主电源指示灯已经熄灭。

4.5 遵守良好的实验室规定，在所有的试验区域应佩戴防护眼镜。

5. 使用和限制条件

5.1 即使在相同的光源和环境下，并不是所有的材料都会受到同样的影响。用任何一个测试方法得到的结果，并不能代表其他的测试方法获得的结果或者最终应用的情况，除非协议双方对指定的材料或指定应用已经建立了数学相关性。

封闭式的碳弧灯法、氙弧灯法和日光法广泛

应用于纺织品贸易。不同制造商提供的测试仪器的光谱功率的分布、空气温度和湿度传感器的位置，以及测试箱的尺寸可能有着较大的差异，这将可能导致不同的测试结果。因此，由不同制造商提供的不同测试箱尺寸，或不同光源和过滤组合器所提供仪器测得的数据不可互换，除非他们之间已建立一种数学关系。据 AATCC RA50 委员会所掌握的资料，不同结构的测试仪器之间没有相关性。

5.2 对于所有的材料，氙弧灯法与透过玻璃的日光法得到的结果有良好的一致性（见表 1）。有特殊过滤玻璃、且产生光暗交替的氙弧灯与透过玻璃的平均或典型日光的光谱分布非常接近。可以预测，其结果与透过玻璃的日光法获得的结果有较好的一致性。

5.3 使用本标准方法时，方法的选择应根据历史的数据和经验，并结合光照条件、湿度条件及热效应条件。所选的方法也应反映出与测试材料最终用途相关的使用条件。

5.4 使用本标准方法时，测试材料应与经特定暴晒且已知耐光牢度的参照标样对比。为此，应广泛使用 AATCC 蓝色羊毛标样。

6. 仪器和材料（见 44.3）

6.1 AATCC 蓝色羊毛标样，L2 ~ L9（见 44.1，44.4 和 44.5）。

6.2 褪色的 AATCC 蓝色羊毛标样 L4，已暴晒 20 个褪色单元（AFU）（见 44.5）。

6.3 褪色的 AATCC 蓝色羊毛标样 L2，已暴晒 20 个褪色单元（AFU）（见 11.2 和 44.5）。

6.4 变色灰卡（AATCC EP1）（见 44.5）。

6.5 背衬卡片，每片 $163g/m^2$（90 磅），白色优质纸卡。

6.6 遮盖物，透光率接近 0，适合于多阶段的暴晒，如 10 个 AFU、20 个 AFU、40 个 AFU 等。

6.7 黑板温度计（见 3.3 和 44.2）。

6.8 黑标温度计（见 3.4 和 44.2）。

注意：黑板温度计与黑标温度计不可混用，后者用于连续光照的氙弧灯方法 2 和一些欧洲测试程序。在相同测试条件下，两种不同温度计所测出的温度通常也是不一致的。本方法中的“黑色温度计”术语，同时指黑板温度计和黑标温度计。

6.9 分光光度计或比色计（见 43.2）。

6.10 氙弧灯测试仪，配置有光监测和控制系统（见附录 A 和 44.6）。

7. 参照标准

7.1 AATCC 蓝色羊毛标样，定义见 16.3 方法，适用于所有方法。但是在任一测试方法中，AATCC 蓝色羊毛标样的褪色速度可能因测试方法不同而不同。

7.2 参照标样可以是任何已知其颜色变化速度的、合适的纺织材料。

用于比较的参照标样必须确定且协议双方达成一致。参照标样与试样需同时暴晒。使用参照标样有助于随时确定仪器和测试程序的变化。如果参照标样暴晒后的测试结果与已知标准值差异超过 10%，就需要彻底地检查测试仪器的操作条件，以及校验故障或缺陷的零件，然后重新测试。

8. 试样准备

8.1 试样数量。为了提高精确度，应至少剪取三块试样和参照标样，除非买卖双方有其他协议。

8.2 剪取和安装试样。测试期间用耐测试环境影响的标签区分每块试样。将试样和参照标准安装在样品架上，两者的表面与光源的距离相等。应使用避免挤压试样表面的遮盖物，尤其是测试起绒织物。试样的尺寸和形状应与参照标样相同。

按以下要求剪取和准备试样：

8.2.1 试样的背衬。对于所有方法，如果样品没有完整的背衬，则将试样和参照标准装在白色背衬卡上，该背衬卡是不反光的白色硬纸板，AATCC 购买者指南提供了相关资料。用透光率几乎为 0 的遮盖物盖住安装好的试样。

8.2.2 织物。剪取试样时，其长度方向平行于经向（长度方向），尺寸至少为 70.0mm × 120.0mm（2.75 英寸 ×4.7 英寸），试样的暴晒面积至少为 30.0mm × 30.0mm（1.2 英寸 ×1.2 英寸）。将有背衬的试样固定在测试仪器提供的样品架上，确保架子的前后遮盖物与试样紧紧地接触，使暴晒和未暴晒区域之间有一条明显的界限且没有挤压试样（见 44.7 和 44.8）。为防止试样脱边，可对其缝边、剪锯齿边或熔边。

8.2.3 纱线。将纱线缠绕或固定在白色背衬卡上，长度约为 150.0mm（6.0 英寸），宽度至少为 25.0mm（1.0 英寸），仅对直接面对暴晒的那部分纱线的变色程度进行评级。控制标样应与暴晒试样具有相同数目的纱线。暴晒结束后，用 20.0mm（0.75 英寸）的遮盖物或者其他合适的带子将这些面对光源的纱线捆紧，使纱线紧密地排列在暴晒架上以进行评级（见 44.8）。

方法1 氙弧灯，间歇光照

仪器操作条件

9. 测试仪器的准备

9.1 测试程序运行前，用以下的测试程序检验仪器的运转情况。为了提高测试结果的重现性，应按照制造商的建议将测试仪器安装在可控制温度和相对湿度的房间内。

9.2 检查仪器是否按照制造商建议的校准间隔周期表进行了校准或维护。

9.3 如适用，取下所有的架子和试样喷淋装置。

9.4 设定仪器操作条件见表 3。

表 3 仪器操作条件（方法 1）

光源		氙弧光照/黑暗交替（灯开/关）
黑标温度计［℃（℉）］		70 ±1（158 ±2）
暴晒箱内温度［℃（℉）］	光周期	43 ±2（110 ±4）
	暗周期	43 ±2（110 ±4）
相对湿度（%）	光周期	35 ±5
	暗周期	90 ±5
光周期（h）	开	3.8
	关	1.0
过滤器种类		见 A3.3
辐射量［$W/(m^2 \cdot nm)$］（420nm）		1.10 ±0.03
辐射量［$W/(m^2 \cdot nm)$］（300 ~ 400nm）		48 ±1
水的要求（进水）	种类	去离子水、蒸馏水或逆渗透水
	硬度（mg/kg）	低于 17，最好低于 8
	pH	7 ±1
	环境温度［℃（℉）］	16 ±5（61 ±9）

确保所需温度与所用的黑色温度计相适应（见 44.2 和附录 A）。安装好带白色背衬卡的样品夹和所需的黑色温度计，没有装试样的白色背衬卡可模拟测试过程中暴晒箱内空气流动的情况。按照上面的描述和制造商的说明书操作和控制测试仪器。为了达到需要的黑板或黑标温度、箱内空气温度和相对湿度，需按该模式操作和调节仪器。当没有外部的显示器时，可透过暴晒箱门的窗户读取黑色温度计。

9.5 用 AATCC 蓝色羊毛标样按照 11.1 ~ 11.2 部分校准。如果按照制造商的说明书进行校准，而 AATCC 蓝色羊毛标样 L2 或 L4 的褪色不能满足要求，则应使用新的 L2 或 L4 蓝色羊毛标样重新暴晒至 20 个 AFU。如果褪色已经满足第 11 部分的要求，则从样品架上取出白色背衬卡，继续操作。

9.6 参照制造商的说明书和以下内容，准备和操作测试仪器，以获得更多的信息。

对于氙弧灯法，可用测试标准 ASTM G151 和 G153（见 43.4 和 43.5）。

10. 校准、检验和测量 AFU

10.1 仪器校准。为了保证标准化和精确度，应对与暴晒仪器有关的装置（即光监控系统、黑色温度计、箱内空气传感器、湿度控制系统、UV 传感器和辐射计）进行定期校准。如有可能，校准应溯源到国家或国际标准。校准周期和程序参照制造商的说明书。

10.2 通过对 AATCC 蓝色羊毛标样的暴晒和对其每 80～100 个 AFU 的评估来检验仪器的精确性。参照标样应放置在邻近黑板温度传感装置的样品夹的中间位置暴晒。

11. AATCC 蓝色羊毛标样校准

11.1 在规定的温度、湿度条件下，按所选的方法，将 AATCC 蓝色羊毛标样 L4 连续暴晒 20h ± 2h。暴晒后，用目光或仪器评定暴晒的标准试样。增加或减少灯的瓦数、暴晒时间或这两个方面，再暴晒一块新的蓝色羊毛标样，直到蓝色羊毛标样的变色达到以下的基准。

11.1.1 目光评定。等于所用批次的已褪色 L4 标样显示的变色级数。

11.1.2 仪器测量。对于很多批次的 AATCC 蓝色羊毛标样 L4，按照 AATCC EP6 测得其 CIELAB 值必须等于该蓝色羊毛标样的校准证书中的值。

11.2 在规定的温度、湿度条件下，按所选的方法，将 AATCC 蓝色羊毛标样 L4 连续暴晒 20h ± 2h。暴晒后，用仪器或褪色的 AATCC 蓝色羊毛标样 L2 评定暴晒的标准。如果需要，可增加或减少灯的瓦数、暴晒时间或这两个方面，再暴晒一块新的蓝色羊毛标样，直到蓝色羊毛标样的变色达到以下的基准。

11.2.1 目光评定。等于所用批次的已褪色 L2 标样显示的变色级数（见 44.5）。

11.2.2 仪器测量。对于很多批次的 AATCC 蓝色羊毛标样 L2 和 L4，按照 AATCC EP6 测得其 CIELAB 值必须等于该蓝色羊毛标样的校准证书中的值。

12. AATCC 蓝色羊毛标样测量 AFU

12.1 用 AATCC 蓝色羊毛标样和 AATCC 褪色单元（AFU）对不同的暴晒方法提供了一种通用的暴晒标准，如日光、碳弧灯和氙弧灯。不可用术语“时钟显示小时数”和“仪器显示小时数”的报告方式。

12.2 表 1 中列出了每个 AATCC 蓝色羊毛标样产生变色灰卡（见 43.1）或测色仪（见 43.3）的 4 级变色所需的 AFU 数量。

12.3 仪器测色可用 CIE 1964 的 10°观察和 D_{65}光源计算色度数据。按照 AATCC EP6 的规定，以 CIELAB 单位表示色差。

注意：对于方法 1（氙弧灯间歇光照），可使用连续光照时间进行校准。但是由于有暗周期，故在实际的测试过程中操作时间可能或长或短。

13. 光谱辐射测量 AFU

在本标准规定的条件下操作氙弧灯仪器时（见表 1），波长 420nm 处测得的暴晒量为 85kJ/(m^2 · nm)，可产生 20 个 AFU（见表 1）。

仪器暴晒程序

14. 仪器暴晒程序，通则

14.1 安装试样。将装好的试样安装在样品架上，应确保样品架支撑住所有试样。靠近或远离光源的任何移动，即使很小的距离，都可能导致试样之间褪色的差异（见 8.2）。使用间歇光照的方法时，应从光照循环开始进行暴晒。

14.2 对于机织物、针织物和非织造布，除另有规定，试样的正面应正对辐射光源。

14.3 启动测试仪器直到暴晒结束。需要更换过滤器、碳弧或灯管而中断暴晒时，应避免不必要的拖延，否则会导致结果偏差或错误。也可用合适的记录仪监控暴晒箱内的条件。如需要，可重新调整控制条件以保持指定的测试条件。

15. 仪器暴晒——指定的辐射量

15.1 一步法。将试样和合适的参照标准暴晒至5、10、20或20个倍数的AFU，直到试样暴晒至所需的辐射量。辐射量可通过同时暴晒合适的蓝色羊毛标样测量AFU。

15.2 两步法。首先按照15.1进行，不同的是试样的暴晒面积增加1倍。当试样暴晒到第一阶段规定的辐射量后，从暴晒箱内取出试样，用遮盖物盖住已暴晒面积的一半，然后继续暴晒20或20个倍数的AFU，直至达到更高的辐射量。

15.3 仪器内安装辐射监测器，暴晒的AFU可通过测量波长420nm处的辐射量来确定和控制（见表1）。

注意：两步法可较好地表征试样耐光牢度的性能。

16. 仪器暴晒——参照标样

将试样和参照标样同时暴晒到所需的终点，以AFU、辐射量或参照标样的性能（即参照标样的变色达到变色灰卡的4级）判定终点。

17. 仪器暴晒——耐光色牢度分级

17.1 一步法。同时暴晒试样和一系列AATCC蓝色羊毛标样，测量试样的变色程度达到变色灰卡的4级时所需的AFU数量（见44.10）。

17.2 两步法。首先按17.1进行，不同的是试样的暴晒面积增加1倍。当试样暴晒至变色灰卡的4级时，从暴晒箱内取出试样，用遮盖物盖住已暴晒面积的一半，继续暴晒直至达到变色灰卡的3级（见44.10）。

方法2 氙弧灯，连续光照，黑标温度计法

仪器操作条件

18. 测试仪器的准备

18.1 测试程序运行前，用以下的测试程序检验仪器的运转情况。为了提高测试结果的重现性，应按照制造商的建议将测试仪器安装在可控制温度和相对湿度的房间内。

18.2 检查仪器是否按照制造商建议的校准间隔周期表进行了校准或维护。

18.3 如适用，取下所有的架子和试样喷淋装置。

18.4 设定仪器操作条件见表4。

表4 仪器操作条件（方法2）

光 源		氙弧连续光照
黑标温度计［℃（℉）］		60±3（140±8）
暴晒箱内温度［℃（℉）］		32±5（90±9）
相对湿度（%）		30±5
过滤器种类		见A3.3
辐射量［W/(m^2·nm)］（420nm）		1.25±0.2
辐射量［W/(m^2·nm)］（300～400nm）		65±1
水的要求（进水）	种类	去离子水、蒸馏水或逆渗透水
	硬度（mg/kg）	低于17，最好低于8
	pH	7±1
	环境温度［℃（℉）］	16±5（61±9）

确保所需温度与所用的黑色温度计相适应（见44.2和附录A）。安装好带白色背衬卡的样品夹和所需的黑色温度计，没有装试样的白色背衬卡可模拟测试过程中暴晒箱内空气流动的情况。按照上面的描述和制造商的说明书操作和控制测试仪器。为了达到需要的黑板或黑标温度、箱内空气温度和相对湿度，需按该模式操作和调节仪器。当没有外部的显示器时，可透过暴晒箱门的窗户读取黑色温度计。

18.5 用AATCC蓝色羊毛标样按照20.1～20.2部分校准。如果按照制造商的说明书进行校准，而AATCC蓝色羊毛标样L2或L4的褪色不能满足要求，则应使用新的L2或L4蓝色羊毛标样重新暴晒至20个AFU。如果褪色已经满足第20部分的要求，从样品架上取出白色背衬卡，继续操作。

18.6 参照制造商的说明书和以下内容，准备和操作测试仪器，以获得更多的信息。

对于氙弧连续光照法，可用测试标准 ASTM G151 和 G153（见 43.4 和 43.5）。

19. 校准、检验和测量 AFU

19.1 仪器校准。为了保证标准化和精确度，应对与暴晒仪器有关的装置（即光监控系统、黑色温度计、箱内空气传感器、湿度控制系统、UV 传感器和辐射计）进行定期校准。如有可能，校准应溯源到国家或国际标准。校准周期和程序参照制造商的说明书。

19.2 通过对 AATCC 蓝色羊毛标样的暴晒和对其每 80～100 个 AFU 的评估来检验仪器的精确性。参照标样应放置在邻近黑板温度传感装置的样品夹的中间位置暴晒。

20. AATCC 蓝色羊毛标样校准

20.1 在规定的温度、湿度条件下，按所选的方法，将 AATCC 蓝色羊毛标样 L4 连续暴晒 20h ± 2h。暴晒后，用目光或仪器评定暴晒的标准试样。增加或减少灯的瓦数、暴晒时间或这两个方面，再暴晒一块新的蓝色羊毛标样，直到蓝色羊毛标样的变色达到以下的基准。

20.1.1 目光评定。等于所用批次的已褪色 L4 标样显示的变色级数。

20.1.2 仪器测量。对于很多批次的 AATCC 蓝色羊毛标样 L4，按照 AATCC EP6 测得其 CIELAB 值必须等于该蓝色羊毛标样的校准证书中的值。

20.2 在规定的温度、湿度条件下，按所选的方法，将 AATCC 蓝色羊毛标样 L4 连续暴晒 20h ± 2h。暴晒后，用仪器或褪色的 AATCC 蓝色羊毛标样 L2 评定暴晒的标准。如果需要，可增加或减少灯的瓦数、暴晒时间或这两个方面，再暴晒一块新的蓝色羊毛标样，直到蓝色羊毛标样的变色达到以下的基准。

20.2.1 目光评定。等于所用批次的已褪色 L2 标样显示的变色级数（见 44.5）。

20.2.2 仪器测量。对于很多批次的 AATCC 蓝色羊毛标样 L2 和 L4，按照 AATCC EP6 测得其 CIELAB 值必须等于该蓝色羊毛标样的校准证书中的值。

21. AATCC 蓝色羊毛标样测量 AFU

21.1 用 AATCC 蓝色羊毛标样和 AATCC 褪色单元（AFU）对不同的暴晒方法提供了一种通用的暴晒标准，如日光、碳弧灯和氙弧灯。不可用术语“时钟显示小时”和“仪器显示小时”的报告方式。

21.2 表 1 中列出了每个 AATCC 蓝色羊毛标样产生变色灰卡（见 43.1）或测色仪（见 43.3）的 4 级变色所需的 AFU 数量。

21.3 仪器测色可用 CIE 1964 的 10° 观察和 D_{65}光源计算色度数据。按照 AATCC EP6 的规定，以 CIELAB 单位表示色差。

注意：对于方法 1（氙弧灯间歇光照），可使用连续光照时间进行校准。但是由于有暗周期，故在实际的测试过程中操作时间可能或长或短。

仪器暴晒程序

22. 仪器暴晒程序，通则

22.1 安装试样。将装好的试样安装在样品架上，并确保样品架支撑住所有试样。靠近或远离光源的任何移动，即使很小的距离，都可能导致试样之间褪色的差异（见 8.2）。使用间歇光照的方法时，应从光照循环开始进行暴晒。

22.2 对于机织物、针织物和非织造布，除另有规定，试样的正面应正对辐射光源。

22.3 启动测试仪器直到暴晒结束。需要更换过滤器、碳弧或灯管而中断暴晒时，应避免不必要的拖延，否则会导致结果偏差或错误。也可用合适的记录仪监控暴晒箱内的条件。如需要，可重新调整控制条件以保持指定的测试条件。

23. 仪器暴晒——指定的辐射量

23.1 一步法。将试样和合适的参照标准暴晒至5、10、20或20个倍数的AFU，直到试样暴晒至所需的辐射量。辐射量可通过同时暴晒合适的蓝色羊毛标样测量AFU。

23.2 两步法。首先按照23.1进行，不同的是试样的暴晒面积增加1倍。当试样暴晒到第一阶段规定的辐射量后，从暴晒箱内取出试样，用遮盖物盖住已暴晒面积的一半，然后继续暴晒20或20个倍数的AFU，直至达到更高的辐射量。

23.3 仪器内安装辐射监测器，暴晒的AFU可通过测量波长420nm处的辐射量来确定和控制（见表1）。

注意：两步法可较好地表征试样耐光牢度的性能。

24. 仪器暴晒——参照标样

将试样和参照标样同时暴晒到所需的终点，以AFU、辐射量或参照标样的性能（即参照标样的变色达到变色灰卡的4级）判定终点。

25. 仪器暴晒——耐光色牢度分级

25.1 一步法。同时暴晒试样和一系列AATCC蓝色羊毛标样，测量试样的变色程度达到变色灰卡的4级时所需的AFU数量（见44.10）。

25.2 两步法。首先按25.1进行，不同的是试样的暴晒面积增加1倍。当试样暴晒至变色灰卡的4级时，从暴晒箱内取出试样，用遮盖物盖住已暴晒面积的一半，继续暴晒直至达到变色灰卡的3级（见44.10）。

方法3 氙弧灯，连续光照，黑板温度计法

仪器操作条件

26. 测试仪器的准备

26.1 测试程序运行前，用以下的测试程序检验仪器的运转情况。为了提高测试结果的重现性，应按照制造商的建议将测试仪器安装在可控制温度和相对湿度的房间内。

26.2 检查仪器是否按照制造商建议的校准间隔周期表进行了校准或维护。

26.3 如适用，取下所有的架子和试样喷淋装置。

26.4 设定仪器操作条件见表5。

表5 仪器操作条件（方法3）

光 源		氙弧连续光照
黑板温度计［℃（℉）］		63±1（145±2）
暴晒箱内温度［℃（℉）］		43±2（110±4）
相对湿度（%）		30±5
过滤器种类		见A3.3
辐射量［W/(m²·nm)］（420nm）		1.10±0.03
辐射量［W/(m²·nm)］（300~400nm）		48±1
水的要求（进水）	种类	去离子水、蒸馏水或逆渗透水
	硬度（mg/kg）	低于17，最好低于8
	pH	7±1
	环境温度［℃（℉）］	16±5（61±9）

确保所需温度与所用的黑色温度计相适应（见44.2和附录A）。安装好带白色背衬卡的样品夹和所需的黑色温度计，没有装试样的白色背衬卡可模拟测试过程中暴晒箱内空气流动的情况。按照上面的描述和制造商的说明书操作和控制测试仪器。为了达到需要的黑板或黑标温度、箱内空气温度和相对湿度，需按该模式操作和调节仪器。当没有外部的显示器时，可透过暴晒箱门的窗户读取黑色温度计。

26.5 用AATCC蓝色羊毛标样按照28.1~28.2部分校准。如果按照制造商的说明书进行校准，而AATCC蓝色羊毛标样L2或L4的褪色不能满足要求，则应使用新的L2或L4蓝色羊毛标样重新暴晒至20个AFU。如果褪色已经满足第20部分的要求，从样品架上取出白色背衬卡，继续操作。

26.6 参照制造商的说明书和以下内容，准备和操作测试仪器，以获得更多的信息。

对于氙弧连续光照法，可用测试标准 ASTM G 151 和 G 153（见 43.4 和 43.5）。

27. 校准、检验和测量 AFU

27.1 仪器校准。为了保证标准化和精确度，应对与暴晒仪器有关的装置（即光监控系统、黑色温度计、箱内空气传感器、湿度控制系统、UV 传感器和辐射计）进行定期校准。如有可能，校准应溯源到国家或国际标准。校准周期和程序参照制造商的说明书。

27.2 通过对 AATCC 蓝色羊毛标样的暴晒和对其每 80 ~ 100 个 AFU 的评估来检验仪器的精确性。参照标样应放置在邻近黑板温度传感装置的样品夹的中间位置暴晒。

28. AATCC 蓝色羊毛标样校准

28.1 在规定的温度、湿度条件下，按所选的方法，将 AATCC 蓝色羊毛标样 L4 连续暴晒 20h ± 2h。暴晒后，用目测或仪器评定暴晒的标准试样。增加或减少灯的瓦数、暴晒时间或这两个方面，再暴晒一块新的蓝色羊毛标样，直到蓝色羊毛标样的变色达到以下的基准。

28.1.1 目测评定。等于所用批次的已褪色 L4 标样显示的变色级数。

28.1.2 仪器测量。对于很多批次的 AATCC 蓝色羊毛标样 L4，按照 AATCC EP6 测得其 CIELAB 值必须等于该蓝色羊毛标样的校准证书中的值。

28.2 在规定的温度、湿度条件下，按所选的方法，将 AATCC 蓝色羊毛标样 L4 连续暴晒 20h ± 2h。暴晒后，用仪器或褪色的 AATCC 蓝色羊毛标样 L2 评定暴晒的标准。如果需要，可增加或减少灯的瓦数、暴晒时间或这两个方面，再暴晒一块新的蓝色羊毛标样，直到蓝色羊毛标样的变色达到以下的基准。

28.2.1 目测评定。等于所用批次的已褪色 L2 标样显示的变色级数（见 44.5）。

28.2.2 仪器测量。对于很多批次的 AATCC 蓝色羊毛标样 L2 和 L4，按照 AATCC EP6 测得其 CIELAB 值必须等于该蓝色羊毛标样的校准证书中的值。

29. AATCC 蓝色羊毛标样测量 AFU

29.1 用 AATCC 蓝色羊毛标样和 AATCC 褪色单元（AFU）对不同的暴晒方法提供了一种通用的暴晒标准，如日光、碳弧灯和氙弧灯。不可用术语“时钟显示小时数”和“仪器显示小时数”的报告方式。

29.2 表 1 中列出了每个 AATCC 蓝色羊毛标样产生变色灰卡（见 43.1）或测色仪（见 43.3）的 4 级变色所需的 AFU 数量。

29.3 仪器测色可用 CIE 1964 的 10°观察和 D_{65} 光源计算色度数据。按照 AATCC EP6 的规定，以 CIELAB 单位表示色差。

注意：对于方法 1（氙弧灯间歇光照），可使用连续光照时间进行校准。但是由于有暗周期，故在实际的测试过程中操作时间可能或长或短。

30. 光谱辐射测量 AFU

在本标准规定的条件下操作氙弧灯仪器时（见表 1），波长 420nm 处测得的暴晒量为 85kJ/（m^2 · nm），可产生 20 个 AFU。

仪器暴晒程序

31. 仪器暴晒程序，通则

31.1 安装试样。将装好的试样安装在样品架上，并确保样品架支撑住所有试样。靠近或远离光源的任何移动，即使很小的距离，都可能导致试样之间褪色的差异（见 8.2）。使用间歇光照的方法时，应从光照循环开始进行暴晒。

31.2 对于机织物、针织物和非织造布，除另有规定，试样的正面应正对辐射光源。

31.3 启动测试仪器直到暴晒结束。需要更换过滤器、碳弧或灯管而中断暴晒时，应避免不必要的拖延，否则会导致结果偏差或错误。也可用合适的记录仪监控暴晒箱内的条件。如需要，可重新调整控制条件以保持指定的测试条件。在测试过程中，需检验测试仪器的校准条件。

32. 仪器暴晒——指定的辐射量

32.1 一步法。将试样和合适的参照标准暴晒至5、10、20或20个倍数的AFU，直到试样暴晒至所需的辐射量。辐射量可通过同时暴晒合适的蓝色羊毛标样测量AFU。

32.2 两步法。首先按照32.1进行，不同的是试样的暴晒面积增加1倍。当试样暴晒到第一阶段规定的辐射量后，从暴晒箱内取出试样，用遮盖物盖住已暴晒面积的一半，然后继续暴晒20或20个倍数的AFU，直至达到更高的辐射量。

32.3 仪器内安装辐射监测器，暴晒的AFU可通过测量波长420nm处的辐射量来确定和控制（见30.1和表1）。

注意：两步法可较好地表征试样耐光牢度的性能。

33. 仪器暴晒——参照标样

将试样和参照标样同时暴晒到所需的终点，以AFU、辐射量或参照标样的性能（即参照标样的变色达到变色灰卡的4级）判定终点。

34. 仪器暴晒——耐光色牢度分级

34.1 一步法。同时暴晒试样和一系列AATCC蓝色羊毛标样，测量试样的变色程度达到变色灰卡的4级时所需的AFU数量（见44.10）。

34.2 两步法。首先按34.1进行，不同的是试样的暴晒面积增加1倍。当试样暴晒至变色灰卡的4级时，从暴晒箱内取出试样，用遮盖物盖住已暴晒面积的一半，继续暴晒直至达到变色灰卡的3级（见44.10）。

结果评级

35. 调湿

暴晒结束取出试样和参照标样。按照ASTM D1776《纺织品调湿和测试标准方法》要求的标准大气条件下（温度21℃ ±2℃，相对湿度65% ±5%），在暗室里调湿至少4h后再评级。

36. 变色评级

36.1 按照材料的规格或协议要求，对试样的暴晒部分与遮盖部分或原样部分（优先）评级。全面评价试样的耐光性能需要使用两步法暴晒。原样和已暴晒样品的遮盖部分之间存在着色差，表明织物不仅仅受到光的影响，还受到其他因素（如受热或大气中的某种反应性气体）的影响。虽然产生色差的确切原因尚未知，但是此现象发生时应在报告中注明。

36.2 不管是暴晒至所规定的AFU、辐射能或与参照标样进行对比，均可使用AATCC EP1《变色灰卡评定程序》或AATCC EP7《仪器评定试样变色》对样品进行变色评级（见44.10）。

36.3 测定总色差（ΔE_{CIELAB}）、明度差（ΔL^*）、彩度差（ΔC^*）和色相差（ΔH^*）。使用带有CIE 1976公式、D_{65}光源和10°观察视角且可提供数据的仪器。也可使用测量中包括反射光谱，带有散射功能的仪器（见AATCC EP6《仪器测色方法》）。

37. 同时暴晒的参照标样的接受性判断

37.1 按照第36部分，用参照标样（非蓝标）评定试样的颜色变化程度。

37.2 按以下的方法评定试样的耐光色牢度。

37.2.1 满意——当参照标样的变色达到变色灰卡的4级时，试样的颜色变化等于或小于参照标样的变色。

37.2.2 不满意——当参照标样的变色达到变色灰卡的4级时，试样的颜色变化大于参照标样的变色。

37.3 买卖双方可依据36.3部分，制定可接受的颜色变化程度。

38. AATCC 蓝色羊毛标样的分级（见44.11）

39. 高于L7的AATCC蓝色羊毛标样的分级（见44.12）

40. 报告（见表6）

报告至少应包含下列内容：

（1）操作者和测试时间；

（2）样品描述；

（3）耐光色牢度级数/耐光牢度；

（4）与参照样品或遮盖部分相比的可接受程度（Yes/No）；

（5）耐光色牢度：AATCC变色灰卡或仪器评价；

（6）分级方法；

（7）参考标准；

（8）环境温度（干球），黑板温度或黑标温度；

（9）控制暴晒：AATCC标准蓝色羊毛标样、辐射能量或其他；

（10）总辐射量；

（11）仪器类别、型号、序列号、生产商、试样架（倾斜型，2层，3层或水平型）和供水类型；

（12）方法选择；

（13）暴晒时间；

（14）安装程序（有背衬或无背衬）；

（15）如果存在与AATCC 16.3或参考标准有偏离部分。

表6 报告格式

操作者：______ 操作时间：______

样品描述：______

材料暴晒：正面______ 反面______

耐光色牢度级数：______ 色牢度分级：______

与参照样品相比的可接受程度（Yes/No）：______

试样与：遮盖部分______ 未遮盖部分______ 未暴晒原样______

评估耐光色牢度由：AATCC变色灰卡______ 仪器评级，名称和型号______

分级方法：______

参照标准：______

控制温度由：周围环境（干球）______℃ 黑板温度计______℃ 黑标温度计______℃

控制暴晒由：AATCC标准蓝色羊毛标样______ 辐射量______ 其他______

总辐射量：______

测试仪器类型：______ 型号：______ 序列号：______ 制造商：______

样品架：倾斜型______ 2层______ 3层______ 水平型______

供水类型：______

选用方法：______ 已用暴晒时间：______

安装程序：有背衬______ 无背衬______

样品旋转时间表：______ 相对湿度：______%

透过玻璃日光法，报告以下信息

地理位置：______

暴晒时间：从______到______

暴晒高度：______ 暴晒角度：______

透过玻璃暴晒：是/否______ 如果是，指出类型______

每天周围温度：最低______℃ 最高______℃ 平均______℃

每天黑板温度：最低______℃ 最高______℃ 平均______℃

测试环境温度：最低______℃ 最高______℃ 平均______℃

每天的相对湿度（%）：最小______ 最大______ 平均______

潮湿的时间：雨______ 雨和露______

精确度和偏差

41. 精确度

41.1 实验室间的测试概述。AATCC RA50 委员会已做了大量的研究来评估辐射监测仪终止耐光色牢度测试中的暴晒测试。在亚里桑那州和南佛罗里达州为期两年的实验中，实验室间研究采用了可控的辐射氙弧仪并在白天采集数据。研究中，某一实验室对所有已暴晒的样品的颜色变化进行仪器测量。

41.2 实验室间的研究使用了八种不同的耐光色牢度标准织物，通过已测的辐射量确定 20 个 AFU 的定义。研究表明，如果在耐光色牢度测试中辐照度、黑板温度、环境温度和相对湿度得到控制，那么实验室之间可达成一致。总之，不同的实验室用仪器测量已暴晒样品的色差变化小于 10%。所有测试样品的标准偏差都小于变色灰卡的半级。根据这些测试的结果可知，当按照氙弧灯连续光照方法 3 中规定的条件测试时，20 个 AFU 相当于在波长为 420nm 处测得的辐射量为 85kJ/(m^2 · nm)（连续光照约 21.5h）。

41.3 在日光研究中，除了对 AATCC 和 ISO 蓝色羊毛标样外，还对 16 种不同织物进行了暴晒测试。每个季节，在两个地点开始持续两年的一系列暴晒测试。根据辐射能量的仪器测量结果终止暴晒测试。测试期间，气候条件变化非常大。得到的数据清楚地表明由于温度、湿度、大气污染物等因素的不同而造成样品颜色变化不同，其中，最重要的变量是辐射量。在不同年度、地点和季节所做的暴晒测试得到的色差变化的平均值是 30%。

41.4 这些测试结果的详细内容已在 ISO/TC 38 的第一分技术委员会的 ISO 第 14 次会议上，以 38/1 N 993 号文件提交，题为《美国关于耐光牢度测试中对辐射量的监控报告》。

42. 偏差

耐自然光或人造光的色牢度的定义仅限于某一标准方法。没有独立的方法可以测定其真实值。作为评估该特性的方法不存在偏差。

43. 引用文献

43.1 AATCC EP1《变色灰卡评定程序》（见 44.5）。

43.2 AATCC EP6《仪器测色方法》（见 44.5）。

43.3 AATCC EP7《仪器评定试样变色》（见 44.5）。

43.4 ASTM G151《实验室光源在加速测试装置内暴晒非金属材料的标准方法》（见 44.9）。

43.5 ASTM G155《氙弧灯暴晒非金属材料的标准方法》（见 44.9）。

44. 注释

44.1 AATCC 蓝色羊毛标样除 L2 外都是用蓝色酸性铬媒染料 B（C. I. 43830）染色羊毛和牢度好的蓝色印地科素染料 AGG（C. I. 73801）染色羊毛以不同比例混纺特制而成的。每个编号较高的羊毛标样是前一编号牢度的两倍。AATCC 蓝色羊毛标样和 ISO 蓝色羊毛标样（用于 ISO 105 B01）的评估结果不同，因而不可互换使用。规格为 LOT8 和 LOT9 的 AATCC 耐光色牢度蓝色羊毛标样 L2 是通过批染获得的。L2 暴晒可产生两个清晰的褪色终点，用于 5 个或 20 个 AFU 褪色单位的测试。5 个 AFU 和 20 个 AFU 的 L2 褪色标准具体可从 AATCC 获取（见 44.5）。

44.2 黑色温度计可用于监控人造气候，测量样品在一定的辐射量下暴晒时的最高温度估计值。有两种黑色温度计，一种是黑板温度计，不绝缘且由金属制成；另一种是黑标温度计，绝缘且由带塑料背衬的金属制成。针对这点，一些 ISO 标准特别指定使用黑标温度计。在相同的暴晒温度下，黑标温度计显示的温度比黑板温度计高。

黑色温度计的元件表示的是其显示吸收的辐照度减去由传导和对流散失的热量。应使这些温度计的黑面保持良好的状态，按照仪器制造商的建议正确保护和维护黑色温度计。

44.2.1 黑板温度计：固定在样品架上的黑板温度计元件测量并调整测试温度，其正面与试样可接收到同样的暴晒。黑板温度计至少是由 70mm × 150mm 的金属面板组成，用温度计或热电偶测温且位于面板的中间，并与面板接触良好的感应部位不小于 45mm × 100mm。温度计面对光源的一面是黑色的面板，其反射到达试样的光谱小于 5%，而背对光源的一面在暴晒箱内应敞开着。

44.2.2 黑标温度计：固定在样品架上的黑板温度计元件测量并调整测试温度，其正面与试样可接收到同样的暴晒。黑标温度计由 70mm × 40mm、厚约 0.5mm 的不锈钢面板组成。有良好的导热性，固定其背面的热电阻器可测量温度。金属面板固定在塑料板上使其绝缘。温度计面对光源的一面是黑色的面板，其反射到达试样的光谱小于 5%。

44.3 有关适合测试方法的设备信息，请登录 http://www.aatcc.org/bg。AATCC 提供其企业会员单位所能提供的设备和材料清单。但 AATCC 没有给其授权，或以任何方式批准、认可或证明清单上的任何设备或材料符合测试方法的要求。

44.4 用白纸板做背衬，可使 AATCC 蓝色羊毛标样和试样产生更好的一致性和重现性。最初测定 AATCC 蓝色羊毛标样终点时的色差值即是使用该背衬条件下完成的。虽然给定了 AATCC 蓝色羊毛标样的允差，但是应尽量达到标准要求的中间值。最终目的是仲裁时，AATCC 蓝色羊毛标样将按 3 的倍数进行暴晒，AATCC 蓝色羊毛标样的色差等同于 AATCC EP6 规定的适用标准证书上规定的 CIELAB 的色差值（见 44.5）。

44.5 可从 AATCC 获取，地址：P. O. Box 12215, Research Triangle Park NC 27709；电话：+1.919.549.8141；传真：+1.919.549.8933；网址：www.aatcc.org；电子邮箱：ordering@aatcc.org。

44.6 该方法参考 ASTM G151 和 ASTM G155 对仪器的详细说明。在附录 A 中有进一步的说明。仪器更多的信息可查询 AATCC 购买者指南。

44.7 对于纤维容易发生移位现象的簇绒织物，如地毯等或面积太小难以评估的织物，取样时应不小于 40.0mm × 50.0mm（1.6 英寸 × 2.0 英寸）的暴晒面积。应取足够的尺寸和多个试样，以包括样品的所有颜色。

44.8 样品架必须用不锈钢、铝或者适当涂层的钢制成，以避免可能催化或抑制降解产生的金属杂质污染样品。当用订书钉固定样品时，订书订应有涂层且不含铁以避免腐蚀性产物污染样品。样品架应进行哑光处理，在设计上应避免可能影响材料性能的反射。为了某种性能需求，样品架的尺寸应取决于试样的类型。

44.9 可从 ASTM 获取，地址：100 Barr Harbor Dr.，West Conshohoeken PA 19428；电话：+1.610.832.9500；传真：+1.610.832.9555；网址：www.astm.org。

44.10 可采用自动评级系统，只要该系统可提供与有经验的评级人员目光评定结果相同或与其的重复性和再现性相同或更好。

44.11 AATCC 蓝色羊毛标样的分级。

44.11.1 一步法暴晒。试样的耐光色牢度分级如下：

（1）比较试样和同时暴晒的 AATCC 蓝色羊毛标样的颜色变化（见表2）；

（2）测定试样的颜色变化等于变色灰卡4级时所需的 AFU 数量（见表1）。

44.11.2 两步法暴晒。试样的耐光色牢度分级如下：

测定试样的颜色变化达到变色灰卡4级和3级所需的 AFU 数量（见表1）。

44.11.3 两个级数。3级变色的结果写在前面，括号里注明4级变色时的结果。例如：L5（4）表示在试样变色达到灰卡3级时为 L5 级，在试样变色达到灰卡4级时为 L4 级。当仅仅只用1级表示时，用产生试样变色4级时的 AFU 数量来表示。

44.12 高于 L7 的 AATCC 蓝色羊毛标样的分级。

高于 L7 的 AATCC 蓝色羊毛标样的分级见表7，暴晒过程中 L7 蓝色羊毛标样的变色达到4级时，试样的变色也达到灰卡的4级。

表7 高于 L7 的 AATCC 蓝色羊毛标样的分级

暴晒 L7 的数量			色牢度等级	等量 AFU
小于	等于不大于	大于		
—	2	—	L8	320
3	—	2	L8 ~ L9	—
—	3	—	L8 ~ L9	480
4	—	3	L8 ~ L9	—
—	4	—	L9	640
5	—	4	L9 ~ L10	—
—	5	—	L9 ~ L10	800
—	—	5	L9 ~ L10	—
6	6	—	L9 ~ L10	960
—	—	6	L9 ~ L10	—
7	7	—	L9 ~ L10	1120
—	—	7	L9 ~ L10	—
8	8	—	L10	1280
等等①	等等①		等等①	等等①

① 分级每增加1级，表示间隔为前一级所需的 AFU 数量的两倍。任何一个试样所需的 L7 的数量位于两个整数之间，那么其分级定位两级的中间值。

45. 历史

45.1 2020 年修订更新，在附录 B 中增加了三个流程图以体现3个选项。

45.2 1971 年、1974 年、1978 年、1981 年、1982 年、1990 年（替代 AATCC TM16 - 1997，TM16A - 1988，TM16C - 1988，TM16D - 1988，TM16E - 1987，TM16F - 1988 和 TM16G - 1985）、1993 年、2003 年、2004 年、2012 年（替代 AATCC TM16 - 2004）、2014 年修订，1997 年、1998 年重新审定，1983 年、1984 年、1986 年、1995 年、1996 年、2009 年、2016 年、2019 年编辑修订。

45.3 AATCC RA50 技术委员会于 1964 年制定；与 ISO - B02 方法3有相关性。

附录 A　氙弧灯褪色仪器

A1　可使用不同类型的氙弧测试仪，只要可自动控制辐射、湿度、暴晒箱内的空气温度和黑板或黑标温度计温度。

A2　暴晒箱内的设计可以不同，但应使用防腐材料。

A3　氙弧灯光源。氙弧灯测试仪采用长弧石英罩的氙弧灯作为辐射光源，可发射来自紫外270nm以下、穿过可见光谱直到红外范围的光源。

即使所有的氙弧灯是同种类型，但是不同尺寸和型号的仪器采用不同功率的灯。不同的型号仪器，根据灯的大小和功率，样品架的直径和高度也相应变化，这样可对样品架上的试样正面提供1.100W/(m^2·nm)±0.03W/(m^2·nm)(420nm)的辐照度或同等能量。

A3.1　氙燃烧器或过滤器的老化可以导致灯光谱的变化。在燃烧器表面或里面，灰尘或其他残余物的堆积也可引起灯光谱的变化。

A3.2　过滤器。为了使氙弧模拟自然日光，应使用过滤器滤去波长短的紫外辐射。此外，也可应用过滤器滤去红外辐射，防止发生不存在的却使试样热降解的加热现象，而该现象在室外暴晒中是不会发生的；用过滤器滤去波长小于310nm的辐射，用于模拟通过玻璃过滤的日光。

提供合适的光谱应参见仪器制造商的推荐说明(见A3.4)。当过滤片有裂缝、裂口、变色或呈乳白色时，应更换过滤器。在制造商建议的时间内，或在20h±2h持续光照时间内无法获得20个AFU时，应废弃氙弧灯管和过滤片。

A3.3　经过滤的氙弧光谱辐射。图1显示出经过滤的氙弧满足这些限制条件而得到预期的光谱能量分布。AATCC技术中心保存下图中的相对光谱能量分布变化的可接受限制条件的文档。

A3.4　应按照制造商的建议对仪器进行维护指导。

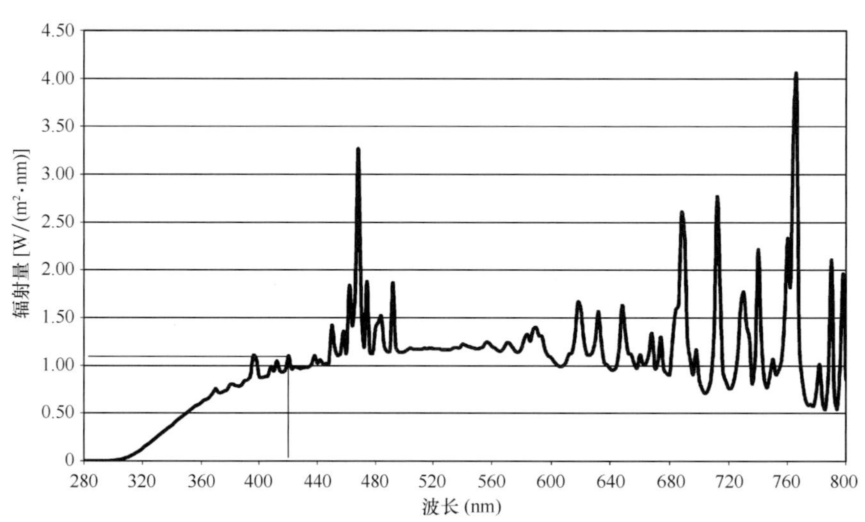

图1　经过滤的氙弧灯在1.10W/(m^2·nm)(420nm)控制的光谱能量分布图

附录 B AATCC 16.3 测试方法示意图

16.3 流程图 1。氙弧灯，间歇光照。

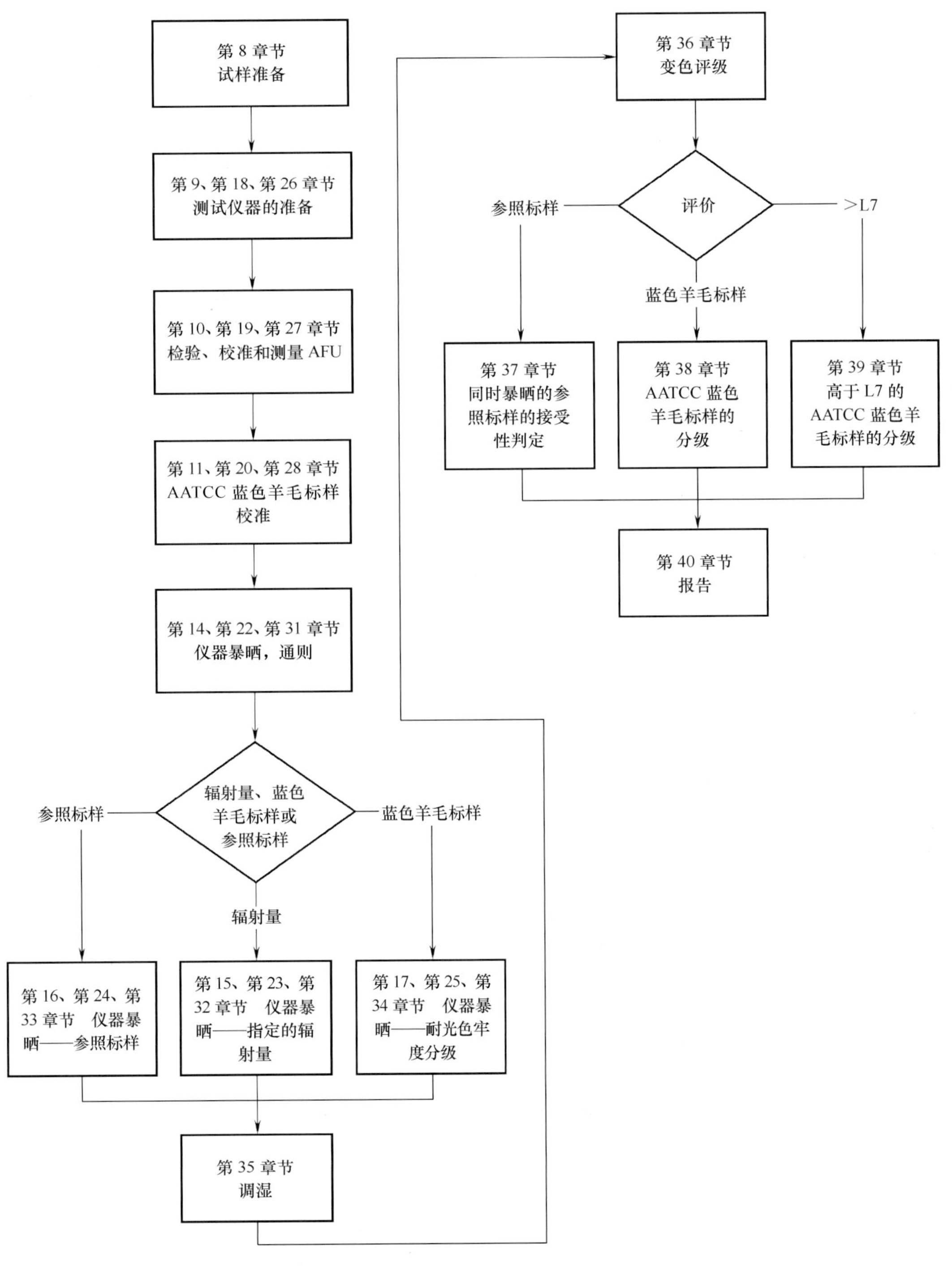

图 1 氙弧灯，间歇光照

16.3 流程图 2。氙弧灯，连续光照，黑标温度计法。

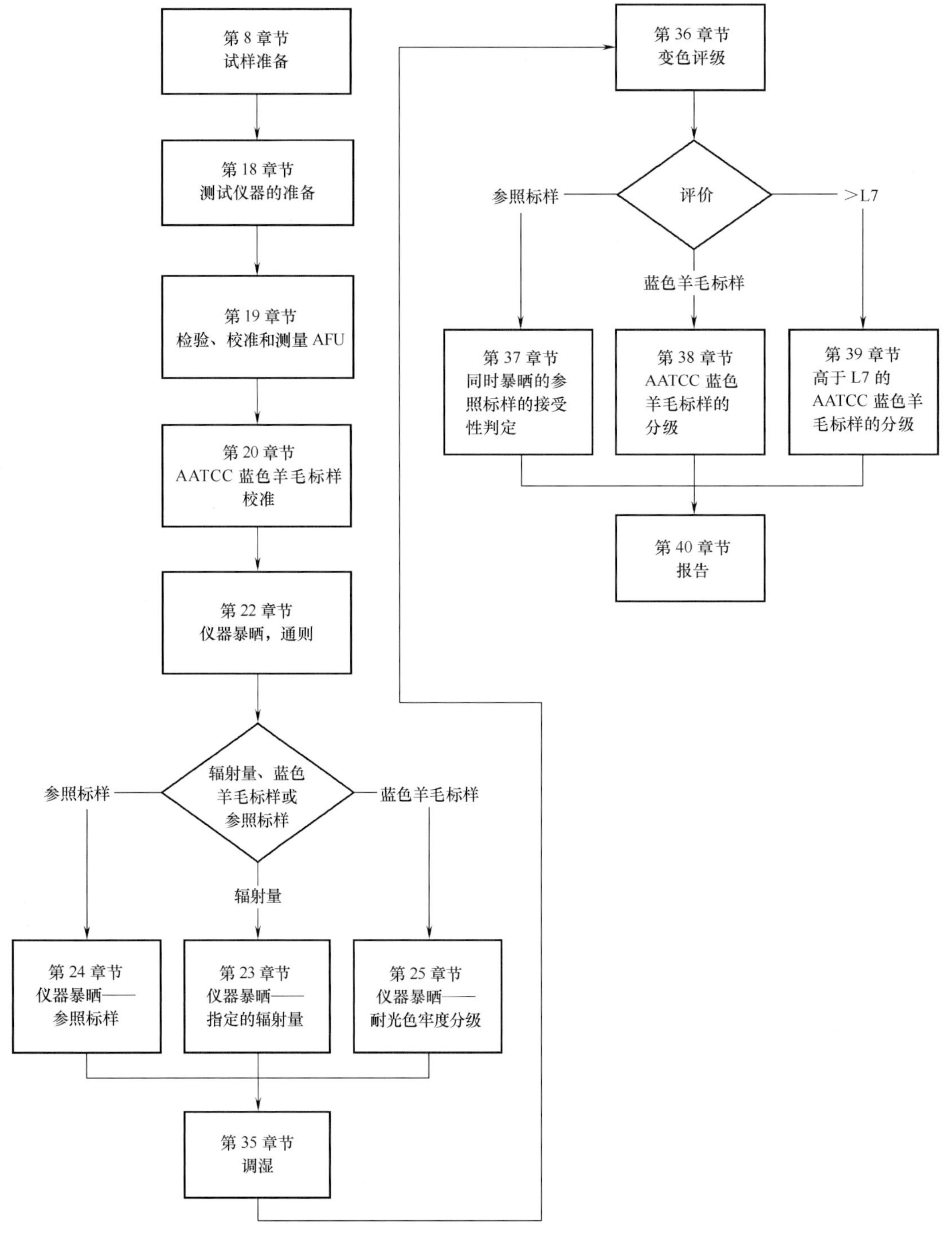

图 2 氙弧灯，连续光照，黑标温度计法

16. 3 流程图 3。氙弧灯，连续光照，黑板温度计法。

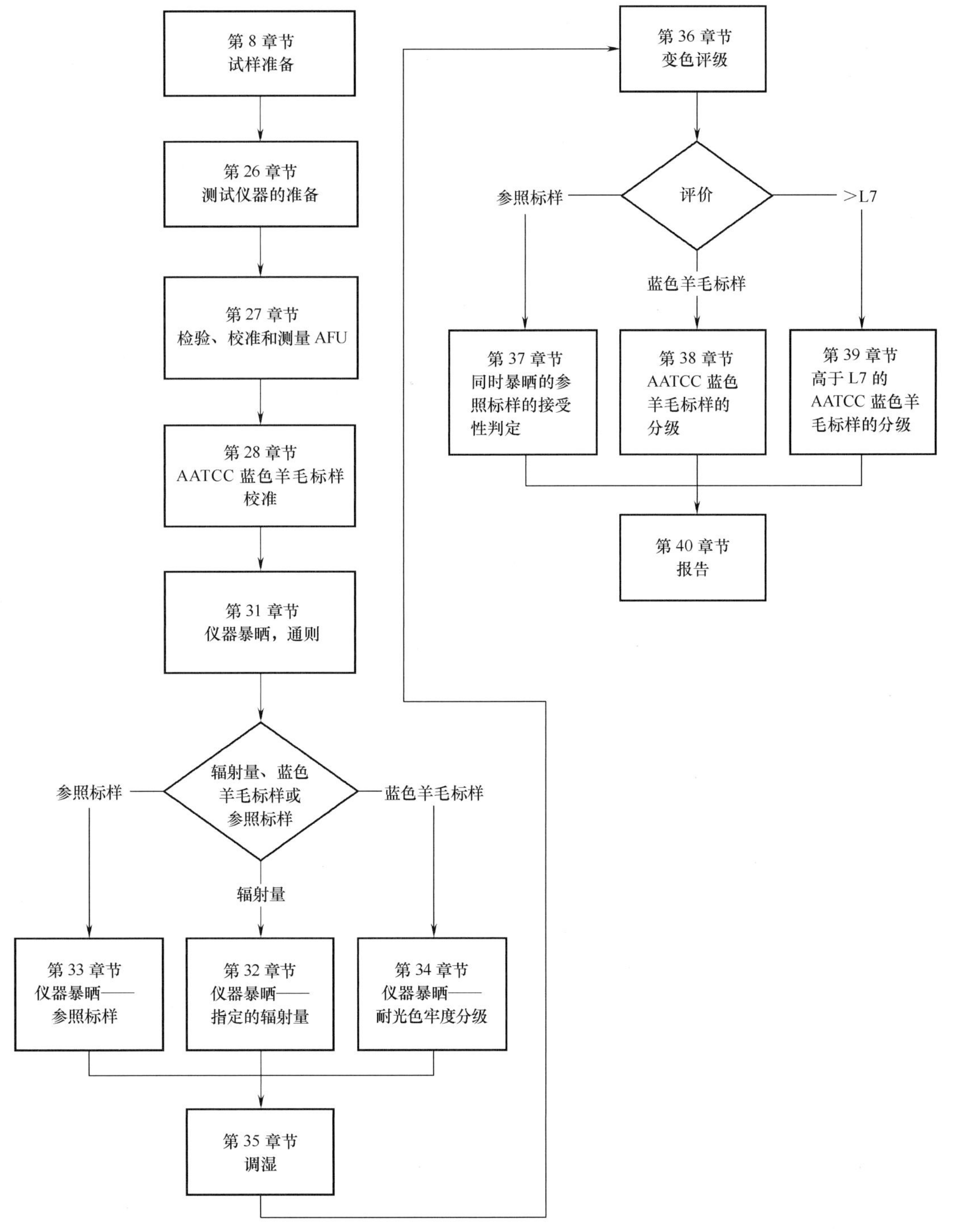

图 3　氙弧灯，连续光照，黑板温度计法

AATCC TM17-1999e2(2018)e

润湿剂效果的评价

AATCC RR8 技术委员会于 1932 年制定；2003 年权限移交至 AATCC RA63 技术委员会；1943 年、1971 年、1977 年、1980 年、1989 年、2005 年、2010 年、2014 年、2018 年重新审定；1952 年、1999 年修订；1974 年、1985 年、1994 年编辑修订并重新审定；1988 年、1991 年、2004 年、2008 年、2019 年编辑修订。

1. 目的和范围

本测试方法适用于评价常规商业润湿剂的效果。

2. 原理

取一定重量的棉纱束放入盛有润湿剂水溶液的高量筒中。连接重物和纱束的弯钩松弛所需的时间为浸透时间。

3. 术语

润湿剂：一种化合物，加入水中后，可降低液体的表面张力及其与固体间的界面张力。

4. 安全和预防措施

本安全和预防措施仅供参考。本部分有助于测试，但未指出所有可能的安全问题。在本测试方法中，使用者在处理材料时有责任采用安全和适当的技术；务必向制造商咨询有关材料的详尽信息，如材料的安全参数和其他制造商的建议；务必向美国职业安全卫生管理局（OSHA）咨询并遵守其所有标准和规定。

4.1 遵守良好的实验室规定，在所有试验区域应佩戴防护眼镜。

4.2 配制润湿剂原液时，应佩戴化学防护眼镜、橡胶手套和围裙。

5. 仪器和材料（见 10.1）

5.1 标准重量的弯钩和重锤（见 10.2 和 10.3）。

5.2 容量瓶，1000mL。

5.3 烧杯，1500mL。

5.4 有刻度量筒，500mL。

5.5 球形吸管（或抽吸器），100mL。

5.6 球形移液管，多种尺寸。

5.7 棉纱，本色、未煮练，2 合股，5g 为一束（见 10.4）。

5.8 蒸馏水（见 10.5）。

5.9 双对数坐标纸。

6. 测试溶液

通常，润湿剂的原液按 50.0g/L 润湿剂配制而成。若润湿剂在水中的溶解性很差，则必须减少润湿剂的用量。配制过程如下：首先，用80℃以上所需蒸馏水的四分之一充分溶解润湿剂，然后再用冷蒸馏水稀释至所需体积；用球形移液管分别移取 5mL、7mL、10mL、15mL、25mL、35mL、50mL、75mL 和 100mL 上述浓度为 5% 的原液，然后用适当的水（见 10.4）分别稀释到 1000mL，这样，每升溶液中润湿剂的量分别为 0.25g、0.35g、0.50g、0.75g、1.25g、1.75g、2.50g、3.75g 和 5.00g。此浓度范围足以用于任何商业产品的研究。

7. 操作程序

7.1 将测试所用的稀释溶液从容量烧瓶中倒入1500mL的烧杯中，并确保混合均匀。烧杯中的溶液再平分在两个500mL的量筒中。如果从较稀的溶液开始测，则不必每次清洗和干燥混合用的烧杯和量筒。量筒中装好溶液后，操作者必须等待溶液表面下的所有气泡都上升到顶部，才能开始做浸透实验。操作者在等待气泡上升的过程中，可提前准备至少6个量筒的溶液。用100mL的球形吸管（或抽吸器）去除溶液表面的泡沫。如果润湿剂对待测棉纱没有润湿倾向（实际上棉束总是如此），则允许使用同一份稀释液进行多次测试，而不必为每个新测试纱束重新配制溶液。在这种情况下，仅需将一升某浓度的溶液重复注入一个500mL的量筒里即可。

7.2 因温度常显著地影响润湿效果，故选择25℃、50℃、70℃和90℃标准温度进行测试，这样就包含了全部商业使用的温度范围。25℃的温度条件是最容易获得的，只需要在一个大桶中，把水调节到正确的温度（25℃）。对于较高的测试温度，先将用于混合的烧杯中稀释的测试溶液加热到稍高于所需的测试温度，再把此溶液倒入量筒中，让其冷却至测试温度。

7.3 测试时，取5.00g纱束多次对折，使其形成一个周长为45.7cm的环。周长为91.4cm的纱束最方便，只需两折，就可形成周长为45.7cm的环；137.2cm的纱束需要三折，182.9cm的纱束需要四折，228.6cm的纱束需要五折。把已折好的纱束一端用带重锤的弯钩固定，用剪刀剪断纱束的另一端。当测试润湿剂时，为了使纱束更紧密，可用手指抓住剪断的纱束。把系在纱束上以修正其重量的任何纱线都折进弯钩附近的纱束里。一只手握住纱束，用手把纱束连同弯钩和重锤垂直放入500mL量筒中的润湿剂溶液中；另一只手拿秒表。当纱束开始沉入溶液时启动秒表，确认漂浮的纱束开始沉到量筒底部时停止计时。纱束在沉没前必须完全浸渍在溶液中，且纱中必须有空气以使纱束有足够的漂浮能力，以使弯钩和重锤（见图1）之间的亚麻线呈绷紧状态。每种浓度的润湿剂至少测试四次浸透时间，得出其平均值。一般浸透时间的平均偏差为10%～12%（见10.6）。

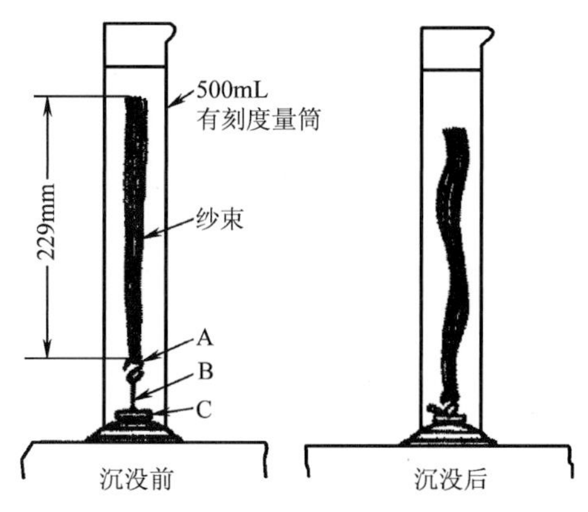

图1 纱束沉没前后的形态

8. 评价

8.1 上述所得数据的处理方法是非常关键的。在双对数坐标纸上绘制工作曲线是最有效的方法。图2中的X轴和Y轴的坐标都为对数坐标，但上面所标的数据都是直接按反对数形式给出的。水平轴（X轴）上所表示的是润湿剂溶液的浓度值（g/L），从左到右的数值是0.1～10g/L。同样的方式，垂直轴（Y轴）上所表示的是浸透时间（s），底部的数值为1s或10s，顶部的数值为100s。连接所得各数据点，可得到一条平滑曲线，对大多数产品来说是一条直线（见图2）。

8.2 如果当两种产品所用弯钩都为3.0g时，浸透曲线的斜率相同，那么这两种产品对于其他质量的弯钩，用此测试方法得出的斜率也都相同；用其他试验方法时，只要采用纯棉纱为测试样，所得直线的斜率也与本方法接近。在这种条件下，可合理地假设：相同时间内、同样条件下，同一批棉纱束的润湿效果是相同的。因此，可以得出表1中比较润湿的相对成本，表中378.5L润湿剂溶液的成本是按8.3计算的。

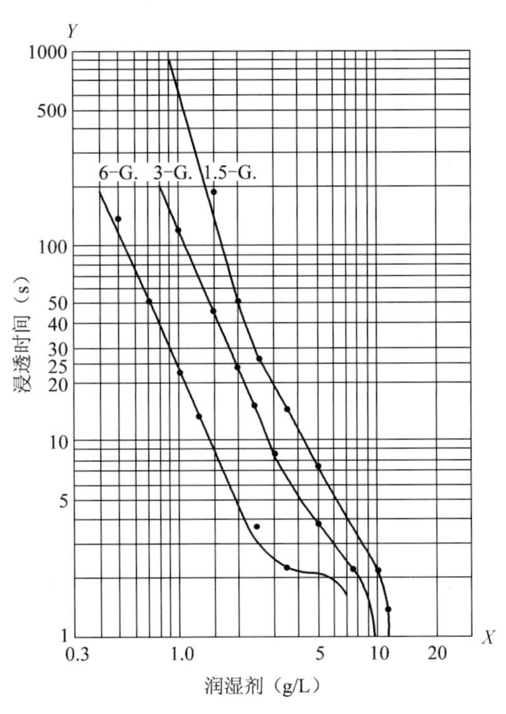

图 2　结果曲线

表 1　两种原始润湿剂的比较

标　准	项　　目	新产品
3. 000	弯钩的质量（g）	3. 000
25	温度（℃）	25
20	每磅成本（美分）	18
1. 95	25s 时润湿浓度（g/L）	2. 44
100	等量	125
32. 5	润湿浓度下 378. 5L 溶液的成本（美分）	36. 7

注　溶剂均为中性蒸馏水。

8. 3　某润湿剂浓度下，378. 5L 溶液的成本 = 0. 835L × 润湿剂浓度（g/L）× 每克润湿剂的成本。

8. 4　在双坐标纸上表示浸透时间和浓度的关系图中，两种产品的斜率明显不同时，说明润湿数据时必须慎重。

9. 精确度和偏差

9. 1　精确度。实验室内的比对试验，建立了本测试方法的精度。三个试验员用三天的时间对每个级别的表面活性剂进行四次试验，计算每个级别表面活性剂的四次结果的平均值。表 2 列出了三名测试人员得出数据的平均偏差和标准偏差。

表 2　浸透时间平均偏差和标准偏差

表面活性剂用量（g/L）	浸透时间	
	三名测试人员的平均偏差（s）	三名测试人员的标准偏差（s）
0. 25	120. 00	0
0. 35	120. 00	0
0. 50	77. 00	13. 18
0. 75	32. 75	3. 70
1. 25	14. 42	1. 70
1. 75	8. 58	0. 80
2. 50	4. 75	0. 50
3. 75	3. 10	0. 14
5. 00	2. 00	0

用变异系数测定本测试方法的偏差。所采用的数据是根据实验室内三名测试人员的测试结果。表 3 列出了每个级别表面活性剂的变异系数。

表 3　不同表面活性剂级别的变异系数

表面活性剂级别（g/L）	*CV* 值（%）
0. 25	0
0. 35	0
0. 50	17
0. 75	11
1. 25	12
1. 75	9
2. 50	11
3. 75	5
5. 00	0

9. 2　偏差。润湿剂的润湿效果只能根据某试验方法予以定义，因而没有独立的方法测定其真值。本方法作为预测这一性质的一种手段，没有已知误差。

10. 注释

10.1 有关适合测试方法的设备信息，请登录 http：//www. aatcc. org/bg 浏览 AATCC 用户手册。AATCC 提供其企业会员所能提供的设备和材料清单。但 AATCC 没有对其授权，或以任何方式批准、认可或证明清单上的任何设备或材料符合测试方法的要求。

10.2 标准重量的弯钩和重锤按以下方法制备：一根长约 6.51cm 的 10 号 B&S 规格的铜丝，按图 3 中 A 所示弯成弯钩形状。然后，再把此弯钩的质量精确调节到 3.000g。由于镍、银和不锈钢丝的耐腐蚀性较好，故比铜丝更适合用于制造弯钩。重锤（图 3 中的 C）是一个平的、圆柱形的铅块，质量大约为 40g，直径 25mm，厚度约 4.7mm。在重锤的中央，焊接一个金属环，以便于用亚麻线（图 3 中的 B）连接重锤和弯钩，重锤和弯钩的间距为 19mm。如果要测试的产品较多，则至少要准备两套弯钩和重锤。

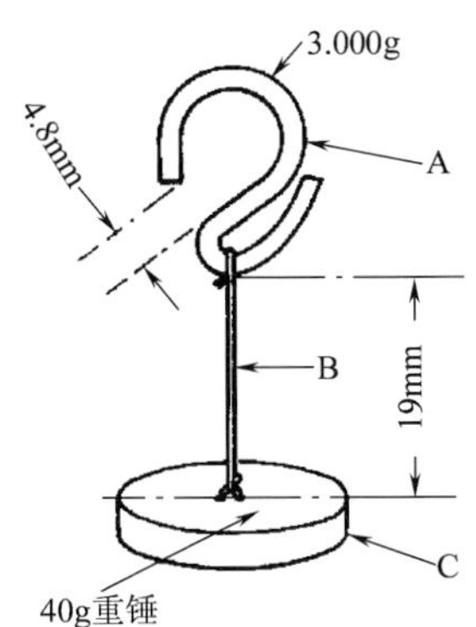

图3 润湿剂测试所采用的弯钩和重锤

10.3 在对润湿剂的比较中发现，使 3.0g 的弯钩得到浸透时间为 25s 的润湿剂浓度，通常十分接近各种工厂工艺中初润湿实际操作中所采用的浓度。但是如果工厂特定操作中润湿剂的最佳浓度比 3.0g 弯钩得到的浓度高或低出许多，这时需要换用不同质量的弯钩来做在此特殊情况下有效的产品间比较。

10.3.1 与低浓度产品的比较，浸透时间为 25s 时，要采用 6.0g 甚至 9.0g 的弯钩。只有具有相似斜率的浸透曲线的产品在任何标准浸透时间下，对 0.5g、1.5g、3.0g、6.0g 和 9.0g 的弯钩具有相同的值。

10.3.2 在与比浸透时间为 25s、弯钩质量 3.0g 时的浓度更高的产品比较时，采用 0.5g 或 1.5g 的弯钩。较高浓度下，为了使结果更快和更可靠，最好采用电子计时装置和标准浸透时间为 10s 和 4s，步骤与 3.0g 弯钩 25s 时的步骤完全相同。

10.4 可采用捻度为 708.7 ~ 787.4 捻/m，40s/2（30tex）的精梳皮勒棉纱线。用来制备指定润湿测试的 5g 纱束的本色棉线纱必须取自同批棉纱。为了平均同批棉纱中不同管所存在的细微差别以及增加测试中润湿性极其相近的纱束的数量，要求每个纱束从 4 ~ 12 管的纱中同时抽取。对于买来的纱束，每束的质量必须控制在 5g ± 10mg。

10.5 必须慎重考虑润湿剂测试中所用水的质量。原溶液最好用蒸馏水配制。当不确定润湿剂的使用条件时，最终溶液也可用蒸馏水配制。另外，为了模拟工厂的实际操作条件，测试的最终溶液，甚至最初原溶液，都应该使用厂里的水配制，其成分有必要与他们用到实际中溶液的化学成分完全相同。如果这样，虽然化学家通过比色法或电化学法可以确定最终测试液的酸度和碱度，但溶液的 pH 可自动调节。

为了一致性，常规测试中的标准浓缩液采用酸性或碱性而不采用中性溶液。推荐测试分别在不同温度，最终浓度为 5g/L 或 10g/L 的硫酸（密度为 1.84g/L）或 5g/L 或 10g/L 的碳酸钠和 5g/L 或 10g/L 的烧碱的溶液中进行。

10.6 将测试量筒放在振动表面上可以显著减少浸透时间的分散性。因为气泡更趋向均匀释放，消除了偶尔的延迟，因而提高了一致性。而且还发现，振动还可降低在标准时间和标准弯钩下的平均浸透浓度。

AATCC TM20-2021

纤维分析：定性

1. 目的和范围

1.1 本测试方法描述了鉴别纺织纤维的物理、化学和显微镜方法，适用于纺织产品中出现的纺织纤维以及在美国销售的纺织纤维。纤维可以在原纤状态，或者是从纱线或织物中取出后的状态下进行鉴别。

1.2 本测试方法可用于鉴别常用纤维的种类。有关纤维种类的定义详见（美国）纺织纤维制品鉴定条例（TFPIA）和（美国）联邦贸易委员会（FTC）的规章制度以及 ISO 2076《纺织化学纤维属名》。混纺纤维百分含量的定量分析方法见 AATCC 20A《纤维分析：定量》。

1.3 本测试方法适用于下列纤维（纤维按通用分类方法分组）。

天然纤维

纤维素纤维（植物纤维）

棉、大麻、黄麻、亚麻、苎麻、剑麻（龙舌兰属）、蕉麻（马尼拉麻）

角蛋白纤维（动物纤维）

羊驼毛、驼毛、山羊绒、马毛、美洲驼毛、马海毛、兔毛、小羊驼毛、羊毛、牦牛毛

丝蛋白纤维（动物纤维）

蚕丝、桑蚕丝（人工饲养）、柞蚕丝（野生）

矿物纤维

石棉

化学纤维

醋酯纤维

二醋酯纤维、三醋酯纤维

聚丙烯腈纤维

阿尼迪克斯纤维

芳族聚酰胺纤维

间位芳香族聚酰胺纤维、对位芳香族聚酰胺纤维

再生蛋白质纤维

玻璃纤维

金属纤维

改性聚丙烯腈纤维

诺沃洛伊德纤维

锦纶

锦纶 6、锦纶 66、锦纶 11

聚偏氰乙烯纤维（奈特里尔纤维）

聚烯烃类纤维

Lastol 纤维、聚乙烯纤维、聚丙烯纤维

PBI 纤维

聚酯纤维

Elastrelle 纤维

再生纤维素纤维

铜氨纤维、莱赛尔纤维、黏胶纤维

橡胶纤维

萨纶

氨纶

triexta 纤维

聚乙烯醇系纤维

维纶

2. 使用和限制条件

2.1 本测试方法描述了许多鉴别纤维的程序，包括显微镜法、溶解法、熔点法、折射率法和显微傅里叶红外光谱法等。这些方法可以结合起来使用，以鉴别某种纤维的类别。在鉴别某些纤维时，有些方法可能比其他方法更加有效。

2.1.1 例如，显微镜观察法特别适用于鉴别天然纤维，但用于观察化学纤维时必须谨慎。如再生纤维在生产过程中经常存在纤维的改性，而这些改性会引起纤维纵向或横向截面的外观发生改变。此外，化学纤维可能含有消光剂，或不含消光剂而

含有其他的添加剂。对于已知类型的长丝，其尺寸大小或横截面形状也有可能发生变化。有些独特的长丝，其横截面可能由两个或两个以上相同或不同类型的纤维构成。

2.1.2 即使是天然纤维，其横截面也呈现出相当大的不同。没有哪个特定的试样能与已出版的照片完全一致。应该测试足够多的纤维，尽可能包含任何试样的全部外观范围。

2.2 纤维种类的成功鉴别取决于经验和对纤维的了解程度。未知纤维进行鉴别的最好方法是与标样纤维进行比较。因此，每一种类型的纤维应该至少有一个具有代表性的纤维样品，用于比较鉴别。

2.3 本标准提供了对常用纤维进行分类的测试方法。在一些特殊情况下，例如对本标准中没有叙述到的纤维，或对纤维类型相同但制造商不同的纤维进行鉴别时，请务必查阅有关纤维鉴别的标准文本或纤维供货商提供的技术报告（见 13）。

3. 术语

有关技术术语的定义参见技术手册 AATCC M11。

4. 安全和预防措施

本安全和预防措施仅供参考。本部分有助于测试，但未指出所有可能的安全问题。在本测试方法中，使用者在处理材料时有责任采用安全和适当的技术；务必向制造商咨询有关材料的详尽信息，如材料的安全参数和其他制造商的建议；务必向美国职业安全卫生管理局（OSHA）咨询并遵守其所有标准和规定。

4.1 遵守良好的实验室规定，在所有的试验区域应佩戴防护眼镜。

4.2 所有化学物品应当谨慎使用和处理。

4.3 在准备、分配和处理本标准第 6 部分所述的试剂时，应戴上防护眼镜或面罩、密封手套和围裙。处理浓酸时必须在通风良好的通风橱内进行。

注意：总是将酸加入水中。

4.4 所有有毒和易燃试剂的混合或处理，必须在通风良好的通风橱内进行。丙酮和乙醇是高度易燃物，应放置在小容器内储存于实验室中，并远离热源、明火和火花。

4.5 在附近安装洗眼器、安全喷淋装置以备急用。

4.6 本测试方法中，人体与化学物质的接触限度不得高于官方的限定值［例如，美国职业安全卫生管理局（OSHA）允许的暴露极限值（PEL），参见 29 CFR 1910.1000，最新版本请参见网址 www.osha.gov］。此外，美国政府工业卫生师协会（ACGIH）的阈限值（TLVs）由时间加权平均数（TLV-TWA）、短期暴露极限（TLV-STEL）和最高极限（TLV-C）组成，建议将其作为人体在空气污染物中暴露的基本准则并遵守（见 12.1）。

5. 仪器（见 12.2）

5.1 复式显微镜。配有物镜和目镜，放大倍数为 100~500 倍，并配有起偏镜、检偏镜。

5.2 载玻片和盖玻片。

5.3 分析针。

5.4 小剪刀和镊子。

5.5 符合以下要求的制作纤维横截面的装置。

5.5.1 带有钻孔的不锈钢片。2.54cm × 7.62cm × 0.0254cm（1 英寸 ×3 英寸 ×0.01 英寸），钻孔直径 0.09cm（0.04 英寸）；软铜线 AWG#34，直径 0.016cm（0.0063 英寸）。

5.5.2 显微镜用薄片切片器，手动。

5.6 剃须刀片。薄、锋利、单面或双面刀，带有手柄。

5.7 密度梯度管。玻璃管直径 2.5cm（1 英寸）、长 45cm（18 英寸），底部密封，有一个 24/40

标准锥形连接玻璃塞（避免溶剂的吸湿或蒸发）。校准密度用的玻璃小球可以作为标准密度使用。

5.8 熔点仪。包括加热块、温度测量装置（如温度计）、加热速率控制器和在低放大倍数下观察样品的装置。仪器温度控制范围为 100 ~ 300℃ 或更大，全量程温度控制精度为 ±1℃。

5.9 显微傅里叶红外光谱仪。

5.10 示差扫描热量计。

6. 试剂和原料（见 12.2）

6.1 固定用试剂。

6.1.1 矿物油。美国药典规格（U.S.P.），或其他浸润液体。

6.1.2 火棉胶。4g 硝化纤维溶解在 100mL 乙醇/乙醚混合溶剂（1:3）中的溶液。

6.2 漂白剂。亚硫酸钠—碱溶液，2g 连二亚硫酸钠和 2g 氢氧化钠溶于 100mL 水中。

6.3 着色剂。

6.3.1 氯化锌—碘混合溶液。溶解 20g 氯化锌于 10mL 水中，溶解 2.1g 碘化钾和 0.1g 碘于 5mL 水中，再加入一片碘。

6.3.2 酸性间苯三酚试剂。将 2g 间苯三酚溶解于 100mL 水中，与等体积的浓盐酸一起使用。

6.4 浸润液的折射率。

6.4.1 十六烷。化学纯级，折射率 1.434。

6.4.2 α－氯萘。折射率 1.633，有毒，避免吸入蒸汽。

6.4.3 以上两种试剂的混合物。假设混合物的折射率与各组分的体积成线性变化关系，例如十六烷与 α－氯萘以 42:58 的体积比混合后，得到的混合物的折射率为 1.550。

6.5 纤维的溶剂。

6.5.1 冰醋酸。腐蚀性物质，避免接触眼睛和皮肤。

6.5.2 丙酮。试剂级（高度易燃物质）。

6.5.3 次氯酸钠溶液。5%，也可使用家庭氯漂剂。

6.5.4 盐酸。浓试剂，20%。将 50mL 的 38% 浓盐酸用蒸馏水稀释至 95mL。

6.5.5 甲酸。85%，腐蚀性试剂，避免接触眼睛和皮肤。

6.5.6 1，4－二氧杂环己烷。

6.5.7 间二甲苯。

6.5.8 环己酮。

6.5.9 二甲基甲酰胺（如果溅到皮肤上应立即冲洗）。

6.5.10 浓度为 59.5% ±0.25%、20℃ 时密度为 1.4929g/mL ± 0.0027g/mL 的硫酸溶液。配制：称取 59.5g 浓硫酸（密度为 1.84g/mL）放入烧杯中；称取 40.5g 蒸馏水于 250mL 容量瓶中；带上防护眼镜，小心地将浓硫酸加于蒸馏水中，并不断搅动，同时，在冷水中或在水龙头下冷却。混合过程中如果不冷却，溶液可能变得很热，甚至沸腾和溅出。配好的溶液冷却到 20℃ 时，调节其密度至 1.4902 ~ 1.4956g/mL。

6.5.11 浓度为 70% ±1%、20℃ 时密度为 1.6105g/mL ± 0.0116g/mL 的硫酸溶液。配制：分别称取 70g 浓硫酸（密度为 1.84g/mL）和 30g 蒸馏水，按照 6.5.10 中所述的注意事项将它们混合。当溶液冷却到 20℃ 时，调节其密度为 1.5989 ~ 1.6221g/mL。

6.5.12 间甲酚。试剂级，有毒物质，使用时在通风橱中进行操作。

6.5.13 49% 的氢氟酸。试剂级，非常危险的试剂，操作时务必使用防护眼镜和防护面罩，以免吸入蒸汽或与皮肤接触。

7. 取样

为获得具有代表性的样品，请参考以下内容。

7.1 如果样品是松散的纤维或纱线，它可能是一种纤维，也可能是混合在一起的两种或多种纤维组成的混合纤维。

7.2 如果样品是纱线，它可能是单股纱线，也可能是两股或多股纱线组成的合股混合纱线。混合纱线中各纱线的捻向可能相同，也可能不同，而且它们本身各自还可能是混纺纱。

7.3 机织物和针织物可由同一类别纤维的纱线构成或者由多种不同纤维的纱线构成。而且，织物组织结构中的长度方向和宽度方向的纱线可能是由不同的单一纤维构成，也可能是由不同的多种纤维的纱线构成，这种情况下，织物的长度方向和宽度方向要分别进行分析。

7.4 不同类别的纤维可以染成同一种颜色；反之，同一种纤维在经不同整理后的产品中可显示出不同颜色。例如，可以通过原纤维染色或纱线染色获得，或通过使用改性的染色纤维获得。

7.5 试验用试样必须能完全代表待测的纤维、纱线或织物。

8. 试样准备

8.1 很多情况下，一种未知纤维无须经过预处理即可被鉴定。

8.2 浆粉、蜡、油或其他涂料使纤维外观变模糊时，可将纤维放入蒸馏水中缓缓加热以除去无关的物质。若不能除去，可选用有机溶剂进行萃取，或者选用 0.5% 盐酸或 0.5% 氢氧化钠清洗。一些纤维，如锦纶会被酸损坏；而再生蛋白质纤维、蚕丝和毛绒会被碱处理损坏（见 9.7）。

8.3 使用 0.5% 的氢氧化钠溶液处理植物纤维束；纤维分离后用水充分清洗，然后干燥。

8.4 染色纤维（特别是纤维素纤维）进行剥色处理时，应浸在碱性亚硫酸钠溶液中，在 50℃ 温度下加热 30min（见 6.2）。

9. 测试程序

9.1 鉴别纤维通常需对试样进行多种选定的测试，直到获得足够的信息能够满意地判断出其通用属类或特殊类。具体测试方法和顺序的选定，可根据已掌握的知识和初步测试结果而改变。

9.2 视觉鉴别与显微镜鉴别。

9.2.1 检验提交鉴别的材料样品。记录样品形态（散纤维、纱线、织物等）、颜色、纤维长度、细度、外观均匀性和可能的最终产品用途等。若样品是织物，则用拆开或切断的方法分离出纱线；若样品为机织物，则分离出经、纬纱线；若纱线在颜色、光泽、尺寸和其他外观方面不一致，则需将纱线进行物理分离以进行分开鉴别。

9.2.2 纤维可用光学显微镜或扫描电子显微镜进行鉴别。若用光学显微镜，则取少量纤维置于载玻片上，将纤维梳理开，用一滴矿物油或其他浸润液使纤维固定在载玻片上，盖上盖玻片，在显微镜下进行观察。

9.2.3 仔细观察纤维特征，在四大类中确定纤维属类。

9.2.4 表面有鳞片的纤维鉴别。表面有鳞片状的纤维都是动物毛纤维（见 1.3），除蚕丝外，所有角蛋白纤维都包括在这一组。仔细地进行显微镜观察，包括横截面的观察（见 9.3）。将观察结果与表 1 中所列纤维特征、本方法附录 A 中的照片和已知动物纤维参照样品（见 12.3）进行比较，对纤维属类做出判断。山羊绒是绒山羊（Capriahir-cuslaniger）身上优质的底层纤维。纤维一般无髓，平均最大直径为 19μm，平均直径的变异系数不大于 24%。30μm 以上的羊绒纤维不超过 3%（按质量计）。另外，可通过燃烧试验（见 9.5）、密度试验（见 9.6）和溶解试验（见 9.7）进一步确认鉴别结果。

9.2.5 具有横节的纤维鉴别。这些纤维指除棉以外的植物纤维（见 1.3）。仔细地进行显微镜观察，包括对纤维横截面的观察（见 9.3）。将观察结果与表 2 中给出的纤维特征、本方法附录 A 中的照片和已知植物纤维样品进行比较，然后对纤维属类做出判断。对于亚麻、苎麻和大麻纤维的鉴别，可进行干燥过程中纤维自然旋转方向测试（见 9.8），由纤维干燥后的旋转方向做出鉴别。如果纤维是浅色纤维，则用氯化锌—碘试剂和酸性间苯三酚试剂做着色试验来鉴别（见 9.9）。该类纤维的进一步确认方法见 9.4 ~ 9.7 所述。

表 1　表面有鳞片的纤维特征

显微镜下外观	羊驼毛	驼毛	羊绒[3,4]	马毛	美洲驼毛	马海毛	骆马毛	羊毛[5]	牦牛毛
纵向表面									
有无鳞片	—	—	—	—	—	—	—	X	—
颜色暗淡	x	x	X	x	x	X	x	—	x
冠状鳞片[1]	—	x	x	X	—	—	x	x	x
瓦状鳞片[2]	x	x	—	—	x	x	—	x	x
边缘平滑度	—	x	x	x	—	x	x	x	—
锯齿状边缘	X	—	—	x	X	—	—	—	X
毛髓情况									
通常存在	x	—	—	x	X	—	—	—	—
很少存在	—	x	X	—	—	x	x	x	—
永不存在	—	—	—	—	—	—	—	—	X
髓质类型									
碎片型	x	x	—	—	x	—	x	x	—
间断型	x	—	—	—	x	x	x	x	—
连续型	x	—	—	x	x	x	—	—	—
髓腔直径/纤维直径									
小于 1/4	—	—	—	—	—	x	x	x	—
1/4 ~ 1/2	x	—	—	x	x	x	—	x	—
大于 1/2	—	—	—	X	—	—	—	—	—
髓质色素类型									
弥散状	—	—	x	—	—	—	—	—	—
条纹状	x	X	x	—	x	—	x	—	x
粒状	—	x	—	x	—	—	—	—	x
无	—	—	—	—	—	X	—	X	x
横截面									
轮廓									
圆 ~ 椭圆	—	x	x	x	—	x	x	x	x
椭圆 ~ 细长条	x	—	—	—	x	—	—	x	—
腰子型	x	—	—	—	x	—	—	—	—

续表

显微镜下外观	羊驼毛	驼毛	羊绒③,④	马毛	美洲驼毛	马海毛	骆马毛	羊毛⑤	牦牛毛
髓心轮廓									
圆～椭圆	—	—	—	x	—	x	x	x	—
椭圆～细长条	X	—	—	—	X	—	—	—	—
腰子型～哑铃	X	—	—	—	X	—	—	—	—
色素分布									
均匀	x	X	—	—	x	—	x	—	x
中心	—	—	X	—	—	—	—	—	—
不规则	—	—	—	X	—	—	—	—	—
细度（μm）									
平均	26～28	18	15～19	—	26～28	—	13～14	—	18～22
范围	10～50	9～40	5～30	—	10～40	10～90	6～25	10～70	8～50
鳞片数/100μm	—	—	6～7	—	—	<5.5	—	>5.5	>7

① 冠状指像花冠样的鳞片，并且可见鳞片边缘全部环抱纤维。

② 瓦状指重叠搭接的鳞片，并且可见边缘像屋顶上的瓦一样重叠的鳞片，而且仅覆盖纤维表面一部分。

③ 羊绒纤维的纵向/表皮外观的色泽一般比羊毛暗，但不如驼毛、羊驼毛等特种纤维的色泽暗。

④ 2000 年发表的关于亚洲山羊毛属毛绒纤维的学术评论，使羊绒纤维的平均直径范围扩大了。

⑤ 在这里指服用羊毛，不是指地毯用羊毛。

⑥ 本表中用大写字母 X 表示的特征是非常显著的。

9.2.6 扭曲纤维的鉴别。这类纤维包括棉和柞蚕丝。这两种纤维都可容易地通过横截面法（见 9.2）、燃烧法（见 9.5）、溶解法（见 9.7）或显微傅里叶红外光谱仪（见附录 B）鉴别。如果纤维颜色为浅色，则可用氯化锌—碘溶液进行着色试验（见 9.9）来鉴别。

表 2　具有横节的纤维外观特征

剖面特征		亚　麻	大　麻	苎　麻
纵剖面	比值：中腔/纤维直径	<1/3	通常 >1/3	>1/3
	细胞端部	尖形	钝或分叉	钝
横截面	轮廓	尖角多边形	圆角多边形	拉长多边形
	中腔	圆形或椭圆	不规则形状	不规则形状

9.2.7 其他纤维的鉴别。这类纤维包括所有的再生纤维、桑蚕丝和石棉纤维。桑蚕丝和石棉纤维可以通过显微镜观察纤维表面如横截面（见 9.3）来鉴别。燃烧试验（见 9.5）和溶解试验（见 9.7）对鉴别石棉纤维具有特殊效果，对确定是否含有桑蚕丝非常有用。

再生纤维的鉴别最好是根据显微傅里叶红外光谱、溶解性、熔点、折射率和其他光学性能及密度，这些特性与纤维的化学特性有关，而不是与其物理形状有关。这是因为同一类纤维进行改性后所得纤维的染色性能发生了变化，因而纤维横截面观察法也会发生变化以及着色试验容易产生错误判断。为减少发生错判的可能性，在用这两种方法进行鉴别时，应结合其他鉴别方法同时进行。

金属纤维表面具有特殊的光泽，但纤维表面余留的光泽并不能判定其是金属纤维。放大倍数为5、

10、20 倍的光学显微镜无法正常显示光的衍射、干涉和其他光效果，甚至会产生假象，不真实地将纤维光泽显示为自然的金属光泽，因此应该用化学（如比色分析法）和/或仪器（如原子 吸收分光光度法、等离子原子吸收光谱法和/或能量分散 X 射线或 X 射线荧光）分析来鉴别和确认这些纤维。例如：X 射线和基本分析由 AATCC 纤维鉴别商提供（见 12.4）。

9.3 显微镜横截面法。

9.3.1 取一束平行纤维或纱线备用。将一根铜线折叠后穿入一块不锈钢片上的钻孔中，使折叠铜线在孔的一端形成一个小圈。将平行纤维束或纱线穿过铜线圈，拉动折叠铜线另一端，将纤维束或纱线拉出不锈钢小孔。使用足够多的纤维把小孔填满；若需要，可用易于区别的其他纤维填满小孔。

9.3.2 沿不锈钢板表面用锋利的剃须刀片平滑切掉小孔两端伸出的纤维束或纱线。

9.3.3 在光学显微镜下以 200 ~ 500 倍放大倍数观察纤维横截面。不加或滴加矿物油于纤维束或纱线的切面上使纤维固定，盖上盖玻片。将观察结果与附录中的样照或已知纤维的横截面进行比较。

9.3.4 若使用哈氏切片器，应按照仪器说明书操作。将纤维束或纱线插在插槽中，再将压片滑入插槽中压紧纤维束或纱线。调节纤维数量至密实，切掉哈氏切片器两边伸出的纤维束或纱线。在切面处滴一滴火棉胶，等渗到另一面时，在另一端切面上再滴一滴火棉胶，待完全干后用剃须刀片切掉两侧多余的火棉胶和纤维束或纱线。

9.3.5 装上活塞，拧动附在活塞上的螺钉，顶出切槽内的纤维束或纱线，使之伸出板面 20 ~ 40μm。加一滴火棉胶于顶出的纤维束或纱线上，干燥 5min 直至变硬，用剃须刀片与切槽成 45°一次切下火棉胶和纤维束或纱线。

9.3.6 将切下来的纤维束或纱线薄片置于载玻片上，滴一滴矿物油或其他浸润液，盖上盖玻片，观察其横截面。按 9.3.5 中所述，继续切割纤维束或纱线，直至获得好且清楚的横截面切片。观察切片的横截面，并与已知纤维的横截面进行比较。

9.4 折射率鉴别法。

9.4.1 放置少量纤维样品于载玻片上，滴一滴氯萘和十六烷（或等效物）的混合物，混合物折射率为 1.55。

9.4.2 将起偏镜插入显微镜台下，使产生的偏振光方向与钟表 6 点到 12 点的连线一致；排列纤维纵向为同样方向。关上镜台下聚光灯的光阑产生轴向光照。

9.4.3 小心地将光线聚焦于纤维轮廓上，通过微调提升焦点刚好在纤维的正上部。如果纤维近似为一圆柱体，则它将相当于一个透镜。若纤维的折射率高于浸润液，纤维则相当于一个正透镜，随着焦点的提升，一条明亮的光线将移至纤维的中部；若纤维的折射率低于浸润液，当焦点升高时，光线将不断闪烁，并且纤维中部变得较暗。重复调焦过程直到某一确定的方向。

9.4.4 折射率法对圆形纤维的观察效果最好。在扁平的光带上可以很容易地看到明亮光线——贝克线在纤维轮廓上移动。随着焦点的提升，明亮光线将沿同一方向朝着高折射率的中部移动。

9.4.5 将试样旋转 90°，重复进行测试。

9.4.6 将试样旋转 45°，把检偏器插入显微镜筒或目镜下，使产生正交偏振光。观察纤维是否很亮（强双折射）、暗（弱双折射）、黑（无双折射）。

9.4.7 参考表 4 中纤维轴向和横向的折射率数据以及双折射率的评估值，根据纤维试样的厚度和试样的拉伸程度决定其折射的滞后情况。与直径基本相同的已知纤维样品的双折射率进行比较，做出判断。

9.4.8 选择其他浸润液，按照 9.4.1 ~ 9.4.5 中的实验步骤重复测试。随着液体折射率越来越接近纤维的折射率，纤维的轮廓将变得越来越不清楚。当液体和纤维的折射率相差 0.01 以下时，结束测试。

9.5 燃烧法。

9.5.1 用镊子取一小撮纤维，接近火焰一侧，记录纤维是否熔化或收缩。

9.5.2 纤维移入火焰中，记录纤维是否在火焰中燃烧。小心地慢慢离开火焰，确认纤维已被点燃，记录离开火焰后纤维是否继续燃烧。

9.5.3 若纤维继续燃烧，则吹熄火焰，并闻其烟味。记录气味，检查残留烟灰的颜色和状态。

9.5.4 将观察到的结果与表3中所列纤维燃烧特征以及已知纤维的燃烧特征进行比较，对纤维类型做出鉴别。某些纤维（如棉、再生纤维素纤维、醋酯纤维和改性聚丙烯腈纤维）经阻燃改性后，燃烧变慢，燃烧时产生的气味和燃烧后的灰烬也会改变。有色纤维特别是颜料染色后的纤维，在燃烧残留物中仍保持其颜色。

表3 纤维的燃烧特征

纤维名称	靠近火熔融	靠近火焰反向收缩	火中燃烧	离开火继续燃烧	灰烬外观
天然纤维					
蚕丝	√	√	√	缓慢	软的黑色小球
毛绒	√	√	√	缓慢	黑色不规则形状
纤维素纤维	×	×	√	√	浅灰色
石棉纤维	×	×	×	×	变黑
化学纤维					
丙烯腈纤维	√	√	√	√	黑色
醋酯纤维					不规则形状
再生蛋白质纤维					
聚偏氯乙烯纤维					硬小球
PBI 纤维	×	×	×	×	变黑
聚酯纤维	√	√	√	√	硬的黑色圆球
锦纶	√	√	√	√	硬的灰色圆球
烯烃类纤维	√	√	√	√	硬的棕褐色小球
聚乙烯醇纤维					
改性聚丙烯腈纤维	√	√	√	×	硬的、黑色的
萨纶					
维纶					
金属纤维	√	√	×	×	金属小球
玻璃纤维	√	缓慢	×	×	硬的透明小球
橡胶纤维	√	√	√	×	无规则状
氨纶	√	×	√	√	黑的、蓬松的

续表

纤维名称	靠近火熔融	靠近火焰反向收缩	火中燃烧	离开火继续燃烧	灰烬外观
化学纤维					
阿尼迪克斯纤维	√	×	√	√	黑的发脆的不规则球
再生纤维素纤维	×	×	√	√	无
芳族聚酰胺纤维	×	√	√	×	硬的黑色小球
诺沃洛伊德纤维	×	×	短暂	×	炭
triexta 纤维	√	√	√	√	硬的黑色圆球

9.5.5 一些纤维燃烧时放出特殊的气味。动物纤维和再生蛋白质纤维燃烧时具有燃烧头发或羽毛的气味；植物纤维和再生纤维素纤维燃烧时有烧纸的气味；橡胶燃烧时释放出人们所熟悉的特殊气味；其他纤维，如聚丙烯腈纤维、锦纶和氨纶，燃烧时也有特殊的气味，可凭经验鉴别。

9.6 密度法。

9.6.1 按以下步骤准备密度梯度管。将密度梯度玻璃管夹在一个固定的垂直架上，注入 25mL 四氯乙烯；以四氯乙烯体积百分数为递减顺序准备二甲苯和四氯乙烯的混合物，四氯乙烯与二甲苯的体积比分别是 90/10、80/20、70/30、60/40、50/50、40/60、30/70、20/80、10/90；沿梯度管壁小心地按顺序注入以上每种混合液体 25mL 于梯度管内，最后，再注入 25mL 二甲苯于梯度管顶部。

9.6.2 取数小段染色的参考纤维，打成一个小结，并剪去纤维零碎的部分。将纤维结放入二甲苯中煮沸约 2min，除去纤维中的水分和空气。再将纤维结放入密度管中，约半小时后这些纤维结会稳定在显示它们密度的高度。校准的密度玻璃小球可以用来确定不同高度处的溶液密度。

9.6.3 按同样方法准备未知纤维试样。将试样放入梯度管中，记录各试样静止后的漂浮高度。各纤维的密度见表 4。

表 4 纤维的物理性质

纤维种类	折射率（%）		双折射	密度（g/cm^3）	熔点（℃）
	纵向	横向			
天然纤维					
石棉纤维	1.50～1.55	1.49	强	2.1～2.8	>350
纤维素纤维	1.58～1.60	1.52～1.53	强	1.51	无
丝	1.59	1.54	强	1.32～1.34	无
毛	1.55～1.56	1.55	弱	1.15～1.30	无
化学纤维					
二醋酯纤维	1.47～1.48	1.47～1.48	弱	1.32	260
三醋酯纤维	1.47～1.48	1.47～1.48	弱	1.30	288
聚丙烯腈纤维	1.50～1.52	1.50～1.52	弱，可忽略	1.12～1.19	无
阿尼迪克斯纤维	不透光		—	1.22	190℃变软
芳族聚酰胺纤维	—	—	强	1.38	400 烧焦

续表

纤维种类	折射率（%）		双折射	密度（g/cm³）	熔点（℃）
	纵向	横向			
化学纤维					
再生蛋白质纤维	1.53～1.54	1.53～1.54	无	1.30	无
玻璃纤维	1.55	1.55	无	2.4～2.6	850
金属纤维	不透光		—	变化	>300
改性聚丙烯腈纤维	1.54	1.53	弱	1.30 或 1.36	188①或 120
诺沃洛伊德纤维	1.5～1.7		无	1.25	无
锦纶	1.57	1.51	强	1.12～1.15	213～225
锦纶 66	1.58	1.52	强	1.12～1.15	256～265
聚偏氰乙烯纤维	1.48	1.48	零	1.20	218
PBI 纤维	>1.70	>1.70	适中	1.4	无
聚酯纤维	1.71～1.73 或 1.63	1.53～1.54	很强	1.38 或 1.23	250～260 或 282
聚乙烯纤维	1.56	1.51	强	0.90～0.92	135
聚丙烯纤维	1.56	1.51	强	0.90～0.92	170
再生纤维素纤维	1.54～1.56	1.51～1.53	强	1.51	无
橡胶纤维	不透光		—	0.96～1.06	无
萨纶	1.61	1.61	弱，可忽略	1.70	168
氨纶	不透光		—	1.20～1.21	230
triexta 纤维	1.57	—	—	1.33	226～233
维纳尔纤维	1.55	1.52	强	1.26～1.30	—
维纶	1.53～1.54	1.53	弱，可忽略	1.34～1.37	230 或 400

① 熔点不明显，黏点 176℃。

9.7 溶解法。

9.7.1 如果测试在室温（20℃）下进行，将试样放入表面皿、玻璃试管或 50mL 烧杯中，再注入测试用溶剂（见表 5）。每 10mg 纤维用 1mL 溶剂。

表 5 纤维的溶解性

项 目	醋酸	丙酮	次氯酸钠	盐酸	甲酸	1,4-二氧杂环己烷	间二甲苯	环己酮	二甲基甲酰胺	硫酸	硫酸	间甲酚	氢氟酸
浓度（%）	100	100	5	20	85	100	100	100	100	59.5	70	100	50
温度（℃）	20	20	20	20	20	101	139	156	90	20	38	139	50
时间（min）	5	5	20	10	5	5	5	5	10	20	20	5	20
醋酯纤维	S	S	I	I	S	S	I	S	S	S	S	S	
聚丙烯腈纤维	I	I	I	I	I	I	I	I	S	I	I	P	I

续表

项　目	醋酸	丙酮	次氯酸钠	盐酸	甲酸	1,4－二氧杂环己烷	间二甲苯	环己酮	二甲基甲酰胺	硫酸	硫酸	间甲酚	氢氟酸
阿尼迪克斯纤维	I	I	I	I	I	I	I	I	I	I	I	I	
芳族聚酸胺纤维	I	I	I	I	I	I	I	I	I	I	I	I	I
再生蛋白质纤维	I	I	S										
棉/麻纤维	I	I	I	I	I	I	I	I	I	I	S	I	I
玻璃纤维	I	I	I	I	I	I	I	I	I	I	I	I	S
改性聚丙烯腈纤维	I	SE	I	I	I	SP	I	S	★	I	I	P	
诺沃洛伊德纤维	I	I	I	I	I	I	I	I	I	I	I	I	+
锦纶	I	I	I	S	S	I	I	I	I	S	S	S	
聚偏氰乙烯纤维	I	I	I	I	I	I	I	S	S	I	I	SP	
烯烃类纤维	I	I	I	I	I	I	S	S	I	I	I	I	
PBI 纤维	I	I	I	I	I	I	I	I	I	I	I	I	I
聚酯纤维	I	I	I	I	I	I	I	I	I	I	I	S	I
再生纤维素纤维	I	I	I	I	I	I	I	I	I	S	S	I	I
萨纶	I	I	I	I	I	S	S	S	S	I	I	I	
蚕丝	I	I	S	I	I	I	I	I	I	S	S	I	
氨纶	I	I	I	I	I	I	I	S	S	SP	SP	SP	
聚四氟乙烯纤维	I	I	I	I		I	I	I	I	I	I	I	I
triexta 纤维	I	I	I	I	I	I	I	I	I	I	I	S	I
维纳尔纤维				S	S	I	I	I	I	S	S	I	
维纶	I	S	I	I	I	S	S	S	S	I	I	S	
羊毛	I	I	S	I	I	I	I	I	I	I	I	I	

注　S—溶解；I—不溶解；P—形成胶质体；SP—溶解或形成胶质体；SE—除了一种阻燃改性纤维（具有低燃性，且在横截面上可见液态物）外，该类纤维都可溶解；★—在 20℃溶解无胶质体产生；+—诺沃洛伊德纤维变成红色。

9.7.2　如果测试在溶剂的沸点下进行，则在通风橱中首先把溶剂放在烧杯中于电炉上加热至沸腾。调节电炉温度使溶剂保持缓和沸腾状态，并注意观察，切勿使溶剂蒸发干。然后把纤维试样投入沸腾的溶剂中。

9.7.3　如果测试在特定的中间温度下进行，则将盛有水的烧杯放在电炉上加热，并用温度计调节温度。将纤维试样放入盛有测试溶剂的试管中，然后将试管浸于加热的水浴中。

9.7.4　记录纤维是否完全溶解、软化或不溶，并与表 5 中给出的纤维溶解性能进行比较。

9.7.5　溶解性能测试也可用来确认纤维中是否有金属成分存在。在间甲酚中溶解后的闪光残留物是纤维中含有金属成分的证据。

9.8　干燥扭曲法。取少量平行排列的纤维试样，浸入水中；取出纤维，挤出多余水分。轻轻拍打纤维束一端，使纤维散开。抓住纤维束一端使纤维位于电炉上方，并使纤维束自由端朝向观测者，让纤维在暖空气中干燥，观测纤维在干燥过程中的扭曲方向。亚麻和苎麻的扭曲是顺时针方向，大麻和黄麻为逆时针方向。

9.9 着色法。

9.9.1 取少量纤维置于载玻片上，滴一滴氯化锌-碘溶液，盖上盖玻片，应防止产生气泡。在显微镜下观察纤维的着色情况。大麻、苎麻和棉呈紫罗兰色，亚麻呈褐紫色，黄麻呈褐色，许多其他纤维包括丝呈黄褐色。

9.9.2 取少量纤维于载玻片上，滴一滴酸性间苯三酚试剂使纤维加热。一些木质纤维如未漂白的黄麻由于存在木质素会被染成深红紫色。

9.10 熔点法。

9.10.1 熔点测试仪。

9.10.2 取少量纤维于干净的载玻片上，盖上盖玻片后放在显微镜的附有加热装置的载物台上。打开加热开关，设定速率。观测温度计和试样。当温度达到100℃时，调低加热速率（若预测试已估计出纤维属类，则加热速率应设置为10℃/min，直到温度低于预期熔点10～20℃），当接近熔点时，加热速率调至2℃/min。

9.10.3 观察纤维的熔融过程。加热至熔点时纤维开始熔融并润湿盖玻片，最终全部熔融变成液态。在测试过程中，用镊子轻压盖玻片，使纤维在压力下变扁平，这将有助于清楚地观察纤维的熔融过程。如果因加热速率过快而错过纤维熔融过程，应重新测试。

9.10.4 将观察结果与表4中给出的纤维熔点进行比较。

9.10.5 带外挂装置的显微镜。

9.10.6 取少量纤维于载玻片上，盖上盖玻片后放在显微镜的载物台上，使纤维遮盖住载物台中心的小孔。

9.10.7 将起偏镜插在显微镜的光径中，使产生正交偏振光。如果纤维与偏振光成对角线方向排列，从目镜中应能观察到纤维；若看不到纤维，则可除去起偏镜，直接用光学显微镜进行观测。

9.10.8 用调压器将加热速率设为高加热速率，加热纤维至100℃，当接近预期熔点时降低加热速率（见9.10.2）。

9.10.9 观察纤维。当温度达到熔点时，双折射减小，纤维开始熔融，视野变暗；当纤维完全变暗时，此时温度即为熔点温度。如果不使用正交偏振光进行观察，则按9.10.2中所述进行。

9.10.10 将观察结果与表4中给出的熔点进行比较。

9.11 显微傅里叶红外光谱仪。

将纤维试样的红外谱图与本方法附录B中的红外谱图做比较，或与其他数据库资源进行比较（见附录B中图1～图10）。

10. 报告

报告纤维的种类，对于多种类型纤维构成的样品，应将每种纤维的类型明确写于报告中。例如："经纱为锦纶66，纬纱为棉/再生纤维素纤维的机织物"。

11. 精确度和偏差

精确度和偏差描述不适用，因为数据不是由本测试方法产生的。

12. 注释

12.1 可从以下公司获得：Publication office, ACGIH, Kemper Wood Center, 1330 Kemper Meadow Dr, Cincinnati OH 45240；电话：+1.513.742.2020；网址：www.acgih.org。

12.2 有关适合测试方法的设备信息，请登录http://www.aatcc.org/bg。AATCC提供其企业会员单位所能提供的设备和材料清单。但AATCC没有给其授权，或以任何方式批准、认可或证明清单上的任何设备或材料符合测试方法的要求。

12.3 羊绒、羊毛及其混纺纤维的参考样品与其实验室间数据可从以下地址获取：P. O. Box 12215，Research Triangle Park NC 27709；电话：+1.919.549.8141；传真：+1.919.549.8933；电子邮箱：ordering@ aatcc. org。

12.4 可以从 AATCC 获取，地址：P. O. Box 12215，Research Triangle Park NC 27709；电话：+1.919.549.8141；传真：+1.919.549.8933；电子邮箱：ordering @ aatcc. org；网址：www. aatcc. org。

13. 引用文献

13.1 纺织研究院，纺织材料的鉴别，第六版，C. Tinling& Co，London，1970。

13.2 联邦商务委员会，纺织纤维产品鉴别法案下的规章制度，1969 年修正案，Washington，DC 20580，www. ftc. com。

13.3 Heyn，A. N. J.，纤维显微镜方法，课本和实验室手册，内部科学，New York，1954。旧版，但技术和解说很优良。

13.4 Wildman A. B.，动物纤维显微镜方法，羊毛工业研究协会，Torridon，利兹，英国，1954。

13.5 Appleyard，H. M.，动物纤维鉴别指南，出版社同 13.4，1960 年出版。两本书都有非常好的描述和显微镜图片。

13.6 人造纤维制造协会，人造纤维使用课本，纽约，1970。每年修订一次。当前的纤维清单由美国制作。

13.7 人造纺织品，全球化学纤维索引，Harlwquin 出版社，曼彻斯特，英国，1967。列举了 2000 种化学纤维的商品名和它们的制造商。

13.8 Linton G. E.，天然纤维和化学纤维，Duell，Sloan and Pearce，纽约，1966。介绍了纤维的历史和工艺，尤其是对天然纤维。

13.9 Potter D M and Corbman B. P.，纺织品：纤维到织物，第四版，McGrawHill，纽约，1966。这是一本纤维鉴别的教科书。

13.10 Chamot E M and Mason C. W.，化学显微镜方法，第一卷，物理方法，第三版，John Wiley & Sons，纽约，1950。这是一本经典的全面涉及纤维的教科书。

13.11 IWTO 测试方法草案 58 ~ 79，用电镜扫描法定量分析羊毛和其他纤维的混纺物。描述了其他动物纤维和羊毛区分的方法，并给出了大量的例子。

13.12 GSB 16 - 2262 - 2008，山羊绒纤维外观形态图谱，获取方式为内蒙古鄂尔多斯羊绒集团股份有限公司。电话：+86.477.8543855；传真：+86.477.8540114；电子邮箱：erdoscathy @ yahoo. com；网址：www. chinaeros. com。

14. 历史

14.1 2021 年修订，更新了表 5。

14.2 2019 年编辑修订，2018 年重新审定；2010 年、2011 年、2013 年修订，2009 年编辑修订，2008 年编辑修订并技术勘误，1998 年、1999 年、2000 年、2001 年、2002 年、2004 年、2005 年、2007 年修订，1990 年、1995 年编辑修订并重新审定，1988 年编辑修订，1985 年重新审定，1977 年、1982 年（修改名称）、1983 年、1984 年编辑修订，1976 年修订，1974 年编辑修订，1973 年编辑修订并重新审定，1958 年、1962 年、1963 年、1972 年修订，1955 年作为试行标准执行。

14.3 AATCC RA24 技术委员会制定，与 ISO 17751、ISO 1833、ISO 2017 和 IWTO 58 有相关性。

附录 A 常用纺织纤维的显微镜照片

横截面，500 ×

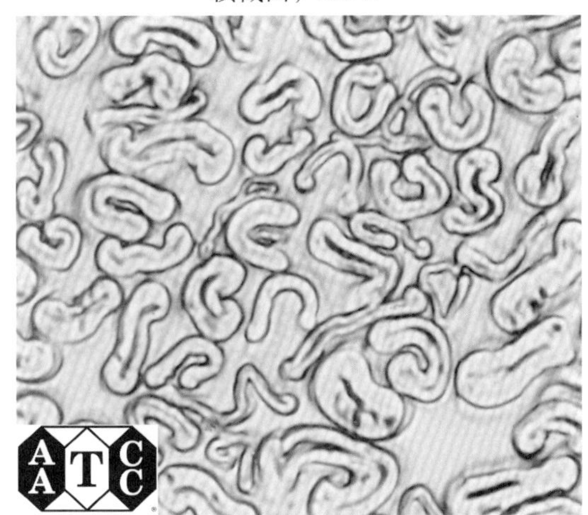

纵截面，500 ×

图 1 棉，未经丝光处理

横截面，500 ×

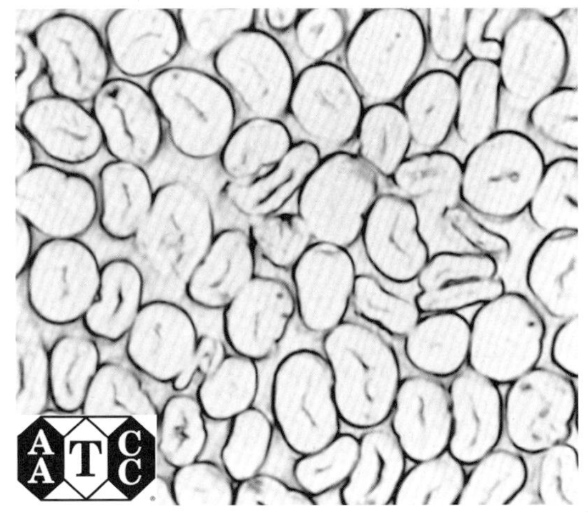

纵截面，500 ×

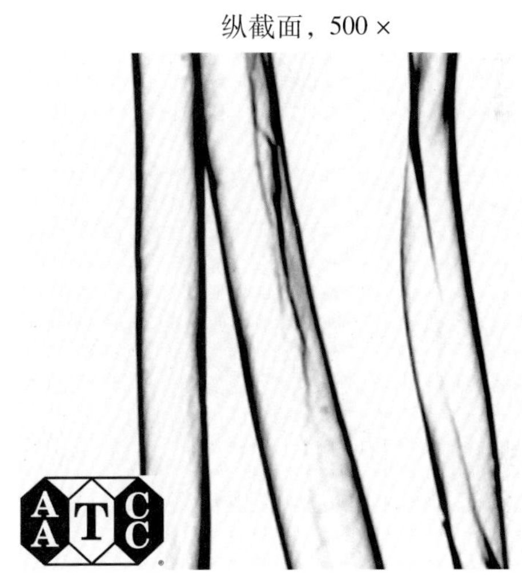

图 2 棉，经丝光处理

横截面，500 ×

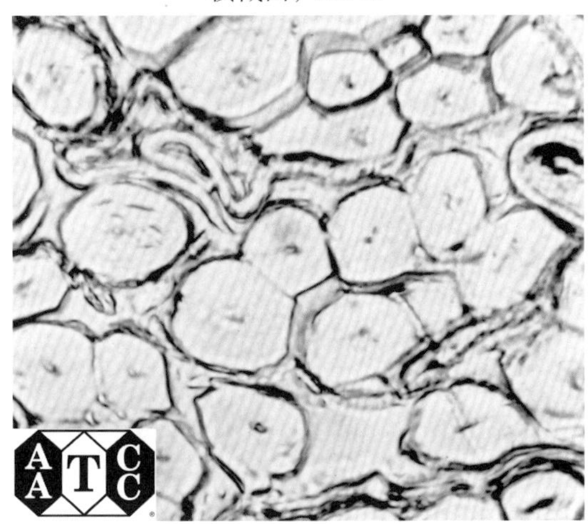

纵截面，500 ×

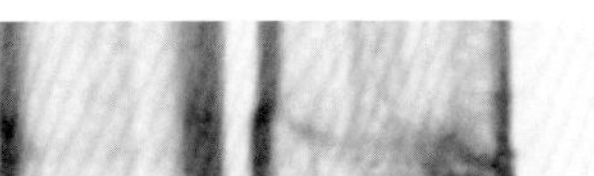

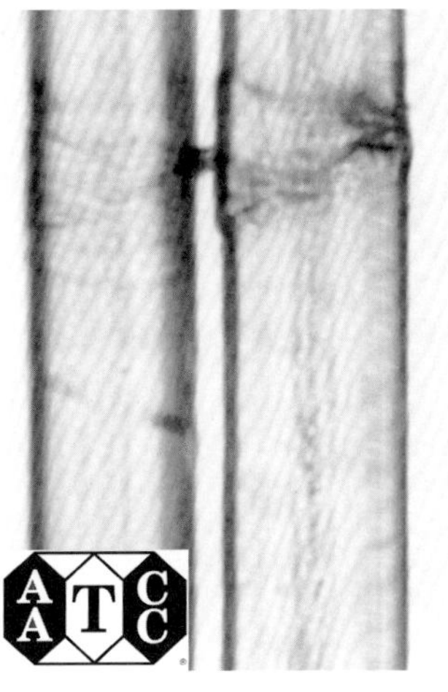

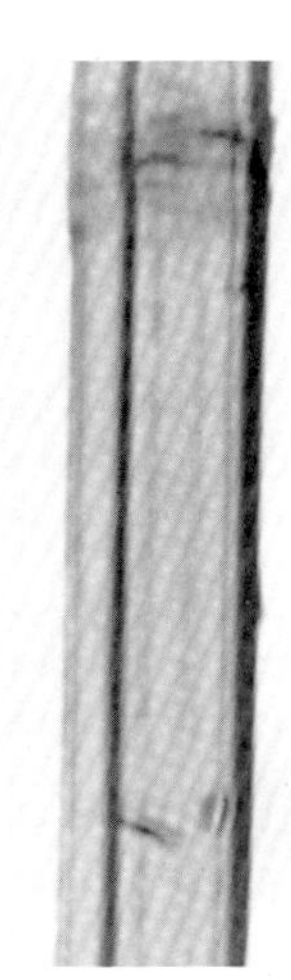

图 3 亚麻

横截面，500 ×

纵截面，500 ×

图 4 大麻

横截面，500 ×

纵截面，500 ×

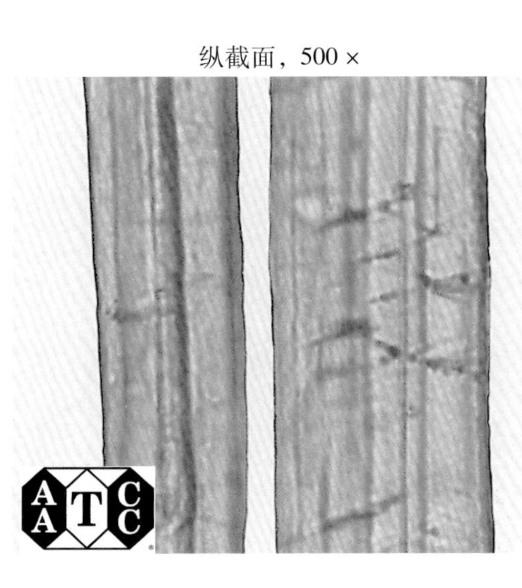

图 5 黄麻

横截面，500 ×

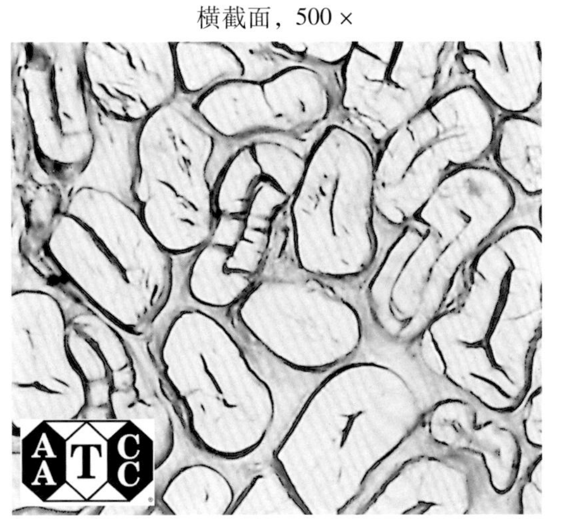

纵截面，500 ×

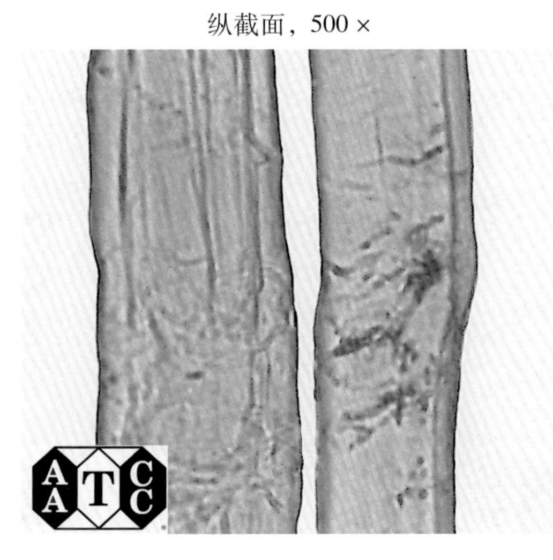

图 6 苎麻

横截面，500 ×

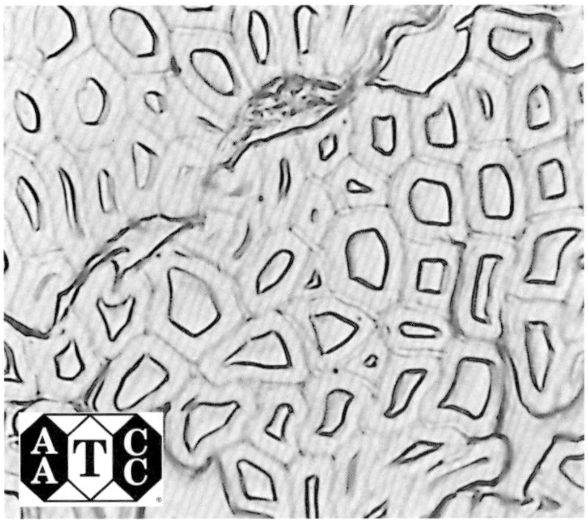

纵截面，500 ×

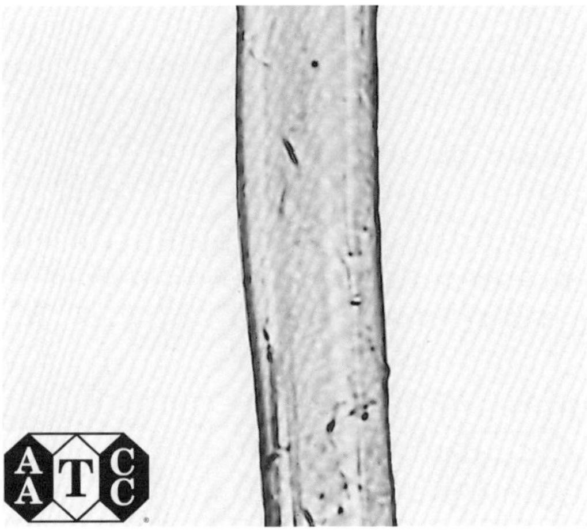

图 7　剑麻

横截面，500 ×

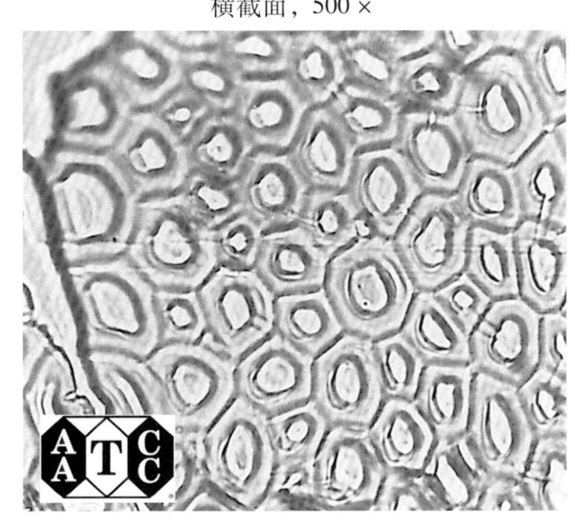

纵截面，500 ×

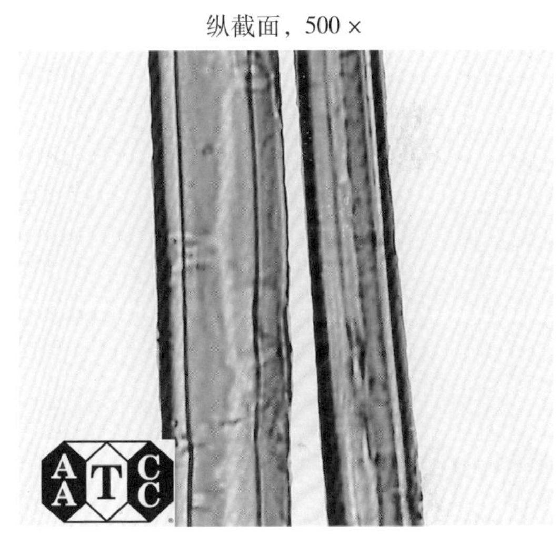

图 8　马尼拉麻

横截面，500 ×

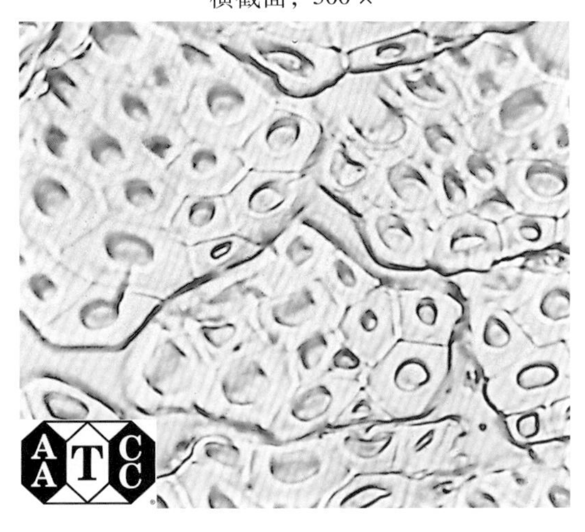

纵截面，500 ×

图 9　洋麻

横截面，500 ×

纵截面，500 ×

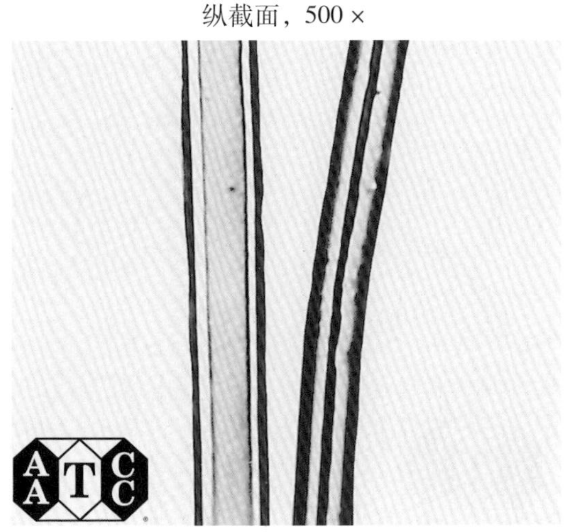

图 10 新西兰麻

横截面，500 ×

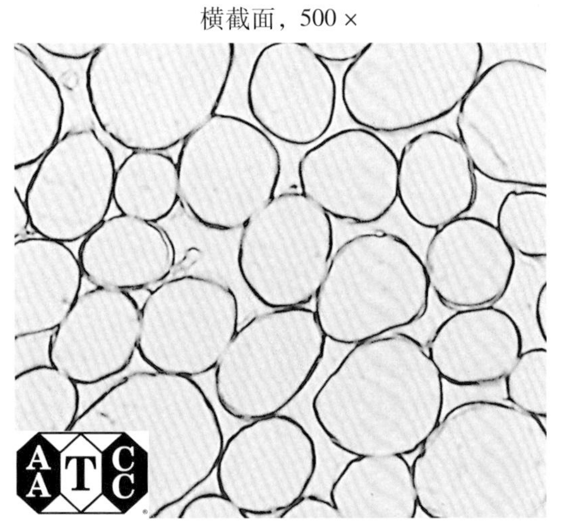

纵截面，500 ×

图 11 羊毛

横截面，500 ×

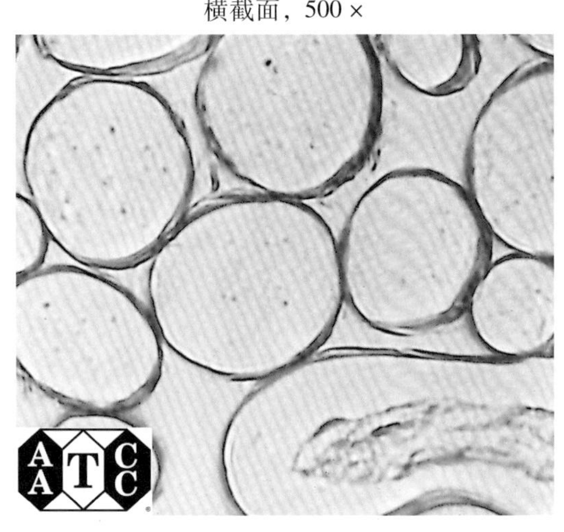

纵截面，500 ×

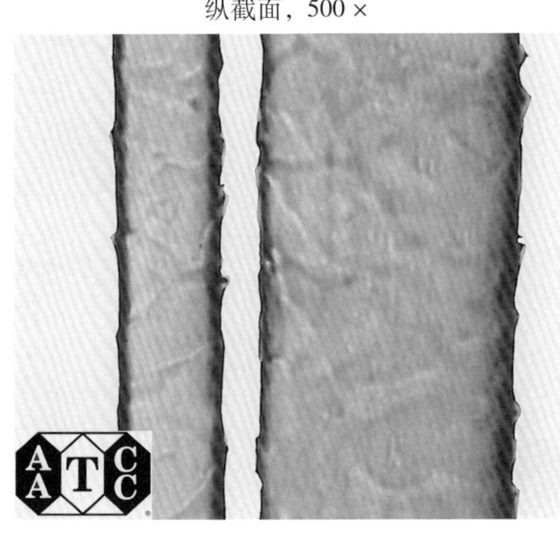

图 12 马海毛

横截面，500 ×

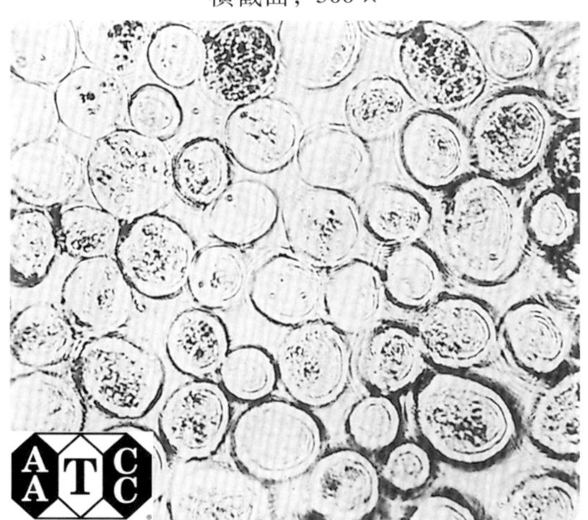

纵截面，240 ×

图 13　羊绒

纵截面，1500 ×

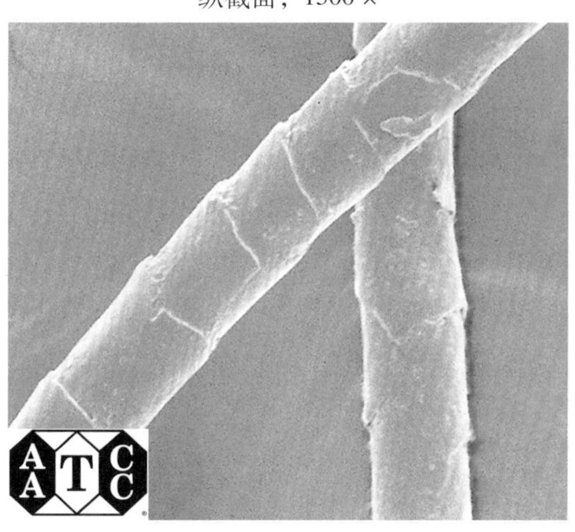

图 13A　羊绒扫描电镜照片

横截面，500 ×

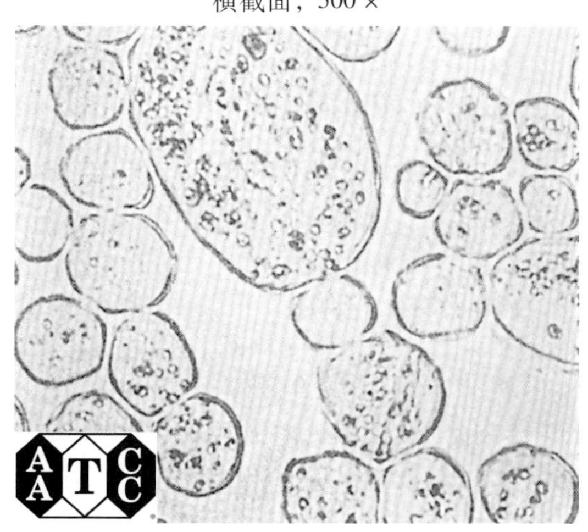

纵截面，500 ×

图 14　驼毛

横截面，500 ×

纵截面，500 ×

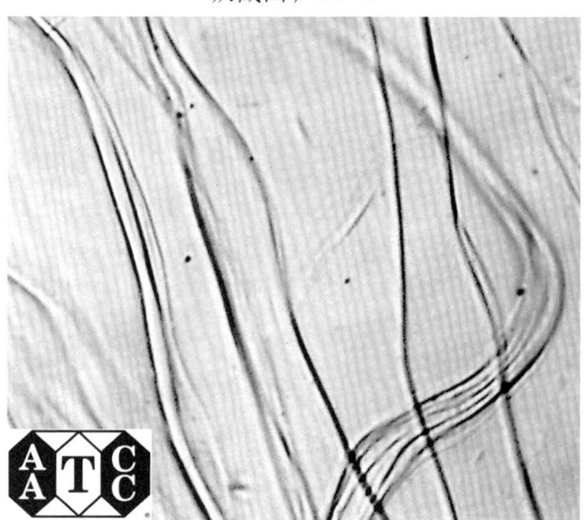

图 21　石棉纤维

横截面，500 ×

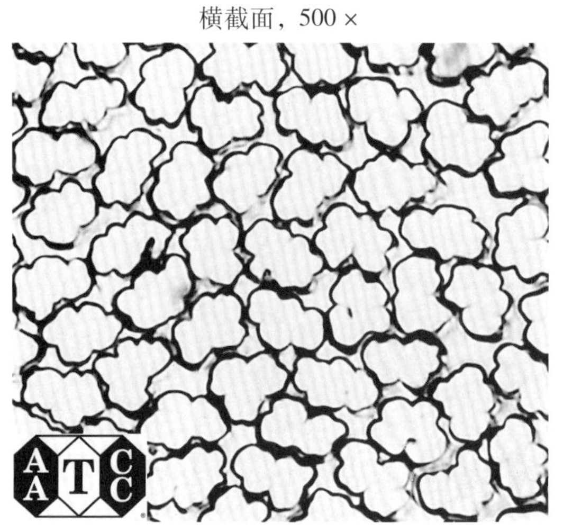

纵截面，500 ×

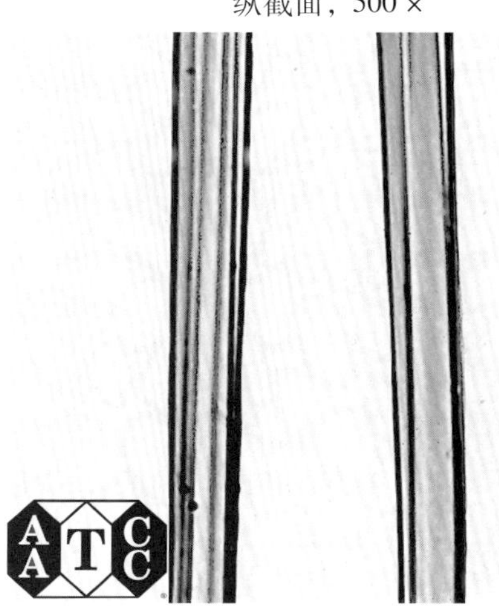

图 22　二醋酯纤维

横截面，500 ×

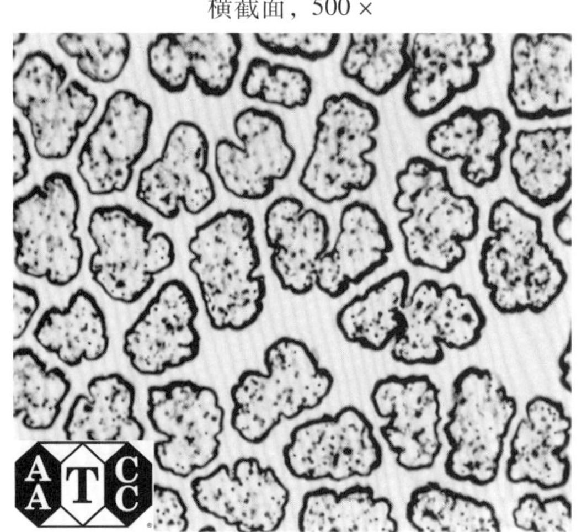

纵截面，250 ×

图 23　三醋酯纤维

0. 28tex/f，消光

横截面，500 ×

纵截面，500 ×

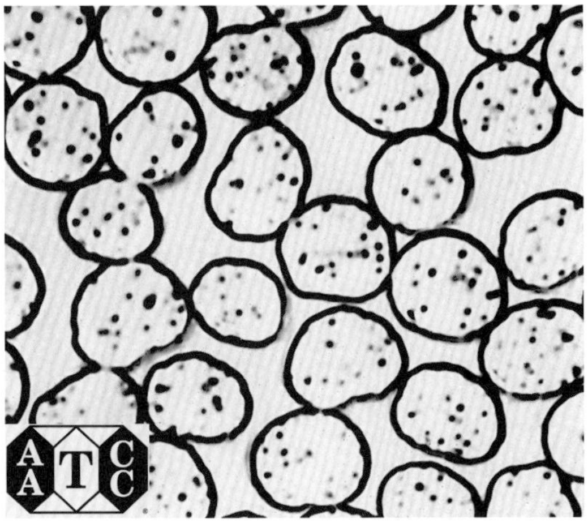

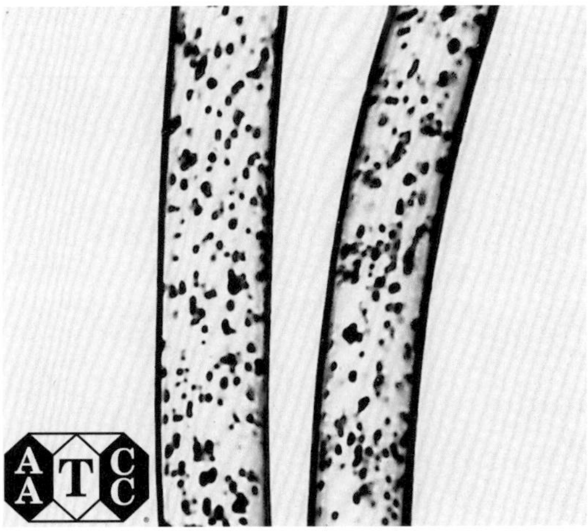

图 24　丙烯腈系纤维

常规湿纺，半消光

横截面，500 ×

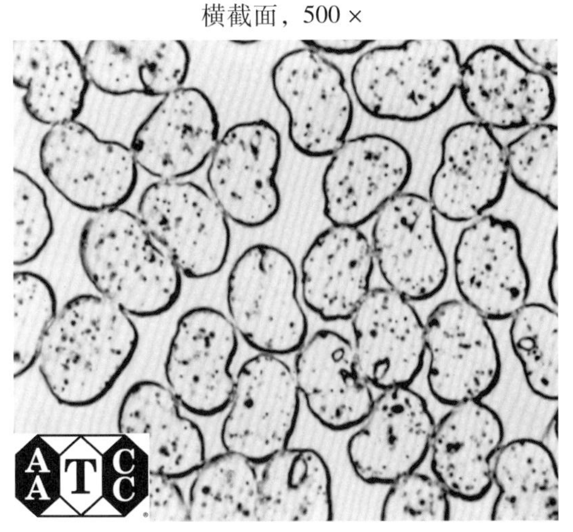

纵截面，250 ×

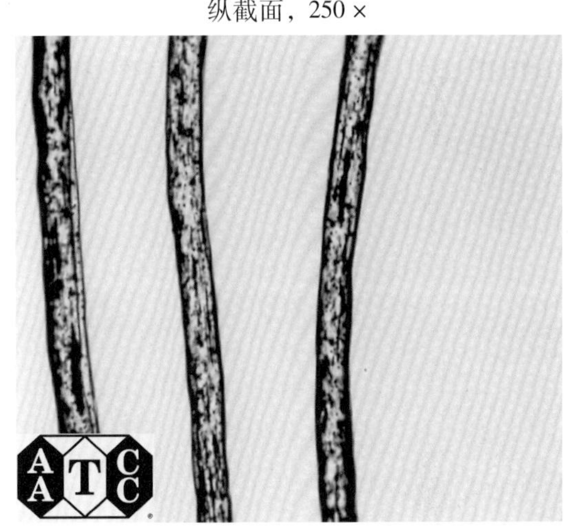

图 25　丙烯腈系纤维

改进湿纺，0.33tex/f，半消光

横截面，500 ×

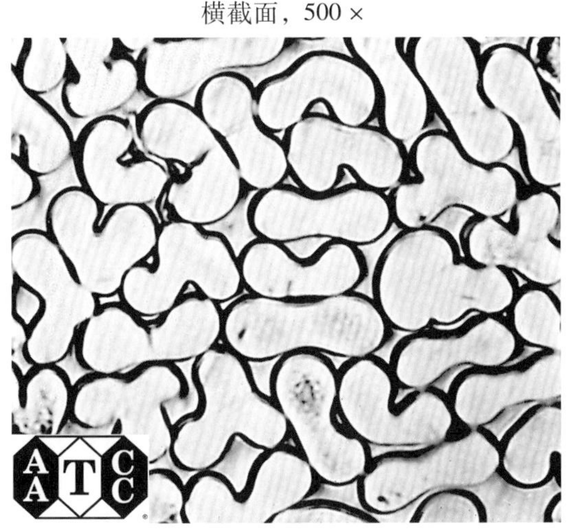

纵截面，500 ×

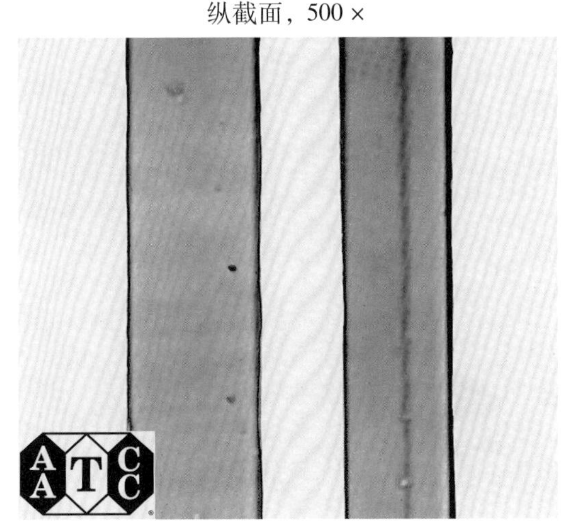

图 26　丙烯腈系纤维

溶液纺

横截面，500 ×

纵截面，250 ×

图 27　丙烯腈系纤维

双组分，0.33tex/f，半消光

横截面，100 ×

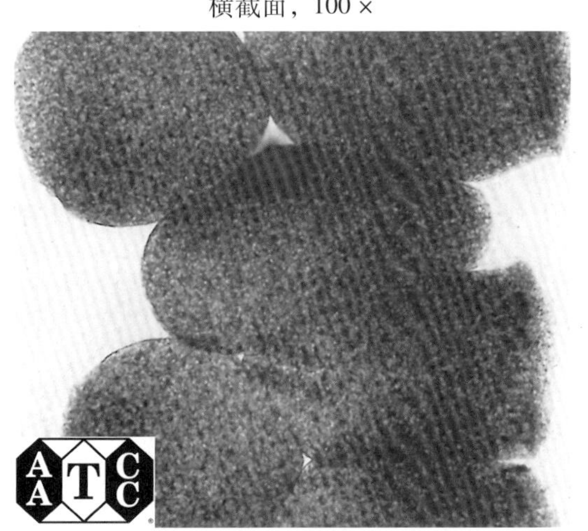

纵截面，100 ×

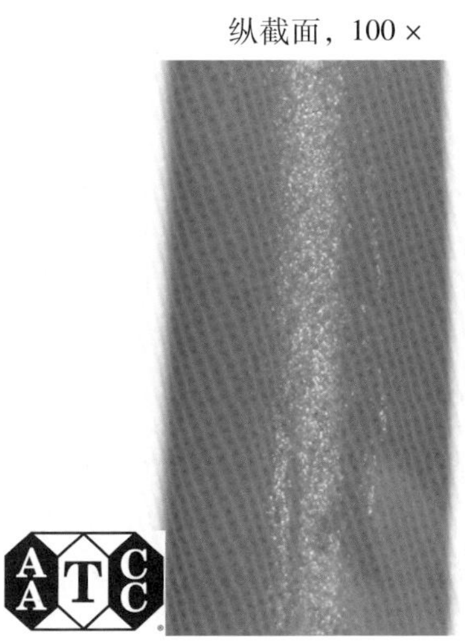

图 28　阿尼迪克斯纤维

横截面，500 ×

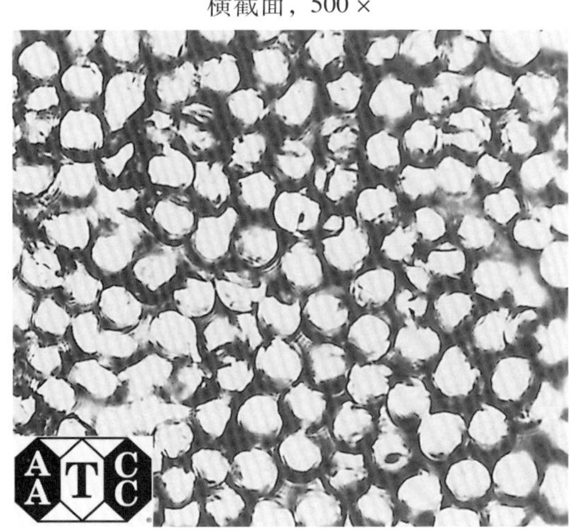

纵截面，250 ×

图 29　玻璃纤维

横截面，100 ×

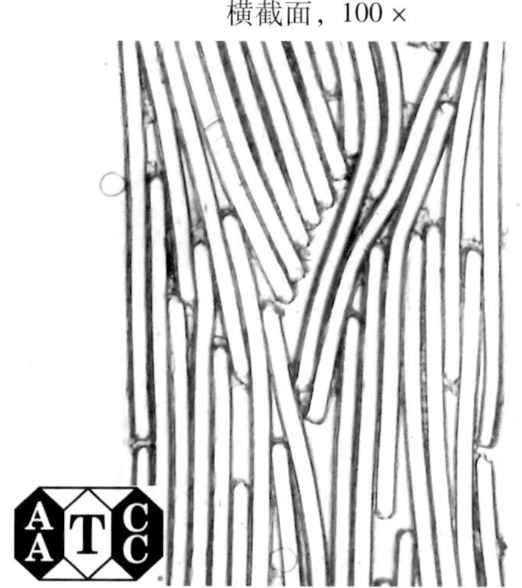

纵截面，100 ×

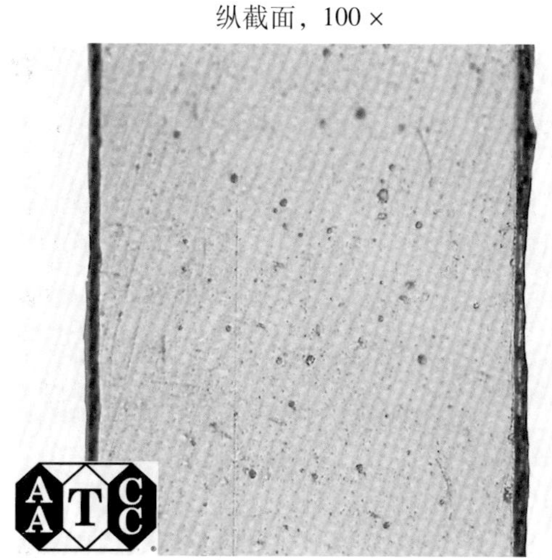

图 30　金属纤维

横截面，500 ×

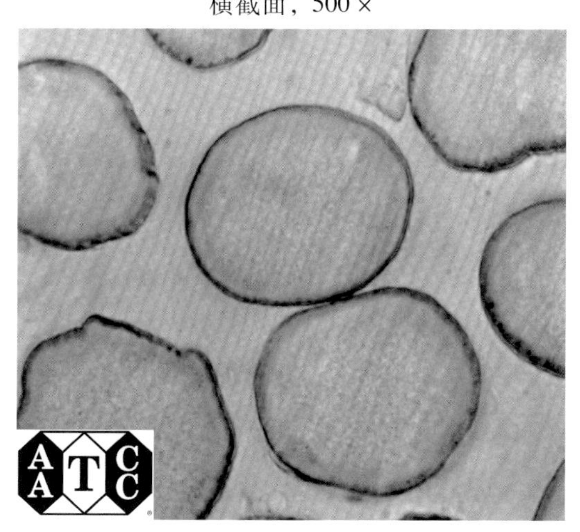

纵截面，500 ×

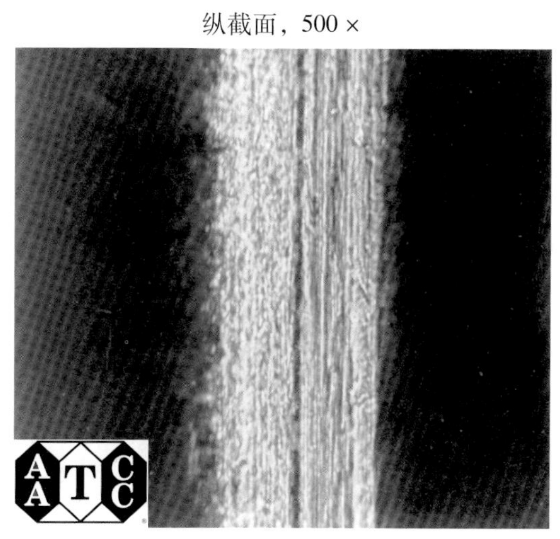

图 31　改性丙烯腈系纤维

横截面，500 ×

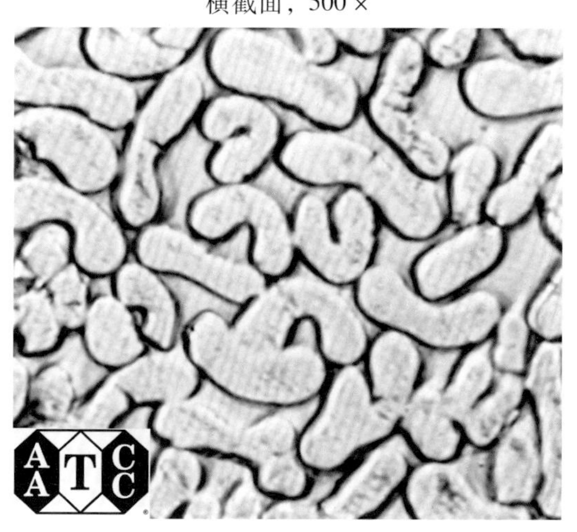

纵截面，500 ×

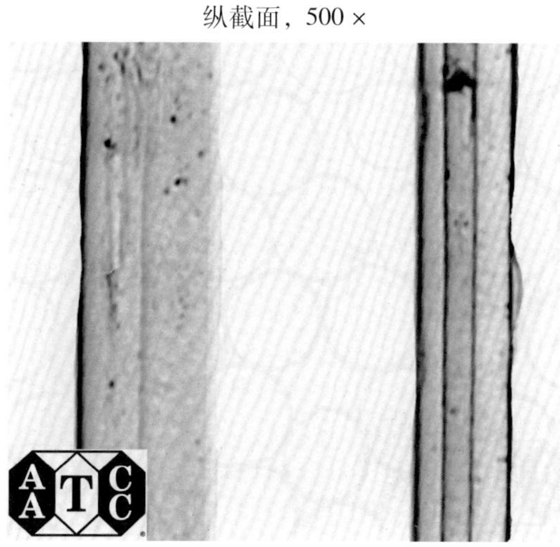

图 32　改性丙烯腈系纤维

横截面，500 ×

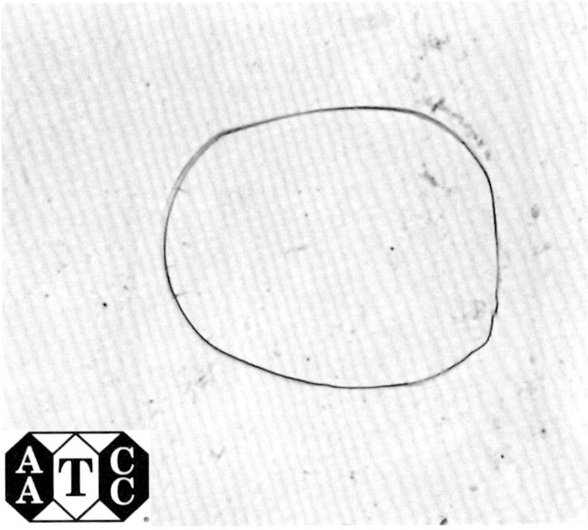

纵截面，500 ×

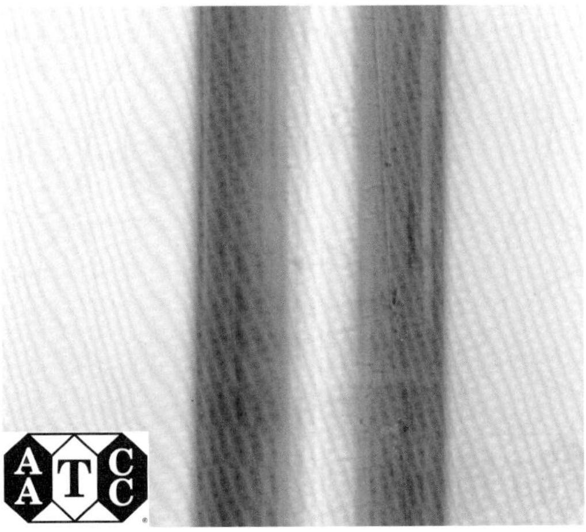

图 39　低密度聚乙烯纤维

横截面，500 ×

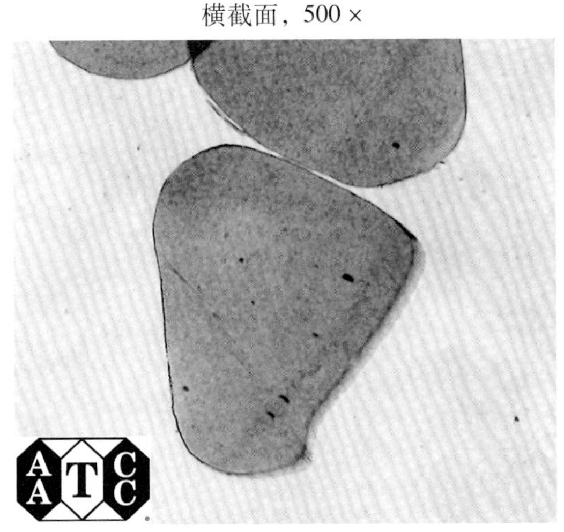

纵截面，500 ×

图 40　中密度聚乙烯纤维

横截面，500 ×

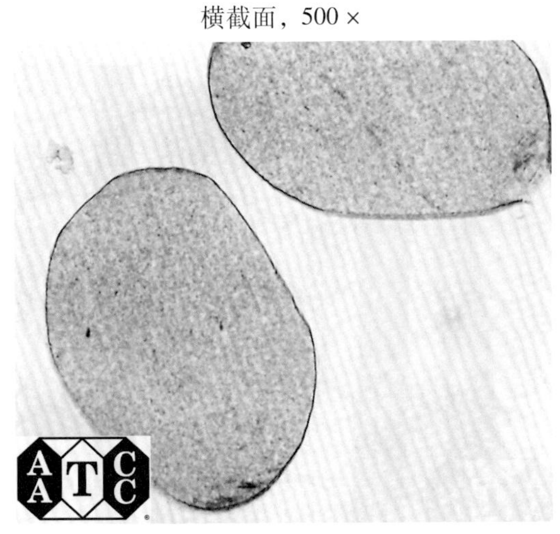

纵截面，250 ×

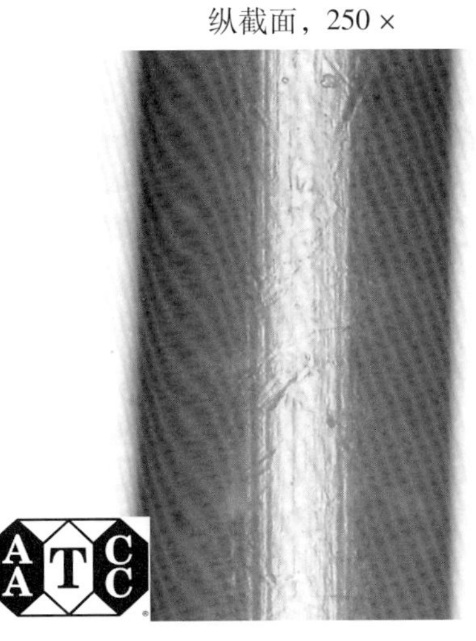

图 41　高密度聚乙烯纤维

横截面，500 ×

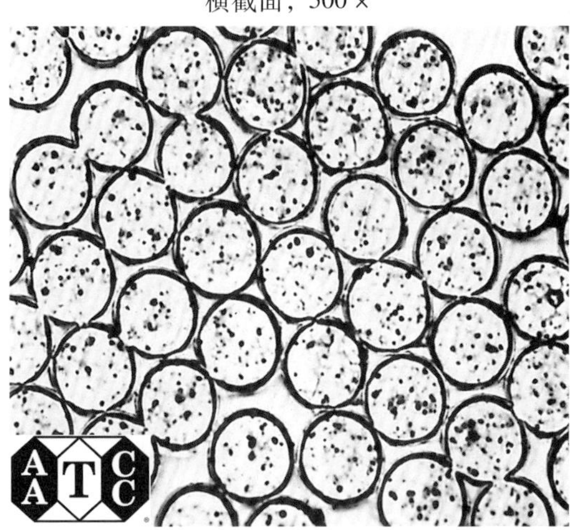

纵截面，250 ×

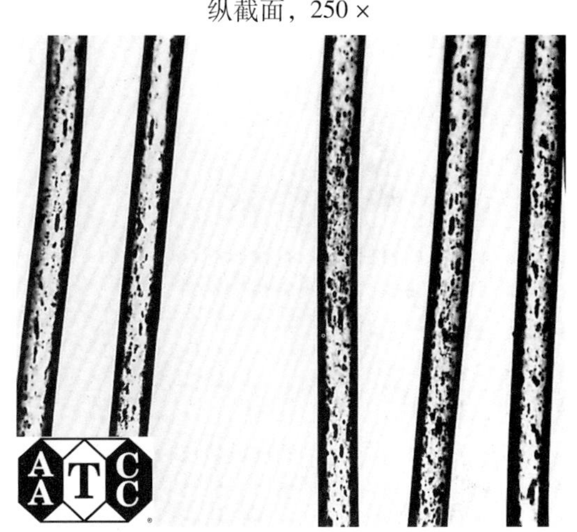

图 42　聚酯纤维

常规熔融纺，0. 33tex/f，半消光

横截面，500 ×

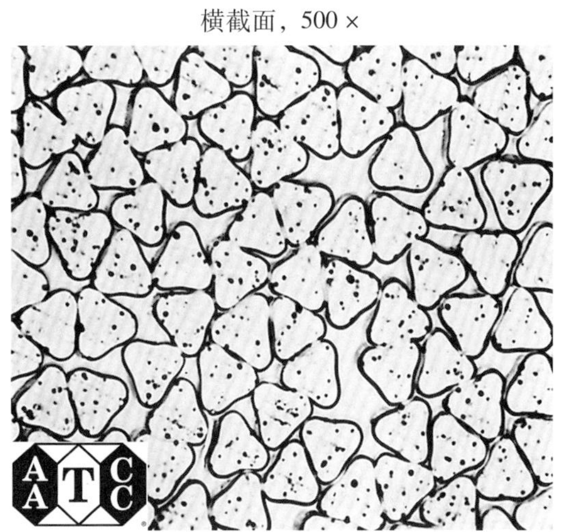

纵截面，250 ×

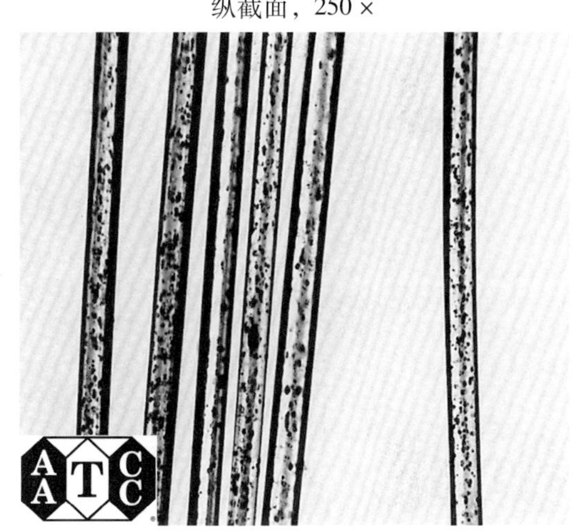

图 43　聚酯纤维

低改性比三叶形纤维，0. 15tex/f，半消光

横截面，500 ×

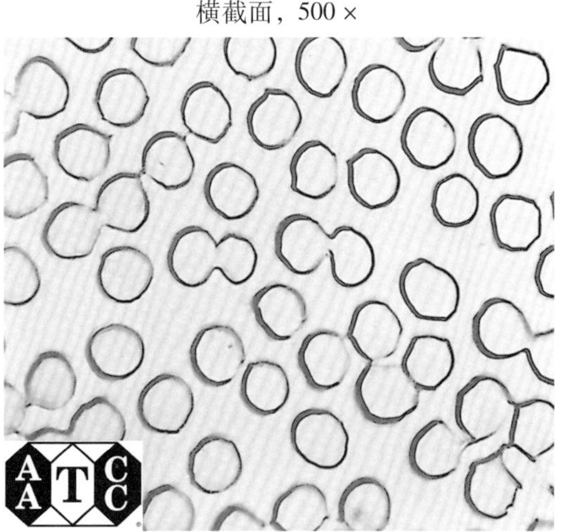

纵截面，250 ×

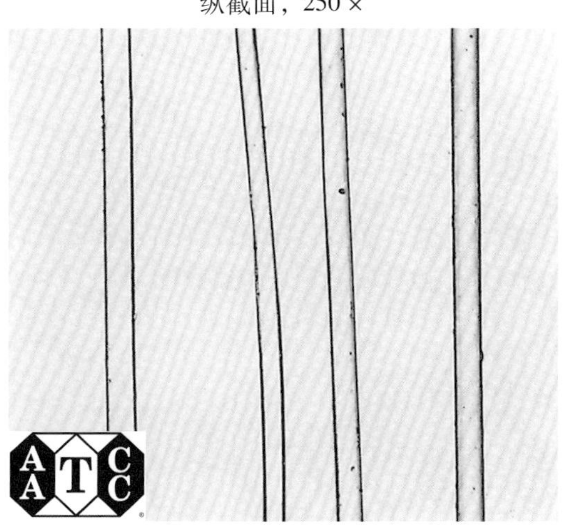

图 44　铜氨纤维

0. 14tex/f，有光

横截面，500 ×　　纵截面，500 ×

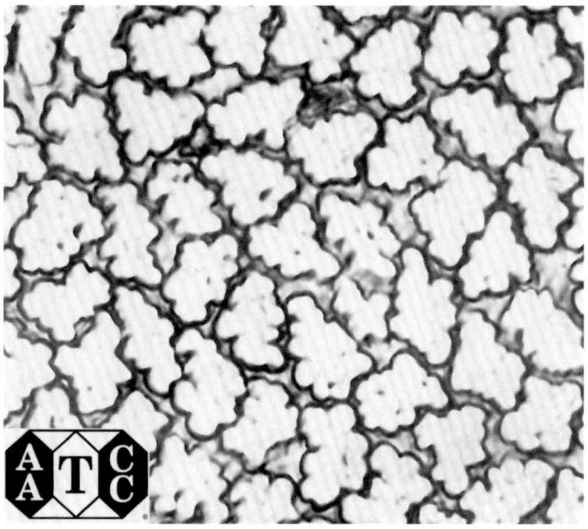

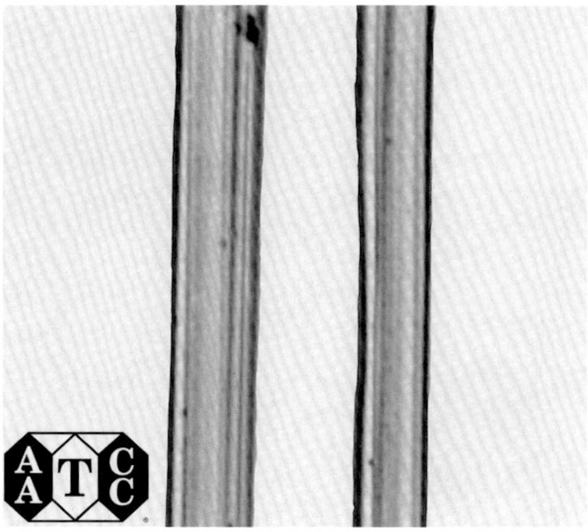

图 45　黏胶纤维

普通强度，有光

横截面，500 ×

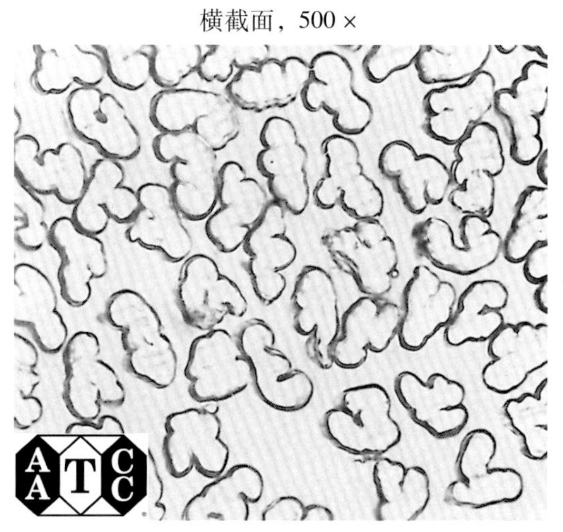

纵截面，500 ×

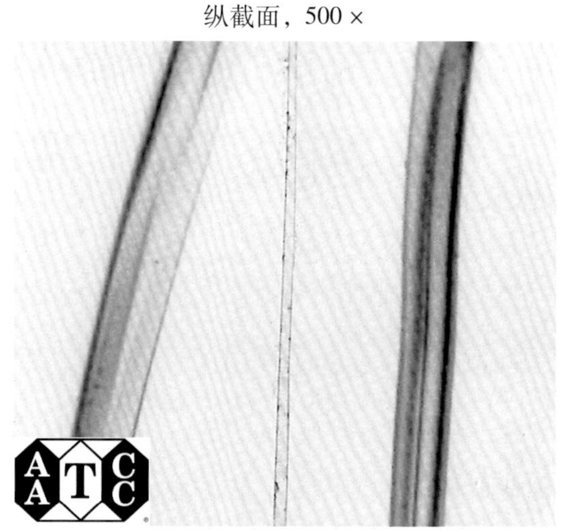

图 46　黏胶纤维

高强度，高湿伸长

横截面，500 ×

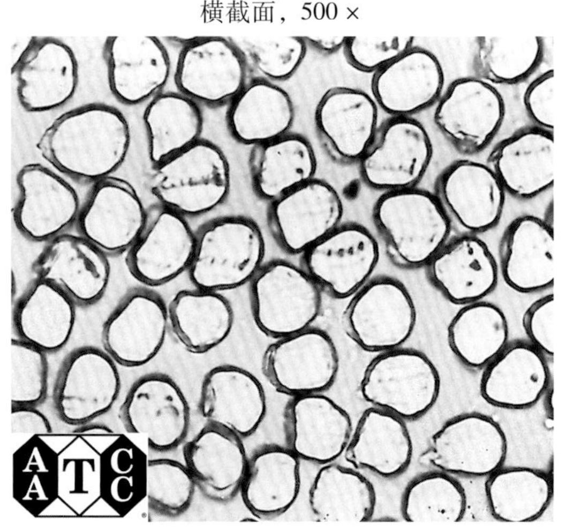

纵截面，500 ×

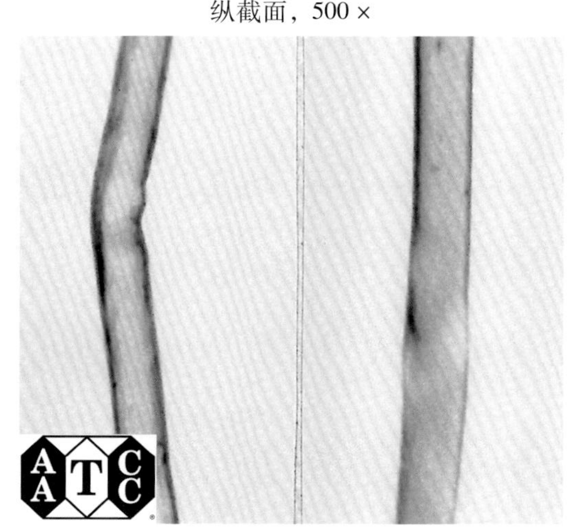

图 47　黏胶纤维

高强度，低湿伸长

横截面，500 ×

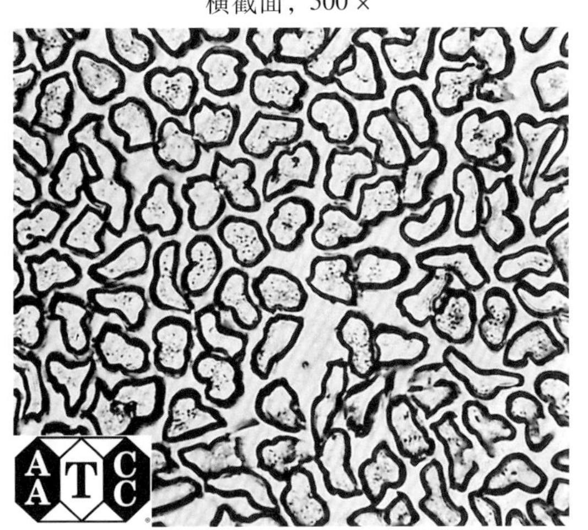

纵截面，250 ×

图 48　皂化醋酯纤维

0.09tex，有光

横截面，500 ×

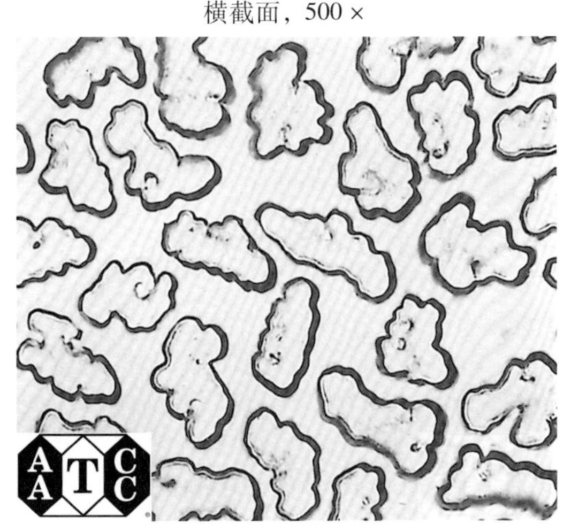

纵截面，250 ×

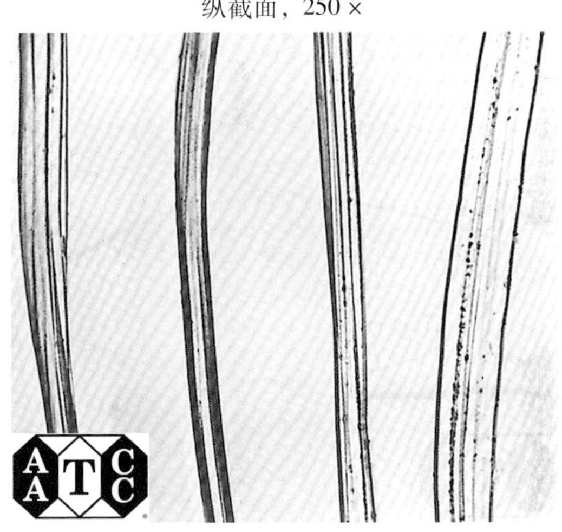

图 49　改性黏胶纤维

0.33tex，有光

横截面，500 ×

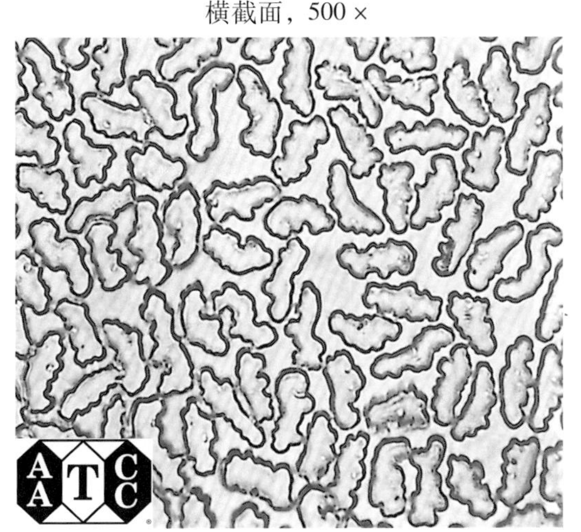

纵截面，250 ×

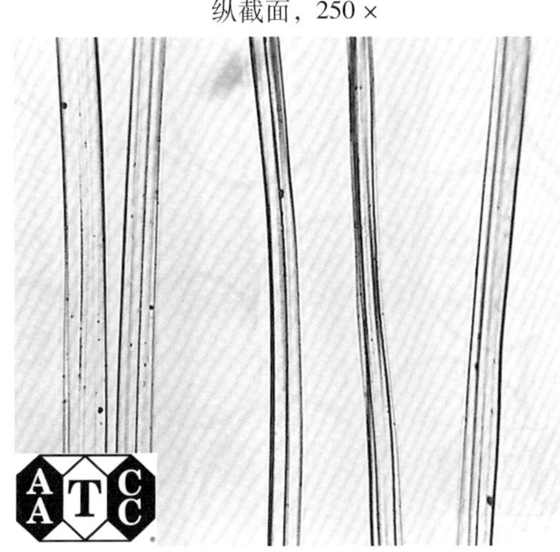

图 50　改性黏胶纤维

0.17tex，有光

横截面，500 ×

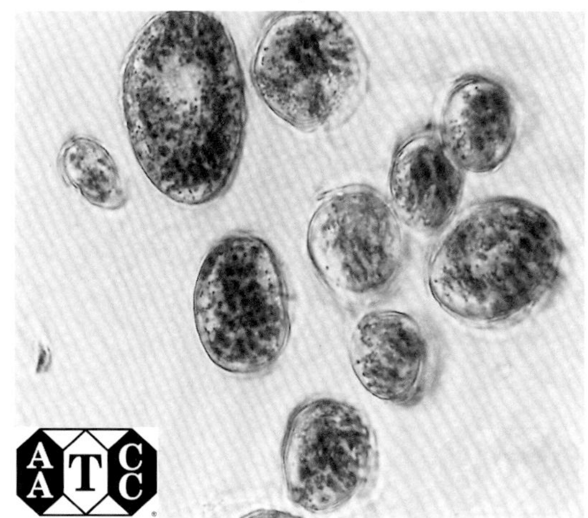

纵截面，500 ×

图 63 牦牛毛

纵截面，1500 ×

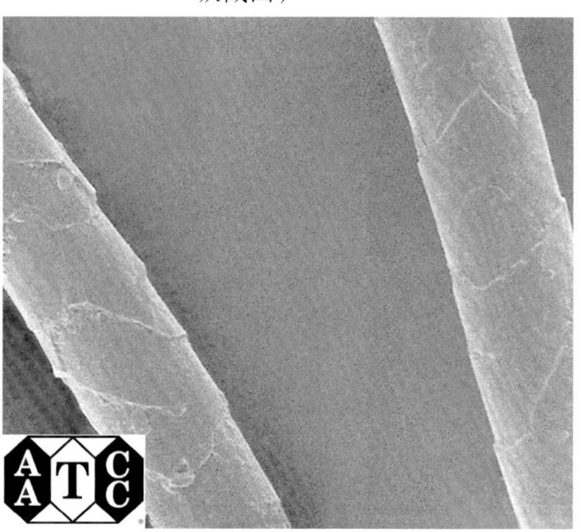

图 63A 牦牛毛的电镜照片

横截面，500 ×

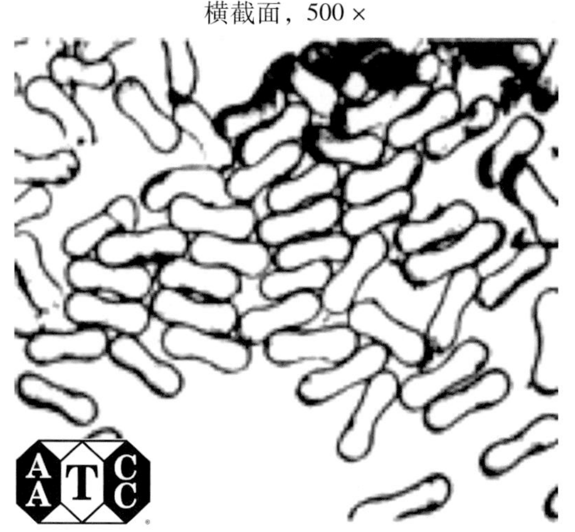

纵截面，100 ×

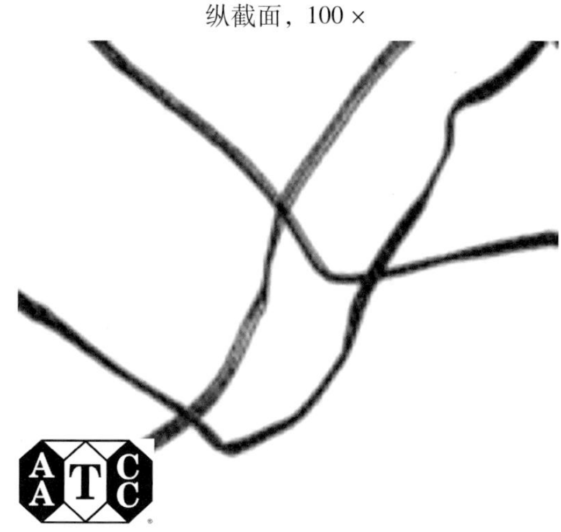

图 64 PBI 纤维

附录 B 纺织纤维的显微傅里叶红外光谱图

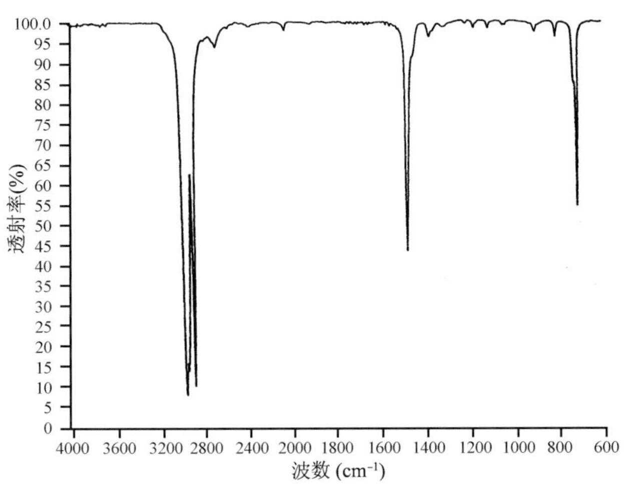

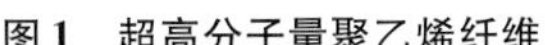
图 1 超高分子量聚乙烯纤维

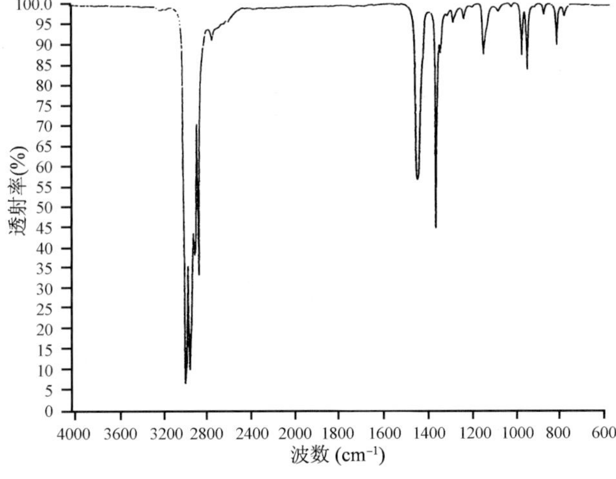

图 2 聚丙烯纤维

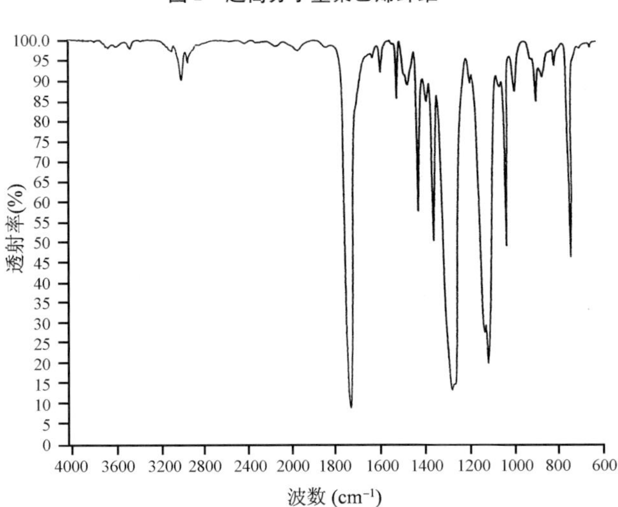

图 3 聚对苯二甲酸乙二醇酯纤维

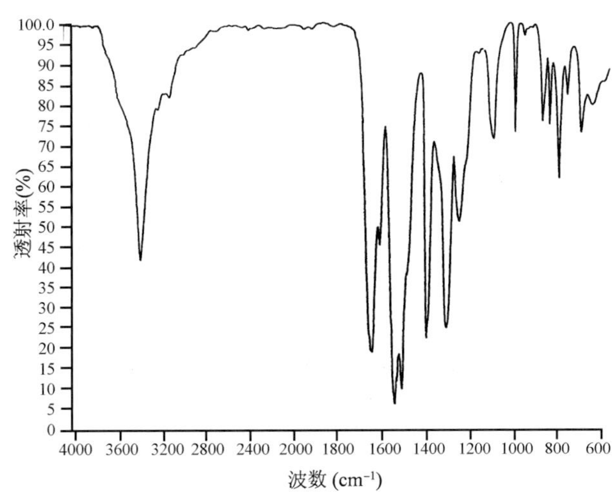

图 4 聚对苯二甲酰对苯二胺纤维

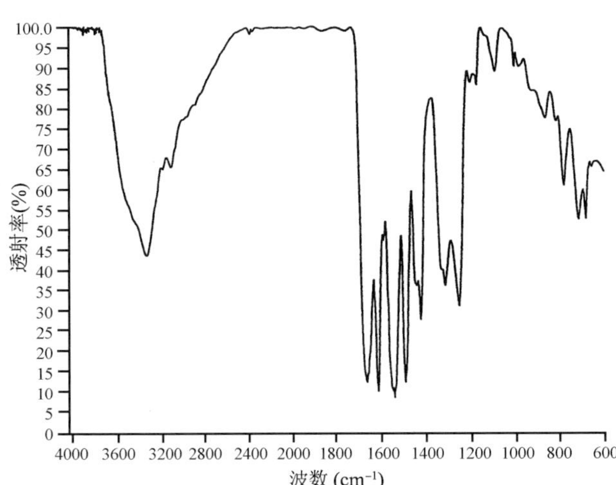

图 5 聚间苯二甲酰间苯二胺纤维

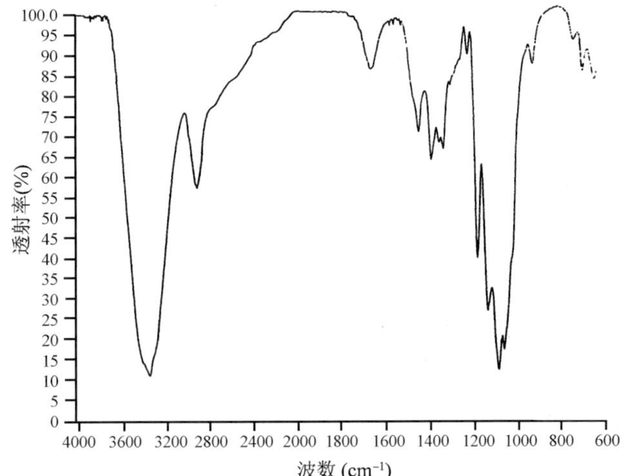

图 6 棉

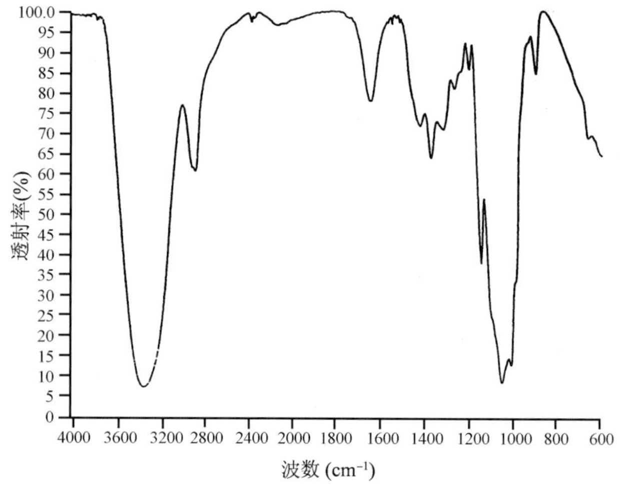

图 7　再生纤维素纤维

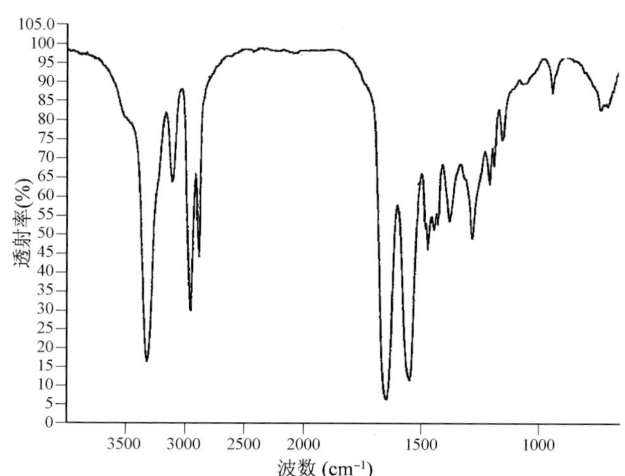

图 8　锦纶 66

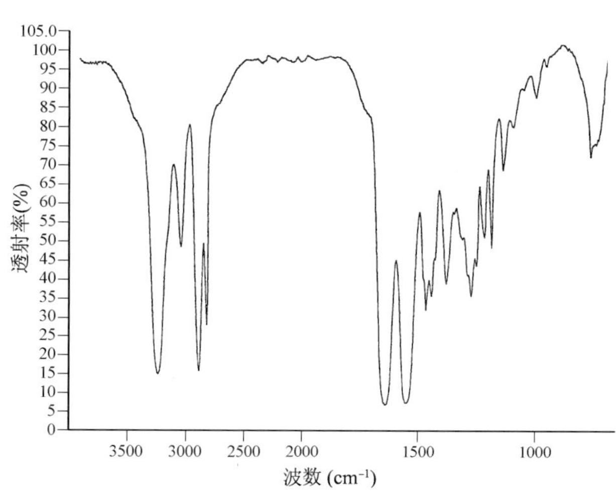

图 9　锦纶 6

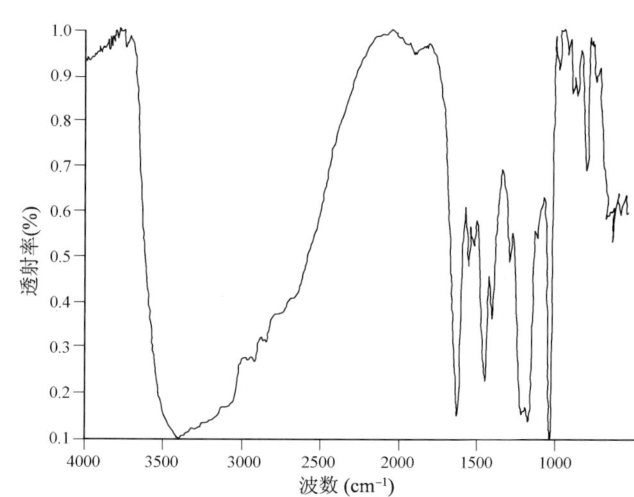

图 10　PBI 纤维

AATCC TM20A-2021

纤维分析：定量

1. 目的和范围

1.1 本测试方法适用于定量测定纺织品的含水率、非纤维成分含量和纤维成分含量。

1.2 本测试方法包括机械法、化学法和显微镜法，可应用于以下类别纤维的混纺产品：

天然纤维：棉、动物毛发、大麻、亚麻、苎麻、丝、羊毛。

化学纤维：醋酯纤维、聚丙烯腈纤维、芳纶（见 17.17，间位芳纶、对位芳纶）、改性聚丙烯腈纤维、锦纶（见 17.1）、聚烯烃纤维、聚苯并咪唑纤维（见 17.17）、聚酯纤维、再生纤维素纤维、氨纶、Triexta。

2. 使用和限制条件

2.1 本方法给出了去除大部分非纤维物质的方法，但不包含全部的非纤维物质。每一种处理方法仅适用于某些特定类别的物质，而没有除去所有非纤维物质的综合方案。

2.1.1 一些新型整理剂可能存在特殊的问题，操作者应进行特例分析。热固性树脂和交联乳胶不但很难去除，而且在某种情况下必须破坏纤维才能完全去除。

2.1.2 当有必要更改程序，或用一种新的方法时，要确保试样中纤维部分不被破坏。

2.2 实验室纤维成分通常以纺织品原样烘干后的重量表示，或以去除非纤维物质后纯纤维的烘干重量表示，或者非纤维物质不能用第 9 部分所述的方法去除，纤维成分会随着分析过程中非纤维物质的去除而增加。

在商业运用中，对于最终用途产品如成衣的标识纤维含量的表述，一般会将回潮率加入到净干含量的结果中。可运用 ASTM D1909《纺织纤维商业回潮率标准表》，来达成这一目的。

2.3 用机械分离法确定纤维组分的程序，适用于由不同纤维组成的可被拆分成纱线或分层的纺织品。

2.4 此处描述的测定纤维成分的化学方法适用于大部分现存的、商业流通的纤维产品。表 2 列出了一些已知的特殊情况。然而某些方法不完全适合新开发的纤维、再生纤维和/或物理改性或化学改性的纤维。这种情况下使用这些方法时应注意。

2.5 显微镜法适用于所有纤维，其准确性在很大程度上依赖于分析者鉴别单种纤维的能力。然而，由于该方法的单一特性，它通常被限制于那些不能机械分离或化学分离的混纺产品，如毛绒与羊毛混纺，棉、亚麻纤维、大麻纤维与/或苎麻纤维之间的混纺。

3. 术语

3.1 纤维的净含量：去除非纤维成分后纤维的含量。

3.2 纤维：通用术语，形成纺织品的最基本的元素，可以是任意一种类别的物质，通常具有弹性、细度以及较大的长度与横截面之比的特性。

3.3 含水率：纺织材料中吸收或吸附水的重

量占纺织材料总重量的百分率。

3.4 非纤维成分：在纤维、纱线、织物或成衣中使用的产品，如纤维整理剂、纱线润滑剂、浆料、织物柔软剂、淀粉、瓷土、肥皂、蜡质、油脂和树脂等。

3.5 本测试方法中用到的其他术语可以在标准化学词典、通用术语词典中查到，也可以在AATCC M11 标准术语表中查到。

4. 安全和预防措施

本安全和预防措施仅供参考。本部分有助于测试，但未指出所有可能的安全问题。在本测试方法中，使用者在处理材料时有责任采用安全和适当的技术；务必向制造商咨询有关材料的详尽信息，如材料的安全参数和其他制造商的建议；务必向美国职业安全卫生管理局（OSHA）咨询并遵守其所有标准和规定。

4.1 遵守良好的实验室规定，在所有的试验区域应佩戴防护眼镜。

4.2 所有化学物品应当谨慎使用和处理。

4.3 在本测试方法第 9 部分所述“非纤维物质—纤维的净含量”中，采用索氏萃取，并用己烷和乙醇时，必须在充分对流的通风橱中进行操作。

注意：己烷和乙醇具有高度易燃性。

4.4 进行化学分析方法 1 操作（见表 2，100% 丙酮）时，要在充分对流的通风橱中进行。

注意：丙酮具有高度易燃性。

4.5 己烷、乙醇和丙酮都是易燃液体，存放在实验室中时，必须是小包装的，并远离热源、明火和火星。

4.6 在化学分析方法 2、3、4 和 6（见表 2）中，准备、配制和使用盐酸（20%）、硫酸（59.5% 和 70%）和甲酸（90%）时，须佩戴化学防护眼镜或面部防护罩、防水手套和围裙。浓酸只能在通风橱中进行操作，且总是向水中加入酸。

4.7 在化学分析法 4（见表 2，70% 硫酸）中，制备氢氧化铵（8∶92）时，需佩戴化学防护眼镜或面部防护罩、防水手套和围裙。配制、混合和使用氢氧化铵时只能在通风橱中进行。

4.8 在附近安装洗眼器、安全喷淋装置以备急用。

4.9 本测试方法中，人体与化学物质的接触限度不得高于官方的限定值［例如，美国职业安全卫生管理局（OSHA）允许的暴露极限值（PEL），参见 29 CFR 1910.1000，最新版本见网址 www.osha.gov］。此外，美国政府工业卫生师协会（ACGIH）的阈限值（TLVs）由时间加权平均数（TLV－TWA）、短期暴露极限（TLV－STEL）和最高极限（TLV－C）组成，建议将其作为人体在空气污染物中暴露的基本准则并遵守（见 17.2）。

5. 仪器

5.1 分析天平，精确到 0.1mg。

5.2 烘箱，可保持 105～110℃。

5.3 干燥器，含有无水硅胶、硫酸钙或具有相同效果的物质。

5.4 索式萃取装置，200mL。

5.5 恒温水浴锅，可调，温度变化范围 ±1℃。

5.6 称量瓶，100mL，玻璃的且带有玻璃盖（也可用同尺寸、有紧密盖子的铝盒替代）。

5.7 锥形瓶，250mL，带有玻璃塞。

5.8 烧杯，硼硅酸盐耐热玻璃制成，250mL。

5.9 过滤坩埚，烧结玻璃制成，粗孔，30mL。

5.10 吸滤瓶，带有适配装置，可用于固定过滤坩埚。

5.11 称量瓶，容量足够大，可以固定过滤坩埚。

5.12 显微镜，带有可移动镜台和具有标线的目镜，可放大至200~250倍。

5.13 投影显微镜，可放大至500倍。

5.14 纤维切片器，包括两个刀片、穿线的销和能够紧固刀片的装置，可施加垂直的压力。可切得的纤维长度约250μm。

5.15 楔形刻度尺，在厚纸片或优质纸卡上压的楔形条，可用于500倍放大倍率。

5.16 烧瓶盖（见17.16）。

5.17 配备带有25.4cm（10英寸）压板的湿磨/抛光机，与25.4cm（10英寸）研磨盘配套使用。

5.18 胶背磨盘，25.4cm（10英寸）。（砂砾：120目、240目、320目、400目、600目、800目、1200目）。

5.19 1加仑真空室，带泵，能保持至少25英寸汞柱的真空压力。

5.20 2件式可浇铸安装杯，3.81cm（1.5英寸）。

5.21 刚性安装卡：用于环氧树脂安装方法的非吸水性纱线样品安装卡。尺寸适用于3.81cm（1.5英寸）的样品杯，见图1。

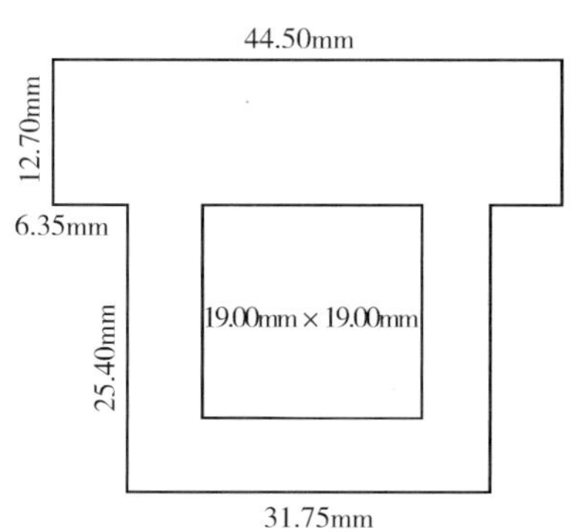

图1 刚性安装卡（允差为±0.38mm）

6. 试剂

6.1 乙醇（95%），提纯或变性酒精。

6.2 己烷（C_6H_{14}）。

6.3 盐酸（HCl），0.1mol/L。

6.4 酶溶液。

6.5 丙酮（CH_3COCH_3），试剂级。

6.6 盐酸（20%）。20℃时，将密度为1.19g/mL的盐酸用水稀释至密度为1.10g/mL。

6.7 硫酸（H_2SO_4）（59.5%）。将浓硫酸（密度为1.84g/mL）慢慢加入到水中，冷却至20℃后调节密度至1.4902~1.4956g/mL范围内。

6.8 硫酸（70%）。将浓硫酸（密度为1.84g/mL）慢慢加入到水中，冷却至20℃±1℃后调节密度至1.5989~1.6221g/mL范围内。

6.9 硫酸（1∶19）。把1体积浓硫酸（密度为1.84g/mL）加入到19体积的水中，一边加入一边慢慢地搅拌。

6.10 次氯酸钠（NaOCl）溶液，其有效氯含量为5.25%，也可用家庭用次氯酸钠漂白液（5.25%）。

6.11 亚硫酸氢钠（$NaHSO_3$）（1%），新配制。

6.12 甲酸（HCOOH）（90%），20℃时密度为1.202g/mL。

6.13 氢氧化铵（NH_4OH）（8∶92）。8体积氢氧化铵（密度为0.90g/mL）和92体积的水混合制成。

6.14 Herzberg着色剂。把事先准备好的溶液A和溶液B混合放置一夜后，把澄清的溶液倒入深色的玻璃瓶中，并加入一片碘。

溶液A：氯化锌50g，水25mL。

溶液B：碘化钾5.5g，碘0.25g，水12.5mL。

6.15 异丙醇（C_3H_7）OH（70%）。

6.16 *N*,*N*－二甲基乙酰胺［$CH_3C(O)N(CH_3)_2$］。

6.17 甲醇（CH_3OH），反应级。

6.18 氢氧化钠（NaOH），颗粒状，95%，反应级。

6.19 二甲苯［$C_6H_4(CH_3)_2$］，混合物，95%，反应级。

6.20 氯化锂（LiCl），晶体状，反应级。

6.21 环氧释放剂，用于可浇铸安装材料。

6.22 环氧树脂，适用于制造浇铸料支架。

6.23 环氧固化剂，与所选环氧树脂相容。

6.24 环已酮 $(CH_2)_5CO$。

7. 试样准备

对于本标准中所适用的各种类型纺织品材料的实验室取样，不可能全部给出详细而明确的说明，但给出了一些通用的取样建议。

7.1 从一批材料中取出的试样尽可能有代表性。

7.2 如果样品相当大，尽可能地从不同的、分开的区域或不同部位取试样。

7.3 当样品是一个重复花型时，样品应取完整个花型的所有纱（见 17.4）。

7.4 当样品是纱线时，取样样品至少长 2m。

8. 含水率

8.1 程序。把不少于 1.0g 的试样放在已称重的称量瓶中，立即盖上盖子，用分析天平称量并记录其总重量，精确到 0.1mg。把没有盖的且装有试样的称量瓶放入 105～110℃烘箱中恒温 1.5h，烘干后取出称量瓶，立即盖上盖子，放入干燥器中，冷却至室温，再称其总重量。间隔 30min 重复以上加热和称重的过程，直到总重量达到恒重，即重量变化在 ±0.001g，并记录恒重。

8.2 计算。按照以下公式计算试样中的含水率：

$$M = \frac{A - B}{A - T} \times 100\%$$

式中：*M*——含水率,%；

A——干燥前试样与称量瓶的总重量；

B——干燥后试样与称量瓶的总重量；

T——称量瓶的净重量。

9. 非纤维物质—纤维的净含量

9.1 程序。取不少于 5g 的试样，放在 105～110℃的烘箱中烘干至恒重（见 8.1），用分析天平称量干燥后的试样重量，精确到 0.1mg。然后，根据实际情况对试样进行以下一种或多种处理。当已知非纤维物质的类型时，可应用以下特定方法处理一次或多次，否则，应使用所有的处理方法。

9.1.1 已烷处理。去除试样中的油脂、蜡状物和特定的热塑性树脂等。在索式萃取器中用碳氟化合物萃取试样至少 6 次，然后在空气中干燥，再在 105～110℃的烘箱中烘干至恒重。可选择的萃取器见 17.15。

9.1.2 乙醇处理。去除试样中的肥皂、阳离子整理剂等。在索式萃取器中用乙醇萃取干燥后的试样至少 6 次，然后在空气中干燥，再在 105～110℃的烘箱中烘干至恒重。可选择的萃取器见 17.15。

9.1.3 水处理。去除试样中的水溶性物质。水跟试样的浴比为 100∶1，温度为 50℃，浸泡干燥后的试样 30min，并不时地搅动或机械振荡，然后用新鲜的水清洗三次，再在 105～110℃的烘箱中烘干至恒重。

9.1.4 酶处理。去除试样中的淀粉类物质。根据制造商的建议，如浓度、浴比、温度和浸润时间，用制备好的酶溶液浸泡干燥后的试样，然后用热水充分地冲洗，再在105~110℃的烘箱中烘干至恒重。

9.1.5 酸处理。去除试样中的氨基树脂。用重量为试样干燥后重量100倍的0.1mol/L盐酸浸泡干燥后的试样，温度为80℃，时间25min，偶尔搅动，然后用热水充分地冲洗，再在105~110℃的烘箱中烘干至恒重。

9.2 计算。

9.2.1 计算非纤维物质的百分比。

$$N = \frac{C - D}{C} \times 100\%$$

式中：N——试样中非纤维物质的百分比，%；

C——处理前试样的干重；

D——处理后试样的干重。

9.2.2 计算试样的纤维净含量百分比。

$$F = \frac{D}{C} \times 100\%$$

式中：F——试样中纤维净含量的百分比，%；

其他术语见9.2.1。

9.2.3 有关纺织品整理剂的萃取和分析的附加技术说明可详见AATCC 94《纺织品整理剂：鉴别方法》。

10. 机械拆分法

10.1 程序。通过适当的方法去除非纤维物质后（见9.1），根据纤维成分，利用机械方法分开纱线，再合并这些相同纤维成分的纱线，称量每种纤维成分烘干后的重量。

10.2 计算。按照以下公式计算每一种纤维组分的含量：

$$X_i = \frac{W_i}{E} \times 100\%$$

式中：X_i——试样中 i 纤维的含量，%；

W_i——拆分后干燥的试样中纤维 i 的重量；

E——试样经过化学处理、烘干后的重量。

11. 化学分析总则

11.1 试样准备。分析前，实验室测试样品应被分解、均匀化，然后取一部分进行化学处理。如果测试样为织物，则应先把织物拆成单根纱线并剪成长度不超过3mm的纱段，并充分混合纱段，取有代表性的一部分用于测试。备选方法：适用于许多情况，应用Wiley碾磨机把试样磨成碎末，用Waring混合器使碾磨后的试样在水中呈均匀的悬浮液，从中取有代表性的一部分用于测试。对于纱线，可采用同样的处理方法，但可省略不必要的步骤。

11.2 应用方法。在表1中列出了含有两种纤维混合试样进行适当处理的化学方法。在该表中，左边第一列列出了两种纤维混合物的其中一个组分，横着向右所对应的列是另一个组分；表中的数字表示适合特定的混合物可采用的一种或几种测试方法；表中没有括号的方法是溶解第一列中纤维的方法，而有括号的方法是溶解第一行中纤维的方法。

对于含有两种以上纤维成分的试样，可应用适当的单个方法依次进行化学成分分析。表2列出了不同的纤维在所有的试剂中的溶解性，可选择适当的方法和顺序进行多组分纤维成分分析（见17.5）。

表 1 混纺纤维的化学分析法

纤维	羊毛/毛绒***	氨纶	蚕丝	黏纤、莱赛尔	涤纶、PTT	聚酰胺—酰亚胺	聚丙交酯纤维	对芳族聚酰胺	聚烯烃纤维	锦纶	改性腈纶	间芳族聚酰胺	三聚氰胺	棉、大麻、亚麻、苎麻	腈纶
醋酯纤维	1 4 12 (5)	1	1 12 (5)	1 12	1 12 (9)	1 12	1 12	1 12	1(10)	1 12 (2)	NA	1 12	1 12	1 12	1 12
腈纶	7 8 (5)	(12)	7 8(3) (5)	7 8(3)	7 8(9)	7 8	7 8	7 8	7 8(10) (12)	7 8(2) (3)(6)	(1) (12)	7 8	7 8	7 8	
棉、大麻、亚麻、苎麻	4(5)	(7)(8) (12)	(5)	(3)	4 (9)	4	4	4	4(10) (12)	(2)(6)	4(1) (12)	4(11)	4		
聚丙交酯纤维	(5)	(7)(8) (12)	(3)(4) (5)	(3)(4)	(9)	—	—	—	(10) (12)	(2)(6)	(1) (12)	(1)			
间芳族聚酰胺	(5)	(7)(8)	(3)(4) (5)	(3)(4)	(9)	11	—	11	(10) (12)	(2)(6)	(1) (12)				
改性腈纶	12(5)	1*	1* 12(3) (4)(5)	1* 12(3) (4)	1* 12 (9)	1* 12	1* 12	1* 12	1* (10)	1* 12 (2)(6)					
锦纶	2** 3 6 (5)	2** 3 6 (7)(8) (12)	(5)	2** 6	2** 3 6 (9)	2** 3 6	2** 3 6	2** 3 6	2** 3 6 (10) (12)						
聚烯烃纤维	10 12 (5)	10(7) (8)	10 12(3) (4)(5)	10 12 (4)	10 12 (9)	10 12	10 12	10 12							
对芳族聚酰胺	(5)	(7)(8) (12)	(3)(4) (5)	(3)(4)	(9)	—	—								
聚乳酸纤维	(5)	(7)(8) (12)	(3)(4) (5)	(3)(4)	(9)	—									
聚酰胺—酰亚胺	(5)	(7)(8) (12)	(3)(4) (5)	(3)(4)	(9)										
聚酯纤维、Triexta 纤维	(5)	9(7) (8)(12)	(3)(4) (5)	9(3) (4)											
黏纤、莱赛尔	4(5)	(7)(8) (12)	(5)												
蚕丝	3 4	(7)(8) (12)													
氨纶	7 8 12														

注 非括号的方法是溶解掉表格第一列的纤维，带括号的方法是溶解掉表格第一行的纤维。

NA—化学定量法不适用同一属性的两种不同纤维的分离，应使用 AATCC 20A 显微镜部分。

— —方法正在研究中。

11.2 中有表格使用的详细说明。

1*—100% 丙酮，见 12.1，＊不适合所有的改性腈纶。

2—20% 盐酸，见 12.2，＊＊不适合所有的锦纶。

3—59.5% 硫酸，见 12.3，＊＊＊AATCC 20A 中所引用的毛绒纤维是 AATCC 20 表 1 中特种动物纤维的代称。

4—70% 硫酸，见 12.4。

5—次氯酸钠，见 12.5。

6—90% 甲酸，见 12.6。

7—二甲基甲酰胺，见 12.7。

8—二甲基乙酰胺，见 12.8。

9—碱性乙醇，见 12.9。

10—100% 二甲苯，见 12.10。

11—含 4% 氯化锂的 *N*,*N*－二甲基乙酰胺，见 12.11。

12—环己酮，见 12.12。

表2　化学分析法中不同纤维在试剂中的溶解性

项　目	方法1：100%丙酮	方法2：20%盐酸	方法3：59.5%硫酸	方法4：70%硫酸	方法5：次氯酸钠	方法6：90%甲酸	方法7：二甲基甲酰胺	方法8：二甲基乙酰胺	方法9：碱性甲醇	方法10：100%二甲苯	方法11：氯化锂＋二甲基乙酰胺	方法12：环己酮
醋酯纤维	S	I	S	S	I	S	S	S	S	I	ND	S
腈纶	I	I	I	I①	I	I	S	S	I	I	ND	I
棉	I	I	SS	S	I	I	I	I	I	I	ND	I
毛绒	I	I	I	I	S	I	I	I	I	I	ND	I
大麻	I	I	SS	S	I	I	I	I	I	I	ND	I
亚麻	I	I	SS	S	I	I	I	I	I	I	ND	I
改性腈纶	S或I①	I	I	I	I	I	PS	PS	I	I	ND	S
锦纶	I	S	S	S	I	S	I	I	I	I	ND	I
聚烯烃纤维	I	I	I	I	I	I	I	I	I	S	ND	S
聚酯纤维②	I	I	I	I	I	I	I	I	S	I	ND	I
苎麻	I	I	SS	S	I	I	I	I	I	I	ND	I
黏胶纤维	I	I	S	S	I	I	I	I	I	I	ND	I
蚕丝	I	PS	S	S	S	PS	I	I	I	I	ND	S
氨纶	I	I	PS	PS	I	I	S	S	PS	I	ND	I
羊毛	I	I	I	I	S	I	I	I	I	I	ND	I
间芳族聚酰胺纤维	I	I	I	I	I	I	I	I	I	I	S	I
对芳族聚酰胺纤维	I	I	I	I	I	I	I	I	I	I	I	I
聚酰胺—酰亚胺纤维	I	I	I	I	I	I	I	I	I	I	I	I
三聚氰胺纤维	I	I	I	I	I	I	I	I	I	I	I	I
聚丙交酯纤维	I	I	I	I	I	I	I	I	NA	I	ND	I
莱赛尔纤维	I	I	S	S	I	I	I	I	I	I	ND	I
PBI纤维	NA	NA	NA	NA	NA	NA	NA	NA	NA	NA	NA	

① 根据纤维类别选用。

② 同样适用于triexta纤维。

注　（1）符号说明：S—溶解，PS—部分溶解（方法不适用），SS—轻微溶解（可用，但需修正系数），I—不溶解，ND—尚未确定，NA—不适用。

（2）11.2中有表格使用方法的详细说明。

12. 化学分析程序

12.1　方法1：100%丙酮。

准确称量0.5～1.5g清洁、干燥、准备好的试样并记录其重量，精确到0.1mg。把试样放入250mL锥形瓶中，以1∶100（重量比）的比例加入丙酮，在40～50℃条件下振荡15min。从不溶的物质中倒出溶液，加入新鲜的丙酮并振荡几分钟，再重复倒出和振荡过程一次。然后通过已知干重的多孔玻璃过滤坩埚抽滤掉不溶物中的液体。将干燥坩埚和不溶物在105～110℃烘箱中烘干至恒重。称量不溶物并记录重量，精确到0.1mg。

12.2　方法2：20%盐酸。

19. 历史

19.1 2021 年修订，更新了表 1。

19.2 为清晰起见，于 2020 年修订并更新表 1 和表 2。2019 年编辑修订，2017 年、2018 年修订，2015 年编辑修改，2010 年、2011 年、2012 年、2013 年、2014 年修订，2009 年编辑修订，2004 年、2005 年、2007 年、2008 年修订，2002 年编辑修订，1995 年、2000 年修订，1989 年重新审定，1982 年（更换标题）、1985 年编辑修订，1978 年重新审定，1975 年修订，1971 年重新审定，1958 年、1959 年审定。

19.3 AATCC RA24 技术委员会于 1957 年制定。与 ISO 17751 和 ISO 1833 以及 IWTO 58 有相关性。

AATCC TM22-2017e

拒水性：喷淋试验

AATCC RA63 技术委员会于 1941 年制定；1952 年、1996 年、2001 年、2005 年、2017 年修订；1943 年、1961 年、1964 年、1967 年、1971 年、1974 年、1977 年、1980 年、1985 年、1989 年、2010 年、2014 年重新审定；1987 年、2008 年、2016 年、2019 年编辑修订。技术上等效于 ISO 4920。

1. 目的和范围

1.1 本测试方法适用于经过或未经过拒水整理的织物。评定织物对水的抗沾湿性，尤其适用于测定织物拒水整理的有效性。

1.2 本测试方法的结果取决于织物中纤维、纱线和织物结构的拒水性能。

2. 原理

在一定条件下，水喷淋到绷紧的试样表面，形成了一个润湿的图案，润湿图案的大小取决于织物的拒水性。用润湿图案与标准图片上的图案比较来评定试样的拒水性。

3. 术语

3.1 拒水性：纺织品中纤维、纱线或织物对水的抗湿性。

3.2 正面：纺织品中织物在最终产品上作为外面、可见面的那一面。

4. 安全和预防措施

本安全和预防措施仅供参考。本部分有助于测试，但未指出所有可能的安全问题。在本测试方法中，使用者在处理材料时有责任采用安全和适当的技术；务必向制造商咨询有关材料的详尽信息，如材料的安全参数和其他制造商的建议；务必向美国职业安全卫生管理局（OSHA）咨询并遵守其所有标准和规定。

遵守良好的实验室规定，在所有的试验区域应佩戴防护眼镜。

5. 使用和限制条件

测试仪器的轻便和操作简单以及测试程序的简短且简单，使得这个测试方法尤其适用于测定涂层整理织物。然而，这个方法不能用来预测织物的防雨渗透性，因为它不能测量水渗过织物的渗水性。若测定防雨渗透性，可以使用 AATCC 35《抗水性：淋雨测试》。

6. 仪器和材料（见 11.1）

6.1 AATCC喷淋测试仪（见 11.2，图 1 ~ 图 4）。

6.2 量筒，250mL。

6.3 水（蒸馏水）。

6.4 秒表（见 8.3）。

7. 试样准备

7.1 剪取三块试样，尺寸为 180.0mm × 180.0mm（7.0 英寸 ×7.0 英寸），测试前需放在相对湿度 65% ± 5% 和温度 21℃ ± 2℃（70℉ ± 4℉）的标准大气下调湿至少 4h。

7.2 如果可能，每块试样含有不同的经纱和纬纱。

100（ISO 5）
90（ISO 4）
80（ISO 3）
70（ISO 2）
50（ISO 1）
0

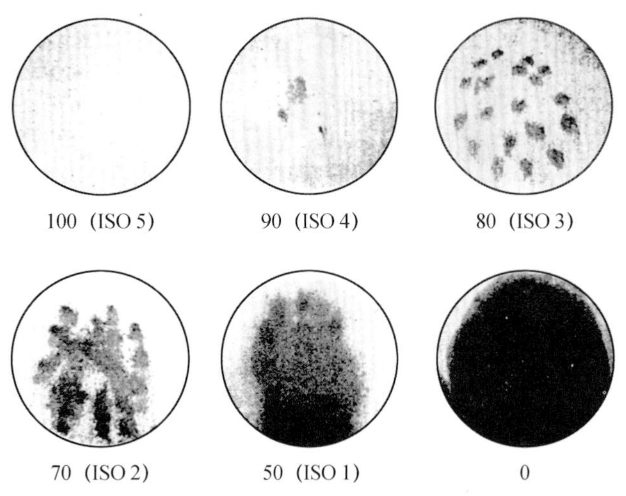

图 1　标准喷淋测试评级图片

（为了拍摄效果，使用有颜色的水）

100—样品表面没有润湿或附着水珠　90—样品表面有轻微不规则的润湿

80—样品表面喷射点处有润湿　70—样品表面喷射点以外也有润湿

50—样品表面喷射点以外完全润湿或附着水珠　0—样品表面完全润湿

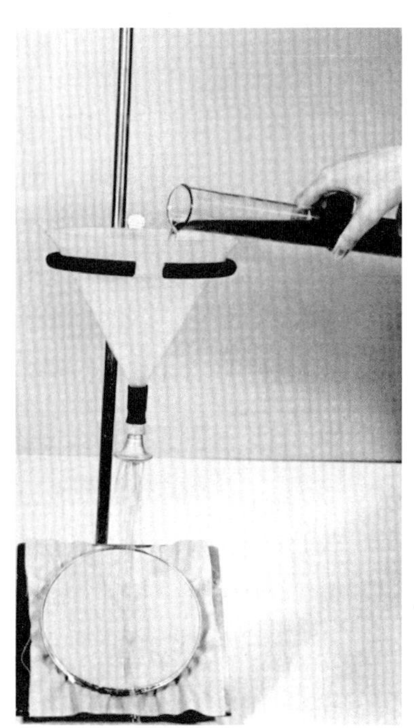

图 2　AATCC 喷淋测试仪

漏斗
(ϕ150mm±5mm)
托圈
橡胶管
喷头
支架
织物
环形夹
底托
200mm±10mm
150mm±2mm
155mm±5mm
45°

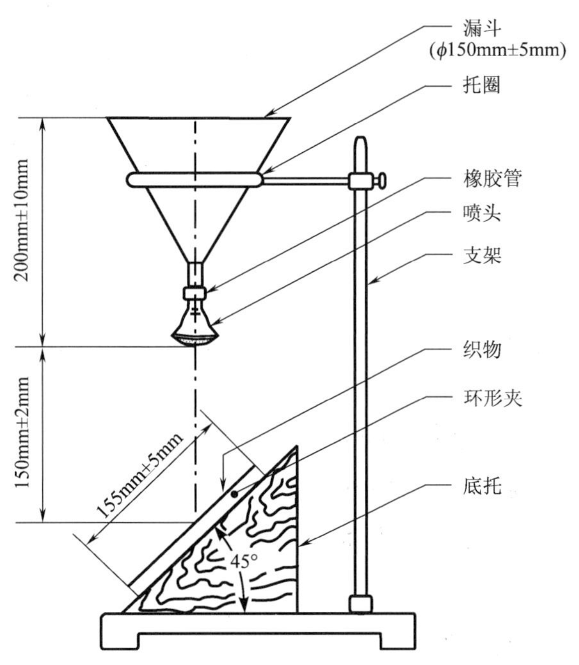

图 3　AATCC 喷淋测试仪详图

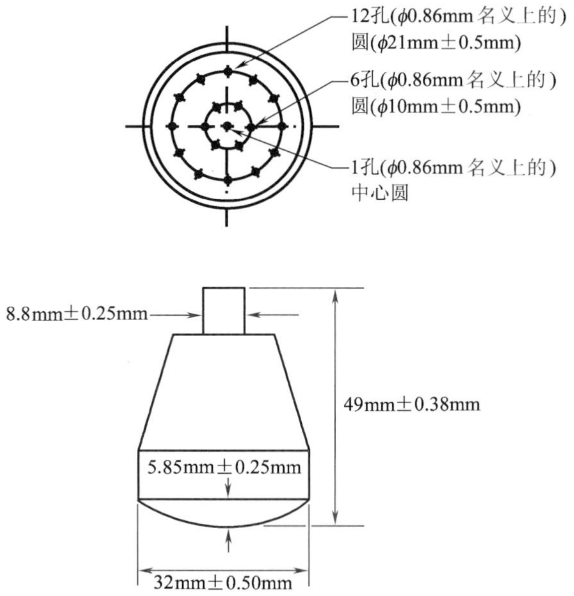

12孔(ϕ0.86mm 名义上的)
圆(ϕ21mm±0.5mm)
6孔(ϕ0.86mm 名义上的)
圆(ϕ10mm±0.5mm)
1孔(ϕ0.86mm 名义上的)
中心圆
8.8mm±0.25mm
49mm±0.38mm
5.85mm±0.25mm
32mm±0.50mm

图 4　喷淋测试仪的喷嘴

8. 操作程序

8.1　检查仪器。将 250mL、27℃ ±1℃（80℉ ±2℉）的蒸馏水注入测试仪的漏斗中，测量漏斗中水漏空时所需要的时间。喷淋时间必须在 25 ~ 30s，否则需要检查喷嘴是否有扩大或堵塞的现象。常规喷嘴见图 4 所示，喷淋时间是校准的关键参数。

8.2　将试样绷紧在直径为 152.4mm（6.0 英

寸）的环形夹上，织物的正面要暴露在喷淋的水下。试样的表面应光滑、无折皱。

8.3 将装有试样的环形夹放在测试仪支架上，使喷淋图案的中心与环形夹的中心重合（见图3）。

如果是斜纹、华达呢、凹凸织物或类似凸条结构的织物，环形夹以织物用于最终产品的方向放置。

8.4 将27℃±1℃（80℉±2℉）、250mL的蒸馏水注入测试仪的漏斗中，并喷淋试样25~30s。

注水时，量筒避免与漏斗接触。因漏斗的移动会改变水喷淋在试样上的位置。

8.5 拿着环形夹的底边，织物正面朝下，对着一个硬物敲打一下手对着的环形边，然后旋转环形夹180°，再敲打一次（即先前手握着的点）。

8.6 重复8.2~8.5的程序，测试三块试样。

9. 评级和报告

9.1 轻敲后，立即将试样正面的湿润或斑点图案与评级图片（见图1）比较。根据最符合评级图片上的图案级数确定每块试样的级数。

9.1.1 对于50分或以上的（95、85、75、60）（见附录中的流程图）图案，可以评定中间等级。

9.1.2 评定稀松机织物或多孔织物如巴厘纱的级数时，透过织物空隙的水应忽略。

9.2 报告每块测试样品的单个评级结果。

10. 精确度和偏差

10.1 精确度。1994年进行了实验室间的比对，建立了本测试方法的精确度。六个实验室各两人参加，分别在两天内评定三块织物，每块织物测试三次。结合每个实验室得到的数据并分析（这里需要平均单个评级结果），显示两天之内的结果没有明显差异。

10.1.1 喷淋评级图片是离散且不连续的，但由于其结果是基于平均值产生的，因而具有一定的参考性。同样，评级是根据所研制出的评级标准（图卡）评定的，而不是任意的视觉评定。为此，RA63委员会在确定本方法精确度使用偏差分析时做了评定。

10.1.2 在该研究中使用的三块织物的喷淋等级在100~80的范围内。显然，在此基础上对本测试方法精确度的范围是有限的。但这是目前评定精确度最好的也是仅有的方法，因而这个方法的使用者仍可以用此精确度。在比较织物的喷淋级别时，鼓励实验室用先前已做过任何试验比对的已知性能的试验织物，建立起自己的水平，并在统计控制下进行试验方法的操作。

10.1.3 工厂经验一致表明，当喷淋评级结果在100附近时，评级偏差非常小，随着评级结果下降，评级偏差会不断增加。本次研究结果与上述经验一致。因此，临界偏差分别在这两个评级结果中得到。

10.1.4 对于两个织物水平下单个织物的精确度参数在表1和表2中给出。

表1 喷淋评级等级——80的偏差构成

（$V_{lab}=17.2222$，$V_{op}=9.2593$，$V_{err}=9.3750$）

单个织物精确度参数			
N	单个操作者	实验室内	实验室间
1	8.5	12.0	16.6
2	6.0	10.4	15.5
3	4.9	9.8	15.1
4	4.2	9.4	14.9
5	3.8	9.2	14.8

表2 喷淋评级等级——100的偏差构成

（$V_{lab}=0$，$V_{op}=0.6945$，$V_{err}=4.4841$）

单个织物精确度参数			
N	单个操作者	实验室内	实验室间
1	5.9	6.3	6.3
2	4.2	4.8	4.8
3	3.4	4.1	4.1
4	2.9	3.7	3.7
5	2.6	3.5	3.5

10.2 偏差。这个测试方法没有已知的偏差。没有测定喷淋等级真值和找到本方法中任何存在的偏差的参考方法。

11. 注释

11.1 有关适合测试方法的设备信息，请登录 www.aatcc.org/bg，浏览在线 AATCC 用户指导，见 AATCC 企业会员所能提供的设备和材料清单。但 AATCC 未对其授权，或以任何方式批准、认可或证明清单上的任何设备或材料符合测试方法的要求。

11.2 AATCC 喷淋测试仪由环形夹、喷嘴、漏斗、支架和喷淋测试评级图片组成，可从 AATCC 获取。地址：P. O. Box 12215, Research Triangle Park NC 27709；电话：+1.919.549.8141；传真：+1.919.549.8933；电子邮箱：ordering@aatcc.org；网址：www.aatcc.org。

附录 评级和报告的流程图

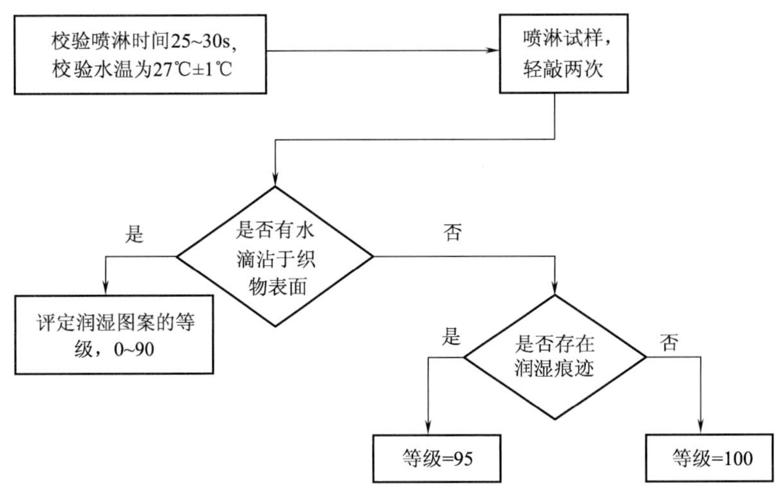

AATCC TM23-2015e(2020)

耐烟熏色牢度

1. 目的和范围

1.1 本测试方法用于测定所有种类和类型的纺织品暴露于天然气燃烧后产生的氮氧化物气体中的抗褪色能力，特殊情况见11.8。

1.2 本测试方法也可用于评定染料的染色牢度。采用规定程序对纺织品进行一定深度的染色，然后对染色后的纺织品进行测试，评定染色牢度。

2. 原理

将一块纺织品试样和一块试验控制标样同时暴露在天然气燃烧后产生的氮氧化物气体中，至控制标样颜色变化达到相应的褪色标准时结束。用标准变色灰卡来评定试样颜色的变化。如果试样在一段暴露周期内或一个试验循环后颜色没有明显的变化，可以继续暴露，直到达到规定的暴露时间或规定的变色级别时结束。

3. 术语

3.1 烟熏：照明或加热气体燃烧后产生的含有氮氧化物的气体。

3.2 色牢度：材料加工、检测、储存或使用过程中，暴露在可能遇到的任何环境下，抵抗颜色变化和/或颜色向相邻材料转移的能力。

4. 安全和预防措施

本安全和预防措施仅供参考。本部分有助于测试，但未指出所有可能的安全问题。在本测试方法中，使用者在处理材料时有责任采用安全和适当的技术；务必向制造商咨询有关材料的详尽信息，如材料的安全参数和其他制造商的建议；务必向美国职业安全卫生管理局（OSHA）咨询并遵守其所有标准和规定。

4.1 遵守良好的实验室规定，在所有试验场所佩戴防护眼镜。

4.2 所有化学物品应当谨慎使用和处理。

4.3 斯托达德溶剂（干洗溶剂）是一种中等危害程度的易燃液体，应避免在明火附近使用。用此溶剂浸透的织物应在通风良好的通风橱内干燥。处理斯托达德溶剂时，应该使用化学护目镜或面罩、防渗透手套和防渗透围裙。

4.4 四氯乙烯是有毒物质，皮肤反复接触以及吸入、食入四氯乙烯会引起中毒。仅限在通风效果良好的环境中使用。通过实验室动物的四氯乙烯毒理学的研究发现：大鼠和小鼠长时间接触浓度为100～400mg/kg的四氯乙烯蒸汽后有癌变迹象。因此，用四氯乙烯浸透的织物应在通风良好的通风橱内干燥。处理四氯乙烯时，应该使用化学护目镜或面罩、防渗透手套和防渗透围裙。

4.5 在附近安装洗眼器、安全喷淋器、有机蒸汽呼吸器以备急用。

4.6 在先前的版本中，为了缩短测试时间，推荐在燃烧器上方放置金属丝屏蔽。最近研究表明，这种方法不正确，因为钢丝屏蔽会增加未燃烧气体量，因此有可能导致爆炸，仪器生产商认为出于安全考虑，不使用屏蔽物（见11.6）。

4.7 本测试法中，人体与化学物质的接触限度不得高于官方的限定值［例如，29 CFR 1910.1000中，美国职业安全卫生管理局（OSHA）允许的暴露极限值（PEL）。最新版见 www.osha.gov］。此外，美国政府工业卫生师协会（ACGIH）的阈限值（TLVs）由时间加权平均数（TLV－TWA）、短期暴露极限（TLV－STEL）和最高极限（TLV－C）组成，建议将其作为人体在空气污染物中暴露的基本准则并遵守（见 11.1）。

5. 设备、材料和试剂

5.1 烟熏仓（见 11.2）。

5.2 1 号控制标样（见 11.3）。

5.3 褪色标准，1 号带（见 11.3）。

5.4 变色灰卡（AATCC EP1）（见 11.9）。

5.5 天然气（见 11.6）。

5.6 尿素溶液（见 11.10）。

5.7 矿物油剂。

5.8 四氯乙烯。

5.9 三氯乙烯。

5.10 1993 AATCC 标准洗涤剂 WOB（见 11.9）。

6. 试样

试样尺寸为 5.0cm×10.0cm。如果试样需要除皱，将样品夹在两层紧密的机织棉布间熨平，或用蒸汽压熨机熨平（见 11.4）。

6.1 评价试样在存储及使用过程中的耐氮氧化物色牢度，应用一块原样进行测试。

6.2 评价试样经干洗后的耐氮氧化物色牢度，可将一块试样浸在冷矿物油剂中 10min，然后挤压脱液，在空气中干燥。另一块试样浸入冷四氯乙烯中 10min，挤压脱液，在空气中干燥。也可用三氯乙烯代替四氯乙烯。试验前应保留一块干洗的试样，以便与试验后的干洗试样对比。

6.3 评价试样水洗后的耐氮氧化物色牢度（见 11.5），除非另外规定洗涤方法，一般应在温度为 41℃ ±3℃，5g/L 1993 AATCC WOB 标准洗涤剂的洗涤液中，将试样洗涤 10min，水的硬度约为零，然后用温水漂洗，在空气中干燥。试验前保留一块水洗后的试样以便与试验后的水洗试样对比。

7. 操作程序

7.1 将试样和一块控制标样自由悬挂在烟熏仓内，彼此不接触，也不与任何热的金属表面直接接触。点燃气体燃烧器，调整火焰和通风装置，使烟熏仓内的温度不超过 60℃（见 11.7 和 11.8）。将试样放在烟熏仓中，直至在日光（采用从一般光线到轻微偏蓝的北光）或等效人造光源下对比，控制标样的颜色变化与褪色标样相同时结束。

7.2 然后从烟熏仓中取出试样，并立即用变色灰卡评定每块试样变色。

7.3 从烟熏仓取出试样后，试样暴露于氮氧化合物环境下，颜色可能会继续变化。这种情况下，可用目光或仪器再做一次或几次评定。如果进行了再评定，需立即将试样及其控制标样和几块原样及其控制标样投入到尿素缓冲溶液中（见 11.10）浸泡 5min。然后挤压出试样和原样中多余溶液，彻底漂洗干净。在不超过 60℃的空气中干燥试样。

7.4 第一个试验周期后，将没有变色的试样和没有经尿素缓冲溶液处理过的试样，连同一块新的控制标样一起放回到烟熏仓中继续测试，直到第二块控制标样的颜色变化与褪色标样一致。

7.5 重复上述测试，直到完成规定的周期数或试样达到指定的变色程度时为止。

8. 评价

8.1 在每一个试验周期后，将试样从烟熏仓中取出，立即与它们各自保留的原样进行对比。

8.2 在达到规定的周期数后，用《变色灰卡评定程序》（AATCC EP1）或 AATCC EP7《仪器评定试样变色》来评定试样颜色的变化，记录与灰卡颜色最接近的级数，并报告周期数（见 11.11）。

9. 报告

报告每一个试样的变色级数和试验周期数、平均温度。如果提高了湿度，报告提高湿度所采用的方法。

10. 精确度和偏差

10.1 精确度。本试验方法的精确度还未确立，在其产生之前，采用标准的统计方法比较实验室内或实验室之间的试验结果的平均值。

10.2 偏差。耐烟熏色牢度只能根据某一测试方法对其进行定义。没有独立的方法测定其真实值。作为评价这一性能的手段，该方法无已知偏差。

11. 注释

11.1 可从 ACGIH 获取，地址：Kemper Woods Center，1330 Kemper Meadow Dr，Cincinnati OH 45240；电话：+1.513.742.2020；网址：www.acgih.org。

11.2 烟熏仓。

11.2.1 烟熏仓可以有各种不同结构，但必须是密闭的，这样试样可以暴露在气体燃烧器燃烧产生的副产物的大气里。这个设备需要装配一些相应的附件支撑试样，同时使气体可以自由地围绕试样循环，并使试样仅在悬挂点这一小点上与热金属表面直接接触。为了保证尽可能让所有的样品暴露在同样的气体浓度、温度和湿度的条件下，可使用电动机驱动风扇使空气在试验仓流动，或使用电动机驱动样品架在烟熏仓中旋转。安装在气炉火焰顶点的可调通风口或节气闸以及气体燃烧火焰高度都可以用来调节烟熏仓内的温度。但是烟熏仓的温度和湿度会随其所处房间的温度和湿度而变化。

11.2.2 几种合适的设备在 American Dyestuff Reporter，July 22，1940，pp368－369 中列出。适当的仪器的图纸可从 AATCC 获取，地址：P. O. Box 12215，Research Triangle Park NC 27709；电话：+1.919.549.8141；传真：+1.919.549.8933；电子邮箱：ordering@aatcc.org。

11.3 实验控制和褪色标样。

11.3.1 先前的实验控制标样是醋酯纤维贡缎经0.4%的染料索引中分散蓝3染色而成。批次21的实验室控制标准是使用0.4%分散紫罗兰1染成的醋酯纤维贡缎。因为该染料的褪色性能众所周知，产生的颜色变化也比之前的控制织物明显。

11.3.2 选择新泽西南部的三个不同的地方，将最初一批控制标样悬挂六个月。假设这些地区的大气具有平均的氮氧化物浓度。试验结束后，收集三个地区的样本并与原样对比，所有试样的变色几乎都相同，与原样对比颜色变浅变红。将褪色区域与用还原染料染色的醋酯纤维缎对比，就得到了本批控制标样的最初的褪色标样。经过暴露的控制标样即使在少量氮氧化物中仍然继续变色，不如以上方法产生的褪色标样持久。

11.3.3 不同批次、不同来源的染料和未染色织物会造成原始颜色及褪色速率的差异，因此有必要为每批染色的控制标样精确地设定一个新的褪色标样，这样使用不同批的控制标样和其对应的褪色标样时，能获得可比的测试结果。试验时，只能使用与控制标样相对应的褪色标样。

11.3.4 最初一批控制标样的褪色标样是由醋酯纤维缎用还原染料染色而成。在后来的控制标样和褪色标样制备过程中，人们发现在黏胶纤维缎上使用直接染料可以产生更好的褪色对比效果。

11.3.5 试验控制标样和褪色标样都要妥善保存在适当的容器或盒子内，以免在运输和储存过程中接触氮氧化物或其他大气中可能存在的污染物而发生变色。

11.3.6 控制标样对臭氧等其他大气污染物也较敏感。其褪色速率随湿度、温度不同发生显著变化，不建议在自然或最终测试中将控制标样用于评定在氮氧化物中的暴露。由此产生的变色是大气污染物、温湿度变化共同作用的结果，而不仅仅是暴露在氮氧化物中产生的结果。

11.3.7 一套密封的试样控制标样包括2.47cm

宽的注明具体批号的 1 号带状物和相对应的褪色标准试样。可从 Test fabrics Inc 获取，地址：P. O. Box 3026，415 Delaware Ave.，W Pittston PA 18643；电话：+1. 570. 603. 0432；传真：+1. 570. 603. 0433；电子邮箱：info@ testfabrics. com；网址：www. testfabrics. com。

11.4 熨烫加热。当用一个足够热的熨斗熨烫醋酯纤维面料上所有褶皱时，有可能使织物表面封闭，提高了织物的耐燃气烟熏色牢度。因此，这种方法可能会影响测试结果的准确性，应避免在此类织物上使用。

11.5 干洗和水洗试样。目前，几乎所有可用的抑制剂都不同程度地溶于水，因此水洗时易洗除。而这些抑制剂基本不溶于普通的干洗溶剂中，因此经适当抑制剂整理的织物，在数次干洗之后应能保留其耐燃气烟熏色牢度（如果干洗操作不包括水渍或用海绵蘸水擦拭）。织物频繁与汗液接触也容易使抑制剂失效。

11.6 气体。本试验使用的照明气体，包括天然气和人工煤气由马萨诸塞州、康涅狄格州、罗德岛、纽约、新泽西、宾州和特拉华州的气体公司提供。所有试验结果基本相同。可以使用任何一种燃烧器。亮（黄色）火焰或者蓝绿色火焰都可用，但是多选用后者，因为它可以避免产生烟尘。有争议或比对试验时应使用罐装压缩丁烷（c. p.）。

11.7 试验温度。其他条件均相同的条件下，样品的褪色随烟熏仓内温度变化而变化，而温度变化又取决于一定时间内燃气的消耗量。样品在 60℃ 下暴露 8～12h 所产生的颜色变化与样品在 21～27℃ 下暴露 96h 所产生的颜色变化相同。此外，在烟熏仓内的不同位置，温度有时也有略有差异。

11.8 试验湿度。醋酯纤维、三醋酯纤维和聚酯纤维的织物，其染料的褪色性能可以在较低相对湿度、温度近 60℃ 的烟熏仓内测定。对于其他的纤维，如锦纶、黏胶纤维或棉，需使用较高湿度才能达到与其使用性能接近的效果。建议提高烟熏仓湿度的方法如下：盛满水的容器放在烟熏仓底部。如果使用了这种或其他方法提高了烟熏仓的湿度，报告中需注明。

11.9 可从 AATCC 获取，地址：P. O. Box 12215，Research Triangle Park NC 27709；电话：+1. 919. 549. 8141；传真：+1. 919. 549. 8933；电子邮箱：ordering@ aatcc. org；网址：www. aatcc. org。

11.10 尿素溶液。向 10g/L 的尿素缓冲液（NH_2—CO—NH_2）中加入 0.4g 二水合磷酸二氢钠（$NaH_2PO_3 \cdot 2H_2O$）、2.5g 十二水合磷酸氢二钠（$Na_2HPO_3 \cdot 12H_2O$）以及 0.1g 或更少的阴离子表面活性剂，调节 pH 至 7。

11.11 如果事实证明，与有经验的评级者目测评定相比，自动电子评级系统可以提供相同结果并表现出相当或更高的重复性和再现性，也可使用该系统进行评级。

12. 历史

12.1 2020 年重新审定。

12.2 2015 年、2005 年、1972 年、1962 年、1957 年、1952 年、1946 年修订，1989 年、1983 年、1975 年、1971 年重新审定，2019 年、2014 年、2008 年、1997 年、1996 年、1995 年、1985 年、1983 年、1981 年编辑修订，2010 年、2004 年、1999 年、1994 年、1988 年编辑修订并重新审定。

12.3 AATCC RA33 技术委员会于 1941 年制定。技术上等效于 ISO 105－G02。

AATCC TM26-2020

硫化染料染色纺织品的老化测试：加速法

1. 目的和范围

本测试方法描述了一种用来确定经硫化染料染色的纺织材料在正常储存条件下是否会老化变坏，以及确定老化程度的程序。

2. 原理

试样在可控潮湿大气条件下，进行蒸汽老化试验，通过试样断裂强力的损失来判定是否存在储存老化的可能性。

3. 引用文献

3.1 ASTM E145，重力对流炉及强制通风炉的标准规格。

3.2 ASTM E1402，取样设计标准指南。

4. 术语

4.1 加速老化：在纺织品加工和测试中，通过控制相关环境条件，加速纺织材料的物理性能和/或化学性能变化。

4.2 硫化染料：一种含硫染料。硫既作为载色体的一个必要组成部分，又附于多硫化合物分子链中，通常在碱性溶液中用硫化钠还原成可溶的隐色母体，然后再在纤维中经氧化成不溶物质。

5. 安全和预防措施

5.1 本方法/程序中指定的安全和预防措施仅供参考。本部分有助于测试，但未指出所有可能的安全问题。

5.2 在本测试方法中，使用者在处理材料时有责任参考适用的安全数据表、采用安全和适当的技术、穿戴适当的个人防护设备。

5.3 使用者务必向制造商咨询详尽信息，如设备操作说明和其他建议咨询并遵守所有适用的健康和安全规定（如美国职业安全卫生管理局（OSHA）标准和规定）。

6. 仪器

6.1 常规的实验室干燥烘箱（见13.1），能够均匀加热并控制温度至±2℃。应配有通风装置和提供湿气的装置（见13.2）。

6.2 水蒸气老化器（见13.3），配有可调节得到均匀的蒸汽流和温度的适当装置。

6.3 拉力试验机

7. 取样

7.1 仅当样品具有统计代表性时，测试结果才有效（见ASTM E1402）。

7.2 取样必须是随机的。每个产品单元成为样品的数学概率必须相等；每个样品的每一部分成为试样的可能性必须相等。

7.3 由于纯粹的偶然性，所有试样的变化性必须相同。试样中不得存在已知原因的差异。

8. 试样准备

选取足够的测试试样和空白样，对照和老化样品经调湿后制备成拉伸试样（见10.1）。

9. 操作程序

9.1 烘箱内测试，选择1。将测试样放在135℃±2℃的烘箱中连续加热6h。在第2h、3h、

4h、5h 和 6h 开始时，关闭烘箱的排气口或通风口，然后按照烘箱的容积进行加水，每 0.03m^3（1.0 立方英尺）的容积加入 20mL 水。通风口关闭时间为5min，然后再打开，剩余时间内循环继续进行。第6h 加热结束后，从烘箱中取出试样，把试样放入恒温恒湿室。

9.1.1 烘箱内测试，选择 2。将试样放在 135℃ ±2℃的烘箱中连续加热6h。每小时加热结束时，从烘箱中取出试样，把试样放在蒸汽中完全加湿，然后放回烘箱。第 6h 加热结束后，从烘箱中取出试样，把试样放入恒温恒湿室。

9.1.2 烘箱内测试，选择 3。将测试样放在 135℃ ±2℃的烘箱中连续加热6h。测试初始，按照烘箱的容积进行加水，每 0.03m^3（1.0 立方英尺）的容积加入 100mL 水，装水的容器表面积约为 413cm^2（64 平方英尺）。在整个测试过程中，排气口或通风口保持打开状态。第 6 h 加热结束后，从烘箱中取出试样，把试样放入恒温恒湿室。在上述条件下，水的蒸发大概需要 1.75 ~2.0h。

9.2 蒸汽老化器内测试。老化时可将试样悬挂，或者将其用大头针钉在框架上，然后置于蒸汽老化器中，呈金字塔形状，底部用一个隔板作为支撑。测试样在 103kPa（15 磅）的饱和蒸汽中老化 8h，或者在 51.7kPa（7.5 磅）的饱和蒸汽中老化 16h。老化结束后，将试样从蒸汽老化器中取出，把试样放入恒温恒湿室。

10. 结果评定

10.1 在进行断裂强力测试之前，试样和未经老化处理的空白样应该在相对湿度 65% ±5% 和温度 21℃ ±2℃ （70℉ ±4℉）的标准大气条件下调湿 16h。

10.2 测定未经老化处理的空白样的断裂强力。由于要获得比较而非绝对的结果，因此可以使用任何可使测试样断裂的合适的断裂强力试验机。应至少测得 10 组有效的断裂强力数据，然后取其平均值。

10.3 测定老化试样的断裂强力。应至少测得 10 组有效的断裂强力数据，然后取其平均值。

10.4 以空白样的强力值为基准，计算出试样断裂强力值的损失（或提高）百分比。

11. 报告

11.1 试验样品的描述或确定。

11.2 报告样品采用 AATCC TM26 -2020 进行测试。

11.3 报告测试条件：

11.3.1 测试程序（烘箱内测试：选择 1、选择 2、选择 3，或者蒸汽老化器内测试）。

11.3.2 测试环境。

11.4 报告断裂强力的测试方法。

11.5 报告测试结果：

11.5.1 未经老化处理空白样的断裂强力平均值和标准偏差。

11.5.2 老化试样的断裂强力平均值和标准偏差。

11.5.3 以空白样的强力值为基准计算出的断裂强力值的损失（或提高）百分比。

11.6 对已发布方法任何修订的描述。

12. 精确度和偏差

12.1 精确度。本测试方法的精确度评价尚未确立。在这个方法的精确度产生之前，用标准统计学技术进行实验室内部或不同实验室之间测试结果平均值的对比。

12.2 偏差。硫化染料染色纺织品的加速老化方法的偏差仅能依据一种测试方法来定义。尚没有独立的方法确定其真值。作为这一特性一种评价手段，本方法没有已知偏差。

13. 注释

13.1 本测试中使用的烘箱可以是用常规材料

普通设计构造的烘箱，只要加热过程中发热元件或构造材料不会释放出影响测试结果的气体就可以。烘箱所放测试材料的数量必须和烘箱的容积具有确定的联系，每0.03m^3（1.0立方英尺）的烘箱放入25g的测试材料，这个比例是恰当的。

13.2 温度控制必须精确到±2℃。注意确保温度计的读数是试样测试区域内部的真实、准确的温度。

13.2.1 烘箱应该配备有合适尺寸的风口或通风孔，以确保烘箱内的空气约2min交换一次，加湿时除外。这可通过自然对流或循环系统得以实现。加湿时关闭风口或者通风孔，使湿气停留在烘箱中一定的时间。

13.2.2 每隔特定的时间间隔，让一定量的水或蒸汽进入烘箱。可以从烘箱的顶端或者侧面进入。为了实现快速蒸发，在加热的物体块上加必要量的水。为了达到相对快速的蒸发，每小时加入的每克水需要的加热材料为100g。每小时加入的水量要足以使蒸汽在正常大气压下充满整个烘箱。在大气压下和135℃条件下20mL水可产生0.03m^3（1立方英尺）的蒸汽。除了可以实现水的快速蒸发之外，（加热的）金属块或其他材料还起到温度平衡器的作用，并防止由于所加水蒸发吸收热量而引起温度的突然降低。符合ASTM规格的用于橡胶加速老化测试，配备了自动加湿控制装置的烘箱，可以适用本实验（见ASTM E 145《重力对流炉及强制通风炉的标准规格》）。

13.2.3 必须预先采取措施固定试样，防止测试样接触到烘箱内的热金属部分。一种适当的方法就是将试样悬于玻璃杆或木杆上，使试样彼此之间或与烘箱面不发生接触。试样必须放在烘箱中温度均匀稳定的位置，并且确保所有测试样品的整体处于相同的温度、相同的湿度和气压变化条件下。

13.3 一个典型的蒸汽老化器主要由一个封闭的圆筒组成，该圆筒长为58cm（23英寸），内径为38cm（15英寸），圆筒的一端是一个两面皆可推拉开关的门。圆筒表面有一个凹槽，凹槽里面嵌有垫圈，门被杠杆夹具紧紧地固定在凹槽上。这个仪器上配有压力计，温度自动记录仪，带有手关式流体控制阀的进汽口、小活栓、汽水阀，顶部带有薄的不锈钢金属片挡板，防止冷凝水滴入。一个56cm×36cm（22英寸×14英寸）覆盖着粗布的木质框架，由沿着中心侧边突出的螺栓支撑，可用作底部挡板以防止可能发生的喷洒。不过，任何可以适当控制得到均匀蒸汽流和稳定气压的蒸汽老化器，都适合用于本测试。

14. 历史

14.1 2020年修订，使其更加清晰，以及符合AATCC标准的统一格式。

14.2 2016年编辑修订，2013年、2009年、2004年编辑修订并重新审定，1999年重新审定，1994年编辑修订并重新审定，1990年编辑修订，1989年、1988年、1983年、1978年重新审定，1975年修订，1972年重新审定，1952年修订，1944年重新审定。

14.3 AATCC RR9技术委员会于1943年制定。由RA99维护。

AATCC TM27-1952e8 (2018) e

润湿剂：再润湿剂的评价

AATCC RR8 技术委员会于 1944 年制定；2003 年权限移交至 AATCC RA63 技术委员会；1952 年修订；1971 年、1974 年、1977 年、1980 年、1989 年、1999 年、2009 年、2013 年、2018 年重新审定；1985 年、1994 年、2004 年编辑修订并重新审定；1988 年、1991 年、1992 年、2008 年、2016 年、2019 年编辑修订。

1. 目的和范围

本测试方法适用于测定在棉织物中使用的商业再润湿剂效果。

2. 原理

将试样经再润湿剂水溶液浸轧后干燥，然后在其拉紧的表面上小心地滴一滴水，水滴的镜面反射时间为再润湿时间。

3. 术语

3.1 再润湿剂：用于纺织品准备、染色和整理的一种表面活性剂，纺织品应用润湿剂后干燥，可以提高水溶液对纺织品的快速润湿能力。

3.2 润湿剂：一种化合物，加入水中后，可降低液体的表面张力及其与固体间的界面张力。

4. 安全和预防措施

本安全和预防措施仅供参考。本部分有助于测试，但未指出所有可能的安全问题。在本测试方法中，使用者在处理材料时有责任采用安全和适当的技术；务必向制造商咨询有关材料的详尽信息，如材料的安全参数和其他制造商的建议；务必向美国职业安全卫生管理局（OSHA）咨询并遵守其所有标准和规定。

4.1 遵守良好的实验室规定，在所有的试验区域应佩戴防护眼镜。

4.2 观察浸轧机时要注意安全。浸轧时切勿移动安全装置，尤其是在夹持点处要确保足够的安全。推荐使用脚踏开关。

5. 设备和材料（见 9）

5.1 再润湿剂。

5.2 相当厚重的本色棉布，未经煮练、漂白或退浆，本方法建议使用棉缎。

5.3 小浸轧机，带有临时浸轧槽的家用绞干机也可代替小浸轧机。

5.4 绣花绷，15.2cm（6 英寸）。

5.5 滴定管，15～25 滴/mL。

5.6 秒表。

5.7 恒温恒湿间，保持室内温度为 21℃ ±2℃（70℉ ±4℉），相对湿度为 65% ±5%。在一般的实验条件下也可得到满意的比较结果，但在标准条件下结果的重现性更好。

6. 操作程序

6.1 再润湿剂的应用。取一定量的再润湿剂样品放入小烧杯或勺皿中，然后加入 100mL 热水制成再润湿剂溶液。加热一定时间使溶液温度至 97℃（200℉）以上，然后用热水稀释至 1L。浸轧机槽内的应用溶液温度为 70℃ ±3℃（158℉ ±5℉）。

6.2 调节浸轧机使其能够均匀连续地挤压。使用家用绞干机时，旋转碟型螺母半打圈数也可得到满意的效果。

6.3 将一条棉缎布通过再润湿剂溶液反复浸轧三次，以确保棉缎布被彻底地均匀浸透，使其带液率为布重的60% ~90%。

6.4 将浸轧过的棉布在温度约为82℃（180℉）的空气中干燥30min。

6.5 每个有代表性的再润湿剂需要准备四条棉缎布，而每个再润湿剂需要分别测试四种浓度，浓度通常配成2.5g/L、5.0g/L、10.0g/L和20.0g/L的再润湿剂。

6.6 再润湿。将经过浸轧、干燥和调湿的正方形棉布固定在绣花绷上，调节装有蒸馏水或自来水（均适用于该测试）的滴定管，使21℃ ±2℃（70℉ ±4℉）的水滴定速度约为1滴/5s，将绷紧的布面置于滴定管下端约1cm（0.394英寸）。当水滴滴落到布面时，开始计时；当布面上水滴的镜面反射消失时，停止计时。

在观察者和光源（如一个窗口）之间需调整绣花绷的位置来确定该点，使得那个角度可以清楚地观察到变平的水滴表面的光的镜面反射情况。当水滴逐渐被吸收，反射面也逐渐缩小直至最后完全消失，只剩下一个湿印，此时是计时终点。

7. 评定

7.1 读取再润湿时间简单且快速，因此，每个浓度读取10个再润湿时间。在双对数坐标纸上以浓度为横坐标（*X*轴），将不同浓度（2.5g/L、5.0g/L、10.0g/L和20.0g/L再润湿剂）溶液的每滴消失的平均时间对浓度作图。四点尽可能描成近似一条直线。

7.2 从这条水滴消失时间对浓度的关系直线上，找到水滴消失时间为10s时对应的浓度，该浓度被称为该样品的再润湿浓度。第二种再润湿剂相应的再润湿浓度也可确定。通过这些数字简单的比例关系，可以计算出多少份第二种再润湿剂与100份第一种再润湿剂（或基准样品）的再润湿作用相同。

8. 精确度与偏差

8.1 精确度。尚没有建立本标准的精确度。在这种测试方法的精确度说明被建立之前，可以用标准的统计学方法对实验室内部或实验室之间结果平均后比较。

8.2 偏差。可以仅根据一种测试方法来衡量再润湿剂，没有独立的方法来确定其真值。作为估计这一性能的方法，该方法偏差未知。

9. 注释

有关适合测试方法的设备信息，请登录http://www.aatcc.org/bg。AATCC提供其企业会员单位所能提供的设备和材料清单。但AATCC没有给其授权，或以任何方式批准、认可或证明清单上的任何设备或材料符合测试方法的要求。

AATCC TM30-2017e

抗真菌活性：纺织品防腐和防霉性能评价

AATCC RA31 技术委员会于 1946 年制定；1952 年、1957 年、1971 年、1981 年、1987 年、1988 年（更换标题）、1993 年、1999 年、2017 年修订；1970 年、1974 年、1979 年、1989 年、1998 年、2013 年重新审定；1986 年、2004 年编辑修订并重新审定；2010 年、2019 年编辑修订。

1. 目的和范围

本测试方法有两个目的：一是用于测定纺织品防霉和防腐性能；二是评价纺织材料的抗真菌剂效果。

2. 原理

2.1 试验Ⅰ、Ⅱ、Ⅲ、Ⅳ可以依据纺织品的使用条件单独或组合使用，例如，如果最终成品会与土壤接触，按模拟这种接触的试验Ⅰ进行测试；如果成品不会与土壤接触或不在炎热环境下使用，应采用剧烈程度较低的测试方法（Ⅱ或Ⅲ），测试方法Ⅱ规定用于含纤维素的材料，其他材料用方法Ⅲ；方法Ⅳ用于户外或地面以上使用的材料。

评价纺织材料上的霉菌的生长需要着重考虑到两方面：

（1）纺织品实际变质（腐烂）；

（2）有霉菌生长，但不一定腐烂，只是外观霉变，并经常伴有难闻的霉味。

2.2 当规定的最终用途很重要时，可能要指明预先对纺织品进行一定程度的预处理（见附录）。如果产品最终在高温附近使用，而其中的杀真菌剂可能会挥发，则需要将纺织品放在烘箱中预烘；如果产品最终在高热或户外雨天条件下使用，在评价发霉前需先淋洗；尽可能在试验前将纺织品放在预期条件下处理。

3. 术语

3.1 杀真菌剂：用来杀死真菌的化合物。

3.2 抑制真菌剂：抑制真菌或真菌孢子生长而不破坏它们。

3.3 防霉（抗霉）：当纺织材料处于适合微生物繁殖的条件下时，抵御不可见真菌繁殖并伴生令人不快的、发霉气味的能力。

3.4 防腐：纺织材料抵御因真菌在其内部或外表繁殖而导致的变质的能力。

注意：这种变质通常采用拉伸强力的损失进行评价。

4. 安全和预防措施

本安全和预防措施仅供参考。本部分有助于测试，但未指出所有可能的安全问题。在本测试方法中，使用者在处理材料时有责任采用安全和适当的技术；务必向制造商咨询有关材料的详尽信息，如材料的安全参数和其他制造商的建议；务必向美国职业安全卫生管理局（OSHA）咨询并遵守其所有标准和规定。

4.1 本测试只能由受过训练的人员操作。参阅美国健康与社会服务部出版的《微生物和生物化学实验室的生物安全》（见 44.1）。

4.2 警告：本测试中所用到的某些微生物会引起过敏或致病，如可能使人感染和产生病菌。因此，应采取一切必要和合理的措施，消除实验室以及相关环境中人员的这种风险。进行微生物操作时应穿着防护服，佩戴呼吸器和防渗透手套。

注意：选择能防止孢子侵入的呼吸器。

4.3 遵守良好的实验室规定，在所有的试验区域应佩戴防护眼镜。

4.4 所有化学物品应当谨慎使用和处理。

4.5 在附近安装洗眼器、安全喷淋装置以备急用。

4.6 所有污染的样品和测试材料必须经过消毒灭菌后才能处理。

4.7 本测试法中，人体与化学物质的接触限度不得高于官方的限定值［例如，美国职业安全卫生管理局（OSHA）允许的暴露极限值（PEL），参见1989年1月1日实施的29 CFR 1910.1000］。此外，美国政府工业卫生师协会（ACGIH）的阈限值（TLVs）由时间加权平均数（TLV-TWA）、短期暴露极限（TLV-STEL）和最高极限（TLV-C）组成，建议将其作为人体在空气污染物中暴露的基本准则并遵守（见44.2）。

测试方法Ⅰ　土壤埋藏法

5. 范围

一般认为本方法对纺织品是最严格的试验方法。只对直接与土壤接触的样品才使用，如沙袋、防水布、帐篷等需要按本方法测试。本方法也用于纺织品杀真菌剂的试验。

6. 原理

测试试样埋于盛有土壤的容器中，一段时间后，取出试样，并评价其强力损失。

7. 引用文献

ASTM D5035《纺织品断裂强力和伸长率的测试方法（条样法）》（见44.3）。

8. 仪器、试剂和材料

8.1 未处理棉布，271g/m^2 ±20g/m^2（8oz/yd^2 ±0.6oz/yd^2），用于控制真菌活性。

8.2 土壤见44.4中所述的适宜的土壤类型。

8.3 培养箱，培养箱的温度为28℃ ±1℃（82℉ ±2℉）。

8.4 使用ASTM D5035测试断裂强力所需的设备、试剂和材料。

8.5 高压釜：对试样进行灭菌。

9. 试样

试样制备。试样尺寸为（15.0cm ±1.0cm）×（4.0cm ±0.5cm）［（6.0英寸 ±0.4英寸）×（1.5英寸 ±0.2英寸）］，长度平行于经向，拆纱使其宽度为2.5cm ±0.1cm（1.0英寸 ±0.04英寸），或者在织物每2.5cm（1.0英寸）纱线根数不超过20根的情况下，预先确定纱线根数使其宽度达到2.5cm ±0.1cm（1.0英寸 ±0.04英寸）。可用裁样器。样品数量视情况而定。建议每种经抗菌整理的织物、试验控制织物和标准织物各取五块。

10. 操作程序

10.1 真菌活性控制织物。将未经抗菌整理的棉布（见8.1）在试验用土中放置7天，在此期间检验真菌活性。如果7天后与土壤接触的真菌活性控制织物的断裂强力损失90%，则认为该土壤可以用于测试。

10.2 土壤。将风干的试验用土（见44.4）倒入盘子、盒子或任何适当的容器中，土壤厚度为13.0cm ±1.0cm（5.1英寸 ±0.4英寸）。逐渐加水混合（不要成为泥浆），使土含湿量达到最适宜的状态。放置24h后，用孔径为6.4mm（0.25英寸）的筛子过筛，并用适当的盖子盖住土壤容器，保持含湿量一致。测试期间，土壤的含湿量应保持在25% ±5%（相对于干重）。如果环境湿度保持在83% ±3%，则水分的损失可忽略。

10.3 培养。试样平埋在 10.0cm ± 1.0cm(3.9 英寸 ±0.4 英寸)的土壤里，留出至少 2.5cm(1.0 英寸)的空间，覆盖铺上 2.5cm ± 0.5cm(1.0 英寸 ±0.2 英寸)的试验土壤。根据要求的严格程度，以及其他对协议双方很重要的因素，培养时间为 2 ~16 个星期不等。测试期间，温度保持在 28℃ ±1℃ (82℉ ±2℉)。

10.4 含测试材料成分的土壤不能再使用，因为其可能影响新的测试结果。每一次新的测试都要用新鲜的土壤。

11. 解释、计算和评价

强力损失的测定。取出样品，用水轻柔洗涤，室温下干燥 22h ±4h，然后置于温度为 24℃ ±3℃和相对湿度为 64% ±2% 条件下调湿 24h。按 ASTM D5035《纺织品断裂强力和伸长率的测试方法(条样法)》测定断裂强力，夹钳为 25mm ×75mm (1 英寸 ×3 英寸)，隔距为样品长度的 25%。每两个星期测试一次，或按最终使用者规定。

12. 报告

12.1 报告需包括以下内容。

12.1.1 试验方法和试验部分。

12.1.2 土壤成分。

12.1.3 重复使用的试样数。

12.1.4 土壤培养时间。

12.1.5 与未埋织物相比，被埋织物残留断裂强力百分数。

12.1.6 所有埋前经过预处理的残留断裂强力百分数，以及未经抗菌整理试样和/或存活性对照样的残留断裂强力百分数。

13. 精度和偏差

本测试方法的精度和偏差还未建立。参考 ASTM D5035 中的精度和偏差声明。

测试方法Ⅱ 琼脂平板，球毛壳菌

14. 范围

本方法用于评价含有纤维素纤维的纺织材料，不与土壤接触条件下的防腐性能，也可用于测定杀真菌剂整理的均匀性。

15. 原理

测试样放于琼脂表面，接种真菌，经过一定时间培养后，测试试样的强力损失或真菌的生长情况。

16. 引用文献

ASTM D5035《纺织品断裂强力和伸长率的测试方法(条样法)》(见 44.3)

17. 使用和限制

如果试样是厚的或无孔的，真菌孢子可能无法获得琼脂平板上的矿物质。这可能导致测试样上无真菌生长，导致误判。

18. 设备

18.1 高压釜。在处理之前对介质和测试样进行灭菌。

18.2 培养箱。培养箱温度为 28℃ ± 1℃(82℉ ±2℉)。

18.3 立体显微镜。

18.4 适用于测定孢子浓度的计数室，例如血球计。

18.5 方法 ASTM D5035 中用于测试断裂强度的设备、试剂和材料(可选)。

19. 试剂和材料

19.1 菌种。球毛壳菌，AATCC 6205 (见 44.5)。

19.2 硝酸铵。

19.3 磷酸氢二钾。

19.4 7水硫酸亚铁。

19.5 7水硫酸镁。

19.6 磷酸二氢钾。

19.7 琼脂。

19.8 纤维素滤纸。

19.9 非离子润湿剂（见44.6）。

19.10 无菌纱布或玻璃棉。

19.11 无菌孢子刮取器。铂或镍铬丝，塑料环或针、玻璃棒或棉签。

20. 试样

如果需要测定强力损失，按第9节进行。如果只进行目测评价，则至少需要五块样品。但是，也可根据最终使用者的需要确定试样数量。从经抗菌整理和未经抗菌整理的样品上分别剪取直径为3.8cm ±0.5cm（1.5英寸 ±0.2英寸）的试样。如果样品正反面不同，应分别测试。

21. 操作程序

21.1 培养基（见24.6）。矿物盐琼脂培养基成分如下：

硝酸铵	3.0g
磷酸二氢钾	2.5g
磷酸氢二钾	2.0g
硫酸镁（$MgSO_4 \cdot 7H_2O$）	0.2g
硫酸亚铁（$FeSO_4 \cdot 7H_2O$）	0.1g
琼脂	20.0g
蒸馏水	加至1000mL

将琼脂溶液倒入要用的容器中，如试管、法国方形瓶、锥形瓶或皮氏培养皿等，放入灭菌锅中，在121℃、103kPa条件下灭菌15min后冷却，使琼脂溶液形成最大的接种面。

21.2 在无菌条件下将已灭过菌（在烘箱中71℃ ±3℃条件下干热灭菌1h）的圆形滤纸放在琼脂表面。用无菌接种针（见19.11）将球毛壳菌孢子用画线法接种在滤纸片上，在28℃ ±1℃（82℉ ±2℉）条件下培养10～14天，使其大量繁殖。从容器中取出滤纸，放到50mL ±1mL、有玻璃珠的无菌蒸馏水中，剧烈振荡，形成悬浮液，作为11.5的接种液。使用无菌纱布或玻璃棉过滤孢子菌悬液。利用白球计数板，或其他细胞计数器，统计最终大约的孢子数。应为$8.0 \times 10^5 \sim 1.2 \times 10^6$CFU/mL。比悬浮液即为待用菌悬液，于6℃ ±4℃（43℉ ±7℉）下保存，最长4周。

21.3 接种。在含0.05%非离子湿润剂的水中预湿试样（不要揉搓或挤轧），然后在无菌条件下使样品与每个容器中变硬的培养基接触。使用无菌移液管将1.0mL ±0.1mL菌液均匀地分散在（15.0cm ±1.0cm）×（4.0cm ±0.5cm）的样品上。取0.2mL ±0.01mL菌液接种到3.8cm ±0.5cm圆形试样上。用1.0mL ±0.01mL或0.2mL ±0.01mL无菌水以相同的方法制备控制试样、纤维素滤纸或未经抗菌整理的控制样。于28℃ ±1℃（82℉ ±2℉）条件下培养14天。

22. 评价和报告

22.1 强力损失评价。试验按11.1进行，报告相对于接触前的试样或控制样（如果有）的断裂强力的变化。

22.2 目测评价。按照以下的方法报告真菌在圆试样上生长的情况，如有需要，可用显微镜（7－50X）观察。

生长情况观察：

不生长；

微观生长（只能在显微镜下可见）；

宏观生长（肉眼可见）。

23. 报告

23.1 报告需包括以下内容。

23.1.1 测试方法和测试部位。

23.1.2 试样尺寸。

23.1.3 重复使用的试样数。

23.1.4 真菌孢子悬浮液浓度。

23.1.5 强力损失评估方法，与未埋织物和预处理织物相比，被埋织物残留断裂强力百分数，以及未经抗菌整理试样和/或存活性对照样的残留断裂强力百分数。目测评估方法，按照 22.2 要求报告观察到的生长情况。

24. 精度和偏差

本测试方法的精度和偏差还未建立。参考 ASTM D5035 中的精度和偏差声明。

测试方法Ⅲ 琼脂平板，黑曲霉菌

25. 范围

某些真菌，如黑曲霉菌，在实验室试验时间内，在纺织品上生长却没有引起织物明显的强力损失。然而，它们的生长对纺织品还是可能产生不想要的影响和难看的外观。本测试用于评估真菌生长要求高的纺织品。此方法选择有或没有 3% 葡萄糖的培养基。尽管真菌生长的情况通常发生于织物表面，但是葡萄糖的掺入类似于样品在使用中暴露于污染的环境中。

26. 原理

测试样放于琼脂表面，接种真菌，经过一定时间培养后，观察试样上真菌生长情况。

27. 使用和限制

如果试样是厚的或无孔的，真菌孢子可能无法获得琼脂平板上的矿物质或营养。这可能导致测试样上无真菌生长，导致误判。

28. 设备、试剂和材料

28.1 菌种：黑曲霉菌，ATCC 6275（见 44.5）。

28.2 高压釜。在处理之前对介质和测试样进行灭菌。

28.3 立体显微镜。

28.4 培养箱。培养箱温度为 28℃ ±1℃（82℉ ±2℉）。

28.5 适用于测定孢子浓度的计数室，例如血球计。

28.6 制备菌剂的培养基。含有 3.0% ±0.1% 葡萄糖的矿物盐琼脂（见 21.1）。其他合适的琼脂如察氏琼脂、马铃薯葡萄糖琼脂和沙式葡萄糖琼脂。

28.7 测试介质。含有或不含 3.0% ±0.1% 葡萄糖的矿物盐琼脂（见 21.1）。葡萄糖可以在灭菌之前加入矿物盐琼脂中。

28.8 非离子润湿剂（见 44.6）。

28.9 无菌纱布或玻璃棉。

28.10 无菌孢子刮取器。铂或镍铬丝，塑料环或针、玻璃棒或棉签。

29. 试样

从经抗菌整理过的和未经抗菌整理过的样品中分别取两个直径为 3.8cm ±0.5cm 的平行样。如考虑无菌区的预计大小，试样外形和尺寸不限。

30. 操作程序

30.1 将 10mL 无菌水加入到生长成熟的（培养 7~14 天）黑曲霉菌培养基（见 28.6）上，用无菌器具（见 28.10）轻刮培养基表面，释放孢子，轻轻搅动液体分散孢子而不分离菌丝碎片。轻轻将孢子菌悬液倒入 50mL ±1mL 无菌水和少量玻璃珠的锥形瓶内。充分振荡，形成孢子菌悬液。使用血细胞计数板或其他细胞计数器，统计孢子数量，使其最终达到大约 $8.0 \times 10^5 \sim 1.2 \times 10^6$CFU/mL。此悬浮液作为待用菌悬液。存于 6℃ ±4℃（43℉ ±7℉）条件下，最长保存 4 周。

30.2 培养：使用含有或不含 3.0% ±0.1% 葡

萄糖的矿物盐琼脂作为测试介质（见 28.7）。在培养基琼脂表面分散 0.5mL ±0.1mL 的培养基。样品在含有 0.05% 的非离子润湿剂中预调湿（不可翻动、挤压或搅动试样）。吸水后的样品应潮湿但未达到吸水饱和。将样品放在琼脂表面。用无菌移液管取 0.2mL ±0.1mL 接种液，均匀分散在每个样品上。滤纸或未经处理的棉织物（见 39.3）阴性控制样用来确认接种菌的活性。

30.3 将所有试样在 28℃ ±1℃（82℉ ±2℉）条件下培养，矿物盐琼脂培养基需培养 14 天，含 3% 葡萄糖的矿物盐琼脂培养基需 7 天。

31. 评价和报告

31.1 如果使用 3.0% ±1.0% 葡萄糖的矿物盐培养基作为测试介质，当存在无菌区时，需报告无菌区范围（mm）。

31.2 如果是另一种介质，则按如下方法报告圆片表面的曲霉覆盖百分率，如需要可使用显微镜（7 –50X）。

观察生长情况：

无真菌生长（如果存在抑菌区，报告其大小，单位 mm）；

微观生长（只在显微镜下可见）；

宏观生长（肉眼可见）。

32. 报告

32.1 报告需包含以下内容。

32.1.1 测试方法和测试部位。

32.1.2 试样尺寸。

32.1.3 重复使用的试样数。

32.1.4 所用琼脂（见 28.6）和测试介质（见 28.7）。

32.1.5 菌悬液浓度。

32.1.6 培养时间。

32.1.7 按 31.1 所述观察到的无菌区。

32.1.8 按照 31.2 要求观察到的真菌生长情况。

32.1.9 用显微镜观察生长的放大倍数（如果需要的话）。

33. 精度和偏差

尚未建立此测试方法的精度和偏差。

测试方法Ⅳ 湿度瓶，混合孢子悬浊液

34. 范围

34.1 本测试法用于测定整理剂的抑菌效果。这些整理是用于抑制霉菌和非致病真菌在物品或供户外和地面以上使用的纺织品材料（通常是防水的）表面上的生长。

34.2 本测试法采用目测评价。另外，也可测定断裂强力。

35. 原理

将繁殖霉菌的混合孢子悬浊液喷洒到经抗菌整理和未经抗菌整理的用营养物浸透的条样上，在相对湿度 90% ±2% 条件下培养四个星期，每星期对霉菌在整理和未整理条样上的生长情况进行一次评价。

36. 引用文献

ASTM D5035《纺织品断裂强力和伸长率的测试方法（条样法）》（见 44.3）。

37. 仪器

37.1 玻璃仪器：500mL 的广口方瓶或有螺纹塞的类似容器，将塞子进行以下改进：在塞子的中心钻孔，插入一适当大小的不锈钢或铜栓，挂上钩子［由一条长 6.5cm ±0.5cm（2.6 英寸 ±0.2 英寸）的 22 号镍—铬丝或其他不腐蚀的金属丝制成］。

37.2 用塑料纸夹或锦纶线将样品悬挂于广口

方瓶的螺纹塞下。

37.3 Atomizer 喷雾器，Devilbiss152# 喷雾器（或类似物），操作压力为 69kPa ± 7kPa（10psi ± 1psi）。

37.4 适合测定孢子浓度的计数板，如血球计数板。

37.5 培养箱，温度为 28℃ ±1℃（82℉ ±2℉）。

37.6 高压釜，在测试前对介质和试样灭菌处理。

37.7 立体显微镜。

38. 试剂和材料

38.1 有机物（见 44.5）。

38.1.1 黑曲霉菌，ATCC 6275。

38.1.2 变异青霉菌，AATCC 10509。

38.1.3 绿色木霉菌，AATCC 28020。

38.2 马铃薯葡萄糖琼脂。

38.3 麦芽汁琼脂。

38.4 酵母提取物。

38.5 氯化钠。

38.6 甘油。

38.7 硝酸铵。

38.8 磷酸氢二钾。

38.9 七水硫酸镁。

38.10 非离子润湿剂（见 44.6）。

38.11 无菌纱布或玻璃棉。

38.12 无菌孢子刮取器。铂丝或镍铬丝，塑料环或针、玻璃棒或棉签。

39. 试样

39.1 如需测试强力损失，按第 9 部分取样。如果仅需视觉观察真菌生长情况，则从克重为 170.0g/m² ± 34.0g/m² 的样品上剪取尺寸为（2.5cm ±0.5cm）×（7.5cm ±0.5cm）［（1.0 英寸 ±0.2 英寸）×（3.0 英寸 ±0.2 英寸）］条样。对于厚重织物，条样尺寸为（2.0cm ± 0.5cm）×（2.0cm ±0.5cm）［（0.8 英寸 ±0.2 英寸）×（0.8 英寸 ±0.2 英寸）］。

39.2 经过抗菌整理或未经过抗菌整理的织物至少分别取四个试样。

39.3 未经抗菌整理的条样需要确认试验的有效性，条件与测试中的经过抗菌整理的试样所有方面都相同，如果没有未经抗菌整理的织物，可用符合以下要求的对照织物。

纯棉：美洲棉，高级

经向：18.5tex Z886 ×2 S748 ±2tex

纬向：30tex Z630 ×2 S748 ±2tex

组织：平纹，经向（34 ± 5）根/cm，纬向（17 ±5）根/cm

克重：（230.0 ±20）g/m² ［（6.8 ±0.6）盎司/码²］

整理：只进行煮练

40. 操作程序

40.1 培养基。

40.1.1 马铃薯葡萄糖琼脂试管斜面培养基用于黑曲霉和绿色木霉的保藏；麦芽浸汁琼脂用于变异青霉的保藏。

40.1.2 将新储用培养物在 25℃ ±1℃（77℉ ±2℉）条件下培养 7 ~ 10 天，在 2 ~ 10℃（36 ~ 50℉）条件下储存。

40.2 分生孢子悬浊液的制备。

40.2.1 取 10mL 0.5% 的含 0.05% 非杀真菌润湿剂（见 44.6）的盐溶液加到一个培养 7 ~ 10 天的琼脂培养基中，制成真菌分生孢子悬浊液。

40.2.2 用铂丝或镍铬合金丝（见 38.12）轻轻刮擦培养物表面释放孢子。轻轻搅动液体使孢子分散，避免分离菌丝体碎片，然后将霉菌悬浊液轻轻倒入装有玻璃珠的锥形瓶中。

40.2.3 剧烈振荡悬浊液使孢子团分开，然后用一薄层无菌棉或玻璃棉过滤。孢子悬浊液可在 6℃ ± 4℃（43℉ ±7℉）条件下储存长达四个星期。

40.2.4 借助血球计或彼得罗夫—霍瑟菌落计数器，使用盐溶液稀释悬浊液，将当天使用的接种菌液浓度调整到 $5\times10^{6}\pm2\times10^{5}$ 个分生孢子/mL。

40.3 试样准备。

40.3.1 为确保细菌大量繁殖，对照样和试验样都必须在以下成分制成的无菌甘油营养液中浸透：97.6% 蒸馏水、2.0% 甘油、0.1% K_2HPO_4、0.1% NH_4NO_3、0.05% $MgSO_4\cdot7H_2O$、0.1% 酵母浸膏和 0.05% 非离子润湿剂（见 44.6），调整 pH 至 6.3±0.1。应准备足够的营养液，使其能浸透一次试验的所有样品。

40.3.2 将每个条样在营养液中泡 3min 或直至浸透。挤压脱液，接种前让条样在空气中干燥。

40.4 预先分别取同样体积充分摇匀的黑曲霉菌、绿色木霉菌和变异青霉菌的孢子悬浊液混合。用喷雾器或移液管取上述混合液 1.0mL±0.1mL，均匀地分散在每块试样的两面。

40.5 将条样用塑料纸夹或锦纶绳悬挂在瓶塞下，每个瓶中装有 90mL±3mL 的水。调节挂钩的位置，使所有条样下端处在水平面上同一高度。先拧紧瓶塞，再向后退八分之一圈便于通风。

40.6 在 28℃±1℃（82℉±2℉）条件培养 14 天（无涂层的纤维素纺织品）或 28 天（非纤维素或有涂层的纺织品）。

41. 计算、解释和评价

41.1 每隔一周记录一次表面真菌覆盖率百分比，如需要可使用显微镜观察生长情况（放大倍数 7－50X）。

观察生长情况：

无真菌生长；

微观生长（只在显微镜下可见）；

宏观生长（肉眼可见）。

41.2 7 天后，每个活性控制样上必须有大量细菌繁殖。如果没有，说明试验无效，需重做试验。

41.3 织物培养产生的负面效应，如颜色变化、弹性和拒水性都应在报告中做定性评价。

41.4 强力损失的测定可按 11.1 进行。

41.5 试验结果必须与防霉产品的要求和使用说明以及协议双方的标准一致。

42. 报告

42.1 报告需包含以下内容。

42.1.1 测试方法和测试部位。

42.1.2 试样尺寸。

42.1.3 重复使用的测试试样数。

42.1.4 真菌孢子液浓度。

42.1.5 Atomizer 喷雾器压力。

42.1.6 培养时间。

42.1.7 强力损失评价方法，与未埋织物和埋前预处理织物相比，被埋织物残留断裂强力百分比，以及未经抗菌整理试样和/或存活性对照样的残留断裂强力百分比。目测评估方法，按照 41.1 要求报告观察到的生长情况。

43. 精确度和偏差

本测试方法的精确度和偏差正在建立。如果要测定断裂强力损失，请参考 ASTM D5035《纺织品断裂强力和伸长率的测试方法（条样法）》。

44. 注释

44.1 出版物可从 U.S. Department of Health & Human Services—CDC/NIH－HHS 获取，出版号（CDC）84－8395；网址：www.hhs.gov。

44.2 手册可从 ACGIH 获取，地址：Kemper Woods Center，1330 Kemper Meadow Dr.，Cincinnati OH 45240；电话：+1.513.742.2020；网址：www.acgih.org。

44.3 可从国际 ASTM 获得。100Barr Harbor，W. Conshohocken PA；tel：+1.610.832.9500；网址：www.astm.org。

44.4 适用于本试验的土壤类型包括花园和自然界肥沃的表土层、堆肥和未经灭菌的温室盆栽土壤。应使用等量的好品质的表层土，充分沤过并粉碎的肥料以及粗沙的混合物。这些土壤不仅具有良好的物理性质，而且含有充足的能够保证微生物高活性的有机物成分及杀死微生物的纤维素。最佳的土壤含水量大约高于土壤干重的30%。

44.5 球毛壳菌 ATCC 6205、黑曲霉菌 ATCC 6275、变异青霉菌 ATCC 10509 和绿色木霉菌 ATCC 28020 可从美国典型微生物菌种保藏中心（ATCC）获取，地址：P. O. 1549，Mnassas VA 20108，电话：+1.703.365.2700；传真：+1.703.365.2701，网址：www.atcc.org。

44.6 Triton™ X－100（Rohm & Haas Co, Philadelphia PA 19104）是一种很好的润湿剂，也可用琥珀磺酸二辛钠或 *N*－甲基牛磺酸衍生物代替。不要使用聚山梨酯 80 或吐温 80，因其使一些抗菌药物失活。

44.7 制备具有 20.1（矿物盐琼脂）成分培养基。可从 HiMedia 实验室获得。A－516，Swastik Disha Business Park，Via Vadhahi Industrial Estate，L. B. S Marg，Mumbai. 400086，India，www.himedialabs.com（M232 AATCC Mineral Salts Agar）

44.8 按照联邦标准执行的试验，请用 AATCC 30－2。其他可用的微生物有：疣孢漆斑菌 ATCC 9095，QM 460；木霉菌 ATCC 9645，QM 365；刺黑乌霉菌 ATCC 11973，QM 1225；黑曲霉 ATCC 6275，QM 458；棒曲霉 ATCC 18214，QM 862。

附录　预处理

A.1 淋洗。

A.1.1 淋洗原则上应按照以下步骤进行：自来水通过一条管子进入淋洗容器，调节水流，保证 24h 内换水不少于三次。导管插入淋洗容器中金属网柱的中心，并用橡胶圈将导管固定，淋洗 24h。注意整理剂相同，但整理剂含量不同的试样要在不同的淋洗容器中进行。记录水的温度和 pH，并在报告中注明。

A.2 挥发。

A.2.1 将待测标准样放在通风良好的烘箱中，在100～105℃（212～221℉）的干热条件下连续烘 24h。

A.3 风化。

A.3.1 在 4 月 1 日至 10 月 1 日间，将部分试样置于一组朝南放置的试样架上，试样架与水平面呈 45°，试样不得下垂或摆动。建议将试验架分别放在美国的至少 4 个地方，如华盛顿特区、佛罗里达州的迈阿密市、路易斯安那州的新奥尔良市和合适的沙漠地区。

A.3.2 也可能在受控条件下，使纺织材料暴露于人工风化装置中。参照 AATCC TM169 纺织品的耐候性，氙灯法或 ASTM D7869 针对交通工具用涂料后氙灯老化测试标准，人工风化仪的使用有局限性，局限性在所述方法中列出。使用任何一种人工风化试验方法所得到的结果，不代表任何其他人工风化试验方法或任何室外风化试验。

AATCC TM35-2018e2

拒水性：淋雨测试

1. 目的和范围

1.1 本测试方法适用于任何经过或未经过防水或拒水整理的纺织织物。这个标准可以用来测量织物的抗冲击渗水性，因此可以用来评价织物抗雨水的渗透性。尤其适用于评定服装织物的抗渗透性。通过仪器测试，此实验可以对单一纺织材料或复合纺织材料进行不同水压下的测试，并可以得到织物完整的抗渗水性（见 11.1）。

1.2 本测试方法的结果取决于织物中纤维、纱线和织物结构的拒水性能。

2. 原理

试样后面放一张已称重的吸水纸，在一定条件下，水喷淋试样 5min。然后通过重新称量吸水纸，可以确定测试过程中试样渗透的水量。

3. 术语

抗水性：织物对水的抗湿性和抗渗透性（见拒水性）。

4. 安全和预防措施

本安全预防措施仅供参考。本部分有助于测试，但未指出所有可能的安全问题。在本测试方法中，使用者在处理材料时有责任采用安全和适当的技术；务必向制造商咨询有关材料的详尽信息，如材料的安全参数和其他制造商的建议；务必向美国职业安全卫生管理局（OSHA）咨询并遵守其所有标准和规定。

遵守良好的实验室规定，在所有的试验区域应佩戴防护眼镜。

5. 仪器和材料

5.1 AATCC 淋雨测试仪（见图 1 ~ 图 3 和 11.3）。

5.2 白色 AATCC 吸水纸（见 11.4）。

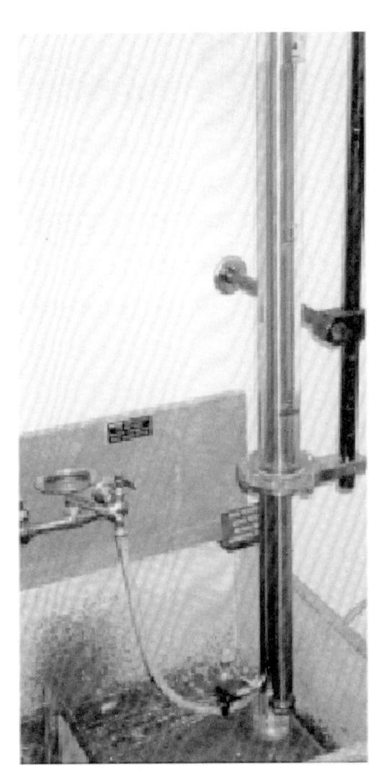

图 1　淋雨测试仪（整套装置）

6. 试样准备

从测试织物上最少裁取三块试样，每块尺寸 20cm × 20cm。织物试样和吸水纸在测试前应放置在相对湿度 65% ± 5% 和温度 21℃ ± 2℃（70℉ ± 4℉）的标准大气下调湿至少 4h。

7. 操作程序

将 15.2cm × 15.2cm 的标准吸水纸称重，且精确至 0.1g，并垫在试样（见 11.5）的后面。试样夹在试样夹持器上，并将组合试样放在垂直的刚性

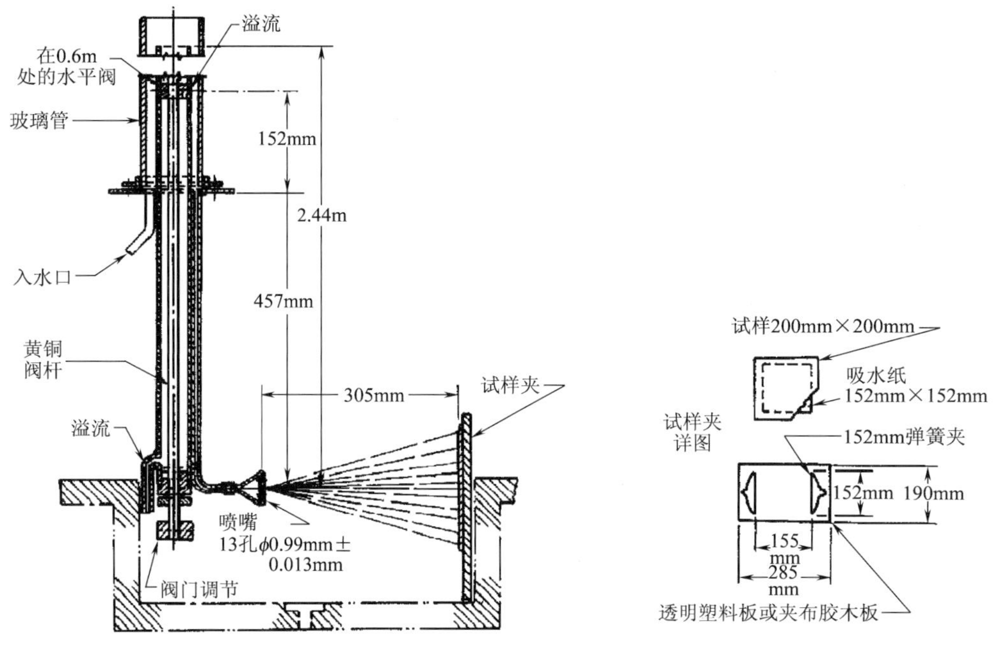

图 2 淋雨测试仪构造详图

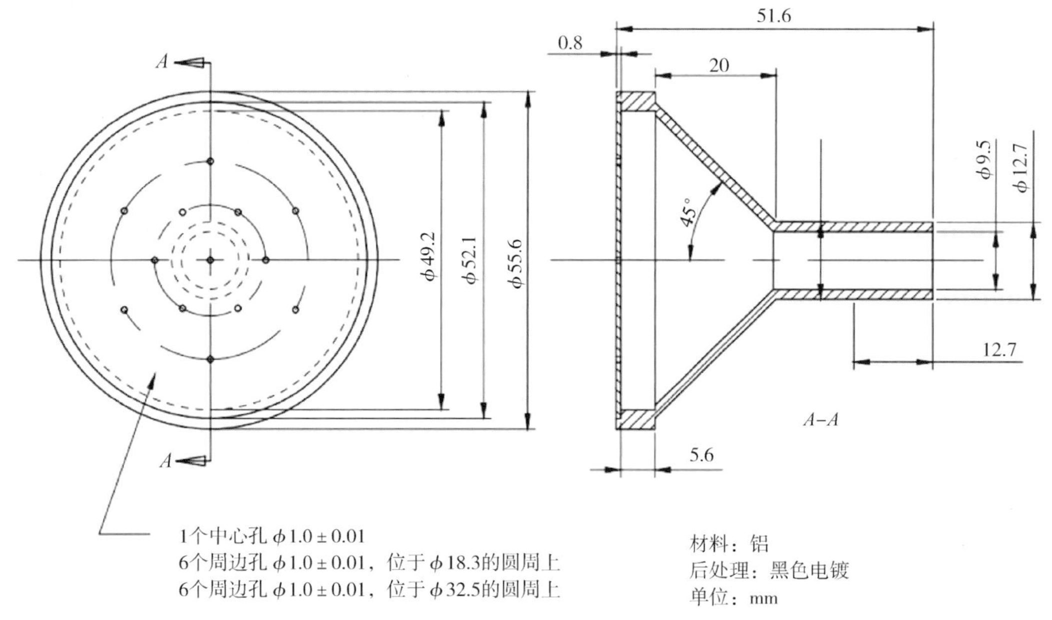

图 3 淋雨测试仪的喷头

支撑架上。组合试样放在喷淋的中间位置，距离喷嘴（见 11.6）30.5cm。用 27℃ ± 1℃ （81℉ ± 2℉）（见 11.2）的水水平地直接喷淋到试样上，持续喷淋 5min。喷淋结束，小心地取下吸水纸，迅速地再次称重，精确至 0.1g。

8. 评级

8.1 水的渗透性是通过计算吸水纸在 5min 喷淋试验中重量的增加来表示的，并报告三个试样的平均值。单个试样的测试值或平均值大于 5.0g，可以仅仅报告为 5⁺g 或 >5g。

8.2 为了获得单个织物或复合织物抗渗水性的完整过程，可以通过用喷嘴在不同压力下的平均渗透性来反映。测量压力以300mm递增时，检测：(a) 没有发生渗透的最大压力，(b) 每次增加压力时发生的渗透变化以及测试所引起穿透，(c) 渗水量大于5g时需要的最小压力。在每个压力下，至少测试三块试样来获得在该压力下渗水量的平均值。

9. 报告

报告每个测量值。对于结果大于5.0g的数值可简单报告为5⁺g或>5g。

10. 精确度和偏差

10.1 精确度。本测试方法的精确度还未确立，在其确定之前，采用标准的统计方法，对比实验室内或实验室之间的试验结果的平均值。

10.2 偏差。这个测试程序产生的偏差只能根据一个测试方法定义。并没有单独的仲裁方法用以确定偏差。本方法没有已知的偏差。

11. 注释

11.1 通过水柱可以产生和控制压强，喷嘴上方水柱的高度可以调整到0.6m、0.9m、1.2m、1.5m、1.8m、2.1m和2.4m。这是通过一个与喷嘴相连的玻璃压力柱实现的。通过一个简单的在较低排水水位真空管设置或在玻璃柱中间延伸出的溢流管来调整。在压力计和玻璃柱之间可以使用过滤装置来防止喷嘴接口处堵塞。相对不含铁锈或其他悬浮物质的地方可以取消过滤装置。供水线上的压力计也是一个附件，为了节约成本通常可以省去。

11.2 供给水的温度可以用一个温度计来测量，但近来的研究显示，在玻璃压力柱中悬挂一个温度计更为方便并能精确测量，或者可以从水流中取出一烧杯的水，将温度计浸入烧杯中测量。

11.3 AATCC淋雨测试仪可以从以下AATCC获取，地址：P. O. Box 12215, Research Triangle Park NC 27709；电话：+1.919.549.8141；传真：+1.919.549.8933；电子邮箱：ordering@aatcc.org；网址：www.aatcc.org。仪器原理相关的信息可以参考原文Slowinske, G. A. 和Pope, A. G., American Dyestuff Reporter 36, 108 (1947)。

11.4 本实验适用的吸水纸可以从AATCC获取，地址：P. O. Box 12215, Research Triangle Park NC 27709；电话：+1.919.549.8141；传真：+1.919.549.8933；电子邮箱：ordering@aatcc.org；网址：www.aatcc.org。

11.5 样品可以比较 (a) 试样的单层，(b) 试样的双层，(c) 两个不同织物的组合，如雨衣的外层面料和里衬面料。

11.6 当安装或移走支撑架上的试样夹时，可以在喷嘴的外端套上松紧帽来切断喷水。

12. 历史

12.1 2021年进行了编辑修订，删除了图2中多余的措辞并添加了历史部分。

12.2 1952年、1963年、1964年、1967年、1969年、1971年、1974年、1977年、1980年、1985年、1989年、2006年、2013年重新审定，1983年、1987年、1998年、2004年、2009年、2016年、2019年编辑修订，1994年编辑修订和重新审定，2000年、2018年修订。技术上等同于ISO 22958。

12.3 AATCC委员会RA63于1947年制定。

AATCC TM42-2017e

拒水性：冲击渗水性测试

AATCC RA63 技术委员会于 1945 年制定；1952 年、2000 年、2017 年修订；1957 年、1961 年、1964 年、1967 年、1971 年、1977 年、1980 年、1989 年、2007 年、2013 年重新审定；1985 年、1994 年编辑修订并重新审定。1986 年、1987 年、2009 年、2014 年、2016 年、2019 年编辑修订。技术上等效于 ISO 18695。

1. 目的和范围

1.1 本测试方法适用于任何经过或未经防水或拒水整理的纺织织物。这个标准可以用来测量织物的抗冲击渗水性，可以用来预测织物抗雨水的渗透性。尤其适用于测量服装织物的抗渗透性。

1.2 本测试方法的结果取决于织物中纤维、纱线、织物结构和纺织品经整理的拒水性能。

2. 原理

试样后面放一张已称重的吸水纸，将一定容量的水喷淋到试样的绷紧表面，然后再重新称量吸水纸，来测定渗水性，并因此评定试样的渗水性。

3. 术语

抗水性：织物对水的抗湿性和抗水渗透性（见拒水性）。

4. 安全和预防措施

本安全预防措施仅供参考。本部分有助于测试，但未指出所有可能的安全问题。在本测试方法中，使用者在处理材料时有责任采用安全和适当的技术；务必向制造商咨询有关材料的详尽信息，如材料的安全参数和其他制造商的建议；务必向美国职业安全卫生管理局（OSHA）咨询并遵守其所有标准和规定。

遵守良好的实验室规定，在所有的试验区域应佩戴防护眼镜。

5. 仪器和材料

5.1 冲击渗水性测试仪。

5.1.1 Ⅰ型测试仪（见 11.1，图 1、图 3 和图 4）。

5.1.2 Ⅱ型测试仪（见 11.1，图 2、图 3 和图 4）。

5.2 白色 AATCC 吸水纸（见 11.2）。

5.3 蒸馏水，或去离子水，或反渗透水。

5.4 天平，精确度 0.1g。

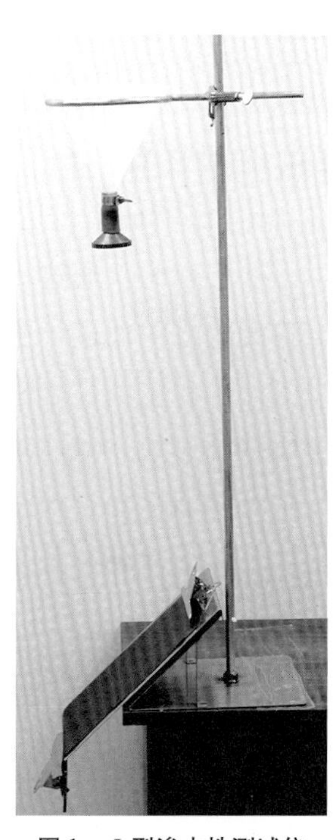

图 1 Ⅰ型渗水性测试仪

图 2 Ⅱ型渗水性测试仪

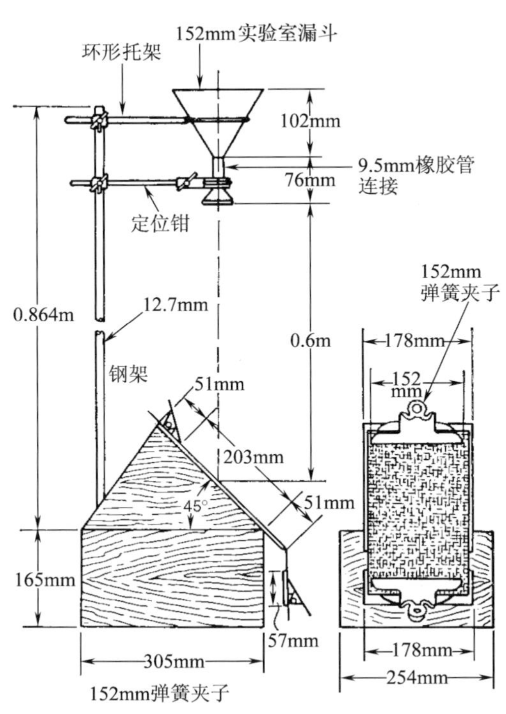

图 3 冲击渗水性测试仪构造详图

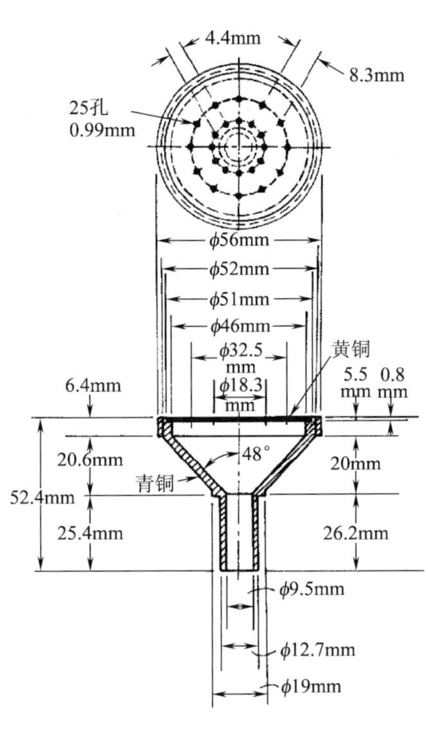

图 4 喷头结构图

6. 试样准备

最少裁取三块试样，每块尺寸为 178mm × 330mm，长度方向为经向（面料的纵向）。试样和吸水纸在测试前放在相对湿度 65% ±5% 和温度 21℃ ±2℃（70℉ ±4℉）的标准大气下调湿至少 4h。

7. 操作程序

7.1 将试样的一端夹在斜面顶端 152mm 的弹簧夹子上，另一个 152mm ±10mm 重 0.4536kg ±10% 的夹子夹在试样的自由端。称重 152mm ×230mm 的标准吸水纸，精确至 0.1g，并将其插入到试样的下面。

7.2 将 500mL ±10mL、27℃ ±1℃ 的蒸馏水、去离子水或反渗透水注入测试仪的漏斗中，并使水喷淋到试样上。将水注入漏斗中时，在漏斗中不要产生旋涡（可以将小刀片固定在漏斗中并延伸到侧面来阻止涡流的产生）。

7.3 整个喷淋结束后，小心地拿起试样，取出下面的吸水纸，然后迅速再称重，精确至0.1g。

8. 评定

计算吸水纸重量的增加，报告三块试样的平均值。单个试样的测试值或平均值大于5.0g，简单报告为5⁺g或>5.0g。

9. 报告

9.1 报告每个测量值和平均值。对于大于5.0g的值，简单报告为5⁺g或>5.0g。

9.2 报告测试方法和使用的仪器。

10. 精确度和偏差

10.1 精确度。1998年，完成了一个有限的实验室内的研究，同一操作者测试所有的试样。

10.1.1 用两种仪器分析三套样品。每个样品经过15次评定，每三块试样为一组，计算平均值。分析每个实验室每套数据，并用于记录临时的精确度说明，不过还有待全面的实验室间的研究。在完成全面的研究以前，建议这个方法的使用者在比较测试结果时，采用常规的统计学方法，并应小心使用这些测试结果。

10.1.2 通过分析从0.1～0.4的变化范围内的数值，Ⅰ型测试仪的平均值偏差为0.23（标准偏差为0.48）。临界差是以这些值为基础的95%的置信区间，可以用于确定显著性（见表1）。

10.1.3 通过分析从0.0～0.1的变化范围内的数值，Ⅱ型测试仪的平均值偏差为0.01（标准偏差为0.10）。临界差是以这些值为基础的95%的置信区间，可以用于确定显著性（见表2）。

10.2 偏差。由于这个测试程序产生的偏差，仅能根据某个试验方法来予以定义。没有单独的仲裁方法可以用于确定其真实值。这个测试方法没有已知的偏差。

表1　实验室内的临界差
（Ⅰ型测试仪，95%置信区间）

平均值测定的数量（N）	标准误差（SE）	临界差（CD）
1	0.48	1.11
3	0.28	0.64
5	0.21	0.50
7	0.18	0.41

N = 每个平均值测定的数量
SE = 测定 N 个值时的标准误差
CD = 2.306SE

表2　实验室内的临界差
（Ⅱ型测试仪，95%置信区间）

平均值测定的数量（N）	标准误差（SE）	临界差（CD）
1	0.17	0.40
3	0.10	0.23
5	0.08	0.18
7	0.07	0.15

N = 每个平均值测定的数量
SE = 测定 N 个值时的标准误差
CD = 2.306SE

11. 注释

11.1 冲击渗水性测试仪（见图1～图4）。这些测试仪（Ⅰ型和Ⅱ型）是AATCC方法22中使用的喷淋测试装置、加上冲击渗水头以及架子的组合。Ⅱ型测试仪是Ⅰ型测试仪更完善的版本，附加一个水滴收集器。这两个测试仪可以从AATCC获取，地址：P. O. Box 12215，Research Triangle Park NC 27709；电话：+1.919.549.8141；传真：+1.919.549.8933；电子邮箱：ordering@aatcc.org；网址：www.aatcc.org。

11.2 适用于本试验的吸水纸可以从AATCC获取，地址：P. O. Box 12215，Research Triangle Park NC 27709；电话：+1.919.549.8141；传真：+1.919.549.8933；电子邮箱：ordering@aatcc.org；网址：www.aatcc.org。

AATCC TM43-1952e6(2018)e

丝光润湿剂

AATCC RR8 技术委员会于 1941 年制定，2003 年权限移交至 AATCC RA63 技术委员会，1945 年、1952 年修订，1971 年、1974 年、1977 年、1980 年、1985 年、1989 年、1999 年、2009 年、2013 年、2018 年重新审定；1986 年、1991 年、2008 年、2010 年、2019 年编辑修订；1994 年、2004 年编辑修订并重新审定。与 ISO 6836 有相关性。

---

1. 目的和范围

本测试方法仅适用于浓碱丝光溶液中润湿剂的性能评价。

2. 原理

将由 120 根长 25mm（1 英寸）棉纱组成的一束棉纱线，小心地放在待测溶液的表面上，记录所有纱线完全浸湿所用的时间。

3. 术语

3.1 丝光：天然纤维素纤维在强碱中溶胀，使其物理性质和外观产生不可逆转的过程。

3.2 润湿剂：一种化合物，加入水中后，可降低液体的表面张力及其与固体间的界面张力。

4. 安全和预防措施

本安全预防措施仅供参考。本部分有助于测试，但未指出所有可能的安全问题。在本测试方法中，使用者在处理材料时有责任采用安全和适当的技术；务必向制造商咨询有关材料的详尽信息，如材料的安全参数和其他制造商的建议；务必向美国职业安全卫生管理局（OSHA）咨询并遵守其所有标准和规定。

4.1 遵守良好的实验室规定，在所有试验区域应佩戴防护眼镜。

4.2 所有化学药品应小心处理，在配制和混合氢氧化钠过程中，要戴上化学防护眼镜或面罩、防渗透手套和防渗透围裙。

4.3 在附近安装洗眼器、安全喷淋装置以备急用。

4.4 本测试法中，人体与化学物质的接触限度不得高于官方的限定值［例如，职业安全卫生管理局（OSHA）允许的暴露极限值（PEL），参见 1989 年 1 月 1 日实施的 29 CFR 1910.1000］。此外，美国政府工业卫生师协会（ACGIH）的阈限值（TLVs）由时间加权平均数（TLV - TWA）、短期暴露极限（TLV - STEL）和最高极限（TLV - C）组成，建议将其作为人体在空气污染物中暴露的基本准则并遵守（见 9.1）。

5. 仪器和材料（见 9.2）

5.1 烧杯，250mL。

5.2 Mohr 吸量管（最小刻度 0.1mL），1mL 或 2mL。

5.3 移液管，100mL。

5.4 秒表。

5.5 剪刀。

5.6 直尺。

5.7 棉纱。本色纱（未煮练的），40/2 精梳皮勒棉，最好是链经或绞纱。

5.8 标准丝光渗透剂，用于对比实验。

5.9 浓度为 48% ~52%（271 ~299g/L 氢氧

化钠溶液）的氢氧化钠丝光液，配好后，静置几小时（至澄清）。

5.10 双对数坐标纸。

6. 操作程序

6.1 在三个 250mL 的烧杯中，分别注入 100mL 温度为 26℃ ±3℃（78℉ ±5℉）的氢氧化钠丝光液。选用合适的移液管分别向三个烧杯中加入 0.75mL、1.00mL 和 1.25mL 的丝光用润湿剂。几乎所有的丝光润湿剂都是液体。搅拌每个烧杯里的溶液，直到润湿剂完全溶解于氢氧化钠溶液中。静置一段时间，直至所有的气泡上升到液体表面。特别要注意，渗透剂是否已经均匀地分散或溶解，因为溶液表面析出的一层不溶物会使测试结果完全失效，而得出错误的评价。

6.2 从 14.6tex ×2（40 英支/2）精梳皮勒棉本色纱（未煮练的），剪取 120 根相互平行的长 25mm（1 英寸）纱线形成纱束。将这束纱线小心地放在含润湿剂的氢氧化钠溶液表面上，用秒表记录所有纱线完全浸湿所需要的时间。测量五次，取其平均值作为该浓度溶液的沉降时间。

6.3 用同一方法测量另外两种浓度渗透剂溶液的平均沉降时间。然后再以相同的步骤测定与这三个相同浓度的标准丝光渗透剂的平均沉降时间。

7. 评定

7.1 在双对数坐标纸上，以待测样品和标准样品的三个平均沉降时间（精确至 0.1s）为纵坐标，以润湿剂浓度（每 100mL 氢氧化钠溶液中润湿剂的毫升数）为横坐标作图。连接所有的点得到直线。

7.2 从图上读出与 1mL 标准样品润湿时间相同的待测样品的毫升数。同已测样品的渗透剂的体积相比较，如果待测样品太有效或太无效，那么就必须采用稍少（0.5mL）或稍多（2.0mL 或 2.5mL）待测样品的体积来测试。假设标准样品和待测样品具有相同的浓度，则从下述公式得出与 100 份标准样品相同润湿效果的待测样品份数。

$$x = 100 \times v$$

式中：x——与 100 份标准样品相同润湿效果的待测样品份数；

v——与 1mL 标准样品的润湿时间相同的待测样品的毫升数。

8. 精确度和偏差

8.1 精确度。本试验方法的精确度还未确立，在其产生之前，采用标准的统计方法，比较实验室内或实验室间的试验结果的平均值。

8.2 偏差。丝光润湿剂只能根据某一实验方法予以定义，因而没有单独的方法用以确定真值。作为预测这一性质的方法，没有已知偏差。

9. 注释

9.1 可从 ACGIH 获取，地址：Kemper Woods Center，1330 Kemper Meadow Dr.，Cincinnati OH 45240；电话：+1.513.742.2020；网址：www.acgih.org。

9.2 有关适合测试方法的设备信息，请登录 http://www.aatcc.org/bg。AATCC 提供其企业会员单位所能提供的设备和材料清单。但 AATCC 没有给其授权，或以任何方式批准、认可或证明清单上的任何设备或材料符合测试方法的要求。

AATCC TM61-2013e (2020)

耐洗涤色牢度：快速法

1. 目的和范围

1.1 本测试方法适用于评价经频繁洗涤的纺织品的耐洗涤色牢度。织物经五次典型的手洗或家庭洗涤、含氯或不含氯的洗涤剂溶液和摩擦作用，产生掉色和表面变化的现象，可通过一次45min的测试进行大致模拟（见9.2~9.6）。然而，五次典型的手洗或家庭洗涤所产生的沾色现象并不总能通过45min的测试进行预测。因为沾色是上色到未染色织物的概率、洗涤过程中织物的纤维成分及其他不可预测的最终使用条件共同作用的结果。

1.2 本测试方法最初被制定时，其中的各种方法原本是用来评价经五次快速家庭或商业洗涤的变色和沾色情况。经过多年的发展，商业洗涤程序已经发生变化。现在的商业洗涤包括许多不同类型的程序，这取决于要洗涤的产品种类。这些程序不可能通过一次快速的实验室测试程序来重现。2005年，由于这些过程是否可精确地重现当前使用的典型商业洗涤程序仍然未知，故所有关于商业洗涤的参考文献被取消。

2. 原理

试样在适当的温度、洗涤剂溶液、漂白和摩擦作用条件下进行测试，产生的颜色变化与五次手洗或家庭洗涤产生的变化相似，颜色变化可在较短的时间内得到。摩擦现象是通过织物与容器的摩擦作用、低浴比和钢珠在织物上的撞击来实现的。

3. 术语

3.1 色牢度：材料在加工、检测、储存或使用过程中，暴露在可能遇到的任何环境下，抵抗颜色变化和/或颜色向相邻材料转移的能力。

3.2 洗涤：使用含洗涤剂的溶液处理（洗涤）纺织材料以去除油污和/或污渍的程序，一般依次包括清洗、脱水和干燥的程序。

4. 安全和预防措施

本安全和预防措施仅供参考。本部分有助于测试，但并未指出所有可能的安全问题。在本测试方法中，使用者在处理材料时有责任采用安全和适当的技术；务必向制造商咨询有关材料的详尽信息，如材料的安全参数和其他制造商的建议；务必向美国职业安全卫生管理局（OSHA）咨询并遵守其所有标准和规定。

4.1 遵守良好的实验室规定，在所有的试验区域应佩戴防护眼镜。

4.2 谨慎使用和处理所有化学药品。

4.3 1993 AATCC 标准洗涤剂 WOB（含有或不含有增白剂）和 2003 AATCC 标准洗涤剂 WOB（含有或不含有增白剂）可能会对人产生刺激，小心操作，避免接触到皮肤和眼睛。

4.4 在附近安装洗眼器、安全喷淋装置以备急用。

4.5 操作实验室测试仪器时，应按照制造商提供的安全建议。

5. 仪器、试剂和材料（见12.1）

5.1 快速水洗牢度测试仪。

5.1.1 水洗牢度测试仪。配有在恒温控制的水浴中以转速为40r/min ±2r/min 旋转的密封水洗杯。

5.1.2 不锈钢的柄锁水洗杯。型号1，500mL（1品脱），75mm×125mm（3.0英寸×5.0英寸），

用于测试方法 1A。

5.1.3 不锈钢的柄锁水洗杯。型号 2，1200mL，90mm × 200mm（3.5 英寸 × 8.0 英寸），用于测试方法 1B、2A、3A、4A 和 5A。

5.1.4 金属转接板，可将水洗杯（见 5.1.3）固定在水洗牢度测试仪的支架上。

5.1.5 不锈钢珠，直径 6mm（0.25 英寸）。

5.1.6 白色合成（SBR）橡胶球，直径 9 ~ 10mm（3/8 英寸），硬度为 70，用于测试方法 1B（见 12.1）。

5.1.7 特氟龙碳氟密封圈（见 7.4.2 和 12.2）。

5.1.8 预热器/存放装置（见 7.4，12.1 和 12.3）。

5.2 评级卡。

5.2.1 AATCC 9 级沾色彩卡（AATCC EP8，见 12.4）。

5.2.2 变色灰卡（AATCC EP1，见 12.4）。

5.2.3 沾色灰卡（AATCC EP2，见 12.4）。

5.3 试剂和材料。

5.3.1 多纤维贴衬织物［纤维条宽 8mm（0.33 英寸）］，包含醋酯纤维、棉、锦纶、蚕丝、黏胶纤维和羊毛。多纤维贴衬织物［纤维条宽 8mm（0.33 英寸）］和［纤维条宽 15mm（0.6 英寸）］，包含醋酯纤维、棉、锦纶、聚酯纤维、腈纶和羊毛（见 12.5）。

5.3.2 漂白棉织物,密度为 32 根/cm × 32 根/cm（80 根/英寸 × 80 根/英寸），克重为 $100g/m^2 \pm 3g/m^2$（3.0 盎司/码^2 ± 0.1 盎司/码^2），退浆，不含荧光增白剂（见 12.5）。

5.3.3 1993 AATCC 标准洗涤剂 WOB（不含荧光增白剂和磷酸盐）或 2003 AATCC 标准洗涤剂 WOB（不含荧光增白剂）（见 10.5 和 12.6）。

5.3.4 1993 AATCC 标准洗涤剂（含荧光增白剂）或 2003 AATCC 标准洗涤剂（含荧光增白剂）（见 10.5 和 12.6）。

5.3.5 蒸馏水或去离子水（见 12.7）。

5.3.6 次氯酸钠漂白剂（NaOCl）（见 12.8）。

5.3.7 硫酸（H_2SO_4），10%（见 12.8.1）。

5.3.8 碘化钾（KI），10%（见 12.8.1）。

5.3.9 硫代硫酸钠（$Na_2S_2O_3$），0.1mol/L（见 12.8.1）。

5.3.10 摩擦测试织物，50 mm × 50 mm（2 英寸 × 2 英寸）（见 12.9）。

5.3.11 白纸板（安装试样用），Y 刺激值至少为 85%。

6. 试样

6.1 不同测试方法需要的试样尺寸：

（1）测试方法 1A，试样尺寸为 50mm × 100mm（2.0 英寸 × 4.0 英寸）；

（2）测试方法 1B、2A、3A、4A 和 5A，试样尺寸为 50mm × 150mm（2.0 英寸 × 6.0 英寸）。

6.2 每个水洗杯中仅放一块试样。每种实验样品测试一块试样，为了提高测试结果的精确度，建议剪取多块试样。

6.3 测试方法 1A、2A 评定沾色，使用多纤维贴衬织物。测试方法 3A 评定沾色，可使用多纤维贴衬织物或漂白棉织物。对于测试方法 3A，使用多纤维贴衬测试织物为备选织物时，则不需考虑醋酯纤维、锦纶、涤纶和腈纶的沾色，除非被测织物或最终成衣中含有这些纤维中的某一种。对于测试方法 3A，建议将多纤维贴衬织物熔边。在测试方法 4A、5A 中不需评定沾色（见 12.10 和 12.11）。

6.4 试样的制备。

6.4.1 纤维条宽为 8mm（0.33 英寸）的多纤维贴衬织物或漂白棉织物。

剪取尺寸为 50mm × 50mm（2.0 英寸 × 2.0 英寸）的多纤维贴衬织物或漂白棉织物（如需要），沿试样 5cm（2 英寸）的一边缝制、装订或其他合适的方式使其与试样正面接触。当使用多纤维贴衬织物时，六种纤维条沿着试样 50mm（2.0 英寸）

的边分布，羊毛在右边。多纤维贴衬织物中的纤维条平行于试样的长度方向。

6.4.2 纤维条宽为15mm（0.6英寸）的多纤维贴衬织物。

剪取尺寸为50mm×100mm（2.0英寸×4.0英寸）的长方形多纤维贴衬织物，沿试样100mm（4.0英寸）或150mm（6.0英寸）的一边缝制、装订或采取其他合适的方法使其与试样正面接触。六种纤维条平行于试样的宽度方向，且羊毛纤维条固定在试样上端，以防止试样脱散。

6.4.3 建议针织物沿四边缝制或装订在同尺寸漂白棉布上，以防止卷边，使整个试样表面得到一致的测试结果，再将多纤维贴衬织物与试样的正面贴合。

6.4.4 对于具有绒头方向的绒类织物，多纤维贴衬织物附在试样的上端，且绒头方向背离试样上端。

6.5 如果待测试样是纱线，使用以下方法制备试样。

6.5.1 方法1。在合适的针织机上编织成针织物，按照6.1~6.4.3准备试样和多纤维织物。每个样品保留一块针织试样作为原样。

6.5.2 方法2。将每种纱样制备成两束长110m（120码）的纱束，折叠纱束使其沿着宽50mm（2英寸）的方向上纱量均匀，长度适合测试。每种样品保留一束纱样作为原样。用重量大约相同的摩擦小白布（见12.9）或漂白棉织物分别缝制或装订在已准备好的纱束一端，再按照6.4.1或6.4.2步骤，另一端贴合多纤维贴衬织物。

7. 操作程序

7.1 表1为汇总的测试条件。

7.2 调节水洗牢度测试仪以保持所示的水浴温度。准备所需的洗涤液，将其预热至规定的温度。

表1 测试条件①

测试方法②	温度		总液量（mL）	粉状洗涤剂含量（%）	液态洗涤剂含量（%）	有效氯含量（%）	钢珠数	橡胶球数	时间（min）
	℃（±2℃）	℉（±4℉）							
1A	40	105	200	0.37	0.56	0	10	—	45
1B③	31	88	150	0.37	0.56	0	—	10	20
2A	49	120	150	0.15	0.23	0	50	—	45
3A	71	160	50	0.15	0.23	0	100	—	45
4A	71	160	50	0.15	0.23	0.015	100	—	45
5A	49	120	150	0.15	0.23	0.027	50	—	45

① 参见本标准9中每个测试方法的目的。
② 所有测试都包括2003 AATCC标准液体洗涤剂的代替品。
③ 测试方法1B使用白色橡胶球，而不使用钢珠。

7.3 测试方法1A，使用75mm×125mm（3.0英寸×5.0英寸）的水洗杯；测试方法2A、3A、4A和5A使用90mm×200mm（3.5英寸×8.0英寸）的水洗杯。

7.3.1 测试方法1A、1B、2A和3A，按照表1所示，加入一定量的洗涤液至水洗杯中。

7.3.2 测试方法4A，需要制备1500mg/kg的有效氯溶液。

按照下式可计算出稀释1L溶液时，所需次氯酸钠漂白溶液的重量（见12.8）：

$$G=\frac{159.4}{N}$$

式中：G——需要加入次氯酸钠溶液的重量，g；

N——次氯酸钠溶液的百分比浓度，%。

准确称量所需的次氯酸钠漂白溶液放入容量瓶内，然后稀释至1L。

每个水洗杯加入5mL的1500mg/kg有效氯溶液和45mL洗涤剂溶液，使总体积为50mL。

7.3.3 测试方法5A，按照下式可计算出所需的次氯酸钠漂白溶液重量（见12.8）：

$$G = \frac{4.54}{N}$$

式中：G——需要加入次氯酸钠溶液的重量，g；

N——次氯酸钠溶液的百分比浓度，%。

准确称量所需的次氯酸钠漂白溶液装入量筒中，再加入洗涤剂，使总体积为150mL。

分别为每个水洗杯按照上述操作制备测试溶液。

7.3.4 对于所有的测试，每个水洗杯中加入规定数量的不锈钢珠或白色橡胶球。

7.4 有两种方法将水洗杯预热至规定的测试温度。可使用水洗牢度测试仪或者预热器/存放装置。如果水洗杯在水洗牢度测试仪中预热，则按照7.4.2继续进行。

7.4.1 将水洗杯放在指定测试温度的预热装置中，预热至少2min，然后将完好的褶皱测试样放入每个水洗杯中。

7.4.2 拧紧水洗杯的盖子。在氯丁橡胶垫片和水洗杯顶部之间插入一个特氟龙碳氟垫圈（见5.1.6），以防止氯丁橡胶污染洗涤溶液。垂直地将75mm×125mm（3.0英寸×5.0英寸）的水洗杯、或水平地将90mm×200mm（3.5英寸×8.0英寸）的水洗杯固定在与水洗牢度测试仪匹配的旋转轴上。当水洗杯开始旋转时，水洗杯的盖子应先与水接触。水洗牢度测试仪转轴的两侧放置数量相等的水洗杯。如果水洗杯用这种方式预热，则按照7.7继续进行。

7.5 启动机器，预热水洗杯至少2min。

7.6 停止机器运转，使一排水洗杯处于直立的状态。先打开每个水洗杯的盖子，然后将一块试样放入溶液中，再盖上盖子，但不要拧紧。重复该操作，直到这一排上所有的水洗杯都放入试样。再以同样的顺序拧紧这排已放入试样的水洗杯的盖子（延迟拧紧盖子的目的是使杯内压力平衡）。重复此操作，直到各排的水洗杯都放入试样。

7.7 启动水洗牢度测试仪，以40r/min±2r/min的速度运行45min。

7.8 对于所有测试方法的漂洗、脱水和干燥程序都是一样的。仪器停止后，取出水洗杯，将杯中的物品分别倒入烧杯中，一个烧杯中放入一个试样。用40℃±3℃（105℉±5℉）的蒸馏水或去离子水在烧杯中清洗三次，每次约1min，偶尔搅拌或用手挤压。可通过离心脱水、吸水或小轧车以去除多余的水分。在温度不超过71℃（160℉）的循环通风的烘箱中干燥试样；或者将试样放入锦纶网袋中，再放入自动滚筒烘干机中用Normal（标准挡）程序烘干，而此时排气温度为60～71℃（140～160℉）；或者在空气中干燥。

7.9 评级前，试样在温度为21℃±2℃（70℉±4℉）和相对湿度为65%±5%的条件下调湿1h。

7.10 试样和贴衬织物评级前，应修剪脱散的纱线，并轻轻地刷掉试样表面的散纤和散纱。按要求的方向梳理绒面试样，使其尽可能恢复到未处理前的绒头角度。试样由于洗涤和/或干燥处理出现的褶皱，应将其整理平整。为了方便评定，可将试样装订在纸卡片上。用Y刺激值至少为85%的白色纸卡作为统一的背衬材料。装订材料在评级区域不要被看见，且不影响用AATCC EP1《变色灰卡评定程序》、AATCC EP2《沾色灰卡评定程序》中的5.1和/或AATCC EP7《仪器评定试样变色》（见12.4）中所述方式进行评级。

绞纱试样在与未洗的原样比较之前，应将其进行梳顺理直。原样也需梳理以使外观一致。

8. 评级（见12.16）

8.1 评定试样的变色。按照（AATCC EP1）使用变色灰卡，或AATCC EP7《仪器评价试样变色》来评定试样的变色程度，记录与变色灰卡颜色最接近的级数作为评级结果。为了提高结果的精确性和准确性，评定试样的人员应至少为两人。

8.2 沾色的评定。

8.2.1 使用沾色灰卡（AATCC EP2）、AATCC 9级沾色彩卡（AATCC EP8）或仪器评级（AATCC EP12）来评定沾色程度（见12.10），记录与沾色灰卡或彩卡颜色最接近的级数作为评级结果。测试报告中需注明使用的沾色评级卡的种类。

8.2.2 转移到6.4.1所述的多纤维贴衬织物或白棉织物上的颜色可定量地评定，即可通过测定原样和沾色样之间的色差确定。多纤维织物［纤维条宽1.5mm（0.6英寸）］应有足够宽度的纬向纤维条，以满足更多比色计或分光光度计（见AATCC EP6《仪器测色方法》和12.14）孔径要求。

9. 结果的解释

9.1 由这些测试方法得到的结果基本接近五次典型的家庭洗涤的颜色变化情况（见1.1）。这些方法都是快速法，为快速达到所要求的程度，某些条件如温度，被有目的地夸大了。多年来，本测试方法的大部分条件仍是一致的，但洗涤剂、洗涤仪器和干燥仪器，洗涤的实际操作及织物已经发生改变（见AATCC LP1）。因此，解释测试结果时一定要注意这些变化。

9.2 测试方法1A。本方法用于评价低温条件下、经频繁手洗的纺织品的色牢度。本测试方法得到的试样颜色的变化，类似于温度为40℃ ±3℃（105℉ ±5℉）条件下，经五次典型的小心手洗而产生的变化情况。

9.3 测试方法1B。本方法用于评价冷水条件下、经频繁手洗的纺织品的色牢度。本方法测试得到的试样颜色的变化，类似于温度为27℃ ±3℃（80℉ ±5℉）条件下，经五次典型的小心手洗而产生的变化情况。

9.4 测试方法2A。本方法用于评价低温条件下、经频繁家庭机洗的纺织品的色牢度。本方法测试得到试样颜色的变化，类似于温度为38℃ ±3℃（100℉ ±5℉）的中等或温和条件下，进行五次家庭机洗产生的颜色变化。

9.5 测试方法3A。本方法用于评价可水洗的纺织品在剧烈条件下的洗涤色牢度。本方法测试得到的试样颜色的变化，类似于温度为60℃ ±3℃（140℉ ±5℉）、不含氯的条件下，进行五次家庭机洗产生的颜色变化。

9.6 测试方法4A。本方法用于评价纺织品在含有有效氯情况下的洗涤色牢度。本方法测试得到的试样颜色的变化，类似于温度为63℃ ±3℃（145℉ ±5℉）条件下，每3.6kg（8.0磅）负荷中含3.74g/L（0.50盎司/加仑）、5%有效氯情况下的五次家庭机洗产生的颜色变化。

9.7 测试方法5A。本方法用于评价纺织品在含有有效氯情况下的洗涤色牢度。本方法测试得到的试样颜色的变化，类似于温度为49℃ ±3℃（120℉ ±5℉）条件下，有效氯含量为200mg/kg ±1mg/kg的情况下的五次家庭机洗产生的颜色变化。

10. 报告

10.1 报告本测试方法编号。

10.2 按照8.1报告试样的颜色变化级数，按照8.2报告多纤维贴衬织物和/或漂白棉的沾色级数。

10.3 注明在评价沾色时，使用的沾色评级卡（沾色灰卡或AATCC 9级沾色彩卡）（见12.12）。

10.4 注明使用的多纤维贴衬织物类型；并注明为防止针织试样卷边，是否使用漂白棉布。

10.5 注明产生变色和沾色结果所使用的洗涤剂（见12.6）。

10.6 注明使用的洗涤仪器。

11. 精确度和偏差（见 12.15）

11.1 对于测试方法 2A 和 5A，已有关于其精确度和偏差的详尽阐述。而对于测试方法 1A、3A 和 4A 虽然也做了相关的工作，但还没有形成对其精确度和偏差的描述。

由于该测试方法中所使用的洗涤剂的变化，故这些精确度和偏差的描述可能并不适用于目前使用的洗涤剂而得到的数据和信息。

11.2 测试方法 2A。

11.2.1 概述。为了建立测试方法 2A 的精确度，1985 年 5 月开展了一次实验室之间的比对测试。其中测试过程中的一个部分是评定宽度为 15mm（0.6 英寸）的 No. 10A 多纤维贴衬织物替代宽度为 8mm（0.33 英寸）的 No. 10 多纤维贴衬织物。整个测试过程包括六家实验室的操作人员采用测试方法 2A 对 10 种材料进行重复性测试。

11.2.2 变色。六家实验室的每三名评级人员使用变色灰卡独立地对九种材料进行重复评定。色牢度级数的标准偏差（No. 10 和 No. 10A 多纤维贴衬织物的平均方差）的组成分量计算结果如下：

单个操作人员的分量 0.29

实验室内的分量 0.29

实验室间的分量 0.29

11.2.3 临界差。对于在 11.2.2 中报告的方差分量，如果差值等于或大于表 2 中所示的临界差值，那么两个观测值的平均数可视为在 95% 的置信区间内为显著性差异。

表 2 记录条件的临界差，级数

观察次数	单个操作人员的精确度	实验室内的精确度	实验室间的精确度
1	0.80	1.12	1.37
3	0.46	0.92	1.21
5	0.36	0.87	1.18

注 临界差是根据无限自由度 $t = 1.950$ 计算所得。

11.2.4 沾色。六家实验室的每三名评级人员使用沾色灰卡对 10 种材料的多纤维贴衬织物（No. 10 和 No. 10A）中的六种纤维独立地进行沾色级数的评定。在这 60 种可能的纤维或织物组合中，仅有 51 种结果可以使用。No. 10 和 No. 10A 多纤维贴衬织物的平均值为方差的组成分量，沾色级数的标准偏差如下所示：

单个操作人员分量 0.27

实验室内分量 0.34

实验室间分量 0.25

11.2.5 临界差。对于在 11.2.4 中报告的方差组成分量，如果差值等于或大于表 3 中所示的临界差值，那么两个观测值的平均数可视为在 95% 的置信区间内为显著性差异。

表 3 记录条件的临界差，级数

观察次数	单个操作人员的精确度	实验室内的精确度	实验室间的精确度
1	0.75	1.20	1.39
3	0.43	1.03	1.25
5	0.33	1.00	1.22

注 临界差是根据无限自由度 $t = 1.950$ 计算所得。

11.2.6 偏差。比较 40℃（105℉）时的五次家庭洗涤和一次测试方法 2A 得到的变色和沾色结果，显示这两个方法之间没有偏差。

11.3 测试方法 5A，含有效氯的漂白。

11.3.1 概述。为了建立有效氯漂白影响织物色牢度的测试方法 5A 的精确度，1984 年开展了一次实验室之间的比对测试。所有试样由同一名操作员在同一台 Launder Ometer 水洗牢度测试仪中进行。试样经测试方法 5A 得到的变色程度通过目光和仪器两种方法来评定。有关的数据统计分析的详细资料可参见该报告，“实验室间的研究：建议使用 Launder Ometer 仪器测试织物的氯漂和非氯漂色牢度”，1985 年 10 月 21 日，J. W. Whitworth，Milliken Research Corp.，Spartanburg，SC。

11.3.2 目光评级。四种材料在五个实验室中逐个进行测试。三名评级人员对四种材料进行目光评定变色。作为色牢度级数的标准偏差的组成分量计算结果如下：

单个操作人员分量 0.38

实验室内分量 0.28

实验室间分量 0.27

11.3.3 临界差。对于在11.3.2中报告的方差组成分量，如果差值等于或大于表4中所示的临界差值，那么两个观测值的平均数可视为在95%的置信区间内为显著性差异。

表4 记录条件的临界差，级数

观察次数	单个操作人员的精确度	实验室内的精确度	实验室间的精确度
1	1.03	1.29	1.49
3	0.59	0.98	1.23
5	0.46	0.91	1.17

注 临界差是根据无限自由度 $t=1.950$ 计算所得。

11.3.4 仪器评级。用分光光度计或色度计测量总色差值（CIELAB）表示变色程度，其中可使用孔径的直径范围为13～51mm（0.5～2.0英寸），D_{65}光源/10°或C光源/2°观察。六家实验室都测试六种材料。每个实验室的一名操作人员测定每种织物的四块试样。ΔE^*值的方差分量表示为变异系数，计算结果如下：

单个操作人员分量 6.8%

实验室间分量 11.2%

11.3.5 临界差。对于在11.3.4中报告的方差分量，如果差值等于或大于表5中所示的临界差值，那么两个观测值的平均数可视为在95%的置信区间内为显著性差异。

11.3.6 偏差。比较49℃（120℉）时的五次家庭洗涤和一次测试方法5A得到的变色和沾色结果，显示这两个方法之间没有偏差（见12.13）。

表5 临界差，总平均数的百分比

每个平均值的观察次数	单个操作人员的精确度	实验室间的精确度
1	18.7	36.2
3	10.8	32.8
5	8.4	32.1

注 （1）临界差是根据无限自由度 $t=1.950$ 计算所得。

（2）为了将临界差值转换为测量单位，临界差值乘以被比较的两组规定数据的平均值，然后再除以100。

12. 注释

12.1 有关适合测试方法的设备信息，请登录http://www.aatcc.org/bg。AATCC提供其企业会员单位所能提供的设备和材料清单，但AATCC没有给其授权，或以任何方式批准、认可或证明清单上的任何设备或材料符合测试方法的要求。

12.2 Teflon是杜邦公司的注册商标，Wilmington DE 19898。

12.3 预热/存放装置可以是水洗测试仪的附带装置，或者是具有单独的电动加热器和自动调温器的独立装置。主要作用是在放入水洗牢度测试仪之前，控制水浴温度以加热水洗杯和溶液。

12.4 可从AATCC获取，地址：P.O.Box 12215，Research Triangle Park NC 27709；电话：+1.919.549.8141；传真：+1.919.549.8933；电子邮箱：ordering@aatcc.org；网址：www.aatc.org。

12.5 漂白棉布，密度为32根/cm×32根/cm（80根/英寸×80根/英寸），克重为100g/m² ±3g/m²，不含荧光增白剂。

12.6 1993 AATCC标准洗涤剂WOB（不含荧光增白剂），是本方法中主要的洗涤剂。如果要评定荧光增白剂对颜色的影响，也可以采用1993 AATCC标准洗涤剂（含荧光增白剂）。2003 AATCC标准液体洗涤剂（不含荧光增白剂）已被认可，可以代替1993 AATCC标准洗涤剂WOB。所有洗涤剂可从AATCC获取，地址：P.O.Box

12215，Research Triangle Park NC 27709；电话：+1.919.549.8141；传真：+1.919.549.8933；电子邮箱：ordering@aatcc.org；网址：www.aatcc.org。

12.7 制备测试溶液，溶解洗涤剂使用硬度不超过 15mg/kg 的蒸馏水或去离子水。

12.8 使用最近六个月内购买的次氯酸钠漂白剂作为备用溶液。

12.8.1 为了确定备用溶液的次氯酸盐的活性，先称取 2.00g 的液体次氯酸钠放入锥形瓶中，然后用 50mL 去离子水稀释，再加入 10mL 的 10% 的硫酸和 10mL 的 10% 的碘化钾。用 0.1mol/L（0.1N）硫代硫酸钠滴定直至无色。计算公式：

$$\text{次氯酸钠百分含量（\%）} = \frac{V \times 0.1 \times 0.03722}{2.00} \times 100\%$$

式中：V——硫代硫酸钠的体积；

0.03722——NaOCl 的摩尔质量（74.45g/moL）乘以 0.001（mL 到 L 的转换系数）再除以 2（每一份次氯酸盐的硫代硫酸盐物质的量）。

12.8.2 次氯酸钠的氧化能力主要以有效氯表示，相当于二价氯存在的数量。5.25% 的 NaOCl 溶液含有 50000mg/kg 的有效氯。

12.9 摩擦测试白布，密度为 32 根/cm × 33 根/cm（84 根/英寸 × 84 根/英寸），精梳棉，退浆，漂白（不含荧光增白或整理剂）。

12.10 如果测试方法 4A 和 5A 需要评价沾色，可使用相应的没有漂白剂的测试方法 2A 或 3A。测试方法 2A 是测试方法 5A 的无漂白剂的替代方法，测试方法 3A 是测试方法 4A 的无漂白剂的替代方法。

12.11 如果在测试方法 4A 或 5A 中使用多纤维贴衬织物，羊毛可能会吸收氯而使漂白作用减弱。为了避免该影响，在测试前可将羊毛从多纤维贴衬织物中去除。

12.12 对于关键性的评级及用于仲裁情况的评级，必须使用沾色灰卡进行。

12.13 关于测试方法 5A 和五次家庭洗涤之间偏差的补充信息，可参考以下资料中的图 1，“实验室间的研究：建议使用 Launder-Ometer 仪器测试织物的氯漂和非氯漂色牢度”，AATCC RA 60 技术委员会的报告，洗涤测试方法的色牢度，1984 年 11 月，纽约，L. B. Farmer and J. W. Whiteworth of Milliken Research Corp，Spartanburg SC，and J. G. Tew，AATCC 技术中心，Research Triangle Park NC。

12.14 AATCC EP7 提供了一种根据测色数据来计算灰度等级的方法。

12.15 本测试方法的精确度取决于试验材料、试验方法及使用的评级程序的联合变异性。

12.15.1 第 11 节中的精确度说明是根据目光评级（AATCC EP1 和 EP2）得出。

12.15.2 使用仪器评级（AATCC EP7 和 EP12）可能比目光评级更精确。

12.16 注意：有报告显示，对于含有聚酯和氨纶或其混纺的深色产品（如藏蓝色、黑色等），使用本方法得出的结果与消费者实际使用时的沾色倾向可能不一致。所以，本方法不建议作为验收实验方法。

13. 历史

13.1 2020 年重新审定。

13.2 2013 年、2010 年、2009 年、2007 年、2006 年（更换标题）、2003 年、1996 年、1994 年、1993 年、1989 年、1986 年（更换标题）、1972 年、1970 年、1961 年、1960 年、1957 年、1954 年、1952 年修订，2019 年、2016 年、2012 年、2008 年、2004 年、2002 年、1998 年、1995 年、1991 年、1984 年、1983 年、1981 年、1976 年、1975 年、1974 年、1973 年重新审定，2001 年编辑修订并重新审定。

13.3 AATCC RA60 技术委员会于 1950 年制定，部分等同于 ISO 105-C06。

AATCC TM66-2017e

机织物折皱回复性的测定：回复角法

AATCC RR6 技术委员会于 1951 年制定；1995 年权限移交至 RA61 技术委员会；1952 年、1953 年、1956 年、1959 年、1998 年（更换标题）、2017 年修订；1968 年、1972 年、1975 年、1978 年、1984 年、1990 年、2003 年、2014 年重新审定；1986 年、1991 年、1995 年、2006 年、2008 年、2016 年、2019 年编辑修订；1996 年编辑修订并重新审定。方法 1 部分等效于 ISO 2313 标准。

1. 目的和范围

本测试方法用于测定机织物的折皱回复性，适用于任何纤维制成的织物或混纺织物。

2. 原理

将试样折叠，并在规定的时间和压力条件下加压以形成折痕。卸除负荷后，将试样悬挂在测试仪器中，使其回复一定时间，然后记录折皱回复角。

3. 术语

折皱回复性：能使织物从褶皱变形中回复的性能。

4. 安全和预防措施

本安全预防措施仅供参考。本部分有助于测试，但未指出所有可能的安全问题。在本测试方法中，使用者在处理材料时有责任采用安全和适当的技术；务必向制造商咨询有关材料的详尽信息，如材料的安全参数和其他制造商的建议；务必向美国职业安全卫生管理局（OSHA）咨询并遵守其所有标准和规定。

遵守良好的实验室规定，在所有的试验区域应佩戴防护眼镜。

5. 使用和限制条件

5.1 本测试方法中包含两种用来测试折皱回复角的方法。方法 1 的程序适用于商业用仪器，且类似于 ISO 2313《以回复角表示水平折叠试样的折皱回复性的测定方法》中使用的仪器（见 13.1）；方法 2 适用于那些仍在使用较陈旧的折皱回复性测试仪的实验室，这种测试仪目前已无法从原制造商处购买。

5.2 本测试方法可作为研究工具，也可应用于产品质量控制（见 13.2）。

5.3 在测试中应控制的参数有相对湿度、温度、压力、加压时间和回复时间。但测试时，基于对在操作中可能遇到的情况和可以迅速测试，本测试方法对后三个参数规定任意的选择值。对于温度和相对湿度这两个条件的规定与常规试验规定相同。如果有特殊目的也可以采用其他温度和相对湿度的组合。

5.4 如果试样是柔软或厚重织物，有可能扭曲或卷曲，使折皱回复角难以读取（见 13.3）。

6. 仪器（见 13.4）

6.1 折皱回复性测试仪和附件，方法 1（见图 1）。

6.1.1 加压装置，带有两个平板（见图 2）。

6.1.2 折皱回复刻度盘，范围 10°～180°（见图 3）。

度盘上读取并记录折皱回复角。如果试样的自由端卷曲，通过该端中心（可以）观测到一个垂直平面，使这个垂直平面与刻度盘上的垂直标记对齐，读取并记录夹入试样夹 300s ±5s 后的每个试样的折皱回复角。

9.1.8 重复所有步骤，测试另一方向三块试样和反面对折的两个方向试样。

9.2 方法 2。

9.2.1 使用镊子，将一个试样放入金属夹的夹片之间，使其一端与 18mm 的标记线重合。用镊子向上提起试样的自由端，超过 18mm 的标记线，小心地形成环状，而不使试样压平。用拇指紧紧地固定试样边缘就位。

9.2.2 仍用拇指紧紧握住试样末端，用另一只手压开塑料夹。将装有试样的金属夹放入长夹片和短夹片之间，当长夹片的末端刚与试样接触时，松开拇指。在松开试样前，金属夹上 18mm 的标记、试样的未折叠端和塑料夹具的末端要对齐。在距离短夹片末端 1.5mm 处形成一个折痕。塑料夹具要与折痕试样紧紧接触，但是不能挤压试样。

9.2.3 将夹具组合放在小平台的水平面上。轻轻地将重锤放在平台上，开始计时。过 60s ±2s 后，重复 9.2.1 到 9.2.3 步骤对第二块试样进行测试。再过 60s ±2s 后，重复整个步骤对第三块试样进行测试。

9.2.4 过 300s ±5s 后，去除重锤。用塑料夹拿起塑料夹具组合，将试样夹自由端插入记录装置面板的夹钳中。打开夹钳，迅速并小心地移去塑料夹子，避免将试样的自由端卷曲或将试样拉出夹具。

9.2.4.1 将试样夹和记录装置上的夹钳前口对齐。折叠的试样与刻度盘的中心对齐，试样的自由端与刻度盘上的垂直线对齐。特别小心不要对着刻度盘面板上的试样触摸、吹气或挤压。尽可能快地完成所有操作。当重锤从第一块试样上去除 60s ±2s 后，重复 9.2.4 和 9.2.4.1 步骤对第二块试样测试。当重锤从第二块试样上去除 60s ±2s 后，重复所有步骤，对第二块试样测试。

9.2.4.2 为消除重力的影响，在 300s ±5s 的回复时间内，使试样的自由端始终与刻度盘的垂直线对齐。开始的 1min 内，每 15s ±1s 调整一次，在剩下的回复时间，每分钟调整一次。在 300s ±5s 的回复时间要结束前的最后 15s ±1s，要做最后一次调整。在 13.5 中给出对测试试样连续进行测试的程序。

9.2.5 从刻度盘读取并记录试样插入记录器夹钳 300s ±5s 后的折皱回复角。如果试样的自由端卷曲，通过该端中心（可以）观测到一个垂直平面，使这个垂直平面与刻度盘上的垂直标记对齐，读取并记录每块试样插入夹钳 300s ±5s 后的折皱回复角。

9.2.6 重复所有步骤，测试另一方向三块试样和反面对折的两个方向试样。

10. 计算

10.1 计算每组三个试样的平均折皱回复角。经向：正面对折、反面对折；纬向：正面对折、反面对折。

10.2 如果正面对折与反面对折平均值的差值不大于 15°，分别计算经向和纬向的平均值；如果正面对折与反面对折的平均值差值大于 15°，则分别报告四个平均值。

11. 报告

11.1 报告采用测试方法 AATCC 66 中的方法 1 或方法 2 。

11.2 报告经向和纬向折皱回复角的平均值（必要时，报告经向—正面、经向—反面、纬向—正面、纬向—反面的平均值）。

11.3 如果采用了其他的测试大气条件，报告折皱回复角的平均值和该试验用的大气条件。

12. 精确度和偏差

12.1 精确度。

12.1.1 在2016年，实验室间研究比较了方法1和方法2。5家实验室参与了研究。2家实验室选择方法1（实验室A：3个技术员，实验室B：3个技术员），2家实验室选择方法2（实验室D：1个技术员，实验室E：3个技术员），第5家实验室（实验室C：2个技术员）既选择了方法1，也选择了方法2。研究使用了三种不同的织物（100%斜纹卡其色织物，S/419棉细平布，漂白/Merc、S/7465、50/50聚酯/棉印花布），这三种织物经过了5种不同的处理（处理1，不含化学物质；处理2，仅柔软处理；处理3，6%树脂+柔软剂处理；处理4，12%树脂+柔软剂处理；处理5，18%树脂+柔软剂处理）。经向和纬向分别做5次正面对折试验和5次背面对折试验。

12.1.2 对方法1和方法2的结果平均值进行统计学分析的T检验，见表1。可以看到方法1的平均值和标准偏差不同于方法2的。两样本T检验的P值为0，表明方法1和方法2从统计学上来说有着0相似性。因此，在95%的置信度下，两结果有明显的差异。因此，方法1和方法2无可比性。

表1 回复角2样本T检验

方法	n	平均值	标准差	均值标准误差
1	1440	119.1	23.3	0.61
2	1080	209.3	35.7	1.1

差值 = *mu*（1） − *mu*（2）
估计差值：9.83
差值的95%置信区间（7.39，12.28）
差值 = 0（与≠0）的T检验，T值 = 7.89，P = 0，自由度 = 1743。

12.1.3 使用方法1的实验室内和实验室间数据。

实验室内和实验室间使用方法1，得到的样品1～6的精确度见表2，精确度显示了实验室间和操作者之间的差异。

表2 方法1的精确度

样品号	实验室内的精确度	实验室间的精确度
1	1.015	1.7565
2	0.7188	1.2440
3	0.5860	1.0141
4	0.5075	0.8783
5	0.4539	0.7855
6	0.4144	0.7171

12.1.4 使用方法1的实验室内和实验室间数据。

实验室内和实验室间使用方法2，得到的样品1～6的精确度见表3，精确度显示了实验室间和操作者之间的差异。

表3 方法2的精确度

样品号	实验室内的精确度	实验室间的精确度
1	1.8511	3.1347
2	1.3110	2.2200
3	1.0687	1.8098
4	0.9256	1.5674
5	0.8278	1.4019
6	0.7557	1.2797

12.2 偏差。折皱回复角只能根据某一实验方法予以定义。因而没有独立的方法用以确定真值。本方法作为预测这种特性的手段，没有已知偏差。

13. 注释

13.1 ISO 2313《以回复角表示水平折叠试样的折皱回复性的测定方法》标准可以从ANSI获取，地址：11 West 42nd St.，New York NY 10036；电话：+1.212.302.1286；传真：+1.212.398.0023，网址：www.ansi.org；或ISO网址：www.iso.org。

13.2 使用原始的折皱回复性测试仪，运用AATCC 66标准测试方法，实验室间的测试结果显示了实验室间测试精确度存在较大差异，但是，在实验室内部却有比较好的精确度。无论如何，不建议使用这种方法的测试。

6. 试样准备

6.1 织物样品和吸水纸在测试前应放在相对湿度为 65% ±5% 和温度为 21℃ ±2℃（70℉ ±4℉）的条件下调湿至少 4h。

6.2 每个样品测试两组试样。每组试样包含 5 块沿 0.79 弧度（45°）斜度裁剪的 20cm×20cm 的试样。去掉松散的边角纱线并在边角涂上液体乳胶或橡胶胶水，以避免缠结。在每块试样的边角做上标记，作为一组试样的一部分。

7. 操作程序

7.1 彻底清洗动态吸水测试仪的滚筒罐，除去所有杂质，尤其是肥皂、清洁剂和润湿剂。

7.2 每组试样中的 5 块试样卷在一起（组成一组样品）称重，精确至 0.1g。

7.3 向动态吸水测试仪的滚筒罐中倒入 2L 温度为 27℃ ±1℃（80℉ ±2℉）的蒸馏水，将两组试样放到滚筒罐内（见 11.5），每次放入一组，转动 20min。

7.4 立即取出一组试样中的一块布样，使其边缘平行于轧辊，轧水机以 2.5cm/s 的速度进行辊压，然后用两片没有使用过的吸水纸夹住样品再次经过轧水机辊压。将夹在吸水湿纸中的试样放置一边，再对同一组试样剩余的四块布样重复此操作，然后除去吸水纸并把这五块布片卷在一起，放到一个称过净重的塑料容器里，或者加仑拉链型塑料袋里。盖上容器并称量湿样品的重量，精确到 0.1g。湿试样的重量不应大于干试样的 2 倍。

7.5 重复 7.4 的操作测试第二组样品。

8. 计算

8.1 采用以下公式计算每个样品的吸水量，精确至 0.1%：

$$WA = \frac{W - C}{C} \times 100\%$$

式中：WA——吸水量，%；

W——试样湿重，g；

C——试样调湿后的重量，g。

8.2 通过取两组样品中的每组样品吸水量的平均值，来计算织物样品的动态水分吸收性。

9. 报告

9.1 报告两组样品织物吸水量百分比的平均值。

9.2 报告测试方法的编号。

10. 精确度和偏差

10.1 精确度。

10.1.1 1998 年，进行了一次有限的实验室内部研究。所有的样品由同一个操作人员进行测试。

10.1.2 分析了四组织物样品。在各组数据之间没有发现统计上的差异，因此由这些合并数据计算精度参数。

10.1.3 鉴于这项研究本身的局限性，建议使用该方法的用户，在应用这些结论时保持应有的谨慎。

10.1.4 分析合并数据产生了一个 1.8 的重复性标准偏差，数据偏差组成和临界偏差见表 1。对于合适的精度参数，两个测试平均值之间的偏差应该达到或超过表中的值，这些值从统计学上来说具有 95% 的置信度。

表 1　数据偏差组成和临界差

平均值测定的数量	95%置信区间	临界差
2	+16.2	32.4
3	+4.5	9.0
4	+2.9	5.8
5	+2.2	4.4

10.2 偏差。织物的动态吸水性仅可根据一个测试方法确定。没有单独的仲裁方法可以用于确定其真实值。这个测试方法没有已知的偏差。

11. 注释

11.1 有关适合测试方法的设备信息，请登录www. aatcc. org/bg，浏览在线AATCC用户指导，见AATCC企业会员所能提供的设备和材料清单。但AATCC未对其授权，或以任何方式批准、认可或证明清单上的任何设备或材料符合测试方法的要求。

11.2 动态吸水测试仪（见图1）由电动驱动和滚筒罐构成。滚筒罐为容积为6L的圆柱形或六方形，直径约为15cm，长度约为30cm，以恒定切向速率为55r/min ±2r/min的转速旋转。这种罐可由玻璃、防腐蚀金属或者化学制品瓷器制成。

通过用校准后误差不超过1s的秒表计数每分钟内的转数，确定滚筒罐每分钟的旋转。

11.3 轧水机，家用洗衣机型，配有直径为5.1~6.4cm，长度为28.0~30.5cm的软橡胶轧辊，用肖氏硬度计测量的硬度应为70~80。轧水机之所以如此构造是要通过砝码或操纵杆装置来保持织物样品顶部的压力。该总压力（来自砝码，或操纵杆装置和轧辊的总重量）为27.2kg±0.5kg。以恒定速率驱动，以使织物样品以2.5cm/s的速率通过轧辊。轧辊的直径应用一对测径器或直接用一把合适的千分尺测量。沿着每个轧辊的长度在5个不同地方测量，取这些测量结果的平均值作为轧辊的直径。测量负载砝码和操纵杆装置的负荷，应使用弹簧秤和天平，通过两根等长的胶带将轧水机的上辊从弹簧秤上悬挂起来。两根胶带应置于上下辊之间端头附近，且应分开足够距离，以便使胶带和轧水机顶部装置和载荷装置（弹簧秤和天平）互相不接触，弹簧秤或天平应从一个合适的固定处悬挂下来，弹簧秤或天平上配有一个螺丝扣或其他装置以便调节秤的高度。通常使用前要注意弹簧秤刻度归零。然后调节弹簧秤或天平上的螺丝扣或其他装置，称量上辊。当轧水机的上辊从下辊处完全抬起，能看到两根胶带底部和下辊上方之间的部分，则弹簧秤或天平被认为处于平衡状态。这时，调整弹簧秤或天平上的砝码直至弹簧秤或天平显示27.2kg±0.5kg，弹簧秤或天平的校准应使用已经校准过的总重为24.95kg ±0.23kg、27.22kg ±0.23kg和29.48kg±0.23kg砝码来校验。弹簧秤在三次校验中每次都应精确至0.2268kg以内。轧辊的线速度应通过穿一根细钢丝经过轧辊来测量。这根钢丝至少150cm长，每150cm精确到3mm以内。这根150cm长的钢丝通过夹辊处所需的时间以秒计算，用校准后时间间隔不超过0.5s的秒表精确至秒计时。调节轧辊速度使得150cm长钢丝穿过夹辊处所需时间为60s±2s。

11.4 吸水纸可从AATCC获取，地址：P. O. Box 12215，research Triangle Park NC 27709；电话：+1.919.549.8141；传真：+1.919.549.8933；电子邮箱：ordering@aatcc.org；网址：www.aatcc.org。

11.5 如果有必要，仅能测一个样品，则应使用一材料相似的样品作为压载物和被测样品一起进行测试。在任何测试中，滚筒内的试样应该相当于两组样品（10块）的量。

12. 历史

12.1 2020年重新审定。

12.2 1961年、1997年、2000年、2015年修订，1964年、1967年、1972年、1975年、1978年、1983年、1988年、1989年、2010年、2014年重新审定，1994年、2005年编辑修订并重新审定，1985年、1986年、2008年、2009年、2016年、2019年编辑修订。

12.3 AATCC RA63技术委员会于1952年制定；技术上等效于ISO 18696。

AATCC TM76-2000e3 (2018)e

织物表面电阻率

AATCC RA32 技术委员会于 1954 年制定；1963 年、1968 年、1970 年、1972 年、1973 年、1982 年、1995 年、2000 年修订（更换标题）；1969 年、1975 年、1978 年、1989 年、2011 年、2018 年重新审定；1974 年、1984 年、1985 年、1997 年、2004 年、2008 年、2019 年编辑修订；1987 年、2005 年编辑修订并重新审定。

1. 目的和范围

本方法的目的是用来测定织物的表面电阻率。表面电阻可能影响织物静电电荷的积聚（参见 AATCC 84《纱线的电阻》）。

2. 原理

试样在规定的相对湿度和温度条件下调湿，用电阻计测试织物在平行电极间的电阻。

3. 术语

电阻率：一种材料属性，其数值等于电压梯度与电流强度的比值。

注意：本测试方法是用测量平行放置的金属板或同心环表面间隔之间的电阻来计算织物表面电阻率的。单位为单位面积上的电阻（欧姆）。本方法实际测量两个电极间材料对电流的阻力。

4. 安全和预防措施

本安全预防措施仅供参考。本部分有助于测试，但未指出所有可能的安全问题。在本测试方法中，使用者在处理材料时有责任采用安全和适当的技术；务必向制造商咨询有关材料的详尽信息，如材料的安全参数和其他制造商的建议；务必向美国职业安全卫生管理局（OSHA）咨询并遵守其所有标准和规定。

4.1 遵守良好的实验室规定，在所有的试验区域应佩戴防护眼镜。

4.2 操作实验室测试仪器时，应按照制造商提供的安全建议。

4.3 放射性棒释放 α 射线，表面上对人身体无害。放射性同位素钋 210 是有毒的，应该熟练预防措施，以避免该固体物质的摄入或吸入。不要拆卸放射性棒或者触摸栅格下的放射条。如果接触或者使用放射条，立刻彻底洗手。当它失去作为一个静电清除器的效用或者不再使用时，处理方式是将它还给制造商，不要像废料一样丢弃。

5. 仪器和材料

5.1 电阻计（见 11.1）。

5.2 调湿和试验箱（见 11.2）。

5.3 标准电阻。

5.4 放射性棒。

5.5 两块大小适宜的长方形金属平板，可用作电极。或两个同心环电极，适合测试材料，并符合结果需要。

6. 试样准备

6.1 调整被测试样的大小，使适合所使用的特定仪器的电极。当使用平行板电极时，试样的宽度一定不能超过电极的宽度。当使用同心环电极时，试样大小至少与同心环外环一样大。测量区域要避免污染。

6.2 用于平行金属板电极仪器的试样。需制备两组试样，每组三块试样，一组测试方向平行于织物的长度方向，另一组测试方向平行于织物的宽度方向。

6.2.1 用于同心环电极装置的试样。一组试样，共三块，因为对于这种类型的仪器，织物的长度方向和宽度方向的测试是同时进行的。

6.2.2 织物的正面和反面测量的电阻大小可能会有不同，这取决于组织结构或最终用途。每块试样应取自织物的不同部位。

7. 操作程序

7.1 根据制造商的建议校准电阻计，这种校准应定期重复一次。

7.2 在一个适当的试验箱或调湿室中，按预先选定的相对湿度对试样进行调湿，这个步骤对于反映织物电阻信息是必要的。

7.2.1 对于需要抗静电处理的或其静电倾向已达临界值的大部分织物，最好在20%的相对湿度下进行测试。

7.2.2 在静电倾向低于临界值的条件下，可以使用40%的相对湿度进行调湿。

7.2.3 对于特殊的要求，可以使用其他的相对湿度。例如，在医院手术室使用的抗静电床单、薄膜和纺织品要求在50% ±2%的相对湿度、21℃ ±2℃（70 ±4℉）的温度下进行预调湿（见11.2.1）。也可在其他条件下或适合最终用途的调湿范围下进行测试（例如相对湿度65%和温度24℃（75℉））。所有的测试最好在保持恒定的温度和湿度下进行。

7.2.4 如果有必要在一个较宽的湿度范围下测量电阻，可以在相对湿度65%和温度24℃（75℉）下或其他设置的适合最终用途的条件下进行附加试验。所有的测试最好在保持恒定的温度和湿度下进行（见11.3）。

7.3 用放射棒随意在织物的两面移动，可以去除织物表面的静电荷。

7.4 放置试样与电极稳固接触。当在织物和电极间施加附加压力时，试验结果不受影响。

7.4.1 使用平行金属板电极时，试样接触电极，并且试验方向与电极相邻边垂直。测试织物长度和宽度两个方向的电阻。因为电荷是沿着电阻最小的方向流动，所以仅记录通过方向的较低的读数。

7.4.2 对于同心环电极，电荷会自动沿电阻最小的方向流动。

7.5 按照所使用的特定电阻计的操作说明和程序测量试样的电阻。使电流通过试样1min，或者直到得到恒定的读数。恒定电阻率标准是电阻的对数值变化每小于0.1个单位/min。达到恒定读数所需要的时间，可能随所加的电压和试样的电阻而不同。过长时间的高电压可能损坏织物。

7.6 为了仲裁目的时，使用平行板电极配置，电极间隔25mm，80~100V电压持续1min；对于同心环电极，使用类似的电压（见11.4）。

7.7 避免在试样和仪器上使用任何导电液体。

8. 评定

8.1 按如下公式计算电阻率至最接近的每平方米电阻值。

8.1.1 对于平行金属板电极的情况：

$$R = O \times \frac{W}{D}$$

式中：R——单位面积上的电阻，Ω；

O——测量得出的电阻，Ω；

W——样品宽度；

D——电极间的距离。

8.1.2 对于同心环电极的情况：

$$R = \frac{2.73 \times O}{\lg \frac{r_o}{r_i}}$$

式中：R——单位面积上的电阻，Ω；

O——测量得出的电阻，Ω；

r_o——外环电极半径；

r_i——内环电极半径。

8.2 计算该批样品的每个试样的平均电阻率。

8.3 确定该批样品每个试样的电阻率以 10 为底数的对数值（lg$R$）。

9. 报告

报告以下信息：

9.1 一批样品每个试样的电阻率的对数值（lg$R$）。

9.2 试样的数量。

9.3 使用的相对湿度和温度。

9.4 如使用平行金属板电极，还要报告测试方向。

10. 精确度和偏差

10.1 精确度。该测试方法的精确度还未确立。在该方法的精确度描述产生之前，采用标准统计方法，比较实验室内部或实验室之间试验结果平均值。经验表明，如操作细心，重现性应在电阻率对数平均值的2%内。

10.2 偏差。电阻率只能根据某一实验方法予以定义。因而没有独立的方法用以确定真值。本方法作为预测这种特性的手段，没有已知偏差。

11. 注释

11.1 为了适用于各种临界值，与电极系统相接的电阻计的量程范围应为 $10^8 \sim 10^{15}\Omega$。如已知纱线的性质能接受小于 $10^{13}\Omega$ 的电阻值的测试，则量程范围在 $10^8 \sim 10^{13}\Omega$ 的设备也适用。

11.1.1 关于量程不能 $> 10^{13}\Omega$ 的量具见 Hayek &Chromey 在《美国染料报告》，Vol. 40，1951，p164 – 168 中的描述。

11.1.2 其他电阻测试仪也可能满足该试验的要求。

11.2 要求调湿和试验箱的相对湿度能控制在 ±2% 范围（最好在 20% ~65% 的相对湿度有效范围内），温度控制在 ±1℃（±2℉）的范围，空气可以循环。因为试样从干到湿（相对于试验箱）达到平衡表现滞后性，因此建议试样尽可能以低于试验箱的湿度状态达到平衡。

国家防火协会，NFPA 标准，编号#56 A – 1973，4663 章节。

11.3 通常相对湿度越低，静电积聚越多（反之亦然）。在 40% 相对湿度下静电积聚程度低的纱线，可能在 20% ~25% 的相对湿度下呈现出严重的静电积聚，而在 40% 的相对湿度下有静电有问题的纱线，可能在 65% 的相对湿度下呈现轻度的静电积聚。静电积聚的倾向与相对湿度之间的关系，随具体的抗静电剂、纤维、织物结构、表面特性等而改变。

因此，在 40% 相对湿度条件下测试纱线的抗静电性能，可能无法提供真正有意义的信息，除非也在 20% ~25% 相对湿度下进行测试，而这种条件在装有取暖和空调系统的建筑物中很容易实现。完整信息可能还需要有关在相对湿度 65% 以上时的电阻信息。

11.4 关于电阻测试的更多具体信息，详见 ASTM D257《绝缘材料直流电阻和导电性的测试方法》（ASTM 委员会 D – 20）。

AATCC TM79-2010e2 (2018) e

纺织品的吸水性

AATCC RA34 技术委员会于 1954 年制定；2003 年权限移交至 AATCC RA63 技术委员会；1968 年、1972 年、1975 年、1979 年、1992 年、2000 年、2014 年、2018 年重新审定；1986 年编辑修订并重新审定（更换标题）；1995 年、2007 年（更换标题）、2010 年修订；2012 年、2016 年、2019 年编辑修订。

前言

漂白纺织品吸水性测试方法的制定，最初是为了帮助纺织染整工厂确定纺织预处理以及其他处理工艺的效果和效率。后来，本测试方法被作为判定纺织品后整理的拒水和防水（如不吸水）性的方法之一。再经过一段时间，本方法还被用于判定纺织品的耐家庭洗涤性。

AATCC 79 中增加了操作程序 B，用以识别已经被零售商及实验室使用的原始程序的变化。操作程序 B 最初是作为非官方方法出版的，发表于 2004 AATCC/ASTM International 的 Concept 2 Consumer Technical Supplement《纺织产品操作程序及指南汇编》，TS-018，以及作为 MM-TS-01 快速吸水程序，发表于 2008 AATCC/ASTM International 的 Moisture Management Technical Supplement《服装、亚麻产品及布匹的应用》（见 12.1）。

因为可以精确地确定程序 A 的水流速度（每毫升水滴数）和试样上方的高度（mm），程序 A 受到控制。因此，在有争议时，程序 A 可作为参考程序。

1. 目的和范围

本测试方法用于测定纱线、织物和服装的吸水性，适用于任何纤维及组织结构的纺织产品，包括机织、针织和非织造纺织品。

2. 原理

将一滴水以固定高度滴至绷紧的试样表面，记录水滴光反射消失，变成深色的湿润斑点所需的润湿时间。

3. 术语

3.1 吸水性：材料的孔隙和空隙吸收并保留液体（通常是水）的倾向。

注意：吸水性在一些情况下是指润湿。

3.2 润湿：纺织材料的吸收特性使一个水滴的光反射特征消失，如水滴变成深色的湿润斑点所需要的时间。

3.3 纺织产品：用纺织面料或者其他柔软的材料制成的用于保护和装饰身体（服装），在家里使用（床品、窗帘、毛巾、桌布）或者用作其他用途（如手绢等）的产品。

4. 安全和预防措施

本安全和预防措施仅供参考。本部分有助于测试，但未指出所有可能的安全问题。在本测试方法中，使用者在处理材料时有责任采用安全和适当的技术；务必向制造商咨询有关材料的详尽信息，如材料的安全参数和其他制造商的建议；务必向美国职业安全卫生管理局（OSHA）咨询并遵守其所有标准和规定。

遵守良好的实验室规定，在所有的试验区域应佩戴防护眼镜。

5. 使用和限制条件

5.1 吸水性是影响纺织工艺的因素之一，如织物前处理、染色、后整理等工艺。吸水性经常与术语润湿性替代使用。吸水特性会使织物将水吸收到纤维、纱线和织物的组织结构中，因此织物吸水性会影响漂白和染色的均匀性和彻底性。一种织物是否适合于特定的用途，如网纱或者毛巾布，也取决于织物吸收水的能力和倾向。

5.2 吸水性有助于判断或者解释“舒适性”。但是 AATCC 79 的使用者需要注意，该标准的结果并不是评估舒适性的唯一指标（见 2008 AATCC/ASTM International 的 Moisture Management Technical Supplement《服装、亚麻产品及布匹的应用》，p19）（见 12.1）。

5.3 AATCC 79 的使用者应该注意织物正面或织物反面作为测试面对应的测试结果的解释是不同的。如果测试的目的是测定整理、工艺的吸收性或者耐洗涤性，那么在测试中应使试样正面接触水滴。如果测试的目的是评价进一步进行整理的吸水性，那么测试中应将试样接触皮肤的面接触水滴。另外，如果织物最终用于复合织物，那么单个织物的吸水性与最终复合产品的吸水性是不同的。

5.4 如果测试中使用的是液体，而非蒸馏水，那么测试结果不具有可比性。

5.5 本测试方法所得的测试结果与其他吸水性测试方法的结果的可比性不详。

5.6 本测试方法中的 A 程序与 B 程序所得测试结果的可比性和关联性未知。

6. 仪器（见 12.2）

6.1 烧杯，口径大小可以支撑绣花绷的外边缘。

6.2 程序 A，滴定管，带有 0.5mL 刻度的 10mL ±0.05mL 滴定管，每毫升可滴 15 ~25 水滴。

6.3 程序 A，滴定管架。

6.4 蒸馏水或去离子水，21℃ ±2℃（70℉ ±4℉）。

6.5 绣花绷，直径 152mm ±5mm（6.0 英寸 ±0.2 英寸）（见 12.1）。

6.6 秒表。

6.7 程序 B，药用滴管，76mm 玻璃杯，2mL 容量，每毫升可滴 20 滴药品。

7. 试样准备

7.1 取两块（200 ±5）mm×（200 ±5）mm 的试样，每个试样上进行共 5 个水滴测试。织物足够大时，建议从一个样品的不同位置剪取五块试样（如不同的长度和宽度位置；边部—中间—边部剪取试样；前身—后身—袖子服装剪取试样），在每块试样上进行一个水滴测试。否则，在保证水滴测试点距离绣花绷边缘至少 25mm ±2.5mm（1 英寸 ±0.12 英寸），且两个水滴的外边缘相隔至少 25mm ±2.5mm（1 英寸 ±0.12 英寸）的情况下，5 个水滴的测试可以在同一块试样上进行。在服装或者一个样品上进行 5 个水滴测试时，可以不单独从样品上剪取试样，而是将样品的不同部分放到绣花绷里面。

7.2 如果测试样为纱线，准备的绞纱试样在装入绣花绷后，纱线与纱线之间不应有间隔。

7.3 试样需根据 ASTM D1776《纺织品调湿和测试标准方法》（见 12.3）的要求，在相对湿度为 65% ±5%、温度为 21℃ ±2℃（70℉ ±4℉）的条件下调湿。如需要测试湿整理后织物的吸水性（如经漂白后），试样在调湿前应预先在空气中干燥（见 12.4）。

8. 操作程序

8.1 所有测试应在标准大气条件下进行。

8.2 程序 A，滴定管。

8.2.1 在恒温恒湿室中选择有顶灯照明的位置，便于判断测试终点，即润湿（见3.2）。

8.2.2 调整滴定管的管塞，释放放出规定量的水滴（见6.2）。

8.2.3 将试样装在绣花绷上，使测试面朝上，表面绷紧无褶皱，且织物结构不产生伸长或扭曲。

8.2.4 将装有试样的绣花绷置于滴定管下端约10mm ±1.0mm（0.394 英寸 ±0.04 英寸）处。使一滴蒸馏水或去离子水滴落至织物上，立即开始计时。观察水滴，不要将烧杯从滴定管下移走，以避免干扰水滴及其与试样的分界面。

8.2.5 当水滴的光反射消失时（见3.2），停止计时。如果水滴没有立即消失，应从各个方向观察水滴直至最终消失。测试的终点为水滴不再反射光且变成深色的润湿斑点，时间应小于60s。

8.2.6 记录水滴消失的时间至整数秒。如果水滴立即消失，记录“0s”，如果润湿时间超过60s，记录为“60 + s”。

8.2.7 重复8.2.4 ~8.2.6 步骤对另外四个位置进行测试。

8.3 程序B，药品滴定。

使用特定的药品，药用滴管位于试样表面10mm高度处，同样使用8.2.3 ~8.2.6 的步骤进行测试。可以使用10mm ±1.0mm高的瞄准装置来保证药用滴管高度的一致性。不要移动绣花绷中的试样，直到液滴不再光反射，测试点处呈现深色的润湿斑点。按照8.2.6 记录液滴消失所用的时间。对其他试样重复同样的步骤。

9. 计算和解释

程序A和程序B。

9.1 计算5个所记录时间的平均值和标准偏差，报告到最近的整数秒。当5个测试值中包含立即吸收（“0”）时，应使用所有5个数据计算平均值，包括0值。当5个测试值中包含吸收时间大于60s（60 +）时，应使用所有5个数据计算平均值，报告值后面表示 +，并注明吸收时间大于60s的次数。

9.2 吸水时间越短，表明吸水性越好。

10. 报告

报告平均吸水时间和标准偏差（必要时）。

11. 精确度和偏差

11.1 精确度。

11.1.1 实验室间比对研究。2009年一个实验室的三个操作者对六块织物分别使用程序A和程序B进行了纺织品吸水性的测试、评定。比对所用试样为：

（1）棉漂白非织造织物；

（2）100%棉平针织物；

（3）100%棉双罗纹针织物；

（4）100%棉斜纹织物；

（5）棉/聚酯纤维机织物；

（6）100%聚酯纤维机织物。

11.1.2 应用方差分析对数据进行分析，方差分析表明不同的织物、操作者或者天数之间没有明显差异。因此，所有数据均用来计算测试方法的精确度。比对中的所有数据和分析都保留在AATCC技术中心，供参考。

11.1.3 程序A的数据参见表1。所有180个测试点的平均值为11s，标准偏差为16s，95%置信区间为 ±2s。

表1 程序A——数据 单位：s

织物种类	操作者1		操作者2		操作者3	
	第1天	第2天	第1天	第2天	第1天	第2天
非织造织物	2	4	1	1	1	2
	4	2	1	1	2	3
	4	3	1	1	1	2
	2	4	2	1	0	2
	2	4	1	1	0	1

续表

织物种类	操作者 1		操作者 2		操作者 3	
	第 1 天	第 2 天	第 1 天	第 2 天	第 1 天	第 2 天
平针织物	1	3	2	1	0	1
	1	3	2	1	0	1
	1	3	2	1	0	1
	1	2	4	1	1	2
	1	2	2	3	1	1
双罗纹针织物	9	17	9	16	12	25
	13	22	9	23	12	9
	15	28	4	60	11	9
	8	50	14	44	12	6
	8	20	14	35	11	6
机织物 C	0	1	1	1	0	0
	0	1	1	1	0	0
	1	1	1	1	0	0
	1	1	1	1	0	0
	1	1	2	1	0	0
机织混纺织物	2	2	3	1	0	1
	1	1	1	1	0	1
	2	1	2	1	0	0
	2	2	2	1	0	1
	1	1	2	1	0	0
机织物 P	39	47	42	39	38	37
	41	48	45	34	36	36
	46	50	40	43	34	38
	42	48	46	43	35	34
	42	49	50	41	31	35

11.1.4 程序 B 的数据参见表 2。所有 180 个测试点的平均值为 9s，标准偏差为 14s，95% 置信区间为 ±2s。

表 2 程序 B——数据 单位：s

织物种类	操作者 1		操作者 2		操作者 3	
	第 1 天	第 2 天	第 1 天	第 2 天	第 1 天	第 2 天
非织造织物	2	2	1	2	4	2
	2	3	1	2	0	2
	2	2	2	1	2	1
	2	3	2	2	1	2
	2	2	2	1	0	1

续表

织物种类	操作者 1		操作者 2		操作者 3	
	第 1 天	第 2 天	第 1 天	第 2 天	第 1 天	第 2 天
平针织物	2	2	1	1	1	1
	1	2	1	2	0	1
	1	2	1	2	1	1
	2	2	1	2	0	2
	2	3	1	1	0	2
双罗纹针织物	6	11	14	26	15	12
	5	16	60	21	12	8
	5	9	19	44	11	7
	8	10	5	29	14	5
	6	15	23	7	15	4
机织物 C	1	1	1	1	0	0
	1	0	1	0	0	0
	0	1	0	1	0	0
	1	0	1	1	0	0
	1	0	1	1	0	0
机织混纺织物	2	1	1	1	0	1
	2	2	1	1	0	1
	1	2	1	1	0	0
	1	1	1	1	0	1
	1	1	2	1	0	1
机织物 P	34	33	30	24	30	37
	36	34	37	36	34	32
	33	42	33	28	33	34
	38	39	40	32	36	35
	39	47	36	42	38	38

11.1.5 本测试方法的实验室间精确度尚未确立。在没有可循的实验室间精确度信息之前，本方法的使用者应用标准统计技术来比较不同实验室间的结果平均值。

11.2 偏差。漂白织物吸水性的真实值仅能在某种测试方法中予以定义，没有独立的测定方法。评估该性能时，本测试方法没有已知的偏差。

12. 注释

12.1 可从 AATCC 获取，地址：P. O. Box

12215，Research Triangle Park NC 29909，电话：+1.919.549.8141；传真：+1.919.849.8933；电子邮件：ordering@aatcc.org；网址：www.aatcc.org。

12.2 相关仪器可从任何试验设备供应商处获取。

12.3 ASTM 标准可从 ASTM 获取：100 Barr Harbor Dr.，West Conshohocken PA 19428，电话：+1.610.832.9500，传真：+1.610.832.9555，网址：www.astm.org。

12.4 据观察，若从干燥罐取出的试样中未进行调湿，则错误的润湿时间将显示其较差的吸水性。

AATCC TM81－1996e2（2016）e

湿处理纺织品水萃取液 pH 的测定

AATCC RA34 技术委员会于 1954 年制定；1963 年、1996 年修订（更换标题）；1968 年、1969 年、1974 年、1977 年、1980 年、1983 年、1988 年、1989 年、2001 年、2012 年、2016 年重新审定；2006 年编辑修订并重新审定；1990 年、2008 年、2019 年编辑修订。与 ISO 3071 标准有相关性。

1. 目的和范围

1.1 本测试方法是用来测定经过湿处理的纺织品的 pH。

1.2 定量的测定是必须将影响 pH 的化学品从试样上去除，制备水萃取液，然后用 pH 计准确的测量萃取液的 pH。

2. 原理

试样在蒸馏水或去离子水中煮沸。将水萃取液冷却至室温，测定其 pH。

3. 术语

3.1 漂白：通过氧化或者还原化学处理，从基质上除去不想要的有色物质过程。

3.2 pH：以克当量每升表示的氢离子活度的负对数，值在 0～14，可表示酸性和碱性，7 代表中性，越小于 7 表示酸性越强，越大于 7 则表示碱性越强。

3.3 湿处理：在纺织品生产中的一个组合加工工序，包括在前处理、染色、印花和后整理过程中，用液体、水、化学溶液或悬着液处理纺织品。

4. 安全和预防措施

本安全预防措施仅供参考。本部分有助于测试，但未指出所有可能的安全问题。在本测试方法中，使用者在处理材料时有责任采用安全和适当的技术；务必向制造商咨询有关材料的详尽信息，如材料的安全参数和其他制造商的建议；务必向美国职业安全卫生管理局（OSHA）咨询并遵守其所有标准和规定。

4.1 遵守良好的实验室规定，在所有的试验区域应佩戴防护眼镜。

4.2 所有化学物品应当谨慎地使用和处理。

5. 使用和限制条件

5.1 测定 pH，可以评价湿加工的纺织品是否适合后续的染色、整理工序或评价后续任一湿加工过程的洗涤和/或中和效率。

5.2 定量测量存在的总碱含量，这个方法还可以结合 AATCC 144《纺织品湿加工过程中的总碱含量》使用。因为 pH 能表示相对碱和酸的量，精确量可能被溶液中存在的强缓冲剂掩盖。

6. 仪器和材料

6.1 pH 计，读数精度为 0.1。

6.2 玻璃烧杯，400mL。

6.3 缓冲溶液，pH 为 4.0、7.0、10.0 或其他需要的缓冲溶液。

7. 校准

根据制造商的说明校准 pH 计。选择校准用缓冲溶液，其 pH 在试样的 pH 估计范围内。

8. 试样准备

在待测材料上取 10g ±0.1g 的试样。如果织物较难润湿，可将试样剪成小块。

9. 操作程序

9.1 将 250mL 蒸馏水以适中的速度煮沸 10min；浸入试样，将表面皿盖在烧杯上，再煮沸 10min。

9.2 将盖着的烧杯或容器冷却至室温，用镊子取出试样，并使试样上多余的液体滴回萃取液中。

9.3 根据制造商的说明，用 pH 计测量萃取液的 pH。

10. 评定

10.1 水萃取液的 pH 取决于纺织品经过的化学处理、洗涤水的 pH 和水洗的效果。

10.2 一般来说，纺织品经烧碱煮练后要比漂白后水萃取液的 pH 高。如果纺织品漂白后经过水洗，pH 会更低。

10.3 纺织品 pH 高可导致纺织品发黄，可能会引起变色，改变染料的上染率和固色，并且降低树脂整理剂效果或破坏柔软剂的效果。

11. 精确度与偏差

11.1 精确度。

11.1.1 在 1993 年后期，完成了实验室间的研究，在五个实验室，分别有两名操作人员参加，对四块织物测试，每块织物测试三次。预先没有对参与实验室的相对水平作出评估。

11.1.2 对这些数据（5 ×2 ×3 ×4 =120）进行分析，得出偏差构成如下：

实验室间的偏差为 0.1203。

同一实验室的操作员间的偏差为 0.0150。

同一实验室的同一操作员测定同一材料的试样间的偏差为 0.0188。

11.1.3 表 1 给出用 11.1.2 中数值计算出的临界差。

表 1 两个平均值的临界差

（95% 置信水平）

漂白织物水萃取液的 pH			
测试次数	单个操作者	实验室内	实验室间
1	0.38	0.51	1.09
2	0.27	0.43	1.05
4	0.19	0.39	1.04
8	0.13	0.37	1.03

11.1.4 *N* 次测定的两个平均值的差值，作为适宜的精度参数，应达到或超过表中 95% 置信水平下测定的数值。

11.2 偏差。在某种程度上，这种方法所使用 pH 计测定的 pH 与真值相符。到目前为止，采用这个方法测定的漂白织物水萃取液的 pH 没有已知偏差。在这次研究中，没有独立的方法来测定这一真值，欲证明偏差是否存在，可参考其他分析方法。

AATCC TM82-2007e2(2016)e

漂白棉布的纤维素分散质流度的测定

AATCC RA34 技术委员会于 1954 年制定；1961 年、1968 年、1972 年、1975 年、1979 年、1984 年、2012 年、2016 年重新审定；1974 年、1975 年、1983 年、1985 年、1988 年、1990 年、2004 年、2008 年、2010 年、2019 年编辑修订；1989 年、2001 年编辑修订并重新审定；1996 年、2007 年修订。

1. 目的和范围

本测试法适用于漂白后未整理的棉布。漂白后的纤维素纤维在铜乙二胺溶剂中的流度，能准确地反映纤维素纤维受酸、碱、氧化或还原剂作用而导致的降解程度。因此，可利用本测试法测定棉布漂白是否完全，分析化学处理对棉布断裂强力的影响（本方法删除了纤维素纤维在氢氧化铜氨液中的流度测定内容，详见 11.1）。

2. 原理

当用酸、碱、氧化剂或还原剂处理纤维素纤维时，纤维素大分子链长度变短。化学处理的程度决定了纤维素分子链缩短的程度和纤维素分散质在溶剂中的流度，或流动性。

3. 术语

3.1 流度：纤维素溶液中，溶液流动或运动的难易程度，因此也用来反映纤维素平均分子量的大小。

3.2 流值：流度单位，用流体黏度（泊）的倒数表示。

4. 安全预防措施

本安全预防措施仅供参考。本部分有助于测试，但未指出所有可能的安全问题。在本测试方法中，使用者在处理材料时有责任采用安全和适当的技术；务必向制造商咨询有关材料的详尽信息，如材料的安全参数和其他制造商的建议；务必向美国职业安全卫生管理局（OSHA）咨询并遵守其所有标准和规定。

4.1 遵守良好的实验室规定，在所有的试验区域应佩戴防护眼镜。

4.2 小心谨慎使用和处理所有化学物品。在配置和混合化学品时，要使用化学防护眼镜或者面罩、专用手套和实验服。

注意：始终是将酸加入水中。

4.3 在附近安装洗眼器、安全喷淋装置、自给式呼吸设备以备急用。

4.4 本测试法中，人体与化学物质的接触限度不得高于官方的限定值［例如，美国职业安全卫生管理局（OSHA）允许的暴露极限值（PEL），参见 29 CFR 1910.1000］。此外，美国政府工业卫生师协会（ACGIH）的阈限值（TLVs）由时间加权平均数（TLV - TWA）、短期暴露极限（TLV - STEL）和最高极限（TLV - C）组成，建议将其作为人体在空气污染物中暴露的基本准则并遵守（见 11.2）。

5. 仪器和材料

5.1 铜乙二胺溶液，1.0mol/L。

5.2 氮气（N_2）。

5.3 Ostwald Cannon Fiske 型黏度计（见图 1 和 11.3）。

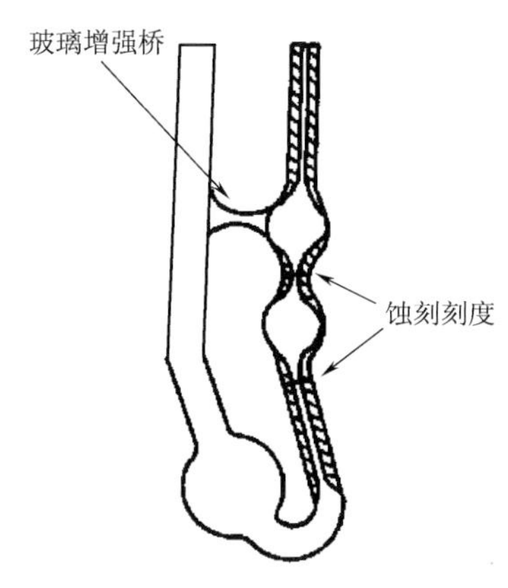

图1 铜乙二胺黏度计

6. 试样准备

6.1 称取具有代表性的漂白未整理的布样，不少于5g。

6.2 用20目筛和顶部有导管的 Wiley 剪切机剪碎样品，制备1.5mm（0.06英寸）长的单纤维。

6.3 从同一样品的纤维中取两个平行样进行测试。把切碎的样品分成重量几乎相等的两份，分别存储于独立的容器中，放在含浓硫酸干燥剂的干燥器内过夜。在该条件下调节试样含湿率为2%。

6.4 把切碎的样品分成两部分是为了减少称重时样品在大气中暴露的时间，用于测定流度的样品重量应能足够制成0.5%的棉分散质溶液。

7. 溶液制备

7.1 在容量瓶中，用新煮沸并冷却的水将161mL、1.0mol/L 铜乙二胺溶液稀释至1.0L，制成0.167mol/L 的铜乙二胺溶液，并注意排出空气。

7.2 将铜乙二胺试剂一直保存在无氧的氮气环境中，尽量降低氧化分解。

7.3 用已知精确度的滴定管分别取1.0mol/L 和0.161mol/L 的铜乙二胺溶液，将试剂瓶的侧臂密封固定到滴定管的下部，并在试剂瓶中用氮气充满侧臂。

8. 操作程序

8.1 表1列出了 Ostwald Cannon Fenske 型黏度计（见图1）的特点，它适于用来测定正常范围内的漂白棉布的流度。为了保证测试结果的准确性，建议流出时间（见8.9）超过100s。

表1 黏度计特征

尺寸型号	大致流出时间（s）	毛细管直径（cm）	流度性范围（流值）
200	100～700	0.097～0.103	1.43～10.0
300	100～700	0.120～0.130	0.80～4.0
400	100～700	0.180～0.190	0.1175～0.83

8.2 称取0.4～0.45g 按上述步骤制备的样品，精确到0.1mg。从干燥器中每次取出一块试样，称量要尽可能快，避免样品从空气中吸湿。

8.3 把纤维小心地从称量盘或表面皿转移到容量约为120mL（4盎司）的广口棕色玻璃瓶中。

向广口瓶中加入 XmL 0.167mol/L 的铜乙二胺溶液。X 由下式计算得出：

$$X = 120 \times 样品的重量 \times 0.98$$

8.4 在铜乙二胺试剂液面上方通入纯氮气流20s，以排出试剂瓶中液面上方的空气，并快速拧上瓶盖。

8.5 用自动振荡器以中速将试样瓶振荡2h。

8.6 从振荡器中取出试样瓶，并向该溶液中加入 YmL 1.0mol/L 的铜乙二胺溶液，Y 可由下式计算得出：

$$Y = 80 \times 样品的重量 \times 0.98$$

8.7 按上述方法重复进行氮化处理和振荡操作，不同的是振荡时间应为3h。

8.8 从振荡器中取出试样瓶，插入黏度计之前静置30min。在装入分散质溶液前先向黏度计中充入氮气。将黏度计倒置，有毛细管的支臂浸入纤维素分散液中，另一支臂施加吸力将分散液吸入毛细管臂上的两个玻璃球内至标注的刻度。将吸管旋转到正常的垂直位置，并把黏度计放进25℃ ±1℃（77℉ ±2℉）的恒温水浴内。液体将流至较低的贮

AATCC TM84-2000e(2018)e

纱线的电阻

AATCC RA32 技术委员会于 1955 年制定；1960 年、1969 年、1973 年、1977 年、1989 年、2005 年、2011 年、2018 年重新审定；1974 年、1984 年、1985 年、1997 年、2008 年、2019 年编辑修订；1982 年、2000 年修订（更换标题）；1987 年、1995 年编辑修订并重新审定。

1. 目的和范围

本方法的目的是用来测定含有天然纤维或人造纤维的所有纺织纱线的电阻。纺织纱线积聚电荷的倾向取决于纱线的电阻。由于导电性机理，本方法不适用于随机含有不锈钢纤维或其他高导电性纤维的纱线（参见 AATCC 76《织物表面电阻率》）。

2. 原理

纱线试样在规定的相对湿度和温度下调湿，用电阻计测量放在两个电极之间的纱线电阻。

3. 术语

电阻：材料的物理性能，表示在材料的两点间施加电压时，材料上电子通过的能力大小。电阻（Ω）等于电压（V）与电流（A）的比值。

注意：本方法测试两个电极之间材料的电阻，结果表示为纱线单位长度的电阻，即每 10mm 的欧姆数。

4. 安全和预防措施

本安全预防措施仅供参考。本部分有助于测试，但未指出所有可能的安全问题。在本测试方法中，使用者在处理材料时有责任采用安全和适当的技术；务必向制造商咨询有关材料的详尽信息，如材料的安全参数和其他制造商的建议；务必向美国职业安全卫生管理局（OSHA）咨询并遵守其所有标准和规定。

4.1 遵守良好的实验室规定，在所有的试验区域应佩戴防护眼镜。

4.2 操作实验室测试仪器时，应按照制造商提供的安全建议。

4.3 放射性棒释放 α 射线，表面上对人身体无害。放射性同位素钋 210 是有毒的，应该熟练预防措施，以避免该固体物质的摄入或吸入。不要拆卸放射性棒或者触摸栅格下的放射条。如果接触或者使用放射条，立刻彻底洗手。当它失去作为一个静电清除器的效用或者不再使用时，处理方式是将它还给制造商，不要像废料一样丢弃。

5. 仪器和材料

5.1 装有固定位置平行板电极的或分离可变位置平行板电极的电阻计（见 11.1）。AATCC 76 中推荐的用于织物的同心环电极系统不适用于测试纱线。

5.2 调湿和试验箱（见 11.2）。

5.3 标准电阻。

5.4 放射性棒。

6. 试样准备

6.1 试样的长度随所用电极位置是固定或可变而定。如果所用的电极系统，平行极板之间的距离可变动，应当进行一次预测以确定极板间距，使电阻计灵敏度最高。

6.2 当测定单纱电阻的均匀度时，应至少测量10个单纱试样。

6.3 为了预测用本方法所试验的纱线制成的机织或针织织物的性能，应当在多股纱上测量。

6.4 每次试验应准备至少三个试样，试样的纱股须平行且张力相同，间距均匀，并且沿长度方向无重叠或触碰。如果提供的纱线数量有限，则每个试样应包含10股。如果提供的纱线数量充足，则准备较多试样，在绕纱机上卷绕50~100圈，然后用胶带粘牢纱线，以准备适合于所使用电极系统的长度。为了得到结果的重现性，每个试样的股数必须相同。电阻也可能取决于纱束的横截面，因此，纱束包含的单丝数不同或股数不同，导致同样纤维制成的纱线电阻可能不同。

7. 操作程序

7.1 按照制造商的建议校准电阻计。

7.2 在适当的试验箱或调湿室内，按预先设好的相对湿度和温度对试样进行调湿，并在该条件下测试纱线的电阻。

7.2.1 对于需要抗静电处理的纱线或其静电倾向已达临界值的纱线，最好在20%的相对湿度下进行测试。对于特殊的要求，可以使用其他的相对湿度。例如，在医院手术室使用的抗静电床单、薄膜和纺织品要求在21℃±2℃（70℉±4℉）的温度下进行预调湿（见11.2）。如果有必要在一个宽泛的调湿范围下测量电阻，可以在65%相对湿度和24℃温度下或其他适合的条件下进行附加试验（见11.3）。

7.2.2 在24℃（75℉）及预定的相对湿度下，调湿试样至少4h或直至达到平衡为止。经进一步调湿时电阻没有明显的变化即充分表示已达到平衡，如变化达到电阻对数值（lg$R$）的±5%，可认为电阻有明显变化。

7.3 用放射棒扫过试样的两侧，可以除去纱线表面的静电荷。

7.4 安放纱线试样与电极稳固接触，使纱线的方向与电极的相邻边垂直，施加足够的张力使股纱伸直。

7.5 按照所使用的特定电阻计的操作说明和程序测量试样的电阻。

7.6 使电流通过试样至少1min，直到达到恒定的读数。达到恒定读数所需要的时间可能随所加的电压和试样的电阻而不同。过长时间的高电压可能损坏纱线。

7.7 为了仲裁目的试验时，使用30~40V电压，最小时间为1min或电极间距10mm时获得恒定的读数（见11.4）。

7.8 避免在试样或仪器上使用任何导电液体。

8. 评定

按下面公式计算每股纱线10mm的电阻欧姆数：

$$R = \frac{S}{D} \times \frac{r_1 + r_2 + r_3 + \cdots + r_n}{n} \times 10$$

式中：R——每股纱线的电阻率，Ω/mm；

S——每个试样的纱线股数；

D——电极间的距离，mm；

r——每个含有S股试样的电阻；

n——试样的总数量（乘以10折算成先前本方法的用法）。

9. 报告

报告每股纱线每10mm的电阻欧姆数的对数值（lg$R$）和所用的温度和相对湿度（见10.1）。

10. 精确度和偏差

10.1 精确度。经验表明重现性在平均电阻对数值的±10%范围内。

10.2 偏差。电阻率只能根据某一实验方法予以定义。因而没有独立的方法用以确定真值。本方法作为预测这种特性的手段，没有已知偏差。

11. 注释

11.1 为适用于各种临界值，与电极系统相接的电阻计的量程范围应为 $10^8 \sim 10^{15}\Omega$。如已知纱线的性质能接受小于 $10^{13}\Omega$ 的电阻值的测试，则量程范围在 $10^8 \sim 10^{13}\Omega$ 的设备也适用。

11.1.1 另外，固定位置平行极板可用于该仪器，并可按照 Hayek &Chromey 在《美国染料报告》，Vol. 40，1951，p164 – 168 中的描述来制作。为增加通用性，这些电极可以设计为极板间距可在 5 ~ 50mm 调节。

11.1.2 其他电阻测试仪也可能满足本试验的要求。

11.2 要求调湿和试验箱的相对湿度能控制在 ±2% 范围（最好在 20% ~65% 的相对湿度有效范围内），温度控制在 ±1℃的范围，空气可以循环。因为试样从干到湿（相对于试验箱）达到平衡表现滞后性，因此建议试样尽可能以低于试验箱的湿度状态达到平衡。

国家防火协会，NFPA 标准，编号#56 A – 1973，4663 章节。

11.3 通常相对湿度越低，静电积聚越多（反之亦然）。在 40% 相对湿度下静电积聚程度低的纱线，可能在 20% ~25% 的相对湿度下呈现出严重的静电积聚，而在 40% 的相对湿度下静电有问题的纱线，可能在 65% 的相对湿度下呈现轻度的静电积聚。静电积聚的倾向与相对湿度之间的关系，随具体的抗静电剂、纤维、织物结构、表面特性等而改变。因此，在 40% 相对湿度条件下测试纱线的抗静电性能，可能无法提供真正有意义的信息，除非也在 20% ~25% 相对湿度下进行测试，而这种条件在装有取暖和空调系统的建筑物中很容易实现。完整信息可能还需要有关在相对湿度 65% 以上时的电阻信息。

11.4 关于电阻测试的更多具体信息，详见 ASTM D257《绝缘材料直流电阻和导电性的测试方法》。

AATCC TM86-1973e10 (2016)e

图案和整理剂的干洗耐久性

AATCC RA43 技术委员会于 1957 年制定；1963 年、1968 年、1970 年、1973 年修订；1976 年、1979 年、1989 年、2000 年、2005 年、2016 年重新审定；1969 年、1983 年、1986 年、1993 年、1995 年、2004 年、2008 年、2010 年、2019 年编辑修订；1985 年、1994 年、2011 年编辑修订并重新审定。

1. 目的和范围

1.1 本测试方法反映经多次（见 10.1）干洗后对纺织品和其他材料上的图案或整理剂的影响，它同时也适用于评价需商业干洗的服装和家用纺织品的图案和整理剂的耐久性。本测试方法可用于评价干洗剂在去除污渍和斑点中对颜色影响程度。

1.2 本测试方法不可用于评价干洗色牢度，评价耐干洗色牢度时，需采用 AATCC 132 测试方法。

2. 原理

试样放入溶剂和干洗剂的混合溶液中搅动，钢珠模拟干洗机的机械运动。测试一块大试样与商业干洗条件有相关性。

3. 术语

干洗：从石油提炼出的溶剂、四氯乙烯或碳氟化合物等有机溶剂用于清洁织物。

注意：本方法包括添加的干洗剂和溶剂中的水分。相对水分最高量为 75%，滚筒烘干温度为 71℃（160℉）。

4. 安全预防措施

本安全预防措施仅供参考。预防措施虽有助于测试，但并不包括所有可能发生的情况。方法使用者有责任在处理材料时采用安全和正确的技术。查阅制造商提供的详尽信息，如材料的安全参数和其他制造商的建议，同时参照并遵守美国职业安全卫生管理局（OSHA）所有的标准和规定。

4.1 遵守良好的实验室规定，在实验室所有区域都应佩戴防护眼镜。

4.2 谨慎地使用和处理所有的化学品。

4.3 四氯乙烯是有毒物质，皮肤反复接触及食入都会引起中毒，要求仅在通风效果良好的环境下使用。通过对实验室动物进行四氯乙烯毒理学研究，发现大鼠和小鼠长时间地接触浓度为 100～400mg/kg 的四氯乙烯蒸汽后有癌变迹象。因此用四氯乙烯浸透的织物应在通风较好的通风橱内干燥。处理四氯乙烯时，使用化学护目镜或面罩、防渗透手套和防渗透围裙。

4.4 在附近安装洗眼器、安全喷淋装置以备急用。

4.5 本测试法中人体与化学物质的接触限度不得高于官方的限定值［例如，美国职业安全卫生管理局（OSHA）允许的暴露极限值（PEL），参见 1989 年 1 月 1 日实施的 29 CFR 1910.1000］。此外，美国政府工业卫生师协会（ACGIH）的阈限值（TLVs）由时间加权平均数（TLV－TWA）、短期暴露极限（TLV－STEL）和最高极限（TLV－C）组成，建议将其作为人体在空气污染物中暴露的基本准则并遵守执行（见 10.2）。

5. 仪器和材料（见 10.3）

5.1 快速洗涤仪。以转速 40r/min ±2r/min 旋转的密封罐在控温的水浴中。

5.2 不锈钢圆柱容器。直径 89mm × 203mm（3.5 英寸 ×8.0 英寸）、配有耐溶剂的密封圈的容器。

5.3 特氟龙衬垫。

5.4 金属转接器。将容器固定在快速洗涤仪的支架上（见 10.9）。

5.5 不锈钢珠。直径 6.3mm（0.25 英寸）。

5.6 变色灰卡（AATCC EP1）（见 10.4）。

5.7 四氯乙烯，干洗剂。

5.8 干洗剂（见 10.5）。

5.9 手工熨斗。蒸汽熨斗或平板熨烫仪。

6. 试样

6.1 制备一块试样，试样的规格和尺寸如下：

（1）不大于 135g/m^2（4 盎司/码^2）：203mm × 203mm（8 英寸 ×8 英寸）；

（2）139 ~ 203g/m^2（4.1 ~ 6.0 盎司/码^2）：152mm ×152mm（6 英寸 ×6 英寸）；

（3）207 ~ 305g/m^2（6.1 ~ 9.0 盎司/码^2）：127mm ×127mm（5 英寸 ×5 英寸）；

（4）大于 305g/m^2（9 盎司/码^2）：102mm × 102mm（4 英寸 ×4 英寸）。

6.2 若还需评价拒水性，试样的尺寸至少为 178mm ×178mm（7 英寸 ×7 英寸）（见 AATCC 22《拒水性：喷淋试验》）。

7. 操作程序

7.1 第一步：将试样放入盛有 150mL 四氯乙烯、1mL 干洗剂（见 10.6）和 100 颗钢珠的不锈钢容器中，密封容器（见 10.7），然后固定在快速洗涤仪。在室温［27℃（28℉）］条件下运转 10min 后倒掉溶剂。

7.2 第二步：再放入 150mL 四氯乙烯，不加干洗剂，如上运转 10min 后倒掉溶剂。

7.3 第三步：重复第二步的操作过程后，取出的试样夹在吸水纸之间，然后在空气中干燥。

7.4 用以下方法中的任何一种处理试样。

7.4.1 手工熨烫［起绒织物（见 10.8）除外］。先将试样用水浸湿、挤压，使其含水量约为干重的 75%。覆上湿的细薄棉织物［其重量为 135 ~ 153g/m^2（4.0 ~ 4.5 盎司/码^2）］，用温度为 135 ~ 150℃（275 ~ 300℉）的手动熨斗熨烫。

7.4.2 蒸汽熨烫［起绒织物（见 10.8）除外］。平面织物用平板熨斗或抛光金属熨斗熨烫，绉纹织物用织物包裹熨面的熨斗熨烫。蒸汽压力为 448 ~ 482 kPa（65 ~ 70 磅/平方英寸），放下熨斗，使其与试样接触 5 ~ 10s。

8. 评级

8.1 图案的耐久性。评价试样包括植绒、金属丝或其他的外观变化，级别如下：

A5 级——可以忽略不计或无外观变化；

A4 级——轻微的外观变化；

A3 级——明显的外观变化；

A2 级——更明显的外观变化；

A1 级——很严重的外观变化。

8.2 织物手感的耐久性。评价试样的手感变化，级别：

B5 级——可以忽略不计或手感无变化；

B4 级——轻微的手感变化；

B3 级——明显的手感变化；

B2 级——更明显的手感变化；

B1 级——很严重的手感变化。

8.3 后整理性能。需要评价后整理性能时，参见 AATCC TM22《拒水性：喷淋试验》。

9. 精确度与偏差

9.1 精确度。本测试方法的精确度还未确定。

在得出精确度之前，应采用标准的统计方法比较实验室内部或实验室之间的测试结果并取得平均值。

9.2 偏差。图案和整理剂的干洗耐久性只能根据某一测试方法的确定。没有单独的方法来确定其真值。本方法作为评价该性能的一种方法，因此没有已知偏差。

10. 注释

10.1 本测试方法基于大量的、一系列实验室之间的试验结果，这些试验结果与三次重复商业干洗具有良好的相关性。

由于整理材料主要是在第一次干洗过程中大量损失，因此进行一次本测试就能很好地代表重复干洗的效果。

10.2 可从 ACGIH（美国政府工业卫生学家协会）获取，地址：Kemper Woods Center，1330 Kemper Meadow Dr.，Cincinnati OH 45240；电话：+1.513.742.2020；网址：www.acgih.org。

10.3 有关适合测试方法的设备信息，请登录 www.aatcc.org/bg。AATCC 提供其企业会员单位所能提供的设备和材料清单。但 AATCC 没有给其授权，或以任何方式批准、认可或证明清单上的任何设备或材料符合测试方法的要求。

10.4 可从 AATCC 获取。地址：P.O.Box 12215，Research Triangle Park NC 27709；电话：+1.919.549.8141；传真：+1.919.549.8933；电子邮箱：ordering@aatcc.org；网址：www.aatcc.org。

10.5 可使用任何有信誉供应商的干洗剂。

10.6 残留的皂液会影响后整理性能（如残留的干洗剂会降低拒水性的评价级数），测试溶液可忽略含有干洗剂，但这是一种人为情况。

10.7 容器不需如耐洗色牢度试验中所要求的浸没在水浴中。

10.8 起绒织物只需采用合适的方式在空气中干燥。

10.9 旧型号的机型上转换器是必要的。

AATCC TM88B-2018t

织物经家庭洗涤后缝线平整度

AATCC RA61 技术委员会于 1962 年制定；1969 年、1973 年重新审定；1974 年、1983 年、1985 年、1986 年、1991 年、1997 年、2004 年、2005 年、2008 年、2012 年、2016 年、2018 年 6 月编辑修订；1978 年、1984 年、2001 年编辑修订并重新审定；1970 年、1975 年、1981 年、1989 年（更换标题）、1992 年、1996 年、2003 年、2006 年、2010 年、2011 年、2014 年、2018 年 1 月（更换标题）、2018 年 11 月修订。技术上等效于 ISO 7770。

前言

该方法和所涉及的样照被用于经耐久压烫整理的机织物的评价。尽管一些样品由于不同的面料和接缝结构而呈现出不一样的外观特征，但是使用此方法和样照来进行评价已成为行业惯例。

标准的洗涤程序保持一致性，以便使结果具有可比性。标准参数仅可代表，但是不能完全复制目前的消费者洗涤情况，因为消费者洗涤情况是随着时间和不同家庭而变化的。AATCC LP1：家庭洗涤：机洗（见 12.3）和 ISO 6330，纺织品试验时采用的家庭洗涤及干燥程序（见 12.8）可供选择洗涤程序和设备参数。

1. 目的和范围

1.1 本测试方法用于评价织物经家庭洗涤后缝线平整程度。一些洗涤和干燥程序提供了代表普通家庭护理的标准参数。

1.2 本测试方法可用于评价可水洗的任何织物（机织物、针织物或非织造布）的缝线平整度。

1.3 本测试方法未给出织物缝合工艺。因为该方法主要评价由生产者提供的或已准备好的样品，而且织物本身也会影响缝合工艺。

2. 原理

有缝线的织物试样采用标准家庭洗涤方法，洗涤后在标准光源和观测区域内，与一套 AATCC 缝线平整度参考标准样照比较，评价试样缝线的平整度级别，缝线平整度（SS）级别从 1 ~ 5 级，1 级代表平整度最差（最皱），5 级代表平整度最好。

3. 术语

3.1 陪洗织物：纺织品测试或处理过程中使用的，可以使织物的总重或总体积达到规定数量的材料。

3.2 耐久压烫：织物在使用时、洗涤或干洗后，可基本保持最初的形态、平展的缝线、压烫的折痕和平整的外观的一种特性。

3.3 等级：与样照比较，评价测试样品所得到的评价级数。

3.4 洗涤：纺织材料的洗涤是使用水溶性洗涤剂溶液去除油污和/或污渍的过程，包括漂洗、脱水和干燥过程。

3.5 洗后折痕：洗涤或干燥后试样上明显的折皱或杂乱无序的褶线。

注意：洗后折痕不是试样在洗衣机或烘干机内运动预期的结果。

3.6 缝线平整度：试样与一套参考标准样照比较后，视觉得到的缝线平整程度。

4. 安全预防措施

本安全预防措施仅供参考。预防措施虽有助于测试，但并不包括所有可能发生的情况。方法使用者有责任在处理材料时采用安全和正确的技术。查阅制造商提供的详尽信息，如材料的安全参数和其他制造商的建议，同时参照并遵守美国职业安全卫生管理局（OSHA）所有的标准和规定。

4.1 遵守良好的实验室规定，在实验室所有区域都应佩戴防护眼镜。

4.2 洗涤剂可能有刺激性，应注意防止其接触皮肤和眼睛。

4.3 需谨慎地处理所有化学品。

4.4 按照制造商的安全建议操作实验室测试仪器。

5. 使用和限制条件

5.1 本测试方法仅用于评价织物经家庭洗涤后缝线平整度。

5.2 一般说来，相对剧烈的测试条件下，测试效果更好。目前使用的洗衣机和烘干机有专门的洗涤循环或特性，以保护织物的某些性能，如轻柔档并降低搅拌速度，可以保护轻薄织物的结构；耐久压烫循环并采用冷水漂洗、降低搅拌速度，可减少织物的褶皱。

5.3 有缝线织物上的印花和图案可能掩盖杂乱的情况，而评级程序根据试样的视觉外观，故包括其引起的影响效果。

5.4 接缝平整度样照是由机织物拍摄得到，不能完全复制其他织物或类型的接缝。样照可以作为参考，代表不同的接缝平整度水平。

5.5 小样品的测试有时可能产生褶皱和折痕，但这种情况并不是使用中织物的外观特性。

5.6 本测试方法的实验室间结果重现性与方法使用者双方协商采用的洗涤和干燥条件（见表1~4）有关。

6. 仪器和材料（见12.1）

6.1 温控的蒸汽熨斗或普通熨斗。

6.2 标准洗衣机（见12.2，表1），用于机洗。

6.3 桶，容积9.5L，用于手洗。

6.4 白毛巾，不计重量，需能容纳测试样，用于手洗。

6.5 标准滚筒干燥机（见12.2，表4），或滴干、平铺晾干或悬挂晾干的设备。

表1 标准洗衣机洗涤参数（见12.2，12.7）

项　目		（1）标准档	（2）轻柔档	（3）耐久压烫档
水位［L（加仑）］		72±4（19±1）	72±4（19±1）	72±4（19±1）
搅拌速度（r/min）		86±2	27±2	86±2
洗涤时间（min）		16±1	8.5±1	12±1
脱水速度（r/min）		660±15	500±15	500±15
脱水时间（min）		5±1	5±1	5±1
洗涤温度［℃（℉）］①	Ⅱ低温	27±3（80±5）	27±3（80±5）	27±3（80±5）
	Ⅲ中温	41±3（105±5）	41±3（105±5）	41±3（105±5）
	Ⅳ高温	49±3（120±5）	49±3（120±5）	49±3（120±5）
	Ⅴ极高温	60±3（140±5）	60±3（140±5）	60±3（140±5）

① 本表规定温度与美国联邦贸易委员会规定的洗标检验温度相同（见表8）。根据美国能源部的要求，家用洗衣机多采用冷水洗涤。外部控制器可以用来调节仪器温度。

表 2 标准手洗和漂洗温度

分类	洗涤温度 [℃（℉）]	漂洗温度 [℃（℉）]
极低温	16 ±3（60 ±5）	<18（<65）
低温	27 ±3（80 ±5）	<29（<85）
中温	41 ±3（105 ±5）	<29（<85）
高温[①]	49 ±3（120 ±5）	<29（<85）

① 热水不是手洗或需要轻柔手洗试样的合适选择。

表 3 标准烘干程序

A	滚筒烘干
Ai	滚筒烘干（标准）
Aii	滚筒烘干（轻柔）
Aiii	滚筒烘干（耐久压烫）
B	悬挂晾干
C	滴干
D	平铺晾干

表 4 标准滚筒式干燥机参数（见 12.2）

项　目	Ai 标准	Aii 轻柔	Aiii 耐久压烫
最高排气温度 [℃（℉）]	68 ±6（155 ±10）	60 ±6（140 ±10）	68 ±6（155 ±10）
冷却时间（min）	≤10	≤10	≤10

6.6 调湿设备或抽拉式带孔货架的调湿/干燥架（见 12.3）。

6.7 天平，量程至少为 5kg 或 10 磅。

6.8 1993AATCC 标准洗涤剂（粉末状，含荧光增白剂，见 12.3）。

6.9 陪洗织物，1 型或 3 型（见表 5）。

6.10 评级区，见附录 A 描述。

6.11 标准 AATCC 缝线平整度样照，单缝线和双缝线（见图 1 和 12.3）。图 1 所示样照的复制品不可用于评级。

表 5 陪洗布参数

项　目		1 型陪洗布	3 型陪洗布
成分		100% 棉	（50% ±3%）棉/（50% ±3%）聚酯纤维
坯布纱线		环锭纺 36tex ×1（16 英支/1）	环锭纺 36tex ×1（16 英支/1） 或 19tex ×2（30 英支/2）
坯布结构（根/25.4mm）		（52 ±5）×（48 ±5）平纹	（52 ±5）×（48 ±5）平纹
整理后克重（g/m^2）		155 ±10	155 ±10
边缘		四边缝合或包边	四边缝合或包边
整理后织物尺寸	mm	（920 ±30）×（920 ±30）	（920 ±30）×（920 ±30）
	英寸	（36.0 ±1）×（36.0 ±1）	（36.0 ±1）×（36.0 ±1）
整理后织物重量（g）		130 ±10	130 ±10

7. 试样

平行于织物的长度方向和宽度方向，制备三块具有代表性的试样，尺寸为 380mm ×380mm（15 英寸 ×15 英寸），缝线正好处于试样的中间。如可能，每个试样含有不同的经纬纱，试样上应标记好长度方向。

7.1 若洗涤时试样出现散边现象，参见 12.4。

7.2 若织物有褶皱，可在洗涤前适当地熨烫，见 TM133 耐热色牢度：热压（见 12.3）表 1 安全熨烫温度指南。小心处理以免改变缝线本身的特性。

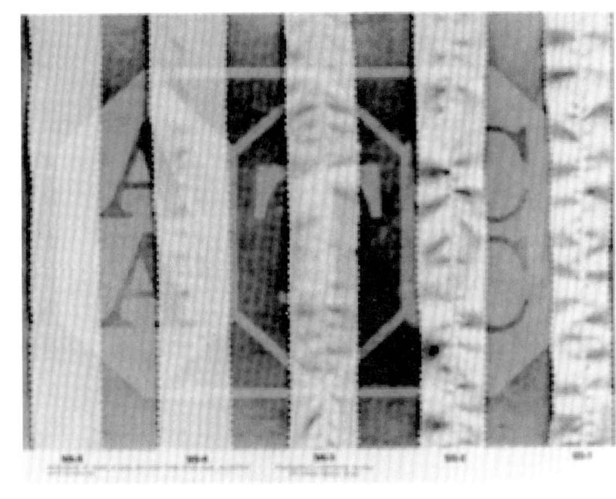
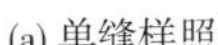

(a) 单缝样照

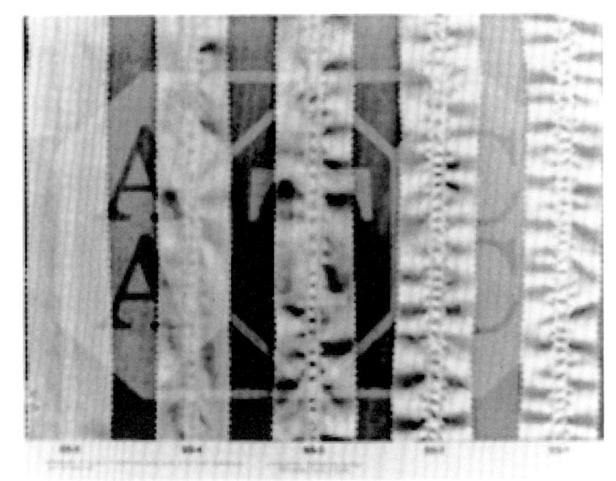

(b)双缝样照

图1 AATCC 缝线平整度样照

8. 洗涤程序

8.1 机洗。

8.1.1 从表 1 选择测试所需的水洗条件。推荐使用标准档，按照选择的洗涤条件设定洗衣机参数。

8.1.2 负载包括全部试样、陪洗织物，总负载为1.8kg ±0.1kg（4.0 磅 ±0.2 磅）。对于关键评价和仲裁试验，每次洗涤应限定试样数量且试样取自同一样品。

8.1.3 开始选择水洗循环，加水至指定的水位。

8.1.4 按照洗衣机生产商说明，加入 66g ±1g 的 1993AATCC 标准洗涤剂。如果洗涤剂直接加入到水中，应当轻微搅拌，使其全部溶解。在加负载之前停止搅拌。

8.1.5 加入负载（测试样和陪洗织物），均匀分散在搅拌器四周，开始水洗循环。

8.1.6 对于需要滴干的试样（干燥程序 C），在最后一次漂洗后，开始排水之前停止水洗循环。取出浸湿的试样。对于需要滚筒烘干（A），悬挂晾干（B），或平铺晾干（C）的试样，允许继续洗涤直到最后一次洗涤循环结束。

8.1.7 在每次水洗循环结束后，将绞在一起的试样和陪洗织物分开，切忌使试样发生扭曲变形。

8.1.8 洗涤褶皱。洗后试样可能有褶皱，干燥前应用手去除。

8.1.9 选择合适的干燥程序。

8.2 手洗。

8.2.1 从表 2 中选择水洗温度。在水洗盆内加入 7.6L ±1.9L（2.0 加仑 ±0.5 加仑）此温度的水。

8.2.2 向水洗盆内加入 20g ± 1g 的 AATCC1993 标准参考洗涤剂。

8.2.3 用手搅拌使洗涤剂溶解。

8.2.4 加入试样，轻轻挤压试样使其分散在洗涤剂溶液中，不要扭或拧。

8.2.5 让试样浸泡 2min。

8.2.6 轻轻挤压试样 1min，不要扭或拧。

8.2.7 重复浸泡 2min，挤压 1min。

8.2.8 从水洗盆中取出试样，轻轻挤压去除多余的洗涤剂，不要扭或拧。

8.2.9 将试样放置于干净的毛巾上。清洗水洗盆。

8.2.10 在选定的漂洗温度下（见表 2），向水洗盆中加入 7.6L ±1.9L（2.0 加仑 ±0.5 加仑）的干净水。

8.2.11 从毛巾上取下试样，放入漂洗水中，轻轻挤压使其分散，不要扭或拧。

8.2.12 让试样浸泡 2min 。

8.2.13 轻轻挤压试样 1min，不要扭或拧。

8.2.14 重复浸泡 2min，挤压 1min。

8.2.15 将试样从水洗盆中取出，轻轻挤压去除多余的水分，不要扭或拧。

8.2.16 用干净的白毛巾，吸掉试样上的水分，不要扭或拧。

8.2.17 进行合适的干燥程序。

8.3 干燥。

8.3.1 从表 3 选择干燥条件。

8.3.2 （A）滚筒烘干。将洗涤负荷（试样与陪洗织物）放入滚筒烘干机中，设置温度达到选定的排气温度（见表 4）。启动烘干机，直到试样和陪洗织物烘干。烘干机停止后，立即取出试样。

8.3.3 （B）悬挂晾干。悬挂晾干时固定试样的两角，织物的长度方向与水平面垂直，悬挂在室温不超过 26℃（78℉）的静止空气中至干燥。不要直接对着试样吹风，以防止试样发生扭曲。

8.3.4 （C）滴干。滴干时固定滴水试样的两角，织物的长度方向与水平面垂直，悬挂在室温不超过 26℃（78℉）的静止空气中至干燥。不要直接对着试样吹风，以防止试样发生扭曲。

8.3.5 （D）平铺晾干。试样在水平的网架或打孔架上摊平，去除褶皱，但不要扭曲或拉伸试样，放在室温不超过 26℃（78℉）的静止空气中至干燥。不要直接对着试样吹风，以防止试样发生扭曲。

8.3.6 对于所有的干燥方式，允许试样在再次洗涤之前完全干燥。

8.3.7 洗后折痕。除最后一次干燥循环外，试样在任何一次的干燥循环后出现了折痕或褶皱，应在下一次洗涤和干燥循环前，浸湿试样，以适合的温度手工烫平（见 7.1.2）。若是最后一次干燥循环，则不可用此方式去除试样的折痕或褶皱。

8.3.8 重复选定的洗涤和干燥程序，总共进行 5 次循环或按协议要求的循环次数。

8.4 调湿。

最后一次干燥完成后，按 ASTM D1776《纺织品调湿和测试标准方法》（见 12.5）调湿试样。（按照表 1 选择织物调湿条件。按照表 2，根据纤维含量选择调湿时间），将每个测试试样分别平铺于筛网或带孔的调湿/干燥架上。

9. 评级

9.1 每块试样经三名有经验的观测者独立地评级。

9.2 所有的评级应在专门的观测区进行（见附录 A），唯一光源是观测板上悬挂的荧光灯，房间中其他的光源都应关闭。

9.3 观测者站在试样的正前方，距离观测板 1219mm ± 25mm（48 英寸 ± 1 英寸），观测高度在 1524mm（60 英寸）左右对评级结果无明显影响。

9.4 将试样放在评级板上，缝线与水平面垂直。为方便评级，将合适的单缝或双缝 AATCC 标准样照（SS）放在试样的旁边。

9.5 评级时应关注缝线影响的区域，忽略周围织物的外观。接缝平整度样照是由机织物拍摄得到，不能完全复制其他织物或类型的接缝。样照可以作为参考，代表不同的接缝平整度水平。

9.6 指出与试样的缝线外观最接近的标准评级样照的数字级数。

9.7 每种织物的 9 个观测结果的平均值（三个测试试样，每个测试试样三个评级结果）。平均值精确到 0.1 级。该平均值即是本测试方法的测试结果。

10. 报告

10.1 报告每个样品的测试结果。

10.1.1 样品的描述或识别。

10.1.2 报告评级是按照 AATCC TM88B –

2018t 进行的。

10.1.3 测试样数量。

10.1.4 陪洗织物类型，1 型或 3 型。

10.1.5 洗涤循环次数（默认为 5 个循环）。

10.1.6 如果可能，报告洗涤的条件，包括循环模式、水洗温度、干燥程序和滚筒烘干温度。如果各方都了解的话，可以使用数字描述这些条件，例如 1 - Ⅳ - A（ii）表示标准档，49℃，滚筒烘干。

10.1.7 观察者人数。

10.1.8 所用的接缝平整度样照，单缝或双缝样照。

10.1.9 任何测试的偏离。

10.1.10 平均接缝平整度（SS）等级。

11. 精确度和偏差

11.1 实验室间研究。1993 年进行缝线外观试验，条件为机洗、41℃、滚筒烘干、标准档/厚重棉织物档。6 家实验室提供双缝线的评级数据。每个实验室的三个评级人员独立地评定每块织物中的三块试样，按要求将九个评级结果平均得出评级结果。

11.2 精确度。

11.2.1 双缝线。表 6 中给出方差要素，表 7 和表 8 中分别给出单个试样和多个试样比较的临界差。

11.2.2 如果实验室间比较单个试样，见表 4 中的临界差。

11.2.3 如果实验室间比较多个试样，见表 4 中的临界差。

11.2.4 若两个实验室在统计控制中，且以相当的水平操作，临界差的数值可能小于表中给出的数值，可通过比较得出数据。

11.3 偏差。缝线外观的数值仅在该测试方法中定义，没有独立的方法确定其真值。本测试方法没有已知的偏差。

表 6 方差要素

要素	方差
实验室	0.113
FL 相互作用	0.031
试样（FRL）	0.191

表 7 单个试样比较的临界差（95%置信区间）

实验室内部	实验室之间
0.70	1.16

表 8 多试样比较的临界差（95%置信区间）

实验室内部	实验室之间
0.70	1.26

12. 注释

12.1 有关适合测试方法的设备信息，请登录 www.aatcc.org/bg，浏览在线 AATCC 用户指导，可见 AATCC 企业会员所提供的设备和材料清单。但 AATCC 未对其授权，或以任何方式批准、认可或证明清单上的任何设备或材料符合测试方法的要求。

12.2 建议的洗衣机和烘干机的型号和来源，可联系 AATCC 获取，地址：P.O.Box 12215，Research Triangle Park NC 27709；电话：+1.919.549.8141；传真：+1.919.549.8933；电子邮箱：ordering@aatcc.org；网址：www.aatcc.org。此方法的前一个版本描述了另一种参数（3.6kg 负载，83L 水位，80g AATCC 1993 标准参考洗涤剂），但是没有可满足此参数的设备。另外此参数得到的结果不等同于标准设备得到的结果。

12.3 可从 AATCC 获取，P.O.Box 12215，Research Triangle Park NC 27709；电话：+1.919.549.8141；传真：+1.919.549.8933；电子邮箱：ordering@aatcc.org。网址：www.aatcc.org。

12.4 如果在洗涤过程中试样出现过多的散边现象，应对其适当地剪切或缝合。如果洗后试样的边缘出现扭曲，那么在评级前也应对其进行修剪。

12.5 ASTM 标准可从 ASTM 获得，地址：100 Barr Harbor Dr.，West Conshohocken PA 19428；电话：+1.610.832.9500；传真：+1.610.832.9555。网址：www.astm.org。

12.6 此方法需要两个 2440mm（96 英寸）的灯管，用于观察水洗测试试样。如果空间有限，可以选择两个 1220mm（48 英寸）的灯管代替，和一个窄点的观察板。

12.7 此测试方法中的水洗温度和其他参数都是测试的标准条件。作为实验室的常用测试程序，它代表但不完全和目前消费者的实际情况一致。消费者的实际情况会随着时间和每个家庭有所不同。实验室操作必须一致，以便使结果具有可比性。如果水洗设备或其他条件不同于此方法，必须要描述细节和偏离。LP1 和 ISO 6330 概述了可选择的其他洗涤条件。

12.8 可从 ISO 网站获取，www.iso.org。

附录 A 评级区

A1 评级板

A1.1 胶合板，高度 1829mm（72 英寸），厚度 6mm（0.25 英寸），足够宽，可以容纳尺子和样品。

A1.2 板上喷涂与 2 级灰卡颜色一样的颜料（见 12.3）。CIELAB 的值大约为 $L^*=77$，$a^*=0$，$b^*=0$。每个参数可接受 2 个单位的允差。

A1.3 固定试样和样照的弹簧或其他装置需要保证试样中心离地面 1524mm（60 英寸）高。可以使用薄钢板 0.76mm（22ga）厚。

A2 光源

A2.1 悬挂荧光灯管（见 12.6）。

A2.1.1 2 个平行的 F96 T12 冷白灯（无挡板或玻璃）。

A2.1.2 一个白色搪瓷反光镜（无挡板或玻璃）。

A2.1.3 按照图 A1 固定。

A2.2 除去指定的荧光灯以外的所有光源。

A3 墙

A3.1 许多观察者的经验说明，靠近观察板的墙面颜色会影响评级结果。建议墙壁颜色为哑光黑（85 度角光泽度 5 以下）或在观察板的两侧安装遮光帘，以消除反射。

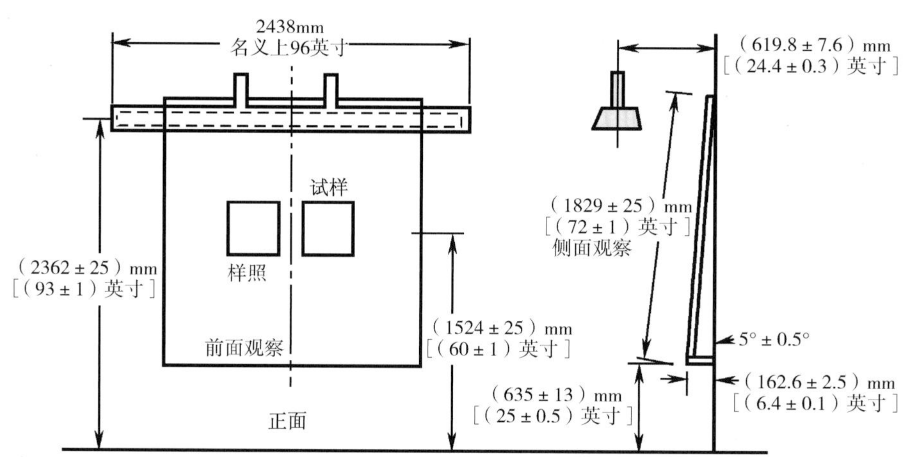

图 A1 接缝平整度评价区

AATCC TM88C-2018t

织物经家庭洗涤后的褶裥保持性

AATCC RA61 技术委员会于 1963 年制定；1975 年、1979 年、1987 年、1989 年（更换标题）、1992 年、1996 年、2003 年、2006 年、2010 年、2011 年、2014 年、2018 年 1 月（更换标题）、2018 年 11 月修订；1969 年、1973 年重新审定；1974 年、1985 年、1986 年、1991 年、1997 年、2004 年、2005 年、2008 年、2012 年、2018 年 6 月编辑修订；1984 年（更换标题）、2001 年编辑修订并重新审定。技术上等效于 ISO 7769。

前言

该测试方法及所涉及的立体褶裥保持性样照被用于经过耐久压烫的机织物的评价。尽管一些样品由于不同的织物结构呈现不同的物外观特征，但是使用此方法和样照来进行评价已成为行业惯例。

统一的标准洗涤程序可使结果具有可比较性。标准程序可代表，但不能完全复制目前的消费习惯，因为消费习惯会随时间和家庭变化。实验室程序 1（LP1），家庭洗涤：机洗（见 12.3），和 ISO 6330，纺织品试验时采用的家庭洗涤及干燥程序（见 12.8）提供了可选的洗涤程序和设备参数。

1. 目的和范围

1.1 本测试方法评价织物经家庭洗涤后褶裥保持性。一些洗涤和干燥程序提供了代表普通家庭护理的标准参数。

1.2 适用于任何可水洗的织物（机织物、针织物和非织造布）褶裥，都可按照该方法评价。

1.3 本测试方法未给出织物褶裥工艺。因为该方法主要评价由生产者提供的或已准备好的样品，而且织物本身也会影响褶裥工艺。

2. 原理

有褶裥的织物试样采用标准家庭洗涤方法洗涤后，在标准光源和观测区域内，与一套 AATCC 立体褶裥保持性标准样照比较，评价试样褶裥保持性。褶裥保持性等级（CR）从 1～5，1 代表最差的褶裥保持性，5 代表最好的褶裥保持性（褶裥较明显）。

3. 术语

3.1 陪洗织物：纺织品测试或处理过程中使用的，可以使织物的总重或总体积达到规定数量的材料。

3.2 褶裥保持性：试样与一套参考标准样照比较后，视觉得到的褶裥保持性。

3.3 耐久压烫：织物在使用时、洗涤或干洗后，可基本保持最初的形态、平展的缝线、压烫的折痕和平整的外观的特性。

3.4 等级：与样照对比，样品测试结果对应的等级。

3.5 洗涤：纺织材料的洗涤是使用水溶性洗涤剂溶液去除油污和/或污渍的过程，包括漂洗、脱水和干燥过程。

3.6 洗后折痕：洗涤或干燥试样上明显的折皱或杂乱无序的褶线。

注意：洗后折痕不是试样在洗衣机或烘干机内运动预期的结果。

4. 安全预防措施

本安全预防措施仅供参考。预防措施虽有助于测试，但并不包括所有可能发生的情况。方法使用者有责任在处理材料时采用安全和正确的技术。应查阅制造商提供的详尽信息，如材料的安全参数和其他制造商的建议，同时参照并遵守美国职业安全卫生管理局（OSHA）所有的标准和规定。

4.1 遵守良好的实验室规定，在实验室所有区域都应佩戴防护眼镜。

4.2 洗涤剂可能有刺激性，应注意防止其接触皮肤和眼睛。

4.3 需谨慎地处理所有化学品。

4.4 按照制造商的安全建议操作实验室测试仪器。

4.5 评价褶裥保持性时，泛光灯上的灯罩有助于因灯泡发热而预防烫伤。

5. 使用和限制条件

5.1 本测试方法仅用于评价织物经家庭洗涤后褶裥的保持性。

5.2 一般说来，相对剧烈的测试条件下，测试效果更好。目前使用的洗衣机和烘干机有专门的洗涤循环或特性，以保护织物的某些性能，如轻柔档并降低搅拌速度，可以保护轻薄织物的结构；耐久压烫循环并采用冷水漂洗、降低搅拌速度，可减少织物的褶皱。

5.3 有缝线织物上的印花和图案可能掩盖杂乱的情况，而评级程序根据试样的视觉外观，故包括其引起的影响效果。

5.4 褶裥样照是由机织物拍摄得到，不能完全复制其他织物（针织物，非织造布）。样照可以作为参考，代表不同的褶裥保持性水平。

5.5 小样品的测试有时可能产生褶皱和折痕（干燥折痕），但这种情况并不是使用中织物的外观特性。本方法的预防措施可减少发生干燥折痕的现象。

5.6 本测试方法的实验室间结果重现性与方法使用者双方协商采用的洗涤和干燥条件（见表1～4）有关。

6. 仪器和材料（见12.1）

6.1 温控蒸汽熨斗或普通熨斗。

6.2 标准洗衣机（见12.2，表1），用于机洗。

6.3 水洗盆，容积9.5L，用于手洗。

6.4 白毛巾，不计重量，需能容纳测试样，用于手洗。

6.5 标准滚筒干燥机（见12.2，表4），或滴干、平铺晾干或悬挂晾干的设备。

表1 标准洗衣机洗涤参数（见12.2，12.7）

项目		（1）标准档	（2）轻柔档	（3）耐久压烫档
水位［L（加仑）］		72±4（19±1）	72±4（19±1）	72±4（19±1）
搅拌速度（r/min）		86±2	27±2	86±2
洗涤时间（min）		16±1	8.5±1	12±1
脱水速度（r/min）		660±15	500±15	500±15
脱水时间（min）		5±1	5±1	5±1
洗涤温度［℃（℉）］①	Ⅱ低温	27±3（80±5）	27±3（80±5）	27±3（80±5）
	Ⅲ中温	41±3（105±5）	41±3（105±5）	41±3（105±5）
	Ⅳ高温	49±3（120±5）	49±3（120±5）	49±3（120±5）
	Ⅴ极高温	60±3（140±5）	60±3（140±5）	60±3（140±5）

① 根据美国能源部的要求，家用洗衣机多采用冷水洗涤。外部控制器可以用来调节仪器温度。

表 2 标准手洗和漂洗温度

分类	洗涤温度 [℃ (℉)]	漂洗温度 [℃ (℉)]
极低温	16 ±3 (60 ±5)	<18 (<65)
低温	27 ±3 (80 ±5)	<29 (<85)
中温	41 ±3 (105 ±5)	<29 (<85)
高温①	49 ±3 (120 ±5)	<29 (<85)

① 热水不是手洗或需要轻柔手洗试样的合适选择。

表 3 标准烘干程序

A	滚筒烘干
Ai	滚筒烘干 (标准)
Aii	滚筒烘干 (轻柔)
Aiii	滚筒烘干 (耐久压烫)
B	悬挂晾干
C	滴干
D	平铺晾干

表 4 标准滚筒式干燥机参数 (见 12.2)

项 目	Ai 标准	Aii 轻柔	Aiii 耐久压烫
最高排气温度 [℃ (℉)]	68 ±6 (155 ±10)	60 ±6 (140 ±10)	68 ±6 (155 ±10)
冷却时间 (min)	≤10	≤10	≤10

6.6 调湿设备或抽拉式带孔货架的调湿/干燥架 (见 12.3)。

6.7 天平，量程至少为 5kg 或 10 磅。

6.8 AATCC 1993 标准洗涤剂 (粉末状，含荧光增白剂，见 12.3)。

6.9 陪洗织物，1 型或 3 型 (见表 5)。

6.10 评级区，见附录 A 所述。

6.11 标准 AATCC 三维褶裥保持性评级样照，一套五张 (见图 1 和 12.3)。

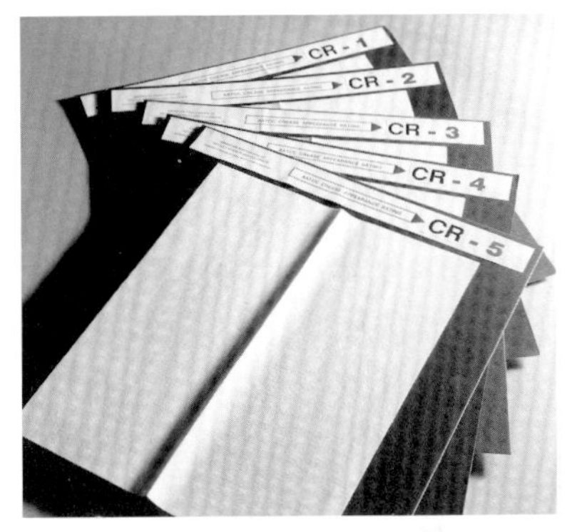

图 1 AATCC 三维褶裥保持性评级样照

表 5 陪洗布参数

项目		1 型	3 型
成分		100% 棉	(50% ±3%) 棉/(50% ±3%) 聚酯纤维
坯布纱线		环锭纺 36tex ×1 (16 英支/1)	环锭纺 36tex ×1 (16 英支/1) 或 19tex ×2 (30 英支/2)
坯布结构 (根/英寸)		(52 ±5) ×(48 ±5) 平纹	(52 ±5) ×(48 ±5) 平纹
整理后克重 (g/m^2)		155 ±10	155 ±10
边缘		四边缝合或包边	四边缝合或包边
整理后织物尺寸	mm	(920 ±30) ×(920 ±30)	(920 ±30) ×(920 ±30)
	英寸	(36.0 ±1) ×(36.0 ±1)	(36.0 ±1) ×(36.0 ±1)
整理后织物重量 (g)		130 ±10	130 ±10

7. 试样准备

平行于织物的长度方向和宽度方向，制备三块具有代表性的试样，尺寸为 380mm × 380mm（15 英寸 ×15 英寸）。如可能，每个试样含有不同的经纬纱，试样上应标记好长度方向。

7.1 若洗涤时试样出现散边现象，参见 12.4。

7.2 若织物有折皱，可在洗涤前适当地烫平，见 TM 133 耐热色牢度热压（见 12.3），表 1 安全熨烫温度指南。

7.3 沿着织物长度方向，通过每个样品的中间位置压一道折痕。

8. 洗涤程序

8.1 机洗。

8.1.1 从表 1 选择洗涤条件。推荐使用标准档。设置程序形成选定的循环参数。

8.1.2 水洗负载包括全部试样、足够的陪洗织物，总负载为 1.8 ±0.1kg（4.0 磅 ±0.2 磅）。对于关键评价和仲裁试验，每次洗涤应限定试样数量且试样取自同一样品。

8.1.3 开始选择水洗循环，允许仪器加水至指定的水位。

按照洗衣机制造商的说明，加入 66g ±1g 的 AATCC1993 标准洗涤剂。如果洗涤剂直接加入到水中，应当轻微搅拌，使其全部溶解，在加负载之前停止搅拌。

8.1.4 加入负载（试样和陪洗织物），均匀分散在搅拌器四周，开始水洗循环。

8.1.5 需要滴干的试样（干燥程序 C），在最后一次漂洗后，开始排水之前停止水洗循环。取出浸湿的试样。对于需要滚筒烘干（A），悬挂晾干（B），或平铺晾干（C）的试样，允许继续洗涤直到最后一次洗涤循环结束。

8.1.6 在每次水洗循环结束后，将绞在一起的试样和陪洗织物分开，切忌使试样发生扭曲变形。

8.1.7 洗涤折痕。洗后试样可能有褶皱，干燥前应用手去除。

8.1.8 选择合适的干燥程序。

8.2 手洗。

8.2.1 从表 2 中选择水洗温度。在水洗盆内加入 7.6L ±1.9L（2.0 加仑 ±0.5 加仑）此温度的水。

8.2.2 向水洗盆内加入 20g ± 1g 的 AATCC1993 标准参考洗涤剂。

8.2.3 用手搅拌使洗涤剂溶解。

8.2.4 加入试样，轻轻挤压试样使其分散在洗涤剂溶液中，不要扭或拧。

8.2.5 让试样浸泡 2min。

8.2.6 轻轻挤压试样 1min，不要扭或拧。

8.2.7 重复浸泡 2min，挤压 1min。

8.2.8 从水洗盆中取出试样，轻轻挤压去除多余的洗涤剂，不要扭或拧。

8.2.9 将试样放置于干净的毛巾上。清洗水洗盆。

8.2.10 在选定的漂洗温度下（见表 2），向水洗盆中加入 7.6L ±1.9L（2.0 加仑 ±0.5 加仑）的干净水。

8.2.11 从毛巾上取下试样，放入漂洗水中，轻轻挤压使其分散，不要扭或拧。

8.2.12 让试样浸泡 2min 。

8.2.13 轻轻挤压试样 1min，不要扭或拧。

8.2.14 重复浸泡 2min，挤压 1min。

8.2.15 将试样从水洗盆中取出，轻轻挤压去除多余的水分，不要扭或拧。

8.2.16 用干净的白毛巾，吸掉试样上的水分，不要扭或拧。

8.2.17 进行合适的干燥程序。

8.3 干燥。

8.3.1 从表 3 选择干燥条件。

8.3.2 （A）滚筒烘干。将洗涤负荷（试样与陪洗织物）放入滚筒烘干机中，设置温度达到选定的排气温度（见表4）。启动烘干机，直到试样和陪洗织物烘干。烘干机停止后，立即取出试样。

8.3.3 （B）悬挂晾干。悬挂晾干时固定试样的两角，织物的长度方向与水平面垂直，悬挂在室温不超过26℃（78℉）的静止空气中至干燥。不要直接对着试样吹风，以防止试样发生扭曲。

8.3.4 （C）滴干。滴干时固定滴水试样的两角，织物的长度方向与水平面垂直，悬挂在室温不超过26℃（78℉）的静止空气中至干燥。不要直接对着试样吹风，以防止试样发生扭曲。

8.3.5 （D）平铺晾干。试样在水平的网架或打孔架上摊平，去除褶皱，但不要扭曲或拉伸试样，放在室温不超过26℃（78℉）的静止空气中至干燥。不要直接对着试样吹风，以防止试样发生扭曲。

8.3.6 对于所有的干燥方式，允许试样在再次洗涤之前完全干燥。

8.3.7 洗后折痕。除最后一次干燥循环外，试样在任何一次的干燥循环后出现了折痕或褶皱，应在下一次洗涤和干燥循环前，浸湿试样，以适合的温度手工烫平（见7.1.2）。若是最后一次干燥循环，则不可用此方式去除试样的折痕或褶皱。

8.3.8 重复选定的洗涤和干燥程序，总共进行5次循环或按协议要求的循环次数。

8.4 调湿。

最后一次干燥完成后，按ASTM D1776《纺织品调湿和测试标准方法》（见12.5）调湿试样。（按照表1选择织物调湿条件。按照表2，根据纤维含量选择调湿时间），将每个测试试样分别平铺于筛网或带孔的调湿/干燥架上。

9. 评级

9.1 每块试样经三名有经验的观测者独立地评级。

9.2 所有的评级应在专门的观测区进行（见附录A），唯一光源是观测板上悬挂的荧光灯，房间中其他的光源都应关闭。

9.3 观测者站在试样的正前方，距离观测板（见图A2）1219mm ± 25mm（48英寸 ± 1英寸），观测高度在1524mm（60英寸）左右对评级结果无明显影响。

9.4 将试样放在评级板上，褶裥与水平面垂直。为方便评级，将最接近的三维褶裥保持性样照（CR）放在试样的旁边。1、3、5级评级样照放在试样的左边，2、4级评级样照放在试样的右边。

9.5 评级时应关注缝线影响的区域，忽略周围织物的外观。褶裥样照是由机织物拍摄得到，不能完全复制其他织物（针织物，非织造布）。样照可以作为参考，代表不同的褶裥保持性水平。

9.6 指出与试样的缝线外观最接近的标准评级样照的数字级数。

9.7 每种织物的9个观测结果的平均值（三个测试试样，每个测试试样三个评级结果）。平均值精确到0.1级。该平均值即是本测试方法的测试结果。

10. 报告

10.1 报告每个样品的测试结果。

10.1.1 样品的描述或识别。

10.1.2 报告评级是按照AATCC TM88C-2018t进行的。

10.1.3 测试样数量。

10.1.4 陪洗织物类型，1型或3型。

10.1.5 洗涤循环次数（默认为5个循环）。

10.1.6 如果可能，报告洗涤的条件，包括循环模式、水洗温度、干燥程序和滚筒烘干温度。如果各方都了解的话，可以使用数字描述这些条件，例如1-Ⅳ-A（ii）表示标准档，49℃，滚筒烘干。

10.1.7 观察者人数。

10.1.8 任何测试的偏离。

11. 精确度和偏差

11.1 实验室间研究。1992 年进行褶裥保持性试验。试验条件为机洗，41℃，滚筒烘干，标准/厚重棉织物档，6 家实验室提供褶裥保持性的评级数据。每个实验室的三个评级人员独立地评定三块试样，按要求将九个评级结果平均得出评级结果。

11.1.1 参加的实验室被认为是在统计学控制下进行的该试验，但未经确认。

11.1.2 RA61 委员会直接用方差技术分析，没有修正评级样照的不连续性。

11.1.3 由于研究中的差异非常大，尤其是剩余方差，因此方法的使用者在开始试验前要注意查找差异可能的来源。

11.1.4 在 RA61 委员会的文件中还保留着该分析文件，可以作为参考。

11.2 精确度。

11.2.1 表 6 中给出方差要素，表 7 和表 8 中分别给出单个试样和多个试样比较的临界差。

11.2.2 如果实验室间比较单个试样，见表 7 中的临界差。

11.2.3 如果实验室间比较多个试样，见表 8 中的临界差。

11.2.4 若两个实验室在统计控制中，且以相当的水平操作，临界差的数值可能小于表中给出的数值，可通过比较得出数据。

11.3 偏差。褶裥保持性的数值仅在该测试方法中定义，没有独立的方法确定其真值。本测试方法没有已知的偏差。

表 6 方差要素

要素	方差
实验室	0.0855
FL 相互作用	0.2049
试样（FRL）	0.6304

表 7 单个试样比较的临界差（95%置信区间）

实验室内部	实验室之间
1.37	1.59

表 8 多试样比较的临界差（95%置信区间）

实验室内部	实验室之间
1.37	2.03

12. 注释

12.1 有关适合测试方法的设备信息，浏览在线 AATCC 用户指导，可见 AATCC 企业会员所提供的设备和材料清单。但 AATCC 未对其授权，或以任何方式批准、认可或证明清单上的任何设备或材料符合测试方法的要求。

12.2 建议的洗衣机和烘干机的型号和来源，可联系 AATCC 获取，地址：P. O. Box 12215，Research Triangle Park NC 27709；电话：+1.919.549.8141；传真：+1.919.549.8933；电子邮箱：ordering@aatcc.org；网址：www.aatcc.org。此方法的前一个版本描述了另一种参数（3.6kg 负载、83 L 水位、80g AATCC1993 标准参考洗涤剂），但是没有可满足此参数的设备，另外，此参数得到的结果不等同于标准设备得到的结果。

12.3 可从 AATCC 获取，地址：P. O. Box 12215，Research Triangle Park NC 27709；电话：+1.919.549.8141；传真：+1.919.549.8933；电子邮箱：ordering@aatcc.org；网址：www.aatcc.org。

12.4 如果在洗涤过程中试样出现过多的散边现象，应对其适当地剪切或缝合。如果洗后试样的边缘出现扭曲，那么在评级前也应对其进行修剪。

12.5 ASTM 标准可以从 ASTM 获得，100 Barr Harbor Dr.，West Conshohocken PA 19428；电话：+1.610.832.9500；传真：+1.610.832.9555。网址：www.astm.org。

12.6 此方法需要两个 2440mm（96 英寸）的灯管，用于观察水洗测试试样。如果空间有限，可以选择两个1220mm（48英寸）的灯管代替，和一个窄点的观察板。

12.7 此测试方法中的水洗温度和其他参数都是测试的标准条件。作为实验室的常用测试程序，它代表但不完全和目前消费者的实际情况一致。消费者的实际情况会随着时间和每个家庭有所不同。实验室操作必须一致，以便使结果具有可比性。如果水洗设备或其他条件不同于此方法，必须要描述细节和偏离。LP1和ISO 6330概述了可选择的其他洗涤条件。

12.8 可从ISO网站获取，www.iso.org。

附录A 评级区

A1 评级板

A1.1 胶合板，高度1892mm（72英寸），厚度6mm（0.25英寸），足够宽，可以容纳尺子和样品。

A1.2 板上喷涂与2级灰卡颜色一样的颜料（见12.3）。CIELAB的值大约为$L^*=77$，$a^*=0$，$b^*=0$。每个参数可接受2个单位的允差。

A1.3 固定试样和样照的弹簧或其他装置需要保证试样中心离地面1524mm（60英寸）高，可以使用0.76mm厚（22ga）的薄钢板固定。

A2 光源

A2.1 悬挂荧光灯管（见12.6）。

A2.1.1 2个平行的F96 T12冷白灯（无挡板或玻璃）。

A2.1.2 一个白色搪瓷反光镜（无挡板或玻璃）。

A2.1.3 按照图A1固定。

A2.2 白炽泛光灯，500W，120V，C9长丝，90°泛光灯。

A2.2.1 254mm（10英寸）铝反射器，和泛光灯一起使用。

A2.2.2 遮光罩。

A2.2.3 位置见图A2所示。

A2.3 消除除荧光灯和泛光灯外的其他光源。

A3 墙面

A3.1 许多观察者的经验说明，靠近观察板的墙面颜色会影响评级结果。建议墙壁颜色为哑光黑（85度角光泽度5以下）或在观察板地两侧安装遮光帘，以消除反射。

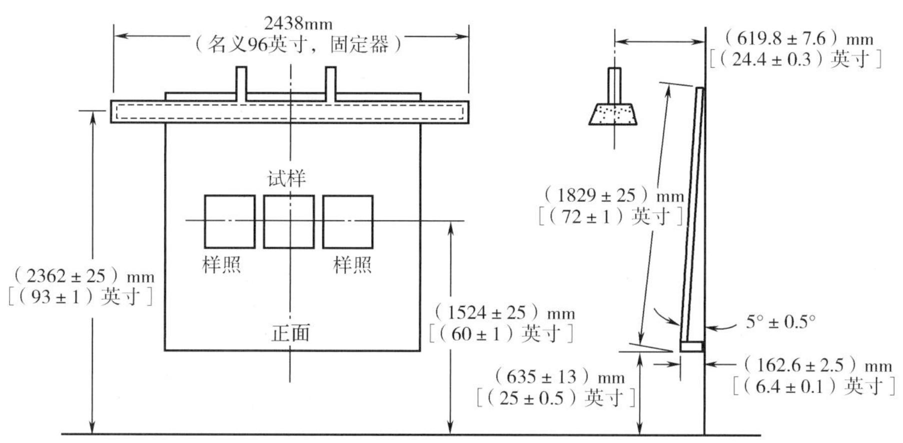

图A1 褶裥保持性的观测区域

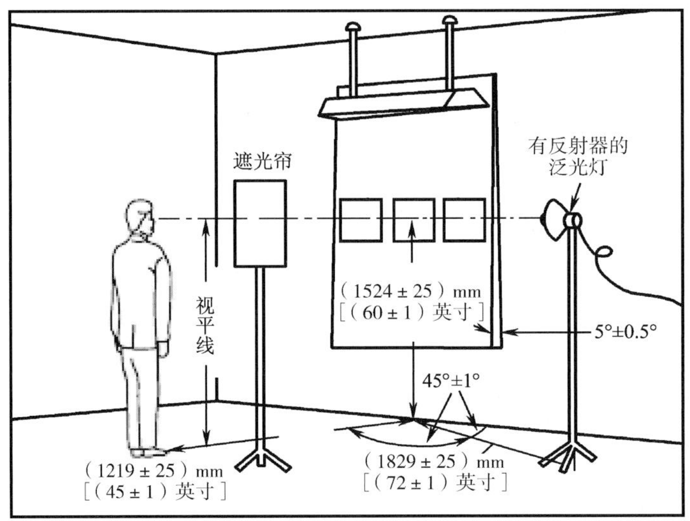

图 A2 褶裥保持性光源及观测位置

AATCC TM89-2019

棉丝光评价

1. 目的和范围

本测试方法用来确定染色或未染色的棉纱或棉织物的丝光程度。此外，本方法指出了棉和丝光浴之间反应的完全程度。

2. 原理

2.1 煮练后的待测棉织品和未丝光的棉织品分别浸入氢氧化钡溶液中一定时间，然后用盐酸滴定各等分试样所浸泡的氢氧化钡溶液。

2.2 丝光后试样吸取的氢氧化钡量与未丝光标准棉样吸取的氢氧化钡量的比值，再乘以100，即为钡值。

3. 术语

丝光工艺：天然纤维素纤维在强碱中溶胀，使其物理性质和外观产生不可逆转变的过程。

4. 安全和预防措施

本安全预防措施仅供参考。本部分有助于测试，但未指出所有可能的安全问题。在本测试方法中，使用者在处理材料时有责任采用安全和适当的技术；务必向制造商咨询有关材料的详尽信息，如材料的安全参数和其他制造商的建议；务必向美国职业安全卫生管理局（OSHA）咨询并遵守其所有标准和规定。

4.1 遵守良好的实验室规定，在所有的试验区域应佩戴防护眼镜。

4.2 所有化学物品应当谨慎使用和处理。

4.3 在配制和混合氢氧化钡、碳酸钠、盐酸溶液时，要戴化学护目镜或面罩，以及防渗透手套和防渗透围裙。浓酸的操作只能在足够通风的通风柜中进行。

注意：总是将酸加入水中。

4.4 石油溶液是可燃易燃溶液，其危险性取决于使用的溶液及其危险性。乙醇和甲醇也是易燃性液体。实验室中，易燃性液体应存储在一个小的容器内且远离热源、明火与火星。这些化学药品均不应在明火附近使用。

4.4.1 回流操作应在一个足够通风的通风柜中进行，使用电子加热罩或者水槽作为热源。

4.4.2 在处理有机原液时，要戴化学护目镜或面罩，以及防渗透手套和防渗透围裙。

4.5 在附近安装洗眼器、安全喷淋装置、有机蒸气呼吸器及自动供气式呼吸保护器以备急用。

4.6 本测试法中，人体与化学物质的接触限度不得高于官方的限定值［例如，美国职业安全卫生管理局（OSHA）允许的暴露极限值（PEL），参见1989年1月1日实施的29 CFR 1910.1000］。此外，美国政府工业卫生师协会（ACGIH）的阈限值（TLVs）由时间加权平均数（TLV－TWA）、短期暴露极限（TLV－STEL）和最高极限（TLV－C）组成，建议将其作为人体在空气污染物中暴露的基本准则并遵守（见13.7）。

5. 使用和限制条件

5.1 本测试方法不适用于经耐久性整理或非全棉的纱线或织物。

5.2 近红外光谱法有可能替代滴定法。近红外技术具有测试周期短的优点（相比于几天，近红外可在几分钟内测出结果），并且是非破坏性的。但是，首先要建立近红外谱库才可以有效预测钡值。谱库必须包含大量已知的样本，以及这些样本的钡值。通常，这些已知量来自于织物滴定的结果。

6. 仪器

6.1 滴定管（以自动滴定管为佳，见 13.4）。

6.2 带冷凝管的锥形瓶。

6.3 带玻璃塞的锥形瓶，250mL。

6.4 锥形瓶，125mL。

6.5 试剂瓶，250~500mL。

6.6 烧杯，1500mL。

6.7 移液管，10mL。

6.8 烘箱。

7. 试剂和材料

7.1 盐酸标准溶液，约 0.1mol/L。

7.2 氢氧化钡溶液，0.125mol/L（0.25N）。

7.3 酚酞试剂。

7.4 石油溶剂，沸点 30~60℃（86~140℉）。

7.5 酒精，95% 乙醇溶液或无水甲醇。

7.6 酶，可溶性淀粉。

7.7 皂粉，中性，颗粒状（见 13.2）。

7.8 蒸馏水。

7.9 棉纱，未经丝光，用于对比试验（标准棉）（见 13.3）。

7.10 棉织物，未经丝光，用于对比试验（AATCC 摩擦布）（见 13.4）。

8. 试样准备

分别称取每个样品和未丝光标准品至少 5g，按照规定方法煮练后再各称取 2g 试样，然后放入干净、干燥的带玻璃塞的锥形瓶中。

9. 操作程序

9.1 煮练。煮练目的是去除杂质，尽可能剩下纯粹的棉纤维素，同时不使其发生化学变化。

9.1.1 待测样品（每个至少 5g）与未丝光标准样一起，连续经石油溶剂［沸点 30~60℃（86~140℉）］、乙醇（95% USP 乙醇、No. 30 专用工业酒精、95% 或无水甲醇均可适用）、蒸馏水各萃取 1h（见 13.4）。

9.1.2 用以下三个萃取步骤，去除淀粉：

9.1.3 将样品浸没在含有 3% 的商业用水溶性淀粉麦芽糖酶的蒸馏水溶液中，加热至 60℃ ±5℃（140℉ ±9℉），保持此温度 1h，倒掉酶溶液，漂洗后按以下步骤煮练。

9.1.4 将样品一起放入 1L 含有 10g 中性皂粉与 2g 纯碱的溶液中煮 1h。反复用温水清洗试样，至不含肥皂和没有碱性为止，也就是用酚酞测试呈中性，挤干水分。将待测试样和标准未丝光棉放入烘箱中，在 100℃（212℉）条件下直至彻底烘干。然后将试样在室温下剪成碎块［约边长 3mm（0.125 英寸）的方块］，以备称重。

9.2 测试。从每个测试样品中准备两块相同的试样。称取煮练后的样品和煮练后的标准样各 2g，放入干燥的带有瓶塞（推荐使用磨砂玻璃瓶塞）的 250mL 的锥形烧瓶中，将 30mL 0.125mol/L 氢氧化钡溶液（见 13.5）分别加到含有试样的锥形瓶中和两个空的锥形瓶中（作空白试验用），立即塞紧瓶塞，放在 20~25℃（68~77℉）（室温）水浴中至少 2h，并不时振荡。2h 后，从每个锥形瓶中移取 10mL 溶液（见 13.6），包括空白试验液，分别用 0.1mol/L 的盐酸溶液滴定，以酚酞作指示剂。

10. 计算

10.1 用滴定所用的毫升数计算出丝光试样吸收的氢氧化钡量与未丝光棉标样吸收的氢氧化钡量的比值，乘以 100 即为钡值。

例如：10mL 氢氧化钡空白试验液需用 24.30mL 0.1mol/L 的盐酸溶液滴定，10mL 待测棉样中的氢氧化钡需用 19.58mL 0.1mol/L 的盐酸溶液滴定，未经丝光棉（标样）中的 10mL 氢氧化钡用21.20mL 0.1mol/L 的盐酸溶液滴定。所以，待测样品的丝光钡值计算如下：

$$\frac{24.30-19.58}{24.30-21.20}\times 100=152$$

10.2 计算相同两个试样的丝光钡值，并在报告中分别报出。两次试验结果不应离散4个单位以上。为了核查结果，滴定毫升数应估计在0.1mL范围内，熟练的操作者应估计在0.05mL以内。若两次结果间差异在4个单位以上，则表明该次测试结果不精确（见表1）。

表1 钡值：丝光织物实验室间试验结果

织物	实验室A	实验室B	实验室C①	实验室C②	实验室C③
80×80－35°Tw	118	118	117	120	114
80×80－55°Tw	130	131	128	132	125
108×58－55°Tw	141	145	143	143	140
136×64－55°Tw	122	123	123	122	120
88×50－55°Tw	139	140	136	140	133

① 实验室C煮练的织物，未丝光织物80×80作为标准。
② 实验室A煮练的织物，未丝光织物80×80作为标准。
③ 实验室C煮练的织物，40/2精梳丝光纱线作为标准。

11. 解释

钡值在100~105范围内，表示没有丝光处理。钡值在150以上表示棉织物与丝光浴充分完全地反应。钡值为中间值（105~150）表示反应不完全或者使用的是较弱的丝光浴。

12. 精确度与偏差

12.1 精确度。本试验方法的精确度还未确立，在其产生之前，采用标准的统计方法，比较实验室内或实验室间的试验结果的平均值。

12.2 偏差。棉织物丝光只能根据某一实验方法予以定义。没有单独的方法用以确定其真值。本方法作为预测这一性质的手段，没有已知偏差。

13. 注释

13.1 配制氢氧化钡试剂时，加入稍多于氢氧化钡剂量的蒸馏水，并轻微摇动，配好的溶液在有瓶塞的瓶中放置一晚上，然后用虹吸管将澄清的溶液吸到一个干净的储藏瓶中。

13.2 中性颗粒状肥皂不再能从AATCC获得，实验室试验表明，BS EN 20105 C10：2006中规定的肥皂可以作为替代品。

游离碱（分子式为Na_2CO_3）：最高0.3%。

游离碱（分子式为NaOH）：最高0.1%。

总脂肪含量：最低85.0%。

肥皂中混合脂肪酸的效价：最高30℃。

碘吸附值：最高50。

含水率：5.0%。

不含荧光增白剂。

13.3 用于德雷夫斯浸润效果试验的未丝光的标准棉束（40/2合股），特别符合要求。

13.4 AATCC摩擦布作为对照的未经丝光棉织物是必要的，其规格应当满足AATCC TM8耐摩擦色牢度：摩擦测试仪法的注释规定。

13.5 如果已知试样不含整理剂或浆料，煮练程序可从皂粉和纯碱处理开始。如果一个样品需要溶剂萃取或用酶处理，那么所有的试样包括标准棉样都应一起经过完整的煮练程序处理，以确保一组样品的最终状态是一样的。

13.6 将氢氧化钡溶液加到试样中时，使用自动滴定管最方便。空气出口必须配置一个装有碱石灰的吸管，用来除去二氧化碳。二氧化碳不能进入任何使用的滴定管中，因为形成的碳酸钡不仅会影响试剂浓度，而且还会产生薄膜影响滴定管读数。滴管底部配一个大小合适的软木塞，以便在将氢氧化钡溶液加到250mL装有试样的锥形瓶时，用其锁定此位置，这样在滴定时，不会暴露在空气中。氢氧化钡溶液应覆盖试样，如有必要倾斜锥形瓶以便溶液可以盖过试样。

13.7 当达到平衡时，为了移取10mL氢氧化钡溶液，使用 10mL 的移液管。在整个测定中使用相同的移液管、滴定管等，并且在每一测试中移液管排空和吸液时使用相同的方法。在滴定 10mL 氢氧化钡溶液中，盐酸滴管应配用软木塞，能够将 125mL 的锥形瓶连接在上面，从而排除因碱溶液吸收二氧化碳造成滴定误差。从装有试样的锥形瓶中移取 10mL 整数值的氢氧化钡溶液时，操作者应用移液管末端向瓶壁挤压棉样，压出多余的液体。用这种方式，大量的溶液均被吸到移液管中。

13.8 可从出版单位获取：ACGIH，Kemper Woods Center，1330 Kemper Meadow Dr，Cincinnati OH 45240；电话：+1.513.742.2020；网址：www.acgih.org。

14. 历史

14.1 2019 年的修订中，增加了未经丝光的对照织物，可替代对照纱线。

14.2 2017 年修订，2012 年编辑修订和重新审定，2010 年、2009 年编辑修订，2008 年编辑修订和重新审定，2003 年、1998 年重新审定，1994 年编辑修订和重新审定，1992 年、1990 年、1988 年、1986 年编辑修订，1985 年编辑修订和重新审定，1984 年编辑修订，1980 年、1977 年重新审定，1974 年编辑修订和重新审定。

14.3 AATCC RR66 技术委员会于 1958 年制定，2009 年权限移交至 RA 34 技术委员会。

AATCC TM90-2011 (2016) e

纺织材料抗菌性能的试验方法：琼脂平皿法

AATCC RA31 技术委员会于 1958 年制定；1962 年、1965 年、2010 年修订；1970 年、1974 年、1977 年、1982 年、2016 年重新审定；1971 年、1972 年、1974 年、1982 年、1985 年、1986 年、2019 年（更改标题）编辑修订；1989 年删除；2011 年重启/修订。

前言

琼脂平皿法是一种定性方法，用于测定经整理的纺织品中可扩散的抗菌剂的抗菌性能。本方法采用了 Rehule 和 Brewer（见 12.1）描述的测试方法。该方法于 1958 年被 AATCC 最初采用作为暂行方法。RA31 委员会于 1962 年对其进行了修订，明确了该方法的目的和使用范围。因 AATCC TM147《纺织材料抗菌活性测试方法：平行条纹法》改写时引用了该方法，1989 年停止了该方法的使用，并从技术手册中删除。2011 年，RA31 委员会更新并重启了该标准，在一定程度上是因为 ASTM E1115 评价外科擦手剂配方标准测试方法引用了该测试方法，并且琼脂平皿法适用于测试外形不规则的样品、絮状物、纤维填充物等。该方法通过抗菌剂在琼脂中的扩散反映抑菌性能。融化的琼脂培养基用试验菌种接种，根据待测试样的形态，冷却至半固体或固体，然后使试样与琼脂表面紧密接触。琼脂平皿法的优点在于非埋覆的试样可以取出后检查与琼脂表面接触区域的抑菌情况，不用担心细菌与试样时一起取出。

1. 目的和范围

本标准旨在测定经抗菌剂整理，能产生抑菌区的产品的抑菌性能。一些样品表面不平整，因此，该方法在测试外形不规则和表面不平整的试样方面具有优势。试样在琼脂凝固前埋覆到琼脂中，使其可以与接种的培养基紧密接触。

2. 原理

将测试材料的试样，包括相应的未经抗菌整理的同样材料的控制样（如果有），紧贴在预先用测试菌种接种的琼脂培养基上。经过培养，试样下以及周围的无菌区表明试样的抑菌性。测试材料对使用的标准菌株有规定。如果对菌株无其他要求，金黄色葡萄球菌和肺炎杆菌可以分别作为革兰氏阳性菌和革兰氏阴性菌的代表。也可使用其他推荐的菌种。

3. 术语

3.1 活性：抗菌整理剂效果的度量。

3.2 抗菌剂：纺织品中，任何能够杀死细菌（杀菌剂）或抑制细菌活性、生长、繁殖（抑菌剂）的化学物质。

3.3 抑菌区：与琼脂培养基表面直接接触的试样附近，无法接种在培养基表面的微生物生长的区域。

注意：抑菌区是由于试样上抗菌剂的扩散所造成。

4. 安全和预防措施

本安全和预防措施仅供参考。本部分有助于测试，但未指出所有可能的安全问题。在本测试方法

究所保藏中心，DSM 为德国微生物和细胞培养物保藏中心，NBRC 为日本技术评价研究所生物资源中心，NCIMB 为英国国家工业微生物菌保藏中心。经由利益相关方商议，可选用世界培养物保藏联合会（WFCC）的同等菌种。试验使用的菌种应有溯源文件。

12.5 为确保测试的一致性和准确性，需保证储藏的测试用培养物纯净、无污染和突变。在接种和转种过程中应采用良好的无菌技术，避免污染；严格坚持每月对保藏培养物转种，防止突变；定期对平板画线，观察具有典型特征的单个菌落，检查菌种的纯度。

AATCC TM92-2019

残留氯强力损失：单试样法

1. 目的和范围

1.1 本测试法是测定残留氯可能引起损伤程度的快速方法。

1.2 本测试方法适用于棉和黏胶织物，也可用于那些不仅仅由于热量而导致破坏的任何织物（见11.1）。织物必须可用于拉伸强力的测试（典型的是机织物）。

2. 原理

织物在次氯酸钠溶液中处理后漂洗、干燥，并在热金属板间进行压烫。残留氯的破坏作用按压烫前后拉伸强力的差异计算。

3. 术语

残留氯：经含氯漂白的纺织品经洗涤和干燥后残留在材料中的有效氯。

4. 安全和预防措施

本安全和预防措施仅供参考。预防措施虽有助于测试，但并没有包括所有可能发生的情况。方法使用者有责任在处理材料时采用安全和正确的技术。查阅制造商提供的详尽信息，如材料的安全参数和其他制造商的建议，同时参照并遵守美国职业安全卫生管理局（OSHA）所有的标准和规定。

4.1 遵守良好的实验室规定，在试验所有的区域应佩戴防护眼镜。

4.2 按照制造商提供的安全建议操作实验室测试仪器。

4.3 谨慎地使用和处理所有的化学品。因为这些化学品有腐蚀性，故在处理碳酸钠溶液和次氯酸钠漂白溶液时，应配戴防护眼镜或面罩、防渗橡胶手套和防渗工作围裙进行操作。

4.4 在附近安装洗眼器、安全喷淋装置以备急用。

4.5 本测试法中，人体与化学物质的接触限度不得高于官方的限定值［例如，美国职业安全卫生管理局（OSHA）允许的暴露极限值（PEL），参见1989年1月1日实施的29 CFR 1910.1000］。此外，美国政府工业卫生师协会（ACGIH）的阈限值（TLVs）由时间加权平均数（TLV－TWA）、短期暴露极限（TLV－STEL）和最高极限（TLV－C）组成，建议将其作为人体在空气污染物中暴露的基本准则并遵守（见10.1）。

5. 仪器和试剂（见11.3）

5.1 烧杯，800mL。

5.2 pH计（见11.4）。

5.3 恒温水浴锅（也可选用其他可控制温度的合适手段）。

5.4 绞干机，实验室用或家用。

5.5 加热仪。在一定温度下与试样表面紧密接触，使试样均匀受热。试样受到的压力为8.8g/cm^2（见图1和11.5）。

5.6 拉伸强力测试仪。

5.7 次氯酸钠储备溶液，有效氯约为5%。

5.8 蒸馏水。

6. 试样准备

通常只测试经向的拉伸强力。试样经向尺寸约为35.6cm（14英寸），纬向尺寸约为20.3cm（8英寸）。如果需要测试纬向试样，试样纬向尺寸约

图1　加热仪

为35.6cm（14英寸），经向尺寸约为20.3cm（8英寸）。试样经氯化后裁取。

7. 试剂制备

7.1　预润湿和漂洗溶液。测定蒸馏水的pH，若pH超出了6～7，需在测试结果中报告实际的pH（见11.6）。

7.2　氯化溶液。按如下步骤制备有效氯含量为0.25%的溶液，pH为9.5±0.1的氯化溶液。

7.2.1　测定次氯酸钠储备溶液中的有效氯（Cl）含量（见11.7）。

7.2.2　计算配制1L有效氯含量为0.25%的溶液所需要储备液的质量，公式如下：

$$m = \frac{1000 \times 0.25}{w(\mathrm{Cl})}$$

式中：m——所需储备液的质量，g；

w（Cl）——测定的有效氯百分含量，%。

7.2.3　将所需量的储备液加入到900mL蒸馏水中，用碳酸钠或碳酸氢钠提高或降低pH，然后加入蒸馏水至1L，最后再测定pH。

8. 操作程序

8.1　由于许多因素如pH、浓度和时间都会较大地影响残留氯引起的损伤程度，因此严格按照试验条件进行操作是非常重要的。如果在试验过程中存在不可避免的偏差，为了相应地评价试验结果，则应报告该偏差。作为一种检查试验程序的方式，建议同时测试一块已知残留氯特性的棉织物。

8.2　氯化步骤。

8.2.1　预润湿浴。将一定体积的蒸馏水加入容量800mL的烧杯中，试样与水的浴比为50∶1，将试样在71℃±3℃（160℉±5℉）条件下浸泡3min，并不断搅拌。从水浴中取出试样，在室温条件下将其干燥和冷却。

8.2.2　氯化浴。将试样转移至装有氯化液、容量800mL的烧杯中（浴比为50∶1），溶液的温度保持在25℃±1℃（77℉±2℉）。氯化15min过程中用玻璃搅拌棒轻轻搅拌。15min后取出试样，立即开始脱液，并将其放入绞干机，尽可能除去残余溶液。注意要使试样保持平整，避免起皱。用蒸馏水漂洗设备以除去氯化液，避免在随后的漂洗过程中污染试样。

8.2.3　漂洗。将试样浸入盛有蒸馏水、容量800mL的烧杯中（浴比为50∶1），在温度为21～32℃（70～90℉）条件下浸泡2min，并不断轻轻地搅动。从水浴中取出试样，立即脱液，然后放入绞干机（同上一步），在操作过程中，要采取前面提到的预防措施。

8.2.4　漂洗程序至少再重复五遍，总共漂洗六遍。为了使结果更精确，应将所有的试样分开漂洗，避免污染。

8.2.5　干燥。试样自然晾干。将试样挂在一根绳上或平放在没有腐蚀性的架子上晾干，此过程中要远离热源，直到试样干燥（不要挤压）。立即将试样移至温度为21℃±2℃（70℉±4℉）、相对湿度为65%±5%的大气条件下进行熨烫试验和拉伸强力测试。

8.3　熨烫程序。

8.3.1　小心地沿着经向剪取五块尺寸约为35.6cm×3.2cm（14.0英寸×1.25英寸）的条形试样。按ASTM D5035《纺织品断裂强力和伸长率的测试方法（条样法）》（见10.7）将试样条精确地拆至2.54cm（1.0英寸），然后将35.6cm（14英寸）的长边拆至30.5cm（12英寸）。将五块2.54cm×30.5cm（1英寸×12英寸）试样剪断，分成两组（取自同一组经纱）2.54cm×15.2cm（1英寸×6英寸）的条形试样。将两组试样分开，一组用于熨烫试验，另一组用作对照样。调湿时间不少于4h，但不超过24h。

8.3.2 预热试验仪，使加热板的温度保持在185℃±1℃（365℉±2℉）。如果需要，可以将仪器放在封闭箱内，避免空气流动。确保两块加热板干净，调节灵活（即在所有点均匀接触）。将一组中的每块2.54cm×15.2cm（1英寸×6英寸）的试样放在加热仪上（每次一条），拆边条样的长度方向与加热板的长度方向垂直，加热拆纱条形试样的中间（见图1和图2）。压烫时间为30s。试验过程中要时常检查温度计的读数。测试拉伸强力前，试样调湿至少16h。

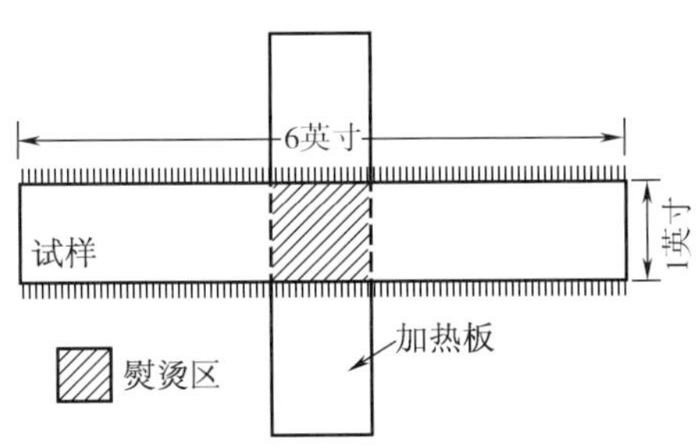

图2 样品在加热板上

8.4 拉伸强力。测试熨烫试验后和未经熨烫试验的试样的拉伸强力，并记录单值，计算出每组试样的平均拉伸强力值。

9. 残留氯损计算

计算公式如下：

$$\text{由残留氯引起的拉伸强力损失百分率} = \frac{T_c - T_{cs}}{T_c} \times 100\%$$

式中：T_c——经氯处理后，未经熨烫试验试样的平均拉伸强力值；

T_{cs}——经氯处理后，经熨烫试验试样的平均拉伸强力值。

10. 精确度和偏差

10.1 精确度。本测试方法的精确度还未确定。在得出精确度之前，应采用标准的统计方法，比较实验室内部或实验室之间的测试结果并取得平均值。

10.2 偏差。残留氯强力损失单试样法只能根据某一测试方法的确定，没有单独的方法来确定其真值。本方法作为评价该性能的一种方法，因此没有已知偏差。

11. 注释

11.1 如果织物或整理剂仅因加热受到损伤，那么用蒸馏水作为对照样测试其耐热性，即整个试验用蒸馏水替代次氯酸盐溶液。

仅由加热引起的强力损失，用以下的公式计算：

$$\text{由加热引起的拉伸强力损失百分率} = \frac{T_w - T_{ws}}{T_w} \times 100\%$$

式中：T_w——经水处理后，未经熨烫试验试样的平均拉伸强力值；

T_{ws}——经水处理后，经熨烫试验试样的平均拉伸强力值。

如果强力损失很大，需考虑氯损测试是否适用。通常没有必要测定湿氯处理时对织物的影响，因为在计算氯损时不考虑该因素。

如需要测定湿氯处理的影响时，可用以下公式计算：

$$\text{湿氯引起的拉伸强力损失百分率} = \frac{T_w - T_{cs}}{T_w} \times 100\%$$

式中：T_w——经水处理后，未经熨烫试验试样的平均拉伸强力值；

T_{cs}——经氯化处理后，未经熨烫试验试样的平均拉伸强力值。

11.2 可从 Publications Office 获取，地址：ACGIH，Kemper Woods Center，1330 Kemper Meadow Dr.，Cincinnati OH 45240；电话：+1.513.742.2020；网址：www.acgih.org。

11.3 有关适合测试方法的设备信息，请登录 www.aatcc.org/bg，浏览在线 AATCC 用户指导，可见 AATCC 企业会员所提供的设备和材料清单。但 AATCC 未对其授权，或以任何方式批准、认可或证明清单上的任何设备或材料符合测试方法的要求。

11.4 采用适合测试高 pH 的标准实验室 pH 计，比色法不适用于次氯酸钠。

11.5 一对温度可精确控制的电加热板，压力可调到 8.8g/cm²。为了达到规定的 8.8g/cm² 的压力，四个装有插脚的弹簧必须与上板接触，平衡上板重量，使试样受力达到规定值，也可使用其他可提供同样试验条件的设备。

11.6 预润湿和漂洗溶液的 pH 可能影响本试验方法测得的结果。鉴于商业惯例中 pH 变化范围较大，残留氯损委员会尚未为本测试方法设定一个具体值。

11.7 有效氯含量测定。用移液管移取浓度约为5%的、1.00mL 次氯酸钠溶液至容量瓶中，加蒸馏水稀释到 100mL。加入 6mL、12%的碘化钾和 20mL、$c\left(\frac{1}{2}H_2SO_4\right)=6mol/L$ 的硫酸，然后用 0.1mol/L 硫代硫酸钠溶液滴定。

计算公式如下：

$$\text{有效氯的百分含量}=\frac{\text{硫代硫酸钠的体积（mL）}\times 0.1N\times 0.0355}{1mL\times\text{次氯酸钠溶液的相对密度}}\times 100\%$$

12. 历史

12.1 2019 年进行了修订，使其与 AATCC 格式保持统一。

12.2 1962 年、1967 年、1971 年、1977 年、1980 年、1989 年、1999 年、2009 年、2013 年进行了重新审定，1974 年、1988 年、1992 年、2008 年、2010 年、2016 年进行了编辑修订，1985 年、1994 年、2004 年进行了编辑修订和重新审定。

12.3 AATCC RR35 技术委员会于 1958 年制定。由 RA99 委员会维持。

AATCC TM93-2019

织物的耐磨性能：埃克西来罗试验仪法

1. 目的和范围

本测试方法用于评价纺织品和其他弹性材料的耐磨性能（见 14.1）。

2. 原理

2.1 自由状态的织物样品在叶轮（转子）的驱动下，在圆柱测试箱内沿圆形轨道呈 Z 字形运动。样品反复与测试箱壁和摩擦衬垫撞击，同时不断受到极快的高速冲击。在测试过程中，样品受到折曲、摩擦、冲击、挤压、拉伸和其他机械力作用。

样品通过试样的纱线与纱线之间、纤维与纤维之间、织物表面之间和织物表面与磨料之间摩擦而产生磨损。

2.2 当试样在磨损的折线处断裂时，可根据试样的重量损失或（机织物）试样的抓样强力损失评价纺织品的耐磨性能。一般平纹机织物的评价可用两个方法之一，簇绒、其他起绒织物及针织物的评价用重量损失法。

2.3 织物的其他特性变化采用埃克西来罗试验仪法（见 14.1）可能有助于评价织物的耐磨性能。

3. 术语

耐磨性能，材料的任何部分与另一表面摩擦产生的损耗。

4. 安全和预防措施

本安全和预防措施仅供参考。预防措施虽有助于测试，但并不包括所有可能发生的情况。方法使用者有责任在处理材料时采用安全和正确的技术。应查阅制造商提供的详尽信息，如材料的安全参数和其他制造商的建议，同时参照并遵守美国职业安全卫生管理局（OSHA）所有的标准和规定。

4.1 遵守良好的实验室规定，在实验室所有区域都应佩戴防护眼镜。

4.2 电动机运转时，必须关闭埃克西来罗试验仪箱门。按照制造商的安全建议操作实验室测试仪器。

4.3 建议定期使用埃克西来罗试验仪的操作者佩戴面罩，以防吸入纤维粉尘。

5. 使用和限制条件

5.1 测试时间、叶轮的尺寸、形状和角速度及所用衬垫类型影响本方法的测试结果。这些影响因素相互关联，因此改变测试条件就会使试样产生不同程度的磨损。如对于轻薄或易损织物，标准偏置叶轮转速 2000r/min（209.44 弧度/s）时，可能仅需试验 2～3min 就产生合适程度的磨损；而对于较厚重或耐久性织物，转速 3000r/min（314.6 弧度/s）时可能需要 6min。

5.2 当织物卷曲或因其他原因而不能在测试箱中自由运动时，应停止测试。

5.3 本方法的测试结果并不等同于被测织物的使用寿命。

6. 设备和材料

6.1 埃克西来罗试验仪（见图 1 及 14.3）包括以下两部分。

6.1.1 偏置叶轮（延长的 S 形），长度为 114mm（4.5 英寸）（见图 2 及 14.4 中对替代叶轮的说明）。

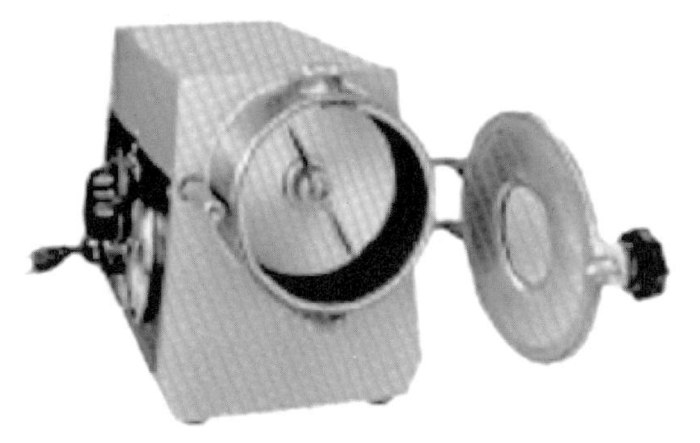

图1 埃克西来罗试验仪

摩擦衬垫在泡沫橡胶垫上，S 形叶轮长度为 114mm（4.5 英寸）

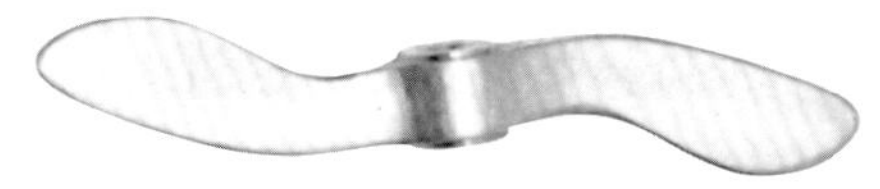

图2 延长的 S 形叶轮

6.1.2 环状塑料垫，厚度 3.2mm（0.125 英寸）的聚氨酯泡沫。

6.2 摩擦衬垫，精细磨料，500J 细砂氧化铝织物（见 14.3 及 14.5 中规定的替代摩擦衬垫）。

6.3 氙灯或其他频闪观测仪。

6.4 自动计时器，精确到 ±1s。

6.5 白色黏合剂。

6.6 花边剪和标记模板或裁剪模板（见 14.8）。

6.7 清洁测试箱的锦纶刷或清洁测试箱和试样的便携式真空吸尘器。

6.8 缝纫线，联邦 V－T－295 规定 E 尺寸、1 型，1 或 2 级。

6.9 棉布，宽度 1.2m（46 英寸），约 8m/kg（4 码/磅）的经纱 78 根/2.54cm × 纬纱 76 根/2.54cm 印花织物（粗梳纱），经漂白退浆，未经着蓝、荧光漂白或整理剂处理的材料。

6.10 分析天平，精度至 ±0.001g。

7. 试样准备

7.1 无适用规范时，距离布边不小于织物幅宽的十分之一或 64mm（2.5 英寸）。每个样品上至少剪取三块试样，所选试样要有代表性。

7.2 试样的尺寸。

7.2.1 方法 A（重量损失法）。为了尽量减少试样与测试箱壁和摩擦衬垫的冲击而产生的偏差，剪取厚重的试样或批样时，尺寸比轻薄织物要小些。

表 1 列出织物重量与试样尺寸的关系。试样的边缘平行于经纱和纬纱（横列和纵列）或斜向。

表1 试样尺寸的选择

织物的重量范围 [g/m² (盎司/码²)]	试样尺寸 [mm² (平方英寸)]
300～400（9～12）	95（3.75）
200～300（6～9）	115（4.5）
100～200（3～6）	135（5.25）
小于 100（3）	150（6）

7.2.2 方法 B（强力损失法）。试样尺寸为 100mm×150mm（4 英寸×6 英寸），拉伸方向的试样取样应大些。取样时试样边缘平行于经纱和纬纱。

7.3 试样准备。

7.3.1 方法 A。用花边剪或裁剪模板（见 14.8）剪取试样。如果机织物平行于纱线冲切，就沿着每边拆下宽度为 3.2mm（0.125 英寸）纱线。将试样放在塑料垫板上（为了保护台面），在每条剪裁或拆纱的边上涂抹宽度为 3.2mm（0.125 英寸）的黏合剂（见图 3 及 14.4 和 14.9），室温下晾干。

图3 黏合剂（见 6.5）涂抹试样的锯齿边缘

7.3.2 方法B。剪取100mm×300mm（4英寸×12英寸）的试样（剪取长度是抓样法断裂强力试样长度的两倍），每个试样的两端需标数字，然后从中间剪开。其中一半作为对照样测定抓样法原始拉伸强力，另一半作为测定磨损试样抓样法的拉伸强力。试样边缘按照方法A涂抹黏合剂。距一端50mm（2英寸）处垂直长边折叠试样，使试样呈100mm×100mm（4英寸×4英寸）的正方形，将折后50mm×100mm（2英寸×4英寸）的试样折叠处（见图4），距其边缘6mm（0.25英寸）以4针/cm（11针/英寸）缝合。

图4 方法B的试样准备

8. 埃克西来罗试验仪

8.1 转速表的校正。

8.1.1 叶轮。选择并安装合适的直径为114mm（4.5英寸）的标准偏置叶轮（见14.4）。

8.1.2 氖灯。为了检查转速表的精度，氖灯可作为简单的闪光观测仪观察旋转的叶轮。关闭测仪箱门，氖灯靠近箱门窗口处，可看到叶轮在不同的转速下呈现不同的形状。如果氖灯在频率为60Hz交流电下使用，当叶轮以1800r/min（188.50弧度/s）速度运转时，呈现一个静止的、独特的双叶片；以3600r/min（377弧度/s）速度运转时，叶轮的轴心变得静止模糊，轴心两边出现两个微小的凸角。在许多欧洲国家，氖灯在50Hz交流电下，以上的图案分别在转速为1500r/min（157.08弧度/s）和1300r/min（314.16弧度/s）运转时出现。如果转速表读数不准确，需转动刻度盘面板上的小螺丝钉来修正。

8.1.3 频闪观测仪。将频闪观测仪刻度盘设置为3000r/min（314.16弧度/s）。关闭埃克西来罗试验仪箱门后，启动仪器，调节叶轮的速度，使其呈现一个静止的双叶片。如果转速表的读数不是3000r/min（314.16弧度/s），需转动刻度盘面上的小螺丝钉来修正。

8.2 摩擦衬垫（见14.5）。

8.2.1 安装衬垫。将衬垫放入环形箱槽中，用手指压着衬垫沿着环形箱槽的内壁转动，直至衬垫平整地紧贴在筒壁上，不要有任何折痕。

8.2.2 预磨新衬垫。将备好的环状塑料垫插入装有叶轮的埃克西来罗试验仪。剪取两块114mm（4.5英寸）正方形的78×76未整理棉印花织物（见6.9），其边缘涂有黏合剂，预磨新衬垫。关闭箱门，启动埃克西来罗试验仪，叶轮以速度为3000r/min（314.16弧度/s）运行6min后，用第二块织物替换第一块织物，继续运行，直到总运行时间达到12min停止埃克西来罗试验仪，取出织物，刷掉或吸除衬垫上的残屑。

8.2.3 调换衬垫。为了使结果获得更好的重现性，建议测试6块试样后，从埃克西来罗试验仪上取下环形衬垫，调转方向，使原来靠近箱门的边缘放在测试箱的后部。

8.2.4 更换摩擦衬垫。建议测试12块样品后，更换摩擦衬垫。如果衬垫没有过多使用，则其使用次数可以超过12次。在系列测试之前及测试6块试样后，测定未整理的76×78棉印花布（见6.9）的重量损失，并检查衬垫的使用情况。将衬垫放在平面上，用锦纶刷和肥皂水擦洗，除去衬垫上一些织物沉积的整理剂或其他物质，在一定程度上可以延长摩擦衬垫的使用寿命。擦洗后应该用水彻底地清洗并干燥，再检查衬垫的情况。

9. 调湿

按照 ASTM D1776《纺织品调湿和测试标准方法》，将备好的试样在标准大气下预调湿，基本达到平衡后，在标准大气下调湿进行测试。

10. 操作程序

10.1 方法 A（重量损失法）。

10.1.1 用分析天平（见 6.10）称重调湿试样（见 9）。

10.1.2 将长 114mm（4.5 英寸）长 S 形的偏置叶轮和一个 500J 喷砂铝氧化物织物精细磨料安装到埃克西来罗试验仪上（见 14.4、14.5 和 14.7）。

10.1.3 将试样捏成一团后放入测试箱。

10.1.4 关闭箱门（见 4），启动埃克西来罗试验仪和计时器，在设定的时间内保持速度精确至 ±100r/min（10.48 弧度/s）。运行速度一般保持在 3000r/min ± 1000r/min（314.16 弧度/s ± 10.48 弧度/s）运行一定时间，如 2 ~ 6min（见 14.7），使试样大量磨损而不撕破。

10.1.5 试验时间结束 ±2s 时，停止埃克西来罗试验仪，取出试样。

10.1.6 用刷子或吸尘器清除衬垫上的碎屑。

10.1.7 抖掉或用吸尘器去除试样上的碎屑。

10.1.8 将试样进行调湿（见 9）。

10.1.9 再次用分析天平称重试样，精确至 ±0.001g。

10.2 方法 B（拉伸强力损失法）。

10.2.1 进行 10.1.2 到 10.1.7 的操作。

10.2.2 拆去缝线，使样品恢复为 100mm × 150mm（4 英寸 ×6 英寸）。

10.2.3 按 9.1 调湿试样。

10.2.4 按 ASTM D5034《纺织品断裂强力和伸长率的测试方法（抓样法）》测定拉伸强力。将试样的磨损折痕平行且等距离地放在拉伸测试仪的钳口中（见 14.6）。试样沿折线断裂为有效试验。

10.2.5 测定经调湿（见 9）、原始（未磨损）（见 7.3.2）试样的拉伸强力。

11. 计算和评价

11.1 方法 A（重量损失法）。计算每块试样的重量损失百分率，精确到 ±0.1%。

11.2 方法 B（拉伸强力损失法）。计算每对试样的强力损失百分率（见 7.3.2）。

11.3 计算每种方法的平均值。

12. 报告

12.1 方法 A。计算三块试样的重量损失百分率的平均值。

12.2 方法 B。计算三块试样强力损失百分率的平均值。

12.3 报告注明实际使用的条件，如叶轮转速、时间、尺寸和叶轮及衬垫类型。方法 A 还需报告试样的实际尺寸。

13. 精确度和偏差

13.1 精确度。本测试方法的精确度还未确定。在得出精确度之前，应采用标准的统计方法比较实验室内部或实验室之间的测试结果并取得平均值。

13.2 偏差。织物的耐磨性（埃克西来罗试验仪法）只能根据某一测试方法的确定。没有单独的方法来确定其真值。本方法作为评价该性能的一种方法，因此没有已知偏差。

14. 注释

14.1 虽然标准测试程序不包括透气性、透光性、外观、手感等性能的变化，但根据织物类型和最终用途可对其进行评价。

14.2 额外的信息见 T. F. Cooke，埃克西来罗试验仪的摩擦试验：实验室内测试的重现性，American Dyestuff Reporter，47 卷，第 20 期，1958

年，679～683 页；H. W. Stiegler，H. E. Glidden，G. J. Mandikos，G. R. Thompson，“埃克西来罗试验仪用于磨损试验及其他用途”，American Dyestuff Reporter，45 卷，19 期，1956 年，685～700 页。

14.3 可从 SDL Atlas L. L. C 获取，地址：1813A Associate Lane，Charlotte NC 28217；电话：+1.704.329.0911；传真：+1.704.329.0914；电子邮箱：info@sdlatlas.com；网址：www.sdlatlas.com。

14.4 长度为 108mm（4.25 英寸）、114mm（4.50 英寸）和 121mm（4.75 英寸）的斜叶轮和 108mm（4.25 英寸）的偏置 S 型叶轮用作特殊用途。

14.5 可用中等精细磨料和 240J 喷砂铝氧化物织物的衬垫（见 14.8），衬垫、磨料的安装程序同精细磨料和 500J 喷砂铝氧化物织物（见 8.2）。

14.6 ASTM D 76《织物拉伸强力测试仪》中规定拉伸强力测试仪。

14.7 根据双方协议，可通过以下方法改变埃克西来罗试验仪的速度和磨损方式：改用中等精细磨料、240J 喷砂铝氧化物织物的衬垫，较短的 S 形叶轮或选用 0.26 弧度斜叶轮，叶轮的速度从 1500r/min ± 100r/min（157.08 弧度/s ± 10.48 弧度/s）变为 4000r/min ± 100r/min（418.88 弧度/s ± 10.48 弧度/s）。该内容在试验结果报告中注明。

14.8 用金属、塑胶或纸板制作的正方形模板，可以方便地标记、裁剪的样品，也可使用适当尺寸的剪切模具。应在样品的边缘涂抹黏合剂前拆边（见 14.9）。

14.9 用塑料挤压瓶装的白色黏合剂涂在样品的锯齿边缘或脱散的边缘（见图 3），防止样品散边引起重量损失。胶条的宽度不超过 3.2mm（0.125 英寸）。对于冲压裁剪的或不能剪成锯齿形的织物，沿着每个边缘拆纱 3.2mm（0.125 英寸），然后涂上黏合剂。

15. 历史

15.1 2019 年修订，阐明了棉织物的结构。

15.2 2016 年进行重审审定，2011 年编辑修订和重新审定，2008 年编辑修订，2005 年修订，2004 年、1999 年编辑修订和重新审定，1995 年编辑修订，1994 年编辑修订和重新审定，1989 年重新审定，1986 年、1985 年编辑修订，1984 年修订，1978 年编辑修订，1977 年、1974 年重新审定，1966 年修订。

15.3 AATCC RR29 技术委员会于 1959 年制定。由 RA99 委员会维持。

105℃ ±1℃的烘箱中烘干。

萃取物的百分含量计算如公式1所示：

$$萃取率=\frac{剩余萃取物的重量}{原始织物的重量}\times 100\%$$

（公式1）

通过萃取率，再加上后续鉴定，将有助于区分真正的整理剂成分和残留在织物上的非整理剂，例如柔软剂中的天然蜡。

通过所述的某种分析技术确定萃取的整理剂。更多信息可参见化学材料手册，纺织纤维加工、制备和漂白一章（见3.4）。

9. 红外光谱法

9.1 红外光谱法是一种非常方便的鉴别织物整理剂的测试手段，其鉴别的依据是化合物的结构信息，这可以从红外光谱图中发现。分子中的特定官能团在250～4000nm的波数范围产生红外吸收。通过对比公共或个人谱库内关于整理剂的红外谱图，熟练的检测人员可以很快确定整理剂的大致种类。具有计算机搜索和匹配功能的红外光谱仪对检测很有帮助。若想获得更加完整的信息，包括典型的波数，可通过纺织材料的光谱与新型技术比较，如傅里叶变换红外光谱（FTIR）、衰减全反射光谱（ATR）等新技术的说明和主要参考文献，请参阅纺织品实验室的分析方法（见3.2）。有关化学整理剂的代表性光谱，请参阅红外光谱以识别纺织品中的化学整理剂（见3.3）。

9.2 傅里叶变换光谱能产生高质量的光谱图，用于鉴别和参考。如果条件允许，还可用拉曼光谱、质谱仪和紫外可见光谱等其他光谱技术更加准确地鉴别萃取物。附录中图1～图6中所示为傅里叶变换的红外光谱图。使用MCT探测器，分辨力为4波数，分别为脂肪族柔软剂；硅树脂柔软剂；DMDHI无甲醛耐久压烫整理剂；羟乙酸盐二羟甲基二羟乙基亚乙基脲（DMDHEU）耐久压烫整理剂；有机磷阻燃剂；C－6氟碳类防水/油整理剂。图7表示二羟甲基二羟乙基亚乙基脲（DMDHEU）耐久压烫整理剂的激光拉曼光谱图。

9.3 红外样品的制备技术。将萃取物溶解在合适的溶剂中，以液体或在ATR晶体上铸膜的形式，制备用于红外分析的整理剂样品。

9.4 红外分析。

9.4.1 通过上述方法之一制备得到样品或萃取物后，进行红外检测得到谱图。将样品的谱图与已知化合物的标准谱图对比从而鉴别出所用的整理剂。对于拥有FTIR仪器的实验室，强烈建议建立适当的整理剂内部光谱库。为了得到更精确的鉴别结果，已知化合物应与待测物的萃取条件一样。

9.4.2 柔软剂。可溶于或部分可溶于热己烷的季胺类化合物、聚乙烯类、聚氧乙烯醇类、聚氨酯类、聚丙烯酸酯类化合物和硅酮。将萃取物浓缩并转移到一个干净的ATR晶体上。

9.4.3 耐久压烫整理剂。由于绝大多数的耐久压烫整理剂可以用水或盐酸萃取出，这提供了另一种可选择的红外分析方法。

在碱、酸和有机溶剂混合分散时，使用化学防护眼镜或面罩、防渗透手套和防渗透工作服。浓酸只能在通风良好的实验室通风橱中处理。注意：必须是将酸加入水中。

将大约0.2g的织物切成小方块，放在0.1mol/L HCl溶液中回流5min。使用电加热器或水浴作为加热源，在通风良好的通风橱中进行回流。处理有机溶剂时，请使用化学防护眼镜或面罩、防渗透手套和防渗透工作服。

然后将溶液轻轻转移到一个50mL的圆底烧瓶中，再加入350mg光谱级溴化钾。

用旋转蒸发器蒸发至干燥，进行旋转蒸发操作时应将烧瓶浸在冰盐浴中以防止水解。最后在五氧化二磷上干燥。

将干燥后的剩余物与更多的溴化钾混合（每50mg的剩余物加入300mg的溴化钾）后压片，再进行红外检测。将所得到的谱图与已知化合物的谱图对比，若可得到已知化合物水解产物的谱图，那么可以做更精确的对比。

另一种通过红外光谱鉴别耐久压烫整理剂的样品制备方法是：将待测织物与光谱级溴化钾一起研磨成颗粒后压片。同样制备未经过整理的织物的样品，然后进行红外检测，可得到完全不同于经过整理的织物谱图。所有溴化钾片在双光束分光光度计的两个光束中放入等量的样品，未整理织物的红外谱图可作为背景进行扣除得到差异谱图。计算机的光谱减法技术也可用来获得差异谱图。

9.4.4 1972 年交叉领域技术论文竞赛的论文中谈到一种快速得到整理剂红外谱图的方法，该法在 AATCC 罗得岛章节中提出（见 3.5）。此方法的基本原理为：将织物中的整理剂用溶剂萃取出来并放在 ATR 晶体表面，溶剂蒸发后留下一层很薄的整理剂剩余物薄膜。

10. 织物的直接光谱分析

采用特定的附件和光谱技术，可直接获得织物底部和织物中整理剂的光谱。它们包括：带有 ATR 和漫反射附件的红外反射光谱、光声光谱法（PAS）、激光拉曼光谱、化学分析光电子能谱（ESCA）以及近红外反射光谱（NIR）。通常鉴别织物中的少量整理剂时，计算机化的背景扣除技术是非常有效的。

11. 色谱法

11.1 色谱法是一种分离和尝试性鉴别织物中某些整理剂的非常有效的测试手段。整理剂分离出来后，整理剂的鉴别可通过对比未知物的色谱图与已知化合物的色谱图来实现，已知化合物应为纯净物或是与待测物的用途一致且萃取方法相同；整理剂的鉴别至少需要做两组不同色谱条件的对比。另一种可替代的方法是：根据色谱图上的特征峰进行在线鉴别（即未分离整理剂）或整理剂萃取后再鉴别。在绝大多数情况下，索式萃取的剩余物或它们的衍生物可以通过 GC、HPLC 或 TLC 进行分析。此部分所涉及的应用技术是非常简单的，仅仅是基本的 GC 或 HPLC。其他复杂多样的仪器信息和方法，请参阅纺织品实验室的分析方法（见 3.2）。

11.2 气相色谱法。气相色谱法是指当具有挥发性的混和物通过带有涂层的毛细管柱时被分离的现象。每个组分的保留时间不同，这取决于它们在固相中的吸附能力。不同的吸附能力是挥发性（沸点）和极性的函数。

11.2.1 柔软剂、润滑剂和乳化剂的检测。织物中柔软剂、润滑剂和乳化剂的萃取采用己烷或为溶剂。己烷是易燃液体，只能存放在远离热源、明火和火花的小容器中 。这些化学品不应在明火附近使用。

此三类物质通常是由脂肪酸、脂肪酸酯及其衍生物制备的。其中的一些化合物可直接进行色谱检测，而另一些则必须转化为其衍生物才可以更好地通过气相色谱检测。

其他长链的脂肪族化合物转变成其衍生物之后将更容易被检测。一元羧酸通常用甲醇酯化后得到甲酯，这些甲酯的色谱检测条件如下：

色谱柱：60m×0.25mm，（50%氰基丙基）甲基聚硅氧烷，0.25μm 毛细管柱，使用适当的温度程序。甲醇是一种易燃液体，只能存放在远离热源、明火和火花的小容器中。不得在明火附近使用甲醇。

另一种制备脂肪酸或脂肪醇衍生物的方法是甲硅烷基化，可生成非极性、易挥发、热稳定的醚类化合物，这些醚类化合物容易制备，反应在离心管中进行。根据甲硅烷基化后化合物的类型选择合适的用于分析的色谱柱。例如，甘油及其单酯和双酯硅烷基化衍生物在具有适当温度程序的 100% 二甲基聚硅氧烷柱（5m×0.25mm，0.25μm）上做色谱分析。

固体石蜡常作为柔软剂、润滑剂、防水剂和卷绕剂，它可以直接被 GC 检测。石蜡或 C－30＋型 α 烯烃类化合物的色谱检测条件如下：

色谱柱：100% 二甲基聚硅氧烷柱，15m × 0.53mm × 0.15μm，采用合适的升温程序。

柱温：100～360℃，以 10℃/min 的速度升温后保温 20min

检测器：火焰离子化检测器（FID），温度为 430℃

进样口温度：350℃

载体：氢气，流速：6.7mL/min

11.2.2 多元醇类织物的水萃取物可以直接通过 GC 检测到乙烯和二甘醇。耐久压烫树脂中经常用到乙二醇。仪器条件如下：

色谱柱：聚乙二醇，30m × 0.53mm，1μm

柱温：80～230℃，以 15℃/min 的速度升温后保温 10min

检测器：火焰离子化检测器（FID），温度为 325℃

进样口温度：225℃

载体：氦气，流速：6.6mL/min

11.3 薄层色谱法。TLC 的分离原理是：混合物中各个组分对吸附剂（固定相）的吸附能力不同。此法可用于织物萃取物，如表面活性剂、染料载体、树脂、聚酯低聚物及普通染料的检测。采用 TLC 进行检测的主要原因有：样品的尺寸小、为 HPLC 检测或进行二维的分离奠定基础。

11.4 高效液相色谱法。一些织物萃取物和整理剂可以通过高效液相色谱检测，其基本原理是：流动相负载混合物通过色谱柱，使混合物分离，然后通过紫外（UV）、折射率（RI）或质谱法检测。甲醛、树脂整理剂、其他助剂以及初次加工残留的化合物均可通过液相色谱检测。

11.4.1 甲醛的检测。用水从织物中萃取出甲醛，然后用 2,4－二硝基苯肼（DNPH）将其沉淀，液相色谱可以检测出非常低的含量并进行分析。关于 2，4－二硝基苯肼标准品和样品的制备，请参阅 AATCC 密封罐的优化设计和测定低浓度甲醛的 HPLC 方法（见 3.10）。图 8 是采用 14.10 中的程序得到的甲醛 2，4－二硝基苯肼衍生物的色谱图。色谱检测条件为：

色谱柱：C18（反相色谱柱）

流速：1.0mL/min

洗提液：40% 水/60% 乙腈

检测器：紫外检测器（检测波长 360nm）

11.4.2 树脂整理剂的检测。一些树脂可以用水萃取。HPLC 是一种做树脂整理剂临界对比的理想检测手段。图 9 和 10 是 DMDHEU 和 DMDHI 树脂整理的色谱图，色谱检测条件为：

色谱柱：C—18（反相色谱柱）

洗提液：100% 水

检测器：示差折光检测器

流速：1.0mL/min

在这些条件下，其他的树脂整理剂，包括乌龙、三嗪酮、乙二醇等化学物质，均可通过此法检测。

11.4.3 染料。有关各种染料类别的鉴定，请参阅纺织品实验室的分析方法，第 6 章（见 3.2）。

12. 元素分析

确定整理剂中元素含量可反映出各种整理剂的存在。织物加工过程中含氮量增加说明耐久压烫整理剂的存在，可通过传统的凯氏定氮法分法或氮分析仪器进行检测。对于一些非金属元素，如阻燃整理剂中的磷、氯、溴等和易去污整理剂中的氟，可通过化学消化或氧瓶燃烧后滴定，用电离分析或其他仪器分析方法进行分析。

织物中的金属元素，如阻燃剂中的锑和钛，树脂催化剂中的镁和锌以及其他整理剂中的钠盐和钾盐，可用酸萃取物分析或进行干态灰化后原子吸收分析（AA）或进行感应耦合等离子体分析（ICP）。X 射线荧光光谱可同时检测织物中的许多元素含量。

13. 化学斑点试验

13.1 定性斑点试验的基本原理：利用表2中溶剂或试剂进行化学反应，这些化学反应通常伴随典型的颜色变化或放出特殊的气味。斑点试验的特

表2 化学斑点试验

待测物	所用试剂	反应现象	参考注释
甲醛	变色酸与硫酸	紫色	3.6、3.7
	盐酸化苯肼，盐酸，氯化铁	桃红色	3.8
淀粉	碘和碘化钾的水溶液	紫色	3.2
尿素	对二甲氨基苯甲醛在甲醇和盐酸的混合溶液中	黄色	3.2
锌	二苯基硫卡巴腙的丙酮溶液	桃红色	3.2，3.9
锆	茜素的酒精溶液	紫红色沉淀	3.9
镁	醌茜素的甲醇溶液，氢氧化钠	蓝色沉淀	3.2，3.9
铝	铝与乙酸铵	红色	3.2，3.9
铁	盐酸与亚铁氰化钾	深蓝色	3.2，3.9
	盐酸与硫氰化钾	深红色	3.2，3.9
	盐酸加热	黄色	—
铵离子	氢氧化钠加热	氨的气味	3.2
氯离子	硝酸银与硝酸	灰白色沉淀	3.2，3.9
亚硝酸根离子	硫酸亚铁与硫酸	棕色环	3.2，3.9
磷酸根离子	钼酸胺，连苯胺盐酸盐与乙酸铵	蓝色	3.2，3.9
硫酸根离子	氯化钡与盐酸	白色沉淀	3.2
磷①	硝酸与钼酸铵	黄色	3.2，3.9
氮①	硫酸亚铁与氯化铁	深蓝色	3.2，3.9
硫①	亚硝基铁氰化钠	红紫色	3.2，3.9
氯①	硝酸银的水溶液，硝酸	灰白色沉淀	3.2
溴①	硝酸银与硝酸	黄色沉淀	3.2
聚乙烯醇	铬酸与氢氧化钠	棕色斑点	3.2
	碘、碘化钾与硼酸	紫色	3.2
聚醋酸乙烯酯	碘与碘化钾	红棕色	3.2
羧基甲基纤维素钠	硝酸双氧铀	黄色沉淀	3.2
蛋白质	氢氧化钾，加热，硫酸铜	紫红色	3.2
羟甲基蜜胺	盐酸化苯肼，盐酸与氯化铁	淡粉色	3.8
羟甲基脲	盐酸化苯肼，盐酸与氯化铁	棕灰色	3.8
羟甲基乙烯	盐酸化苯肼，盐酸与氯化铁	深红棕色	3.8

① 钠熔融法。

点是非常灵敏、结果可信、需要样品量少且仪器简单。斑点试验需要的最小样品量为溶解在溶剂中的样品可以被检测到。斑点试验不能检测出待测材料的所有组分或组分的含量，但可以检测出待测材料中是否含有特定的元素、化合物以及化合物的种类。检测者在检测待测样品的同时还必须做空白样品和包含目标化合物的已知样品的试验。此外，应仔细重复试验以确认结果的可信度。

13.2 以下几种方法可用于斑点试验：

（1）将一滴待测溶液与一滴试剂在无孔隙的表面上混合；

（2）将一滴待测溶液滴在浸有试剂的介质上；

（3）将一滴试剂滴在固体待测样品上；

（4）将一滴试剂或一条浸有试剂的滤纸暴露在待测样品（固体形式或液体形式，见表2）挥发出的蒸气中；

（5）将一滴试剂滴在织物上并在织物的下面放一张白色滤纸用来观察颜色的变化。

上述方法中的任何一种，都可用于织物整理剂的斑点试验样品的制备。

第一，此试验可直接在织物上进行，不需要预先制备；

第二，用选定的溶剂将织物萃取后，可直接用萃取溶液进行斑点试验；

第三，织物样品在干灰化或湿灰化过程中可能被破坏，进行残余物的斑点试验时，可采用固体形式或是液体形式；

最后，一些化合物在灼烧过程中产生难溶的氧化物，对于此类氧化物的样品制备可采用熔融的方法。此方法涉及样品与金属钠或金属钾的一起加热。

14. 报告

14.1 测试样品的描述或识别。

14.2 按照 AATCC TM94－2020 测试样品。

14.3 报告测试条件。

14.3.1 萃取溶剂。

14.3.2 萃取物分析方法。

14.3.3 萃取物分析的仪器条件。

14.3.4 其他相关测试条件。

14.4 报告测试结果。

14.4.1 整理剂或整理剂成分检测。

14.5 描述与本标准的任何偏离。

15. 精确度和偏差

由于本检测方法中没有涉及数据，因此没有精确度与误差。

16. 注释

可从 AATCC 获取，地址：P. O. Box 12215，Research Triangle Park NC 27709，USA；电话：＋1.919.549.8141；电子邮箱：ordering@ aatcc. org；网址：www. aatcc. org。

17. 历史

17.1 在 2020 年进行了修订，更新了光谱，修订现有章节中文本，并添加新章节使得内容更明确。

17.2 2017 年、2012 年进行重新确认，2010 年进行编辑修订，2007 年、2002 年进行重新确认，1997 年、1992 年进行编辑修订和重新确认，1987 年进行修订，1985 年、1977 年进行重新确认，1974 年进行编辑修订，1973 年、1969 年进行重新确认，1965 年、1962 年、1961 年进行修订。

17.3 由 AATCC 委员会 RA45 在 1959 年开发。

附录1　光谱图

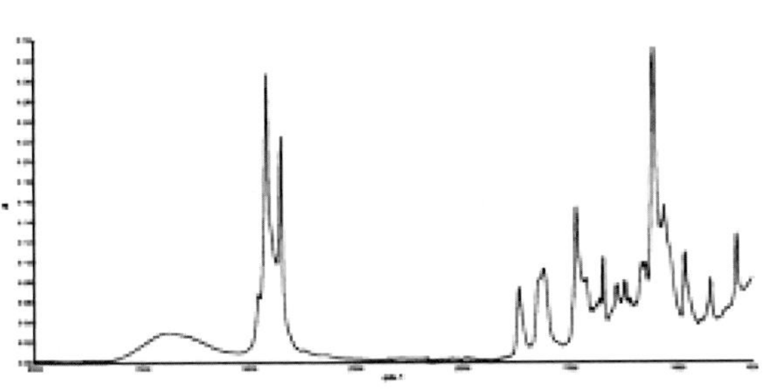

图1　一种脂肪族柔软剂的红外光谱图

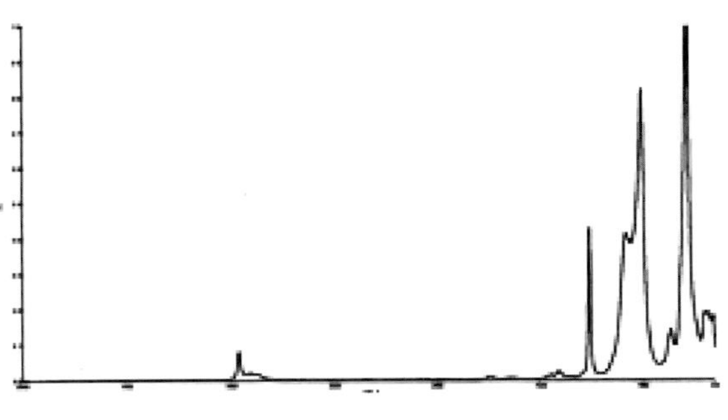

图2　硅树脂柔软剂的红外光谱图

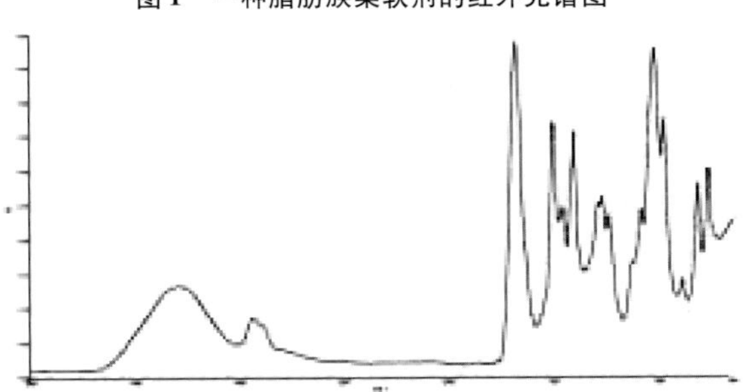

图3　DMDHI无甲醛耐久压烫整理剂的红外光谱图

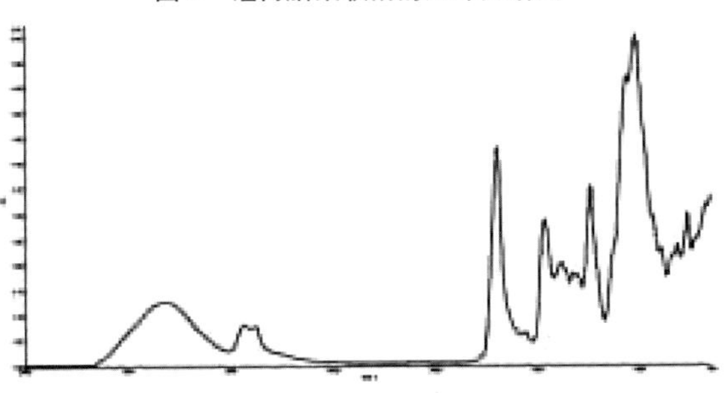

图4　羟乙酸盐二羟甲基二羟乙基亚乙基脲（DMDHEU）耐久压烫整理剂的红外光谱图

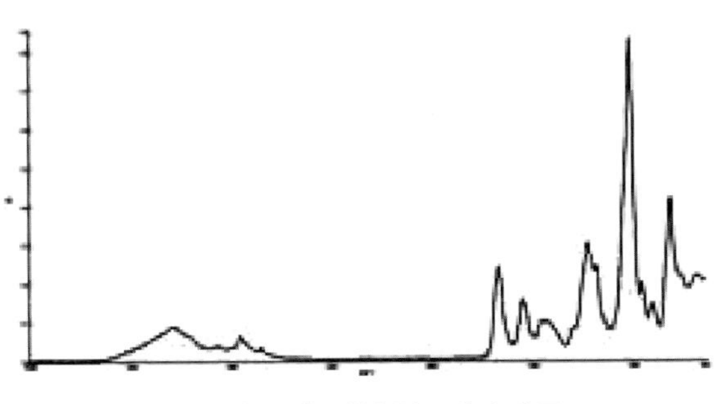

图5　有机磷阻燃剂的红外光谱图

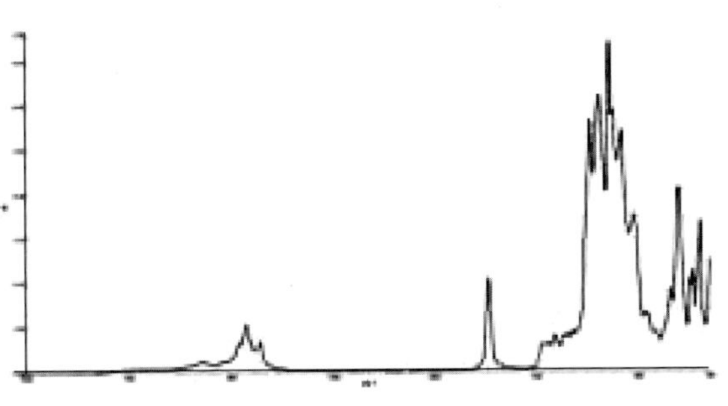

图6　C-6氟碳类防水/油整理剂的红外光谱图

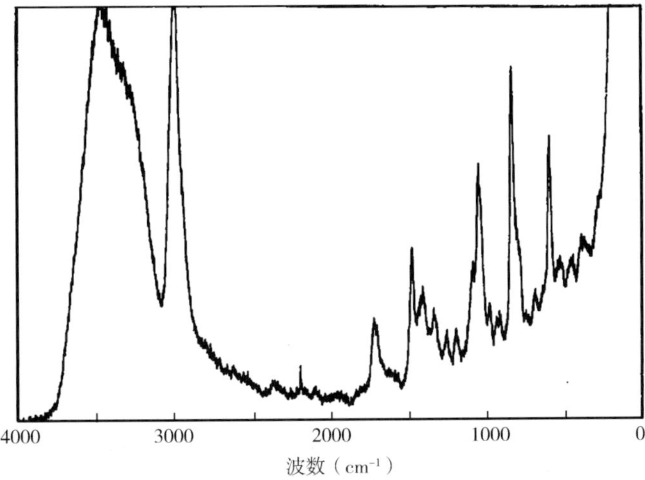

图7　二羟甲基二羟乙基亚乙基脲（DMDHEU）耐久压烫整理剂的激光拉曼光谱图

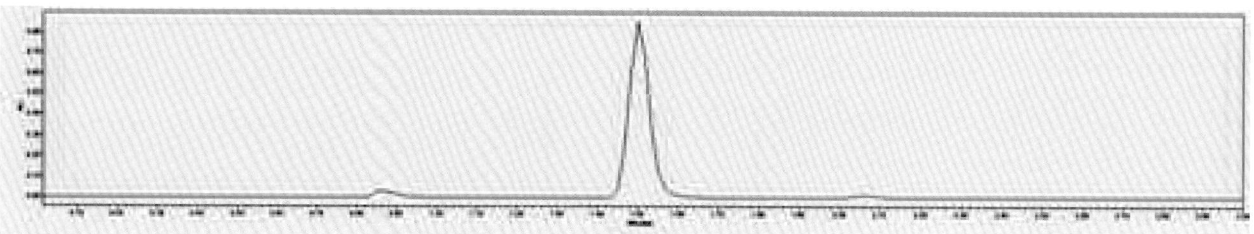

图 8　甲醛 2，4 – 二硝基苯腙的高效液相色谱图

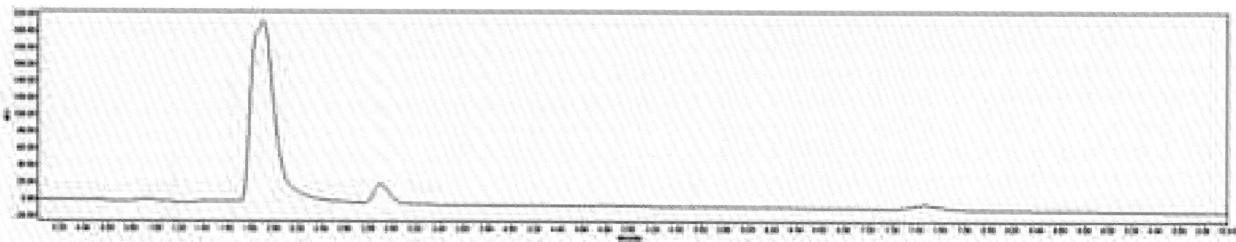

图 9　DMDHI 耐久压烫整理剂的高效液相色谱图

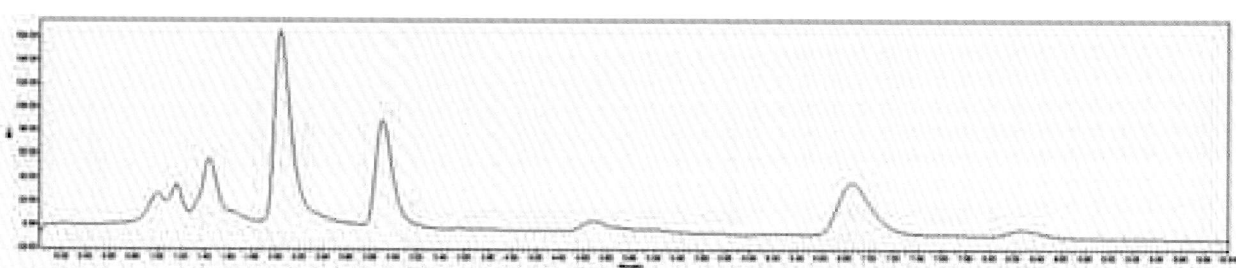

图 10　羟乙酸盐二羟甲基二羟乙基亚乙基脲（DMDHEU）耐久压烫整理剂的高效液相色谱图

AATCC TM96-2012e3

机织物和针织物（除毛织物外）经商业洗涤后的尺寸变化

AATCC RA42 技术委员会于 1960 年制定，1967 年、1980 年、1988 年（更换标题）、1995 年、1997 年、1999 年、2001 年、2012 年修订；1972 年、1975 年、2009 年重新审定；1973 年、1974 年、1975 年、1982 年、1983 年、1984 年、1989 年、1990 年、1991 年、1994 年、2004 年、2005 年、2006 年、2008 年、2014 年、2016 年、2019 年编辑修订；1984 年技术修正；1993 年编辑修订并重新审定。与 ISO 5077 标准有相关性。

1. 目的和范围

1.1 本测试方法适用于测定机织物和针织物（除毛织物外）经商业洗涤后的尺寸变化。该方法提供了模拟各种商业洗涤类型、从剧烈到温和程度的洗涤程序，规定的五种干燥测试程序涉及目前所用到的干燥技术。

1.2 本测试方法不是快速法，而是经多次洗涤后测定织物的尺寸变化。

2. 原理

机织物和针织物经典型的商业洗涤、干燥和复原等程序后，通过对比洗涤前后标记的基准点距离的变化来确定织物的尺寸变化情况。

3. 术语

3.1 商业洗涤：使用商业洗涤设备对纺织品或样品进行一系列洗涤、漂洗、漂白、干燥和熨烫等操作程序。与家庭洗相比，其特点是洗涤温度和 pH 更高，且洗涤时间更长。

3.2 尺寸变化：表示在特定条件下织物样品的长度或宽度变化的通用术语（见伸长和收缩）。

3.3 伸长：样品的尺寸变化在长度或宽度方向为增加。

3.4 洗涤：纺织材料的洗涤是使用水溶性洗涤剂溶液去除油污和/或污渍的过程，包括漂洗、脱水和干燥过程。

3.5 收缩：样品的尺寸变化在长度或宽度方向为减少。

3.6 毛：通用术语，绵羊或者羔羊身上的绒毛、安哥拉羊毛或者山羊绒毛、兔毛及骆驼毛、羊驼毛、美洲驼毛和骆马毛等特种绒毛纤维。

4. 安全和预防措施

本安全和预防措施仅供参考。预防措施虽有助于测试，但并不包括所有可能发生的情况。方法使用者有责任在处理材料时采用安全和正确的技术。查阅制造商提供的详尽信息，如材料的安全参数和其他制造商的建议，同时参照并遵守美国职业安全卫生管理局（OSHA）所有的标准和规定。

4.1 遵守良好的实验室规定，在实验室所有区域都应佩戴防护眼镜。

4.2 1993 AATCC 标准洗涤剂和 2003 AATCC 标准液体洗涤剂可能有刺激性，应注意防止其接触到皮肤和眼睛。

4.3 按照制造商的安全建议操作实验室测试仪器。

5. 仪器和材料（见 12.1）

5.1 仪器。

5.1.1 可反转型洗衣机（见 12.2）。

5.1.2 平板熨烫仪，尺寸至少为 60cm × 125cm，或熨烫面积为 $55cm^2$ 以上的其他熨烫仪，熨烫温度应不低于 135℃。

5.1.3 滚筒烘干机，装配直径约 75cm、深约 60cm 的圆柱形转筒，旋转速度为 35r/min，烘干温度保持为 60℃ ±11℃。测量烘干温度时，应尽可能靠近滚筒的排气口处。

5.1.4 抽拉式的筛板或者有孔的调湿/干燥架（见 12.3）。

5.1.5 滴干和悬挂晾干装置。

5.1.6 脱水机，带孔的滚筒离心甩干机，滚筒深度为 29.0cm，直径为 51.0cm，旋转速度为 1700r/min。

5.1.7 陪洗织物，(92cm ±3cm) ×(92cm ±3cm)，缝边的纯棉漂白织物（1 型洗涤陪洗织物）或经漂白丝光的 50/50 涤棉平纹机织物（3 型洗涤陪洗织物）（见 12.11）。

5.2 测量装置。

5.2.1 不褪色标记笔（见 12.4）与合适的直尺、卷尺或标记模板（见 12.5）。

5.2.2 直尺或卷尺，刻度最小单位为毫米或更小刻度单位（见 12.5）。

5.2.3 针和缝纫线，用于制作基准标记（见 12.10）。

5.2.4 数字成像系统（见 12.12）。

5.3 材料。

5.3.1 洗涤剂，烷基芳基磺酸盐类洗涤剂或者 1993 AATCC 标准洗涤剂，或 2003 AATCC 标准液体洗涤剂（见 12.6 和 12.11）。

5.3.2 手持式电熨斗，蒸汽或无蒸汽，重量约 1.4kg。

6. 试样准备

6.1 取样。

6.1.1 制备三块具有代表性的试样。如可能，每个试样含有不同的经、纬纱。

6.1.2 对于洗涤前已严重变形的织物，采用任何洗涤程序洗涤所得到的尺寸变化可能不真实。因此，建议避开这些区域取样。如采用，结果仅作为参考。

6.1.3 争议或诉讼时，试样在测试前，应按照 ASTM D1776《纺织品调湿和测试标准方法》预调湿。试样分开放在调湿架上，在温度为 21℃ ±2℃、相对湿度为 65% ±5% 的标准大气中至少放置 4h。

6.2 尺寸、制备和标记。

6.2.1 根据测试织物的类型，试样的尺寸和制备有所不同。

6.2.2 对于幅宽 60cm 以上的机织物和经编针织物，剪取三块 60cm ×60cm 的试样，平行于织物的长度方向制作三对距离为 46cm 的基准标记，平行于织物的宽度方向制作三对距离为 46cm 的基准标记，标记距离布边至少 8cm，同一方向的各对标记之间至少距离约 15cm（见图 1）。若样品有限，则剪取三块 40cm ×40cm 的试样。如采用该尺寸试样，平行于织物的长度方向制作三对距离为 25cm 的基准标记，平行于织物的宽度方向制作三对距离为 25cm 的基准标记（见 12.7），标记距离布边至少 5cm，同一方向的各对标记之间距离约 12cm（见图 1）。

6.2.3 对于幅宽为 60cm 以下的机织物和经编针织物，剪取三块长度为 60cm、全幅宽的试样。平行于试样的长度方向标注三对距离为 46cm 的基准标记，同一方向各对标记之间至少相距 12cm，标记距离样品布边至少 5cm。宽度方向距离布边 5cm 内标记，同一方向的各对标记之间至少相距 15cm，且距离样品上下边缘至少为 8cm（见图 2）。

6.2.4 平幅和筒状针织物。用于内衣、汗衫、polo 衫等管状针织物应以管状进行测试，剪取三块长度为 60cm 的试样。用于外衣、休闲装、套装等管状针织物应裁开、铺平。织物裁开后，按照 6.2.2 或 6.2.3 剪取三块样品，并按照 6.2.2 或

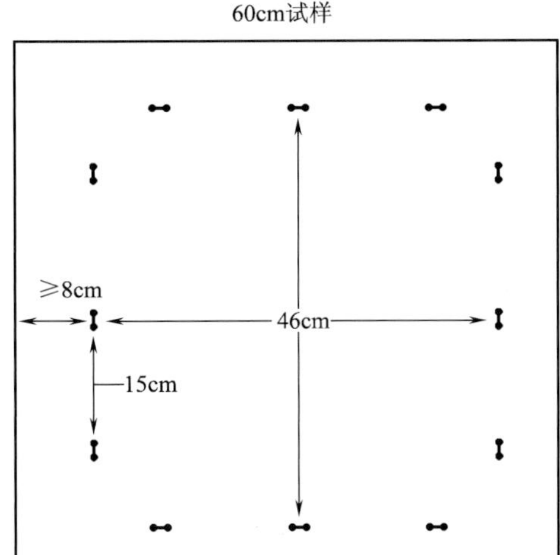

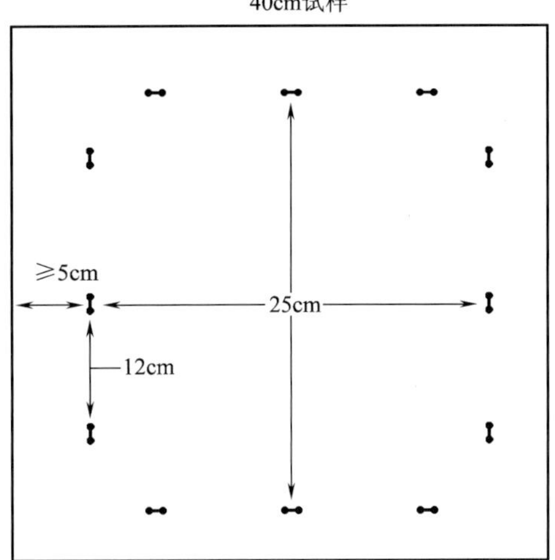

图 1　基准标记（机织物、针织物的幅宽至少为 60cm）

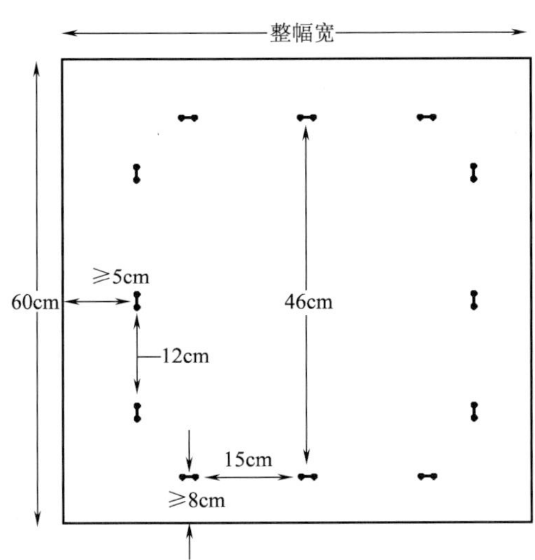

图 2　基准点标记（机织物、针织物幅宽小于 60cm）

6.2.3 所示标记样品。对于可能脱边或者抽丝的织物，建议按针法类型 505 进行缝边处理（见 12.10）。

6.3　初始测量。任选以下方法之一进行测量：

6.3.1　方法 1：用合适的卷尺或直尺测量并记录每对标记之间的距离，以毫米或更小的刻度为单位，此测量值记录为“A”。

6.3.2　方法 2：若直接使用以百分率标注尺寸变化的卷尺或缩水率尺，则无须进行初始测量。对于宽度小于 38cm 的窄幅织物，测量并记录织物宽度。

7. 操作程序

7.1　表 1 列出可选择的洗涤、烘干以及复原等操作程序，洗涤程序的详细内容见表 2。

表 1　商业洗涤、干燥和复原程序

测试方法	洗涤温度（℃）	总时间（min）	干燥类型	复原操作
Ⅰc	41 ± 3	30	A. 滚筒烘干 B. 悬挂晾干 C. 滴干 D. 平铺晾干 E. 平板压烫	0. 无 1. 手持式熨斗 2. 平板熨烫
Ⅱc	51 ± 3	45		
Ⅲc	63 ± 3	45		
Ⅳc	74 ± 3	60		
Ⅴc	99 ± 3	60		
Ⅵc	60 ± 3	32		

7.2　洗涤。

7.2.1　将试样和足量的陪洗织物或者其他与试样类似的织物一起放入洗衣机中，以达到测试方法Ⅰc、Ⅱc、Ⅲc、Ⅳc 和Ⅴc 要求的 1.80kg ± 0.07kg 洗涤负载，测试方法Ⅵ要求试样和陪洗织物达到 9.0kg ± 0.2kg 负载量。加入 66g ± 1g 的 AATCC 1993 标准洗涤剂或 100g ± 1g 的 2003 AATCC 标准液体洗涤剂（见 12.6）。在软水质地区，为避免泡沫过量，应适当减少洗涤剂用量。启动仪器并记录时间，立即注入温度为41℃ ±3℃（106℉ ±5℉）的水至18.0cm ±1.0cm 的水位。当水位达到要求高度时，注入水蒸气，使之升温至表2 中B 行所示温度，也可使用冷凝水蒸气。

7.2.2 测试方法Ⅰc。洗涤15min（表2 中，A 行1 列）后停机、排水，再次向洗衣机内注入温度为41℃ ±3℃的水，水位达到22.0cm ±1.0cm，然后启动仪器。如有必要，往洗衣机内注入水蒸气以保持漂洗时温度。按表2 中C 行1 列所示时间停机，然后按表2 中E 行和F 行1 列所示时间和温度进行第二次漂洗。

表2 洗涤测试的操作条件

项目		测试方法					
		Ⅰc	Ⅱc	Ⅲc	Ⅳc	Ⅴc	Ⅵc
洗涤	（A）皂洗时间（min）	15	30	40	40	40	10
	（B）循环温度（℃）	40 ±3	52 ±3	63 ±3	74 ±3	98 ±3	60 ±3
第一次漂洗	（C）时间（min）	5	5	5	5	5	10
	（D）温度（℃）	41 ±3	41 ±3	41 ±3	41 ±3	41 ±3	60 ±3
第二次漂洗	（E）时间（min）	10	10	10	10	10	3
	（F）温度（℃）	41 ±3	41 ±3	41 ±3	41 ±3	41 ±3	49 ±3
第三次漂洗	（G）时间（min）	无	无	无	无	无	3
	（H）温度（℃）						38 ±3℃
第四次漂洗	（I）时间（min）	无	无	无	无	无	3
	（J）温度（℃）						38 ±3
	（K）湿翻滚时间（min）	无	无	无	5	5	3
	（L）总的运转时间（min）	30①	45②	45②	60②	60②	32①

① 表示机器在两个程序间有停顿。

② 表示连续操作。洗衣机从测试启动后连续运行，测试方法Ⅱc、Ⅲc、Ⅳc 和Ⅴc 中，注水和排水的时间都包括在洗涤和两次漂洗时间内。

7.2.3 测试方法Ⅱc、Ⅲc、Ⅳc 和Ⅴc。按照表2 中L 行所示时间连续洗涤。完成表2 中A 行所示时间后，排干所有的洗涤溶液。按7.2 洗涤程序，测出洗涤时间。再往洗衣机内加入温度为41℃ ±3℃的水，水位需达到22.0cm ±1.0cm。当水位达到要求高度时，注入水蒸气，以保持漂洗时温度。洗衣机启动时间至A 行和C 行所示时间后排水，立即再向洗衣机内加入温度为41℃ ±3℃的水，水位达到22.0cm ±1.0cm。达到水位后，如有必要，往洗衣机内注入水蒸气，以保持漂洗时温度。洗衣机启动总时间后排水。

7.2.4 测试方法Ⅱc 或Ⅲc。排空第二次漂洗水后停机，其中测试方法Ⅳc 和Ⅴc 需要脱水，洗衣机持续运行60min 后停止。上述操作中，排水时间包含在总运行时间内，在总运转时间内（L 行）完成排水。测试方法Ⅱc、Ⅲc、Ⅳc 和Ⅴc 中，注水和排水时间包括洗涤和两次漂洗时间内。测试中，仪器从测试开始时就持续运行。

7.2.5 测试方法Ⅵc。按表2 中A 行6 列所示洗涤时间运行10min 后，停机并排水。再将温度为60℃ ±3℃的水重新注入洗衣机内，水位达到22.0cm ±1.0cm，启动。如有必要，注入水蒸气，以保持漂洗时温度。当达到表2 中C 行6 列所示漂洗时间后停机。然后按表2 中E ~ J 行6 列所示时间和温度重复进行第二次、第三次、第四次漂洗。

7.3 干燥。

7.3.1 试样可以任选表1中（见12.8）列出的五种干燥方式，只有测试方法Ⅵc，干燥方式只能选用滚筒烘干。根据织物的最终用途选择干燥方式。对于滚筒烘干、悬挂晾干、平铺晾干和平板压烫的干燥方式，从洗衣机内取出和分离陪洗织物需要在3min内完成。

7.3.2 滚筒烘干。将脱水的试样放入温度为60℃±11℃的烘干机中烘干30min，或直到织物干燥。

7.3.3 悬挂晾干。悬挂晾干时固定试样的两角，织物的长度方向与水平面垂直，悬挂在室温、静止的空气中至干燥。

7.3.4 滴干。滴干时固定滴水试样的两角，织物的长度方向与水平面垂直，悬挂在室温、静止的空气中至干燥。此方法尤其适合于耐久熨压产品。

7.3.5 平铺晾干。试样在水平的网架或打孔架上摊平，去除褶皱，但不要扭曲或拉伸试样，放在室温、静止的空气中至干燥。

7.3.6 平板熨烫。将试样平放并抚平褶皱，同时避免使其扭曲变形或者拉长，按照以下操作步骤在平板熨烫仪上压熨：

（1）抬起压板，喷5s蒸汽；

（2）放下压板，以148℃±3℃温度蒸汽热压5s；

（3）空白5s，关闭蒸汽，按压；

（4）空白5s，关闭蒸汽，抬起。

7.4 调湿和复原程序。

7.4.1 完成洗涤和干燥程序后进行预调湿（参见6.1.3），将样品分开放置到调湿架上，在温度为21℃±2℃和相对湿度为65%±5%的环境中至少调湿4h。

7.4.2 手工熨烫。如果样品上有褶皱，且消费者希望熨烫衣服的外观，那么在重新测量基准标记之前，应先熨平样品。

7.4.2.1 由于每个实验人员操作的手工熨烫程序具有极大的可变性（手工熨烫程序没有标准方法），所以手工熨烫后的尺寸变化结果的重现性非常差。因此，当比较洗涤和手工熨烫后的尺寸变化时，建议谨慎使用。需在报告中注明。

7.4.2.2 手工熨烫主要用于评估洗涤后需要熨烫的织物。熨烫织物时，要使用适合于织物中纤维的安全熨烫温度。参见AATCC 133《耐热色牢度：热压》中表“安全熨烫温度指南”，熨烫中仅需施加必要的压力以去除织物上的褶皱。

7.4.3 平板熨烫，适用测试方法Ⅳc。干燥的试样至少冷却5min，然后用水使其充分润湿，以达到良好的熨平效果。用喷头装置将试样润湿，保持5min，铺平试样，去除皱褶，不要使其变形，然后用平板熨烫仪或者手持式熨斗熨烫试样。设定平板熨烫仪或者手持熨斗的温度为120～150℃，当使用手持熨斗时，不要使熨斗在试样上来回熨烫，而是要模拟平板熨烫仪的操作方式熨烫。

7.4.4 手工熨烫或者平板熨烫后，预调湿试样（见6.1.3），然后在温度为21℃±2℃、相对湿度为65%±5%的环境中，将试样单独放置抽拉式的筛板或者有孔的调湿/干燥架上，调湿至少4h。

8. 测量和评定

8.1 调湿后，将样品无张力地放置于光滑的水平面上，然后选用以下方法之一测量样品的尺寸变化：

8.1.1 方法1：测量并记录每对基准标记间的距离，测量单位精确到毫米或者更小度量单位，此测量值记录为“B”。

8.1.2 方法2：用标有尺寸变化百分率的量尺进行测量，结果精确到0.5%或者更小，直接记录尺寸变化百分率。

8.2 用量具对织物进行测量时，应将织物上的褶皱充分压平，不致引起测量偏差。

9. 计算

9.1 使用距离测量法。

9.1.1 试样完成第一次和第五次洗涤循环后，或者完成其他指定的洗涤和干燥循环次数后，用以下的公式计算每个试样的尺寸变化，结果精确到0.1%（见12.10）。

$$尺寸变化的百分率 = \frac{B - A}{A} \times 100\%$$

式中：B——所有洗涤循环完成后，测量试样长度或宽度方向上的三个测量值的平均值；

A——试样在长度或宽度方向上的三个初始测量值的平均值。

9.1.2 计算所有试样长度和宽度方向的尺寸变化百分率的平均值。

9.2 使用标有尺寸变化刻度尺。

9.2.1 试样在每个方向上百分率的平均值，精确到0.1%。

9.2.2 所有样品在每个方向上百分率的平均值。

10. 报告

报告每个试样的如下信息：

10.1 分别报告试样长度和宽度方向的尺寸变化（见9.1.2）。

10.2 按照表1记录洗涤程序（用罗马数字表示）、干燥程序（用大写字母表示）和恢复程序（用阿拉伯数字表示）。例如，Ⅰ、E、1，表示所选用的是洗涤程序Ⅰ、平板压熨和熨压恢复程序。记录洗涤负载，如1.8kg。

10.3 记录完整的洗涤和干燥循环次数。

10.4 记录试样在未洗涤前的明显变形。

10.5 记录采用的恢复程序。

10.6 记录任选的试样尺寸和基准标记。

10.7 记录使用的洗涤剂。

10.8 记录对本测试方法的任何修改。

11. 精确度和偏差

11.1 精确度。

11.2 单个实验室的研究。实验室测试6块机织物，采用测试方法Ⅵc、滚筒烘干方式，由同一个操作人员测试三个不同样品的尺寸稳定性。从每种织物中剪取三块样品，并且在每块样品的经向和纬向上测出三个值。分析该实验室得到的数据，作为临时精确度的描述，进行全面的实验室研究。直到全面的研究结束后，建议该测试方法的使用者运用传统的统计经验对测试结果进行对比。经、纬向的数据方差分析如下。

11.2.1 经向。经向数值方差在0.012 ~0.048范围之间，平均值为0.027%（标准偏差为0.165%）。

11.2.2 纬向。纬向数值方差在0.0025 ~0.0800范围之间，平均值为0.0203%（标准偏差为0.143%）。

如果这些差异等于或者大于表3和表4中所列出的标准差，则认为这两个平均值在95%置信区间。

表3 实验室内的临界差

（缩水率，95%置信区间）

N	SE	CD
1	0.165	0.462
3	0.095	0.266
5	0.074	0.207
7	0.062	0.174

注 （1）N为确定每个平均值时所取测量数值的个数。

（2）SE为N个测量值的标准误差。

（3）CD=2.8SE。

表4 实验室内的临界差

（缩水率，95%置信区间）

N	SE	CD
1	0.143	0.399
3	0.082	0.230
5	0.064	0.178
7	0.054	0.150

11.3 偏差。从本程序导出值只能定义在该测试方法中，没有单独的、可供参考的测试方法测定偏差，本测试方法没有已知偏差。

12. 注释

12.1 有关适合测试方法的设备信息，请登录 http://www.aatcc.org/bg。AATCC 提供其企业会员单位所能提供的设备和材料清单。但 AATCC 没有给其授权，或以任何方式批准、认可或证明清单上的任何设备或材料符合测试方法的要求。

12.2 本测试中使用的洗衣机内筒直径为 56cm ± 5cm、深为 56cm ± 5cm。三个以 120°间隔、贯穿整个深度、翼高约 7.5cm 的提升翼均匀地分布于筒壁。洗涤筒以 30r/min ± 5r/min 的速度旋转，先朝着一个方向旋转 5 ~ 10 周，再反向转动。洗涤筒的进/出水口需要足够大，以确保 2min 内能向筒内注入高 0.3cm 水位的水，也可在 2min 内排出等量的水。洗衣机配备一个连接管，用来注入热蒸汽，可以使水位为 19.3cm 的水温在 2min 内从 38℃ 提高至 60℃。洗衣机还应有一个开口，能插入温度计或者其他测温装置以测量洗涤和漂洗过程中的水温。洗衣机外部还配有一个外置水位计，可显示洗衣机内的水位。

12.3 抽拉式的筛板或者有孔的调湿/干燥架可从以下公司获取：Somers Sheet Metal Inc., 5590N. Church St., Greensboro NC 27405；电话：+1.336.643.3477；传真：+1.336.643.7443。调湿/干燥架的草图可以从 AATCC 获取，P.O. Box 12215, Research Triangle Park NC 27709；电话：+1.919.549.8141；传真：+1.919.549.8933。电子邮箱：ordering@aatcc.org。网址：www.aatcc.org/bg。

12.4 记号笔可以从 AATCC 获取，地址：P.O. Box 12215, Research Triangle Park NC 27709；电话：+1.919.549.8141；传真：+1.919.549.8933。电子邮箱：ordering@aatcc.org。网址：www.aatcc.org/bg。

12.5 以百分率标注尺寸变化的量尺可以从 AATCC 获取，P.O. Box 12215, Research Triangle Park NC 27709；电话：+1.915.549.8141；传真：+1.919.549.8933；ordering@aatcc.org；网址：www.aatcc.org。机械式标记装置和带有尺寸变化的百分率的测量尺可以从 Benchmark Devices Inc., 3305 Equestrian Trial, Marietta GA 30064 购买；电话：+1.770.795.0042；传真：+1.770.421.8401；bmarkers@bellsouth.net。

12.6 AATCC 1993 标准洗涤剂或 AATCC 2003 标准液体洗剂可以从 AATCC 获取，P.O. Box 12215, Research Triangle Park NC 27709；电话：+1.915.549.8141；传真：+1.919.549.8933；ordering@aatcc.org；网址：www.aatcc.org。

12.7 标记距离为 50cm 的得到的尺寸变化率与标记距离为 25cm 的标记点得到的尺寸变化率可能不同。

12.8 备选的干燥程序不可用于仲裁实验，具体步骤如下：从洗衣机中取出样品，用手挤掉过多的水分，不可拧、扭或者用浸轧辊挤压。把样品平铺在水平筛网或有孔板上，除去皱褶，同时避免使样品变形或伸长。样品在室温、静止的空气中进行干燥。用水润湿样品，保持 5min，然后按 7.3.6 的要求在平板熨烫仪上压烫样品。

12.9 如果需要了解某个样品或者样品间尺寸变化的差异，则以某个样品上的每对标记点的测量数据为基础进行尺寸变化的计算，或以三对标记点的平均值为基础进行计算。

12.10 ASTM D6193，标准缝针和缝线可从 ASTM 获取，100 Barr Harbor Dr., West Conshohocken PA 19428 - 2959；电话：+1.610.832.9500；传真：+1.610.832.9555；网址：www.astm.org。

12.11 AATCC 技术中心做的比较研究。使用 AATCC 1993 标准洗涤剂 124 及两种不同类型的陪洗织物（常用和备选）。所选用的测试条件如下：

洗涤循环：（1）标准挡/厚重棉织物挡
洗涤温度：（Ⅴ）60℃ ±3℃（140℉ ±5℉）
干燥方法：（A-ⅰ）滚筒烘干，厚重棉织物挡
试验织物：白色斜纹织物（100%棉）
米色斜纹织物（100%棉）
灰色府绸织物（100%棉）
蓝色斜纹织物（50/50 涤棉混纺织物）

研究结果表明：使用不同的洗涤剂或陪洗织物得到的结果没有明显差异。

12.12 如果数字成像系统与手动式测量装置的精确度一致，那么可替代指定的手动测量装置。

AATCC TM97-2020

纺织品中的可萃取物含量

1. 目的和范围

本测试方法主要是测定纤维素纤维或纤维素纤维和其他种类纤维混纺的纤维、纱线或织物中的水、酶和有机溶剂萃取物的总含量。

2. 原理

测试样品中的水和酶这类可溶性非纤维物质，要求在热水中处理，然后依次经淀粉酶溶液处理。油、脂肪和蜡，可用己烷萃取（见5.11和11.1）。

3. 术语

可萃取物：指纺织品中的非纤维素物质，不包括水，可以用水、淀粉酶溶液或专用的溶剂按照规定的方法与纺织品分离。

4. 安全和预防措施

本安全和预防措施仅供参考。本部分有助于测试，但未指出所有可能的安全问题。在本测试方法中，使用者在处理材料时有责任采用安全和适当的技术；务必向制造商咨询有关材料的详尽信息，如材料的安全参数和其他制造商的建议；务必向美国职业安全卫生管理局（OSHA）咨询并遵守其所有标准和规定。

4.1 遵守良好的实验室规定，在所有的试验区域应佩戴防护眼镜。

4.2 所有化学物品应当谨慎使用和处理。

4.3 1,1,1－三氯甲烷可能对眼睛和黏膜有刺激作用，必须在通风良好的通风橱内处理。

4.4 在附近安装洗眼器、安全喷淋装置，并应提供有机蒸汽呼吸器以备急用。

4.5 本测试法中，人体与化学物质的接触限度不得高于官方的限定值［例如，美国职业安全卫生管理局（OSHA）允许的暴露极限值（PEL），参见1989年1月1日实施的29 CFR 1910.1000］。此外，美国政府工业卫生师协会（ACGIH）的阈限值（TLVs）由时间加权平均数（TLV－TWA）、短期暴露极限（TLV－STEL）和最高极限（TLV－C）组成，建议将其作为人体在空气污染物中暴露的基本准则并遵守（见AATCC 103）。

5. 仪器和材料

5.1 精度为0.1mg的分析天平。

5.2 循环鼓风烘箱，温度可恒定在105～110℃（220～230℉）。

5.3 索氏萃取器（方法1）。

5.4 加速溶液萃取器，22mL。

5.5 带玻璃盖的称量瓶。

5.6 萃取套筒，纤维素。

5.7 300mL的高型烧杯。

5.8 表面皿，90mm（要能遮盖住300mL的高型烧瓶）。

5.9 100目不锈钢过滤网。

5.10 氯化钙或类似的干燥剂。

5.11 己烷，萃取级（这里的己烷是指己烷同分异构体的混合物。纯度更高的级别，如HPLS，更昂贵且对于本方法可能不必要）。

5.12 细菌淀粉酶，枯草杆菌，1600～1800 B.A.U.（见AATCC 103《退浆中使用的细菌α－淀粉酶的分析》）。

5.13 实验室通风橱。

6. 试样准备

6.1 从每个样品中取 10g 试样，如果材料是机织物，斜向取样以减少松散纤维和纱线。

6.2 为提高准确度，可每个样本中测试 2 个试样。

7. 操作程序

7.1 试样准备。把样品放入已称重的称量瓶中，小心将试样布边折叠，以避免损失疏松纤维或纱线，在 105～110℃（220～230℉）循环空气的烘箱中干燥至恒重（见 AATCC 20A）。在干燥器中冷却称量瓶，准确称重（包括样品和称量瓶），精确到 0.1mg。

7.2 水萃取。从称量瓶中取出干燥样品，将其放入含有 200mL、82℃ ±3℃（180℉ ±5℉）的蒸馏水烧杯中，用表玻璃盖在烧杯上，保温 2h。然后把水和试样倒入固定在过滤烧瓶上的布氏漏斗中进行过滤，分别用 100mL 的蒸馏水清洗样品两次，用滤网过滤松散纤维并将它们包进试样里，把试样放回称量瓶，如 7.1 将试样烘干至恒重。根据 7.1 和 7.2 中试样重量的不同，用 8.1 中公式可计算出水溶性物质的含量。

7.3 酶萃取。将经水萃取的试样从称量瓶中取出（见 7.2），放进含有 200mL、2% 的细菌性淀粉酶溶液的烧杯中，在 74℃ ±3℃（165℉ ±5℉）下保温 1h，把溶液和样品倒进过滤网，每次用 100mL、82℃ ±3℃（180℉ ±5℉）的蒸馏水连续冲洗共 10 次。将过滤网上的纤维和纱线放回试样，如 7.1 方法烘至恒重。根据 7.2 和 7.3 中试样重量的不同，用 8.1 中公式可计算出酶萃取物的含量。

7.4 油、脂肪和蜡状物质（选择以下方法中的一种）。

7.4.1 方法 1（索氏萃取法）：将经过水和酶萃取的试样（见 7.2 和 7.3）放入索氏萃取器。如果试样含有松散纤维物质，则使用萃取套管用已烷萃取 12～16 次（见 11.1）。将试样从萃取器中取出，在实验室烟雾罩内挥发试样残留的已烷。将试样放回称量瓶，如果使用了萃取套管，将试样从套管中取出放入称量瓶。用 7.1 中的方法将试样烘干至恒重。用 7.3、7.4 中得出的重量用 8.1 中公式可计算出溶剂萃取物的含量。

7.4.2 方法 2（加速溶液萃取过程）：在以下条件下用加速萃取器萃取干试样。

萃取仓大小：22mL（见 11.3）

加热：5min

静置：15min

满容量：90%

清洗：90s

纤维素过滤层温度：100℃

压力：1500

溶剂：已烷

循环：3 次

使用玻璃珠

空气中干燥试样后，将其转移至称量瓶中，按照 7.1 中的方法将试样烘干至恒重。用 7.3、7.4 得出的重量采用公式 1 计算出溶剂萃取物的含量。

8. 计算

8.1 用下面公式 1，分别计算用水、酶和溶剂从样品中提取的物质含量，保留两位小数。

$$E = \frac{B - A}{X} \times 100\% \qquad \text{（公式 1）}$$

式中：E——水、酶溶液或有机溶剂萃取的物质含量，%；

B——萃取前样品的质量，g；

A——萃取后样品的质量，g；

X——第一次萃取前烘干样品的质量，g。

如果三次萃取的任何一次中，萃取的物质少于 0.02%，记录萃取值为“低于 0.02%”。

8.2 试样总的萃取值为水、酶、溶剂三次萃取值的和，如果这三项萃取值中有报告低于 0.02% 的情况，则按 0.01% 计算。

9. 报告

报告以下信息。

9.1 使用 AATCC 97—2019 测试并计算数据。

9.2 报告任何对测试方法的偏离。

9.3 报告萃取器的品牌与型号。

9.4 水萃取物质的百分含量。

9.5 酶萃取物质的百分含量。

9.6 溶剂萃取物质的百分含量。

9.7 报告总萃取量。

10. 精确度和偏差

10.1 实验室间比较。在2005年对该测试方法进行了有限的研究，用于评价索氏萃取法与快速萃取器之间的精确度以及它们之间的偏差。有三个实验室参与，每个实验室出2名操作员、测试3种面料。所使用的面料包括100%棉漂白面料，50/50涤棉混纺灰色面料以及100%棉灰色面料。使用加利福尼亚桑尼维尔 Dionex 公司生产的加速溶液萃取器。由每个操作者对每种面料用每种方法测试两次。萃取物平均值和标准偏差见表1。基于这些有限数据得出的平均值和标准偏差，用户在使用本测试方法做严格的比较时要考虑这一测试方法的偏差范围。

表1 总含量的平均值

（以百分率表示）

方 法	材 料	平均值	标准偏差	*n*
加速法	漂白棉	0.412	0.113	12
索氏萃取法	漂白棉	0.429	0.060	12
加速法	50/50 涤/棉	2.615	0.190	12
索氏萃取法	50/50 涤/棉	2.669	0.057	12
加速法	100% 棉	8.127	0.267	12
索氏萃取法	100% 棉	8.066	0.362	12

10.1.1 精确度。这些精确度与偏差的分析基于所有萃取方法和所有面料。这样做的原因是实验量较小以及实验材料的单一性。方差分量用 ASTM 2904 - 97 的附录1估算。数据的细节可联系 AATCC 技术中心得到。精确度由根据 ASTM 2906 - 97 计算出的临界差表示。ASTM 2906 - 97 (2002) 列出的计算方法用于计算两种样品数量之间的单侧临界差。

10.1.2 方差分量。索氏萃取过程。索氏萃取过程的方差分量见表2。这一节里的每一个量度单位都是总萃取量的百分率。

表2 索氏萃取过程标准偏差的估算分量

方差分量	估算标准偏差
L	0.000
M—L 相互作用	0.000
O 在 L 内	0.000
M—O 在 L 内相互作用	0.242
S 在 M，O 和 L 不同组合内	0.081

注 L—实验室；M—材料（面料）；O—操作者；S—试样。

10.1.3 临界偏差（索氏萃取过程）。索氏萃取过程95%临界差见表3。

表3 索氏萃取过程

（95%置信水平临界差）

计算平均值样品数量	单个操作者临界差	实验室内临界差	实验室间临界差
1	0.225	0.706	0.706
2	0.159	0.688	0.688
3	0.130	0.682	0.682
4	0.112	0.679	0.679

10.1.4 加速萃取过程的方差分量见表4。

表4 加速溶液萃取过程标准偏差的估算分量

方差分量	估算标准偏差
L	0.121
M—L 互相作用	0.000
O 在 L 内	0.080
M—O 在 L 内相互作用	0.018
S 在 M，O 和 L 不同组合内	0.134

10.1.5 加速萃取过程的95%临界差见表5。

表 5 加速溶液萃取

(95% 置信水平临界差)

计算平均值样品数量	单个操作者临界差	实验室内临界差	实验室间临界差
1	0. 371	0. 488	0. 591
2	0. 263	0. 411	0. 530
3	0. 214	0. 382	0. 508
4	0. 186	0. 367	0. 496

10. 2 偏差。萃取物的含量与所使用萃取方法有关。所以无法依据绝对值来衡量测试过程的绝对偏差。

相对偏差。本次研究获得的数据是用于两种萃取过程之间的相对偏差。这两种萃取过程没有稳定的偏差。但给出了某实验室测定某种面料偏差的实例。在实验室特定的应用与测试条件下，萃取过程之间存在偏差时，应进行自我验证。

11. 注释

11. 1 去除油、脂和蜡质时也可选择替代试剂或添加某些试剂替代已烷，然而，其他试剂没有被 RA34 委员会评估过。所以暂无使用其他试剂的可靠性和重现性的说明。如果使用已烷以外的试剂(或在已烷内加入添加剂)，应在报告中注明。10. 2 对 7. 1 中的干燥条件敏感的合成纤维通过本测试方法不能得出准确的数据。

11. 2 资料可以从 ACGIH 获取，地址：Publications Office，Kemper Woods Center，1330 Kemper Meadow Dr.，Cincinnati OH 45240；电话：+1. 513. 742. 2020；网址：www. acgih. org。11. 2 有关适合测试方法的设备信息，请登录 http://www. aatcc. org/bg。AATCC 提供其企业会员单位所能提供的设备和材料清单。但 AATCC 没有给其授权，或以任何方式批准、认可或证明清单上的任何设备或材料符合测试方法的要求。

12. 历史

12. 1 2020 年修订，以明确安全性要求。

12. 2 2019 年修订，使其与 AATCC 格式保持统一。

12. 3 2013 年重新审定，2010 年编辑修订，2009 年(名称变更)修订，1999 年、1995 年修订，1993 年编辑修订，1989 年、1988 年重新审定，1987 年编辑修订，1982 年(名称变更)修订，1979 年修订，1975 年、1972 年、1968 年重新审定。

12. 4 AATCC RA34 技术委员会于 1960 年制定。

AATCC TM98-1997e(2016)e

过氧化氢漂白浴中碱含量的测定

AATCC RA34 技术委员会于 1960 年制定；1968 年、1972 年、1975 年、1979 年、1988 年、1989 年、2002 年、2007 年、2012 年、2016 年重新审定；1982 年（更换标题）、1997 年修订；1984 年、1985 年、1987 年、2010 年、2019 年编辑修订。

1. 目的和范围

1.1 本测试方法主要是测定过氧化氢漂白浴中的总碱量，包括其他来源的碱。总碱含量用氢氧化钠百分含量表示。

1.2 漂白浴中的碱可能由氢氧化钠、硅酸钠、碳酸钠或者其他碱性物质，包括钾化合物、氨水、石灰或含有碱性盐的过氧化物固体构成。

1.3 漂白浴中的碱含量是确定漂白速率和程度的一个关键参数，也能确定织物受漂白工艺影响的程度。

1.4 本测试方法用于实验室测定和生产过程控制。

2. 原理

用硫酸标准溶液滴定已知重量的漂白液，用酚红指示终点，或者 pH 计显示范围为 6.8～8.4，未指示终点，总碱含量用氢氧化钠的百分含量表示，根据漂白浴的重量来计算。

3. 术语

漂白：通过氧化或者还原化学处理，去除基质上有色物质的过程。

4. 安全和预防措施

本安全和预防措施仅供参考。本部分有助于测试，但未指出所有可能的安全问题。在本测试方法中，使用者在处理材料时有责任采用安全和适当的技术；务必向制造商咨询有关材料的详尽信息，如材料的安全参数和其他制造商的建议；务必向美国职业安全卫生管理局（OSHA）咨询并遵守其所有标准和规定。

4.1 遵守良好的实验室规定，在所有的试验区域应佩戴防护眼镜。

4.2 所有化学物品应当谨慎使用和处理。硫酸是一种腐蚀性化学品，在使用纯溶液或浓溶液配置稀溶液时，必须使用护目镜或面罩、专用手套和实验服。务必将酸加入水中。

4.3 在附近安装洗眼器、安全喷淋装置以备急用。

4.4 本测试法中，人体与化学物质的接触限度不得高于官方的限定值［例如，美国职业安全卫生管理局（OSHA）允许的暴露极限值（PEL），参见 1989 年 1 月 1 日实施的 29 CFR 1910.1000］。此外，美国政府工业卫生师协会（ACGIH）的阈限值（TLVs）由时间加权平均数（TLV－TWA）、短期暴露极限（TLV－STEL）和最高极限（TLV－C）组成，建议将其作为人体在空气污染物中暴露的基本准则并遵守（见 10.1）。

5. 仪器和材料

5.1 邻苯二甲酸氢钾（$C_8H_5O_4K$），美国化学会（ACS）规定的试剂级。

5.2 如果没有 pH 计，使用酚红（苯酚磺酞）

或0.06%酚红溶液。

5.3 甲醇（CH_3OH）（如果使用0.06%的酚红溶液则不需要）。

5.4 硫酸（H_2SO_4），美国化学会（ACS）试剂级，95% ~98%，或0.05mol/L（0.1N）（见6.1和10.2）。

5.5 氢氧化钠（NaOH），美国化学会（ACS）试剂级。

6. 试剂制备

6.1 配制并标定0.05mol/L硫酸（见10.2）。

6.1.1 0.05mol/L硫酸溶液配制。称量5.5g ±0.001g化学纯硫酸，在搅拌下将其加到盛有500mL±100mL去离子水的烧杯中。盖住溶液并使它降温至20℃ ±1℃，把该溶液加到1L的容量瓶内，用去离子水稀释到刻度。

注意：硫酸的稀释是放热的，要采取适当的安全措施。

6.1.2 称取4.0g ±0.01g氢氧化钠，用100mL去离子水将其溶解于250mL的烧杯中，把氢氧化钠溶液转移到1L的容量瓶中，并用去离子水清洗烧杯五次，把清洗液倒入容量瓶，最后用去离子水稀释到刻度。

6.1.3 称量20.4080g ±0.0002g邻苯二甲酸氢钾（美国国家标准局样品No.84），用大约100mL去离子水将其溶解于250mL的烧杯中，把溶液转移到1L的容量瓶内，并用去离子水清洗烧杯五次，把清洗液倒入容量瓶，用去离子水稀释到刻度。

6.1.4 用25mL移液管移取25mL邻苯二甲酸氢钾溶液到250mL的锥形瓶内，加入五滴0.06%酚红指示剂，用氢氧化钠溶液滴定至黄绿色，即为终点，或者用pH计测量，终点pH应为7.6 ±0.8。

6.1.5 用下面公式计算氢氧化钠溶液的物质的量浓度（N_h），精确到0.001。

$$N_h = \frac{25 \times 0.1000}{V}$$

式中：V——耗用的氢氧化钠溶液体积，mL。

6.1.6 使用移液管，将25mL硫酸溶液（见8.1）移入250mL锥形瓶中，滴加五滴0.06%酚红指示剂，用氢氧化钠溶液滴定至黄绿色，即为终点，或者用pH计测量，终点pH应为7.6 ±0.8。

6.1.7 用下面公式计算H_2SO_4的当量浓度，精确到0.001。

$$N_s = \frac{V \times N_h}{25}$$

式中：N_s——硫酸溶液的当量浓度；

V——耗用的氢氧化钠溶液体积数，mL；

N_h——氢氧化钠溶液的物质的量浓度。

6.1.8 调整硫酸溶液的当量浓度。

6.1.8.1 如果计算出硫酸溶液的当量浓度小于0.0990，则舍弃该结果并重新配制溶液进行测试。

6.1.8.2 如果H_2SO_4浓度大于0.0505mol/L（0.1010N），可加入一定量的水来调整浓度，用水量用下列公式计算：

$$V_{H_2O} = \frac{N \times 950}{0.1000} - 950$$

式中：950——除去滴定两样品后的硫酸溶液体积，mL；

N——硫酸溶液当量浓度。

6.1.8.3 使用6.1.6和6.1.7中的方法重新标定调整后的硫酸溶液。

6.2 如果指示剂溶液在实验室内制备，制备0.06%的酚红指示剂溶液（见10.2）。

6.2.1 称量1.0g ±0.1g酚红溶解到833mL的甲醇中。

6.2.2 加入833mL去离子水。

6.2.3 盖住溶液并用磁力搅拌器搅拌，直到溶液完全透明。

7. 操作程序

7.1 取20mL ±1mL去离子水，倒入250mL的

烧杯，并滴加2～3滴酚红指示剂溶液，如果用pH计确定终点，则不用滴加酚红指示剂溶液。

7.2 称量10g±0.01g漂白液样品，把称量好的溶液加入到烧杯中，并混合均匀（见10.3）。

7.3 用0.05mol/L硫酸滴定烧杯内的溶液直到黄绿色，即为终点，若用pH计测量，终点pH应为7.6±0.8。

7.4 记录所用0.05mol/L硫酸的量，精确到0.1mL。

8. 计算

8.1 用下面公式计算总碱含量，以氢氧化钠计，精确到0.1%。

$$\text{以氢氧化钠计的总碱量} = \frac{V \times N \times 0.040 \times 100}{W}$$

式中：V——需要的硫酸溶液体积，mL，如6.4中记录的（译者注：此处“6.4”应为“7.4”）；

N——需要的硫酸溶液的当量浓度，如8.7中记录的（译者注：此处8.7应为6.1.7）；

0.040——氢氧化钠的当量重量；

W——样品的质量，如6.2中测定的（译者注：此处6.2应为7.2）。

8.2 也可参考10.4的计算方法。

9. 精确度和偏差

9.1 精确度。

9.1.1 1995年，在五个实验室中进行了一项比较，每个实验室派两名操作员，测定了1.15%的过氧化氢（H_2O_2）的三个不同碱浓度的溶液，每个操作员对每个样品都重复测定三次，实验数据用ASTM Tex-pac程序进行分析（见10.5）。

9.1.2 分析显示三个浓度的保留变量可以合并见表1。

表1 给定条件下两个平均值的临界方差

（95%置信水平，碱浓度）

每个平均值的测试结果数	单材料比较		
	单个操作员精确度	实验室内精确度	实验室间精确度
1	0.013	0.027	0.069
2	0.009	0.025	0.069
3	0.008	0.025	0.068
4	0.007	0.025	0.068

9.2 偏差。实验室间的比较得到的结果与化学计算的碱浓度相比，回归系数为97.6%，但是，碱浓度的确定可能仅根据一种测试方法来得出，在这样的限制下，本测试方法无法给出已知的偏差来确定其真实值。

10. 注释

10.1 资料ACGIH获取。地址：Publications Office，Kemper Woods Center，1330 Kemper Meadow Dr.，Cincinnati OH 45240，电话：+1.513.742.2020；网址：www.acgih.org。

10.2 很多实验室试剂制造商都提供已经配置好的或一定浓度的标定后的硫酸溶液、氢氧化钠和酚红指示剂，购买的标准化试剂溶液可按照实验步骤6.1.4～6.1.7检验。

10.3 为便于控制实验过程，通常用样品的重量来代替体积，这种情况下，碱含量百分数在漂白浴密度范围内可能会产生偏差，如果结果位于这两种计算方法之间，应使用样品的质量。

10.4 简化和转化。

10.4.1 如果使用0.05mol/L（0.1N）硫酸溶液，样品的质量取10.0g，则见8.1中的计算公式为：

$$\text{以氢氧化钠计的总碱量} = 0.04\text{mL}$$

10.4.2 碱度也可能不是按照氢氧化钠百分含量来测定的，为便于转化，使用0.05mol/L（0.1N）

的硫酸溶液，样品质量选用10.0g，8.1 中定义的 V 取值如下：

如果硅酸钠为 10.5% Na_2O，则 V（2.5）= 1 磅 Na_2SiO_3/100 加仑；

如果硅酸钠为 8.9% Na_2O，则 V（2.9）= 1 磅 Na_2SiO_3/100 加仑；

V（0.332）=1 磅 NaOH/100 加仑

注：1 磅=0.4536kg，1 加仑=3.7854L

10.5 资料可从 ASTM 索取。地址：100 Barr Harbor Dr.，West Conshohocken PA 19428；电话：+1.610.832.9500，传真：+1.610.832.9555；网址：www.astm.org。

AATCC TM100-2019

纺织材料抗菌整理剂的评价

1. 目的和范围

本测试法是一种定量评价抗菌活性程度的方法。纺织材料上抗菌整理剂的评价由这种材料在使用过程中所表现出的抑菌活性（抗菌活性）程度决定。如果仅是测定抑菌活性（抑制繁殖），则可采用定性评价程序，它通过与未经整理，无抗菌活性的试样对比表明其抗菌活性。但如果要测定杀菌活性，则需进行定量评价。定量评价也为如何使用这种整理后的纺织材料提供了更加详细的说明。

2. 原理

本测试方法通过直接与未经处理的试样作对照，提供了被测面料暴露在试验菌种中 24h 后，抗菌性能的定量比较和评价方法。经接种后，试样和对照样的细菌被洗脱，计算试样降低细菌活性的百分率。

3. 术语

3.1 活性：抗菌整理剂效果的度量。

3.2 抗菌剂：任何能够杀死细菌（杀菌剂）或抑制细菌活性、生长、繁殖（抑菌剂）的化学物质。

4. 安全和预防措施

4.1 本部分有助于测试，但未指出所有可能的安全问题。

4.2 在本测试方法中，使用者在处理材料时有责任参考适用的安全数据表，采用安全和适当的技术，穿戴适当的个人防护装备。

4.3 使用者务必向制造商咨询有关材料的详尽信息，如材料的安全参数和其他制造商的建议；务必遵守所有的健康和安全法规（如美国职业安全卫生管理局 OSHA 的标准和规定）。

4.4 本测试只能由受过训练的人员操作。参阅美国健康与社会服务部出版的《微生物和生物化学实验室的生物安全》（见 13.1）。

4.5 警告：本测试中所用的某些微生物具有过敏性和致病性，可能使人感染和致病。因此，应采取一切必要和合理的措施，消除实验室以及相关环境中人员的这种风险。应穿着防护服，佩戴呼吸器和防渗透手套，防止细菌侵入。

4.6 所有被污染的样品和测试材料必须经过消毒灭菌后才能丢弃。

5. 试验细菌

5.1 金黄色葡萄球菌（Staphylococcus aureus），ATCC 6538，革兰氏阳性菌，CIP 4.83，DSM 799，NBRC 13276，NCIMB 9518 或等价物（见 13.2 和 13.3）。

5.2 肺炎杆菌（Klebsiella pneumoniae），ATCC 4352，革兰氏阴性菌，CIP 104216，DSM 789，NBRC 13277，NCIMB 10341 或等价物（见 13.2 和 13.3）。

5.3 根据试样的最终用途，也可使用其他合适的菌种。

6. 材料、培养基和试剂

6.1 培养基和试剂。适用的肉汤/琼脂培养基包括：

6.1.1 营养肉汤/琼脂。

6.1.2 大豆蛋白肉汤/琼脂。

6.1.3 无菌蒸馏水或去离子水。

6.1.4 聚乙二醇辛基苯基醚 Triton X－100。

6.1.5 中和肉汤：卵磷脂（Letheen）肉汤：Dey Engley 肉汤或其他适合抗菌测试所需的肉汤。

6.1.6 悬浮培养基，1:20（5%）营养肉汤或大豆蛋白肉汤＋0.05%卵磷脂（Letheen）肉汤。用含有0.05% Triton X－100 的蒸馏水或去离子水将营养肉汤（TSB）稀释为1:20。在121℃±2℃下高压灭菌。如果制备后未立即使用，需储存在5～10℃温度下。

6.2 材料。

6.2.1 恒温培养箱，温度保持在37℃±2℃（99℉±4℉）。

6.2.2 接种环。

6.2.3 本生灯或其他相似设施。

6.2.4 水浴锅，温度保持在45～50℃（113～122℉）。

6.2.5 吸液管和吸头，10～1000μL 移液管和合适的吸头。

6.2.6 无旋盖的培养管，最小容量10mL。

6.2.7 有盖培养皿，直径100mm×深度15mm，无菌的。

6.2.8 镊子，无菌的。

6.2.9 立体显微镜，最小40倍放大率。

6.2.10 直尺。

6.2.11 分析天平，能够测量10.0g±0.1g。

6.2.12 容量为150mL左右的带旋盖的无菌标本容器。

6.2.13 试验手套，丁腈手套或其他。

6.2.14 涡流搅拌器。

6.2.15 蒸汽灭菌器或高压灭菌器。

6.2.16 活性控制织物（见13.4）。

7. 细菌接种物的制备

7.1 在进行测试之前，在37℃±2℃和150～250r/min 的大豆蛋白肉汤或营养肉汤中振荡培养新鲜的18h培养物。这些培养物应来自单个菌落，该菌落选自原种培养板或在琼脂斜面上生长。新鲜的原种盘应该每周生长一次。

7.2 然后，根据估计的细菌浓度，将每种18h的振荡培养物用悬浮培养基（6.1.6）稀释，以获得1.0×10^5～3.0×10^5CFU/mL 的细菌浓度。这些悬浮液用作测试接种物。测试接种物应在2h内制备使用，细菌浓度应通过适当的计数方法进行验证。

8. 测试样品

8.1 准备。以下描述是针对试样的，没有形成纺织品的纺织材料在合适的定形之后也可以作为测试样。

8.1.1 测试样的大小和形状。从测试织物上剪取直径为4.8cm±0.1cm（1.9英寸±0.03英寸）的或边长为（3.8±0.1）cm×（3.8±0.1）cm 的方形试样。所使用的试样量应为1.0±0.1g，将试样放在带有旋盖或其他合适的密闭无菌试样容器中。试样的数量取决于纤维的类型和织物的组织结构，试样的使用个数应在报告中注明。

8.1.2 未经处理的对照样。如果使用10.2中概述的公式计算减少百分比，则需要与试样的纤维组成或组织结构相同的但未经过抗菌整理的样品。

8.1.3 活性控制样。需要可行性控制织物，且应该显示10.4中定义的>1log 细菌生长。

8.1.4 测试前，不应对试样进行灭菌。如果进行灭菌，则必须在测试报告中注明灭菌的方法和原因。

9. 试验步骤

每块试样的接种菌液量。取1.0mL±0.1mL。可行性控制织物和测试样在“0”接触时间（接种后迅速涂平板）回收的细菌数量为1×10^5～3×10^5个。

9.1 接种后（“0”接触时间），立即分别向各个装有已接种的未经抗菌整理的控制样、已接种的经过抗菌整理的试样和未接种的经过抗菌整理的试样的瓶中加入 100mL ± 1mL 的中和溶液。

9.2 中和溶液应含有中和特殊抗菌织物整理的成分，同时考虑织物（整理剂、抗菌剂等）对 pH 的任何需求。应报告所用的中和液（见 12.7）。

9.3 用力振荡瓶 1min。用蒸馏水进行连续稀释，并在营养（或合适的）琼脂上涂平板（两个平行样）；通常进行 10^0、10^1、10^2 倍的稀释。

9.4 接触期培养。在 37℃ ±2℃（99℉ ±3℉）条件下培养装有已接种的未经抗菌整理的控制样的瓶和已接种经过抗菌整理的试样的瓶 24h。类似的瓶也可培养其他时长（如：1h 或 6h），以获得在此接触期内抗菌整理的杀菌活性。

9.5 可行性对照试样和测试试样的取样。培养后，分别取 100mL ± 1mL 的中和溶液加进装有对照样和整理过的试样的瓶中。用力振荡瓶 1min。进行连续稀释，并在营养琼脂培养基上涂平板（两个平行样）；通常对经整理的试样进行 10^0、10^1、10^2 倍的稀释。因为培养周期的不同，可行性对照样和未经抗菌整理的控制样可能要进行 10^3 和 10^4 倍数的稀释。

9.6 将所有平板在 37℃ ±2℃（99℉ ±3℉）下培养 24 ~ 48h。

10. 计算

10.1 报告的菌落数为每个试样的细菌数，而不是每毫升中和溶液中所含的细菌数。当稀释倍数为 10^0 的菌落数为 0 时，报告中表示为“小于 100”。

10.2 使用公式 1 计算试样经抗菌整理后的细菌减少百分率：

$$R = \frac{B - A}{B} \times 100\% \qquad \text{（公式 1）}$$

式中：R——减少率，%；

A——瓶中经抗菌整理的试样接种，24h 接触培养后回收得到细菌数。

B——瓶中未经抗菌整理的试样接种，24h 接触培养后回收得到细菌数。

10.3 如果未经抗菌整理的控制样不存在，则可以用公式 2。

$$R = \frac{C - A}{C} \times 100\% \qquad \text{（公式 2）}$$

式中：C——瓶中测试样接种后立即回收（“0”接触时间）得到的细菌数。

10.4 试验有效性判断：

10.4.1 未接种的试样回收得到“0”个菌落；

10.4.2 接种的可行性控制试样定期接触培养回收后得到的细菌数比未整理的试样“0”接触时间（接种后立即洗脱）后回收得到的细菌数有明显增加≥1log。

11. 报告

11.1 报告试样经抗菌整理后的每个试验菌种的细菌减少百分率。报告应包括使用的计算方法。

11.2 通过测试的标准由协议双方确定。

11.3 测试中使用的所有变量和材料，包括样品尺寸、灭菌和方法、使用的介质、使用的中和剂以及稀释培养基。

12. 精确度和偏差

尚未确定此测试方法的精度。在明确精度之前，使用此方法测试材料时应格外小心。在大多数情况下，人们普遍接受使用标准统计技术对实验室内或实验室间平均值进行测试结果的比较。

13. 注释和引用文献

13.1 出版物可从 U. S. Department of health and Human Services CDC/NIH - HHS 获取；出版号（CDC）84 - 8395；网址 www. hhs. gov。

13.2 美国典型微生物菌种保藏中心（ATCC）地址：P. O. 1549，Mnassas VA 20108；电话：

+1.703.365.2700；传真：+1.703.365.2701；网址：www.atcc.org。CIP 为法国巴斯德研究所保藏中心，DSM 为德国微生物和细胞培养物保藏中心，NBRC 为日本技术评价研究所生物资源中心，NCIMB 为英国国家工业微生物菌保藏中心，CUG 为瑞典哥德堡菌种保藏大学。经由利益相关方商议，可选用世界培养物保藏联合会（WFCC）的同等菌种。试验使用的菌种应由有溯源文件。

13.3 为确保测试的一致性和准确性，需保证储藏的测试用培养物纯净、无染菌和突变。在接种和转种过程中应采用良好的无菌技术，避免污染；严格坚持每月对保藏培养物转种，防止突变；定期对平板画线，观察具有典型特征的单个菌落，检查菌种的纯度。

13.4 已经确定了一种合适的可行性控制织物，已知该织物在此标准方法的条件下显示出 > 1log 的增长，可以通过国际抗菌理事会（www.amcouncil.org）购买。

14. 历史

14.1 最近修订于 2019 年，删除了一些导致用户混淆的问题。通过定义参数来减少歧义，包括用于未处理的可行性控制试样，接种培养基中营养物的浓度，接种菌液制备，试样制备，样品灭菌和最终测试报告内容。

14.2 2012 年修订，2010 年、2009 年编辑修订，2008 年重新审定，2004 年编辑修订并重新审定，1999 年修订，1998 年重新审定，1993 年修订，1989 年重新审定，1988 年修订（更改标题），1986 年编辑修订并重新审定，1985 年进行编辑修订，1981 年修订，1977 年重新审定，1974 年、1971 年、1969 年进行了编辑修订，1965 年修订。

14.3 AATCC RA31 技术委员会在 1961 年制定。

AATCC TM101-2019

过氧化氢漂白色牢度

1. 目的和范围

本测试方法用于评定各种类型（除含聚酰胺纤维以外）的纺织品耐过氧化氢漂白作用的色牢度。在漂白液中过氧化氢的浓度与纺织品加工过程中的过氧化氢浓度相同。

2. 原理

试样和规定的白色织物结合在一起形成组合试样，组合试样浸入漂白溶液中，漂洗后干燥。评定试样的变色以及贴衬织物的沾色。

3. 术语

色牢度：材料在加工、检测、储存或使用过程中，暴露在可能遇到的任何环境下，抵抗颜色变化和/或颜色向相邻材料转移的能力。

4. 安全和预防措施

本安全和预防措施仅供参考。本部分有助于测试，但未指出所有可能的安全问题。在本测试方法中，使用者在处理材料时有责任采用安全和适当的技术；务必向制造商咨询有关材料的详尽信息，如材料的安全参数和其他制造商的建议；务必向美国职业安全卫生管理局（OSHA）咨询并遵守其所有标准和规定。

4.1 遵守良好的实验室规定，在所有的试验区域应佩戴防护眼镜。

4.2 在漂白浴液的制备过程中，处理过氧化氢（35%）和氢氧化钠浓溶液时，应使用适当的个人防护设备。涉及以上材料的准备时，应佩戴化学防护眼镜或面罩、橡胶手套和橡胶围裙。

4.3 在附近安装洗眼器、安全喷淋装置以备急用。

4.4 处理热的试样试管时采用适当的防护设备，如手套和金属夹钳。

4.5 本测试法中，人体与化学物质的接触限度不得高于官方的限定值［例如，美国职业安全卫生管理局（OSHA）允许的暴露极限值（PEL），参见1989年1月1日实施的29 CFR 1910.1000］。此外，美国政府工业卫生师协会（ACGIH）的阈限值（TLVs）由时间加权平均数（TLV - TWA）、短期暴露极限（TLV - STEL）和最高极限（TLV - C）组成，建议将其作为人体在空气污染物中暴露的基本准则并遵守（见12.1）。

5. 仪器和材料（见12.2）

5.1 试管或烧杯，直径和长度适合于试样卷，并且保证试样能被漂白溶液浸没。

5.2 适合的漂白浴组分见表1。

5.3 两块白色贴衬织物，每块的尺寸为10.2cm×3.8cm（4.0英寸×1.5英寸）。第一块贴衬织物中的纤维与待测织物中的纤维相同，第二块贴衬织物的纤维见表2。白色的多纤维贴衬织物（见12.3）可用来代替第二块白色贴衬织物。

5.4 变色灰卡（AATCC EP1，见12.7）。

5.5 沾色灰卡（AATCC EP2，见12.7）。

5.6 AATCC 9级沾色彩卡（AATCC EP8，见12.7）。

6. 试样准备

6.1 若待测纺织品为织物，取一块尺寸为10.2cm×3.8cm（4.0英寸×1.5英寸）的试样，将试样夹在两块白色贴衬织物中间，然后将四边缝合，制成组合试样（见表2）。

表1 漂白溶液的组成及使用条件

条　　件	试验1（羊毛）	试验2（蚕丝）	试验3（棉）	试验4（棉）
	每升蒸馏水所需要的量			
过氧化氢（35%）①	15.4mL（17.5g）	8.8mL（10.0g）	8.8mL（10.0g）	8.8mL（10.0g）
硅酸钠（42°Bé）②		5.1mL（7.2g）	4.2mL（6.0g）	7.0mL（10.0g）
焦磷酸钠③	5.0g			
氢氧化钠④			0.5g	0.5g
润湿剂⑤			2.0mL	
pH（最初）⑥	9.0～9.5	10.5	10.5	10.5
时间	2h	1h	2h	1h
温度	49℃（120℉）	82℃（180℉）	88℃（190℉）	100℃（212℉）
浴比	30:1	30:1	30:1	1:1

① 质量百分比。

② 42°Bé，SiO_2:Na_2O=2.5:1，10.6% Na_2O，26.0% SiO_2。

③ $Na_4P_2O_7 \cdot 10H_2O$。

④ 化学纯。

⑤ 双硫化蓖麻油。

⑥ 如果需要，用氢氧化钠调节。

表2 贴衬织物的选择

第一块	第二块
羊毛，丝，亚麻，黏胶纤维	棉布或多纤维贴衬织物
棉，醋纤	黏纤或多纤维贴衬织物（见12.3）

6.2 若待测纺织品为纱线，将纱线编织织物，制成与6.1中样品大小相同的样品或在两块贴衬织物中间平铺一层平行长度相同的待测纱线，然后将四边缝合以固定纱线。

6.3 若待测纺织品为纤维，将纤维梳压成一块大小为10.2cm×3.8cm（4.0英寸×1.5英寸）的小片，然后将其夹在两块贴衬织物之间，缝合四边，制成组合试样。

7. 操作程序（见12.4）

7.1 对于试验1、试验2和试验3，将待测组合试样沿长边松松地卷成卷，并放入试管内，将试样浸入适当的漂白溶液中，浸泡温度和时间见表1。

7.2 对于试验4，将组合试样在漂白溶液中浸泡到其自身重量的100%饱和（见表1），然后将试样沿长边卷起，并放入99～101℃（210～214℉）的饱和蒸汽（见12.5）中1h。

7.3 取出组合试样，再用流动的冷自来水漂洗10min，然后挤干。拆开组合试样的两个长边和一个短边缝线，展开试样，使试样的三个部分仅由一条缝线连接，然后在不高于60℃（140℉）的温度中干燥。

8. 变色的评定方法（色光和强度）

使用《变色灰卡评定程序》（AATCC EP1）或AATCC EP7《仪器评定试样变色》评定试样的

变色。记录与灰卡颜色最接近的级数。为提高测试精确度和准确性，评级人员应为一人以上。

9. 沾色的评价方法

用《沾色灰卡评定程序》（AATCC EP2）、《AATCC 9 级沾色彩卡》（AATCC EP8）或《仪器评定沾色程度的方法》（AATCC EP12）评价织物的沾色。记录与所用评级卡颜色最接近的级数（见 12.6）。所用评级卡应在报告中注明。

10. 报告

对测试中所使用的每种白色纤维布应报告如下内容：使用的漂白液（表 1 中的试验号）；变色级数；沾色级数；使用的评级卡（AATCC EP2，EP8，EP12）。

11. 精确度与偏差

11.1 精确度。2000 年一个实验员在一个实验室内完成此项研究。

11.1.1 测试试样含有六块织物，每种三块。按照表 1 所示漂白方案、试验条件、使用仪器评估每种试样的变色和沾色程度。

11.1.2 实验室内标准误差及样本方差见表 3，AATCC 技术中心档案中有数据记载。

11.2 偏差。耐过氧化氢漂白色牢度只能根据某一实验方法予以明确，没有单独的方法用以确定准确数值。作为一种估计这一性质的手段，本测试方法没有已知的偏差。

12. 注释

12.1 资料索取地址：Publications Office，ACGIH，Kemper Woods Center，1330 Kemper Meadow Dr.，Cincinnati OH 45240，电话：+1.513.742.2020；网址：www.acgih.org。

12.2 有关适合测试方法的设备信息，请登录 http://www.aatcc.org/bg。AATCC 提供其企业会员单位所能提供的设备和材料清单。但 AATCC 没有给其授权，或以任何方式批准、认可或证明清单上的任何设备或材料符合测试方法的要求。

12.3 白色贴衬织物的要求：平纹、中等重量、未整理、无残留化学物质和没有化学损伤的纤维。棉和麻织物应经漂白，其他纤维的织物要清洗到通常的白度。一块白色多纤维贴衬织物可代替第二块单纤维贴衬织物。

12.4 根据纤维的使用情况，从表 1 中选择最合适的条件。例如，染色蚕丝用于粗纺毛织物或精纺毛织物的花纹纱，评定色牢度时采用羊毛的试验

表 3 实验室内标准误差及样本方差

样品识别	测试参数	均 值	标准差	标准误差	样本方差	临界方差
棕色羊毛（试验 1）	变色	3.00	0	0	0	0
	沾色	4.17	0.29	0.17	0.08	0.50
	多纤维沾色					
	醋纤	4.17	0.58	0.33	0.33	1.01
	棉	4.67	0.29	0.17	0.08	0.50
	锦纶	3.33	0.58	0.33	0.33	1.01
	涤纶	4.67	0.29	0.17	0.08	0.50
	腈纶	5.00	0	0	0	0
	羊毛	3.67	0.29	0.17	0.08	0.50

续表

样品识别	测试参数	均　值	标准差	标准误差	样本方差	临界方差
绿色羊毛（试验 1）	变色	2.50	0.50	0.29	0.25	0.87
	沾色	1.67	0.29	0.17	0.08	0.50
	多纤维沾色					
	醋纤	3.33	0.29	0.17	0.08	0.50
	棉	3.33	0.29	0.17	0.08	0.50
	锦纶	2.00	0	0	0	0
	涤纶	4.50	0.50	0.29	0.25	0.87
	腈纶	4.17	0.29	0.17	0.08	0.50
	羊毛	3.50	0.87	0.50	0.75	1.51
红色蚕丝（试验 2）	变色	3.17	0.29	0.17	0.08	0.50
	沾色	2.00	0	0	0	0
	多纤维沾色					
	醋纤	1.67	0.29	0.17	0.08	0.50
	棉	3.33	0.58	0.33	0.33	1.01
	锦纶	1.67	0.29	0.17	0.08	0.50
	涤纶	2.83	0.29	0.17	0.08	0.50
	腈纶	4.33	0.29	0.17	0.08	0.50
	羊毛	2.50	0	0	0	0
蓝色蚕丝（试验 2）	变色	2.00	0	0	0	0
	沾色	4.67	0.29	0.17	0.08	0.50
	多纤维沾色					
	醋纤	5.00	0	0	0	0
	棉	4.50	0.87	0.50	0.75	1.51
	锦纶	5.00	0	0	0	0
	涤纶	5.00	0	0	0	0
	腈纶	5.00	0	0	0	0
	羊毛	4.33	0.29	0.17	0.08	0.50
紫色棉（试验 3）	变色	3.83	0.29	0.17	0.08	0.50
	沾色	4.67	0.29	0.17	0.08	0.50
	多纤维沾色					
	醋纤	4.33	0.29	0.17	0.08	0.50
	棉	4.67	0.29	0.17	0.08	0.50
	锦纶	4.50	0	0	0	0
	涤纶	4.50	0	0	0	0
	腈纶	4.50	0	0	0	0
	羊毛	3.50	0	0	0	0

续表

样品识别	测试参数	均 值	标准差	标准误差	样本方差	临界方差
灰色棉（试验3）	变色	3.67	0.29	0.17	0.08	0.50
	沾色	5.00	0	0	0	0
	多纤维沾色					
	醋纤	4.50	0	0	0	0
	棉	4.83	0.29	0.17	0.08	0.50
	锦纶	4.67	0.29	0.17	0.08	0.50
	涤纶	4.50	0	0	0	0
	腈纶	4.50	0	0	0	0
	羊毛	3.50	0	0	0	0

注 由于实验间测试在少于五个实验室进行，标准误差和样本方差会在很大程度上高估或低估，要谨慎运用。以上数值应作为精确度的最小数据，目前还没有建立适当的置信水平。

方法；染色蚕丝用于蚕丝织物中花纹线，评定色牢度时采用蚕丝的试验方法。

12.5 可以通过以下方法制取饱和水蒸气：将约20mL水放入一配有扩张玻璃棒的试管底部，玻璃棒应足够长，可始终保持试样位于水面之上。加热至试管充分沸腾，使用回流冷凝器保持液体量不变。将一小片表面玻璃倒置在试样之上，防止冷凝器形成的水滴直接滴在试样上。

12.6 对于非常关键的评定和仲裁情况时，用沾色灰卡对沾色评级。

12.7 可从 AATCC 获取，地址：P. O. Box 12215, Research Triangle Park NC 27709；电话：+1.919.549.8141；电子邮箱：ordering@aatcc.org；网址：www.aatcc.org。

13. 历史

13.1 2019 年修订，使其与 AATCC 格式保持统一。

13.2 2013 年重新审定，2010 年编辑修订，2009 年编辑修订和重新审定，2008 年编辑修订，2004 年修订，2002 年、2001 年编辑修订，1999 年重新审定，1995 年编辑修订，1994 年编辑修订和重新审定（名称变更），1989 年编辑修订和重新审定，1987 年、1985 年编辑修订，1984 年、1979 年、1975 年重新审定，1972 年、1968 年、1963 年修订。

13.3 AATCC RA34 技术委员会于 1961 年制定。

AATCC TM102-1997e(2016)e

高锰酸钾滴定法测定过氧化氢

AATCC RA34 技术委员会于 1957 年制定；1962 年、1968 年、1972 年、1975 年、1979 年、2002 年、2007 年、2012 年、2016 年重新审定；1983 年、2010 年、2019 年编辑修订（更换标题）；1985 年、1992 年编辑修订并重新审定；1987 年（再次更换标题）、1997 年再次修订。

---

1. 目的和范围

本测试方法测定水溶液中过氧化氢（H_2O_2）的浓度，尤其适用于织物漂白过程中过氧化氢水溶液的测定。

2. 原理

样品经硫酸酸化后用高锰酸钾标准溶液滴定，由达到滴定终点时所消耗的高锰酸钾标准溶液的体积和其当量浓度计算过氧化氢的浓度。

3. 术语

漂白：通过氧化或还原化学处理，除去织物上有色物质的加工工艺。

4. 安全和预防措施

本安全和预防措施仅供参考。本部分有助于测试，但未指出所有可能的安全问题。在本测试方法中，使用者在处理材料时有责任采用安全和适当的技术；务必向制造商咨询有关材料的详尽信息，如材料的安全参数和其他制造商的建议；务必向美国职业安全卫生管理局（OSHA）咨询并遵守其所有标准和规定。

4.1 遵守良好的实验室规定，在所有的试验区域应佩戴防护眼镜。

4.2 所有化学物品应当谨慎使用和处理。草酸钠、高锰酸钾和硫酸等试剂具有腐蚀性，稀释纯或浓的试剂时，请佩戴防化眼镜或面罩、防护手套和防护围裙。切记：永远是酸加于水中。

4.3 在附近安装洗眼器、安全喷淋装置以备急用。

4.4 本测试法中，人体与化学物质的接触限度不得高于官方的限定值［例如，美国职业安全卫生管理局（OSHA）允许的暴露极限值（PEL），参见 1989 年 1 月 1 日实施的 29 CFR 1910.1000］。此外，美国政府工业卫生师协会（ACGIH）的阈限值（TLVs）由时间加权平均数（TLV－TWA）、短期暴露极限（TLV－STEL）和最高极限（TLV－C）组成，建议将其作为人体在空气污染物中暴露的基本准则并遵守（见 11.1）。

5. 仪器

5.1 过滤漏斗：烧结玻璃制，微孔，250mL。

5.2 过滤瓶：2000mL。

6. 试剂

6.1 草酸钠（$Na_2C_2O_4$）晶体，化学纯。

6.2 硫酸（H_2SO_4），95%～98%。

6.3 高锰酸钾（$KMnO_4$），晶体。

7. 试剂制备

7.1 0.050mol/L（0.100N）草酸钠标准溶液。

7.1.1 在烘箱中将至少 7g 草酸钠烘干。烘干温度105℃ ±1℃，烘干时间4h；然后，在干燥器内冷却。

7.1.2 称量6.7000g ±0.0002g 草酸钠（见7.1.1），在70℃ ±10℃下溶解于250～300mL蒸馏水或者去离子水中。

7.1.3 上述草酸钠溶液冷却后，定量转移溶液到1L的容量瓶内并盖上盖子；至少静置12h，然后用蒸馏水或者去离子水稀释至刻度。

7.2 体积浓度约为20%的硫酸溶液（见4）。

7.2.1 搅拌下，缓慢地将95%～98%的硫酸200mL添加至800mL水中，将溶液冷却到20℃ ±2℃。

7.2.2 加水到1L。

7.3 0.1176mol/L（0.588N）高锰酸钾标准溶液配制（见11.2）。

7.3.1 称量18.6g ±0.1g 高锰酸钾，加至900mL水中。

7.3.2 沸煮溶液15min，然后冷却。

7.3.3 用过滤漏斗（见5.1）将溶液过滤到1L的容量瓶内，用水稀释到刻度。

7.3.4 储存高锰酸钾溶液于褐色瓶中或保存在避光处。

7.4 标定0.1176mol/L（0.588N）的高锰酸钾溶液，按以下方法重复标定三次。

7.4.1 用移液管移取0.050mol/L（0.100N）的草酸钠溶液100mL到250mL的锥形瓶内，加入20%的硫酸10mL ±1mL。

7.4.2 加热草酸溶液至沸腾。从热源上取下溶液，立即用待标定的高锰酸钾溶液滴定，在滴定开始和接近终点时应逐滴缓慢加入。滴定终点显示为持久的浅弱粉红色。

7.4.3 用下面的公式计算 $KMnO_4$ 当量浓度 N_k，精确到0.001。

$$N_k = \frac{V_0 \times N_0}{V_k}$$

式中：V_0——使用的草酸钠溶液的体积，mL；

N_0——草酸钠溶液的当量浓度；

V_k——消耗的高锰酸钾溶液体积，mL。

7.4.4 求出三次浓度测定结果的平均值，并使用该平均值进行所有计算。

8. 操作程序

8.1 称量10g ±0.1g H_2O_2水溶液样品置于250mL的烧瓶内（见11.3）。

8.2 加入20mL ±1mL，20%的硫酸（见7.2）至烧瓶中，并小心摇晃或搅拌，使瓶内物质充分混合。

8.3 用标定过的高锰酸钾溶液滴定 H_2O_2水溶液（见7.3和7.4），滴定到溶液出现浅粉红色，并且至少30s内不褪色为止。记录下所消耗的滴定液体积 V_t，单位为mL。

如果所消耗的滴定液少于2mL，则需用已标定的低当量浓度的高锰酸钾标准溶液重新滴定，或者称取质量比较多的样品重新滴定。

8.4 滴定一个空白样品，并记录下所消耗的滴定液体积 V_b，单位为mL。

9. 计算

9.1 用下面公式计算 H_2O_2水溶液中 H_2O_2的浓度，以百分数表示，并精确到0.01%。

假定配制 H_2O_2水溶液时所用 H_2O_2原料的浓度为100%，则：

$$H_2O_2\text{的浓度} = \frac{N_t\ (V_t - V_b)\ \times 0.017 \times 100}{W_s}$$

式中：N_t——滴定液的当量浓度；

V_t——消耗的滴定液体积，mL；

V_b——空白试验中消耗的滴定液体积，mL；

W_s——样品的质量，g。

9.2 如果用0.1176mol/L（0.588N）的高锰酸钾标准溶液进行滴定，并且称取样品（假定 H_2O_2原料的浓度为100%）质量为10g，则上式可简化为：

$$H_2O_2\text{的浓度} = 0.1\ (V_t - V_b)$$

7.2 碘化钾。

7.3 磷酸二氢钾（一元碱）。

7.4 磷酸氢二钠（二元碱）。

7.5 默克牌线性淀粉。

8. 试剂制备

8.1 试样制备。

8.1.1 根据表1，选择不同α－淀粉酶含量的样品稀释到10mL，使得糊精化时间在15～35min内。干样品常含有不溶性物质，但是可不用过滤溶液。

8.1.2 表1给出了不同α－淀粉酶含量样品的重量，如果样品的α－淀粉酶含量处于两个重量范围中间，首选重量较大的值，这样糊精化时间较长，测试更容易，测量结果也更准确。

表1 样品重量参照表

α－淀粉酶含量（BAU/g）	每10mL最终稀释液中样品含量（mg）
70～250	200
125～500	100
300～900	50
600～1800	25
1000～4000	10
3000～9000	5
6000～18000	2.5
12500～50000	1

8.1.3 由于相对密度通常大于1.0，液态产品应称重。

8.1.4 在任何情况下，样品的称量都必须足量，尽可能减小称量误差。如果有必要，可将测试试样进行二次稀释。

8.2 碘溶液的储存。

8.2.1 使用玻璃称量瓶称量5.5g试剂级的碘晶体，加水溶解，再将11g试剂级碘化钾溶于最少量的水（10～12mL）中，完全溶解后，稀释到250mL。

8.2.2 将配制好的溶液保存棕色玻璃塞瓶内，并储存在冰箱中，使用期为三个月。

8.3 碘溶液的稀释。

8.3.1 取2.0mL配制好的碘溶液和20g试剂级的碘化钾溶解于水中，稀释到500mL。

8.3.2 稀释的碘溶液可以在冰箱中储存，使用期限为一周，30℃±1℃（86℉±2℉）以下使用（见9.1）。

8.4 缓冲溶液，pH为6.6。

8.4.1 溶液A。将9.078g磷酸二氢钾溶解于水，稀释到1L。

8.4.2 溶液B。将9.472g磷酸氢二钠溶解于水，稀释到1L。

8.4.3 将600mL溶液A和400mL溶液B混合，可制得pH为6.6的缓冲溶液。

8.5 缓冲淀粉。

8.5.1 将20g默克牌线性淀粉（见7.5）（特别适用于测定糖化力）在103～104℃（217～219℉）下干燥3h，测定淀粉的干重。在干燥器中冷却后，称量并继续干燥至恒重，称量干重后可计算出失重。

8.5.2 根据8.5.1计算相当于10.00g干重淀粉的重量，配制500mL淀粉溶液。

8.5.3 淀粉应保存在密封的容器内，不能暴露在湿度变化较大的环境中。

8.5.4 准确地把10.00g（干重）默克牌线性淀粉转移到带有搅拌棒的1L烧杯中，烧杯中含有300mL沸水，剧烈搅拌，等再次沸腾后，继续搅拌并沸煮3min。

8.5.5 将1L烧杯转移到冷水浴中，持续搅拌，避免表面成膜（表面脱水），冷却至室温。

8.5.6 将上述冷却后的淀粉溶液定量转移到500mL的容量瓶内，使用少量的水完成转移过程。

8.5.7 加入10mL、pH为6.6的缓冲溶液，

并稀释到容量瓶刻度。

8.5.8 用标准 pH 计测定淀粉溶液的 pH。

8.5.9 淀粉溶液中不能有结块或者成膜，每天需要重新配制，即使淀粉溶液中含有极少量的酶污物，也不能再使用。

9. 操作程序

9.1 在一系列试管中加入 5.0mL 碘稀释溶液，调整水浴的温度为 30℃ ±1℃（86℉ ±2℉）。

9.2 将 20.0mL 缓冲淀粉溶液转移到 50mL 的锥形瓶中（或同类的有铅环便于称量的烧瓶）并盖上塞子，放置到 30℃ ±1℃（86℉ ±2℉）水浴中 15min，使烧瓶内的温度一致。

9.3 将新制备的样品溶液按照上述步骤调节温度，用快速移液管加入 10mL 淀粉酶溶液，并开始计时。移液管控水后，塞紧盖子，剧烈摇晃烧瓶，使溶液充分混合。

9.4 在合适的时间内，向 5mL、30℃ ±1℃（86℉ ±2℉）的稀碘溶液中缓慢添加 1mL（用带有棉塞的移液管）淀粉水解混合物，摇晃至完全混合后，转移到 13mm 的精密比色管中，在 Hellige 比色仪内与标准的 α-淀粉酶颜色盘对比，完成对比之后，排空比色管，快速甩干使管内液体尽可能少。比色管还可以用于后续测试。

9.5 在反应开始阶段，在加入稀释后的碘溶液之前，样品不用精确到 1mL，随着接近终点，添加量必须准确。移液管内的溶液要吹进稀碘溶液中，使测量精确。

9.6 在达到终点前后，应每隔 0.5min 取一次样。如果两个样品在 0.5min 间隔内，显示一个比标准颜色深暗，另一个比标准颜色浅，则记录终点应为这两次间隔的中间，即精确到 1/4min。

9.7 应小心操作以避免 1mL 水解产物的移液管与稀释后的碘溶液接触。如果将碘带入，会干扰淀粉酶的水解反应。

10. 计算

10.1 用下面公式计算样品中 α-淀粉酶的含量。

$$\text{BAU} = 40 \times \frac{F}{T}$$

式中：BAU——每克样品中细菌淀粉酶单位；

F——稀释因子（总的稀释体积/样品重量）；

T——糊精化时间，min。

10.2 公式说明（见 13.1）。

10.3 前面所述的公式来源于如下：

（1）BAU 定义为 1min 内使 1mg 淀粉糊精化所需要淀粉酶的量；

（2）通常采用糊精化 400mg 淀粉（20mL、2% 的溶液）与 10mL 的淀粉酶溶液之比表示，即：

$$\text{BAU} = \frac{400}{T} \times \frac{F}{10} = 40 \times \frac{F}{T}$$

10.4 计算示例。

10.4.1 如果假定被测样品的 BAU 是 800，按表 1，在最终稀释液中，每 10mL 含有 25mg 淀粉酶样品。因此，应该称出 2.5g 样品，并稀释到 1000mL，则稀释因子 F 为：

$$F = \frac{\text{总的稀释体积}}{\text{样品重量}} = \frac{1000}{2.5} = 400$$

10.4.2 如果糊精化时间是 20min，则 BAU 为：

$$\text{BAU} = \frac{40F}{T} = 40 \times \frac{400}{20} = \frac{16000}{20} = 800$$

10.4.3 如果 BAU 不在预计范围内，习惯上应进行重新测试，包括重新制备各种样品。应检查试液制备的过程，该过程中的错误可能会导致错误的 BAU 值。

11. 报告

报告样品的细菌淀粉酶含量，以每克细菌淀粉酶单位（BAU）计。

12. 精确度和偏差

12.1 精确度。在 95% 置信水平下，重复测试得出的平均值在真实平均数的 ±6.5% 范围内。这一信息来自实验室之间测试研究。

12.2 偏差。细菌性淀粉酶单位（BAU）的数值只能根据一种测试方法来定义，没有独立方法测定真实值。基于现有的信息，本测试方法偏差未知。

13. 注释

13.1 如果已知用于测试的材料的 BAU 的近似值或预期值，则可用选定测试时间（T）乘以预期 BAU 值然后除以 40，得出稀释因素（F），即：

$$F = \frac{T \times \mathrm{BAU}}{40}$$

13.2 资料可从 ACGIH，Publications Office 获取，地址：Kemper Woods Center，1330 Kemper Meadow Dr.，Cincinnati OH 45240，电话：+1.513.742.2020；网址：www.acgih.org。

13.3 所需的仪器，试剂或材料，可访问 www.aatcc.org/bg 网站上的 AATCC 买方指南。AATCC 为其企业会员提供了项目和服务的选项。AATCC 不授权，或以任何方式批准、认可或证明清单列表符合标准方法的要求。

13.4 光源。可以是日光或者是日光色荧光灯，不应使用白炽灯，因为白炽灯会使测定结果偏低。

13.5 所有的玻璃器皿必须清洁干净，尤其是移液管，管头极小液滴都会影响转移溶液体积的准确性。浓硫酸—重铬酸钾洗液是一种高效清洁剂，但必须通过反复冲洗才能去除。

14. 历史

14.1 2019 年修订（名称变更），使其与 AATCC 格式保持统一。

14.2 2013 年重新审定，2010 年编辑修订，2009 年重新审定，2008 年编辑修订，2004 年重新审定，1999 年修订，1994 年编辑修订和重新审定，1991 年编辑修订，1989 年编辑修订和重新审定，1986 年、1985 年编辑修订，1984 年、1979 年、1976 年、1973 年、1970 年、1965 年重新审定。

14.3 AATCC RR41 技术委员会于 1962 年制定。1987 年权限移交至 RA34 技术委员会，1993 年重回至 RR41 技术委员会。现在有 RA99 维持。

AATCC TM104-2010 (2014) e2

耐水斑色牢度

AATCC RA23 技术委员会于 1962 年制定；1966 年、1969 年、1972 年、1975 年、1978 年、1988 年、1989 年、1999 年重新审定；1981 年、1983 年、1994 年、2004 年、2014 年编辑修订并重新审定；2010 年修订。2019 年编辑修订技术上等效于 ISO 105 - E07。

1. 目的和范围

1.1 本测试方法用于评定染色、印花及其他有色纺织品的耐水斑色牢度。白色织物也可发生颜色变化，如泛黄现象。

1.2 本测试方法不考核该污点是否可去除。

2. 原理

测试样用蒸馏水或去离子水滴湿，评定湿态和干燥后试样的颜色变化。

3. 术语

色牢度：材料在加工、检测、储存或使用过程中，暴露在可能遇到的任何环境下，抵抗颜色变化和/或颜色向相邻材料转移的能力。

4. 安全和预防措施

本安全和预防措施仅供参考。本部分有助于测试，但未指出所有可能的安全问题。在本测试方法中，使用者在处理材料时有责任采用安全和适当的技术；务必向制造商咨询有关材料的详尽信息，如材料的安全参数和其他制造商的建议；务必向美国职业安全卫生管理局（OSHA）咨询并遵守其所有标准和规定。遵守实验室规定，在所有的试验区域应佩戴防护眼镜。

5. 仪器和材料

5.1 玻璃棒。

5.2 变色灰卡（AATCC EP1）（见 11）。

5.3 带刻度的移液管（1mL）。

5.4 蒸馏水或去离子水。

6. 试样准备

有色试样，尺寸大小约为（15.2cm ±0.4cm）×（15.2cm ±0.4cm）[（6 英寸 ±0.16 英寸）×（6 英寸 ±0.16 英寸）]。

7. 操作程序

7.1 在室温下，移液管的端头接触试样，在试样上滴 0.15mL 水。必要时，用圆头玻璃棒帮助试样上水分渗透。

7.2 润湿 2min 并在室温干燥后，用变色灰卡评定水斑周围的变色（AATCC EP1，或使用 AATCC EP7《仪器评定试样变色》）。

8. 评级

用《变色灰卡评定程序》（AATCC EP1）或 AATCC EP7《仪器评定试样变色》来评定试样颜色的变化，记录与灰卡颜色最接近的级数（见 11）。

9. 报告

9.1 报告测试用水的类型以及水的 pH。

9.2 报告试样润湿 2min 并在室温下干燥后的变色级数。

10. 精确度和偏差

10.1 精确度。本试验方法的精度还未确立，在其产生之前，应采用标准的统计方法，比较实验室内或实验室之间的测试结果平均值。

10.2 偏差。耐水斑色牢度只能根据某一实验方法予以定义，因而没有单独的方法用以确定真值。本方法作为预测这一性质的一种手段，没有已知偏差。

11. 注释

可从 AATCC 获取：地址：P. O. Box 12215，Research Triangle Park NC 27709；电话：+1. 919. 549. 8141；传真：+1. 919. 549. 8933；电子邮箱：ordering@ aatcc. org；网址：www. aatcc. org。

AATCC TM106-2009e (2013)e3

耐水色牢度：海水

AATCC RA23 技术委员会于 1962 年制定；1967 年、1968 年、1972 年、1981 年、2009 年修订；1975 年、1978 年、1989 年、2007 年重新审定；1985 年、1994 年、2001 年、2005 年、2008 年、2010 年、2016 年、2019 年编辑修订；1986 年、1991 年、1997 年、2002 年、2013 年编辑修订并重新审定。部分内容等效于 ISO 105 - E02。

1. 目的和范围

1.1 本测试方法用于测定各类染色、印花或其他有色纱线和织物的耐海水色牢度。

1.2 本测试方法中采用的是人工海水，因为天然海水成分变化大，且不容易获得。

2. 原理

试样和多纤维贴衬织物组合，在规定的温度以及时间条件下，浸泡在人造海水中，然后放于两块玻璃板或者塑料板之间，并在规定的压力和温度条件下，保持一定的时间。然后评定试样的变色及多纤维贴衬织物的沾色。

3. 术语

色牢度：材料在加工、检测、储存或使用过程中，暴露在可能遇到的任何环境下，抵抗颜色变化和/或颜色向相邻材料转移的能力。

4. 安全和预防措施

本安全和预防措施仅供参考。本部分有助于测试，但未指出所有可能的安全问题。在本测试方法中，使用者在处理材料时有责任采用安全和适当的技术；务必向制造商咨询有关材料的详尽信息，如材料的安全参数和其他制造商的建议；务必向美国职业安全卫生管理局（OSHA）咨询并遵守其所有标准和规定。

4.1 遵守良好的实验室规定，在所有的试验区域应佩戴防护眼镜。

4.2 所有化学物品应当谨慎使用和处理。

4.3 操作实验室测试仪器时，应按照制造商提供的安全建议。

4.4 遵循染轧机的安全说明，尤其是在夹持点处要确保足够的安全，切勿移动安全说明。

5. 仪器和材料（见 12.1）

5.1 耐汗渍色牢度试验仪（仪器配有塑料或玻璃板）（见 12.2）。

5.2 烘箱—对流。

5.3 多纤维贴衬织物［8mm（0.33 英寸）宽纤维条］，包含醋酯纤维、棉、锦纶、丝、黏胶纤维和羊毛，用于含有丝的试样。多纤维贴衬织物［8mm（0.33 英寸）宽纤维条］，包含醋酯纤维、棉、锦纶、聚酯纤维、腈纶和羊毛，用于不含有丝的试样。

5.4 AATCC 9 级沾色彩卡（AATCC EP8，见 12.3）。

5.5 变色灰卡（AATCC EP1）及沾色灰卡（AATCC EP2）（见 12.3）。

5.6 小轧车。

6. 试剂（人工海水）

每升溶液中含有：

氯化钠（NaCl），工业级，30g；

无水氯化镁（$MgCl_2$），5g；

用蒸馏水配制成1000mL的溶液。

7. 试样准备

7.1 如果测试样为织物，取一块尺寸为（5cm ±0.2cm）×（5cm ±0.2cm）的多纤维贴衬织物与（6cm ±0.2cm）×（6cm ±0.2cm）的试样贴合，沿一条短边缝合在一起，多纤维贴衬织物贴在试样的正面。

7.2 如果测试样为纱线或散纤维，取约相当于贴衬织物一半质量的纱线或散纤维。将其置于（5cm ±0.2cm）×（5cm ±0.2cm）的多纤维贴衬织物和（6cm ±0.2cm）×（6cm ±0.2cm）的未染色织物之间，并缝合四边。

8. 操作程序

8.1 在室温下将组合试样浸泡在试液中，偶尔搅动以确保试样充分润湿（一般的试样所需时间约15min）（见12.4）。

8.2 将试样从试液中取出，若试样的湿重大于干重的3倍，试样仅需在轧水辊（小轧车）之间通过，从而去掉多余的水分。如可能，使试样湿重为干重的2.5～3.0倍。

8.3 将组合试样放在玻璃板或塑料板之间，放入耐汗渍色牢度试验仪试样架中，调节仪器对试样施加4.5kg（10.0磅）压力（见12.2）。

8.4 在烘箱中对装有试样的汗渍架加热，温度为38℃ ±1℃（100℉ ±2℉），时间为18h。

8.5 从烘箱中取出耐汗渍色牢度仪，取下试样组合，将试样和多纤维贴衬织物拆开，如果使用未染色织物，将试样和未染色织物拆开，将多纤维贴衬织物和试样分别放在金属网上，在大气环境21℃ ±2℃（70℉ ±4℉）、相对湿度65% ±5%的条件下调湿一个晚上。

9. 变色的评级

用《变色灰卡评定程序》（AATCC EP1）或AATCC EP7《仪器评定试样变色》评定试样的变色。记录与灰卡颜色最接近的级数。

10. 沾色的评级

用《沾色灰卡评定程序》（AATCC EP2）、《AATCC 9级沾色彩卡》（AATCC EP8）或《仪器评定沾色程度的方法》（AATCC EP12）评价多纤维贴衬织物（见12.5）的沾色。记录与所使用评级卡颜色最接近的级数。报告所用的评级卡（见12.6）。

11. 精确度与偏差

11.1 精确度。本试验方法的精确度还未确立，在其产生之前，采用标准的统计方法，比较实验室内或实验室之间的试验结果的平均值。

11.2 偏差。耐海水色牢度只能根据某一实验方法予以定义，因而没有单独的方法用以确定真值。本方法作为预测这一性质的手段，没有已知偏差。

12. 注释

12.1 有关适合测试方法的设备信息，请登录http://www.aatcc.org/bg。AATCC提供其企业会员单位所能提供的设备和材料清单。但AATCC没有给其授权，或以任何方式批准、认可或证明清单上的任何设备或材料符合测试方法的要求。

12.2 水平耐汗渍色牢度试验仪器：将所有21块玻璃或塑料板都放进试样架中，而不考虑试样的数量。在最后一块玻璃或塑料板放在最上面后，将带有补偿弹簧的双板放置在规定位置。将一个3.6kg（8.0磅）的重锤放在顶端，加上压板的重量，使总重量达到4.5kg（10.0磅）。拧紧螺栓以锁住压板。取走重锤，将汗渍架侧放进烘箱，以使玻璃板或塑料板和试样竖直。

垂直耐汗渍色牢度试验仪器：玻璃板或塑料板固定在垂直位置，在刻度标尺之间，一端是固定的金属板，另一端是可移动的金属板。通过调整螺丝，移动板可向试样施加压力。当压力在刻度尺上显示为4.5kg（10.0磅）时，用固紧螺栓锁住试样架。然后将试样架从施压的部分撤出。另一试样架可以放入施压部分，重复装载程序。

12.3 可从AATCC获取：地址：P.O.Box 12215，Research Triangle Park NC 27709；电话：+1.919.549.8141；传真：+1.919.549.8933；电子邮箱：ordering@aatcc.org；网址：www.aatcc.org。

12.4 或将试样浸在室温下的测试液中，通过轧辊（小轧车），然后再浸入。若有必要，请重复，使试样彻底润湿。

12.5 根据显现出的最严重的沾色纤维评级。

12.6 对于十分关键的评定和仲裁的情况下，评级必须基于沾色灰卡。

7. 试样准备

7.1 每块剪取试样的尺寸至少为 10.0cm × 6.0cm（4.0 英寸 ×2.375 英寸）。为了接下来进行颜色比较，应将未在臭氧中暴露的试样放在密封的容器里，避光防止褪色。

7.2 如果试样是水洗过的或者干洗过的，臭氧的影响评定，应与未在臭氧中暴露的水洗或干洗后试样的颜色比较。可分别参照 AATCC 61《耐洗涤色牢度：快速法》和 AATCC 132《耐干洗色牢度》试验方法准备水洗试样或干洗试样。

8. 操作程序

8.1 将试样（见 12.3）悬挂在臭氧箱内（见 12.3）。测试仪器必须放置在室温为 18 ~ 28℃（64 ~ 82℉）、相对湿度不超过 67% 的房间中。对于参考性试验或实验室之间的比对试验，试验应在温度 21℃ ±2℃（70℉ ±4℉）及相对湿度65% ±5% 标准大气下的房间或测试箱中进行。臭氧浓度 4.5mg/kg ± 1mg/kg、4.5h ± 1h 为一个周期（见 12.5）。

8.2 一个试验周期结束后，取出结束时颜色发生变化的试样。一般情况下，对臭氧敏感的试样一个试验周期可产生可测量的颜色变化。

8.3 如有必要，再进行同样循环的试验。

9. 评级

9.1 每一循环的试验结束时，立即将试样从臭氧箱取出与保存的原样比较。

9.2 用《变色灰卡评定程序》(AATCC EP1) 或 AATCC EP7《仪器评定试样变色》评定试样的变色。记录与灰卡颜色最接近的级数，并报告试验的周期数（见 12.6）。

10. 报告

报告每个试样的变色级数、试验循环次数和试验时的温度和相对湿度。

11. 精确度和偏差

11.1 精确度。本试验方法的精度还未确立，在其产生之前，采用标准的统计方法，比较实验室内或实验室之间的试验结果的平均值。

11.2 偏差。耐低湿大气中臭氧色牢度只能根据某一实验方法予以定义，因而没有单独的方法用以确定真值。本方法作为预测这一性质的手段，没有已知偏差。

12. 注释

12.1 可从 ACGIH Publication Office 获取，地址：Kemper Woods Center，1330 Kemper Meadow Dr.，Cincinnati OH 45240；电话：+1.513.742.2020；网址：www.acgih.org。

12.2 有关适合测试方法的设备信息，请登录 http://www.aatcc.org/bg。AATCC 提供其企业会员单位所能提供的设备和材料清单。但 AATCC 没有给其授权，或以任何方式批准、认可或证明清单上的任何设备或材料符合测试方法的要求。

12.3 在室温和相对湿度不超过 67% 的环境下使用的臭氧箱由臭氧发生器、风扇、隔板机构、试样架和试样室构成。任何形式的臭氧发生器都可用以产生所需的臭氧浓度，但是，由水银灯泡或火花隙发生器产生的紫外光应用适当的防护物拦护，以防止照射到架子上的试样。

12.4 灰卡可从 AATCC 获取，地址：P.O. Box 12215，Research Triangle Park NC 27709；电话：+1.919.549.8141；传真：+1.919.549.8933；电子邮箱：ordering@aatcc.org；网址：www.aatcc.org。

12.5 臭氧浓度测定的有关信息，请参考以下：Schulze，Fernand，"Versatile Combination Ozone and Sulfur Dioxide Analyzer"，Analytical Chemistry 38，p748 - 752，May 1966。

"Selected Methods of the Measurement of Air Pollutants"，Public Health Service Publication，No.

999 - AP - 11, May 1965, Office of Technical Information and Publication (OTIP), Springfield VA. PB, 167 -677。

12.6 一种自动化的电子评级系统也可使用，只要证明它给出的结果重复性和再现性相当于或好于有经验的评级者目测评定的结果。

AATCC TM110-2021

纺织品的白度

1. 目的和范围

本测试方法提供了使用 CIE（见 12.1）推荐公式测量纺织品白度和色彩的操作程序。本方法描述了操作程序、局限性和限制条件。

2. 原理

2.1 采用反射分光光度计或比色计测定 CIE 三刺激值，再以 CIE 色品坐标为基准，用公式计算白度值和色调值。

2.2 纺织品中的许多杂质会吸收短波长光线，在外观上就出现泛黄现象。所以可以通过测定白度来显示纺织品不含杂质的程度。

2.3 通过白度测定还可以测定纺织品中是否含有蓝光成分或荧光增白剂（FWAS）。

3. 术语

3.1 CIE 色品坐标：三原色三刺激值与三刺激值总和之比（见 12.1）（ASTM E284）。

3.2 CIE 三刺激值：由 CIE 规定，CIE 1931 标准色度观察者和 CIE 1964 增补标准色度观察者，在特定照明条件下，与待测光达到颜色匹配时，需要的红、绿、蓝三原色的量（见 12.1）。

3.3 荧光增白剂（FWA）：一种染料，能将吸收近紫外光发射为紫—蓝色可见光，使得本来泛黄的物质看起来更加洁白（ASTM E284）。

3.4 完全漫反射体：既不吸收也不透射而全反射，各反射角反射率相同的理想反射面，与入射光的角度分布状况无关（ASTM E284）。

注释：完全漫反射体是反射测量仪器的校正基础。白度和色调值由公式算出，CIE 体系中完全漫反射体的白度为 100.0，色调为 0.0。

3.5 色调：测试白度时，白色材料的色相受发射或反射波长峰值影响（见 CIE15.2）。

注释：色调（如果不是零）是一个向红色或绿色方向偏离波长为 466nm 的蓝色的标志。

3.6 白度：判断一物体颜色是否接近指定白色的依据（见 ASTM E284）。

注释：本方法测试的白度是一种对于普通观察者来说，纺织品有多白的表示。

4. 安全和预防措施

本安全和预防措施仅供参考。本部分有助于测试，但未指出所有可能的安全问题。在本测试方法中，使用者在处理材料时有责任采用安全和适当的技术；务必向制造商咨询有关材料的详尽信息，如材料的安全参数和其他制造商的建议；务必向美国职业安全卫生管理局（OSHA）咨询并遵守其所有标准和规定。

4.1 遵守良好的实验室规定，在所有的试验区域应佩戴防护眼镜。

4.2 为保护眼睛，防止紫外光照射，要遵循紫外光制造商的安全防护建议。

4.3 操作实验室测试仪器时，应按照制造商提供的安全建议。

5. 使用和限制条件

5.1 由于反射率受纺织品表面性质的影响，所以只有同一类型的织物样本之间才能进行比较。

5.2 本公式的应用仅限于商业上被称为“白色”的试样，颜色和荧光程度不能有太大差异。

5.3 当使用没有校准样品发出 UV 含量能力的测量仪器时，该公式所提供的对白度的相对评价仅限于在几乎相同的时间、同一个仪器测量的试样。当使用有 UV 含量校准能力的仪器测量试样时，该公式提供的白度的评价结果，可以直接与类似的校准仪器进行比较，可用于商业用途。

6. 仪器和材料

6.1 测色仪器。反射分光光度计或比色计可以测量或计算 CIE 三刺激值，满足至少一个 CIE 指定的照明/观察条件（45°:0°，0°:45°，d:8°，8°:d）。当用积分球的照明/观察条件来测量荧光试样时，照明系统的光谱功率的分布随试样上反射和发射出的功率而变化。因此最好采用 45°:0°或 0°:45°的照明/观察条件（见 12.1）。为了使不同测试仪器的测量结果能够相互比较，应使用同样的几何形状测试。所有的测试仪器应有调节光源紫外线能量的能力。

6.2 参考标准。第一标准是完全反射漫射体（见 3.4），第二参考标准是依据完全漫反射体校正的标准，用于仪器校准。

6.3 UV 紫外光源。用来观测纺织品中是否含有荧光增白剂 FWA。

7. 试样准备

将每块试样在温度 21℃ ±2℃（70℉ ±4℉）、相对湿度 65% ±5% 的条件下恒定几个小时。每个测试样分别放于筛网或有孔的恒温恒湿架上（见 ASTM D1776《纺织品调湿和测试标准方法》和 12.5）。避免弄脏和沾污试样，试样的尺寸由所用反射测试仪器的孔径和测试面料的半透明程度决定。

8. 操作程序

8.1 在测试之前，首先要确定织物是否含荧光增白剂（FWA），可在暗室中的紫外光源（UV）下观察。若织物中含有荧光增白剂（FWA）物质，则会在紫外光的照射下发荧光。

8.1.1 如果纺织面料上有荧光增白剂，必须使用可以用全光谱照明待测织物，并且相对光谱功率分布接近 CIE 规定的 D_{65} 光源 360 ~ 700nm 的仪器。可咨询仪器制造商选择合适的设备，若仪器使用频闪光源，应核实仪器的适用性。

8.1.2 为了测量荧光增白剂大约相对有效性，可以使用允许在照明光束插入能切断紫外光滤光片的仪器。插入紫外滤光片前后的变化可以说明试样由于添加了荧光增白剂外观白度有所提高。由于光源或紫外过滤片可能有所不同，使用者需注意只在“相对内部”的测试时使用此方法。

8.2 为保证测量标准化，依据 AATCC EP6《仪器测色方法》，需根据制造商的说明操作测色仪器。

如果分光光度计可调节紫外线能量，则将光源的紫外线能量标准化（见 12.2）。

9. 计算、说明和限制

9.1 取每个试样测量值的平均值。

9.2 对于每个平均的测量，测定 CIE D_{65} 光源和 1964 10°视角下的 CIE 三刺激值 X_{10}、Y_{10} 和 Z_{10}（参考 ASTM 标准测试 E308《根据反射率计算三刺激值》）。测定色品坐标 Y_{10}、x_{10}、y_{10}。

9.3 任何试样都可以用 9.4 中公式计算白度值（W_{10}），用 9.5 中公式计算色调值（$T_{w,10}$）。只有相似的样品才可以比较白度和色度值；只有在使用相似的校准仪器、光源拥有标准化的紫外线能量且测量的几何形状相同时，才可以比较白度；不同的仪器不能比较色度值。由于测试要求完全取决于特定用途和被测材料，所以接受或拒绝两个样品相差的程度完全由使用者决定。W_{10} 值越高，白度越白。W_{10} 值相差的程度不能指示视觉白度差异的程度，也不能表示荧光增白剂浓度的差异程度。同样，与 $T_{w,10}$ 值相差的程度并不能代表视觉上白色偏绿或偏红相差的程度。

9.4 白度（见 12.2 和 12.3）（CIE D_{65} 光源和

1964 10°视角）。

$$W_{10} = Y_{10} + 800\ (0.3138 - x_{10}) + 1700\ (0.3310 - y_{10})$$

式中：W_{10}——白度值或白度指数；

Y_{10}，x_{10}，y_{10}——试样的色品坐标；

0.3138 和 0.3310——对于完全漫反射体，分别代表 x_{10} 和 y_{10} 色品坐标。

限制范围：$40 < W_{10} < 5Y_{10} - 280$。

9.5 色调（CIE D_{65}光源和 1964 10°视角）。

$$T_{w,10} = 900\ (0.3138 - x_{10}) - 650\ (0.3310 - y_{10})$$

式中：$T_{w,10}$——色调值；

x_{10}，y_{10}——试样的色品坐标；

0.3138 和 0.3310——对于完全漫反射体，分别代表 x_{10} 和 y_{10} 色品坐标。

限制范围：$-4 < T_{w,10} < +2$。

当 $T_{w,10}$为正时，表示偏绿色的色调；$T_{w,10}$为负值时，表示偏红色的色调；为零时，表示为主体波长为 466nm 的偏蓝色调。

10. 报告

报告白度值。如需要，报告色调值、光源、计算时使用的 CIE 标准色度观测者、设备以及其测量的几何形状，分光光度计光源的紫外线能量是否能按照 AATCC EP11 进行标准化，对于发光纺织品分光光度计的 UV 能量的校准过程（见 12.2）。

11. 精确度和偏差

11.1 精确度。本试验方法的精度还未确立，在其产生之前，采用标准的统计方法，比较实验室内或实验室之间的试验结果的平均值。

11.2 偏差。纺织品的白度和色调值只能根据某一实验方法予以定义，因而没有单独的方法用以确定真值。本方法作为预测这一性质的手段，没有已知偏差。

12. 注释

12.1 要了解 CIE 色度系统的详细介绍、仪器几何参数及上述白度和色调公式的完整描述，参见 CIE 出版号 15：2018，《色度学》，第四版，可通过美国 CIE 国家委员会或 CIE 网店（www.techstreet.com/cie/）获取。

12.2 见 AATCC EP11 中发光纺织品分光光度计 UV 能量的校准过程和对光源的紫外分光光度计能量标准化的细节，这部分内容也包含在本手册中。操作程序也可从 AATCC 获取，地址：P. O. Box 12215，Research Triangle Park NC 27709；电话：919/549 - 8141；传真：919/549 - 8933；电子邮箱：ordering@ aatcc. org；网站：www. aatcc. org。

12.3 本测试方法之前的版本所用的公式是：

$$W = 4B - 3G \quad (\text{AATCC TM110} - 1979)$$

式中：W——白度；

B——表示 CIE C 光源和 1931 2°视角下的蓝色反射系数；

G——表示 CIE C 光源和 1931 2°视角下的绿色反射系数。

12.4 若希望研究在真实 D_{65}光源下含荧光增白剂的样本数据，可参考如下资料：F. W. Billmeyer Jr.，Metrology，文本标准和荧光材料的颜色规范，《色彩研究与应用》（第 19 卷，1994 年，第 413 ~ 425 页），以及出版物 ISO 23603（CIE S 012/E）《颜色的视觉鉴定和测量用日光模拟器光谱质量评估的标准方法》。

12.5 ASTM 标准操作规范可从 ASTM 获取，地址：100 Barr Harbor Dr.，W. Conshohocken PA 19428；电话：+1.610.832.9500；传真：+1.610.832.9555；网址：www. astm. org。

12.6 获取有关颜色测量的完整描述，见

AATCC EP6《仪器测色方法》。

13. 历史

13.1 为了清晰起见，2021 年进行了修订，并添加了历史部分以与 AATCC 格式保持一致。

13.2 2019 年和 2016 年编辑修订，2015 年修订，2011 年、2005 年和 2000 年重新审定，1995 年修订，1994 年编辑修订和重新审定，1989 年修订（更改标题），1980 年和 1979 年编辑修订，1979 年、1975 年和 1972 年重新审定，1968 年重新审定。

13.3 AATCC 委员会 RA34 于 1964 年制定，1983 年权限移交至 AATCC 委员会 RA36。1987 年被采纳为 ISO 105 - J02。

AATCC TM111-2015e2

纺织品耐气候性：暴露在日光和气候条件下

AATCC RA64 技术委员会于 1996 年制定，代替 1964 年最初制定、1990 年最后一次修订并重新审定的 111A-1990，111B-1990，111C-1990 和 111D-1990；2007 年权限移交至 AATCC RA50 技术委员会；2003 年修订（更换标题）、2015 年修订；2007 年、2008 年、2016 年、2019 年编辑修订；2009 年重新审定并编辑修订。

1. 目的和范围

1.1 本测试方法规定了测定纺织品耐气候性的方法。

1.2 本测试方法适用于天然的、染色的、整理过的或未整理过的纤维、纱线、织物及其制成品，包括涂层织物。测试方法如下：

方法 A：在自然光和气候下直接暴晒。

方法 B：经玻璃过滤后的自然光和不直接淋湿的气候下暴晒。

1.3 本测试方法中描述的户外实验必须进行操作，以验证实验室加速测试。户外测试的频率和范围由利益相关方确定。实验室加速测试的局限性参考 AATCC 169《纺织品的耐气候性：氙弧灯暴晒》和 AATCC 186《纺织品的耐气候性：紫外光下湿态暴晒》。

1.4 本测试方法包括以下内容，有助于纺织品耐气候性能不同的测试方法的使用和执行。

2. 原理

将试样和双方协议的参照标准在直接或透过玻璃后的自然气候条件下同时暴晒，达到某一指定的变化程度，如颜色变化或强度损失等，或者达到某一指定的辐射量。暴晒时间以日历的日、月或年计时。但是，该方法在不同时期的相等时间暴晒，结果也可能有较大的差异。采用本标准中推荐的一个或多个操作程序，通过对试样的暴晒部分和对应的未暴晒部分的评定，从而确定材料的耐气候性能。

3. 术语

3.1 AATCC 蓝色羊毛标样：由 AATCC 发布的一组染色羊毛织物，用于确定试样在耐光测试中的暴晒量。

3.2 黑板温度计：测量温度的装置。其感应部分涂有黑漆，吸收耐光测试中接收到的大部分辐射能量。

3.3 断裂强力：试样在拉伸测试中被拉至断裂时作用于试样最大的力。

3.4 宽带通辐射计：相关术语。最大透光率为50%时、带通宽度大于20nm的辐射计，用于测量一定波长的辐照度，如波长300～400nm或300～800nm。

3.5 胀破强力：在特定条件下，以一个垂直于织物表面的力作用于织物，使其破裂所需的压力或压强。

3.6 中心波长：两个半值功率之间所指定的波长的中间值，如340nm±2nm。

3.7 变色：对比试样和相应的未测样品进行识别，不管是亮度、色相或彩度，或任意组合的各种颜色变化。参见AATCC EP1和EP7。

3.8 半功率带宽：在带宽过滤器中，透光率为峰值透过率的50%时波长之间的距离。

注意：对于窄带宽过滤器，距离不应超过20nm。

3.9 辐照度：波长的函数，单位面积的辐射功率，表示为瓦特/平方米（W/m^2）。

3.10 辐照量：辐照度的时间积分，表示为焦耳/平方米（J/m^2）。

3.11 实验室样品：取自批样或原材料的一部分作为实验室试样。

3.12 窄带辐射计：当透光率为峰值透光率的50%时，带宽小于或等于20nm的一种辐射计。用于测定某波长的辐照度，如波长为340nm±0.5nm或420nm±0.5nm的辐照度。

3.13 日射强度计：一种辐射计，测量总日辐照度或者半球向日辐照度。

3.14 辐射能：各种波长的光子或电磁波在空间传播的能量。

3.15 辐射暴晒量：辐照度的时间积分。

3.16 辐射通量密度：辐射能通过试样时的流动速度。

3.17 辐射功率：单位时间内发射、转移或接收的辐射能量。

3.18 辐射计：用于测量辐射能的仪器。

3.19 参比织物：用于检查测试仪器和操作条件而选择的一块或多块蓝色羊毛标样。

3.20 试样：取自材料或实验室用于进行试验的部分。

3.21 光谱能量分布：放射出的辐射能在不同波长跨度内的能量变化。

3.22 光谱透射率：波长的函数。辐射能量经过给定的材料后，其中未被材料吸收的能量占总入射能量的百分比。

3.23 纺织品试验用标准大气：空气温度为21℃±2℃，相对湿度为65%±5%。

3.24 纺织品储存用标准大气：保持ASTM D1776中规定的实验室条件。

3.25 撕破强度：将织物上已有的切口完全撕裂时所需要力的平均值。

3.26 紫外辐射量：波长小于可见光、大于100nm的单色光组成的辐射能量。

注意：紫外线辐射的光谱范围界定不特别明确，根据使用者而变化。CIE（国际照明委员会）中E-2.1.2委员会在光谱范围400nm和100nm之间进行如下划分：

UV-A：315～400nm

UV-B：280～315nm

UV-C：100～280nm

3.27 可见光辐射量：引起视觉的任何辐射能量。

注意：可见辐射光的光谱范围界定不特别明确，根据使用者而变化。波长的下限通常被认为在380～400nm，上限在760～780nm（$1nm=10^{-9}m$）。

3.28 气候：指定地理位置包括日光、雨水、湿度和温度等因素的气候条件。

3.29 耐气候性：材料在气候条件下暴晒，抵抗其性能变差的能力。

标准大气中调湿平衡。试样达到平衡的条件是不少于 2h 间隔称重，两次连续称重的差异小于试样质量的 0.2%，一般认为“收样”达到工业平衡。

实际应用中，纺织品达到调湿平衡并不是通过不断地称重来确定的。通常采用的方法是（出现争议时不适用）：测试前，试样置于标准大气下放置一段合理的时间，大多数情况下需放置 24h。但是对于某些纤维达到湿度平衡的速度比较慢，当出现这种情况时，合同双方可以协商，按照 ASTM D 1776《纺织品调湿和测试标准方法》（见 14.1.12）进行预调湿。

9.4 对于试样和控制试样、暴晒和未暴晒试样的每次测试，应参照表 1 中的测试方法，标记、分开或剪取暴晒试样的中间部分至所规定的尺寸。最好在暴晒后标记、分开或剪取试样，也可以在暴晒前。无需暴晒的控制试样也需同样制备。对于暴晒在潮湿条件下的试样和浸润的控制试样，可在测试前进行无张力干燥。所有的试样、控制试样和试样根据材质需同时在标准大气下至少调湿 24h 或更长时间，然后同时进行测试。

10. 操作程序

10.1 将适当数量的试样（见 8）以及所需数量的参照标样固定在暴晒架上，其数量的选择应考虑平均结果的可变性，且确保结果的准确性。为了避免有阴影，试样安装应避免放在暴晒箱的边上。

10.2 将试样在日光和自然气候环境下暴晒一定时间，记录此期间的辐射能量或者用日照辐射计和 UV 辐射计测定达到规定量的辐射能（见 15.7 ~ 15.9）。

10.2.1 方法 A。使用附录中 2 描述的直接暴晒架，在日光和自然环境下直接暴晒。

10.2.2 方法 B。用附录中 3 描述的暴晒箱，透过玻璃且不被淋湿的自然光下暴晒。标样和试样的正面与玻璃盖内表面的距离至少为 7.5cm（3 英寸），且距离玻璃框的边缘至少 15cm（6 英寸）。

为了满足所需的暴晒条件，暴晒箱的背衬可采用表 3 中的材料。

表 3 暴晒箱的背衬

背　　衬	暴晒条件
敞开的	低温
金属网	中温
固体	高温

10.3 标样和试样暴晒以 24h 为一天，暴晒完成后，取下进行检查或者进行物理性能测试。

10.4 监控暴晒箱或测试架附近的温度和相对湿度。

10.5 适用时，按照 14 中所列的测试方法进行物理性能测试。

平均各个试样的测试数据，或者用统计方法处理数据。记录暴晒后试样的断裂强力、撕破强力、胀破强力和色牢度，并与原样的强力或色牢度比较。在应力—伸长曲线上的断裂或规定处，记录未暴晒的控制试样和暴晒试样的伸长百分率，这是非常重要的补充信息。

11. 评定

对照下列参照标准，将材料的耐久性或抗老化性进行分等级。

11.1 残余强力百分率或强力损失百分率。经规定的暴晒时间后，记录材料的强力损失百分率或残余强力的百分率（断裂、撕破和胀破强力）。

11.2 残余强力。记录材料的初始和最终的强力值，及上面提到的其他相关数据。

11.3 色牢度。按照 AATCC TM16.1《耐光色牢度：户外法》进行色牢度评级。

11.4 根据协议的参比样或标准。依据以下参数确定试样的耐久性：

材料达到标准中规定的辐射量和/或暴晒时间，说明与参比样相比具有相同的或更好的耐久性；或材料没有达到标准中规定的辐射量和/或暴晒时间，说明与参比样相比具有较差的耐久性。

11.5 为了确定测试材料与协议的参照标样相比的相对耐久性，可使用一个指数 S_nX。其定义为已测试样的残余强力与未测试材料强力的百分率之比。当 S_nX 值为 1 时，说明试样与参照标样具有相同的耐久性；当 S_nX 值大于 1 时，说明试样比参比样具有较好的耐久性；当 S_nX 值小于 1 时，试样比参比样具有较差的耐久性。

注意：当记录系列材料与普遍认可标准相比的耐久性时，该指数具有特别价值。实际上用此指数评价材料的耐久性在研究中比常规的商业评定更有用。

12. 报告

12.1 按照以下导则，报告所有适用的信息。

12.2 报告与 AATCC TM111 或者参照标样性能的任何偏离。

12.3 按照 12.1 报告试样和参照标样暴晒时的所有相同条件的信息。

12.4 报告 11（见 15.10）中所有适用的评价性能。

12.5 如果试样不是沿经向的，应报告试样的方向。

12.6 根据协议，在一定条件下材料的撕破强力可以代替或补充断裂强力或者胀破强力。可采用湿态断裂强力、撕破强力或胀破强力，代替或者补充在标准测试条件下的测试结果。这些测试条件和以上的数据应在报告中共同注明。

表 4 报告格式

暴晒方法（A 或 B）：__________

地理位置：__________

暴晒时间：从__________到__________

辐射能量：__________

暴晒纬度：__________

暴晒角度：__________

透过玻璃暴晒：是__________否__________ 如果是，指出类型：__________

每天环境温度：最低__________℃ 最高__________℃ 平均__________℃

每天黑板温度：最低__________℃ 最高__________℃ 平均__________℃

每天的相对湿度：最低__________% 最高：__________% 平均：__________%

水分：雨量__________mm

潮湿的时间：雨加露__________h

13. 精确度和偏差

13.1 本标准可用于商业贸易的可接受性测试。但是，必须谨慎，因为实验室间的精确度显示测试结果之间有较大的可变性。多个实验室使用方法 A（日光）测试表明，在一年中不同时期对样品进行暴晒，测试结果表现出很大的可变性。为了使季节性的变化造成影响最小，采取时间与辐照度的比值来测试耐久性的方法，但并不能对所有织物的这种现象进行弥补。对于某些织物来说，将其暴晒一定的辐照度，其测量结果的变异很小。但是对于其他织物来说，暴晒时间和辐照度之间的微小差异在测试结果上都会显现。此外，织物本身的特性、整理剂或涂层和气候都会影响测试结果。因此，为了使结果具有可对比，强烈建议暴晒测试在一年中的同一时期进行，这样可使季节性的影响最小。

13.1.1 当本标准用于商业贸易的可接受性测试时，如果因测试报告的结果中出现了差异而引起了争议，买卖双方则应该进行对比测试来确定是否在实验室间产生了统计偏差。在偏差的调查中建议使用统计分析。至少，双方应该从有争议的某种材料中取出尽可能均一的一组试样。应该将同等数量的试样随机地分给每个实验室进行测试。在测试前，双方应确定一个可接受的置信水平，把两个实验室测试结果的平均值用合适的 t－检验进行对比。如果在对比结果中发现了一个偏差，则找出偏差产生的原因并进行修正，或者买方和卖方达成协议，对有争议的材料的测试结果的解释必须考虑到已知的实验室间的测量偏差。

13.1.2 实验室间的测试数据，断裂强力的确定。在 1990 年和 1991 年进行了实验室间的比对测试，按照 AATCC TM111B 标准，从六种材料中随机取样，然后分别在南佛罗里达和亚利桑那的三个地方进行测试。

注意：早先的版本的 AATCC TM111 包括了实际测试中关于精确度和偏差的列表数据。

13.2 实验室间的测试数据的总结。多个实验室间使用方法 B（日光）在一年中不同时期对样品进行暴晒，测试结果之间表现出很大的差异。为了使季节性的变化造成影响最小，采取时间与辐照度的比值来测试耐久性的方法，但并不能对所有织物的这种现象进行弥补。对于某些织物来说，将其暴晒一定的辐照度，其测量结果的变异很小。但是对于其他织物来说，暴晒时间和辐照度之间的微小差异在测试结果上都会显现。此外，织物本身的特性、整理剂或涂层和气候都会影响测试结果。当表 5 和表 6 中的变异数为零或接近零时，实验室间的测试结果差异很小。由于在一年四季中不同时期的暴晒产生较高的差异，导致表 5 和表 6 中不同实验室间更高的临界差值。因此，为了得到具有可对比性的结果，无论选择方法 A 或方法 B，都强烈建议在每年的相同时期进行暴晒测试，这样便能使季节性的影响最小，并且变异分量更能由单个操作者的精确度来代表。

表 5 ASTM D5035 耐气候试验后的断裂强力，条样法变异分量，变异系数（%）

织物暴晒地点	总平均		单一操作者分量		实验室内分量		实验室间分量	
	3MO.	75KJ	3MO.	75KJ	3MO.	75KJ	3MO.	75KJ
MIL－C－44103								
亚利桑那	204	203	4.2	5.3	9.2	6.7	0	0
南佛罗里达	201	201	4.0	3.7	3.2	4.7	0	0
MIL－C－7219								
亚利桑那	150	162	4.2	5.4	46.6	31.6	0	0
南佛罗里达	183	182	6.0	6.7	31.4	19.2	0	0
MIL－C43285－B								
亚利桑那	236	244	10.3	6.5	26.6	19.8	0	0
南佛罗里达	246	248	8.5	6.6	18.0	12.2	0	0
MIL－C－4362－7A								
亚利桑那	64	69	4.1	3.9	13.8	14.4	4.8	0
南佛罗里达	79	77	3.6	4.2	4.5	7.4	0.1	0
ALLIED A－609－029－D								
亚利桑那	248	265	10.8	12.7	81.9	55.1	0	0
南佛罗里达	286	284	9.9	17.0	46.2	33.6	0	0
MIL－C－44103								
亚利桑那	210	211	4.6	3.9	7.2	6.8	0	0
南佛罗里达	208	208	4.6	6.0	3.2	4.5	0	0

注 实验室内差异组成表示在四季中暴晒开始时间不同的差异。

表6 耐气候试验后仪器的颜色测量，ΔE，（AATCC EP6）

变异分量、标准偏差、测量单位、单个材料对比

织物暴晒地点	总平均		单个操作者分量		实验室内分量		实验室间分量	
	3MO.	75KJ	3MO.	75KJ	3MO.	75KJ	3MO.	75KJ
MIL－C－44103								
亚利桑那	2.00	1.88	0.19	0.14	0.61	0.49	0.15	0.10
南佛罗里达	2.14	2.07	0.09	0.19	0.47	0.43	0.11	0.23
MIL－C－7219								
亚利桑那	8.99	8.40	1.60	1.13	2.56	1.24	0	0.90
南佛罗里达	7.89	8.00	0.78	1.41	1.34	0	0	0
MIL－C43285－B								
亚利桑那	1.45	0.94	0.27	0.47	0.19	0.31	0.13	0
南佛罗里达	2.30	2.25	0.27	0.52	0.39	0	0.08	0
MIL－C－4362－7A								
亚利桑那	5.77	5.77	1.88	1.55	0.94	0.61	0	1.58
南佛罗里达	0.78	0.88	0.17	0.22	0	0	0	0
ALLIED A－609－029－D								
亚利桑那	14.2	13.2	0.78	0.90	5.23	2.28	0.42	0.92
南佛罗里达	11.9	11.8	0.72	0.98	1.94	1.37	0.51	0.80
MIL－C－44103								
亚利桑那	2.99	2.88	0.51	0.83	0.65	0	0	0
南佛罗里达	5.37	5.41	0.72	0.92	1.68	1.48	0	0

注 实验室内差异分量表明在四季中暴晒开始时间不同的差异。

13.3 精确度。对于报告中表5和表6中的变异分量，如果表7和表8中的差值等于或超过了临界差值时，则可以认为在95%的置信水平下，两组观察值的平均值认为有显著差异。

表7 ASTM D5035耐气候试验后的断裂强力，条样法注明条件的临界差异值，平均值的%

织物暴晒地点	每个试样的平均观察次数	单一操作者组成		一年四次暴晒间组成		实验室间组成	
		3MO.	75KJ	3MO.	75KJ	3MO.	75KJ
MIL－C－44103							
亚利桑那	1	5.7	7.2	13.7	11.6	13.7	11.6
	2	4.1	5.1	13.1	10.4	13.1	10.4
	5	2.7	3.2	12.7	9.7	12.7	9.7
南佛罗里达	1	5.5	5.0	10.5	8.3	10.5	8.3
	2	3.9	3.6	9.8	7.5	9.8	7.5
	5	2.5	2.3	9.3	6.9	9.3	6.9

续表

织物暴晒地点	每个试样的平均观察次数	单一操作者组成		一年四次暴晒间组成		实验室间组成	
		3MO.	75KJ	3MO.	75KJ	3MO.	75KJ
MIL - C - 7219							
亚利桑那	1	7.9	9.2	86.5	54.9	86.5	54.9
	2	5.6	6.5	86.3	54.5	86.3	54.5
	5	3.5	4.1	86.2	54.3	86.2	54.3
南佛罗里达	1	9.0	10.2	48.5	31.0	48.5	31.0
	2	6.4	7.2	48.1	30.1	48.1	30.1
	5	4.0	4.6	47.8	29.6	47.8	29.6
MIL - C - 43285 - B							
亚利桑那	1	12.1	7.4	33.5	23.7	33.5	23.7
	2	8.5	5.2	32.3	23.1	32.4	23.1
	5	5.4	3.3	31.7	22.8	31.7	22.8
南佛罗里达	1	9.6	7.4	22.4	15.5	22.4	15.5
	2	6.8	5.2	21.4	14.6	21.4	14.6
	5	4.3	3.3	20.7	14.1	20.7	14.1
MIL - C - 4362 - 7A							
亚利桑那	1	17.9	15.8	62.7	59.9	66.2	59.9
	2	12.6	11.1	61.4	58.9	65.0	58.8
	5	8.0	7.0	60.7	58.2	64.2	58.2
南佛罗里达	1	12.7	15.2	20.4	30.8	20.4	30.8
	2	9.0	10.8	18.2	28.8	18.3	28.8
	5	5.7	6.8	16.9	27.6	16.9	27.6
ALLIED A - 609 - 029 - D							
亚利桑那	1	12.1	13.3	92.3	59.1	92.3	59.1
	2	8.5	9.4	91.9	58.4	91.9	58.4
	5	5.4	6.0	91.7	57.9	91.7	57.9
南佛罗里达	1	9.6	16.6	45.8	36.7	45.8	36.7
	2	6.8	11.7	45.3	34.8	45.3	34.8
	5	4.3	7.4	45.0	33.6	45.0	33.6
MIL - C - 44103							
亚利桑那	1	6.0	5.1	11.3	10.3	11.3	10.3
	2	4.3	3.6	10.4	9.6	10.4	9.6
	5	2.7	2.3	9.9	9.2	9.9	9.2
南佛罗里达	1	6.1	8.0	7.4	10.9	7.4	10.0
	2	4.3	5.6	6.0	8.3	6.0	8.3
	5	2.7	3.6	5.0	7.0	5.0	7.0

表 8　耐气候试验后仪器的颜色测量，ΔE（AATCC EP6）

织物暴晒地点	每个试样的平均观察次数	注明条件的临界差异值，标准偏差，测量单位					
		单一操作者组成		一年四次暴晒间组成		实验室间组成	
		3MO.	75KJ	3MO.	75KJ	3MO.	75KJ
MIL－C－44103							
亚利桑那	1	0.52	0.40	1.76	1.42	1.81	1.44
	2	0.37	0.28	1.72	1.39	1.77	1.41
	5	0.23	0.18	1.70	1.37	1.75	1.40
南佛罗里达	1	0.25	0.53	1.33	1.30	1.36	1.45
	2	0.18	0.37	1.32	1.25	1.35	1.40
	5	0.13	0.24	1.31	1.21	1.34	1.37
MIL－C－7219							
亚利桑那	1	4.43	3.14	8.37	4.66	8.37	5.28
	2	3.13	2.22	7.76	4.10	7.76	4.79
	5	1.98	1.40	7.37	3.72	7.37	4.47
南佛罗里达	1	2.17	3.90	4.29	3.90	4.29	3.90
	2	1.53	2.75	4.01	2.75	4.01	2.75
	5	0.97	1.74	3.83	1.74	3.83	1.74
MIL－C－43285－B							
亚利桑那	1	0.76	1.32	0.92	1.58	0.99	1.58
	2	0.54	0.93	0.75	1.27	0.83	1.27
	5	0.34	0.59	0.63	1.05	0.72	1.05
南佛罗里达	1	0.74	1.44	1.30	1.44	1.32	1.44
	2	0.52	1.02	1.19	1.02	1.21	1.02
	5	0.33	0.64	1.12	0.64	1.14	0.64
MIL－C－4362－7A							
亚利桑那	1	5.20	4.28	5.82	4.60	5.82	6.36
	2	3.68	3.02	4.51	3.46	4.51	5.59
	5	2.32	1.92	3.50	2.55	3.50	5.08
南佛罗里达	1	0.47	0.60	0.47	0.60	0.47	0.60
	2	0.34	0.42	0.34	0.42	0.34	0.42
	5	0.21	0.27	0.21	0.27	0.21	0.27
ALLIED A－609－029－D							
亚利桑那	1	2.16	2.49	14.7	6.79	14.7	7.25
	2	1.52	1.76	14.6	6.56	14.6	7.03
	5	0.96	1.12	14.5	6.41	14.6	6.90
南佛罗里达	1	1.98	2.72	5.72	4.67	5.89	5.17
	2	1.40	1.93	5.55	4.26	5.72	4.79
	5	0.89	1.22	5.44	3.99	5.62	4.56

续表

织物暴晒地点	每个试样的平均观察次数	注明条件的临界差异值，标准偏差，测量单位					
		单一操作者组成		一年四次暴晒间组成		实验室间组成	
		3MO.	75KJ	3MO.	75KJ	3MO.	75KJ
MIL - C - 44103							
亚利桑那	1	1.41	2.30	2.29	2.30	2.29	2.30
	2	1.00	1.63	2.06	1.63	2.06	1.63
	5	0.71	1.03	1.93	1.03	1.93	1.03
南佛罗里达	1	2.00	2.56	5.06	4.83	5.06	4.83
	2	1.41	1.81	4.86	4.48	4.86	4.48
	5	0.89	1.14	4.74	4.26	4.74	4.26

注意 1：这些变异组成的平方根被用来表示变异性，在表 5 中为百分比，在表 6 中为测试单元，而不是这些测量值的平方。用 $Z = 1.960$ 计算临界差值。

注意 2：由于实验室间的测试在每个地理位置都仅包括了三个实验室，在对实验室间精确度的评估中需要特别地注意。表中所列的临界差异值应该只是一般性的结论，特别是考虑到实验室间的精确度。对于被评估的某种材料，必须从大量的该材料中随机取样并尽量做到均一，然后随机等量分给每个实验室进行测试。在关于两个具体的实验室有一个有意义的结论出来以前，必须根据上述取样方法，将获得的数据通过比较对比建立两实验室间的统计偏差。

13.4 偏差。耐气候性评价只能根据特定的测试方法来定义。在这样的限制下，测试标准 111 中用断裂强力来测量耐气候性的程序没有已知的偏差。

14. 引用文献

14.1 ASTM 标准（见 15.11）。

14.1.1 ASTM D5034《纺织品断裂强力和伸长率的测试方法（抓样法）》。

14.1.2 ASTM D5035《纺织品断裂强力和伸长率的测试方法（条样法）》。

14.1.3 ASTM D2256《单纱法测定纱线断裂强力和伸长率》。

14.1.4 ASTM D3787《针织物顶破强力测试方法：等速型（CRT）弹子顶破强力测试》。

14.1.5 ASTM D3786《纺织品液压胀破强力试验方法：膜片式胀破强力仪法》。

14.1.6 ASTM D1424《摆锤法测定织物撕破强力的试验方法》。

14.1.7 ASTM D5587《织物梯形法撕破强力试验方法》。

14.1.8 ASTM E903—1996《用积分球仪测量材料的太阳能吸收率、折射率及透过率的测试方法》。

14.1.9 ASTM E824《日射强度计的校准测试方法》。

14.1.10 ASTM G24《透过玻璃进行日光暴晒试验的标准程序》。

14.1.11 ASTM D2905《纺织品样品数值表的标准实施规程》。

14.1.12 ASTM D1776《纺织品调湿和测试标准方法》。

14.1.13 ASTM G7《非金属材料暴晒试验大气环境的标准程序》。

14.1.14 ASTM G183《野外用日射强度计、太阳热量计和 UV 辐射计标准操作规程》。

14.2 AATCC 测试方法（见 15.12）。

14.2.1 AATCC 方法 16.1《耐光色牢度：户外法》。

14.2.2 AATCC EP1《变色灰卡评定程序》。

14.2.3 AATCC EP7《仪器评定试样变色》。

15. 注释

15.1 有关适合测试方法的设备信息，请登录 http://www.aatcc.org/bg。AATCC 提供其企业会员单位所能提供的设备和材料清单。但 AATCC 没有给其授权，或以任何方式批准、认可或证明清单上的任何设备或材料符合测试方法的要求。

15.2 测试箱（见 14.1）的选择参见 ASTM G24 和 ASTM G7，窗玻璃（见 14.1）的选择参见 ASTM G24。

15.3 除非有其他协议，对于指定材料的规格，剪取一定数量的试样，以使用户期望在95%的置信水平下，试样的测试结果不超过该批试样真实平均值的5%。样品数量按照 ASTM D2905 标准中所规定的标准偏差的单侧极限来确定。

15.4 对于绒头织物如地毯，其纤维有位置移位性；或者一些织物因为面积小很难评价。测试这些材料时，暴晒面积应该不小于 40.0mm×50.0mm（1.6英寸×2.0英寸）。暴晒足够的尺寸或多个试样，使其包含各种颜色。

15.5 一般取样剪取经向，但是在连接处或者代替经向的特殊情况时，也可选用纬向。有时经纱会因织物结构而辐照不到。选用纬向时必须在报告中注明。

15.6 样品框架必须用不锈钢、铝或者适当涂层的钢制成，以避免可能催化或抑制降解产生的金属杂质污染样品。当用订书钉固定样品时，订书钉应有涂层且不含铁以避免腐蚀性产物污染样品。样品架应进行哑光处理，在设计上应避免可能影响材料性能的反光。为了满足某种性能需求，样品框架应该和试样架的曲率相匹配，其尺寸应取决于试样的类型。

15.7 参考 ASTM G183 使用日射强度计测量总的太阳辐射能和 295～385nm 的太阳辐射能（见 14.1）。

15.8 国际上推荐使用测量和报告辐射能量的单位，单位转换的系数，日射强度计/辐射计的说明和分类摘自《气象仪器指南和观察程序指南》，WMO（世界气象组织），No.8 TP.3。

15.9 参考 ASTM G183 辐射计测定总日光辐射（包括太阳和天空中的）（见 14.1）。

15.10 原样和暴晒试样的遮盖部分之间有一定色差，这表明纺织品受到了除光照以外其他因素的影响，如热量或者大气中的活性气体。尽管引起色差的具体原因还未知，但是出现这种现象时，应该在报告中注明。

15.11 可从 ASTM 获取，地址：100 Barr Harbor Dr.，W. Conshohocken PA 19428－2959；电话：＋1.610.832.9500；传真：＋1.610.832.9555。www.astm.org.

15.12 可从 AATCC 获取，地址：P.O.Box 12215，Research Triangle Park NC 27709；电话：＋1.919.549.8141；传真：＋1.919.549.8933；电子邮箱：ordering@aatcc.org；网址：www.aatcc.org.

附录　仪器设备和材料——日光暴晒

1 一般条件，日光暴晒，方法 A 和方法 B 。

1.1 试验箱或者试验架应该放在整个白天都能受日光直接照射的地方，并且不会被附近物体的影子所遮挡。当把试验箱或者试验架安放在地上

AATCC TM112-2020

织物甲醛释放量的测定：密封广口瓶法

1. 目的和范围

1.1 本测试方法适用于释放甲醛的纺织品，尤其是适用于用含有甲醛的化学试剂整理过的纺织品。本方法提供了加速存储条件，并用分析方法测定织物在加速存储条件下甲醛的释放量（见 5 和 10.1）。本方法测定在加速存储条件下可能产生的游离甲醛、水解甲醛以及任何其他甲醛。

1.2 提供了一种加速的萃取程序供选择使用（见 13.6）。

1.3 AATCC TM206 是一种可选的浸没方法，它模拟在正常使用条件下的近似水解甲醛量。

2. 原理

将已称重的织物试样悬挂在密封广口瓶中的水面上方，然后将密封广口瓶放在烘箱中，并在控制温度条件下加热规定的时间（见 13.5）。然后用比色法测定被水吸收的甲醛量。

3. 术语

3.1 甲醛释放：在本方法所述的加速存储条件下，从纺织品中释放出的甲醛量，包括源于未反应的化学试剂或源于整理降解的游离（释放的或吸附的）甲醛。

3.2 游离甲醛：未与饰面或织物粘合的甲醛被视为游离甲醛。在这种形式下，甲醛可以很容易地通过浸入水中从织物中提取。

3.3 水解甲醛：虽然最初是较大化学结构的一部分，例如交联反应物，但在本试验过程中，甲醛会从较大分子上裂解并溶解在水中。

4. 安全和预防措施

本安全和预防措施仅供参考。本部分有助于测试，但未指出所有可能的安全问题。在本测试方法中，使用者在处理材料时有责任采用安全和适当的技术；务必向制造商咨询有关材料的详尽信息，如材料的安全参数和其他制造商的建议；务必向美国职业安全卫生管理局（OSHA）咨询并遵守其所有标准和规定。

4.1 遵守良好的实验室规定，在所有的试验区域应佩戴防护眼镜。

4.2 当使用冰醋酸制备纳氏试剂时，在操作过程中要使用化学防护眼镜或面罩，防渗透手套和防渗透围裙。浓酸的操作只能在足够通风的通风橱中进行。注意：必须是将酸加入水中。

4.3 甲醛是一种感官刺激物和潜在的激敏物。其慢性毒性尚未完全确定。要在足够通风的通风橱中使用甲醛。避免吸入或与皮肤接触。操作甲醛时，要使用化学防护眼镜或面罩、防渗透手套和防渗透围裙（见 8.1）。

4.4 在附近安装洗眼器、安全喷淋装置以备急用。

4.5 本测试法中，人体与化学物质的接触限度不得高于官方的限定值［例如，美国职业安全卫生管理局（OSHA）允许的暴露极限值（PEL），参见 1989 年 1 月 1 日实施的 29 CFR 1910.1000］。此外，美国政府工业卫生师协会（ACGIH）的阈限值（TLVs）由时间加权平均数（TLV - TWA）、短期暴露极限（TLV - STEL）和最高极限（TLV - C）组成，建议将其作为人体在空气污染物中暴露的基本准则并遵守（见 13.7）。

5. 使用和限制条件

5.1 本方法适于疏水性和非疏水性织物上释放甲醛的范围不超过3500μg/g的情况。如果在测试的分析部分中使用的纳氏试剂与样品溶液的比例为1:1，则检测上限为500μg/g，如果比例为10:1，则检测上限为3500μg/g。本程序能够促进无异味、硫化耐久压烫整理织物经水洗后的甲醛释放（Vail，S. L. and B. A. K. Andrews，Textile Chemist and Colorist，Vol. 11，No. 1，January 1979，p48）。因此，本方法不适用于按强制标准或推荐性标准测定空气中的甲醛含量（μg/g）。本方法最初制定是为了测定在湿热环境下树脂整理织物释放过量甲醛的倾向性（Nuessle，A. C.，American Dyestuff Reporter，Vol. 55，No. 17，1966，p48－50；以及Reid，J. D.，R. L. Arcenaux，R. M. Reinhardt 和 J. A. Harris，American Dyestuff Reporter，Vol. 49，No. 14，1960，p29－34）。

5.2 或者，测试方法206，游离甲醛和水解甲醛的测定：水萃取法测定织物上游离甲醛和水解甲醛的含量范围为20μg/g到3500μg/g左右。该方法近似于水解甲醛并严格模拟正常使用条件，应基于该区别进行适当的测试。但是，由于TM206是一种水浸方法，因此应考虑可能会出现易于掉色的织物。如果染料的吸光度在412nm范围内，则可能会干扰分光光度计的测量。TM112不使用水浸；因此，染料污染而干扰分光光度计测量的可能性较小。

6. 仪器和材料

6.1 透明玻璃瓶，Mason瓶或类似的广口瓶，0.95L（1夸脱），带有气体密封盖。这些是透明的方形玻璃瓶，尺寸约为9cm宽×17cm高，约1升，盖上有螺丝。

6.2 小型金属丝网篮（或其他可以将试样悬挂在广口瓶内水面上方的工具，见13.2）。将织物对折两次，然后用双股缝纫线在对折两次的织物中上部形成一个环，用以替代金属网篮，将织物悬挂在水面上。双股缝纫线的两端伸出广口瓶的瓶口，然后用广口瓶的密封盖将其固定牢固。

6.3 称重天平，最小灵敏度为0.01g。

6.4 恒温控制烘箱。温度49℃±1℃（120℉±2℉）（见13.6）。

6.5 纳氏试剂。由乙酸胺、乙酸、乙酰丙酮和水配置而成（见7.1）。

6.6 甲醛溶液（浓度约37%）。

6.7 容量瓶。容量为50mL、250mL、500mL和1000mL，A级。

6.8 体积移液管：5mL、10mL、15mL、20mL、25mL、30mL和50mL体积移液管，全部满足A级精度和流速要求（见13.3）。或能满足A级要求的数字式可变体积移液管。

6.9 1升带盖的干净棕色玻璃瓶。

6.10 分光光度计，能够在412nm波长下读取吸光度至最少三位小数（见10.6）。

6.11 试管（见13.3）。

6.12 水浴：一般用途，温度可控（见10.5）。

6.13 蒸馏水或去离子水。以下简称去离子水。

7. 纳氏试剂的制备

7.1 在1000mL容量瓶中，用大约800mL的蒸馏水将150.0±0.1g醋酸铵溶解，再加入3.0±0.1mL冰醋酸和2.0±0.1mL乙酰丙酮，用蒸馏水稀释到刻度线并使其充分混合。存储在有盖的棕色试剂瓶中。

7.2 纳氏试剂在放置的最初12h内，试剂颜色会逐渐变深。因此，试剂应在存放12h后才可使用。另外，试剂的有效期为至少6～8周。但是，试剂的灵敏度在较长一段时间后会产生轻微的变化，因此最好每周作一次校准曲线来对标准曲线进行校正。

8. 标准溶液的制备及标定（小心处置）

8.1 取（3.8±0.1）mL试剂级的甲醛溶液

（浓度约 37%），用去离子水稀释至 1.0L，以制备浓度约为 1500μg/mL 的甲醛原液。标定之前至少将原液放置 24h。用标准方法（见 13.5 或任何其他适当的方法，例如用 0.1mol/L（0.1N）盐酸滴定亚硫酸钠。参考资料：J. Frederick Walker，Formaldehyde，3rd Ed. Reinhold Publ. Co.，New York，1964，p486），另外可以选择参考《纺织实验室的分析方法》，第三版。精确测定甲醛原液中的甲醛浓度。记录这个标定甲醛原液的实际浓度。该溶液有效期至少为 4 周，用于制备标准稀释液。移取 25.0 ± 0.03mL 标定甲醛原液到 250mL 容量瓶中，然后用去离子水稀释至刻度线，以此方式制备标定甲醛原液的1∶10稀释液。滴定储备溶液时，浓度以 μg/mL 为单位测定，通过以下方法制备校准曲线：

8.1.1 移取5.0mL、10.0mL、15.0mL、20.0mL 和 30.0mL 按1∶10 稀释后的甲醛稀释液到500mL 容量瓶中，用去离子水稀释至刻度线（例如，如果通过标定得出甲醛原液的浓度为 1470μg/mL，计算校准曲线横坐标的新值；采用线性回归分析 1.47μg/mL、2.94μg/mL、4.41μg/mL、5.88μg/mL、8.82μg/mL）。

8.2 分别从 8.1 得到的甲醛原液的 1∶10 稀释液中移取 5.0mL、10.0mL、15.0mL、20.0mL 和 30.0mL，在500mL 的容量瓶中用去离子水稀释，则分别得到浓度约为 1.5μg/mL、3.0μg/mL、4.5μg/mL、6.0μg/mL 和 9.0μg/mL 的甲醛溶液。准确的记录溶液的浓度。在测试瓶中，基于 1.0g 试样和广口瓶中 50.0mL 蒸馏水的测试样品中的甲醛浓度是这些标准溶液实际浓度的 50 倍。

8.3 使用5.0mL 各种浓度的标准溶液，按照步骤 10.4 ~10.7 的描述制备校准曲线，在校准曲线中，以甲醛浓度（μg/mL）对吸光度读数进行绘制。

9. 试样准备

9.1 从卷轴上取样或剪切样品后，应立即将样品放入单独的拉链式封口塑料袋中。作为保持其原始状态的额外预防措施，样品放入塑料袋之前用铝箔包裹。

9.2 剪取 1g ± 0.01g 的试样。每个样品做平行样。如果剪 1g 样品后不立即进行测试，则应将其放回拉链式封口塑料袋中（如果之前用铝箔纸包装，则也要再用铝箔纸包装），直到开始测试再取出。

10. 操作程序

10.1 用移液管向广口瓶底部移入 50.0mL 去离子水，用金属网篮或其他方式将试样悬吊在广口瓶的水面上方（见图 1）。将瓶密封后置于 49℃ ±1℃（120℉ ± 2℉）的烘箱中放置 20h ± 10min（见 13.6）。盛有 50mL 去离子水的广口瓶中的空金属网篮（无织物）的控件也可以使用。

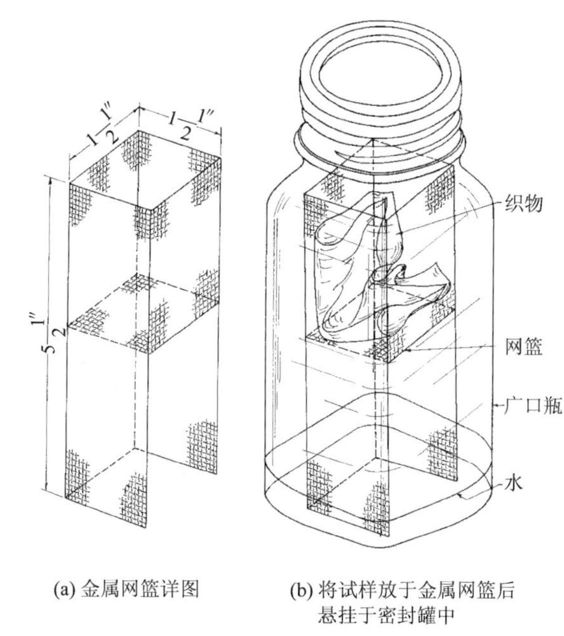

图 1 广口瓶和金属网篮

10.2 取出广口瓶，使其冷却至少 30min。

10.3 从广口瓶中取出试样和网篮，或其他支撑物。重新盖好瓶盖，摇晃以便将瓶壁上形成的凝聚物溶解。

10.4 移取 5.0mL 纳氏试剂到适当大小的试管中。同时吸取 5.0mL 纳氏试剂到另一个（至少一个）试管中作为空白试剂。从每个试样萃取瓶中取

5.0mL 萃取液放入试管中，将 5mL 去离子水加到作为空白试剂的试管中。每个样品萃取液做两个平行样。

10.5 混合均匀后将试管放入 58℃ ±1℃的水浴中恒温 6min ±15s。然后取出冷却。

10.6 在波长 412nm 处，以空白试剂为参照，用分光光度计测出试样萃取液的吸光度。

注意：已显黄色的溶液直接暴露于日光下一定时间会引起褪色。如果显色后试管的读数有明显的延迟，且有强烈阳光存在，则应对试管施加保护措施，以避光。否则，颜色需要稳定相当长的时间（至少 1 晚上），读数将延迟。

10.7 使用绘制好的校准曲线，测定甲醛萃取液中的甲醛（HCHO）浓度（见 8.3 和 13.3）。

11. 计算

按照下列公式计算每个试样的甲醛释放量，精确到 μg/g：

$$F = C \times \frac{50}{W}$$

式中：F——甲醛浓度，μg/g；

C——由校准曲线读出的萃取液中甲醛浓度；

W——测试试样的质量，g。

12. 精确度和偏差

12.1 精确度。

12.1.1 实验室间的测试。在 1990 年和 1991 年，分别对 AATCC TM112 方法进行了实验室间的比对研究（ILS）。在 49℃温度下萃取 20h，试样萃取液和纳氏试剂的比例为 5/5。参加比对的各个实验室中，由一个操作员对每块样品进行三次的重复测试。在第一次实验室间比对研究中，对九个实验室对 100 ~ 400μg/g 低甲醛含量水平的同一块织物得出的测试结果进行了代表方差分析（ANOVA）。在第二次实验室间比对研究中，八个实验室对十种名义上甲醛含量水平为 0 的织物进行了测试，对结果进行代表方差分析（ANOVA）。分析资料在 RA68 技术委员会文件进行记载以供参考。

12.1.2 零甲醛织物的临界差值的计算见表 1，低甲醛含量织物的临界差值的计算见表 2。

12.1.3 当两个或多个实验室希望开展测试结果比对时，建议在比对之前先建立需要比对的实验室之间的实验室水平。

表 1 零甲醛织物的临界差值

（平均概率为 95% 的临界差值，μg/g）

平均测试数量	实验室内	实验室间的单个织物	实验室间的多个织物
1	7.7	12.0	13.8
2	5.5	10.6	12.7
3	4.5	10.2	12.3

表 2 低甲醛含量织物的临界差值

（平均概率为 95% 的临界差值，μg/g）

平均测试数量	实验室内	实验室间的单个织物	实验室间的多个织物
1	21.6	80.3	116.0
2	15.2	78.9	115.0
3	12.4	78.4	114.7

12.1.4 如果在两个实验室之间对同一块织物的甲醛释放水平进行比较，应使用表 2 中单水平列下的临界差值。

12.1.5 如果在两个实验室之间对一定甲醛释放范围水平内的一系列织物进行比较，应使用表 2 中多水平列下的临界差值。

12.1.6 每个实验室得出平均值的测试数量也是临界差值的决定因素。

12.2 偏差。

12.2.1 织物的甲醛释放只能根据试验方法予以定义。没有单独的方法可以确定其真值。在 AATCC TM112 中，作为在加速存储条件下测定织物释放甲醛量的一种手段，本方法没有已知偏差。

12.2.2 作为一个参考方法，AATCC TM112 被纺织和服装工业广泛接受。

13. 注释

13.1 甲醛是许多织物整理剂的组成部分或前体。作为施用的一部分，整理剂被固化，导致整理剂的自交联和/或整理剂与织物的交联。不完全交联或后期存储中发生水解会导致织物上存在水解甲醛。温暖潮湿的环境会（进一步）水解交联的饰面并释放出更多的甲醛。测试方法 112 测定在更严苛条件下产生的游离和水解甲醛以及统称为“释放甲醛”的其他甲醛。测试方法 206 测定游离甲醛和水解甲醛的量。应基于该区别选择适当的测试方法。

13.2 放入 Mason 广口瓶中的简单试样支架可按下述方法构成：将一块尺寸为 15.2cm × 14.0cm（6.0 英寸 × 5.5 英寸）的铝丝网缠绕在边长为 3.8cm（1.5 英寸）的方形木块上，且扎紧，形成一个两端开口的长方形框。将其中一面自转角处自下朝上剪开直到略过一半，并将剪开部分向内弯折成平面且扎紧。折起的部分形成金属网架的底部，其他三面成为支撑。可以通过或在适当的部分用短段金属丝扎牢。金属网不应成为甲醛的来源。使用前进行测试。

13.3 纳氏试剂对萃取液的比例，在一定范围内可以调整，以适应个别的吸光度范围及所用光度仪器的取样试管的光学路径长度。例如：虽然已证明 5mL 纳氏试剂对 5mL 试样溶液的比例，对于一些仪器来讲是方便适用的，但是对于其他一些仪器来讲，可能其他 1∶1 的比率，例如 2mL 纳氏试剂对 2mL 试样溶液会更适用。测试中，标准溶液与试样溶液所用的纳氏试剂与试样溶液的比例必须相同。如用分光光度计的比色皿直接显色，可减少试管转移到分光光度计比色皿这一步骤，当测定数量多时可节省许多测定时间。另外，移液管或类似器具可用于试剂配制，顶端活动式自动吸管可用于试样溶液。

13.4 本方法第 10 部分所规定的操作程序适用于织物释放甲醛量约 0 ~ 500μg/g 范围的情况。织物中释放甲醛量如果为 500 ~ 3500μg/g，建议纳氏试剂与试样溶液的比率为 10∶1（体积比）。如果使用了这一比率，那么有必要绘制一个标准溶液与纳氏试剂比率为 10∶1（体积比）的附加校准曲线。方法是分别移取 5.0μg/mL、10.0μg/mL、15.0μg/mL 和 20.0μg/mL（译者注：应为 mL）浓度约为 1500μg/mL 的标准甲醛原液，用蒸馏水稀释到 500mL，得到浓度大约为 15μg/mL、30μg/mL、45μg/mL 和 60μg/mL 的甲醛溶液（见 8.3）。

13.5 在烘箱内萃取之后，样品瓶内试样溶液的甲醛含量的测定可使用铬变酸色度法代替纳氏试剂。应该注意：铬变酸法没有关于精确度和偏差的说明，该方法的操作程序可参见下述文献：J. Frederick Walker，Formaldehyde，3rd Edition，Reinhold Publishing Co.，NY，1964，p470。当使用此方法时，从样品瓶中取出的萃取液（见 10.2）的数量和用于制备校准曲线（见 8.3）的标准甲醛溶液的数量都需改变。

注意：铬变酸法须用浓硫酸，应采取适当的防护措施来保护操作人员和分光光度计设备。

13.6 可用 65℃ ± 1℃（149℉ ± 4℉）温度下进行萃取 4h 的萃取条件代替 49℃ ± 1℃（120℉ ± 2℉）温度下进行萃取 20h 的萃取条件（见 6.3 和 10.1）。萃取条件的时间、温度需在报告中注明。在完成 4h 萃取之后，将广口瓶取出并冷却至少 30min，然后从瓶中取出试样，再盖上瓶盖，摇动瓶子以溶解瓶壁上形成的冷凝物。萃取之后，样品的准备程序和显色操作程序按照 10.4 ~ 10.7 的要求进行。

13.7 如果烧瓶中的萃取液有色，请参阅 Dilip Pasad 的出版物“AATCC密封罐的优化和用于测定低含量甲醛的 HPLC 方法”。纺织化学家和调色师，1989 年 6 月，第 21 卷，第 6 期。

13.8 如果萃取液中有颗粒物，则应对萃取液进行离心或过滤以除去污染物。

13.9 甲醛原液的标定。一般甲醛原液浓度约1500μg/mL，必须对其进行精确的标定以便在色度分析中精确地按照校准曲线进行计算。

一定量的甲醛原液与过量亚硫酸钠反应，然后以百里酚酞为指示剂，用标准酸溶液进行反滴定。

仪器：10mL、50mL 的移液管，50mL 的滴定管，150mL 的锥形瓶。

试剂：1mol/L 亚硫酸钠（126g 无水亚硫酸钠/L）、0.1% 百里酚酞指示剂、0.01mol/L（0.02N）的硫酸（必须是从制造商购买的标准溶液或用标准 NaOH 溶液标定的）。不能使用商业标定的硫酸，因为其已经用甲醛进行了稳定。如对硫酸有怀疑，要同化学品制造商进行核对。

溶液的标定步骤：

（1）吸取 1mol/L 亚硫酸钠溶液 50.0mL 至锥形瓶中；

（2）加两滴百里酚酞指示剂；

（3）加数滴标准酸直至蓝色消失（如果必要）；

（4）再在锥形瓶中加入 10.0mL 甲醛原液（蓝色再度出现）；

（5）用 0.01mol/L 的硫酸滴定至蓝色消失。记录所用 0.01mol/L 硫酸的体积（0.01mol/L 硫酸的体积在 25mL 以内）。既不使用百里酚酞也不额外使用标准酸使蓝色消失的其他滴定方法也可以使用，滴定直至终点 9.5 即可。

$$c = \frac{30030 \times V \times N}{10}$$

式中：c——甲醛浓度，μg/mL；

V——使用的硫酸的体积，mL；

N——硫酸溶液的当量浓度。

重复上述操作程序一次。测试结果取平均值，在色度分析中使用精确的浓度校正曲线。

13.10 可从 AGGIH Publications Office 获取，地址：Kemper Woods Center，1330 Kemper Meadow Dr.，Cincinnati OH 45240；电话：+1.513.742.2020；网址：www.acgih.org。

14. 历史

14.1 2020 年修订，为清晰起见更新了多个章节。

14.2 1968 年、1972 年、1989 年、1998 年、2003 年重新审定，1975 年、1978 年、1982 年、1984 年、1993 年修订，1983 年技术性修定，1985 年、1986 年、2010 年、2011 年编辑修订，1990 年（名称变更）、2008 年经过编辑修订并重新审定。

14.3 由 AATCC 委员会 RR68 于 1965 年制定；2012 年管辖权转移至 AATCC 委员会 RA45。

AATCC TM114-2021

残留氯试验方法：强力损失

1. 前言

本测试方法基于 AATCC TM92。AATCC TM114 使用自动家用洗衣机对多个样本进行氯化处理，而 AATCC TM92 使用烧杯对单个样本进行加速氯化处理。

2. 目的和范围

2.1 该试验方法是测定氯漂可能造成潜在损害的程序。

2.2 该方法适用于机织物。不建议对针织面料进行拉伸强度测试，因为其具有高拉伸性。

3. 原理

3.1 试样在家用洗衣机中进行氯漂、漂洗和干燥，然后在热金属板间压烫，多个样品可一起进行漂白。

3.2 残留氯的破坏作用根据压烫前后拉伸强力的变化来计算（见 14.1）。以原始拉伸强力的百分率作为结果报告，损失百分率越大，表明残留氯造成的损害越大。

4. 引用文献

注意：除非另有说明，否则使用所有出版物的现行版本。

4.1 AATCC LP1《家庭洗涤的实验室程序：机洗》（见 14.2）。

4.2 AATCC TM92《残留氯强力损失：单试样法》（见 14.2）。

4.3 ASTM D5035《纺织品断裂强力和伸长率的测试方法（条样法）》（见 14.3）。

5. 术语

残留氯：经含氯漂粉漂白的纺织品在洗涤和干燥后残留在材料中的有效氯。

6. 安全和预防措施

6.1 本安全和预防措施仅供参考。本部分有助于测试，但未指出所有可能的安全问题。

6.2 在本标准中，使用者在处理材料时有责任参考合适的安全数据表，采用安全和适当的技术，佩戴合适的个人防护设备。

6.3 用户务必向制造商咨询设备操作说明和其他建议等具体细节。咨询并遵守所有适用的健康和安全法规［如美国职业安全卫生管理局（OSHA）标准和规则］。

7. 仪器和试剂（见 14.4）

7.1 标准洗衣机（见表 1，14.5）。

表 1 标准洗衣机参数

循环		正常
水位（加仑①）		45 ±4（12 ±1）
搅拌速度（r/min）		86 ±2
冲程长度		最高 220°
洗涤时间（min）		12 ±1
漂洗		1
最终旋转速度（r/min）		660 ±15
最终旋转时间（min）		5 ±1
洗涤温度［℃（℉）］	热	60 ±3（140 ±5）
	温	41 ±3（105 ±5）
	冷	27 ±3（80 ±5）

① 表中显示的水位和洗涤温度可能与标准设备设置不符，根据需要进行验证和调整，以达到指定的参数。1 加仑（gal）= 3.785412 升。

7.2 陪洗布，1 型（见表2）。

表2 陪洗布参数

		1 型
纤维成分		100%棉
本色织物纱		16/1 环锭纺
本色织物组织结构（根/英寸）		52×(45±5)，平纹
最终织物重量（g/m^2）		155±10
布边		全部包边
最终样品尺寸	mm	920×920±30
	英寸	36.0×(36.0±1)
最终样品重量（g）		130±10

7.3 标准滚筒烘干机（见表3，14.5）。

表3 标准滚筒烘干机参数

循环	正常	轻柔	耐久压烫
最高排气温度［℃(℉)］	68±6 (155±10)	60±6 (140±10)	68±6 (155±10)
冷却时间（min）	≤10	≤10	≤10

7.4 加热仪。在一定温度下与试样表面紧密接触，使试样均匀受热。试样受到的压力为 $9g/cm^2$。

7.5 ASTM D5035 所需的仪器和调湿设施（详见标准）。

7.6 试剂。次氯酸钠溶液，有效氯约为 5%（见 9.2）。

7.7 缓冲液（见 9.1）。

7.8 四磷酸钠（$Na_6P_4O_{13}$）。

7.9 碳酸钠。

7.10 碳酸氢钠。

8. 试样准备

通常只测试经向的拉伸强力。每个样品裁剪两个试样，试样的尺寸经向约为 35.6cm（14 英寸），纬向约为 20.3cm（8 英寸）（若测试纬向试样，则相应的尺寸相反）。

9. 试剂的制备

9.1 缓冲溶液。用足量的水配制含有 290g 四磷酸钠和 93g 磷酸二氢钠（$NaH_2PO_4 \cdot H_2O$）的溶液，制成 1000mL 溶液。

9.2 有效氯，验证有效氯浓度百分率。将 1.00mL 标称 5% 的次氯酸钠溶液移入锥形瓶中，用蒸馏水稀释至 100mL。加入 6mL 12% 的碘化钾，然后加入 20mL 6mol/L 的硫酸。用 0.1mol/L 的硫代硫酸钠溶液滴定并使用公式 1 计算。使用 1.08 作为比重值。

$$\text{有效氯浓度百分率} = \frac{(\text{硫代硫酸盐} \times 0.1\text{mol/L} \times 0.0355) \times 100}{1\text{mL} \times \text{次氯酸钠比重}}$$

（公式 1）

也可以使用从实验室化学品供应商处购买的 5% 有效氯溶液。COA［分析报告（证书）］可用于确定强度。氯会降解。一旦打开，应将化学品储存在冰箱中，并在制造商的有效期内使用。

10. 操作程序

10.1 洗衣机的准备。如果洗衣机曾用作任何除氯漂以外的其他用途，需用水进行一次完整的洗涤循环，循环开始时加入 0.15% 的四磷酸钠。在低水位下确定水量，用于计算液浴比。当洗衣机内无杂质后，设置洗衣机程序以获得表 1 中列出的参数。根据维护说明选择水温。

10.2 氯漂。

10.2.1 开始选择洗涤循环。让机器加注到指定的水位（50∶1 浴比）。

10.2.2 加入足量的稀次氯酸钠溶液，使其浓度为 0.10%（按有效氯的重量计算）。

10.2.3 搅拌均匀，用碳酸钠或碳酸氢钠调节溶液 pH 至 9.5。

10.2.4 加入所有的试样和足量的漂白棉布，浴比为 50∶1，启动洗涤程序。

10.3 漂洗。排空第一次洗涤后的水，重新注水，每加仑水加入 10mL 缓冲溶液，继续漂洗循环

AATCC TM115-2000e(2011)e

织物静电吸附：织物与金属测试

AATCC RA32 技术委员会于 1965 年制定；1969 年、1973 年、2000 年修订；1974 年、1976 年，1977 年、1978 年、1991 年、1999 年、2008 年、2019 年编辑修订；1977 年、1980 年、1989 年、2005 年、2011 年重新审定；1986 年、1995 年编辑修订并重新审定。

---

1. 目的与范围

本测试方法用于评价特定织物由于静电荷产生而引起的相对吸附性。该测试与织物的重量、硬挺度、组织结构、表面特性、后整理以及其他影响织物吸附性的织物性能参数有关。

2. 原理

2.1 当带正电荷或负电荷的织物靠近人体表面时，在人体皮肤表面瞬间感应，产生等量的相反电荷，就会出现人体对带电织物的吸附性。物理学的基本定律表明，带有相反电荷的材料相互吸引。当金属平板放在带电荷材料的区域附近，也会与人体一样，产生类似的瞬间电荷感应现象。因此，可以用金属平板来模拟带电服装与人体间产生的吸附问题。有些人比其他人更易于产生静电吸附，而且同一个人在某个时间比其他时间也可能更易于产生静电吸附。所以织物与金属板的吸附时间与织物和不同人体之间的静电吸附并不具有直接相关性。

2.2 在本测试方法中，时间（t_d）为试样上电荷衰减到一定程度所需的时间，即由于电荷衰减而导致试样与金属板之间的静电吸附力小于试样所受重力，从而与金属板分离失去平衡时所用的时间（见 12.1）。

3. 术语

静电吸附：由于一个物质表面或两个物质表面所带的电荷引起的一种物质对另一种物质的吸附性。

4. 安全和预防措施

本安全和预防措施仅供参考。本部分有助于测试，但未指出所有可能的安全问题。在本测试方法中，使用者在处理材料时有责任采用安全和适当的技术；务必向制造商咨询有关材料的详尽信息，如材料的安全参数和其他制造商的建议；务必向美国职业安全卫生管理局（OSHA）咨询并遵守其所有标准和规定。

4.1 遵守良好的实验室规定，在所有的试验区域应佩戴防护眼镜。

4.2 放射棒释放对人体不产生外部伤害的阿尔法（alpha）射线。放射性同位素钋 210 具有毒性，要采取措施防止固体材料摄取或吸入钋 210。不要拆解放射棒或触碰栅板下的放射带。如果不慎触碰或接触到放射带时，应立即彻底洗手。当按照 12.3.1 检测到放射棒的静电消除功能失效时应将仪器送还制造商，当放射棒不再使用时也要将其交还制造商作为处理方法。不要作为废弃物随意丢弃。

5. 使用和限制条件

本测试方法的目的不是用于测定织物在静电火花可能导致火灾或爆炸的危险地区使用的适用性。

5.1 一些特殊织物，尤其是组织结构厚重的织物，在本测试方法条件下不显示具有静电吸附性，但其在某些条件下使用可能会产生静电吸附。

5.2 本测试方法主要用来测试轻质服装面料的吸附性，如用作女式贴身内衣的织物。

6. 仪器和材料（见 12.2）

6.1 测试板。

6.1.1 标准测试板。由尺寸为 100mm × 450mm、厚度为 18 号、304 型的狭长不锈钢板，在距一边 150mm 宽度处弯曲而成，从而在 100mm × 150mm 底板与 100mm × 300mm 竖板之间的角度为 1.22rad ± 0.04rad（见 12.3）。抛光的纹理应该是沿不锈钢片的长度和生产纹理方向呈 45°的方向。100mm × 300mm 竖板的内表面应该经 No.4（见 12.3）抛光处理，并且始终保持干净和光滑。在距测试板上端 230mm 处刻一道细线，用以定位试样的下边缘（见 12.3）。

6.1.2 可变角度的试验用测试板。此试验的灵敏度取决于金属板的内角度数，灵敏度会随着内角度的减小而降低，反之亦然。一种更通用的测试板是使用 25mm × 100mm × 100mm 的铝板构成底板，底板上加工有许多与垂直轴呈不同角度的狭槽（如 0.017rad、0.087rad、0.175rad、0.35rad、0.52rad、0.70rad、0.87rad、1.05rad），这些狭槽用于放置固定 100mm × 360mm 的不锈钢板。这种测试板适用于研究工作，其灵敏度易于调节。

6.2 接地板。尺寸为 200mm × 360mm、厚度为 18 号、304 型的不锈钢平板，用导线（如 18 号的塑料包覆电线）接地。每块测试板需配一个上述接地板。

6.3 放射棒（见 12.4）。

6.4 摩擦块。白色的松木，尺寸约为 20mm × 50mm × 150mm，重 65g，在摩擦块的每一端有 20mm 宽的双面胶，用于粘贴摩擦织物的末端。

6.5 聚氨酯泡沫垫片。尺寸为 25mm × 100mm × 300mm，非刚性的，密度为 21kg/m^3，按照方法 ASTM D3574 进行测试其标准承载偏差（ILD）稳定性为 6.8kg（见 12.3）。

6.6 夹子。金属材料（如 No.3 牛角夹或铰接夹，见 12.3），边缘的 70mm 用 20mm 宽的绝缘胶带包覆，防止剐蹭测试板的表面。

6.7 秒表。精确到 0.01min 或用其他单位标注的同等精度。

6.8 镊子或钳子。绝缘，象牙镊尖，分析天平用镊子。

6.9 烘箱。强制通风型，能在 105℃ ±2℃的温度下保温。

6.10 恒温恒湿箱。能够提供相对湿度为 40% ±2%、温度为 24℃ ±1℃的空气循环。

如果测试不是在相对湿度为 40% ±2%、温度为 24℃ ±1℃的条件下进行，恒温恒湿箱应该可以提供必要的测试条件范围［例如，（20% ~65%）±2%的相对湿度和（10 ~30℃）±1℃的温度］。

6.11 摩擦织物。

6.11.1 锦纶（俗称尼龙）摩擦织物。100%锦纶 66 短纤织物。

6.11.2 涤纶摩擦织物。100%涤纶短纤织物。

6.12 熨斗。家用手动型，带有适当设置（见表 1）。

表 1 安全熨烫温度指南

0 级	Ⅰ级	Ⅱ级	Ⅲ级	Ⅳ级
121℃以下	121 ~135℃	149 ~163℃	177 ~191℃	204℃及以上
改性腈纶（93 ~121℃）、聚乙烯纤维（79 ~121℃）	醋酯纤维、聚乙烯纤维	丙烯酸类、再生蛋白质纤维、锦纶 6	锦纶 66、涤纶	棉、聚酯碳氟化合物、玻璃纤维、大麻、黄麻、苎麻
橡胶（82 ~93℃）	丝	聚氨基甲酸乙酯弹性纤维、羊毛		亚麻、人造丝、黏胶纤维
二氯乙烯共聚纤维（66 ~93℃）				三醋酯纤维（热定型）
维纶（54℃）				

的速度转动曲柄20圈，使垂直杆往复转动40圈。

10.1.4 抬起仪器上半部，取出试样和摩擦布，根据9.1进行调湿，根据11进行评级。

10.2 湿摩擦测试。

10.2.1 对符合条件的干摩擦布进行称重。使用注射器管、刻度移液管或自动移液管，吸取干摩擦布重量0.65倍重的水（mL）。例如，摩擦布重0.24g，则吸取的水量（mL）为0.24×0.65=0.16mL。将摩擦布放在盘子内的白塑料网上。向摩擦布上均匀加水并称量润湿后的摩擦布重量，使之达到65%±5%的含湿率。含湿率可用干摩擦布的重量乘以1.65后经称重获得。如有必要，可以调整用来润湿摩擦布的水量，并用一块新的摩擦布重复上述步骤。当达到65%±5%的含湿率时，记录用水量。用注射器管、刻度移液管或自动移液管吸水润湿摩擦白布时，可使用其当天记录的用水量来进行准备。每天需重复上述过程（见14.6）。

10.2.2 在实际摩擦测试开始前，应防止因水分蒸发引起的含湿量降低到规定范围以下。

10.2.3 按照10.1的要求继续进行测试。

10.2.4 在空气中晾干摩擦白布，在评级前进行调湿（见9.1）。松散纤维可能影响评级，因此在评级前，用透明胶带轻压摩擦白布，以沾去松散的纤维。

11. 评级（见14.7）

11.1 在评级时，用三层未使用过的AATCC摩擦布垫于待评摩擦布下面。

11.2 用《沾色灰卡评定程序》（AATCC EP2），《AATCC 9级沾色彩卡》评（AATCC EP8）或《仪器评定沾色程度的方法》（AATCC EP12）评价干摩擦和湿摩擦色牢度，并记录与灰卡或彩卡颜色最接近的级数（见14.3、14.8）。

11.3 应当注意：一般来说，摩擦布沾色圆形的边缘部分沾色比中心部分要严重。

11.4 对摩擦布沾色圆形的边缘部分进行评级。

11.5 当测试多块试样或一组评级者评定沾色时，取结果的平均值，精确到0.1级。

12. 报告

12.1 报告11.5中得出的评级结果。

12.2 注明是干摩擦测试还是湿摩擦测试。

12.3 注明评级使用的是沾色灰卡还是AATCC 9级沾色彩卡。

13. 精确度和偏差

13.1 精确度。2017年，5个实验室针对织物经干摩擦和湿摩擦后色牢度的评估进行了一项实验室间研究。按照本测试方法，5个实验室分别对3种织物进行了色牢度测试。测试的织物包括2种还原染料染色的牛仔织物和1种碱性染料染色的棉织物。每个实验室有2位测试人员，并且每个测试人员都对干湿摩擦重复进行了10次测试。使用分光光度计对每个试样的沾色区域进行仪器评估，以确定沾色灰度等级。碱性染色的棉织物（织物1）干摩擦等级为3.5，湿摩擦等级为1.5。牛仔织物（织物1和2）的干摩擦等级为4.5和5，湿摩擦等级为1和1.5。表1给出了这项研究在实验室内和实验室间精度值。

表1 精确度

n	干摩擦		湿摩擦	
	实验室内	实验室间	实验室内	实验室间
1	0.116	0.4006	0.307	1.067
2	0.082	0.2837	0.218	0.7557
3	0.067	0.2313	0.178	0.6160
4	0.058	0.2003	0.154	0.5335
5	0.052	0.1792	0.138	0.4772
6	0.047	0.1635	0.126	0.4356
7	0.044	0.1515	0.116	0.4034
8	0.041	0.1417	0.109	0.3773
9	0.039	0.1335	0.103	0.3557
10	0.037	0.1267	0.097	0.3374

13.2 偏差。摩擦色牢度的真值仅能以测试方法进行定义。没有独立的方法可以测得真值。作为色牢度性能的评价方法，本方法无已知偏差。

14. 注释

14.1 旋转垂直摩擦测试仪提供了摩擦头往复旋转运动和可选的摩擦头压力。试样采用 AATCC TM8 和 AATCC TM116 测试可能会得到不同的结果，这两种方法之间没有已知的关联性。

14.2 可从 AATCC 获取，地址：P. O. Box 12215，Research Triangle Park NC 27709；电话：+1.919.549.8141；电子邮箱：ordering@aatcc.org；网址：www.aatcc.org。

14.3 使用沾色灰卡还是 AATCC 9 级沾色彩卡进行评级可能得出不同的等级。因此，报告使用哪种样卡进行评级是很重要的对于关键性的评级和仲裁情况的评级，必须使用沾色灰卡进行评级。。

14.4 有关适合测试方法的设备信息，请登录 www.aatcc.org/bg。AATCC 提供其企业会员单位所能提供的设备和材料清单。但 AATCC 没有给其授权，或以任何方式批准、认可或证明清单上的任何设备或材料符合测试方法的要求。

14.5 AATCC 标准摩擦白布应满足下述条件：

纤维：100% 的 10.3 ~ 16.8mm 的精梳棉原纤，不含荧光增白剂。

纱线：15tex（40/1 英支棉纱），5.9 捻/cm，“Z”捻向。

密度：经密 32 根/cm ±5 根/cm，纬密 33 根/cm ±5 根/cm。

组织：$\frac{1}{1}$平纹。

成品：经退浆、漂白，不含荧光增白剂和整理剂。

pH：7 ±0.1。

克重：100g/m^2 ±3g/m^2（整理后）。

白度：W = 78 ±3（见 AATCC 110）。

警告：根据对摩擦布的研究，ISO 摩擦布与 AATCC 摩擦布得到的结果/值可能不同。

14.6 一旦确定操作手法，测试期间熟练实验员不必重复称量过程。

14.7 注意：有报告显示，对于含有聚酯和氨纶或其混纺的深色产品（如藏蓝色、黑色等），使用本方法得出的结果与消费者实际使用时的沾色倾向可能不一致。所以，本方法不建议作为验收实验方法。

14.8 如果可以证明自动电子评级系统能够得到与有经验的评级者视觉评级相同的结果，并具有相同或更好的重现性和再现性，则可以选择使用自动电子评级系统。

AATCC TM117-2019

耐干热色牢度（热压除外）

前言

本方法根据温度不同分为几种，可以根据具体需要以及纤维的稳定性来选择使用其中的一种或几种温度方法。本测试方法不包括在 AATCC TM133 中提到的热压测试；但是，加热装置对试样和相邻的贴衬织物施加了一定的压力。

1. 目的和范围

1.1 本测试方法用于评定因干热处理，不包括热压，而引起的变色和沾色程度。

1.2 适用于各种类型及各种形式的纺织品。

2. 原理

试样与贴衬织物相贴，在可控条件下，通过紧密接触而受干热。报告测试试样的变色等级，分为5～1 级，5 级表示无变色，1 级表示变色最严重。报告贴衬织物或纤维的沾色等级，分为5～1 级，5 级表示无沾色，1 级表示沾色最严重。

3. 引用文献

注：除非另有说明，请使用所有发布版本的最新版本。

3.1 AATCC EP1 变色灰卡评定程序（见 13.1）。

3.2 AATCC EP2 沾色灰卡评定程序（见 13.1）。

3.3 AATCC EP7 仪器评定试样变色（见 13.1）。

3.4 AATCC EP8 AATCC 9 级沾色彩卡（见 13.1）。

3.5 AATCC EP12 仪器评定沾色程度的方法（见 13.1）。

3.6 AATCC 133，耐热色牢度：热压（见 13.1）。

3.7 ASTM D1776，纺织品调湿和测试标准方法（见 13.2）。

3.8 “干热起褶和定型过程中的变色测试”，Journal of the Society of Dyers and Colourists. 1960 年 3 月 . 76. 158 - 168。

4. 术语

色牢度：材料在加工、检测、储存或使用过程中，暴露在可能遇到的任何环境下，抵抗颜色变化和/或颜色向相邻材料转移的能力。

5. 安全和预防措施

本安全和预防措施仅供参考。本部分有助于测试，但未指出所有可能的安全问题。在本测试方法中，使用者在处理材料时有责任采用安全和适当的技术；务必向制造商咨询有关材料的详尽信息，如材料的安全参数和其他制造商的建议；务必向美国职业安全卫生管理局（OSHA）咨询并遵守其所有标准和规定。

遵守良好的实验室规定，在所有的试验区域应佩戴防护眼镜。

6. 使用和限制条件

6.1 当使用本测试方法评定染色、印花以及后整理过程中的变色及沾色时，必须认识到其他的化学和物理因素会对测试结果产生的影响。

6.2 未染色织物的颜色变化可能是由试样沾色以外的其他因素造成的。为了确定这一点，可以单独测试未染色的织物。

7. 仪器和材料（见13.3）

7.1 加热装置。在控制温度下通过与试样两面紧密接触将热量均匀传递给试样（见13.4）。

7.2 两块未染色贴衬织物，其尺寸与加热装置相适应。

7.2.1 第一块贴衬织物为与待测试样同纤维成分制成，若试样是混纺产品，则为待测试样的主体纤维制成；

7.2.2 第二块贴衬织物由混纺样品的次要纤维制成，或使用由醋酯纤维、棉、锦纶、涤纶、腈纶、羊毛组成的多纤维贴衬布［15mm（0.3英寸）宽］，或者使用其他特殊要求的织物，需在报告中注明。

7.3 调湿设备和用于平铺试样的多孔可抽拉调湿架。

7.4 评价变色用设备和环境。

7.4.1 采用灰卡进行变色的视觉评级（见13.1）。按照AATCC EP1获得其他材料和灰卡的使用方法。

7.4.2 仪器评级，使用AATCC EP7所述的分光光度计。

7.5 评价沾色用设备和环境。

7.5.1 采用AATCC 9级沾色彩卡进行沾色的视觉评价（见13.1）。按照AATCC EP1或AATCC EP8获得其他材料和色卡的使用方法（见13.5）。

7.5.2 仪器评价，使用AATCC EP12所述的分光光度计。

8. 试样准备

8.1 若待测纺织品为织物，则将尺寸与加热装置尺寸相适应的试样置于两块未染色贴衬织物（见7.2）之间，并沿短边缝合制成组合试样。

8.2 若待测纺织品为纱线，则将其织成织物并按照8.1操作。或用大约为未染色贴衬织物总质量一半量的纱线在两块未染色贴衬织物（见7.2）之间铺成平行均匀的薄层，并沿一边缝合以固定纱线，制成组合试样。

8.3 若待测纺织品为散纤维，取大约为未染色贴衬织物总质量一半量的散纤维（见7.2），将其梳压成需要大小的均匀薄片，将纤维片置于两块未染色贴衬织物之间并沿四边缝合，制成组合试样。

9. 操作程序

9.1 根据最终用途和试样的稳定性，对加热装置进行设置。

Ⅰ. 150℃ ±2℃

Ⅱ. 180℃ ±2℃

Ⅲ. 210℃ ±2℃

9.2 设置设备压力为4kPa ±1kPa。

9.3 将组合试样放置在加热设备上，加热30s。

9.4 取出组合试样，按照ASTM D1776进行调湿（通常，按照表1所述对纺织品进行调湿。按照表2根据纤维成分选择调湿时间）。将每一个试样或产品单独放置在调湿/干燥架的穿孔隔板上。

10. 评级

10.1 评价测试试样的颜色变化。

10.1.1 按照AATCC EP1变色灰卡评定程序。

10.1.2 按照AATCC EP7仪器评定试样变色。

10.2 对每个贴衬织物或多纤贴衬织物进行评级。

10.2.1 按照AATCC EP2或AATCC EP8对每个贴衬织物和/或多纤贴衬进行沾色视觉评级。

10.2.2 按照AATCC EP12对每个贴衬织物和/或多纤贴衬织物进行沾色仪器评级。

11. 报告

11.1 测试试样的描述。

11.2 报告是按照AATCC 117 -2019对试样进行的测试。

11.3 报告以下测试条件：

11.3.1 测试温度。

11.3.2 所使用的的加热设备。

11.3.3 试样和贴衬织物的纤维含量标称值。

11.3.4 变色评级程序（AATCC EP1 或 AATCC EP7）。

11.3.5 沾色评级程序（AATCC EP2，AATCC EP8，或 AATCC EP12）。

11.4 报告测试结果：

11.4.1 测试试样的变色等级。

11.4.2 每个贴衬织物和/或多纤贴衬织物的沾色等级。

11.5 描述测试方法的任何偏离情况。

12. 精确度和偏差

12.1 精确度。本试验方法的精确度尚未确立，在其产生之前，应采用标准的统计方法进行实验室内或实验室间测试结果平均值的比较。

12.2 偏差。耐干热色牢度（热压除外）只能作为一种试验方法进行定义，没有独立的方法可以确定其真值。本方法作为评估这一性能的一种手段，没有已知偏差。

13. 注释

13.1 可从 AATCC 获取，地址：P. O. Box 12215，Research Triangle Park NC 27709；电话：+1.919.549.8141；传真：+1.919.549.8933；电子邮箱：ordering@aatcc.org；网址：www.aatcc.org。

13.2 可从 ASTM 国际获得。地址：100 Barr Harbor Dr，W Conshohocken PA 19428，USA；电话：+1.610.832.9500；网址：www.astm.org。

13.3 有关适合测试方法的设备信息，请登录 http://www.aatcc.org/bg 了解。AATCC 尽可能提供其合作会员销售的设备和材料清单，但是 AATCC 并不证明其资格，或以任何方式批准、认可或证明清单上的任何设备或材料符合测试方法的要求。

13.4 干热装置。可以使用以下加热装置中的一种。

13.4.1 一对加热板，在特定范围内可精确控制温度，并且压力可调节到 4kPa ± 1kPa，为了获得 7.1 中所规定的压力，组合试样的总面积应适合和电热板面积间的关系，使电热板四角的弹簧加载销反作用于上加热板的外壳上。这可用一个细棒来实现，如小通用扳手，用细棒将弹簧销伸出的上端向下推过塑料板，然后将它轻轻地移向一侧，以便弹簧销咬合在下面的板上。当四角的弹簧销在正常位置时，给上面的加热板和外壳的重力一个平衡力，使两块板之间的压强为 8.8g/cm^2。也可使用其他能达到相同试验条件并产生同样结果的装置。

13.4.2 夹持组合试样的夹持装置浸在熔化金属镀液中（如“干热起褶和定型下的变色测定”所述）。

13.5 对于关键性的评定或仲裁情况下的评定，必须使用沾色灰卡进行评级。

14. 历史

14.1 2019年就行了修订确认，调整与 AATCC 格式保持统一。

14.2 2018 年（名称变更）修订，2016 年编辑修订，2013 年编辑修订和重新审定，2010 年编辑修订，2009 年编辑修订和重新审定，2008 年编辑修订，2004 年编辑修订和重新审定，2002 年、2001 年编辑修订，1999 年、1994 年编辑修订和重审审定，1989 年重新审定，1988 年、1985 年编辑修订，1984 年重新审定，1983 年、1981 年编辑修订，1979 年、1976 年重新审定，1973 年、1971 年、1967 年修订。

14.3 AATCC RR54 技术委员会于 1966 年制定。由 RA99 技术委员会维持。

AATCC TM118-2020e

拒油性：抗碳氢化合物测试

前言

本测试方法通过评定织物对具有不同表面张力的液态碳氢化合物的耐润湿性，来检测织物上含氟化合物整理剂的存在而开发的。

1. 目的和范围

1.1 本测试方法通过评定织物的耐润湿性，来确定可以产生低表面能化合物整理剂的存在。

1.2 本测试方法适用于所有类型的织物。

2. 原理

2.1 将选取的具有不同表面张力的一系列碳氢化合物标准试液滴加在织物表面，观察润湿、芯吸和接触角的情况。拒油等级以没有润湿织物表面的最高试液编号报告。结果以从 8 级到 0 级的某一等级报告，8 级代表拒油性最强，0 级代表拒油性最差。拒油等级可能会被评定为半级。当织物未通过白矿物油液滴的测试会被评定为 0 级。

3. 引用文献

注：除非另有规定，否则应使用所有出版物的最新版本。

3.1 AATCC TM193，《拒水性：抗水/乙醇溶液测试》（见 13.1）。

3.2 ASTM D1776，《纺织品调湿和测试标准方法》（见 13.2）。

3.3 29 CFR 1910.1000，《空气污染物》（见 13.3）。

4. 术语

4.1 等级：与样卡相当的测试试样的结果等级数。

4.2 拒油性：在纺织品中，纤维、纱线或织物抗油液润湿的特性。

4.3 润湿：指一滴液体在织物上失去其光反射特性，即因纺织材料的吸收倾向使液滴变成暗淡湿润的斑点。

4.4 芯吸：在纺织品中，液体通过毛细管作用沿着或穿过材料的运动。

5. 安全和预防措施

本安全和预防措施仅供参考。本部分有助于测试，但未指出所有可能的安全问题。在本测试方法中，使用者在处理材料时有责任采用安全和适当的技术；务必向制造商咨询有关材料的详尽信息，如材料的安全参数和其他制造商的建议；务必向美国职业安全卫生管理局（OSHA）咨询并遵守其所有标准和规定。

5.1 遵守良好的实验室规定，当配制试验液体时，在所有的试验区域应佩戴防护眼镜。

5.2 本方法专用的碳氢化合物属于易燃品，应远离热源、火星与明火。使用时应通风良好，避免在挥发气体中过长呼吸，避免皮肤接触，避免进入体内。

5.3 本测试法中，人体与化学物质的接触限度不得高于官方的限定值［例如，美国职业安全卫生管理局（OSHA）允许的暴露极限值（PEL），参见 1989 年 1 月 1 日实施的 29 CFR 1910.1000］。此外，美国政府工业卫生师协会（ACGIH）的阈限值

（TLVs）由时间加权平均数（TLV - TWA）、短期暴露极限（TLV - STEL）和最高极限（TLV - C）组成，建议将其作为人体在空气污染物中暴露的基本准则并遵守。

6. 使用和限制条件

本试验方法并非织物抗所有油性物质沾污的确定方法。其他一些因素，诸如油性物质的成分和黏度、织物结构、纤维类型、染料和其他整理剂等，也是防油沾污的影响因素。然而，本实验可以获得织物对油性溶液沾污的大致指数，一般情况是，所得拒油等级越高，防油性沾污的性能就越好，尤其对于用液态油性物质。在对指定织物的不同整理效果进行对比时本测试方法尤其有效。

7. 设备和材料（见 13.4）

7.1 滴瓶（见 13.5）。

7.2 试液按表 1 准备和编号。

7.3 AATCC 吸水纸（见 13.1）。

7.4 实验室手套（普通即可）。

表 1 标准试液（见 13.7）

AATCC 拒油等级	成分	熔点或沸点范围	N*
0	无（未通过白矿物油测试）		
1	白矿物油	174 - 177℃	31.5
2	白矿物油：正十六烷（体积比 65∶35）	N/A	N/A
3	正十六烷	17 - 18℃	27.3
4	正十四烷	4 - 6℃	26.4
5	正十二烷	-10.5 - -9.0℃	24.7
6	正癸烷	173 - 175℃	23.5
7	正辛烷	124 - 126℃	21.4
8	正庚烷	98 - 99℃	19.8

注 N* 是试液在 25℃下的表面张力（dyn/cm）。

8. 试样准备

8.1 在每块样品上分别取两块相同尺寸的试样进行测试（见 13.6）。

8.2 试样尺寸应能足够完成全套试液的评定，但每块不应小于 20cm × 20cm（8 英寸 × 8 英寸），不应大于 20cm × 40cm（8 英寸 × 16 英寸）。

9. 调湿

测试前，试样按照 ASTM D1776 的要求进行调湿（一般纺织品使用的调湿环境见表 1。对于适当纤维成分的纺织材料可以参照表 2 估算调湿时间）。每个样品或成品单独摊平在带有筛网或孔的调湿/晾干架上。

10. 操作程序及评定

10.1 使用不含硅的设备、试验台和手套，使用含硅的产品会反向影响拒油等级。

10.2 将两张吸水纸放置在光滑的水平面上。

10.3 将待测试样平放在每张吸水纸上。

10.3.1 当评定稀松组织的织物时，测试时至少使用两层织物进行测试，否则试液可能会润湿吸水纸的表面，而不是润湿实际的测试织物，这样会引起结果差错。

10.4 在滴试液之前，戴上干净的实验用手套，用手按照绒毛织物或者线圈织物的自然方向轻抚织物表面以使织物表面状态良好。

10.5 从编号最小的试液（AATCC 拒油 1 级试液）开始，沿着试样纬向在 5 个不同位置小心进行滴液［液滴直径大约为 5mm（0.187 英寸）或体积为 0.05mL］，液滴之间间隔 4.0cm（1.5 英寸）（见图 1）。滴液时，滴管口应保持距织物表面约 0.6cm（0.25 英寸）的高度。千万不要使滴管口碰到织物。

10.6 从约 45°角方向观察液滴 30s ± 2s。

10.7 如果 5 个液滴中有 3 个在液滴 - 织物界面没有出现渗透或润湿，液滴周围也没有出现芯吸

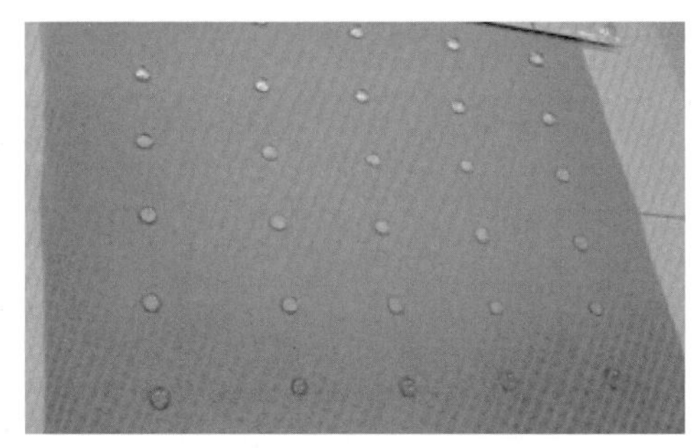

图1 测试液滴液位置示例

底部一行为测试液6；顶部一行显示测试液0

现象，再在邻近位置进行高一号试液的测试，观察时间依然是30s±2s。

10.8 继续以上的操作，直到有一种试液在30s±2s时间内，5个液滴中有3个在织物表面出现明显的润湿或芯吸现象。如果出现润湿现象，测试即可停止，试验员应开始评级。

10.9 通过对比图2的液滴示例及描述，给每个液滴分配字母等级（A－D）。

图2［D级］的描述—当5滴某一编号的试液中有3滴或3滴以上表现出完全润湿。

图2［C级］的描述—当5滴某一编号的试液中有3滴或3滴以上表现出芯吸，液滴接触角变小。

图2［B级］的描述—当5滴某一编号的试液中有3滴或3滴以上表现出圆形液滴在试样上局部变暗。

图2［A级］的描述—当5滴某一编号的试液中有3滴或3滴以上表现出液滴清晰，具有大接触角的完好弧形。

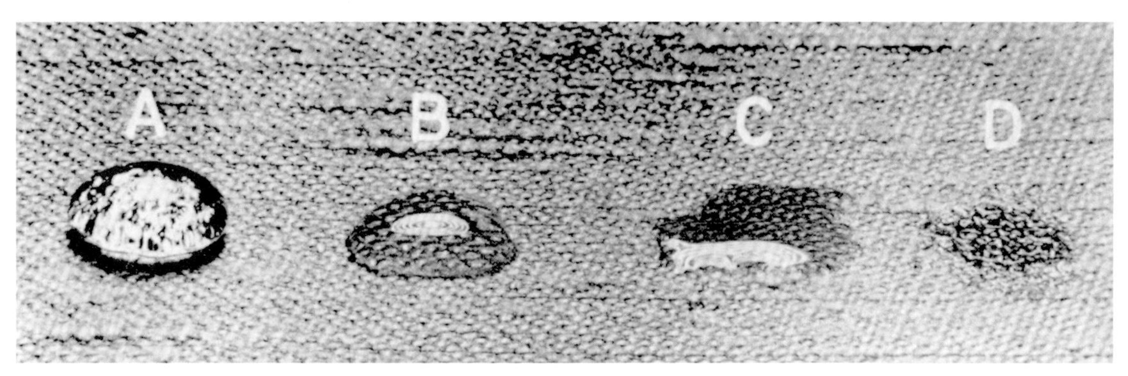

图2 评级示例

A—通过，液滴清晰、饱满　B—临界通过，液滴周围出现局部变暗

C—未通过，芯吸明显或完全润湿　D—未通过，完全润湿

10.10 由临界通过的最高试液编号（5个液滴中有3个为B级或更高等级）减去0.5来确定拒油等级。例如：

试液5：A，A，A，B，B

试液6：A，B，B，B，C

试液7：B，B，B，C，C

试液8：B，B，C，C，C

上述示例的拒油等级将由试液7减0.5等于6.5级计算得出。

10.10.1 试验中，由于织物的整理、纤维、组织结构等原因，可能会观察不同类型的润湿现象。对于某些织物，试验评级很难确定。

10.10.2 织物的润湿通常表现为织物在液滴－织物界面处变暗或吸芯和（或）液滴接触角的变小。

10.10.3 很多织物对于指定的试液具有绝对的抗润湿性（图2A），然后直接被高一级编号的试液渗透，使测试的终点和织物的拒油等级很明显。然而，有些织物对几种编号的试液都显示出逐步润湿，表现为织物在液滴－织物界面处部分发暗（图

2B、C 和 D)。对于这些织物，测试终点和拒油等级应为在 30s ±2s 内液滴 - 织物界面完全变暗或出现芯吸现象的试液编号。

10.10.4 芯吸作为评级的关键因素，如果试样未显示出芯吸但在试样上铺展（如在玻璃中），那么评级为 A。如果试样显示出芯吸但仍有接触角，那么评级为 C。

10.10.5 在黑色或深色的织物上进行测试时，润湿现象可通过液滴失去“光亮”来判定，可以借助小台灯或手电筒进行检测。

10.11 当织物的两块试样 AATCC 拒油等级相同时，此为该样品的拒油等级。

10.12 当织物的两块试样 AATCC 拒油等级不同时，应测试第三块试样。

10.12.1 如果三块试样中有任意两块试样的评级相同，此为该样品的拒油等级。

10.12.2 如果 3 块试样的评级均不同，则三块试样的中位数作为该样品的拒油等级。例如，如果前两块试样的拒油等级分别为 3 级和 4 级，第三块试样的拒油等级为 4.5，那么样品的拒油等级为 4（3，4，4.5 的中位数），并非计算试样等级的平均值。

11. 报告

11.1 描述或鉴别所测试的织物。

11.2 报告试验样品采用 AATCC 测试方法 118－2020。

11.3 报告测试条件：

11.3.1 报告试样大小。

11.3.2 报告试样数量。

11.4 报告试验结果：

11.4.1 报告样品 AATCC 拒油等级的测定结果。

11.5 描述对本发布方法的任何偏离。

12. 精确度和偏差

12.1 概述。于 1990 年 9 月和 1991 年 4 月进行了实验室之间的比对试验，建立了本试验方法的精确度。在 1990 年 9 月的比对试验中，九个实验室中各有两人参加，四块织物，每块织物上取两个试样，参加人员每天对四块织物的所有试样进行评定，进行三天。本次比对等级评定集中在灰卡的 1～2 级和 4～5 级。而在 1991 年 4 月的比对试验中，等级结果集中在 2～3 级和 5～7 级。在 1991 年 4 月的比对中，七个实验室中各有两人参加，两块织物，每块织物上取两个试样，参加人员每天对两块织物的所有试样进行评定，进行两天（1990 年 9 月的比对分析显示，比对天数并非重要的作用因素）。将两个实验室的结果结合起来计算临界值。比对中，AATCC 向各实验室提供包括标准测试液在内的全部试验用材料。委员会分会在 AATCC 技术中心整理出的有关评定过程的录像资料以及评定时的可视资料全部存在备忘录中。比对试验用织物局限于涤/棉产品。测定结果是每天评定的两块（或三块）试样等级的中间值。

12.2 AATCC 拒油等级的标准方差分量计算如下：

AATCC 拒油试验

单一实验员	0.27
实验室内的实验员间	0.30
实验室之间	0.39

12.3 临界差。如果在 12.2 的偏差构成中，两个实验员之间的偏差等于或超过表 2 所示的临界差，则视为两次观测在 95% 的置信区间下完全不同。

表 2 临界差①

观察次数②	一名实验员	实验室内部	实验室之间
1	0.75	1.12	1.55
2	0.53	0.99	1.45
3	0.43	0.94	1.42

① 临界差是用 $t = 1.950$ 计算的，基于无限自由度。

② 每次观测结果是指从两块（或三块）试样等级中取的中间值。

12.4 偏差。拒油等级的准确数值是基于本试验方法的数值，因而本试验方法没有已知偏差。

13. 说明

13.1 可从 AATCC 获取。地址：P. O. Box12215，Research Triangle Park NC 27709，USA；电话：+1.919.549.8141；电子邮箱：ordering@ aatcc. org；网址：www. aatcc. org。

13.2 可从 ASTM 国际获取。地址：100 Barr Harbor Dr，W Conshohocken PA 19428，USA；电话：+1.610.832.9500；网址：www. astm. org。

13.3 可从美国政府出版社获取。网址：www. govinfo. gov。

13.4 有关适合本测试方法的设备信息，请登录 AATCC 购买者指导网站 www. aatcc. org/bg。AATCC 提供其企业会员单位所能提供的设备和材料清单，但 AATCC 没有给其授权，或以任何方式批准、认可或证明清单上的任何设备或材料符合测试方法的要求。

13.5 为便于操作，将库存的试液转移到60mL的滴瓶中，瓶外贴上 AATCC 拒油等级编号的标签纸。典型的配套设备为 60mL 配有磨口吸管和氯丁橡胶吸头的滴瓶。橡胶吸头使用前应该在正庚烷中浸泡几个小时，然后在干净的正庚烷中清洗，去除可溶物质。实践中发现，将试液按评级表的顺序放在木台上是很有帮助的。

13.6 如果样品按 AATCC TM193 和 AATCC TM118 同时测试，建议用于各个方法的试样尺寸一致。

13.7 试液的纯度对其表面张力存在影响，应仅使用分析纯的试液。在本测试中，矿物油被认定为美国药典要求达到食品级或更高级别的商用产品俗称白矿物油，CAS 号为 8042 – 47 – 5，在 38℃（100℉）下，赛波特黏度为 340 ~ 360，沸点为 174 ~ 177℃（346 ~ 350℉），相对密度为 0.840 ~ 0.890，闪点大于 188℃（370℉）；Kaydol 和 Crystal Plus 是美国两大知名品牌，也可能有其他适用的品牌。所有试液均能从当地化学供应商获取。

14. 历史

14.1 2021 年编辑修订，修正了参考内容，从 CAS 8012 – 95 – 1（石蜡油）更新至 CAS 8042 – 47 – 5（白色矿物油）。

14.2 2020 年、2019 年修订，2016 年编辑修订，2013 年修订，2012 年重新审定，2010 年、2008 年编辑修订，2007 年修订，2004 年编辑修订，2002 年重新审定，1997 年编辑修订并重新审定，1995 年编辑修订，1992 年修订，1990 年编辑修订，1989 年重新审定，1986 年、1985 年编辑修订，1978 年、1975 年、1972 年重新审定。

14.3 AATCCRA56 技术委员会于 1966 年制定。技术上等效于 ISO 14419。

AATCC TM119-2019

平磨（霜白）色牢度测试方法：金属丝网

前言

本测试方法由一个工业委员会制定，即著名的工业测试委员会。以名称“一种评估因磨损引起的霜白的试验方法”首次于1965年发布。本测试方法会产生局部变色，这种变色与服装实际穿着时进行相对短期、温和的摩擦产生的变色相似。要评价相对剧烈的磨损效果，请参考AATCC TM120。

1. 目的和范围

1.1 本测试方法用于评价染色织物耐平磨导致的颜色变化的能力。

1.2 本方法适用于所有的染色织物，尤其适用于耐久熨压混纺套染织物的颜色变化，该织物中，一种纤维的磨损速度比另一种纤维快。

2. 原理

将样品固定在一个泡沫橡胶垫上，使其与安装在负载压头上的金属丝网进行多方向的摩擦。在清洗和调湿后，进行变色评级。报告变色等级，从5~1级。5级代表无颜色变化，1级代表颜色变化最严重。

3. 引用文献

注：除非另有规定，应当使用发布标准的最新版本。

3.1 AATCC EP1，变色灰卡评级程序（见14.1）。

3.2 AATCC EP7，仪器评级试样变色（见14.1）。

3.3 AATCC LP1，家庭洗涤的实验室程序：机洗（见14.1）。

3.4 AATCC 120，平磨（霜白）色牢度测试方法：金刚砂（见14.1）。

3.5 ASTM D1776，纺织品调湿和测试标准方法（见14.2）。

3.6 “提出了一种评估因磨料磨损引起的霜白的试验方法”. Gobeil，N. B. 和 D'Alessandro，P. L. American Dyestuff Reporter，1965年12月22日. 54（24），42-49（见14.1）。

4. 术语

4.1 磨损：材料的任一部分与另一表面进行摩擦而导致材料任何部位的磨耗。

4.2 霜白：在纺织品中，穿着时局部磨损所引起的织物颜色的变化（含霜白，原纤化）。

霜白可能是由磨损差异，如在多组分混纺织物中纤维的色调不匹配，结构有差异的单纤维磨损或者染料渗透不充分造成的。

5. 安全预防措施

本安全和预防措施仅供参考。本部分有助于测试，但未指出所有可能的安全问题。在本测试方法中，使用者在处理材料时有责任采用安全和适当的技术；务必向制造商咨询有关材料的详尽信息，如材料的安全参数和其他制造商的建议；务必向美国职业安全卫生管理局（OSHA）咨询并遵守其所有标准和规定。

5.1 遵守良好的实验室规定，在所有的试验区域应佩戴防护眼镜。

5.2 操作实验室测试仪器时，应按照制造商提供的安全建议。

6. 仪器和材料（见 14.3）

6.1 调湿设备和用于平铺试样的多孔可抽拉的调湿架（见 14.1）。

6.2 Stoll—万能耐磨试验仪（见 9.2，9.3 和图 1）。

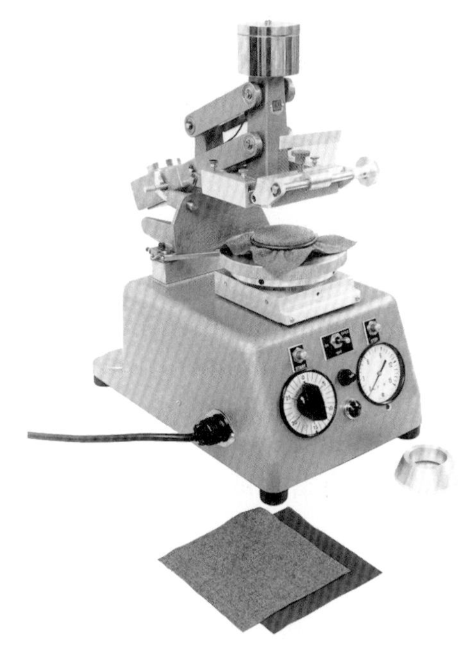

图 1 CSI 霜白测试表面摩擦仪

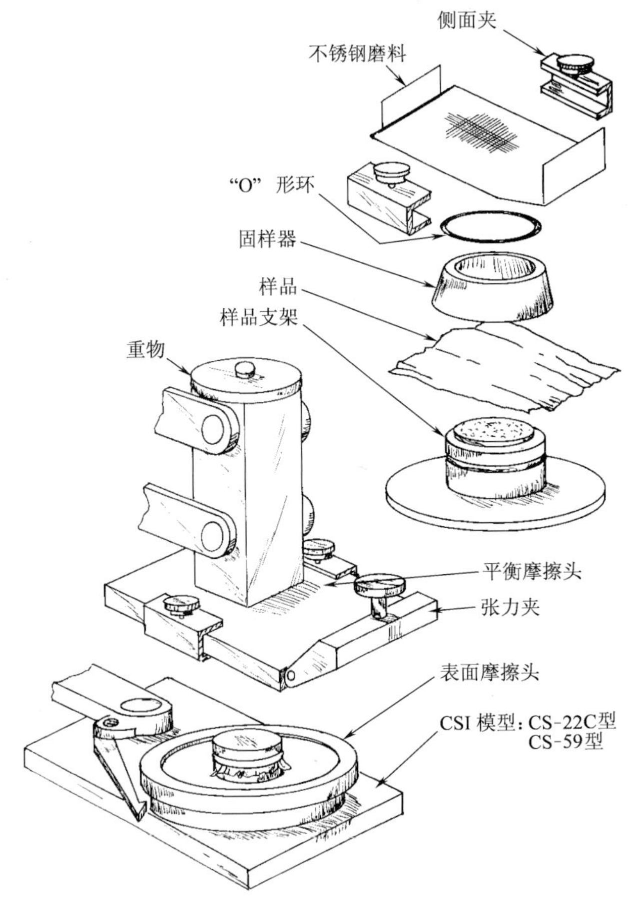

图 2 霜白装置结构图

6.3 霜白部件（见图 2）。

6.3.1 圆形试样霜白夹持器（见 9.4）。

6.3.2 橡胶"O"形环。

6.3.3 锥形固定器。

6.3.4 侧边夹持器。

6.4 磨料。16 目不锈钢丝网，金属丝细度 0.23mm（见 9.5）。

6.5 毛巾，用于清洗后洗掉试样上多余的水分。

6.6 白棉布，用于熨烫。

6.7 手持熨斗。

6.8 变色评级用设备和环境。

6.8.1 使用变色用灰卡进行视觉评级（见 14.1）。按照 AATCC EP1 获得其他材料和灰卡的使用方法。

6.8.2 仪器评级，使用 AATCC EP7 所述的分光光度计。

7. 试样准备

7.1 距织物布边至少 1/10 处剪取至少两块 127mm × 127mm 的试样（见 14.4）。不要从织物幅宽方向距布边 1/10 内取样。边缘平行于织物长和宽进行取样。

7.2 在试样背面标注长度方向。

8. 调湿

测试之前，按照 ASTM D1776 对试样进行调湿（通常，纺织材料调湿条件见表 1。根据纤维成分按照表 2 确定调湿时间）。将试样或产品分别放置在调湿/干燥架的筛网或多孔板上。

9. 试样和设备的准备

9.1 为了获得与织物在实际应用中的性能相关的信息。有时需要在霜白试验前对试样进行预处理，如洗涤。见 AATCC LP1 标准家庭洗涤程序。

9.2 定期使用一个或多个已知霜白特性的标准织物检查霜白试验仪的运行情况。

9.3 确认平衡压头在未施加载荷的情况下既不向前倾，也不向后斜。压力不平衡会导致金属网与织物之前的摩擦压力发生变化。

9.4 当拿到带有泡沫橡胶垫的试样夹持器时，或者当该夹持器多次使用后，橡胶头表面的平面可能与摩擦板接触不良，导致磨损方式变差或不均匀。用“O”形砂布在 1134g 的砝码作用下摩擦橡胶表面（不装样品），可以对上述情况进行校正。

9.5 摩擦网的经线必须与上压头往复运动方向平行。新摩擦网在刚开始用时应进行清洗，除去油污。建议每次试验后，用带保险喷嘴的高压空气枪除去不锈钢摩擦网上的残屑；定期用温和洗涤剂清洗摩擦网，去除空气枪无法吹走的聚集物。破损或有残疵的钢丝网磨料应该迅速换掉。

10. 操作程序

10.1 纺织品在标准大气条件下进行测试，相对湿度 65% ±5%，温度 21℃ ±2℃（70℉ ±4℉）。

10.2 用霜白装置配备的两角扳手取出中心的圆形螺母锁，然后取下平磨试验仪往复运动板上的圆形表面摩擦头。

10.3 将圆形霜白试样夹持器插入表面摩擦头中，用金属“O”形环套在圆形样品夹持器上，并用螺母固定。

10.4 试样面朝上放置在试样夹持器中间，然后把锥形固定器放在试样上。（固定器将试样固定在泡沫橡胶垫上，以便试样上方的橡胶“O”形环插入凹槽。橡胶“O”形环将试样固定，无变形）。将样品上的橡胶“O”形环插入凹槽后，移走固样器。

10.5 将夹持有试样的表面摩擦头放在往复式工作台上。

10.6 把不锈钢丝网放在磨料板上，用夹子将其两端固定。前张力夹施加张力，侧边夹持器将两边固定。

10.7 将总重为 1134g 的砝码压在平衡摩擦头上。

10.8 调节电动旋转爪，使表面摩擦头约每 100 次转一圈。

10.9 轻轻放下摩擦头与试样刚好接触，然后启动“开始”按钮。

10.10 摩擦 1200 次后停止。

10.11 取下有磨损试样的摩擦头，然后取出试样。

10.12 在 38℃（100℉）干净的微温水中用手漂洗试样，除去残屑，然后将试样夹在毛巾间吸掉多余的水分。

10.13 将试样面向下放在两块干净的白棉布之间，然后用温度设置约为 149℃（300℉）的家用熨斗熨烫直至干燥。

10.14 对所有试样重复上述测试。

10.15 在进行评价之前，按照第 8 条的规定对试样进行调湿。

11. 评价

11.1 按照 AATCC EP1 规定，在改良的观察角下，对每个摩擦后的试样的变色进行视觉评级。

11.1.1 将试样平放在上观测桌面上，用光照射。光源应该充分地分散，当从试样上方观测试样时不产生阴影。保持视线在机械方向（经纱方向）。

11.1.2 观测者在调整观测角时，试样应该保持固定，从试样上方与试样呈0.2～1.57rad（15°～90°）观测试样。

11.1.3 转动试样，再沿横向（纬向）观测，从试样上方与试样呈0.2～1.57rad（15°～90°）观测试样。

11.2 使用仪器评级时，按照AATCC EP7进行每个摩擦后试样的变色评级。

12. 报告

12.1 测试试样的描述或识别。

12.2 报告测试是按照AATCC TM 119－2019进行的。

12.3 报告测试条件。

12.3.1 试样数量。

12.3.2 变色评级程序（AATCC EP1或AATCC EP7）。

12.4 报告测试结果。

12.4.1 测试试样的单个和平均变色级数。

12.5 任何偏离方法的描述。

13. 精确度和偏差

13.1 实验室内的测试数据。在1966年和1967年进行了实验室内比对测试，在该试验中，五个实验室均对八块织物进行了两次比对观测，所有评级均按照AATCC EP1进行。

13.1.1 本测试方法的精确度取决于被测材料，试验方法本身和所采用的评价程序。

13.1.2 方差成分用标准差表示，计算结果为：实验室内灰色样卡0.3级，实验室间为灰色样卡0.5级。

13.1.3 如果差异等于或大于表1中列出的临界差，应认为测得的两个平均值在95%置信区域内有显著差异。

13.2 偏差。因为用独立的方法得不到真实值，所以无合理的偏差报告。

表1 临界差，灰卡单位，条件注释

每个平均值观测的次数	实验室内精确度	实验室间精确度
2	0.4	1.4
4	0.3	1.4
8	0.2	1.4

注 （1）临界差用基于无限自由度的$t=1.960$计算。

（2）表中精确度数据是按照EP1评价得到的，而按照EP7评价得到的精确度数据是不一样的。表中列出的临界差应该认为是一般说明，尤其在实验室间的精确度方面。在两个特定试验室给出有意义的说明之前，两个实验室之间的统计误差（如果有）比较必须建立在该材料一个样品上的随机试样最近得到的数据上。

14. 注释

14.1 可从AATCC获取，地址：P.O.Box 12215，Research Triangle Park NC 27709；电话：+1.919.549.8141；电子邮箱：ordering@aatcc.org；网址：www.aatcc.org。

14.2 可从ASTM国际部获得，地址：100 Barr Harbor Dr，W Conshohocken PA 19428，USA，电话+1.610.832.9500。网址：www.astm.org。

14.3 有关适合测试方法的设备信息，请登录www.aatcc.org/bg了解。AATCC尽可能提供其合作会员销售的设备和材料清单，但是AATCC并不证明其资格，或以任何方式批准、认可或证明清单上的任何设备或材料符合测试方法的要求。

14.4 对于试样的最佳数量，除非另有协议（如可用的材料规格），测试的试样数量要求确保在95%的置信区域内的试验结果平均值的精度为灰卡的±0.5级，计算如下：

$$n = 15.4\sigma^2$$

式中：n——试样的数量；

σ——个别试样的结果标准偏差，由类似材料已有的大量结果确定。

如果σ未知，实验室内测试取四块试样，实验室间测试九块试样。

上述规定的试验次数基于单个实验室单个试验员结果 $\sigma = 0.5$ 级，实验室间的结果 $\sigma = 0.75$ 级，σ 值比期望值略偏高的情况实际上经常出现。因此，为得到正确的 σ 值，可能允许测试的试样数比上述规定的少。

15. 历史

15.1 2019 年修订（名称变更），调整使其与 AATCC 格式保持统一。

15.2 2016 年编辑修订，2013 年编辑修订和重申，2010 年编辑修订，2009 年、2004 年、1999 年重申，1997 年编辑修订，1994 年编辑修订和重申，1989 年重申，1986 年、1985 年编辑修订，1984 年编辑修订和重申，1980 年编辑修订，1979 年编辑修订和重申，1977 年、1974 年、1970 年重申。

15.3 AATCC RR29 技术委员会于 1967 年制定，由 RA99 技术委员会维持。

AATCC TM120-2019

平磨（霜白）色牢度测试方法：金刚砂

前言

本测试方法根据塞拉尼斯公司的测试方法APD；EL9C，即著名的塞拉尼斯测试法制定。本测试方法会产生局部变色，这种变色与服装长期实际穿着时进行相对长期、剧烈的摩擦产生的变色相似。要评价相对温和的磨损效果，请参考AATCC 119。

1. 目的和范围

1.1 本测试方法用于评价染色织物耐平磨导致的颜色变化的能力。

1.2 本方法适用于所有染色织物，尤其适用于染色渗透不良的纯棉织物和同色混纺织物由于摩擦导致的颜色变化。

2. 原理

2.1 将样品固定在施加一定空气压力的隔膜上，使其与安装在负载压头上的金刚砂磨料表面进行多方向的摩擦，在清洗和调湿后，进行变色评级。报告变色等级，从5～1级。5级代表无颜色变化，1级代表颜色变化最严重。

3. 引用文献

注：除非另有规定，应当使用发布标准的最新版本。

3.1 AATCC EP1 变色灰卡评定程序（见14.1）。

3.2 AATCC EP7 仪器评定试样变色（见14.1）。

3.3 AATCC LP1 家庭洗涤的实验室程序：机洗（见14.1）。

3.4 AATCC 119 平磨（霜白）色牢度测试方法：金刚砂（见14.1）。

3.5 ASTM D1776，纺织品调湿和测试标准方法（见14.2）。

4. 术语

4.1 磨损：材料的任一部分与另一表面进行摩擦而导致材料任何部位的磨耗。

4.2 霜白：纺织品穿着时局部磨损所引起的织物颜色变化（同磨损差异、原纤化）。

霜白可能是由磨损差异，如在多组分混纺织物中纤维的色调不匹配，结构有差异的单纤维磨损或者染料渗透不充分造成的。

5. 安全和预防措施

本安全和预防措施仅供参考。本部分有助于测试，但未指出所有可能的安全问题。在本测试方法中，使用者在处理材料时有责任采用安全和适当的技术；务必向制造商咨询有关材料的详尽信息，如材料的安全参数和其他制造商的建议；务必向美国职业安全卫生管理局（OSHA）咨询并遵守其所有标准和规定。

5.1 遵守良好的实验室规定，在所有的试验区域应佩戴防护眼镜。

5.2 操作实验室测试仪器时，应按照制造商提供的安全建议。

6. 仪器和材料

6.1 调湿设备和用于平整摆放试样的带孔可抽拉的调湿架（见14.1）。

6.2 Stoll 万能耐磨试验仪。

6.3 无电接触点的橡胶隔膜。

6.4 金刚砂抛光纸，600 目，3.8cm×22.8cm（见 14.4）。

6.5 吸尘器。

6.6 毛巾，用于清洗后洗掉试样上多余的水分。

6.7 白棉布，用于熨烫。

6.8 手持熨斗。

6.9 变色评级用设备和环境。

6.9.1 使用变色用灰卡进行视觉评级（见 14.1）。按照 AATCC EP1 获得其他材料和灰卡的使用方法。

6.9.2 仪器评级，使用 AATCC EP7 所述的分光光度计。

7. 试样

7.1 距织物布边至少 1/10 处剪取两块直径大约为 10.8cm 的圆形试样。

7.2 在试样背面标注长度方向。

8. 调湿

测试之前，按照 ASTM D1776 对试样进行调湿（通常，纺织材料调湿条件见表 1。根据纤维成分按照表 2 确定调湿时间）。将试样或产品分别放置在调湿/干燥架的筛网或多孔板上调湿。

9. 试样和设备的准备

9.1 为了获得与织物在实际应用中的性能相关的信息。有时需要在霜白试验前对试样进行预处理，如洗涤。见 AATCC LP1 标准家庭洗涤程序。

9.2 定期使用一个或多个已知霜白特性的标准织物检查霜白试验仪的运行情况。

9.3 确认平衡压头在未施加载荷的情况下既不向前倾，也不向后斜。压力不平衡会导致金属网与织物之前的摩擦压力发生变化。

10. 操作程序

10.1 纺织品在标准大气条件下进行测试相对湿度 65% ±5%，温度 21℃ ±2℃（70℉ ±4℉）。

10.2 将未使用过的金刚砂纸条放在摩擦盘下，夹紧两端。施加尽量小的张力使砂纸平放在摩擦盘较低的表面上。

10.3 将试样（面朝上）放置在橡胶膜上（没有电接触），这样织物不会起皱。用夹环将试样固定在橡胶膜上，注意不要使织物扭曲。

10.4 将橡胶膜上的空气压力设置为 20.68kPa，并在平衡压头上施加 1361g 的载荷（见 10.8）。

10.5 使样品夹钳的旋转机构对试样进行多向摩擦。

10.6 轻轻放下砂纸的上摩擦头与试样接刚好接触，然后启动“开始”按钮（下摩擦头运动速度应约为 120 圈/min）。

10.7 摩擦头连续运动 100 圈后停止。

10.8 从仪器上取下试样，并用吸尘器清除试样上的纤维和磨料残渣。

10.9 在 38℃（100℉）的干净的微温水中用手漂洗试样，除去残屑。将试样夹在毛巾间吸掉多余的水分。

10.10 将试样面向下放在两块干净的白棉布之间，然后用温度设置约为 149℃（300℉）的家用熨斗熨烫直至干燥。

10.11 对所有试样重复上述测试。

10.12 如果试样从夹钳中滑出、空气压力没有保持恒定或磨损图形不正常，应舍弃该试样，再取一块试样重测。

10.13 在评价之前，按照第 8 条的规定对试样进行调湿。

11. 评价

11.1 按照 AATCC EP1 规定，在改良的观察

角下，对每个摩擦后的试样的变色进行视觉评级。

11.1.1 将试样平放在上观测桌面上，用光照射。光源应该充分地分散，当从试样上方观测试样时不产生阴影。保持视线在机械方向（经纱方向）。

11.1.2 观测者在调整观测角时，试样应该保持固定，从试样上方与试样呈0.2～1.57rad（15°～90°）观测试样。

11.1.3 转动试样，再沿横向（纬向）观测，从试样上方与试样呈0.2～1.57rad（15°～90°）观测试样。

11.2 使用仪器评级时，按照AATCC EP7进行每个摩擦后试样的变色评级。

12. 报告

12.1 测试试样的描述或识别。

12.2 报告测试是按照AATCC TM120－2019进行的。

12.3 报告测试条件：

12.3.1 所用的金刚砂纸。

12.3.2 变色评级程序（AATCC EP1 或 AATCC EP7）。

12.4 报告测试结果：

12.4.1 测试试样的单个和平均变色级数。

12.5 任何偏离标准的描述。

13. 精确度和偏差

13.1 精确度。本试验方法的精确度尚未确立，在其产生之前，采用标准的统计方法比较实验室内或实验室之间的试验结果的平均值。

13.2 偏差。由平磨、霜白和金刚砂法产生的变色只能在一个测试方法中定义。没有独立的方法测定其真实值。作为评价这一性能的手段，该方法无已知偏差。

14. 注释

14.1 可从AATCC获取，地址：AATCC，P.O. Box 12215，Research Triangle Park NC 27709；电话：+1.919.549.8141；电子邮箱：ordering@aatcc.org；网址：www.aatcc.org。

14.2 可从ASTM国际部获得，地址：100 Barr Harbor Dr，W Conshohocken PA 19428，USA，电话+1.610.832.9500。网址：www.astm.org。

14.3 有关适合测试方法的设备信息，请登录www.aatcc.org/bg了解。AATCC尽可能提供其合作会员销售的设备和材料清单，但是AATCC并不证明其资格，或以任何方式批准、认可或证明清单上的任何设备或材料符合测试方法的要求。

14.4 本测试方法最初要求0级金刚砂纸。当前600目规格的砂纸可得到相同的摩擦效果，但这是一种更加精确的测试方法，在制造商之间可保持一致。

15. 历史

15.1 2019年修订（名称变更），调整与AATCC格式保持统一。

15.2 2016年编辑修订，2013年编辑修订和重申，2010年编辑修订，2009年重申，2004年编辑修订和重申，1999年重申，1997年编辑修订，1994年编辑修订和重申，1989年重申，1986年编辑修订，1984年、1980年编辑修订和重申，1977年、1974年、1970年重申。

15.3 AATCC RR29技术委员会于1967年制定。由RA99技术委员会维持。

AATCC TM121-1995e2 (2014) e

地毯沾污测试方法：目光评级法

AATCC RA57 技术委员会于 1967 年制定；1970 年、1973 年、1976 年、1979 年、1982 年、1989 年、2000 年、2005 年、2010 年重新审定；1986 年、1991 年、2008 年、2019 年编辑修订；1987 年、2014 年编辑修订并重新审定；1995 年修订。

1. 目的和范围

1.1 本测试方法用于评价绒头地毯从无沾污到中度沾污范围内的清洁程度，还可以用于评价污垢的积累程度或者清洗程序的去污能力。本方法适用于任何颜色、样式、组织结构及纤维成分的绒头地毯。

1.2 本方法不适用于评价地毯结构外观的变化（见 14.1）。

2. 原理

原样或清洁样与测试样在清洁度上的差异主要采用呈逐级深浅变化的灰色样卡对色差的目光评定。

3. 术语

3.1 地毯。所有纺织材料制成的地板覆盖物。

3.2 清洁度。在地毯沾污测试中，清洁度特指被测样品与原始未沾污样品之间的接近程度，被测样品经过沾污试验后未产生明显的外观变化说明清洁度好。

清洁度与地毯在踩踏或清洁程序处理过程中所引起的物理结构变化无关。

3.3 沾污。污垢、油污或者其他通常不应附着在纺织材料上的物质。

3.4 污染。在纺织品中，纺织材料被污垢比较均匀地覆盖或浸渍的过程。

3.5 纺织地毯。使用表面由纺织材料构成，通常用来覆盖地板的物品。

3.6 使用面。纺织地毯上，人脚踩踏的那一面。

4. 安全和预防措施

本安全和预防措施仅供参考。本部分有助于测试，但未指出所有可能的安全问题。在本测试方法中，使用者在处理材料时有责任采用安全和适当的技术；务必向制造商咨询有关材料的详尽信息，如材料的安全参数和其他制造商的建议；务必向美国职业安全卫生管理局（OSHA）咨询并遵守其所有标准和规定。

遵守良好的实验室规定，在所有的试验区域应佩戴防护眼镜。

5. 使用与限制条件

由于地毯织物表面结构复杂，毛圈或绒头的高度以及地毯织物的可压缩性，很难指定一种方法适用于评价所有类别的地毯织物的反射率，或者满足所有不同地毯织物之间的比较。对于反射率差异的解释，尤其是对于不同颜色或不同原始反射率的材料之间，尚无定论。本测试方法通过评价一种差异，即借助能够反映反射率差异的标准灰卡通过目光感观色差判定未沾污与已沾污试样的差异，借此规避了上述难点。

6. 仪器与材料

变色灰卡（AATCC EP1，见14.2）。

7. 灰卡的校验

7.1 目光校准。对灰卡进行检查，每对连续的小卡片间应有可辨的、质地均匀的、明显的观感色差。如果灰卡间具有明显的逐级过渡的色差观感，那么该灰卡就是合格的。要确保灰卡清洁以便正常评级。

7.2 反射率测定。如果操作者对目光校准有质疑，也可以通过测反射率来检查灰卡。可使用适用于小卡片尺寸为（10mm×38mm）的任何反射率测试仪。灰卡中两组中的每个级别的小卡片所测得的反射率结果平均值的差异应该小于九级灰卡（包括半级）中四级中两个小卡片反射率差异的一半。用灰卡上每一对小卡片的反射率的差值对其对应的级数或半级数在坐标纸上标绘，应该得到一条直线。灰卡上4~5级的一对小卡片的反射率的差值应该也能够对应在直线上，因为其差值是以5级的变化为基准的。如果其他级别的每一对小卡片的反射率差值形成逐级系列，那么4~5级的结果就没有那么重要了。

8. 试样准备

8.1 洁净参照试样。从原始试样或者洁净的地毯上取一块足够大的试样，所取参照试样的大小应使试样的图案及颜色结构具有代表性。如果地毯上同时包含深色和浅色，取样时应该以浅色部分为参照试样的边缘。参照试样边缘应剪切齐整。

8.2 将整块已经沾污的地毯或者是经过清洗处理的地毯放置于地上，或者将上述地毯裁剪成易于处理的试样。如果试样是剪切下来的，需要剪切具有代表性的部分，包括沾污过程或者清洗过程的代表性，同时地毯的图案花型也要具有代表性并包含地毯的浅色部分。

9. 调湿

使用常规的室内条件调湿。如果试样是经过就地清洗方法处理的，那么必须确认地毯已经干燥，回潮率在正常范围内。

10. 操作程序

10.1 将干净的参照试样置于被测试样上面，或者置于被测试样旁边，两个试样之间不留缝隙。调整两个试样的位置使试样的图案和结构方向一致。使用标准的光源系统，包括日光及人造光源。所使用的其他任何光源也要尽量满足目光评级的标准条件。

10.2 将灰卡上每对小灰卡与被测试样和参照试样组进行对比，直到参照样和测试样之间的观感色差与灰卡上某个级别的观感色差基本一致为止。使用黑色套卡来保证每次只露出灰卡中的某个级别的对比部分。

10.3 记录与试样之间清洁度差异的观感色差最匹配的灰卡级数并包括半级级数。要注意比较的是试样间清洁度的差异程度而不是试样的灰度。

10.4 要求至少四个评级者参与评级。如果想提高评级的精确度，可以由五个或者六个评级人员评级。评级人员之间独立进行评级。如果评级人员没有使用本方法进行评级的经验，则需要在正式进行评级并记录数据之前，进行相应的评级练习，可以通过三组或更多的比对训练进行练习，比对训练应包括灰卡的所有级别，练习中无须记录结果。

11. 结果计算

取四个或者多个评级人员评级结果的平均值，结果精确到0.1级。

12. 报告

报告清洁度的平均级数，报告评级人员数量，从5级（即与洁净参照试样无差异）到1级（即与参照试样差异最大）。

13. 精确度与偏差

13.1 不同评级人员对相同试样的评级结果差异（标准方差）应在0.2（有经验的评级人员）~0.5（初学者），通常在0.3~0.4。因此需要4~6个评级者进行评级来保证在置信水平为95%或90%的前提下与另一组评级者所报告的评级差异在0.5以内。

13.2 不同实验室之间的评级差异的信息比较有限，但是通常情况下出现的差异在0.2~0.5。

13.3 可以通过本测试方法的定义，即通过采用色差呈逐级深浅变化的灰色样卡来对清洁度进行主观评定的测试方法，来理解测试方法的偏差程度。结果显示本方法对于不同组织结构、花型图案及颜色的地毯均有效，如果地毯的初始反射率高，测试结果与反射率之间具有一定的关联。对于较深颜色的地毯来说，目光评级与反射率的变化无关。

14. 注释

14.1 对于地毯由于踩踏而引起的结构方面的变化的确定程序可以参见ASTM D7330，用标准参照刻度来评估簇绒地板覆盖物表面外观变化的标准实验方法。该标准可以通过如下方式获取，地址：100 Barr Harbor Dr.，West Conshohocken PA 19428；电话：+1.610.832.9500；传真：+1.610.832.9555；网址：www.astm.org。

14.2 相关信息可从AATCC获取，地址：P. O. Box 12215，Research Triangle Park NC 27709；电话：+1.919.549.8141；传真：+1.919.549.8933；电子邮箱：ordering@aatcc.org；网址：www.aatcc.org。

AATCC TM122-2019

地毯沾污测试方法：实地沾污

AATCC RA57 技术委员会于 1967 年制定；1970 年、1973 年、1976 年、1979 年、1982 年、1989 年、2000 年、2013 年重新审定；1985 年、1990 年编辑修订；1987 年、1995 年编辑修订并重新审定；2009 年、2019 年修订。

1. 目的和范围

本测试方法用来评价纺织地毯在实际使用中的沾污性能。

2. 原理

将地毯试样和选定的对照样品在可控的测试区域内进行实际踩踏，根据不同的沾污程度，在规定的时间间隔移走试样并进行沾污评级。

3. 术语

3.1 地毯：所有纺织材料制成的地板覆盖物。

3.2 沾污：污垢、油污或者其他通常不应附着在纺织材料上面的物质。

3.3 污染：在纺织品中，纺织材料比较均匀地覆盖或浸渍污垢的过程。

3.4 纺织地毯：使用表面由纺织材料构成，通常用来覆盖地板的物品。

3.5 使用面：纺织地毯上，人脚踩踏的那一面。

4. 安全和预防措施

本安全和预防措施仅供参考。本部分有助于测试，但未指出所有可能的安全问题。在本测试方法中，使用者在处理材料时有责任采用安全和适当的技术；务必向制造商咨询有关材料的详尽信息，如材料的安全参数和其他制造商的建议；务必向美国职业安全卫生管理局（OSHA）咨询并遵守其所有标准和规定。

遵守良好的实验室规定，在所有的试验区域应佩戴防护眼镜。

5. 沾污场所

5.1 沾污测试的场所应该充分远离街道或其他户外场所，以保证试样不被湿踩踏。建议测试场所离街道或者户外场所的距离至少为 15m（50 英尺）。

5.2 沾污测试场所应完全与工业性油脂、油污等污垢隔离。

5.3 沾污测试区域的踩踏方式应该能够使所有试样都经过类似在一个狭窄通道或只有一个方向有出口的出入口处的情况下进行的踩踏。如果不能在狭窄通道定向踩踏，那么也可以进行随机踩踏，但是要保证试样的沾污程度与上述条件产生的沾污程度一致。

5.4 如果是以一个狭长通道的形式进行踩踏测试，即从通道的两个相对的方向行走，那么需要在测试区域两端各放置一块 2m（6.5 英尺）长的地毯起到缓冲作用。对于其他情况，或者测试以随机踩踏的形式进行，则缓冲地毯应该放置在测试试样的周围，其大小根据测试样的边长按比例进行适当的调节，但是任何情况下缓冲地毯各个方向上的长度都不得小于 2m（6.5 英尺）。缓冲地毯的纤维成分和组织结构不限，但颜色要求为浅色，以避免缓冲地毯上的纤维或者染料被带到被测试样上面。

6. 地毯试样

6.1 试样尺寸。测试试样的最小尺寸应为30cm×30cm（12 英寸×12 英寸）。

6.2 试样安装。地毯试样的安装固定方式应以易于移走为准。譬如使用双面胶或者用 12mm（0.5 英寸）宽的夹板和订书钉固定试样。

7. 试样的安置与旋转调整

7.1 试样安置与旋转的要求与待测沾污区域的规格和踩踏方式有关。因此，不可能找到一个普遍适用的操作程序。但是试样的旋转是必需的，以获得均匀的沾污效果。

7.2 为了给每个特定的沾污区域找到合适的旋转方式，可以选择一个沾污程度已知的材料（如对照样）。在沾污区域内安装正确数量的试样以保证所有空间均被使用。对指定试样进行沾污到预期程度，然后旋转样品以使所有试样都能达到均匀一致的沾污。一旦旋转方式确定下来，需要对旋转顺序进行记录以备后用。

8. 沾污程度

8.1 对照地毯沾污程度。

8.1.1 在开始进行沾污测试之前一定要确定标准沾污程度。在本测试的一般用途下，沾污间隔相当于一个任意选取的地毯对照样达到轻度、中度或重度沾污程度（见 13）所需要的时间。每个实验室选择或准备的沾污对照样应当与本实验室的条件要求一致。如果测试涉及两个或者多个实验室，则每个实验室要使用相同的对照样。

8.1.2 根据不同的沾污程度，需要在指定的时间间隔将测试试样和对照样从测试区域中移走。

8.1.3 当测试样达到已沾污对照样（一级沾污水平）的沾污程度时，将所有相应的试样从第一组中移走。此操作无须考虑此时其他试样的表面状态。

8.1.4 在测试样（依次分别）达到二级或三级沾污水平时，分别依次如上述将相应的试样移走。

8.1.5 当达到某一级沾污程度水平后，用新的一组测试样和对照样重新置于撤走上一组试样空出的区域进行新的测试，缓冲地毯的位置不变。

8.2 以踩踏为基础的沾污程度。上述方法的替代方法是对各级沾污水平测试的所有试样进行特定次数的踩踏。实验室应该在试验开始前确定具体的踩踏次数，在达到相应的踩踏次数后从试验区域移走试样。

9. 评估

9.1 将试样移出后，应尽快将经真空吸尘器处理后的试样与沾污对照样进行对比。一旦确定要移走一组试样应先用吸尘器处理该批试样。每天转换一次沾污位置以继续沾污试验。

9.2 保存踩踏次数和试验周期的记录。

10. 维护

每日用往复式电动刷真空吸尘器清洁待测试样。

正确的清洁方法应该包括吸尘器在指定的地毯区域内经过四次。吸尘器第一次运行朝着远离操作者的方向清扫，然后第二次返回操作者的位置。最后一次清扫方向应该是沿着回到操作者的位置的方向（即往复各两次）。在清洁试样的下一个相邻位置时，吸尘器第一次运行还是朝着远离操作者的方向。由于试样宽度并非吸尘器清扫宽度的倍数，因此所造成的部分重复清洁可以忽略。

11. 评级

试样沾污程度的差异可以通过目光评级来确定（见 AATCC 121《地毯沾污：目光评级法》）。

12. 精确度和偏差

12.1 精确度。本测试方法的精确度尚未确立。在本测试方法的精确度声明确立之前，可以使用标准的统计技术来对实验室内部或者实验室之间的测试结果进行比对分析。

12.2 偏差。地毯沾污（实地沾污法）只能从一个测试方法方面进行定义。目前还没有一个独立的方法来确定其真实值。作为一个评估性的方法，本方法没有已知的偏差。

13. 注释

RA57 技术委员会将沾污程度定义为将锦纶割绒地毯样品沾污至三个不同水平（轻度、中度、重度）（见附录）。

附录　人造污垢准备

人造污垢配方（质量百分含量）

泥煤苔（深色的）	38%
硅酸盐水泥	17%
瓷土	17%
硅石（200 目）	17%
黑烟末（灯黑或者炉黑）	1.75%
黑色氧化铁	0.50%
矿物油（医用级别）	8.75%

1 泥煤苔应为干燥的，且不含有结块。

2 硅酸盐水泥应为干燥的，如果含有结块，则将结块拣出。

3 在本测定方法之前的版本中，“黑色氧化铁”被错列成了“红色氧化铁”。

4 将所有干燥的配料彻底混合后再加入矿物油。在 50℃（122℉）下干混合 6 ~ 8h。

5 将干的混合物放入球磨机并加入氧化铝珠。开启球磨机运行大概 24h。

6 将混合物连同干燥剂放入密封容器。

AATCC TM124-2018t

织物经家庭洗涤后的外观平整度

AATCC RA61 技术委员会于 1967 年制定；1969 年、1975 年、1982 年、1989 年（更换标题）、1992 年、1996 年、2005 年、2006 年、2009 年（更换标题）、2010 年、2011 年、2014 年、2018 年 1 月（更换标题）、2018 年 11 月修订；1974 年、1983 年、1985 年、1988 年、1991 年、1997 年、2004 年、2008 年、2012 年、2018 年 6 月编辑修订；1973 年重新审定；1978 年、1984 年、2001 年编辑修订并重新审定。技术上等效于 ISO 7768。

前言

该方法和所涉及的三维外观平整度样照被用于经耐久压烫整理的机织物的评价。尽管一些样品由于不同的织物结构而呈现出不一样的外观特征，但使用此方法和样照来进行评价已成为行业惯例。

标准的洗涤程序保持一致性，以便使结果具有可比性。标准参数仅可代表，但不能完全复制目前的消费者洗涤情况，因为消费者洗涤情况是随着时间和不同家庭而变化的。AATCC LP1：家庭洗涤：机洗（见 12.3）和 ISO 6330，纺织品试验时采用的家庭洗涤及干燥程序（见 12.8），提供了可供选择的洗涤程序和设备参数。

1. 目的和范围

1.1 本测试方法是用来评价织物经反复家庭洗涤后的外观平整度。一些洗涤和干燥程序提供了代表普通家庭护理的标准参数。

1.2 任何可水洗的织物（机织物、针织物、非织造布）都可以使用这个方法评定外观平整度。

2. 原理

样品经过标准的实际家庭洗涤后，在标准光源和观测区域内将试样与一套 AATCC 参考标准样照比较，根据视觉印象评定试样外观的平整程度。结果以平整度外观（SA）等级表示，从 1 ~ 5，1 代表最不平整，5 代表最平整（没有褶皱）。

3. 术语

3.1 陪洗织物：在织物测试过程中使用的、可以将织物的总重或体积规范达到规定数量的材料。

3.2 耐久压烫：在使用中、洗涤或干洗后，一种可以保持原有形态、平整缝线、原有压烫折痕和平整外观的织物特性。

3.3 等级：与样照比较，评价测试样品所得到的评价级数。

3.4 洗涤：纺织材料的洗涤是指一种使用水溶性洗涤剂溶液去除污渍的过程，通常包括漂洗、脱水和干燥。

3.5 洗后折痕：洗涤或干燥后样品上明显的折皱或杂乱无序的褶线。

洗后折痕是样品在洗涤和干燥中造成的非故意结果。

3.6 外观平整度：将试样与一套参考标准样照比较，根据视觉印象评定试样的外观平整度。

4. 安全和预防措施

本安全和预防措施仅供参考。本部分有助于测试，但未指出所有可能的安全问题。在本测试方法中，使用者在处理材料时有责任采用安全和适当的技术；务必向制造商咨询有关材料的详尽信息，如材料的安全参数和其他制造商的建议；务必向美国职业安全卫生管理局（OSHA）咨询并遵守其所有的标准和规定。

4.1 遵守良好的实验室规定，在所有的试验区域应佩戴防护眼镜。

4.2 洗涤剂可能会引起对人体的刺激，应注意防止其接触到皮肤和眼睛。

4.3 所有化学物品应当谨慎地使用和处理。

4.4 操作实验室测试仪器时，应按照制造商提供的安全建议。

5. 使用和限制条件

5.1 本测试方法仅用来评价可水洗织物经反复家庭洗涤后织物的外观平整度。

5.2 通常，在相对严格的洗涤条件下进行测试更好。目前使用的洗衣机和烘干机有专门的洗涤循环或特性，以保护织物的某些性能，如轻柔档并降低搅拌速度，可以保护轻薄织物的结构；耐久压烫循环并采用冷水漂洗、降低搅拌速度，可减少织物的褶皱。

5.3 纺织制品上的印花和图案可能会使折皱模糊，评级程序是以试样的视觉外观平整度为基础的，也包括这样的影响。

5.4 外观平整度样照是由机织物拍摄得到，不能完全复制其他织物（针织物、非织造布）的外观。样照可以作为参考，代表不同的外观平整度水平。

5.5 使用小样品测试偶尔会引起折皱和折痕，这种非正常的折皱和折痕在织物的使用性能中不用考虑。

5.6 实验室间对于本测试方法的结果重现性与标准使用者采用的洗涤和干燥条件（在表 1 ~ 表 4 列出）有关。

6. 仪器和材料（12.1）

6.1 带有温度调节的蒸汽熨斗或普通熨斗。

6.2 标准洗衣机（见 12.2 和表 1），用于机洗。

6.3 水洗盆，9.5 L，用于手洗。

6.4 白毛巾，不计重量，需能容纳测试样，用于手洗。

6.5 标准滚筒干燥机（见 12.2，表 4），或滴干、平铺晾干或悬挂晾干的设备。

表 1 标准洗衣机洗涤参数（见 12.2，12.7）

项目		（1）标准档	（2）轻柔档	（3）耐久压烫档
水位［L（加仑）］		72 ±4（19 ±1）	72 ±4（19 ±1）	72 ±4（19 ±1）
搅拌速度（r/min）		86 ±2	27 ±2	86 ±2
洗涤时间（min）		16 ±1	8.5 ±1	12 ±1
脱水速度（r/min）		660 ±15	500 ±15	500 ±15
脱水时间（min）		5 ±1	5 ±1	5 ±1
洗涤温度［℃（℉）］①	Ⅱ低温	27 ±3（80 ±5）	27 ±3（80 ±5）	27 ±3（80 ±5）
	Ⅲ中温	41 ±3（105 ±5）	41 ±3（105 ±5）	41 ±3（105 ±5）
	Ⅳ高温	49 ±3（120 ±5）	49 ±3（120 ±5）	49 ±3（120 ±5）
	Ⅴ极高温	60 ±3（140 ±5）	60 ±3（140 ±5）	60 ±3（140 ±5）

① 根据美国能源部的要求，家用洗衣机多采用冷水洗涤。外部控制器可以用来调节仪器温度。

邮箱：ordering@ aatcc. org；网址：www. aatcc. org。也可以使用任何已知得到对比结果的洗衣机和烘干机。在专论《家庭洗涤测试条件的标准化程序》中列出了当前指定型号的洗衣机的实际速度和时间。其他洗衣机可能与其有一个或更多的设置不同。在专论《家庭洗涤测试条件的标准化程序》中列出了当前指定型号的烘干机的实际温度和冷却时间。其他烘干机可能与其有一个或多个不同设置。

12.3 可以从 AATCC 获取，P. O. Box 12215，Research Triangle Park NC 27709；电话：+1. 919. 549. 8141；传真：+1. 919. 549. 8933；电子邮箱：ordering@ aatcc. org；网址：www. aatcc. org。

12.4 如果在洗涤过程中产生过多的散边，试样的边应经过适当的剪切或缝合。如果洗后试样的边出现扭曲，在评级前必须进行修剪。

12.5 ASTM 标准可以从 ASTM 获取，地址：100 Barr Harbor Dr. ，West Conshohocken PA 19428；电话：+1. 610. 832. 9500；传真：+1. 610. 832. 9555 获取；网址：www. astm. org。

12.6 此方法需要两个 96 英寸的灯管，用于观察水洗测试试样。如果空间有限，可以选择两个 48 英寸的灯管代替，和一个窄点的观察板。但从观测板的正前方观测，评级样照 SA－4、SA－3 和 SA－1 应始终放在评级板的左边。评级样照 SA－5、SA－3.5 和 SA－2 应始终放在评级板的右边。

12.7 此测试方法中的水洗温度和其他参数都是测试的标准条件。作为实验室的常用测试程序，它代表但不完全和目前消费者的实际情况一致。消费者的实际情况会随着时间和每个家庭有所不同。实验室操作必须一致，以便使结果具有可比性。如果水洗设备或其他条件不同于此方法，必须要描述细节和偏离。LP1 和 ISO 6330 概述了可选择的其他洗涤条件。

12.8 可从 ISO 网站获取，www. iso. org。

附录 A 评级区

A1 评级板

A1.1 胶合板，高度 1892mm（72 英寸），厚度 6mm（0.25 英寸），足够宽，可以容纳尺子和样品。

A1.2 板上喷涂与 2 级灰卡颜色一样的颜料（见 12.3）。CIELAB 的值大约为 $L^*=77$，$a^*=0$，$b^*=0$。每个参数可接受 2 个单位的允差。

A1.3 固定试样和样照的弹簧或其他装置需要保证试样中心离地面 1524mm（60 英寸）高，可以使用 0.76mm（22ga）厚的薄钢板固定。

A2 光源

A2.1 悬挂荧光灯管（见 12.6）。

A2.1.1 2 个平行的 F96 T12 冷白灯（无挡板或玻璃）。

A2.1.2 一个白色搪瓷反光镜（无挡板或玻璃）。

A2.1.3 按照图 A1 固定。

A2.1.4 消除除指定荧光灯外的其他所有光源。

A3 墙面

A3.1 许多观察者的经验说明，靠近观察板的墙面颜色会影响评级结果。建议墙壁颜色为哑光黑（85 度角光泽度 5 以下）或在观察板地两侧安装遮光帘，以消除反射。

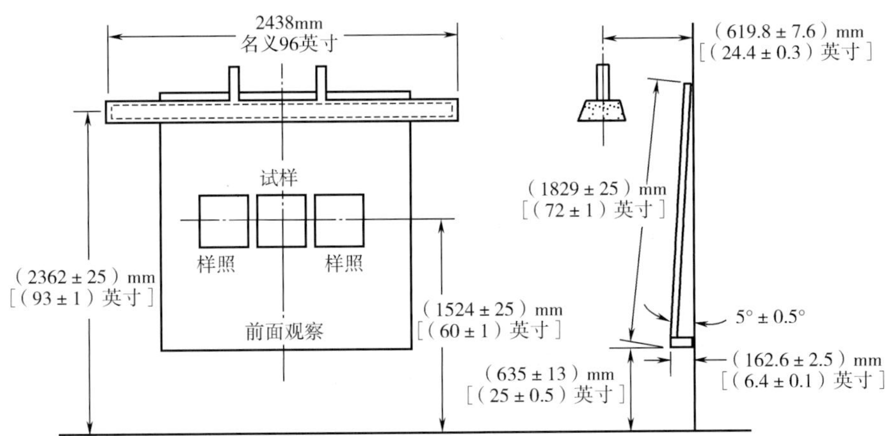

图 A1　外观平整度评级区

AATCC TM125-2013e2 (2020)

耐汗光色牢度

1. 目的和范围

本方法适用于测定有色纺织样品在汗渍溶液和光暴晒的共同作用下的色牢度。因此，本方法中仅使用汗渍溶液。

2. 原理

有色测试样品先在汗渍溶液中浸泡规定的时间，然后立即放入褪色仪器中暴晒一定时间。

褪色仪器采用AATCC 16.3《耐光色牢度：氙弧法》中的氙弧灯耐光色牢度测试仪。

3. 术语

3.1 色牢度：材料在加工、检测、储存或使用过程中，暴露在可能遇到的任何环境下，抵抗颜色变化和/或颜色向相邻材料转移的能力。

3.2 光牢度：材料的性能，通常以确定的数字表示。描述材料暴晒在日光或人造光源下引起的颜色特性的等级变化。

3.3 汗液：汗腺分泌的盐溶液（本方法使用人工汗液）。

4. 安全和预防措施

本安全和预防措施仅供参考。本部分有助于测试，但未指出所有可能的安全问题。在本测试方法中，使用者在处理材料时有责任采用安全和适当的技术；务必向制造商咨询有关材料的详尽信息，如材料的安全参数和其他制造商的建议；务必向美国职业安全卫生管理局（OSHA）咨询并遵守其所有标准和规定。

遵守良好的实验室规定，在所有的试验区域应佩戴防护眼镜。

5. 仪器、材料和测试溶液

5.1 氙弧灯耐光色牢度测试仪（见AATCC TM16.3方法3）。

5.2 天平，精度为0.0001g。

5.3 pH计，精度为0.01。

5.4 纸板：41kg（91磅），白色，Bristol Index（有色试样的暴晒区域无须背衬材料）。

5.5 酸性汗渍液（见12.4）。

5.6 变色灰卡（AATCC EP1，见12.1）。

5.7 AATCC白色吸水纸（见12.1）。

5.8 小轧车（见12.5）。

6. 试剂的制备

6.1 制备酸性汗渍溶液。在1L容量瓶内先加入一半蒸馏水，然后加入以下的化学试剂，充分混合确保所有的化学试剂完全溶解后，再加入蒸馏水至1L。

10g ±0.01g 氯化钠（NaCl）

1g ±0.01g 乳酸，USP 85%

1g ±0.01g 无水磷酸氢二钠（Na_2HPO_4）（见12.2）

0.25g ±0.001g L-组氨酸（$C_6H_9N_3O_2 \cdot HCl \cdot H_2O$）

6.2 用pH计测试汗渍溶液的pH，如果该溶液的pH不是4.3 ±0.2，则需重新制备溶液。因此应精确地称量所有的试剂，建议不要使用缺乏精确度的pH试纸。

6.3 使用的汗渍溶液不能超过3天（见12.3）。

7. 测试样品

从有色织物上剪取试样尺寸为 5.1cm × 7.0cm (2.0 英寸 ×2.75 英寸)。

8. 测试程序

8.1 称量试样，允差为 ±0.01g。

8.2 将每个试样（按 7 中要求制备）放入直径为 9cm、高度为 2cm 的培养皿中，加入新配制的汗渍溶液至 1.5cm。试样在汗渍液中浸泡 30min ± 2min，偶尔搅动挤压，使其完全浸湿。对于不易润湿的试样，可反复将润湿的试样用实验室小轧车浸轧，直到试样被汗渍溶液完全浸透。

8.3 30min ±2min 后使样品通过小轧车，多纤维织物条与轧辊的长度方向垂直（使所有的纤维条同时通过小轧车），或将样品放在 AATCC 白色吸水纸上挤压，以使湿润的测试样品重量为原重的 200% ±5%（例如：如果原样品重 10g，则浸湿后应为 19.5 ~20.5g）。

8.4 将浸透的、无背衬的试样装在暴晒架上，或装在用薄的塑料薄膜（见 12.6）包裹起来以用于防水的白纸板上。

8.5 按照 AATCC 16.3 的方法 3 ，在耐光色牢度测试仪内暴晒试样至 20 AFUs。

8.6 暴晒后，取出试样。

9. 评级

9.1 评定试样的颜色变化。

9.2 将测试后的样品和变色灰卡进行比较，以确定变色级别（AATCC EP1），或采用合适的、装有软件的比色计或分光光度计（见 AATCC EP7《仪器评级试样变色》）测定原样和试样之间的色差，根据变色灰卡对应报告变色级别（见 12.1）。

9.3 为了提高结果的精确性和准确性，评定试样的人员应至少为两人。

10. 测试报告

10.1 报告试样的变色。

10.2 报告所使用的耐光色牢度测试仪。

10.3 报告所使用的试剂。

11. 精确度与偏差

11.1 精确度。2002 年，一家实验室用一名操作人员对本测试方法的精确度进行研究。此研究的目的是通过变异表来提供测试结果不确定度的某些说明。近年来，实验室间也开始研究精确度和偏差，表内的数据没有反映出不同试验材料的结果，也没有表明实验室间的不确定度。在考查不确定度的问题时，应特别关注和考虑使用报告结果的偏差。

11.1.1 有四种样品，分别剪取三块试样。色牢度暴晒条件按照 AATCC 16 – 1998 的方法 E 进行，每块试样用仪器评定三次后得出其平均值，数据见表 1。

表 1 ΔE

项目	棕色 1#	棕色 2#	绿色	蓝色
试样 1	1.26	4.37	6.25	7.83
试样 2	0.95	4.89	8.18	6.42
试样 3	1.17	5.78	5.23	4.87
平均值	1.127	5.013	6.553	6.373

11.1.2 实验室间。表 2 显示标准误差和不同试样的变异系数。

表 2 实验室间标准误差和试样变异系数

项目	标准偏差	标准误差	试样变异	95%置信水平
棕色 1#	0.159	0.092	0.025	0.396
棕色 2#	0.713	0.412	0.508	1.771
绿色	1.498	0.865	2.245	3.722
蓝色	1.481	0.855	2.192	3.678

注 由于参与的实验室少于 5 家，标准偏差和试样的变异系数可能高估或低估，应小心采用这些数据。考虑精确度时这些值应被视为最小的数据，没有建立置信区间。

11.2 偏差。耐自然光和人造光源的色牢度仅在某一方法中被定义，目前没有其他独立的方法来测定其真值。作为评估该性能的方法，本方法没有已知的偏差。

12. 注释

12.1 可从 AATCC 获取，地址：P. O. Box 12215，Research Triangle Park NC 27709；电话：+1.919.549.8141；传真：+1.919.549.8933；电子邮箱：ordering@aatcc.org；网址：www.aatcc.org。

12.2 也可使用无水磷酸钠。

12.3 AATCC RR 52 汗渍色牢度技术委员认为酸性汗渍溶液会滋生真菌，汗液在室温下，即使是密封的条件下保存 3 天，该溶液的 pH 也会升高。

12.4 本方法中也可以使用碱性汗渍溶液进行测试。在这种情况下，碱性汗渍溶液可按 AATCC 15《耐汗渍色牢度》中的描述进行配制。为了便于参考，碱性汗渍溶液的组成如下：10g 氯化钠、4g 碳酸铵 USP、1g 无水磷酸氢二钠（Na_2HPO_4）、0.25g L－组氨酸盐酸盐，用蒸馏水配制至 1L，溶液 pH 必须为 8.0（见 12.2）。

12.5 没有指定必须使用哪种小轧车。使用小轧车的目的是为了在溶液中浸泡后取出能达到总的带液率。除了使用小轧车外，还可以使用其他合适的方法，如可以将样品放在两层 AATCC 白色吸水纸中挤压。

12.6 用薄膜包裹起白纸板的目的是为了防止白纸板被润湿。可以用透明的薄膜，如食品级包装膜。

13. 历史

13.1 2020 年重新修订。

13.2 1982 年、2004 年（更换标题）、2013 年修订，1971 年、1974 年、1978 年、1989 年、1991 年重新修订，1990 年、1993 年、1996 年、2005 年、2010 年、2014 年、2019 年编辑修订，1986 年、2009 年编辑修订并重新审定。

13.3 AATCC RA23 技术委员会于 1967 年制定；1996 年权限移交至 RA50 技术委员会。部分内容等效于 ISO 105－B07。

AATCC TM127-2017(2018)e

抗水性：静水压法

AATCC RA63 技术委员会于 1968 年制定；1971 年、1974 年、1977 年、1980 年、1989 年、2003 年、2013 年、2018 年重新审定；1982 年、1986 年、2006 年、2016 年、2019 年编辑修订；1985 年、2008 年编辑修订并重新审定；1995 年、1998 年、2014 年、2017 年修订。与 ISO 811 有相关性。

1. 目的和范围

1.1 本测试方法用于测定织物在静水压下抗水渗透的性能，它适用于所有类型的织物，包括防水整理织物和拒水整理织物。

1.2 抗水性取决于纤维、纱线以及织物结构对水的抵抗性能。

1.3 用本方法测得的结果与 AATCC 雨淋或水喷淋方法测得的结果不同。

1.4 本测试方法不包括限制板法。如果需用限制板，则按照 AATCC 208 抗水性：使用限制板静水压法进行操作。

2. 原理

2.1 在试样的一面施加以恒定速率增加的水压，直至试样的另一面出现三处渗水为止，水压可以从试样的上面或下面施加。

2.2 本测试方法是不使用限制板的。

3. 术语

3.1 静水压：通过水将压力分布在某一外露的区域上。

3.2 抗水性：抗湿和抗水渗透的性能。

3.3 拒水性：在纺织品中，纤维、纱线或织物的抗湿性。

4. 安全和预防措施

本安全和预防措施仅供参考。本部分有助于测试，但未指出所有可能的安全问题。在本测试方法中，使用者在处理材料时有责任采用安全和适当的技术；务必向制造商咨询有关材料的详尽信息，如材料的安全参数和其他制造商的建议；务必向美国职业安全卫生管理局（OSHA）咨询并遵守其所有标准和规定。

4.1 遵守良好的实验室规定，在所有的试验区域应佩戴防护眼镜。

4.2 操作实验室测试仪器时，应按照制造商提供的安全建议。

5. 仪器和材料（见 11.1）

5.1 静水压测试仪。

5.1.1 选项 1，静水压测试仪（见 11.2）。

5.1.2 选项 2，静压头测试仪（见 11.3）。

5.2 蒸馏水或去离子水。

6. 试样准备

6.1 在织物上沿幅宽的对角线方向至少取三块有代表性的测试试样，每块试样尺寸至少为 200mm×200mm。

6.2 尽可能少地触摸样品，避免测试区域被折叠或沾污。

6.3 测试前将试样放置在温度为 21℃ ±2℃

（70℉ ±4℉）和相对湿度为65% ±5%的环境中调湿至少4h。

6.4 必须指明与水接触的织物表面，因为正面和反面测试的结果可能不同。在每块试样的角上标明正反面。

7. 操作程序

7.1 校验与测试样品接触的水的温度是否为21℃ ±2℃（70℉ ±4℉）（见11.4）。

7.2 擦干夹具的表面。

7.3 试样的测试面对着水，夹紧试样（见11.5）。

7.4 操作。

7.4.1 选项1，静水压测试仪。开机，压动杠杆使溢流装置速度为10mm/s，当水位到达通风口时立即关闭通风口。

7.4.2 选项2，静压头测试仪。选择梯度60mbar/min（1mbar/s），按下开始按钮（见11.6）。

7.5 忽略邻近夹具边缘3mm以内的水珠，当水珠在三个不同位置渗出时，记录此时的静水压（见11.7）。

8. 计算

计算每块试样的平均静水压。

9. 报告

9.1 报告每块试样的结果和每个样品的平均值。

9.2 测试的材料和测试面。

9.3 水的温度和水的类型。

9.4 梯度（水压增加的速率）。

9.5 所用的测试仪类型。

9.6 测试方法的任何修改。

10. 精确度和偏差

10.1 精确度。测试结果与测试仪有关。每个测试仪精确度的说明在10.2和10.3中给出。方法B无法给出精确度。

10.2 静水压测试仪（Suter）（选项1）。

10.2.1 1993年完成了一个有限的实验室内的研究，包括六个实验室，每个实验室两名操作人员，测试两个样品的三块试样。之前没有评定参与的实验室在测试方法上的相关性。

10.2.2 两个样品的拒水性不同（样品1约810mmH_2O，样品2约340mmH_2O），两个样品的剩余方差不同。因此，分别报告每个样品的精确度。

10.2.3 鉴于这项研究本身的局限性，建议使用该方法的用户，在应用这些结论时要保持应有的谨慎。

10.2.4 分析每个样品的数据组，得出方差的组成和临界差，如表1～表3所示。两个平均值之间的差异，对于合适的精确度参数，应当达到或超过表中统计学的显著水平95%置信水平上的值。

表1 两个织物方差的组成

（方法A，选项1测试仪）

组　成	织物1的方差	织物2的方差
实验室	13.450	7.323
操作者	3.127	2.145
试　样	30.253	5.382

表2 织物1—临界差—95%置信水平

（方法A，选项1测试仪）

数据平均（N）	单个操作者	实验室内部	实验室之间
1	15.25	16.02	18.97
2	10.78	11.84	15.61
3	8.80	10.08	14.31
4	7.62	9.06	13.62
5	6.82	8.04	13.19

表 3 织物 2—临界差—95%置信水平

（方法 A，选项 1 测试仪）

数据平均（N）	单个操作者	实验室内部	实验室之间
1	6.43	7.61	10.68
2	4.55	6.10	9.67
3	3.71	5.50	9.30
4	3.22	5.18	9.12
5	2.88	4.98	9.00

10.3 静压头测试仪（选项 2）。

10.3.1 在单个实验室的研究中，六个不同的实验室技术人员对五种材料的三个样品进行测试。

10.3.2 五种材料大约在不同的水平上：$A=103$，$B=33$，$C=37$，$D=12$，$E=77$。在这个研究中得到的数据以 mbar（SI 标准）为单位记录。五种材料的剩余方差是不同的，因此要分别报告每个的精确度。

10.3.3 对每种材料数据组的分析，产生的临界差见表 4 ~ 表 8。两个平均值之间的差异，对于合适的精确度参数，应达到或超过表中统计学显著的 95% 置信水平的值。

表 4 材料 A—临界差—95%置信水平

（方法 A，选项 2 测试仪）

数据平均（N）	单个操作者	实验室内部
1	72.49	72.49
2	51.26	51.26
3	41.85	41.85
4	36.25	36.25
5	32.42	32.42

表 5 材料 B—临界差—95%置信水平

（方法 A，选项 2 测试仪）

数据平均（N）	单个操作者	实验室内部
1	10.08	12.85
2	7.13	9.09
3	5.82	7.42
4	5.04	6.43
5	4.51	5.75

表 6 材料 C—临界差—95%置信水平

（方法 A，选项 2 测试仪）

数据平均（N）	单个操作者	实验室内部
1	16.13	16.13
2	11.40	11.40
3	9.31	9.31
4	8.06	8.06
5	7.21	7.21

表 7 材料 D—临界差—95%置信水平

（方法 A，选项 2 测试仪）

数据平均（N）	单个操作者	实验室内部
1	2.88	3.50
2	2.04	2.47
3	1.66	2.02
4	1.44	1.75
5	1.29	1.57

表 8 材料 E—临界差—95%置信水平

（方法 A，选项 2 测试仪）

数据平均（N）	单个操作者	实验室内部
1	15.04	16.55
2	10.63	11.70
3	8.68	9.55
4	7.52	8.27
5	6.72	7.40

10.3.4 对于这个选项的仪器，还没有建立实验室之间的精确度。直到可以得到这样的精确度信息，这个测试方法的使用者才能用标准的统计学方法对实验室之间测试结果的平均值进行比较。

10.4 偏差。织物的抗水性仅可以根据一个测试方法来定义。没有单独的方法确定真实值。作为这个性能的评估方法，这个测试方法的偏差未知。

11. 注释

11.1 有关适合测试方法的设备信息，请登录 http://www.aatcc.org/bg。AATCC 提供其企业会员单位所能提供的设备和材料清单。但 AATCC 没有给其授权，或以任何方式批准、认可或证明清单上的任何设备或材料符合测试方法的要求。

11.2 静水压测试仪（Suter）。

11.2.1 这个仪器由一个倒锥形的井喷装置组成，带有环形夹可以固定织物试样。这个仪器在直径为114mm的区域，以10.0mm/s±0.5mm/s的速度从试样的上面引出水。在试样的下面附上一个镜子，可以帮助操作者来确定有水滴渗透试样。在这个井喷装置中，有一个阀门可以通风。

11.2.2 这个型号的静水压测试仪已经停售。

11.3 静压头测试仪。用一个电子控制泵将织物下面的静水压控制在60mbar/min（可选择）。一个带有$100cm^2 \pm 5cm^2$（15.5平方英寸±0.8平方英寸）圆形测试面积的蓄水池，盛有作用于织物表面的蒸馏水或去离子水。用一个同轴的环形夹固定织物试样，并配有观测灯，帮助操作者观察水滴的渗透。数字显示压力。一个RS232的数字接口，可以将测试结果转移储存和统计分析。

11.4 有些实验室使用室温下的水。如果测试用水不是21℃±2℃（70℉±4℉），要说明。

11.5 通过在夹紧区域用石蜡密封织物，可以减少侧向漏水。

11.6 1mbar=10.2mm水柱。

11.7 如果液滴自动检测系统的精度能达到肉眼观察的效果，则可以代替肉眼观察。

AATCC TM128-2017e

织物折皱回复性：外观法

AATCC RR6 技术委员会于 1968 年制定；1995 年权限移交至 RA61 技术委员会；1969 年、1985 年、1994 年、2004 年、2009 年重新审定并编辑修订；1970 年、1974 年、2017 年修订；1977 年、1980 年、1989 年、1999 年、2013 年重新审定；1988 年、1990 年、1992 年、1995 年、2010 年、2016 年、2019 年编辑修订。技术上等效于 ISO 9867。

1. 目的和范围

1.1 本测试方法测定纺织品经压皱后的外观，适用于由任何纤维或混纺制成的织物。

1.2 本方法可评定原样、未洗涤或经家庭洗涤后的织物。

2. 原理

在标准大气条件下，标准压皱装置在试样上施加预定压力，并保持规定的时间。再将调湿后的试样与三维参考样照对比，评定其外观。

3. 术语

3.1 外观平整度：将试样与一套参考样照对比，根据视觉评定外观平整度的级数。

3.2 折皱回复性：使织物从折皱变形中回复的性能。

4. 安全和预防措施

本安全和预防措施仅供参考。本部分有助于测试，但未指出所有可能的安全问题。在本测试方法中，使用者在处理材料时有责任采用安全和适当的技术；务必向制造商咨询有关材料的详尽信息，如材料的安全参数和其他制造商的建议；务必向美国职业安全卫生管理局（OSHA）咨询并遵守其所有标准和规定。遵守良好的实验室规定，在所有的试验区域应佩戴防护眼镜。

5. 仪器和材料

5.1 AATCC 折皱测试仪（见图 1 和 11.1、11.2）。

图 1 AATCC 折皱测试仪

5.2 AATCC 折皱回复的三维标准样照（见图 2 和 11.3）。

5.3 标准恒温恒湿室，温度为 21℃ ±2℃（70℉ ±4℉）、相对湿度 65% ±5%。

5.4 带有夹子的衣架。

5.5 暗室。悬挂式照明和评级区域，见图 3。

5.6 数字成像系统（见 11.8）。

图 2 AATCC 折皱回复样照

6. 试样准备

6.1 从被测织物上剪取三块试样，长度沿机织物的经向或针织物的纵向（见 11.4），试样尺寸为 15cm×28cm（6 英寸×11 英寸），在每块试样的边缘标记试样的正面。

6.2 在温度为 21℃ ±2℃ （70℉ ±4℉ ）、相对湿度为 65% ±5% 的条件下调湿试样至少 8h。

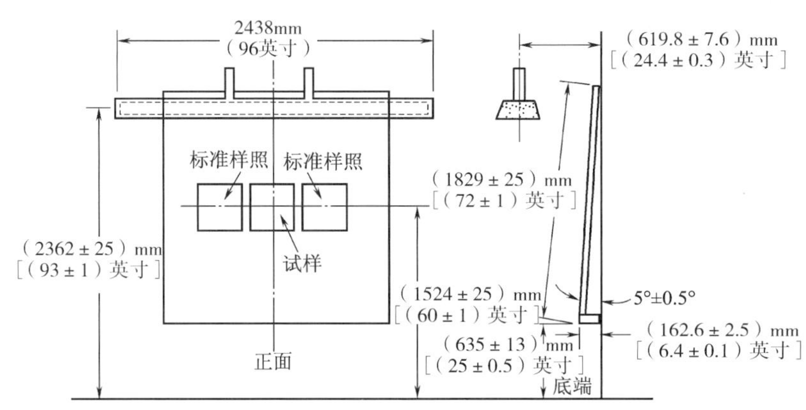

图 3 观察试样的照明装置

注 （1）两只长度为 8 英寸的 F96 CW（冷白光）预热荧光灯（无挡板和玻璃）。

（2）一只白色瓷漆反射罩（无挡板和玻璃）。

（3）有弹簧的、轻金属板材（22ga.）制成的样品固定架。

（4）厚度为 1/4 英寸的评级板，漆成与 AATCC 沾色评级卡 2 级接近的灰度（见 11.9）。

7. 操作程序

7.1 所有的测试步骤须在 21℃ ±2℃ （70℉ ±4℉）、相对湿度 65% ±5% 的大气条件下完成。

7.2 抬起测试仪上部的法兰盘，并用锁销将其固定在测试仪上端。

7.3 用长边为 28cm（11 英寸）、正面朝外的试样，沿着 AATCC 折皱测试仪的上法兰盘缠绕，然后用钢弹簧夹子夹紧试样，整理试样末端，使它们对着弹簧夹子的开口。

7.4 将试样的另一端长边沿着下部法兰盘缠绕，用上述方法夹紧试样。

7.5 调整试样的底边，使其在上下法兰盘间平整而没有松垂。

7.6 打开锁销，用一只手轻轻放下上法兰盘，直至它停止移动。

7.7 立即在上法兰盘上放置总重为 3500g 的砝码，并记录准确时间。

7.8 20min 后去除砝码，取下弹簧夹具，提起上法兰盘，轻轻地从测试仪上取下试样，以免形成任何其他折皱（见 11.5）。

7.9 用最轻的操作手法，用衣架的夹子夹住试样 15cm（6 英寸）的一边，使试样长度方向垂直悬挂。

7.10 放在标准大气中 24h 后，小心地将夹有试样的衣架放到评级区域（见 11.6）。

8. 评级

8.1 三名经过培训的观测者应单独对每块试样进行评级（见 11.7）。

8.2 按图 3 所示将试样固定在观测板上，经向垂直地面，将三维塑料样照放在试样的两边，以便对比评级。

8.2.1 应关掉室内所有其他灯，悬挂的荧光灯是观测板的唯一光源。

8.2.2 根据观测者的经验表明，靠近评级板的侧墙反射的光可能会影响评定结果。建议将侧墙漆成黑色，或者在评级板的两侧装上不透光的窗帘，以消除反射干扰。

8.3 观测者应站在距离评级板 4 英尺的试样正前方。已发现，观测者的高度在视平线的 5 英尺范围内对评定结果无显著影响。

8.4 确定最接近试样外观的样照的级数。级数为 5 级相当于 WR－5 标准样照，表示外观最平整，与原外观相比保持性最好。而 1 级相当于 WR－1 标准样照，表示外观最差，与原外观相比保持性最差（见表 1）。

表 1 织物平整度评级

级 数	平整度外观
5	相当于 WR－5 标准样照
4	相当于 WR－4 标准样照
3	相当于 WR－3 标准样照
2	相当于 WR－2 标准样照
1	相当于或低于 WR－1 标准样照

8.5 同样观测者独立地对另两块试样进行评级。其他两名观测者也独立评级。

8.6 可使用数字成像系统（见 11.8）。

9. 计算和报告

9.1 计算每块试样的九个观测结果的平均值（三名观测者对每组三块试样的评定结果）。

9.2 报告平均值，并精确到 0.1。

10. 精确度和偏差

10.1 精确度。该测试方法的精确度还未确立。在该方法的精确度描述产生之前，采用标准统计方法，比较实验室内部或实验室之间试验结果的平均值。

10.2 偏差。织物折皱回复性（外观法）只根据某一实验方法进行定义，因而没有独立的方法确定其真值。本方法作为预测该特性的手段，没有已知偏差。

11. 注释

11.1 AATCC 折皱测试仪是用来在可控的条件下对试样压皱，该仪器是基于 ENKA/AKU 的研究而研制的。可以从 AATCC 获取，地址：P. O. Box 12215，Research Triangle Park NC 27709；电话：+1.919.549.8141；传真：+1.919.549.8933；电子邮箱：ordering@aatcc.org；网址：www.aatcc.org。

11.2 该测试仪配备三种测试砝码（500g、1000g 和 2000g）。顶部法兰盘组合重 500g，比 AKU 折皱测试仪的负荷重 200g。使用 AKU 折皱测试仪做此试验时，可在顶部法兰盘上加 200g 负荷。

11.3 可以从 AATCC 获取，地址：P. O. Box 12215，Research Triangle Park NC 27709；电话：+1.919.549.8141；传真：+1.919.549.8933；电子邮箱：ordering@aatcc.org；网址：www.aatcc.org。

11.4 应从织物无折皱处剪取试样。如果试样上无法避开折皱，那么调湿前应用蒸汽熨斗轻轻地熨平折皱。

11.5 如果试验正常进行，那么应有一条斜的折皱穿过试样中心位置。

11.6 评级区域也应在温度 21℃ ±2℃（70℉ ±4℉）、相对湿度 65% ±5% 的环境中。

11.7 以前的试验已证明，几小时内试样外观会发生改变，所以当三个观测者对试样进行评级时，观测次数和使用最少时间是很重要的。由于这些变化的条件，所以用此方法评级前的回复时间规定为24h。

11.8 如果已确定数字成像系统的精确度与视觉相当，那么可替代视觉评级。

11.9 近似 CIELAB 值取灰卡 2 级颜色为 $L^* = 77$，$a^* = 0$，$b^* = 0$。此测试方法中对评级板来说，每个参数 2 个单位的公差是允许的。

AATCC TM129-2011 (2016)e

耐高湿大气中臭氧色牢度

AATCC RA33 技术委员会于 1962 年制定；1973 年、1974 年、1981 年、1989 年、1997 年、2008 年、2019 年编辑修订；1972 年、1975 年、1985 年、2005 年、2011 年修订；1990 年、2001 年、2016 年重新审定；1996 年、2010 年编辑修订并重新审定。部分内容等效于 ISO 105 - G03。

1. 目的和范围

本方法用于测定在高温度且相对湿度高于 85% 的大气中各种纺织品的颜色耐大气中臭氧作用的能力。

2. 原理

2.1 纺织品试样和一块控制标样同时暴露在相对湿度恒定为 87.5% ±2.5%、温度为 40℃ ±1℃（104℉ ±2℉）的含有臭氧的大气环境中，直到控制标样显示的变色程度达到相应的褪色标准。不断重复此循环，直到试样达到一定的变色，或完成规定的循环次数。

2.2 对于某些纤维在低于 85% 的湿度中，染料不容易褪色。这就需要在更高的湿度下测试以产生颜色变化，以预测其在温暖、潮湿环境中使用时的褪色情况（见 11.1）。

3. 术语

色牢度：材料在加工、检测、储存或使用过程中，暴露在可能遇到的任何环境下，抵抗颜色变化和/或颜色向相邻材料转移的能力。

4. 安全和防范措施

本安全和预防措施仅供参考。本部分有助于测试，但未指出所有可能的安全问题。在本测试方法中，使用者在处理材料时有责任采用安全和适当的技术；务必向制造商咨询有关材料的详尽信息，如材料的安全参数和其他制造商的建议；务必向美国职业安全卫生管理局（OSHA）咨询并遵守其所有标准和规定。

4.1 遵守良好的实验室规定，在所有的试验区域应佩戴防护眼镜。

4.2 臭氧是敏感的刺激物，按照制造商的规定，测试箱应向室外通风。

4.3 本测试法中，人体与化学物质的接触限度不得高于官方的限定值［例如，美国职业安全卫生管理局（OSHA）允许的暴露极限值（PEL），参见 29 CFR 1910.1000，最新版本见网址 www.osha.gov］。此外，美国政府工业卫生师协会（ACGIH）的阈限值（TLVs）由时间加权平均数（TLV - TWA）、短期暴露极限（TLV - STEL）和最高极限（TLV - C）组成，建议将其作为人体在空气污染物中暴露的基本准则并遵守（见 11.2）。

5. 仪器和材料（见 11.3）

5.1 臭氧箱。高温，相对湿度超过 85%（见 11.4）。

5.2 高湿度下的控制标样 No. 129（见 11.5、11.7 和 11.8）。

5.3 高湿度下的褪色标准 No. 129（见 11.6、11.7 和 11.8）。

5.4 变色灰卡（AATCC EP1，见 11.7）。

区域应佩戴防护眼镜。

5.2 洗涤剂可能会引起对人体的刺激，应注意防止其接触到皮肤和眼睛。

5.3 操作实验室测试仪器时，应按照制造商提供的安全建议。

6. 使用和限制条件

6.1 在本测试方法中，在洗涤之前，预先将油污压入织物中，采用 AATCC TM118 对织物的抗油或拒油性进行评价。

6.2 标准洗涤条件不能复制消费者对于所有样品的维护方法。通过采用相同的条件洗涤所有样品，本测试方法提供了相对的去污性测试方法。该方法可以修改为对特定的样品使用推荐的护理方法，，但是结果与使用其他不同洗涤条件得到的结果没有对比性。

6.3 本测试方法的试样不能用于尺寸变化或外观评价。本测试方法的试样应当与尺寸变化或外观评价的试样分开洗涤，尽管试样尺寸是相同的，油渍沾污可能会干扰其他性能的评价。

7. 仪器和材料（见 15.3）

7.1 调湿设备和用于平铺试样的带孔，可抽拉架子（见 15.1）。

7.2 AATCC 白色吸水纸（见 15.1）。

7.3 玉米油（见 15.4）。

7.4 玻璃纸（见 15.1）。

7.5 计时器。

7.6 重物。直径为 6.4cm（2.5 英寸），重为 2.268kg ± 0.045kg（5.0 磅 ± 0.1 磅）的圆柱形（最好是不锈钢的，见 15.1）物体。建议使用多个砝码处理多个样品。

7.7 带有滴管的滴瓶（见 15.5）。76mm 规格的玻璃，2mL 容积，每毫升有 20 滴。

7.8 全自动洗衣机（见表 1，15.6）。

7.9 滚筒烘干机，正常循环：最大排气温度 68℃ ±6℃（155℉ ±10℉），冷却时间≤10min（见 15.6）。

7.10 AATCC 1993 标准洗涤剂（粉末状，无荧光增白剂［WOB］）（见 15.1）。

7.11 天平，量程至少为 5.0kg（10.0 磅）。

7.12 陪洗织物，1 型（见表 2，15.7）。

7.13 水硬度测试盒，住宅用。

7.14 评级区。见附录 A。

7.15 AATCC 去污评级样照（见 15.1）。

8. 试样准备

每次测试剪取两块（38cm ± 1cm）×（38cm ± 1cm）［（15.0 英寸 ±0.4 英寸）×（15.0 英寸 ±0.4 英寸）］试样。

9. 调湿

试样在滴加玉米油前，按照 ASTM D1776 进行调湿。（采用表 1 中纺织品通用条件。按照表 2 纤维成分选择适当的调湿时）。将每个试样或产品分别放置在平板或带孔的调湿/干燥架上。

10. 滴油程序

10.1 在光滑的水平面上，放置一张单层的吸水纸。

10.2 将试样正面朝上平铺在吸水纸上。

10.3 用滴管将五滴（约 0.2mL）玉米油滴在试样的中间区域。每一滴都滴在相同的位置。

10.4 将一块 7.6cm × 7.6cm（3 英寸 × 3 英寸）的玻璃纸放在油污位置。

10.5 将重物直接压在玻璃纸上油滴位置。

10.6 压重物的持续时间为 60s ± 5s，然后移走重物，去掉玻璃纸。

10.7 对于第二块试样重复 10.2 ~ 10.6 过程。如果测试多个要一起洗涤的样品，使用多块重物可以提高测试效率。不能重复使用吸水纸的同一个位置。

10.8 沾污后 20min ±5min 内进行洗涤，避免弄污的试样互相接触转移污渍。每次洗涤负荷最多允许 30 块测试试样。如果测试多个试样并符合 20min ±5min 的时间间隔，建议同时放入所有试样前，规定的洗衣机温度，洗涤剂，和陪洗布提前准备就绪。

11. 洗涤程序

11.1 洗涤

11.1.1 按照表 1 设置好洗衣机参数。

11.1.2 使所有试样加上陪洗布的重量达到 1.8kg ±0.1kg（4.0 磅 ±0.2 磅）。

11.1.3 开始选择的程序。加水至指定的水位。

11.1.4 测试并记录洗涤用水的硬度（见 15.8）。

11.1.5 按照设备制造商说明书，加入 66g ±1g 的 AATCC1993 标准洗涤剂（无荧光增白剂）。如果洗涤剂直接加入到水中，应当轻微搅拌，使其全部溶解。在加负载之前停止搅拌。

11.1.6 加入负载（试样和陪洗布），均匀分散在搅拌器四周，开始水洗循环。

11.1.7 允许继续洗涤直到最后一次洗涤循环结束。

11.1.8 将纠缠在一起的试样和陪洗布进行分离，分离时应最大程度地避免使试样变形。洗涤结束后，开始相应的干燥程序。

11.2 滚筒干燥。

11.2.1 将洗涤负荷（试样与陪洗织物）放入滚筒烘干机中，设置温度达到最大排气温度 68℃ ±6℃（155℉ ±10℉）。

11.2.2 启动烘干机，直到负载完全干燥。

11.2.3 在循环结束后立即取出试样，平放以避免产生影响去污评级的收缩或褶皱。

11.3 熨烫（可选）

11.3.1 如果样品褶皱严重，消费者总是希望能够对最终产品进行熨烫，则可以在测量之前进行手工熨烫。由于不同操作人员的手工熨烫程序会存在较大差异（没有标准的手工熨烫程序），因此不同操作人员手工熨烫后的尺寸变化结果应谨慎使用。

11.3.2 参照 AATCC TM133，表 1《安全熨烫温度指南》。根据纤维成分选择样品使用的安全熨烫温度，施加熨烫样品所需的最小压力。

11.4 每个试样的去污性评级应在干燥后 4h 内完成。无需再次调湿。

表 1 标准洗衣机参数（见 15.9）

循环	（1）标准档
水位［L（加仑）］	72 ±4（19 ±1）
搅拌速度（r/min）	86 ±2
水洗时间（min）	16 ±1
脱水速度（r/min）	660 ±15
脱水时间（min）	5 ±1
水洗温度［℃（℉）］①	（Ⅲ）中温 41 ±3（105 ±5）

① 根据美国能源部的要求，家用洗衣机多采用冷水洗涤。外部控制器可以用来调节仪器温度。

表 2 1 型陪洗布参数

项目		1 型
成分		100% 棉
坯布纱线		环锭纺 36.4tex（16 英支）
坯布结构（根/25.4mm）		（52 ±5）×（48 ±5）平纹
整理后克重（g/m^2）		155 ±10
边缘		四边缝合或包边
整理后织物尺寸	mm	（920 ±30）×（920 ±30）
	英寸	（36.0 ±1）×（36.0 ±1）
整理后织物重量（g）		130 ±10

12. 评级

12.1 将评级样照放在观测板上，中心距离地面 114cm ±3cm（45 英寸 ±1 英寸）（见附录 A）。

12.2 将试样正面朝上平放在桌子的中间。可旋转试样至可观测到的最低等级的方向。

12.3 观测者在试样的正前方，距离观测板 76cm ±3cm（30 英寸 ±1 英寸），观测高度（眼睛）距离地面 157cm ±15cm（62 英寸 ±6 英寸）。不同观测的角度会影响一些织物的评级。

12.4 两名观测者应当独立对每个测试试样进行评级。与残余油渍最接近的去污性评级样卡对应的就是测试试样的级别。当残留油渍介于去污性评级样卡中间的级别时，可以评为半级（例如 1.5，2.5，3.5，4.5）。

12.5 计算样品 4 次评级（2 名观测者，2 个试样）的平均值，精确至 0.1。

13. 报告

13.1 测试织物的描述或识别。

13.2 报告样品是按照 AATCC TM130－2018t 进行测试的。

13.3 报告测试条件：

13.3.1 洗涤中的水硬度，用 ppm 表示。

13.4 报告测试结果：

13.4.1 12.5 计算得到的平均去污等级。

13.4.2 每个试样和每个观测者单独的去污等级，或平均值的标准偏差。

13.5 描述本方法的任何偏离，包括可选的污渍或洗涤程序。

14. 精确度和偏差

14.1 摘要。实验室间的比对试验于 1987 年的夏天进行，以确立本试验方法的精确度。五个实验室各有一名实验员，使用一台洗衣机和烘干机，对五块织物的两个试样连续三天进行试验。含有 9.8%磷（见 15.10）洗剂因其在美国应用广泛而在试验中得以采用。所用参考植物油是 Mazola 牌玉米油，这是由于其易购买且颜色及质量稳定。两名评级员用 AATCC 去污样照独立评定试样。测定结果为每天试验两个试样评定等级的平均值。所用织物仅限于聚酯和聚酯/棉织物，且大部分采用了去油污整理。

14.2 形成方差的去污等级标准偏差的各个偏差值如下计算。

	AATCC 去污样照
单人操作/洗涤	0.30
实验室间	0.23

14.3 临界差。对于 14.2 中提到的各偏差，如果偏差等于或超过表 3 所示的临界差，两次观测的平均值应考虑在 95% 置信区间。

表 3 特定条件的临界差[a]

（观测结果 = 两块试样的两个等级的平均值）

观测次数	单人操作/洗涤 AATCC 去污样照	实验室间 AATCC 去污样照
1	0.82	1.04
2	0.58	0.86
3	0.47	0.79

a $t = 1.950$ 计算临界差值，基于无限自由度。

14.4 偏差。去污性等级的准确数值只能根据某一试验方法进行确定，因而本测试方法没有已知的偏差值。

15. 注释

15.1 可从 AATCC 获取，地址：P. O. Box 12215，Research Triangle Park NC 27709；电话：+1.919.549.8141；电子邮箱：ordering@aatcc.org；网址：www.aatcc.org。

15.1.1 去污样照应每 12 个月更换一次，并存放在暗处以防止褪色。

15.2 可从 ASTM 国际获得，地址：100 Barr Harbor Dr.，West Conshohocken PA 19428；电话：+1.610.832.9500；网址：www.astm.org。

15.3 有关适合测试方法的设备信息，请登录 http://www.aatcc.org/bg，浏览在线 AATCC 用户指导，见 AATCC 企业会员提供的设备和材料清单。

但 AATCC 未对其授权，或以任何方式批准、认可或证明清单上的任何设备或材料符合测试方法的要求。

15.4 Mazola 商标属于 ACH Food Companies Inc.，是纯玉米油，用于实验室间比对测试，因其广泛应用并且在颜色和质量上具有一致性。包装瓶的标签上印有保质期，过期不得使用。

15.5 滴瓶应能保护玉米油不发生降解。

15.6 对于满足标准参数的洗衣机和滚筒干燥机的型号，见 www.aatcc.org/test/washers 或练习 AATCC 获得，PO Box 12215，Triangle Park NC 27709，USA；+1.919.549.8141；ordering@aatcc.org。

15.7 由于整理剂和/或存积在陪洗织物上的油污可能向试样转移，若认为该转移现象可能严重影响去污性结果时，或采用新整理剂获取关键结果时，应使用新的陪洗布。陪洗布有明显磨损时应及时更换。

15.8 水硬度可以按照制造商的说明，用一种适合住宅测试的测试盒进行测量。水硬度会降低洗涤剂的有效性，并导致较低的去污等级。本方法未规定硬度范围，但是在比较不同水硬度值的测试结果时要小心谨慎。

15.9 本测试方法列出的水洗温度和其它参数为测试程序的标准条件。和众多实验室程序一样，其代表但不完全复制消费者的习惯，因为消费者习惯随着时间和家庭变化。实验室程序可以进行有效的结果比对。如果使用本实验方法规定之外的洗涤设备或条件，应当描述细节并注明本标准方法的任何偏离。AATCC LP1 列出了可选的洗涤条件。

15.10 本试验方法于 1995 年的修订，反映了参考洗涤剂配方的变化，同时增加了陪洗布的选择类型（3 型），从而能更准确地评定去油污整理剂在实际使用中的性能。玉米油一直作为参考油污。采用新型参考洗涤剂和 3 型陪洗织物的初步对比研究由 AATCC 实验室进行。对于 3 型陪洗织物，未发现 95% 置信区间的统计差异。但早期的结果说明，新的 1993 AATCC 标准洗涤剂和 AATCC 标准洗涤剂 124 之间存在统计差异，新型洗涤剂有较弱的油污去除能力。

测试方法 2010 年的修订使负载、洗涤剂类型和洗涤剂用量符合 AATCC 专论《家庭洗涤测试条件的标准化程序》和其他 AATCC 测试方法。2007/2008 年的五个实验室间的研究表明：

（1）尽管不同的负载得出的实验结果有差异，但没有明确迹象表明某种负载会比其他的更稳定；

（2）尽管不同的洗涤剂用量得出的实验结果有差异，但没有明确迹象表明某种洗涤剂用量会比其他的更稳定。要注意粉末洗涤剂和液体洗涤剂的结果也会不同；

（3）同一个实验室的评价者通常可以保持一致，重复的实验也可以保持一致的结果，这些要素的方差分析也证明了这些结果与以前所用的测试方法的结果是一致的。

其他 AATCC 标准中的洗涤条件和洗涤设备持续地进行了更改。在 2018 年，“标准”洗涤条件在 AATCC LP1 中进行了定义。这些与之前的 AATCC TM130 水洗条件机洗中温，标准档，滚筒烘干标准档，仅有轻微变化。之前的 AATCC TM130 洗涤条件表 1 规定 12min 洗涤而不是 16min 洗涤。中温洗涤温度是一样的。之前的 AATCC TM130 干燥条件规定 65℃ 的最高排气温度和 5min 的冷却温度；现在该方法规定的最高排期温度未 68℃，冷却温度为 ≤10min，和 AATCC LP1 和相关方法保持一致。

15.11 本测试方法中规定了使用 2 个 2438mm（96 英寸）的灯管照射洗后试样。但是，某些实验室由于空间限制无法使用 2438mm（96 英寸）的灯管，在这种情况下，可以使用两个 1219mm（48 英寸）灯管和较窄的观察板。

附录 A 评级区

A1 评级板

A1.1 胶合板，高度 1829mm（72 英寸），厚度 6mm（0.25 英寸），足够宽，可以容纳尺子和样品。

A1.2 板上喷涂与 2 级灰卡颜色一样的颜料（见 15.1）。CIELAB 的值大约为 $L^*=77$，$a^*=0$，$b^*=0$。每个参数可接受 2 个单位的允差。

A2 光源

A2.1 悬挂荧光灯管（见 15.11）。

A2.1.1 2 个平行的 F96 T12 冷白灯（无挡板或玻璃）。

A2.1.2 一个白色搪瓷反光镜（无挡板或玻璃）。

A2.1.3 按照图 1 固定。

A2.2 除去指定的荧光灯以外的所有光源。

A3 墙

A3.1 许多观察者的经验说明，靠近观察板的墙面颜色会影响评级结果。建议墙壁颜色为哑光黑（85 度角光泽度 5 以下）或在观察板的两侧安装遮光帘，以消除反射。

A4 试样桌

A4.1 桌面采用无炫光黑色桌面，610 × 920mm（24 × 36 英寸）；890mm ± 30mm（35 英寸 ± 1 英寸）高。

A4.2 桌子的一个长边居中摆放并接触观察板（见图 A1）

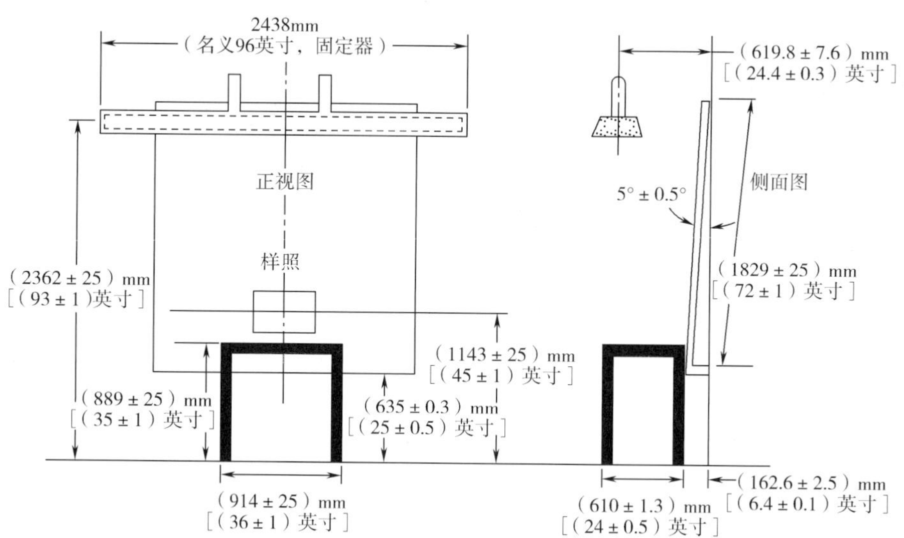

图 A1　去污评级区

AATCC TM131-2019

蒸汽褶裥色牢度测试方法

1. 目的和范围

1.1 本试验方法适用于评价各种纺织品在经汽蒸产生褶裥加工过程中的颜色坚牢度。试验中不对试样进行褶裥处理。注意本试验不适用于评定褶裥工艺的质量（见 12.1）。

1.2 该标准包括三种不同剧烈程度的测试方法；根据需要可采用一种或多种方法。

1.3 剧烈测试方法主要是针对纯化纤产品，如聚酰胺纤维和聚酯纤维产品。该测试方法不适用于含羊毛的纺织品。

2. 原理

将试样与标准贴衬织物接触，在一定的压力和时间条件下汽蒸，然后干燥。用标准灰卡评定试样变色以及标准贴衬织物的沾色。等级分为 5～1 级，5 级代表无颜色变化或无沾色，1 级代表变色或沾色最严重。

3. 引用文献

注：除非另有说明，请使用所有发布版本的最新版本。

3.1 AATCC EP1，变色灰卡评定程序（见 12.2）。

3.2 AATCC EP2，沾色灰卡评定程序（见 12.2）。

4. 术语

4.1 色牢度：材料在加工、检测、储存或使用过程中，暴露在可能遇到的任何环境下，抵抗颜色变化和/或颜色向相邻材料转移的能力。

4.2 褶裥：根据需要，将织物对折后形成一个或多个折痕的加工工艺。

5. 安全和预防措施

本安全和预防措施仅供参考。本部分有助于测试，但未指出所有可能的安全问题。在本测试方法中，使用者在处理材料时有责任采用安全和适当的技术；务必向制造商咨询有关材料的详尽信息，如材料的安全参数和其他制造商的建议；务必向美国职业安全卫生管理局（OSHA）咨询并遵守其所有标准和规定。

5.1 遵守良好的实验室规定，在所有的试验区域应佩戴防护眼镜。

5.2 操作实验室测试仪器时，应按照制造商提供的安全建议。

6. 仪器和材料（见 12.3）

6.1 试样夹持器（见图 1 和 12.4）。

6.2 带套层的汽蒸锅（见 12.5）或压力锅（见 12.6）。

6.3 两块煮练过的未染色布样，每块尺寸为 5cm×4cm（2.0 英寸×1.6 英寸），用所试纺织品同类纤维制成或另有规定。如属于混纺，则需用两块煮练过的未染色布样，按试样的两种主要纤维制成（见 12.7）。

6.4 变色灰卡（见 12.2）。按照 AATCC EP1 获得其他材料和灰卡的使用方法。

6.5 沾色灰卡（见 12.2）。按照 EP2 获得其他材料和灰卡的使用方法。

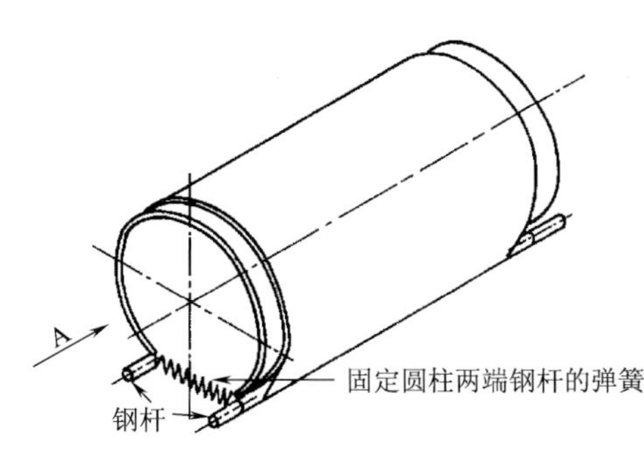

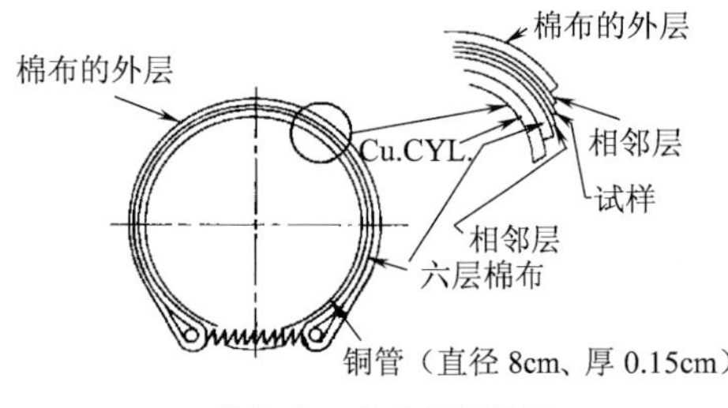

沿箭头 A 方向的侧视图

图 1　试样夹持器：钢杆

7. 试样

7.1　如果试样为织物，剪取 5.0cm × 4.0cm（2.0 英寸 ×1.6 英寸）。

7.1.1　试样放在两块标准贴衬织物中间，沿一边缝合形成一个组合试样。

7.2　如果试样是纱线，剪取质量约为标准贴衬织物总质量的一半的纱线织成织物，并按 7.1 进行处理，或制成平行的纱线层夹于标准贴衬织物间。沿一边将纱线缝合固定，形成组合试样。

7.3　如果试样为散纤维，取约为标准贴衬织物质量一半的纤维试样，梳理成大小为 5.0cm × 4.0cm（2.0 英寸 ×1.6 英寸）的片状。然后将其置于两块标准贴衬织物中间，沿四边缝合形成组合试样。

8. 操作程序

8.1　将组合试样放在夹持器的两块未染色布样（见 6.3）间，如图 1 所示。

8.2　将夹持器连同组合试样放进带套层的汽蒸箱或者压力锅中。

8.3　按表 1 所列的条件之一进行汽蒸。

表 1　汽蒸条件

测试条件	持续时间（min）	压力（计）		温度	
		kgf/cm²	磅/平方英寸	℃	℉
Ⅰ温和	5	0.35	5	108	226
Ⅱ中等	10	0.7	10	115	239
Ⅲ剧烈	20	1.76	25	130	266

8.4　汽蒸结束后 2min 内释放压力。

8.5　展开组合试样，使两块或三块试样仅一边与缝合线相连，在温度不超过 60℃（140℉）的空气中干燥；然后在 20℃ ±2℃（68℉ ±3℉），相对湿度 65% ±2% 的条件下调湿 4h。

8.6　在汽蒸褶裥条件下释放甲醛的试样，应单独测试。

9. 评价

9.1　按照 AATCC EP1 所述评价测试试样的变色程度。

9.2　按照 AATCC EP2 所述评价每个未染色贴衬织物的沾色程度。

10. 报告

10.1　测试试样的描述。

10.2　报告是按照 AATCC TM131 – 2019 对试样进行的测试。

10.3　报告以下测试条件：

10.3.1　测试条件（Ⅰ、Ⅱ或Ⅲ）

10.3.2　试样和贴衬织物的纤维含量标称值。

10.4　报告测试结果。

10.4.1　测试试样的变色等级。

10.4.2　每个贴衬织物的沾色等级。如果两块贴衬布相同，但沾色程度不同，仅报告较严重的沾色。

10.5　描述测试方法的任何偏离情况。

11. 精确度和偏差

11.1 精确度。本试验方法的精确度尚未确立，在其产生之前，采用标准的统计方法，比较实验室内或实验室之间的试验结果的平均值。

11.2 偏差。耐褶裥色牢度只能在一个测试方法中定义。没有独立的方法测定其真实值。作为评价这一性能的手段，该方法无已知偏差。

12. 注释

12.1 必须注意商业用褶裥纸片往往含有还原剂，与某些着色物质一起会产生较测试条件下大很多的变色。

12.2 可从 AATCC 获取，地址：P. O. Box 12215, Research Triangle Park NC 27709；电话：+1. 919. 549. 8141；电子邮箱：ordering@ aatcc. org；网址：www. aatcc. org。

12.3 有关适合测试方法的设备信息，请登录 http://www. aatcc. org/bg。AATCC 提供其企业会员单位所能提供的设备和材料清单。但 AATCC 没有给其授权，或以任何方式批准、认可或证明清单上的任何设备或材料符合测试方法的要求。

12.4 试样夹持器是由一个外径为 8cm（3 英寸）的铜管组成，管壁厚为 0. 15cm（0. 06 英寸）。该铜管用六层克重为 125g/m^2（3. 7 盎司/码^2）漂白棉布包裹。外层再用克重为 186g/m^2（5. 5 盎司/码^2）的漂白棉布包裹。将外包裹层边缘向后折合并缝合，以便插入钢杆。布两端的钢杆是由直径为 0. 6cm（0. 25 英寸）的低碳钢制成。弹簧强度没有规定，但必须足以将外布层紧紧地固定在铜管上。弹簧的一端固定于一根钢杆上，另一端应能很容易钩住另一根钢杆（见图 2）。建议试样夹持器长度为 15. 2cm（6 英寸）。

12.5 可采用夹层蒸锅，只要可以精确测压，并且测试中不会有水溅到试样上即可。

12.6 可采用家用压力锅代替带夹层汽蒸箱。

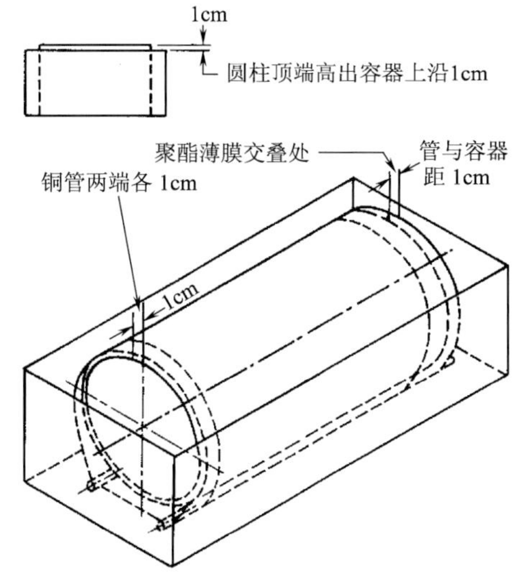

图 2 容器中的试样夹

为避免在测试过程中水滴溅到试样上，压力锅尺寸应足够大；建议最小尺寸应为直径 23cm（9 英寸），高 26cm（10 英寸）。该压力锅必须配备有精确的压力表。如果使用了家用压力锅，应将试样夹持器用一层聚酯薄膜松弛地包缠，但薄膜需超出每端 1cm（0. 5 英寸），且不将筒端封住。然后将该试样夹持器（见图 2）放置于一个长方形金属容器中，该容器中有 10 个 0. 1cm（0. 06 英寸）小孔等距排列在底部中间。容器深度应以试样夹持器顶部能露出 0. 1cm 为宜。容器的底部应稍微下凹以保证冷凝水能快速排出。将容器放置于平台上，使其距水面 5cm（2 英寸）。压力锅的水量不做严格规定，建议水深为 3cm（1 英寸）。加压之前，压力锅需排气 2min。

12.7 如果羊毛也作为其中一种贴衬布使用（见 5. 3），可能会对试样的染料有副作用，特别是在碱性条件下。

13. 历史

13.1 2019 年修订（名称变更），调整于 AATCC 格式保持统一。

13.2 2013 年编辑性修订，2011 年重申，

2008 年编辑性修订，2005 年重申，2004 年编辑性修订，2000 年、1995 年编辑性修订和重申，1990 年重申，1988 年编辑性修订，1985 年重申，1981 年编辑性修订，1980 年、1977 年、1974 年、1971 年、1970 年重申。

13.3 AATCC RR53 技术委员会于 1969 年制定，由 RA99 委员会维持。

AATCC TM132-2004e3 (2013)e3

耐干洗色牢度

AATCC RA43 技术委员会于 1969 年制定，替代 AATCC 85-1968；1973 年、1976 年、1979 年、1989 年、1998 年、2003 年重新审定；1981 年、1986 年、1990 年、1995 年、2001 年、2002、2008 年、2010 年、2016 年、2019 年编辑修订；1985 年、2009 年、2013 年编辑修订并重新审定；1993 年、2004 年修订。技术上等效于 ISO 105-D01。

---

1. 目的和范围

1.1 本测试方法适用于测定纺织品耐各种干洗的色牢度。

1.2 本方法不适用于评价纺织品整理剂的耐久性，也不适用于评价干洗店的去污程序中颜色的耐久性（见 11.1）。

1.3 本方法提供三次商业干洗所得的测试值。

2. 原理

2.1 试样与棉织物、多纤维样品接触，与不锈钢片一同在四氯乙烯（见 11.2）中搅动，然后在空气中干燥，用变色灰卡评定试样的变色（AATCC EP1）。

2.2 用沾色灰卡（AATCC EP2）或 AATCC 9 级沾色彩卡评定沾色（AATCC EP8）。

3. 术语

3.1 色牢度：材料在加工、检测、储存或使用过程中，暴露在可能遇到的任何环境下，抵抗颜色变化和/或颜色向相邻材料转移的能力。

3.2 干洗：用从石油提炼出的溶剂、四氯乙烯或碳氟化合物等有机溶剂清洁织物。

此过程包括添加洗剂，使溶剂润湿。最高相对湿度为 75%，滚筒烘干温度至 71℃（160℉）。

4. 安全和预防措施

本安全和预防措施仅供参考。本部分有助于测试，但未指出所有可能的安全问题。在本测试方法中，使用者在处理材料时有责任采用安全和适当的技术；务必向制造商咨询有关材料的详尽信息，如材料的安全参数和其他制造商的建议；务必向美国职业安全卫生管理局（OSHA）咨询并遵守其所有标准和规定。

4.1 遵守良好的实验室规定，在所有的试验区域应佩戴防护眼镜。

4.2 所有化学物品应当被谨慎使用和处理。

4.3 四氯乙烯是有毒物质，皮肤反复接触以及食入四氯乙烯会引起中毒。仅限在通风效果良好的环境中使用。通过实验室动物的四氯乙烯毒理学的研究发现：大鼠和小鼠长时间接触浓度为 100～400mg/kg 的四氯乙烯蒸气后有癌变迹象。因此，用四氯乙烯浸透的织物应在通风合适的通风橱内干燥。处理四氯乙烯时，应该使用化学护目镜或面罩、防渗透手套和防渗透围裙。

4.4 在附近安装洗眼器、安全喷淋装置以备急用。

4.5 本测试法中，人体与化学物质的接触限度不得高于官方的限定值。例如，美国职业安全与卫生条例管理局（OSHA）允许的暴露极限值（PEL），参见 1989 年 1 月 1 日实施的 29 CFR 1910.1000。此外，美国政府工业卫生师协会

方80mm处，并与试样平行。按每分钟60步±5步的步速在试样上拖步行走，在整个试样表面上拖步行走1min。用手持探测器接触地面使身体电压归“0”。每次试验前都要对地毯和垫子进行电荷中和。

9.7 移走并清洁便鞋。将试样挂在或平放在调节架上。9.7.1和9.7.2中的程序通常足以清洁便鞋。必须非常小心地清洁在试样上使用过的便鞋，因为试样表面经过（局部喷涂）抗静电处理（见13.7）。如果清洁不彻底，会导致之前试样上的物质沾到另一个试样上。

9.7.1 用一块用异丙醇打湿的新粗棉布或纸巾清洁耐欧莱特便鞋底面。如果污染较为严重，重复这个操作，并用细砂纸打磨鞋底，以露出新材料并再次清洁。

9.7.2 绒面皮革底面一旦污染，就很难清洁。打磨底面可能可以除去污染物。其他清理方法可能污染皮革或者改变它的电特性（如吸收来自异丙醇清洁液的水分）。如果打磨不容易除去污染，就换掉这些鞋底。

9.7.3 将试验便鞋存放在试验区相对湿度能控制的地方。

9.8 记录试验参数，包括试样信息、试样是按原样测试的还是清洁后测试的、日期、温度、相对湿度、便鞋鞋底和行走的方式（步行还是拖步）。

9.9 为保证试验条件的一致性，须在试验过程中及试验结束后对AATCC静电标准对照地毯进行测试，以确保试验条件没有改变。如果标准对照地毯的测试结果显著不同（在实验室为控制样品建立的控制极限之外），则试样的测试结果不可靠。

10. 结果分析

10.1 图表中的描绘线是试验的永久记录并表现了地毯的静电倾向。电压的最大值（每步的最高点）、电压信号和电压的增速率是描记线图所特有的，并且证明它们与地毯在实验条件类似的使用环境下的地毯性能有关。

10.2 步行和拖步的最大电压，几个连续的步伐所得到的最大值被定义为最大电压。图1为一个示例。

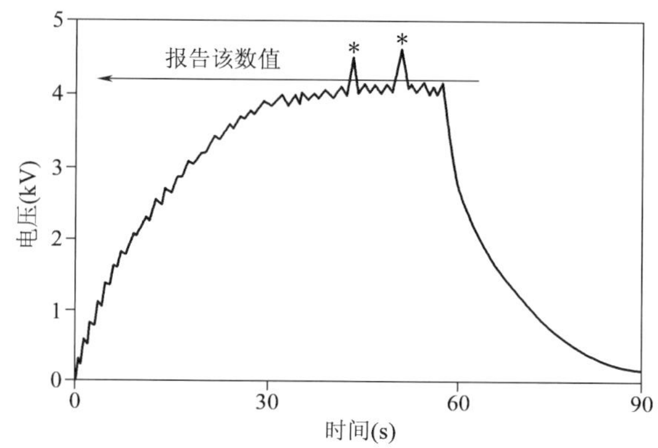

图1 能显示最高电压的典型图表描记线

*—忽略这些点

报告步行和拖步电压增速率。电压的平均增速率是最大电压除以测试行走开始至到达最高电压所需的时间，单位是kV/s。

10.3 污染效应。被散落物和污物污染过的地毯，与其他地毯接触过或与含有可转移化学成分物质接触污染过的地毯，与干净地毯的测试结果会有差异。由于摩擦带电作用取决于地面和鞋子，因此这些污染物的存在可能增加或降低测得的静电倾向。同样，不持久的局部处理也将影响测试结果；测试申请者应考虑到这种处理时间和清洁性对测试结果的影响。如果需要去除污染，建议采用热水抽吸的办法，如AATCC 171《地毯去污：热水抽吸法》。

10.4 鞋底材料的影响。使用不同的鞋底材料会导致在实验室里测试的结果和在户外使用情况的差别很大。主要影响因素是材料的摩擦带电、表面粗糙度和导电率。较高导电率的鞋底将抑制人体上的电荷积聚，特别是在测试含静电控制长丝的地毯时。

10.4.1 因为耐欧莱特XS 664 P－HK的静电特性很像许多一般鞋底的特性，所以它是首先选用的材料。它便于清洁而且物理和化学特性都很均匀。它的摩擦带电性质与锦纶截然不同，锦纶是主要的地毯用纤维聚合物。其他类型的地毯可以是次要选用的材料，以获得地毯静电倾向更完整的描述。

10.4.2 绒面皮革是次要选用材料，因为它是一种皮革的典型代表物，该皮革的摩擦带电性质与耐欧莱特鞋底明显不同，它倾向于针对丙烯、聚酯和聚丙烯地毯产生较高电压值。

10.4.3 在有些情况下，可能需要或有必要用特殊鞋子表征地毯的特性，如ESD（静电释放）控制鞋类。与之相关的鞋底材料或鞋子也可以运用同样的测试程序，但这种试验结果仅供参考。

11. 报告

11.1 对于步行试验法或其他每个试验方法，应该报告两个有重复结果的电压值和它们的平均值（见9.2），包括正、负极性（极性不会影响人或设备上的静电积聚，目的是判别特征。当与地毯静电控制标准要求相比时，仅考虑其数值的大小）。为了进行对比，拖步试验法也应该报告；与步行试验法相比，拖步实验法在同一实验室的内部和不同实验室之间进行测试所得的结果变化较大。如果这两种试验方法得出的结果相差超过2.5kV，报告应该注明试样可能经过局部处理或上面有污染物。

11.2 报告和试样同一天测试的AATCC静电控制标准地毯的试验结果、实验室控制上下极限、实验室为每个控制标准和每种类型试验建立的标准偏差（见13.5）。

11.3 试验报告应该报告试验条件（相对湿度和温度）、试验方法和版本、所有观测资料或者明显的异常情况。

11.4 报告应该说明试验前是否用离子发生器中和试样上的电荷。如果测试试样时没使用标准垫子，也应注明。

11.5 报告应声明地毯是按原始状态测试的还是在采用何种处理之后测试的（如“用AATCC 171规定的方法清洁”）。AATCC 134警示语为“本试验结果与地毯试样有关。其静电性能在使用过程中随磨损、污染、清洁、温度及相对湿度等条件而变化”。

12. 精确度和偏差

AATCC 134测试结果的使用者应该明白，不同实验室之间和同一实验室内部的试验结果都存在很大的偏差。一系列试验结果（0～6kV）的初步评估表明小于0.5kV的偏差是不显著的，在进行比较试验和与标准要求相比较时必须考虑到这一点。对AATCC 134静电保护控制标准地毯和配XS 664 P-HK耐欧莱特鞋底（不是AATCC 134便鞋）的鞋子的最初研究，得出了步行试验法，其平均电压为2.7kV，标准偏差为0.3kV，这是对七个试验场所数据的分析结果。

13. 注释

13.1 符合AATCC 134的不同尺寸的便鞋，涂有橡胶的标准黄麻/毛垫子，无静电保护标准控制地毯和有静电保护标准控制地毯可以从AATCC，P. O. Box 12215，Research Triangle Park NC 27709处得到。

13.2 合适的静电计（数字式或模拟式），1000:1的分压器探针。该设备可能需要稍作改进才能符合6.3的要求。

13.3 附录A是两种系统阻尼试验方法的概述。

13.4 手持式吹风机，平稳高压离子发生器是典型四风扇型的，带完整电子和高压离子发射点。

13.5 实验室必须保存一份AATCC静电控制标准地毯测试结果的记录，并制作合适的控制图。通过分析得出控制上下限值，如果没有超出分析得出的控制上下限，说明所有的试验条件和仪器参数处在期望的范围内。在控制标准地毯读数出现有规律的长片断偏离时，查明变化的根本原因，并采取纠正措施。

13.6 如果需要，用国家防火协会测试方法99或者ESD/EOS STM 7.1测试电阻。对于要安装在静电释放敏感区域（如电子元件生产和集装区域）的产品，由静电释放协会（ESD 协会）制定的试验方法可能合适（ESD/EOS 标准试验方法）。

13.7 如果鞋底或后跟长期受抗静电剂或纱线被磨光的试验地毯污染，必须更换鞋底或立刻丢弃。方法中所说的标准参照地毯在确定鞋底或鞋后跟受污染时非常有用，但是标准参照地毯也会被脏的鞋污染。应有备用的参考地毯，用来测试鞋底条件。

附录 A 阻尼测试

A1 两种测试阻尼的方法如下。

A1.1 至少能提供 3000V 电压的高压电源。

（1）将电压表（和记录仪，如有）调到 3kV 以上的量程挡（最好 10kV）。

（2）将电源高压输出端连到电压表的输入端。

（3）核查电源接地线，如果有怀疑，从电压表和电源接地端各接一根线进行接地。

（4）使电压表和电源供应设备按制造商要求预热后，调整电源输出，使电压表达到 3kV 的稳定读数。

（5）切断电源一会儿，观察电压表的反应。大部分商业高压元件当因为安全原因关闭时，会有一个输出内置式接地。当切断供电时，所用的元件没有显示接地，那么一个合适的屏蔽单电电极，双掷开关，必须与电压表输入端连接，这样可以使它快速地从高压转到接地状态。

（6）当电压表（和记录仪）上显示稳定的 3kV 读数时，将电压表的输入转换至接地，并测量电压读数跌到 1.5kV 时所用的时间。应该在 1～3s。

A1.2 没有高压电源的电压表。

（1）将电压表调至适合标准地毯测试的量程挡，标准试样能产生 5kV 及以上的电压（AATCC 134 静电无保护控制标准地毯）。

（2）让操作员按正常步行（或拖步）法试验，并观察电压表的读数。

（3）当读数达到 5kV 及以上时，操作员应该停止移动，在不碰到任何物体的情况下观察读数。

（4）当电压泄漏降至读数为 3kV，操作员将把电压表输入接地（用一个跨接线或一个电线和开关组合让探测器的顶端接触地）。记录读数降至 1.5kV 所用的时间。

（5）这个步骤应该重复五次或以上，试验结果取平均值，以消除读数误差。

A2 选择原始信号衰减到 50% 作为简化电压表和记录仪读数（过程）的一种捷径。1～3s 的衰减对应于 1.4～4.3s 的一个时间常数（$t = 1/e$）。

附录 B 阻尼操作技术

B1 对于带记录仪的电压表，调整响应时间较好的方式是在电压表和记录仪之间安装一个滤波电路。相关的细节可以在电子手册的低通滤波器标题下找到。

B2 带有模拟显示器的电压表在期望极差范围内常有必要的反应。如要对一个不合用的单元进行更改，应咨询制造商或电子工程师。

AATCC TM135-2018t

织物经家庭洗涤后尺寸变化的测定

AATCC RA42 技术委员会于 1970 年制定；1973 年、2000 年重新审定；1978 年、1987 年、1995 年、2001 年、2003 年（更换标题）、2004 年、2010 年、2012 年、2014 年、2015 年、2018 年 1 月、2018 年 11 月修订；1982 年、1985 年、1989 年、1990 年、1991 年、1996 年、1997 年、2006 年、2008 年、2016 年、2018 年 6 月编辑修订；1992 年编辑修订并重新审定。与 ISO 3759 有相关性。

前言

标准的洗涤程序保持一致性，以便使结果具有可比性。标准参数仅可代表，但不能完全复制目前的消费者洗涤情况，因为消费者洗涤情况是随着时间和不同家庭而变化的。AATCC LP1：家庭洗涤的实验室程序：机洗（见 12.3），AATCC LP2：家庭洗涤的实验室程序：手洗（见 12.3）和 ISO 6330，纺织品试验时采用的家庭洗涤及干燥程序（见 12.10），提供了可供选择的洗涤程序和设备参数。

1. 目的和范围

1.1 本测试方法是为了评价织物经家庭洗涤后的尺寸变化（长度和宽度方向）。本测试方法提供的四种洗涤温度、三种搅动循环和四种干燥方式涵盖了消费者目前所能使用的洗衣机进行普通家庭水洗以及护理的全部程序。

1.2 本测试方法适合于所有可家庭洗涤的织物。

2. 原理

通过在洗涤前标记的几对记号来考核织物样品经过家庭洗涤和护理后的尺寸变化率。洗前测量每对记号之间的距离，在指定次数的标准洗涤循环结束后再次测量。计算尺寸变化率。负值表示收缩，正值表示伸长。测试值越接近于零，表示尺寸变化很小或没有变化。

3. 术语

3.1 尺寸变化：表示在特定条件下织物样品的长度或宽度方向变化的通用术语，通常用相对于原始尺寸变化的百分比来表示。

3.2 伸长：样品的尺寸变化结果在长度或宽度方向是增加的。

3.3 洗涤：使用水溶性洗涤剂溶液去除纺织材料上的污渍和/或沾污的过程，通常包括漂洗、脱水和干燥等程序。

3.4 收缩：样品的尺寸变化结果在长度或宽度方向是减少的。

4. 安全和预防措施

本安全和预防措施仅供参考。本部分有助于测试，但未指出所有可能的安全问题。在本测试方法中，使用者在处理材料时有责任采用安全和适当的技术；务必向制造商咨询有关材料的详尽信息，如材料的安全参数和其他制造商的建议；务必向美国职业安全卫生管理局（OSHA）咨询并遵守其所有标准和规定。

4.1 遵守良好的实验室规定，在所有的试验区域应佩戴防护眼镜。

4.2 洗涤剂可能会引起对人体的刺激，应注意防止其接触到皮肤和眼睛。

4.3 操作实验室测试仪器时，应按照制造商提供的安全建议。

5. 仪器和材料（见 12.1）

5.1 全自动洗衣机（见 12.2，表 1）。

5.2 全自动滚筒烘干机（见 12.2，表 3）。

5.3 调湿和调湿/干燥样品的抽拉式带孔架子（见 12.3）。

5.4 天平。量程至少为 5.0kg（10.0 磅）。

5.5 AATCC1993 标准洗涤剂（粉末状，含荧光增白剂，见 12.3）。

5.6 陪洗织物。1 型陪洗织物或 3 型陪洗织物（见表 4）。

5.7 专用持久性记号笔（见 12.3），适合的直尺、卷尺、标记模板或其他用来做标记的装置（见 12.3）。也可用缝线的方式做标记。

5.8 测量工具。

5.8.1 卷尺或直尺。刻度为毫米（mm）、1/8 英寸或 1/10 英寸。

5.8.2 卷尺或直尺模板。可以直接得到尺寸变化百分比，刻度为 0.5% 或更小（见 12.3）。

5.8.3 数字成像系统（见 12.4）。

6. 试样准备

6.1 取样与准备。

6.1.1 所取的测试样品要能代表样本的各个过程阶段：整理阶段、研究实验阶段、堆积阶段、批样或成品阶段。

6.1.2 织物如果在洗涤前已经破损，那么洗涤后的尺寸变化结果是不真实的。对于这种情况，建议样品在取样时尽量避开破损区域。

6.1.3 筒状针织样品要剪开使用单层，只有用紧身织机生产的用于制作无侧缝服装的圆形针织物才采用筒状测试。紧身圆形针织服装和无缝服装（织可穿）应该依据 AATCC 150《服装经家庭洗涤后尺寸变化的测定》（见 12.3）。

6.1.4 按照 AATCC 135 进行测试的测试样品，同样可以用 AATCC 179《经家庭洗涤后的织物纬斜和成衣扭曲性能》中方法 1 或方法 2 测试（见 12.3）。

6.1.5 如果在洗涤的过程中样品发生了脱边，请参见 12.6。

6.1.6 标记前，按 ASTM D1776《纺织品调湿和测试标准方法》先对样品进行预调湿（见 12.5）。（纺织品调湿条件见表 1，按照表 2 根据纤维含量选择调湿时间）。将试样平铺在筛网或打孔架子上进行调湿。

6.1.7 把样品放在一个平面上，避免样品超出工作台面而悬在台面边缘。使用模板来选择测试尺寸，平行于织物长度方向或边缘来标记样品。取样时应在距离幅宽 1/10 以上处进行，且样品应包含不同长度和宽度方向上的纱线（见图 1）。裁剪试样时标明样品的长度方向。每个织物测试三个样品。若织物不够，则测试一个或两个样品。

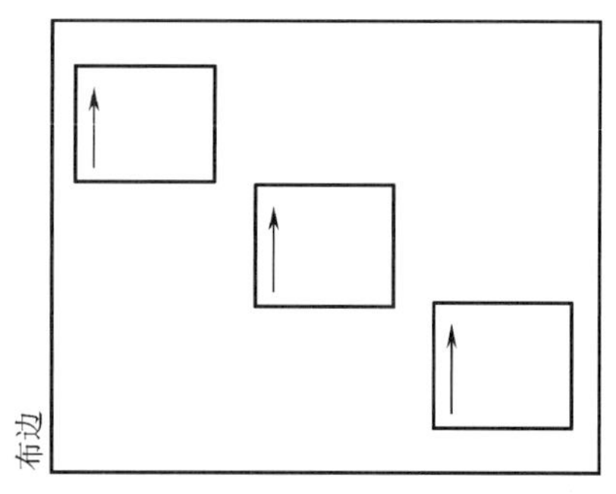

图 1 取样

6.2 标记。在无张力，平整、光滑、水平的平面上进行标记。

6.2.1 选项 1：250mm（10 英寸）标记。取面积大小为 380mm × 380mm（15 英寸 × 15 英寸）的试样，平行于织物长度和宽度方向分别做三对 250mm（10 英寸）的标记点。每一标记点距布边至少 65mm（2.5 英寸）。同一方向的标记线距离至少 125mm（5 英寸）（见图 2 和 12.7）。

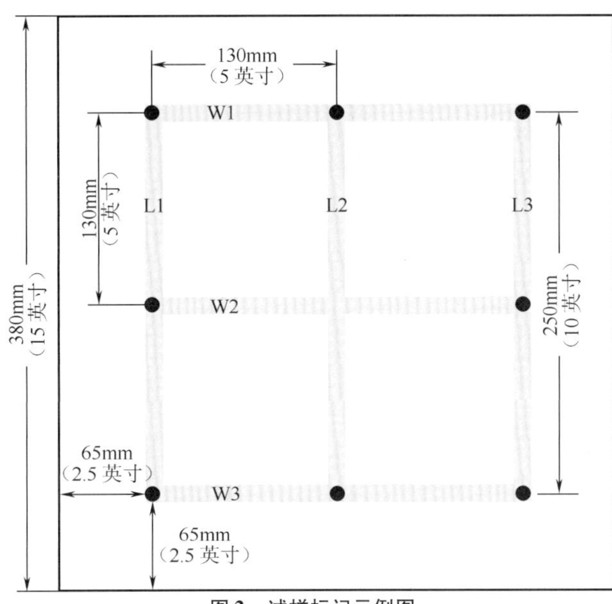

图2　试样标记示例图

6.2.2　选项2：460mm（18英寸）标记。取面积大小610mm×610mm（24.0英寸×24.0英寸）的试样，平行于织物长度和宽度方向分别做三对460mm（18英寸）的标记点。每一标记点距布边至少65mm（2.5英寸），同一方向的标记线距离至少230mm（9英寸）。其他标记应在报告中注明。

6.2.3　窄幅织物。

6.2.3.1　宽度大于125mm（5英寸）小于380mm（15英寸）的窄幅织物，取全幅织物，长度剪成380mm（15英寸）。按6.2.1标记长度方向，宽度方向标记尺寸可自行选择。

6.2.3.2　对于宽度为25～125mm（1～5英寸）的织物样品，取全幅织物，长度剪成380mm（15英寸）。只使用两对250mm（10英寸）平行于长边的标记，宽度方向的标记尺寸可自行选择。

6.2.3.3　对于宽度小于25mm（1英寸）的织物样品，取全幅织物，长度剪成380mm（15英寸）。只使用一对250mm（10英寸）平行于长边的标记，宽度方向的标记尺寸可自行选择。

6.3　原始测量和样品尺寸。所有的测量均在无张力下，在同一平面上进行标记。

6.3.1　样品尺寸和标记的距离要在报告中注明。

6.3.2　若测试时所采用的样品尺寸、标记距离、样品数量或标记数量不同，则样品的尺寸变化结果之间没有任何可比性。

6.3.3　为提高计算样品尺寸变化的准确性和精确度，依照6.2对织物样品进行标记。用适合的直尺或卷尺（刻度为mm）测量每对标记的距离并做好记录，其测量结果为A。对于幅宽小于380mm（15英寸）的织物，若使用了宽度方向标记，则也要测量并记录。若使用校准后的缩水率尺来直接标记和测量尺寸变化率，则不需要原始测量。

7. 操作程序

7.1　水洗

7.1.1　表1中列出了可选择的洗涤条件，并据此进行设定获得指定的循环参数。

7.1.2　水洗负载包括样品的全部测试试样，加上足够的陪洗织物，总负荷达到1.8kg±0.1kg（4.0磅±0.2磅）。

7.1.3　开始选择水洗循环，加水至指定的水位。

7.1.4　按照洗衣机生产商说明，加入66g±1g的1993AATCC标准洗涤剂。如果洗涤剂直接加入到水中，应当轻微搅拌，使其全部溶解。在加负载之前停止搅拌。

7.1.5　加入负载（测试样和陪洗织物），均匀分散在搅拌器四周，开始水洗循环。

7.1.6　对于需要滴干的试样（干燥程序C），在最后一次漂洗后，开始排水之前停止水洗循环。取出浸湿的试样。对于需要滚筒烘干（A），悬挂晾干（B），或平铺晾干（C）的试样，允许继续洗涤直到最后一次洗涤循环结束。

7.1.7　在每次水洗循环结束后，将绞在一起的试样和陪洗织物分开，切忌使试样发生扭曲变形。选择合适的干燥程序。

7.2　干燥

7.2.1　从表2选择干燥程序。

表 1　标准洗衣机洗涤参数（见 12.2，12.9）

项　　目		（1）标准档	（2）轻柔档	（3）耐久压烫档
水位［L（加仑）］		72 ±4（19 ±1）	72 ±4（19 ±1）	72 ±4（19 ±1）
搅拌速度（r/min）		86 ±2	27 ±2	86 ±2
洗涤时间（min）		16 ±1	8.5 ±1	12 ±1
脱水速度（r/min）		660 ±15	500 ±15	500 ±15
脱水时间（min）		5 ±1	5 ±1	5 ±1
洗涤温度［℃（℉）］①	Ⅱ低温	27 ±3（80 ±5）	27 ±3（80 ±5）	27 ±3（80 ±5）
	Ⅲ中温	41 ±3（105 ±5）	41 ±3（105 ±5）	41 ±3（105 ±5）
	Ⅳ高温	49 ±3（120 ±5）	49 ±3（120 ±5）	49 ±3（120 ±5）
	Ⅴ极高温	60 ±3（140 ±5）	60 ±3（140 ±5）	60 ±3（140 ±5）

① 根据美国能源部的要求，家用洗衣机多采用冷水洗涤。外部控制器可以用来调节仪器温度。

表 2　标准烘干程序

A	滚筒烘干
Ai	滚筒烘干（标准）
Aii	滚筒烘干（轻柔）
Aiii	滚筒烘干（耐久压烫）
B	悬挂晾干
C	滴干
D	平铺晾干

7.2.2　（A）滚筒烘干。将洗涤负荷（试样与陪洗织物）放入滚筒烘干机中，设置温度达到选定的排气温度（见表 3）。启动烘干机，直到试样和陪洗织物烘干。烘干机停止后，立即取出试样。

7.2.3　（B）悬挂晾干。悬挂晾干时固定试样的两角，织物的长度方向与水平面垂直，悬挂在室温不超过 26℃（78℉）的静止空气中至干燥。不要直接对着试样吹风，以防止试样发生扭曲。

7.2.4　（C）滴干。滴干时固定滴水试样的两角，织物的长度方向与水平面垂直，悬挂在室温不超过 26℃（78℉）的静止空气中至干燥。不要直接对着试样吹风，以防止试样发生扭曲。

7.2.5　（D）平铺晾干。试样在水平的网架或打孔架上摊平，去除褶皱，但不要扭曲或拉伸试样，放在室温不超过 26℃（78℉）的静止空气中至干燥。不要直接对着试样吹风，以防止试样发生扭曲。

7.2.6　对于所有的干燥方式，允许试样在再次洗涤之前完全干燥。

7.2.7　重复选定的洗涤和干燥程序，总共进行 3 次循环或按协议要求的循环次数。

7.3　调湿

7.3.1　最后一次干燥完成后，按 6.1.6 所述进行试样的调湿。

7.4　熨烫

7.4.1　对于褶皱现象非常严重且消费者一般会对此类织物做成的成衣进行熨烫的样品，在再次测量标记前应对其进行熨烫。

7.4.2　参见 AATCC 133《耐热色牢度：热压》熨烫法中的安全熨烫温度指南来选择合适的熨烫温度（见 12.3）。熨烫中仅需施加必要的压力以去除样品上的褶皱。

7.4.3　由于每个操作者进行手工熨烫时会出现非常高的可变性（人工熨烫没有标准方法），导致烫后的尺寸变化重现性非常差。因此，应谨慎对待由不同操作者得到的测试结果。

7.4.4　熨烫后，按照 6.1.6 的描述对测试试样进行调湿。

表 3　标准滚筒式干燥机参数（见 12.2）

项　　目	Ai 标准	Aii 轻柔	Aiii 耐久压烫
最高排气温度［℃（℉）］	68 ±6（155 ±10）	60 ±6（140 ±10）	68 ±6（155 ±10）
冷却时间（min）	≤10	≤10	≤10

表 4　陪洗布参数

项　　目		1 型	3 型
成分		100% 棉	（50% ±3%）棉/（50% ±3%）聚酯纤维
坯布纱线		环锭纺 36.4tex（16 英支）	环锭纺 36.4tex（16 英支）或 19.4tex ×2（30 英支/2）
坯布结构（根/25.4mm）		（52 ±5）×（48 ±5）平纹	（52 ±5）×（48 ±5）平纹
整理后克重（g/m^2）		155 ±10	155 ±10
边缘		四边缝合或包边	四边缝合或包边
整理后织物尺寸	mm	（920 ±30）×（920 ±30）	（920 ±30）×（920 ±30）
	英寸	（36.0 ±1）×（36.0 ±1）	（36.0 ±1）×（36.0 ±1）
整理后织物重量（g）		130 ±10	130 ±10

8. 测量

8.1　调湿后，样品标记、测量均无张力地放在同一个光滑水平面上，如 6.2 和 6.3 所述。

8.2　测量并记录每对标记间的距离，精确到毫米，0.25 英寸或 0.1 英寸。测量值为 B。如果使用缩水率尺，测量每对标记，直接从尺上读出尺寸变化率值，精确到 0.5% 或更小的刻度。如果使用数字成像系统，按照生产商说明进行操作。

8.3　在测量时，样品在测量仪器的压力下折痕变平，以避免引起测量结果的偏差。

9. 计算与说明

9.1　计算。

9.1.1　若测量结果是直接读取尺寸变化率，则取第一次、第三次或其他洗涤干燥次数后的每个方向上三个结果的平均值，分别计算长度和宽度方向的平均值，精确到 0.1%。

9.1.2　若测量结果是长度（精确到 mm，0.25 英寸或 0.1 英寸），则按以下公式计算第一次、第三次或其他洗涤干燥次数后的尺寸变化。

$$DC = \frac{B - A}{A} \times 100\%$$

式中：DC——平均尺寸变化；

B——平均洗后尺寸；

A——平均原始尺寸。

平均原始尺寸和平均洗后尺寸都是所有样品各个方向测量值的平均值，分别计算长度和宽度方向的平均值，精确到 0.1%（见 12.8）。

9.1.3　若最终测量的尺寸小于原始尺寸，表示织物收缩；若最终测量的尺寸大于原始尺寸，表示织物伸长。

9.2　说明。

9.2.1　洗涤干燥一次后按照 9.1 进行尺寸变化计算，需要时可以熨烫。如果结果在预定的要求范围内，按照 7.1 ~ 7.4 操作直到预定的循环全部完成。

9.2.2　洗涤干燥一次后按照 9.1 进行尺寸变化计算，需要时可以熨烫。如果结果超出了预定的要求范围，则停止测试。

10. 报告

10.1 每个样品需要报告：

10.1.1 样品的描述或识别。

10.1.2 结果是按照 AATCC TM135－2018t 进行的。

10.1.3 所使用的陪洗织物类型，类型 1 或类型 3。

10.1.4 水洗循环的次数（默认 3 次循环，见 9.2）。

10.1.5 报告水洗条件，如果可能的话，报告包括水洗循环档位，水洗温度，干燥程序和滚筒干燥温度。被双方所接受的字母数字符号，例如 1－Ⅳ－A（ii）表示 49℃常规水洗循环，滚筒干燥循环。

10.1.6 样品原状态是否有扭曲或褶皱。

10.1.7 试样是否经过熨烫。

10.1.8 测试方法的任何偏离。如果使用本测试方法未列出的水洗设备或条件，必须进行详细描述并且作为标准方法的偏离进行备注。（见 12.9）。

10.2 每个方向的报告：

10.2.1 测试的织物方向：长度或宽度方向。

10.2.2 平均尺寸变化，精确到 0.1%，（－）表示缩短，（＋）表示伸长。

10.2.3 测试次数（默认为 9 次：三个样品上各 3 个测试结果）。

10.2.4 初始标记之间的距离，例如 250mm（选项 1）或 460mm（选项 2）。

11. 精确度和偏差

11.1 精确度。本测试方法没有建立精确度，方法精确度的描述是用标准统计学技术来比较实验室内部或实验室间的测试结果的平均值而进行的。

11.2 偏差。织物经自动家庭洗涤后的尺寸变化仅仅是按照测试方法进行定义。没有独立的方法评价其真值。作为评估该项性能的一种手段，本方法没有已知的偏差。

12. 注释

12.1 有关适合测试方法的设备信息，请登录 http://www.aatcc.org/bg，浏览在线 AATCC 用户指导，见 AATCC 企业会员提供的设备和材料清单。但 AATCC 未对其授权，或以任何方式批准、认可或证明清单上的任何设备或材料符合测试方法的要求。

12.2 建议的洗衣机和烘干机的型号和来源，可以联系 AATCC 获取，P. O. Box 12215，Research Triangle Park NC 27709；电话：+1.919.549.8141；传真：+1.919.549.8933；电子邮箱：ordering@aatcc.org；网址：www.aatcc.org。本测试方法的上一版本中列出了另一种负载（3.6kg 负载，83 L 水，80gAATCC1993 标准参考洗涤剂）。但是目前没有设备能满足此参数要求，另外，此参数所得到的测试结果与本标准方法得到的测试结果没有可比性。

12.3 材料和记号笔可以从 AATCC 获取，地址：P. O. Box 12215，Research Triangle Park NC 27709；电话：+1.919.549.8141；传真：+1.919.549.8933；电子邮箱：ordering@aatcc.org；网址：www.aatcc.org。

12.4 若数字成像系统的精度可以等同于指定的测量装置，则可使用数字成像系统替代指定的装置进行测量。

12.5 可从 ASTM 国际组织，100 Barr Harbor Dr.，W. Conshohocken PA 19428；tel：+1.610.832.95.；fax：+1.610.832.9555；web site：www.astm.org。

12.6 若在洗涤过程中出现严重脱边，样品应该剪成锯齿边或边缘斜剪，不推荐缝边或包边，因为那样可能会影响实际测试结果。但是当同一块样品既做方法 AATCC TM124《织物经家庭洗涤后的外观平整度》又做方法 AATCC TM135 时，对于一些机织织物，为防止其在洗涤和干燥过程中散边纠缠而影响尺寸变化和平整度的评定，要求样品要缝边或包边。

12.7 当 AATCC 135 和 AATCC 179 使用相同试样测试时，连接四角的记号应形成直角。

12.8 若想得到样品本身和样品之间尺寸变化的可变性相关信息，样品本身的数据是计算每对单独标记的尺寸变化，或者计算样品间三对标记样品的平均值。

12.9 此测试方法中的水洗温度和其他参数都是测试的标准条件。作为实验室的常用测试程序，它代表但不完全和目前消费者的实际情况一致。消费者的实际情况会随着时间和每个家庭有所不同。实验室操作必须一致，以便使结果具有可比性。如果水洗设备或其他条件不同于此方法，必须要描述细节和偏离。LP1、LP2 和 ISO 6330 概述了可选择的其他洗涤条件。

12.10 可从 ISO 网站获取，www. iso. org。

AATCC TM137-2002e(2012)e2

小地毯背面对乙烯地板的沾色

AATCC RA57 技术委员会于 1972 年制定；1973 年、1989 年、2000 年、2007 年、2012 年重新审定；1974 年、1986 年、1991 年、2001 年、2010 年、2013 年、2019 年编辑修订；1983 年、2002 年修订；1995 年编辑修订并重新审定。

1. 目的和范围

1.1 本测试方法用来评价染色小地毯背面或者正面对乙烯地板的沾色程度。

1.2 本方法中的湿测试法用于加快测试，已证明其与实际使用中的干湿度有关联性。

2. 原理

2.1 将小地毯试样完全润湿，然后放在两块地板之间，在室温下用一定负荷压 24h。

2.2 通过与 AATCC 9 级彩色沾色样卡（AATCC EP8）或者沾色灰卡（AATCC EP2）对比来评估试样对地板的颜色转移程度。

3. 术语

3.1 沾色：由于下述原因导致的非故意被沾色。

（1）置于有色的或被污染的液体介质中；

（2）直接与染色的或有颜色的物质接触，由于升华作用或机械运动（如摩擦）而导致染料转移。

3.2 小地毯：整块的小面积铺地地毯，主要用于覆盖地板的有限区域或地板覆盖物的部分区域。

3.3 小地毯背面：

（1）指小地毯与地板接触的那面；

（2）小地毯的下面，与小地毯使用面相对的那面。

4. 安全和预防措施

本安全和预防措施仅供参考。本部分有助于测试，但未指出所有可能的安全问题。在本测试方法中，使用者在处理材料时有责任采用安全和适当的技术；务必向制造商咨询有关材料的详尽信息，如材料的安全参数和其他制造商的建议；务必向美国职业安全卫生管理局（OSHA）咨询并遵守其所有标准和规定。

4.1 遵守良好的实验室规定，在所有的试验区域应佩戴防护眼镜。

4.2 注意轧车的使用安全，尤其是它的辊间夹持点。遵循轧车制造商提供的安全建议。

5. 仪器和材料

5.1 两块实心白色、表面光滑的 76mm × 76mm（3 英寸×3 英寸）纯乙烯地板（见 11.1）。

5.2 实验室用轧车。

5.3 重锤，质量为 0.91kg（2.0 磅）（见 11.2）。

5.4 评级卡。

5.4.1 AATCC 9 级沾色彩卡（AATCC EP8，见 11.3）。

5.4.2 沾色灰卡（AATCC EP2，见 11.3）。

5.5 蒸馏水。

5.6 AATCC 洗涤剂 171#（见 11.5）。

6. 试样准备

从一块具有代表性的小地毯样品上取下一块

51mm×51mm（2英寸×2英寸）的试样，将边缘或饰边进行捆扎。对于含有多种颜色或多纤维组分的试样，建议对每种颜色或代表性纤维部分均进行测试。

7. 操作程序

7.1 按照说明（见11.5.1）准备好AATCC洗涤剂171#，用该洗涤剂对地板块进行预清洗，然后用毛巾擦干。

7.2 用蒸馏水将试样完全润湿。

7.3 用轧辊（轧车）对试样进行轧液使其含水率为40%～60%。

7.4 将小地毯试样背面朝下铺在其中一块地板的正面上。

7.5 将另一块地板正面朝下盖在小地毯试样的正面上。

7.6 将一个0.91kg（2.0磅）的重锤放到组合试样上（见11.2）。

7.7 在室温条件下让组合试样静置24h。

7.8 在加放重锤后，应避免小地毯试样或地板块移动，以免影响测试结果。

7.9 将重锤和小地毯试样移开，让两块地板块正面向上在室温下调湿30min。

7.10 用AATCC洗涤剂171#溶液清洗地板，然后用毛巾擦干。

8. 评级

8.1 用《沾色灰卡评定程序》(AATCC EP2)、《AATCC 9级沾色彩卡》（AATCC EP8）或《仪器评定沾色程度的方法》（AATCC EP12）评价小地毯背面或者正面纤维的颜色转移到乙烯地板上的程度，并记录与之颜色最接近的级数（见11.3）。

当边缘或饰边也有颜色沾到地板块上时，可以对组合试样最上层地板块的沾色进行评估。

8.2 评级时，选择地板块上颜色转移最明显的部位进行评级。

9. 报告

9.1 报告8.1中评定的级数。

9.2 分别报告小地毯背面和正面颜色转移的级数。作为选择，也可对边缘或饰边的颜色转移进行报告。

9.3 注明沾色评级时使用的是AATCC 9级沾色彩卡还是沾色灰卡（见11.4）。

10. 精确度和偏差（见11.6）

10.1 精确度。1999年对本方法的实验室内精确度进行了初步研究，使用四种材料分别进行测试，每种材料测试八次。本方法的实验室内精确度可参照表1。

表1 精确度参数综述

材料	各试样测试次数	总平均值	再现性标准偏差（实验室内）	95%再现性极限值（实验室内）
A	8	3.4	0.42	0.35
B	8	4.1	0.35	0.30
C	8	3.4	0.32	0.27
D	8	2.9	0.32	0.27

注 A—黄褐色棉织小地毯，B—粉红色棉织小地毯，C—蓝色锦纶小地毯，D—红色锦纶小地毯。

10.2 偏差。小地毯背面对乙烯地板的沾色的偏差只能从一个测试方法方面进行定义。目前还没有一个独立的方法来确定其真实值。作为一个评估性的方法，本方法没有已知的偏差。

11. 注释

11.1 乙烯地板137－2可通过AATCC获取。地址：P. O. Box 12215，Research Triangle Park NC 27709；电话：+1.919.549.8141；传真：+1.919.549.8933；电子邮箱：ordering@aatcc.org；网址：www.aatcc.org。

11.2 需装满水的实验室烧杯。

11.3 可从AATCC获取，地址：P. O. Box

12215，Research Triangle Park NC 27709；电话：+1.919.549.8141；传真：+1.919.549.8933；电子邮箱：ordering@aatcc.org；网址：www.aatcc.org。

11.4 评级时使用AATCC 9级沾色彩卡或者沾色灰卡的不同会直接导致评级结果的不同，因此结果中报告所使用的评价参照卡的类别十分重要。

11.5 AATCC洗涤剂171#可从AATCC获得，地址：P.O.Box 12215，Research Triangle Park NC 27709；电话：+1.919.549.8141；传真：+1.919.549.8933；电子邮箱：ordering@aatcc.org；网址：www.aatcc.org。

11.5.1 稀释液：3.0~4.5g/L。

11.5.2 洗涤剂的成分：

（1）五水合硅酸钠；

（2）硬脂酸钠；

（3）十二烷基苯磺酸盐；

（4）碳酸氢钠（小苏打）；

（5）磷酸三钠。

11.6 本测试方法的精度取决于试验材料、测试方法自身以及采用的评价程序的变异性。

11.6.1 本测试方法10中的精度说明是基于目光评价（AATCC EP2或AATCC EP8）结果得出。

11.6.2 采用仪器评定（AATCC EP12）的精度预计比目光评定的精度更高。

AATCC TM138-2000e (2014)e

清洁：铺地纺织品的清洗

AATCC RA57 技术委员会于 1972 年制定（作为洗涤剂洗涤程序）；1978 年、1982 年、1995 年（标题更换为洗涤程序）、2000 年修订；1986 年、1988 年、2008 年、2019 年编辑修订；1987 年编辑修订并重新审定；2005 年、2010 年、2014 年重新审定。

1. 目的和范围

1.1 本测试方法是一个实验室程序，用来模拟铺地纺织品在清洗过程中所发生的变化。

1.2 本测试方法仅适用于小规格试样，其尺寸在普通实验室所用设备容量允许的范围内。

1.3 本测试方法适用于已沾污或未沾污的铺地纺织品。

1.4 本湿洗程序可以用来评价如下性能：

（1）耐湿洗性能和抗微生物的耐久性能；

（2）色牢度性能；

（3）铺地纺织品在制造前、中、后其绒头的耐整理性能；

（4）易清洁性能；

（5）尺寸稳定性。

1.5 本程序还可以用于去除铺地纺织品试样上的污垢或者杂质，以备测试使用。

2. 原理

用洗涤剂对试样进行手工刷洗、漂洗及晾干。

3. 术语

3.1 地毯：所有铺地纺织品并不专指小地毯。

3.2 铺地纺织品：使用面由纺织材料构成，通常用来覆盖地板的物品。

3.3 使用面：铺地纺织品，人脚踩踏的那一面。

3.4 洗涤：在铺地纺织品测试中，使用洗涤剂和刷洗工具来去除地毯上的污垢以及绒头纤维中残留杂质的特殊洗涤程序。

4. 安全和预防措施

本安全和预防措施仅供参考。本部分有助于测试，但未指出所有可能的安全问题。在本测试方法中，使用者在处理材料时有责任采用安全和适当的技术；务必向制造商咨询有关材料的详尽信息，如材料的安全参数和其他制造商的建议；务必向美国职业安全卫生管理局（OSHA）咨询并遵守其所有标准和规定。

4.1 遵守良好的实验室规定，在所有的试验区域应佩戴防护眼镜。

4.2 所有化学物品应当谨慎使用和处理。

4.3 在混合、处理及使用洗涤剂和洗涤剂溶液时应使用眼部防护装置。

4.4 在处理洗涤剂及溶液时建议使用手套或者具有防护作用的护手膏。

4.5 使用离心脱水机时遵循制造商提供的操作规程及预防措施。液体在压力及高度真空下会导致液体溢出和/或水头胶管脱落。

4.6 使用轧车时，在其夹压点要尤其注意，严格按照制造商的安全手册操作。

AATCC TM140-2018e

染料和颜料在浸轧烘干过程中泳移性的评价

AATCC RA87 技术委员会于 1974 年制定；1976 年、1977 年、1980 年、2006 年、2011 年重新审定；1985 年、1990 年、2001 年编辑修订并重新审定；1987 年、1991 年、1998 年、2010 年、2019 年（更换标题）编辑修订；1992 年、1996 年更换标题并修订、2018 年修订。技术上等效于 ISO 105 - Z06。

1. 目的和范围

1.1 本测试方法适用于评价带有染料或涂料的浸轧液系统中染料或者涂料的泳移性。后来被推荐用于着色剂，其中可能含有不同种类和数量的防泳移剂。

1.2 当烘干条件不稳定或不统一时，可能发生不均匀的泳移现象，导致染色过程中的颜色变化，或者是织物的正反面色差或者是边缘与中心部分之间的色差。

2. 原理

织物用含有着色剂或含有着色剂与助剂的工作液浸轧，烘干，烘干时用表面皿盖住织物的一部分，允许产生不同步的干燥，这种情况下就会发生泳移现象。之后通过目光评定或者测定覆盖部分和未覆盖部分的反射值来评价泳移程度。

3. 术语

3.1 着色剂：一种应用于基质以后用以改变基质对可见光的透射比或反射比的物质材料。

染料、颜料、水彩和荧光增白剂是着色剂；泥土不是着色剂。

3.2 着色：着色剂通过分子分散状态应用于基材或者附着于基材，这种附着具有一定的长久性特征。

3.3 移染：指在纺织品生产、测试、储存和使用过程中，化学品、染料或者颜料由于毛细作用而在同一基材的纤维间或者不同基材的纤维间的移动的现象（参见转移）。

3.4 颜料：一种特殊形式的着色剂，不溶于基材，但是可以分散在基材中并改变基材颜色。

4. 安全和预防措施

本安全和预防措施仅供参考。本部分有助于测试，但未指出所有可能的安全问题。在本测试方法中，使用者在处理材料时有责任采用安全和适当的技术；务必向制造商咨询有关材料的详尽信息，如材料的安全参数和其他制造商的建议；务必向美国职业安全卫生管理局（OSHA）咨询并遵守其所有标准和规定。

4.1 遵守良好的实验室规定，在所有的试验区域应佩戴防护眼镜。

4.2 注意浸轧机使用安全。浸轧机上的常规安全防护应保留，确保压辊夹持点足够安全。推荐使用脚踏开关。

4.3 所有化学物品应当被谨慎使用和处理。当用浓酸和氢氧化钠制备缓冲模拟染浴时，使用化学防护眼镜或者面罩，佩戴防水手套和围裙。

4.4 在附近安装洗眼器、安全喷淋装置、自给式呼吸设备以备急用。

4.5 本测试法中，人体与化学物质的接触限度不得高于官方的限定值。例如，美国职业安全与卫生条例管理局（OSHA）允许的暴露极限值（PEL），参见 1989 年 1 月 1 日实施的 29 CFR 1910.1000。此外，美国政府工业卫生师协会（ACGIH）的阈限值（TLVs）由时间加权平均数（TLV－TWA）、短期暴露极限（TLV－STEL）和最高极限（TLV－C）组成，建议将其作为人体在空气污染物中暴露的基本准则并遵守（见 13.1）。

5. 使用和限制条件

5.1 本测试方法提供两个备选的程序：

5.1.1 程序 A。织物与玻璃的组合样（见 8.2）可以在室温下干燥。这一程序操作很简单，但是比较耗时（隔夜）。

5.1.2 程序 B。织物与玻璃的组合样（见 8.3）在实验室用烘干机或者烘箱内干燥，既可有空气循环，也可没有空气循环。这一程序比较节省时间，但是稍微复杂一些。

5.2 本测试方法可用于比较染料的泳移性，以及不同类型的防泳移剂、增稠剂和电解质对泳移性能的影响。

5.3 本测试方法可用于评价浸轧液，此浸轧液在连续染色过程中发生移染。可以通过改变移染抑制剂的用量或类型来改变浸轧液的组成，调整后的浸轧液在应用于染色工艺前可以在实验室内进行测试。在实验室内测试时，使用的着色剂的浓度、基材和带液率应与应用在染色工艺中的相同，这样才有可能把测试结果和实际应用中的工艺改进相关联。

6. 仪器和材料

6.1 实验室用轧车。

6.2 玻璃板，600mm×350mm（程序 A）。

6.3 表面皿（90mm），22mm 拱形。

6.4 铝环，外径 110mm、内径 80mm、厚度 1mm（程序 B）。

6.5 夹子（程序 B）。

6.6 实验室用烘干机或烘箱（程序 B）。

6.7 变色灰卡（AATCC EP1，用于目光评定，见 13.2）。

6.8 分光光度计（AATCC EP7，见 13.2）。

6.9 织物样品（见 13.3 和 8.2.1 或 8.3.1）。

7. 试样准备

7.1 所需浓度的着色剂。

7.2 防泳移剂、增稠剂和其他助剂（如活性染料染色用的电解质溶液）可适当使用。

8. 操作程序

8.1 轧液准备。制备含有着色剂和含有着色剂与防泳移剂的浸轧染色工作液。

8.2 程序 A：室温晾干。

8.2.1 将一块 150mm×300mm 的织物样品在 20℃±2℃（68℉±4℉）的温度下进行浸轧。也可以使用其他浸轧温度，但必须在报告中注明。通常使用 60% 的带液率，有必要时也可以适当调整特定织物的带液率以适应特殊的染色工艺（见 13.4）。

8.2.2 浸轧后，立即把织物放到玻璃平板上。如图 1 所示，把表面皿放到织物上，让织物在室温下干燥。记录干燥过程中的室内温度和相对湿度。

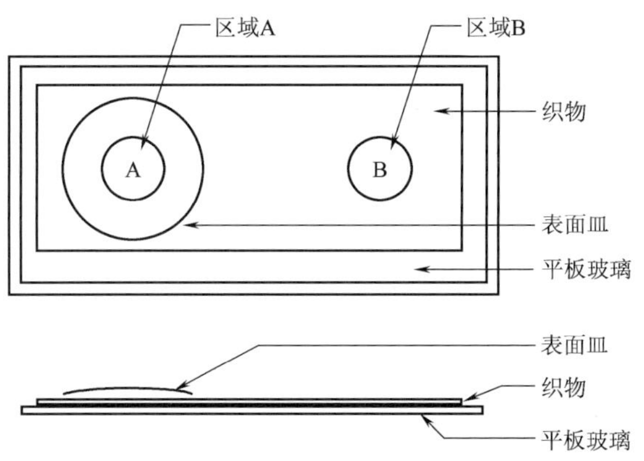

图 1 程序 A 测染料移染的测试装置

8.2.3 取下表面皿。

8.3 程序 B：针板式烘箱干燥。

8.3.1 将一块 110mm×220mm 的织物样品在 20℃ ±2℃（68℉ ±4℉）的温度下进行浸轧。可以使用其他的浸轧温度，但必须在报告中注明。通常使用60%的带液率，有必要时也可以适当调整特定织物的带液率以适应特殊的染色工艺（见 13.4）。

8.3.2 浸轧后，立即将织物样品两端拉紧固定在针板上，并将其夹在两块表面皿之间，一块表面皿在织物的正面上，另一块在织物反面的下面。如图 2 所示，用两个铝环和夹子使表面皿固定。

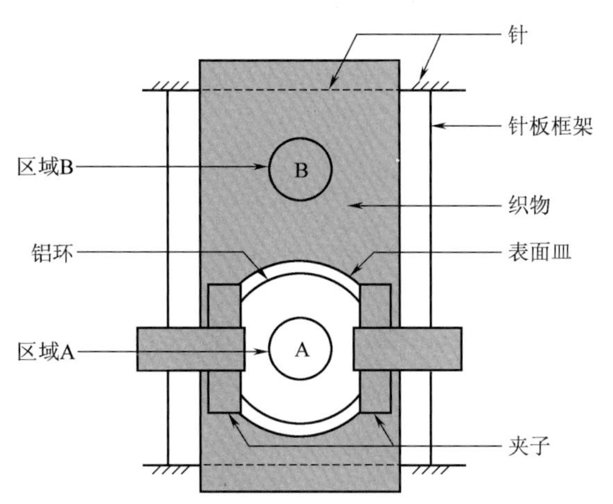

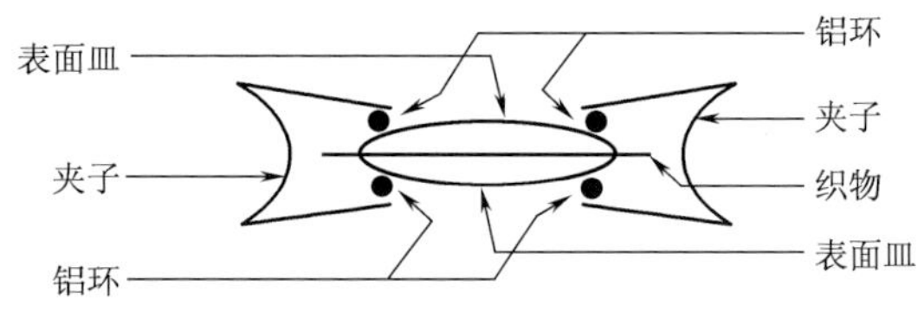

图 2 程序 B 测染料移染的测试装置

8.3.3 试样水平放置放在实验室烘干机或者烘箱中，在 100℃ ±2℃（212 ±5℉）的条件下烘干约 7min（或者直到干燥）。此过程中可以鼓风也可以不鼓风。

8.3.4 取下表面皿。

9. 灰卡评级

9.1 参照以下评定程序。

9.1.1 AATCC EP1，变色灰卡评定程序。

9.2 AATCC EP7，仪器评定试样变色。

10. 报告

10.1 报告基材、浸轧液成分。包括染料、化学品、助剂等以及带液率。

10.2 对于程序 A，报告干燥过程中的室温和相对湿度。

10.3 对于程序 B，报告干燥时是否使用空气循环。

10.4 对于目测评定，参考变色灰卡的 1～5 级进行评级。

10.5 对于反射率测量，报告使用外部染色区作为参照的移染百分比。

11. 精确度和偏差

本测试方法的精确度还未确定。在本测试方法的精确度声明确立之前，使用标准的统计技术来对实验室内部或者实验室之间的测试结果进行比对分析。

12. 引用文献

12.1 Etters，J. N.，Textile Chemist and Colorist，Vol. 4，1972，No. 6，p160.

12.2 Etters，J. N.，Modern Knitting Management，Vol. 51，1973，No. 2，p24.

12.3 Gerber， H.， MelliandTexblberichte，Vol. 53，1972，No. 3，p335.

12.4 Lehmann，H.，and Somm，F.，Textile Praxis International，Vol. 28，1973，No. 1，p52.

12.5 Northern Piedmont Section，AATCC，Textile Chemist and Colorist，Vol. 7，1975，No. 11，p192.

12.6 Urbanik，A.，and Etters，J. N.，Textile Research Journal，Vol. 43，1973，p657.

13. 注释

13.1 相关资料可从 ACGIH Publication Office 获取，Kemper Woods Center，1330 Kemper Meadow

Dr. , Cincinnati OH 45240；电话：+1.513.742.2020；网址：www. acgih. org。

13.2 相关资料可以从 AATCC 获取，P. O. Box 12215，Research Triangle Park NC 27709；电话：+1.919.549.8141；传真：+1.919.549.8933；电子邮箱：ordering @ aatcc. org；网址：www. aatcc. org。

13.3 对于分散染料、还原染料和颜料，一般首选 65/35 的涤/棉华达呢面料或厚斜纹面料，经热定形、漂白和丝光处理。对于与纤维素具有亲和力的可溶性染料（如活性染料）应使用经漂白和丝光处理的 100% 棉华达呢或者厚斜纹布。当然也可以使用其他染色工艺中需要使用的织物。

13.4 带液率大小可以通过调整浸轧辊咬合点的压力进行调整。带液率是指浸轧后织物的重量增加量。

$$带液率 = \left(\frac{A}{B} - 1\right) \times 100\%$$

式中：A——浸轧后的重量；

B——浸轧前的重量。

AATCC TM141-2019

腈纶用碱性染料的配伍性

AATCC RA87 技术委员会于 1974 年制定；1976 年、1977 年、1980 年、1989 年、2009 年、2013 年重新审定；1984 年、2019 年修订；1985 年、1988 年、2008 年、2010 年编辑修订；1987 年、1994 年、1999 年、2004 年编辑修订并重新审定。技术上等效于 ISO 105－Z03。

前言

本测试方法由英国染色工作者学会首次提出（见 12.1）。标准染料的选择基于以下几个原因：（a）它们可以形成两种系列，包含与所有推荐用于腈纶染色的碱性染料相近的配伍性；（b）系列染料的排列间隔使其能产生基本相同的视觉效果；（c）与两种色卡对应的标准染料之间具有配伍性。

1. 目的和范围

1.1 用碱性染料染腈纶的过程中，一些典型参数，如个别染料的半染时间，不能给出其与其他碱性染料混合染色时真实的染色性能。

正常的染色条件下，碱性染料在腈纶染色中不会发生移染。因此配伍性成为选择染料组成匀染性最佳的染料组合时最重要的指标。

1.2 本测试方法测定在腈纶染色时，染料间的配伍性。

2. 原理

2.1 配伍性的评定可以选择如下两种五级色卡中的一种进行评定，即黄色色卡和蓝色色卡。在选择时，应该选用与所测染料色调差异较大的色卡进行评价。

2.2 染料的配伍值可以通过测定该染料与评级色卡相对应的标准染料结合使用时所表现出来的染色特性来进行评定。级数从 1～5 级。（也可能使用半级，<1 或 >5）。

3. 术语

3.1 碱性染料：一种能在水性介质中分离释放出与含有羧酸基团的纤维具有亲和力的、带正电的颜色离子（阳离子）的染料。

3.2 配伍性：在纺织品染色过程中，混合染料中的各个染料组分以相同的上染速率染至竭染时，所呈现的色泽提升的倾向，保持整个染色过程中色相的变化一致或基本一致。

3.3 等级，与色卡相比，得到相应测试试样结果的级数。

4. 安全和预防措施

本安全和预防措施仅供参考。本部分有助于测试，但未指出所有可能的安全问题。在本测试方法中，使用者在处理材料时有责任采用安全和适当的技术；务必向制造商咨询有关材料的详尽信息，如材料的安全参数和其他制造商的建议；务必向美国职业安全卫生管理局（OSHA）咨询并遵守其所有标准和规定。

4.1 遵守良好的实验室规定，在所有的试验区域应佩戴防护眼镜。在处理粉末状染料时使用一次性的防尘呼吸器。

4.2 所有化学物品应当谨慎使用和处理。

4.3 处理浓醋酸时，使用化学防护眼镜或者面罩、防水手套和防水围裙。

4.4 在附近安装洗眼器、安全喷淋装置以备急用。

4.5 本方法所列出的碱性染料属于以下类型：

C. I. 碱性橙 42——希夫碱

C. I. 碱性黄 29——甲碱

C. I. 碱性黄 28——单偶氮

C. I. 碱性黄 15——单偶氮

C. I. 碱性橙 48——偶氮

C. I. 碱性蓝 69——甲碱

C. I. 碱性蓝 45——蒽醌

C. I. 碱性蓝 47——蒽醌

C. I. 碱性蓝 22——蒽醌

C. I. 碱性蓝 77——三芳基甲烷

4.6 本测试法中，人体与化学物质的接触限度不得高于官方的限定值［例如，美国职业安全卫生管理局（OSHA）允许的暴露极限值（PEL），参见 1989 年 1 月 1 日实施的 29 CFR 1910.1000］。此外，美国政府工业卫生师协会（ACGIH）的阈限值（TLVs）由时间加权平均数（TLV - TWA）、短期暴露极限（TLV - STEL）和最高极限（TLV - C）组成，建议将其作为人体在空气污染物中暴露的基本准则并遵守（见 12.2）。

5. 使用和限制条件

5.1 本测试方法仅在规定条件下有效。配伍值可能会由于染色浴中存在阴离子物质而受到一定影响，如染色浴中的阴离子表面活性剂或阴离子染料。

5.2 配伍值为 2.0 的黄色和蓝色标准染料在混合使用时并非完全配伍。如果使用湿纺腈纶，则得到的结果的差异会很大。

5.3 本测试方法仅是一种配伍性的评估方法。并不能用来对碱性染料混合用于腈纶染色时由于染料的不配伍性而引起的染色不均匀进行评价。

5.4 尽管市场产品中不存在一些特殊染料，但是实验室可以购买到 10 种染料（每种 50g），用于本测试（见 12.3）。

6. 仪器、试剂和材料

6.1 30 个相同质量的腈纶样品（一束一份）。

6.2 可以在所需的恒定温度下，以 40:1 的浴比进行染色的任何染色设备。

6.3 标准染料，5 种黄色或蓝色（见表 1 和 12.3）。

使用与被测染料色调差异最大的色卡（黄色或蓝色）（例如评价蓝色染料时，使用黄色标准色卡）。

表 1 标准色卡

C. I. 碱性染料	标准染料的量［%（owf）］	配伍值
黄色色卡		
橙 42	0.45	1.0
黄 29（200%）	0.25	2.0
黄 28（200%）	0.15	3.0
黄 15	0.75	4.0
橙 48	0.65	5.0
蓝色色卡		
蓝 69	0.55	1.0
蓝 45	2.7	2.0
蓝 47（200%）	0.6	3.0
蓝 77	0.6	4.0
蓝 22（200%）	1.2	5.0

注 （1）染色强度 100%，除非另有规定（见 12.6）。

（2）所给的百分率可使大部分腈纶染成大约 1/1 标准染色深度的 1/2 的染色效果（见 12.4）。

6.4 冰醋酸（结晶状）。

6.5 醋酸钠晶体（$CH_3COONa \cdot 3H_2O$）。

6.6 去离子水或者蒸馏水，其沸腾状态下的 pH 不会产生明显变化。

7. 试样

5 个染浴分别需要一种待测染料。选择染料量

（%，owf）使腈纶染成大约1/1标准染色深度的1/2的染色效果。（见12.4）

8. 操作程序

8.1 让测试材料样品在含有1%（owf）醋酸（结晶状）和1%（owf）醋酸钠晶体的溶液中于95℃（203℉）进行预处理10min。溶液pH为4.5±0.2，浴比为40∶1。

8.2 轻轻地挤压试样，保持试样润湿以备用。

8.3 配制五个染浴，每种标准染料一个染浴，温度为95℃（203℉），浴比为40∶1，pH为4.5±0.2，包括：

X%标准染料（见表1）；

Y%待测染料（见7.1）；

1%冰醋酸（结晶状）；

1%醋酸钠晶体（$CH_3COONa \cdot 3H_2O$）。

8.3.1 百分比和浴比需要参考单个样品的重量。例如，是指特定的一束或一片样品，而不是每一染色系列需要的六个样品的总重量。

8.4 每个染色浴需要6个纤维样品。在要求的温度下，将第一个样品放入染色浴中，并在该温度下染色一定时间（见12.5）。取出这个样品，再放入第二个样品，重复此染色过程直到5个样品全部完成染色。

8.4.1 和前5个样品一样，对最后一个样品进行染色，直到染料完全吸尽后取出。

8.4.2 从染色浴中取出样品后，立即进行水洗并干燥，然后每个染色样品按染色的顺序放置。

8.5 对其他的染色浴重复以上染色过程（5个染浴，每个染浴6个纤维样品；共计30个纤维样品）。

9. 评级

9.1 视觉评价每个染色纤维样品。对于每个染浴，评价对应的6个染色样品是渐增更蓝,，渐增更黄，还是同一色调。

9.2 评价被测染料的配伍值。

9.2.1 当该染料可以产生与哪个标准染料同色调的染色效果，则此标准染料对应的配伍值就是被测染料的配伍值（见表1）。评价一个蓝色染料的配伍值所得到的结果的典型例子参见表2。

表2 一个蓝色染料的配伍值

配伍值（黄色色卡）	对应样品的外观
1.0	渐增的，更蓝
2.0	渐增的，较蓝
3.0	一个色调
4.0	渐增的，较黄
5.0	渐增的，更黄

注 蓝色标准染料的配伍值是3.0。

9.2.2 染料的配伍值可能介于两种相邻的标准染料之间，可能是1.5、2.5、3.5或4.5。在这些情况下，使用标准染料将无法实现同一色调的染色。

9.2.3 如果某种染料的配伍值落在色卡范围之外，即低于1或者高于5，则只要是适宜的，均可以作为结果。

10. 报告

10.1 待测染料的描述和识别。

10.2 报告试样是按照AATCC TM141－2019进行测试的。

10.3 报告测试条件：

10.3.1 所用色卡（黄色或蓝色）。

10.3.2 腈纶的描述。

10.3.3 染色设备，温度和时间。

10.3.4 待测染料和标准染料的用量（%，owf）。

10.4 报告测试结果。

10.4.1 待测染料的配伍值。

10.4.2 染料的观察数量。

10.5 任何偏离本方法的描述。

11. 精确度和偏差

11.1 精确度。本测试方法的精确度尚未确立。在精确度综述产生之前，用标准统计学技术进行实验室内部或不同实验室之间测试结果的对比。

11.2 偏差。腈纶用碱性染料的配伍性的偏差仅能依据一种测试方法进行定义。尚没有独立的方法确定其真值。作为这一特性的一种评价手段，本方法没有已知偏差。

12. 注释

12.1 本测试方法可参见 the Society of Dyers and Colourists，JSDC，Vol. 88，1972 年 6 月，p220－222。

12.2 相关资料可从 ACGIH Publications Office 获取，Kemper Woods Center，1330 Kemper Meadow Dr.，Cincinnati OH 45240；电话：＋1.513.742.2020；网址：www.acgih.org。

12.3 可以从 AATCC 获取。地址：P.O. Box 12215，Research Triangle Park NC 27709；电话：＋1.919.549.8141；传真：＋1.919.549.8933；电子邮箱：ordering@aatcc.org；网址：www.aatcc.org。

12.4 为了便于目光评定，推荐使用能够适使大多数腈纶达到 1/1 标准深度的 1/2 染色效果的染料和标准染料。如果不知道待测染料的标准深度，可使用表 1 标准色卡相近深度的染料浓度。另外标准深度资料可从染料供应商获得。但是应当了解，并不是必须用标准深度来评价染料的配伍性，因为在不同的标准染料和测试染料配合的比例下，在不同的颜色深度下也能得到相同的配伍值。

12.5 腈纶在染色特性上的变化范围很大。本测试方法是将染色浴里面所有的染料都以平分的方式吸附到各个测试样品上。为达到这一效果，染色温度可以为 90～100℃，每个试样的染色时间可以在 5～10min 范围内进行适当调整。对于某些典型的纤维推荐使用的染色温度和时间如下：

阿克利纶 16：93℃，染色时间 5min。

阿克利纶 SEF：96℃，染色时间 5min（除了蓝 C－1 和黄 C－2 标准染料，使用 93℃）。

奥纶 75：96℃，染色时间 10min（除了 C－1 标准染料，使用 5min 时间）。

克列丝纶：88℃，染色时间 5min。

12.6 上述的 200% 的染料力份已经在 1984 年 8 月对表示的力份进行了更改。现在使用的（%，owf）是之前所表示的 1/2。例如，0.25% 的 C.I. 碱性黄 29（200%）对应 0.5% 的 C.I. 碱性黄 29（100%）。

边。对于这种裤腿，按照上述方法将顶部的边缘翻边并进行缝合。底部处，在76mm（3英寸）长度上按照如上方法进行翻边并缝合，然后卷起翻边做一个38mm（1.5英寸）的折边并且在两边的接缝处粗缝。

分别准备水洗和干洗的试样。

通常植绒织物的模拟裤腿试样上无压痕。若植绒织物的试样需要压制折痕，则采用的压制工艺应选择可代表制造商的生产工艺。

7. 操作程序

7.1 水洗（见11.7）。试样应与配重织物一起洗涤，试样与陪洗织物的总重量为1.84kg（4磅），采用AATCC LP1中提及的任一种全自动家用洗衣机，选择其标准测试条件，在任一适宜的洗涤温度下进行洗涤。烘干工序结束后，将负荷物从烘干机中取出，并各自分开。

按照一定水洗/干燥循环次数重复以上的水洗和烘干工序。在每次烘干和水洗过程中间应有30min的间歇时间。

7.2 投币式干洗。试样应与可干洗的陪洗织物一同干洗，试样与陪洗织物的总重量为1.82kg（4磅）。含有四氯乙烯（大约负荷系统的1%）的干洗机，包括滚筒烘干过程在内的全过程中都不能停止。在每次干洗过程结束时，将负荷物从洗衣机中取出，并分开陪洗织物和试样。上面提到的干洗过程可依照特殊要求重复多次进行。在每次干洗过程中间应有30min的间歇时间。

8. 评级

8.1 在进行需要的水洗或干洗次数后，打开试样，将其摊开，使缝合部位在观察区域的中间。

8.2 将按上面方法准备好的折边的边缘、翻边以及接缝试样与AATCC对比样照进行比较，利用下面的分级标准进行评级：

5——没有

4——轻微

3——明显

2——非常明显

1——严重

务必小心以确保评级是基于绒毛脱落情况进行的，而不是基于绒毛的平整度。因为后者可通过刷毛等方法进行修复。通常需要利用放大镜对结果做出判定。

9. 报告

依据8.2所述，报告最终确定的等级以及得到该等级结果所对应经过的水洗和/或干洗次数。

10. 精确度和偏差

10.1 精确度。

水洗——实验室内的可再现性 σ ±0.20 等级

水洗——实验室间的可再现性 σ ±0.30 等级

干洗——实验室内的可再现性 σ ±0.25 等级

干洗——实验室间的可再现性 σ ±0.60 等级

10.2 偏差。经重复家庭洗涤和/或商业干洗后的植绒织物的外观，仅可按照一种测试方法进行评定。没有独立的方法来确定其真值。作为一种特性的评定方法，本测试方法没有已知的偏差。

11. 注释

11.1 可从美国政府工业卫生师协会（ACGIH）获取，Kemper Woods Center，1330 Kemper Meadow Dr.，Cincinnati OH 45240；电话：+1.513.742.2020。网址：www.acgih.org。

11.2 有关适合测试方法的设备信息，请登录www.aatcc.org/bg。AATCC提供其企业会员单位所能提供的设备和材料清单。但AATCC没有给其授权，或以任何方式批准、认可或证明清单上的任何设备或材料符合测试方法的要求。

11.3 可从AATCC获取相应信息，地址：P.O.Box 12215，Research Triangle Park NC 27709；电话：

+1. 919. 549. 8141；传真：+1. 919. 549. 8933；电子邮箱：ordering@ aatcc. org；网址：www. aatcc. org。

11. 4 可以使用 1933 AATCC 标准洗涤剂，也可按照低泡、良好的洗涤效果以及便于漂洗的原则选择其他同类洗涤剂。

11. 5 通用的推荐洗衣机和烘干机的设备和型号请联系 AATCC，地址：P. O. Box 12215，Research Triangle Park NC 27709；电话+1. 919. 549. 8141；传真：+1. 919. 549. 8933；电子邮箱：ordering@ aatcc. org。网址：www. aatcc. org。也可使用其他结果可比的设备。

11. 6 投币式干洗机或等同的干洗机，其参数如下：

容量：4. 5kg（10 磅）

圆桶直径：66cm（26 英寸）

圆桶深度：41cm（16 英寸）

叶片：4 片

洗涤速度：46r/min

旋转速度：162/325r/min

11. 7 AATCC LP1 中列出的水洗温度和其他参数可能在不同的测试方法中存在差异。AATCC LP1 中的参数是根据消费者的经验，目前的技术，家庭热水器的温度规律（尤其是美国）进行定期更新。

通常，随着时间的推移，测试方法委员会会审慎的考量，尽量保持测试条件前后的一致性，这么做是为了使结果具有可比性。另外，显著的改变可能会导致使用原来条件测试得到的精确度失效。

AATCC 测试方法一经建立或修订，水洗温度也会立即确定，同时密切反应维护标签 16CFR 第 423 部分标准的温度范围。应当注意 AATCC 测试方法是在使用传统顶加载洗衣机的前提下建立的。指定的水位、洗涤剂和其他的细节不适用于高效顶加载或前加载洗衣机。新的商用家庭洗衣机可能需要用户进行改造以满足不同测试方法指定的参数要求。所有的测试报告应当注明测试条件，任何关于标准方法的修改以及 AATCC LP1 中参数的使用，不同条件得到的测试结果没有可比性。

AATCC TM143-2018t

服装及其他纺织制品经家庭洗涤后的外观

AATCC RA61 技术委员会于 1975 年制定；1982 年、1989 年、1992 年、1996 年、2006 年、2010 年、2011 年、2014 年、2018 年 1 月（更换标题）、2018 年 11 月修订；1984 年、2001 年编辑修订并重新审定；1986 年、1991 年、1997 年、2004 年、2005 年、2008 年、2012 年、2018 年 6 月编辑修订。技术上等效于 ISO 15487。

前言

该方法和所涉及的评价工具被用于经耐久压烫整理的机织物的评价。尽管一些样品由于不同的织物结构而呈现出不一样的外观特征，但使用此方法和样照来进行评价已成为行业惯例。

标准的洗涤程序保持一致性，以便使结果具有可比性。标准参数仅可代表，但不能完全复制目前的消费者洗涤情况，因为消费者洗涤情况是随着时间和不同家庭而变化的。AATCC LP1：家庭洗涤的实验室程序：机洗（见 12.3）和 ISO 6330，纺织品试验时采用的家庭洗涤及干燥程序（见 12.7），提供了可供选择的洗涤程序和设备参数。

1. 目的和范围

1.1 本测试方法是用来评价经家庭洗涤后服装及其他纺织制品的外观平整度、缝线平整度和褶裥保持性。

1.2 任何可水洗的服装及其他纺织品都可以使用这个方法评定外观平整度、缝线平整度和褶裥保持性。

1.3 纺织制品包括任何结构的织物，如机织物、针织物、非织造布，都可以按照此方法评定。

1.4 本标准中没有列出制造缝线和褶裥的方法。因为本标准主要是评定由生产厂商提供的或已经准备好的样品。

2. 原理

纺织制品经过标准的实际家庭洗涤，可以用手洗或机洗，可以改变机洗的循环和温度以及干燥条件。然后在标准光源和观测区域内将试样与一套参考标准样照比较，根据视觉印象评定试样的外观。结果以百分数表示，范围从 0 ~ 100%。100% 表示最平整，褶裥保持性最好。结果也可以分别表示成外观平整度（SA），接缝平整度（SS）和褶裥保持性（CR）等级。等级范围从 1 ~ 5，1 代表平整度最差，褶裥保持性最差，5 代表平整度最好，褶裥保持性最好。

3. 术语

3.1 纺织制品的外观：纺织制品外观的整体视觉印象，由成品外观的各个组成要素与合适的参考标准样照相比较评定的视觉印象。

3.2 陪洗织物：在织物测试过程中使用，可以将织物的总重和体积规范为规定数量的材料。

3.3 褶裥保持性：将试样与一套参考标准样照比较，根据视觉印象评定试样的褶裥保持性。

3.4 耐久压烫：织物在使用中以及洗涤或干洗后，一种可以保持原有形态、平整缝线、原有压烫折痕以及平整外观的特性。

3.5 等级：与样照比较，评价测试样品所得到的评价级数。

3.6 洗涤：纺织材料的洗涤是指一种使用水

溶性洗涤剂溶液去除污渍的过程，通常包括漂洗、脱水和干燥。

3.7 洗后折痕：洗涤或干燥后样品上明显的褶皱或杂乱无序的褶线。洗后折痕为样品在洗涤和干燥中造成的非故意结果。

3.8 缝线平整度：将试样与一套参考标准样照比较，根据视觉印象评定试样的缝线平整度。

3.9 外观平整度：将试样与一套参考标准样照比较，根据视觉印象评定试样的外观平整度。

4. 安全和预防措施

本安全和预防措施仅供参考。本部分有助于测试，但未指出所有可能的安全问题。在本测试方法中，使用者在处理材料时有责任采用安全和适当的技术；务必向制造商咨询有关材料的详尽信息，如材料的安全参数和其他制造商的建议；务必向美国职业安全卫生管理局（OSHA）咨询并遵守其所有标准和规定。

4.1 遵守良好的实验室规定，在所有的试验区域应佩戴防护眼镜。

4.2 洗涤剂可能会引起对人的刺激，应注意防止其接触到皮肤和眼睛。

4.3 所有化学物品应当谨慎使用和处理。

4.4 操作实验室测试仪器时，应按照制造商提供的安全建议。

4.5 评定褶皱保持性时，泛光灯附上防护罩可防止因灯的发热而发生灼伤情况。

5. 使用和限制

5.1 本测试方法用来评价由可水洗织物制成的服装或其他纺织制品经家庭洗涤后的织物外观平整度。尽管此方法适用于织物水洗后的性能，但是用此方法评价产品初始状态的级数已经成为普遍的行业行为。

5.2 本测试程序为反映一般消费者所使用的家庭洗涤设备的能力而设计。通常，在相对严格的洗涤条件下进行测试更好。目前使用的洗衣机和烘干机有专门的洗涤循环或特性，以保护织物的某些性能，如轻柔档并降低搅拌速度，可以保护轻薄织物的结构；耐久压烫循环并采用冷水漂洗、降低搅拌速度，可减少织物的褶皱。

5.3 织物的印花和图案可能会遮掩褶裥外观，因为评定程序是基于试样的视觉外观，故包括了这样的影响。

5.4 评级样卡和样照是由机织物拍摄得到，不能完全复制其他织物（针织物、非织造布）的外观。样卡和样照可以作为参考，代表不同的外观平整度水平和褶裥保持性水平。

5.5 实验室间对于本测试方法的结果重现性与标准使用者采用的洗涤和干燥条件，见表1～表4，与9.7.3中描述的外观组成要素所使用的权重因数也有关。

表1 标准洗衣机洗涤参数（见12.2，12.6）

项目		（1）标准档	（2）轻柔档	（3）耐久压烫档
水位［L（加仑）］		72±4（19±1）	72±4（19±1）	72±4（19±1）
搅拌速度（r/min）		86±2	27±2	86±2
洗涤时间（min）		16±1	8.5±1	12±1
脱水速度（r/min）		660±15	500±15	500±15
脱水时间（min）		5±1	5±1	5±1
洗涤温度［℃（℉）］①	Ⅱ低温	27±3（80±5）	27±3（80±5）	27±3（80±5）
	Ⅲ中温	41±3（105±5）	41±3（105±5）	41±3（105±5）
	Ⅳ高温	49±3（120±5）	49±3（120±5）	49±3（120±5）
	Ⅴ极高温	60±3（140±5）	60±3（140±5）	60±3（140±5）

① 根据美国能源部的要求，家用洗衣机多采用冷水洗涤。外部控制器可以用来调节仪器温度。

表2 标准手洗和漂洗温度

分类	洗涤温度 [℃ (℉)]	漂洗温度 [℃ (℉)]
极低温	16 ±3 (60 ±5)	<18 (<65)
低温	27 ±3 (80 ±5)	<29 (<85)
中温	41 ±3 (105 ±5)	<29 (<85)
高温①	49 ±3 (120 ±5)	<29 (<85)

① 热水不是手洗或需要轻柔手洗试样的合适选择。

表3 标准烘干程序

A	滚筒烘干
Ai	滚筒烘干 (标准)
Aii	滚筒烘干 (轻柔)
Aiii	滚筒烘干 (耐久压烫)
B	悬挂晾干
C	滴干
D	平铺晾干

表4 标准滚筒式干燥机参数 (见12.2)

项目	Ai 标准	Aii 轻柔	Aiii 耐久压烫
最高排气温度 [℃ (℉)]	68 ±6 (155 ±10)	60 ±6 (140 ±10)	68 ±6 (155 ±10)
冷却时间 (min)	≤10	≤10	≤10

6. 仪器和材料 (见12.1)

6.1 带有温度调节的蒸汽熨斗或普通熨斗。

6.2 标准洗衣机 (见12.2和表1), 用于机洗。

6.3 水洗盆, 9.5L, 用于手洗。

6.4 白毛巾, 不计重量, 需能容纳测试样, 用于手洗。

6.5 标准滚筒干燥机 (见12.2, 表4), 或滴干、平铺晾干或悬挂晾干的设备。

6.6 调湿设备或抽拉式带孔货架的调湿/干燥架 (见12.3)。

6.7 天平, 量程至少为5kg或10磅。

6.8 AATCC 1993标准参考洗涤剂 (粉末状, 含荧光增白剂, 见12.3)。

6.9 陪洗织物, 1型或3型 (见表5)。

表5 陪洗布参数

项　　目		1型	3型
成分		100%棉	(50% ±3%) 棉/ (50% ±3%) 聚酯纤维
坯布纱线		环锭纺36tex (16英支/1)	环锭纺36tex (16英支/1) 或 19.4tex×2 (30英支/2)
坯布结构 (根/25.4mm)		平纹 (52 ±5) × (48 ±5)	平纹 (52 ±5) × (48 ±5)
整理后克重 (g/m^2)		155 ±10	155 ±10
边缘		四边缝合或包边	四边缝合或包边
整理后织物尺寸	mm	(920 ±30) × (920 ±30)	(920 ±30) × (920 ±30)
	英寸	(36.0 ±1) × (36.0 ±1)	(36.0 ±1) × (36.0 ±1)
整理后织物重量 (g)		130 ±10	130 ±10

6.10 评级区, 见附录A描述。

6.11 AATCC三维外观平整度评级样照, 一套6张 (见图1和12.3)。

6.12 标准AATCC缝线平整度样照, 有单缝和双缝两种 (见图2和12.3)。图2所示样照的复制品不能用于评级。

6.13 标准AATCC三维褶裥保持性样照, 一套5个 (见图3和12.3)。

图1 AATCC 三维外观平整度样照

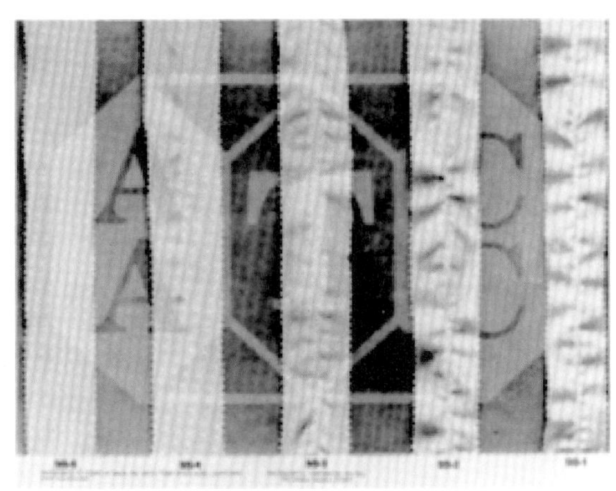

(a)单缝样照

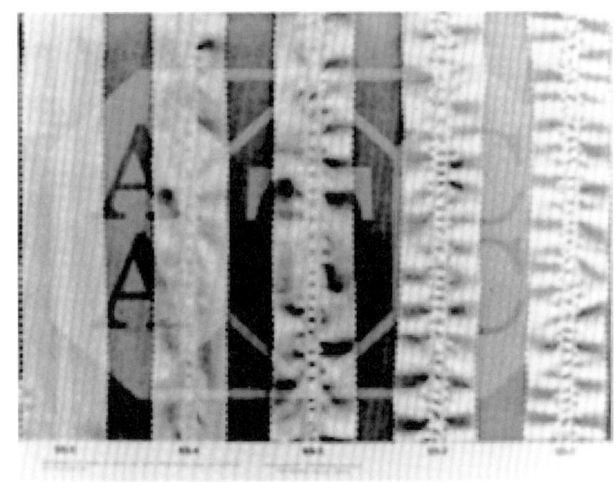

(b)双缝样照

图2 AATCC 缝线平整度样照

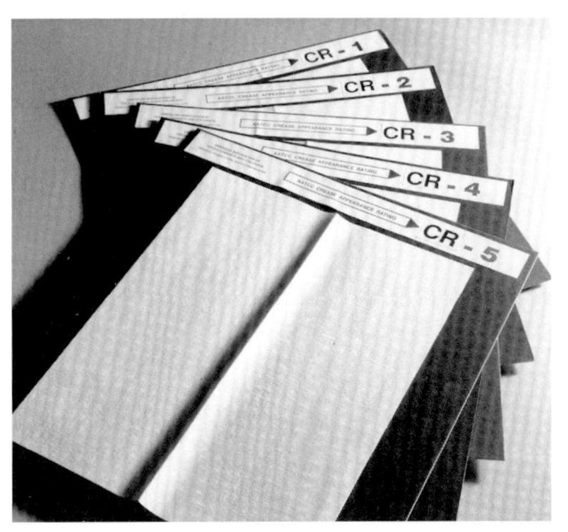

图3 AATCC 三维褶裥保持性样照

7. 测试样品

对于纺织制品，取3个用于测试。

若织物有褶皱，可在洗涤前适当地熨烫。见 TM133 耐热色牢度热压（见12.3），表1安全熨烫温度指南。

8. 洗涤程序

8.1 机洗。

8.1.1 从表1选择测试所需的水洗条件。推荐使用标准档，按照选择的洗涤条件设定洗衣机参数。

8.1.2 负载包括全部试样、陪洗织物，总负载为1.8kg±0.1kg（4.0磅±0.2磅）。对于关键评价和仲裁试验，每次洗涤应限定试样数量且试样取自同一样品。

8.1.3 开始选择水洗循环，加水至指定的水位。

8.1.4 按照洗衣机生产商说明，加入66g±1g的1993AATCC标准洗涤剂。如果洗涤剂直接加入到水中，应当轻微搅拌，使其全部溶解。在加负载之前停止搅拌。

8.1.5 加入负载（测试样和陪洗织物），均匀分散在搅拌器四周，开始水洗循环。

8.1.6 对于需要滴干的试样（干燥程序C），

在最后一次漂洗后，开始排水之前停止水洗循环。取出浸湿的试样。对于需要滚筒烘干（A），悬挂晾干（B），或平铺晾干（C）的试样，允许继续洗涤直到最后一次洗涤循环结束。

8.1.7 在每次水洗循环结束后，将绞在一起的试样和陪洗织物分开，切忌使试样发生扭曲变形。

8.1.8 洗涤褶皱。洗后试样可能有褶皱，干燥前应用手去除。

8.1.9 选择合适的干燥程序。

8.2 手洗。

8.2.1 从表 2 中选择水洗温度。在水洗盆内加入 7.6L ± 1.9L（2.0 加仑 ±0.5 加仑）此温度的水。

8.2.2 向水洗盆内加入 20g ± 1g 的 AATCC 1993 标准参考洗涤剂。

8.2.3 用手搅拌使洗涤剂溶解。

8.2.4 加入试样，轻轻挤压试样使其分散在洗涤剂溶液中，不要扭或拧。

8.2.5 让试样浸泡 2min。

8.2.6 轻轻挤压试样 1min，不要扭或拧。

8.2.7 重复浸泡 2min，挤压 1min。

8.2.8 从水洗盆中取出试样，轻轻挤压去除多余的洗涤剂，不要扭或拧。

8.2.9 将试样放置于干净的毛巾上。清洗水洗盆。

8.2.10 在选定的漂洗温度下（见表 2），向水洗盆中加入 7.6L ± 1.9L（2.0 加仑 ±0.5 加仑）的干净水。

8.2.11 从毛巾上取下试样，放入漂洗水中，轻轻挤压使其分散，不要扭或拧。

8.2.12 让试样浸泡 2min 。

8.2.13 轻轻挤压试样 1min，不要扭或拧。

8.2.14 重复浸泡 2min，挤压 1min。

8.2.15 将试样从水洗盆中取出，轻轻挤压去除多余的水分，不要扭或拧。

8.2.16 用干净的白毛巾，吸掉试样上的水分，不要扭或拧。

8.2.17 进行合适的干燥程序。

8.3 干燥。

8.3.1 从表 3 选择干燥条件。

8.3.2 （A）滚筒烘干。将洗涤负荷（试样与陪洗织物）放入滚筒烘干机中，设置温度达到选定的排气温度（见表 4）。启动烘干机，直到试样和陪洗织物烘干。烘干机停止后，立即取出试样。

8.3.3 （B）悬挂晾干。悬挂晾干时固定试样的两角，织物的长度方向与水平面垂直，悬挂在室温不超过 26℃（78℉）的静止空气中至干燥。不要直接对着试样吹风，以防止试样发生扭曲。

8.3.4 （C）滴干。滴干时固定滴水试样的两角，织物的长度方向与水平面垂直，悬挂在室温不超过 26℃（78℉）的静止空气中至干燥。不要直接对着试样吹风，以防止试样发生扭曲。

8.3.5 （D）平铺晾干。试样在水平的网架或打孔架上摊平，去除褶皱，但不要扭曲或拉伸试样，放在室温不超过 26℃（78℉）的静止空气中至干燥。不要直接对着试样吹风，以防止试样发生扭曲。

8.3.6 对于所有的干燥方式，允许试样在再次洗涤之前完全干燥。

8.3.7 洗后折痕。除最后一次干燥循环外，试样在任何一次的干燥循环后出现了折痕或褶皱，应在下一次洗涤和干燥循环前，浸湿试样，以适合的温度手工烫平（见 7.1.1）。若是最后一次干燥循环，则不可用此方式去除试样的折痕或褶皱。

8.3.8 重复选定的洗涤和干燥程序，总共进行 5 次循环或按协议要求的循环次数。

8.4 调湿。

最后一次干燥完成后，按 ASTM D1776《纺织品调湿和测试标准方法》（见 12.4）调湿试样。（按照表 1 选择织物调湿条件。按照表 2，根据纤维含量选择调湿时间），将每个测试试样分别平铺于筛网或带孔的调湿/干燥架上。

9. 评级

9.1 三个经过培训的观测者单独为每个试样评级。

9.2 所有评级应在专门的区域进行（见附录A）。悬挂的荧光灯是观测板的唯一光源。除评级褶裥外观时，房间中其他的光源都要关掉。评定褶裥外观时，还需要带有反射镜和防护罩的泛光灯，放置位置如图 A2 所示。

9.3 观测者站在试样的正前方距离观测板1219mm ±25mm（48 英寸 ±1 英寸），观测者的观测高度在 1524mm（60 英尺）左右对评级结果无显著影响。

9.4 外观平整度。

9.4.1 将试样放在评级板上，织物的长度方向与水平面垂直。将最接近的外观平整度标准样照放在试样的旁边，以方便评级。

9.4.2 尽管 3 - D 外观平整度（SA）样照是根据机织物制成的，但这些褶皱表面不可能复制所有可能的织物表面。样照代表了不同水平的织物平整度。观测者应根据平整度 SA 样照并结合试样上的褶皱程度确定平整度等级（见表 6）。

9.4.3 给出与试样外观平整度最接近的标准评级样照的数字级数，尽管有的整数评级样照没有中间等级的样照，但也可以评半级（SA－1.5、SA－2.5、SA－4.5）。

9.4.4 外观等级 SA－5 相当于 SA－5 标准样照，表示平整度是最好的；外观等级 SA－1 相当于SA－1 标准样照，表示平整度是最差的。

9.4.5 如果在评级的试样上有洗后折痕，细心评级试样。这样的洗后折痕可以忽略。当带有洗后折痕的试样与其他试样的等级相差一级以上时，应重新取样，重新进行测试，一定要小心，以避免产生干燥折痕。

9.5 缝线外观。

9.5.1 将试样放在评级板上，缝线与水平面垂直。将适合的单缝或双缝标准样卡（SS）放在试样旁边，以方便评级。

9.5.2 评级时要注意缝线区域，不要受周围织物外观的影响。接缝平整度样照是由机织物拍摄得到，不能完全复制其他织物或缝线的外观。样照可以作为参考，代表不同的接缝平整度水平。

9.5.3 给出与缝线外观最接近的标准评级样照的数字级数。

9.6 褶裥外观。

9.6.1 将试样放在评级板上，褶裥与水平面垂直。将最接近的三维褶裥保持性样照（CR）放在试样的旁边，以方便评级。1、3、5 级评级样照放在试样的左边，2、4 级评级样照放在试样的右边。

9.6.2 带有反射镜和防护罩的泛光灯如图 A2所示放置在评级区域，在这个评级过程中要使用。

9.6.3 评级时要注意褶裥本身不要受周围织物外观的影响。褶裥保持性样照是由机织物拍摄得到，不能完全复制其他织物（针织物、非织造布）。样照可以作为参考，代表不同的褶裥保持性水平。

9.6.4 给出与褶裥外观最接近的标准评级样照的数字级数。

9.7 纺织制品的外观。

9.7.1 分别评定各项外观，将评级结果填入评级图表中（见图 4）。

9.7.2 如果要指定各项外观对整体外观影响的重要程度，将权重因数填入评级图表中。

9.7.3 各项外观权重因数的意义是：

3——对整体外观非常重要

2——对整体外观中等重要

1——对整体外观轻微重要

9.7.4 将样品放在评级板上，这样评级区域的中心距离地面大约 1524mm（60 英尺），如图 A1所示。在适当的位置放置合适的三维标准样照，以利于比较评级（见 9.4、9.5 或 9.6）。

9.7.5 如果样品非常大，如床单、羊毛围巾、床罩、窗帘或帷幕，沿长度方向折叠样品，这样形成的样品为原始宽度的一半。将折叠后的样品放在一个杆子上，这样织物的长度方向是垂直的，折叠样品位于1/4处。杆子应足够长，保证容纳一半宽度的样品。将装有大试样的杆子放在评级板上，距离地面1829mm（72英尺）。标准样照放置在利于比较评级的位置。在整个宽度范围上评级样品，评级时样品与样照在同一视觉水平线上。以相同的方式评级样品的四个部分，报告各项评级的结果平均值。

表6 样照相对应的织物平整度等级

等级	描　述
SA－5	相对于SA－5样照。非常光滑，平整，完整的外观。
SA－4	相对于SA－4样照。光滑，完整的外观。
SA－3.5	相对于SA－3.5样照。相对光滑但不平整的外观。
SA－3	相对于SA－3样照。凹凸不平的外观。
SA－2	相对于SA－2样照。皱巴巴，明显褶皱的外观。
SA－1	相对于SA－1样照。皱巴巴，严重褶皱的外观。

10. 报告

10.1 选项1。采用权重因数在评级图表（见图4）中将指定的各项外观的权重因数相加，并乘以5。这样给出了这个样品可以得到的最大值。用指定的各项权重因数乘以各项外观评级结果的平均值。合计这些值，得到这个样品的实际值。用实际值除以最大值，再乘以100%，报告这个百分比数值。这个值是这个测试方法的度量单位。

10.2 选项2。在评级图表级数纵列分别报告各项外观评级结果的平均值。

10.3 报告每个测试样品的结果。

10.3.1 样品的描述或识别。

10.3.2 报告评级是按照AATCC TM143－2018t进行的。

10.3.3 测试样数量。

10.3.4 陪洗织物类型，1型或3型。

10.3.5 洗涤循环次数（默认为5个循环）。

10.3.6 如果可能，报告洗涤的条件，包括循环模式、水洗温度、干燥程序和滚筒烘干温度。如果各方都了解的话，可以使用数字描述这些条件，例如1－Ⅳ－A（ii）表示标准档，49℃，滚筒烘干。

10.3.7 观察者人数。

10.3.8 所使用的接缝平整度样照，单缝样照或双缝样照。

10.3.9 任何测试的偏离。

10.3.10 对于选项1，报告整体的百分级数。

10.3.11 对于选项2，报告平均的SA级数，SS级数，CR级数，每个级数精确到0.1。

10.4 如果洗涤过程中，在缝线或产品中的其他位置发生散边，应注明散边的位置或数量。

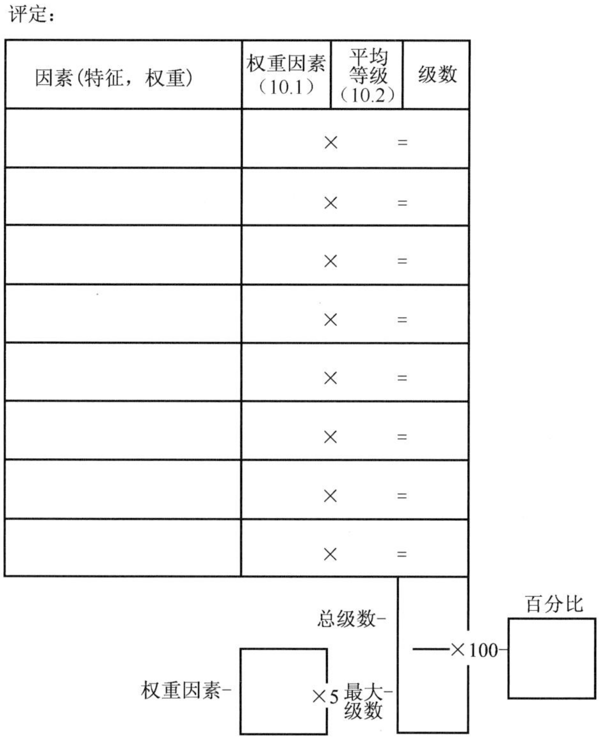

评定：

因素(特征，权重)	权重因素(10.1)	平均等级(10.2)	级数
	×	=	
	×	=	
	×	=	
	×	=	
	×	=	
	×	=	
	×	=	
	×	=	

总级数—

权重因素— ×5 最大级数— ×100— 百分比

图4 评级图表

11. 精确度和偏差

11.1 精确度。这个测试方法的精确度还没有确立。方法精确度的描述是用标准统计学技术比较实验室内部或实验室间的测试结果的平均值而产生的。

11.2 偏差。服装和其他纺织制品经家庭洗涤后的外观，仅仅是根据测试方法确定。没有确定真实值的独立方法。作为评定这个性能的方式，本方法没有已知的偏差。

12. 注释

12.1 有关适合测试方法的设备信息，请登录 http://www. aatcc. org/bg，浏览在线 AATCC 用户指导，见 AATCC 企业会员提供的设备和材料清单。但 AATCC 未对其授权，或以任何方式批准、认可或证明清单上的任何设备或材料符合测试方法的要求。

12.2 建议的洗衣机和烘干机的型号和来源，可联系 AATCC 获取，地址：P. O. Box 12215，Research Triangle Park NC 27709；电话：+1. 919. 549. 8141；传真：+1. 919. 549. 8933；电子邮箱：ordering@ aatcc. org；网址：www. aatcc. org。此方法的前一个版本描述了另一种参数（3. 6kg 负载，83L 水位，80g AATCC 1993 标准参考洗涤剂），但是没有可满足此参数的设备，另外此参数得到的结果不等同于标准设备得到的结果。

12.3 可从 AATCC 获得，地址：P. O. Box 12215，Research Triangle Park NC 27709；电话：+1. 919. 549. 8141；传真：+1. 919. 549. 8933；电子邮箱：ordering@ aatcc. org；网址：www. aatcc. org。

12.4 ASTM 标准可以从 ASTM 获取，地址：100 Barr Harbor Dr.，West Conshohocken PA 19428；电话：+1. 610. 832. 9500；传真：+1. 610. 832. 9555；网址：www. astm. org。

12.5 此方法需要两个 96 英寸的灯管，用于观察水洗测试试样。如果空间有限，可以选择两个 48 英寸的灯管代替，和一个窄点的观察板。但评级样照 SA-4、SA-3 和 SA-1 应始终放在评级板的左边，从观测板的正前方观测。评级样照 SA-5、SA-3. 5 和 SA-2 应始终放在评级板的右边，从观测板的正前方观测。

12.6 此测试方法中的水洗温度和其他参数都是测试的标准条件。作为实验室的常用测试程序，它代表但不完全和目前消费者的实际情况一致。消费者的实际情况会随着时间和每个家庭有所不同。实验室操作必须一致，以便使结果具有可比性。如果水洗设备或其他条件不同于此方法，必须要描述细节和偏离。LP1 和 ISO 6330 概述了可选择的其他洗涤条件。与其他手洗程序相似，本方法存在固有的局限性。例如由于人为原因限制的重现性。

12.7 可从 ISO 网站获取，www. iso. org。

附录 A　评级区

A1　评级板

A1.1 胶合板，高度 1829mm（72 英寸），厚度 6mm（0. 25 英寸），足够宽，可以容纳尺子和样品。

A1.2 板上喷涂与 2 级灰卡颜色一样的颜料（见 12. 3）。CIELAB 的值大约为 $L^*=77$，$a^*=0$，$b^*=0$。每个参数可接受 2 个单位的允差。

A1.3 固定试样和样照的弹簧或其他装置需要保证试样中心离地面 1524mm（60 英寸）高，可以使用薄钢板固定 0. 76mm（22ga）。

A2　光源

A2.1 悬挂荧光灯管（见 12. 5）。

A2.1.1 2 个平行的 F96 T12 冷白灯（无挡板或玻璃）。

A2.1.2 一个白色搪瓷反光镜（无挡板或玻

璃）。

A2.1.3 按照图 A1 固定。

A2.2 白炽泛光灯，500W，120V，C9 长丝，90°泛光灯，用于褶裥评级。

A2.2.1 254mm（10 英寸）铝反射器，和泛光灯一起使用。

A2.2.2 遮光罩

A2.2.3 位置见图 A2 所示。

A2.3 消除除指定荧光灯外的其他所有光源。

A3 墙面

A3.1 许多观察者的经验说明，靠近观察板的墙面颜色会影响评级结果。建议墙壁颜色为哑光黑（85°角光泽度 5 以下）或在观察板的两侧安装遮光帘，以消除反射。

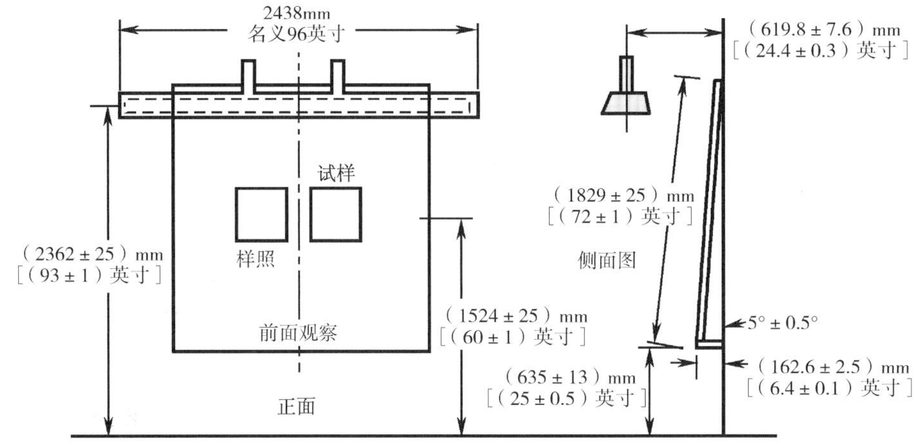

图 A1　评级区

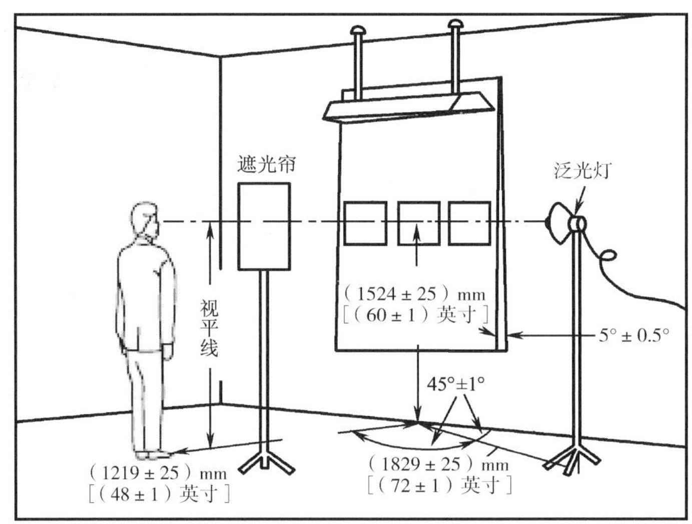

图 A2　褶裥保持性评级的照明及观测图示

AATCC TM144-1997e(2016)e

纺织品湿加工过程中的总碱含量

AATCC RA34 技术委员会于 1975 年制定，1977 年、1980 年、1986 年、1992 年、2002 年、2007 年、2012 年、2016 年重新审定；1985 年、1990 年、2010 年、2019 年编辑修订；1987 年、1997 年修订（更换标题）。

1. 目的和范围

本测试方法用来测定纺织品湿加工过程中的总碱含量。总碱含量可用于确定织物经湿加工后，特别是在漂白后的洗涤和/或中和的效率，也可以用于评价前处理后的纺织品是否适合于后续染色和整理。

2. 原理

将样品浸在蒸馏水或去离子水中，然后用标准酸滴定溶液到预先确定的终点，通过滴定所耗用酸的体积和样品的重量，计算碱的百分含量。

3. 术语

3.1 漂白：通过氧化或者还原化学处理，去除基质上不想要的有色物质的过程。

3.2 pH：以克当量每升表示的氢离子活度的负对数，值为 0 ~ 14，可表示酸性和碱性，7 代表中性，越小于 7 表示酸性越强，越大于 7 则表示碱性越强。

3.3 总碱量：在纺织品加工过程中，经过湿加工的织物中残留的碱性物质量，用氢氧化钠对织物干重的百分数来表示。

3.4 湿处理：在纺织品加工过程中，有一整套加工工序，包括前处理、染色、印花和整理工艺，在这些过程中通常都是使用液体，如用水、或溶液中或分散液中的化学品来对纺织品进行处理。

4. 安全和预防措施

本安全和预防措施仅供参考。本部分有助于测试，但未指出所有可能的安全问题。在本测试方法中，使用者在处理材料时有责任采用安全和适当的技术；务必向制造商咨询有关材料的详尽信息，如材料的安全参数和其他制造商的建议；务必向美国职业安全卫生管理局（OSHA）咨询并遵守其所有标准和规定。

4.1 遵守良好的实验室规定，在所有的试验区域应佩戴防护眼镜。

4.2 所有化学物品应当谨慎使用和处理。

4.3 如果用浓硫酸稀释制备 0.05mol/L（0.1N）硫酸（见 6.5），要使用化学护目镜或者面罩、防渗透手套和围裙，处理浓酸时必须在通风良好的通风橱中进行。需要注意的是，配置酸液时，应总是向水中滴加酸。

4.4 在附近安装洗眼器、安全喷淋装置以备急用。

4.5 本测试法中，人体与化学物质的接触限度不得高于官方的限定值［例如，美国职业安全卫生管理局（OSHA）允许的暴露极限值（PEL），参见 1989 年 1 月 1 日实施的 29 CFR 1910.1000］。此外，美国政府工业卫生师协会（ACGIH）的阈限值（TLVs）由时间加权平均数（TLV - TWA）、短期暴露极限（TLV - STEL）和最高极限（TLV - C）组成，建议将其作为人体在空气污染物中暴露的基本准则并遵守（见 13.1）。

5. 使用和限制条件

5.1 用本测试方法测定织物上所含碱的总量，所有测得的碱性物质（包括氢氧化钠、碳酸钠、碳酸氢钠以及其他碱盐）均换算为氢氧化钠进行计算，试验结果报告为总碱量，用氢氧化钠表示。

5.2 因为蒸馏水或去离子水可能含有二氧化碳，所以使用之前必须煮沸以去除二氧化碳。

6. 仪器和试剂

6.1 pH 计，最小刻度 0.1。

6.2 玻璃烧杯，600mL。

6.3 玻璃滴定管，10mL，最小刻度 0.10mL。

6.4 缓冲溶液，pH 为 4.0 ~ 7.0。

6.5 硫酸（H_2SO_4），0.05mol/L（0.10N）（见 13.2）。

7. 校准

根据产品使用说明，用 pH 为 4.0 的缓冲溶液校准 pH 计，二点校准 pH 计应使用 pH 为 4.0 和 7.0 的缓冲溶液分别校正。

8. 试样准备

8.1 在干态或湿态下取样均可。

8.2 干态织物。选择两块或更多块具有代表性的干织物试样，将其放入烘箱内，在 100℃（212℉）下干燥 1h，在干燥器中冷却并称量，精确到 0.1g，试样总重量应为 5 ~ 10g。

8.3 湿态织物。选择两块或者更多块具有代表性样品，湿态下总重 10 ~ 20g。

9. 操作程序

9.1 室温下，将每个样品分别放入盛有 450 ~ 500mL 蒸馏水或者去离子水的 600mL 烧杯中，剧烈搅拌 1min，盖上盖子，浸渍样品 15min。最后，再次搅拌样品溶液，插入 pH 计电极，注意要避免 pH 计与样品接触。

9.2 用 0.05mol/L（0.10N）的硫酸滴定水和样品溶液，到 pH 为 3.9 作为终点并稳定 10s，随着一滴滴地滴定，轻轻搅动试样，注意搅动时不要接触到电极，读取滴管上最接近的刻度值（见 13.3）。

9.3 如果从湿样品上剪取试样，按 8.2 中方法清洗并烘干已滴定试样至恒重（精确到 0.1g），小心收集在滴定过程中可能散开的任何线头。

9.4 重复 9.2 的步骤，滴定不放试样的空白水样。

10. 计算

10.1 按照下面公式用滴定量计算总碱含量的百分数：

$$X = \frac{(A-B) \times 0.04 \times N}{W} \times 100\%$$

式中：X——以氢氧化钠表示的总碱量的重量百分数，%；

A——滴定试样溶液耗用酸的体积，mL；

B——滴定空白水样耗用酸的体积，mL；

N——硫酸的当量浓度，0.10N；

W——试样的质量。

10.2 使用下面公式计算样品的平均值：

$$x = \frac{x_1 + x_2 + \cdots + x_n}{n}$$

11. 评级

11.1 总碱含量的重要性在于它会影响到纺织品的后续加工工艺。所以试验结果通常是用总碱含量和纺织品中萃取液的 pH 共同表示，详见 AATCC 81《湿处理纺织品水萃取液 pH 的测定》。

11.2 只要试样中含有碱，那么总碱量表示单位质量试样中残余碱的量。

12. 精确度和偏差

12.1 精确度。

12.1.1 实验室间的研究于1993年完成，共有五个实验室参与，每个实验室有两名操作员对四块织物样本进行试验，每个织物样品进行三次测定。预先没有对参与的实验室在试验方法操作上的相对水平进行评估。

12.1.2 对数据组（5×2×3×4=120）进行分析可得到偏差构成如下：

偏差构成	偏差
实验室间偏差	0.000245
同一实验室内操作员间的偏差	0.000061
同一材料、同一实验室和同一操作员的试样间的偏差	0.000047

12.1.3 表1（临界差）是使用12.1.2中的值计算的。

12.1.4 在合适的精度参数下，N 次测定值中的两个平均值间的方差，应达到或超过表中的以95%的置信水平下统计的值。

12.2 偏差。纺织品湿加工过程中的总碱含量的测试方法的偏差只能作为一种测试方法进行定义。本方法没有已知偏差。在研究中，没有单独的、参考性的统计方法可以确定本方法是否存在偏差。

表1 给定条件下两个平均值的临界方差

（95%置信水平）

测试次数（N）	纺织品湿加工过程中的总碱度（以氢氧化钠计的总碱量的百分数）		
	单操作员精度	实验室内精度	实验室间精度
1	0.0190	0.0288	0.0509
2	0.0134	0.0230	0.0491
4	0.0095	0.0209	0.0481
8	0.0067	0.0198	0.0477

13. 注释

13.1 相关资料可从ACGIH Publications Office获取，Kemper Woods Center，1330 Kemper Meadow Dr.，Cincinnati OH 45240；电话：+1.513.742.2020；网址：www.acgih.org。

13.2 标准酸的制备方法参考W. W. Scott，Standard Methods of Chemical Analysis，6th Ed.，Van Nostrand，New York，1962，p1343。

13.3 滴定的过程中可以使用合适的比色指示剂，比如甲基橙（pH=3.1~4.4）指示剂，用指示剂得到的结果要比用pH计测得结果的精度低。

10.10 过长的时间延迟和保持温度可能影响测试结果。测试应该在 15min 内完成。

10.11 过滤残留样卡由代表五个等级的过滤残留量状态的照片组成，作为评价部分使用（见 7.2）。

10.12 相关资料可以从 AATCC 获取。地址：P. O. Box 12215，Research Triangle Park NC 27709；电话：+1. 919. 549. 8141；传真：+1. 919. 549. 8933；电子邮箱：ordering@ aatcc. org；网址：www. aatcc. org。

10.13 在滤纸干燥前，用 10～15mL 的专用制备的水清洗滤纸。这样有助于去除比所用滤纸孔径更小的微米级的染料。

10.14 调节 pH 是必需的，因为不同的染料自身会有很大的 pH 变化范围。例如，浆状染料的分散液的 pH 通常比其相应粉末的分散液具有更强的碱性。

10.15 相关资料可从 ACGIH Publication Office 获取，Kemper Woods Center，1330 Kemper Meadow Dr.，Cincinnati OH 45240；电话：+1. 513. 742. 2020；网址：www. acgih. org。

附录　AATCC TM146 方法的流程图

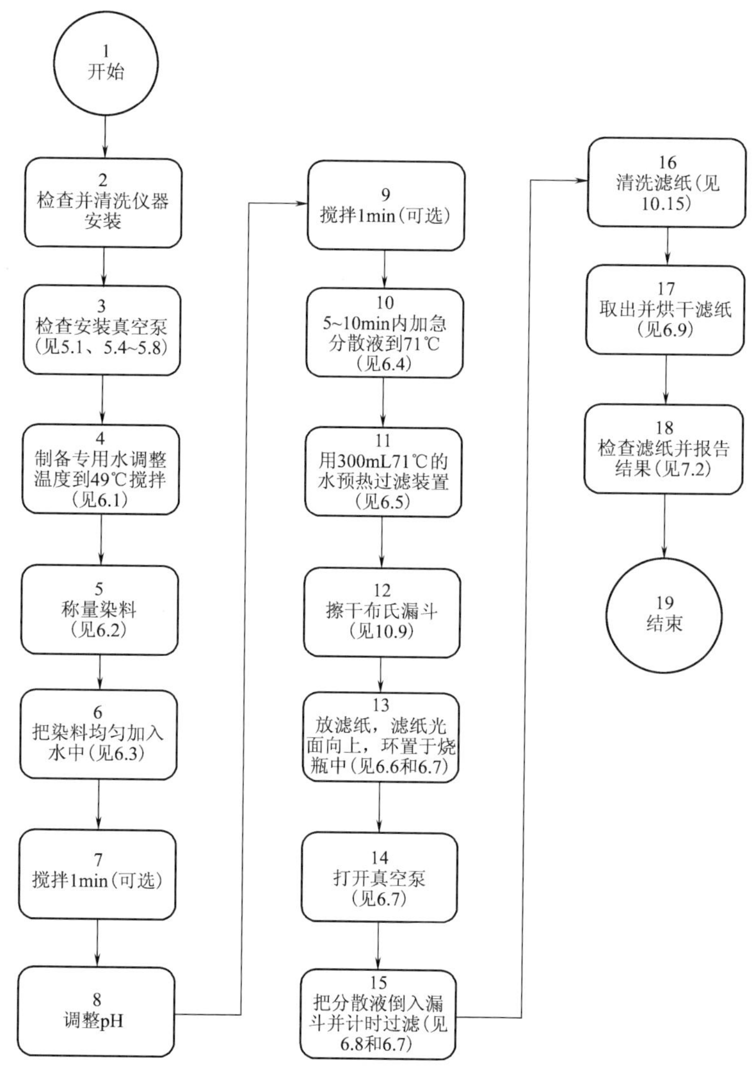

AATCC TM147-2011(2016)e

纺织材料抗菌活性测试方法：平行条纹法

AATCC RA31 技术委员会于 1976 年制定；1977 年、1982 年、1998 年、2016 年重新审定；1980 年、1982 年、1983 年、1986 年、2010 年、2019 年（更换标题）编辑修订；1987 年、1988 年（更换标题）、1993 年、2011 年修订；2004 年编辑修订并重新审定。

前言

平行画线法满足了对经抗菌整理的纺织材料中可扩散抗菌剂抗菌活性进行相对快捷和易操作的定性检测的需求。

AATCC 100《纺织材料抗菌整理剂的评价》是一种十分灵敏的定量方法，但是对日常质量控制和筛检而言过于烦琐、耗时。因此，当要用抗菌剂在琼脂中的扩散来表明抑菌活性时，AATCC 147 可以满足这种要求。试验采用平行条纹法在琼脂表面接种，因此更易区分试验菌种和未灭菌样品可能带入的污染菌。平行条纹法在评价抗革兰氏阳性菌和抗革兰氏阴性菌活性上的多年应用证明该方法有效。

1. 目的和范围

旨在检测纺织材料的抑菌活性。RA31 技术委员会根据多家实验室对经多次标准洗涤后织物上残留的抗菌剂（用化学分析法测定）进行的测试，证实了该方法的可重现性。随着从条纹的一端到另一端以及相邻两条纹之间接种微生物繁殖量的逐渐减少，其灵敏度在不断增加，所以本方法可测定这种活性的粗略值。通过抑菌区的大小以及抗菌剂导致的线条变窄，可以评价经过多次洗涤后残留的抗菌活性。

2. 原理

将测试材料的试样，包括相应的未经抗菌整理的同样材料的控制样，紧贴在营养琼脂上，营养琼脂预先用测试菌种画线接种。经过培养，试样下以及周围的无菌区表明试样的抑菌活性。测试材料对使用的标准菌株有规定。如果没有特殊要求，革兰氏阳性菌可以金黄色葡萄球菌为代表。其他建议使用的菌种在下文 6 中列出。

3. 术语

3.1 活性：抗菌整理剂效果的度量。

3.2 抗菌剂：纺织品中，任何能够杀死细菌（杀菌剂）或抑制细菌活性、生长、繁殖（抑菌剂）的化学物质。

3.3 抑菌区：与琼脂培养基表面直接接触的试样附近，无已接种在培养基表面的微生物生长的区域。抑菌区是由于试样上抗菌剂的扩散造成的。

4. 安全和预防措施

本安全和预防措施仅供参考。本部分有助于测试，但未指出所有可能的安全问题。在本测试方法中，使用者在处理材料时有责任采用安全和适当的技术；务必向制造商咨询有关材料的详尽信息，如材料的安全参数和其他制造商的建议；务必向美国职业安全卫生管理局（OSHA）咨询并遵守其所有标准和规定。

4.1 本测试只能由受过训练的人员操作。参阅美国健康与社会服务部出版的《微生物和生物化学实验室的生物安全》（见 12.1）。

AATCC TM148-2014e4 (2021)

纺织品及相关材料的遮光效果：光电探测器法

前言

AATCC 148－1989《窗帘材料的光屏蔽效果》于1994年被废除。在该方法被废除后，由于仍需要测试遮光效果性能，该方法被重新确立并更换了新标准名称。与之同类的另一种测试方法使用的是积分球分光光度计透过率测试模式（见 AATCC 203），两种方法并不等效（见14.1）。

1. 目的和范围

1.1 本测试方法使用照度计测量纺织品及相关材料对于光线的阻隔遮光性。

1.2 本测试方法适用于各种类型的织物，包括涂层织物和其他以纺织材料为基材的物质。

2. 原理

本测试方法通过测试光源发出的光量和同一光源透射过试样后的光量的百分比，来评价材料的遮光性能。

3. 术语

3.1 漫透射：入射光在穿过物体透射时以不同的角度发生折射和散射。

3.2 光亮：根据人眼视觉的亮度函数来计算。

3.3 遮光性：纺织材料阻止光线透射的能力。

3.4 非扩散性透射：入射光垂直通过物体未发生漫反射的过程。

3.5 照度计：用于测试光线的仪器。

3.6 总透射：透过物体的光线总量，包括漫透射和非漫透射光。

3.7 透射：入射光穿过物体的过程。

4. 安全和预防措施

本安全和预防措施仅供参考。本部分有助于测试，但未指出所有可能的安全问题。在本测试方法中，使用者在处理材料时有责任采用安全和适当的技术；务必向制造商咨询有关材料的详尽信息，如材料的安全参数和其他制造商的建议；务必向美国职业安全卫生管理局（OSHA）咨询并遵守其所有标准和规定。

4.1 遵守良好的实验室规定，在所有的试验区域应佩戴防护眼镜。

4.2 在操作实验室检测设备时，应遵守仪器生产商的安全操作规程。

5. 使用和限制条件

5.1 测试结果与仪器所用光源有关，所使用光源需在报告中加以说明。

5.2 测试系统可检测到的光量有限，对于高遮光性能的材料，本测试方法具有一定的局限性。同时也与仪器的灵敏度和所使用的光源相关（见14.3）。

5.3 本测试方法测量的是通过材料的非扩散性透射光量，排除了扩散光（散射光）的干扰（见14.1）。

6. 校准

测量是基于光照度（单位为勒克斯，用 lx 表示）的，仪器应根据其制造商推荐的周期进行校准，例如每年。

7. 仪器

仪器（见图1）包含有一个内部表面为哑光黑

色，光线不可透过的箱体（高 360mm ± 20mm，宽 280mm ± 20mm，深 200mm ± 20mm）。其中一面没有为满足照度计传感器尺寸的圆形开口，并配有夹持器，可从内部固定传感器；与之相对的一面具有直径为 50mm ± 3mm 的圆形开口（开口处用于放置试样），同时，开口处有由不透明材料制成的滑动闸板，可满足完全遮挡此开口的要求。磁条可以方便地将试样固定并紧密接触箱体的外表面，也可使用其他可固定试样的方法。一盏光源灯安装于一个金属反射器中，并与箱体上的两个圆形开口在同一条直线上。灯距测试试样的表面 300mm。为了适应不同的灯具，向固定的器具可以方便地使其到样品的距离保持恒定。

8. 样品

8.1 从样品不同部位上裁取 3 个具有代表性的试样。不可从机头布或布边宽度 10% 的范围内取样。

8.2 如果测试一条完整的窗帘或一卷布，可以在宽度方向上的 3 个不同位置进行测试。

8.3 如果不同试样的测试结果差异较大，即使人眼看上去并无明显差别，此时也应增加测试试样的数量（见 11 和 14.2）。

8.4 测试材料在尺寸较小时（取样小于 50mm）具有不同的光线透射性能（与织物结构，装饰物等有关）时，需增加测试试样的数量。

8.5 测试材料具有大范围的循环（单个循环尺寸大于 50mm 时），不同区域可能具有不同的光线透射性能时，需分别测试。

8.6 测试报告中应包含样品信息。

9. 调湿

9.1 测试前应将试样放置于具有排孔的架子上，在温度为 21℃ ±2℃（70℉ ±4℉），相对湿度为 65% ±5% 的环境下，按照 ASTM D1776《纺织品调湿和测试标准方法》的要求至少调湿平衡 4h。

9.2 所有试样均需在标准大气压环境下进行测试。此外，由于样品用途的不同，可能测试环境有所不同，报告中应包含特殊的样品测试环境条件。

10. 操作程序

10.1 将光源、箱体和光电传感器放置于一个恒定低光照的室内（见 14.1），并关闭样品夹持位置处的滑动闸板。

10.2 打开光源，发出持续稳定的光。

10.3 仪器清零。进行仪器清零时，室内应为恒定低光照环境，且此环境条件在后续测试时不应发生变化。

10.4 将仪器灵敏度调节至较低水平（如可行），以测量高亮度水平的光线。

10.5 打开滑动孔径。

10.6 测量并记录试样位置处无材料时到达光电传感器的光线总量，记为 A。

10.7 关闭滑动孔径。

10.8 将测试样品置于试样固定位置并固定。

10.9 打开滑动孔径。

10.10 测量并记录试样存在时到达光电传感器的光线透过量，记为 B。如可行且必要时，调节仪器灵敏度至合适的水平，用于测试穿过试样的光线总量。

10.11 关闭滑动孔径，移除已测试试样，安装下一个试样后，打开滑动孔径，读取试样的光线透过量，同样记为 B。重复上述操作，直至测试完所有试样。

10.12 再次重复 10.6 的操作，测量试样位置处无材料时到达光电传感器的光线总量，同样记为 A。

11. 计算

11.1 计算 10.6 和 10.12 中所测量光源灯进入传感器的光线总量 A 的平均值。

11.2 计算分别使用两种测试方法（见 14.6）中的一种测量，得到的试样遮光性能。

11.2.1 根据下式计算试样的遮光率：

$$遮光率 = \left(1 - \frac{B}{A}\right) \times 100\%$$

式中：B——光源穿过试样到达传感器的光线总量；

A——试样位置处无材料时光源穿过试样到达传感器的光线总量。

11.2.2 或者按下式计算试样的吸光光度值：

$$吸光度 = -\lg \frac{B}{A}$$

11.3 计算 3 个（或更多）试样的平均遮光率或平均吸光光度值。

11.4 计算所有测试试样的标准偏差。

12. 报告

12.1 报告所使用的测试方法。

12.2 报告仪器所用光源，包括光源类型、功率、名义输出功率和测量输出功率（即 11.1 中的 A 值）。

12.3 报告所有测试样品的平均遮光率或平均吸光光度值（见 11.3）。

12.4 报告测试样品或试样的数量。

12.5 报告测试数据的标准偏差。

12.6 报告测试环境的温度和相对湿度。

13. 精确度和偏差

13.1 精确度。测试了几种涂层织物的遮光效果，每种织物均由同一操作人员测量 3 个不同部位并读数，然后换不同操作人员进行同样操作并读数。利用收藏于美国国会图书馆的编号为 63 - 23531，由 Richard Burington 和 McGraw Hill 编写的《概率函数使用手册》p358 ~ 359 中的表 22 分析其精确度（95% 置信区间）。

13.1.1 同一操作人员的稳定性。编号为 1 的操作人员在 95% 置信区间内测试 3 种不同织物的遮光率值分别为 99.64300% ~ 99.66925%、99.99996% ~ 99.99999% 和 99.99801%。

13.1.2 不同操作人员间的稳定性。两个操作人员分别测试 3 块织物，测试结果具有相似性。在 95% 置信区间内，样品 B2 的遮光率范围为 99.65611% ~ 99.65615%，样品 A5 的遮光率范围为 99.99738% ~ 99.99769%，样品 A2 的遮光率范围为 99.99997% ~ 99.99998%，具体见表 2。

13.2 偏差。使用本测试方法来评价织物遮光性能，没有独立的方法可以测定其真值，因此本方法没有已知偏差。

14. 注解

14.1 测试试样和传感器间的黑色箱体用于屏蔽测试区域的杂散光。探测器夹持器周围的泡沫或其他材料可增加对杂散光的屏蔽效果。仪器在测试环境中清零，避免了测试环境中杂散光可能造成的任何微小影响。同时，黑色箱体的存在也排除了光在测试基材上发生光散射对测试结果的影响。AATCC TM203《纺织品的遮光效果：光谱分析法》使用积分球分光光度计，在测试试样和传感器间有一个积分球，因此没有排除光散射的影响，这意味着该测试方法是受限的。真实生活环境中散射光是存在的，因此，应根据实际情况选择测试方法。光在穿过窗帘进入室内浅色墙面上的过程中发生了散射现象，同时到达浅色墙面的光会发生反射而进入到光源观察者的视野中；当墙面为深色时，进入室内光源观察者视野的光量将变少；当光穿过间层结构的纺织材料进入漆黑的环境中时，光源观察者将观察不到光。本测试方法与后两种情况相关联。

14.2 具有遮光性能的织物通常为涂层类纺织品。涂层的厚度会影响织物的遮光能力。基于此，此方法对测试涂层均匀性也可能是有效的。在任何情况下，都应在高精确度条件下进行测试，来源于同一样品的不同试样间的测试结果的不同，可能主要源于测试样品本身，而非测试引起的差异。来源于同一样品的试样的多次测量可提供对测量重复性的估计。

14.3 光亮根据人眼视觉（如标准观察者）的亮度函数来计算。具体有如下两种测试方法：通过阵列二极管来收集不同波长的光，然后用软件进行计算；或单一测试穿过某一具有适合特性的传感器的总能量，然后用软件进行计算。两种计算光线穿过量的方法与人眼灵敏度的符合性会影响相应仪器的灵敏度，进而会成为选择测试方法的一个影响因素（见14.1）。

14.4 本标准所描述的方法不适用于非视觉电磁辐射，但可通过更改滤光片和软件来满足所要模拟的检测装置的灵敏度。

14.5 在低光照水平时，观察者使用暗视野进行观察，因此应使用适应暗光线的滤光片来进行测试，并在测试报告中进行标注。同时，因初始光源测试时进行了加权计算，为保持一致性，透过光线要以同样的方式进行加权。

14.6 本方法提供了两种测量结果的表达方式：遮光率和吸光光度值。两种表达方式基于相同的测试数据，只是计算方法不同而已。当遮光率值较高时，吸光光度值的表达更为方便。

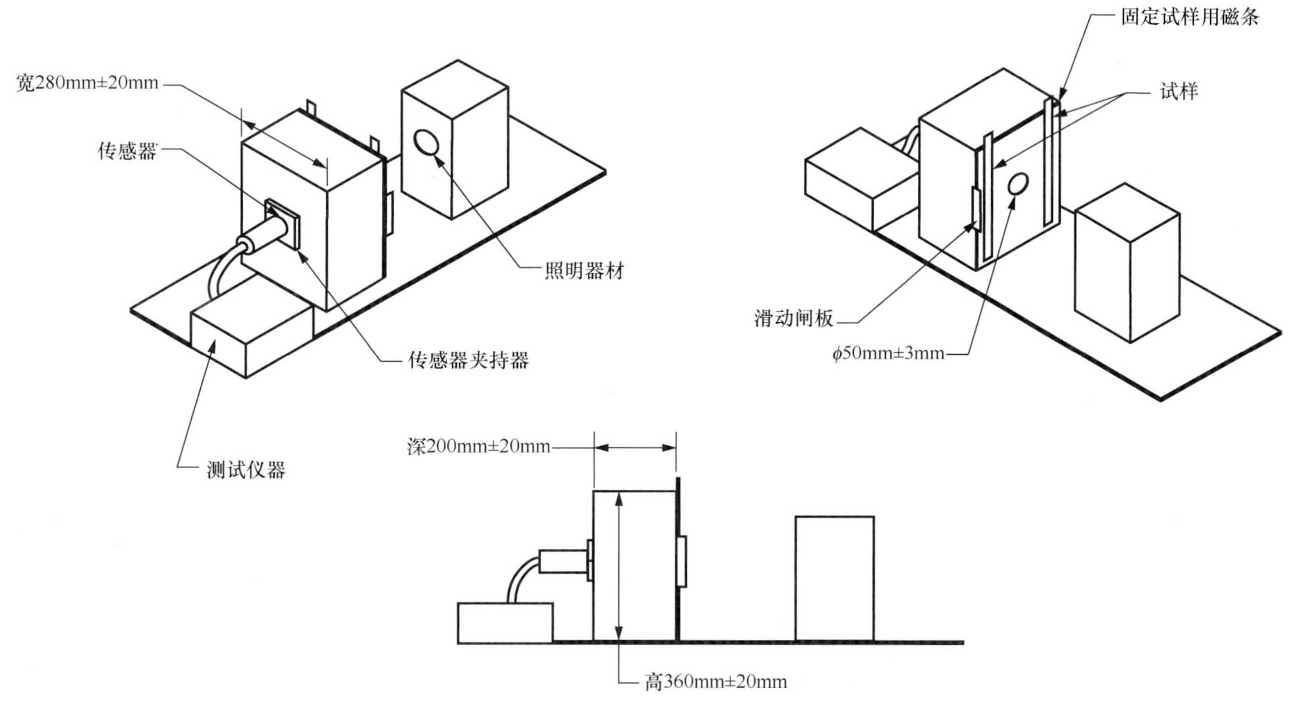

图1 照度计

表1 单一操作员稳定性的计算精确度测量数据

操作员	样品	测试结果			平均值	标准偏差	95%置信区间	下限：95%	上限：95%
操作员1	B2	99.622%	99.653%	99.659%	99.65614%	0.02011%	0.03942%	99.64300%	99.66928%
操作员1	B2	99.628%	99.667%	99.653%					
操作员1	B2	99.666%	99.677%	99.680%					
操作员1	A2	100.000%	100.000%	100.000%	99.99997%	0.00003%	0.00005%	99.99996%	99.99999%
操作员1	A2	100.000%	100.000%	100.000%					
操作员1	A2	100.000%	100.000%	100.000%					

续表

操作员	样品	测试结果			平均值	标准偏差	95%置信区间	下限：95%	上限：95%
操作员 1	A5	99.998%	99.998%	99.996%	99.99761%	0.00061%	0.00120%	99.99721%	99.99801%
操作员 1	A5	99.998%	99.998%	99.998%					
操作员 1	A5	99.998%	99.999%	99.998%					

表 2 操作员间实验操作对比的计算精确度测量数据

操作员	样品	测试结果			平均值	标准偏差	95%置信区间	下限：95%	上限：95%
操作员 1	A5	99.998%	99.998%	99.996%	99.99761%	0.00061%			
操作员 1	A5	99.998%	99.998%	99.998%					
操作员 1	A5	99.998%	99.999%	99.998%					
操作员 2	A5	99.997%	99.996%	99.997%	99.99746%	0.00063%			
操作员 2	A5	99.998%	99.998%	99.998%					
操作员 2	A5	99.998%	99.998%	99.998%					
两个操作员间的平均数据					99.99754%	0.00011%	0.00022%	99.99738%	99.99769%
操作员 1	B2	99.622%	99.653%	99.659%	99.65614%	0.02011%			
操作员 1	B2	99.628%	99.667%	99.653%					
操作员 1	B2	99.666%	99.677%	99.680%					
操作员 2	B2	99.624%	99.624%	99.627%	99.65612%	0.03100%			
操作员 2	B2	99.669%	99.634%	99.656%					
操作员 2	B2	99.707%	99.671%	99.692%					
两个操作员间的平均数据					99.65613%	0.00001%	0.00002%	99.65611%	99.65615%
操作员 1	A2	100.000%	100.000%	100.000%	99.99997%	0.00003%			
操作员 1	A2	100.000%	100.000%	100.000%					
操作员 1	A2	100.000%	100.000%	100.000%					
操作员 2	A2	100.000%	100.000%	100.000%	99.99997%	0.00001%			
操作员 2	A2	100.000%	100.000%	100.000%					
操作员 2	A2	100.000%	100.000%	100.000%					
两个操作员间的平均数据					99.99997%	0	0	99.99997%	99.99998%

AATCC TM149-2018e

氨基多元羧酸及其盐类的螯合值测定——草酸钙法

AATCC RR90 技术委员会于 1976 年制定，1977 年、1985 年（更换标题）、1997 年编辑修订和重新审定；1980 年、2002 年、2007 年、2012 年重新审定；1984 年、1986 年、1988 年（更换标题）、2010 年、2019 年编辑修订；1992 年、2018 年（更换标题）修订。

前言

本测试方法种的滴定法可以得出包括部分取代的 EDTA、HEDTA、DTPA 以及氮川三乙酸（NTA）、亚氨基二乙酸（IDA）、羟乙酸盐级其他弱螯合剂的螯合值。AATCC TM168 聚氨基多元羧酸及其盐类的螯合值——潘酚铜（PAN）法，提供了另外一种可选方法，但是不包括上述部分取代的螯合剂。

1. 目的和范围

乙二胺四乙酸（EDTA）、*N*-羟基乙二胺三乙酸（HEDTA）和二乙烯三胺五乙酸（DTPA）及其盐类的有效成分含量通常用钙螯合值（CaCV）来表示，该值表示已知重量的螯合剂所能螯合的钙离子（以碳酸钙计）的数量。

2. 原理

2.1 螯合值是用已知浓度的钙离子溶液来滴定已知重量的螯合剂试样来测定的。滴定中，钙离子能与溶液中存在的负离子（草酸根）反应生成沉淀。随着钙离子溶液的加入，钙离子首先与螯合剂发生螯合反应，只要有游离的螯合剂存在，就不会形成沉淀物，钙离子加入量超过某一值后，稍微过量的钙离子就能与草酸根负离子反应，形成絮状沉淀物，此时即为反应终点。

2.2 钙螯合值（CaCV）表示已知重量的螯合剂螯合的钙离子（以碳酸钙计）的数量，其单位为每克螯合剂能够螯合的碳酸钙的毫克数（mg 碳酸钙/g 螯合剂）。

3. 术语

螯合剂：在纺织化学中，能使金属离子失去活性形成水溶性络合物的化学物质，同义词：络合剂。

4. 安全和预防措施

本安全和预防措施仅供参考。本部分有助于测试，但未指出所有可能的安全问题。在本测试方法中，使用者在处理材料时有责任采用安全和适当的技术；务必向制造商咨询有关材料的详尽信息，如材料的安全参数和其他制造商的建议；务必向美国职业安全卫生管理局（OSHA）咨询并遵守其所有标准和规定。

4.1 遵守良好的实验室规定，在所有的试验区域应佩戴防护眼镜。

4.2 所有化学物品应当谨慎使用和处理。

4.3 在准备过程中，配制和处理盐酸和氢氧化钠时要使用化学护目镜或者面罩、专用手套和试验服。浓酸和浓碱处理一定要在通风性能良好的通风橱内进行。需要注意的是，应总是向水中滴加酸。

4.4 盐酸二乙胺会刺激眼睛、皮肤和呼吸系统，必须在通风良好的通风橱内处理。

4.5 在附近安装洗眼器、安全喷淋装置以备急用。

4.6 本测试法中，人体与化学物质的接触限度不得高于官方的限定值［例如，美国职业安全卫生管理局（OSHA）允许的暴露极限值（PEL），参见 1989 年 1 月 1 日实施的 29 CFR 1910.1000］。此外，美国政府工业卫生师协会（ACGIH）的阈限值（TLVs）由时间加权平均数（TLV - TWA）、短期暴露极限（TLV - STEL）和最高极限（TLV - C）组成，建议将其作为人体在空气污染物中暴露的基本准则并遵守（见 15.1）。

5. 使用和限制条件

5.1 通过该方法的分析得到的 CaCV 值，包括部分取代的 EDTA、HEDTA 和 DTPA 以及氮川三乙酸（NTA）、亚氨基二乙酸（IDA）、羟乙酸盐及其他弱螯合剂的螯合值，这些化合物在商品中可能会同时存在。

5.2 AATCC 168 测试方法可以代替该方法，该方法测定的值不包括上述部分取代螯合剂和弱螯合剂的 CaCV。

6. 试剂

6.1 碳酸钙（$CaCO_3$）。

6.2 草酸钠（$Na_2C_2O_4$）。

6.3 盐酸二乙胺［$(C_2H_5)_2NH \cdot HCl$］。

6.4 氢氧化钠溶液（NaOH），50%（质量分数）。

6.5 浓盐酸（HCl）。

7. 取样

每次测试应重复三次。例如，一个试样应取出三份进行分析测定。

8. 试样准备

8.1 不能使用铝制的或金属称量盘。

8.2 固态 EDTA、HEDTA 和 DTPA（无论是游离酸型还是盐型）的分析。称量 0.49 ~ 0.51g 干燥后的螯合剂试样，精确到 0.01g。

8.3 分析 8.2 中螯合剂盐的商品溶液时，称取 1.00 ~ 1.20g 溶液样品，精确到 0.01g。

9. 测试条件

9.1 如果要测定固态螯合剂，取 2g 试样在适当的温度下干燥 2h 以上，在干燥器内冷却后称重。

9.2 游离酸型螯合剂需在 120℃下干燥。

9.3 盐型螯合剂需在 80℃下干燥。

10. 试剂配制

10.1 钙滴定标准溶液（0.250mol/L）。称取 25.0g 碳酸钙，精确到 0.1g，放入 600mL 的烧杯中，加入 300mL 水，并在磁力搅拌器上搅拌，缓慢加入 43mL 浓盐酸使其溶解，避免产生大量的气泡和溶液飞溅，碳酸钙溶解后（溶液变澄清），将溶液加热至沸，沸腾至少 5min 以排出二氧化碳气体，冷却至室温，转移到 1L 的容量瓶中并稀释到刻度，使用期限为一个月。

10.2 草酸钠指示剂。将 5g 草酸钠溶于 250mL 水中，使用期限为一个月。

10.3 氢氧化钠（50%）。大多数实验室供应商出售的 50%（质量分数）的氢氧化钠溶液都可以使用。也可以在聚乙烯瓶中用 100mL 水溶解 100g 氢氧化钠固体来制备，静置一周使未溶解的碳酸钠沉淀分离。

10.4 pH 为 12.0 的缓冲溶液。将 41.0g 盐酸二乙胺溶解于 400mL 水中，加入 40mL、50% 的氢氧化钠并稀释到 500mL，储存于聚乙烯瓶内，保质期为一个月。

11. 操作程序

11.1 把试样倒进 250mL 的锥形瓶内，加入 85mL 水，将称量纸或称量盘上残留的螯合剂也倒入锥形瓶内。

11.2 在锥形瓶内加入 5 滴 50% 的氢氧化钠溶液（如果有以游离酸形式的螯合剂存在时，加入 10 滴），搅拌使螯合剂溶解并且（或）混合均匀。

11.3 加入 1mL、pH 为 12.0 的缓冲溶液，搅拌混合。

11.4 加入 10mL 草酸钠溶液，搅拌混合均匀。

11.5 使用 10mL 滴定管，用钙离子滴定溶液直至产生轻微混浊现象，保持 30s 不变时，滴定到达终点（见 15.2）。

12. 计算

12.1 利用下面公式计算试样的钙螯合值（CaCV），取三位有效数字。

$$\text{CaCV} = \frac{100.1 \times 0.250 \times V}{W}$$

式中：CaCV——钙螯合值，mg$CaCO_3$/g 螯合剂；

100.1——$CaCO_3$摩尔质量，mg/mmol；

0.250——钙离子滴定溶液的（体积）摩尔浓度，mmol/mL；

V——耗用的钙离子滴定溶液的体积，mL；

W——试样的质量，g。

12.2 得出 3 个试样钙螯合值（CaCV）的平均值。

13. 报告

13.1 每个试样的测试结果。

13.1.1 样品的描述或识别。

13.1.2 使用 AATCC TM149 - 2018e 进行评价。

13.1.3 平均 CaCV 值，保留 3 位有效数字。

13.1.4 测试方法的任何偏离。

14. 精确度和偏差

14.1 总结。为证明该测试方法的精度，1990 年 3 月在实验室间进行了比较，使用四种螯合剂（EDTA，四钠盐；EDTA，40% 四钠盐溶液；DTPA，游离酸；DTPA，40% 溶液）进行测试，六个实验室没有严格地遵守上述程序，其结果没有被采用。

14.2 精确度。CaCV 的标准偏差的方差分量计算如下：

单个操作者分量	1.46
实验室间分量	0

14.3 临界偏差。13.2 中所报告的方差分量，如果偏差等于或者超过下面的临界偏差，测定值的两个平均值的统计置信水平为 95%：

单个操作者分量	4.04
实验室分量	4.04

14.4 偏差。这项实验室研究中使用的四种材料的理论钙离子螯合值，五个实验室的平均偏差为 2.24%，四种材料和五个实验室的单个偏差范围为 2.50% ~4.25%。

15. 注释

15.1 可从 ACGIH Kemper Woods Center 获取，地址：1330 Kemper Meadow Dr.，Cincinnati；邮编：45240；电话：+1.513.742.2020；网址：www.Acgih.org。

15.2 在容量瓶的下面或者后面放一张黑纸时，很容易观察滴定过程，容量瓶旁边白色的荧光灯会影响滴定过程。逐滴加入钙离子滴定液直到出现混浊，并保持 2 ~3s，滴定终点是混浊现象出现并保持 30s 以上，如果不确定是否有轻微的混浊现象产生，可以与盛有清水的容量瓶进行比较。

表 2 标准烘干程序

A	滚筒烘干
Ai	滚筒烘干（标准）
Aii	滚筒烘干（轻柔）
Aiii	滚筒烘干（耐久压烫）
B	悬挂晾干
C	滴干
D	平铺晾干

表 3 标准滚筒式干燥机参数（见 12.2）

项 目	Ai 标准	Aii 轻柔	Aiii 耐久压烫
最高排气温度［℃（℉）］	68 ±6（155 ±10）	60 ±6（140 ±10）	68 ±6（155 ±10）
冷却时间（min）	≤10	≤10	≤10

表 4 陪洗布参数

项 目		1 型	3 型
成分		100% 棉	（50% ±3%）棉/（50% ±3%）聚酯纤维
坯布纱线		环锭纺 36.4tex（16 英支）	环锭纺 36.4tex（16 英支）或 19.4tex ×2（30 英支/2）
坯布结构（根/25.4mm）		平纹（52 ±5）×（48 ±5）	平纹（52 ±5）×（48 ±5）
整理后克重（g/m²）		155 ±10	155 ±10g/m²
边缘		四边缝合或包边	四边缝合或包边
整理后织物尺寸	mm	（920 ±30）×（920 ±30）	（920 ±30）×（920 ±30）
	英寸	（36.0 ±1）×（36.0 ±1）	（36.0 ±1）×（36.0 ±1）
整理后织物重量（g）		130 ±10	130 ±10

6.2.1 按照表 5 在衣服的选定区域标记测量点。每件衣服至少需要在长度和宽度上有三组标记。标记所做的区域是买卖双方认可的。如果衣服足够大，标记的距离使用 460mm（18 英寸）。根据衣服的尺寸来确定使用的标记距离。对于一些衣服，特别是童装，需要使用较短的标记距离，如 254mm（10 英寸）的印记或更短。所有的印记必须离样本的边缘或缝线 25.4mm（1 英寸）以上，除了 6.2.2 所述的情况。

6.2.2 标记也可以在成衣的不同拼接面上（缝线之间或沿着缝线），如侧缝到侧缝、衣服的全长或全宽、或其他选定的区域。对于这类标记，需要在成衣上清楚标明测量点。

6.2.3 不同尺码、不同型号的成衣或不同长度标记的尺寸变化结果不具可比性。

6.2.4 标记点间距离应写入报告。

6.3 原始测量。所有的测量均在无张力下，在同一个平面上进行标记。

为提高尺寸变化计算的准确度和精确度，使用适当的直尺或卷尺按 6.2 中所做标记测量距离，所用单位为 mm 或 1/8 英寸或 1/10 英寸，记为测量值 A。如果使用已校准的样板直接标记和测量尺寸变化率，则不需要进行初始距离的测量。

表5 测量的部位举例

成衣类型	测量部位
衬衫	衣领、领基、身长、袖长、胸围、袖口
裤子	前裆、后裆、裤管、内缝、外缝、腰围、臀围
连体工作服	身长、前裆、后裆、裤管、内缝、腋下长度、袖长、肩宽、腰围、胸围、臀围
平脚裤	总长、前裆、后裆、腰围
睡衣	身长、袖长、下摆、胸围
睡裤	内缝、裤长、腰围、臀围
短裤	裤长、前裆、后裆、短裤、腿宽、内缝、臀围、腰围
套头衫	长度、袖长、肩宽、胸围、腰围
衬裙	长度、下摆、腰围、臀围
女式罩衫	长度、袖长、肩宽、胸围、腰围
女裙	长度、下摆、臀围、腰围
制服/套装	大身长度、裙长、袖长、肩宽、胸围、腰围、臀围、下摆
工作服	长度、外缝、前裆、后裆、裤管、内缝、腰围、臀围

7. 水洗程序

7.1 水洗。

7.1.1 从表1选择水洗条件，并据此进行设定获得指定的循环参数。

7.1.2 水洗负载包括样品的全部测试试样，加上足够的陪洗织物，总负荷达到1.8kg±0.1kg(4.0磅±0.2磅)。

7.1.3 开始选择水洗循环，加水至指定的水位。

7.1.4 按照洗衣机生产商说明，加入66g±1g的1993AATCC标准洗涤剂。如果洗涤剂直接加入到水中，应当轻微搅拌，使其全部溶解。在加负载之前停止搅拌。

7.1.5 加入负载（测试样和陪洗织物），均匀分散在搅拌器四周，开始水洗循环。

7.1.6 对于需要滴干的试样（干燥程序C），在最后一次漂洗后，开始排水之前停止水洗循环。取出浸湿的试样。对于需要滚筒烘干（A），悬挂晾干（B），或平铺晾干（C）的试样，允许继续洗涤直到最后一次洗涤循环结束。

7.1.7 在每次水洗循环结束后，将绞在一起的试样和陪洗织物分开，切忌使试样发生扭曲变形。选择合适的干燥程序。

7.2 干燥。

7.2.1 从表2选择干燥程序。

7.2.2 （A）滚筒烘干。将洗涤负荷（试样与陪洗织物）放入滚筒烘干机中，设置温度达到选定的排气温度（见表3）。启动烘干机，直到试样和陪洗织物烘干。烘干机停止后，立即取出试样。

7.2.3 （B）悬挂晾干。悬挂晾干时固定试样的两角，织物的长度方向与水平面垂直，悬挂在室温不超过26℃（78℉）的静止空气中至干燥。不要直接对着试样吹风，以防止试样发生扭曲。

7.2.4 （C）滴干。滴干时固定滴水试样的两角，织物的长度方向与水平面垂直，悬挂在室温不超过26℃（78℉）的静止空气中至干燥。不要直接对着试样吹风，以防止试样发生扭曲。

7.2.5 （D）平铺晾干。试样在水平的网架或打孔架上摊平，去除褶皱，但不要扭曲或拉伸试样，放在室温不超过26℃（78℉）的静止空气中至干燥。不要直接对着试样吹风，以防止试样发生扭曲。

7.2.6 对于所有的干燥方式，允许试样在再次洗涤之前完全干燥。

7.2.7 重复选定的洗涤和干燥程序，总共进行 3 次循环或按协议要求的循环次数。

7.3 调湿。

最后一次干燥完成后，按 6.1.3 所述进行试样的调湿。

7.4 熨烫。

7.4.1 对于褶皱现象非常严重且消费者一般会对此类织物做成的成衣进行熨烫的样品，在再次测量标记前应对其进行熨烫。

7.4.2 参见 AATCC 133《耐热色牢度：热压》熨烫法中的安全熨烫温度指南来选择合适的熨烫温度（见 12.3）。熨烫中仅需施加必要的压力以去除样品上的褶皱。

7.4.3 由于每个操作者进行手工熨烫时会出现非常高的可变性（人工熨烫没有标准方法），导致烫后的尺寸变化重现性非常差。因此，应谨慎对待由不同操作者得到的测试结果。

7.4.4 熨烫后，按照 6.1.3 的描述对测试试样进行调湿。

8. 测量

8.1 样品经调湿后，标记和测量均无张力的平铺在同一个光滑平面上，如 6.2 和 6.3 所述。

8.2 测量打印标记间的距离或成衣上标记间的距离，如侧缝到侧缝、成衣的总长或总宽、或其他选定的区域，记做测量值 B。精确到毫米或 1/8 英寸或 1/10 英寸。如果使用尺寸变化率标尺，要求精确到 0.5% 或更小的标尺精度，直接记录尺寸变化率。

9. 计算和说明

9.1 计算。

9.1.1 若测量结果直接是尺寸变化率，取第一次、第三次或其他洗涤干燥次数后的测试衣服的每个区域的平均值。

9.1.2 若测量结果是长度（mm、1/8 英寸或 1/10 英寸）的值，则按照下面计算第一次、第三次或其他洗涤干燥次数后的尺寸变化。

$$DC = \frac{B - A}{A} \times 100\%$$

式中：DC——平均尺寸变化,%；

B——平均洗涤后尺寸；

A——平均原始尺寸。

整个衣服每个测量区域的平均尺寸变化，如果需要，则分别计算长度和宽度方向的平均值，精确到 0.1%（见 12.5）。

9.1.3 如果最终测量的尺寸小于原始尺寸，表示缩小；如果最终测量的尺寸大于原始尺寸，表示伸长。

9.2 说明。

9.2.1 洗涤干燥一次后按照 9.1 计算尺寸变化，需要时可以熨烫。如果结果在预定的要求范围内，按照 7.1 ~ 7.4 操作，直到预定的循环全部完成。

9.2.2 洗涤干燥一次后按照 9.1 计算尺寸变化，需要时可以熨烫。如果结果超出了预定的要求范围，停止测试。

10. 报告

10.1 每个样品需要报告以下内容：

10.1.1 样品的描述或识别。

10.1.2 结果是按照 AATCC TM150 – 2018t 进行的。

10.1.3 所使用的陪洗织物类型，类型 1 或类型 3。

10.1.4 水洗循环的次数（默认 3 次循环，见 9.2）。

10.1.5 报告水洗条件，如果可能的话，报告包括水洗循环档位，水洗温度，干燥程序和滚筒干燥温度。被双方所接受的字母数字符号，例如 1 - Ⅳ - A（ii）表示 49℃ 常规水洗循环，滚筒干燥循环。

10.1.6 样品原状态是否有扭曲或褶皱。

10.1.7 试样是否经过熨烫。

10.1.8 测试方法的任何偏离。如果使用本测试方法未列出的水洗设备或条件，必须进行详细描述并且作为标准方法的偏离进行备注。(见 12.6)。

10.2 每个方向的报告：

10.2.1 测试的织物方向：长度或宽度方向。

10.2.2 平均尺寸变化，精确到 0.1%，（-）表示缩短，（+）表示伸长（见 12.5）。

10.2.3 初始标记之间的距离，250mm（选项 1）或 460mm（选项 2）。

11. 精确度和偏差

11.1 精确度。这个方法没有建立精确度，方法精确度的描述是用标准统计学技术，比较实验室内部或实验室间的测试结果的平均值而产生的。

11.2 偏差。服装经自动家庭洗涤后尺寸变化的定义，仅适用于本测试方法。没有独立的方法评价它的真值。作为评估性能的手段，本方法没有已知的偏差。

12. 注释

12.1 有关适合测试方法的设备信息，请登录 http://www.aatcc.org/bg。AATCC 提供其企业会员单位所能提供的设备和材料清单。但 AATCC 没有给其授权，或以任何方式批准、认可或证明清单上的任何设备或材料符合测试方法的要求。

12.2 建议的洗衣机的型号和来源，可联系 AATCC 获取，地址：P. O. Box 12215，Research Triangle Park NC 27709；电话：+1.919.549.8141；传真：+1.919.549.8933；电子邮箱：ordering@aatcc.org；网址：www.aatcc.org。本测试方法的上一版本中列出了另一种负载（3.6 kg 负载，83 L 水，80g AATCC1993 标准参考洗涤剂）。但是目前没有设备能满足此参数要求，另外，此参数所得到的测试结果与本标准方法得到的测试结果没有可比性。

12.3 可从 AATCC 获取，地址：P. O. Box 12215，Research Triangle Park NC 27709；电话：+1.919.549.8141；传真：+1.919.549.8933；电子邮箱：ordering@aatcc.org；网址：www.aatcc.org。

12.4 可从 ASTM 国际组织，100 Barr Harbor Dr.，W. Conshohocken PA 19428；tel：+1.610.832.95.；fax：+1.610.832.9555；web site：www.astm.org。

12.5 如果想得到样品之间尺寸变化的可变性信息，则要单独计算衣服上每个标记的尺寸变化。

12.6 此测试方法中的水洗温度和其他参数都是测试的标准条件。作为实验室的常用测试程序，它代表但不完全和目前消费者的实际情况一致。消费者的实际情况会随着时间和每个家庭有所不同。实验室操作必须一致，以便使结果具有可比性。如果水洗设备或其他条件不同于此方法，必须要描述细节和偏离。LP1、LP2 和 ISO 6330 概述了可选择的其他洗涤条件。

12.7 可从 ISO 网站获取，www.iso.org。

AATCC TM154-2017e

分散染料的热固色性能

AATCC RA87 技术委员会于 1978 年制定；1981 年、2006 年、2011 年重新审定；1986 年、1991 年、1996 年、2001 年编辑修订并重新审定；2008 年、2010 年、2019 年编辑修订；2017 年修订。

1. 目的和范围

本测试方法适用于测定在特定固色条件下，分散染料在聚酯纤维/纤维素纤维织物上的固色性能。本测试方法中的变量是温度。当然，也可以使用本方法来研究时间和/或染料和/或助剂浓度的变化影响。

2. 原理

2.1 染料以一定浓度浸轧到混纺织物上，烘干织物，染料在一定的温度和时间条件下被固着在织物上。混纺织物中棉纤维组分被浓硫酸溶解，然后进行中和与彻底清洗。

2.2 用分光光度计测量在不同固色条件下染色织物的反射率，用库贝尔卡—蒙克函数（K/S）计算相对于最深染色（为 100%）时的染料浓度。用这些结果评价不同染色条件下相应的染料固色性。备选方法：用适当的溶剂萃取织物上的染料，通过透射分光光度计法测定染料的浓度。将得到的染料浓度与相应浸轧过程中未固色的样品的染料浓度相比较来得到真正的染料固色值。

3. 术语

3.1 分散染料：一种非水溶性染料，在被适当分散时，对聚酯、聚酰胺及其他合成纤维具有亲和力。

3.2 热固色：当用着色剂对纺织材料进行染色时，使用干热方法以得到永久着色的过程。

4. 安全和预防措施

本安全和预防措施仅供参考。本部分有助于测试，但未指出所有可能的安全问题。在本测试方法中，使用者在处理材料时有责任采用安全和适当的技术；务必向制造商咨询有关材料的详尽信息，如材料的安全参数和其他制造商的建议；务必向美国职业安全卫生管理局（OSHA）咨询并遵守其所有标准和规定。

4.1 遵守良好的实验室规定，在所有的试验区域应佩戴防护眼镜。

4.2 所有化学物品应当谨慎使用和处理。

4.3 使用 70% 的硫酸在通风橱内进行溶解操作（见 7.3）。在准备、配制和处理硫酸时，应使用化学防护镜或者面罩、防水手套和防水围裙。浓酸处理只能在充分通风的通风橱内进行。需要注意的是，应总是向水中滴加酸。

4.4 在准备、配制及处理氢氧化铵时，使用化学防护镜或者面罩、防水手套和防水围裙。配制、混合以及处理氢氧化铵只能在充分通风的通风橱内进行。

4.5 氯苯的萃取步骤应在充分通风的通风橱内进行（见 8.2）。需要注意的是，氯苯蒸气有毒且易燃。

4.6 氯苯是一种易燃液体，只能用小容器少量储存在实验室中，并远离热源、明火和火花。

4.7 在附近安装洗眼器、安全喷淋装置以备急用。

4.8 本测试法中，人体与化学物质的接触限度不得高于官方的限定值［例如，美国职业安全卫生管理局（OSHA）允许的暴露极限值（PEL），参见1989年1月1日实施的29 CFR 1910.1000］。此外，美国政府工业卫生师协会（ACGIH）的阈限值（TLVs）由时间加权平均数（TLV－TWA）、短期暴露极限（TLV－STEL）和最高极限（TLV－C）组成，建议将其作为人体在空气污染物中暴露的基本准则并遵守（见11.1）。

5. 使用和限制条件

5.1 由于*K/S*函数在染料浓度较高的条件下是非线性的，因此通过测量反射率的方法仅限于染料浓度相对较低的情况（见11.2）。

5.2 由于染料在纤维内的分布不同，因此通过测量反射率得到的固色值与通过萃取技术得到固色值可能不同（见11.2）。

5.3 在浸轧、染色和固色过程中，应尽一切努力避免正反面色差。如果确实产生明显的正反面色差，则推荐使用萃取法来对热熔固色进行测试。

6. 仪器和材料（见11.3）

6.1 实验室轧车。

6.2 热风固色组件（见11.4）。

6.3 分析天平。

6.4 分光光度计（见11.5）。

6.5 定容的移液管和烧瓶。

6.6 65/35聚酯纤维/棉织物，经过充分煮练等染前处理。

6.7 硫酸，浓度70%。

6.8 氯苯。

6.9 氨水，浓度5%。

6.10 醋酸，浓度56%。

7. 操作程序

7.1 浸轧聚酯纤维/棉织物，带液率50%～60%，浸轧液组成如下：

10g/L——分散染料

20g/L——防泳移剂（见11.6）

用醋酸（56%）调节pH为5.5～6.0。

测试中，所有的染色都使用相同的浸轧液。

7.2 在移染最轻的条件（见11.5）下，干燥每个样品。然后用经校准的烘箱分别在196℃（385℉）、205℃（400℉）、213℃（415℉）和221℃（430℉）温度下对样品进行热熔固色90s（见11.4）。

7.3 用70%的硫酸在55℃（130℉）的条件下对试样处理3～4min，以溶解混纺织物中的棉组分。然后用冷自来水冲洗样品，用5%的氨水溶液中和处理1min，然后再用冷水冲洗。

7.4 在某些情况下，在棉组分溶解过程中会使分散染料颜色发生变化，此时可以采取以下步骤：将一块100%聚酯纤维的面料与混合面料贴合放到一起，然后按照7.1中所述的方法对组合样进行浸轧染色；按照7.3中所述的方法对100%聚酯纤维面料进行溶解处理，评价在溶解过程中发生的任何变化。

8. 评级

8.1 在光谱（见11.2）的可见光范围内测量反射率，以得到经过溶解、在221℃（430℉）下最深染色固色的100%聚酯纤维的相对力份。

用Kubelka－Munk公式求得最小反射率的*K/S*值：

$$K/S=\frac{(1-R)^2}{2R}$$

式中：*K/S*——吸收函数；

R——最小反射率值（见11.2）。

另外用于可见波长求和的*K/S*可用于强度计算。在上例中，*K/S*用作最小反射波长，不管是否使用*K/S*计算方法，使用者应注意所选方法应可被其他使用者重复，使用下面公式计算与最深染色比较的相对固色值（见 11.2）：

$$C_i = \frac{(K/S)_i}{(K/S)_{max}} \times 100\%$$

式中：C_i——染料在试样 i 上固着的百分比；

$(K/S)_i$——染色样 i 的吸收系数；

$(K/S)_{max}$——染色最深样的吸收系数。

8.2 作为备选的测试方法，准确称量试样（250mg），将试样分成几个小部分，分别在沸腾（132℃或 270℉）的氯苯中进行萃取。当染料从面料上完全被萃取出来后，把萃取液转移到一个容量瓶中，并加氯苯稀释（见 11.7）。在色谱的可见光范围内，测定上述萃取液最小透光处的透射率或最大吸收点处的透射率，与浸轧过程中未固色试样（为 100%）的浸轧液的透射率相比。透射率可通过转换表（见 11.8）转换成吸收值或者按照以下的公式转换：

$$A = \lg \frac{1}{T}$$

式中：A——吸收值；

T——透射值。

通过下面公式计算固色值（见 11.9）：

$$C_i = \frac{A_i}{A_u} \times 100\%$$

式中：C_i——在试样 i 上染料固着的百分比；

A_i——染色固色样 i 的萃取液吸收值；

A_u——未固色样萃取液吸收值。

9. 报告

通过以上方法得到的固色值，可以用固色百分比—温度的图表或者列表形式表示。考虑到特定研究的客观性，时间和/或染料浓度的影响可以在同一曲线中表示出来。

10. 精确度和偏差

10.1 精确度。本测试方法的精确度尚未确立。在本测试方法的精确度声明确立之前，可以使用标准的统计技术来对实验室内部或者实验室之间的测试结果进行比对分析。

10.2 偏差。分散染料的热固色性能只能根据某一个测试方法进行定义。目前还没有一个独立的方法来确定其真实值。作为一个评估性的方法，本方法没有已知的偏差。

11. 注释

11.1 相关资料可从 ACGIH Publication Office 获取，Kemper Woods Center，1330 Kemper Meadow Dr.，Cincinnati OH 45240；电话：+1.513.742.2020；网址：www.acgih.org。

11.2 参照 AATCC EP6《仪器测色方法》，4.3 节用反射率测量得到颜色强度值和 4.5 节相对强度。相关资料可以从 AATCC 获取。P.O.Box 12215，Research Triangle Park NC 27709；电话：+1.919.549.8141；传真：+1.919.549.8933；电子邮箱：ordering@aatcc.org；网址：www.aatcc.org。

11.3 有关适合测试方法的设备信息，请登录 http://www.aatcc.org/bg。AATCC 提供其企业会员单位所能提供的设备和材料清单。但 AATCC 没有给其授权，或以任何方式批准、认可或证明清单上的任何设备或材料符合测试方法的要求。

11.4 本方法所涉及的设备需要认真校准，包括温度、时间、气流的统一等，并需在书面报告中体现。

11.5 连续或者间断的反射率分光光度计适合于最大吸收波长（最小反射率）处的测量。

11.6 针对这一目的，有大量的胶类适合此方法，如天然橡胶、海藻酸盐和合成丙烯酸聚合物。在浸轧液中避免使用电解液，这是由于其导致的结块现象很难控制。

11.7 某些分散染料可能会在萃取过程中部分分解，这些分散染料不适用萃取方法。

11.8 参照 AATCC EP6《仪器测色方法》，4.4 节用透射率测量得到颜色强度值和 4.5 节相对强度。相关资料可以从 AATCC 获取。P. O. Box 12215，Research Triangle Park NC 27709；电话：+1.919.549.8141；传真：+1.919.549.8933；电子邮箱：ordering@aatcc.org；网址：www.aatcc.org。

11.9 有关透射率测试的通用指南，参照“分光光度透射测量方法测定染料相对强度的一般程序”。Textile Chemist and Colorist，Vol.4，No.5，p43，1972（5）。

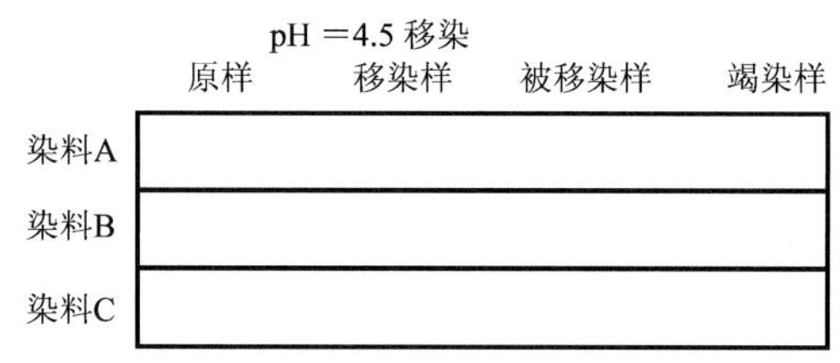

图 1 pH =4.5 时，用于比较染料的样品放置

7.2 在 pH 为 4.5、6.0 和 7.5 时比较染料 A。

7.2.1 如图 2，把样品放置在白板上。

7.2.2 染料 B 和染料 C 的样品用同样的方法放置。

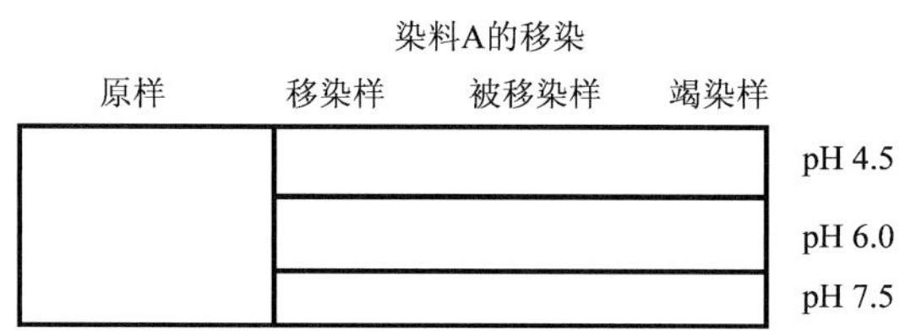

图 2 pH =45，6.0 和 7.5 时染料 A 比较时样品的放置

7.3 颜色比较。

评价并记录试样的变色等级，采用变色灰卡［AATCC EP1 评定，或 EP7 试样变色的仪器评定（见 9.2）］。

7.4 竭染样品的评价。

评价并记录竭染样品的沾色等级，使用沾色灰卡（AATCC EP2 评定），或 AATCC 9 级沾色灰卡（AATCC EP8）或 EP12 沾色的仪器评定（见 9.2）。

7.5 在所有的测试记录中记录锦纶的类型和制造商。

8. 精确度和偏差

8.1 精确度。本测试方法的精确度尚未确立。在其声明确立之前，用标准统计学技术进行实验室内部或不同实验室之间测试结果的对比。

8.2 偏差。酸性染料和金属络合酸性染料在锦纶上的移染仅能依据一种测试方法来定义，尚没有独立的方法确定其真值。作为这一特性的一种评价手段，本方法没有已知偏差。

9. 注释

9.1 资料可从 ACGIH 获取，Kemper Woods Center，1330 Kemper Meadow Dr.，Cincinnati OH 45240；电话：+1.513.742.2020；网址：www.acgih.org。

9.2 资料可从 AATCC 技术中心获取，P.O. Box 12215，Research Triangle Park NC 27709；电话：+1.919.549.8141；传真：+1.919.549.8933；电子邮箱：ordering@aatcc.org；网址：www.aatcc.org。

9.3 CIE 出版号 15：2004《变色学》，第 3 版，可通过美国 CIE 国家委员会或 CIE 网店（www.techstreet.com/cie/）获取。

附录 I 模拟缓冲染色浴的制备

使用蒸馏水（如果没有蒸馏水，也可以使用自来水）制备如下两种溶液。

溶液 A：5g 磷酸（100%）、2.4g 醋酸（100%）、1.76g 硼酸（HBO_2，100%），制成 1L 溶液。

溶液 B：8g 氢氧化钠，制成 1L 溶液。

按照表 1 使用 pH 计制备模拟染色浴。为达到所需的 pH，溶液 B 的量可能会有轻微调整。向溶液 A 中加入溶液 B，用 pH 计测定最终的 pH。用去离子水稀释到 600mL。足够用于制备每个 pH 下的三个模拟染色浴。

表 1 制备模拟染色浴

pH	溶液 A	溶液 B	溶液 C
pH =4.5	100mL	ca. 35mL	600mL
pH =6.0	100mL	ca. 50mL	600mL
pH =7.5	100mL	ca. 10mL	600mL

AATCC TM161-2018e

由金属引起的分散染料色变，含或不含螯合剂

AATCC RA90 技术委员会于 1983 年制定；1985 年、1988 年（更换标题）；2004 年、2008 年、2010 年、2019 年编辑修订；1986 年、1987 年、1992 年、2002 年、2012 年编辑修订并重新审定；2007 年重新审定，2018 年修订。

1. 目的和范围

本测试为实验室提供以下测试方法。

1.1 确定螯合剂在分散染浴中螯合重金属离子的有效性（重金属离子会引起分散染料色变）。

1.2 本测试可用来评价染色过程中分散染料对能够产生色变的金属离子的敏感程度。

2. 原理

2.1 螯合剂在分散染浴中螯合金属离子，阻止分散染料受金属离子诱导发生色变，螯合剂的有效性可按图 1 中的方法来确定。

2.2 分散染料对金属离子的敏感程度，可通过参照染料与待测染料的比对来测定，可按图 2 中所示的方法测试。

3. 术语

3.1 螯合剂：在纺织化学中，能使金属离子形成水溶性络合物而失活的化学物质。同义词：络合剂。

3.2 色变：测试样与相应的未测试样对比，可识别的任何颜色的该表，包括明度、色相或色差，或其组合。

3.3 等级：与样卡比较，得到的测试试样的评价级数。

3.4 灰卡：样卡由标准灰卡对组成，这些样卡对代表简便的色差值，且与色牢度级别对应。

注：灰度等级以小数表示半级（如 1，1.5），或用横线表示（如 1，1 -2）。

3.5 金属敏感程度：在有特定金属离子存在的情况下，染料在织物上产生变色的趋势。

4. 安全和预防措施

本安全和预防措施仅供参考。本部分有助于测试，但未指出所有可能的安全问题。在本测试方法中，使用者在处理材料时有责任采用安全和适当的技术；务必向制造商咨询有关材料的详尽信息，如材料的安全参数和其他制造商的建议；务必向美国职业安全卫生管理局（OSHA）咨询并遵守其所有标准和规定。

4.1 遵守良好的实验室规定，在所有的试验区域应佩戴防护眼镜。

4.2 某些染色需要高压染色设备，使用该设备的操作人员必须经过培训，严格遵守设备生产厂家提供的说明和安全注意事项。

4.3 所有化学物品应当谨慎使用和处理。

4.4 准备过程中，配制和处理醋酸和磷酸时必须使用化学护目镜或面罩、专用手套和围裙，处理浓酸时必须在通风良好的通风橱中进行。

注意：应总是向水中滴加酸。

4.5 不同载体的毒性也不同，要仔细阅读商家的技术资料，物质安全资料表（MSDS）及商品标签的内容以及美国职业安全卫生管理局（OSHA）的危险品分类等级。

4.6 在附近安装洗眼器、安全喷淋装置以及高效的全面罩型防护口罩以备急用。

4.7 本测试方法中，人体与化学物质的接触限度不得高于官方的限定值［例如，美国职业安全卫生管理局（OSHA）允许的暴露极限值（PEL），参见 29 CFR 1910.1000，其最新版本的信息见网址 www.osha.gov］。此外，美国政府工业卫生师协会（ACGIH）的阈限值（TLVs）由时间加权平均数（TLV－TWA）、短期暴露极限（TLV－STEL）和最高极限（TLV－C）组成，建议将其作为人体在空气污染物中暴露的基本准则并遵守（见 14.1）。

5. 使用和限制条件

5.1 精确的测定结果和预期的色变，依靠所有的染色工艺参数的精确控制以及所用特殊金属染料和载体。

5.2 外来金属污染物可能导致错误的结果。测试过程中，必须使用干净的织物和蒸馏水，先用10%磷酸溶液清洗染色容器，然后用蒸馏水充分清洗。

5.3 为避免得出错误的结论，必须根据已知的金属敏感性的染料确立测试条件，以确认可以获得预期的色变。特定的参照染料或载体、或特定的染色条件，可能不会产生预期的色变。

5.4 本测试方法不适用于分散染料和其他染料混合时的测试，因为其他染料中可能含有金属络合物，存在潜在的被螯合剂破坏的可能性。

6. 仪器和材料（见 14.2）

6.1 测试织物。干净的 100% 聚酯织物（长丝或短纤）经过退浆（按需要）和精炼处理（见 14.3）。

6.2 参照染料（C.I. 分散红 60 和 C.I. 分散黄 42）（见 14.4）。

6.3 待测染料。

6.4 硫酸铜（$CuSO_4$），相对分子质量为 159.606。

6.5 硫酸亚铁铵［$Fe(NH_4)_2(SO4)_2 \cdot 6H_2O$］，相对分子质量为 392.158。

6.6 载体（见 14.5）。

6.7 螯合剂（见 14.6）。

6.8 蒸馏水。

6.9 醋酸（CH_3COOH），浓度为 99.7%。

6.10 磷酸（H_3PO_4），浓度为 85%。

6.11 具有良好搅拌和温控功能的染色设备。

6.12 AATCC 变色灰卡（AATCC EP1，见 14.7），或分光光度计，见 AATCC EP7 仪器评定试样的变色中的描述。

7. 取样

7.1 每次染色，剪取一块聚酯织物测试样（见图 1 和 2）。

7.2 对于所有的颜色，使用相同的染料、金属、载体和螯合剂溶液。

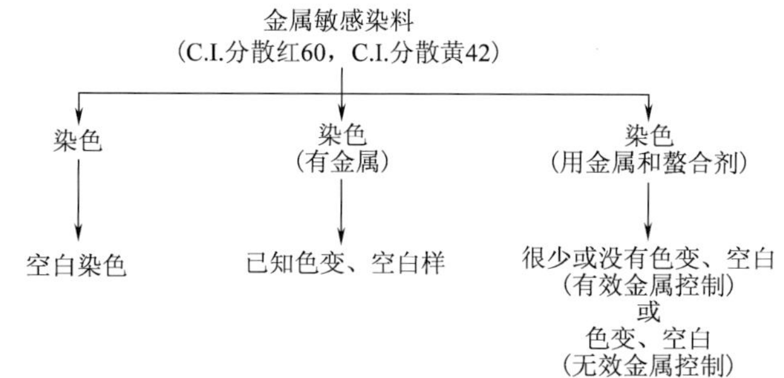

图 1

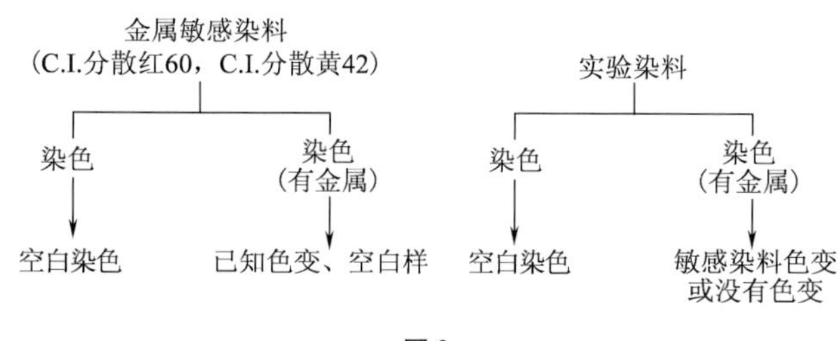

图 2

8. 试样准备

8.1 对于每一次测试，准备适当数量、质量相等的聚酯织物样品。通常情况下，每个样品的质量是10g。

8.2 按照第9部分的描述制备染料和辅助溶液。

9. 试剂准备

9.1 染料溶液（待测染料和参照染料）。

9.1.1 精确称量2.0g染料。（见14.8）

9.1.2 量取100mL蒸馏水，加热至49～60℃（120～140℉）。向染料中加入少量此蒸馏水。

9.1.3 用干净的搅拌棒均匀搅拌至染料分散，在搅拌过程中加入几等份温水。

9.1.4 用蒸馏水稀释到1000mL，使2.0g/L的染料分散。

9.2 硫酸铜溶液。

9.2.1 精确称量2.51g的硫酸铜。

9.2.2 加入到1000mL的蒸馏水中。最终金属离子的浓度为1.0g/L。（见13.9）

9.3 硫酸亚铁铵溶液。

9.3.1 精确称量7.02g硫酸亚铁铵。

9.3.2 加入到1000mL蒸馏水中，最终金属离子的浓度为1.0g/L。（见14.9和14.10）

9.4 载体溶液。

9.4.1 精确称量载体（见14.11）。

9.4.2 用蒸馏水配置50.0g/L的载体溶液。

9.5 螯合剂溶液。

9.5.1 精确称量螯合剂。（见14.12）

9.5.2 用蒸馏水配置10.0g/L的螯合剂溶液。

10. 操作程序

10.1 在“空白”“有金属离子存在”“有金属离子和螯合剂存在”的条件下，用C.I.分散红60和C.I.分散黄42进行染色，测试螯合剂在染料浴中螯合金属离子的有效性，以便防止金属离子引起的色变（见图1，表1和表2）。

10.2 在“空白”“有金属离子存在”的条件下，用C.I.分散红60和C.I.分散黄42进行染色，测试分散染料的金属离子敏感度（见图2，表1和表2）。

表1 常压染色浴的组成（见14.14）

参数	空白
	C.I. 分散红60
织物质量（g）	10
水量（mL）	259
载体浓度（%）（见9.4）[a]	8.0（16mL）
染料浓度（%）（见9.1）[b]	0.5（25mL）
浴比[c]	30∶1

参数	有金属离子（没有螯合剂）	
	铜离子C.I. 分散红60	亚铁离子C.I. 分散红60
织物质量（g）	10	10
水量（mL）	256	181
金属离子浓度（见9.2和9.3）	10（mg/kg）（3mL）	10（3mL）
载体浓度（%）（见9.4）	8.0（16mL）	8.0（16mL）
染料浓度（%）	0.5（25mL）	2.0（100mL）
浴比	30∶1	30∶1

续表

参数	有金属离子和螯合剂	
	铜离子 C. I. 分散红 60	亚铁离子 C. I. 分散红 60
织物质量（g）	10	10
水量（mL）	251	176
螯合剂浓度（%）（见 9.5）	0.5（5mL）	0.5（5mL）
金属离子浓度（mg/kg）	10（3mL）	10（3mL）
载体浓度（%）	8.0（16mL）	8.0（16mL）
染料浓度（%）	0.5（25mL）	2.0（100mL）
浴比	30∶1	30∶1

注 沸水浴常压染色，温度 100℃（212℉），60min。

a 必要时采用合适的载体和调节水量。

b 所选的染料浓度可以产生最大的色度变化。

c 选择适合于实验室的 30∶1 的浴比。预试验表明 10∶1、20∶1 和 30∶1 的浴比没有太大差异。

表 2 加压染色浴的组成（见 14.14）

参数	空白	
	C. I. 分散红 60	C. I. 分散黄 42
织物质量（g）	10	10
水量（mL）	275	275
染料浓度（%）（见 9.1）[a]	0.5（25mL）	0.5（25mL）
浴比[b]	30∶1	30∶1

参数	有金属离子（没有螯合剂）		
	铜离子 C. I. 分散红 60	铜离子 C. I. 分散黄 42	亚铁离子 C. I. 分散红 60
织物质量（g）	10	10	10
水量（mL）	272	272	189
金属离子浓度（mg/kg，见 9.2 和 9.3）	10（3mL）	10（3mL）	10（3mL）
载体浓度（%）（见 9.4）[c]	无载体	无载体	4.0（8mL）
染料浓度（%）	0.5（25mL）	0.5（25mL）	2.0（100mL）
浴比	30∶1	30∶1	30∶1

参数	有金属离子和螯合剂		
	铜离子 C. I. 分散红 60	铜离子 C. I. 分散黄 42	亚铁离子 C. I. 分散红 60
织物质量（g）	10	10	10
水量（mL）	267	267	184
螯合剂浓度	见 9.5		
金属离子浓度（mg/kg）	10（3mL）	10（3mL）	10（3mL）
载体浓度（%）	无载体	无载体	4.0（8mL）
染料浓度（%）	0.5（25mL）	0.5（25mL）	0.5（25mL）
浴比	30∶1	30∶1	30∶1

注 所有染色在受压下，130℃（265℉），染色 30min。

a 所选的染料浓度可以产生最大的色度变化。

b 选择适合于实验室的 30∶1 的浴比。预试验表明 10∶1、20∶1 和 30∶1 的浴比没有太大差异。

c 必要时采用合适的载体和调节水量。

10.3 染色之前，使用10%的磷酸溶液清洗所有的染色容器，然后用蒸馏水冲洗。

10.4 按照表1和/或表2制备染料浴。

10.5 将试样预先在蒸馏水中润湿，挤压除去多余水分，放入带有搅拌的染色浴中。

10.6 用醋酸调节含有样品的染色浴pH，使用pH计测定染浴的pH为5.0（见14.13）。

10.7 把压力染色容器放入相应的染色机中，把常压染色容器放入配套的染色设备内。

10.8 以2.2℃（4℉）/min的速度升温至染色温度。

10.8.1 常压染色在沸腾状态下保温60min。

10.8.2 高温高压染色在130℃（265℉）下保温30min。

10.9 冷却后取出染色容器。

10.10 试样后处理。在71℃（160℉）的以下溶液中煮练10min：

1.0%（owf）非离子表面活性剂；

2.0%（owf）碳酸钠。

10.11 清洗。

10.12 用醋酸中和至pH为7±0.5。

10.13 清洗（使用蒸馏水）。

10.14 干燥。

11. 评级

11.1 按照EP1或EP7进行比较评级。用“空白”条件的染色样品代替原始样品。用“有金属离子存在”和“有金属离子和螯合剂存在”的染色样品作为评级样品。

11.2 将C.I.分散红60和C.I.分散黄42“有金属离子存在”的染色样品与“空白”染色样品比较（见14.4）。如果没有颜色变化，重复进行测试，必要的话使用其他生产商的染料测试。

11.3 评价螯合剂的有效性：

11.3.1 将C.I.分散红60和C.I.分散黄42“有金属离子和螯合剂存在”的染色样品与“空白”染色样品比较。颜色变化很小或没有变化表明金属离子螯合作用是有效的。

11.4 评价试验染料的金属离子敏感性。

11.4.1 将“有金属离子和螯合剂存在”的试验染料的染色样品与“空白”染色样品比较。

12. 报告

12.1 测试报告应至少包含以下内容：

12.1.1 每种测试染料和螯合剂的描述或识别。

12.1.2 评级是按照AATCC TM161-2018e进行的。

12.1.3 每次染色的变色等级。如果染色样品重复使用，需报告每次染色浴的平均等级。

12.1.4 测试方法的任何偏离。

13. 精确度和偏差

13.1 精确度。本方法的精确度尚未确定，在其声明确立之前，应使用标准统计分析技术对任何实验室内或实验室之间的测试结果平均值进行比较。

13.2 偏差。由金属离子引起的分散染料变色的真实值，仅能根据测试方法的方式进行定义，因此本方法没有已知偏差。

14. 注释

14.1 可从ACGIH Publications Office获取，地址：Kemper Woods Center，1330 Kemper Meadow Dr.，Cincinnati OH 45240；电话：+1.513.742.2020；网址：www.acgih.org。

14.2 使用美国化学协会（ACS）试剂级化学品，以降低金属杂质含量。

14.3 推荐使用工厂的大货织物。

14.4 不同厂家生产的C.I.分散红60和C.I.分散黄42染料可能产生不同的结果，有必要使用参照染料证明在测试染色条件下可能产生的变色。

如果染色后不发生色变，应该进行重复测试。

14.5 如果可能，测试应在没有载体的情况下进行；如果染色时必须使用载体，则引入载体。

亚铁盐溶液不稳定，在储存过程中容易产生沉淀，每天需要新制备溶液。

14.6 在本测试方法的建立过程中，EDTA 作为螯合剂，其他的螯合剂商品也可能有效，它们的有效性可用本测试方法评价。

14.7 可从 AATCC 获取，地址：P. O. Box 12215, Research Triangle Park NC 27709；电话：+1. 919. 549. 8141；电子邮箱：ordering@ aatcc. org；网址：www. aatcc. org。

14.8 使用表 1 中推荐的染料用量，使其产生与 C. I. 分散红 60 或 C. I. 分散黄 42 相当的染色深度。

14.9 使用前，应该仔细检查金属溶液，不要使用有任何絮状沉淀或沉降物的溶液。

14.10 亚硫酸盐溶液不稳定，在储存过程中容易产生沉淀，每天需要新制备溶液。

14.11 对于 C. I. 分散红 60 和亚铁离子，某些载体破坏染料分散体系，可能引起色变。分散体系破坏中典型的例子就是分散液呈现不均衡的、很弱的蓝红色。

14.12 在含有二价铜离子或亚铁离子的 C. I. 分散红 60 和 C. I. 分散黄 42 染色浴内加入足够量的 EDTA 螯合剂，可得到预期的没有金属离子产生色变的试样。

14.13 在测定染浴 pH 前，要用标准的 pH 为 4.0 和 7.0 的缓冲溶液校准 pH 计。

14.14 在一些染色条件下，表 1 中所列出的条件除外，C. I. 分散红 60 或 C. I. 分散黄 42 的色变是不可预计的。例如，常压染色时，即使染浴中含有铁或铜离子，C. I. 分散黄 42 也无明显色变；而在高温高压染色时，C. I. 分散黄 42 在铁离子存在的条件下产生色变。

AATCC TM162-2011e2

耐水色牢度：氯化游泳池水

AATCC RA23 技术委员会于 1984 年制定，取代 AATCC 105 - 1975 试验方法；1985 年、1995 年、2008 年、2010 年、2012 年、2019 年编辑修订；1986 年、1997 年编辑修订并重新审定；1991 年、2002 年、2009 年重新审定；2011 年编辑修订。与 ISO 105 - E03 有相关性。

1. 目的和范围

本测试方法用以评定染色、印花或其他各类有色纱线和织物的耐氯化游泳池水色牢度。

2. 原理

纱线或织物试样在规定的温度、时间、pH 及硬度条件下，在稀释的含氯溶液中以一定的速率搅拌，评定干燥后被测试样的变色。

3. 术语

3.1 色牢度：材料在加工、检测、储存或使用过程中，暴露在可能遇到的任何环境下，抵抗颜色变化和/或颜色向相邻材料转移的能力。

3.2 游泳池水：向其中加入各种化学品以保持水的纯度、清晰度，通常是游泳池用水。

4. 安全和预防措施

本安全和预防措施仅供参考。本部分有助于测试，但未指出所有可能的安全问题。在本测试方法中，使用者在处理材料时有责任采用安全和适当的技术；务必向制造商咨询有关材料的详尽信息，如材料的安全参数和其他制造商的建议；务必向美国职业安全卫生管理局（OSHA）咨询并遵守其所有标准和规定。

4.1 遵守良好的实验室规定，在所有的试验区域应佩戴防护眼镜。

4.2 所有化学物品应当谨慎使用和处理。

4.3 在使用 6N 的硫酸和醋酸时，应使用化学防护眼镜或面罩，戴防水手套和围裙。浓酸只能在充分通风的通风橱中操作，总是将酸加入水中。

4.4 在附近安装洗眼器、安全喷淋装置以备急用。

4.5 在操作实验室测试设备时，应按照制造商提供的安全建议操作。

4.6 遵循染轧机的安全说明。在夹持点要足够小心，切勿移动安全保护设施。推荐使用脚踏开关。

4.7 本测试方法中，人体与化学物质的接触限度不得高于官方的限定值［例如，美国职业安全卫生管理局（OSHA）允许的暴露极限值（PEL），参见 29 CFR 1910.1000，最新版本见网址 www.osha.gov］。此外，美国政府工业卫生师协会（ACGIH）的阈限值（TLVs）由时间加权平均数（TLV - TWA）、短期暴露极限（TLV - STEL）和最高极限（TLV - C）组成，建议将其作为人体在空气污染物中暴露的基本准则并遵守（见 11.1）。

5. 仪器和材料（见 11.2）

5.1 仪器。

5.1.1 选择 1：加速洗涤设备（见 7.1 和

11.3）。

5.1.2 不锈钢杠杆锁小罐，型号2，1200mL，90mm×200mm（3.5英寸×8.0英寸）。

5.2 选择2：干洗设备（见7.2和11.4）。

5.3 小轧车。

5.4 变色灰卡（AATCC EP1，见11.6）。

5.5 测试用控制织物162#（见11.6）。

5.6 试剂。

5.6.1 家用次氯酸钠（NaClO）溶液，含有效氯约为5%（见11.5）。

5.6.2 无水氯化钙（$CaCl_2$）。

5.6.3 氯化镁六水合物（$MgCl_2 \cdot 6H_2O$）。

5.6.4 硫酸（H_2SO_4），3mol/L（6N）。

5.6.5 碘化钾（KI），12%。

5.6.6 淀粉溶液，1%。

5.6.7 硫代硫酸钠（$Na_2S_2O_3$），0.01mol/L（0.01N）（见11.7）。

5.6.8 蒸馏水或去离子水。

5.6.9 碳酸钠（Na_2CO_3）。

5.6.10 醋酸（CH_3COOH）。

6. 试剂制备

在去离子水或蒸馏水中加入5mg/kg氯和100mg/kg盐（硬度浓缩液）；调整到21℃（70℉），用碳酸钠或醋酸调整pH到7.0。

7. 试样准备

7.1 选择1：加速洗涤设备。

7.1.1 试样尺寸5cm×5cm，控制面料尺寸5cm×5cm。试样和控制面料总重为1.0g±0.05g。可以同时测试相同样品上的多个试样，以获得1.0g的重量。

7.2 选择2：干洗设备。

7.2.1 有色试样尺寸约为6cm×6cm，总重为5.0g±0.25g。如果试样不足5.0g，可加入多块试样使总重为5.0g，包括试验用控制织物。不同颜色的试样可同时试验，以达到5.0g的负载。

8. 操作程序

8.1 溶液制备。

8.1.1 将800mL去离子水或蒸馏水倒入1L的容量瓶中，加入8.24g的氯化钙和5.07g的氯化镁，同时搅动使之溶解。再加水达到1L容量。所得到的溶液为“硬度浓缩液”，可保留使用30天。

8.1.2 用去离子水或蒸馏水稀释51mL硬度浓缩液到5100mL，加入0.5mL家用次氯酸钠溶液（储存天数不超过60天），通过滴定确定实际的有效氯含量，调节到5mg/kg（见11.7）。

8.1.3 0.01N硫代硫酸钠可以直接购买或将0.1N溶液按10倍体积稀释。

8.1.4 必要时，用碳酸钠或醋酸调整溶液pH到7.0。

8.2 选择1：加速洗涤设备。

8.2.1 向加速洗涤设备的小罐中加入1000mL溶液（8.1中配置的），调整温度至21℃（70℉）。

8.2.2 将测试试样和控制织物放入加好溶液的小罐中，试样尺寸5cm×5cm，控制织物尺寸5cm×5cm，试样和控制织物总重为1.0g±0.05g，可以同时测试相同样品上的多个试样，以获得1.0g的重量。将带有垫圈的盖子盖好并锁紧。将小罐倒置以检查是否泄漏。

8.2.3 将盖好的小罐安装到测试设备上，测试试样和控制织物的温度为21℃。本测试中每个试样及其控制织物分别进行测试，然后使试样在溶液中翻滚60min。

注意：测试过程中不加入钢珠。

8.3 选择2：干洗设备。

8.3.1 清洗干洗设备缸体，将5000mL去离子水及0.5mL家用次氯酸钠溶液加入其中（见11.5）。关闭缸体，运转10min（只有在干洗设备的缸体中用了氯化游泳池水以外的其他测试情况下，才有必要对缸体进行清洗），倒掉溶液。

8.3.2 将5000mL溶液（8.1中制备的）加入缸体，调节温度到21℃（70℉）。

8.3.3 将测试试样以及控制织物放入缸体，关闭缸体并运转60min。

8.4 对于上述两种选择，取出试样，用小轧车去除多余的溶液。用蒸馏水或去离子水彻底漂洗。再次轧水，放在漂白纸巾上并在室温下干燥。

9. 变色的评定方法

9.1 用《变色灰卡评定程序》（AATCC EP1）或用AATCC EP7《仪器评定试样变色》方法评定试验用控制织物162#的变色级数。如果评价级数不是2～3级或3级，则认为试验是无效的。若是2～3级或3级，则进行9.2。

9.2 用《变色灰卡评定程序》（AATCC EP1）或用AATCC EP7《仪器评定试样变色》方法评定试样的变色，记录评定的变色级数（见11.6和11.8）。

10. 精确度和偏差（见11.8）

10.1 实验室间的精确度研究通过5个实验室、8块不同颜色的试样、两种测试方法（干洗设备方法和加速洗涤设备方法）以及两种评定程序（人工评级和光度计方法）进行研究，得到本测试方法的统计参数。5个实验室均对8块试样分别使用不同的测试方法和不同的评定程序进行了测试，得到的主要数据见表1。

表1 色牢度评级精确度的计算值

试样数量	实验室内	实验室间
3	0.207	0.397
2	0.256	0.487
1	0.357	0.689

10.1.1 干洗设备得到的色牢度的平均值为3.483，加速洗涤设备得到的平均结果为3.3213。两者在95%置信区间内的差异不显著。

10.1.2 人工评级得到的色牢度的平均值为3.24，设备评级得到的平均结果为3.23。两者在95%置信区间内的差异不显著。

10.1.3 在5个实验室中，3个实验室的评级结果非常接近，分别为3.249、3.229和3.261。其他两个实验室的评级结果分别是3.415和3.055。

10.2 偏差。耐氯化游泳池水色牢度的真值只能以一种测试方法对其进行定义，由于这种局限性，本测试方法没有已知偏差。

11. 注释

11.1 可从ACGIH Publications Office获取，地址：Kemper Woods Center，1330 Kemper Meadow Dr.，Cincinnati OH 45240；电话：+1.513.742.2020；网址：www.acgih.org。

11.2 有关适合测试方法的设备信息，请登录http://www.aatcc.org/bg。AATCC提供其企业会员单位所能提供的设备和材料清单。但AATCC没有给其授权，或以任何方式批准、认可或证明清单上的任何设备或材料符合测试方法的要求。

11.3 选择1：加速洗涤设备。以40r/min±2r/min的速度对恒温密闭的小罐进行翻转。

11.4 选择2：干洗设备。其不锈钢缸体高约33cm（13英寸），直径约22cm（8.75英寸）。缸体以垂直方向安装于倾斜50°的轴上，旋转速度为45～50r/min。

11.5 家庭用次氯酸钠溶液。如购买，则浓度约为5.25%或稍高浓度。所有的次氯酸钠溶液浓度都会随时间而降低，尤其暴露在光和热下，浓度损耗得更快。购买60天后，不应再使用。

11.6 可从AATCC获取，地址：P.O. Box 12215，Research Triangle Park NC 27709；电话：+1.919.549.8141；传真：+1.919.549.8933；电子邮箱：ordering@aatcc.org；网址：www.aatcc.org。

11.7 取100mL（测定体积的）溶液样品，加入20mL的3mol/L（6N）硫酸，6mL的12%碘化钾和3滴1%的淀粉溶液，充分混合，溶液呈褐蓝色。用0.01N的硫代硫酸钠反滴定，直到蓝色淀粉指示颜色刚刚消失。用下列公式计算有效氯的含量：

$$\text{有效氯百分含量}=\frac{\text{硫代硫酸钠的体积（mL）}\times 0.01\text{N}\times 0.0355}{100\text{mL}\times \text{次氯酸钠溶液的相对密度}}\times 100\%$$

家庭用的次氯酸钠的相对密度为1.08，按上式，反滴定中使用1.6mL硫代硫酸钠溶液，对应的有效氯含量为0.0005%，即5.0mg/kg。

11.8 本测试方法的精确度取决于测试材料、所用测试方法以及评定程序的不同组合方式。

本方法10中的精确度是通过视觉评定以及仪器评定方式得出的（AATCC EP1和AATCC EP7）。

AATCC TM163-2013 (2020) e2

储存中染料转移色牢度测试方法

1. 目的和范围

1.1 多种颜色的服装部件组成的服装在储存中，染料有时会由一个区域转移到另一个区域，通常是较深的颜色向较浅的颜色转移。这种现象与升华不同，因为染料转移发生在低于染料的升华温度和非升华染料情况下。

1.2 当服装折叠起来，不同颜色相互紧密接触时，染料会发生转移。通常潮湿条件下的染料转移量会增加，因此在湿热天气或服装在汽蒸后立即进行储存时，问题会更严重。用塑料袋储存可保持服装环境最初的相对湿度，是否会加重或减轻染料转移取决于服装入袋时的条件。

1.3 本测试方法旨在评价服装在长时间储存过程中，颜色是否会发生转移。如果在7（操作程序）中规定条件下，颜色没有发生转移，那么一般在正常储存或超期储存的条件下就不会发生颜色转移。

1.4 本方法也可以用于评价与织物后整理有关的颜色转移问题。有些染料本身就比其他染料更易发生转移，一些化学整理剂和后整理条件也会使转移加快。

2. 原理

将经过染色和后整理的试样夹在预先润湿的多纤维贴衬织物和另一选定的织物中间，在室温下置于汗渍架中放置48h，然后进行干燥和评级。

3. 术语

3.1 色牢度：材料在加工、检测、储存或使用过程中，暴露在可能遇到的任何环境下，抵抗颜色变化或颜色向相邻材料转移的能力。

3.2 染料：用于基布或在基布中出现的染料，通过分子扩散表现出某种程度的耐久性。

3.3 转移：纺织品在加工、测试、储存以及使用过程中，化学物质、染料或颜料在基布间或基布内纤维间的移动。

4. 安全和预防措施

本安全和预防措施仅供参考。本部分有助于测试，但未指出所有可能的安全问题。在本测试方法中，使用者在处理材料时有责任采用安全和适当的技术；务必向制造商咨询有关材料的详尽信息，如材料的安全参数和其他制造商的建议；务必向美国职业安全卫生管理局（OSHA）咨询并遵守其所有标准和规定。

4.1 遵守良好的实验室规定，在所有的试验区域应佩戴防护眼镜。

4.2 操作实验室测试仪器时，应遵循制造商提供的安全建议。

4.3 注意小轧车的使用安全。确保咬入点处的充分防护，勿移除小轧车上的正常安全装置，建议使用脚踏开关。

5. 仪器和材料（见11.1）

5.1 AATCC耐汗渍测试仪。

5.2 塑料袋。由聚乙烯制成并能装下汗渍测试仪。

5.3 多纤维贴衬织物［8mm（0.33英寸），条宽］，由醋酯纤维、棉、锦纶、涤纶、腈纶和羊毛组成。

5.4 与试样成分相同的白色织物。如果没有，可使用AATCC TM8《耐摩擦色牢度：摩擦测试仪法》中规定的棉布。

5.5 蒸馏水或去离子水。

5.6 能装下 50mL 水的蒸发皿或烧杯。也可用湿海绵。

5.7 AATCC 9 级沾色彩卡（AATCC EP8，见 11.2）。

5.8 沾色灰卡（AATCC EP2，见 11.2）。

5.9 变色灰卡（AATCC EP1，见 11.2）。

6. 试样

6.1 剪取尺寸为 5.7cm×5.7cm（2.25 英寸×2.25 英寸）的试样。

6.2 准备 5.7cm×5.7cm（2.25 英寸×2.25 英寸）的多纤维贴衬织物及同样大小的白色织物试样。

7. 操作程序

7.1 方法Ⅰ。

7.1.1 将多纤维贴衬织物和另一选定织物（见 5.4）浸入 24℃±3℃（75℉±5℉）的蒸馏水或去离子水中，使两者含水率在 100%～110% 内（见 11.3）。在试验前不要将测试试样浸湿，以防止染料或整理剂过早发生转移。

7.1.2 将印染试样夹在预先润湿的多纤维贴衬织物和白色织物（见 5.4）之间，制成组合试样。

7.1.3 将组合试样（按 7.1.2 制备）夹在耐汗渍色牢度测试装置的两块干净的板材之间。按 AATCC 15 中的 9.4.1 操作耐汗渍色牢度测试装置，但不要将此装置置于烘箱中。

7.1.4 将耐汗渍色牢度测试装置与至少装有 50mL 蒸馏水或去离子水的蒸发皿（见 5.6）一同放入聚乙烯袋中，以保持袋中较高的相对湿度。如果不使用拉锁袋，则应用绳索或胶带将袋口封住（见 5.2）。在室温［24±3℃（75±5℉）］下放置 48h。注意耐汗渍色牢度测试仪不要掉到有水的蒸发皿里（见 11.4）。

7.1.5 拆下耐汗渍色牢度测试仪的盖板，取下组合试样并将各组合部分分开。将样品置于室温下干燥。

7.2 方法Ⅱ。这是一种已被使用的快速试验方法，用本方法对一些染色或整理过的织物进行测试所得到的结果与方法Ⅰ几乎一致。该方法将试验装置（见 7.1.4）置于具有强制通风的烘箱中，烘箱温度为 38℃±1℃（100℉±2℉），放置 4h（见 11.4）。

8. 评级（见 11.8）

8.1 试样干燥以后，检查多纤维贴衬织物及白色织物的沾色情况。用《沾色灰卡》（AATCC EP2）、《AATCC 9 级沾色彩卡》（AATCC EP8）或《仪器评定沾色程度的方法》（AATCC EP12）对多纤维贴衬织物中的每种纤维部分以及组合试样另一面的样布进行评级。记录评定的级数和所使用的评级样卡。

8.2 如果试样发生变色，采用 AATCC EP1 或 AATCC EP7 评价变色。记录与灰卡相当的变色等级。

9. 报告

9.1 记录组合试样中使用的白色织物（见 5.4 和 11.6）。

9.2 如果含水率不是 100%～110%，则记录含水率（见 11.3）。

9.3 报告多纤维贴衬织物每种纤维的沾色级数及白色样布的沾色级数作为染料转移等级。报告使用的评级样卡。

9.4 报告试样的变色等级，以及所采用的评级程序（见 11.7.2）。

10. 精确度和偏差（见 11.7）

10.1 实验室间的数据。实验室之间的比对试验于 1982 年进行，四家验室分别对两种不同纺织材料的样品进行了测试，每种材料有五种不同的整理剂。均使用了 AATCC 9 级沾色彩卡和沾色灰卡评定，并在实验室间建立了一级内的相关性。

10.2 精确度。根据 10.1 中的评定方法和商业惯例，当对取自批样或托运货物的试样染料转移进行测试并用沾色灰卡进行评定时，如果评级结果低于规定的级数超过 1 级，那么一般认为批样或托运货物的染料转移性能比规定的等级明显较差。

10.3 偏差。染料转移的真实值只能以一种测试方法对其进行定义，因此本方法无已知偏差。

11. 注释

11.1 有关适合测试方法的设备信息，请登录 http://www.aatcc.org/bg。AATCC 提供其企业会员单位所能提供的设备和材料清单。但 AATCC 没有给其授权，或以任何方式批准、认可或证明清单上的任何设备或材料符合测试方法的要求。

11.2 可从 AATCC 获取，地址：P. O. Box 12215, Research Triangle Park NC 27709；电话：+1.919.549.8141；传真：+1.919.549.8933；电子邮箱：ordering@aatcc.org；网址：www.aatcc.org。

11.3 某些织物和结构在 100% 含水率时有水滴下。对于此类材料，可将其悬挂直至没有水滴下时再使用，此时含水率为最高含水率。

11.4 如果使用的温度和/或时间与 7.2 中规定的不同，同样要报告并说明原因。

11.5 对于非常关键的评价和仲裁，必须使用沾色灰卡评级。

11.6 测试中所有材料受到的影响不尽相同。任何一种测试方法获得的结果都不能代表另一测试方法测得的结果，除非已知给定材料的定量相关度。在任何情况下，材料说明中应注明测试方法。

11.7 本测试方法的精确度取决于被测材料、所用测试方法和所用评价方法的不同组合方式。

11.7.1 本方法 10 中的精确度是通过视觉评级方法得到的（AATCC EP2 和 AATCC EP8）。

11.7.2 使用仪器评价方法（AATCC EP7 和 AATCC EP12）可能会得到比视觉评价方法更高的精确度。

11.8 注意：有报告显示，对于含有聚酯和氨纶或其混纺的深色产品（如藏蓝色、黑色等），使用本方法得出的结果与消费者实际使用时的沾色倾向可能不一致。所以，本方法不建议作为此类织物的验收实验方法。

12. 历史

12.1 2021 年编辑修订并更新历史顺序。

12.2 2020 年编辑修订并重新审定，增加了历史部分和变更管辖权。2019 年编辑修订（更改标题），2013 年修订，2012 年编辑修订并重新审定，2011 年、2010 年、2008 年编辑修订，2007 年重新审定，2002 年编辑修订并重新审定，2001 年编辑修订，1997 年编辑修订并重新审定，1995 年编辑修订，1992 年、1986 年编辑修订并重新审定，1987 年重新审定。

12.3 AATCC RA92 技术委员会于 1985 年制定。管辖权于 2020 年移交至 RA87 技术委员会。

AATCC TM164-2015e(2020)

耐高湿大气中二氧化氮色牢度

1. 目的与范围

1.1 本测试方法用来测定有色纺织品在较高的温度及相对湿度高于85%的大气中，耐二氧化氮的色牢度。

1.2 某些纤维，在低于85%的相对湿度中，不容易褪色。这就需要在更高的相对湿度下测试，使其产生颜色变化，以预测其在温暖、潮湿环境中使用时的褪色性能（见11.1）。

2. 原理

在恒定的相对湿度为87.5%±2.5%、温度为40℃±1℃（104℉±2℉）的条件下，试样和控制标样同时暴露于二氧化氮中，直到控制标样褪色到和褪色标准的颜色相同时。可重复此循环，直到试样变色达到预定的程度或至预定的循环次数。

3. 术语

色牢度：材料在加工、检测、储存或使用过程中，暴露在可能遇到的任何环境下，抵抗颜色变化和/或颜色向相邻材料转移的能力。

4. 安全和预防措施

本安全和预防措施仅供参考。本部分有助于测试，但未指出所有可能的安全问题。在本测试方法中，使用者在处理材料时有责任采用安全和适当的技术；务必向制造商咨询有关材料的详尽信息，如材料的安全参数和其他制造商的建议；务必向美国职业安全卫生管理局（OSHA）咨询并遵守其所有标准和规定。

4.1 高浓度的二氧化氮对身体有害，必须将它排到大气中，或收集在水中，并用10%的氢氧化钠溶液或碳酸氢钠溶液中和。工作场所中的二氧化氮最高浓度不得超过500pphm。

4.2 把气罐用链或夹子固定在墙上或其他合适的位置，以防翻倒或被碰倒。

4.3 本测试方法中，人体与化学物质的接触限度不得高于官方的限定值［例如，美国职业安全卫生管理局（OSHA）允许的暴露极限值（PEL），参见29 CFR 1910.1000，最新版本见网址 www.osha.gov］。此外，美国政府工业卫生师协会（ACGIH）的阈限值（TLVs）由时间加权平均数（TLV-TWA）、短期暴露极限（TLV-STEL）和最高极限（TLV-C）组成，建议将其作为人体在空气污染物中暴露的基本准则并遵守（见11.2）。

5. 仪器和材料

5.1 接触室。适于容纳二氧化氮并可以保持恒定的升高温度和相对湿度（见11.3）。

5.2 控制标样 No.1（见11.4）。

5.3 褪色标准（控制标样 No.1）（见11.4）。

5.4 变色灰卡（AATCC EP1，见11.5）。

5.5 罐装二氧化氮（见11.6）。

6. 试样准备

6.1 剪取试样，每块试样尺寸至少为60mm×60mm。为了后续的颜色对比，应将未暴露的试样放在避光密封容器里，以防变色。

6.2 如果测试经水洗或干洗的材料，则试样和控制标样要同时进行水洗或干洗。水洗或干洗试样的制备，请按照 AATCC TM61《耐洗涤色牢度：

快速法》和/或 AATCC TM132《耐干洗色牢度》中的规定进行。

7. 操作程序

7.1 将试样和控制标样 No.1 悬挂在接触室中，接触室保持相对湿度在 87.5% ±2.5%、温度 40℃ ±1℃ (104℉ ±2℉)。为使得 5～15h 的暴露作为一个褪色循环，接触室内二氧化氮浓度须在 400pphm－600pphm 范围内。

7.2 定期观察仓内控制标样 No.1，直至它变色至和褪色标准的颜色一致时为止，即完成一次循环。做颜色比较时，一般采用微弱的天然日光或与其等同的人造光源。

7.3 将在一个周期终止后出现明显变色的试样取出。一般来说，对二氧化氮敏感的试样，一个周期后就会发生可测量出的变色。

7.4 在每个追加的褪色周期中都要悬挂一块没有被二氧化氮暴露过的控制标样 No.1，直到完成需要的全部周期。

7.5 供选择的后处理。暴露于二氧化氮中的试样从接触室中取出后，可能会继续变色。将试样置入尿素缓冲溶液（见 11.7）中浸泡 5min，可能会稳定其颜色。然后挤干试样，在净水中彻底冲洗，并在不超过 60℃ (140℉) 的空气中干燥。注意：对于任何还需要放回接触室中继续暴露的试样，都不要用尿素溶液处理。

8. 评级

8.1 每次褪色循环结束后，从接触室中取出试样，立即与相应的保存原样比较。

8.2 规定循环次数结束后，用《变色灰卡评定程序》(AATCC EP1) 或用 AATCC EP7《仪器评定试样变色》评定试样的颜色变化，记录评定的级数，并报告试验循环次数。

9. 报告

报告试样变色的级数、试验循环次数以及试验时的温度和相对湿度。

10. 精确度与偏差

10.1 精确度。这一测试方法的精确度尚未确定。在其精确度声明确立之前，应用标准的统计学方法来对同一实验室内的测试结果或是不同实验室间的测试结果的平均值进行比对。

10.2 偏差。在高湿度环境下，耐二氧化氮的色牢度只是基于一种测试方法进行定义的。目前没有任何一个独立的可供参考的测试方法可以用来确定其真值。作为一种评估这些性能的手段，本方法没有已知偏差。

11. 注释

11.1 测试湿度。对于某些纤维，诸如锦纶和醋酸纤维，在高湿度环境的二氧化氮作用下，其褪色随相对湿度的微小波动会发生很大变化。因此要严格控制温度和相对湿度。

11.2 资料可从以下途径获取，地址：Publications Office, ACGIH Kemper Woods Center, 1330 Kemper Meadow Dr., Cincinnati OH 45240；电话：+1.513.742.2020；网址：www.acgih.org。

11.3 接触室。保持较高温度和相对湿度 85% 以上的二氧化氮接触室应由不锈钢制成，内壁涂耐受性涂料。接触室需保持相对湿度 87.5% ±2.5%、温度 40℃ ±1℃ (104℉ ±2℉)，并保持二氧化氮浓度在 400～600pphm 范围内。

11.3.1 配套设备的设计图纸可从 AATCC 获取，地址：P.O. Box 12215, Research Triangle Park NC 27709；电话：+1.919.549.8141；传真：+1.919.549.8933；电子邮箱：ordering@aatcc.org；网址：www.aatcc.org。

11.4 测试控制布与褪色标准。

11.4.1 之前，测试控制织物，控制标样

No. 1 是由 0. 4% C. I. 分散蓝 3（散利通蓝 FFRN）染色而成的醋酸纤维贡缎。第 21 批改为使用 0. 4% 分散紫 1 对醋酸纤维贡缎染色，由于它的褪色特性是众所周知的，在测试后，第 21 批会比以前分散蓝 3 染成的控制织物产生更多的颜色变化。

11. 4. 2 因为不同批次的染料和坯布制成的控制织物的初始颜色和褪色率都不尽相同，因此，有必要准确地建立一个新的褪色标准，以便使用不同批次的控制标样时可以进行对比实验，在进行实验时，只有符合褪色标准的控制织物才可以使用。

11. 4. 3 第一批控制织物的褪色标样是用还原染料染成的醋酸纤维贡缎。对于之后批次的控制标样，直接染料染色的黏胶纤维贡缎制成的褪色标样表现出良好的颜色一致性。

11. 4. 4 控制标样和褪色标准都必须置于合适的容器内或包装起来，以防止运输和储存过程中由于空气中的二氧化氮和其他可能存在的污染物而导致其变色。

11. 4. 5 控制标样也对空气中其他污染物敏感，诸如臭氧。其褪色程度在不同湿度和温度下变化相当大，因此建议不能再将其正常使用或最终用于二氧化氮测试。这些控制标样颜色的改变不仅反映了它会受到二氧化氮的影响，大气污染物、温度和湿度的变化综合因素也不可忽略。

11. 4. 6 由 2. 47cm 宽并注明批号的控制标样 No. 1 和其相应的褪色标样组成的一个密封包装，可从以下公司购买：Testfabrics Inc. , P. O. Box 3026, 415 Delaware Are. , W. Pittston PA 18643；电话：+1. 570. 603. 0432；传真：+1. 570. 603. 0433；电子邮箱：info @ testfabrics. com；网址：www. testfabrics. com。

11. 5 可从 AATCC 获取，地址：P. O. Box 12215, Research Triangle Park NC 27709；电话：+1. 919. 549. 8141；传真：+1. 919. 549. 8933；电子邮箱：ordering@ aatcc. org；网址：www. aatcc. org。

11. 6 使用瓶装的气体，带适当减压阀的罐中装有约含 1% 氮的二氧化氮。

11. 7 尿素后处理。

11. 7. 1 本项处理完全是可选的。经验表明，试样从接触室中取出后的变色是可以忽略的。尿素处理本身常会造成变色。因此，如果使用此步骤，重要的是暴露的和未暴露的控制试样都要以同样的方法处理。

11. 7. 2 尿素溶液：每升水中含有 10g 尿素（NH_2—CO—NH_2），加入 0. 4g 磷酸二氢钠二水合物（$NaH_2PO_4 \cdot 2H_2O$）、2. 5g 磷酸氢二钠十二水合物（$Na_2HPO_4 \cdot 12H_2O$）和不多于 0. 1g 的快湿表面活性剂，例如二辛磺基丁二酸钠，使得溶液的 pH 为 7。

12. 历史

12. 1 2020 年重新审定。

12. 2 2015 年修订，2013 年、2006 年、2001 年、1992 年、1987 年重新审定，2019 年、2010 年、2008 年、2004 年、1995 年、1989 年编辑性修订，1997 年、1986 年编辑性修订和重新审定。

12. 3 由 AATCC 委员会 RA33 于 1985 年制定。技术上等同于 ISO 105 - G04。

AATCC TM165-1999e10(2021)e

铺地纺织品耐摩擦色牢度——摩擦测试仪法

1. 目的和范围

1.1 本测试方法用来评定铺地纺织品表面因摩擦而发生颜色转移到其他表面的程度。目的是尽量模拟各种铺地纺织品在实际使用中的情况，包括染色的、印花的以及其他着色方法的铺地纺织品。

1.2 测试程序中使用摩擦白布，包括干燥的和用水湿润的。

1.3 由于铺地纺织品的表面在实际使用中可能受到不同情况的影响，如沾污、沾色、清洁、洗涤剂洗涤以及进行化学整理，如防污整理、抗静电整理和抗菌整理等，因此可在上述各种处理前或处理后进行试验，或处理前及处理后一并进行试验。

2. 原理

2.1 在规定条件下，固定在摩擦仪基座上的有色试样与摩擦白布进行摩擦。

2.2 通过与沾色灰卡或 AATCC 9 级沾色彩卡进行比较，评价颜色转移到摩擦白布的程度，并确定沾色级数。

3. 术语

3.1 地毯：所有纺织材料制成的地板覆盖物。

3.2 色牢度：材料在加工、检测、储存或使用过程中，暴露在可能遇到的任何环境下，抵抗颜色变化和/或颜色向相邻材料转移的能力。

3.3 摩擦脱色：通过摩擦，着色剂从有色纱线或织物表面转移到另一个表面或同一织物的邻近区域。

3.4 小地毯：自成一块的小面积铺地地毯，主要用于覆盖地板的部分区域或覆盖其他地板覆盖物的部分区域。

3.5 纺织地毯：使用表面由纺织材料构成，通常用来覆盖地板的物品。

3.6 使用面：纺织地毯上，人脚踩踏的那一面。

4. 安全和预防措施

本安全和预防措施仅供参考。本部分有助于测试，但未指出所有可能的安全问题。在本测试方法中，使用者在处理材料时有责任采用安全和适当的技术；务必向制造商咨询有关材料的详尽信息，如材料的安全参数和其他制造商的建议；务必向美国职业安全卫生管理局（OSHA）咨询并遵守其所有标准和规定。

遵守良好的实验室规定，在所有的试验区域应佩戴防护眼镜。

5. 仪器和材料（见 13.1）

5.1 摩擦色牢度仪（见 13.2 和 13.3）。

5.2 摩擦头（见 13.3）。

5.3 摩擦白布（见 13.4）。

5.4 AATCC 9 级沾色彩卡（AATCC EP8，见 13.5）。

5.5 沾色灰卡（AATCC EP2，见 13.5）。

5.6 AATCC 白色纺织吸水纸（见 13.5）。

6. 试样准备

6.1 需要两块试样，一块用于干摩擦测试，一块用于湿摩擦测试。

为了提高结果平均值的精确度，可增加试样数量。

6.2 铺地材料：试样尺寸至少为 50mm ×

150mm。如果绒毛倒伏方向清晰可辨，则取样时长边方向为绒毛倒伏方向。

当需要进行多个测试以及进行产品的生产测试时，可以使用更大的或全幅的实验室样品，而不必裁剪单独的试样。

7. 核查

7.1 应对试验操作和仪器做定期核查，并保留对核查结果的记录。当产生异常摩擦效果并对评级程序产生影响时，使用以下的观察和纠正操作对避免错误的测试结果是非常重要的。

7.2 用实验室内部一块色牢度较差的地毯或小地毯作为核查试样，进行三次干摩擦测试。

7.2.1 如果产生重影的细长图形，则表明卡套可能松动。

7.2.2 如果产生拉长的条纹图形，则表明摩擦试样安装可能倾斜。

7.2.3 如果测试布上的摩擦区域出现弧状凹形痕迹，则表明摩擦头安装不当，最有可能的情况是摩擦头与某一具体位置垂直了（见 13.3）。

7.3 如果摩擦基座上摩擦砂纸的摩擦区域用手摸起来与其旁边的区域相比很平滑或试样发生明显的滑动，则应及时更换摩擦砂纸。

8. 调湿

测试前，按照 ASTM D1776《纺织品调湿和测试标准方法》的要求对测试试样及摩擦白布进行预调湿和调湿。将每块测试试样或摩擦白布分开放在筛网或调湿用多孔架上，在温度为 21℃ ±2℃ 和相对湿度 65% ±5% 的大气条件下调湿至少 4h。

9. 操作程序

9.1 干摩擦测试。

9.1.1 将试样平放在铺有砂纸的摩擦测试仪基座上，使其长度方向沿摩擦方向（见 13.5）。如果绒头的倒伏方向清晰可辨，绒毛倒伏方向应指向耐摩擦测试仪的尾部。

9.1.2 将一块 25mm × 100mm 的白色棉摩擦布样品覆盖在摩擦头的摩擦面上。固定时，应使其长边方向与试验时摩擦头移动的长度方向一致。进行这步操作时，可以用 Allen 圆柱头内六角螺栓（见 13.6）将摩擦头固定在摩擦仪的压力臂上或将摩擦头从压力臂上拆下，更换一个合适的摩擦头夹持器（见 13.3 和 13.7）。用一个长方形卡套将白摩擦布固定在摩擦头上，卡套可在覆盖着棉白布的摩擦头上滑移。准备好测试时，使装有摩擦白布的摩擦头从摩擦仪臂向下移动。

注意：不要让摩擦头掉下，否则摩擦面上的凹痕或划痕可能无法修复；请小心轻放。

9.1.3 轻轻放下摩擦头到试样表面。用左手的拇指和食指紧按试样，并以 1 圈/s 的速度转动手柄，运转 10 圈。

9.1.4 取下摩擦白布，调湿（见 8.1），并按照本方法中 10 的规定进行评级。对于拉毛、起绒或磨毛试样，松散纤维可能影响评级，因此在评级前，用透明胶带轻压摩擦白布，以粘去松散的纤维。

9.2 湿摩擦测试。

9.2.1 将摩擦白布在蒸馏水中彻底润湿。

9.2.2 在测试前，使用任何易于操作的方法，如将摩擦布夹在滤纸之间、用轧车进行轧液，以使摩擦布的含湿量控制在 65% ±5%。这一含湿量的计算是以干摩擦布在标准大气条件下（温度为 21℃ ±2℃，相对湿度 65% ±5%）的调湿重量为基础进行的（见 13.8）。

9.2.3 在实际摩擦测试开始前，应小心处置，以防止因水分蒸发引起的含湿量降低到规定范围以下。

9.2.4 按照 9.1 的要求继续进行测试。

9.2.5 评级前，在空气中晾干摩擦白布。对于拉毛、起绒或磨毛试样，松散纤维可能影响评级，因此在评级前，用透明胶带轻压摩擦白布，以粘去松散的纤维。

10. 评级

10.1 用《沾色灰卡评定程序》(AATCC EP2),《AATCC 9 级沾色彩卡》(AATCC EP8)或《仪器评定沾色程度的方法》(AATCC EP12)评定试验后颜色从试样转移到摩擦白布上的程度,并记录评定的级数(见 13.5 和 13.9)。

10.2 在评级时,用三层未使用过的摩擦白布垫于待评摩擦白布的下面。

10.3 对干摩擦色牢度和湿摩擦色牢度进行评级。使用沾色灰卡或 AATCC 9 级沾色彩卡进行评级,可能会得出不同的评级结果。因此,在报告中注明使用哪种样卡进行评级是非常重要的。对于关键性的评级或用于仲裁的评级,必须使用沾色灰卡。

11. 报告

11.1 对测试试样进行描述。

11.2 报告 10.3 中确定的沾色级数。

11.3 注明是干摩擦测试还是湿摩擦测试。

11.4 注明评级时使用的是 AATCC EP2 还是 AATCC EP8(见 10.3)。

11.5 如果地毯或地垫涉及 1.3 中描述的情况,则应在报告中对此加以说明。

12. 精确度和偏差(见 13.9)

12.1 精确度。1997 年进行了实验室间的比对试验,以确定本测试方法的精确度。各实验室的比对测试均在常规大气条件下进行,不必在 ASTM 标准大气条件下进行。四个实验室参加本次比对测试,每个实验室有两位操作员参加,在连续两天当中,对六块试样进行了干摩擦色牢度和湿摩擦色牢度的评价。使用 AATCC 9 级沾色彩卡和沾色灰卡分别进行评级。

12.1.1 从每个实验室中选出一位操作者,对其比对测试结果进行了代表方差分析(ANOVA)。偏差构成见表 1。

表 1 偏差构成

项目	干摩擦		湿摩擦	
	沾色灰卡	沾色彩卡	沾色灰卡	沾色彩卡
实验室内	0.0312	0.0417	0.125	0.0938
相互影响	0.0135	0.0403	-0.0201	-0.0031
实验室间	0.0264	0.0101	0.0028	0.0031

12.1.2 临界差见表 2。

表 2 临界差

单种织物					
项目	观测数量	干摩擦		湿摩擦	
		沾色灰卡	沾色彩卡	沾色灰卡	沾色彩卡
实验室内	1	0.49	0.56	0.98	0.85
	3	0.28	0.33	0.68	0.49
	5	0.22	0.25	0.44	0.38
实验室间	1	0.66	0.63	0.99	0.86
	3	0.53	0.43	0.58	0.51
	5	0.50	0.38	0.46	0.41
多种织物					
项目	观测数量	干摩擦		湿摩擦	
		沾色灰卡	沾色彩卡	沾色灰卡	沾色彩卡
实验室内	1	0.59	0.79	0.98	0.85
	3	0.43	0.64	0.68	0.49
	5	0.39	0.61	0.44	0.38
实验室间	1	0.74	0.84	0.99	0.86
	3	0.62	0.70	0.58	0.51
	5	0.60	0.67	0.46	0.41

12.1.3 使用一个评级者和沾色彩卡来确定实验室间差异的示例见表 3。

表 3 摩擦测试结果

项 目	干摩擦	湿摩擦
实验室 A	4.0	4.0
实验室 B	3.5	3.0
差异	0.5	1.0

说明:对于干摩擦测试,由于实验室间的结果差值小于 12.1.2(0.63)中所述的临界差值,因

此结果之间的差异不显著；对于湿摩擦测试，由于实验室间的结果差值超过了临界差值（0.86），因此结果之间的差异很显著。

12.2 偏差。摩擦色牢度的真值只能以试验方法进行定义。因此本方法没有已知偏差。

13. 注释

13.1 有关适合测试方法的设备信息，请登录 http://www.aatcc.org/bg。AATCC 提供其企业会员单位所能提供的设备和材料清单，但 AATCC 没有给其授权或以任何方式批准、认可或证明清单上的任何设备或材料符合测试方法的要求。

13.2 AATCC 摩擦测试仪提供了一个模拟人手指和前臂动作的往复摩擦运动。需要进行长时间的摩擦时，计数器会很有帮助。计数器可另行购买。

13.3 摩擦测试仪的设计使摩擦头可以在 19.0mm×25.4mm 的长方形摩擦面上往复运动，在 9N 的向下压力下，曲柄每转一圈，摩擦头沿 100mm 的直线动程在铺地纺织品试样的表面做一次往复运动。摩擦头安装的方向固定。曲柄边上的切口可以安装螺丝将摩擦头固定在往复臂上。平头螺钉可以用 Allen 圆柱头内六角螺栓（见 13.6）或其他类似的可以用手拧紧或拧松的装置代替。摩擦头夹持器也可以用来协助安装棉摩擦白布。注：当摩擦头还在摩擦仪的压力臂上时，利用摩擦头夹持器的长方形滑动套筒，可轻松快捷地将摩擦布装到摩擦头上。

13.4 摩擦白布应满足下述条件：

纤维：10.3 ~ 16.8mm100% 精梳棉原纤，退浆、漂白、不含荧光增白剂或整理剂。

纱线：15tex（40/1 英支）棉纱，5.9 捻/cm，“Z” 捻向。

密度：经密 32 根/cm ±5 根/cm，纬密 33 根/cm ±5 根/cm。

组织：$\frac{1}{1}$平纹。

pH：7 ±0.5。

克重：$100g/m^2 \pm 3g/m^2$（整理后）。

白度：$W = 78 \pm 3$（见 AATCC 110）。

注意：根据对摩擦棉布的研究，ISO 摩擦白布的测试结果与 AATCC 摩擦白布的测试结果不等效。

13.5 AATCC 9 级沾色彩卡、沾色灰卡和白色 AATCC 纺织吸水纸可从 AATCC 获取，地址：P. O. Box 12215，Research Triangle Park NC 27709；电话：+1.919.549.8141；传真：+1.919.549.8933；电子邮箱：ordering@aatcc.org；网址：www.aatcc.org。

13.6 Allen 圆柱头内六角螺栓，螺纹 10 ~ 32，长 20mm。

13.7 摩擦头夹持器是一个顶部中心带有小孔的重块，可安装直径为 16mm 的摩擦头杆，摩擦头杆可以带动摩擦白布运动。

13.8 一旦确定操作方法，在测试过程中，有经验的操作者不必重复称量过程。

13.9 本测试方法的精确度与被测试样、测试方法本身以及所采用的评级程序等综合相关。

13.9.1 本方法中 12 所述精确度是采用目光评级（AATCC EP2 和 EP8）方法得到的。

13.9.2 使用仪器评价方法（AATCC EP12）可得到比目光评级更高的精确度。

14. 历史

14.1 根据 AATCC 标准的统一格式，历史部分进行了编辑修订和重新审定。

14.2 2019 年、2016 年编辑修订，2013 年编辑修订并重新审定，2011 年、2010 年和 2009 年编辑修订，2008 年编辑修订并重新审定（更改标题），2004 年、2002 年、2001 年编辑修订，1999 年修订（更改标题），1996 年编辑修订，1993 年编辑修订并重新审定，1988 年、1987 年修订。

14.3 AATCC RA57 技术委员会于 1986 年制定，部分等效于 ISO 105 - X12。

AATCC TM167-1986e5 (2018) e

分散染料的起泡性

AATCC RA87 技术委员会于 1986 年制定；1987 年、1988 年、1993 年、1998 年、2003 年、2013 年、2018 年重新审定；1989 年、1991 年、1997 年、2010 年、2019 年编辑修订；2008 年编辑修订并重新审定。

1. 目的和范围

1.1 喷射染色机等染色设备，染液都是在低浴比、高循环和高搅动下运行的，因此在运行过程中必须要控制泡沫的产生。

1.2 本测试方法提供了在可控条件下评价分散染料起泡性能的标准方法，并可以评估某一单一分散染料对染浴起泡的作用。

2. 原理

稀释一定量的分散染料，预加热并放入常规厨房用搅拌机（见 12.1）内。在预设的搅拌速度下对染液搅拌一定时间后，将染液转移到带有刻度的量筒中，读取泡沫和液体的高度。

3. 术语

泡沫：气体分散在液体或固体中所产生的分散体系（见 12.2）。

4. 安全和预防措施

本安全和预防措施仅供参考。本部分有助于测试，但未指出所有可能的安全问题。在本测试方法中，使用者在处理材料时有责任采用安全和适当的技术；务必向制造商咨询有关材料的详尽信息，如材料的安全参数和其他制造商的建议；务必向美国职业安全卫生管理局（OSHA）咨询并遵守其所有标准和规定。

4.1 所有化学物品应当被谨慎使用和处理。在使用本方法中涉及的化学品时使用化学护目镜或防护面罩、防护手套及防护围裙。在附近安装洗眼器/安全喷淋装置以备急用。

4.2 在处理粉状染料时需戴防护眼镜及防尘面罩。

4.3 如果需要用浓醋酸稀释制备醋酸用于调节 pH（见 7.1.4），在制备过程中需使用化学护目镜或防护面罩、防护手套和防水围裙。浓酸处理只能在充分通风的通风橱内进行。在附近安装洗眼器、安全喷淋装置以备急用。

注意：总是向水中滴加酸。

4.4 本测试方法中，人体与化学物质的接触限度不得高于官方的限定值［例如，美国职业安全卫生管理局（OSHA）允许的暴露极限值（PEL），参见 29 CFR 1910.1000，最新版本见网址 www.osha.gov］。此外，美国政府工业卫生师协会（ACGIH）的阈限值（TLVs）由时间加权平均数（TLV-TWA）、短期暴露极限（TLV-STEL）和最高极限（TLV-C）组成，建议将其作为人体在空气污染物中暴露的基本准则并遵守（见 12.3）。

5. 使用和限制条件

5.1 本测试方法提供了一个通过与相应的染料标准参考样进行对比来评价染料批次与批次间起泡性的差异。

5.2 本测试过程并不复杂，使用现有设备即可得到与更精确的实验室仪器相同的测试结果。

5.3 本测试方法提供了一套特定的测试程序及实验条件，有助于单个实验室内进行对比研究。不同的实验室由于所用设备和操作人员的不同会产生细微的测试结果差异，但还是可以将染料区分为低起泡性、中起泡性和高起泡性分散染料。

5.4 影响测试准确性和重现性的因素参见注释（见 12.5 ~ 12.7）。

6. 仪器和材料

6.1 仪器。

6.1.1 500mL 带刻度的玻璃量筒。

6.1.2 厨房用搅拌器（见 12.1）。

6.1.3 玻璃搅拌容器。

6.1.4 秒表。

6.1.5 pH 计。

6.2 材料。

6.2.1 蒸馏水。

6.2.2 醋酸，10% 溶液。

6.2.3 1993 AATCC 标准洗涤剂 WOB（见 12.4）。

7. 制备

7.1 染料分散液的制备。

7.1.1 称量 5g、100% 力份的染料（对于其他浓度的染料，称量重量需要相应调整。如 200% 力份的染料称量 2.5g）。

7.1.2 在一个 400mL 的烧杯中用 25mL 的蒸馏水把染料调成糊状。

7.1.3 用 175mL 蒸馏水进一步稀释染料分散液，边搅拌边将染液加热到 50℃（122℉）。

7.1.4 用蒸馏水将染料分散液稀释至 1L。用醋酸将染液的 pH 调整到 5.5 ±0.2（见 12.5），使用 pH 计测量。最终待测染液的温度应为 30℃（86℉）。

7.2 洗涤剂溶液的制备。用 30℃（86℉）的自来水制备浓度为 0.5g/L 的 1993 AATCC 标准洗涤剂 WOB 溶液，用来检查搅拌器内任何阻碍起泡的污染物。

7.3 检查搅拌器内是否含有污染物。

7.3.1 将 200mL 洗涤剂溶液倒入容量为 1.4L（1.5 夸脱）的干净的搅拌器容器内。

7.3.2 让搅拌器在其最高速度下运行 30s，然后停止，让溶液静置 30s。此时在溶液的上部应至少出现 2.5cm 高的泡沫。如果出现的泡沫高度小于 2.5cm，则对搅拌器容器进行清洗并重复上述操作，直到产生的泡沫达到要求（见 12.6）。

7.3.3 彻底清洗搅拌器容器，然后向里面加入 200mL 蒸馏水。

7.3.4 让搅拌器在其最高速度下运行 30s，然后停止，静置 30s，此时应该无泡沫产生。如果有泡沫产生，则再次清洗搅拌器容器并重复上述操作，直到没有泡沫产生为止。

8. 泡沫测试

8.1 向搅拌器容器中倒入 200mL 染料分散液，盖上盖子。

8.2 选择产生 14000 ~ 15000r/min 叶片速度的搅拌速度，通常是搅拌器的最高转速（见 12.1）。

8.3 启动搅拌器，同时按下秒表。扶住搅拌器容器（不包括盖子），以防止溶液溢出。

8.4 30s 后，停止搅拌器，秒表继续运行。

8.5 立即将搅拌器内的液体倒入一个干燥的 500mL 刻度的量筒内。在倾倒时，仅倾斜容器一次，让染料分散液和泡沫自然地流到量筒内，保持容器在量筒上方倾斜的状态，直到秒表显示值达 60s，然后将容器移开。

8.6 150s 后，读取量筒中泡沫和液体水平面的凹面对应的刻度。如果把沾到量筒壁的泡沫顶部的读数作为泡沫高度，那么读数将是错误的（见 12.8）。

8.7 分别记录泡沫和液体刻度值，用泡沫的刻度值减去液体的刻度值，得到产生泡沫的体积数（mL）。

9. 评级

根据下述分级对染料起泡性进行评定。

级别 A：0 ~ 30mL——超低泡沫

级别 B：31 ~ 60mL——低泡沫

级别 C：61 ~ 90mL——中度泡沫

级别 D：91 ~ 120mL——高泡沫

级别 E：大于 120mL——超高泡沫

10. 报告

10.1 报告所测染料的起泡级别（见 9）。

10.2 如果测试是用于染料批次间的比较，那么相同产品的标准样、控制样品或参考样也应该在相同的条件下进行测试并报告相应起泡级别。

11. 精确度和偏差

11.1 实验室间的精确度。1982 年，五个实验室对 14 种染料进行实验室测试，每个实验室用一个操作员对每种染料进行两次测试。上述实验室研究计算得出的标准偏差为 7.8，但是个别实验室得出的数据与其他实验室差别很大。搅拌器转速是造成测试结果不同的主要因素。搅拌器转速会因搅拌器的型号和线路电压的不同而不同。即使相同厂商生产的搅拌器，搅拌速度也会有 10% ~15% 的差异。因此，不建议用本测试方法进行实验室间的比对，因为误差会比预期要大。

11.2 实验室内的精确度。通过对每种染料的五种分散液分别进行五次测试，由一个操作员进行操作，得到低泡、中泡和高泡染料的标准偏差。利用邓肯多组级差检验方法对变量值进行分析，大约总变量的 0.1% 是由分散液制备引起的，大约总变量的 1.2% 是由测试本身产生的，总变量的 98.7% 是由染料的起泡水平引起的。本测试对低泡、中泡和高泡分散染料测试间的置信水平达到 95% 或以上。通常，不必对相同分散染料的多种分散液进行测试，除非测试结果与预期结果差异很大。以下列出的是低泡、中泡和高泡分散染料的标准偏差。

染料类型	标准偏差（泡沫的 mL 数）
低泡	2.04
中泡	4.85
高泡	9.16

11.3 偏差。由于任何单一方法不能得出测试的真值，因此本方法没有关于偏差的声明。

12. 注释

12.1 标准的厨房用搅拌器可以选叶片速度为 14000 ~ 15000r/min。选择叶片速度可以咨询制造商，通常情况下就是搅拌器的最高速度。

12.2 用常规厨房用搅拌器对染料分散液进行搅拌所产生的泡沫的质量与染色工人观察到的高速搅拌下的染缸内所产生的泡沫十分相似。

12.3 可以从 ACGIH 获取，地址：Kemper Woods Center，1330 Kemper Meadow Dr.，Cincinnati OH 45240；电话：+1.513.742.2020；网址：www.acgih.org。

12.4 可以从 AATCC 获取，地址：P.O. Box 12215，Research Triangle ParkNC 27709；电话：+1.919.549.8141；传真：+1.919.549.8933；电子邮箱：ordering@aatcc.org；网址：www.aatcc.org。

12.5 用 pH 计测量 pH，而不是用 pH 试纸或液体指示剂。对于一些分散染料，加入过量的醋酸使 pH 为 3.5 ~ 4.5，这将大大增加某些分散染料产生的泡沫。

12.6 在搅拌器新的螺旋组件中，搅动叶片轴承中过量的硅润滑剂有消泡作用。在这种情况下，应在适当的溶剂中清洗这些组件以去除含硅润滑剂。

12.7 最好在搅拌完成后的 120 ~ 180s 间隔内读取起泡的刻度，而不是在 60s 或更短的时间后读取，以得到更具重现性的结果。60s 的读数很容易变化，因为某些染料与其他染料相比，需要更长的泡沫—液体的分离时间。

12.8 关于本方法发展过程的详细叙述可参见1982 年 AATCC 区域技术论文竞赛文选中来自 Piedmont 赛区的论文，论文题目为 A method for Measuring the Foam Propensity of Disperse，Textile Chemist and Colorist，1983 年 1 月，Vol. 15，No. 1，第21 页。

AATCC TM168-2018e

聚氨基多元羧酸及其盐类的螯合值：潘酚（PAN）铜法

AATCC RR90 技术委员会于 1987 年制定；1988 年（更换标题）、2002 年、2012 年重新审定；1989 年、1997 年、2007 年编辑修订并重新审定；1992 年、2018 年（更换标题）修订；2010 年、2019 年编辑修订。

前言

本测试方法可以与 AATCC TM149《氨基多元羧酸及其盐类的螯合值测定——草酸钙法》替代使用。使用草酸或染色指示剂的钙离子滴定，如 AATCC TM149 中一样，可以得到包含在一些商品中发现的 EDTA、HEDTA、DTPA、氮川三乙酸（NTA）、亚氨基二乙酸（IDA）、羟乙酸盐及其他弱螯合剂在内的螯合值。本测试方法排除了上述物质的影响，可提供更为严格的测试值。

1. 目的和范围

乙二胺四乙酸（EDTA），N-羟基乙二胺三乙酸（HEDTA）和二乙烯三胺五乙酸（DTPA）及其盐类的活性成分含量通常用钙螯合值（CaCV）来表示。此值表明了被已知重量的螯合剂螯合的钙离子的含量（以碳酸钙形式存在）。本测试方法排除部分替代产品的影响。

2. 原理

2.1 钙离子螯合值是在潘酚［1-（2-吡啶偶氮）-2-萘酚］存在的条件下，用已知浓度的硝酸铜溶液滴定已知重量的样品。最初，由于游离指示剂的存在，溶液的颜色为黄绿色，当所有的螯合剂都与硝酸铜反应后，溶液的颜色变为永久的紫色，即滴定的终点。

2.2 钙螯合值（CaCV）。被已知重量的螯合剂螯合的钙离子（以碳酸钙形式存在）的数量，可描述为每克螯合剂螯合的碳酸钙的毫克数（mg 碳酸钙/g 螯合剂）。

3. 术语

螯合剂：在纺织化学中，能使金属离子失活、形成水溶性络合物的化学物质。同义词：络合剂。

4. 安全和预防措施

本安全和预防措施仅供参考。本部分有助于测试，但未指出所有可能的安全问题。在本测试方法中，使用者在处理材料时有责任采用安全和适当的技术；务必向制造商咨询有关材料的详尽信息，如材料的安全参数和其他制造商的建议；务必向美国职业安全卫生管理局（OSHA）咨询并遵守其所有标准和规定。

4.1 遵守良好的实验室规定，在所有的试验区域应佩戴防护眼镜。

4.2 所有化学物品应当谨慎使用和处理。

4.3 在准备过程中，配置和处理冰醋酸和氢氧化钠时要使用化学护目镜或面罩、专用手套和试验服。浓酸和浓碱处理一定要在通风性能良好的通风橱内进行。总是将酸加入水中。

4.4 2.5 水合硝酸铜对眼睛、皮肤有腐蚀性，如果吸入，会伤害呼吸系统。2.5 水合硝酸铜也是一种氧化剂，可与有机物发生反应，应在通风性能良好的通风橱内处理。

AATCC TM170-1987e6(2017)e

粉末状染料粉尘化倾向的评定

AATCC RA87 技术委员会于 1987 年制定；1988 年、1989 年（更换标题）、1996 年进行了编辑修订并重新审定；1992 年、2004 年、2008 年、2019 年编辑修订；2001 年、2006 年、2011 年、2016 年、2017 年重新审定。

1. 目的和范围

1.1 本测试方法适用于粉末状染料粉尘化倾向的评定。

1.2 本测试方法可用量化等级描述粉末状染料粉尘化倾向的程度；反之，非粉尘化倾向的程度也可用量化等级来评定。

1.3 本测试方法不可用于定量测定粉尘化。在引起等量粉尘的前提下，水溶性染料的评级结果可能比分散染料差，深入的研究表明并非所有的因素（如相对湿度）均可精确控制。本测试方法也无法区分快速和慢速沉降粉尘。

2. 原理

2.1 称量 10g 粉状染料，将其分成大致相等的三份样品，持续、迅速地倒入固定在量筒上的漏斗中，漏斗颈部有湿滤纸，任何升起的粉尘都会沉降在预湿的滤纸环上。

2.2 滤纸上的沾色结果与一系列五级标准比较，得到量化等级评定。

3. 术语

3.1 粉尘化：当粉末被加工或搅动时，足够小质量的颗粒形成空气传播的倾向。

3.2 染料：应用于基材或在基材上形成的着色剂，表现某种持久性、分子级的分散状态。

4. 安全和预防措施

本安全和预防措施仅供参考。本部分有助于测试，但未指出所有可能的安全问题。在本测试方法中，使用者在处理材料时有责任采用安全和适当的技术；务必向制造商咨询有关材料的详尽信息，如材料的安全参数和其他制造商的建议；务必向美国职业安全卫生管理局（OSHA）咨询并遵守其所有标准和规定。

遵守良好的实验室规定，在所有的试验区域应佩戴防护眼镜，并且在处理粉尘时戴上单独使用的呼吸器。

5. 仪器和材料

5.1 漏斗。不锈钢制，厚度为 1.5mm，直径为 110mm，颈长为 230mm，颈径为 15mm（见图 1）。

5.2 量筒。不锈钢制，直径为 50mm，总高度为 355mm（容量约为 500mL），接地以避免静电（见 11.1）。

5.3 滤纸。Whatman 2#，外径为 39mm，中心环的内径为 16mm（见 11.1 和 11.2）。

5.4 移液管。Pasteur。

5.5 烧杯。Griffin，50mL。

5.6 评级样照（见图 2 和 11.3）。

6. 制备和组装

6.1 把滤纸环移到距离漏斗颈底部的 100mm 处。

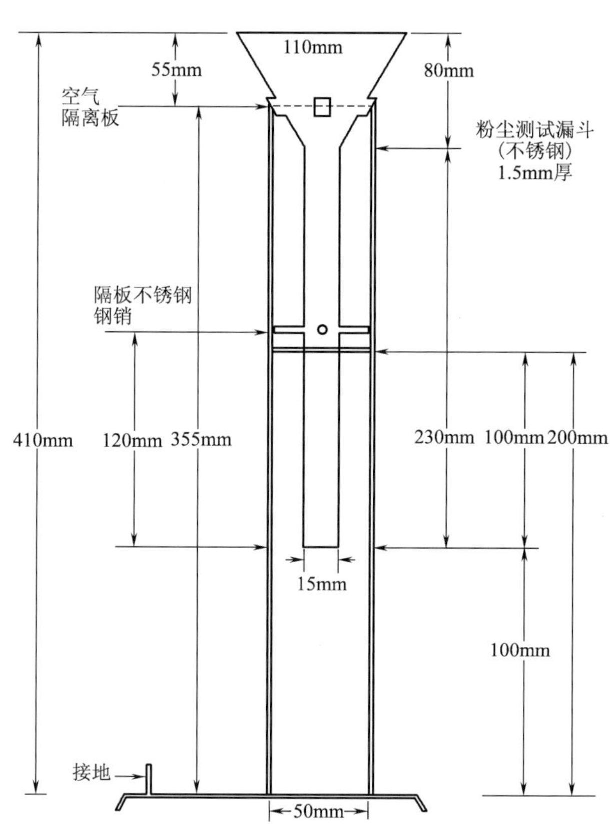

图1 粉尘测试漏斗

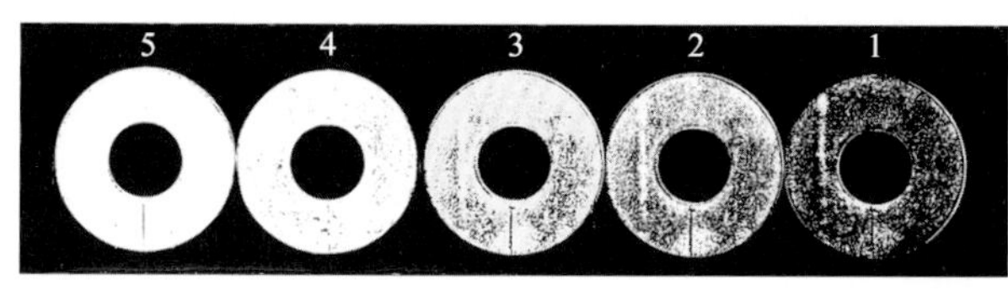

图2 粉尘评级样照

6.2 在漏斗颈约等距的位置用3滴蒸馏水湿润滤纸环。注意避免水沿着漏斗颈流下。

6.3 把带有湿滤纸环的漏斗放进不锈钢量筒内，使量筒接地（见11.4）。滤纸环距离不锈钢量筒底部200mm处。

7. 操作程序

7.1 称取10g粉状染料，分成每份3.3g样品，分别放入50mL的烧杯中。

7.2 每隔2~3s，将这三份染料沿着漏斗边缘倒入。

7.3 使装置静置3min，以避免由于量筒中的空气等任何外部因素影响导致错误结果。

7.4 取下漏斗，用剪刀由外到内剪开滤纸环，以便取出滤纸环（见11.5）。将滤纸环放在远离可能“飞来”的空气或污物源的滤纸上干燥。

8. 评级

8.1 比较评级样照和试样（见11.3），并得到合适的量化等级，例如，可评定为4~5级。

8.2 匹配的标准为粉尘化程度建立了一种量化等级。1级表示染料的严重粉尘化，而5级表示染料的非粉尘化或轻微粉尘化。

8.3 可进行两次或三次测试，并记录平均值。

9. 报告

报告粉尘化程度的量化等级。

10. 精确度和偏差

10.1 精确度。本方法的精确度没有确定，在本方法的精确度建立之前，应采用标准的统计学技术对实验室内或实验室间检测结果的平均值进行比较。

10.2 偏差。粉尘化倾向仅根据一种测试方法定义，没有独立的方法可测定其真值。作为评价该性能的方法，本测试方法没有已知偏差。

11. 注释

11.1 不锈钢漏斗、量筒和滤纸环可从AATCC获取，地址：P. O. Box 12215，Research Triangle Park NC 27709；电话：+1.919.549.8141；传真：+1.919.549.8933；电子邮箱：ordering@aatcc.org；网址：www.aatcc.org。

11.2 本测试方法中使用的滤纸环可以用一系列不同的方法制备。

较大的滤纸环可以使用冲模裁剪或剪刀手工剪

成要求的尺寸，中间的孔洞可以用6号软木塞打孔器轻轻地打出。

11.3 本测试方法中关于粉尘评级样照的说明不够充分，可使用的标准评样照（相片的复制品）可以从AATCC获取。地址：P. O. Box 12215，Research Triangle Park NC 27709；电话：+1. 919. 549. 8141；传真：+1. 919. 549. 8933；电子邮箱：ordering@ aatcc. org；网址：www. aatcc. org。

11.4 不锈钢量筒接地，把铜导线（No. 14实心线）的一端与量筒底部的地脚螺丝相连接，另一端与金属（非塑料）水管或其他任何金属导电管道连接。

11.5 不要使用剪刀把滤纸环从漏斗的颈部推出，因为可能引起“刮板”效应导致错误的结果。

AATCC TM171-2019

地毯去污：热水抽吸法

AATCC RA57 技术委员会于 1987 年制定；1988 年、1989 年、2000 年、2005 年、2014 年重新审定；1991 年、1997 年、2008 年编辑修订；1995 年修订（更换标题）、2019 年修订；2010 年编辑修订并重新审定。

前言

在各种清洗地毯技术出现时，AATCC RA57 技术委员会（地毯技术委员会）就对各项技术进行了评估。通过与专业地毯清洗机构的沟通，本标准选择了最有代表的地毯实际清洗技术作为测试方法。

1. 目的和范围

1.1 本测试方法提供了用热水萃取法清洗地毯的实验室操作程序，有时也被误称为“蒸汽去污”。

1.2 本测试方法可用于地毯清洗，所述方法是最常用的实际地毯清洗方法（70% 的实际使用率）。

1.3 本测试方法制备的试样也可用于其他测试，如色牢度、尺寸稳定性、整理耐久性、易清洗性测试等。

2. 原理

将地毯试样正面朝上固定在地板或样板上，试样的各部分用抽吸清洁头清洗，然后用刷子或起绒耙使绒头竖立。试样在室温下干燥。

3. 术语

3.1 地毯：所有纺织材料制成的地板覆盖物。

3.2 地毯绒头刷：一种手动的刷子，有中等硬度的长刷毛，专用于使地毯小范围内的绒头竖立（参见起绒器）。

3.3 清洁头：经改装的带有可以使用清洗溶液喷雾嘴的吸尘器头。有些清洁头带有动力驱动的刷子，以便润湿试样和去除污垢。

3.4 热水抽吸：一种清洗地毯的方法。将加热的清洗溶液注入地毯的绒头中，然后真空快速地吸走溶液以及污垢（参见蒸汽去污）。

注意：热水抽吸法通常被误称为“蒸汽去污”。热水的温度为 60℃ ±3℃（140℉ ±5℉），远低于蒸汽温度 100℃（212℉）。

3.5 拉绒：参见起绒。

3.6 起绒器：一种带有电动旋转刷子的真空清洁装置，用来搅动地毯绒头并使绒头竖立，便于去除污垢（参见地毯绒头刷）。

3.7 起绒：清洗后用地毯绒头刷、起绒器或起绒耙使地毯上的绒头竖立，这样更易去除地毯里的污垢，地毯绒头竖立保持其完整外观，又叫拉绒。

3.8 起绒耙：一种用来起绒的手动工具，带有环形排列的塑料齿。

3.9 小地毯：小面积的铺地地毯，主要用于覆盖部分地板。

3.10 蒸汽去污：参见热水抽吸。

3.11 纺织地毯：表面由纺织材料构成，通常用来覆盖地板的物品。

3.12 使用面：纺织地毯人脚踩踏的一面。

3.13 清洗棒：用来将清洗液注入地毯的工具，然后真空去除清洗液。

注意：清洗棒通常由伸长手柄和清洁头构成，它可分为轻型、重型和动力型。动力型清洗棒带有电动旋转或振动部件，以便于去除污垢。

4. 安全和预防措施

本安全和预防措施仅供参考。本部分有助于测试，但未指出所有可能的安全问题。在本测试方法中，使用者在处理材料时有责任采用安全和适当的技术；务必向制造商咨询有关材料的详尽信息，如材料的安全参数和其他制造商的建议；务必向美国职业安全卫生管理局（OSHA）咨询并遵守其所有标准和规定。

4.1 遵守良好的实验室规定，在所有的试验区域应佩戴防护眼镜。

4.2 所有化学物品应当谨慎使用和处理。

4.3 在混合、处理和使用洗涤剂及其溶液时应使用眼部防护装置。

4.4 在处理洗涤剂及其溶液时，建议使用手套或具有防护作用的护手膏。

4.5 使用离心脱水机时，应遵循制造商提供的操作规程及预防措施。液体在压力及高度真空下会导致液体溢出及/或水头胶管脱落。

5. 仪器和材料

5.1 AATCC 洗涤剂 171#，适用于所有合成纤维地毯（见 11.1）。

5.2 热水萃取装置（见 11.2）。

5.3 地毯刷或起绒耙。

5.4 试样板（见 11.3）。

5.5 带有真空槽的萃取棒，无堵塞。

6. 试样准备

6.1 试样尺寸不小于 30cm×70cm（12 英寸×27 英寸），地毯绒头排列方向沿 70cm（27 英寸）方向（见 11.4）。

6.2 如果整个试样需要均匀清洗，则需要使用与试样厚度基本一致的地毯放在试样周围，以保证清洗液能均匀地被吸走。

7. 操作程序

7.1 将试样用订书钉、大头钉或其他方式固定在地板或试样板上（见 11.4）。

7.2 按照说明书制备清洗液（见 11.1）。

7.3 每次开始清洗前，清除设备内的冷清洗液。

7.3.1 视觉检查并清除真空槽内的堵塞物（见 8.2）。

7.4 将 7.6L（2 加仑）或更多的预热温度为 60℃（140℉）的清洗液注入空的热水萃取装置的溶液罐中。

7.5 启动喷液装置及真空装置，将清洁头置于地毯表面，沿着逆地毯绒头排列的方向移动清洁头使其经过地毯表面。保持地毯位置不变，关掉喷液装置，真空开启，按照起点和路径重复操作，由两个步骤组成一次清洁循环。大多数情况下，为了得到明显的结果，一般需要两次清洁循环。清洁循环的次数可以根据地毯的沾污程度及测试目的适当增加。

7.6 清洗棒的移动速度大概为 46.0cm/s（1.5 英尺/s），清洗液的喷射速度为 0.45 ~ 0.63L/m^2（0.10 ~ 0.14 加仑/平方码），回吸溶液时应保持移动速度与上述基本一致，也可以适当放慢速度以保证液体能够被充分回吸。

提示：一些喷嘴大小和喷嘴高度的组合可能会引起过大的液压而导致地毯绒头变形（见 11.5）。

根据纤维的吸收率不同，应使用回吸率 90% ~ 95% 的高效、专业装置。正确操作真空装置时，地毯试样中不应超过 40.0g/m^2（1.2 盎司/码^2）液体残留量（即超过地毯试样的实际回潮率）。

7.7 如果需要清洗较大的面积，完成一次清洁循环后还有较大的面积需清洗，则应重新定位清洁头位置，以使下一次清洗循环中清洁头能够覆盖已清洗过的区域，大概5cm（2英寸）。

7.8 用地毯刷或起绒耙将试样的绒头沿逆绒头方向使其竖立。

7.9 从试样板或地板上取下试样，在室温下水平放置干燥。

8. 评价

8.1 经过本测试方法清洗过的试样可用于进行多种性能的测试，如色牢度、尺寸稳定性、整理耐久性、易去污性等。

8.2 如果存在堵塞，在取出试样进行评价时，可能出现带状或条状外观。这可能是由于萃取棒的真空槽堵塞造成的。带状外观是不正常的；因此在确认真空槽没有堵塞的情况下应重新测试试样。

9. 报告

9.1 注明试样按照本测试程序进行清洗。

9.2 报告清洁循环的次数。

9.3 按照制造商提供的说明制备清洗液，报告其pH。

9.4 报告评估数据以及性能测试所引用的测试方法。

10. 精确度和偏差

精确度和偏差声明在此处不适用，因为本测试方法没有数据。

11. 注释

11.1 AATCC洗涤剂171#可以从AATCC获取，地址：P. O. Box 12215，Research Triangle Park NC 27709；电话：+1.919.549.8141；传真：+1.919.549.8933；电子邮箱：ordering@aatcc.org；网址：www.aatcc.org。

稀释液。

美国，11～17g/加仑自来水。

英国，13～18g/加仑（英制）。

公制，3.0～4.5g/L。

11.2 专业商用热水抽吸设备通常为便携式或装在手推车或搬运车上。一般小型改造的装置很难满足要求，主要是液罐容量不够、输出压力及液体回吸达不到要求。

所用装置性能应至少满足如下要求：

（1）溶液罐应可维持液体温度为60℃±3℃（140℉±5℉），并有温度计进行测量；

（2）液体喷射装置的液压至少为207kPa（30磅/英寸^2），液体喷射速度至少为3L/min（0.75加仑/min）；

（3）液体回吸真空泵应具备至少250mm（100英寸）的密闭吸收能力，并带有流动速度为43L/s（90cfm）的开孔；

（4）标准地板清洁棒的宽度为25cm（10英寸）。

11.3 试样板应用1.27cm（0.5英寸）的CD级外用胶合板或更好的材料制成，尺寸应为78.7cm×96.5cm（31.0英寸×38.0英寸）。

11.4 试样和试样板的尺寸可以根据其他测试的要求进行相应的调整。如AATCC TM122《地毯沾污测试方法：实地沾污》或AATCC TM134《地毯的静电倾向测试方法》。

11.5 喷雾嘴的喷液速度为2.8～3.8L/min（0.75～1.0加仑/min），管路压力为207kPa（30磅/英寸^2）。喷液装置应在清洗棒的宽度内均匀喷射。喷射后试样表面不应有深浅条痕，不要使地毯绒头纠结或变形。为了保证液体喷射均匀，应适当调整喷孔大小及与地毯表面的距离，以避免绒头变形或纠结。如果喷射面太窄，绒头绒毛纠结，则适当增加喷射高度；如果喷射装置足够宽，但绒头绒毛仍会纠结，就要增加喷射头的尺寸。

先浸入已灭菌的去离子水或含有 0.05% 非杀菌润湿剂（见 25.6）的水中预湿，然后用滤纸快速吸干。

17.3 用无菌移液管均匀地对地毯纤维接种，然后将接种的试样放入广口玻璃瓶，拧紧瓶塞，防止蒸发。

17.4 接种后（“0”接触时间），立即向广口瓶中加入 100mL ±0.1mL 的中和溶液（见 25.7）。

17.5 用手或机械振荡器用力振荡广口瓶 1min，进行梯度稀释。然后涂在营养（或合适的）琼脂基平板上（两个平行样）。一般稀释 10^0、10^1 和 10^2 倍较为合适。

17.6 所使用的中和溶液中应含有能够中和特殊抗菌整理剂的成分，并能调整 pH 为 6～8。报告所使用的中和溶液。

17.7 定期接触培养。将另外装有接种地毯样品的广口瓶在 37℃ ±2℃（99℉ ±4℉）条件下培养 6～24h，也可以培养其他不同的时间（比如 1h 或 6h），以获得在此接触期内抗菌整理剂的杀菌活性。

17.8 接种并培养后样品的取样。培养后，取 100mL ±0.1mL 的中和溶液到装有整理过的地毯试样的广口瓶中，用力振荡 1min，进行梯度稀释。然后涂在营养（或合适的）琼脂培养基平板上（两个平行样）。通常对经整理的试样进行 10^0、10^1、10^2 倍的稀释比较合适。未经整理的对照试样，可根据培养时间进行不同倍数的稀释。

17.9 将平板在 37℃ ±2℃（99℉ ±4℉）条件下培养 24h。

18. 评价和报告

18.1 报告的菌落数为每个试样的细菌数，而不是每毫升中和溶液中所含的细菌数。当稀释倍数为 10^0 的菌落数为 0 时，报告中表示为“小于 100”。

18.2 用以下一种公式计算试样整理后细菌的减少百分率。

$$(1)\ R = \frac{B-A}{B} \times 100\%$$

$$(2)\ R = \frac{C-A}{C} \times 100\%$$

$$(3)\ R = \frac{D-A}{D} \times 100\%$$

式中：R——试样整理后，细菌减少的百分率，%；

A——瓶中整理过的地毯试样接种，定期接触培养后回收得到的细菌数；

B——瓶中整理过的地毯试样接种后立即回收（“0”接触时间）得到的细菌数；

C——瓶中未整理的地毯对照样接种后立即回收（“0”接触时间）得到的细菌数，如果 B 和 C 差别较大，则取其中的较大值；如果 B 和 C 数值差别不大，则取 $D=\frac{B+C}{2}$。

18.3 如果没有未经整理的对照样，则可用以下公式。该公式考虑到了任何可能影响测试的底布细菌因素。

$$B_g = \frac{(B-E)-(A-F)}{B-E} \times 100\%$$

式中：A、B 含义见 18.2；

B_g——底布细菌百分含量，%；

E——未接种的整理过的试样上最初（“0”接触时间）回收的细菌数（存在底布细菌）；

F——瓶中未接种的经预湿处理且整理过的试样，定期接触培养后回收的细菌数（定期接触培养后存在的底布细菌）。

18.4 测试结果的评价标准由协议双方确定。

18.5 报告使用的稀释培养基。

18.6 报告地毯洗涤前后的测试结果，洗涤次数由协议双方确定。

19. 精确度和偏差

研究（见 25.8）指出了如下实验室内标准平板计数法（SPC）的精确度：

（1）相同分析者偏差 18%；

（2）分析者间偏差 8%。

Ⅲ 地毯材料抗真菌活性的评价：地毯材料的防霉和防腐

20. 原理

将地毯置于有普通真菌生长的琼脂培养基上。

21. 试样

21.1 从试样上取直径为 38.0mm ± 1.0mm（1.5 英寸 ±0.04 英寸）的圆片。根据预计的抑菌区尺寸，试样可采用其他形状和大小。

21.2 对于主要基底材料的评价，需要使用另外一块地毯圆片。参见 ASTM E2471 - 2005（见 25.9），用剪刀将地毯的面部绒毛剪至 3mm ±1mm 长（见 25.10），使真菌孢子接种体直接接触到基底纤维/主要基底。必须在报告中注明相关信息。

22. 试验步骤

22.1 如果需要耐久性数据，必须对洗涤前和洗涤后的地毯试样进行测试，洗涤方法由协议双方商定。

22.2 菌种。黑曲霉，ATCC 6275，DSM1957，NRRL 334，CBS 769.97 或 131.52，CCUG 26806（见 25.3）。

22.3 培养基。沙氏琼脂培养基（见 25.11）。

22.4 接种液。向培养了 7 ~ 10 天的琼脂培养基中加入 10mL 无菌的含有 0.05% 无真菌润湿剂（见 25.6）的 0.9% 盐溶液，并轻刮培养基的表面以获得孢子，得到黑曲霉分生孢子悬浊液。从生长成熟的（培养了 7 ~ 10 天）、长满孢子的（如 22.3 中所述的）培养基上刮取细菌，加入到装有 50mL ± 1mL 无菌的含有 0.05% 无真菌润湿剂（见 25.6）的 0.9% 盐溶液和玻璃珠的无菌锥形瓶中。充分震荡以分散孢子群，然后用薄层棉絮或玻璃绒过滤。孢子悬浊液在 6℃ ±4℃（43℉ ±7℉）的温度下可以储存 4 周。测试用的接种液应用无菌的 0.9% 盐溶液将接种菌液稀释到每毫升含 $8.0 \times 10^5 \sim 1.2 \times 10^6$ 个分生孢子。用该孢子悬浊液进行接种。

22.5 接种。将 1.0mL ±0.1mL 接种液均匀涂在琼脂平板表面。将地毯圆片浸入灭菌去离子水或含有 0.05% 非离子润湿剂（见 25.6）的水中预湿，然后迅速用滤纸吸干。用无菌移液管取 0.2mL 真菌孢子接种液，使其均匀分散在每块圆片上。分别将地毯试样正面纤维朝上和正面纤维朝下放入单独的皮氏培养皿中接种，如果测试地毯是经过剪毛处理的，则分别将剪过绒毛面朝上和朝下放入单独的皮氏培养皿中接种，接种后的平板在 28℃ ±1℃（82℉ ±2℉）条件下培养 7 天（也可延长培养时间），评价抗真菌活性程度。

23. 评价和报告

23.1 按照以下步骤评价地毯的抗真菌活性。

23.1.1 对于试样绒头朝下、反面朝上的平板，观察并测量绒头纤维产生的抑菌区尺寸（mm），对于将表面绒毛剪掉的试样也做相同的处理。同时，在同样的平板上，按照下文的方法评价反面真菌的生长情况。

23.1.2 对于另一块试样反面朝下、绒头或剪掉绒毛的面朝上的平板，观察并测量反面产生的抑菌区尺寸（mm），同时，按照上文的方法评价起绒面或剪掉绒毛面真菌的生长情况。

23.2 评价方法。观察试样上真菌生长情况：

0——无真菌生长（如果存在生长，报告生长区域的大小，单位 mm）；

1——微观生长（只能在显微镜下观察到）；

2——宏观生长（肉眼可见）。

如果观察到肉眼可见的生长，则按照如下方式报告生长状态：

微量生长（<10%）、轻微生长（10% ~30%）、中度生长（30% ~60%）、严重生长（60% 到全部覆盖）。

24. 精确度和偏差

本测试方法的精确度和偏差尚未确立。在本方法的精确度确立之前，应使用标准统计方法对实验室内和实验室间的检测结果的平均值进行比较。

25. 注释与参考资料

25.1 出版物可从 U. S. Department of health and Human Services CDC/NIH - HHS 获取；出版号：（CDC）84 - 8395；网址：www. hhs. gov。

25.2 手册可从以下获取，地址：ACGIH Publications Office，Kemper Woods Center，1330 Kemper Meadow Dr.， Cincinnati OH 45240；电话：+1. 513. 742. 2020；网址：www. acgih. org。

25.3 ATCC 是美国典型菌种保藏中心，CIP 为法国巴斯德研究所保藏中心，DSM 为德国微生物和细胞培养物保藏中心，NBRC 为日本技术评价研究所生物资源中心，NRRL 为美国北部区域研究实验室，NCIMB 为英国国家工业微生物菌保藏中心，CUG 为瑞典哥德堡菌种保藏大学。经由利益相关方商议，可选用世界培养物保藏联合会（WFCC）的同等菌种。试验使用的菌种应由有溯源文件。

25.4 为确保测试的一致性和准确性，需保证贮藏的试验用培养物纯净、无污染和无突变。在接种和转种过程中应采用良好的无菌技术，避免污染；严格坚持每月对保藏培养物转种，防止突变；定期进行平板划线，观察具有典型特征的单个菌落，检查菌种的纯度。

25.5 某些正面纤维没有处理的地毯，反面抗菌剂和/或单体的存在对定量抗菌测试法的结果有影响。本方法得到的肯定的、好的测试结果不足以认定地毯具有抗菌性。在做出抗菌报告之前，地毯的某些部分必须使用 U. S. EPA 注册的杀菌剂。

25.6 Triton™ X - 100（VWR International，Inc. 1050 Satellite Blvd. NW，Suwanee，GA 30024 ，电话：+1. 800. 93. 5000 或 Fisher Scientific 3970 John' s Creek Ct. Ste. 500， Suwanee ， GA 30023，电话：+1. 770. 871. 4500）是一种好的润湿剂。也可用琥珀磺酸二辛钠或 *N* - 甲基牛磺酸衍生物或聚山梨醇酯 80 代替。

25.7 以下是成分及其浓度的例子，它们可以加入到培养基中以中和试样中存在的抑制物：大豆卵磷脂，0. 5%；聚山梨醇酯™ 20 和 80，4. 0%（ICI Americas Inc.，Concord Pike and New Murphy Rd.，Wilmington DE 19897；电话：+1. 800. 456. 3669；传真：+1. 302. 652. 8836）。

25.8 《分析者和细菌菌落计数者的重复计数误差》，Peeler J. T. 、Leslie 和 J. W.；Messer J. W.，Journal of Food Protection ，Vol. 45，1982，p238 - 240。

25.9 ASTM E2471 - 2005 标准《用已接种琼脂评价地毯抗菌活性的测试方法》ASTM International，West Conshohocken PA，2003，DOI：10. 1520/C0033 - 03，www. astm. org。

25.10 用来降低地毯绒毛长度的电动剪毛机可从 Oster Professional Products 处购买，150 Cadillac Lane ，McMinnville TN 37110 - 8653 或当地宠物经销店购买。

25.11 脱水琼脂可以从 Difco 实验室获取，地址：920 Henry ST.，Detroit MI 48201。脱水琼脂和肉汤可以根据 Baltimore Biological 实验室要求，按传统方法配制，地址：250 Schilling Cir.，Cockeysville MD 21030。

AATCC TM175-2013e2 (2019) e

耐沾污测试方法：绒毛地毯

AATCC RA57 技术委员会于 1991 年制定；1992 年重新审定；1993 年、1998 年、2003 年、2019 年编辑修订并重新审定；2006 年编辑修订；2008 年编辑修订（包括技术性调整）并重新审定；2013 年修订。

1. 目的和范围

本测试方法用来评价绒毛地毯对酸性食品颜色的耐沾污性能。

2. 原理

将食品、药品和化妆品（FD&C）用的红 40 的稀释水溶液调节至酸性，用少许该溶液对绒毛地毯试样进行沾污。将沾污后的试样在一定条件下放置 24h ± 4h，然后用清水进行漂洗，去除未被吸附的染料溶液。干燥后对试样上残留的污渍进行评估。

3. 术语

3.1 沾污：对于绒毛地毯来说，是指由于食品或液体等着色物质使地毯沾污，该污渍是用标准清洗方法难以去除的。

3.2 防污整理剂：一种化学品，用于纺织品后可以使纺织品具有部分或完全的抗污能力。

4. 安全和预防措施

本安全和预防措施仅供参考。本部分有助于测试，但未指出所有可能的安全问题。在本测试方法中，使用者在处理材料时有责任采用安全和适当的技术；务必向制造商咨询有关材料的详尽信息，如材料的安全参数和其他制造商的建议；务必向美国职业安全卫生管理局（OSHA）咨询并遵守其所有标准和规定。

4.1 遵守良好的实验室规定，在所有的试验区域应佩戴防护眼镜。

4.2 所有化学物品应当被谨慎使用和处理。

5. 仪器和材料

5.1 AATCC 沾污杯和直径为 50mm（2.0 英寸）的沾污环（见 12.1 和图 1）。

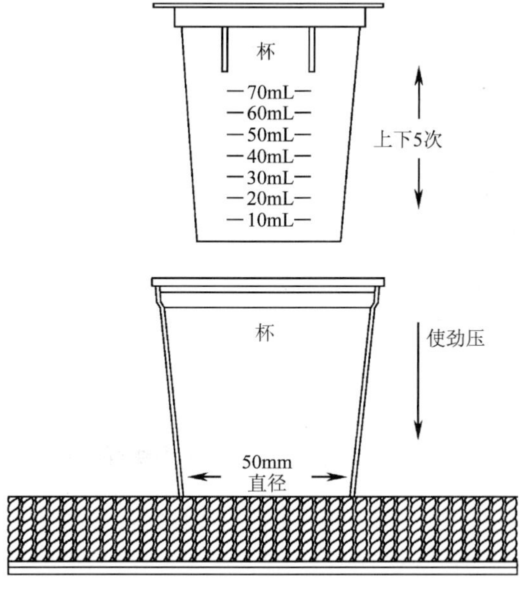

图 1 AATCC 沾污杯和沾污环

5.2 AATCC 红 40 沾色样卡（见 12.1）。

5.3 FD&C 红 40（C. I. 食品红 17）（见 12.1）。

5.4 柠檬酸（工业级或更高）。

5.5 去离子水或蒸馏水。

5.6 pH 计。

5.7 缓冲溶液，pH 为2.0 和4.0。

6. 沾污溶液

6.1 称取 100mg ±1mg 的 FD&C 红 40，将其溶解在1L ±0.01L、温度为24℃ ±3℃（75℉ ±2℉）的蒸馏水或去离子水中。

6.2 用柠檬酸（约 3.2g）将该溶液的 pH 调节至2.8 ±0.1。用经 pH 为 2.0 和 4.0 的缓冲溶液校正过的 pH 计测试该溶液的 pH。由于 pH 试纸的精度不够高，所以不要使用 pH 试纸测试溶液的 pH。如果制备的沾污溶液的 pH 低于 2.7，则废弃该溶液，重新制备。

7. 试样准备

7.1 每次测试都需要准备一块边长为 150mm（6 英寸）的正方形试样。

7.2 用刷子或吸尘器去掉试样表面的所有杂质。

8. 操作程序

8.1 在标准大气条件下［温度为 21℃ ±2℃（70℉ ±4℉）、相对湿度为 65% ±5%］，对所有试样进行调湿 24h。调湿时，试样需放置在不吸湿材料上面，绒毛面朝上。应避免试样与其他物质接触（见 12.2）。

8.2 将直径为50mm（2 英寸）的沾污环放到试样的中央。一边向下压紧沾污环，一边将 20mL 的沾污溶液倒入沾污环正中。在沾污环内用沾污杯的底部对地毯绒毛进行挤压，上下移动沾污杯 5 次，以使地毯绒毛彻底润湿。不要旋转或扭动沾污杯，以避免由于杯底与地毯的摩擦使地毯表面的防污整理剂脱落。移开沾污杯和沾污环的时候要小心处理。

8.3 在标准大气条件下［温度为 21℃ ±2℃（70℉ ±4℉）、相对湿度为65% ±5%（见 12.2）］，对沾污后的试样再次进行调湿 24h ±4h。调湿时试样平放，绒毛面朝上。应避免空气流动而导致地毯沾污表面的加速干燥。

8.4 用温度为 21℃ ±6℃（70℉ ±10℉）的流水冲洗沾污试样，直到冲洗后的水变干净，表明未被吸附的红色染料已经完全被去除。试样的反面也需要进行彻底冲洗，以保证未被吸附的红色染料被彻底清除。在冲洗时，挤压试样有助于去除未吸附的红色染料。

8.5 用离心机或吸水机去除试样中过多的水分。

8.6 用烘箱在温度 100℃ ±5℃（212℉ ±9℉）条件下对试样进行烘干。烘干时间不超过 90min，烘干时试样平放，绒毛面朝上。或在空气中将其晾干。

注意：烘干时间过长会导致试样变色。

8.7 如果在干燥的过程中有红色染料析出，请重复 8.4 ~8.6 程序。

9. 结果评级

9.1 用 AATCC 红 40 沾色样卡对测试试样的耐沾污性进行评级。10 级表示无沾污，1 级表示严重沾污（见 12.3）。

9.2 旋转试样或用刷子轻刷试样绒毛，尽可能以最佳角度展示试样的沾污效果。将红 40 沾色样卡放到试样上面，使试样的沾污部分位于两个参考框之间，而试样未沾污部分（原始部分）位于带有编号的沾色样卡下面。

9.3 用北光或相当于 538lx（50 流明/英尺^2）的光源照射试样表面。入射光源与试样表面呈45° ±5°，观测者视线与试样水平面呈 90° ±5°（见图 2）。入射光源和视线角度应能使沾色样卡对光线的反射量降到最低。如有必要，可适当调节入射光源角度，以减轻沾色样卡的光反射（见 12.4）。

9.4 将试样的沾色部分与标有编号的沾色样卡进行对比。记录与试样沾污区域最匹配的沾污等级（见 12.3），不建议评级结果采用半级。

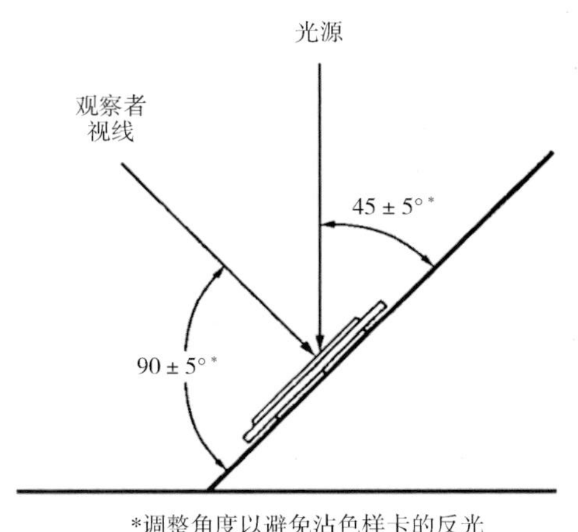

图2 试样评级时光源和观察角度

10. 报告

10.1 报告根据本方法中9得出的耐沾污级数。

10.2 报告地毯底部的沾污外观。

10.3 报告测试过程中任何对本方法的偏离，如光源条件、评级视角、温度、相对湿度等。

11. 精确度和偏差

11.1 1989年和1990年进行了三次实验室内部比对测试，结果显示本方法的实验室内部偏差为0.5个沾色级。实验室内部95%置信区间的精确度为±1级。由于所使用的沾污试剂的不同，实验室间的结果差异十分明显，因此，本方法的总精确度的西格玛值（同时包括实验室内、外部因素）是1。本方法实验室间95%置信区间的精确度为±2级。

11.2 由于没有任何一个方法可以得到耐沾污的真实值，因此本测试方法无已知偏差。

12. 注释

12.1 AATCC红40沾色样卡可从AATCC获取，地址：P. O. Box 12215，Research Triangle Park；邮编：NC 27709；电话：+1.919.549.8141；传真：+1.919.549.8933；电子邮箱：ordering@aatcc.org；网址：www.aatcc.org。

12.2 强碱蒸汽和强碱烟（如氨气等）存在于测试环境中，会加剧试样的沾色。

12.3 颜色改变或差异明显大于1的任何试样的色牢度可以被评为0级。

12.4 沾色样卡表面的突然反光会对正常评级造成影响，这种情况通常发生于光源距离沾色样卡太近或光源强度太强，因此应避免上述情况的发生。

AATCC TM176-1996e7(2017)e

染料分散液色斑现象的评定

AATCC RA87 技术委员会于 1992 年制定；1993 年、2006 年、2017 年重新审定；1994 年、2004 年、2008 年、2009 年、2010 年、2013 年、2019 年编辑修订；1995 年、1996 年（更换标题）修订；2001 年、2011 年编辑修订并重新审定。技术上等效于 ISO 105-Z11。

1. 目的和范围

1.1 在连续染色（轧染）或者印花织物上，特别是加工浅色和不饱和色时，染料分散液中产生的凝聚现象会在织物上形成明显的色斑。

1.2 本测试方法用于测定染色斑点现象，主要适用于分散染料、还原染料和颜料分散液。

2. 原理

2.1 染料的分散液用涤/棉织物过滤。

2.2 通过目测评价产生色斑现象的程度。

3. 术语

3.1 分散染料：一种非离子染料，它微溶于水，当完全分散时可直接用于聚酯、聚酰胺和其他的再生聚合物纤维的染色。

3.2 分散液：织物湿加工过程中，在液相中存在细小微粒的悬浮液。

3.3 颜料：一种微粒状的染料，不溶于被染物，但是可以分散在被染物中以改变其颜色。

3.4 斑点：一种很小的微粒，例如在液体分散液中的凝聚物或在染色的被染物（底布）上很小的深色点。

3.5 色斑现象：在纺织品染色和印花中，带有斑点的特性或状态。

3.6 还原染料：一种非水溶性染料，通常含有酮类基团，用于纤维染色，在碱性溶液中经还原剂还原成可溶性的隐色体钠盐而被纤维素纤维吸着，再经过氧化成为不溶性染料。

4. 安全和预防措施

本安全和预防措施仅供参考。本部分有助于测试，但未指出所有可能的安全问题。在本测试方法中，使用者在处理材料时有责任采用安全和适当的技术；务必向制造商咨询有关材料的详尽信息，如材料的安全参数和其他制造商的建议；务必向美国职业安全卫生管理局（OSHA）咨询并遵守其所有标准和规定。

4.1 遵守良好的实验室规定，在所有的试验区域应佩戴防护眼镜。

4.2 所有化学物品应当谨慎使用和处理。

4.3 当使用热烘箱或热定形仪器时要戴上隔热手套。

4.4 本测试法中，人体与化学物质的接触限度不得高于官方的限定值［例如，美国职业安全卫生管理局（OSHA）允许的暴露极限值（PEL），参见 29 CFR 1910.1000，最新版本见网址 www.osha.gov］。此外，美国政府工业卫生师协会（ACGIH）的阈限值（TLVs）由时间加权平均数（TLV-TWA）、短期暴露极限（TLV-STEL）和最高极限（TLV-C）组成，建议将其作为人体在空气污染物中暴露的基本准则并遵守（见 12.1）。

5. 仪器和材料

5.1 过滤布。65/35 的涤/棉织物、漂白的机织精细棉布（克重类似衬衫面料），尺寸约为 240mm×240mm。相似结构的其他混纺比的织物也可以使用，但是必须在报告中注明。

5.2 布氏漏斗。聚丙烯，直径为 110mm。用刀或其他合适的工具光滑地将打孔的底部切下，并使边缘部分保持平坦光滑。上下两部分都用于测试。

5.3 过滤烧瓶。厚壁且一边带有刻度，2L。

5.4 橡胶塞。带有一个用于安装过滤烧瓶的孔。

5.5 搅拌器。小螺旋桨型，直径约为 20mm，转速为 2200r/min。

5.6 蒸发用器皿。玻璃或陶瓷的，1L（直径大约为 150mm），3 个，用于测试还原染料。

5.7 烘箱。

5.7.1 干燥装置，不带空气循环。

5.7.2 热定形装置。

6. 试剂（仅用于测试还原染料）

6.1 氢氧化钠（NaOH），30%。

6.2 连二亚硫酸钠浓缩粉末（$Na_2S_2O_4$）。

6.3 双氧水（H_2O_2），30%。

6.4 醋酸（CH_3COOH），80%。

7. 分散液制备

储存时间过长后，分散液有沉淀的趋势，并且可能或多或少产生黏性沉淀物。在进行测试前，必须确保分散液完全均匀。使用诸如螺旋搅拌器或者高速搅拌器等机械装置，彻底混合分散液。在对分散液进行取样准备测试前，必须确保混合的液体已经调匀，没有沉淀和结块。彻底摇动分散液样品以确保所有附着在盖子和壁上的未溶材料完全溶入液体中。然后取下盖子，机械或手动搅拌样品直到所有的沉淀和结块完全分散开。重新盖上盖子并再次摇动分散液样品以确保完全均匀。摇匀后立即测试样品。当储存样品以备将来用时，密封前彻底清洗盖子和容器的边缘部分。

8. 操作程序

8.1 将每块过滤布在其一角的位置标注上试验编号或者样品编号，并确定过滤布上面没有外来的干扰斑点。

8.2 清洗并干燥漏斗。准备漏斗组合，把漏斗的顶部倒置在一个干净的平面上，尽可能平整地将过滤布放置于漏斗表面，使过滤布带有标记的一面向下，朝着平面。在过滤的过程中，过滤布上带标记的一面向上，以方便用于随后的评级（见 9.1）。迅速挤压漏斗的下半部分，使织物在漏斗上形成紧绷的、光滑的过滤层表面。

8.3 把装配好的漏斗组合直接放到过滤烧瓶上，使用橡胶塞以确保漏斗组合在过滤和清洗的过程中保持垂直（过滤布保持水平）。

8.4 在室温下，用称量瓶称量 7.5g±0.075g 的 100% 的粉末或者 15.0g±0.15g 的 50% 的液体（或者其他浓度的相应重量），将所称量粉末或者液体转移到一个装有大约 200mL 室温去离子水或蒸馏水的 400mL 烧杯中。用喷水瓶清洗称量瓶。

8.5 对于粉末状和粒状，可用螺旋式搅拌器在容器底部上方的中间位置搅拌 3min。调整搅拌的方式和速度，使形成的漩涡保持在螺旋桨的顶部。

8.6 对液态，可按照 8.5 所述搅拌 30s。

8.7 搅拌后，将分散液转移到 1L 的烧杯中。用 200mL 室温去离子水或者蒸馏水清洗 400mL 的烧杯，并把清洗液倒入 1L 的烧杯内。进一步稀释分散液到 800mL。

8.8 用 200mL 水预润湿过滤器上的过滤布。

8.9 搅拌烧杯内的分散液大约 30s，并把它倒进漏斗。

8.10 用200mL水清洗烧杯，并把清洗液倒入漏斗。

8.11 再用200mL水清洗漏斗，并让其静置1min，直到液滴完全流下。

8.12 仔细从漏斗中取出过滤布，并将其放在一张吸水纸上以除去多余的水分。

8.13 对于分散染料。

8.13.1 用烘箱烘干织物，温度为80℃ ±5℃（176℉ ±9℉），无空气循环。

8.13.2 在210～220℃（410～428℉）下热定形处理60s。

8.14 对于还原染料。

8.14.1 在蒸发皿中制备60～70℃的400mL新鲜还原溶液，含15.7mL/L的50%氢氧化钠以及20g/L连二亚硫酸钠浓缩粉末（88%～92%）。

8.14.2 把过滤布全部浸入蒸发皿的还原溶液中保持5min。在此过程中，不要移动过滤布。

8.14.3 把过滤布浸入含有15～25℃（59～77℉）去离子水或者蒸馏水的蒸发皿中1min。

8.14.4 在蒸发皿中准备40～50℃（104～122℉）的100mL氧化溶液，含10mL/L的30%双氧水。

8.14.5 把过滤布全部浸入蒸发皿的氧化溶液中2min。在此过程中，不要移动过滤布。

8.14.6 在400mL烧杯中，用15～25℃（55～77℉）的200mL/L醋酸（80%）溶液中和过滤布2min。

8.14.7 在冷的自来水中清洗大约30s。

8.14.8 在烘箱中烘干织物，温度为80℃ ±5℃（176℉ ±9℉）。

8.15 对于颜料。在烘箱中烘干织物，温度为80℃ ±5℃（176℉ ±9℉），无空气循环。

9. 评级

目光评定织物上有标记那面的染色斑点，数出单独的斑点数。基于使用者可接受的程度评为可接受的、不可接受的和介于两者之间的。

10. 报告

报告测试的染料和使用的重量、斑点的数量和色斑现象的评级结果。

11. 精确度和偏差

11.1 精确度。本测试方法的精度尚未确立。在精度综述产生之前，用标准统计学方法进行实验室内部或不同实验室之间测试结果的对比。

11.2 偏差。染料分散液色斑现象评定方法的偏差仅能以一种测试方法进行定义，尚没有独立的方法可以确定其真值。作为这一特性的评价手段，本方法无已知偏差。

12. 注释

12.1 资料可从ACGIH获取，地址：Kemper Woods Center，1330 Kemper Meadow Dr.，Cincinnati OH 45240；电话：+1.513.742.2020；网址：www.acgih.org。

12.2 还原染料的还原和氧化使用蒸发皿的原因是为了保持织物平整和不产生搅动，以防止任何在溶解和匀染时形成的斑点。

AATCC TM179-2019

织物经家庭洗涤后的纬斜变化

前言

AATCC 测试方法 TM179 用来评价织物经家庭洗涤后的纬斜。TM207《成衣经家庭洗涤前后接缝扭曲性能》用来测量经家庭洗涤前后接缝扭曲的变化。ASTM D3882《机织物和针织物弓斜和纬斜的测试方法》仅用来评价织物初始状态（未经洗涤）的纬斜。几种测试之间的差别尚未可知。不同的测试方法之间不可进行比较。

1. 目的和范围

1.1 本测试方法用于测定经家庭洗涤而导致的织物纬斜的变化。

1.2 该测试可用于所有适用于家庭洗涤的机织和针织物。

2. 原理

洗涤前，在织物或服装样品上做好标记。经 3 个标准洗涤循环后测量标记的直线距离。计算纬斜百分比并记录纬斜方向。数值接近零表示纬斜很小或没有纬斜；数值越大表示纬斜越大；本方法的计算不会产生负纬斜值。

3. 引用文献

3.1 AATCC LP1，家庭洗涤的实验室程序：机洗（见 15.1）。

3.2 AATCC LP2，家庭洗涤的实验室程序：手洗（见 15.1）。

3.3 AATCC TM124，织物经家庭洗涤后的外观平整度（见 15.1）。

3.4 AATCC TM133，耐热色牢度：热压（参见 15.1）。

3.5 AATCC TM135，织物经家庭洗涤后的尺寸变化的测定（见 15.1）。

3.6 AATCC TM143，服装及其他纺织制品经家庭洗涤后的外观（见 15.1）。

3.7 AATCC TM150，服装经家庭洗涤后尺寸变化的测定（见 15.1）。

3.8 AATCC TM207，成衣经家庭洗涤前后接缝扭曲测试方法（见 15.1）。

3.9 ASTM D123，有关纺织品的标准术语（见 15.2）。

3.10 ASTM D1776，纺织品调湿和测试标准方法（见 15.2）。

3.11 ASTM D3882，机织物和针织物弓斜和纬斜的标准测试方法（见 15.2）。

3.12 ISO 6330，纺织品测试的家庭洗涤和干燥程序（见 15.3）。

4. 术语

4.1 洗涤：使用水溶性洗涤剂溶液清除织物上污渍或沾污的过程，通常包括漂洗、脱水和干燥等程序。

4.2 纬斜：纬纱或针织横向线圈从垂直于两布边的线上产生一定角度偏移的现象（见 ASTM D 123）。

5. 安全和防范措施

本安全和预防措施仅供参考。本部分有助于测试，但未指出所有可能的安全问题。在本测试方法中，使用者在处理材料时有责任采用安全和适当的技术；务必向制造商咨询有关材料的详尽信息，如度不得高于官方限定值［例如，美国职业安全卫生管理局（OSHA）允许的存量限定（PEL），参见 29 CFR 1910.1000，最新版本见网址 www.osha.gov］。此外，由美国政府工业卫生师协会（ACGIH）规定的由时间加权平均值（TLV－TWA）、短期暴露极限（TLV－STEL）和最高极限（TLV－C）组成的阈限值（TLVs），推荐作为空气污染物暴露限值的通则（见 14.1）。

5. 使用和限制条件

5.1 本测试方法并非适用于所有的染料，如不适用于颜料，主要由于其溶解性和/或其他限制。常规适用的染料包括酸性染料、碱性染料、直接染料和分散染料，很多活性染料很难用本测试方法进行测量（见 5.4）。

5.2 本测试方法的基本要求是所测染料溶液不散射，并且遵守 Lambert－Beer 或者 Beer－Bouguer 定律，且在光谱的可见光区域，染料样品与参照染料具有相同的或者相似的吸收曲线（见 13.9）。

5.3 如果测试目的是对相同染料的不同批次进行生产控制，通常可以得到相同或者相似的染料吸收曲线。本测试方法不适用于对色调或力度或化学成分差异大于 20% 的完全不同的染料进行测试。

5.4 在实际生产过程中，如染色，本测试方法可以用来预测染料的相对着色力。通常认为本方法得到的染料溶液的结果与染料实际应用中的效果具有一定的关联性。但是当染料样品和参照染料在染色中竭染过程或者未固色的量上有显著差异时，会发生例外情况，如活性染料。对于某些在其水解后和水解前颜色差异明显的活性染料，也会产生例外情况（见 8.3.3）。

5.5 由于相对着色力是通过与参照染料进行比较来确定的，需假定参照染料保持恒定，因此，确保参照染料的仔细储存及良好控制非常重要。很多染料是易水解和易氧化的，因此应将参照染料储存于坚固密封的不易受潮的容器中，并避免暴露在光照下。

6. 仪器和材料

6.1 烧瓶，测定容量级别 A，TC。

6.2 移液管，测定容量级别 A，TD。

6.3 分析天平，精确称量到 0.0005g。

6.4 分光光度计用比色皿。5mm 或者 10mm 的路径长度，分析级或者光学质量。可以是透明小容器或者溢流道比色皿。备注：使用 5mm 的路径长度需溶液浓度增加一倍以达到等效吸光度。

6.5 分光光度计。

7. 试剂

7.1 硫酸（H_2SO_4）。

7.2 醋酸（CH_3COOH）。

7.3 氢氧化钠（NaOH）。

7.4 碳酸钠（Na_2CO_3）。

7.5 缓冲溶液。

7.6 溶剂（见 13.3）。

7.6.1 对于水溶性染料，用水，去矿物质。

7.6.2 对于非水溶性染料。

7.6.2.1 甲醇（CH_3OH），无水。

7.6.2.2 丙酮（CH_3COCH_3）。

7.6.2.3 *N*－甲基－2－吡咯烷酮。

7.6.2.4 乙二醇—甲醚（乙二醇单乙醚，纤维素溶剂）。

7.6.2.5 以上溶剂的混合物以及其他适合于测试染料的溶剂。

8. 染料溶液的制备

8.1 染料的储存。把染料样品储存于密封的容器中，以避免染料受潮导致结果错误。按照 ASTM D49 所述，在可控的大气条件下对粉末状染料样品调湿 4h。

8.2 储备溶液的配制。

8.2.1 称量重量不少于0.5g，精确至0.0005g，以避免因微观不匀所致的误差（见13.4和13.8）。

8.2.2 把称量好的染料倒入盛有溶剂的容量瓶中，容量瓶中的溶剂量大约为容量瓶总容积的1/3，然后进行溶解或分散。通常用20mL选定的溶剂对染料进行预溶解或分散，可能会用到混合溶剂或者添加剂。

水溶性染料可能需要加热以达到较好的溶解效果。如果被加热，溶解的或分散的混合物需要冷却到室温（见13.5）。不要在容量瓶中加热；在加热前需将其转移至烧杯，然后再转移到容量瓶中。

8.2.3 将溶液稀释至容量瓶的刻度线，并通过搅拌或者翻转容量瓶使溶液或分散液均匀。

8.3 溶液测试。

8.3.1 按要求（见13.6）对高浓度的储备溶液进行稀释，以使试液在10%～60%的透光率范围（见13.5）内获得最大的吸收值（最小透光率）。用来制备高浓度储备溶液的溶剂并不适用于稀释过程。例如，很多分散染料用水进行分散制成储备溶液，然后将其吸入溶剂与水的混合液进行稀释。

8.3.2 建议使用某些添加剂以提高稳定性和重现性。

8.3.3 为调节水溶性染料溶液的pH，可以使用酸（如醋酸或者硫酸）、碱（如碳酸钠或者氢氧化钠）或者缓冲溶液。但碳酸钠或者氢氧化钠不能用于活性染料。

8.3.4 使用螯合剂来减小未知金属离子的影响。

8.3.5 为避免染料在水中结块，可使用表面活性剂如脂肪醇聚氧乙烯醚。

8.3.6 如果适用，则可使用分散剂或者抗氧化剂。

8.3.7 容器和溶剂均应处于室温下。

8.4 在标准温度和压强下，1mL液体质量1g。转移和稀释的重量可以被8.1～8.3中所述的体积代替。这一情况仅适用于水的稀释。其他溶剂稀释需要按以下计算：

稀释液质量（g）＝所需体积×溶剂相对密度

这就减少了使用A级玻璃皿的成本，并消除了受温度影响的限制（尽管参比和样品在用溢流道比色皿测试前必须处于常温环境中）。它还有助于精确地转移分散液的量来获得不同的强度。染料和转移的重量精确至0.0001g，稀释的质量精确至0.001g。

9. 操作程序

9.1 当首次对某种染料样品进行测试时，建议在选定的条件（浓度、溶剂）下，选定的浓度应在一定浓度范围内（10～100mg/L，类似于一组确定染色性能的系列值），进行试验来确定有效关联性（比耳定律）。

9.2 测定最大吸光度（最小透过率）下的波长（λ）。

9.2.1 测试和参照样品进行定量测量（类似于HPLC、MS等），两个样品在最大吸光度下的波长（λ_{max}）应该是相同的。

9.2.2 定性测量（类似于视觉强度/外观）应通过测试最重着色力来确定（见13.1和13.2）。

9.3 完成溶液制备后尽快开始测试，以避免溶液变化对测试造成影响。

9.4 对光敏感的溶液要采用适当的措施，例如，使用深色的烧瓶或者在比较暗的环境下操作（见13.7）。

9.5 在具有明确路径长度（通常是5mm或者10mm）的分光光度计比色皿（透明小容器或者溢流道比色皿）内，测定溶液的透光率。

9.5.1 被测染料和参照染料之间的吸光度差异不应超过20%，以降低分光光度计在相对宽的浓度范围内测试时可能产生的偏差。

9.5.2 单光束分光光度计和双光柱分光光度计测得染料溶液的透光率值（T）不同，但是最后计算得到的结果是相同的。如果用双光束分光光度计进行测试，则应该将盛有纯溶剂的比色

14.3 精确测定力份时制备染料溶液的难题，T. R. Commerford，Textile Chemist and Colorist，Vol. 6，1974，p14。

14.4 用光谱透射率评估染料力份的重现性（report of the ISCC），C. D. Sweeny，Textile Chemist and Colorist，Vol. 8，1976，p31。

14.5 ISO 105 – Z10，94/341270。

14.6 AATCC（RA98 技术委员会）培训录像带《确定染料力份时溶液处理的技术》，1995 年 AATCC RA98 技术委员会，染料着色力和色变的测试方法。

14.7 测定酸性染料力份的可能测试方法，B. L. McConnell 编著，纺织化学家和染色家，Vol. 24，No. 2，1992 年 2 月，p23。

14.8 是否可制定测定分散染料力份的标准方法？M. D. Hurwitz，纺织化学家和染色家，Vol. 25，No. 9，1993 年 9 月，p71。

15. 历史

15.1 2021 进行了修订，阐明了波长要求、更新了术语并增加了历史部分，与 AATCC 标准格式保持一致。

15.2 2019 年编辑修订，2017 年修订，2011 年编辑修订并重新审定，2010 年编辑修订，2005 年重新审定，2000 年编辑修订并重新审定，1999 年重新审定。

15.3 AATCC RR98 委员会于 1998 年制定《溶液中染料相对颜色强度的测试方法》，由 AATCC 委员会 RA36 管辖。技术上等效于ISO 105 – Z10。

AATCC TM183-2020

紫外线辐射通过织物的透过或阻挡性能

前言

在美国，AATCC TM183 可能与 ASTM D13 纺织品委员会制定的另外两项标准一起使用，以满足紫外防护服装或产品标签的自愿性要求。AATCC 和 ASTM 联合建立了紫外线防护纺织品的相关信息和标准，包括紫外线防护和标签的发展史，三个相关的标准，以及帮助标准使用者如何生产 UPF 标签的流程图。本标准的附录 B 是关于纺织品防紫外线测试及标识方法的总结。

1. 目的和范围

1.1 本测试方法用来评价防紫外线辐射纺织品透过或阻碍紫外线辐射的能力。

1.2 本测试方法可以用来测试试样在干态和湿态下的防紫外线辐射性能。

1.3 纺织产品标签标注防紫外线功能的要求参见 ASTM D6544 和 ASTM D6603，参照本测试方法附录 B 关于方法的综述。

2. 原理

2.1 用分光光度计或已知波长范围的分光辐射度计测定穿过试样的紫外线 UVR。

2.1.1 紫外线防护系数 UPF 是穿过空气时计算出的紫外线辐射平均效应 UVR 与穿过试样时计算出的紫外线辐射平均效应 UVR 之间的比值。UPF 值越高，表明紫外线防护效果越好。

2.1.2 无试样时，探测器处的红斑加权紫外线辐射 UVR，等于测量出的光谱辐射在所测量波长范围内的辐射量总和，乘以相应的相对红斑作用的光谱效能，再乘以相应的太阳光谱辐射能，再乘以相应的紫外线光波长度间距。

2.1.3 放置试样时，探测器处的红斑加权紫外线辐射 UVR 等于测量的光谱辐射在所测量波长范围内的辐射量总和，乘以相应的相对红斑作用的光谱效能，再乘以试样的紫外线辐射能，再乘以相应的紫外线光波长度间距。

2.1.4 UVA 和 UVB 辐射的阻隔百分率也需要计算。

3. 引用文献

3.1 ASTM D1776，纺织品调湿和测试标准方法（见 15.2）。

3.2 ASTM D6544，紫外线（UV）透过测试前纺织品制样标准规范（见 15.2）。

3.3 ASTM D6603，UV 防护纺织品标签标注标准规范（见 15.2）。

3.4 ASTM E275，描述和测量紫外、可见和近红外分光光度计性能的规定（见 15.2）。

3.5 CIE 106/4-1993，诱发人体皮肤红斑的紫外光照光谱（见 15.3）。

3.6 UV 防护纺织品的信息和标准；AATCC & ASTM 国际，2017（见 15.1）。

3.7 Sayre，R. M.，et al.，“模拟太阳光与太阳光光谱比较”，Photodermatol Photoimmunol. Photomed. 杂志，7，159-165（1990）。

4. 术语

4.1 红斑：由于毛细管充血（如炎症）而引起皮肤反常的发红（晒伤）。

4.2 UV 的阻隔率：100 减去 UV 的透过率。

4.3 UV 透过率：入射紫外线中没有被反射或吸收，而是通过某种介质的那部分。

AATCC TM184-1998e3(2020)

染料粉尘化特性的测试

AATCC RA87 技术委员会于 1998 年制定；1999 年、2000 年、2005 年、2010 年、2014 年重新审定；2008 年、2009 年、2019 年编辑修订。技术上等效于 ISO 105-Z05。

1. 目的和范围

本测试方法适用于评价染料的粉尘化特性。

2. 原理

粉尘是将染料样品通过粉尘发生器产生，真空抽取有粉尘的空气，并传送到探测点，可目测评估或者用重量分析法和光度法定量测定产生的粉尘量。

3. 术语

粉尘：分散在气体中的固体材料的细小颗粒。

4. 安全和预防措施

本安全和预防措施仅供参考。本部分有助于测试，但未指出所有可能的安全问题。在本测试方法中，使用者在处理材料时有责任采用安全和适当的技术；务必向制造商咨询有关材料的详尽信息，如材料的安全参数和其他制造商的建议；务必向美国职业安全卫生管理局（OSHA）咨询并遵守其所有标准和规定。

4.1 遵守良好的实验室规定，在所有的试验区域应佩戴防护眼镜。

4.2 在附近安装洗眼器、安全喷淋装置以备急用。

5. 使用和限制条件

5.1 染料粉尘在如分散、运输转移和喷洒等处理中形成。

5.2 在染料消费工业中，考虑到卫生、健康和安全等方面，染料的粉尘化是一项很重要的指标。因此，建立一种可靠且可重现的测定该性能的方法是很重要的。

5.3 尽管存在其他的粉尘测试方法，但本测试方法更具有代表性且与处理染料的实际生产相似。考虑到染料的相对性和局限性，其结果不像密度是定值。

5.4 固体染料以不同的物理形态（粉末、粒状等）出售。商品染料颗粒的大小分布有很大变化。平均粒径可能小于 50μm 或者大于几个毫米。固体染料颗粒的大小分布范围可能是窄或宽的。

5.5 染料粉尘颗粒的大小分布在很大程度上不取决于染料的物理形态。图 1 给出了两种典型染料粉尘颗粒的大小分布。

6. 仪器和材料（见 13.1）

6.1 天平。称量染料时，精确到 ±0.1g。

6.2 粉尘发生器。具有过滤架和连接接头，可组合以下的组件（见图 2 和图 3 及 13.2）。

6.2.1 过滤器。白色，直径为 50mm ± 2mm，能定量地捕捉粉尘（孔尺寸 < 5μm），用于重量分析法或光度法，由硝化醋酸纤维素制成。对于目测法，可使用合适的玻璃纤维过滤器。

6.2.2 真空泵。吸力至少 20L/min。

6.2.3 调节阀。调整空气流动速率。

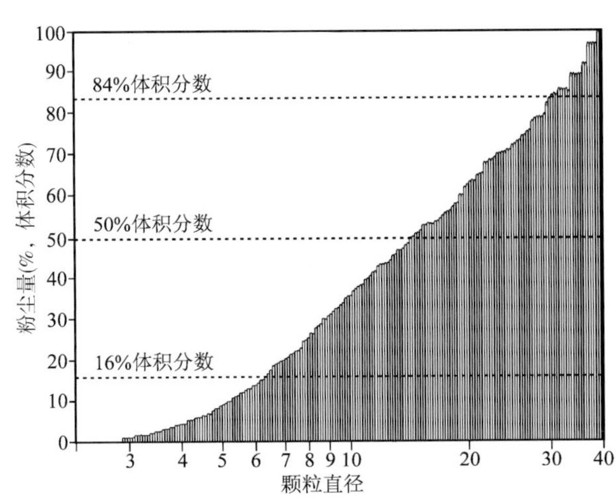

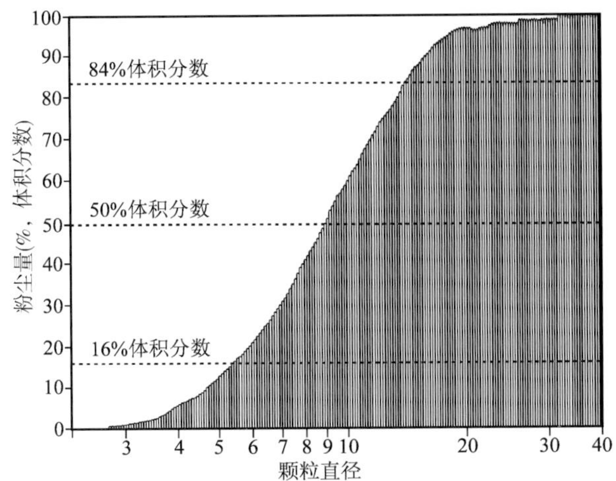

注 两幅图的横坐标都是对数坐标。

图1 粉尘量（体积分数）与粉尘颗粒物直径的典型图表示

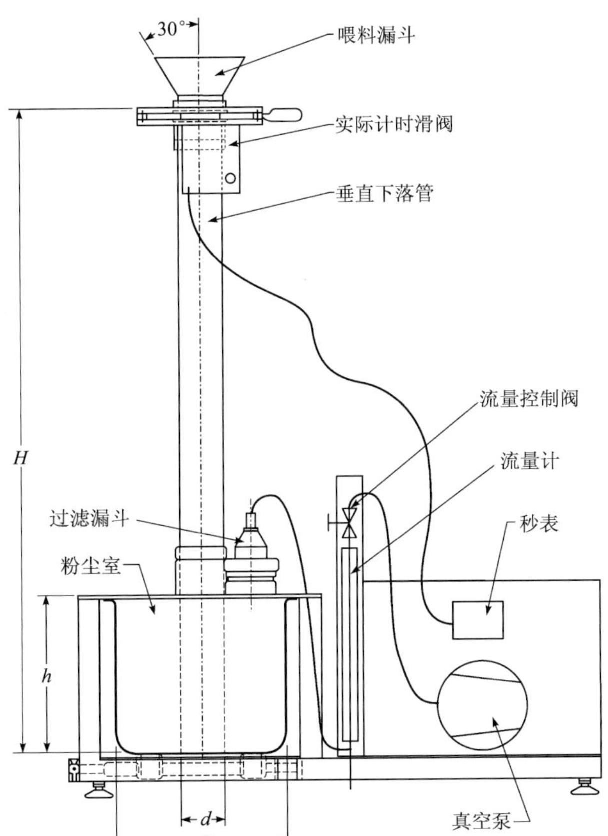

H	总降落高度	815mm ±5mm
h	粉尘室的高度	195mm ±5mm
D	粉尘室的直径	ϕ210mm ±5mm
d	下落管的直径	ϕ47mm ±1mm

注 总降落高度是指从滑阀盘的上端开始一直到粉尘室的内面。

图2 粉尘测试仪

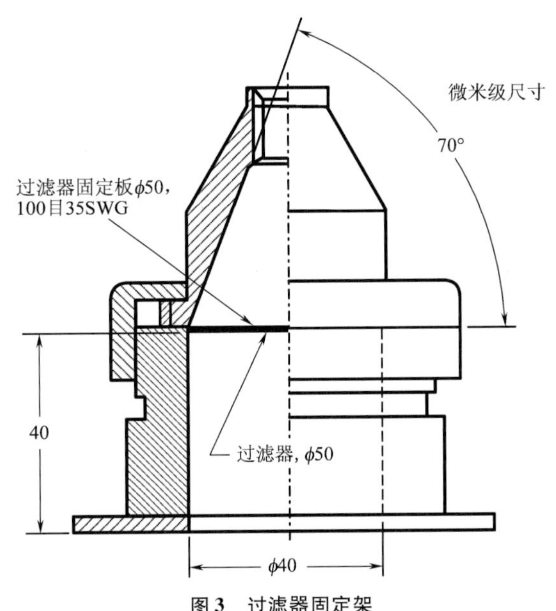

图3 过滤器固定架

6.2.4 流量计。能检测 10～20L/min 的空气流动速率。

6.2.5 计时器。从打开滑阀开始吸气，计时抽吸时间。

6.3 粉尘评价仪器。

6.3.1 目测法。用沾色评级灰卡（见 13.3 和 13.4）。

6.3.2 重量分析评定法。使用分析天平。

6.3.3 光度评定法。使用光度计。

6.4 分析天平。精确到 ±0.01mg，用于称量过滤器收集的粉尘（见 6.2.1）（重量分析评定法）或用光度计测定收集并溶解到适当溶剂中的粉尘（光度评定法）。

6.5 清洗仪器。如刷子或者真空吸尘器等。

6.6 镊子。用于粉尘产生后，从固定架上取下滤纸。

7. 操作程序

7.1 把带过滤器（见 6.2.1）的固定架放进粉尘发生器内（见 6.2），关闭发生器使其密封。如果使用重量分析评定法，插入过滤器固定架前，调湿并称量过滤器。

7.2 使用天平（见 6.1）精确称量 10.0g ± 0.1g 的染料，并将其放入仪器顶部的喂料器中。打开计时器（见 6.2.5），并快速打开滑阀，染料通过管子落入粉尘室内。

7.3 滑阀打开 5s 后，在以下条件下，用真空泵从粉尘室抽取粉尘，收集到过滤器（见 6.2.1）上。

7.3.1 空气流动速率为 15L/min。

7.3.2 抽吸时间为 120s（染料落下 5s 后开始）。

7.3.3 降落高度为 815mm ±5mm。

7.4 使用镊子（见 6.6）小心地从固定架上取下装满粉尘的过滤器，并按照本标准第 8 部分所述的方法来进行评价。

7.5 每次测试后应彻底清洗仪器（见 6.5）。如果仪器经湿法清洗，应注意将其完全烘干。

8. 过滤评价

8.1 目测法。目测法是用沾色灰卡评价粉尘过滤器的沾色（见 6.3.1），使用 AATCC EP2 对照的表 1 进行评级，精确至半级。

表 1 粉尘评级卡

级 别	描 述
5	无粉尘化
4	轻微粉尘化
3	中度粉尘化
2	粉尘化
1	严重粉尘化

8.2 重量分析法。用分析天平（见 6.4）称量装满粉尘的过滤器，精确到 0.01mg。对于具有低粉尘化特性的产品，粉尘的质量很小（<1mg），预期的重量分析法可能产生相当大的误差。此时，首选方法是光度测定法。

8.3 光度测定法。对于粉尘量的光度测定，在室温下，于适当溶剂里溶解、振荡过滤器里的粉尘染料，形成清澈的溶液时，用光度计测量透光率，并根据先前准备的校准图读取相应的粉尘量（见 12）。

9. 评定

9.1 粉尘的产生和测定依靠大量的参数。因此，粉尘量的测定结果在特定的测试条件下才有效。即目测法或重量分析法测定粉尘化特性的结果与其他测试方法得到的结果不必直接比较。但是，同一种测试方法中测得的一系列样品的顺次测试结果与其他测试方法得到的结果有可比性。

9.2 目测法。按照 8.1 所述的评级灰卡表述结果。

9.2.1 定量测定染料产生的粉尘量不能用目测法。主要原因是粉尘有不同的颗粒尺寸、尺寸分布和形状。

9.2.2 目测评价法是主观的，并依赖检验者的经验、粉尘层的色相和过滤器表面的内在特征（光滑或者粗糙）等因素。本方法固有的特性是最多产生半级偏差。据经验，可重现条件（相同的仪器和实验室）下的总误差不会超过该值。

9.3 重量分析法和光度分析法。

9.3.1 记录 8.2 和 8.3 中得到的收集染料粉尘结果，以毫克（mg）数表示。

9.3.2 在这两个定量分析法中，测定过滤器所捕捉的粉尘量，粉尘的量以毫克（mg）表示。在重量分析法中，过滤器条件的变化和静电影响可能导致实质的误差。如果用光度分析法测定粉尘量，必须保证在清澈的溶液中测量透光率。根据不同实验室的经验，在给定条件下，可得到约 10%（变异系数）的可重现性。

9.4 结果分散性。在某些情况下，结果可能发生分散。主要原因如下。

9.4.1 仪器特有的因素。

9.4.1.1 空气流动速率未正确调节。

9.4.1.2 通过仪器的空气流动速率是不恒定的或者是没有正确应用真空。

9.4.1.3 时间控制不准确。

9.4.2 外部因素。

9.4.2.1 湿度。

9.4.2.2 垂直管和粉尘室内的静电荷。

9.4.2.3 样品内粉尘的不均匀分散。

10. 报告

应该包括如下信息。

10.1 测试样品的全面表述。

10.2 测试样品的质量。

10.3 使用的评价方法和得到的结果，如 9.2 和 9.3 中所述。

10.4 与该程序任何偏离的细节。

11. 精确度和偏差

11.1 概述。精确度基于在 ISO 105 - Z05 : 1996《染料的粉尘化特性的测定方法》附件 A 所包含的重量分析数据。四个实验室参与这项研究，在两个时间段内测试三个染料样品，每个时间段内进行 10 次测定，三个实验室处于相似的水平，结果是两个时间段对测试没有影响。从这三个实验室得到的所有数据都包含变量分析、变量应用分析。

11.2 精确度。由于有限的测试计划，个体之间的精确度描述包括在内。

11.2.1 变量构成如表 2 所示，其中：标准偏差单位是 mg/filter；变量单位是 $(\mathrm{mg/filter})^2$。

表 2　变量构成

变量构成	标准偏差	变　量
实验室间	0	0
实验室和染料共同作用	0.187	0.035
实验室内	0.276	0.076

11.2.2 临界偏差。两个平均值之间的偏差，在合适的精确度范畴内，如果差异等于或者大于表中所列出的值（见表 3），95% 的置信水平是有效的。

大多数比较可能在单染料范畴内，但是，如果比较在染料间交叉进行，使用多染料比较栏，它包括了变量组分之间的相互影响。

表 3　染料比较

项　目	单染料比较		多染料比较	
N	实验室内	实验室间	实验室内	实验室间
5	0.34	0.34	0.62	0.62
10	0.24	0.24	0.57	0.57
15	0.20	0.20	0.56	0.56

11.3 偏差。本测试方法没有已知的偏差。没有方法测定出染料的粉尘化特性的真值及可能建立已知的偏差。

12. 引用文献

AATCC TM182《染料在溶液中的相对着色力》（见 13.3）。

13. 注释

13.1 有关适合测试方法的设备信息，请登录 AATCC 买家指南，网址：http://www.aatcc.org/bg。AATCC 提供其企业会员单位所能提供的设备和材料清单。但 AATCC 没有给其授权，或以任何方式批准、认可或证明清单上的任何设备或材料符合测试方法的要求。

13.2 替代过滤器和过滤器固定架，其他的粉尘探测装置可被固定到仪器上，如压缩机或者光学粒子计数器。

13.3 资料可以从 AATCC 获取，地址：P. O. Box 12215，Research Triangle Park NC 27709；电话：+1.919.549.8141；传真：+1.919.549.8933；电子邮箱：ordering@aatcc.org；网址：www.aatcc.org。

13.4 本测试方法也可能用于目测评价无色固体材料。然而，在这种情况下必须十分小心。黑色的过滤器是有帮助的，但是要进行严格的独立试验。建议采用重量分析法和光度法测定。

14. 历史

14.1 2020 年重新审定，并将历史移到条款 14。

14.2 1999 年、2000 年、2005 年、2010 年、2014 年重新审定，2008 年、2009 年、2019 年进行编辑修订。

14.3 由 AATCC 委员会 RA87 于 1998 年建立。

AATCC TM185-2021

螯合剂：过氧化氢漂白浴中螯合剂的百分含量 潘酚（PAN）铜指示剂法

1. 前言

虽然存在几种测定螯合剂螯合值的试验方法，但该方法还额外包括对漂白剂中螯合剂百分比的计算。

2. 目的和范围

2.1 本测试方法适用于测量过氧化氢漂白浴中螯合剂的含量。

2.2 本测试方法是为工厂制备过氧化氢浸渍槽（或者饱和器中）部分的常规或周期滴定，或者其他方法制备的过氧化氢漂白溶液，测定漂白浴中螯合剂的浓度。

2.3 本测试方法限用于基于乙二胺四乙酸（EDTA）、*N*－羟基乙二胺三乙酸（HEDTA）和二乙烯三胺五乙酸（DTPA）的螯合剂。这可能包括任何专利产品（参考标准中“产品”部分），这些产品中可能包含多种成分，其中一种或多种可能是螯合剂。

3. 原理

3.1 过氧化氢漂白浴内螯合剂或其他产品的百分比含量分两步来测定：首先，在指示剂［潘酚，1－（2－吡啶偶氮）－2－萘酚］存在下，用已知浓度的硫酸铜直接滴定螯合剂或其他产品，然后，使用更低浓度的硫酸铜作为滴定剂，再次滴定含有螯合剂的漂白溶液。

3.2 报告中的结果为螯合剂的百分比。该值越高表示溶液中含有的螯合剂或螯合剂产物越多。

4. 引用文献

注：使用所有文件的当前版本，除非另有说明。

AATCC TM168 聚氨基多元羧酸及其盐类的螯合值：潘酚（PAN）铜法（见15）。

5. 术语

5.1 螯合剂：在纺织化学中，能使金属离子失去活性且形成水溶性络合物的化学物质，也称络合剂。

5.2 铜螯合值（CuCV）：1g 螯合剂或含有螯合剂的产品所螯合五水合硫酸铜的毫克数。

6. 安全和预防措施

6.1 方法/程序中规定的安全预防措施是检测程序的辅助措施，但未指出所有可能的安全问题。

6.2 在本标准中，用户有责任参考适用的安全数据表，使用安全和适当的技术，并在搬运物料时穿戴适当的个人防护装备。

6.3 使用者有必要向制造商咨询有关材料的详尽信息，如设备操作说明和其他建议。参考并遵守所有适用的健康和安全法规（如 OSHA 标准和规则）。

7. 使用和限制条件

7.1 测试结果可能会受以下任何情况的影响。

7.1.1 漂白溶液中所含有的离子或者铜离子预先螯合，将会显著降低漂白浴内原有的螯合剂表观浓度，影响浓度计算结果的准确性。

7.1.2 未被络合的螯合剂被过氧化氢氧化，将降低漂白浴内螯合剂的表观浓度。

7.1.3 氰化物离子、氨、大多数胺与铜离子结合形成分子，使之不与指示剂反应而导致错误的结果。

7.2 改变螯合剂或螯合剂产品的活性成分含量，漂白浴内螯合剂的百分含量将不受影响。

7.2.1 应对每批螯合剂或螯合剂产物进行 AATCC TM168 检测，以确定其活性成分含量是否发生了变化。

7.2.2 该方法测定的铜螯合值（CuCV）是螯合剂或螯合剂产品的活性成分含量的一种直接指示，可以为此目的而进行监控。

8. 试剂

本方法中用到的试剂是（美国化学协会）ACS 试剂级产品，所有化学物品应当谨慎使用和处理，该方法中用到的很多化学品都具有腐蚀性或强烈的刺激性。

8.1 乙酸、冰醋酸（CH_3COOH）。

8.2 五水合硫酸铜（$CuSO_4 \cdot 5H_2O$）。

8.3 甲醇（CH_3OH）。甲醇是一种易燃液体，在实验室中需储存远离热源、明火和火花的小容器。

8.4 潘酚（$C_{15}H_{11}ON_3$）。

8.5 三水合乙酸钠（$NaC_2H_3O_2 \cdot 3H_2O$）。

8.6 氢氧化钠（NaOH），颗粒状。

8.7 硫酸（H_2SO_4），98%。

9. 试样准备

准备两个螯合剂或同类产品的样品和两个漂白浴的样品。

10. 试剂制备

10.1 试剂 A（12.500g/L 硫酸铜溶液）。用蒸馏水溶解 12.500g ± 0.002g 五水合硫酸铜，在容量瓶中稀释到 1L。

10.2 试剂 B（2.500g/L 硫酸铜溶液）。转移 200mL 试剂 A 到 1L 的容量瓶中，用蒸馏水稀释到 1L，保留剩余的试剂 A。

10.3 潘酚指示剂（PAN）。溶解 0.025g ± 0.001g PAN 于 50mL 甲醇中，装入带有塞子的瓶子储存于冰箱中，每周都要配置新溶液。

10.4 醋酸钠缓冲溶液。准备过程中，配置和使用冰醋酸时，应使用化学护目镜或面罩、防水手套和防水围裙。浓酸一定要在通风良好的通风橱中处理。注意：一定要将酸加入水中。将 34.0g ± 0.1g 三水合乙酸钠溶解于 500mL ± 1mL 蒸馏水中，加入 15.0mL ± 0.1mL 冰醋酸，充分混合后，储存于密闭的容器内。

10.5 氢氧化钠溶液（20%）。准备过程中，配置和使用氢氧化钠时，应使用化学护目镜或面罩、防水手套和防水围裙。将 200g ± 1g 氢氧化钠溶解于 800mL 蒸馏水中，充分搅拌，冷却后转移至 1L 的容量瓶内，并用蒸馏水滴加至体积刻度。

10.6 硫酸（20%）。准备过程中，配置和使用浓硫酸（98%）时，应使用化学护目镜或面罩、防水手套和防水围裙。浓酸一定要在通风良好的通风橱中处理。注意：一定要将酸加入水中。在 500mL 蒸馏水中缓慢加入 200g ± 1g 硫酸，冷却后转移到 1L 的容量瓶中，并用蒸馏水滴加至体积刻度。

11. 操作程序

11.1 螯合剂或者螯合剂产品的螯合值。

11.1.1 称取 0.9～1.1g 螯合剂或者螯合剂产品试样，精确到 0.01g，用蒸馏水稀释到 75mL。

11.1.2 加入 25mL 醋酸钠缓冲溶液，并用冰醋酸降低 pH 值或者 20% 的氢氧化钠溶液升高 pH 值按要求调整 pH 到 4.5～5.5。

11.1.3 加入1mL潘酚指示剂，并用试剂A滴定，直到出现永久紫色，即为终点。记录下所用试剂A的体积，精确到0.01mL，用于公式（1）。

11.1.4 用12.5g/L的硫酸铜溶液（试剂A）滴定螯合剂产品。而用2.5g/L的硫酸铜溶液（试剂B）滴定含有较稀螯合剂的氧化物漂白剂溶液更准确。

11.2 漂白浴内的螯合剂。

11.2.1 称量90~110g过氧化氢漂白溶液试样，精确到0.01g。如果试样取自浸渍槽（饱和器），要确保没有碎屑和泡沫。

11.2.2 用20%的硫酸调整漂白溶液的pH到7.0~9.0。

11.2.3 加入35mL醋酸钠缓冲溶液。如果需要，用冰醋酸或者20%的氢氧化钠溶液调整pH到4.5~5.5。

11.2.4 加入1mL潘酚指示剂，并用试剂B滴定，直到出现永久紫色，即为终点。记录所用试剂B的体积，精确到0.01mL，用于公式（2）。

12. 计算

12.1 用下面公式计算螯合剂或者螯合剂产品的铜螯合值，保留小数点后2位数字。

$$\mathrm{CuCV} = 12.5 \times \frac{V}{W} \qquad \text{（公式1）}$$

式中：CuCV——铜螯合值；

V——试剂A消耗的体积，mL；

W——试样的质量，g。

12.2 计算两个样品的铜螯合值平均值。

12.3 使用下面公式计算漂白浴内螯合剂的含量，近似到0.01%。

$$CA = \frac{2.5V_2}{W_2S} \times 100\% \qquad \text{（公式2）}$$

式中：CA——螯合剂含量；

V_2——试剂B消耗的体积，mL；

W_2——试样的质量，g；

S——平均铜螯合值（由10.2求得）。

12.4 计算漂白浴内螯合剂的平均含量。

13. 报告

13.1 描述或确定所测试的样品/产品。

13.2 报告样品使用AATCC TM185-2021方法进行检测。

13.3 报告检测结果。

13.3.1 报告螯合剂平均值。

13.3.2 报告漂白浴中螯合剂的平均含量。

13.4 描述对已发布标准的任何修改。

14. 精确度和偏差

14.1 精确度。

14.1.1 在1990年，完成一项有关本标准的实验室研究，它涉及七个实验室，每个实验室一名实验操作员。对实验步骤11.1中三个试样中的每个试样分别进行两次测定，并且对实验步骤11.2中三个漂白浴中的每个漂白浴进行两次测定。没有预先评估的实验室也参与，在本测试方法中表现出相关水平。有一个实验室得到的结果未被列入分析之列。

14.1.2 对这系列数据的分析得出如表1~表3中列出的方差分布和临界差异。N次测定的两个平均值之间的差异，对于合适的精度参数，应达到或者超过表格内95%置信水平的值。

14.2 偏差。铜螯合值仅能根据本测试方法定义。对于其真实值，没有独立的方法进行测定。该方法没有已知偏差。

表1 方差分量

组 成	螯合值	螯合剂
实验室间 V (L)	2.61	0.000111
反应 V (SL)	0.76	0.000157
实验室内 V	0.81	0.000030

表 2 螯合剂或者螯合剂产品的临界方差
（95% 置信区间）

Det. 平均（N）	实验室内	实验室间
单个漂白浴比较		
1	2. 49	5. 13
2	1. 76	4. 81
3	1. 44	4. 71
多个漂白浴相比较		
1	2. 49	5. 67
2	1. 76	5. 39
3	1. 44	5. 29

表 3 漂白浴的临界方差
（95% 置信区间）

Det. 平均（N）	实验室内	实验室间
单个漂白浴比较		
1	0. 015	0. 033
2	0. 011	0. 031
3	0. 009	0. 031
多个漂白浴相比较		
1	0. 015	0. 048
2	0. 011	0. 047
3	0. 009	0. 046

15. 注释

资料可从 AATCC 获取，地址：P. O. Box 12215, Research Triangle Park NC 27709, USA；电话：+1. 919. 549. 8141；电子邮件：ordering@ aatcc. org；网址：www. aatcc. org.

16. 历史

16. 1 2021 年进行了修订，阐明并与 AATCC 标准格式保持一致。

16. 2 2019 年编辑修订，2016 年和 2011 年重新审定，2010 年编辑修订，2006 年、2000 年、1999 年重新审定。

16. 3 由 AATCC RR99 技术委员会于 1998 年制定，由 RA99 维护。

AATCC TM186-2015e2

纺织品的耐气候性：紫外光下湿态暴晒

AATCC RR64 技术委员会于 1999 年制定；2007 年权限移交至 RA50 技术委员会；2000 年、2009 年、2015 年重新修订；2001 年、2013 年编辑修订并重新审定；2006 年重新审定；2007 年、2008 年、2016 年、2019 年编辑修订。

1. 目的和范围

本测试方法提供了一种暴晒各种纺织材料（包括涂层织物）及其制品的测试程序。使用实验室人工气候暴晒设备，以荧光紫外灯作为光源，并采用冷凝和/或喷水方式加湿。

2. 原理

将试样暴晒在荧光紫外灯光源下，并在可控条件下定期加湿。样品的耐降解性是通过在标准纺织测试条件下将测试试样与参照标准和暴晒标准相比得出的强力损失百分率或者强力剩余百分率（断裂或者胀破）或颜色变化进行评定的。

3. 术语

3.1 断裂强力：试样在拉伸测试中被拉伸至断裂时作用于试样上最大的力。

3.2 胀破强力：在规定条件下，以一个垂直于织物表面的力作用于织物，使其破裂所需的压力或压强。

3.3 荧光紫外灯：可以利用荧光物质将低压汞弧产生的波长为 254nm 的辐射转化为波长更长的紫外线光的灯。

3.4 辐照度：波长的函数，单位面积的辐射能，单位为瓦特每平方米（W/m^2）。

3.5 辐射能：以各种波长的光子或电磁波形式在空间传播的能量。

3.6 光谱能量分布：放射的辐射光在不同波长范围内的能量变化。

3.7 纺织品测试用标准大气：温度保持在 21℃ ±2℃（70℉ ±4℉）、相对湿度保持在 65% ±5% 的大气环境。

3.8 储存纺织品的标准大气：实验室环境条件见 ASTM D1776。

3.9 紫外线辐射：电磁波谱辐射能小于可见光，大于 100nm 波长的辐射能的辐射。

注意：紫外线光谱范围的界定不明确，使用者可根据需要进行调整。CIE（国际照明委员会）的 E-2.1.2 委员会在光谱范围 400 ~ 100nm 对紫外线进行如下划分：

UV-A　315 ~ 400nm

UV-B　280 ~ 315nm

UV-R　280 ~ 400nm

3.10 UV-A 型荧光紫外灯：波长低于 300nm 的辐射占其光源输出总辐射的百分比小于 2% 的荧光紫外灯。

3.11 UV-B 型荧光紫外灯：波长低于 300nm 的辐射占其光源输出总辐射的百分比大于 10% 的荧光紫外灯。

3.12 气候：给定地理位置的气候条件，包括日光、雨水、湿度和温度等因素。

3.13 耐气候性：材料暴露在气候条件下时，抵抗性能退化的能力。

4. 安全和预防措施

本安全和预防措施仅供参考。本部分有助于测试，但未指出所有可能的安全问题。在本测试方法中，使用者在处理材料时有责任采用安全和适当的技术；务必向制造商咨询有关材料的详尽信息，如材料的安全参数和其他制造商的建议；务必向美国职业安全卫生管理局（OSHA）咨询并遵守其所有标准和规定。

4.1 遵守良好的实验室规定，在所有的试验区域应佩戴防护眼镜。

4.2 阅读并理解制造商的操作说明后，才可以操作测试仪器。测试仪器的操作者有责任严格遵循制造商的安全操作规程。

4.3 本测试仪器会发出紫外射线，不要直视光源。测试仪器使用过程中，必须保证测试人员屏蔽紫外线或者保证测试箱的门保持关闭状态，或者使用试样夹以防止漏光，或使用其他方法。

4.4 在维修光源前，要保证光源关闭后已经冷却 30min。

4.5 在进行设备维修时，必须保证操作面板上的“off”开关以及电源总开关关闭。在安装时，确保机器前置面板上的主电源指示灯是熄灭的。

5. 使用和限制条件

5.1 本测试程序是为了模拟自然界中日光紫外光能和水汽导致的材料性能的退化，并不是模拟当地的气候现象，如空气污染、生物侵蚀和盐水侵蚀等所引起的材料性能的退化。

5.2 注意：当操作条件在本方法允许的限度范围内变化时，会导致测试结果的变化。因此，通常情况下本方法的测试结果是不具有参考价值的，除非有详细的附录报告明确了使用本方法时的所用的操作条件是一致的。

5.3 本方法得到的测试结果可以用于对比经特定测试循环后材料对气候的相对耐久性。相同材料经不同仪器暴晒得到的测试结果不具有可比性，除非对于该纺织材料已经建立了不同测试仪器测试结果之间的关联性。当操作条件在本方法允许的限度范围内变化时，会导致测试结果的变化。由于本测试方法得出的结果和外界暴晒得出的结果均具有可变性，故不推荐使用单一的将加速暴晒所用的时间与特定户外暴晒周期相关联的“加速系数”。由于本方法所得结果的可变性，使用本方法得出的测试结果不具有参考性，除非在报告部分附有对具体操作条件的详细描述。

5.4 有很多因素可能会降低使用实验室光源进行的快速测试与实际使用条件下暴晒之间的关联程度。

5.4.1 实验室光源和自然日光的光谱分布存在差异。

5.4.2 在实验室快速暴晒测试中，经常使用比常规波长更短的波长，以获得更快的衰退速度。对于户外暴晒，通常认为短波紫外线的截点为 300nm。在波长小于 300nm 的紫外线下进行暴晒，可能会产生降解反应，而这种反应在实际户外使用条件下不会发生。如果加速测试中使用的实验室光源所包含的紫外辐射波长小于实际使用条件的波长，那么加速测试中的老化机理以及材料稳定性评级可能会产生巨大的差异。

5.5 如果已知特定波长范围的辐射会产生相应测试材料的降解，但并不影响材料的稳定性等级，则没有必要模拟日光的全部光谱。相对于紫外光或可见光光谱来说，实验室光源在窄带上具有很强的发射光谱，这将可能导致产生某些意想不到的结果。实验室光源也可能无法产生日光暴晒下会出现的变化。在仅有紫外线的光源下暴晒，材料可能不会产生由可见光引起的褪色，但会产生比日光照射更显著的高聚物泛黄现象。

6. 仪器（见 17.1，17.2 和 17.3）

6.1 测试箱（见 17.4）。

6.2 UV－A 型荧光紫外灯（见 17.8）。

6.3 给湿系统。

6.3.1 冷凝。用来产生冷凝水或喷射水或者产生两种水的给湿系统（见 17.9）。

6.3.2 喷水。在测试箱内装有喷水设备，可以在规定条件下对测试试样进行间歇性喷水。水应该均匀地喷洒在试样表面。喷水设备必须用抗腐蚀材料制成，以保证不会使水受到污染。

6.4 黑板温度计（见 17.10 和 17.11）。

6.5 样品架（见 17.12）。

6.6 测试箱位置（见 17.13）。

7. 试样准备

7.1 试样数量（见 17.3）。为确保结果的准确性，待测材料和标准参比材料应有备份。建议每种材料至少取三块试样进行测试，以便对结果进行统计评估。

对同样的材料要暴晒足够数量的试样，以保证在95%概率水平下，测试结果的平均值在其真实平均值的 ±5%以内。根据 ASTM D2905《纺织品样品数值表的标准实施规程》的规定来确定试样的数量。

7.2 试样尺寸。某些材料在暴晒后可能出现尺寸变化。测试所需试样的尺寸会因测试仪器制造商、物理性能测试仪器和试样数量的不同而不同。在确定试样尺寸的同时，还要充分考虑到用来评估性能变化的物理测试的操作程序，以保证试样尺寸能满足相应测试程序的要求。

对于以下测试，除非另外说明，应剪取至少102mm×152mm的条状试样，试样长边方向平行于织物经向。

7.2.1 顶破强力（弹子顶破）。

7.2.2 断裂强力（抓样法）。

7.2.3 颜色变化。

7.2.4 为防止样品散边，可用环氧树脂或者类似材料对试样进行封边。

7.2.5 需使用抗测试环境条件影响的材料对试样进行标记。

8. 测试循环的确定

8.1 确定测试循环应根据最终使用用途涉及的影响因素而定，尤其是特殊的气候条件。相同的环境条件对不同材料的影响是不同的。采用任何一个测试循环得到的结果，都不能代表其他测试循环或者户外气候测试的结果。在某一地理位置得出的加速系数并不适用于任何其他的地理位置。但是，某些测试循环可适用于对类似的气候条件进行模拟。

8.2 测试材料的特性有助于选择合适的测试循环，如紫外暴晒、润湿、润湿时间和温度。如下的测试循环均适用于纺织材料。

8.2.1 方法 1（一般应用）：用辐照度为 0.77W/m^2 的 340nm 的紫外光对材料在 60℃（140℉）温度条件下暴晒 8h，然后在 50℃（122℉）温度条件下冷凝 4h。本方法一般适用于如户外装饰织物、帐篷材料等。

8.2.2 方法 2（热冲击应用）：用辐照度为 0.77W/m^2 的 340nm 的紫外光对材料在 60℃（140℉）温度条件下暴晒 8h，然后喷水 0.25h，接着在 50℃（122℉）温度条件下冷凝 3.75h。本方法适用于建筑用及其他可能发生热冲击的情况。

8.2.3 方法 3（机动车外部应用）：用辐照度为 0.72W/m^2 的 340nm 的紫外光对材料在 70℃（158℉）温度条件下暴晒 8h，然后在 50℃（122℉）温度条件下冷凝 4h。紫外辐照度可通过人工方式或 SAE J 2020 中描述的方式进行监控和维持。

8.3 这些测试循环的使用并不意味或者代表加速气候测试，反之亦然。本测试方法也不局限于上述测试循环。其与任何实际户外气候暴露所具有的关联度必须通过定量分析才能确定。

8.4 本测试方法允许仪器的测试条件波动为辐照度 ±0.02W/m^2@340nm，温度 ±2℃。另外，不同测试条件之间转换时间约为 1h 是可以接受的。

9. 参照标准

根据单个测试的需要，参照标准可以是由任何强力退化或颜色变化级别已知的合适的纺织材料制成的。参照标准与被测试样必须同时在相同条件下暴晒。参照标准可以用来证明不同仪器之间以及不同测试循环之间是否具有一致性。如果暴晒后参照标准的测试结果与其已知值比较差异超过10%，则需要彻底检查仪器的操作条件，并排除任何偏差及故障，然后重新进行测试。如果测得的数据偏差仍超过10%，而又无明显的仪器故障，则需要重新对该参照标准进行评定。由有争议的参照标准得到的测试数据必须谨慎处理，通过定量分析确定其使用。

10. 操作程序

10.1 根据制造商的使用说明维护和校准设备。

10.2 在开始暴晒测试之前，将所有的试样，包括参比样和测试样，在 ASTM D1776《纺织品调湿和测试标准方法》要求的大气条件下进行调湿平衡。达到调湿平衡是指在间隔至少 2h 对试样进行连续称重时，其重量增加不超过试样本身重量的 0.2%。可以进行任何必要的测试或评估，用以建立比较暴晒样和未暴晒样的基准。

10.3 安装试样。将样品安装在测试箱的样品架上，测试面对着灯。当试样没有装满样品架时，需要用空白板将其占满，以保证测试箱内的测试条件。

10.3.1 为了保证试样的刚性，柔软的试样可以用铝制或其他耐腐蚀的热导材料制作的衬板进行支撑。

10.3.2 如果试样上有孔洞和任何孔径大于 1mm 的不规则形状样品，必须对孔洞进行密封以防止水分损失。松结构的试样必须使用防潮层，例如铝或塑料背衬。

10.3.3 织物。将柔软织物试样包绕在铝板上，并用环形弹簧夹固定在相应的位置。在测试箱内，试样表面应为平整光滑的（见图1）。

10.3.4 纱线。将纱线缠绕在长度至少为 150mm 的架子上，只有直接对着辐射能的那部分纱线才进行断裂（强度）强力测试。可以测试单纱强力或绞纱强力。当测试绞纱强力时，纱线卷绕在框架上时必须紧密排列，宽度为 25.4mm。需要控制强力测试的绞纱样的纱线根数必须与暴晒试样的纱线根数相同。在暴晒结束后，纱线从框架上取下之前，用一个宽 20mm 的遮盖物或其他合适的丝带将面对光源那部分纱线固定，使这些纱线紧密排列的状态与其在暴晒架时最大程度相似。

图1 柔软织物试样的典型安装方法

10.3.5 对于机织物、针织物和非织造织物，应确保测试试样接受辐射源暴晒的那面为其实际使用中的正面。

10.4 调节仪器使之达到所需的测试条件，并在上述限定的测试条件下连续操作。应使用本方法 8.2 中指定的测试条件或双方达成一致的条件或产品质量要求的条件。

10.5 除了维修仪器和检查样品，应尽量保持操作的连续性，重复测试循环。每天在冷凝过程的中间检查样品，确保所有试样的湿润状态相同。

10.6 为了使温度或紫外光变化对测试的影响降到最低，建议按照图 2 所示的方式重新放置试样。每周一次按照下面步骤水平地轮换试样。

（1）将最右手边的两个试样支架移至暴晒区域的最左边；

（2）将其余的试样支架依次右移。

对于短时间的测试（一周之内），至少每天调整一次试样的位置。对于更长时间的测试，实验期间至少调整试样位置 5 次。

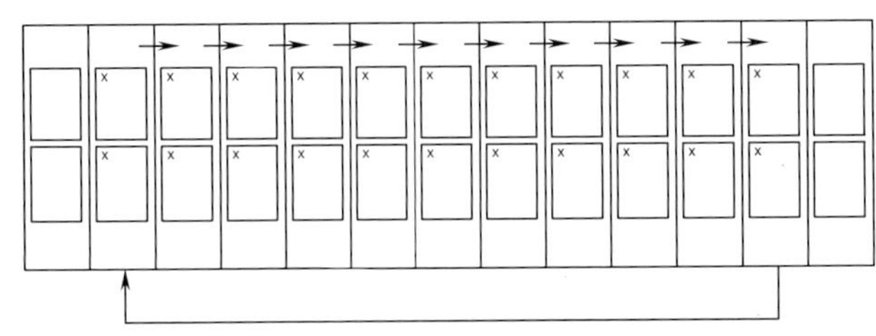

图2 试样轮换

11. 暴晒时间

使用以下方法之一确定暴晒时间。

（1）规定的总小时数；

（2）用来将被测试样或双方认可的标准试样暴晒到产生相应变化所需要的总时间。

12. 调湿

12.1 如果测试试样和控制样在从测试仪中取出的时候是湿的，则在实验室室温下或在不超过71℃（160℉）的温度下使其干燥。

12.2 将测试试样和控制样置于纺织用标准大气条件下进行调湿，使所有试样都达到平衡。达到调湿平衡是指在间隔至少2h对试样进行连续称重时，其重量增加不超过试样本身重量的0.2%。通常情况下是以收到样品时的重量为基础。

12.3 对于裁取待测试样和控制样、经暴晒和未暴晒试样，剪取样品的中心部分至本方法所规定的尺寸，并作相应的标记。最好在暴晒后剪取和标记试样，也可以在暴晒前进行。未暴晒的控制样也以同样方法进行剪取，并在测试前使其在无张力状态下润湿和干燥。

13. 评级

13.1 用相应的AATCC、ASTM或ISO测试方法对暴晒过的测试试样进行评定或者评级。

13.2 物理性能。

13.2.1 织物弹子顶破强力测试。根据ASTM D3787《针织物顶破强力测试方法：等速型（CRT）弹子顶破强力测试》测定试样的顶破强力。

13.2.2 抓样法拉伸强力测试。根据ASTM D5034《纺织品断裂强力和伸长率的测试方法（抓样法）》测定试样的抓样法拉伸强力。

13.3 颜色变化。根据AATCC TM16.3《耐光色牢度：氙弧法》对颜色变化进行评定。

14. 报告

14.1 报告以下有关暴晒条件的信息。

14.1.1 荧光紫外/冷凝设备的制造商和型号。

14.1.2 荧光紫外灯的制造商名称。

14.1.3 暴晒循环，例如，60℃（140℉）、4h紫外线暴晒，50℃（122℉）、4h冷凝。

14.1.4 总暴晒时间。

14.1.5 总的紫外光照射时间。

14.1.6 与暴晒测试方法的任何偏差。

14.2 报告测试试样的信息：织物的纤维组成成分，织物的暴晒面（当织物正反面纤维不同时报告）。

如果已知，注明用g/m^2表示的织物克重和织物的后整理。

14.3 报告以下评定过程的信息。

14.3.1 所用评定方法、各个性能测试的评级结果或相关数据。

14.3.2 如果有，对比评定所使用的标准。

14.3.3 数据。对各不同的试样结果取平均值，或用适当的统计方法处理，并记录与原始强力和颜色相比暴晒后试样断裂强力或顶破强力的剩余值和/或颜色变化。报告中至少包括以下内容：

（1）算术平均值；

（2）测试次数；

（3）标准偏差或变异系数。

没有测试次数和精确度的平均值报告基本上是没有用的。

15. 精确度和偏差

15.1 精确度。

15.1.1 实验室研究。在 1999 年早期，一个独立的实验室对该方法的实验室内精确度进行了小规模的研究和评估。将织物（400#棉印花坯布）按照本测试方法进行暴晒，得到暴晒后抓样法拉伸强力值和暴晒后弹子顶破强力值的 ΔE^*_{ab} 值。

15.1.2 实验室内精确度。相关物理性能的方差组成和实验室内精确度用临界值进行的表述，分别在表 1～表 3 中列出。

表 1 ΔE^*_{ab}

平均值	样品方差	标准偏差
9.7	0.2	0.4
95% 水平		
平均值所用数量	标准误差	临界差
1	0.4	1.2
2	0.3	0.8
3	0.2	0.7
4	0.2	0.6
5	0.2	0.5
6	0.2	0.5
7	0.2	0.5
8	0.2	0.4
9	0.1	0.4
10	0.1	0.4

表 2 暴晒后抓样拉伸强力

暴晒后试样抓样强力		
平均值	样品方差	标准偏差
59	29	5.4
95% 水平		
平均值所用数量	标准误差	临界差
1	5.4	15.1
2	3.8	10.4
3	3.1	8.7
4	2.7	7.5
5	2.4	6.7
10	1.7	4.8
控制试样抓样强力		
平均值	样品方差	标准偏差
75.2	6.6	2.6

表 3 暴晒后弹子顶破强力测试

暴晒后试样顶破强力		
平均值	样品方差	标准偏差
83	81	9
95% 水平		
平均值所用数量	标准误差	临界差
1	9.0	25.2
2	6.4	17.8
3	5.2	14.6
4	4.5	12.6
5	4.0	11.3
10	2.8	8.0
控制试样顶破力		
平均值	样品方差	标准偏差
87	55	7.4

15.1.3 对于涉及的每个特性值，如果仅由偶然原因造成差异时，测试结果之间的差异不应超过 100 次对比中 95 次所显示的值。

15.1.4 可以用方差分析或 t－检验方法来对平均值进行比较。有关的更多信息可以参考标准统计学教程。

15.2 偏差。目前并没有仲裁测试方法可得到确切的测试结果用以确定本测试方法的偏差。因此，本测试方法没有已知偏差。

16. 引用文献

16.1 如下是 AATCC 引用文献。

16.1.1 AATCC EP6《仪器测色方法》（见 17.5）。

16.1.2 AATCC TM16.3《耐光色牢度：氙弧法》（见 17.5）。

16.2 如下是 ASTM 引用文献。

16.2.1 ASTM D123《纺织用标准术语》（见 17.6）。

16.2.2 ASTM D3787《针织物顶破强力测试方法：等速型（CRT）弹子顶破强力测试》（见

17.6）。

16.2.3 ASTM D5034《纺织品断裂强力和伸长率的测试方法（抓样法）》（见 17.6）。

16.2.4 ASTM G151《非金属材料暴露于使用实验室光源的加速试验装置的标准实施规程》（见 17.6）。

16.2.5 ASTM G154《对非金属材料进行紫外暴晒时荧光紫外设备的标准操作程序》（见 17.6）。

16.3 SAE 参考文献为 SAE J2020，用紫外荧光灯和冷凝设备对机动车外部材料进行加速暴晒的标准测试方法（见 17.7）。

17. 注释

17.1 对于用于这个测试的其他设备的资料，请登录 http://www.aatcc.org/bg 访问在线的 AATCC 买家指南。AATCC 提供了其公司会员的设备和物品清单，但 AATCC 并不限制或以任何方式推荐、认可或证明设备清单中的任何设备或物质满足这个测试方法的要求。

17.2 关于本测试方法所用设备的设计和性能要求请参照 ASTM G151 和 G154（见 16.2）。

17.3 除非另有约定，否则就按适用材料规范中规定的，使用一定数量的试样，以保证测试结果不偏离平均值的 5% 或不低于该批次真值 95% 置信水平。根据 ASTM D2905 用单侧变异系数确定试样的数量，发现试样的数量与纺织品的平均质量有关系。

17.4 暴晒测试箱应为由耐腐蚀材料制成的荧光紫外/冷凝设备。测试箱内配有 8 只荧光紫外灯，一个可加热的盛水器，喷水系统（备选），试样架以及用于控制和显示操作时间和温度的装置。

17.5 相关资料可从 AATCC 获取，P. O. Box 12215，Research Triangle Park NC 27709；电话：+1.919.549.8141；传真：+1.919.549.8933；电子邮箱：ordering@aatcc.org；网址：www.aatcc.org。

17.6 相关资料可从 ASTM 获取，100 Barr Harbor Dr.，West Conshohocken PA 19428；电话：+1.610.832.9500；传真：+1.610.832.9555；网址：www.astm.org。

17.7 相关资料可从 SAE International 获取，400 Commonwealth Dr.，Warrendale PA 15098-0001；电话：+1.412.776.4841；网址：www.sae.org。

17.8 紫外线光谱范围的界定不明确，使用者可根据需要进行调整。CIE（国际照明委员会）的 E-2.1.2 委员会在光谱范围 100～400nm 对紫外线进行如下划分：

UV-A	315～400nm
UV-B	280～315nm
UV-C	100～280nm

除非另外说明，否则应使用 UV-A 型荧光紫外灯，该灯在波长 343nm 处产生峰值辐射，其光谱能量分布曲线（SED）如图 3 所示。

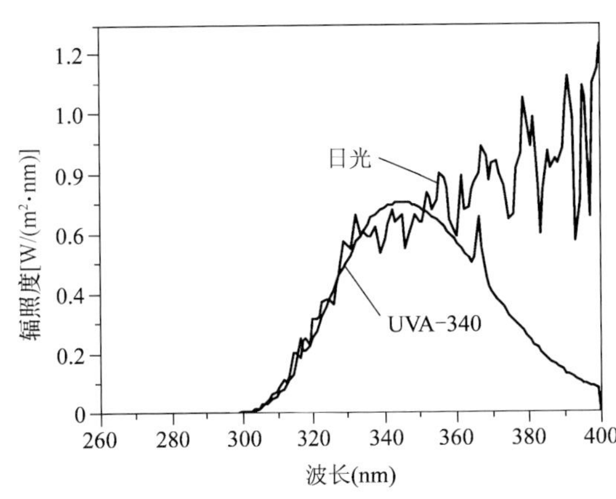

图 3　UVA-340 荧光紫外灯的代表性光谱能量分布

17.9 冷凝装置。该装置通过对盛水器进行加热产生水蒸气。盛水器应位于整个试样架区域的下面，盛水器内水位高度不低于 25mm。试样架和测试试样本身构成测试箱的侧壁。试样的背面应暴露于周围的室内空气，从而达到冷却的效果。热传递的结果使水蒸气在试样的测试面表面冷凝。

17.9.1 试样的放置应可以使冷凝水因重力作用而从试样测试面表面流掉，并使新的冷凝水不断

板可直接读出 0.5% 或更小增量尺寸变化率（见 14.2）。

6.5 数字成像系统（见 14.3）。

7. 取样

7.1 从批样中取足够样品，以提供充分的数据，从而获得满意的精度。

7.2 建议从每个样品上至少取四个试样，每个试样包含不同的经纱和纬纱。

8. 试样

8.1 平行于织物长度方向剪取试样，如图 1(a)所示，也可选择沿着样品对角线排列试样，这样可以将包边量减少到最小，而得到更大的基准标记尺寸，如图 1（b）所示。

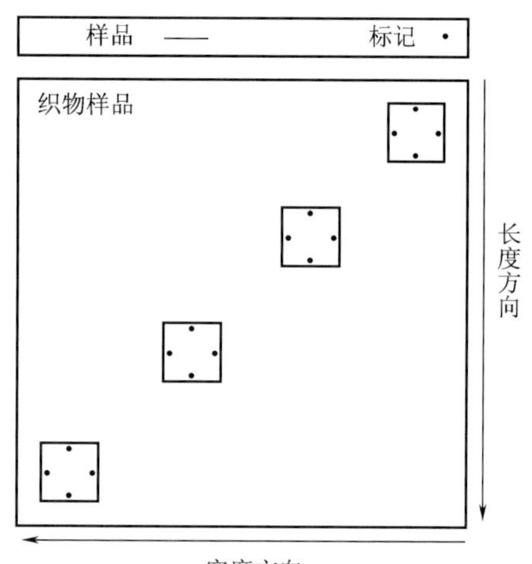

(a) 平行于织物长度方向取样

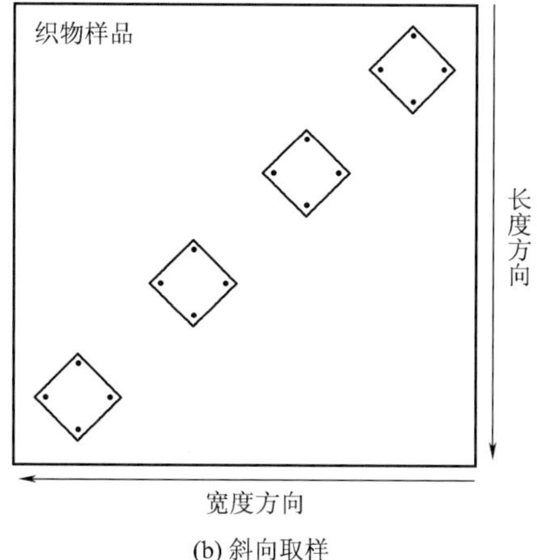

(b) 斜向取样

图 1　试样及试样标记

8.2 试样尺寸由仪器的型号和测试篮的型号、数量和形状决定。

沿着织物长度方向和宽度方向剪取试样，试样大小为 190mm × 190mm，制造商推荐以 125mm 基准标记距离为标记。也可以沿着织物对角线方向剪取 255mm ×255mm 的试样，这样可以以 255mm 基准标记距离为标记，且标记和织物实际长度和宽度方向一致，如图 1（b）所示。

8.3 在测试程序前后试样都不需在纺织品用的标准大气中调湿。

8.4 基于如 8.2 试样使用的基准标记距离的尺寸变化计算，为了提高其准确性和精确度，在测试前，应使用适当的、精度为毫米的卷尺或直尺测量每对基准标记间的距离并记录，测量值为 A 。如果使用可以读出尺寸变化百分率的模板或直尺，应检验初始的基准标记距离的准确性。

9. 操作程序

9.1 使用表 1 中的程序，测试同一块面料，确定本程序得到的结果是否和最终使用的测试程序所得到的结果有相关性。如果表 1 中的程序不能得到和最终使用的测试程序得到的尺寸变化结果具有令人满意的相关性，则改变程序参数，如冲洗次数和烘干时间。

9.2 根据制造商的建议，确定每个测试篮的测试试样数。

9.3 开启仪器，使仪器按照程序完全运行并完成。

9.4 确保干燥程序结束后试样完全干燥。如果试样在干燥过程中挂在篮筐中，则试样不会完全干燥。如果在使用相同的程序重复测试时，试样挂在篮筐中，则使用者应尝试使用替代程序。

如果试样仍挂在篮筐中，可向仪器制造商寻求其他可能的替代程序。

9.5 选择的程序完成后，取出试样，将其放置在平面上至少5min，然后测量。

表1 快速测试机器程序设定①

程序操作		循环次数	循环时间（s）	温度（℃）
洗涤程序	洗涤②	1		60
	搅拌时间		165	
漂洗/烘干程序	漂洗/烘干	3		60
	搅拌时间		45	
	旋转时间		35	
	干燥时间		240	
空气压力 380kPa（3.8bar）				
水位，3L				

① 根据仪器制造商的说明以及之前的测试表明，本程序可对95%的测试织物产生95%的总尺寸变化。

② "洗涤"一词暗示了清洗剂的使用，而用户的相关测试表明在本快速测试中添加清洗剂是没有必要的。由于快速测试程序的特性，甚至很小量的清洁剂都会起泡从而妨碍测试。

10. 测量

10.1 测量每个试样每个方向上基准标记距离并记录，精确到毫米（mm）（直尺或使用量具的最小刻度单位）。测量结果为*B*（见11.2）。

10.2 测量并记录每种样品各方向上尺寸变化率，精确到毫米（使用量具的最小刻度单位）。

11. 计算

11.1 如果量取的是尺寸变化率，分别计算每一方向的平均值，并精确到0.1%。

11.2 如果量取的是基准标记尺寸，按下列公式分别计算每一标记的测量结果，并分别计算每个方向的尺寸变化结果的平均值，精确到0.1%。

$$DC = \frac{B - A}{A} \times 100\%$$

式中：*DC*——尺寸变化；

B——洗涤测试后的基准标记距离；

A——原始基准标记距离。

11.3 洗涤后测量值小于初始测量值，表示负的尺寸变化，即收缩（-）；洗涤后测量值大于初始测量值，表示正的尺寸变化，即伸长（+）。

12. 报告

对于每个样品报告如下内容：

（1）分别报告长度、宽度方向的每个标记的测试结果和平均的尺寸变化率，精确到0.1%，并附有适当的符号（收缩-/伸长+）；

（2）测试所使用的程序；

（3）试样尺寸、排列方式［见图1（a）或（b）］以及每一测试篮中的试样数。

13. 精确度和偏差

13.1 精确度。

13.1.1 多个实验室参与研究，在十个实验室中用五块面料进行测试。同一个操作者分两天在各个实验室测试样品。测试样品有80/20棉/聚酯起绒针织布、100%棉斜纹布、50/50棉/聚酯平纹针织布、100%棉牛津纺和100%棉提花针织布。报告每种面料十个样品的平均试验结果。获得每种面料不同天内测试的实验结果。虽然此研究包含了五个快速循环的测试结果，但精确度分析只使用了第一个快速循环所得到的尺寸变化结果。

13.1.2 精确度是从方差分析的组成中获得的。计算不同的两种标准偏差，即实验室内部变化的标准偏差（*Se*）和实验室间与实验室内部组合变化的标准偏差（*Sc*）。

13.1.3 从方差分析的组成可以得到初步的精确度。表2和表3列出了分析和标准偏差的交互作用，即每个织物方向上实验室内部变化的标准偏差（*Se*）和实验室间与实验室内部组合变化的标准偏差（*Sc*）。在附录中列出每个样本的尺寸变化率平均值和方差分析的组成。

表 2 方差组成的分析

方差组成	长度变化	宽度变化
实验室 V（L）	0.26	0.11
织物/实验室 V（FL）	0.32	0.23
时期和织物 V［D（F）］	0.36	0.00
样本 W/I 时期和织物 V［S（DF）］	0	0.08
误差 V	0.19	0.08

表 3 实验室内和实验室间与实验室内的组合在 95% 置信区间 = 2*Se* 和 2*Sc* 时的尺寸变化率

织 物	长 度		宽 度	
	Sc	*Se*	*Sc*	*Se*
针织起绒	0.49	0.69	0.38	0.70
斜纹	0.34	1.01	0.20	0.35
针织平纹	0.34	0.95	0.37	0.52
牛津纺	0.53	0.88	0.55	1.06
针织提花	0.29	0.66	0.17	0.48

13.1.4 表 4 和表 5 列出了单一样品和多种样品的实验室内部和实验室间的标准误差（*SE*）和临界差（*CD*）。

表 4 长度精度

编号	单个织物实验室内		实验室间比较		多种织物实验室内		实验室间比较	
	单人操作				单人操作			
	SE	*CD*	*SE*	*CD*	*SE*	*CD*	*SE*	*CD*
1	0.42	1.17	0.66	1.84	0.71	1.96	0.87	2.41
2	0.30	0.83	0.59	1.64	0.64	1.77	0.82	2.27
3	0.24	0.68	0.57	1.57	0.62	1.71	0.80	2.22
4	0.21	0.59	0.55	1.53	0.60	1.67	0.79	2.19
5	0.19	0.52	0.54	1.51	0.60	1.65	0.79	2.18
7	0.16	0.44	0.53	1.48	0.59	1.63	0.78	2.16

表 5 宽度精度

编号	单个织物实验室内		实验室间比较		多种织物实验室内		实验室间比较	
	单人操作				单人操作			
	SE	*CD*	*SE*	*CD*	*SE*	*CD*	*SE*	*CD*
1	0.29	0.80	0.44	1.23	0.56	1.54	0.65	1.80
2	0.21	0.57	0.39	1.09	0.52	1.42	0.61	1.71
3	0.17	0.46	0.38	1.04	0.50	1.39	0.61	1.68
4	0.15	0.40	0.37	1.02	0.50	1.38	0.60	1.67
5	0.13	0.40	0.36	1.00	0.49	1.36	0.60	1.65
7	0.11	0.30	0.35	0.98	0.49	1.35	0.59	1.64

13.2 偏差。尺寸变化率仅仅是按照测试方法或程序进行定义的术语，这个方法没有已知偏差。

14. 注释

14.1 快速洗涤仪 PlusTM 系统可以从 SDL Atlas L. L. C. 获取，3934 Airway Dr.，Rock Hill，SC 29732－9200；电话：+1.803.329.2110；传真：+1.803.329.2133；电子邮箱：info@sdlatlas.com；网址：www.sdlatlas.com。

14.2 记号笔可从 AATCC 获取，P. O. Box 12215，Research Triangle Park NC 27709，电话：+1.919.549.8141；传真：+1.919.549.8933；电子邮箱：ordering@aatcc. 网址：www.aatcc.org。测试尺可以从 AATCC 获取。

14.3 数字成像系统可以作为测量设备来替代常规的手工测量仪器，但要确定他的精确度等同于手工仪器。

14.4 有关纺织面料的文章中所指的纺织面料尺寸变化主要（但不完全）指织物的尺寸变化。

附录 单个面料的方差分析组成

织 物	方向	*DC*（%）平均值	实验室 *V*（L）	时期 *V*（D）	实验室/时期 *V*(L/D)	织物 *V*（F W/I D）	误差 *V*
80/20 棉/聚酯起绒针织布	长度	11．34	0. 24	1. 19	0. 12	0. 00	0. 49
	宽度	5. 40	0. 16	0. 15	0. 00	0. 19	0. 14
100% 棉斜纹布	长度	3. 84	0. 91	0. 17	0. 26	0. 28	0. 34
	宽度	1. 21	0. 08	0. 01	0. 01	0. 00	0. 04
50/50 棉/聚酯平纹针织布	长度	6. 06	0. 61	0. 10	0. 36	0. 90	0. 34
	宽度	1. 11	0. 13	0. 00	0. 04	0. 00	0. 14
100% 棉牛津纺	长度	2. 87	0. 48	0. 05	0. 14	0. 00	0. 54
	宽度	4. 72	0. 83	0. 04	0. 00	0. 00	0. 30
100% 棉提花针织布	长度	9. 05	0. 35	0. 29	0. 11	0. 02	0. 29
	宽度	6. 98	0. 20	0. 01	0. 08	0. 00	0. 03

注 *DC*—尺寸变化，*V*—变化，L—实验室，D—天，F—织物，W/I—内。

AATCC TM188-2010e3 (2017) e

家庭洗涤耐次氯酸钠漂白色牢度

AATCC RA60 技术委员会于 2000 年制定；2001 年、2008 年编辑修订并重新审定；2002 年、2017 年重新审定；2003 年、2010 年修订；2004 年、2012 年、2013 年、2016 年、2019 年编辑修订。

1. 目的和范围

1.1 本测试方法适用于评定在家庭洗涤中经频繁洗涤的纺织品的耐次氯酸钠漂白（通常称为“氯漂”）色牢度。

1.2 本测试方法的结果可以与其他测试方法相结合来建立护理标签（见 5，9.6 和 12.8）。

1.3 如果含氯漂白剂的成分中除次氯酸钠外还有其他成分，那么测试方法体现的是所有化学试剂对颜色变化的总体作用。

1.4 该标准方法使用家庭洗涤设备。AATCC 61《耐洗涤色牢度：快速法》是模拟多次家庭洗涤（包括使用次氯酸钠的洗涤程序）的快速色牢度测试方法。AATCC 61 方法与本方法之间没有已知的相关性。

2. 原理

试样在适宜的温度、洗涤剂、氯漂溶液条件下经五次家庭洗涤循环的摩擦作用后，评定洗后试样的颜色变化。

3. 术语

3.1 漂白剂：在家庭洗涤中通过氧化作用清洁、增白和增艳纺织材料，并有助于去除纺织材料的油渍和污渍的产品，分含氯漂白剂和无氯漂白剂。

3.2 护理标签：在纺织品中，一系列护理程序的说明描述，用来帮助清洁产品且不产生不良影响，并包括对于有可能产生不良影响的操作的警示（见 12）。

3.3 色牢度：材料在加工、检测、储存或使用过程中，暴露在可能遇到的任何环境下，抵抗颜色变化和/或向相邻材料转移的能力。

3.4 洗涤：使用液体洗涤剂的溶液处理（洗涤）纺织材料以去除油污和/或污渍的程序，一般依次包括清洗、脱水和干燥的程序。

3.5 次氯酸钠漂白：含 4% ~6% 次氯酸钠的溶液（NaOCl），pH 为 9.8 ~12.8，通常称为“氯漂”。

4. 安全和预防措施

本安全和预防措施仅供参考。本部分有助于测试，但未指出所有可能的安全问题。在本测试方法中，使用者在处理材料时有责任采用安全和适当的技术；务必向制造商咨询有关材料的详尽信息，如材料的安全参数和其他制造商的建议；务必向美国职业安全卫生管理局（OSHA）咨询并遵守其所有标准和规定。

4.1 遵守良好的实验室规定，在所有的试验区域应佩戴防护眼镜。

4.2 操作实验室测试仪器时，应遵照制造商提供的安全建议。

4.3 1993 AATCC 标准洗涤剂 WOB 和 2003 AATCC 标准液体洗涤剂 WOB 可能会引起对人的刺激，应注意以防止其接触到皮肤和眼睛。

4.4 所有化学物品应当谨慎使用和处理。

4.5 在准备、配制和使用漂白剂和洗涤剂的过程中，要使用化学护目镜或面罩，防渗透手套和防渗透围裙。

4.6 如果将浓硫酸稀释为10%的硫酸（见14.8.1和14.8.3），要使用化学护目镜或面罩，防渗透手套和防渗透围裙。操作浓酸仅在通风充分的通风橱中进行。

注意：总是将酸加入水中。

4.7 在附近安装洗眼器、安全喷淋装置以备急用。

4.8 本测试法中，人体与化学物质的接触限度不得高于官方的限定值［例如，美国职业安全卫生管理局（OSHA）允许的暴露极限值（PEL），参见29 CFR 1910.1000，其最新版本见网址www.osha.gov］。此外，美国政府工业卫生师协会（ACGIH）的阈限值（TLVs）由时间加权平均数（TLV－TWA）、短期暴露极限（TLV－STEL）和最高极限（TLV－C）组成，建议将其作为人体在空气污染物中暴露的基本准则并遵守（见14.1）。

5. 使用和限制条件

试样可使用这些程序，但不加漂白剂，来测定单独用水和/或水和洗涤剂对织物的洗涤效果（见9.6和12.8）。如果测试非氯漂色牢度，参见AATCC 172《家庭洗涤中耐非氯漂色牢度》（见14.2）。

6. 仪器和材料（见14.3）

6.1 全自动洗衣机（见14.4）。

6.2 全自动滚筒烘干机（见14.5）。

6.3 带有可推拉的隔板或有孔架子的调湿/干燥架（见14.6）。

6.4 陪洗织物，（920mm±30mm）×（920mm±30mm）。可选择以下的其中一种。

6.4.1 1型陪洗织物，缝边的漂白棉织物。

6.4.2 3型陪洗织物，50/50聚酯/棉平纹织物。

6.5 1993 AATCC标准洗涤剂WOB或2003 AATCC标准液体洗涤剂WOB（见14.7）。

6.6 滴干和悬挂晾干的设备。

6.7 天平，量程至少为5kg，灵敏度为±0.1g。

6.8 计时器。

6.9 变色灰卡（AATCC EP1，见14.7）或评定变色的比色计或分光光度计。

7. 试剂

7.1 次氯酸钠（NaOCl），4%～6%。

7.2 蒸馏水。

7.3 10%的硫酸溶液（H_2SO_4）。

7.4 10%的碘化钾溶液（KI）。

7.5 0.1mol/L（0.1N）的硫代硫酸钠（$Na_2S_2O_3$）。

8. 试样

从样品上剪取一块重量为110.0g±10.0g的试样。成衣或纺织制成品（毛巾、床单等）可作为一个试样，称取总重，精确至0.1g。如果成衣的重量超过规定的1.8kg，应在报告中注明总重量。见9.2.3规定的重量要求。

9. 操作程序

9.1 表1列出了用于测试的洗涤和干燥条件。洗衣机及洗涤条件相关信息参见本技术手册中AATCC LP1（见14.10）。

9.2 洗涤。

9.2.1 设定标准挡，向洗衣机中注入规定体积和温度的水。每次测试需测量和记录水的硬度。

9.2.2 加入66g±1g 1993 AATCC标准洗涤剂WOB或100g±1g 2003 AATCC标准液体洗涤剂WOB（见6.5），再加入240mL±5mL（1杯）次氯酸钠漂白溶液或制造商对满负荷洗涤时推荐的用量，开机运行2min，确保溶液充分混合。

9.2.3 加入试样和足够的陪洗织物，使其总重为 1.8kg ±0.1kg。设定选择的洗涤循环和洗涤时间（见表 1 和 9.1），启动仪器。当设定的洗涤时间结束后，停止洗衣机，提前将洗衣机刻度盘上的指针拨到洗涤循环的末端。再次启动洗衣机进行漂洗、排水和脱水。

表 1　洗涤和干燥条件（见 14.10）

洗涤循环	洗涤温度［℃（℉）］	干燥程序
（1）标准挡/厚重棉织物挡 （2）轻柔挡 （3）耐久压烫挡	（Ⅱ）27 ±3 （80 ±5） （Ⅲ）41 ±3 （105 ±5） （Ⅳ）49 ±3 （120 ±5） （Ⅴ）60 ±3 （140 ±5）	（A）滚筒烘干 （ⅰ）厚重棉织物挡 （ⅱ）轻柔挡 （ⅲ）耐久压烫挡 （B）悬挂晾干 （C）滴干 （D）平铺晾干

9.2.4　对于采用程序 A、B 或 D 进行干燥的试样，其通过洗涤后继续漂洗和最后的脱水循环。经过最后的脱水循环程序之后，立即将试样取出，并将缠在一起的试样分开，要小心操作使扭曲减到最小，然后按照程序 A、B 或 D 干燥［见表 1 和 AATCC LP1（见 9.1）］。

9.2.5　若选择程序 C 滴干，必须在最后一次漂洗结束之后，开始排水之前，停止洗衣机，取出浸湿的试样。

9.3　干燥。

9.3.1　（A）滚筒烘干。将试样与陪洗织物一起放入烘干机中，根据 AATCC LP1（见 9.1）设定正确的排气温度，并设置循环程序。对于热敏织物，按照制造商的要求使用低烘干温度，且要在报告中注明。启动干燥机直到全部织物被烘干。滚筒烘干停止后要立即取出试样。

9.3.2　（B）悬挂晾干。悬挂试样的两角，使试样的长度方向与水平面垂直，并悬挂在室温下静止的空气中干燥。

9.3.3　（C）滴干。悬挂潮湿滴水的试样的两角，使试样的长度方向与水平面垂直，并悬挂在室温下静止的空气中干燥。

9.3.4　（D）平铺晾干。将试样或成衣平放在水平的隔板或打孔的架上，去除褶皱，但不要扭曲或拉伸试样，放置在室温的静止空气中直至干燥。

9.4　按照 9.2 ~9.3 的步骤重复五次洗涤，或者直到颜色变化测试的终点（见 14.2）。

9.5　当完成第五次洗涤循环后（或达到终点标准的循环后），在评定变色之前，将试样平放在隔板或有孔架上，在 21℃ ±2℃（70℉ ±4℉）和相对湿度 65% ±5% 的条件下调湿至少 4h。

9.6　如果使用该方法开发护理标签，试样必须要进行其他测试。试样对非氯漂白的敏感程度可以使用 AATCC 172 方法进行测试。为了区分硬度、pH 或漂白剂等因素的影响（见 5，12.8 和 ASTM D3938《服装和其他纺织品确定或确认标签用法的标准指南》），可以仅用洗涤剂和/或水进行测试。

10. 评级

10.1　目光评级。

10.1.1　使用样品的未洗涤试样作为对比试样，用《变色灰卡评定程序》（AATCC EP1）或 AATCC EP7《仪器评定试样变色》，评定试样颜色的变化。评定试样的至少三个位置或者在一个位置进行三次评定，并记录与灰卡颜色最接近的级数。

10.1.2　评级也可与从样品中剪取的未洗涤的控制样或已知等级的洗涤样比较。

10.2　仪器评级。测试及未测试的试样或成衣也可以用仪器进行评定（见 AATCC EP6《仪器测色方法》、AATCC EP7《仪器评定试样变色》和 AATCC TM173《CMC：可接受的小色差计算》）。

11. 结果的解释

11.1　本测试方法具有良好的示范效果，用来说明 1993 AATCC 标准洗涤剂 WOB 或 2003 AATCC 标准液体洗涤剂配合氯漂剂使用时对纺织品在家庭洗涤中的作用。其变色的结果是制定护理标签的依据之一（见 ASTM D3938；14.9）。

11.2 如果试样变色变化非常明显，可按照本方法仅用水和/或 AATCC 172《家庭洗涤中耐非氯漂色牢度》对未处理的样品进行重复测试（见 9.6）。

12. 报告

12.1 记录每块试样的平均变色级数。

12.2 报告洗涤条件（阿拉伯数字和罗马数字）和干燥条件［表 1 中的大写字母；例如（1）Ⅲ A（ⅲ）表示：标准挡洗涤循环，洗涤温度为 41℃ ±3℃，滚筒烘干（耐久压烫挡）］。

12.3 报告所用洗涤剂的类型和用量。

12.4 报告使用的氯漂白剂的品牌、次氯酸钠的活性和用量。

12.5 报告洗涤的有效氯的用量（见 14.8.3）。

12.6 如果与 8 中所述不符，报告织物试样或成衣的重量。

12.7 如果与 5 中所述不符，报告洗涤循环的次数。

12.8 报告水的硬度。

12.9 如果建立护理标签采用本测试结果，那么也应报告使用洗涤剂和非氯漂白剂，单独使用洗涤剂或水洗涤的结果（见 5 和 9.6）。

13. 精确度和偏差

13.1 精确度。

13.1.1 2001 年在一个实验室里进行了相关的研究，同一操作员对所有测试样品进行测试。

13.1.2 被测样品包括用三种不同染料染色的三种织物。测试的洗涤条件包括 60℃ 和 49℃ 的洗涤温度。所有测试都使用 200mg/kg 的次氯酸钠。每个样品使用仪器评定三次且计算平均值。

13.1.3 实验室内，表 2 列出了标准误差和临界差。资料数据可在 AATCC 技术中心的文件中查阅。

表 2 实验室间的标准误差和临界差值

（95% 概率，$n-3$）

洗涤温度	平均值 *DE*	标准误差	临界差值
60℃洗涤	22.19	0.22	0.61
49℃洗涤	19.56	0.31	0.86

注 在这个单个实验室测试中，标准误差和临界差会在一定程度上被低估或高估，因此使用时应该特别注意。这些值应作为与精度相关的最小数据来考虑。置信区间没有很好地确定。

13.2 偏差。家庭洗涤耐氯漂色牢度仅仅能以一个测试方法来定义。没有独立的方法可以测定其真值。作为评价该性能的方法，本方法没有已知的偏差。

14. 注释

14.1 可从美国政府工业卫生师协会（ACGIH）的出版部获取，地址：Kemper Woods Center，1330 Kemper Meadow Dr，Cincinnati OH 45240；电话：+1.513.742.2020。

14.2 本标准规定对试样进行五次洗涤和干燥循环，如果实验终点为达到规定的某变色级数，那么洗涤循环的次数可以减少或增加。

14.3 有关适合测试方法的设备信息，请登录 http://www.aatcc.org/bg。AATCC 提供其企业会员单位所能提供的设备和材料清单。但 AATCC 没有给其授权，或以任何方式批准、认可或证明清单上的任何设备或材料符合测试方法的要求。

14.4 可从 AATCC 获取目前推荐的洗衣机的型号和出处。AATCC：P.O.Box 12215，Research Triangle Park NC 27709；电话：+1.919.549.8141；传真：+1.919.549.8933；网址：www.aatcc.org。也可以使用任何其他具有可比性结果的洗衣机。洗涤条件可参考《家庭洗涤测试条件的标准化程序》中列出的洗衣机条件表示当前指定型号的仪器的实际速度和时间。其他的洗衣机设置参数可能有一项或多项不同。

14.5 可从 AATCC（见 14.4）获取目前推荐

的干燥机的型号和出处。也可以使用任何其他具有可比性结果的干燥。AATCC 专论《家庭洗涤测试条件的标准化程序》中给出了当前指定型号的仪器的实际速度和时间。其他的干燥机设置参数可能有一项或多项不同。

14.6 隔板或有孔调湿/干燥架可从 Somers Sheet Metal Inc 获取，5590 N. Church St.，Greensboro NC 27045；电话：+1.336.643.3477；传真：+1.336.643.7443。活动架的样图可从 AATCC 获得（见 14.4）。

14.7 可从 AATCC 获取，P. O. Box 12215，Research Triangle Park NC 27709；电话：+1.919.549.8141；传真：+1.919.549.8933；电子邮箱：ordering@aatcc.org；网址：www.aatcc.org。

14.8 使用六个月之内购买的次氯酸钠漂白剂。漂白剂保存在空气密闭的密封容器中，且放置在阴凉干燥的地方。

14.8.1 测定次氯酸钠的活性。称量 2.00g 次氯酸钠，倒入锥形瓶，用去离子水稀释至 50mL。加入 10% 的硫酸溶液 10mL 和 10% 的碘化钾 10mL，然后用 0.1N 的硫代硫酸钠滴定至无色。

计算公式：

$$\text{次氯酸钠的活性} = \frac{\text{硫代硫酸钠的体积（mL）} \times 0.1\text{N} \times 0.03722}{2.0\text{g NaOCl}} \times 100\%$$

式中：0.03722——将 NaOCl 的摩尔质量（74.45g/mol）乘以 0.001（mL 到 L 的转换），再除以 2（每单位次氯酸盐对应的硫代硫酸盐的物质的量）得来的。

14.8.2 次氯酸钠的氧化能力常用有效氯来表示，相当于存在的二价氯原子的数量。5.25% 的 NaOCl 溶液含有 50000mg/kg 的有效氯。

14.8.3 测定加入洗涤溶液中有效氯的含量。称取 50g 洗涤溶液，放入锥形瓶中，加入 10% 的硫酸溶液 10mL 和 10% 的碘化钾 10mL，然后用 0.01N 的硫代硫酸钠滴定至无色。

计算公式：

$$\text{有效氯含量（mg/kg）} = \frac{\text{硫代硫酸钠的体积（mL）} \times 0.01\text{N} \times 35.45 \times 1000}{50\text{g 洗涤剂溶液}}$$

注意：不需要用缓冲剂，因为洗涤剂已经起到缓冲作用。

14.9 ASTM 测试方法可从 ASTM 获取，地址：100 Barr Harbor Dr，West Conshohocken PA 19428；电话：+1.610.832.9500；传真：+1.610.832.9555。网址：www.astm.org。

14.10 AATCC LP1 中列出的水洗温度和其他参数可能在不同的测试方法中存在差异。AATCC LP1 中的参数是根据消费者的经验，目前的技术，家庭热水器的温度规律（尤其是美国）进行定期更新。

通常，随着时间的推移，测试方法委员会会审慎的考量，尽量保持测试条件前后的一致性，这么做是为了使结果具有可比性。另外，显著的改变可能会导致使用原来条件测试得到的精确度失效。

AATCC 测试方法一经建立或修订，水洗温度也会立即确定，同时密切反应维护标签 16CFR 第 423 部分标准的温度范围。应当注意 AATCC 测试方法是在使用传统顶加载洗衣机的前提下建立的。指定的水位、洗涤剂和其他的细节不适用于高效顶加载或前加载洗衣机。新的商用家庭洗衣机可能需要用户进行改造以满足不同测试方法指定的参数要求。所有的测试报告应当注明测试条件，任何关于标准方法的修改以及 AATCC LP1 中参数的使用，不同条件得到的测试结果没有可比性。

AATCC TM189-2017e

地毯纤维的含氟量

AATCC RA57 技术委员会于 2000 年制定；2001 年、2007 年编辑修订并重新审定；2002 年、2012 年重新审定；2005 年、2010 年、2019 年编辑修订。2017 年修订。

1. 目的和范围

本测试方法通过测定地毯纤维的含氟量来确定碳氟化合物防污剂的含量。可用于测定地毯绒毛纤维中碳氟化合物在 100～1000μg/g（mg/kg）范围内的含量，也适用于经碳氟化合物防污剂处理的纱线。

2. 原理

将经过称重的纤维样品放在烧瓶中进行有氧燃烧，用氢氧化钠溶液吸收释放出来的氟化氢气体。用氟离子活性电极和专用离子计来测定在恒定 pH 和离子强度下氟化钠溶液中的氟含量。

3. 术语

3.1 含氟量：地毯中氟元素的总质量占地毯纤维总质量的比率。

3.2 防污剂：一种用于或加入到地毯表面纤维上的物质，用来减缓或控制污垢的形成。

4. 安全和预防措施

本安全和预防措施仅供参考。本部分有助于测试，但未指出所有可能的安全问题。在本测试方法中，使用者在处理材料时有责任采用安全和适当的技术；务必向制造商咨询有关材料的详尽信息，如材料的安全参数和其他制造商的建议；务必向美国职业安全卫生管理局（OSHA）咨询并遵守其所有标准和规定。

4.1 遵守良好的实验室规定，在所有的试验区域应佩戴防护眼镜。

4.2 所有化学物品应当谨慎使用和处理。在分散和混合氢氧化钠与氟化物标准物时，应使用化学护目镜或面罩、防水手套和围裙。标准物应当在通风橱内配制。

4.3 在附近安装洗眼器、安全喷淋装置以备急用。

4.4 在用解剖刀或者刀片来切割试样时应格外小心。使用防护手套可以起保护作用。

4.5 氧气供给装置的压力阀读数应不超过 70kPa。

4.6 仪器操作人员应在阅读并理解了制造商的操作说明后，方可操作测试仪。鉴于安全因素的考虑，任何操作测试仪器的人员都有责任遵照设备制造商的要求进行操作。

4.7 本测试法中，人体与化学物质的接触限度不得高于官方的限定值［例如，美国职业安全卫生管理局（OSHA）允许的暴露极限值（PEL），参见 29 CFR 1910.1000，其最新版本见网址 www.osha.gov］。此外，美国政府工业卫生师协会（ACGIH）的阈限值（TLVs）由时间加权平均数（TLV－TWA）、短期暴露极限（TLV－STEL）和最高极限（TLV－C）组成，建议将其作为人体在空气污染物中暴露的基本准则并遵守（见 12.1）。

5. 仪器、试剂和材料

5.1 带球形塞（配有金属钩）的 500mL 的烧瓶

6.5.1 非离子洗涤剂；含有 9mol 环氧乙烷的线性乙醇。

6.5.2 缓冲液 AC，醋酸钠。

6.5.3 酸性纤维素酶。

7. 试样

7.1 选 4～8 件衣服，或者 4～8 个整幅宽、0.9m 长的织物试样。建议将织物试样的剪边通过缝纫或者其他方法缝合。

7.2 选 2～4 件衣服或织物试样用酶进行循环测试处理。

7.3 另外 2～4 件衣服或织物试样在无酶条件下进行循环测试，以便进行对比。

8. 操作程序

8.1 酶洗。

8.1.1 按表 1 所示的参数设置洗衣机程序。

8.1.2 试样重量应占洗涤载荷的一半，再加上足够的陪洗布，共 4 块。如果需要，记录陪洗布的初始重量。

8.1.3 开始选定洗涤周期，让机器注水到指定的水位。

8.1.4 加入 1g/L 的非离子洗涤剂。

8.1.5 加入 6g/L 的醋酸钠缓冲液。

8.1.6 搅拌均匀，控制 pH 值在 4.5～5.0 之间，如果 pH 值过高，则加入醋酸进行调节，反之则加入浓度为 50% 的碱进行调节。

8.1.7 按表 2 所述，加入酸性纤维素酶，然后搅拌。

8.1.8 加入洗涤载荷（试样和陪洗布，如果适用），均匀分布在中心搅拌器周围。启动洗涤循环。

8.1.9 12min 后停止洗涤循环。搅拌并启动搅拌程序。不要让洗衣机排水或冲洗。根据需要重复搅拌，以达到表 2 所示的总时间。试样必须在酶浴中处理足够长的时间。

8.1.10 在最后的旋转循环中继续洗涤。

8.1.11 分离缠绕的试样和陪洗布，注意尽量减少变形。

8.1.12 将洗涤载荷（试样和陪洗布）放入滚筒式干燥器中，并设置温度控制，使产生 66℃ 的最高排气温度（见表 3）。让干燥器运行直到织物完全干燥，立即取出织物，避免过度干燥。

8.1.13 除了作用于试样的纤维素损失外，本试验中使用的纤维素酶还将作用于陪洗布的纤维素含量。因此，在这种方法中使用的陪洗布可能不会像在其他方法中那样可重复使用。如果要重复使用，每次使用前需称重，以确保其重量损失不超过其原始重量的 75%。如果超过，则更换新的陪洗布。

8.2 洗涤程序。

对剩余样本重复上述洗涤程序，但不加酶。晾干试样和陪洗布（如适用）与加酶洗涤程序完全相同。

9. 评级

9.1 采用 AATCC EP5《织物手感评价程序》评价和比较被酸性纤维素酶处理的试样与未被处理的试样的手感差异。

9.2 目测比较被酸性纤维素酶处理的试样与未被处理的试样的外观差异，以此来确定织物起毛起球性能的改善程度和未成熟棉纤维或死棉纤维的去除程度。报告目视等级为无改善、稍微改善、明显改善、二者显著不同或者明显改进。

9.3 若要确定和比较被酸性纤维素酶处理的试样与未被处理的试样的强度差异，针织物可采用 ASTM D3786《纺织品液压胀破强力试验方法　膜片式胀破强力仪法》进行测试，机织物可采用最新版本的 ASTM D5035《纺织品断裂强力和伸长率的试验方法（条样法）》进行测试。

10. 报告

10.1 描述或确定所测试的样品。

10.2 报告样品采用 AATCC TM191－2021 检测。

10.3 报告测试条件。

10.3.1 检测试样数。

10.3.2 纤维素酶用量及浓度。

10.3.3 陪洗布类型（1 型、3 型或无）。

10.4 报告测试结果。

10.4.1 经酶洗处理的试样的平均手感等级（见 AATCC EP5）。

10.4.2 对照洗涤处理的试样的平均手感等级（见 AATCC EP5）。

10.4.3 经酶洗处理试样的绒毛、短绒和未成熟/死亡棉纤维平均视觉等级。

10.4.4 对照洗涤液中处理的样本的绒毛、短绒和未成熟/死亡棉纤维平均视觉等级。

10.4.5 酶洗处理试样的平均强度（如适用）。

10.4.6 如果需要，报告试样在酶和对照洗涤液中处理结果之间的差异。

10.4.7 描述对已发布标准的任何修改。

11. 精确度和偏差

11.1 精确度。本测试方法的精确度尚未建立。在本方法精确度描述建立之前，通常采用标准统计技术比较同一实验室内测试结果平均值或是不同实验室间测试结果的平均值。可采用变异分析或者样本 t 检验分析比较其平均值。要了解更多信息，可阅读有关标准统计分析的书籍。

11.2 偏差。酸性纤维素酶对纤维素织物影响的评估只是一种测试方法，无独立方法来确定其真值。作为评定该项性能的一种手段，本方法没有已知的偏差。

12. 注释

12.1 可从 AATCC 获取，地址：P. O. Box 12215，Research Triangle Park NC 27709，USA；电话：+1.919.549.8141；电子邮箱：ordering@aatcc.org；网址：www.aatcc.org。

12.2 有关适合测试的仪器、试剂或材料，请访问 AATCC 买方指南，网址为 www.aatcc.org/bg。AATCC 为其成员提供并列出其项目和服务的选项。但 AATCC 没有能力或以任何方式批准、认可或证明任何清单符合其标准中的规范。

12.3 有关型号符合标准参数的洗衣机和滚筒式烘干机，请访问 www.aatcc.org/testing/laundering 或者联系 AATCC，地址：P. O. Box 12215，Research Triangle Park NC 27709;；电话：+1.919.549.8141；电子邮箱：ordering@aatcc.org.

12.4 在 2021 之前，水温和搅拌时间是本试验方法规定的唯一洗涤参数。表 1 中列出的其他参数是用于测试目的的标准条件，选择这些参数是为了与其他 AATCC 标准中洗涤方法规定的仪器一致。请注意，此测试方法必须在传统的上装式洗衣机中进行。

13. 历史

13.1 2021 年进行了修订，阐明并与 AATCC 标准格式保持一致。

13.2 2019 年编辑修订，2013 年重新审定，2012 年编辑修订，2009 年编辑修订并重新审定，2008 年、2005 年编辑修订，2004 年编辑修订并重新审定，2003 年重新审定。

13.3 由 AATCC RR 41 技术委员会于 2002 年制定，由 RA99 维护。

物，可使材料产生与光照效果相同的性质变化。如果需要，可以准备一套备份试样和参照标准，在另一个测试箱内或同类型的测试架上对备份试样在相同条件下进行暴晒，但暴晒时用不透明的材料对试样进行遮盖以消除光照影响。由于暴晒效果是由光照、温度、湿度和大气污染物共同产生的，因此不能仅仅通过覆盖不透明玻璃与不覆盖玻璃的两个测试箱产生的结果进行对比来评估光照对测试结果的影响程度。但是将两套试样与同一未经暴晒的原样进行对比，可以用来评估所测试样是否对湿度和大气污染敏感。这种方法也有助于解释在不同时间和不同地点，在相同辐射能的日光暴晒下试样产生不同测试结果的原因。

17.8 通常情况下，使用经向试样。当指定要求时，也可选用纬向试样。由于织物组织结构的原因，经纱经常接受不到辐照。因此，若使用纬向试样，则必须在报告中注明。

17.9 样品架必须由不锈钢或经适当涂层的钢制成，以避免金属杂质污染试样，因为金属杂质可能会加速或抑制试样的退化。若试样用订书钉固定，应使用不含铁和有涂层的钉子，以避免腐蚀性物质污染试样。金属框架必须经过消光处理和防反光设计，以避免反射影响材料的性能。框架应该与样品架的弯曲度一致。框架的尺寸由进行不同性能评价要求的试样规格决定。

17.10 在某些条件下，经交易双方达成协议，材料的撕破强力可以用来代替或补充断裂强力或胀破强力。根据材料的规格要求来明确是否可以用湿态断裂、撕破或者胀破强力测试来代替或补充标准纺织测试条件下的测试。如果使用，需要在报告测试数据的同时报告测试条件。

17.11 原样和遮盖暴晒试样之间的颜色变化的不同表明纺织品受到了除光照以外其他因素的影响，如热或者大气中的活性物质。尽管引起颜色变化差异的具体原因并不明确，但是如果出现这种现象，应该在报告中注明。

17.12 相关资料可从 ASTM 获取，100 Barr Harbor Dr.，West Conshohocken PA 19428；电话：+1.610.832.9500；传真：+1.610.832.9555；网址：www.astm.org。

17.13 相关资料可以从 ANSI（American National Standard Institute Inc.，）获取，11 West 42nd St.，New York 10036；电话：+1.212.642.4900；传真：+1.212.302.1286；网址：www.ansi.org。

17.14 相关资料可从 SAE International 获取，400 Commonwealth Dr.，Warrendale PA 15098-0001；电话：+1.412.776.4841；网址：www.sae.org。

附录 A 设备和材料——仪器暴晒

日光型碳弧灯暴晒设备——方法 A 和 B。

A1 人造日弧光灯和气候测试仪器由三对镀铜的碳棒构成的垂直开焰碳弧组成，其固定在竖直的外壳中间。该碳弧灯封闭在 Corex®D 型滤波器内。碳弧和外壳之间有一个圆柱形框架对试样进行支撑，圆柱形框架距离碳弧的中心 47.6cm（18.75 英寸）。当设备更换新一组的碳棒时，最顶层试样架上面可用的试样与最底层试样架上可用的试样距离碳弧中心的距离不超过 53cm（21 英寸）。灯的尽耗部件提供碳弧周围的空气流动用来带走碳弧燃烧的副产物。测试箱内以及试样上空的空气流动是由鼓风系统提供的。测试循环是通过循环凸轮精确控制的。测试设备本身提供了对辐射、润湿、相对湿度、空气温度和黑板温度的控制。测试设备的详细说明见 ASTM G152《用明焰碳弧灯设备对非金属材料进行暴晒的标准操作方法》。

A2 对方法 A，有四个位于试样架上半部分的 F 80 喷水嘴以垂直于试样的方向对试样进行均匀给湿。另外，有两个喷水嘴位于试样架的下半部分，对着试样进行给湿。喷嘴中心距离样品 11.8cm (4.63 英寸)，与样试样架短边的垂直面的角度为 52°，喷淋角度为 80°。中间的两个喷嘴距离垂直试样架 13.6cm（5.38 英寸）。一个喷嘴位于中间喷嘴的上方 10.2cm（4 英寸）处，另一个位于中间喷嘴下方 10.2cm（4 英寸）。喷嘴压力必须在 124 ~ 172kPa（18 ~ 25psi），才可能提供 0.26 ~ 0.36dm^3 (0.46 ~ 0.64pt/min) 的水量。

A3 在空气进入测试箱之前，通过用蒸发设备在空气进入调湿箱时对其进行给湿。空气的相对湿度通过干湿球温度计的显示或者记录进行测量，干湿球温度计的感应器位于测试箱气流的出口处。

A4 测试温度通过黑板温度计测量和控制，黑板温度的控制最好是通过让控制温度的空气在试样上方流通来完成，但也可通过室温空气流的开关控制来完成。

A5 供水系统可以使用去离子水、蒸馏水或反渗透水。供水管道必须是由不锈钢或者其他不会对水产生污染的材料制成。供给系统必须保证进入测试箱的水温恒定在 16℃ ±5℃（60℉ ±9℉）。

附录 B 建议的仪器校准和维护程序

按照制造商提供的说明进行仪器的校准和维护。

B1 组件的替换。

B1.1 碳棒。每日更换。

B1.2 灯组。当损坏或者出现明显凹痕时需更换。

B1.3 Corex®D 型滤光片。使用 2000h 后或者出现变色或浑浊现象时（无论哪种情况先发生），应更换 Corex®D 型滤光片。更换滤光片应该按照循环轮换的方式进行，以保证滤光片可以在长时间暴晒中提供均匀的效果。建议设备每运行 250h 更换八个滤光片中的一个。

B1.4 黑板传感器。当出现裸露的金属或者表面不再有光泽时更换（见 17.1）。

B2 清洁。

B2.1 Corex®D 型滤光片。每天用清洁剂和水清洗滤光片。

B2.2 黑板传感器。至少每周清洁一次。使用高品质机动车抛光剂。

B2.3 测试箱。当出现变色或者矿质沉淀物时进行清洁，至少每月清洁一次。使用不含氯的不锈钢清洁剂，用去离子水或者同等性质的水冲洗。

B2.4 调湿箱。至少每月清洁一次。用去离子水或者等质水冲洗。

B2.5 灯组。每天刷除碳的残余物。

B3 操作的验证。

B3.1 控制。每日进行检查以确保正确的仪器设置点。

B3.2 校准。至少每周一次。按照制造商提供的说明进行操作。

B3.3 记录。保持仪器设置点和校准的周记录。

AATCC TM193-2007e4(2017)e2

拒水性：抗水/乙醇溶液测试

AATCC RA56 技术委员会于 2004 年制定；2005 年重新审定并编辑修订；2006 年、2008 年、2010 年、2011 年、2016 年、2018 年、2019 年编辑修订；2007 年修订；2012 年、2017 年重新审定。技术上等效于 ISO 23232。

1. 目的和范围

本测试方法通过测试织物对一系列具有不同表面张力的水/乙醇溶液的抗润湿性来评价各类型织物形成低能量表面传递的防护整理的效果。

2. 原理

将一系列具有不同表面张力的水/乙醇溶液的标准试液滴在织物的表面，观察润湿、吸附和接触角的情况。拒水性等级是织物表面不润湿的标准试液的最高编码。等级范围是 0~8，8 级拒水性最好。

3. 术语

3.1 等级：在纺织品测试中，表示用于质量特性评价的多级参照样卡中的任何一级的质量特征的符号。

等级表示等同于标准相应级别的质量水平。

3.2 拒水性：在纺织品中，纤维、纱线或织物抗液体润湿的特性。

4. 安全和预防措施

本安全和预防措施仅供参考。本部分有助于测试，但未指出所有可能的安全问题。在本测试方法中，使用者在处理材料时有责任采用安全和适当的技术；务必向制造商咨询有关材料的详尽信息，如材料的安全参数和其他制造商的建议；务必向美国职业安全卫生管理局（OSHA）咨询并遵守其所有标准和规定。

4.1 遵守良好的实验室规定，在所有的试验区域应佩戴防护眼镜。

4.2 本方法专用的乙醇属易燃品，应远离热源、火源与明火。使用时应通风良好，避免长时间吸入该气体挥发物，避免皮肤接触，避免进入体内。

4.3 本测试方法中，人体与化学物质的接触限度不得高于官方的限定值［例如，美国职业安全卫生管理局（OSHA）允许的暴露极限值（PEL），参见 29 CFR 1910.1000，其最新版本详见网址：www.osha.gov］。此外，美国政府工业卫生师协会（ACGIH）的阈限值（TLVs）由时间加权平均数（TLV-TWA）、短期暴露极限（TLV-STEL）和最高极限（TLV-C）组成，建议将其作为人体在空气污染物中暴露的基本准则并遵守（见 12.1）。

5. 使用和限制条件

本试验方法并非织物抗所有水性物质沾污的绝对方法。其他一些因素，诸如水性物质的成分和黏度、织物结构、纤维类型、染料和其他整理剂等，也是防沾污的影响因素。然而，使用本方法可以得到织物对水相溶液沾污的大致指数。一般情况是，拒水等级越高，防水相液体沾污的性能就越好，尤其对于液态水性物质。在对指定织物的不同整理效果进行对比时本测试方法尤其有效。

6. 设备和材料（见 12.2）

6.1 制备好的测试液，并按表 4 进行编码。

6.2 滴瓶（见 12.3）。

6.3 AATCC 白色纺织吸水纸（见 12.4）。

6.4 实验室手套（普通的即可）。

7. 试样准备

在每块样品上分别取两块相同尺寸的试样进行测试，试样尺寸应能足够完成全套试液的评定，但每块不小于 20cm×20cm（8 英寸×8 英寸），不大于 20cm×40cm（8 英寸×16 英寸）。各样品的试样应尺寸相同，测试前试样需在 21℃±2℃（70℉±4℉）和相对湿度（65%±5%）的大气条件下调湿至少 4h（见 12.5）。

8. 操作程序

8.1 将待测试样平放在白色吸水纸上，白色吸水纸放在一个光滑的水平面上。

当评定稀松组织的轻薄织物时，测试时至少使用两层织物进行测试；否则，测试溶液就会润湿吸水纸的表面，而不是润湿实际的测试织物，这样会引起结果差错。

8.2 在滴测试液之前，戴上干净的实验室用手套，用手按照绒毛织物或者线圈织物的自然方向轻抚织物表面以使织物表面状态良好。

8.3 从编号最小的试液（AATCC 水溶液测试 1 号试液）开始，沿试样纬向在 3 个不同位置处小心进行滴液 [液滴的直径大约为 5mm（0.19 英寸）或体积为 0.05mL]，液滴之间至少相距 4.0cm（1.5 英寸）。滴液时，滴管头距织物表面约 0.6cm（0.25 英寸）。千万不要使滴管头碰到织物。从约 45°角的方向观察液滴 10s±2s 的时间。

8.4 如果织物与液滴接触处没有出现渗透或润湿，液滴周围也没有出现渗透现象，再在邻近位置进行高一号的测试液的测试，观察时间依然是 10s±2s。

8.5 继续这个过程，直到在 10s±2s 时间内，试液在织物表面出现明显的润湿及渗透现象。

9. 评定

9.1 织物的 AATCC 拒水等级是在 10s±2s 时间内不能润湿织物的最高编号的试液编号。如果织物能够被 98% 的水溶液试液润湿，则其拒水级别便为零（0）级。织物是否润湿一般通过织物与液滴接触的位置颜色变深，和/或液滴失去接触角度来进行判定。在黑色或深色的织物上进行测试时，润湿现象可通过液滴失去“光亮”来判定。

9.2 试验中，由于整理剂、纤维、结构等因素影响，可能遇到不同类型的润湿现象。对于某些织物，试验终点很难确定。很多织物对于指定编号的试液具有绝对的抗润湿性（表现为液滴清晰、接触角大，见图 1 中示例 A），然而用高一级编号的试液进行测试时，会立刻润湿。在这种情况下，测试的终点及面料的拒水等级很明显。然而，有些织物对几种编号的试液都显示出逐步润湿，表现为织物与液滴接触的位置部分变深（见图 1 中示例 B～D）。对于这种织物，测试的终点应为在 10s±2s 的时间内织物与液滴接触的位置完全变深或润湿。

9.3 三滴某一编码试液中有两滴（或以上）表现为完全润湿织物（见图 1 中示例 D）或液滴被吸附，失去接触角度（见图 1 中示例 C），表明试验没通过；三滴中的两滴（或以上）达到清晰的圆形外观，有大的接触角（见图 1 中示例 A），则说明该编号的试液通过。拒水级以未通过的试液之前的通过试液的编码来表示，以整数表示。当三滴中的两滴（或以上）在织物上显现圆形外观的液滴，其外缘部分变深（见图 1 中示例 B），就定义为测试临界通过。这时的拒水级由临界通过测试时使用的试液编码减 0.5 来表示，并精确到 0.5。

10. 报告

10.1 应报告试验用试样尺寸（见 7.1）。

10.2 试样的拒水等级应在两块独立的试样上分别测定。如果两个试样所得拒水等级一致，则报告其等级。若两个试样所得拒水等级不同，则需要对第三块试样进行测试，如果第三块试样的结果与之前两块试样中的任何一个所得的结果相同，则报告第三块试样的拒水等级。如果第三块试样的结果与前两块所得的结果均不相同，则报告中间值。例如，如果前两块试样的等级分别为 3.0 和 4.0，第三块试样的等级为 4.5，那么取中间值 4.0。报告精确到 0.5 个拒水等级（见图 1 和 9.3）。

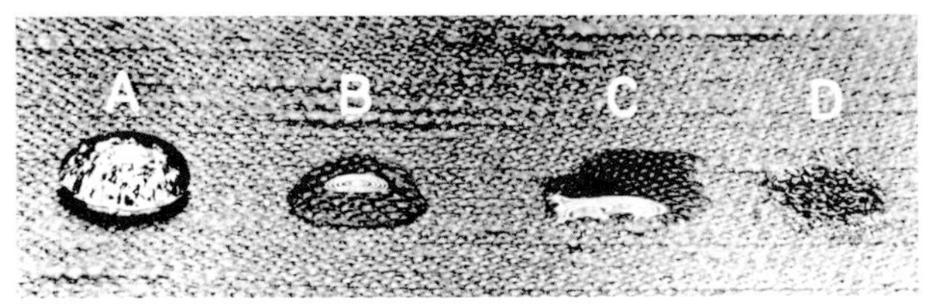

图 1 评级示例

A—通过，液滴清晰、饱满 B—临界通过，局部有变暗的圆形滴液 C—未通过，毛细吸收和/或完全湿润 D—未通过，完全湿润

11. 精确度和偏差

11.1 概述。实验室内的比对试验曾于 2002 年 11 月和 2003 年 1 月进行，以建立本试验方法的精度。在两次比对试验中，实验室各有两人参加，连续三天每天对七块织物分别裁取两块试样进行拒水等级评价。等级从 1 级到 10 级。由客户提供全部所需的试验材料，并经过两级整理剂的处理。所用织物包括锦纶、聚酯、棉和聚酯/棉。测量数值结果为每天评定的两个（或三个）试样等级的中间值。

11.2 拒水等级的标准方差的偏差构成见表 1。

表 1 乙醇/水试验的偏差构成

项　目	偏　差
一名实验员	0.26
实验员间/实验室内	0.43

11.3 临界差。如果在 11.2 的偏差构成中，两个实验员之间的偏差等于或超过表 2 所示的临界差，则视为两次观测在 95% 的置信区间的完全不同。

表 2 临界差①

观察次数②	一名实验员	实验室内
1	0.50	0.79
2	0.18	0.59
3	0.15	0.48

① $t = 1.950$ 计算临界差值，基于无限自由度。

② 次观察是取两（或三）块试样评级结果的中间值作为结果值。

表 3 试样测定的平均值

织　物	整理剂整理程度	
	低	高
棉	3.5	5.5
聚酯纤维		7.5
棉/聚酯纤维	1.5	2.5
锦纶	6	8

表 4 标准测试液

AATCC 拒水溶液级别	成　分 (水与异丙醇的体积比)	表面张力①
0	无（未通过 98% 拒水试验）	
1	98∶2	59.0
2	95∶5	50.0
3	90∶10	42.0
4	80∶20	33.0
5	70∶30	27.5
6	60∶40	25.4
7	50∶50	24.5
8	40∶60	24.0

① 25℃下的表面张力单位 dyn/cm，$1\text{dyn} = 10^{-5}\text{N}$。

11.4 偏差。拒水溶液拒水等级的准确数值是基于本试验方法的数值，因而本试验方法没有已知偏差。

12. 说明

12.1 资料可从 ACGIH 获取，地址：Kemper

Woods Center，1330 Kemper Meadow Dr.，Cincinnati OH 45240；电话：+1.513.742.2020；网址：www.Acgih.org。

12.2 有关适合测试方法的设备信息，请登录http://www.aatcc.org/bg。AATCC提供其企业会员单位所能提供的设备和材料清单。但AATCC没有给其授权，或以任何方式批准、认可或证明清单上的任何设备或材料符合测试方法的要求。

12.3 为方便起见，最好将库存的试液转到60mL滴瓶中，瓶外贴上AATCC拒水溶液等级的标签纸。很有用的典型系统是由滴瓶、吸管和氯丁橡胶球组成的球形瓶。使用前，球形瓶应在正庚烷液中浸泡若干小时，然后再用新的正庚烷液冲洗去除溶解物。实践中发现，将试液按评级表的顺序放在木台上是很有帮助的。测试液的比例对其表面张力的影响很大。只能使用分析等级的试液。由于蒸发导致异丙醇浓度降低，应每月检查试液的表面张力，或者每月用密封好的库存试液更换滴瓶中的试液。

12.4 相关资料可以从AATCC获取。地址：P.O.Box 12215，Research Triangle Park NC 27709；电话：+1.919.549.8141；传真：+1.919.549.8933；电子邮箱：ordering@aatcc.org；网址：www.aatcc.org。

12.5 AATCC TM118《拒油性：抗碳氢化合物测试》以及AATCC TM193标准是目前经常同时测试的，建议应用于各个方法的试样尺寸一致。

AATCC TM194-2006e(2013)e

纺织品在长期测试条件下抗室内尘螨性能的评价

AATCC RA49 技术委员会于 2006 年制定；2007 年、2008 年、2013 年重新审定；2010 年、2019 年编辑修订。

1. 目的和范围

本测试法旨在评价经抗尘螨整理的纺织品在长期测试环境中抗室内尘螨活性的程度。

2. 原理

用试验菌种和营养物对测试样和对照样接种。培养六个星期，使尘螨菌落在最佳条件下且有足够的时间繁殖，然后通过加热萃取方式从试样上回收尘螨。结果以经抗尘螨整理试样对未经抗尘螨整理试样的尘螨菌落减少百分比表示。

3. 术语

3.1 活性：抗尘螨整理剂效果的度量。

3.2 抗室内尘螨剂：杀死（杀螨剂）或驱除室内尘螨的任何化学药品。

4. 安全和预防措施

本安全和预防措施仅供参考。本部分有助于测试，但未指出所有可能的安全问题。在本测试方法中，使用者在处理材料时有责任采用安全和适当的技术；务必向制造商咨询有关材料的详尽信息，如材料的安全参数和其他制造商的建议；务必向美国职业安全卫生管理局（OSHA）咨询并遵守其所有标准和规定。

4.1 本测试应由经过螨虫学技术培训并有相关经验的人员操作。

4.2 警告：尽管室内尘螨被认为对人没有直接危害，但是它们的排泄物颗粒已被证明对易患哮喘的人是潜在的过敏源。因此，必须采取一切必要的和合理的预防措施，消除对实验室以及相关环境中人员的这种风险。在必要的地方穿着防护服、佩戴呼吸器，防止细菌侵入。

4.3 遵守良好的实验室规定，在所有的试验区域应佩戴防护眼镜。

4.4 所有化学物品应当谨慎使用和处理。

4.5 在附近安装洗眼器、安全喷淋装置以备急用。

4.6 本测试法中，人体与化学物质的接触限度不得高于官方的限定值［例如，美国职业安全卫生管理局（OSHA）允许的暴露极限值（PEL），参见 29 CFR 1910.1000，其最新版本信息见网址 www.osha.gov］。此外，美国政府工业卫生师协会（ACGIH）的阈限值（TLVs）由时间加权平均数（TLV-TWA）、短期暴露极限（TLV-STEL）和最高极限（TLV-C）组成，建议将其作为人体在空气污染物中暴露的基本准则并遵守（见 13.1）。

5. 限制条件

5.1 该方法不适用于对规定的防螨整理的具体操作模式进行评定。

5.2 如果试样还需进行其他处理或只是成品的一部分，不能用该方法测定其防螨性能。

5.3 该测试方法对不同的纺织品整理剂在控制螨虫菌落繁殖能力方面效果提出了一些见解，但没有得到关于整理剂去除或减少过敏源的直接结论。

5.4 该测试方法不回收室内尘螨卵，但可对抗尘螨整理剂的抗尘螨菌落繁殖效果进行很好的测定。

6. 试验菌种

试验螨虫。屋尘螨或粉尘螨，也可使用指定国家或地区的任何其他菌种。

7. 室内尘螨培养物的保藏

7.1 在25℃ ±1℃（77℉ ±1℉）、相对湿度73% ~76%的条件下，将尘螨菌落保藏在由脱水牛肝粉末与干燥酵母粉组成的混合物上（见13.2）。使用前，混合物先用研钵和槌研磨，然后用筛网过滤，颗粒大小为500 ~750μm。

7.2 须注意确保试验用螨虫储存为培养物之前没有暴露在对螨虫有影响的化学药品或整理剂中。

8. 试样准备

8.1 试样。

8.1.1 至少剪取三块试样，并使其紧贴在直径为10cm的玻片或聚苯乙烯皮氏培养皿底部。沿置于试样上的培养皿画线或用一个大小合适的裁样器可精确地剪取试样。对于散纤维，应使用足够的材料盖住皮氏培养皿的底部。

8.1.2 若有需要，皮氏培养皿或其他较大或较小的试验箱可替代使用。为保证试样紧贴在培养皿底部，试样大小可做相应调整。

8.2 对照样。

8.2.1 至少准备三块纤维类型和结构相同，但不含抗螨整理剂的试样（阴性对照）。

8.2.2 此外，每次测试需用储存尘螨菌落的实验室内部对照样，目的是验证经过六个星期的测试，已知试样上的螨虫菌落是否以期望的速度繁殖。

8.3 试样的灭菌。试验期间，由于孢子的存在，试样上可能有真菌生长，因此试样需要灭菌。使用的灭菌方法根据样品的成分和整理剂，以及特殊的抗室内尘螨整理而定。报告中注明使用的灭菌方法。

9. 操作程序

9.1 试验步骤。

9.1.1 在每块试样上分别放50mg磨碎、过筛的营养混合物。可用筛子使混合物在材料上均匀地分布。

9.1.2 为防止螨虫逃逸，可在容器的边上涂上凡士林。应避免涂层太厚，以免后序的加热过程中凡士林融化而影响螨虫的回收。经验证，打结网能提供有效的屏障（见13.3）。但是，材料上将不可避免粘有一定量的螨虫，最后回收的数量可能受到影响。第三种方法是将一块先前被证明是有效的螨虫屏障织物紧密罩在顶部并固定。

9.1.3 关闭每个测试箱，将测试组件在25℃ ±1℃（77℉ ±1℉）和相对湿度为73% ~76%环境中放置大约48h，使试样适应微环境。

9.1.4 在每个已适应环境的试样和对照样上放置取自同一活性菌落的25只雄性和25只雌性螨虫。

9.1.5 如果可能，使用交配对以确保雌性螨虫的产卵期相近。

9.1.6 关闭测试箱，且在25℃ ±1℃（77℉ ±1℉）和相对湿度73% ~76%的条件下将试样培养六个星期。

9.2 螨虫回收。

9.2.1 培养六个星期后，每次从培养箱中取出一个测试箱。为每个平板预先剪裁一个与试验平板大小适宜的尼龙网（见13.4）。将黏胶带盖在尼龙网上，胶带的黏性面直接接触网孔，并且使胶带伸出网边沿大约5mm。

9.2.2 在测试箱中取下盖子，直接将胶带、网组合体稳固地放置在试样的顶部，胶带的黏性面朝下。确保胶带的外边缘粘在试验平板的边上。网可限制食物颗粒数量以及随后的回收步骤中可能粘在胶带上的死螨虫的数量。

9.2.3 将去掉盖子的平板直接放在设定温度为50℃（122℉）的加热板上（见13.5）。在胶带、网组合体上放一个砝码，使组合体和试样紧密接触。将预制的与平板大小适宜的圆形聚苯乙烯泡沫塑料放置在测试盘中的组合体和砝码之间，均匀分配重量，也可防止湿气在胶带上聚集。

9.2.4 将每个测试箱在加热板上至少放置5h。加热时间必须充足，便于从较厚的纺织品试样或具有厚背衬的试样（如地毯）上回收螨虫。

9.2.5 热接触后，移除砝码和回收组合体。用干净的聚乙烯薄膜或另一黏性胶带封住尼龙网的另一面，便于螨虫计数。

10. 评价

10.1 用低倍的立体—双目显微镜对薄膜上回收的螨虫计数。

10.2 计算每组试样和对照样的平均值和标准偏差。

11. 报告

11.1 用以下公式表示结果，即相对于对照样减少的百分比。

$$R = \frac{A - B}{A} \times 100\%$$

式中：R——试样相对于对照样减少的百分数；

A——在对照样上的尘螨平均数；

B——在试样上的尘螨平均数。

11.2 在六周测试期内，如果阴性对照样上有生长良好的螨虫菌落出现，不必再回收实验室内部对照样中的螨虫进行计数，试验有效。但是，如果阴性对照样上预计螨虫数与对照样相比要低，必须按照9.2所述回收实验室内部对照样的螨虫。回收的螨虫数量超过每个实验室内部对照样正常范围，则试验无效。

11.3 必须在报告中注明本程序中出现的任何偏离。

11.4 测试结果的评价标准由协议双方确定。

12. 精确度和偏差

12.1 本试验方法的精确度尚未确立，在本方法的精确度确立之前采用标准的统计学方法比较实验室内或实验室之间的试验结果的平均值。

12.2 偏差。在长期测试条件下的纺织品抗室内尘螨的性能只能在一个测试方法中定义。没有独立的方法测定其真实值。作为评价这些性能的手段，该方法无已知偏差。

13. 注释和参考

13.1 手册可从 ACGIH Publications Office 获取，地址：Kemper Woods Center，1330 Kemper Meadow Dr.，Cincinnati OH 45240；电话：+1.513.742.2020；网址：www.acgih.org。

13.2 粉状牛肝粉可从 Oxoid Inc. 获取，地址：800 Proctor Avenue，Ogdensburg NY 13669；电话：+1.800.576.8378；传真：+1.613.226.3728；电子邮箱：webinfo.us@oxoid.com；网址：www.oxoid.com。

13.3 打结网可从 Tanglefoot Company 获取，地址：314 Straight Avenue S.W.，Grand Rapids MI 49504-6485；电话：+1.616.459.4139；传真：+1.616.459.4139；电子邮箱：info@tanglefoot.com；网址：www.tanglefoot.com。

13.4 网筛由447旦锦纶长丝制成，密度为40根/英寸×40根/英寸，厚度为0.36mm，孔径为0.63mm。可以从 Industrial Textile Ltd. 获取，地址：62 Patiki Rd.，Avondale，Auckland 1007 NZ；电话：+1.649.828.3188；免费传真：+1.649.828.1022；电子邮箱：info@vakeattack.co.nz；网址：www.index.co.nz。

13.5 也可使用其他加热样品的方法，如用白炽灯光源。但是，开始测试时为使每种类型的样品获得最大的螨虫回收量，必须优化该程序。

AATCC TM195-2011e2(2017)e3

纺织品的液态水动态传递性能

1. 目的和范围

1.1 本测试方法用来对纺织品的液态水动态传递性能进行测试、评估和分级。本测试方法提供了测定针织物、机织物和非织造织物液态水动态传递性能的客观方法。

1.2 本测试方法得出的测试结果是以织物组织结构所特有的抗水性、拒水性和吸水性为基础的，包括织物的几何结构、内部结构以及组成织物的纤维和纱线的芯吸特征。

2. 原理

2.1 纺织品的液态水动态传递性能的测定是通过将织物试样放在两个水平（上层和下层）电传感器之间进行测试的，每个传感器有七个同心的插脚。将一定量的用来辅助测量电传导率变化的测试溶液滴到测试试样朝上那面的中心位置，测试溶液在三个方向上自由移动：测试溶液在试样上表面放射状扩展；测试溶液从试样上表面向试样下表面方向运动；测试溶液在试样下表面放射状扩散。在测试过程中测定并记录试样电阻的变化。

2.2 通过试样电阻的读数来计算织物液体含量的变化，进而对试样上液体在不同方向上的动态传递性能进行量化。用预先确定的参数表示织物液体管理性能的结果并进行评级。

3. 术语

3.1 吸收速率［AR_T（上表面）和 AR_B（下表面）］：在测试过程中，水含量出现变化过程中试样上表面和下表面液体吸收速度的平均值。

3.2 累积单向传递指数（R）：以时间为参照坐标，试样上表面和下表面液体含量曲线之间的面积差。

3.3 下表面（B）：对于本测试而言，是指当试样对着下层电传感器的那面，也是面料的正面或者服装面料的外表面。

3.4 最大润湿半径（MWR_T）和（MWR_B）：试样上表面和下表面测得的最大润湿半径（mm）。

3.5 液态水动态传递：对于液态水动态传递测试来说，是指试样通过工艺整理得到的或者固有的对含水液体如汗液或者水（与纺织品舒适性相关的），包括液态水和水蒸气的传递性。

3.6 液态水（液体）动态传递综合指数（OMMC）：是通过对测得的织物的三个性能特征指标进行计算得出的表示织物对液体和水进行传递的综合性能的评价指数。三个性能特征值包括：试样下表面液体和水吸收速率（AR_B）；单向液体传递性能（R）；试样下表面最大液体和水扩散速度（SS_B）。

3.7 扩散速度（SS_i）：织物表面从测试溶液滴下到扩散到最大润湿半径时的速率累积值。

3.8 上表面（T）：对于本测试而言，是指当试样放在下层电传感器上时，对着上层电传感器的那面，也是面料用于服装后与皮肤接触的那面。

3.9 总含水量（U,%）：试样上表面和下表面含水量的总和。

注意：试样的总含水量可以更为精确的定义为“总的表面含水量”，尤其当织物成分中有纤维素类成分存在时。总含水量意味着试样中所有的水都将被测出，有时可能包含织物本身的水分。但是，当测试纤维素纤维时，所收集到的纤维内部的水分（如棉纤维内腔里的水分）不会被当成试样表面液体计算。

3.10 润湿时间［WT_T（上表面）和 WT_B（下

表面)]：从测试开始到试样上表面和下表面开始润湿时的时间，以秒表示。

4. 安全和预防措施

本安全和预防措施仅供参考。这些措施有助于测试过程，但未包含所有的内容。在本测试方法中，使用者有责任在处理材料时采用安全和正确的技术；须向制造商咨询有关材料的详尽信息，如材料的安全参数及其他建议；须向美国职业安全卫生管理局(OSHA)咨询并完全遵守其标准和规定。

遵守良好的实验室规范，在所有试验场所要佩戴防护眼镜。

5. 使用和限制条件

5.1 AATCC 测试方法仅对测试过程进行表述，并非产品性能说明。因此本方法的使用者有责任选择所测试产品的最小（或者最大）可接受的判定值。

5.2 本测试方法主要侧重于液体和水在水平状态下的传递。本测试方法可以应用于服装用织物或者其他有可能与人体表面的液体（如汗液）接触的纺织品。本方法不用来测试气态水的传递性能（如水蒸气的传递）或者其他也可以影响人体舒适感的织物手感性能。

5.3 由于人体的舒适感觉是由多种液体传递性能以及环境因素（服装合身度）决定的，因此仅用本测试方法或者其他任何单一测试方法并不符合"AATCC/ASTM 关于纺织服装、日用产品及纺织品水含量管理的技术补充说明"中的相关解释（见 13.1）。因此，只用本测试方法并不能对服装或者纺织品的舒适性进行综合评价。当需要将与环境和纺织品舒适性和风格相关的吸水性、芯吸性、液体传递和气体传递等性能结合起来进行考虑时，应该建立综合性能评价表，如本标准 9.2.1 中所示的评价图表。

5.4 本测试方法并不适用于涂层织物、胶合织物或者复杂结构的织物。当本方法用于表面拒水整理的织物分析时，应小心处理。本测试方法不适用于具有高吸水性能的织物，如毛圈织物或者厚型针织和机织织物。本方法中规定量的测试溶液并不能使其在厚型织物或者高吸水性织物表面产生正常的液体传递运动。

5.5 本测试方法不能用来测试织物的干燥性能。干燥性能通过液体和水的扩散面积进行推断。

5.6 本测试方法测得的润湿时间与用 AATCC 79《纺织品的吸水性》（见 13.1）测得的吸水性具有相关性。

5.7 本方法 3.4 中定义的最大润湿半径不能用来推断最大扩散面积。因为本方法中是用同心圆环来测试润湿半径的，当试样的润湿呈非圆形、椭圆形或者不规则形状时，测得的润湿半径是不准确的。例如，具有线性对称性的织物，如罗纹针织物或者经过拒水整理的织物，表面液体会产生不规则形状的扩散。

6. 仪器和材料

6.1 液态水动态传递测试仪（MMT）（见 13.2，图 1 和图 2）。

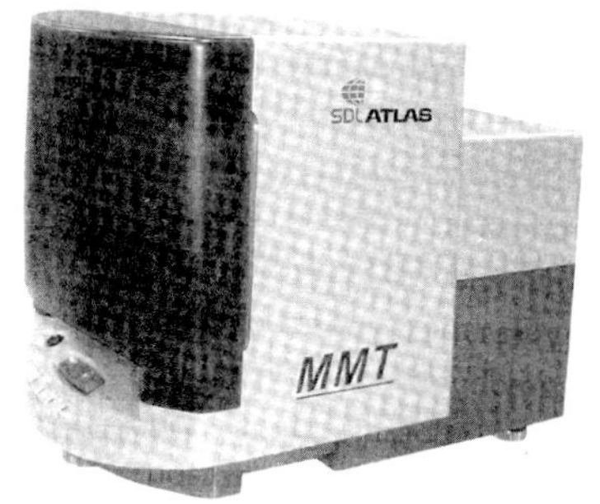

图 1 液态水动态传递测试仪

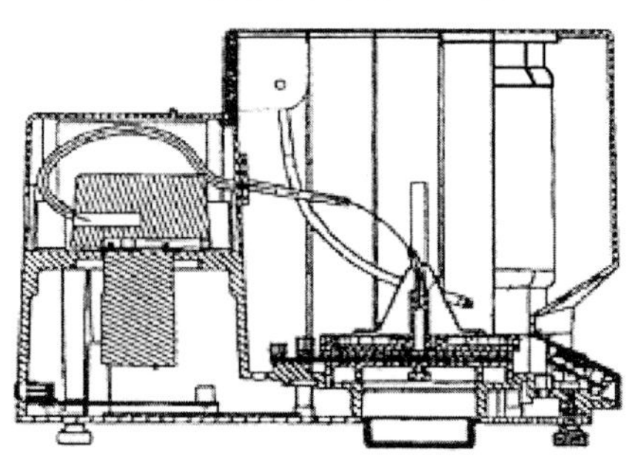

图 2 典型的设备侧面结构图

6.2 装有 MMT 软件的电脑。

6.3 蒸馏水。

6.4 氯化钠溶液（0.9% NaCl）。

6.5 电导计。

6.6 白色 AATCC 纺织吸水纸（见 13.1）或者柔软的纸毛巾。

7. 试样准备

7.1 在裁取试样前，先根据选定的 AATCC LP1《实验室家庭洗涤程序：机洗》（见 13.1）或者根据双方的协议对样品进行洗涤。也可以不进行洗涤直接进行测试或者经多次洗涤后进行测试。对胶状物质进行剥离和/或去除整理剂会影响织物的液态水传递性能（见 13.3）。

7.2 裁取 5 块 8cm×8cm 的试样。取样时沿样品宽度方向的对角线进行裁取以保证每块试样上含有不同的经纬纱线，或者从样品的不同位置进行取样。

7.3 在测试前，按照 ASTM D1776《纺织品调湿和测试标准方法》的要求，将试样无张力地放置在平整光滑的水平面上，在温度为 21℃ ±2℃（70℃ ±4℉）和相对湿度 65% ±5% 条件下进行调湿至达到平衡（见 13.5）。

8. 操作程序

8.1 将 9g 氯化钠（USP 级）溶解在 1L 的蒸馏水中，并通过加蒸馏水或者氯化钠进行调节，使 25℃下溶液的电导率为 16mS ±0.2mS。测试溶液用来为仪器的传感器提供传导介质，并非模拟汗液。

8.2 按照仪器生产商的使用说明开启仪器，添加测试溶液，运行电脑软件来采集测试数据。

8.3 将上层传感器抬起至锁住位置，然后将一块纸毛巾放在下层传感器上，将“Pump”按钮按下 1 ~ 2min，直到从容器内吸出预设量（0.22mL）的测试溶液。将这些测试溶液滴到纸毛巾上，保证管内没有气泡。然后将纸毛巾移走。

8.4 将调湿过的测试试样放到下层传感器上，使试样的上表面（见 3.8）向上。松开上层传感器使其自然地压倒测试试样上，然后关闭测试仪的门。确认“Pump - On Time”设置为 20s，以保证吸取预定量（0.22mL）的测试溶液。对于每个试样而言，在测试开始时，其含水率（%）曲线图的起点应为 0.0，以避免错误的测试结果。将“Measue Time”设置为 120s，并开始测试。在 120s 测试时间结束后，软件会自动停止测试并计算所有参数。

8.5 抬起上层传感器，移走测试后的试样。

8.6 保持上层传感器在其锁住位置，直至放入下一块试样。用白色 AATCC 吸水纸或裁成窄条（0.5cm）的软纸毛巾擦干插脚，等待 1min 或者更长的时间，以保证传感器上没有残留的液体。如果传感器上有任何残留的液体都会导致错误的起点（见 8.4）。如果干燥后传感器上有盐的析出物，则用蒸馏水将其去除。

8.7 将新的测试试样放到下层传感器上，使织物的上表面向上，并重复 8.4 ~ 8.6 的操作。

8.8 每天结束测试后，用蒸馏水清洗和维护泵和输液管。

9. 评价测量值，评级和分级

9.1 测量值，对于每个测试试样，计算出下述各测量值的平均值：

润湿时间——WT_T（上表面）和 WT_B（下表面）。

吸收速率——AR_T（上表面）和 AR_B（下表面）。

最大润湿半径——MWR_T（上表面）和 MWR_B（下表面）。

扩散速度——SS_T（上表面）和 SS_B（下表面）。

累积单项传递指数（R）和液态水动态传递综合指数（OMMC）。

计算上述所示各个参数的公式参见附录 A。

9.2 评级，用 9.1 中计算出来的平均值和表 1 对试样进行评级。评级方法的确定是以 13.2 中提到的对具有水分从下表面向上表面传递值较高的材料进行分类的研究作为基础的。

9.2.1 表 2 评级总表用来概括和说明试样的液态水动态传递综合性能。

9.2.2 表 1 和表 2 是评级方案的示例，也可以开发其他的评级方案。

表 1　所有参数的分级表

参数		级别				
		1	2	3	4	5
润湿时间（s）	上层	≥120	20 ~ 119	5 ~ 19	3 ~ 5	<3
	下层	≥120	20 ~ 119	5 ~ 19	3 ~ 5	<3
吸收速率（%/s）	上层	0 ~ 9	10 ~ 29	30 ~ 49	50 ~ 100	>100
	下层	0 ~ 9	10 ~ 29	30 ~ 49	50 ~ 100	>100
最大润湿半径（mm）	上层	0 ~ 7	8 ~ 12	13 ~ 17	18 ~ 22	>22
	下层	0 ~ 7	8 ~ 12	13 ~ 17	18 ~ 22	>22
扩散速度（mm/s）	上层	0 ~ 0.9	1.0 ~ 1.9	2.0 ~ 2.9	3.0 ~ 4.0	>4.0
	下层	0 ~ 0.9	1.0 ~ 1.9	2.0 ~ 2.9	3.0 ~ 4.0	>4.0
单向传递性能 *R*		< -50	-50 ~ 99	100 ~ 199	200 ~ 400	>400
液态水动态传递综合性能 OMMC		0 ~ 0.19	0.20 ~ 0.39	0.40 ~ 0.59	0.60 ~ 0.80	>0.80

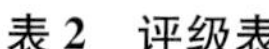

表 2　评级表

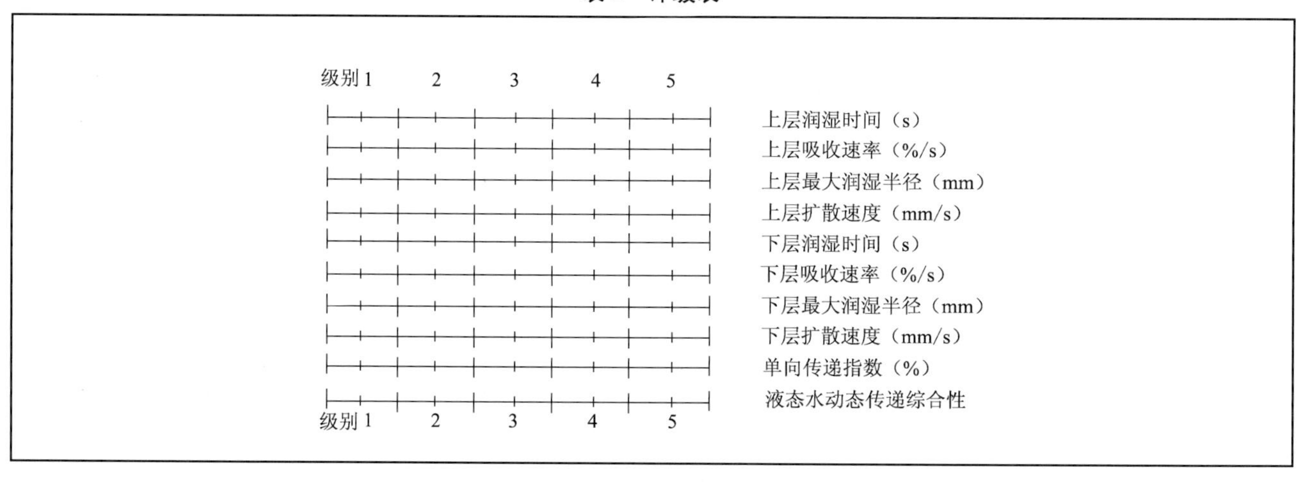

10. 报告

10.1 记录 9.1 所示测试值的平均值和标准偏差。

10.2 以平均值为基础，按照表 1 和表 2 对样品进行评级。

10.3 报告每个样品的平均值，标准偏差和级别，或者其他协议的测试指标。

11. 精确度

11.1 2008 年 11 月进行了独立实验室的精确度研究。使用 SDL Atlas 液态水动态传递测试仪，型号 290，软件版本为 3.06，使用的六种测试面料可参见表 3。

表 3 各样品 MMT 测试值汇总表

样品种类	重量（g/m^2）	纤维成分	参数	上层润湿时间（s）	下层润湿时间（s）	上层吸收速率（%/s）	下层吸收速率（%/s）	上层最大润湿半径（mm）	下层最大润湿半径（mm）	上层扩散速度（mm/s）	下层扩散速度（mm/s）	累积单向传递指数值（%）	OMMC
机织	117	100%棉	平均	2. 32	2. 37	86. 55	71. 22	30. 00	30. 00	8. 22	8. 07	-120. 41	0. 42
			最小	2. 05	2. 20	82. 44	66. 70	30. 00	30. 00	7. 96	7. 69	-143. 57	0. 41
			最大	2. 59	2. 59	90. 09	75. 10	30. 00	30. 00	8. 50	8. 27	-98. 18	0. 43
			标准偏差	0. 11	0. 10	1. 71	1. 69	0. 00	0. 00	0. 14	0. 13	11. 11	0. 0047
			变异系数（%）	0. 05	0. 04	0. 02	0. 02	0. 00	0. 00	0. 02	0. 02	-0. 09	0. 01
			95% *CI*	0. 04	0. 04	0. 61	0. 60	NA	NA	0. 05	0. 05	3. 98	0. 00
针织	168	100%涤	平均	2. 93	3. 06	57. 11	48. 52	23. 50	22. 50	4. 53	4. 42	-89. 25	0. 36
			最小	2. 77	2. 77	52. 54	44. 19	20. 00	20. 00	4. 11	4. 08	-110. 25	0. 35
			最大	3. 41	3. 41	94. 06	52. 44	25. 00	25. 00	4. 93	4. 93	-55. 66	0. 37
			标准偏差	0. 13	0. 14	7. 26	2. 28	2. 33	2. 54	0. 22	0. 21	12. 54	0. 01
			变异系数（%）	0. 04	0. 05	0. 13	0. 05	0. 10	0. 11	0. 05	0. 05	-0. 14	0. 03
			95% *CI*	0. 05	0. 05	2. 60	0. 82	0. 83	0. 91	0. 08	0. 08	4. 49	0. 00
针织	204	100%棉	平均	5. 28	4. 33	38. 12	56. 21	52. 50	27. 67	4. 97	5. 73	417. 00	0. 87
			最小	3. 72	2. 84	29. 74	47. 24	25. 00	25. 00	4. 30	4. 71	342. 02	0. 81
			最大	6. 84	5. 64	98. 17	64. 78	30. 00	30. 00	5. 91	6. 88	507. 58	0. 90
			标准偏差	0. 89	0. 75	11. 93	4. 18	1. 53	2. 54	0. 34	0. 53	36. 56	0. 02
			变异系数（%）	0. 17	0. 17	0. 31	0. 07	0. 03	0. 09	0. 07	0. 09	0. 09	0. 02
			95% *CI*	0. 32	0. 27	4. 27	1. 50	0. 55	0. 91	0. 12	0. 19	13. 08	0. 01
针织	199	100%棉	平均	3. 65	3. 06	39. 25	49. 63	20. 17	20. 67	3. 74	4. 23	296. 73	0. 74
			最小	2. 84	2. 13	32. 64	44. 64	15. 00	20. 00	3. 11	3. 77	209. 59	0. 64
			最大	4. 44	3. 64	43. 90	54. 07	25. 00	25. 00	4. 78	5. 41	378. 72	0. 85
			标准偏差	0. 41	0. 33	3. 18	2. 32	1. 60	1. 73	0. 37	0. 35	39. 86	0. 05
			变异系数（%）	0. 11	0. 11	0. 08	0. 05	0. 08	0. 08	0. 10	0. 08	0. 13	0. 07
			95% *CI*	0. 15	0. 12	1. 14	0. 83	0. 57	0. 62	0. 13	0. 13	14. 26	0. 02
针织	648	65 锦纶/21 涤/14 氨纶	平均	6. 74	3. 55	17. 71	68. 51	14. 17	20. 50	2. 21	3. 55	722. 30	0. 87
			最小	3. 80	3. 08	11. 73	50. 45	10. 00	20. 00	1. 10	3. 32	649. 96	0. 81
			最大	14. 84	3. 88	32. 40	90. 84	15. 00	25. 00	2. 97	3. 88	785. 22	0. 93
			标准偏差	2. 67	0. 21	5. 11	14. 57	1. 90	1. 53	0. 52	0. 13	36. 53	0. 04
			变异系数（%）	0. 40	0. 06	0. 29	0. 21	0. 13	0. 07	0. 24	0. 04	0. 05	0. 05
			95% *CI*	0. 96	0. 08	1. 83	5. 21	0. 68	0. 55	0. 19	0. 05	13. 07	0. 01

C_1、C_2 和 C_3 可以根据针对不同面料类型和产品的最终用途情况下，三个指标的相对重要性而进行调整。在开发 MMT 软件时，权重值分别为 $C_1 = 0.25$、$C_2 = 0.5$、$C_3 = 0.25$。取值是以人体舒适性研究为基础的，此时单向传递系数的重要性是吸收速率和扩散速度的两倍。

AATCC TM196-2011e3 (2021)

铺地纺织品耐次氯酸钠色牢度

1. 目的和范围

本测试方法用于评定绒毛地毯耐次氯酸钠溶液（通常称为“氯漂”）的色牢度。适用于预染色、后染色、印花或其他方式染色的绒毛地毯。

2. 原理

绒毛地毯试样用少量的次氯酸钠漂白液进行处理，处理后的试样在特定环境条件下放置一定时间，然后用水进行冲洗以去除漂白溶液。干燥后评定试样的颜色变化。

3. 术语

3.1 变色：通过将测试试样与未测试试样进行对比，得到的包括颜色的亮度、色调和色度或三者任意组合上的变化。

3.2 色牢度：材料在加工、检测、储存或使用过程中，暴露在可能遇到的任何环境下，抵抗颜色变化和/或颜色向相邻材料转移的能力。

3.3 次氯酸钠漂白：含 4% ~6% 次氯酸钠的溶液（NaOCl），pH 为 9.8 ~ 12.8，通常称为“氯漂”。

4. 安全和预防措施

本安全和预防措施仅供参考。本部分有助于测试，但未指出所有可能的安全问题。在本测试方法中，使用者在处理材料时有责任采用安全和适当的技术；务必向制造商咨询有关材料的详尽信息，如材料的安全参数和其他制造商的建议；务必向美国职业安全卫生管理局（OSHA）咨询并遵守其所有标准和规定。

4.1 遵守良好的实验室规定，在所有的试验区域应佩戴防护眼镜。

4.2 在准备、配制和使用漂白剂和洗涤剂的过程中，要使用化学护目镜或面罩，防渗透手套和防渗透围裙。

4.3 在附近安装洗眼器、安全喷淋装置以备急用。

4.4 本测试法中，人体与化学物质的接触限度不得高于官方的限定值［例如，美国职业安全卫生管理局（OSHA）允许的暴露极限值（PEL），参见 29 CFR 1910.1000，其最新版本信息见网址 www.osha.gov］。此外，美国政府工业卫生师协会（ACGIH）的阈限值（TLVs）由时间加权平均数（TLV-TWA）、短期暴露极限（TLV-STEL）和最高极限（TLV-C）组成，建议将其作为人体在空气污染物中暴露的基本准则并遵守（见 12.1）。

5. 仪器和材料

5.1 AATCC 沾污杯及直径为 50mm（2.0 英寸）的沾污环（见 12.2）。

5.2 变色灰卡（AATCC EP1，见 12.2）。

5.3 去离子水。

5.4 亚硫酸氢钠（$NaHSO_3$）（见 6.2）。

5.5 天平，精确度为 0.01g。

5.6 次氯酸钠漂白标准溶液（NaOCl）。

5.7 照度条件，视觉评价所用的光源应在评级前确定。用以模拟下述 CIE 照度的光源（见表 1）均可用于本测试（见 12.3 和 12.4）。

表 1 CIE 照度的光源

颜色照度	描述	色温（K）
D_{65}	日光灯	6500 ± 200
D_{75}	日光灯	7500 ± 200
A	白炽光灯	2856 ± 200
CWF	冷白荧光灯	4150 ± 350

注 其他的照度或颜色温度也可经协议双方协商使用。

6. 标准次氯酸钠漂白溶液的制备

6.1 有证次氯酸钠漂白标准溶液应直接使用，不需滴定。溶液在暴露于大气环境后应在 36h 内使用。如果需要将次氯酸钠溶液稀释至其他强度则是需要进行滴定的。

6.2 将 17.25g 亚硫酸氢钠稀释到 1000mL 去离子水中，制备用来中和处理过的试样的亚硫酸氢钠溶液。

7. 试样准备

7.1 从经整理的绒毛地毯上取两块试样，每块试样至少 $150mm^2$（0.22 平方英尺）。

7.2 用刷子或吸尘器将试样表面的所有外部物质清除。

8. 操作程序

8.1 将测试试样绒毛面向上放置于非吸湿性材料表面，在温度为 21℃ ± 2℃（70℉ ± 4℉），湿度为 65% ± 5% 的标准大气环境条件下调湿 24h。调湿过程中避免试样沾污或者与外部物质接触。

8.2 将直径为 50mm（2 英寸）的沾污环放到一块试样的中间位置，另外一块试样为控制试样用于评级。向下按住沾污环的同时，将 20mL 次氯酸钠漂白溶液倒入沾污环的中间，注意不要将次氯酸钠溶液溅到沾污环的外面。将沾污杯的底部放到沾污环中，并上下按压五次，以使次氯酸钠溶液能够完全润湿地毯绒毛。在按压沾污杯的时候不要使沾污杯底部旋转或者扭动，因为底部与绒毛的摩擦会影响测试结果。小心移开沾污环和沾污杯。

8.3 将处理过的试样绒毛朝上水平放置在温度为 21℃ ± 2℃（70℉ ± 4℉），湿度为 65% ± 5% 的标准大气环境条件下调湿 24h ± 4h。避免任何会加速干燥过程的空气流动。

8.4 将漂白过的试样放到预先制备好的亚硫酸氢钠溶液中进行中和，中和时间至少为 5min。

8.5 用温度为 21℃ ± 6℃（70℉ ± 10℉）的流动水冲洗漂白试样，直到冲洗的水表明漂白下来的染料均已清洗干净。用实验室用小压车可以提高冲洗的效果。

8.6 用离心机或抽吸装置将试样上多余的水分抽出。

8.7 将试样放到调湿架上，在室温下干燥。

9. 结果及评级

9.1 用 AATCC EP1《变色灰卡评定程序》评定试样的颜色变化，其中 5 级表示没有颜色变化，1 级表示严重颜色变化。

9.2 用照度水平在 1080 ~ 1340lx（100 ~ 125fc）的光源照射试样平面（见 12.5）。光源与试样表面的照射角度为 45° ± 5°，观测角度与试样平面成 90° ± 5°。通过视觉感觉对比地毯原样与地毯测试样之间的差异，并与相应的变色灰卡的差异进行比较。色牢度级别就是与原样和测试样间差异水平相当的对应于变色灰卡上的级数。变色灰卡的洁净度和物理状态对于获得可靠的评级结果尤为重要。

9.3 经过适当的评价颜色准确性的色觉测试，证明色觉正常的人员才能操作本步骤。

10. 报告

10.1 报告每个试样的颜色变化级数。

10.2 报告次氯酸钠的活性及处理试样时的用量。

10.3 报告与本测试方法的任何偏离。

11. 精确度和偏差

11.1 精确度。2009年由5个实验室进行了实验室间的研究，用本测试方法对3个绒毛地毯试样进行了测试。5个实验室对每个试样做了3次重复试验，每次试验均在不同天内完成。得到的实验室精度用重现性（S_r 和 r）、再现性（S_R 和 R）和平均值表示，数据参见表2。

表2　漂白色牢度的试验时间精度研究

所用材料	平均值	S_r	S_R	r	R
A—绒毛锦纶地毯，经耐漂白整理	3.03333	0.54772	0.62138	1.53362	1.73986
B—绒毛锦纶地毯，酸性染料染色	1.63333	0.28868	0.46248	0.80829	1.29495
C—溶液染色地毯	4.83333	0.12910	0.25820	0.36148	0.72296

注　5个实验室，3个试样，3次重复测试。

11.2 偏差。地毯耐次氯酸钠漂白色牢度仅能以一个测试方法来定义。没有独立的方法可以测定其真值。作为评价该性能的方法，本方法没有已知的偏差。

12. 注释

12.1 可从美国政府工业卫生师协会（ACGIH）的出版部获取，地址：Kemper Woods Center，1330 Kemper Meadow Dr，Cincinnati OH 45240；电话：+1.513.742.2020；网址：www.acgih.org。

12.2 可从AATCC获取，邮编：12215；地址：Research Triangle Park NC 27709；电话：+1.919.549.8141；传真：+1.919.549.8933；邮箱：ordering@actcc.org；网址：www.aatcc.org。

12.3 如果进行视觉评价，建议相关的色温调整到6500K±200K。

12.4 过滤器和灯需要按照生产商的建议定期进行维护和清洁。

12.5 对于中等明度的材料的关键性视觉评级，建议使用1080~1340lx（100~125fc）的照度范围。该照度范围与ASTM D1729《不透明材料颜色与色差视觉评价方法》中对于关键性视觉评价规定的照度范围一致。

13. 历史

13.1 2021年重新审定。

13.2 2020年进行了编辑修订，增加了之前删除的表1，调整了历史部分，以符合AATCC标准的统一格式。2019和2016年编辑修订，2013和2012年重新审定。

AATCC TM197-2011e2(2018)e

纺织品的垂直毛细效应

AATCC RA63 技术委员会于 2011 年制定；2012 年编辑修订并重新审定；2013 年、2018 年重新审定；2016 年、2019 年编辑性修订。

前言

历史上，纺织行业中有很多种不同的测试方法来确定纺织面料的毛细特征，即水或者液体在纺织面料中的运动特性。在过去十年间，业内人士研发出新的技术，改变了水在纺织材料中的运动和吸收特性，由此引入了“液体管理”这样的术语来描述这一现象。很多相关方面（纺织品生产商、化学试剂供应商、零售商以及独立运作的实验室）参与了纺织面料垂直毛细效应标准测试方法的研究。

关于纺织面料的吸水及毛细效应的非官方技术文献发表在 2004 AATCC/ASTM International 的技术增刊《纺织产品的测试程序和指南》以及 2008 AATCC/ASTM International 的液体管理技术增刊《服装、家用产品及纺织产品的应用》（见 13.1）。本测试方法基于该技术增刊中关于毛细效应的测试程序。

1. 目的和范围

本测试方法用来评价垂直放置的纺织面料吸收液体并使液体沿着面料上升或渗透的能力。本方法适用于机织、针织及非织造织物。

2. 原理

通过视觉观测面料试样中液体的移动速率（单位时间的移动距离）。

3. 术语

3.1 织物：由纱线或者纤维构成的平面结构（见 ASTM D123 和 13.4）。

3.2 垂直毛细效应：垂直夹持的纺织品中，液体从裁剪边缘的向上运动。

3.3 垂直毛细速率：液体沿纺织品运动或渗透的速度。

3.4 毛细效应：液体通过毛细管作用在纺织材料中运动或渗透的现象。

3.5 毛细距离：液体沿着纺织材料运动，从起点到终止点的线性测量值。

3.6 毛细时间：液体沿着纺织品运动的时间周期。

4. 安全和预防措施

本安全和预防措施仅供参考。本部分有助于测试，但未指出所有可能的安全问题。在本测试方法中，使用者在处理材料时有责任采用安全和适当的技术；务必向制造商咨询有关材料的详尽信息，如材料的安全参数和其他制造商的建议；务必向美国职业安全卫生管理局（OSHA）咨询并遵守其所有标准和规定。

遵守良好的实验室规定，在所有的试验区域应佩戴防护眼镜。

5. 使用和限制条件

5.1 液体在纺织品中运动的特性会受纤维成分、织物组织结构、机械或化学加工工艺以及上述因素的组合影响。

5.2 本测试方法用来评价垂直放置在蒸馏水或去离子水中的测试试样的毛细能力，此时毛细效应受重力影响。

5.3 除了蒸馏水或去离子水，也可以使用其他液体（彩色水、染料溶液等）。如果测试中使用的不是蒸馏水或去离子水，则需要测定液体的表面张力，因为不同表面张力的液体可能会得出不同的测试结果。

5.4 深色纺织面料或者印花面料可能很难进行测试。此时使用具有对比色的水溶性墨水有助于进行标记和识别。

5.5 本测试方法测试水从试样的裁剪边缘向上运动的距离和时间，但不能代表最终产品在实际穿着中接触水的情况。

5.6 本测试的结果不能体现舒适性，本方法不适用于舒适性评价。

5.7 垂直毛细效应与水平毛细效应测试结果之间的相关性未知。

6. 仪器、试剂和材料

6.1 温度为21℃ ±2℃ （70℉ ±4℉） 的蒸馏水或去离子水。

6.2 标记笔，细头，带有永久性并水溶的墨水（见 13.2）。

6.3 秒表或数字计时器。

6.4 卷尺或直尺，毫米刻度。

6.5 表面张力计，使用水以外的液体时用。（见 9.1）。

6.6 锥形烧瓶或加长盘（见图 2 和图 3）。

6.7 吸液管和吸球。

6.8 剪式支架（可选）。

6.9 圆柱销或夹持器，用来将试样悬挂在烧瓶或其他设施内（见图 1、图 2 和 13.3）。

6.10 回形针或小夹子（可选）。

6.11 裁样模板，165mm（或更长）×25mm。

6.12 一次性手套，如橡胶或丁腈橡胶。

6.13 双面胶。

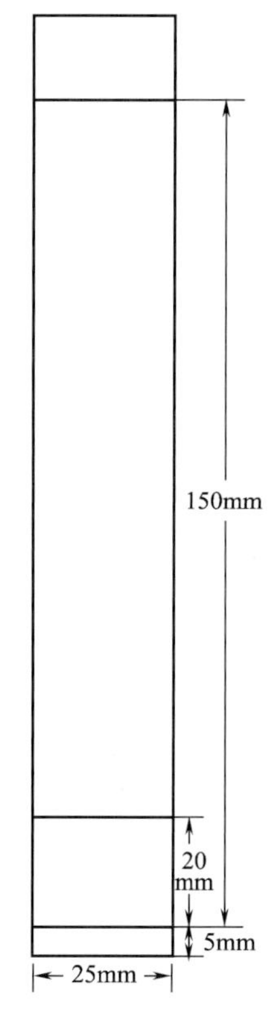

图 1　垂直芯吸试样和标记

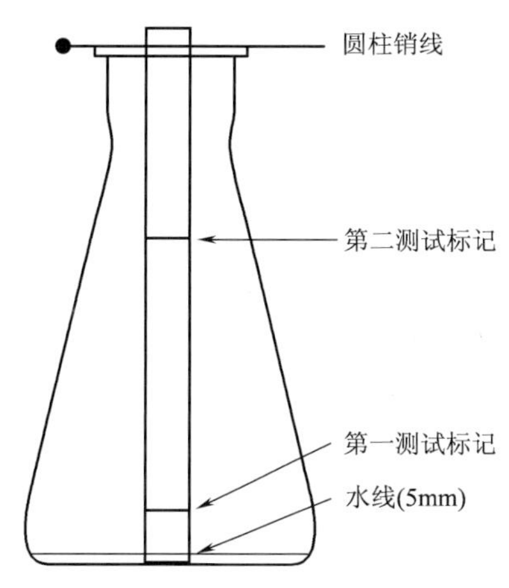

图 2　垂直放置试样测试的结构

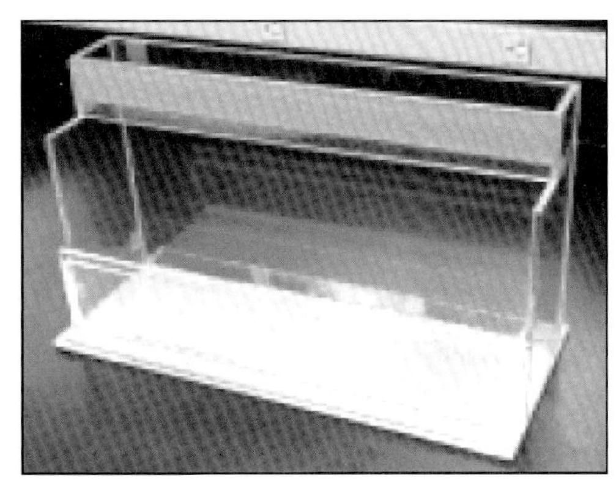

图3 多试样加长盘

7. 试样准备

7.1 确定织物是否有疏水面或亲水面。根据有关方面的协议，确定是否织物的两面都要进行测试。如果只测试织物的一面，则需要标记出测试面。如果需要在洗涤后进行测试，用永久性记号笔标记出测试面。

7.2 尽量减少对织物的处理或者使用手套，因为皮肤上的油脂会影响液体的运动。

7.3 所有试样都应在距离布边 100mm ±5mm 处裁剪。如果测试服装，应从不同部位并在远离接缝、口袋、开口等衔接部位处剪取试样。剪取的试样应包含不同的经纬纱线。

7.4 剪取三块至少为（165 ±3）mm×（25 ±3）mm 的试样，试样的长边与测试方向相同。对于进行长度方向测试的试样，裁样模板的长边方向与面料的经纱方向平行放置；对于进行宽度方向测试的试样，裁样模板的长边方向与面料的纬纱方向平行放置。再多剪取一块试样，用来在测试前确定烧瓶或烧杯中的水位（见 9.2.4）。

7.5 如果测试整理的耐久性或者洗涤后的毛细效应，样品在洗涤后按照 7.4 的规定剪取试样，按照 AATCC LP1 选择洗涤条件。

8. 调湿

8.1 测试前，将试样按照 ASTM D1776《纺织品调湿和测试标准方法》（见 13.4）的要求调湿。将试样分开放在调湿架上置于温度为 21℃ ±2℃（70℉ ±4℉）、相对湿度为 65% ±5% 的大气环境下调湿至少 4h。

8.2 所有测试过程均在标准大气环境条件下完成。

9. 操作程序

9.1 如需要，按照 ASTM D1331 –1989《表面活性剂溶液的表面张力和界面张力的标准测试方法》测试所用液体（彩色水或染色溶液）的表面张力，并报告（见 13.4）。

9.2 选择 A：测定给定距离的毛细效应时间。

9.2.1 用带有水溶性墨水的标记笔在试样测试面于距离测试边 5mm ±1mm 处画一条标记线。5mm 线用来标记试样放置到烧瓶或烧杯内水中的深度线。

9.2.2 用带有水溶性墨水的标记笔于距离 5mm ±1mm 标记线的 20mm ±1mm 以及 150mm ±1mm 处分别画一条标记线（见图 1）。在 20mm ±1mm 标记线和 150mm ±1mm 标记线之间每隔 10mm ±1mm 画一条标记线，用来标识毛细效应的测试距离。

9.2.3 根据面料的最终用途，也可以使用其他的测试距离。如果需要对测试结果进行对比，则需要使用相同的测试距离标记。

9.2.4 用附加试样来确定测试的用水量。在标记好的附加试样末端附近插入圆柱销或其他设施（见图 2），将其放到锥形烧瓶（锥形烧瓶可放在剪式支架上）口处，使试样悬挂于烧瓶内。向烧瓶内加水，直到水位到达试样的 5mm ±1mm 标记线，然后在烧瓶外面标记出水位线。注意要保持烧瓶口边缘以及瓶颈的干燥，以避免水溶性墨水标记提前在试样上渗色。

9.2.5 一些轻薄的机织、针织或疏水织物可能会漂浮于水面，这种情况下，可在试样的测试端缀上回形针或小夹子。如果使用了回形针或小夹子，应在报告中注明（见 11.1.1）。

9.2.6 向锥形烧瓶内注入水，使水位达到 9.2.4 中标记出的水位线。将试样放入烧瓶内或升高剪式支架使水面位于试样的 5mm ±1mm 标记线处。

9.2.7 或者，先将试样悬挂于烧瓶内，然后向烧瓶内注入水，使水位达到 9.2.4 中在烧瓶外标记的水位线，可使用吸液管来帮助使水位达到规定的高度。

9.2.8 然后用一个新的烧瓶重新注入水来进行后面试样的测试。

9.2.9 当水位达到试样 5mm ±1mm 标记线，水溶性墨水开始向上移动时立即按下秒表或者计时器。监测水的上升，当试样的 20mm ±1mm 标记线的墨水开始上移时，记录时间，精确到秒。继续监测水的上升，记录试验终止时的时间（精确到秒）和水移动的距离。

9.2.10 如果在 5.0min ±0.1min 的时间内墨水没有达到试样的 20mm ±1mm 标记线或吸水高度达到试样的 150mm ±1mm 标记线的时间超过 30.0min ±0.1min，则试验终止。在上述情况下，记录墨水移动的距离以及试验终止的时间。记录距离和时间以及终止试验的原因。

9.2.11 将试样从烧瓶内移走。

9.2.12 重复 9.2.2 ~9.2.11 步骤，对其他试样进行测试。

9.3 选择 B：测定给定时间的移动距离。

9.3.1 将直尺贴紧加长盘（见图 3）内壁垂直放到加长盘内，直尺接触盘底。向加长盘内加入蒸馏水或去离子水，使水位达到 38mm ±2mm（1.5 英寸 ±0.1 英寸）高度。

9.3.2 将直尺移出，将直尺用带子垂直固定到盘外壁，使直尺的“0”刻度与水面平齐。

9.3.3 用双面胶将试样固定在箱体上部，使试样的末端刚好接触到水面（与直尺的“0”刻度线平齐），立即启动秒表或计时器。

9.3.4 一些轻薄的机织、针织或疏水织物可能会漂浮于水面，这种情况下，可在试样的测试端夹上回形针或小夹子。如果使用了回形针或小夹子，应在报告中注明（见 11.1.1）。

9.3.5 监测水的上移，在经过 2.0min ±0.1min 后，用直尺测量毛细效应的高度，精确到毫米。经过 10.0min ±0.1min 后，用直尺测量毛细效应的高度，精确到毫米。

9.3.6 根据面料的最终用途，也可以使用其他的测试时间。如果需要对测试结果进行对比，则一定要使用相同的测试时间。

9.3.7 如果试样在 10.0min ±0.1min 内没有毛细效应发生或毛细效应距离达到试样另一端的时间超过 30.0min ±0.1min，则终止测试。在上述情况下，记录墨水移动的距离以及试验终止的时间。记录距离和时间以及终止试验的原因。

9.3.8 将试样从箱体内移出。

9.3.9 重复 9.3.1 ~9.3.8 步骤，对其他试样进行测试。

10. 计算

计算垂直毛细效应速率。每个试样分别计算短期垂直毛细效应速率和长期垂直毛细效应速率。

10.1 用毛细效应距离除以对应的时间得到毛细效应速率 W：

$$W = d/t$$

式中：W——毛细效应速率，mm/s；

d——毛细效应距离，mm；

t——毛细效应时间，s。

10.2 短期毛细效应速率计算如下：

选择 A：使用达到试样 20mm ±1mm 标记线的时间或试样在 5.0min ±0.1min 内毛细效应的距离。

选择 B：使用试样在 2.0min ±0.1min 内毛细效应的距离。

10.3 长期毛细效应速率计算如下：

选择 A：使用达到试样 150mm ±1mm 标记线的时间或对于没有达到 150mm ±1mm 标记线的试样

使用在 30.0min ±0.1min 内毛细效应的距离。

选择 B：使用试样在 10.0min ±0.1min 内毛细效应的距离。

11. 报告及解释

11.1 报告试样的测试方向和测试面。

11.1.1 报告毛细效应时间、毛细效应距离、平均毛细效应时间、计算得到的毛细效应速率、包括长期速率或短期速率、测试中是否使用回形针或小夹子。

11.1.2 如果测试达到标记距离或超出最大时间值而终止，报告试验终止的毛细效应距离和时间。

11.2 如果测试使用的不是 21℃ ±2℃（70℉ ±4℉）的蒸馏水或去离子水，则报告使用的液体以及液体的表面张力和温度。

11.3 报告测试是否在洗涤后进行，如果是，报告洗涤条件和洗涤次数。

11.4 20mm 标记线或者 5.0min 时间的测试值，是初始毛细效应的数据；150mm 标记线或者 30.0min 时间的测试值，是持续毛细效应的数据。两组垂直毛细效应的数据代表了不同的性能。

12. 精确度和偏差

12.1 精确度。

12.1.1 选择 A 的实验室间研究。2009 年对纺织品垂直方向的毛细效应测试进行了研究，此次研究由一个实验室的三个操作人员对五个样品进行了测试。研究中用的五个样品为：100% 棉平针织物、100% 棉双罗纹针织物、100% 聚酯机织物、100% 棉斜纹织物、50/50 聚酯/棉织物。

12.1.2 对 8 组不同的数据使用方差分析技术，分析数据在 AATCC 技术中心留存。在方差分析中，操作者作为变化之一没有显现出对测试结果显著的影响。但是在试样进行宽度方向、长期毛细效应速率测试时（包括烧瓶法或加长盘法），操作者对测试结果的影响显著。不同的试样对测试结果的影响显著。表 1 中给出了长度方向各试样的平均值和置信区间，表 2 中给出了宽度方向各试样的平均值和置信区间。

表 1 统计数据汇总（选择 A）——长度方向（速率 mm/s）

项 目	平针织物	双罗纹针织物	涤纶机织物	棉机织物	涤/棉机织物
加长盘方法	短期				
平均值	1.6	0.2	2.6	1.4	0.3
标准偏差	0.5	0.1	0.9	0.4	0.1
计数	18	18	18	18	18
置信区间（95.0%）	0.3	0	0.4	0.2	0.1
烧瓶方法	短期				
平均值	1.4	0.4	2.6	1.3	0.3
标准偏差	0.4	0.1	0.7	0.6	0
计数	18	18	18	18	18
置信区间（95.0%）	0.2	0.1	0.4	0.3	0
加长盘方法	长期				
平均值	0.1	0	0.1	0.1	0.1
标准偏差	0	0	0	0	0
计数	18	18	18	18	18
置信区间（95.0%）	0	0	0	0	0

续表

项　目	平针织物	双罗纹针织物	涤纶机织物	棉机织物	涤/棉机织物
烧瓶方法	长期				
平均值	0.1	0	0.1	0.1	0.1
标准偏差	0	0	0	0	0
计数	18	18	18	18	18
置信区间（95.0%）	0	0	0	0	0

表 2　统计数据汇总（选择 A）——宽度方向（速率 mm/s）

项　目	平针织物	双罗纹针织物	涤纶机织物	棉机织物	涤/棉机织物
加长盘方法	短期				
平均值	1.9	0.9	2.3	1.0	0.3
标准偏差	0.7	0.2	0.7	0.3	0.1
计数	18	18	18	18	18
置信区间（95.0%）	0.3	0.1	0.4	0.1	0.1
烧瓶方法	短期				
平均值	1.8	1.0	2.2	1.2	0.2
标准偏差	0.6	0.4	0.7	0.7	0.1
计数	18	18	18	18	18
置信区间（95.0%）	0.3	0.2	0.4	0.3	0.1
加长盘方法	长期				
平均值	0.1	0.1	0.1	0.1	0
标准偏差	0	0	0	0	0
计数	18	18	18	18	18
置信区间（95.0%）	0	0	0	0	0
烧瓶方法	长期				
平均值	0.1	0.1	0.1	0.1	0
标准偏差	0	0	0	0	0
计数	18	18	18	18	18
置信区间（95.0%）	0	0	0	0	0

12.1.3　选择 B 的实验室间研究。2010 年对纺织品垂直方向的毛细效应测试进行了研究，此次研究由一个实验室的两个操作人员对四个样品进行了测试。研究中用的四个样品为棉珠地布、聚酯平针织物、聚酯网眼织物、聚酯/氨纶罗纹织物。

12.1.4　对不同的数据组（长度方向和宽度方向）使用方差分析技术，分析数据在 AATCC 技术中心留存。在方差分析中，操作者作为变化之一没有显现出对测试结果的显著影响。表 3 中给出了长度方向各试样的平均值和置信区间，表 4 中给出了宽度方向各试样的平均值和置信区间。

12.1.5　本方法的实验室间精确度尚未确立。在精确度确立之前，本方法的使用者应使用标准的统计方法对实验室间的平均值进行比较。

表 3 统计数据汇总（选择 B）——长度方向（速率 mm/s）

项　目	棉单珠地	涤纶平针织物	涤纶网眼织物	涤纶/氨纶罗纹织物
短期				
平均值	0.44	0.45	0.61	0.50
标准偏差	0.02	0.07	0.03	0.03
计数	20	20	20	20
置信区间（95.0%）	0.02	0.07	0.02	0.02
长期				
平均值	0.14	0.18	0.20	0.18
标准偏差	0.003	0.01	0.01	0.01
计数	20	20	20	20
置信区间（95.0%）	0.003	0.01	0.01	0.01

表 4 统计数据汇总（选择 B）——宽度方向（速率 mm/s）

项　目	棉单珠地	涤纶平针织物	涤纶网眼织物	涤纶/氨纶罗纹织物
短期				
平均值	0.42	0.46	0.58	0.57
标准偏差	0.03	0.07	0.03	0.05
计数	20	20	20	20
置信区间（95.0%）	0.02	0.07	0.03	0.04
长期				
平均值	0.13	0.18	0.19	0.20
标准偏差	0.01	0.01	0.01	0.01
计数	20	20	20	20
置信区间（95.0%）	0.01	0.01	0.01	0.01

12.2 偏差。纺织品的垂直毛细效应测试仅能以一个测试方法来定义。没有独立的方法可以测定其真值。作为评价该性能的方法，本方法没有已知的偏差。

13. 注释

13.1 相关资料可以从 AATCC 获取。地址：P. O. Box 12215，Research Triangle Park NC 27709；电话：+1.919.549.8141；传真：+1.919.549.8933；电子邮箱：ordering@aatcc.org；网址：www.aatcc.org。

13.2 适用的带有水溶性墨水的记号笔可由下述渠道购买，如 Paper Mate®、Flair®、Sanford Corporation 的 Fiber Tip Pen，2707 Butterfield Rd.，Oak Brook IL 60523；电话：+1.630.481.2200；传真：+1.866.666.8735；网址：www.papermate.com。

13.3 作为试样夹的适宜装置应为带有水平杆的环架。可用于自动降低试样到液体中的装置是与试样架连接的气压缸。

13.4 ASTM 国际标准可从 ASTM 获得，100 Barr Harbor Dr.，West Conshohocken PA 19428；电话：+1.610.832.9500；传真：+1.610.832.9555；网址：www.astm.org。

AATCC TM198-2011e3 (2020)

纺织品的水平毛细效应

前言

历史上，纺织行业中有很多种不同的测试方法来确定纺织面料的毛细特征，即水或者液体在纺织面料中的运动特性。在过去十年间，业内人士研发出新的技术，改变了水在纺织材料中的运动和吸收特性，由此引入了“液体管理”这样的术语来描述这一现象。然而，通常情况下毛细效应的测定都是指液体在织物垂直面上的运动（通常称为垂直毛细效应）（见 AATCC 197《纺织品的垂直毛细效应》）。在过去十年中，还研究出了测试液体在织物水平面内运动的方法（水平毛细效应）。很多相关方面（纺织品生产商、化学试剂供应商、零售商以及独立运作的实验室）参与了纺织面料垂直毛细效应标准测试方法的研究。

关于纺织面料的吸水及毛细效应的非官方技术文献发表在2004 AATCC/ASTM International 的技术增刊《纺织产品的测试程序和指南》以及 2008 AATCC/ASTM International 的液体管理技术增刊《服装、家用产品及纺织产品的应用》（见 14.1）。本测试方法基于该技术增刊中关于毛细效应的测试程序。

1. 目的和范围

本测试方法用来评价水平放置的纺织面料吸收液体并使液体沿着面料运动或渗透的能力。本方法适用于机织、针织及非织造织物。

2. 原理

通过视觉观测面料试样中液体的移动速率（单位时间的移动面积），人工进行计时并在一定时间间隔进行记录。

3. 术语

3.1 织物：由纱线或者纤维构成的平面结构（见 ASTM D123 和 14.3）。

3.2 水平毛细效应：纺织品测试中，在试样的某一位置滴上一定量的液体，液体从该位置起在面料平面的运动。

3.3 水平毛细效应速率：液体随着时间在纺织材料内运动而发生的润湿面积的变化。

3.4 毛细效应：液体通过毛细管作用在纺织材料中运动或渗透的现象。

3.5 毛细距离：液体沿着纺织材料运动，从起点到终止点的线性测量值。

3.6 毛细时间：液体沿着纺织品运动的时间周期。

4. 安全和预防措施

本安全和预防措施仅供参考。本部分有助于测试，但未指出所有可能的安全问题。在本测试方法中，使用者在处理材料时有责任采用安全和适当的技术；务必向制造商咨询有关材料的详尽信息，如材料的安全参数和其他制造商的建议；务必向美国职业安全卫生管理局（OSHA）咨询并遵守其所有标准和规定。遵守良好的实验室规定，在所有的试验区域应佩戴防护眼镜。

5. 使用和限制条件

5.1 最初，本方法适用于能够完全吸收所用液体的织物，不适用于液体在织物表面积聚或出现滴液的面料。如果全部量的测试液无法得到有效的毛细效应速率，那么得到的测试结果就是无效的。因此完全吸收液体和不完全吸收液体的面料得到的

12.3 报告测试是否在洗涤后进行，如果是，报告洗涤条件和洗涤次数。

12.4 短期的水平毛细效应时间表示快速毛细效应（见 5.1 和 5.5）。

13. 精确度和偏差

13.1 精确度。

13.1.1 实验室间研究。2009 年对纺织品水平方向的毛细效应测试进行了研究，此次研究由一个实验室的三个操作人员对五个样品进行了测试。研究中用的五个样品为：100% 棉平针织物；100% 棉双罗纹针织物；100% 棉斜纹织物；50/50 聚酯/棉织物；100% 聚酯织物。但是，结果证明其中后两块机织织物不适于进行水平方向毛细效应的测试，因为水在这两种试样表面积存，整个测试过程都不发生扩散。因此，相应精确度的建立是基于三种试样的：两种针织织物和一种机织织物。

13.1.2 相关数据见表 1，并对数据进行了方差分析，由于方差分析（ANOVA）表明织物对检测结果的影响显著，因此表 2 中的数据体现的是每种面料的单独数据。相关资料在 AATCC 技术中心留存。

表 1 数据（速率 mm^2/s）

织物	操作者 1		操作者 2		操作者 3	
	第 1 天	第 2 天	第 1 天	第 2 天	第 1 天	第 2 天
100% 棉平针织物	40	60	37	39	44	68
	34	57	84	70	56	62
	41	32	51	60	59	61
	64	47	68	48	41	60
	60	58	55	30	62	46
100% 棉双罗纹针织物	29	25	24	40	23	22
	28	22	25	16	19	19
	27	17	35	29	19	22
	16	19	31	20	21	19
	37	14	18	18	27	20
100% 棉机织物	120	49	33	120	43	31
	47	90	130	110	46	140
	47	45	130	170	39	35
	76	66	160	220	44	29
	98	51	43	71	27	43

注 本表中的所有数值均以两位有效数字表示。

表 2 统计结果（速率 mm^2/s）

数据种类	100%棉平针织物	100%棉双罗纹针织物	100%棉机织物
平均值	53	23	78
标准偏差	13	6.0	50
95% 置信区间	5.0	2.0	18

注 本表中的所有数值均以两位有效数字表示。

13.1.3 本方法的实验室间精确度尚未确立。在精确度确立之前，本方法的使用者应使用标准的统计方法对实验室间的平均值进行比较。

13.2 偏差。纺织品的水平毛细效应测试仅能以一个测试方法来定义。没有独立的方法可以测定其真值。作为评价该性能的方法，本方法没有已知的偏差。

14. 注释

14.1 相关资料可以从 AATCC 获取。地址：P. O. Box 12215，Research Triangle Park NC 27709；电话：+1.919.549.8141；传真：+1.919.549.8933；电子邮箱：ordering@ aatcc. org；网址：www. aatcc. org。

14.2 用的带有水溶性墨水的记号笔可由下述渠道购买，如 Paper Mate®、Flair®、Sanford Corporation 的 Fiber Tip Pen，2707 Butterfield Rd.，Oak Brook IL 60523；电话：+1.630.481.2200；传真：+1.866.666.8735；网址：www. papermate. com。

14.3 ASTM 国际标准可从 ASTM 获得，100 Barr Harbor Dr.，West Conshohocken PA 19428；电话：+1.610.832.9500；传真：+1.610.832.9555；网址：www. astm. org。

15. 历史

15.1 2020 年重新审定。

15.2 2013 年、2018 年重新审定，2012 年编辑修订并重新审定，2016 年、2019 年编辑性修订。

15.3 AATCC RA63 技术委员会于 2011 年制定。

AATCC TM199-2013e(2018)e

纺织品的干燥时间：水分计法

AATCC RA63 技术委员会于 2011 年制定；2018 年重新审定；2012 年、2013 年修订；2017 年、2019 年编辑性修订。

前言

历史上，纺织行业中有很多种不同的测试方法来确定纺织面料的干燥特性，包括干燥率、干燥时间或其他干燥性能参数。在过去十年间，业内人士研发出新的技术改进了这些参数，使干燥特性与“液体管理”相关联。很多相关方面（纺织品生产商、化学试剂供应商、零售商以及独立运作的实验室）参与了纺织面料干燥性能标准测试方法的研究。

关于纺织面料干燥特性检测技术的非官方技术文献发表在 2008 AATCC/ASTM International 的液体管理技术增刊《服装、家用产品及纺织产品的应用》。本测试方法是一种新的技术，已被多个公司采用。

1. 目的和范围

本测试方法用重量原理的水分计评估针织物、机织物或非织造织物在升高温度下的干燥时间。在非纺织标准测试环境下进行该测试，可以模拟面料在体温下的干燥特性或模拟其他使用温度的干燥特性。

2. 原理

将水加到试样上，然后试样在水分计预先选定的温度下［37℃ ±2℃（99℉ ±4℉），如使用其他温度，需注明］干燥，用来模拟体温下的干燥。测量并记录测试试样达到测试终点的时间作为干燥时间。

3. 术语

3.1 干燥速率：单位时间为从织物上蒸发掉的液体体积。

注：干燥速率受织物结构、纤维成分，服装结构，整理方法、测试环境、液体体积变化的影响。

3.2 干燥时间：一定量的液体在特定测试条件下从纺织材料上蒸发掉所用的时间。

注意：本测试方法中所用的水量是通过一个准备步骤确定的，即是试样润湿到一定程度的用水量。测试的环境由水分计控制。

3.3 终点：干燥测试的终止点，可以是试样达到初始干燥重量或者是试样达到其他协商值，如干燥重量 +4.0% 含水率的时间点。

3.4 保水率：本测试方法中是指试样在去离子水中浸没 1min，然后在一定条件下垂直悬挂 5min 后的含水率（见 9.3.2 和公式 1）。

3.5 测试面：在水分计载样台上放置时，试样向上的那面，也是测试中水接触的面，可以是织物的正面或者反面。

3.6 重量损失：试样的饱和重量和干燥后重量之差。

3.7 湿涂层量：在纺织加工工艺中，指应用于纺织材料的液体及其液态物质的量。

4. 安全和预防措施

本安全和预防措施仅供参考。本部分有助于测试，但未指出所有可能的安全问题。在本测试方法中，使用者在处理材料时有责任采用安全和适当的技术；务必向制造商咨询有关材料的详尽信息，如材料的安全参数和其他制造商的建议；务必向美国职业安全卫生管理局（OSHA）咨询并遵守其所有标准和规定。

遵守良好的实验室规定，在所有的试验区域应佩戴防护眼镜。

5. 使用和限制条件

5.1 织物的干燥特性因其成分含量、织物结构（如厚度或起绒等）、机械或化学处理工艺以及各因素的组合影响而不同。

5.2 其他影响干燥特性的因素包括测试的温度和湿度条件，以及所用液体的量。本测试在非纺织标准大气环境下进行。由于本测试可以在水分计的不同温度设置下进行，因此可以选择不同的测试温度来模拟人体在休息状态下、运动状态下或者在室外环境下的温度。

5.3 本测试是将一定量的水加到试样上，测试试样的干燥时间，并计算试样在一定量的水下的保水率。

5.4 本方法适用于至少有一面的吸水时间在30s±2s内的面料（见AATCC 79《纺织品的吸水性》）。不适用于吸水时间超过30s的面料，因为在这种情况下，随着温度的升高，面料上的水分开始蒸发，因此无法得到正确的测试结果。

5.5 本测试方法的用途之一是用于对比处理过的试样与未经处理试样之间的保水特性变化，或者对比使用添加剂的面料与未使用添加剂的面料的保水特性。

5.6 本测试方法的结果并不表示舒适性，本方法不适用于舒适性测试。

5.7 本测试方法得到的干燥时间与吸水测试得到的结果之间的相关性未知。虽然本方法中使用AATCC 79方法来确定织物的测试面，但本方法并不测试吸水性。

6. 仪器和材料

6.1 带有加热装置的水分计，精度为0.001g（见14.1）。

6.2 去离子水。

6.3 垂直试样架，带有水平的且尺寸适宜的并带有夹子的可用来悬挂试样的架子（见图2）。

6.4 镊子。

6.5 400mL烧杯。

6.6 金属丝网筛，标准6.3mm×6.3mm（0.25英寸×0.25英寸）网眼（见14.2）。

6.7 载样台（见图3）。

6.8 电子吸液管，带有2.5mL尖端，滴加速度为4mL/min。（见14.1）。

6.9 带有抓取数据软件的计算机（可选）。

7. 试样准备

剪取10块直径为70mm±1mm的圆形试样，试样应沿样品宽度方向以对角线排列，以保证试样中含有不同的经纬纱线或者是取自样品的不同位置。如果样品的尺寸不够在织物宽度的对角线方向剪取10块直径为70mm±1mm的试样，可以剪取尺寸小一些的试样，但要在报告中注明。2块试样用于准备步骤，8块试样用于测试（见9）。

8. 调湿

测试前将试样无张力地放置于光滑的水平面上，将试样按照ASTM D1776《纺织品调湿和测试标准方法》中表1中纺织品通用条件（见14.3）的要求进行调湿平衡。

9. 试样准备

9.1 开启水分计并设置37℃±2℃（99℉±4℉），使其预热至少30min。

9.2 按照AATCC TM79，将一滴水滴到一块附加试样的正面，判断其吸水性，然后取另外一块附加试样在试样背面重复操作，确定吸水性更好的

AATCC TM200-2017e

纺织品吸水范围内的干燥速率：气流法

AATCC RA63 技术委员会于 2012 年制定；2013 年、2014 年重新审定；2015 年、2017 年修订，2016 年、2019 年编辑修订。

前言

随着液体管理产品进入市场，纺织品干燥特性的测定变得更加重要。2008 AATCC/ASTM International 的液体管理技术增刊《服装、家用产品及纺织产品的应用》中给出了三种测试纺织品干燥时间的技术方法。本测试方法是一种新的技术，不同于技术增刊中给出的干燥测试法。

1. 目的和范围

1.1 本测试方法旨在确定纺织品吸水能力范围内的干燥速率。

1.2 本测试方法不适于测试袜类和裤袜类纺织品的干燥速率。

2. 原理

本测试方法根据纺织品吸水范围内的蒸发速率来确定其干燥速率。

3. 术语

3.1 吸水能力：一种材料能够保留的最大液体量，取决于使用的具体测试方法。

3.2 干燥速率：单位时间内从纺织品中蒸发的液体体积变化。

注意：干燥速率取决于织物结构、纤维含量、服装结构、整理工艺、测试条件以及液体体积的变化。

3.3 干燥时间：一定量的液体在特定测试条件下从纺织品中蒸发掉所用的时间。

注意：本测试方法向试样上施加一系列不同体积的水分，测试条件由分析人员和环境控制。

3.4 结束时间：在温度—时间曲线图上，温度由斜率最大的位置转向平滑段时对应的时间（见图 1 和 11.2）。

3.5 开始时间：向试样上施加水分的时间。

4. 安全和预防措施

本安全和预防措施仅供参考。本部分有助于测试，但未指出所有可能的安全问题。在本测试方法中，使用者在处理材料时有责任采用安全和适当的技术；务必向制造商咨询有关材料的详尽信息，如材料的安全数据和其他制造商的建议；务必向美国职业安全卫生管理局（OSHA）咨询并遵守其所有标准和规定。

4.1 遵守良好的实验室规定，在所有的试验区域应佩戴防护眼镜。

4.2 操作实验室测试设备时，应该遵守制造商的安全建议。

5. 使用和限制条件

5.1 本测试是在特定的实验室温度和相对湿度条件下进行的。

5.2 为了获得一致的测试结果，需要维持恒定的气流。本测试方法使用的仪器采用直径为 13cm ± 0.1cm 的小孔送气，不放置试样时，气流为 2.5m/s ± 0.5m/s。如果使用了其他流速的气流，结果将会出现差异。本测试方法也可以在其他条件

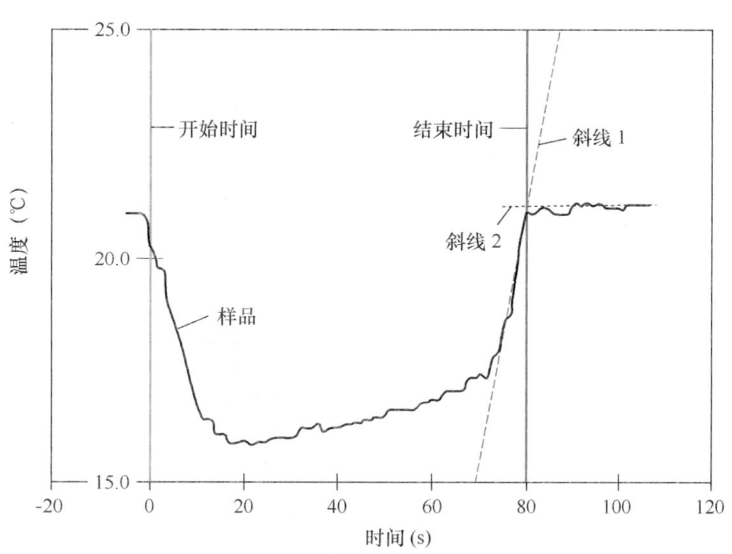

图1 温度—时间工作曲线图

下进行，但为了便于结果比对，必须采用相同的测试条件。

5.3 本方法适用于织物反面的吸水时间在 30s 内的面料（见 AATCC 79《纺织品的吸水性》和 14.1），不适用于吸水时间大于 30s 的纺织品。

6. 仪器和材料

6.1 温度记录仪，每秒记录一次，具有数据储存功能，并能够将其转换成计算机数据文件（见图 2）。

6.2 红外热电偶探头，温度范围为（15.0 ~ 50.0）℃ ±0.1℃（见图 2）。

6.3 风箱［（16.5 ±0.1）cm ×（16.5 ±0.1）cm ×（27.5 ±0.1）cm］，能够通过直径为（13.0 ±0.1）cm 的小孔产生 2.5m/s ±0.5m/s 的气流（见图 2）。

6.4 可变容积的微量吸管［范围（0.050 ~ 1.000mL）±0.8%］（见图 3）或一台高精度泵。

6.5 纸巾，5cm ×14cm（优选浅蓝色），润湿时颜色会发生变化（见图 2）。

6.6 风速计，热线式，可测定（0.1 ~ 5.0）m/s ±0.1m/s 的气流（见图 2）。

6.7 绷圈（见 14.1）。

6.8 去离子水或蒸馏水。

6.9 刚性材料（如卡片）圆形模板。

6.10 水滴检测传感器，能够探测水滴透过样本（可选）。

6.11 商业可购买的测试仪器（见 14.3）。

7. 取样

从多个试样中取具有代表性的样品。若待测织物为成品，则从每批中取三件。

8. 试样准备

8.1 沿着样品宽度方向从右侧、中间和左侧剪取 3 块试样，尺寸均为（15.0 ±0.5）cm ×（15.0 ±0.5）cm。

8.2 若测试样品为服装或成品，则从服装的不同部位剪取试样，如袖子、后背和前身。

8.3 制备一个圆形测试模板（见 6.9），测试面积是直径为 13cm ±0.1cm 的圆形。在试样背面探测。

9. 调湿

9.1 测试前，将试样按照 ASTM D1776《纺织品调湿和测试标准方法》的要求进行调湿平衡（见 14.2）。分别将试样置于调湿架的筛网或带孔的搁

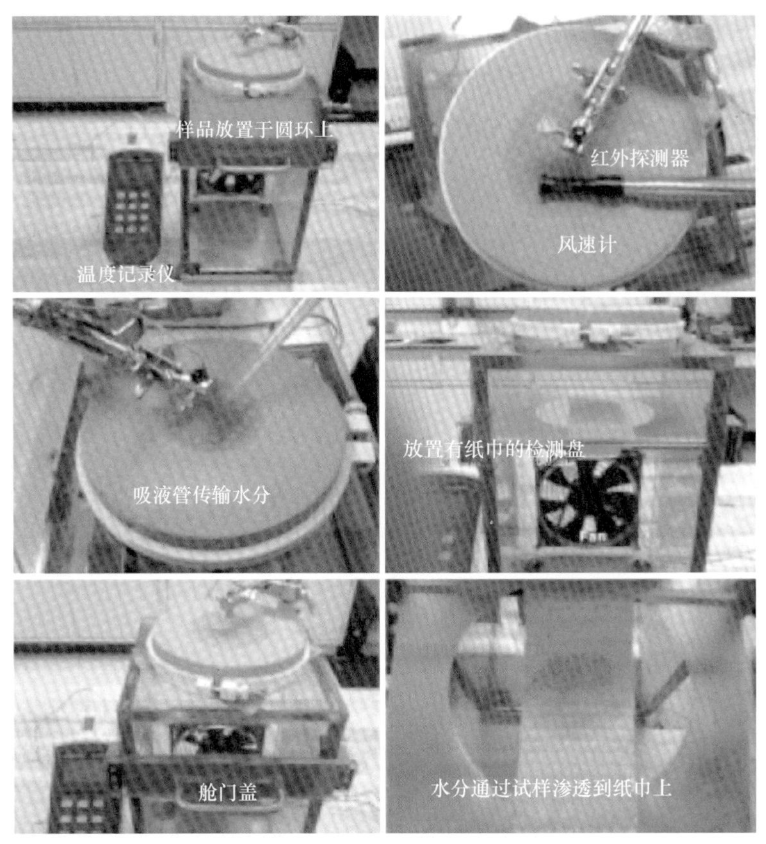

图 2 测试所使用仪器的不同视角

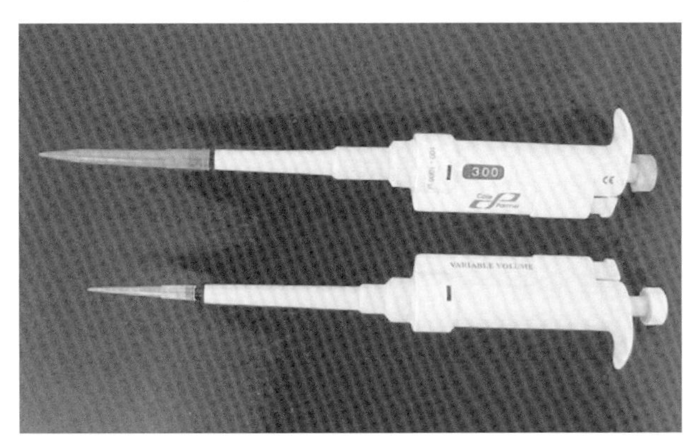

图 3 微量吸管图例

板上，于 21℃ ±2℃（70℉ ±4℉）和相对湿度 65% ±5% 的条件下至少平衡 4h。

9.2 所有测试须在标准条件下进行。

10. 操作程序

10.1 以最小的张力将试样置于绷圈上（见 6.7），防止拉伸样品。避免试样在绷圈的中部下垂。将织物正面朝下。

10.2 按照 AATCC TM79（见 14.1），在试样上滴加一滴水，判断其吸水性。如果吸水时间小于 30s，则继续进行测试；如果大于 30s，则停止测试。本测试方法不能测试吸水时间大于30s ±2s 的织物。开启风扇，干燥试样 5min，然后关闭风扇。

10.3 如果使用具有透明壁的设备，可在水分检测盘上放置一条蓝色的纸巾（见 6.5），并将其插入风箱。如果使用具有不透明壁的设备，则需要 6.10 中的传感器。

10.4 打开风扇。

10.5 5min 后，测定织物的温度。这个温度是织物的干燥、平衡温度。

10.6 在织物顶部滴加 0.100mL ±0.003mL 的水，滴管要贴着试样表面，如果是人工操作，则滴管应与试样呈 45°，观察水分能否透过试样滴落在纸巾上。

水的给液速率非常重要。滴管接触试样时给

液，并需保持恒定的给液速率 0.200mL/s ± 0.0016mL/s。另外，可使用有一定容积的蠕动泵或阀管，以达到恒定的给液速率。送水管可预装正确体积的水。

10.7 如果纸巾是湿的，那么干燥试样。采用新的纸巾来更换盘内的湿纸巾。将吸液器吸取的水分体积降低 10%，重复 10.6。如果水分不渗漏，那么干燥样品，将水分体积增加 0.100mL，再次进行测试。重复这一操作，直至能够估算出织物的吸水能力（见 10.8）。

10.8 能够被织物吸收而不透过织物并润湿纸巾的最大水量即为本测试方法的吸水能力（V_m）。

10.9 将 IR 热电偶探头置于试样的中间位置，高于表面 1cm。调整电偶探头是必要的，因为试样将在风扇打开后略有凹陷。

10.10 移走水分检测盘，关闭搁板的入口。

10.11 使试样干燥，即等待试样温度恢复至 10.5 测定的数值。

10.12 将风速计置于试样上方，接近中心的位置。记录通过试样的气流。

10.13 选择最大水量，至少较 V_m 低 10%。选择另外 4 个水分体积，大约相当于最大量的 10%、25%、50% 和 75%。举例来说，如果织物 V_m = 0.470mL，那么选择的体积应该分别为 0.050mL ± 0.001mL、0.100mL ± 0.001mL、0.200mL ± 0.001mL、0.300mL ± 0.001mL、0.400mL ± 0.001mL。

10.14 开始进行测试，首先记录温度数据，在 IR 热电偶探头的区域范围内将水溶液滴加到试样上，并逐渐增大体积。

10.15 每秒记录一次数据，直至温度恢复至起始温度。

10.16 对于另外 4 组选定的水分体积，重复步骤 10.11 ~ 10.15。

11. 计算和评价

11.1 观察记录仪上的数据，或者利用电子制表程序分别绘制 3 个试样中每个试样的温度—时间数据图。

11.2 确定曲线图上的开始和结束时间。开始时间为将水分滴加到试样上的时间（图 1 中的时间 0）。结束时间为温度—时间曲线图上斜率最大的部分转向平滑段时的拐点对应的时间。确定该拐点的时间值，需要进行两个线性拟合。在曲线图上斜率最大的部分选取 7 个数据点，生成该部分曲线的线性拟合线（见图 1 中的斜线 1）。从温度—时间曲线图上拐点以后的位置选取 25 个数据点，生成平滑段的线性拟合（见图 1 中的斜线 2）。两条线性拟合的交点对应的时间即为结束时间。干燥时间是结束时间和开始时间之差。

11.3 采用下式计算干燥速率（R）：

$$R = \frac{V}{\text{干燥时间}}$$

式中：R——干燥速率，mL/h；

V——测试时使用的水分体积，mL。

干燥时间 = 结束时间 - 开始时间

将秒转换成小时，示例：

$$R = \frac{0.100\ (\text{mL})}{0.022\ (\text{h})} = 4.5\text{mL/h}$$

11.4 以 R_i（mL/h）—V_i（mL）作图（见图 4），其中，i 代表每次滴加的水分体积。

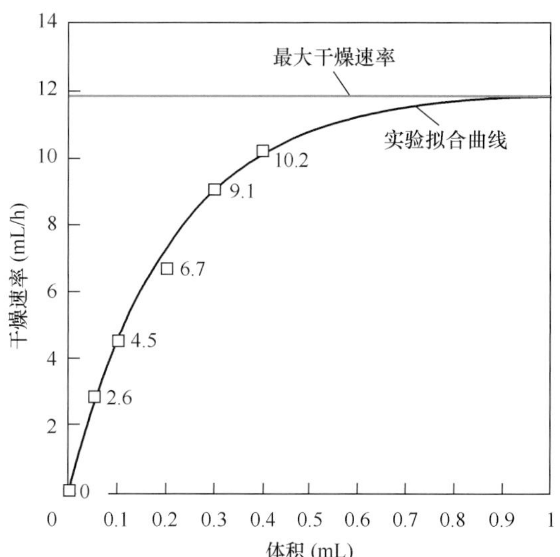

图 4 干燥速率—体积工作曲线图

11.5 根据非线性最小二乘法，采用下式拟合 $R—V$ 的曲线拟合公式：

$$R = a\ (1 - e^{-bV})$$

式中：R——干燥速率，mL/h；

a、b——拟合常数；

V——试验用水体积，mL。

11.6 根据拟合公式计算常数 a 和 b。图 3 中，$a = 11.9\text{mL/h}$，$b = 4.7\text{mL}^{-1}$。

11.7 最大吸水后的干燥速率（R_{max}）为 a。在图 3 中，R_{max} 为 12mL/h。

12. 报告

报告不同试验用水体积下的干燥速率和每种织物的最大吸水能力。确定一定的气流流速下，每种织物的 R_{max} 平均值和标准偏差。

13. 精确度和偏差

13.1 精确度。

13.1.1 2017 年，进行了实验室内精确度研究，3 家实验室，每家实验室 1 个实验员，3 种织物，每种织物测试 3 个试样。表 1 列出了每种织物的干燥速率平均值。织物均为 100% 聚酯纤维圆形针织物。织物 A 为 130g/m^2 的双面针织物，织物 B 为 178g/m^2 的经编针织物，织物 C 为 207g/m^2 的双面针织物。事先未评价参加实验室对实验方法的操作手法。

13.1.2 数据分析产生的临界差见表 2。样本（n）两次平均值之间的差异应当达到或超过表中的值，这些值从统计学上来说具有 95% 的置信度。2011 年进行的单个实验室内的研究也有类似的实验室内偏差。

表 1　实验室内精确度研究结果

织物	n	平均值（mL/h）	标准偏差
A	9	23.92	3.13
B	9	8.611	1.34
C	9	17.11	1.76

表 2　平均值之前的临界差，95%的概率

n	实验室内	实验室间
1	2.449	6.927
2	1.734	4.906
3	1.414	3.999
4	1.224	3.464
5	1.095	3.098
6	1.000	2.828

13.2 偏差。织物干燥速率的测试仅能以一个测试方法来定义。没有独立的方法可以测定其真值。作为评价该性能的方法，本方法没有已知的偏差。

14. 注释

14.1 可以从 AATCC 获取，地址：P.O. Box 12215，Research Triangle Park NC 27709；电话：+1.919.549.8141；传真：+1.919.549.8933；电子邮箱：ordering@aatcc.org；网址：www.aatcc.org。

14.2 可以从 ASTM International，100 Barr Harbor Dr.，W. Conshohocken PA 19428 获取；电话：+1.610.832.9500；传真：+1.610.832.9555；网址：www.astm.org。

14.3 与本测试方法相关的设备信息，买家可访问 AATCC 网站 www.aatcc.org/bg 获取。AATCC 仅提供合作商销售的设备和材料清单，但不以任何方式保证上述清单中的设备和材料满足本测试方法的要求。

AATCC TM201-2012(2014)e2

织物干燥速率：加热板法

AATCC RA63 技术委员会于 2012 年制定；2013 年、2014 年重新审定。2016 年、2019 年编辑性修订。

前言

随着液体管理产品进入市场，纺织品干燥特性的测定变得更加重要。2008 AATCC/ASTM International 的液体管理技术增刊《服装、家用产品及纺织产品的应用》中给出了三种测试纺织品干燥时间的技术方法。本测试方法是一种新的技术，不同于技术增刊中给出的干燥测试法。

1. 目的和范围

1.1 本测试方法测定了织物的干燥速率。织物与定量的水溶液相接触，同时贴附于37℃的加热板之上。该温度为人体汗液开始分泌时的皮肤表面温度。

1.2 本测试方法适用于所有织物，包括针织物、机织物和非织造物，同时也适用于从最终产品中获得的织物。

2. 原理

将织物置于一块恒温的加热金属板之上，并与规定体积的水溶液相接触，基于由此产生的蒸发率来测定织物的干燥速率。

3. 术语

3.1 干燥速率：单位时间内从纺织品中蒸发的液体体积变化。

注意：干燥速率取决于织物结构、纤维含量、服装结构、整理工艺、测试条件以及液体体积的变化。

3.2 干燥时间：一定量的液体在特定测试条件下从纺织材料上蒸发掉所用的时间。

注意：在整个测试过程中用水量是恒定的，测试条件由分析人员和环境控制。

3.3 结束时间：在温度—时间曲线图上，温度由斜率最大的位置转向平滑段时对应的时间（见图 2 和 11.2）。

3.4 开始时间：向试样上施加水分的时间。

4. 安全和预防措施

本安全和预防措施仅供参考。本部分有助于测试，但未指出所有可能的安全问题。在本测试方法中，使用者在处理材料时有责任采用安全和适当的技术；务必向制造商咨询有关材料的详尽信息，如材料的安全参数和其他制造商的建议；务必向美国职业安全卫生管理局（OSHA）咨询并遵守其所有标准和规定。

4.1 遵守良好的实验室规定，在所有的试验区域应佩戴防护眼镜。

4.2 操作实验室测试仪器时，应遵守制造商的安全建议。

5. 使用和限制条件

5.1 本测试方法在特定的实验室温度和相对湿度下进行。本测试方法也可以在其他条件下进行，但在进行结果比对测试时，必须采用相同的测试条件。

5.2 本测试方法用到了一定量的水溶液，当用水量发生改变时，需确保水溶液不会因为毛细效应渗透到测试样品的边缘。若水溶液往样品边缘发生移动，需重新更换样品进行测试，并增加样品的面积，或者减少水溶液的体积。

5.3 当湿气渗透速率超过5000g/（m^2·天）（见JIS L 1099，14.1，方法B1）时，水溶液的蒸发可以被探测到，因此，对于膜结构的织物，需满足此条件才可使用本方法测定其干燥速率。此外，本测试方法也适用于多层复合结构的织物。

5.4 对短袜进行测试时，需将短袜剪开并将其内表面贴附于加热板之上，模拟织物与人体皮肤的接触。

6. 仪器和材料

6.1 干燥速率测试仪（见图1）。

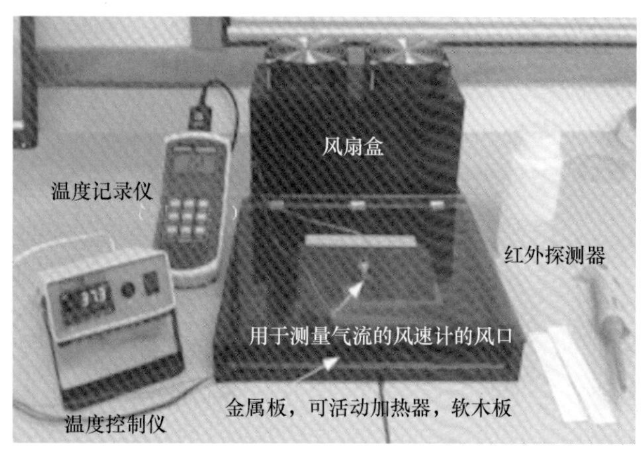

图1 干燥速率测试仪

6.2 温度记录仪，每秒记录一次，具有数据存储功能，并能够将其转换成计算机数据文件。

6.3 红外热电偶探头，温度范围为（15～50）℃±0.1℃［（59.0～122.0）℉±0.18℉］。

6.4 风箱，吹过加热板宽边的风速为1.5m/s±0.5m/s，直接置于红外电热偶探头之后进行测试。

6.5 金属板，尺寸为（30.5±0.5）cm×（30.5±0.5）cm。

6.6 可移动的加热器，尺寸为（30.5±0.5）cm×（30.5±0.5）cm，并具有温度控制器使温度保持在37℃±0.1℃（98℉±2℉）。

6.7 软木绝缘板，尺寸为（30.5±0.5）cm×（30.5±0.5）cm。

6.8 微量吸液管，容积为（0.100～1.000）mL±0.003mL。

6.9 风速计，热线式，可测量（0.5～2.5）m/s±0.1m/s的气流。

6.10 磁片，塑料片或者金属片，长度为15.0cm，宽度为4.0cm±2.0cm，厚度为0.2cm±0.1cm，用于固定样品。

6.11 去离子水或蒸馏水。

7. 取样

从多个试样中取具有代表性的样品。若待测织物为成品，则从每批中取三件。

8. 试样准备

8.1 沿着样品的宽度方向分别从右侧、中间和左侧剪取3块试样，尺寸均为（15.0±0.5）cm×（15.0±0.5）cm。

8.2 若测试样品为服装或成品，则从服装的不同部位剪取试样，如袖子、后背和前身。

8.3 若测试样品为袜类，则沿纵长方向将样品不同结构的部位拆开并分别进行测试。当样品尺寸小于测试需要的尺寸时，则需密切监测水分迁移情况。若水溶液移动到了样品的边缘，则需减少水的体积并且更换新的样品重新进行测试。

9. 调湿

9.1 测试前，将试样按照ASTM D1776《纺织品调湿和测试标准方法》（见14.2）的要求进行调湿平衡。分别将试样置于调湿架的筛网或带孔的搁板上，于21℃±2℃（70℉±4℉）和相对湿度65%±5%的标准大气下平衡至少4h。

9.2 所有测试须在标准条件下进行。

10. 操作程序

10.1 打开可移动加热器的温度控制器和风箱，使金属板的温度保持在37℃ ±1℃（99℉ ±2℉）。

10.2 使用热线式风速计来确保通过金属板的气流速度为1.5m/s ±0.5m/s。在红外热电偶探头之后直接测量空气气流。

10.3 将试样置于金属板上预热5min，使得试样的温度与加热板的温度相平衡。样品的边缘临近于金属板表面的外皮，用一磁条将试样离风箱最近的上边缘固定在金属板的表面。

10.4 将红外热电偶探头置于试样的中间位置，高于试样1.0cm ±0.1cm。在金属板的中央做标记，以利于对红外热电偶探头的观察。

10.5 开启记录仪，提起试样自由端（即与磁条相对的一边），将0.200mL ±0.003mL的水置于红外热电偶探头和试样下方的金属板之上。放下试样使其覆盖水滴。试样与水相接触的瞬间即为开始时间。

10.6 观察试样以确定由水引起的毛细效应。确保水没有因为毛细作用渗透到试样边缘，否则需更换较大面积的试样或者减少水的用量。

10.7 收集并记录每秒的温度直至温度回到最初值。对其他试样重复上述操作。

11. 计算和评价

11.1 观察记录仪上的数据，或者使用电子制表程序分别绘制3个试样中每个试样的温度—时间数据图。

11.2 确定曲线图上的开始和结束时间。开始时间为蒸馏水与试样相接触的瞬间（图2中的时间0），结束时间为温度—时间曲线图上斜率最大的部分转向平滑段时的拐点对应的时间。确定该拐点的时间值，需要进行两个线性拟合。在曲线图上斜率最大的部分选取7个数据点，生成该部分曲线的线性拟合线（见图2中斜线1）。从温度—时间曲线图上拐点以后的位置选取25个数据点，生成平滑段的线性拟合（见图2中斜线2）。两条线性拟合的交点对应的时间即为结束时间。干燥时间是结束时间和开始时间之差。

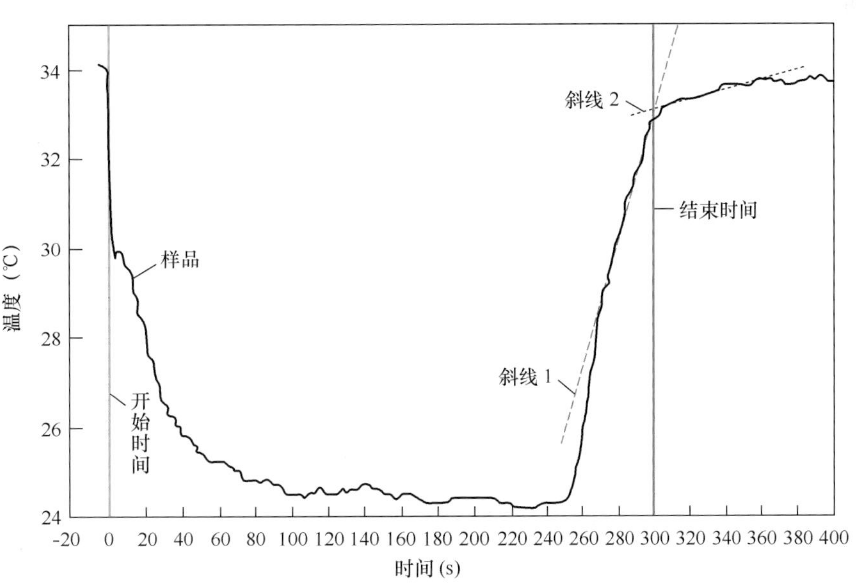

图2 温度—时间工作曲线用以确定干燥时间

11.3 对3块试样的干燥时间取平均值。

11.4 通过下式计算干燥速率（R）：

$$R = \frac{V}{\text{干燥时间}}$$

式中：R——干燥速率，mL/h；

V——试验用水体积，mL。

干燥时间 = 结束时间 - 开始时间

将秒转换成小时，示例：

$$R = \frac{0.200\ (\text{mL})}{0.0836\ (\text{h})} = 2.39\text{mL/h}$$

11.5 取3块试样的平均值。

12. 报告

报告每块织物的干燥速率及其平均值，并注明所用的蒸馏水的体积。比对试验数据时，实验室温度、相对湿度、气流速度和水的体积必须相同。

13. 精确度和偏差

13.1 精确度。

13.1.1 在2010年由两位实验室操作人员在两天内以0.200mL ±0.003mL 的用水量分别对5块不同的织物进行了内部实验室测试。方差分析技术应用于数据建立。该数据和分析保存于RA63委员会文件中。其试验次数（n）、平均值（$\overline{M}$）、95%置信区间（95% CI）、标准误差（SE）和标准偏差（SD）见表1。

表1 方差分析

织物干燥速率（mL/h，在0.2mL水量条件下）	n	$\overline{M}$	95% CI	SE	SD
机织布，40%聚酯纤维，60%棉，145g/m^2	12	1.83	±0.16	0.07	0.25
双面针织布，100%聚酯纤维，150g/m^2	12	1.93	±0.07	0.03	0.11
平纹针织布，100%棉，230g/m^2	12	0.84	±0.05	0.02	0.08
起绒布，100%聚酯纤维，136g/m^2	12	1.34	±0.07	0.03	0.11
短袜，38%聚酯纤维、25%棉、25%锦纶、12%氨纶	12	0.66	±0.04	0.02	0.07

13.1.2 本方法的实验室间精确度尚未确立。在精确度确立之前，本方法的使用者应使用标准的统计方法对实验室间的平均值进行比较。

13.2 偏差。织物干燥速率的测试仅能以一个测试方法来定义。没有独立的方法可以测定其真值。作为评价该性能的方法，本方法没有已知的偏差。

14. 注释

14.1 日本工业标准（JIS）可从以下网址获得：www.jsa.or.jp。

14.2 可从ASTM获得，100 Barr Harbor Dr.，West Conshohocken PA 19428；电话：+1.610.832.9500；传真：+1.610.832.9555；网址：www.astm.org。

AATCC TM202-2012(2020)

纺织品的相对手感值：仪器评价法

1. 目的和范围

1.1 本测试方法是将待测织物与一块参比织物进行比较，比较其机械性能的区别，近而得到其仪器的相对手感值（RHV）。

1.2 本测试方法不可替代 AATCC EP5《织物手感：主观评定》，也与由专业评定人员用 EP5 所得到的实际手感没有可比性。

2. 原理

将一个样品放置在一个有规定直径通道的圆盘上，通过施加一个柱塞力使样品产生机械形变的数据。根据由参比样品与测试样品比较所得到的力量——位移曲线计算得出样品的相对手感值（RHV）。

3. 术语

3.1 手感：当纺织品被触摸、挤压、摩擦或其他操作时所产生的接触时的感觉和印象。

3.2 参比织物：一种被选择用来作为手感评价基准的织物。

3.3 相对手感值（RHV）：一个性能指标，无论是仪器系统评价还是人主观评价所得到的数据，都可以用来预知当人们接触该织物时的触感。

4. 安全和预防措施

本安全和预防措施仅供参考。本部分有助于测试，但未指出所有可能的安全问题。在本测试方法中，使用者在处理材料时有责任采用安全和适当的技术；务必向制造商咨询有关材料的详尽信息，如材料的安全参数和其他制造商的建议；务必向美国职业安全卫生管理局（OSHA）咨询并遵守其所有标准和规定。

遵守良好的实验室规定，在所有的试验区域应佩戴防护眼镜。

5. 使用和限制条件

5.1 本测试方法所得出的结果是一个定量结果，可以用来进行研究和控制产品质量。有刊物研究该方法的历史、理论、技术背景后，证明该方法是有根据的、是有效的（见 13.1）。

5.2 本测试中所使用的仪器可以得到其他手感测试参数，但是本方法只指定了 RHV 这个参数。详情可参考仪器指令说明书。

5.3 当比较不同生产工艺、结构、纤维含量、成品用途的纺织品的 RHV 时，应小心处理，以免出现错误的结论。相关的手感仪器没有被广泛的研究确定。使用者有责任决定其产品需求的适用性。

6. 仪器和材料

6.1 相对手感测试仪（RHV—IS），PhabrOmeter™系统及其附件，配有 PhES™软件（见 13.2 和图 1、图 2）。

6.2 实验用手套和钳子。

6.3 参比织物。参比织物必须有相同的密度类别和等级，可能还需要有相同的成分含量、结构、加工程度或是对比所有被测织物后选择出来的样品。

7. 调节

将参比样和测试样品平铺，并按照 ASTM D1776《纺织品调湿和测试标准方法》执行（见 13.3）。

图 1 PhabrOmeter™ 系统

图 2 测试负载盘

8. 参比样的制备

8.1 应先为 RHV—IS（译者注：测试系统）确定并标识多个全新的参比样，并为每个新参比样建立单独的样品数据文件。

8.2 将选好的参比样多次执行测试步骤（见 9.1～9.3）。为每个参比样绘制力量—位移曲线，提供统计学数据，并保存得到的曲线数据。

例如，校准一块 400g/m^2（11.8 盎司/码^2）、聚酯/棉机织样品的 RHV 值应用程序及其变化后的应用程序，其作为参比织物的数据会为其他没有应用程序的同类织物或为其他将完成的程序做准备。因此，这些试验性的应用程序可与未完成的参比样进行比较。

8.3 参比织物应根据织物的类别（或材料类别）进行选择。比如一块机织物就不能与一块针织参比织物进行比较。

9. 测试样品

9.1 确认样品的正、反面，并确保用同一面进行测试。

9.2 工艺上的正面不是总被作为采购时选择触摸的一面或穿着使用时接触皮肤的一面。因此，在拿到样品后应协商确认用哪面进行测试或者两面都测。

9.3 用裁样附件从样品上裁取直径为 113mm ± 2mm（4.5 英寸 ± 0.1 英寸）的 3 个样品。如有可能，每个样品应尽量包括不同的（经向与纬向）纱线或点（非机织布），取样位置要遍布样品的宽度方向，不可有起皱处。

如果要从成品或者服装上的多个部位裁取样品，则要避开接缝、切口、褶边、纽扣。

10. 操作程序

10.1 启动设备及软件，开启新织物（New Fabric）模式。

10.2 称取 3 个平行样品中的一个的重量并记录（精确至 0.01g）。如果样品在构造上重量分布不均（如非织造布、粗棉布），则应确认 3 个样品的重量并取平均值。

10.3 用 ASTM D1777《纺织材料厚度的测定》（见 13.3）测量样品厚度，并记录，精确至毫米。如果样品在构造上厚度分布不均（如非织造布、垫衬布），则应确认 3 个样品的厚度并取平均值。

10.4 输入样品的重量（见 10.2）和厚度（见 10.3）到已经打开的新织物模式中，并勾选复选框然后保存。录入这些数据以便允许软件自动计算出线密度（μg/cm）。通过计算出来的线密度选择适合的负载盘进行测试（见表 1）。

表 1 线密度与负载圆盘的选择

织物种类	线密度（μg/cm）	负载圆盘选择
超轻织物	<280	无
轻薄织物	280～1200	1
普通织物	1200～3440	2
厚重织物	>3440	3

如果待测样品在准备、完成、洗涤后的线密度不同，则不勾选复选框。应为待测样手动输入合适的线密度，以确保其与参比样线密度一致。

10.5 设置仪器载样盘状态，放置合适编号的载样盘在载样盘平台上。

10.6 激活载样图标。用戴手套的手或用钳子向样品架上放置样品，正面朝下。开始测试。

10.7 在放置下一个样品前，记录数据。

10.8 剩下的样品重复10.6和10.7的步骤。

11. 计算、报告与解释

11.1 通过从每个样品处得出的力量—位移曲线，软件可以自动计算得出织物的平均RHV值及参比样品的RHV值（见13.4和附录A）。

11.2 报告所有样品RHV的平均值。

11.3 如果数据基础是用相同的参比样得出的，那么就会得到一个适用于所有样品RHV数据的标尺（见5.3）。

11.4 RHV值小，表明样品操作接近参比样。其他的分析仪器可以用其解释结果。

12. 精确度和偏差

12.1 多家实验室（4家实验室7台设备）对本测试方法进行分析。实验室测试5块经处理的试样，如经过软化或染色等其他处理工艺。用于研究的样品信息如下：100%丙纶，非织造布 $64.4g/m^2$（1.9盎司/码^2）；100%棉，双罗纹针织布 $210.2g/m^2$（6.2盎司/码^2）；100%棉，机织印花布，$108.5g/m^2$（3.2盎司/码^2）；76%锦纶/24%氨纶，经编针织布，$189.8g/m^2$（5.6盎司/码^2）；100%锦纶，机织物，$118.7g/m^2$（3.5盎司/码^2）。每家实验室中的一个实验员用两天时间对不同的样品做3个平行试验。

12.1.1 其中一个实验室的设备的刻度在测试前是被仪器厂家证实可以测试样品的。这个数据文件被发往各实验室用于校准在该研究中所有样品的相对手感值。

12.1.2 用方差分析对数据进行采集。然后将全面的报告交由AATCC技术中心归档备查。

12.1.3 精确性。相对手感值变化的组成由面料标准偏差组成，列于表2中。

表2 两天所有数据标准偏差一览

样品名称	最小RHV	最大RHV	RHV平均值	标准偏差
非织造布	0.056	0.151	0.086	0.03
纯棉针织布	1.493	1.913	1.772	0.15
纯棉机织布	0.273	0.541	0.385	0.10
锦纶/氨纶经编针织物	0.300	0.534	0.399	0.08
锦纶机织布	0.201	0.397	0.287	0.06

结果表明，第一天和第二天相对手感评价，在95%的置信区间内无明显的不同。结果同样表明，在不同的大气条件下［23℃（73℉）、相对湿度50%和22℃（70℉）、相对湿度65%］获得的相对手感值在95%的置信区间内无明显不同。实验室之间和实验室内部的精确度和临界差异在表3和表4中列出。

表3 精确度 $N=3$（每个样品取样数）

项目	合并的标准偏差	*DF*	偏差
实验室间	0.5068	7	0.1916
实验室内	0.5068	10	0.1603
测试间隔（不同天之间）	0.4991	35	0.0856

表4 每个实验室单个实验员的临界差（设备）

样品数量	实验室间	实验室内
1	0.3319	0.2276
2	0.2347	0.1964
3	0.1916	0.1603
4	0.1659	0.1444
5	0.1483	0.1241

12.2 偏差。相对手感值的真值无法通过一个

测试方法确定。没有独立的方法可以确定其真值。作为评估该项性能的一种手段，本方法没有已知的偏差。

13. 注释

13.1 Pan Ning，Quantification and Evaluation of Human Tactile Sense Toward Fabrics，international journal of Design & Nature，Vol. 1，2007，p48－60；网址：www. phabrometer. com/FAQ/Majorpaper. pdf。

13.2 相对手感测试仪（RHV—IS）、PhabrOmeter™系统、附件及 PhES™软件可从下述公司购买：Nu Cybertek Inc.，2925 Spafford.，Ste. D，Davis CA 95618；电话：+1.530.758.3258；免费电话：+1.877.718.1880；传真：+1.888.566.1298；电子邮箱：info@ nucybertek. com；网址：www. nucybertek. com。

13.3 可从 ASTM 获得，100 Barr Harbor Dr.，W. Conshohocken PA 19428；电话：+1.610.832.9555；传真：+1.610.832.9555；网址：www. astm. org。

13.4 纺织品的最终用途可以决定测试面，但是如果不知道，则哪一面都可以用来测试。但是不论选哪面，每个样品的测试面都应该一致。例如，想要测试样品的正面朝上，那么在测试中定义的组或类里该样品都是正面朝上。

14. 历史

14.1 2020 年重新审定。

14.2 2013 年、2014 年重新审定，2019 年编辑修订。

14.3 AATCC RA89 技术委员会于 2012 年制定。

附录 A RHV 的计算

A1 从样品被测试所得的提取曲线中获得特征、选择程序后，Y_K就可以用一个排列序列表示，$P=8$。

$$Y_K = (y_{k1},\ y_{k2},\ \cdots,\ y_{kp})$$

A2 参比样的 Y_S用同样的方法选择及测试：

$$Y_S = (y_{s1},\ y_{s2},\ \cdots,\ y_{sp})。$$

同样，重量可以通过一个重量排列 W 来表示：

$$W = (w_1,\ w_2,\ \cdots,\ w_p)$$

A3 RHV 实际上是两块样品间的加权欧式距离。

$$\text{RHV} = \sqrt{\sum_{i=1}^{p} w_i (y_{ki} - y_{si})^2}$$

A4 以参比样为基础，RHV 值提供了一个手感指示方式及手感评价等级。RHV 值越小，越接近参比样的手感。

AATCC TM203-2021

纺织品的遮光效果：光谱分析法

前言

AATCC 148—1989《窗帘材料的光屏蔽效果》于1994年被废除。在该方法被废止期间，研究发现，使用标准实验室积分球分光光度计的传输模式可以用来测试终端使用纺织产品的光线屏蔽效果，如住宅用或其他用途的半遮光或全遮光窗帘。本方法使用光谱分析设备对光线进行精确的、可再现的和可追溯的测量。目前这些设备在工业中普遍使用。

1. 目的和范围

1.1 本测试方法使用光谱分析法测量遮窗纺织材料对于光线的阻隔遮光性，用标准观察源在纺织材料的无光照一侧观察穿过纺织材料的光线（典型的如窗帘或帷幕）。

1.2 本测试方法适用于各种类型的织物，包括针织物、机织物、非织造布以及从最终用途产品上裁取下来的织物。但不推荐用于测试网眼在3mm以上的网眼结构织物。

2. 原理

2.1 本测试方法通过对入射光和光线透射过纺织材料后的光线进行比较，来评价纺织材料的遮光性能。遮光效果用透射过织物的光线与无织物遮挡时的总透射光线（总透射量）的百分比来表示。用未透射织物的光线量占总透射量的百分比来表示织物的遮光性。

2.2 本测试方法通过测定CIEY三刺激值来获得测试结果。CIEY三刺激值通过在全透射D65光源10°视角观测计算得到。

3. 术语

3.1 漫透射：入射光在穿过物体透射时以不同的角度发生折射和散射。

3.2 遮光性：纺织材料阻止光线透射的能力。

3.3 正常透射：入射光以直线直接透过的方式穿过物体，不发生扩散。

3.4 分光光度计：以波长方式测试试样透射和反射的设备。

3.5 总透射：透过物体的光线总量，包括漫透射和非漫透射光。

3.6 透射：入射光穿过物体的过程。

4. 安全和预防措施

本安全和预防措施仅供参考。本部分有助于测试，但未指出所有可能的安全问题。在本测试方法中，使用者在处理材料时有责任采用安全和适当的技术；务必向制造商咨询有关材料的详尽信息，如安全参数和其他制造商的建议；务必向美国职业安全卫生管理局（OSHA）咨询并遵守其所有标准和规定。

4.1 遵守良好的实验室规定，在所有的试验区域应佩戴防护眼镜。

4.2 在操作实验室检测设备时，应遵守仪器生产商的安全操作规程。

5. 使用和限制条件

5.1 本测试是在特定的实验室温湿度条件下进行的，也可以在其他环境条件下进行，比如常温条件。但是在对检测结果进行比较时，应保持所用温湿度条件相同。

5.2 本测试方法使用的光源为氙光灯，也可以使用其他光源，比如带有红外线带宽能量的光谱分析设备。使用不同光源时，检测结果会有所差异。

6. 仪器和材料

6.1 分光光度计，能精确测量透过夹持在夹持架上的织物的光线总量。

6.2 用白色标准物覆盖反射部分或外部端口部分，以确定分光光度计光线 100% 透过的标准，同时形成光电探测积分球，进而可以据此计算出测试时的光线透过量。

6.3 可以通过遮挡后的光线透过量确定分光光度计光线 0 透过的标准。

6.4 如果分光光度计光源为可调节紫外光，应对其能量进行标定和统一（见 14）。

7. 样品

从样品不同部位上裁取 5 个具有代表性的试样。不同部位光线透过量不同的样品，如类似于循环提花的织物需要增加试样的数量，以确保样品不同部位光线透过量不同的部分均取到试样。镂空和非镂空部分交替出现的纺织品，各部分应分别取样。

8. 试样准备

8.1 试样大小应满足试样夹持器的要求，并可完全遮挡分光光度计的透过光线采集端口。

8.2 不可从机头布或布边宽度 10% 的范围内取样。

9. 调湿

9.1 测试前应将试样放置于具有排孔的架子上，在温度为 21℃ ±2℃ （70℉ ±4℉），相对湿度为 65% ±5% 的环境下，按照 ASTM D1776《纺织品调湿和测试标准方法》的要求进行调湿平衡。调湿时间取决于 ASTM D1176 中规定的因素。

9.2 所有试样均需在标准大气压环境下进行测试。

10. 操作程序（见图 1）

10.1 在无光线遮挡物情况下核查总光线透过量。

图 1 两款不同仪器制造商生产的不同试样夹持装置

10.1.1 用白色标准物遮挡外部端口或反射部分，以形成完整的光电探测积分球。

10.1.2 在无样品夹持的情况下，将仪器设置为光线透过率测试模式。

10.1.3 测试并记录光线透过量，此值定为 100% 光线透过量。

10.2 使用不透明遮光物来核查总光线透过量。

10.2.1 继续将白色标准物遮挡于外部端口或

反射部分，以形成完整的光电探测积分球。

10.2.2 使用不透明遮光物如金属板遮挡光线。

10.2.3 测试并记录光线透过量。CIE Y_{D65-10}三刺激值的测试值应为0。

10.3 记录透过试样的光线总透射量。

10.3.1 继续将白色标准物遮挡于外部端口或反射部分，以形成完整的光电探测积分球。

10.3.2 将测试试样夹持于测试架上。

10.3.3 测试并记录光线透过量，并用 CIE Y_{D65-10}三刺激值来进行表征光线透过率。

11. 计算

11.1 根据下式计算遮光率（x）：

$$x = 100\% - A$$

式中：A——10.3 中得到的 CIE Y_{D65-10}为三刺激值。

11.2 计算5个试样测试结果的平均值。

12. 报告

12.1 报告所使用的测试方法。

12.2 报告分光光度计所使用的光源，以及如为紫外光源，其能量是否经过标定和统一。

12.3 报告所有被测样品遮光率的平均值。

12.4 报告测试试样的数量。

12.5 报告测试结果的标准偏差。

12.6 报告测试环境的温度和相对湿度。

13. 精确度和偏差

13.1 设计具有局部遮光效果的涤纶窗帘用织物，经涂层和植绒后进行匹染染色，颜色为蓝色。在同一实验室使用不同仪器制造商生产的两种仪器，分别对上述织物进行单层、双层、三层遮光效果测试，每组实验均进行5次测试。同时，在另一实验室中使用同一制造商生产的设备进行同样的测试（见表1）。

表1 两个实验室分别使用两种仪器对试样的测试统计结果（$n=5$）

单层试样			
实验室	仪器	平均值	标准偏差
实验室1	制造商A的仪器	96.46	0.03
	制造商B的仪器	96.58	0.01
实验室2	制造商A的仪器	96.50	0.15
综合		96.51	0.10
95%置信区间（单层，综合数据）			
n		标准误差	
1		0.20	
2		0.14	
3		0.11	
4		0.10	
5		0.09	
双层试样			
实验室	仪器	平均值	标准偏差
实验室1	制造商A的仪器	99.83	0.00
	制造商B的仪器	99.84	0.01
实验室2	制造商A的仪器	99.63	0.01
综合		99.77	0.10
95%置信区间（双层，综合数据）			
n		标准误差	
1		0.20	
2		0.14	
3		0.12	
4		0.10	
5		0.09	
三层试样			
实验室	仪器	平均值	标准偏差
实验室1	制造商A的仪器	99.98	0.00
	制造商B的仪器	99.99	0.00
实验室2	制造商A的仪器	99.97	0.00
综合		99.98	0.01
95%置信区间（三层，综合数据）			
n		标准误差	
1		0.02	
2		0.01	
3		0.01	
4		0.01	
5		0.01	

为了提供更详细的信息，同一操作员、同一仪器、样品的大小在95%置信水平时，30个取自同一织物的样品，在实验室2使用仪器制造商A生产的仪器的测量结果（见表2）。

表2 单一实验室使用同一款仪器对蓝色涤纶织物的测试统计结果（n =30）

单层		双层		三层	
平均值	标准偏差	平均值	标准偏差	平均值	标准偏差
96.45	0.30	99.63	0.01	99.97	0.00
95%置信区间		95%置信区间		95%置信区间	
n	标准误差	n	标准误差	n	标准误差
1	0.582	1	0.026	1	0.008
2	0.411	2	0.019	2	0.006
3	0.336	3	0.015	3	0.005
4	0.291	4	0.013	4	0.004
5	0.260	5	0.012	5	0.004
6	0.237	6	0.011	6	0.003
7	0.220	7	0.010	7	0.003
8	0.206	8	0.009	8	0.003
9	0.194	9	0.009	9	0.003
10	0.184	10	0.008	10	0.003
30	0.106	30	0.005	30	0.002

13.2 取自同一批次的30个100%纯棉平纹镂空织物试样在实验室1中使用仪器制造商A生产的仪器进行测试（见表3）。

13.3 偏差。使用本测试方法评价织物的遮光性能，没有独立的方法可以测定其真值，因此本方法没有已知偏差。

表3 单一实验室使用同一款仪器对白色棉织物的测试统计结果（n =30）

单层	
平均值	标准偏差
61.45	0.23
95%置信区间	
n	标准误差
1	1.374
2	0.971
3	0.793
4	0.687
5	0.614
6	0.561
7	0.519
8	0.486
9	0.458
10	0.434
30	0.251

14. 注释和引用文献

参考AATCC国际测试方法和程序手册评定程序11；用于荧光增白纺织品的分光光度计UV能量的校准程序来获得关于分光光度计紫外光能量的相关标定信息。EP11可以从AATCC获取，地址：P. O. Box 12215, Research Triangle Park NC 27709；电话：+1.919.549.8141；传真：+1.919.549.8933；邮箱：ordering@aatcc.org；网站：www.aatcc.org。

15. 历史

15.1 2021年进行了修订，根据AATCC标准的统一格式增加了历史部分。

15.2 2016年进行了修订。

15.3 由AATCC RA36技术委员会于2014年制定。

AATCC TM204-2019

纺织品透湿性能测试方法

前言

本测试方法与其他“正杯法”测试原理接近；然而本方法特别适用于评价户外用纺织产品的透湿舒适性。加热水浴和环境空气的温差为水蒸气传送提供了驱动力，这个驱动力似乎比实际穿着时的驱动力大，它为测试不同材料的水蒸气透过性能提供了有效的条件。即使测试时间和温度有小的波动，使用控制纸测量透过被测面料水蒸气的百分比，也能提高测试的精确度。控制纸还可以作为验证工具，以确保测试结果的一致性。

1. 目的和范围

本测试方法用于测定水蒸气透过纺织品相对速率。

2. 原理

试样和控制试样代替盖子安装在装有水的罐子上。罐子被称重并悬浮在54℃（129℉）的水浴中24h。24h后重新称量每个罐子的重量，通过计算与之前重量之差来确定穿过试样的水蒸气量，即透湿量。透过试样的水蒸气量与透过控制试样水蒸气量的百分比即为透湿结果。透湿量的报告单位为g/（m^2·24h）。

3. 引用文献

注：除非另有规定，应当使用发布标准的最新版本。

3.1 ASTM C168，有关热绝缘的标准术语（见15.1）。

3.2 ASTM D1776，纺织品调湿和测试标准方法（见15.1）。

4. 术语

4.1 控制纸：针对液态水分管理的测试，一种在受控条件下，能够稳定地透过一定量水蒸气的标准滤纸。

4.2 水分管理：针对液态水分管理的测试，即设计的或固有的透明液体透过量，例如汗液或水（与舒适性相关），包含液态水和气态水。

4.3 水蒸气透过速率：每个表面都处于特定的温湿度条件下时，单位时间内通过单位面积特定物体（一般是几个特定的平行表面）的稳定的水蒸气量（ASTM C168）。

5. 安全和预防措施

本安全和预防措施仅供参考。本部分有助于测试，但未指出所有可能的安全问题。在本测试方法中，使用者在处理材料时有责任采用安全和适当的技术；务必向制造商咨询有关材料的详尽信息，如材料的安全参数和其他制造商的建议；务必向美国职业安全卫生管理局（OSHA）咨询并遵守其所有标准和规定。

遵守良好的实验室规定，在所有的试验区域应佩戴防护眼镜。

6. 使用和限制

本方法不适用于直接接触水的材料的水蒸气透过量的测试。

7. 仪器和材料（见 15.2）

7.1 带有温控器的水浴，水浴温度为54℃ ±2℃（129℉ ±5℉）（见 15.3）。

7.2 一个 11 或 12 标准厚度的不锈钢盘，盘子上至少有 7 个直径为 88.3mm（3.5 英寸）的孔。盘子必须足够结实，可以支撑罐子略微高于水浴的底边。盘子还有覆盖水浴的作用，以减少水气蒸发。

7.3 宽口罐头瓶（标称容量 16 盎司），或其他罐口标称直径为 83mm（3.25 英寸）、内部高度为 121mm（4.75 英寸）的玻璃罐子，用于放置在不锈钢盘的孔内。

7.4 罐口固定环，或者其他能将试样固定在罐口的装置。

7.5 天平，精确度至 ±0.1g（±0.001 盎司）。

7.6 蒸馏水。

7.7 计时器。

7.8 适合测量 54℃ ±2℃（129℉ ±5℉）的温度计。

7.9 AATCC 蒸汽透过控制纸（见 15.4），3 张。

7.10 风速计，风速测量的精确度为 0.1m/s。

8. 试样

8.1 所有试样都应离开布边至少 100mm ±5mm（4 英寸 ±0.2 英寸）。如果测试服装，试样应距离接缝和缝迹 100mm ±5mm（4 英寸 ±0.2 英寸）。

8.2 制备试样，使每个样品包含不同的经纬纱或纵横列。

8.3 裁下 4 块直径约 108mm（4.5 英寸）试样。试样应足够大，可以覆盖瓶口并能用固定环固定，精确的尺寸和形状在本实验中不重要。

8.4 控制试样是预先切好的滤纸（见 7.9）。

9. 调湿

9.1 测试前，按照 ASTM D1766《纺织品调湿与测试标准方法》对试样和控制纸进行预调湿和调湿。通常，纺织材料调湿条件见表 1。根据纤维成分按照表 2 确定调湿时间，将试样和控制试样分别平铺在调湿干燥架的筛网或多孔板上调湿。

9.2 所有实验操作都要在温度为 21℃ ±2℃（70℉ ±4℉）、相对湿度为 65% ±5% 的大气条件下进行。

9.3 实验应在静止的空气中进行，最大风速为 0.1m/s（0.33 英尺/s）。风速过大会造成蒸汽透过量数值增大。使用风速计，按照制造商说明书，控制测试区域的风速最大不超过 0.1m/s（0.33ft/s）。

10. 仪器和试样的准备

10.1 清洁并干燥罐子。

10.2 给每个罐子编号，且必须保证数字编号在罐子润湿后仍清晰可见。

10.3 水浴锅中加入约 3/4 的水，并盖上不锈钢盘。

10.4 加热水浴至 54℃ ±2℃（129℉ ±5℉），并保持温度。

10.5 将第一个罐子放在天平上并去皮重。向去皮重的罐子加入 390g ±1g（13.76 盎司 ±0.04 盎司）蒸馏水。

10.6 重复操作共 7 个罐子（3 个控制纸，4 个试样）。如果同时测试多个样品，则只需要一套（3 个）控制罐。

10.7 将一张控制纸（正面向上）覆盖在 1 号罐的罐口，并用固定环固定。

10.8 重复操作 2 号和 3 号罐。

10.9 将从一个样品上取下的试样覆盖在4 ~7 号罐的罐口，正面向上，用固定环固定（见图 1）。

如果同时测试多个样品，则可将从第二个样品上取下的试样固定在 8 ~11 号罐上。继续固定所有试样，保证同一样品的试样编号连续。

图1 准备测试的组合试样罐

图2 装有8个试样、3个控制试样和4个空罐子的测试仪器（见10.3.1）

11. 操作程序

11.1 天平归零，称量第一个装有水并安装好的组合试样罐。记录罐子编号和初始重量。

11.2 称量余下每个制备好的组合试样罐，记录编号和重量。

11.3 将制备好的罐子放入不锈钢盘的孔内。操作要小心，避免试样沾湿。如果控制纸在操作中沾湿，则需更换一张干燥的并重新称重。在金属盘的纵横方向均匀地放置试样和控制试样（见图2）。

11.3.1 如果孔的数量比试样多，则将未使用的孔内放入空罐。视需要向空罐中加入水或其他压载物，以防止罐子漂浮。如果使用水，则需在罐口加平盖和固定环，以防止在测试环境中产生过量的湿度。

11.3.2 罐子的3/4浸入水中。

11.4 将计时器设定为24h，并开始计时。

11.5 24h后，将罐子从水浴中取出。避免水滴滴落在其他试样上。

11.6 将罐子外侧擦干。

11.7 称量每一个组合试样罐，记录编号和最终重量。

11.8 小心地卸下固定环，取下试样，记录试样背面是否有水珠凝结情况。

12. 计算

12.1 用组合试样罐的初始重量减去相应的最终重量，得到每个试样的水蒸气透过量。

$$T_n = O_n - F_n$$

式中：T——水蒸气透过量，g；

n——编号；

O——组合试样罐的初始重量，g；

F——组合试样罐的最终重量，g。

12.2 计算透过控制纸的平均水蒸气量。

$$T_{\text{control avg}} = \frac{T_1 + T_2 + T_3}{3}$$

12.3 用每个试样的水蒸气透过量除以3个控制纸水蒸气透过量的平均值，得出每个试样相对于控制纸的水蒸气透过率。

$$T_{4\%} = \frac{T_4}{T_{\text{control avg}}} \times 100\%$$

12.4 计算每个样品相对于控制纸的平均水蒸气透过率。

$$T_{\text{avg}\%} = \frac{T_{4\%} + T_{5\%} + T_{6\%} + T_{7\%}}{4}$$

12.5 可选：计算单个试样单位面积水蒸气透过量或平均值，单位 $g/(m^2 \cdot 24h)$。罐口固定环的暴露面积是 $0.004243m^2$（固定环内径是 73.5mm）。

13. 报告

13.1 被测织物的描述或识别。

13.2 报告测试是按照 AATCC 204－2019 进行的。

13.3 报告测试条件和初始数据：

13.3.1 报告每个试样和控制纸组合罐的初始重量（O_n）和最终重量（F_n）。

13.3.2 报告每个试样的水蒸气透过量（T_n）。回顾这个数据的范围，以确定是否需要复测。

13.4 报告测试结果：

13.4.1 报告每个试样相对控制纸的透过率（$T_{n\%}$）和每个样品相对控制纸的平均透过率（$T_{avg\%}$）。

13.4.2 可选：报告每个试样以 $g/(m^2 \cdot 24h)$ 为单位的水蒸气透过量。

13.4.3 报告每个试样背面是否有水珠凝结情况。

13.5 偏离标准的任何描述。

14. 精确度和偏差

14.1 精确度。

14.1.1 2014 年完成了一项实验室间测试研究，包括单个操作者的 5 个实验室，每个实验室测试同样的 6 块面料，每个面料测试 4 个试样。事先未评价参加实验室对测试方法的操作手法。结果见表 1。

14.1.2 数据产生的差异见表 1。对于适当的精度参数，样本之间的平均值差异应达到或超过表 2 中 95% 置信水平的数值，有统计学意义。

14.2 偏差。水蒸气透过率仅由测试方法定义，没有一个独立的测试方法能测定其真值。作为评价该性能的方法，本方法没有已知的偏差。

表 1　精确度研究结果

面料	*n*	平均值	标准偏差
A	20	79.365	3.065
B	20	88.598	4.819
C	20	74.860	2.100
D	20	81.621	2.103
E	20	89.186	2.403
F	20	71.343	5.531

表 2　平均值临界差，95% 置信区间

n	实验室内	实验室间
1	1.366	7.460
2	0.967	5.283
3	0.789	4.307
4	0.683	3.730
5	0.611	3.336
6	0.558	3.046

15. 注释

15.1 可从 ASTM 国际组织获得。100Barr Harbor Dr.，W. conshohocken PA 19428. LISA. 电话：+1.610.832.9500；网址：www.astm.org。

15.2 有关适合测试方法的设备信息，请登录 www.aatcc.org/bg 了解。AATCC 尽可能提供其合作会员销售的设备和材料清单，但是 AATCC 并不证明其资格，或以任何方式批准、认可或证明清单上的任何设备或材料符合测试方法的要求。

15.3 一种食品加热器可提供适合的水浴。305mm×508mm（12 英寸×20 英寸）的加热器适合安装 15 个试样（包括 3 个控制试样），最少需要容纳 7 个试样（3 个控制和 4 个试样）。

15.4 可从 AATCC 获取，地址：P. O. Box 12215，Research Triangle Park NC 27709；电话：+1.919.549.8141；电子邮箱：ordering @ aatcc.

org；网址：www. aatcc. org。

16. 历史

16. 1 2019 年编辑修订，设备信息增加了风速计，调整使其与 AATCC 格式保持统一。

16. 2 2017 年编辑修订和重新审定，2016 年编辑修订。

16. 3 AATCC RA63 技术委员会于 2015 年制定。

AATCC TM205-2016(2019)e

地毯：液体渗透性试验

AATCC RA57 委员会于 2016 年编制，2019 年重新审定和编辑性修订。

1. 目的和范围

1.1 本测试旨在模拟地毯的实际使用性能，并进一步评价地毯表面和衬垫对泼洒液体的渗透情况。

1.2 除非相关各方明确达成一致，本方法一般不用于评价地毯的缝合处/接头。本方法主要用于评价地毯（表面或衬垫）是否会被泼在地毯表面和衬垫的液体所渗透，除非有宣称说明，本方法一般不用于评价地毯的缝合处/接头。本测试旨在模拟地毯的实际使用性能。

2. 原理

2.1 将带有颜色的液体在一定高度处泼在地毯的表面，将测试液体在样品上静置 24h。

2.2 评估液体对样品的渗透性能。

3. 术语

3.1 印迹纸：任何白色的、类似布料的可吸水材料，能轻易吸收小液滴。

3.2 地毯基布：不在地毯表面的材料（面料、纱线或化学物）。

3.3 地毯成品：最终的地毯成品，包括：表面纤维、主体衬垫、黏合层以及辅料衬垫（如果存在）。

3.4 液体溢出电阻值：对地毯而言，阻止液体渗透地毯的能力。

3.5 主体基布：对于簇绒地毯，底物穿插到其纱线中。

3.6 接缝：对于地毯，对于任意两块地毯缝制形成的接缝线。

3.7 辅料衬垫：基底纤维，附着于地毯的主体衬垫和黏合剂之间。

3.8 泼洒：将液体自由落体式地滴在地毯表面。

4. 安全防范

注意：该安全防范仅提供一些信息，作为测试程序的附加信息，无法包含所有可能的情况。在本测试方法中，使用者在选取材料时应使用安全、适当的方法。具体的细节必须咨询制造商，如材料安全数据表和制造商其他的建议。所有的 OSHA 标准和规则也必须咨询并参照。

4.1 应遵循规范的实验室实操。在所有实验室区域佩戴防护眼镜。

4.2 所有化学品应小心处理。

4.3 操作实验室测试设备时应遵循制造商的安全建议。

4.4 所有电气设备需接地。

5. 使用和限制

5.1 这种测试方法不适用于由于水浸、地板下渗漏等引起的液体渗透，不能用来对地毯进行分类成不渗透液体地毯，也不适用于评估液体长期作用对产品的恶化或性能降解的影响。

5.2 该测试不评估宽幅机织物或组装式的地毯接缝，除非按买方和卖方之间的约定专门进行测试。

6. 设备和材料

6.1 玻璃或塑料的实验用漏斗，管长 35mm ± 2mm（1.43 英寸 ± 0.08 英寸），管的内径应为 10mm ± 2mm（0.40 英寸 ±0.08 英寸）。

6.2 亚甲基蓝染料。

6.3 玻璃纸或其他等效物品。

6.4 防溅罩，直径不低于 150mm（6 英寸）（不得大于样品尺寸），高最少 127mm（5 英寸），由不吸湿材料制成。

6.5 白色吸墨水纸或其他等效物品。

6.6 漏斗和配套支架，能将漏斗支撑在样品上方 100cm ±0.3cm（39.4 英寸 ±0.125 英寸）处。

7. 试剂

0.1% 亚甲基蓝溶液，溶于去离子水。每个测试样品需使用 100mL 该溶液。

8. 试样准备

8.1 从测试样品上剪取 3 块样品，最小尺寸为 300mm ×300mm（12.0 英寸 ×12.0 英寸），其中从地毯全宽的两边各取一个，距边缘至少 300mm（12 英寸），另一个尽量选择地毯宽幅的中心。

8.2 开始测试前，清楚所有从样品上掉落的毛绒或纱线。

9. 条件

9.1 测试前，样品按 ASTM D1776 中纺织品预处理和测试的标准操作进行（14.3）。开始测试后，在评价前，样品需在标准环境下静置 24h ±2h。

9.2 在标准环境下完成对纺织品的测试。

10. 步骤

10.1 在水平面上方搭置实验漏斗，漏斗底孔距平面 100cm ±0.3cm（39.4 英寸 ±0.125 英寸），测试样品将放在平面上。

10.2 将样品放在水平面上，正面朝上，漏斗的出水口尽量在样品的中心。

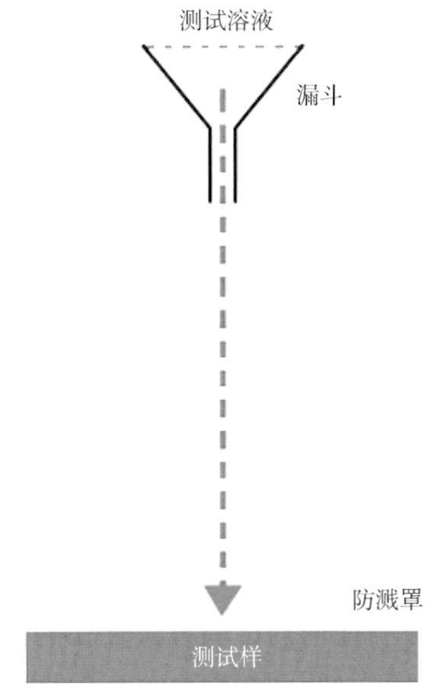

图 1　实验的相对位置

在样品上放置防溅罩，其中心与样品的中心位置一致。确保防溅罩与样品接触紧密。

10.3 另备一个平台，在平面上放置玻璃纸（或其他不吸水的纸），纸应足够大，能收集全部从样品中转移出的液体。

10.4 通过漏斗向样品上倒上 100mL ±1mL 的 0.1% 亚甲基蓝溶液，在撤离防溅罩前，静置使溶液全部完全浸入表面，否则静置时间不低于 30min。如果要将试样移动，需非常小心，保持水平，避免液体流出样品边缘。将样品转移至另一个平台，在平台的平面上放置有玻璃纸（见 14.5），将样品在该条件下静置 24h ±2h。

10.5 按 10.4 方法对所有样品进行测试。

10.6 在 24h 后（见 10.4），使用吸墨水纸吸收掉测试样品表面所有的液体（见 14.2）。

100mL 水，而 AATCC TM112 中是 50mL。

13. 精度和偏差

13.1 精度。

13.1.1 实验室间测试。AATCC TM206 实验在 2015 年进行了实验室间的比对。在参与实验的三个实验室进行两轮实验，他们对相同的材料标本进行多种测试。每个参与的实验室对低含量的样品（50 ~ 100μg/g）至少进行两次测试。对所有测试结果使用基本描述性统计来分析方差。

13.1.2 计算含量的方差值（见表 1）是一种合适的方法，对这个低水平的甲醛织物计算的临界差异（见表 2）和置信限（见表 3）结果如下所示。

表 1 变异系数用标准偏差来衡量（以百分数表示）

类别	面料 1 方差
实验室	2.4
操作人	1.1
样品	2.2

表 2 临界差异—95.0% 可信度（以百分比表示）

测试号	单次	实验室内部	实验室间
1	13.3	6.8	9.6
2	6.7	5.3	8.6
3	4.4	4.7	8.2
4	3.3	4.3	8.0
5	2.7	4.1	7.9
6	2.2	3.9	7.8

注 计算临界差异时取 $z = 1.960$。

表 3 置信限—95.0% 可信度（以百分比表示）

测试号	单次	实验室内部	实验室间
1	9.4	4.8	6.8
2	4.7	3.7	6.1
3	3.1	3.3	5.8
4	2.4	3.0	5.7
5	1.9	2.9	5.6
6	1.6	2.8	5.5

注 计算置信限时取 $z = 1.960$。

13.1.3 当两个或多个实验室要比较测试结果时，建议在他们开始试验之前建立实验室的能力水平。

13.1.4 如果实验室间只比较了一种甲醛含量较低的样品，需参考表 2 中的临界差异。

13.1.5 每个实验室的测定数量同样决定了临界差异值。

13.2 偏差。

13.2.1 面料中的甲醛释放量只能由测试方法确定。没有一种独立的方法能够测出其真实值。作为一种评价面料中游离甲醛含量的方法，AATCC TM206 没有偏差。

13.2.2 AATCC TM206 在纺织品和服装行业中可用于对结果仲裁。

14. 提示

14.1 AATCC：P. O. Box 11215，Research Triangle Park NC 27709，电话：+1.919.549.8141；传真：+1.919.549.8933；电子邮箱：ordering@aatcc.org；网址：www.aatcc.org。

14.2 甲醛是许多纺织整理剂的成分或者前体。甲醛可用于后整理固化，促进自交联和/或与面料之间发生交联。交联不完整或在后期储存中发生水解都会导致面料上残留有甲醛。本测试旨在测试游离和可水解甲醛含量。温湿条件下可以进一步水解交联剂，释放更多的甲醛。AATCC TM112 可测定游离、水解甲醛和该方法外的条件下生产的甲醛。鉴于以上区别，测试时应选择合适的测试方法。

14.3 有需要请联系：ACGIH，Kemper Woods Center，1330 Kemper Meadow Dr.，Cincinnati OH 45240；tel：513-742-2020；www.acgih.org。

14.4 在使用某分光光度计以及确定光程的比色皿测试时，试剂与萃取液的比例可以调节使得吸光度值在合理区间。例如，虽然 5mL∶5mL 一般对各种设备都比较方便，其他 1∶1 比例的如 2mL∶2mL

对别的设备可能更合适。标准品和样品必须使用相同的比例。使用分光光度计管直接用于颜色的测定，避免了从试管转移到比色皿的步骤，这在样品多时可显著节省测试时间。超声或类似设备可以用于试剂的分散，各种规格的自动进样器也能用在样品溶液的制备。

14.5 参考J. Frederick Walker，甲醛，3rd Ed. Reinhold Publication Co.，New York，1964，p486. An alternate reference is the Analytical Methods for a Textile Laboratory，Third Edition，1984，edited by J. William Weaver。

14.6 在萃取时面料要完全浸入水中。如有必要，可使用一种不含甲醛的表面活性剂，浓度在0.2%左右。

14.7 如果萃取液有颜色，参考DilipPasad的"Optimization of the AATCC Sealed Jar and HPLC Methods for Measurement of Low Levels of Formaldehyde，" AATCC Textile Chemist and Colorist，June 1989，Volume 21，No 6（see 14.1）

14.8 如果萃取液中含有悬浮物，可以对溶液进行离心或过滤处理。

14.9 前文"10."中涵盖的甲醛含量范围为0～500μg/g，如果测出的吸光度值超过1.0，则需取10mL纳氏试剂和1mL萃取液。如果是这样，应从约1500μg/mL的甲醛标准储备液中取1mL、3mL、5mL、10mL、15mL、20mL并容至500mL，配制甲醛浓度大约为3μg/mL、9μg/mL、15μg/mL、30μg/mL、45μg/mL、60μg/mL，所得标样重新再按10∶1的比例制作校准曲线（见8.3）。

15. 历史

15.1 2020年修订，为清晰起见，更新了多个章节。

15.2 2017年重新审定，2018年、2020年（名称变更）编辑修订。

15.3 由AATCC委员会RA45于2016年制定。

AATCC TM207-2019

成衣经家庭洗涤前后接缝扭曲测试方法

AATCC RA42 技术委员会于 2017 年制定，2019 年修订。

1. 目的和范围

1.1 本方法用于测试成衣经家庭洗涤前后的接缝扭曲性能。

1.2 本方法适用于测试可进行家庭洗涤的机织或针织成衣服装中上装和下装垂缝的扭曲性能。同时也适用于其他终端产品如窗帘、帷幔、枕头套扭曲性能的测试。

2. 原理

根据标记点洗前和洗后在自然状态下的位移来测试接缝扭曲性能。以对标记长度的百分率作为测试结果。数值越接近零表示扭曲越小或没有扭曲；数值越大表示扭曲越大；本测试方法不产生负扭曲值。

3. 引用文献

3.1 AATCC LP1 家庭洗涤的实验室程序：机洗（见 16.1）。

3.2 AATCC LP2 家庭洗涤的实验室程序：水洗（见 16.1）。

3.3 AATCC TM133 耐热色牢度：热压（见 16.1）。

3.4 AATCC TM143 服装及其他纺织制品经家庭洗涤后的外观（见 16.1）。

3.5 AATCC TM150 服装经家庭洗涤后尺寸变化的测定（见 16.1）。

3.6 AATCC TM179 织物经家庭洗涤后的纬斜变化（见 16.1）。

3.7 ASTM D123，纺织品相关标准术语（见 16.2）。

3.8 ASTM D1776，纺织品调湿和测试标准方法（见 16.2）。

3.9 ASTM D3882，机织和针织物弓斜和纬斜的标准测试方法（见 16.2）。

3.10 ISO 6330，纺织品试验时采用的家庭洗涤及干燥程序（见 16.3）。

4. 术语

4.1 洗涤：使用水溶性洗涤溶液清除纺织品上污渍或沾污物的过程，通常包括漂洗、脱水和干燥等程序。

4.2 接缝扭曲：成衣由接缝连接的不同部分发生旋转的现象，通常为横向的旋转。

注：接缝扭曲也常被称为扭转、扭斜。

5. 安全保护措施

本安全和预防措施仅供参考。本部分有助于测试的顺利进行，但并未指出所有可能的安全问题。在采用测试方法时，试验人员应采用安全和适当的方法来处理材料。务必向试验中所需材料和仪器的制造商咨询详尽信息，如试剂等的安全参数和使用指南等。务必向美国职业安全卫生管理局（OSHA）咨询并遵守其所有的标准和规定。

5.1 遵守实验室良好的管理规范。在所有的试验区域均应佩戴防护眼镜。

5.2 洗涤剂可能会对人体产生刺激，应注意防止其接触到皮肤和眼睛。

5.3 操作试验设备时，应严格遵守制造商提供的安全使用指南。

6. 使用和限制

6.1 本方法适用于与成衣平摊时底边相关的垂缝。底边作为接缝扭曲位移的参照。大部分成衣和具有内接缝的裤子等通常测试侧缝（摆缝）的扭曲性能。

6.2 本方法适用于直向接缝扭曲的测量，而不考虑接缝所在的位置（如边缝、中缝还是内侧缝等）。不适用于与成衣直向不一致的接缝，如横向的接缝。

6.3 接缝长短、织物结构和成衣的构造等均会对接缝扭曲性能产生影响。我们期望获得完全匹配的接缝（如缝迹、外观、针数/英寸等相同）。然而，即使在同一件成衣上，制作左右对等、完全相同的接缝也是不太可能的。

6.4 洗涤温度、洗涤设备和取样尺寸的不同，可能会导致接缝扭曲性能测试结果的不同。因此，使用不同洗涤设备获得的接缝扭曲性能数据是不具可比性的。

7. 设备和材料（见 16.4）

7.1 悬挂成衣的调湿设备和/或平铺成衣的打孔可抽拉的调湿/干燥架（见 16.1）。

7.2 不褪色的记号笔（见 16.1）。

7.3 直尺或卷尺，分度为 1mm，八分之一或十分之一英寸。

7.4 标准洗衣机（见表 1 和 16.5）。

7.5 1993 AATCC 标准洗涤剂（粉状，含荧光增白剂）（见 16.1）。

7.6 天平，量程最小为 5.0kg（10.0 磅）。

7.7 陪洗布，1 型或 3 型（见表4）。

7.8 标准滚筒烘干机（见表 3 和 16.5），或滴干、晾干装置。

8. 试样制备

8.1 每件成衣作为单独的一个测试样。条件允许的情况下，每批次产品应取 3 件进行测试。

8.2 测试扭曲性能的同时，还可以同时进行 AATCC TM143、AATCC TM150 和 AATCC TM179 外观和（或）尺寸稳定性测试。

9. 调湿

9.1 测试前，根据 ASTM D1776《纺织品调湿和测试标准方法》表 1 纺织品调湿环境，以及表 2 中根据成分含量所规定的调湿时间进行调湿。

将试样平放于具有透气孔洞的架子上。成衣应正常自然下垂悬挂调湿。应使空气在试样上自由流通。

9.2 试样在洗涤后应进行同样的调湿过程。

10. 洗前测量

10.1 完整地观察整件成衣的外观，确定需要测试扭曲性能的垂直接缝（见 6.1）。

10.2 调湿结束后，将试样在自然状态下放置在平整、光滑水平的表面上，同时使第一条要测量的接缝完整可见（如果接缝在试样背面，则翻转平摊放置试样）。轻轻地抖动试样有助于试样的平整、松弛，但切忌拉伸或使试样发生扭曲变形。

10.3 将与所选取的测试接缝相交的底边处标注为 *A* 点。以与上述所选取的接缝和另一条接缝相交的点为起点，沿所选取的测试接缝方向 25mm 接缝处标记为 *B* 点。例如，以裤子裤裆缝与内侧缝相交处为起点，沿内侧缝向下在内侧缝距起点 25mm 处标记为 *B* 点；又如，T 恤，以袖笼缝和摆缝相交处为起点，沿摆缝向下在摆缝距起点 25mm 处标记为 *B* 点（见图 1 和图 2）。

10.4 测量 *AB* 两点长度估读至最近的毫米数，或八分之一或十分之一英寸。

10.5 检查试样在洗涤前是否存在接缝扭曲。

10.5.1 如果所测试接缝未发生扭曲（见图 1 和图 2），记录原始扭曲长度为 0mm 或 0 英寸。

10.5.2 如果所测试接缝发生扭曲（见图 3 和图 4），标记该自然状态下底边边缘处为 A'点。

10.5.3 测量并记录所有需测量接缝的原始扭曲长度 AA'，估读至最近的毫米数，或八分之一或十分之一英寸。

10.6 重复 10.2 到 10.5 的步骤，测量剩余试样。

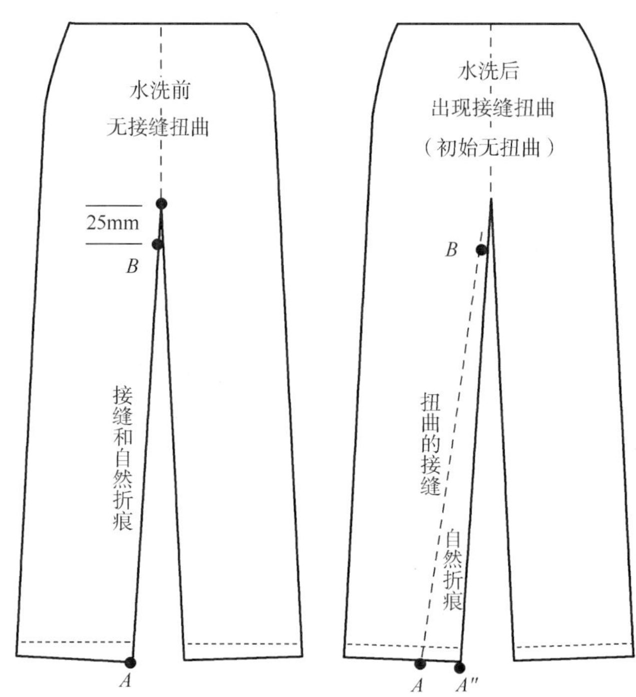

图 1 裤子洗前和洗后接缝扭曲测量示意图（无洗前扭曲）

AB 长度包括一段接缝长度和底边长度，成衣洗后侧缝可能会发生扭曲

（事实上，同一件成衣其他位置的垂缝也同样可能会发生扭曲）

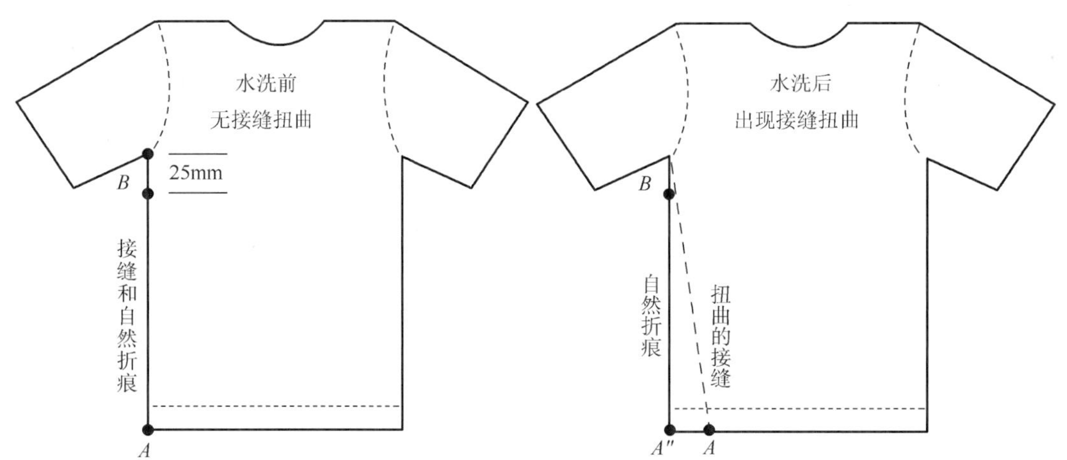

图 2 T 恤洗前和洗后接缝扭曲测量示意图（无洗前扭曲）

AB 长度包括一段接缝长度和底边长度，成衣洗后侧缝可能会发生扭曲

（事实上，同一件成衣其他位置的垂缝也同样可能会发生扭曲）

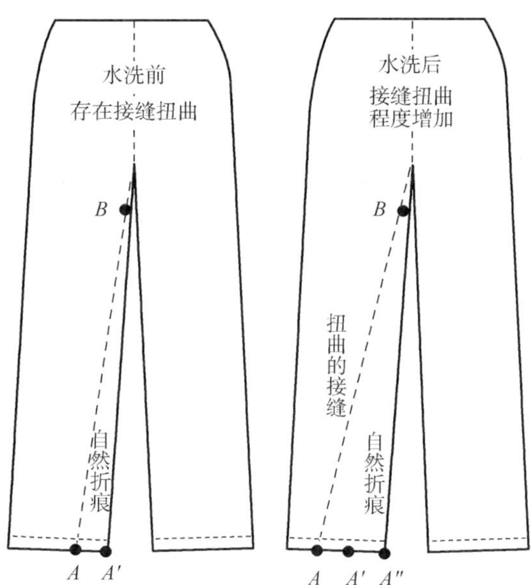

图 3　裤子洗前和洗后接缝扭曲测量示意图（有洗前扭曲，洗后扭曲增加）

（事实上，同一件成衣其他位置的垂缝也同样可能会发生扭曲）

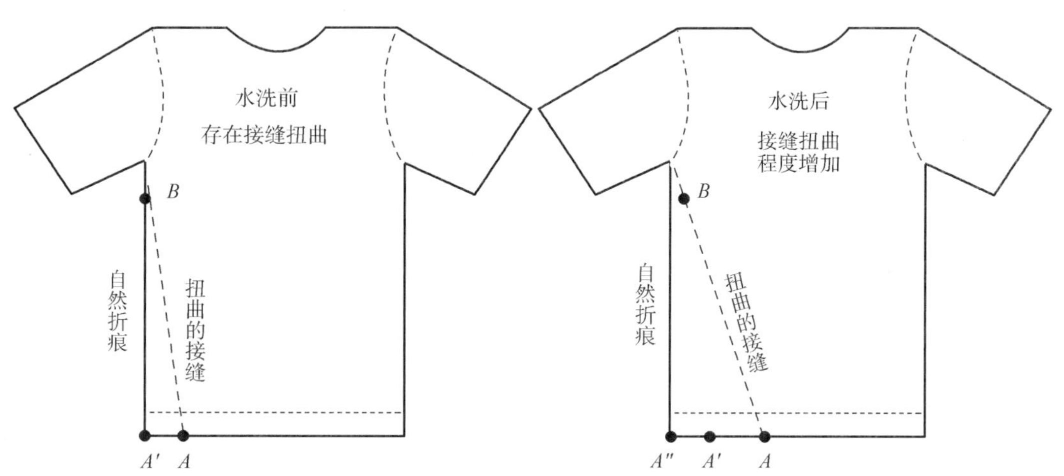

图 4　T 恤洗前和洗后接缝扭曲测量示意图（有洗前扭曲，洗后扭曲增加）

（事实上，同一件成衣其他位置的垂缝也同样可能会发生扭曲）

11. 洗涤程序

11.1　洗涤

11.1.1　从表 1 选择合适的洗涤程序。设定洗衣机参数获得所需的洗涤条件。

11.1.2　使所有试样加上陪洗布的重量达到 1.8kg ±0.1kg（4.0 磅 ±0.2 磅）。

11.1.3　开始选择的程序。加水至指定的水位。

11.1.4　按照设备使用指南，加入 66g ±1g 的 AATCC1993 标准洗涤剂。如果洗涤剂直接加入到水中，应当轻微搅拌，使其全部溶解。在加负载之前停止搅拌。

11.1.5　加入负载（试样和陪洗布），均匀分散在搅拌器四周，开始水洗循环。

11.1.6　对于需要滴干的试样（干燥程序 C），在最后一次漂洗后，开始排水之前停止水洗循环。取出浸湿的试样，对于需要滚筒烘干（A），悬挂晾干（B），或平铺晾干（C）的试样，允许继续洗涤直到最后一次洗涤循环结束。

表 1 标准洗衣机洗涤参数（见 16.5，16.6）

项目		（1）标准档	（2）轻柔档	（3）耐久压烫档
水位［L（加仑）］		72 ±4（19 ±1）	72 ±4（19 ±1）	72 ±4（19 ±1）
搅拌速度（r/min）		86 ±2	27 ±2	86 ±2
洗涤时间（min）		16 ±1	8.5 ±1	12 ±1
脱水速度（r/min）		660 ±15	500 ±15	500 ±15
脱水时间（min）		5 ±1	5 ±1	5 ±1
洗涤温度［℃（℉）］①	Ⅱ低温	27 ±3（80 ±5）	27 ±3（80 ±5）	27 ±3（80 ±5）
	Ⅲ中温	41 ±3（105 ±5）	41 ±3（105 ±5）	41 ±3（105 ±5）
	Ⅳ高温	49 ±3（120 ±5）	49 ±3（120 ±5）	49 ±3（120 ±5）
	Ⅴ极高温	60 ±3（140 ±5）	60 ±3（140 ±5）	60 ±3（140 ±5）

① 根据美国能源部的要求，家用洗衣机多采用冷水洗涤。外部控制器可以用来调节仪器温度。

11.1.7 每完成一次洗涤循环，将纠缠在一起的试样和陪洗布进行分离，分离时应最大程度地避免使试样变形。洗涤结束后，开始相应的干燥程序。

11.2 干燥

11.2.1 从表 2 中选择干燥条件。

表 2 标准烘干程序

A	滚筒烘干
Ai	滚筒烘干（标准）
Aii	滚筒烘干（轻柔）
Aiii	滚筒烘干（耐久压烫）
B	悬挂晾干
C	滴干
D	平铺晾干

11.2.2 （A）滚筒烘干。将洗涤负荷（试样与陪洗织物）放入滚筒烘干机中，设置温度达到选定的排气温度（见表 3）。启动烘干机，直到负载完全干燥，立即取出试样。

11.2.3 （B）悬挂晾干。将每个试样悬挂在合适的衣架上，对表面、接缝进行整理使其平整光滑等。试样悬挂方向应与穿着方向一致。切忌折叠、拉伸试样。悬挂在室温不超过 26℃（78℉）的静止空气中至干燥。不要直接对着试样吹风，以防止试样发生扭曲。

11.2.4 （C）滴干。将每个试样悬挂在合适的衣架上，对表面、接缝进行整理使其平整光滑等。试样悬挂方向应与穿着方向一致。切忌折叠、拉伸试样。悬挂在室温不超过 26℃（78℉）的静止空气中至干燥。不要直接对着试样吹风，以防止试样发生扭曲。

11.2.5 （D）平铺晾干。将试样平整放置于平台或具有透气孔洞的架子上。抚平褶皱处，但应避免拉伸试样或使其扭曲变形。在室温不超过 26℃（78℉）的静止空气中至干燥。不要直接对着试样吹风，以防止试样发生扭曲。

表 3 标准滚筒式干燥机参数（见 16.5）

项目	Ai 标准	Aii 轻柔	Aiii 耐久压烫
最高排气温度［℃（℉）］	68 ±6（155 ±10）	60 ±6（140 ±10）	68 ±6（155 ±10）
冷却时间（min）	≤10	≤10	≤10

表 4 陪洗布参数

项　　目		1 型	3 型
成分		100% 棉	(50% ±3%) 棉/ (50% ±3%) 聚酯纤维
坯布纱线		环锭纺 36.4tex (16 英支)	环锭纺 36.4tex (16 英支) 或 19.4tex ×2 (30 英支/2)
坯布结构 (根/25.4mm)		平纹 (52 ±5) × (48 ±5)	平纹 (52 ±5) × (48 ±5)
整理后克重 (g/m^2)		155 ±10	155 ±10
边缘		四边缝合或包边	四边缝合或包边
整理后织物尺寸	mm	(920 ±30) × (920 ±30)	(920 ±30) × (920 ±30)
	英寸	(36.0 ±1) × (36.0 ±1)	(36.0 ±1) × (36.0 ±1)
整理后织物重量 (g)		130 ±10	130 ±10

11.2.6 对于所有的干燥方式，允许试样在再次洗涤前完全干燥。

11.2.7 按照选定的程序对试样共进行 3 次循环洗涤和干燥，或按照协议循环次数进行洗涤和干燥。

11.3 调湿

11.3.1 试样在完成最后一次干燥程序后，按第 9 部分所述队试样进行调湿。

11.4 熨烫（可选）。

11.4.1 大多数织物的褶皱在测量时会在测量仪器的压力下充分展平，避免了测量误差。如果样品的褶皱非常严重，而且消费者总是会对这种织物制成的衣服进行熨烫，则可以在测量之前对试样进行手工熨烫。

11.4.2 熨烫前应使用适合织物中纤维的安全熨烫温度。参见 AATCC 133，表 1，安全熨烫温度指南（见 16.1）。仅需施加足以消除褶皱所需的最小压力。

11.4.3 由于每个操作人员操作的手工熨烫程序的不确定性极高（没有标准的手工熨烫程序方法），因此发现手工熨烫后尺寸变化结果的可重复性极差。因此，建议对不同操作人员测试的洗涤和手工熨烫后的尺寸变化结果应谨慎。

11.4.4 熨烫后，按第 9 部分所述对试样进行调湿。

12. 洗后测量

12.1 调湿结束后，将试样放置在与第 10 部分标记和测量试样相同的平面上，同时使第一条要测量的接缝完整可见（如果接缝在试样背面，则翻转平摊放置试样）。轻轻地抖动试样有助于试样的平整、松弛，但切忌拉伸或使试样发生扭曲变形。

12.2 如果所测试接缝未发生扭曲，记录洗后扭曲长度为 0。

如果所测试接缝发生扭曲，标记该自然状态下底边边缘处为 A''点（见图 3 和图 4）。

12.3 测量并记录所有需测量接缝的洗后扭曲长度 AA''，估读至最近的毫米数。

12.4 重复 12.1 到 12.3 的步骤，测量剩余试样。

13. 计算和说明

13.1 根据下面公式计算每个接缝的洗前扭曲率，并精确到 0.1%。

$$X_0 = \frac{AA'}{AB} \times 100\% \qquad \text{(公式 1)}$$

式中：X_0——洗前接缝扭曲率，%；

AB——洗前接缝长度，mm 或英寸；

AA'——洗前接缝扭曲长度，mm 或英寸。

13.2 计算相对称接缝（例如左右对称的内侧缝）的洗前接缝扭曲率的平均值。

13.3 根据下面公式计算每个接缝的洗后接缝扭曲率，并精确到0.1%（注意接缝长度为洗前的测量值）。

$$X_n = \frac{AA''}{AB} \times 100\% \qquad (公式 2)$$

式中：X_n——n 次循环洗涤程序后的接缝扭曲率,%；

AB——洗前接缝长度，mm 或英寸；

AA''——n 次循环洗涤程序后的接缝扭曲长度，mm 或英寸。

13.4 计算相对称接缝（例如左右对称的内侧缝）的洗后扭曲率的平均值。

13.5 根据下面公式计算洗后和洗前接缝扭曲率的差值。

$$X_c = X_n - X_0 \qquad (公式 3)$$

式中：X_c——洗后接缝扭曲率的改变值,%。

13.6 推荐使用公式（2）来检验所测试接缝扭曲率是否满足产品设定的要求。

14. 报告

14.1 报告每个测试样品的以下信息。

14.1.1 样品描述。

14.1.2 本实验方法的标准编号 AATCC TM207－2019。

14.1.3 陪洗布的种类。1 型或 3 型。

14.1.4 洗涤循环次数（默认循环 3 次，见 11.2.7）。

14.1.5 洗涤条件，包括洗衣机循环次数，洗涤温度，干燥程序和滚筒烘干温度（如果适用）。如果各方都清楚理解，也可以使用字母数字名称。例如，1－Ⅳ－A（ii）表示 49℃的正常洗涤循环和轻柔滚筒烘干循环。

14.1.6 试样在原始状态下是否变形或起皱。

14.1.7 样品是否经手工熨烫。

14.1.8 任何对测试方法的偏离。

14.2 报告每种接缝类型的以下信息（例如，裤子采用双针，假双埋夹，内缝采用单缝线）。

14.2.1 接缝的描述或者位置。

14.2.2 同类型接缝的数量（默认 3 个试样，每个试样 2 个类似接缝，共 6 个接缝）。

14.2.3 洗前接缝扭曲率的平均值（X_0）。

14.2.4 洗后接缝扭曲率的平均值（X_n）。

14.2.5 报告洗前、洗后接缝扭曲率的变化值（X_c）。

15. 精确度和偏差

15.1 精确度

所有 4 家不同的实验室均采用本标准方法参与了 3 种不同成衣（针织紧身裤、针织 T 恤、牛仔裤）的接缝扭曲性能测试（试样洗前未发生接缝扭曲）。各实验室的同一实验员在不同的时间重复进行了 2 次实验。表 5 给出了实验室内和实验室间测试数据的精确度值。试验采用顶部加料式洗衣机，1993 AATCC 洗涤剂（粉状）和滚筒烘干机。本实验为测试其他试验条件下的精确度。

表 5 精确度值

洗涤循环次数 n	实验室内	实验室间
1	0.5489	2.5940
2	0.3887	1.8371
3	0.3169	1.4976
4	0.2745	1.2970
5	0.2455	1.1601
6	0.2241	1.0590

注 所有参加的实验室，洗后平均接缝扭曲率为 1.9%。针织紧身裤的平均接缝扭曲率为 0.9%。针织 T 恤的平均接缝扭曲率为 4.3%。牛仔裤的平均接缝扭曲率为 1.1%。

15.2 偏差

接缝扭曲测试结果是按本方法确认和表征的。没有单独的方法可以用来评定其真值。本方法作为评估接缝扭曲性的手段，没有已知的偏差。

16. 注释

16.1 可以联系 AATCC 进行采购，P. O. Box

12215, Research Triangle Park, NC 27709；电话：+1.919.549.8141；电子邮箱：ordering@aatcc.org；网址：www.aatcc.org。

16.2 可以联系 ASTM 进行采购，100 Barr Harbor Dr., W. Conshohocken PA 19428, USA；+1.610.832.9500；网址 www.astm.org.

16.3 可以联系 ISO 进行采购，www.iso.org.

16.4 与本测试方法相关的设备信息请访问以下网址 www.aatcc.org/bg。AATCC 提供与本方法相关设备和材料合作商的名单，但未对其授权，或以任何方式批准、认可或证明清单上任何设备或材料符合本测试方法的要求。

16.5 有关报告的符合标准参数的洗衣机和滚筒式干衣机的型号，请访问 www.aatcc.org/test/washers 或与 AATCC 联系，P.O. Box 12215, Research Triangle Park, NC 27709, USA；+1.919.549.8141；网址 www.aatcc.org。在此方法的早期版本中给出了备用负荷参数（3.6kg，83L 水位，80g AATCC 1993 标准洗涤剂），但是没有满足该负荷大小的机器参数的报告。此外，用备用载荷尺寸获得的扭斜结果与用标准负载获得的扭斜结果可能不同。

16.6 本测试方法中列出的洗涤温度和其他参数是用于测试目的的标准条件。与大多数实验室程序一样，它们代表了当前的消费者实践，但不能完全复制。消费者习惯随时间、家庭而变化，实验室操作必须一致，以便更加有效的对结果进行比较。如果未使用本测试方法中列出的洗涤设备或条件，则必须对其对标准方法的修改进行详细说明。其他可选的洗涤条件为 AATCC LP1，AATCC LP2 和 ISO 6330。

AATCC TM208-2017(2019)e

抗水性：耐静水压（隔板法）

AATCC RA63 技术委员会于 2017 年参考 ISO 811 制定了本标准。2019 年重新审定和编辑性修订。

1. 目的和范围

1.1 本方法用于测定有聚丙烯酸酯类材料隔板存在时，在一定水压下织物的抗水渗透性能。适用于各种类型的织物，包括经过拒水或防水整理的织物。

1.2 抗水性与纤维、纱线以及织物结构相关。

1.3 由本方法所获得的试验结果与 AATCC 喷淋法等获得的结果不具可比性。同时，与无隔板存在时获得的测试结果也是不具可比性的。

2. 原理

2.1 试样的一面承受持续上升水压（水压上升速率恒定），直到试样的另一面出现三处渗水为止。施加水压的方向可以由上至下，也可以由下至上。

2.2 本测试方法与 AATCC TM127 方法的不同之处在于增加了防止织物变形的隔板。

3. 术语

3.1 静水压：分布在外露面一定区域范围的水压。

3.2 抗水性：织物抵抗水的润湿和渗透的性能。

3.3 拒水性：纤维、纱线或织物抵抗水润湿的性能。

4. 安全保护措施

本安全和预防措施仅供参考。本部分有助于测试的顺利进行，但并未指出所有可能的安全问题。在采用测试方法时，试验人员应采用安全和适当的方法来处理材料。务必向试验中所需材料和仪器的制造商咨询详尽信息，如试剂等的安全参数和使用指南等。务必向美国职业安全卫生管理局（OSHA）咨询并遵守其所有的标准和规定。

4.1 遵守实验室良好的管理规范。在所有的试验区域均应佩戴防护眼镜。

4.2 操作试验设备时，应严格遵守制造商提供的安全使用指南。

5. 设备和材料（见 11.1）

5.1 水压试验设备。

5.1.1 第一种设备：静水压测试仪（见 11.2）。

5.1.2 第二种设备：静压头测试仪（见 11.3）。

5.2 水。蒸馏水或去离子水。

5.3 隔板。透明，由丙烯酸树脂材料制成，厚度为 6.0mm ± 0.5mm，尺寸为（200mm ± 10mm）×（200mm ± 10mm）。或其他协议使用的隔板。

5.4 试纸。单层，未经后处理或整理，尺寸为（200mm ± 10mm）×（200mm ± 10mm），润湿前后颜色会发生变化。

6. 试样制备

6.1 沿样品幅宽方向按对角线原则至少取3个测试样，试样尺寸至少为200mm×200mm，确保能被完全夹持。

6.2 尽可能少触摸样品，避免试验区域产生折皱或被沾污。

6.3 测试前，将试样在温度为21℃±2℃（70℉±4℉），湿度为65%±5%的环境中平衡4h。

6.4 实验时，测试面必须经过指定和确认，因为同一试样正反两面的测试结果不尽相同。在每个试样的拐角处标记试样正反面。

7. 操作程序

7.1 确保试验用水温度维持恒定，即水温保持在21℃±2℃（70℉±4℉）（见11.4）。

7.2 擦干试样夹持装置。

7.3 使试样的测试面朝向水（见11.6）。将试纸放置于试样的另一面，然后在试纸上放置隔板，使试纸位于隔板和试样之间。

7.4 将试样、试纸和隔板固定于加持装置上（见11.5），夹持时速度要缓和，避免对试验结果产生影响。

7.5 开始试验

7.5.1 第一种设备：启动压缩机，按下控制器，控制水流升高速度为10mm/s，一旦有水流出立即关闭通气阀。

7.5.2 第二种设备：设置水压上升速度为60mbar/min（见11.6），启动工作按钮。

7.6 忽略临近夹具3mm以内的水珠，当试样上有3处不同位置渗水时，记录此时的静水压值。出水位置处，试纸颜色会变暗，因此易于辨识（见11.7）。

8. 计算

计算每块样品的静水压平均值。

9. 报告

9.1 报告每个试样的静水压值，以及每块样品的静水压平均值。

9.2 样品描述和测试面。

9.3 实验用水温度及类型。

9.4 水压升高速度。

9.5 试验设备种类。

9.6 任何偏离本方法的细节。

10. 精确度和偏差

10.1 精确度

10.1.1 2017年，一家实验室针对两种不同样品进行了测试研究，试验结果见表1，A为经过整理的中厚斜纹机织物，D为克重43g/m^{2}的烯烃类非织造织物。

表1 精确度试验结果（mm水柱）

织物	*n*	均值	标准差
A	7	433.7	14.8
D	8	563.6	57.7

10.1.2 数据的差异分析结果见表2。在合适的精确度参数下，同一样品多次测试结果的均值应达到或高于95%置信水平区间。

表2 95%置信水平下均值差异分析（mm水柱）

n	实验室内
1	29.76
2	21.08
3	17.18
4	14.88
5	13.31

10.2 偏差

织物抗水性测试结果是按本方法确认和表征的。没有单独的方法可以用来评定其真值。本方法作为评估扭曲性的手段，没有已知的偏差。

11. 注释

11.1 与本测试方法相关的设备信息请访问以下网址 www.aatcc.org/bg。AATCC 提供与本方法相关设备和材料合作商的名单，但未对其授权，或以任何方式批准、认可或证明清单上任何设备或材料符合本测试方法的要求。

11.2 静水压测试仪

11.2.1 设备由一个倒锥形井喷装置和同轴环形试样夹持装置组成。设备以 10.0mm/s ±0.5mm/s 的速度由上至下向试样表面直径为 114mm 的区域充水。在试样下面有一面镜子，便于观察试样表面渗水情况。设计有一个阀门用于排气。

11.2.2 本设备现已停售。

11.3 静压头测试仪

设备可以向试样以 60mbar/min（可调）上升速度提供水压。存放蒸馏水或去离子水的圆形蓄水池，以内径计算其面积为 $100cm^2 \pm 5cm^2$（15.5 平方英寸 ±0.8 平方英寸）。试样由一个夹钳固定。

11.4 一些实验室试验用水水温为室温，如果水温不是 21℃ ±2℃（70℉ ±4℉）需进行申明。

11.5 侧面水的渗漏可能降低夹钳对织物的夹紧程度，可用石蜡来进行密封处理。

11.6 1mbar = 10.2mm H_2O。

11.7 自动渗水测试仪可以代替人眼目测观察渗水情况。

AATCC TM209-2019

湿处理纺织品的pH值和总碱含量的试验方法：组合法

前言

本试验方法是作为 AATCC TM81 和 AATCC TM144 的替代选择编写的，以提供在单个试样上进行这些试验的组合方法（见14.1）。

1. 目的和范围

1.1 本试验方法用于测定湿处理纺织品的 pH 值和总碱含量。pH 值和总碱含量可用于确定某些湿处理步骤（特别是漂白）后的洗涤和/或中和效率，并可用于衡量制备的织物是否适合后续的染色和后整理操作。

1.2 为了进行定量测定，必须从试样中去除影响 pH 值的化学物质，用水萃取，然后用 pH 计精确测量。

2. 原理

将试样浸入煮沸的蒸馏水或去离子水中。然后将试样再煮沸一会儿，盖上盖子，冷却至室温。测量浴液的 pH 值，然后用酸滴定至预定终点。根据所用酸的量和试样的重量计算出织物上总碱的百分比。

3. 引用文献

注：除非另有规定，否则使用所有出版物的最新版本。

3.1 AATCC TM81，湿处理纺织品水萃取液 pH 值的测试（见14.2）。

3.2 AATCC TM144，纺织品湿加工过程中的总碱含量（见14.2）。

3.3 W. W. Scott，《化学分析标准方法》，第6版，Van Nostrand，纽约，1962年，第1343页。

4. 术语

4.1 漂白：通过氧化或还原处理从纺织基材中去除不需要的染料。

4.2 pH 值：有效氢离子浓度或氢离子活度的负对数，以克当量/升为单位表示酸碱性，范围从0到14，其中7表示中性，小于7表示酸性增强，大于7表示碱性增强。

4.3 总碱：在纺织品湿处理中，湿处理后的纺织品中残留的碱性物质，以氢氧化钠占纺织品干重的百分比表示。

4.4 湿处理：在纺织制造业中，是指前处理、染色、印花和后整理过程的统称，在该过程中，会使用液体（通常是水）或化学溶液处理纺织材料。

5. 安全措施

注：这些安全预防措施仅供参考。这些预防措施是测试程序的辅助措施，并不包括所有的预防措施。在本试验方法中，使用安全和适当的技术来处理材料是用户的责任。用户必须向制造商咨询具体细节，如安全数据表和其他建议。咨询并遵守所有适用的 OSHA 标准和规则。

5.1 遵循良好的实验室规范。在所有实验室区域佩戴护目镜。

5.2 小心处理所有化学品。

5.3 如果将浓硫酸稀释以制备 0.01mol/L（0.02N）硫酸（见6.5），请使用化学护目镜或面罩、不透水手套和不透水围裙。仅在通风良好的实验室通风橱中处理浓酸。注意：一定要向水中加入酸。

5.4 确保附近有洗眼器/安全淋浴器，并备有全面罩的高效颗粒物防毒面具以供紧急使用。

5.5 将本程序中所用化学品的接触控制在政府当局规定的水平或以下（例如，职业安全与健康管理局的［OSHA］允许暴露极限［PEL］，见 29 CFR 910.1000；请参见网站 www.osha.gov 以获取最新版本）。此外，建议美国政府工业卫生学家会议的（ACGIH）阈值限值（TLVS），包括时间加权平均值（TLV－TWA），短期暴露限值（TLV－STEL）和最高限值（TLV－C），作为应满足的空气污染物暴露的一般指南（见 14.3）。

6. 使用和限制条件

6.1 pH 值和总碱可用于确定湿处理后的纺织品对后续染整操作的适用性，或评估湿处理后的洗涤和/或中和效率。

6.2 本测试方法中，所有检测到的碱（例如氢氧化钠，碳酸钠，碳酸氢钠和其他碱性盐）均以氢氧化钠计算。结果报告为总碱，以 NaOH 表示。

7. 仪器和试剂（见 14.4）

7.1 pH 计，0.1 单位刻度。

7.2 玻璃烧杯，600mL。

7.3 玻璃滴定管，10mL，0.10mL 刻度。

7.4 缓冲溶液，pH 4.0、7.0、10.0 或其他所需溶液。

7.5 硫酸，0.01mol/L（0.02N）H_2SO_4（见标准酸的制备方法 3.3）。

8. 校准

根据制造商的说明，用 pH 4.0 缓冲溶液校准 pH 计。对于双重校准仪器，使用 pH4.0 缓冲液和 pH7.0 或 pH10.0 缓冲液。

9. 试样

9.1 试样可以是干燥或润湿状态。

9.2 干布。选择两个或更多具有代表性的干燥试样。在 100℃（212℉）的烘箱中放置 1h。在干燥器中冷却并称重，精确至 0.1g。试样的重量应为 5～10g。

9.3 湿布。选择两个或更多具有代表性的样品，在润湿状态下称重约 10～20g。

9.4 如果织物单位面积的质量过低或难以润湿，则将试样切成小块，以便更好地浸入蒸馏水中。

10. 程序

10.1 由于蒸馏水或去离子水含有溶解的二氧化碳，所以在使用前小心煮沸将其去除。在 600ml 烧杯中将 450～500mL 蒸馏水以中等速度煮沸 10min。然后将每个试样放在单独的烧杯中，盖上观察镜，并继续煮沸 10min。

10.2 将有盖的烧杯和所盛物品冷却至室温。搅拌试样，然后插入 pH 计电极，注意避免与试样接触。根据制造商的使用说明操作 pH 计测定浴液的 pH 值。

10.3 用 0.01mol/L 硫酸（H_2SO_4）滴定水和试样，直到 pH 值稳定在 3.9（10 s）。滴加滴定剂，然后轻轻搅拌试样，不要触碰电极。读取滴定管至最接近的刻度（见 14.5 和 14.6）。

10.4 如果试样是从润湿样品取下的，则将滴定的试样冲洗并干燥至恒重（如第 9.2 节所述），注意收集滴定过程中可能脱散掉的任何大纱线。称重精确至 0.1g。

10.5 煮沸（10min）并冷却 450～500mL 蒸馏水，不含试样，然后按照 10.3 的方法，滴定空白水。

11. 计算

11.1 使用公式 1 计算滴定度中总碱百分比。

$$X = \frac{0.04\ (A-B)\ N}{W} \times 100\% \quad (公式\ 1)$$

式中：X——以氢氧化钠（NaOH）计的总碱的重量百分比；

A——试样的滴定管读数；

B——水空白的滴定管读数；

N——硫酸的当量浓度（0.02N）；

W——试样重量。

11.2 计算所有试样总碱含量的平均百分比。

12. 评价

12.1 湿处理纺织品的 pH 值和总碱含量取决于纺织品的化学前处理。例如，碱煮后的 pH 值和碱值通常高于漂白后的 pH 值和碱值。

12.2 pH 值和总碱含量之所以非常重要，是因为它们会影响纺织品后续的加工过程。具有高 pH 和/或碱值的纺织品可能会呈现泛黄趋势，呈现色泽变化，或改变染料的消耗和固着，并且可能会降低树脂整理剂的固化或软化剂的消耗。

12.3 总碱含量是指在试样含有碱的情况下，每单位重量试样中残留碱的量。

13. 精度和偏差

13.1 精度。同一个实验室中的 3 名操作员参与了实验室内研究，使用该方法测量 pH 值和碱度。所有操作人员测量了 6 种不同的面料，并分别在不同的日期重复测试了 2 次。表 1 给出了这项研究的实验室内精密度。表 2 提供了每种面料的平均值和标准差，以供参考。

表 1 精度

n	操作员	pH 值（实验室内）	碱度（实验室内）
1	1	0.31044	0.02478
1	2	0.43905	0.03505
1	3	0.62091	0.04956
2	1	0.25401	0.01752
2	2	0.31111	0.02478
2	3	0.43997	0.03504
3	1	0.12701	0.01011
3	2	0.17958	0.01429
3	3	0.25401	0.02021
4	1	0.11173	0.00876
4	2	0.15800	0.01239
4	3	0.22345	0.01752
5	1	0.09838	0.00970
5	2	0.13913	0.01372
5	3	0.19676	0.01567

表 2 精度研究值

面料	pH 平均值	标准差	碱度平均值	标准差
斜纹，卡其布	7.1132	0.2175	0.02185	0.00883
斜纹，海军蓝	7.3803	0.1314	0.02596	0.01010
斜纹，白色	5.9948	0.1728	0.01035	0.00992
牛仔布，靛蓝	10.104	0.0497	0.00512	0.01255
牛仔布，黑色套印	9.3405	0.0829	0.1873	0.0294
针织，白色	9.2165	0.1691	0.07803	0.01288

13.2 偏差。pH 值和碱度的真实值只能根据试验方法进行定义。在此限制内，本测试方法没有已知的偏差。

14. 注意事项

14.1 2017 年进行了同一实验室内研究（3 名技术人员和 6 种面料）。在这项研究中，3 种方法进行了比较。结果表明，AATCC TM81 测定的 pH 值与通过本标准组合方法测定的 pH 值略有不同。AATCC TM81 和 AATCC TM144 的试样重量和水的体积不同。该组合方法使用与 AATCC TM144 相似的参数；这可能是 AATCC TM81 和该方法之间 pH 结果差异的原因。

14.2 可向 AATCC 索取，地址：P. O. Box 12215，Research Triangle Park NC 27709，USA；电话：+1. 919. 549. 8141；电子邮箱：ordering@ aatcc. org；网址：www. aatcc. org.

14.3 可从 Publications Office，ACGIH，Kemper Woods Center，1330 Kemper Meadow Dr.，Cincinnati OH 45240； +1. 513. 742. 2020； www. acgih. org. 索取。

14.4 关于潜在的仪器、试剂或材料来源，请访问 AATCC 买方指南 www. AATCC. org/bg. 。AATCC 为其企业会员提供项目和服务的选项。AATCC 不具备资格，也不以任何方式批准、认可或证明任何清单符合其标准中的规范。

14.5 如果需要，可以使用合适的比色指示剂［例如甲基橙（pH 3. 1 ~4. 4）］进行滴定。这种方法的精密度可能比用一个好的 pH 计要低。

14.6 如果用户已确定自动滴定仪的精度是等效的，则可使用自动滴定仪。

15. 历史

由 AATCC 委员会 RA34 在 2019 年制定。

AATCC TM210-2019 (2020)

不同暴露条件下暴露前后电阻的测量

前言

本方法提供了对耐久性电子纺织产品电阻测量的指导。本方法包括测试电阻的程序以及样品暴露在洗涤、干洗、水、汗液、酸和碱、紫外线以及微生物环境下针对已建立的工业方法的改进。测试的暴露条件与样品最终用途相关。针对其他已经确立的方法，可能会进行相同的修订。对于不能切割成标准大小的较大样品或是形状不常见的样品，可能需要进一步的修订。如果涉及的工业测试方法同样用于测试原始样品（例如色牢度），应使用另一块试样。

1. 目的和范围

1.1 本方法用于测量暴露在洗涤、干洗、水、汗液、酸和碱、紫外线和/或微生物环境前后电子纺织产品的电阻。

1.2 本方法适用于电子纺织织物或嵌入导电通路的终端产品电阻的测量（机织物、针织物、印花产品、绣花产品等）。

2. 原理

沿导电通路或部分导电通路进行电阻的测量。以下其一或所有暴露条件均可能会用到：洗涤、干洗、水、汗液、酸和碱、紫外线和微生物。电阻在报告中以欧姆（Ω）表示，值越大代表更强的阻碍能力（低的流通性）。暴露之后，电阻的变化应进行计算并以百分率进行报告，数值越高，代表电阻变化越大（电阻值显著性的增加）。

3. 引用文献

注意：应使用当前最新版本引用文献，除非有特殊指定。

3.1 AATCC EP13 电子纺织产品的电阻评价程序（见 16.1）。

3.2 AATCC LP1 家庭洗涤的实验程序：机洗（见 16.1）。

3.3 AATCC LP2 家庭洗涤的实验程序：手洗（见 16.1）。

3.4 AATCC TM6 耐酸和耐碱色牢度（见 16.1）。

3.5 AATCC TM15 耐汗渍色牢度（见 16.1）。

3.6 AATCC TM22 据水性：喷淋试验（见 16.1）。

3.7 AATCC TM100 纺织材料抗菌整理剂的评价（见 16.1）。

3.8 AATCC TM106 耐水色牢度：海水（见 16.1）。

3.9 AATCC TM127 抗水性：静水压法（见 16.1）。

3.10 AATCC TM158 四氯乙烯干洗的尺寸变化：机洗（见 16.1）。

3.11 AATCC TM186 纺织品的耐气候性：紫外光下湿态曝晒（见 16.1）。

3.12 ASTM D1776 纺织品调湿和测试标准方法。

4. 术语

4.1 电子纺织产品：整体或局部永久嵌入电子回路的织物或纺织产品。

4.2 电阻：在给定电压下，阻碍电流流通的能力，用 R 表示。电阻单位为欧姆（Ω）。

5. 预防措施

本安全预防措施仅供参考。本部分有助于测试，但未指出所有可能的安全问题。在使用本测试方法时，操作人员在处理材料时应采用安全和适当的技术。操作人员务必向制造商咨询有关安全详尽信息和相关建议。可向美国职业安全卫生管理局（OSHA）咨询并遵守其相关标准和规定。

5.1 遵循实验室规范，在所有试验区域均应佩戴护目镜。

5.2 操作试验设备时，应遵守仪器制造商提供的安全建议。

6. 应用及限制

6.1 每个测试电路必须是可以接近的，至少测试的两个端点是可以接近的。为了达到可接近性，必须使用连接器。如已知产品最终用途，测试时，试样应尽量模拟产品的终端用途。

6.2 暴露程序所涉及的参考文件并未提及可以用于测试电阻的改变。使用不同暴露条件测试所得电阻并不能精确反应实际用途，但可提供一种电阻持久性的相对测试方法。

7. 仪器和材料（见 16.2）

7.1 电阻测试。

7.1.1 调湿设备、推拉式物品架、打孔架用于平铺试样（见 16.1）。

7.1.2 具有接地静电释放的工作平台。工作平台至少应比试样大。

7.1.3 无法去除墨水的记号笔（见 16.1）或针和缝纫线，用来制作基准点。

7.1.4 数显式万用表。精确到 0.1Ω，精确度在 0.9%。对电阻低于 1Ω 的样品，使用四线（四点）设备，至少精确到 0.01Ω。选择与测试材料相适应的探针。合适尺寸和重量的探针可提高试验重复性。

7.1.5 精确到毫米的卷尺或直尺。

7.2 暴露 1：家庭洗涤。

7.2.1 家庭洗涤使用洗衣机参考 AATCC LP1 仪器和材料。

7.2.2 家庭洗涤手洗参考 AATCC LP2 仪器和材料。

7.3 暴露 2：干洗。

7.3.1 参考 AATCC TM158 相关干洗仪器和材料。

7.3.2 AATCC TM158 中洗涤量参数对电阻测量是不必要的。

7.4 暴露 3：水喷淋。

7.4.1 参考 AATCC TM22 相关喷淋设备和材料。

7.5 暴露 4：水静水压。

7.5.1 参考 AATCC TM127 相关静水压测试仪器和材料。

7.6 暴露 5：水盐（海水）。

7.6.1 参考 AATCC TM106 相关耐海水试验仪器和材料。

7.6.2 AATCC TM106 中使用的多纤维贴衬织物对电阻测量是不必要的。

7.6.3 AATCC TM106 中色迁移、变色和沾色等级对电阻测量是不必要的。

7.6.4 样品或目标物超过 60mm × 120mm，需要改变相应仪器的容量以适应样品整个区域均能受到特定的压力，同时烘箱也应足够大。

7.7 暴露 6：汗液。

7.7.1 参考 AATCC TM15 相关仪器和材料。

7.7.2 AATCC TM15 中使用的多纤维贴衬织物对电阻测量是不必要的。

7.7.3 AATCC TM15 中色迁移、变色和沾色等级对电阻测量是不必要的。

7.7.4 样品或目标物超过 60mm × 120mm，需要改变相应仪器的容量以适应样品整个区域均能受到特定的压力，同时烘箱也应足够大。

7.8 暴露7：酸和碱。

7.8.1 参考AATCC TM6相关仪器和材料。

7.8.2 AATCC TM6中变色灰卡对电阻测量是不必要的。

7.8.3 对于较大或不常见形状样品，额外体积的试液和容器是必须的。

7.9 暴露8：紫外线和水分。

7.9.1 参考AATCC TM186相关仪器和材料。

7.9.2 样品或目标物超过70mm×120mm，需要改进样品加持器和测试腔体积。

7.10 暴露：微生物。

7.10.1 参考AATCC TM100相关仪器和材料。

7.10.2 样品或目标物直径超过48mm，需要更大体积的接种液、培养皿或其他浅的容器。

8. 试样

8.1 每个导电通路（或部分通路）作为一个试样，每种暴露条件至少测试3块试样。

8.1.1 可能需要额外的试样来提高实验的精确度。不同类型、不同长度的通路作为独立样品进行测试。测试结果不具有可比性。

8.1.2 如果可能，每块样品应至少包含一条比直导电通路，同时测试的试样正好位于样品中部位置。对于不同的暴露条件，样品和试样大小是确定的。

8.1.3 如果由于产品的设计，在取样时无法不切断通路，应将每个独立产品作为一个试样。试验是应测试三个产品。同时暴露环境条件应根据产品的非标尺寸和形式等进行调整。

8.2 暴露1：家庭洗涤。

8.2.1 如果可能，裁取3块尺寸为400mm×400mm样品，每块样品至少包含一条笔直导电通路，且通路长为150～300mm。同时，尽量确保通路在距离样品边缘65mm的中间位置。

8.2.2 家庭洗涤暴露程序对许多不可裁剪或非标样品均适用。

8.3 暴露2：干洗。

8.3.1 如果可能，裁取3块尺寸为500mm×500mm样品，每块样品至少包含一条笔直导电通路，且通路长为150～300mm。同时，尽量确保通路在距离样品边缘65mm的中间位置。

8.3.2 干洗暴露程序对许多不可裁剪或非标样品均适用。

8.4 暴露3：水喷淋。

8.4.1 如果可能，裁取3块尺寸为180mm×180mm样品，每块样品至少包含一条笔直导电通路，且通路长为150mm。同时，尽量确保通路在样品中间位置。

8.4.2 喷淋暴露程序对许多不可裁剪或非标样品均适用。但仅有直径为155mm大小的面积可以暴露于喷淋环境中。测试区域必须平整。测试区域边缘的传导介质可能会被试样夹损坏。

8.5 暴露4：水静水压。

8.5.1 如果可能，裁取3块尺寸为200mm×200mm样品，每块样品至少包含一条笔直导电通路，且通路长为90mm。同时，尽量确保通路在样品中间位置。

8.5.2 静水压暴露程序对许多不可裁剪或非标样品均适用。但仅有直径为100mm大小的面积可以暴露于喷淋环境中。测试区域必须平整。测试区域边缘的传导介质可能会被试样夹持器损坏。

8.6 暴露5：水盐（海水）。

8.6.1 如果可能，裁取3块尺寸为60mm×120mm样品，每块样品至少包含一条笔直导电通路，且通路长为125mm。同时，尽量确保通路在样品对角线位置。调整样品以使暴露条件下导电通路最长，而没有必要将样品边与仪器平行。

8.6.2 使不可裁剪或非标样品适应耐海水色牢度暴露程序条件是困难的，尤其当样品非单一平层时。

8.7 暴露6：汗液。

8.7.1 如果可能，裁取3块尺寸为60mm×120mm样品，每块样品至少包含一条笔直导电通路，且通路长为125mm。同时，尽量确保通路在样品对角线位置。调整样品以使暴露条件下导电通路最长，而没有必要将样品边与仪器平行。

8.7.2 使不可裁剪或非标样品适应耐汗渍色牢度暴露程序条件是困难的，尤其当样品非单一平层时。

8.8 暴露7：酸和碱。

8.8.1 每种试剂［HCl，CH_3COOH，NH_3，Na_2CO_3，NH_4OH，Ca（$OH)_2$］需要3块任何尺寸的样品或终端产品，每块应至少包含一条导电通路，共需要18块试样。如果可能，选择笔直试样，长度为150～300mm。

8.8.2 在酸和碱暴露程序条件下测试更大或不常见形状的样品，不需要改变测试程序中规定的条件。

8.9 暴露8：紫外线和水分。

8.9.1 如果可能，裁取3块尺寸为70mm×120mm样品，每块样品至少包含一条笔直导电通路，且通路长为125mm。同时，尽量确保通路在样品对角线位置。调整样品以使暴露条件下导电通路最长，而没有必要将样品边与仪器平行。

8.9.2 使不可裁剪或非标样品适应紫外照射和水分暴露程序条件是困难的，尤其当样品非单一平层时。

8.10 暴露9：微生物。

8.10.1 每种测试菌种（金黄色葡萄球菌和肺炎克雷伯菌）裁剪3块直径为48mm圆形样品，每块至少包含一条笔直导电通路，长度为40mm。共6块样品。

8.10.2 再额外裁剪几份直径为48mm的样品，是否包含导电通路及其位置并不重要。

8.10.3 使不可裁剪或非标样品适应微生物暴露程序条件是困难的。

9. 调湿

做标记前，按照ASTM D1776调试试样（根据表1选择调湿环境，按照纤维成分根据表2估算调湿时间）。将每块样品或产品单独放置于打孔架上进行调湿。

10. 试样预处理

10.1 暴露1：家庭洗涤。

标记相同的3块试样端点（每个样品或终端产品上选取一个试样）（见图1）。

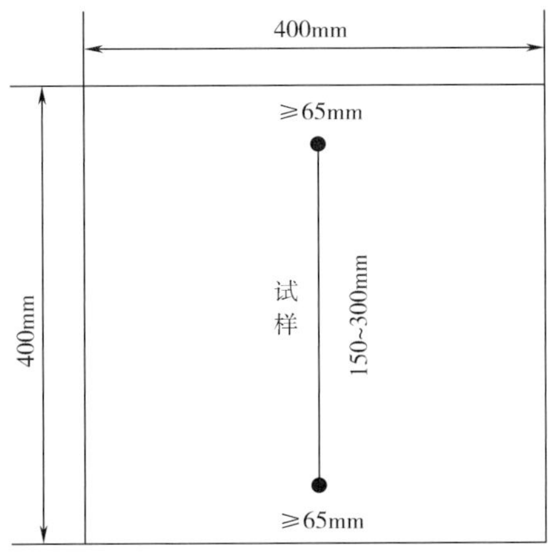

图1 暴露1：家庭洗涤样品标记

10.2 暴露2：干洗。

标记相同的3块试样端点（每个样品或终端产品上选取一个试样）（见图2）。

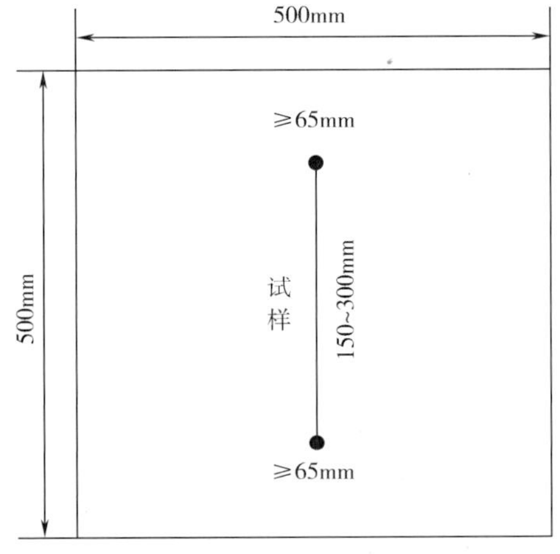

图2 暴露2：干洗样品标记

10.3 暴露3：水喷淋。

标记相同的3块试样端点（每个样品或终端产品上选取一个试样）（见图3）。

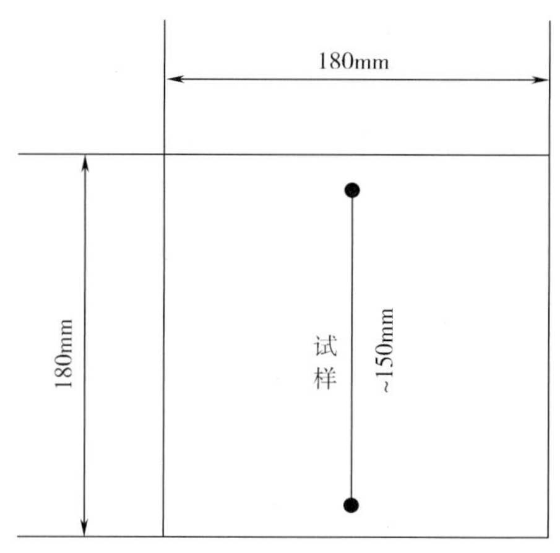

图3 暴露3：水喷淋样品标记

10.4 暴露4：水静水压。

标记相同的3块试样端点（每个样品或终端产品上选取一个试样）（见图4）。

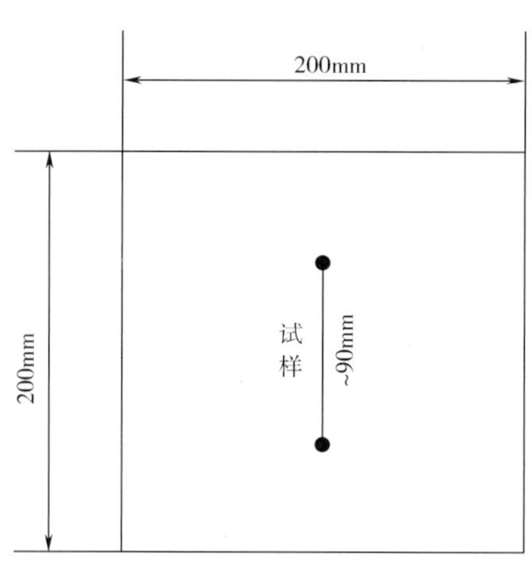

图4 暴露4：水静水压样品标记

10.5 暴露5：水盐（海水）。

10.5.1 不可贴附任何多线织物或其他贴衬织物。

10.5.2 标记相同的3块试样端点（每个样品或终端产品上选取一个试样）（见图5）。

10.6 暴露6：汗液。

10.6.1 不可贴附任何多线织物或其他贴衬织物。

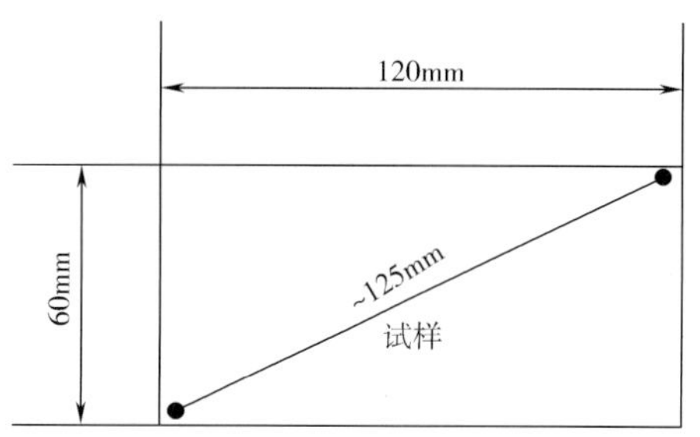

图 暴露5：水盐（海水）或暴露6：汗液样品标记

10.6.2 标记相同的3块试样端点（每个样品或终端产品上选取一个试样）（见图5）。

10.7 暴露7：酸和碱。

标记相同的3块试样端点（每个样品或终端产品上选取一个试样）。

10.8 暴露8：紫外线和水分。

标记相同的3块试样端点（每个样品或终端产品上选取一个试样）（见图6）。

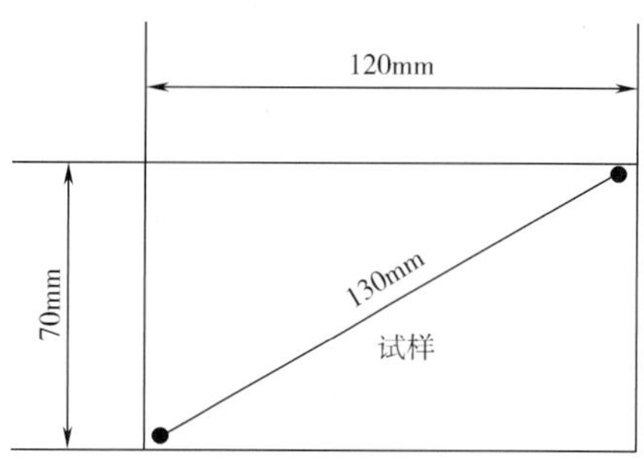

图6 暴露8：紫外线和水分样品标记

10.9 暴露9：微生物。

10.9.1 标记每种菌相同的3块试样端点（每个样品选取一个试样）（见图7）。

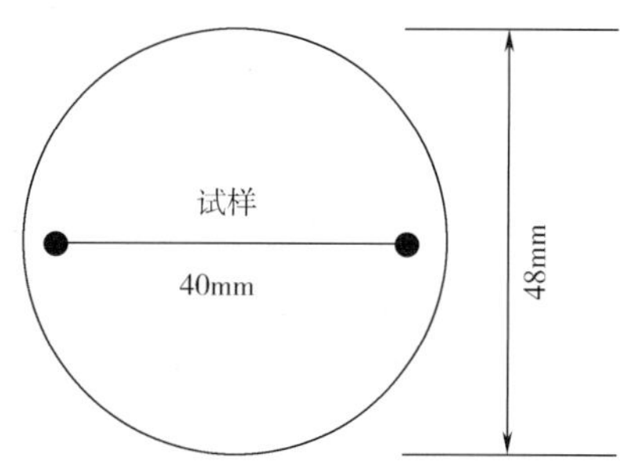

图7 暴露9：微生物样品标记

10.9.2 将每块样品放入一个可密封的容器内，容器内含一块已接种 1.0mL ±0.1mL 菌液（不留自由液）的额外裁剪的样品。

10.9.3 对于电阻测量，使用控制样并无必要。

10.9.4 对于电阻测量，灭菌并无必要。

11. 步骤

11.1 初始电阻值测试。

11.1.1 将第一块试样放置于平坦、绝缘的平台上进行测试。

11.1.2 在预期范围设定万用表或欧姆表。

11.1.3 将仪表正负极分别置于测试标记点。

11.1.4 探针和试样之间的压力和接触面会对测试结果有影响。维持持续稳定的压力确保可获得重复性结果。当不要求时，尽量由同一操作人员进行测试和提高测试结果的可靠性和稳定性。

11.1.5 万用表应使用适宜的探针或接触装置与试样进行接触。探针或接触装置应在报告中加以注明。使用不同探针或接触装置的测试结果不具有可比性。

11.1.6 万用表稳定 3s 后应尽快读取电阻数值。每个试样读取 1 个电阻测量结果。

11.1.7 测试和记录标记点之间的距离，并精确至最近的毫米。

11.1.8 对剩余试样重复上述操作步骤，进行电阻和距离测试。

11.2 暴露 1：家庭洗涤。

11.2.1 选择洗涤参数如水温、烘干方式等，基于终端产品的护理说明来选择。

11.2.2 进行 3 次洗涤循环（洗涤和干燥），买卖双方协商除外。

11.2.3 每个试样均使用洗衣机按照 AATCC LP1 规定的标准洗涤和烘干程序进行家庭洗涤。每块样品或终端产品在洗涤时均应负载相同重量的载荷。如果需要，可执行熨烫程序。

11.2.4 对家庭洗涤手洗按照 AATCC LP2 规定的标准手洗程序进行。每块样品或终端产品应单独手洗。

11.3 暴露 2：干洗。

11.3.1 每个试样均按照 AATCC TM158 规定执行干洗程序。每块样品或终端产品在洗涤时均应负载相同重量的载荷。

11.3.2 干洗循环进行 1 次，买卖双方协商除外。

11.3.3 对于电阻测量，标记和测试尺寸稳定定并不必要。

11.4 暴露 3：水喷淋。

11.4.1 每个试样均按照 AATCC TM22 执行喷淋程序。

11.5 暴露 4：水静水压。

11.5.1 事先确定实验终点后，每个试样均按照 AATCC TM127 执行静水压程序。

11.5.2 按照规定水压上升速率增加水压，直到达到 2000mm H_2O，在此条件维持 2min 后立即将水压释放为 0 并取下试样。

11.5.3 在水压升高到 2000mm 或维持 2min 的过程中，如有水珠产生不应停止试验。同时在 2000mm 水压下，不应维持超过 2min。

11.6 暴露 5：水盐（海水）。

11.6.1 每个试样均按照 AATCC TM106 执行耐海水色牢度程序。

11.6.2 为避免损坏流通电路，应调整施加压力的大小。如果使用了 AATCC TM106 规定外的其他压力，应在报告中注明。

11.7 暴露 6：汗液。

11.7.1 每个试样均按照 AATCC TM15 执行耐汗渍色牢度程序。

11.7.2 为避免损坏流通电路，应调整施加压力的大小。如果使用了 AATCC TM15 规定外的其他压力，应在报告中注明。

11.8 暴露 7：酸和碱。

11.8.1 每个试样均按照 AATCC TM6 执行耐酸和碱色牢度程序，确保按照斑点法对每个流通电路进行测试。

11.9 暴露 8：紫外线和水分。

每个试样均按照 AATCC TM186 选项 1 100h，执行紫外线和水分测试程序。

11.10 暴露 9：微生物。

11.10.1 每个试样均按照 AATCC TM100 执行抗菌性测试程序，但不进行稀释和平板培养。

11.10.2 进行中和之后从罐中取出试样，弃去废液。试样进行干燥和调湿后，测试其电阻值。

12. 评价

12.1 进行电阻测试前，再次进行试样调湿（第 9 章）。

12.2 测试和记录处理后试样的电阻值。使用与测试初始值相同的测试仪器在相同标记点进行测量（见 11.1）。

12.3 测量和记录标记点间距离，精确到最近的 1mm。

13. 计算

13.1 对每一种暴露条件，计算所有初始试样的电阻平均值，记为 R_i。

13.2 对每一种暴露条件，计算所有暴露后试样的电阻平均值，记为 R_f。

13.3 对每一种暴露条件，计算所有初始试样的标记点长度，记为 d_i。

13.4 对每一种暴露条件，计算所有暴露后试样的标记点长度，记为 d_f。

13.5 对每一种暴露条件，按照下式计算试样在处理前后电阻的变化百分率（%）。

$$RC = (R_f - R_i) / R_i \times 100\%$$

式中：RC——处理后电阻变化百分率，%；

R_f——处理后，电阻平均值，Ω；

R_i——处理前，电阻平均值，Ω。

14. 报告

14.1 测试样品的描述。

14.2 试验是按照 AATCC TM210 - 2019（2020）进行的，报告每一种暴露条件测试。

14.3 报告通用测试条件。

14.3.1 万用表或欧姆表分辨率和精度。

14.3.2 探针和接触系统型号。

14.4 对于暴露 1：家庭洗涤报告测试条件和结果。

14.4.1 暴露程序（AATCC LP1 或 AATCC LP2）和版本号。

14.4.2 洗涤条件包括循环洗涤次数，温度和干燥程序。

14.4.3 洗涤用水硬度（mg/kg）。

14.4.4 试样描述（导电通路长度，宽度，形状，材料等）。

14.4.5 每个试样标记点初始距离和暴露处理后距离（mm）。

14.4.6 标记点间，所有试样初始平均距离 d_i 和暴露处理后平均距离 d_f（mm）。

14.4.7 每个试样标记点间初始电阻值和暴露处理后电阻值（Ω）。

14.4.8 标记点间，所有试样初始电阻值平均值 R_i 和暴露处理后电阻值平均值 R_f（Ω）。

14.4.9 洗涤后电阻变化百分率（%）。

14.4.10 任何偏离方法的细节。

14.5 对于暴露 2：干洗报告测试条件和结果。

14.5.1 暴露程序（AATCC TM158）和版本号。

14.5.2 使用的程序（常规材料或敏感性材料）。

14.5.3 测试样品占载荷质量的百分率。

14.5.4 洗涤舱类型。

14.5.5 干燥时，最高出气口或入口空气温度。

14.5.6 处理细节。

14.5.7 干洗循环次数。

14.5.8 试样描述（导电通路长度，宽度，形状，材料等）。

14.5.9 每个试样标记点初始距离和暴露处理后距离（mm）。

14.5.10 标记点间，所有试样初始平均距离 d_i 和暴露处理后平均距离 d_f（mm）。

14.5.11 每个试样标记点间初始电阻值和暴露处理后电阻值（Ω）。

14.5.12 标记点间，所有试样初始电阻值平均值 R_i 和暴露处理后电阻值平均值 R_f（Ω）。

14.5.13 洗涤后电阻变化百分率（%）。

14.5.14 任何偏离方法的细节。

14.6 对于暴露 3：水喷淋报告测试条件和结果。

14.6.1 暴露程序（AATCC TM22）和版本号。

14.6.2 试样描述（导电通路长度，宽度，形状，材料等）。

14.6.3 每个试样标记点初始距离和暴露处理后距离（mm）。

14.6.4 标记点间，所有试样初始平均距离 d_i 和暴露处理后平均距离 d_f（mm）。

14.6.5 每个试样标记点间初始电阻值和暴露处理后电阻值（Ω）。

14.6.6 标记点间，所有试样初始电阻值平均值 R_i 和暴露处理后电阻值平均值 R_f（Ω）。

14.6.7 喷淋处理后电阻变化百分率（%）。

14.6.8 任何偏离方法的细节。

14.7 对于暴露 5：水盐（海水）报告测试条件和结果。

14.7.1 暴露程序（AATCC TM106）和版本号。

14.7.2 试样描述（导电通路长度，宽度，形状，材料等）。

14.7.3 每个试样标记点初始距离和暴露处理后距离（mm）。

14.7.4 标记点间，所有试样初始平均距离 d_i 和暴露处理后平均距离 d_f（mm）。

14.7.5 每个试样标记点间初始电阻值和暴露处理后电阻值（Ω）。

14.7.6 标记点间，所有试样初始电阻值平均值 R_i 和暴露处理后电阻值平均值 R_f（Ω）。

14.7.7 耐海水色牢度程序处理后电阻变化百分率（%）。

14.7.8 任何偏离方法的细节。

14.8 对于暴露 6：汗液报告测试条件和结果。

14.8.1 暴露程序（AATCC TM15）和版本号。

14.8.2 试样描述（导电通路长度，宽度，形状，材料等）。

14.8.3 每个试样标记点初始距离和暴露处理后距离（mm）。

14.8.4 标记点间，所有试样初始平均距离 d_i 和暴露处理后平均距离 d_f（mm）。

14.8.5 每个试样标记点间初始电阻值和暴露处理后电阻值（Ω）。

14.8.6 标记点间，所有试样初始电阻值平均值 R_i 和暴露处理后电阻值平均值 R_f（Ω）。

14.8.7 耐汗渍色牢度程序处理后电阻变化百分率（%）。

14.8.8 任何偏离方法的细节。

14.9 暴露 7：酸和碱报告测试条件和结果。

14.9.1 暴露程序（AATCC TM6）和版本号。

14.9.2 试样描述（导电通路长度，宽度，形状，材料等）。

14.9.3 每个试样标记点初始距离和暴露处理后距离（mm）。

14.9.4 标记点间，所有试样初始平均距离 d_i 和暴露处理后平均距离 d_f（mm）。

14.9.5 每个试样标记点间初始电阻值和暴露处理后电阻值（Ω）。

14.9.6 标记点间，所有试样初始电阻值平均值 R_i 和暴露处理后电阻值平均值 R_f（Ω）。

14.9.7 耐酸碱色牢度程序处理后电阻变化百分率（%）。

14.9.8 任何偏离方法的细节。

14.10 暴露8：紫外线和水分报告测试条件和结果。

14.10.1 暴露程序（AATCC TM186 选项1）和版本号。

14.10.2 试样描述（导电通路长度，宽度，形状，材料等）。

14.10.3 荧光紫外/冷凝设备（日晒机）模式和制造商。

14.10.4 制造商荧光紫外灯型号。

14.10.5 暴露循环（选项1：8h UV/60℃，4h con/50℃）。

14.10.6 总暴露时间。

14.10.7 总紫外灯暴露时间。

14.10.8 每个试样标记点初始距离和暴露处理后距离（mm）。

14.10.9 标记点间，所有试样初始平均距离 d_i 和暴露处理后平均距离 d_f（mm）。

14.10.10 每个试样标记点间初始电阻值和暴露处理后电阻值（Ω）。

14.10.11 标记点间，所有试样初始电阻值平均值 R_i 和暴露处理后电阻值平均值 R_f（Ω）。

14.10.12 紫外线水分暴露程序处理后电阻变化百分率（%）。

14.10.13 任何偏离方法的细节。

14.11 暴露9：微生物报告测试条件和结果。

14.11.1 暴露程序（AATCC TM100）和版本号。

14.11.2 试样描述（导电通路长度，宽度，形状，材料等）。

14.11.3 每罐样品数量。

14.11.4 试验用菌种（金黄色葡萄球菌和肺炎克雷伯菌）。

14.11.5 使用的中和溶液。

14.11.6 每个试样标记点初始距离和暴露处理后距离（mm）。

14.11.7 标记点间，所有试样初始平均距离 d_i 和暴露处理后平均距离 d_f（mm）。

14.11.8 每个试样标记点间初始电阻值和暴露处理后电阻值（Ω）。

14.11.9 标记点间，所有试样初始电阻值平均值 R_i 和暴露处理后电阻值平均值 R_f（Ω）。

14.11.10 微生物暴露程序处理后电阻变化百分率（%）。

14.11.11 任何偏离方法的细节。

15. 精度和偏差

15.1 精度本标准中所列暴露条件对结果精度的影响尚未完成。电阻测量精度见 AATCC EP13。

15.2 偏差电子纺织产品电阻仪可以通过方法进行测量。没有独立的方法可以确定电阻真值。作为一项电阻测量方法，尚无已知偏差。

16. 注释

16.1 可向 AATCC 机构咨询获取相关资料，地址：P. O. Box 12215，Research Triangle Park NC 27709，USA；电话：+1.919.549.8141；电子邮箱：ordering@aatcc.org；网址：www.aatcc.org.

16.2 本测试方法所用设备仪器潜在供应商可在 AATCC 网站 www.aatcc.org/bg 根据买家指南获取。AATCC 尽可能提供与其合作的企业的设备和材料信息，但 AATCC 没有对其授权，或以任何方式批准、认可或证明清单上的任何设备或材料符合测试方法的要求。

17. 历史

17.1 2020 年重申。

17.2 2019 年由 AATCC RA111 委员会建立。

AATCC TM211-2021

抗菌整理纺织品中细菌气味降低性的试验方法

1. 目的和范围

1.1 该试验方法用于评价经抗菌整理剂处理后，纺织品所产生的气味的降低性。

1.2 该程序用于评价单层纺织品。对于多层纺织品，如地毯，该测试仅用于评价经过处理的材料层。

1.3 细菌气味的降低性是通过测试未经抗菌整理的可比织物来确定的。

1.4 对于纺织品的抗菌效果评价，应采用现有的测试产品杀菌/静态效果的试验方法。见注释 13.6。

2. 原理

2.1 该程序用于补充工业标准抗菌效果测试方法中未包含气味降低性的现状。

2.2 产氨细菌作为试验细菌，可利用其代谢尿素或蛋白残渣时产生氨的能力。氨作为细菌气味的一种成分，在很多问题区域都能闻到，包括污水排放管、尿布桶、尿失禁用品和宠物床上用品。

2.3 普通变形杆菌作为革兰氏阴性菌的代表，金黄色葡萄球菌作为革兰氏阳性菌的代表。

2.4 当比较不同织物和未经处理的织物之间的差异时，该测试得到的结果可用于比较抗菌处理随时间对气味的影响。该方法检测氨的最低限量为 2~3mg/kg，根据至少一项研究（见 13.1），这是或接近嗅觉检测的平均浓度，尽管另有一个来源报道检测氨的最低限量为 17mg/kg。

3. 术语

3.1 活性：抗菌剂的活性，抗菌剂有效性的一种表达方式。

3.2 抗菌剂：存在于纺织品中，任何能够杀死细菌（杀菌）或干扰细菌繁殖、生长或细菌活性（抑菌）的化学物质。

3.3 气味：当鼻子中的嗅觉神经受到某种以气体形式存在的化学物质的刺激时，所产生的感觉。

4. 安全和预防措施

4.1 本方法中指定的安全和预防措施是测试程序的辅助，但未指出所有可能的安全问题。

4.2 在本标准中，使用者在处理材料时有责任参考适用的安全数据表、采用安全和适当的技术、穿戴适当的个人防护设备。

4.3 务必向制造商咨询详尽信息，如安全数据表、设备操作说明和其他建议。咨询并遵守所有适用的健康和安全规定［如美国职业安全卫生管理局（OSHA）标准和规定］。

4.4 本试验只能由受过培训的人员进行。咨询美国卫生和公众服务部出版的《微生物和生物医学实验室的生物安全》（见 13.3）。

4.5 注意：本试验中使用的细菌可能具有致病性，也就是能够感染人类并产生疾病。因此，必须采取一切必要和合理的预防措施，以消除对实验室人员和处于该环境中的人员的这种风险。穿戴能够防止细菌侵入的防护服和呼吸防护装置。

5. 使用和限制条件

如前所述，该方法仅限于能够产生氨作为代谢副产物的微生物。其他可以产生代谢副产物的细菌也可以使用，这些代谢副产物可以用不同的气体检测管测量，但是必须报告这些变化。目前还不清楚不同气体检测管的结果是否具有可比性。

6. 仪器、试剂、材料（见 13.4）

6.1 8 号具塞玻璃容量瓶，5mL。

6.2 带彩色扩散管的氨气检测器，感测范围 2.5～1500mg/kg－h（德尔格氨气柱就是一个合适的气体检知管）。

6.3 热塑性密封膜，可双向拉伸。

6.4 织物剪刀。

6.5 接种环。

6.6 培养箱，温度 37℃ ±2℃，相对湿度 75%，带轨道摇床，可整夜振动培养。

6.7 血清移液器，1.0mL，无菌。

6.8 脑心浸出液肉汤（BHIB）。

6.9 尿素，分子生物级，>99.9%。

6.10 过滤器灭菌器。

6.11 试验生物，普通变形杆菌或金黄色葡萄球菌。

6.11.1 普通变形杆菌 ATCC 29905（或 8427），CIP 104989，DSM 13387，NCIMB 13426，CCUG 35382T。（见 13.5）

6.11.2 金黄色葡萄球菌 ATCC 15305，CIP 76.125，DSM 20229，NCIMB 8711。

6.12 维持斜面用细菌琼脂（BHIA，TSA 或 NA）。

7. 试样

7.1 每次测试从每个织物样品上剪去 3 个 1.0g 的试样。然后将每个试样剪成足够小的块，使其能够通过 5mL 容量瓶的瓶颈进入里面。

7.2 按照 7.1 所述的方法从对照样品上制备一个对照试样。

7.2.1 对照样品应取自与测试样品具有相同纤维成分和织物结构（机织/针织，织物密度，产量）的织物，且该织物未经抗菌整理。

7.2.2 如果因为生产条件限制不能制成准确的对照织物，则使用类似结构的纺织品。

7.2.3 在规定的试验条件下，合适的活性对照织物在测试期间可产生氨气。

8. 试剂的制备

8.1 测试需要两种介质。

8.1.1 生长介质：BHIB。

8.1.2 试验介质：5% BHIB +2% 尿素。

8.2 根据需要加热 BHIB 使其完全溶解，分装成 10mL 倒入常规细菌培养管中。在 103kPa（15psi）的压力下密封灭菌 15min。

8.3 将 BHIB 冷却至室温后，在试验之前，确定进行下述测试所需的 BHIB 量。用无菌去离子水稀释 BHIB 使其含量达到 5%。在预定量的 BHIB 中加入 2%（质量浓度）的尿素，搅拌均匀。使用 0.2μm 的过滤器进行过滤灭菌。

8.4 使用 4mm 的接种环，将菌种从保藏菌种中转移至 BHIB 中。在 37℃ ±2℃下进行培养。

8.5 将保藏菌种保存在大豆蛋白胨琼脂（TSA）上或合适的琼脂斜面上。保存在 5℃ ±1℃ 的条件下，并且每周一次传代至新鲜琼脂上。

9. 程序

9.1 试验不需要灭菌。但是如果面料进行了灭菌，在最终的试验报告中应记录灭菌方法。

9.2 将每个试样剪成小块，取 1.0g 放入单独的容量瓶中，使其在容量瓶的球身内聚成一堆。

9.3 准备普通变形杆菌或金黄色葡萄球菌，采用肉汤培养，在温度为 37℃ ±2℃，振动频率为 110～250r/min 的条件下，培养 18～24h。

9.4 用含有 2%（质量浓度）尿素的 5% 的 BHIB 调节菌悬液，获得菌浓度为（1～5）× 10^5 cfu/mL 的试验菌液。将该试验菌液保存在 2～8℃的条件下，直至开始试验。

9.5 如果抗菌整理剂的评价是在家庭洗涤后进行的，相关方应就 AATCC LP1 中提供的洗涤条

AATCC TM212-2021

家庭洗涤过程中纤维碎片释放量的试验方法

前言

在环境污染的背景下使用“超细纤维”术语具有歧义。AATCC 已经主动制定了纤维碎片和超细纤维的定义。尽管关于产生于环境中，尤其是水中的纤维碎片仍然存在很多问题，但是纺织行业的利益相关方决定，有必要开发一种标准方法来量化织物的脱落倾向。降解性、化学毒性和物理性损伤是纺织品脱落的其他重要的组成性能，需要开发额外的测试方法。随着研究的继续，一些测试参数可能会被修订，以提高方法的重现性和相关性。在尚未确定最佳规范的情况下，提供了一些可选则性。

1. 目的和范围

1.1 本方法测定在加速洗涤试验机中释放的纤维碎片的质量。加速洗涤法被认为提供了一种相对类似的方法，模拟在全面家庭洗涤中纤维碎片的释放性能。但是尚未确定精确的相关性。

1.2 本方法适用于可家庭洗涤的纺织品。

2. 原理

2.1 试样在某一温度、洗涤剂（可选）和一定转速条件下洗涤，在短时间内产生并释放纤维碎片。罐体在不锈钢珠和较低的浴比下旋转，加速织物的摩擦。对洗液进行过滤，测定纤维碎片的质量。

2.2 在测试前，各方应就方法的选择达成一致。洗涤方法 A 使用洗涤液，使织物试样完全浸湿。洗涤方法 B 仅使用水。干燥方法 A 使用标准纺织品测试环境下的过滤器。干燥方法 B 使用烘箱干燥后的过滤器。烘箱干燥可以更严格地控制过滤器的质量，但是由于空间限制和测试过程中会吸湿，因此对一些实验室来说是不切实际的。

2.3 结果报告为：沉积在过滤器上的纤维碎片质量和占初始织物试样质量的百分比。

3. 引用文献

注：除非另有说明，否则应使用所有出版物的当前版本。

3.1 ASTM D6193，针脚和缝合的标准操作规程（见 18.1）。

3.2 ASTM E1402，抽样计划的标准指南（见 18.1）。

4. 术语

4.1 纤维：在纺织品中，是构成纺织品基本元素的各种类型物质的统称，一般具有较好的柔韧性、纤细和较高的长厚比。

4.2 纤维碎片：从纺织品结构中断裂（或分离）出来的短纤维（通常长度小于 5×10^{-3}m）。

注：纤维碎片作为环境污染物而引起关注，由于尺寸小，它们通常被称为“超细纤维”。

4.3 超细纤维：线密度小于 1dtex 或 1 旦尼尔的纤维。

注：聚酯超细纤维通常直径小于 10^{-5}m；这是一个经常被参考的尺寸，但不是超细纤维的标准定义。

注：术语“超细纤维”已被广泛作为“纤维碎片”的同义词，为了避免歧义，AATCC 仅在线密度范畴内使用“超细纤维”。

5. 安全和预防措施

5.1 本方法/程序中指定的安全预防措施是测

试程序的辅助，但未指出所有可能的安全问题。

5.2 在本标准中，使用者在处理材料时有责任参考适用的安全数据表、采用安全和适当的技术、穿戴适当的个人防护设备。

5.3 使用者务必向制造商咨询详尽信息，如设备操作说明和其他建议。咨询并遵守所有适用的健康和安全规定［如美国职业安全卫生管理局（OSHA）标准和规定］。

6. 使用和限制条件

6.1 本测试方法并不提供成品在全面家庭洗衣机洗涤中释放的纤维碎片质量的精确相关性。

6.2 以玻璃纤维过滤器的质量变化作为结果报告。来自被测试样、操作过程或环境中的其他材料也可能沉积在过滤器上，从而增加纤维碎片的表观质量。由于不完全漂洗造成的纤维碎片的丢失也会影响表观质量。

6.3 由于玻璃纤维过滤器的孔径为 1.6μm，较小的纤维有可能从过滤器中逸出。因为仅使用同一尺寸的一个过滤器，所以在过滤器上也有可能捕获大于 5mm 的纤维。

7. 仪器（见 18.2）

7.1 可缝制单针锁式线迹的缝纫机，缝纫线类型为 301 型（见 ASTM D6193）。

缝纫针，0.65mm（9 号）或适合样品织物的尺寸（见 18.3）。

7.2 分析天平，分辨率 0.0001g。

7.2.1 去离子器，为获得准确的称量结果时推荐使用。

7.2.2 无静电刷。

7.3 加速洗涤试验机。

7.3.1 可在恒温控制水浴中以（40 ± 2）r/min 的转速转动密封罐的洗涤设备。

7.3.2 不锈钢杠杆锁密封罐，2 型，1200mL（2.54pt），90mm × 200mm（3.5 英寸 × 8.0 英寸），盖子带氯丁橡胶垫。

7.3.3 聚四氟乙烯密封圈。

7.3.4 将密封罐固定于加速洗涤试验机机轴上的机械装置。

7.3.5 不锈钢珠，直径 6mm（0.25 英寸），每个密封罐 50 个。

7.4 调湿设施和带孔架的调湿/干燥架（干燥方法 A，见 18.5）。

7.4.1 可选（干燥方法 A），非循环空气干燥烘箱，能够保持温度在 70℃ ± 2℃。

7.4.2 干燥方法 B（烘箱干燥），玻璃干燥器，有足够的空间可放置至少 20 个铝质称量盘。

7.4.3 干燥方法 B（烘箱干燥），干燥剂凝胶，例如硅胶。

7.5 适合直径为 47mm 过滤器的真空抽滤系统。

7.5.1 玻璃过滤漏斗和夹钳。

7.5.2 过滤器支架，烧结玻璃、烧结金属或不锈钢筛网。

7.5.3 真空瓶。

7.5.4 真空源。

8. 试剂（见 18.2）

8.1 蒸馏水或去离子水（见 18.4）。

8.2 洗涤方法 A，洗涤剂为 AATCC 高效（HE）标准参考洗涤液 WOB（不含荧光增白剂）（见 18.5）。

9. 材料（见 18.2）

9.1 湿巾，不脱毛，少绒或无绒。

9.2 丁腈手套。

9.3 实验服。

9.4 铝箔。

9.5 长丝缝纫线，适用于织物试样（见 18.6）。

9.6 夹钳，无锯齿。

9.7 铝质称量盘。

9.8 筛网，孔径小于5mm（0.2英寸）。

9.9 烧瓶，至少1500mL。

9.10 洗瓶。

9.11 硅硼酸盐玻璃纤维过滤器，无黏结剂，孔径1.6μm，直径47mm。

9.12 药用滴管/球管，玻璃，容量2mL，名义上每毫升20滴。

10. 抽样

10.1 试验结果仅在样品具有统计代表性时有效（见ASTM E1402）。

10.2 抽样必须是随机的，每一个产品单元成为样本的概率应是相等的；每个样本的每一部分都应等可能地成为一个试样。

10.3 由于纯粹的偶然性，样本中的所有试样在偏差范围内必须是相同的。样本内必须没有已知原因的差异。

10.4 检测前，各方应就检测目的对样本的正反面达成一致。

11. 试样准备

11.1 本试验方法测试非常小的质量变化。尽量减少所有的污染源。

11.1.1 用不脱毛、少绒或无绒的湿巾擦拭所有的工作台。

11.1.2 在衣服外面穿上实验服，将长发绑在后面。

11.1.3 佩戴丁腈手套。不要徒手操作过滤器、试样或称量盘。分析天平应足够灵敏能够捕捉记录接触到的污染物。

11.1.4 清洁筛网及所有的玻璃器皿，然后在使用前进行三次冲洗。

11.1.5 尽量减少与其他试样的接触，避免污染试样。为了消除因剪样台和缝纫机等常见表面造成的试样之间的污染，请用不脱毛、少绒或无绒的湿巾擦拭。

11.2 剪取4个试样，每个试样200mm×340mm（8英寸×13.5英寸），对角线通过样本的最长边与布边平行。

11.3 采用折光边整理所有试样的边缘，缝型为EFb-1（见ASTM D6193）。

11.3.1 将试样沿每边向里（背面）折50mm（2英寸）。不要按压。对于厚重试样，宽的折边更容易折叠。为了一致性，所有试样应使用同一折边宽度。

11.3.2 将毛边再次向里翻折到折边处，留下一个折光边。不要按压。靠近内折线的地方车缝折边，使用锁式缝迹（缝纫线类型为301型）。针距2.0~2.5mm（每英寸10~12针）。反封以确保针脚牢固。修剪缝纫线。

11.3.3 完成后的试样尺寸为（100±10）mm×（240±10）mm［（4±0.4）英寸×（9.5±0.4）英寸］。

11.3.4 极少数情况下，织物试样采用EFb-1型缝法不可行，此时可采用交替缝纫法和/或布边缝纫法，并在测试报告中进行详细的说明。

11.4 在洗涤前避免在试样上打标记。打标记可能会因为记号笔或颜料薄片的损伤而影响纤维碎片的脱落。

12. 调湿

12.1 干燥方法A：将织物试样置于温度为21℃±2℃（70℉±4℉），相对湿度为65%±5%的大气环境中至少4h，将每个试样分开放在筛网或调湿用多孔架上。用铝箔盖住试样以减少大气中沉积物可能造成的污染。

12.2 干燥方法B：将织物试样置于70℃的清洁、无空气循环的烘箱中至少4h。将烘箱干燥后的织物试样放置在干燥器中冷却至少30min。在移出试样后再次清理烘箱和干燥器，以尽量减少过滤器上的纤维污染。

12.3 过滤器在清洗后调湿或烘箱干燥和冷却（见13.3），不需要其他额外的调湿。

13. 准备工作

13.1 在预称重之前，需在每个铝质称量盘上贴上标签。

13.2 清洗每个过滤器并分别放置在贴签的铝质称量盘里。小心地把一个过滤器放进筛网里，用装有蒸馏水/去离子水的洗瓶冲洗过滤器，以去除可溶化合物。用镊子将过滤器从筛网上取下放进称量盘里。

13.3 调湿或烘箱干燥过滤器。

13.3.1 干燥方法A：将过滤器（在称量盘中）置于21℃±2℃（70℉±4℉），相对湿度为65%±5%的大气环境中至少4h。用铝箔盖住过滤器以免污染。

13.3.2 干燥方法B：将过滤器（在称量盘中）置于70℃±2℃的无空气循环的烘箱中至少1h。使用烘箱干燥后的过滤器进行试验。将烘箱干燥后的过滤器和称量盘放在干燥器中冷却30min。过滤器保持在干燥器中，取出后立即使用。

13.4 洗涤方法A：制备0.25%的洗涤剂溶液。

13.4.1 每1000mL蒸馏水中加入2.5g洗涤剂。搅拌均匀。

13.4.2 每次测试或重新搅拌时使用新的溶液，以确保一致性，并在测试报告中记录溶液配置日期。

14. 程序

14.1 将每组过滤器和称量盘放在天平上称量，记录总的试验前质量，精确制0.0001g（W_1）。保证过滤器远离可能的污染源。

14.1.1 干燥方法A：如果不是在调湿大气环境中称量的，则应将过滤器在称量后立即放回调湿大气环境中。

14.1.2 干燥方法B：称量后立即将过滤器放回烘箱，干燥器或其他密闭环境中。

14.2 将每一个织物试样放在天平上称量，记录总的试验前质量，精确至0.0001g（S_1）。保证试样远离污染源。用无静电刷去除试样称量之间掉落在天平上的松散纤维。使用去离子器来减少静电对质量的干扰。

14.3 将加速洗涤试验机加水至规定的水位。调节温度至40℃±2℃（104℉±4℉）。

14.4 确保所有的密封罐、盖子、密封圈、垫和钢珠在使用前清洗干净。

14.5 在每个密封罐中加入50个不锈钢珠和360mL洗涤剂溶液（洗涤方法A），或360mL水（洗涤方法B）。

14.6 在每一个密封罐的盖子里放置一个氯丁橡胶垫。在垫片上放置聚四氟乙烯密封圈以减少洗涤水的污染。用垫圈盖紧盖子，密封好每个罐子。

14.7 在加入试样前，先将密封罐和罐内物体预热约10min。

14.7.1 按照制造商的说明在主槽或外部加热装置中预热。

14.8 从加速洗涤试验机或外部加热装置中取出密封罐，快速在每个密封罐内加入1个试样。不要让密封罐内的溶液/水冷却。

14.9 向洗涤程序的验证密封罐中加入溶液/水和不锈钢珠，不加试样。在每次洗涤循环中，至少加入1个验证密封罐。每4个试样加1个验证密封罐来平衡设备可能会更方便。验证密封罐是一个“空白对照”，主要用于检查测试过程中产生的任何污染或无效的漂洗过程。

14.10 用胶垫和密封圈重新盖紧每个密封罐。

14.11 将密封罐水平固定在加速洗涤试验机的转轴上，保证当密封罐转动时，盖子首先击打到水。在转轴的每边放置等量的密封罐。将装有试样的密封罐和验证密封罐均匀地分装在旋转试验机的转轴上。

14.12 开启洗涤试验机，以（40±2）r/min的转速运行45min。

14.13 当水洗循环结束后，取出密封罐。

14.14 将第一个密封罐内内容物全部倾倒进烧杯上方的筛网中。小心避免溅出。收集全部水洗液于烧杯中，试样和不锈钢球留在筛网上。

14.15 冲洗密封罐内容物，收集全部冲洗液于同一烧杯中。

14.15.1 不得过度处理试样，取出筛网上的试样，用洗瓶进行冲洗，喷淋试样的正反面以冲洗掉表面的松散纤维碎片。使用筛网将全部的冲洗液收集进烧瓶中。请勿挤压或按压试样。

14.15.2 保持筛网于烧瓶上，使用装有蒸馏水/去离子水的洗瓶冲洗不锈钢球。重复冲洗3次。全部冲洗液经过筛网后收集于烧瓶中。从筛网上取走钢珠。

14.15.3 用洗瓶冲洗空筛网的四面，收集全部冲洗液于烧瓶中。重复冲洗3次。将筛网置于一边以备下一个试样使用。

14.15.4 用洗瓶冲洗胶垫、密封圈、密封罐和盖子，收集冲洗液于同一烧瓶中。重复冲洗3次。

14.15.5 冲洗戴手套的手指，因其可能通过接触试样或密封罐内容物而粘染纤维。收集全部冲洗液于同一烧瓶中。

14.16 过滤烧杯里面的内容物。确保密封罐里的试样编号顺序与过滤器称量盘匹配。

14.16.1 将一个新的清洗过的过滤器支架连接到抽滤瓶上，将抽滤瓶连接到真空泵上。

14.16.2 使用镊子小心地将过滤器从称量盘转移到支架上。

14.16.3 将漏斗置于过滤器上方并夹紧。打开真空，用喷水瓶将过滤器浸湿。

14.16.4 如果采用其他过滤系统，按照制造商的指示和注释进行安装，并在测试报告中注明偏离。

14.16.5 小心倾倒收集烧瓶的内容物，经过滤器过滤。避免溅出。用水冲洗烧瓶至少3次，以除去烧瓶侧面的残余纤维。全部冲洗液经过滤器过滤。

14.16.6 用洗瓶冲洗漏斗侧面至少3次。

14.16.7 停止抽真空，取下漏斗。

14.17 用镊子夹着过滤器的边缘转移至对应的称量盘中。不要掀翻过滤器。

14.18 如果纤维遗留在漏斗的底部，用药用滴管冲洗纤维至称量盘中（不要使用洗瓶，因为这样可能会溅起或将纤维冲到盘子外）。尽量少用水，可以避免干燥时间过长。

14.19 盖住过滤器和称量盘避免污染。

14.20 对剩余的密封罐重复冲洗和过滤程序（14.14～14.19），包含验证密封罐。

14.21 调湿或烘箱干燥过滤器。

14.21.1 干燥方法A：将过滤器（在称量盘中）置于温度为21℃±2℃（70℉±4℉），相对湿度为65%±5%的大气环境中至少4h。用铝箔保持覆盖住过滤器，避免沾污。理想情况下，过滤器和收集的纤维应能在标准大气环境下达到吸湿平衡，但是对于每一个试样要验证这一点不是切实可行的；假设过滤器和纤维在4h内达到平衡。如果过滤器或纤维4h后仍旧是湿的，在测试试验后质量之前，应在标准大气条件下保持4h以上。

14.21.2 干燥方法B：将过滤器（在称量盘中）置于70℃±2℃的无空气循环的烘箱中至少1h。称量烘箱干燥后的过滤器作为试验后质量。将烘箱干燥后的过滤器和称量盘置于干燥器中冷却30min。保持过滤器于干燥器中，取出后立即称量。

14.22 用天平称量每一个调湿或烘箱干燥后的过滤器和称量盘组件，记录试验后的总质量，精确至0.0001g（W_2）。保证过滤器远离可能的污染源。用无静电刷去除试样称量之间掉落在天平上的松散纤维。使用去离子器来减少静电对质量的干扰。

15. 计算

15.1 按照公式1计算每个试样释放纤维碎片的质量。

$$F_{m,n} = W_{2,n} - W_{1,n} \quad \text{（公式1）}$$

式中：$F_{m,n}$——第 n 个试样上释放的纤维碎片的质量，g；

$W_{1,n}$——调湿或烘箱干燥后过滤器和称量盘的试验前质，g；

$W_{2,n}$——调湿或烘箱干燥后过滤器和称量盘的试验后质量，g。

15.2 计算释放的纤维碎片的平均质量和每个样品的标准偏差。

15.3 按照公式2计算每个试样释放纤维碎片的百分率。

$$F_{m,n} = \frac{W_{2,v} - W_{1,v}}{S_{1,n}} \times 100\% \quad \text{（公式2）}$$

式中：$F_{p,n}$——第 n 个试样释放的纤维碎片的百分比，%；

$W_{1,n}$——调湿或烘箱干燥后过滤器和称量盘的试验前质量，g；

$W_{2,n}$——调湿或烘箱干燥后过滤器和称量盘的试验后质量，g；

$S_{1,n}$——调湿或烘箱干燥后试样的试验前质量，g。

15.4 计算每个试样释放的纤维碎片的平均百分率和标准偏差。

15.5 按照公式3计算每个验证密封罐累积的污染物质量。

$$F_{m,v} = W_{2,v} - W_{1,v} \quad \text{（公式3）}$$

式中：$F_{m,v}$——第 v 个验证密封罐累积的污染物质量，g；

$W_{1,v}$——调湿或烘箱干燥后过滤器和称量盘的试验前质量，g；

$W_{2,v}$——调湿或烘箱干燥后过滤器和称量盘的试验后质量，g。

16. 报告

16.1 测试样品的描述和识别。

16.2 报告样品测试方法 AATCC TM212－2021。

16.3 报告试验条件：

16.3.1 报告织物的正面。

16.3.2 报告试验用水为蒸馏水，还是去离子水。

16.3.3 报告使用的洗涤方法 A（洗涤剂溶液），还是洗涤方法 B（仅有水）。

16.3.4 报告洗涤剂配方和浓度，如果适用［默认为 AATCC 高效（HE）洗涤剂，WOB，0.25%］。

16.3.5 报告是否使用了干燥方法 A（调湿后试样和过滤器），或干燥方法 B（烘箱干燥后试样和过滤器）。

16.4 报告测试结果：

16.4.1 报告每个样品释放的纤维碎片平均质量，精确至 0.0001g。注意有效位数。例如，如果释放的纤维碎片质量为 0.0123g，有效位数就是 3（数字“0”不算有效位数）。

16.4.2 报告每个样品释放的纤维碎片质量的标准偏差。

16.4.3 报告每个样品释放的纤维碎片平均百分率，保留和释放的纤维碎片质量相同的有效位数（见 16.4.1）。

16.4.4 报告每个样品释放的纤维碎片百分率的标准偏差。

16.4.5 报告每个验证密封罐累积的污染物质量。不用从样品释放的纤维碎片质量中减去该值，该值仅用于参考。如果验证密封罐的污染物质量高于期望值，应考虑重新测试所有样品，采取其他的预防措施以避免污染。

16.5 描述对本发布方法的任何偏差，包括布边缝纫方法或过滤系统。

17. 精确度和偏差

17.1 精确度。2020 年，2 个实验室，3 种织物，完成了研究。织物 A 是纯棉机织毛圈布。每个实验室仅用 1 名实验员。织物 B 是再生纤维素/棉机织法兰绒织物。织物 C 是聚酯双面绒织物。全部测试采用干燥方法 A（调湿后的试样和过滤器）。采用洗涤方法 A［AATCC 高效（HE）洗涤剂］，收集结果数据。

17.1.1 表 1 给出了实验室内纤维碎片释放质量的精确度数值。

17.1.2 表 2 给出了实验室内纤维碎片释放百分率的精确度数值。以相对于基布质量的百分率来表示纤维脱落性能时，其差异程度远高于单纯用脱落质量来衡量的结果。这是由于织物基体影响了纤维脱落性能。

表 1　纤维碎片释放质量的精确度

N	实验室内精确度（干燥方法 A，洗涤方法 A）*
1	0.0005240
2	0.0003711
3	0.0003025
4	0.0002620
5	0.0002343
6	0.0002139
7	0.0001977
8	0.0001853
9	0.0001747
10	0.0001657

* 所有实验室间纤维碎片释放质量的平均值为 0.0020g。织物 A 纤维碎片释放质量的平均值为 0.0016g，织物 B 纤维碎片释放质量的平均值为 0.0034g，织物 C 纤维碎片释放质量的平均值为 0.0013g。

17.1.3 精确度数据表是由两个不同实验室在三种不同织物上获得的数据，是有限的。虽然这些数据可用于初步指导/解释目的，但是需要征集更广泛和更具有代表性的机织物、针织物和非织造布获得的结果，来不断更新精确度数据表。

17.2 偏差。家庭洗涤中纤维碎片释放性能只能根据某一实验方法予以定义。没有单独的方法来确定真值。作为预测这一性能的手段，没有已知的偏差。

表 2　纤维碎片释放百分率的精确度

N	实验室内精确度（干燥方法 A，洗涤方法 A）*
1	0.0004740
2	0.0003357
3	0.0002737
4	0.0002370
5	0.0002120
6	0.0001935
7	0.0001792
8	0.0001676
9	0.0001580
10	0.0001499

* 所有实验室间纤维碎片释放百分率的平均值为 1.2753%。织物 A 纤维碎片释放百分率的平均值为 0.007197%，织物 B 纤维碎片释放百分率的平均值为 0.026414%，织物 C 纤维碎片释放百分率的平均值为 0.006355%。

18. 注释

18.1 可从 ASTM 网站获取。网址：www.astm.org。

18.2 有关本测试方法的其他设备信息，请访问 AATCC 买家指南网站 www.aatcc.org/bg。AATCC 提供其企业会员单位所能提供的设备和材料清单。但 AATCC 没有给其授权，或以任何方式批准、认可或证明清单上的任何设备或材料符合测试方法的要求。

18.3 缝纫针需要根据织物结果选择。通常，选择最小的合适的针，以降低试样的损伤和变形。

18.4 最佳做法是通过过滤水来减少污染。这是一个耗时的过程，可能在所有情况下都是不规范的，但是在使用前不过滤水，必须被考虑进误差的一个潜在来源。

18.5 可从 AATCC 获取，地址：P. O. Box 12215，Research Triangle Park NC 27709；电话：+1. 919. 549. 8141；电子邮箱：ordering@ aatcc. org；网址：www. aatcc. org。

18.6 建议使用长丝线，以尽量减少缝纫线纤维碎片的污染。所有的线头都应小心修剪和丢弃。复丝线可能比单丝线更好用，但两者都可以。锦纶和聚酯长丝都可以。

19. 历史

该方法由 AATCC RA100 研究委员会于 2021 年建立。

AATCC 实验室程序

AATCC LP1-2021

家庭洗涤的实验室程序：机洗

前言

本程序的编写基于各个 AATCC 标准中的洗涤方法和参数部分。作为一个单独的实验程序，它可以与其他测试方法结合使用，包括外观测试、护理标签检验和易燃性测试方法。手洗的程序参见 LP2：家庭洗涤的实验室程序：手洗。

标准的洗涤程序保持一致性，以便使结果具有可比性。标准参数仅可代表，但是不能完全复制目前的消费者洗涤情况，因为消费者洗涤情况是随着时间和不同家庭而变化的。可选的洗涤参数（包括水位、搅拌速度、温度等）会定期更新以使测试更接近家庭实际，同时允许使用家庭洗衣机进行洗涤试验，尽管不同的设备会导致测试结果的差异。

1. 目的和范围

1.1 本部分提供了使用自动洗衣机进行洗涤时，标准的和可选的家庭洗涤条件。本部分列出了一些选择，但是不可能将现有的所有洗涤参数组合全部列出。

1.2 本部分所规定的洗涤条件和方法适用于所有可进行家庭洗涤的织物以及终端纺织产品。

2. 原理

家庭洗涤程序包括使用自动洗衣机进行洗涤和干燥等几种方式。对洗衣机及转筒式烘干机的参数也做了详细规定。本部分需要和适宜的测试方法配合使用以获得想达到的测试目的。

3. 术语

3.1 洗涤：通过含有洗涤剂的溶液对纺织材料进行处理（洗涤），移除污渍和（或）沾污的过程。包括浸洗、漂洗和干燥。

3.2 冲程：洗衣机滚筒的一次旋转运动。

注意：这种运动可以是单向的（即顺时针或逆时针），也可以前后交替。在任何一种情况下，每次暂停或改变方向时都应计算运动。例如，一组来回运动应视为两个冲程。在单向搅拌的情况下，应计算运动的每次暂停。

3.3 冲程长度：洗衣机在搅拌循环过程中单次运动（冲程）的旋转程度。

4. 安全保护措施

本安全和预防措施仅供参考。本部分有助于测试的顺利进行，但并未指出所有可能的安全问题。在采用测试方法时，试验人员应采用安全和适当的方法来处理材料。务必向试验中所需材料和仪器的制造商咨询详尽信息，如试剂等的安全参数和使用指南等。务必向美国职业安全卫生管理局（OSHA）咨询并遵守其所有的标准和规定。

4.1 遵守实验室良好的管理规范。在所有的试验区域均应佩戴防护眼镜。

4.2 洗涤剂可能会对人体产生刺激，应注意防止其接触到皮肤和眼睛。

4.3 当操作试验设备时，应严格遵守设备制造商提供的安全操作守则。

5. 使用及限制条件

5.1 标准的洗涤程序保持一致性，以便使结果具有可比性。标准参数仅可代表，但是不能完全复制目前的消费者洗涤情况，因为消费者洗涤情况是随着时间和不同家庭而变化的。可选的洗涤参数

（包括水位、搅拌速度、温度等）会定期更新以使测试更接近家庭实际，同时允许使用家庭洗衣机进行洗涤试验，尽管不同的设备会导致测试结果的差异。

5.2 满足表中所列参数的某些洗涤设备有的可能需要定制。

6. 设备和材料（见 17.1）

6.1 自动洗衣机（见表Ⅰ，ⅡA－D，ⅢA－C，ⅣA－B，17.2）。

6.2 转筒式烘干机（见表Ⅵ，17.2），以及其它用于悬挂滴干、悬挂晾干和平铺晾干的设备。

6.3 1993 AATCC 标准洗涤剂（粉末状）或 AATCC 高效标准液体洗涤剂（见 17.3，17.4）。

6.4 不少于 5.0kg（10.0 磅）的容量。

6.5 1 型或 3 型陪洗布（见表Ⅶ）。

注意：应经双方同意的情况下选择 4 型陪洗布，并在报告中说明。

7. 检定

7.1 顶部加料式洗衣机在使用前每年至少进行一次检定。目前尚无前部加料式洗衣机的检定方法。

7.2 水位的核查。

7.2.1 使用有刻度的容器向洗衣机内加入规定体积的室温下的水。

7.2.2 垂直插入 1m 长的刻度尺直到触及洗衣机底部。使用防水墨水在刻度尺露出水面处进行标示。从洗衣机底部将水排出。

7.2.3 循环注水，注满水后暂停（搅动前）。使用已标记的刻度尺核查水位。核查时，确保刻度尺底部触及洗衣机底部。

7.3 搅拌速度。

7.3.1 为了便于计算每分钟搅拌速度，在搅拌器或波轮的顶部中心点固定一把短尺或短棒（长约 150mm）。

7.3.2 在短尺或短棒自由端固定一个彩色的小条。

7.3.3 开始搅拌洗涤，用人眼计数每分钟在同一位置看到彩色小条的次数。

7.4 脱水速度。

使用转速计测量洗涤时的转速。使用转速计应遵循说明书。

8. 试样

8.1 按照选取的测试方法要求裁剪和准备试样。本洗涤方式适用于各种大小或形状的试样，但投入洗衣机的总重量应不超过 1.8kg（4.0 磅）或 3.6kg（8.0 磅）。

8.2 如选取的测试方法要求，可在洗涤前对试样进行调湿和评价。

9. 标准洗涤程序

9.1 按照表Ⅰ选择洗涤条件，并按照选择的洗涤条件设定洗衣机参数。

9.2 放入试样的同时加入陪洗布，确保试样和陪洗布的总重量达到 1.8kg ± 0.1kg（4.0 磅 ± 0.2 磅）。

9.3 将水填加到按照表Ⅰ所选取的水位线。开始选择的洗涤程序，进行洗涤。

9.4 按照洗衣机说明书，加入 66g ± 1g 1993 AATCC 标准洗涤剂（使用标准洗涤程序时，不可使用 AATCC 高效标准液体洗涤剂）。

如果洗涤剂是直接加入水中，应进行充分搅拌、溶解。在加入洗涤物前应停止搅拌。

9.5 加入洗涤物（试样和陪洗布），均匀分布试样和陪洗布，准备开始洗涤。

9.6 对于需要悬挂滴干的试样（干燥程序 C），在进行完最后一次漂洗后，开始排水时停止洗涤程序，取出试样。对需要转筒烘干（A），悬挂晾干（B）和平摊晾干（D）的试样，应完成所有设定的洗涤程序。

9.7 完成洗涤程序后，取出洗涤物，并将试样和陪洗布分开，切忌在分开时使试样扭曲变形。开始合适的干燥程序。

表Ⅰ 标准洗衣机洗涤参数

项目		标准档	轻柔档	耐久压烫档
水位［L（加仑）］		72±4（19±1）	72±4（19±1）	72±4（19±1）
搅拌速率（strokes/min）		86±2	27±2	86±2
冲程长度（°）		220	220	220
洗涤时间（min）		16±1	8.5±1	12±1
脱水速度（r/min）		660±15	500±15	500±15
脱水时间（min）		5±1	5±1	5±1
洗涤温度［℃（℉）］①	Ⅱ低温	27±3（80±5）	27±3（80±5）	27±3（80±5）
	Ⅲ中温	41±3（105±5）	41±3（105±5）	41±3（105±5）
	Ⅳ高温	49±3（120±5）	49±3（120±5）	49±3（120±5）
	Ⅴ极高温	60±3（140±5）	60±3（140±5）	60±3（140±5）

① 本表规定温度与美国联邦贸易委员会规定的洗标检验温度相同（见表Ⅷ）。根据美国能源部的要求，家用洗衣机多采用冷水洗涤。因此需要附加控制器来修改洗衣机的设定温度，以达到实际需要的温度值。

10. 可选的洗涤程序（顶部加料式洗衣机）

10.1 按照表ⅡA－D选择洗涤条件，并按照选择的洗涤条件设定洗衣机参数。

10.2 放入试样的同时加入陪洗布，确保试样和陪洗布的总重量达到1.8kg±0.1kg（4.0磅±0.2磅）或3.6kg±0.1kg（8.0磅±0.2磅）。

10.3 将水填加到所选取的水位线。开始选择的洗涤程序，进行洗涤。

10.4 按照洗衣机说明书，加入洗涤剂。

10.4.1 如果洗涤剂是直接加入水中，应进行充分搅拌、溶解。在加入洗涤物前应停止搅拌。

10.4.2 洗涤物重量为1.8kg时，加入66g±1g 1993 AATCC标准洗涤剂或50mL±1mL AATCC高效液体洗涤剂。

10.4.3 洗涤物重量为3.6kg时，加入80g±1g 1993 AATCC标准洗涤剂或50mL±1mL AATCC高效液体洗涤剂。

10.5 加入洗涤物（试样和陪洗布），均匀分布试样和陪洗布，准备开始洗涤。

10.6 对于需要悬挂滴干的试样（干燥程序C），在进行完最后一次漂洗后，开始排水时停止洗涤程序，取出试样。对需要转筒烘干（A），悬挂晾干（B）和平摊晾干（D）的试样，应完成所有设定的洗涤程序。

10.7 完成洗涤程序后，取出洗涤物，并将试样和陪洗布分开，切忌在分开时使试样扭曲变形。开始合适的干燥程序。

表ⅡA 可选的洗涤参数（传统顶部加料式洗衣机2000－2008）

项目		标准档	轻柔档	耐久压烫档
水位［L（加仑）］	1.8kg负荷	68±4（18±1）	68±4（18±1）	68±4（18±1）
	3.6kg负荷	83±4（22±1）	83±4（22±1）	83±4（22±1）
搅拌速率（strokes/min）		179±2	119±2	179±2
冲程长度（°）		90	90	90

续表

项　　目		标准档	轻柔档	耐久压烫档
洗涤时间（min）		12 ±1	8 ±1	10 ±1
脱水速度（r/min）		645 ±15	430 ±15	430 ±15
脱水时间（min）		6 ±1	6 ±1	4 ±1
洗涤温度［℃（℉）］	极低温	16 ±3（60 ±5）	16 ±3（60 ±5）	16 ±3（60 ±5）
	低温	27 ±3（80 ±5）	27 ±3（80 ±5）	27 ±3（80 ±5）
	中温	41 ±3（105 ±5）	41 ±3（105 ±5）	41 ±3（105 ±5）
	高温	49 ±3（120 ±5）	49 ±3（120 ±5）	49 ±3（120 ±5）
	极高温	60 ±3（140 ±5）	60 ±3（140 ±5）	60 ±3（140 ±5）
漂洗温度	极低温	<18℃（<65℉）	<18℃（<65℉）	<18℃（<65℉）
	其他	<29℃（<85℉）	<29℃（<85℉）	<29℃（<85℉）

表ⅡB　可选的洗涤参数（传统顶部加料式洗衣机 2009－2010）

项　　目		标准档	轻柔档	耐久压烫档
水位［L（加仑）］	1.8kg 负荷	68 ±4（18 ±1）	68 ±4（18 ±1）	68 ±4（18 ±1）
	3.6kg 负荷	83 ±4（22 ±1）	83 ±4（22 ±1）	83 ±4（22 ±1）
搅拌速率①（strokes/min）		179/119 ±2	119 ±2	179/119 ±2
冲程长度（°）		90	90	90
洗涤时间（min）		12（6min 低速搅拌）±1	6 ±1	9（3min 低速搅拌）±1
脱水速度（r/min）		645 ±15	430 ±15	430 ±15
脱水时间（min）		6 ±1	3 ±1	4 ±1
洗涤温度［℃（℉）］	极低温	16 ±3（60 ±5）	16 ±3（60 ±5）	16 ±3（60 ±5）
	低温	27 ±3（80 ±5）	27 ±3（80 ±5）	27 ±3（80 ±5）
	中温	41 ±3（105 ±5）	41 ±3（105 ±5）	41 ±3（105 ±5）
	高温	49 ±3（120 ±5）	49 ±3（120 ±5）	49 ±3（120 ±5）
	极高温	60 ±3（140 ±5）	60 ±3（140 ±5）	60 ±3（140 ±5）
漂洗温度	极低温	<18℃（<65℉）	<18℃（<65℉）	<18℃（<65℉）
	其他	<29℃（<85℉）	<29℃（<85℉）	<29℃（<85℉）

① 许多 2009～2010 年生产的洗衣机，搅拌速度有降速搅拌过程，刚开始为高速（如 179spm），之后会降到低速搅拌（如 119spm）。

表ⅡC　可选的洗涤参数（传统顶部加料式洗衣机 2011－2012）

项　　目		标准档	轻柔档	耐久压烫档
水位［L（加仑）］	1.8kg 负荷	72 ±4（19 ±1）	72 ±4（19 ±1）	72 ±4（19 ±1）
	3.6kg 负荷	83 ±4（22 ±1）	83 ±4（22 ±1）	83 ±4（22 ±1）

续表

项　　目		标准档	轻柔档	耐久压烫档
搅拌速率（strokes/min）		86 ±2	27 ±2	86 ±2
冲程长度（°）		220	220	220
洗涤时间（min）		16 ±1	8.5 ±1	12 ±1
脱水速度（r/min）		660 ±15	500 ±15	500 ±15
脱水时间（min）		5 ±1	5 ±1	5 ±1
洗涤温度［℃（℉）］	极低温	16 ±3（60 ±5）	16 ±3（60 ±5）	16 ±3（60 ±5）
	低温	27 ±3（80 ±5）	27 ±3（80 ±5）	27 ±3（80 ±5）
	中温	41 ±3（105 ±5）	41 ±3（105 ±5）	41 ±3（105 ±5）
	高温	49 ±3（120 ±5）	49 ±3（120 ±5）	49 ±3（120 ±5）
	极高温	60 ±3（140 ±5）	60 ±3（140 ±5）	60 ±3（140 ±5）
漂洗温度［℃（℉）］	极低温	<18（<65）	<18（<65）	<18（<65）
	其他	<29（<85）	<29（<85）	<29（<85）

表ⅡD　可选的洗涤参数（传统顶部加料式洗衣机 2013－2017）

项　　目		标准档	轻柔档
水位［L（加仑）］	1.8kg 负荷	72 ±8（19 ±2）	72 ±8（19 ±2）
	3.6kg 负荷	83 ±4（22 ±1）	83 ±4（22 ±1）
搅拌速率（strokes/min）		86 ±5	27 ±5
冲程长度（°）		220	220
洗涤时间（min）		16 ±2	8.5（其中浸泡时间为 5） ±1
漂洗次数		1	1
脱水速度（r/min）		660 ±15	500 ±15
脱水时间（min）		5 ~ 10	5 ~ 10
洗涤温度［℃（℉）］	低温	16 ±4.2（60 ±7.5）	16 ±4.2（60 ±7.5）
	中温	30 ±4.2（86 ±7.5）	30 ±4.2（86 ±7.55）
	高温	44 ±4.2（111 ±7.5）	44 ±4.2（111 ±7.5）
	极高温	54 ±4.2（130 ±7.5）	54 ±4.2（130 ±7.5）
漂洗温度（见 17.5）		水龙头出水温度	水龙头出水温度

11. 可选的洗涤程序（高效洗衣机）

11.1　按照测试要求选择洗涤条件，并按照选择的洗涤条件设定洗衣机参数。

11.1.1　高效顶部加料式洗衣机根据表ⅢA－C 选择参数。

11.1.2　高效前部加料式洗衣机根据表ⅣA－B 选择参数。

11.2　放入试样的同时加入陪洗布，确保试样和陪洗布的总重量达到 1.8kg ±0.1kg（4.0 磅 ±0.2 磅）或 3.6kg ±0.1kg（8.0 磅 ±0.2 磅）。

11.3 根据洗衣机说明书指导，加入 50mL ± 1mL AATCC 高效液体洗涤剂。洗涤物总重量无论是 1.8kg 还是 3.6kg，均使用相同量的洗涤剂和同水位的水。高效洗衣机仅可使用专用配方的洗涤剂。

11.4 加入洗涤物（试样和陪洗布），使用顶部加料式高效洗衣机的，应均匀分布试样和陪洗布，准备开始洗涤。

11.5 对于需要悬挂滴干的试样，在进行完最后一次漂洗后，开始排水时停止洗涤程序，取出试样。对需要转筒烘干、悬挂晾干、和平摊晾干的试样，应完成所有设定的洗涤程序。

11.6 完成洗涤程序后，取出洗涤物，并将试样和陪洗布分开，切忌在分开时使试样扭曲变形。开始合适的干燥程序。

表ⅢA 可选的洗涤参数（顶部加料式高效洗衣机 2013－2017）

项　目		标准档	轻柔档
水位［L（加仑）］		30 ±8（8 ±2）	57 ±4（15 ±1）
搅拌速率（strokes/min）		60 ±5	75 ±5
洗涤时间（min）		11 ±2	9 ±2
漂洗次数		1	1
脱水速度（r/min）		770 ±20	500 ±20
脱水时间（min）		5 ~ 18	5 ~ 10
洗涤温度（℃（℉））	低温	16 ±4.2（60 ±7.5）	16 ±4.2（60 ±7.5）
	中温	24 ±4.2（75 ±7.5）	24 ±4.2（75 ±7.5）
	高温	35 ±4.2（95 ±7.5）	35 ±4.2（95 ±7.5）
	极高温	54 ±4.2（130 ±7.5）	54 ±4.2（130 ±7.5）
漂洗温度（见 17.5）		水龙头出水温度	水龙头出水温度

表ⅢB 可选的洗涤参数

（顶部加料式高效洗衣机，搅拌式 2018）

项　目		标准档	轻柔档
水位［L（加仑）］		68 ±8（18 ±2）	68 ±8（18 ±2）
搅拌速率（strokes/min）		60 ±5	70 ±5
洗涤时间（min）		14 ±2	8 ±2
漂洗次数		1	1
脱水速度（r/min）		660 ±20	660 ±20
脱水时间（min）		5 ~ 10	1 ~ 6
洗涤温度［℃（℉）］	水龙头出水温度	16 ±4.2（60 ±7.5）	16 ±4.2（60 ±7.5）
	低温	16 ±4.2（60 ±7.5）	16 ±4.2（60 ±7.5）
	中温	35 ±4.2（95 ±7.5）	30 ±4.2（86 ±7.5）
	高温	54 ±4.2（130 ±7.5）	54 ±4.2（130 ±7.5）

表ⅢC 可选的洗涤参数

（顶部加料式高效洗衣机，波轮式 2018）

项　　目		标准档	轻柔档
水位［L（加仑）］		44 ±8（11.5 ±2）	68 ±8（18 ±2）
搅拌速率（strokes/min）		60 ±5	70 ±5
洗涤时间（min）		14 ±2	8 ±2
漂洗次数		1	1
脱水速度（r/min）		660 ±20	500 ±20
脱水时间（min）		5 ~ 10	1 ~ 6
洗涤温度［℃（℉）］	水龙头出水温度	16 ±4.2（60 ±7.5）	16 ±4.2（60 ±7.5）
	低温	16 ±4.2（60 ±7.5）	16 ±4.2（60 ±7.5）
	中温	35 ±4.2（95 ±7.5）	30 ±4.2（86 ±7.5）
	高温	54 ±4.2（130 ±7.5）	44 ±4.2（111 ±7.5）

表ⅣA 可选的洗涤参数（前部加料式高效洗衣机 2013 年前）

项　　目		标准档	轻柔档	耐久压烫档
水位［L（加仑）］		22 ±4（5.75 ±1）	22 ±4（5.75 ±1）	22 ±4（5.75 ±1）
搅拌速率（strokes/min）		40 ±10	30 ±10	30 ±10
洗涤时间（min）		18 ±1	14 ±1	16 ±1
漂洗次数		2	2	2
脱水速度（r/min）		1100 ±100	400 ±100	800 ±100
脱水时间（min）		9.5 ±1	3 ±1	6 ±1
洗涤温度［℃（℉）］	低温	16 ±2.9（60 ±5）	16 ±2.9（60 ±5）	16 ±2.9（60 ±5）
	中温	25 ±2.9（77 ±5）	25 ±2.9（77 ±5）	25 ±2.9（77 ±5）
	高温	35 ±2.9（95 ±5）	35 ±2.9（95 ±5）	35 ±2.9（95 ±5）
	极高温	54 ±2.9（130 ±5）	54 ±2.9（130 ±5）	54 ±2.9（130 ±5）
漂洗温度（见 17.5）		水龙头出水温度	水龙头出水温度	水龙头出水温度

表ⅣB 可选的洗涤参数（前部加料式高效洗衣机 2013 – 2017）

项　　目	标准档	轻柔档
水位［L（加仑）］	15 ±4（4 ±1）	17 ±4（4.5 ±1）
搅拌速率（strokes/min）	45 ±10	40 ±10
洗涤时间（min）	11 ±1	11 ±1

续表

项　目		标准档	轻柔档
漂洗次数		2	2
脱水速度（r/min）		1300 ± 150	400 ± 150
脱水时间（min）		12 ~ 18	11 ~ 17
洗涤温度［℃（℉）］	低温	16 ± 2.9（60 ± 5）	16 ± 2.9（60 ± 5）
	中温	25 ± 2.9（77 ± 5）	25 ± 2.9（77 ± 5）
	高温	35 ± 2.9（95 ± 5）	35 ± 2.9（95 ± 5）
	极高温	54 ± 2.9（130 ± 5）	54 ± 2.9（130 ± 5）
漂洗温度（见 17.5）		水龙头出水温度	水龙头出水温度

12. 标准干燥程序

12.1 按照表Ⅴ选择干燥方式。

表Ⅴ　标准烘干程序

A	滚筒烘干
Ai	滚筒烘干（标准）
Aii	滚筒烘干（轻柔）
Aiii	滚筒烘干（耐久压烫）
B	悬挂晾干
C	滴干
D	平铺晾干

12.2 （A）转筒烘干：将洗涤物（试样和陪洗布）放入转筒内，按照表Ⅵ设定好温度。直到洗涤物完全烘干，停止干燥。立即取出试样。

12.3 （B）悬挂晾干：试样为织物时，固定试样的两个角进行悬挂晾干，悬挂时试样长度方向应悬垂。试样为纺织制品时，将试样自然悬挂于衣架上，调节试样接缝至自然状态。切忌试样有折痕或被拉伸。将试样悬挂于不超过 26℃（78℉）的静止空气环境下，直至晾干。

12.4 （C）：滴干：试样为织物时，固定湿态试样的两个角进行悬挂滴干，悬挂时试样长度方向应悬垂。试样为纺织制品时，将湿态试样自然悬挂于衣架上，调节试样接缝至自然状态。试样悬挂方向与实际穿着方向应一致。切忌试样有折痕或被拉伸。将试样悬挂于不超过 26℃（78℉）的静止空气环境下，直至晾干。切忌对着试样进行吹风，以免产生扭曲。

12.5 （D）：将试样平铺于晾晒架上，抚平折痕，切忌扭曲或拉伸试样。将试样置于不超过 26℃（78℉）的静止空气环境下，直至晾干。切忌对着试样进行吹风，以免产生扭曲。

12.6 再次洗涤前，试样应处于完全干燥状态。

12.7 按照协议规定洗涤、干燥次数对试样再进行洗涤和干燥。

表Ⅵ　标准滚筒式干燥机参数

项　目	Ai 标准	Aii 轻柔	Aiii 耐久压烫
最高排气温度［℃（℉）］	68 ± 6（155 ± 10）	60 ± 6（140 ± 10）	68 ± 6（155 ± 10）
冷却时间（min）	≤10	≤10	≤10

表Ⅶ 陪洗布参数

项　目		1型	3型	4型
成分		100%棉	(50% ±3%)棉/(50% ±3%)聚酯纤维	不同（根据双方约定，陪洗布与试验织物相似）
坯布纱线		环锭纺 36.4tex（16英支/1）	环锭纺 36.4tex（16英支/1）或 19.4tex ×2（30英支/2）	
坯布结构（根/25.4mm）		平纹（52 ±5）×（48 ±5）	平纹（52 ±5）×（48 ±5）	
整理后克重（g/m²）		155 ±10	155 ±10	
边缘		四边缝合或包边	四边缝合或包边	
整理后织物尺寸	mm	(920 ±30) ×(920 ±30)	(920 ±30) ×(920 ±30)	
	英寸	(36.0 ±1) ×(36.0 ±1)	(36.0 ±1) ×(36.0 ±1)	
整理后织物重量（g）		130 ±10	130 ±10	

表Ⅷ 美国联邦贸易委员会对水温的界定[①]

描述	水温［℃（℉）］
低温	≤30（≤86）
中温	31 ~44（87 ~111）
高温	45 ~63（112 ~145）

① 参考 16 CFR Part 423，附录 A 护理标签温度范围。

13. 熨烫

人工熨烫及其操作规程没有标准可依，不同人员熨烫的差别较大。按照可获得的指南进行熨烫即可。如无与熨烫相关的指南，如试样极容易褶皱可在评价前进行熨烫，或消费者对织物或制品使用前有熨烫的需求。

如试样需要人工熨烫，宜选用与试样成分相适宜的熨烫温度。熨烫温度的选择可参考 TM 133《耐高温色牢度：热压》（见 17.3）表Ⅰ：安全熨烫温度指南。如有必要，宜选择最低压力来熨平褶皱。

14. 评价

如选取的测试方法要求，可在洗涤后对试样进行调湿和评价。

15. 报告

按照选取的测试方法的要求报告洗涤条件。至少应报告洗涤程序和温度，同时建议报告洗涤和使用烘干机烘干的相关参数选取用的表格。

16. 精度与偏差

因本部分程序规定方法并无实际数据生成，因此精度和偏差并不适用于本部分。

17. 注释

17.1 与本测试方法相关的设备信息请访问以下网址 www.aatcc.org/bg。AATCC 提供与本方法相关设备和材料合作商的名单，但未对其授权，或以任何方式批准、认可或证明清单上任何设备或材料符合本测试方法的要求。

17.2 满足表Ⅰ-Ⅴ相关参数的洗衣机和转筒烘干机型号可参考 www.aatcc.org/test/washers 或联系 AATCC，地址：P.O. Box 12215，Research Triangle Park NC 27709；电话：+1.919.549.8141；传真：+1.919.549.8933。所提供设备的洗涤程序和温度设定可能不完全满足本部分规定的参数要求，因此在线提供了相关设定资料信息供参考。

17.3 可以联系 AATCC 进行采购，地址：P.O. Box 12215，Research Triangle Park NC 27709；电

话：+1.919.549.8141；传真：+1.919.549.8933；电子邮箱：ordering@ aatcc. org；网址：www. aatcc. org。

17.4 1993 AATCC 标准洗涤剂含或不含荧光增白剂均可用于本程序规定的试样。具体需根据选取的测试方法要求来确定选用那种洗涤剂。如为指定，对所有需进行色牢度评价的试样选用不含荧光增白剂的洗涤剂。

17.5 水龙头出水温度是无法控制的。水龙头的温度是指家用水龙头流出水的温度，这一温度与时节和所处地里位置等有关系。在极端情况下，不同家庭间，这一温度差异可能会达 4 ~49℃（40 ~120℉）。不考虑极端情况，不同地区水龙头出水温差也在 13 ~24℃（55 ~75℉）。

18. 历史

18.1 2021 年进行了修订，更新了表格并添加了 4 型陪洗布。

18.2 2019 年进行了编辑修订。

18.3 该标准取代 AATCC M6。

18.4 由 AATCC RA88 技术委员会于 2018 年制定。

AATCC LP2-2018e(2020)

家庭洗涤的实验室程序：手洗

前言

本程序的编写基于各个 AATCC 标准中的洗涤方法部分。作为一个单独的实验程序，它可以与其他测试方法结合使用，包括外观测试和护理标签检验测试方法。使用自动洗衣机进行洗涤的程序参见 LP1：家庭洗涤的实验室程序机洗。

1. 目的和范围

1.1 本部分规定了采用手洗和悬挂/平铺晾干的标准家庭洗涤条件。

1.2 本部分所规定的洗涤条件和方法适用于所有可加入洗涤剂进行手洗的织物以及终端纺织产品。

2. 原理

家庭洗涤程序包括手洗、悬挂晾干和平铺晾干。本部分需要和适宜的测试方法配合使用以获得想达到的测试目的。

3. 术语

洗涤：通过含有洗涤剂的溶液对纺织材料进行处理（洗涤），移除污渍和（或）沾污的过程。包括漂洗、浸洗和干燥。

4. 安全保护措施

本安全和预防措施仅供参考。本部分有助于测试的顺利进行，但并未指出所有可能的安全问题。在采用测试方法时，试验人员应采用安全和适当的方法来处理材料。务必向试验中所需材料和仪器的制造商咨询详尽信息，如试剂等的安全参数和使用指南等。务必向美国职业安全卫生管理局（OSHA）咨询并遵守其所有的标准和规定。

4.1 遵守实验室良好的管理规范。在所有的试验区域均应佩戴防护眼镜。

4.2 洗涤剂可能会对人体产生刺激，应注意防止其接触到皮肤和眼睛。

5. 使用及限制

5.1 标准参数仅可代表，但是不能完全复制目前的消费者洗涤情况，因为消费者洗涤情况是随着时间和不同家庭而变化的。

5.2 本部分不包括滚筒烘干和滴干程序，因它们在实际家庭手洗后甚少用到。

6. 设备和材料（见 13.1）

6.1 手洗盆（9.5L）。

6.2 任何重量的白色毛巾，需足以放置测试试样。

6.3 适宜的衣架，用于悬挂晾干。

6.4 有可抽拉带孔架子的干燥架，用于平铺晾干（见 13.2）。

6.5 1993 AATCC 标准洗涤剂（见 13.2，13.3）。

7. 试样

7.1 按照选取的测试方法要求裁剪和准备试样。本洗涤方式适用于各种大小或形状的试样，但放入手洗盆的总重量应不超过 0.7kg（1.5 磅）。

7.2 如选取的测试方法要求，可在洗涤前对试样进行调湿和评价。

8. 标准洗涤程序

8.1 根据表Ⅰ选择洗涤温度，并向手洗盆中加入7.6L±1.9L（2.0加仑±0.5加仑）该温度的水。

8.2 向水洗盆中加入20g±1g 1993 AATCC标准洗涤剂。

8.3 用手搅动促进洗涤剂的溶解。

8.4 将试样松散放入溶液中，并轻轻挤压，确保溶剂渗透，切忌试样拧或扭成一团。

8.5 浸泡试样2min。

8.6 轻轻挤压试样1min，确保溶剂渗透，切忌试样拧或扭成一团。

8.7 重复浸泡2min，挤压1min。

8.8 取出试样，并轻轻挤压去除试样上多余的溶液。切忌试样拧或扭成一团。

8.9 将试样放置于干净的毛巾上。清洗水洗盆。

8.10 向手洗盆中加入7.6L±1.9L（2.0加仑±0.5加仑）一定温度的干净水，温度根据表Ⅰ进行选择。

表Ⅰ 标准洗涤和漂洗温度①

分类	洗涤温度［℃（℉）］	漂洗温度［℃（℉）］
极低温	16±3（60±5）	<18（<65）
低温	27±3（80±5）	<29（<85）
中温	41±3（105±5）	<29（<85）
高温②	49±3（120±5）	<29（<85）

① 本表规定温度与美国联邦贸易委员会规定的洗标检验温度相同（见16 CFR，Part 423，Appendix A）。

② 热水不是手洗或需要轻柔手洗试样的合适选择。

8.11 将洗过的试样放入水中进行漂洗，轻轻挤压、分散试样。切忌试样拧或扭成一团。

8.12 浸泡试样2min。

8.13 轻轻挤压漂洗试样1min，切忌试样拧或扭成一团。

8.14 重复浸泡2min，挤压漂洗1min。

8.15 取出漂洗试样，并轻轻挤压去除试样上多余的溶液。切忌试样拧或扭成一团。

9. 标准烘干程序

9.1 用干净的白毛巾吸取已经洗涤试样上的水分，切忌试样拧或扭成一团。

9.2 悬挂晾干。试样为织物时，固定试样的两个角进行悬挂晾干，悬挂时试样长度方向应悬垂。试样为纺织制品时，将试样自然悬挂于衣架上，调节试样接缝至自然状态。切忌试样有折痕或被拉伸。将试样悬挂于不超过26℃（78℉）的静止空气环境下，直至晾干。切忌对着试样进行吹风，以免产生扭曲。

9.3 平铺晾干。将试样平铺于晾晒架上，抚平折痕，切忌扭曲或拉伸试样。将试样置于不超过26℃（78℉）的静止空气环境下，直至晾干。切忌对着试样进行吹风，以免产生扭曲。

9.4 试样在进行再次洗涤前允许完全干燥。

9.5 按照协议规定洗涤、干燥次数对试样再进行洗涤和干燥。

10. 评价

如选取的测试方法要求，可在洗涤后对试样进行调湿和评价。

11. 报告

按照选取的测试方法的要求报告洗涤条件。至少应报告水洗和漂洗温度，洗涤循环次数以及晾干方式（悬挂或平铺）。

12. 精度与偏差

因本部分程序规定方法并无实际数据生成，因此精度和偏差并不适用于本部分。

13. 注释

13.1 与本测试方法相关的设备信息请访问以

下网址 www. aatcc. org/bg。AATCC 提供与本方法相关设备和材料合作商的名单，但未对其授权，或以任何方式批准、认可或证明清单上任何设备或材料符合本测试方法的要求。

13.2 可以联系 AATCC 进行采购，地址：P. O. Box 12215，Research Triangle Park，NC 27709；电话：+1. 919. 549. 8141；传真：+1. 919. 549. 8933；电子邮箱：ordering@ aatcc. org；网址：www. aatcc. org。

13.3 1993 AATCC 标准洗涤剂含或不含荧光增白剂均可用于本程序规定的试样。具体需根据选取的测试方法要求来确定选用那种洗涤剂。如为指定，对所有需进行色牢度评价的试样选用不含荧光增白剂的洗涤剂。应优先推荐选取消费者所使用的用于手洗的洗涤剂。但使用此类洗涤剂会造成实验室间的差异。即使进行了比对测试，但由于为了满足市场或消费者的需求，洗涤剂配方可能改变，因此可重复性较低。

14. 历史

14.1 2020 年重新审定。

14.2 2019 年编辑修订。

14.3 由 AATCC 委员会 RA88 于 2018 年制定，替代了 AATCC M5。

AATCC LP3-2018e

纺织品表面游离氯菊酯的转移实验室程序

AATCC RA49 技术委员会于 2018 年制定，2019 年编辑性修订。

前言

本试验程序的建立基于游离氯菊酯杀虫剂的转移、萃取和分析方法。但基于不同仪器生产厂商所制造的设备分析技术各异，技术委员会仅对转移程序作了标准化的规定。本方法同样适用于除氯菊酯外的其它化学物质的转移，但应针对不同化学物质配备相应的萃取和分析技术。尽管使用本试验程序不会产生直接的数据，但最后的报告结果中应注明试验是按本程序进行的。

1. 目的和范围

本程序规定了从纺织材料表面转移游离氯菊酯杀虫剂到干净的织物表面用于进行后续萃取和分析的方法。同样可适用于转移其它化学物质。

2. 原理

将处理过的试样（含氯菊酯）置于马丁代尔耐磨测试仪上，使用未经处理的白色测试织物与试样进行摩擦，将氯菊酯从试样上转移至白色测试织物上。摩擦时，可以通过摩擦次数的变化来测定测试试样表面游离氯菊酯的量。

3. 引用文献

3.1 ASTM D4850 与织物及织物测试方法相关的标准术语（见 11.1）。

3.2 ASTM D1776 纺织品调湿和测试标准方法（见 11.1）。

3.3 ASTM D4966 纺织品耐磨性能标准测试方法（马丁代尔耐磨性测试方法）（见 11.1）。

4. 术语

耐磨性：通过与其它表面进行摩擦而获得的材料表面的磨损性能（ASTM D4850）。

5. 安全保护措施

注：本安全和预防措施仅供参考。本部分有助于测试的顺利进行，但并未指出所有可能的安全问题。在采用测试方法时，试验人员应采用安全和适当的方法来处理材料。务必向试验中所需材料和仪器的制造商咨询详尽信息，如试剂等的安全参数和使用指南等。务必向美国职业安全卫生管理局（OSHA）咨询并遵守其所有的标准和规定。

5.1 遵守实验室良好的管理规范。在所有的试验区域均应佩戴防护眼镜。

5.2 所有的化学品均应谨慎使用。

5.3 洗眼器/安全喷淋装置均应置于附近供应急使用。

5.4 测试完毕后，为避免氯菊酯任何接触性危害，应根据制造商建议妥善处理经整理后的样品。

6. 使用及限制

6.1 氯菊酯的转移程度受摩擦次数的影响。

使用不同摩擦次数进行摩擦，游离氯菊酯的表面转移量是不同的。

6.2 本试验程序不包括萃取和分析方法。基于所选择的溶剂和分析技术，最后测试结果会有所不同。

7. 仪器，试剂和材料

7.1 马丁代尔耐磨测试仪（见图1），包含如下可更换组件。

图1 马丁代尔耐磨测试仪

7.1.1 标准毛毡：裁剪直径为140mm的3块毛毡用于衬垫试样。毛毡单位面积质量为$750g/m^2 \pm 50g/m^2$，厚度为3mm ±0.3mm。

7.1.2 聚氨酯泡沫塑料：裁剪直径为38mm的3块泡沫塑料用于衬垫试样。泡沫塑料厚度为3mm ±0.01mm，密度为29 ~ $31kg/m^3$，硬度为170 ~210N。

7.1.3 负荷：应向机织物施加12kPa的压力，向针织物施加9kPa的压力（见图2）。

7.2 AATCC磨料：裁剪直径为38mm的3块磨料用于衬垫试样。磨料为100%棉平纹织物，经密32根/cm ±5根/cm，纬密33根/cm ±5根/cm，单位面积质量为$100g/m^2 \pm 3g/m^2$。

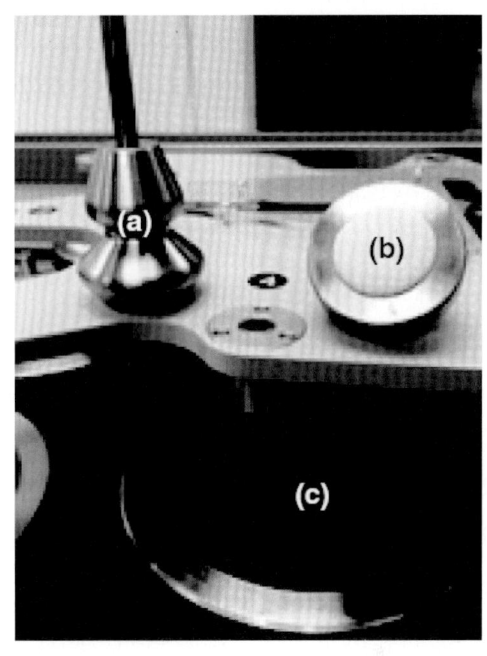

图2 （a）负载，（b）泡沫和未处理白色试样固定装置，（c）放置毛毡和测试试样的测试台

8. 试样

8.1 尽量避免触碰样品，避免氯菊酯在测试前转移。

8.2 在样品宽度方向上，以对角线方式裁取3块直径为140mm的试样。

8.3 所有试样必须从至少距布边100mm ±5mm开始裁取。

9. 调湿

9.1 实验前，应按照ASTM D1776纺织品调湿和测试标准方法（见11.1）将测试试样，白色测试织物，裁剪的标准毛毡，裁剪的聚氨酯泡沫塑料分开置于打孔架子上至少调湿4h。调湿环境为温度21℃ ±2℃，湿度65% ±5%。

9.2 所有试样均应在标准大气环境下测试，最小程度的降低由于湿摩擦产生的磨损影响。

10. 磨损

10.1 按照制造商提供的说明书，设定摩擦进程为长度 60mm 的李萨如曲线。

注：摩擦面积的确定，将直径为 140mm 未处理的白色试样置于马丁代尔磨台上，将直径为 38mm 的染色试样置于样品夹具上，设备运行几分钟后，测试颜色转移面积。颜色转移面积应大约为 75cm^2。

10.2 将标准毛毡置于马丁代尔磨台上，然后在毛毡上放置一块测试试样（见图 2）。将重锤（随设备配置）放置于试样上固定试样和毛毡，确保其安装到位。移除重锤，检查是否有褶皱、扭曲等现象，如果需要，应重新放置，直到变平整。

10.3 将剩余测试试样和毛毡按照 10.2 放置于磨台上。

10.4 将一块未处理白色测试织物试样正面朝下固定于试样夹持装置上，在白色织物和金属嵌块中间放置一块泡沫塑料。根据说明书固定夹持装置（见图 2）。

10.5 将剩余白色测试织物试样和泡沫塑料按 10.4 夹持固定。

10.6 将固定好的试样夹持装置对应安放于已装好织物和毛毡试样的磨台上，并按照要求施加相应压力，机织物 12kPa，针织物 9kPa（见图 2）。

10.7 按照仪器使用说明书，设定所需摩擦次数，开始试验（通常游离氯菊酯完全转移，需要进行 300 次以上的摩擦）。

10.8 完成设定的摩擦次数后，小心将未处理的白色测试织物试样取下。

10.9 对新试样重复上述测试程序，可按照要求增加摩擦次数。

10.10 取下的未处理的白色测试织物试样用于后续的萃取、分析和测定游离氯菊酯的含量（见 11.2）。

11. 注释

11.1 可向 ASTM 机构咨询获取相关资料，联系方式如下：100 Barr Harbor Dr.，W. Conshohocken PA 19428；+1.610.832.9500；www.astm.org。

11.2 建议使用 80% 乙腈/20% 甲醇混合试剂采用超声波萃取法来萃取未处理白色测试织物试样经与测试试样摩擦后的氯菊酯。氯菊酯的含量可以通过气相色谱或其它技术来进行分析。为了测定氯菊酯最大转移量，应增加试验摩擦次数，直到萃取出的氯菊酯量不再增加。游离氯菊酯量可用 mg/m^2 来表示，摩擦面积按照 10.1 部分的规定（75cm^2 = 0.0075m^2）。

AATCC 评定程序

AATCC EP1-2020

变色灰卡评定程序

前言

本程序对因色牢度测试引起的颜色变化的视觉评价方法进行了标准化。变色灰卡不能用于彩印（颜色小样）。对于变色的仪器评定，参照 AATCC EP7，仪器评定试样变色。AATCC 灰度色卡与 ISO 105 - A02 中规定的是一样的。

1. 范围

1.1 本程序描述了如何使用灰卡对纺织品色牢度试验后结果的颜色变化进行目光评价。由明度、色相和彩度造成的个别色差可能被注意到，但本程序不进行量化。为了判断灰卡是否持久有效，参见附录 A。

1.2 可评定由任何色牢度测试引起的颜色变化。

2. 原理

色牢度试验结果的评价是通过视觉对不同的颜色和处理前后的原样和试样的颜色差异参照灰卡进行比较的，色牢度的级数就等同于与其颜色相当的或色差相同的灰卡的级数。结果以灰卡上对应的颜色变化等级表示，从 5 ~1 级，5 级代表无颜色变化，1 级代表颜色变化最严重。

3. 术语

3.1 变色：通过原样和试后样的比较，可辨别的无论是亮度、色调或色度的任何一种还是这些因素的组合所发生的颜色变化。

3.2 色牢度：材料在加工、检测、储存或使用过程中，暴露在可能遇到的任何环境下，抵抗颜色变化和/或颜色向相邻材料转移的能力。

3.3 等级：与样卡比较，测试样品所得结果的级数。

3.4 灰卡：由一对标准的灰色卡片组成，卡片对代表渐变的色差值且与色牢度等级相对应。

注：当灰卡等级为半级时，可用小数点形式表示（如 1 或 1.5）。也可用短划线表示（如 1 或 1 ~2）。

4. 材料

4.1 变色灰卡，三刺激值 Y 为 63 ±2 的灰色遮样照（见 8.1 和 8.2）。

4.2 白色背衬材料（卡片或其他），三刺激值 Y 至少为 85（见 8.3），无增白剂。较小的背衬（大约与试样尺寸相同）可能仅在评价时使用，或者较大的背衬可能用于永久固定试样。

4.3 照明和观测环境如 AATCC EP9，纺织品色差的视觉评价，所述（见 8.1）。

5. 灰卡的描述

5.1 灰卡上的 5 级色牢度是由一对并列放置的参比卡片组成，参比卡片为中性灰色，它的三刺激值的 Y 值为 12 ±1。此两个参比卡片无明显色差（见附录 A）

5.2 色牢度 4 ~5 级到 1 级内每级都是由与 5 级相同的卡片和与 5 级相同尺寸并有类似颜色和光泽但较浅的中性灰色卡片配对组成的。在整个灰卡上每级灰卡在视觉上的色差——色牢度的 4、3、2 和 1 级的色差值是以几何级数递增的。色牢度半级的 4.5、3.5、2.5 和 1.5 级的色差值是整级的中间值（见 8.2 和图 1）。

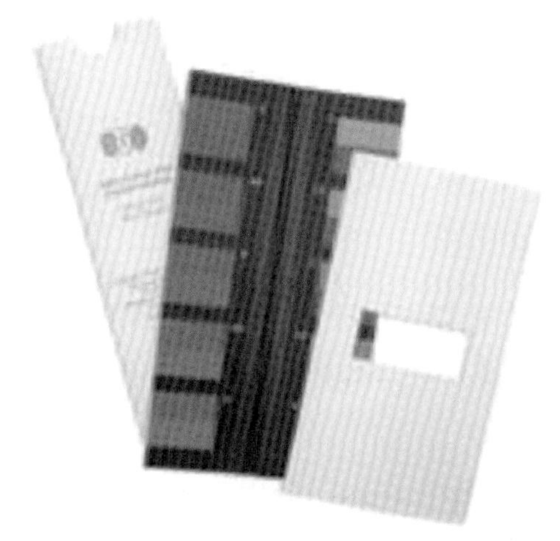

图1 变色灰卡

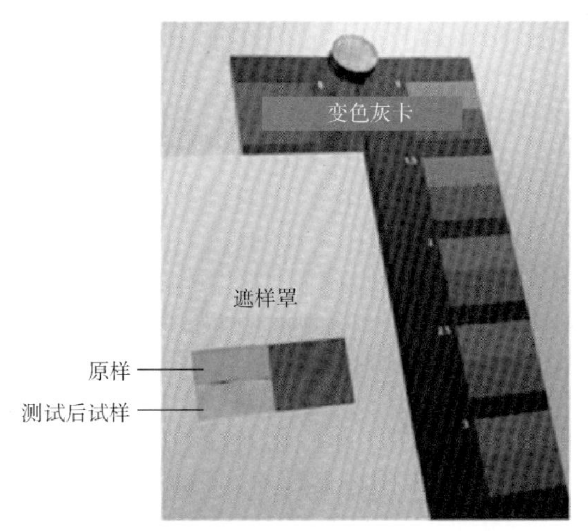

图2 灰卡使用说明

6. 程序

6.1 将一块原样和对应的一块试样并排放置在一个平面上，且方向一致。特别要注意，两块材料之间产生的明显连接处。根据需要对散纱线进行修剪。

6.2 将原样和测试后试样放置在一块白色背衬材料上。任何其他附着方法（如钉等）的固定处都不能在可见的区域之内。如有必要，在原样和测试后试样下面放两层或多层原样以保证其不透。

6.3 沿着试样的边缘放置灰卡，试样和灰卡对的交界处成一条直线。

6.4 在样品和灰卡上放置一灰色遮样罩，以排除周围区域对评级的影响。

6.5 照射样品和使用的观察条件如 AATCC EP9 所述，优先选择 A（45°/0°）。

6.6 将原样和试样观感的色差与灰卡条显示的差异进行对比。试样的色差相当于某一灰卡对的差异，那么色牢度级数就是灰卡的级数。

6.6.1 只有当试样和原样之间看不出颜色的差异时，才能评为 5 级。

6.6.2 当试样和原样之间的颜色明显大于 1 级时，可以评为 0 级。

6.7 灰卡的清洁和物理条件对于获得一致的评定结果是非常重要的（见 8.4）。

6.8 当色牢度级数给出后，对比所有已评价的同级的成对原样和试样是非常有用的。因为评级错误会变得明显，这样会对评级的前后一致给予暗示。如果某对的色差程度表现出同其他同级的成对试样不一致，那么应该对照灰卡重新核对，如果必要，应该更改其等级。

7. 报告

7.1 根据相关的色牢度测试方法，报告每一试样对的等级，灰卡等级代表原样与测试样整体的总色差。

7.2 这个评级过程不用于评价明度、彩度和色相的某个单独元素。如果需要描述这些元素，观测者应在数字评价后加上适当的定性术语，见表 1。

表1 色差方向的描述

色 差	方 向
明度	较亮，较暗
彩度	更多（更高）彩度和更少（更低）彩度
色相	较红，较绿，较黄，较蓝

8. 注释

8.1 灰卡可从 AATCC 获取，地址：P. O. Box 12215，Resarch Triangle Park NC 27709；电话：

+1.919.549.8141；电子邮箱：ordering@aatcc.org；网址：www.aatcc.org。

8.2 灰卡的沾色等级和相应的由 CIE 1976 $L^* a^* b^*$（CIELAB）公式定义的色差和公差在表 2 中列出。色度值应使用 CIE 1964 10°视角、D_{65}光源的数据来计算。

8.3 色差值应使用 CIE 1964 10°视角、D_{65}光源的数据来计算。

8.4 应经常检查灰卡上的指纹及任何其他的痕迹。如果认为这些痕迹会干扰评级，则需更换灰卡。灰卡也会通过触摸而被物理损坏，如果这种破坏影响了评级，那么应该更换灰卡。灰卡应该每季度定期用分光测色计或色差计来测量（见附录 A），以确保其总色差在表 2 中所规定的范围之内。如果未使用分光测色计或色差计对灰卡测量，那么应该在首次使用后的一年内进行更换。当不使用时，灰卡应放置在包装袋中。

9. 历史

9.1 修订了包括委员会于 2018 年发布的灰卡维护和替换说明，该说明在先前出版的版本中被省略了。

9.2 2018 年、2012 年、2002 年、1987 年、1979 年修订，2011 年、2009 年、1991 年编辑修订，1992 年编辑修订并重新审定，2007 年重新审定。

9.3 技术上等同于 ISO 105 - A02。AATCC 于 1954 年制定，AATCC RA36 技术委员会负责。

附录 A

A1 表 2 规定了以 CIE 1976 $L^* a^* b$（CIELAB）为单位的、每一级变色灰卡的色差值。使用 CIE 1964 10°视角、D_{65}光源的数据来计算。

表 2 仅用于通过仪器测量来保证灰卡在允差范围内，不能用于基于仪器测量的两个样品之间灰卡级数的赋值（见 AATCC EP7《仪器评定试样变色》）。

A2 每个色对评级时的参照必须是相应该色对的参照（而不是参照 5 级比较）。每一个色差评定值是同一色对的底部和顶部两部分之间的差异。

为了核查灰卡是否符合要求，可以在以下条件下进行分光光度测量：

A2.1 di：8°球镜（漫反射，含镜面反射/8°）。

A2.2 小视野，直径约 10mm。

A2.3 包括镜面反射组件。

表 2 变色灰卡每级的色差值

色牢度（级）	色差 CIELAB 单位	工作标准公差 CIELAB 单位
5	0	+0.2
4~5	0.8	±0.2
4	1.7	±0.3
3~4	2.5	±0.3
3	3.4	±0.4
2~3	4.8	±0.5
2	6.8	±0.6
1~2	9.6	±0.7
1	13.6	±1.0

AATCC EP2-2020

沾色灰卡评定程序

前言

本程序对因色牢度测试引起的沾色的视觉评价方法进行了标准化。不能用于白色或浅色材料的颜色变化评价。对于沾色的仪器评定，参照 AATCC EP12，仪器评定试沾色等级。AATCC 灰度色卡与 ISO 105 - A03 中规定的是一样的。

1. 范围

1.1 本程序描述了染色织物在色牢度测试后，用灰卡对控制织物的沾色进行视觉评价的方法。为了判断灰卡是否持久有效，参见附录 A。

1.2 可评定由任何色牢度测试引起的沾色。

2. 原理

色牢度试验的沾色结果是通过灰卡（见 7.1）显示的差异与原样和已沾色试样颜色的不同或差异做视觉比较来评级的。如果试样的色差与某级灰卡的色差相当，那么色牢度的级数等同于灰卡的级数。结果以灰卡上对应的沾色等级表示，从 5 ~ 1 级，5 级表示无沾色，1 级表示沾色最严重。

3. 术语

3.1 着色剂沾色：颜色从材料上转移，从而使被作用物沾上颜色。

3.2 色牢度：材料在加工、检测、储存或使用中，暴露在可能遇到的任何环境下，抵抗颜色变化和/或向相邻材料转移的能力。

3.3 等级：与样卡比较，测试样品所得结果的级数。

3.4 灰卡：由一系列标准灰色卡片对组成，卡片对代表渐变的色差值且与色牢度等级相对应。

注：当灰卡等级为半级时，可用小数点形式表示（如：1 或 1.5）。也可用短划线表示（如：1 或 1 ~ 2）

4. 材料

4.1 沾色灰卡，三刺激值 Y 为 63 ±2 的灰色遮样照（见 8.1 和 8.2）。

4.2 白色背衬材料（卡片或其他），三刺激值 Y 至少为 85（见 8.3），无增白剂。较小的背衬（大约与试样尺寸相同）可能仅在评价时使用，或者较大的背衬可能用于永久固定试样。

4.3 照明和观测环境如 AATCC EP9，纺织品色差的视觉评价，所述（见 8.1）。

5. 灰卡的描述

5.1 沾色 5 级代表相邻的两块同样的白色参考卡片。三刺激值 Y 为 85 ±2，此两个参考卡片无明显色差（见附录 A）。

5.2 沾色 4 ~ 5 级到 1 级每级包含与 5 级使用同一参考白度卡，和与 5 级类似的色度和光泽但较深的中性灰色卡片成对来表示。在整个灰卡上每一对灰度条的色差——色牢度等级 4、3、2 和 1 是色差的几何递增。色牢度半级 4 ~ 5、3 ~ 4、2 ~ 3 和 1 ~ 2 的色差是整级的中间级（见 8.2 和图 1）。

6. 程序

6.1 普通沾色材料。

6.1.1 将一块原样（未沾色样）和一块沾色后的试样并排放置在一个平面上，且方向一致。特别要注意，使两块试样之间产生明显的连接处。根

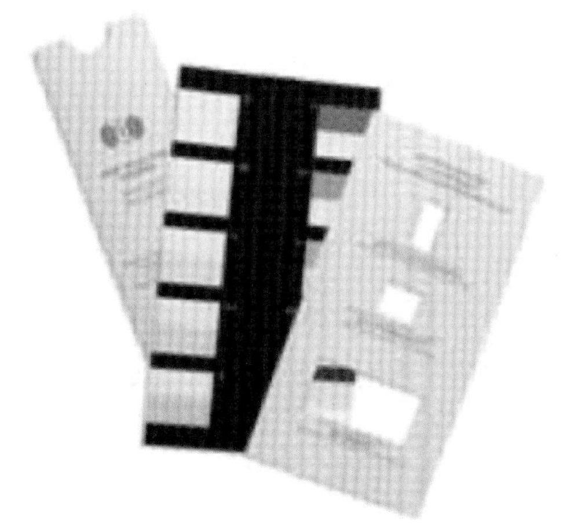

图1 沾色灰卡

据需要对散纱线进行修剪。

6.1.2 将未沾色和沾色后试样放置在一块白色背衬材料上。任何其他附着方法（如钉等）的固定处都不能在可见的区域之内。如有必要，在原样和测试后试样下面放两层或多层原样以保证其不透明。

6.1.3 沿着试样的边缘放置灰卡，试样和灰卡对的交界处成一条直线。

6.1.4 将评级卡附带的遮样罩放置在试样和灰卡上。将试样和灰卡对相邻摆放，从底部的标志孔中清晰可见。“评价普通沾色”（见图2）。对于小的沾色试样或不规则沾色试样，可使用带小孔的遮样罩。

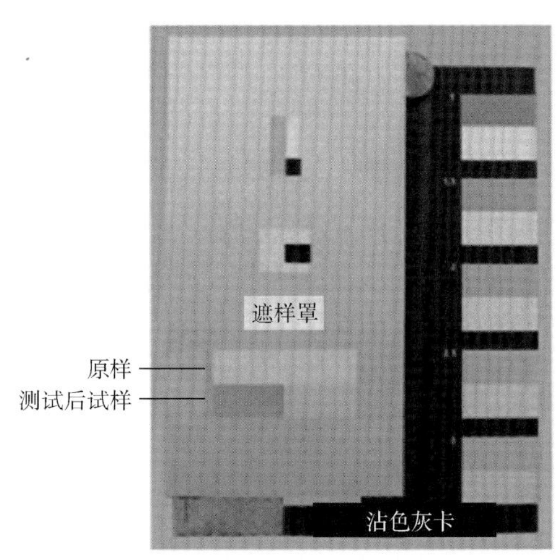

图2 普通沾色评级时试样、样卡和遮样罩的放置

6.2 沾色摩擦布

6.2.1 按照相关测试方法要求放置摩擦布，任何其他附着方法（如钉等）的固定处都不能在可见的区域之内。

6.2.2 将评级卡附带的遮样罩放置在摩擦布上。使沾色区域透过中间的标志孔清晰可见。“评价摩擦布”。

6.2.3 将灰卡放置在遮样罩上，紧邻测试试样。

6.3 沾色多纤维织物

6.3.1 多纤维织物。将沾色多纤维织物试样和非沾色多纤维织物原样并排以同一方向放置。修整沾色试样，使两块织物之间产生明显的连接处。

6.3.2 将未沾色和沾色多纤维织物放在白色背衬材料上。任何其他附着方法（如钉等）的固定处都不能在可见的区域之内。

6.3.3 沿着第一对纤维条放置灰卡，使纤维条和灰卡的交界处成一条直线。每一对纤维条分别进行评级。

6.3.4 将评级卡附带的遮样罩放置在多纤维织物和灰卡上。将纤维条和灰卡对相邻摆放，从顶部的标志小孔中清晰可见。 “评价沾色多纤维织物”。

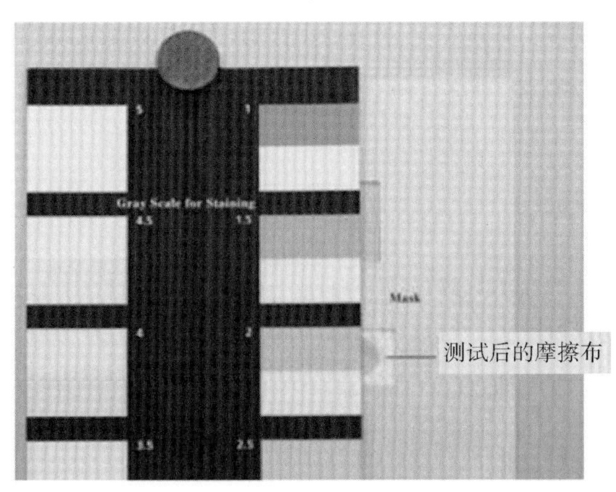

图3 摩擦布沾色评级时试样、样卡和遮样罩的放置

6.4 照射样品和使用的观察条件如 AATCC EP9 所述，优先选择 A（45°/0°）。

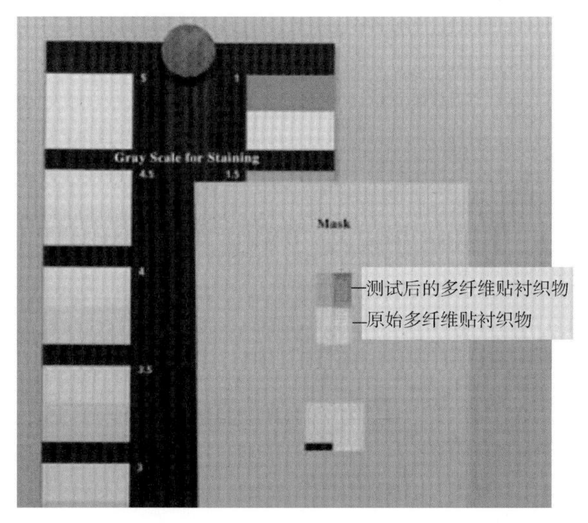

图4 多纤维贴衬织物评级时试样、样卡和遮样罩的放置

6.5 用未沾色原样和沾色样视觉差异和灰卡表示的差异比较，试样的级数就是最接近原样和试样色差对应的灰卡级数。

6.5.1 只有当试样和未沾色原样之间没有色差时，才能评为5级。

6.5.2 当沾色试样和原样之间的颜色差异明显大于1级时，可以评为0级。

6.6 灰卡的清洁和物理条件对于获得一致的评定结果使非常重要的（见8.4）。

6.7 当色牢度级数给出后，对比所有已评价的同级的成对原样和沾色试样使非常有用的。因为评级错误会变得明显，这样会对评级的前后一致给予暗示。如果某对的色差程度表现出同其他同级的成对试样不一致，那么应该对照灰卡重新核对，如果必要，应该更改其等级。

7. 报告

根据相关的色牢度测试方法，报告每一试样对的等级。

8. 注释

8.1 灰卡可从 AATCC 获取，地址：P. O. Box 12215，Research Triangle Park NC 27709；电话：+1.919.549.8141；电子邮箱：ordering@aatcc.org；网址：www.aatcc.org。

8.2 灰卡的沾色等级和相应的 CIE 1976 $L^*a^*b^*$（CIELAB）公式定义的色差和公差在附录的表中列出。色度值应使用 CIE 1964 10°视角和 D_{65} 光源的数据来计算。

8.3 色度值应使用 CIE 1964 10°视角和 D_{65} 光源的数据来计算。

8.4 应经常检查灰卡上的指纹或任何其他的痕迹。如果认为这些痕迹会干扰评级，则需更换灰卡。灰卡也会通过触摸而被物理损坏，未降低损坏，不要将遮样罩折叠。如果这种破坏影响了评级，那么应该更换灰卡。灰卡应每季度定期用分光测色计或色差计来测量（见附录A），以确保其总色差在表1规定的范围之内。当不在范围内时，应及时更换。如果未使用分光测色计或色差计对灰卡测量，那么应该在首次使用后的一年内进行更换。当不使用时，灰卡应放置在包装袋中。

9. 历史

9.1 修订了包括委员会于2018年发布的灰卡维护和替换说明，该说明在先前出版的版本中被省略了。

9.2 2018年、2005年、2002年、1996年、1981年、1979年修订，2006年、1992年编辑修订，2012年编辑修订并重新审定，2007年/1989年重新审定。

9.3 与 ISO 105－A03 相关。AATCC 于1954年制定，AATCC RA36 技术委员会负责。

附录 A

A1 表 1 规定了以 CIE 1976 $L^*a^*b^*$（CLELAB）为单位的、每一级沾色灰卡的色差值。使用 CIE 1964 10°视角、D_{65}光源的数据来计算。

表 1 用于通过仪器测量来保证灰卡在允差范围内，不能用于基于仪器测量的两个样品之间灰卡级数的赋值（见 AATCC EP7《仪器评定试样变色》）。

A2 每个色对评级时的参照必须是相应该色对的参照（而不是参照 5 级比较）。每一个色差评定值是同一色对的底部和顶部两部分之间的差异。

为了核查灰卡是否符合要求，可以在以下条件下进行分光光度测量：

A2.1 di：8°球镜（漫反射，含镜面反射/8 度）。

A2.2 小视野，直径约 10mm。

A2.3 包括镜面反射组件。

表 1 沾色灰卡每级的差值

沾色等级	色差 CLELAB 单位	工作标准公差 CLELAB 单位
5	0	+0.2
4～5	2.2	±0.3
4	4.3	±0.3
3～4	6.0	±0.4
3	8.5	±0.5
2～3	12.0	±0.7
2	16.9	±1.0
1～2	24.0	±1.5
1	34.1	±2.0

注 参考白色卡三刺激值 Y 为 85 ±2。

AATCC EP5-1996e2(2020)

织物手感评价程序

1. 目的和范围

1.1 本评级程序为描述织物手感的评价指南。在标准条件下，评价织物手感的一个或多个组成要素（关于手感的组成要素参见附录A）。

1.2 该指南可在以下情况使用：

1.2.1 不同人员在不同时间希望按照相同协议测试织物时。

1.2.2 在培训评测员检测和区别手感的不同组成要素时。

1.2.3 当希望得到与事先评测织物相同的测试条件时。

1.2.4 评测员分别对相同织物做出评定时。

2. 原理

评测员得到一个规范的试样，并按照规定的顺序触摸试样。

3. 术语

3.1 手感：人手接触、挤压，摩擦或以其他方式触摸织物时产生的触觉或印象。

3.2 手感的组成要素：成分、品质、特征、尺寸、性能或印象，这些要素使得触摸不同织物时会产生不同的感觉。组成手感要素的不同术语可以通过织物的压缩性能、弯曲性能、剪切性能和表面性能等物理特征来分类（见附录A）。

4. 使用和限制条件

4.1 本指南的有效使用局限于评测员描述触摸感觉的能力。应该注意确定评测员是否存在触摸方面的缺陷以及评测员之间存在的任何差异变化。

4.2 收集到的数据的有效性依赖于先前达成的对将被评测的手感组成要素和共同接受的评测尺度的共识。

5. 试样准备

5.1 测试试样。

5.1.1 从样品中裁取足够大的测试试样，使评测员能用双手握持试样。通常，裁取的试样在长度方向和宽度方向都要大于200mm（8英寸）而小于900mm（35.4英寸），即使在不同的评测时间和日期，所有试样都应被裁剪成相同的尺寸和形状。

5.1.2 鉴别每块试样的长度方向和宽度方向，以评定可能因此存在的差异。

5.1.3 评测时，避免一块试样使用超过一次，因为伸展和挤压可能会改变织物的手感。

5.1.4 每一样品的试样数量应该同公认的统计分析和评测者的数量相统一。

5.2 试样标记。

5.2.1 在调湿和评测之前，应由评测者之外的其他人员进行试样的准备和标记。

5.2.2 标记试样以便于识别区分试样，标记试样的被评测面和织物长度方向（见5.1.2）。用钢笔或铅笔在试样上标出识别标记、方向及被评测面等信息，不能使用标签标记。

5.2.3 测试前，根据ASTM D1776《纺织品调湿和测试标准方法》对样品进行调湿（见11.1）。如果采用其他条件应报告（见9.6）。

6. 评测准备

6.1 在评测试样之前0.5h，评测员要使用相同的洗涤程序和肥皂清洗双手，最好用不含保湿剂的洗手液。

6.2 评测员要用同样的毛巾擦干双手，例如所有人使用同样的棉织物毛巾或纸巾。

6.3 评测员在洗手后到测试前这段时间，双手要避免做剧烈活动，且不能将双手暴露于温湿度变化的环境中。

7. 操作程序

7.1 评测准备。

7.1.1 评测员应该在安静的房间内放松并感到舒适。进行评测时，评测员可以坐着也可以站着。

7.1.2 评测员应该由辅助员协助，辅助员可提供被评测的织物手感要素的指示，使用的评判尺度、样品和试样的数量、试样呈现顺序、评测的期望持续时间，及其他关于评测的相关信息。

7.1.3 评测员可以同辅助员口头交流评测级别、等级及其他触觉反应，或向记录器传达信息。他们可以以级别的形式将手感记录下来。

7.1.4 在评测判断期间，评测员可以看也可以不看试样。通常，不看试样是首选的（见 11.2）。可以通过在掩饰物或在遮挡帘后面触摸试样，也可闭上眼睛或使用眼罩来完成。

7.2 触摸顺序。

7.2.1 辅助员应该将试样放置在一个光滑的非金属表面上。放置试样时，被评测面要朝上，并且要按照试样上的标记将试样正确排列。

7.2.2 如果要评测试样的热要素（温暖或凉爽），评测者应该最先用指尖接触织物表面开始进行评测。

7.2.3 如果一直在一个平台中评测，评测员应该一只手握持试样而用另一只手抚摸或触摸试样（见 11.3）。

7.2.4 然后，评测者应该用手指和手掌轻压试样来对试样进行触摸。

7.2.5 评测者应该拿起试样并且用拇指和其他手指指尖对试样进行摩擦。

7.2.6 接下来，评测者将试样握持在手掌内呈拳状，在拇指和其他手指与手掌之间轻轻挤压试样。

7.2.7 判断试样的伸展松弛性时，试样在两手之间被握持的距离应至少为 90mm（3.5 英寸），并且不超过 250mm（10 英寸）。将双肘靠近身体，双手拉伸试样以此来确定其伸展松弛性。试样要在长度方向，宽度方向，斜向绷紧。

7.2.8 若要判断试样的挤压回复性（回弹性），评测者必须看着试样进行判断。用一只手握紧试样然后迅速松开；例如，在 5s 之内。并且在所有其他触摸程序已经完成之后再进行这个评测。

7.2.9 重复 7.2.1～7.2.8 测试每块试样。

8. 评价

8.1 可以通过对试样成对或成组的比较，来判断试样手感组成要素和等级差异。可以使用以下技术中的任一种。

8.1.1 建立一个织物标准，并且参考标准对每块试样进行评级。使用统一的术语（见附录 A 和附录 B），描述为试样比参考试样更光滑或没有参考试样光滑。参照织物标准，几个试样可以采用逐个评测的方式进行评级。

8.1.2 通过选择手感术语建立两个极端的描述，并且对两极端分配数值。例如，选择一个极端描述（柔软的）并分配数值 1，选择另一个极端描述（僵硬的）并且分配数值 5。然后在根据织物不同手感建立起来的数字等级内，对织物的手感进行评级，并得到相应的数字级别。

8.1.3 试样可以通过互相比较评价的方式进行分级，例如，最（粗糙的），最不（粗糙的）或者中等（粗糙的）。随着试样数量的增加，将试样如此分级可能是困难的。

8.1.4 当将一个原试样与加工过的、处理过的或其他整理工艺处理过的试样进行比较时，可以采用手感组成要素变化描述感觉等级。例如，对判断描述的感觉等级分配数值，1—没有不同感觉；2—轻微的不同感觉；3—中等的不同感觉；4—感觉到明显差异。数值和感觉描述可以扩展。

8.2 测评应在 1 ~ 5 天内由同一个人重复进行。

如果一个人对试样同一个点上的评定程度或等级与第二天的测评结果不同，例如，进行重复评级时，未能得到一致的结果，则应该使用适当的统计分析方法来确定两组数据之间的一致性或不一致性。

9. 报告

9.1 每个人评测的试样数量。

9.2 评测的手感要素。

9.3 采用的视觉遮挡方式。

9.4 如果与 7 中列举的顺序不同，则报告实际评测顺序。

9.5 评价的级别、等级或其他评价方式。

9.6 试样评价时的环境条件。

9.7 数值或评价值。

10. 精确度和偏差

10.1 精确度。这个主观评测织物手感指南的精度还没有确定。对于手感的构成要素，没有预期的数值等级范围界定，因此不能给评定者提供用于精确度计算的关于材料比较的组成差别。因此，在以比对为目的的测试中，为了评定方法的有效性，使用者必须采用其他的统计方法而不是方差分析法。

手感的主观评价结果通常是通过对比达成一致的任意的等级，以重要的描述，或其他任意的、不连续的、间断的评价等级的形式来表示。为确定统计意义和等级规则的可能水平，通常采用以 χ^2 或 t 检验统计技术为基础的无参数分析技术，这些技术建议用于这个类型的数据分析。通过这种分析，等级之间的意义被确定，但仍无法确定与测量变异性有较大的联系。

10.2 偏差。由于还没有相关程序来测定手感组成要素的真实值，因此不能确定本技术指南的偏差。

11. 注释

11.1 可从 ASTM 国际机构获得，地址：100 Barr Houbor. Dr.，W. Conshohocken PA 19428，电话：+1.610.832.9500，传真：+1.910.832.9555，网址：www.astm.org。

11.2 试样的视觉表现能够导致触觉判断出现偏差。例如，有光泽的织物并非都是光滑平整的；毛圈的、宽大的织物并非都是柔软的；而且颜色也会影响手感的判断。

11.3 左手和右手的使用可以导致触觉判断的偏差，这同评测者的习惯用手有关。在评测过程当中，用户可以规定评测者使用他们的习惯用手，或者使用与习惯用手相反的那只手接触和抚摸试样。

12. 历史

12.1 2021 年重新审定。

12.2 1996 年修订（更换标题），1991 年、1992 年、2006 年重新审定，1997 年、2019 年（更换标题）编辑修订，2001 年、2011 年编辑修订并重新审定。

12.3 AATCC RA89 技术委员会于 1990 年制定。

附录 A

手感的组成要素：根据物理特征分类的术语见表 A1。

表 A1 根据物理特征分类的术语

物理特征			
压缩性能	弯曲性能	剪切性能	表面性能
硬的	坚硬的	易弯曲的	粗劣的
薄的	柔韧的	抱缠的	凹凸不平的
厚的	易弯曲的	紧紧的	光滑的
松软的	脆的	松散的	粗硬的
丰满的	松垮的	坚硬的	平坦的
笨重的	像纸的	柔韧的	似绒毛的
坚硬的	弹性好的	绷紧的	柔软的
柔软的	有弹性可回复的	易伸的	毛糙的
弹性好的	粗硬的		平滑的
蓬松的			像蜡的
有弹性的			起毛的
			油滑的
			粗糙的
			温暖的
			凉爽的

注 本表只是手感描述的参考列表，并不是术语的完全编辑。

一些术语能够被归于多个物理性能分类，如“柔软的”既可归为压缩性能也可作为表面性能术语。

附录 B

手感组成要素的有关参考。

B1 《手感评测试验方法》由 AATCC RA89 技术委员会于 1995 年 8 月编辑，是 AATCC 关于织物手感的参考书目。

B2 ASTM D123《纺织品评级术语》，附录 3《织物手感的相关术语》，ASTM 标准年刊 07.01 卷，92 页，1986；ASTM（美国材料实验协会），地址：100 Barr Harbor Dr，W. Conshohocken PA 19458 – 2959；电话：+1.610.832.9500；传真：+1.610.832.9555；网址：www.astm.org。

B3 关于感官测试方法的 ASTM 手册，ASTM 专业技术出版物 434，1968。

B4 Brand，R. H.，Measurement of Fabric Aesthetics，Analysis of Aesthetic Components，Textile

Research Journal, Vol. 34, p791 -804, 1964.

B5 Civille, G. V., and Dus, C. A., Development of Terminology to Describe the Hand/Feel Properties of Paper and Fabrics, Journal of Sensory Studies, Vol. 5, p19 -32, 1990.

B6 Kawabata, Sueo, The Standardization and Analysis of Hand Evaluation, 2nd Edition, The Textile Machinery Society of Japan, 1980.

B7 Kim, C. J. and Vaughn, E. A., Physical Properties Associated with Fabric Hand, AATCC Book of Papers, p78 -95, 1995.

B8 Wiczynski, M. E., Psychometric Properties of the Hand of Polyester/Cotton Blend Fabrics, Unpublished doctoral dissertation, University of North Carolina at Greensboro, 1998.

B9 Winakor, G., Kim, C. J. and Wolins, L., Fabric Hand: Tactile Sensory Assessment, Textile Research Journal, Vol. 50. p601 -610, 1980.

AATCC EP6-2021

仪器测色方法

1. 仪器测色的概述

1.1 目的。本评定程序是试样颜色（或着色表面）测试方法的参考性文件，主要使用设备进行辅助，也是目前很多 AATCC 测试方法中明确要求的。本文件包括三个主要部分，即反射率测量，透射率测量和相关计算。此外，本程序的附录部分对特定技术和试样处理程序进行了详细描述。

1.2 术语。

1.2.1 可视区域：在颜色测量仪器上，是指在单独的颜色测量中，颜色测量仪所能测量的表面。

1.2.2 测色仪器：在能量光谱的可视范围之内（由 360～780nm 范围内的波长组成，并且至少包括 400～700nm 波长范围），用于测量从试样表面反射（或透过试样的）的相对能量的各种设备，例如色度计和分光光度计。

1.2.3 测色：使用测色仪器得到的表示被测物体颜色的数量值。一个独立的数值可以是同一试样多个读数结果的平均值。

1.2.4 荧光：特定波长的辐射通量被吸收后，重新发射出其他波长的光的现象。一般是发射出波长更长的光。

1.2.5 照明/测量条件：对于测色仪器而言，可以采用以下角度或方式之一（散射/8、8/散射、0/45 或 45/0）来进行操作：

（1）照明试样（散射，8°，45°）。

（2）测量反射光线 8°，散射，45°，0°。

散射/8（写作 d：8°）和 8/散射（写作 8°：d）的照明/测量条件包含用于散射平均照明试样（或从试样表面反射）的光线积分球体，而 0/45（写作 0°：45°）和 45/0（写作 45°：0°）照明/测量条件通常使用镜子或光导纤维使设备能够在 45° 方向照明（或测量）试样。

对于大部分的纺织材料来说，不同照明/测量条件光谱仪器可以产生不同的色度结果。

1.2.6 反射率：在给定条件下，被反射光能量（光能）与入射光能量的比率。

1.2.7 反射系数：在相同的照明/测量条件和光谱测量条件下，从试样上反射的光线与从理想漫反射体上反射的光线的比率。

1.2.8 镜面反射：依照光反射定律，即为没有散射的反射，如同镜面一样。

1.2.9 标准化：对于测色仪器而言，是指使用颜色测量仪器对一种或多种标准材料进行测量，用以计算出一组用于后面所有测量的修正系数。

1.2.10 透射率[1]：在特定的照明/测量条件和光谱条件下，透射光与入射光之间的比率。

1.2.11 透射系数：透过试样并通过光学系统后被接收器接收到的光，与试样移开之后，穿过相同光学系统并被接收器接收到的光之间的比率。如果被测样品是液态的，将有色液体装入比色皿中进行测试，将装有蒸馏水的比色皿测试值作为参比样。

1.2.12 校验标准物质：在测色中，是指任何可以用于确认（或校验）仪器标准化有效性的稳定材料。在仪器标准化之后对标准材料立即进行颜色

[1] 正常透射率（透明材料的）是非漫射的透射光与入射光的比率。

测量，并将其与该标准材料的原始测色结果进行比较，以发现任何不规范的标准化操作。

1.3 安全和预防措施。

1.3.1 此部分仅供参考。预防措施并没有涵盖所有部分。在整个测试过程中，使用者应采取适当的安全方式。仪器制造者必须提供如安全资料表类的具体细节资料，以及其他建议。

1.3.2 应养成良好的实验室操作习惯，在整个实验区域应佩戴护目用具。

1.3.3 应根据仪器制造商的操作说明操作仪器设备。

1.4 通用指南。一般来说，仪器测色的程序因待测试样类型和所使用的测量仪器而不同。有许多类型的具有不同可视区域、照明方法和照明/测量条件的颜色测量仪器可供选择。应该注意：使用不同类型仪器得到的数据进行比较，数据之间可能会不一致。

1.5 操作程序。

1.5.1 使用 AATCC EP6 作为辅助测色方法时，操作者应按照如下所述进行测量。

1.5.2 参见待测试样的相应部分（反射或透射）。

1.5.3 对仪器进行标准化见 2.4。保留操作记录和所有校验标准物质的测量结果。

1.5.4 获取并准备试样，注意任何可能需要的特定取样操作和/或恒温恒湿过程（见附录 1.2）。

1.5.5 将试样放入测色仪器，同样注意待测材料可能需要的任何特殊处理方法（见附录）。

1.5.6 测量试样的颜色，得到适当的光谱反射系数、光谱透射系数或色度值。

1.5.7 根据 4 中的规定进行适当的数值计算，或者根据特殊测试方法的要求进行数值计算。

2. 反射率法测色

2.1 原理。反射率法用来对不透明的材料或基本不透明（并非半透明）的材料试样进行颜色测量，以得到用以表示试样颜色的数值。要求正确地安装设备、对测色仪器进行标准化（即校正）以及正确地将试样放置在测色仪器上，以得到稳定、可靠和有效的反射率测量结果。此外，对于用于评价结果的色度值的计算，必须按规定的方法进行。

2.2 使用和限制条件。本部分限于通过反射分光光度计或反射色度计对不透明试样和基本不透明试样进行颜色测量。特定操作程序和/或试样放置的辅助方法的相关信息可参见附录。

2.3 仪器和材料。

2.3.1 反射测色仪器通过照射试样，并测量从试样表面反射的光的数量来进行测试。照射一般以多波长（白光）的方式进行，单波长模式仅适用于非荧光性的试样。反射率测色仪可以大致分为两类：分光光度测色仪和色度仪（也称色差仪）。

2.3.2 分光光度测色仪（以 d：8°为代表，使用多波长白光照射）分离和测量从试样上反射的光的光谱，相对于参比物，以等波长间隔显示白色（最常用的为 5nm、10nm 和 20nm 的波长间隔）。这个数据可以用于任何给定光源和视角条件下，计算需要的三刺激值（X，Y，Z）。一些分光光度计（以 8°：d 为代表）用单波长光照射试样，并以等间隔的波长光照射试样，测量从试样表面反射的光的数量。

2.3.3 色度计通过宽带过滤器直接测量三刺激值（X，Y，Z），设计的宽带过滤器用于为相应的光源和观测角（以 C/2°为代表）产生色度值。色度计不能用来测量特定波长的反射系数。

2.3.4 在这两个分类之内，仪器可以按照条件光谱进行细分。最普遍的光谱条件有两种：球体的［也可表示为 d：8°或 8°：d］和 45/0 或 0/45。各个条件光谱的第一项是指照射样品的方法（或角度）（例如，条件光谱为 45°:0°的仪器中样品的照射角度为 45°）。第二项是指仪器观测被照射试样的角度（例如，条件光谱为45°:0°的仪器中，仪器观测被测试样的角度为0°）。

2.3.5 球形（d：8°）测色仪器是间接照射放置于测试孔的试样的，并从垂直方向以0°～10°的角度观测试样。这种方式可以保证获取从试样上反射出来的所有的光。有些球形仪器的观测角度大于0°，这些仪器包括一个反射窗口，可以用来设定包含或排除镜面反射。在纺织领域，分光光度计主要使用d：8°，实际观测角为8°，当在不同的形状上进行测试时，将产生不同的结果。

2.3.6 球形（8°：d）仪器是相似的，但是照射路径和观测方向刚好相反。这个方法以0～10°的角度照射试样，并测量从试样表面反射到积分球内光的数量。

2.3.7 条件光谱为45°：0°或0°：45°的测色仪器是以第一个角度照射试样，以第二个角度观测试样。这两种条件光谱可以是环绕的（在一个完全循环内，以45°角观测或照射试样）或定向的。对于大部分的纺织样品来说，45°：0°或0°：45°两种条件光谱的仪器可以得到相同的结果。

2.3.8 所有的颜色测量仪器都需要一个白色的校正标准，用此校正标准对仪器进行标准化。这个校正标准的色度值存储在仪器中或软件中，要求只能用这一存储的校正标准来对设备进行标准化。正规的白色校正标准通常可通过一个序列号来进行识别。

2.4 标准化（即校正）。

2.4.1 为保证获得一致、准确的测试结果，对测色仪器的标准化是绝对必要的。虽然不同类型的仪器使用的标准化方法是不同的，但是有一些共同的原则是必须遵守的。

2.4.2 一般来说，仪器的标准化包括对反射系数已知的（参照理想漫反射体）白色表面进行测量，然后计算（通过仪器内置的软件或计算机程序）一系列校正系数，这些系数将被用于接下来所有的测试。有些仪器还需要配置一块黑色的瓷砖（或光阱）以及一块灰色的瓷砖。所有这些材料都必须保持其原始的清洁、无刮痕的状态。参照制造商清洁操作说明的相关建议。

2.4.3 仪器进行标准化的频率与很多因素有关，包括仪器类型、仪器操作的环境条件及测试结果的精确度要求。对于大部分的应用来说，最常用的是不超过8h进行一次标准化。

2.4.4 在标准化步骤完成后，需要验证标准化程序的有效性。通过测量一些有色材料（校验标准物），并将测得的色度值与这些材料原始的色度值进行比较验证。如果测得的色度值没有落在原始值可接受的偏差范围之内，则认定此标准化是无效的。校验标准物的数量和可接受的偏差极限取决于使用者的要求。但是通常是用1～3个标准物和0.20ΔE_{CMC}（2:1）（D_{65}/10°）单位的可接受偏差极限。

2.5 取样。所有使用颜色测量仪器进行的测试都涉及取样。所有如下这些要素对于获得有意义的和可重现的测试结果都是非常重要，包括：仪器的测量面积，得出单次测量平均值所需的测试次数，仪器放置试样的难度，以及样品的代表性（成衣、布卷、染色批次等）的准确度。建立取样程序的相关技术请参照ASTM E 1345（见7.1）和SAE J 1545（见7.3）。

2.6 试样准备。

2.6.1 测试用的理想试样是单一颜色、硬挺、非特殊结构、稳定、不透明的。在纺织材料中不存在上述完美的测试试样，因此在测试大部分的纺织材料时，就必须使用一定的技术和操作方法来消除或减少测色仪器不适用的材料特性的影响。对于下述特性的试样的特殊处理程序和技术在附录中给出。

2.6.2 试样的荧光［源于染料或荧光增白剂（FWAs）］将会影响测试结果，影响程度取决于试样上荧光材料的含量、紫外线辐射的数量以及仪器光源中紫外光含量与可视光能量的不同。不同仪器之间的测试结果基本不具有重现性。荧光试样的代表材料为使用 FWAs 处理过的白色或浅色材料（见附录 1.1）。

2.6.3 纺织材料的含湿量会影响其颜色和外观特征。材料达到稳定吸湿状态所需的恒温恒湿时间因材料的纤维成分、织物结构、使用的染料以及周围环境的不同而不同。比较容易受含湿量影响的代表性材料是棉织物和再生纤维素纤维织物（见附录 1.2）。

2.6.4 非硬挺的试样在仪器的测试孔径处会向内突起（或呈“枕头”状）。试样突起的程度会因试样层数、材料的柔软度和安放试样时所用的支撑力不同而异。试样突起的程度会导致测色结果的严重偏差，而这种偏差是不可预测和无法再现的。非硬挺试样的代表材料为纤维、纱线、针织物和多层轻薄织物（见附录 1.4.3）。

2.6.5 非透明的试样在测量过程中会使一部分光透过材料。大部分的纺织材料，由于其组织结构的自身特征，均属于这个类别。在测试中，如有光线透过材料到达测色仪的压物架（或透到仪器之外的），都将产生错误和不可预测的结果。非透明材料的典型代表为针织物、轻薄织物和纤维（见附录 1.3 和附录 1.3.1）。

2.6.6 试样对光（光致变色性）和热（热致变色性）的敏感性会导致不可预测的和不可再现的结果，偏差的程度取决于材料的敏感程度以及试样暴露在相应条件下的时间长短（见附录 2.5）。

2.6.7 试样的尺寸对于测得具有代表性的结果是十分重要的。当试样尺寸小于常规测试所需的尺寸时，则需使用特定的技巧来完成测色（见附录 1.6）。

2.6.8 试样的表面纹理（包括起毛织物、斜纹织物、高光泽织物和有光织物等）会影响颜色测量的结果。具有上述这物理特性的试样在测色时对结果的影响方式不同，主要取决于仪器的条件光谱。因此不同仪器之间的测试结果可能是非再现性的。这类材料的典型例子为地毯、灯芯绒和绞纱（见附录 1.7）。

2.6.9 试样本身的颜色差异（不均一性）以及相应的仪器的测量面积可能导致不准确的和不可再现的测试结果。这一特征材料的例子为粗斜纹棉布和多色织物（见附录 1.8）。

3. 透射法测色

3.1 原理。透明特性材料的颜色测量是通过透射法来得到其颜色值和强度值的。最普遍的应用是对装在玻璃试管中或流通池中的染料溶液进行测定，以得到其着色剂的特性、相对强度或色差。

3.2 使用和限制条件。本方法一般适用于测定不含杂质的纯溶液。虽然有时候半透明溶液或浑浊的溶液也用透射法来测定，但实际上这种操作已经超出了本评价程序的适用范围。

3.3 仪器、试剂和材料。

3.3.1 透射法测量仪可以是专用仪器（仅能够测量透射试样），也可以是通过与积分球结合的既能够测量反射率又能测量透射率的设备。大部分的透射法测量仪是分光光度计，当然也有一些是色度仪。

3.3.2 透射比色皿（在测试中用于盛放液体）通常由玻璃或石英制成，并且设计为特定的宽度（一般为 10mm），以适用于与纺织品有关的大部分溶液（通常在测试前需要进行一些稀释）。流通池，用来使溶液通过，对于大容量样品的应用更为有效，而且通常会得到重现性更好的结果。

3.3.3 当需要进行与体积度量相关的程序时，为正确制备试样，测定体积的玻璃器具（吸液管和长颈瓶）是必需的。且仅能使用 A 级的玻璃器具。

3.3.4 当称量用来准备测试溶液的试样时，必须使用可以精确到被测质量 0.1% 的天平。

3.4 标准化。在测试试样之前，必须按照制造商的说明对仪器进行标准化校正。通常是对盛放在干净的比色皿中的用于溶解的清澈的溶剂溶液（通常为蒸馏水）进行测量，以产生100%参比曲线。一些仪器需要对封闭光束进行测量，以设定0的参考曲线。这一过程可以产生一组校正系数，这些系数将被用于接下来所有的测量。建议使用一个或多个颜色过滤器作为校验标准物来检查光度计和波长的准确性。

3.5 取样。透射法测试的取样程序取决于材料的属性和采集的试样的类型。粉末状和糨糊状的试样应该从足够多的位置进行取样，以确保样品的代表性和重现性。并在称重和溶解之前对样品进行充分混合。

3.6 试样准备。试样必须根据规定的试验程序，使用分析天平和测定体积的玻璃器皿来进行准备。溶液浓度的制备应该可以满足下面要求，即透射比色皿中的溶液在最大吸收波长（见7.4）下的透射百分比为10%~50%。每个试样必须是纯溶液，而不是悬浮液、分散液或混合体。如果试样的溶解度是未知的，则需要使制备的溶液放置一段时间，以观察溶液是否沉淀。如果观察到出现沉淀，则该溶液为非纯溶液，因此需要使用其他溶剂。所有试样在放置到测试仪器之前，都应达到室温。

4. 计算

与色度相关的大部分计算是通过测色仪的控制软件完成的。在通常情况下，使用者在使用本参考程序时无须进行这些计算。本评价程序对这些计算方法进行了描述，为需要进行或使用这些计算的使用者提供参考。

4.1 三刺激值。三刺激值（X，Y，Z）是通过光谱数据推导的，是所有色度相关计算的基础。精确的X、Y、Z值源自一组光谱数据，这组数据包括测量的波长范围（和间隔）和使用者选定的用于计算的光源/视角函数。当然大多数的三刺激值是通过计算机程序进行计算的，有兴趣者可以参考ASTM E308（见7.1）中的明确步骤（见7.2）。

4.2 CIE 1976 L^*，a^*，b^*，C^*和色调角（h_{ab}）。

4.2.1 根据以下公式，利用X、Y、Z三刺激值计算参考物和试样的L^*、a^*、b^*、C^*_{ab}、h_{ab}值：

$$L^* = 116\ (Y/Y_n)^{1/3} - 16$$

如果：

$$Y/Y_n > 0.008856$$

则：

$$L^* = 903.3\ (Y/Y_n)$$

如果：

$$Y/Y_n < 0.008856$$

$$a^* = 500\ [f\ (X/X_n)\ - f\ (Y/Y_n)]$$

$$b^* = 200\ [f\ (Y/Y_n)\ - f\ (Z/Z_n)]$$

式中：$f\ (X/X_n)\ =\ (X/X_n)^{1/3}$。

如果：

$$X/X_n > 0.008856$$

则：

$$f\ (X/X_n)\ = 7.787\ (X/X_n)\ + 16/116$$

如果：

$$X/X_n \leqslant 0.008856$$

则：

$$f\ (Y/Y_n)\ =\ (Y/Y_n)^{1/3}$$

如果：

$$Y/Y_n > 0.008856$$

则：

$$f\ (Y/Y_n)\ = 7.787\ (Y/Y_n)\ + 16/116$$

如果：

$$Y/Y_n \leqslant 0.008856$$

则：

$$f\ (Z/Z_n)\ =\ (Z/Z_n)^{1/3}$$

如果：

$$Z/Z_n > 0.008856$$

则：

$$f\ (Z/Z_n)\ = 7.787\ (Z/Z_n)\ + 16/116$$

如果：

$$Z/Z_n \leqslant 0.008856$$

则：

$$C_{ab}^* = (a^{*2} + b^{*2})^{1/2}$$

$$h_{ab} = \arctan(b^*/a^*)$$

h_{ab}计算公式以0～360°的数值范围来表示。其中，a^*的正半轴为0，b^*的正半轴为90°。

4.2.2 对于这些公式，X_n、Y_n和Z_n是光源的三刺激值。对于日光，首选的光源/视角为D_{65}/10°。表1给出了ASTM E308中所有组合的三刺激值。

表1 光源与观测角度组合的三刺激值

光源与观测角度的组合	三刺激值（10°视角）		
	X_n	Y_n	Z_n
A/10°	111.146	100.000	35.203
C/10°	97.285	100.000	116.145
D_{50}/10°	96.720	100.000	81.427
D_{55}/10°	95.799	100.000	90.926
D_{65}/10°	94.811	100.000	107.304
D_{75}/10°	94.416	100.000	120.641
F_2/10°（冷白荧光灯）	103.279	100.000	69.027
F_7/10°（日光荧光灯）	95.792	100.000	107.686
F_{11}/10°（Ultralume 4000，TL84）	103.863	100.000	65.607
2°视角			
A/2°	109.850	100.000	35.585
C/2°	98.074	100.000	118.232
D_{50}/2°	96.422	100.000	82.521
D_{55}/2°	95.682	100.000	92.149
D_{65}/2°	95.047	100.000	108.883
D_{75}/2°	94.972	100.000	122.638
F_2/2°（冷白荧光灯）	99.186	100.000	67.393
F_7/2°（日光荧光灯）	95.041	100.000	108.747
F_{11}/2°（日光荧光灯）	100.962	100.000	64.350

4.3 反射法测得的颜色强度值。

4.3.1 颜色强度（力份）值是与试样中所含的有色吸收材料（染料）量相关的一个单一数值。通常用于计算两个染色试样之间的强度差异（%强度）。颜色强度值可以通过四种被接受的方法中的任何一种进行计算。由其中一种方法得到的计算值与任何其他方法得到的计算值不一定相同。计算方法的选择通常要根据试样的特性和颜色强度值的应用目的而定。色度计必须使用三刺激值函数来计算颜色力度值。四种计算方法分别以SWL、SUM、WSUM和TSVSTR表示，计算方法如下：

4.3.2 用分光光度计测得的试样强度值，通常需要计算在单个或多个波长间隔下的K/S值。对于不透明的试样（例如纺织品），计算其特定波长（λ）下的K/S值的常用公式如下：

$$K/S = \frac{(1.0 - R_\lambda)^2}{2.0R_\lambda}$$

式中：R_λ——试样在波长λ处的反射因子［%，R值通常用分光光度计测得并且标准化至1.0（即100%＝1.0）］。

4.3.3 公式中如需要使用Pineo修正形式（一般用于深度染色的纺织品），则公式为：

$$K/S = \frac{1.0 - (R_\lambda - s)^2}{2.0(R_\lambda - s)}$$

式中：s——染至最深色下所得到的最小反射率，且用于所有的波长。

4.3.4 最常用的四种颜色强度值的计算方法如下：

SWL为单一波长（通常为最大吸光度的波长）下的K/S。使用公式见4.3.2，计算单一波长的K/S值。

SUM为在可见光谱范围内所有间隔波长的K/S的总和。使用公式见4.3.2，计算特定波长间隔的各个波长的K/S值，并求和。把结果值除以间隔总数来标准化。

WSUM为K/S由视觉函数加权（例如x，y，z函数和D_{65}照明能量函数），并对可见光谱范围内所有间隔波长进行求和，然后除以波长间隔的总数。

$$\mathrm{WSUM} = \sum_\lambda [(K/S_\lambda \times x_\lambda \times E_\lambda) + (K/S_\lambda \times y_\lambda \times E_\lambda) + (K/S_\lambda \times z_\lambda \times E_\lambda)]/n$$

式中：K/S_λ——按4.3.2公式计算的K/S值；

E_λ——所选光源的能量（一般为D_{65}）；

x_λ、y_λ、z_λ——所选视角（一般为10°）的三刺激值的权重；

n——所用波长间隔的数量。

TSVSTR 为三刺激颜色强度值，即 X、Y、Z 的函数。通常将 Y 值作为同可见光函数相关的总颜色力度值，尽管 X 或 Z 都可以作为组分的测量值，其中吸收特性是已知的并落在可见光谱大的分散范围内。在大部分的应用中，使用三刺激值（X、Y 或 Z）的最小值代替 4.3.2 中的 R。虽然 TSVSTR 公式在纺织工业中普遍应用，但在一般公认的参考书中，找不到明确的科学依据。使用所述计算方法之一计算两个式样之间的颜色强度相对偏差的方法参见 4.5。

4.4 透射法测得的颜色强度值。

4.4.1 颜色强度值是与溶液中所含的颜色吸收材料（染料）量相关的一个单一数值。通常用于计算两个染色溶液之间的强度差异（% 力度）。颜色强度值可以通过四种被接受的方法中的任何一种进行计算。由其中一种方法得到的计算值与任何其他方法得到的计算值不一定相同。计算方法的选择通常要根据试样的特性和颜色强度值的应用目的而定。色度计必须使用三刺激值函数来计算颜色强度值。四种计算方法分别以 SWL、SUM、WSUM 和 TSVSTR 表示，计算方法如下：

4.4.2 用分光光度计测得的试样颜色强度值，通常需要计算在单个或多个波长间隔下的吸光度值。计算特定波长（λ）下的吸光度值的公式如下：

$$A_\lambda = \lg \frac{1.0}{\tau_\lambda}$$

式中：τ_λ——试样的内在透射率［%，τ_λ 值通常用分光光度计测量，并且修约到 1.0（即 100% =1.0）］。

4.4.3 最常用的四种颜色强度值的计算方法如下：

SWL 为单一波长（通常为最大吸光度的波长）下的吸光度值。使用 4.4.2 中的公式，计算单一波长的 A 值。

SUM 为在可见光谱范围内所有间隔波长的吸光度的总和。使用 4.4.2 中的公式，计算特定波长间隔的各个波长的 A 值，并求和。把结果值除以间隔总数来标准化。

WSUM 为吸光度由视觉函数加权（例如 x，y，z 函数和 D_{65} 光源能量函数），并对可见光谱范围内所有间隔波长进行求和，然后除以波长间隔的总数。

$$\mathrm{WSUM} = \sum_\lambda [(A_\lambda \times x_\lambda \times E_\lambda) + (A_\lambda \times y_\lambda \times E_\lambda) + (A_\lambda \times z_\lambda \times E_\lambda)]/n$$

式中：A_λ——按 4.4.2 中的公式计算吸光度；

E_λ——所选光源的能量（一般为 D_{65}）；

x_λ、y_λ、z_λ——所选视角（一般为 10°）的三刺激值的权重；

n——所用波长间隔的数量。

TSVSTR 为三刺激颜色强度值，即 X、Y、Z 的函数）。通常将 Y 值作为同可见光函数相关的总颜色力度值，尽管 X 或 Z 都可以作为组分的测量值，其中吸收特性是已知的并落在可见光谱大的分散范围内。在大部分的应用中，使用三刺激值（X、Y 或 Z）的最小值代替 4.4.2 中的 τ_λ。虽然 TSVSTR 公式在纺织工业中普遍应用，但在一般公认的参考书中，找不到明确的科学依据。

4.5 相对强度。通过以上方法计算的颜色强度值可以用来计算两个试样之间颜色强度的相对偏差，将其中的一个试样作为标准样。对比结果产生的数值称为强度（%）。

$$强度 = \frac{颜色强度值_{试样}}{颜色强度值_{标样}} \times 100\%$$

5. 报告

使用本评价程序，完成操作并得到数据。需要对操作步骤和得到的数据进行报告，应至少包括：

5.1 测试试样所用仪器的照明/测量类型。

5.2 所用的分光光度计或色度计。

5.3 计算色度值所使用的光源/视角。

5.4 试样的说明。

5.5 （如有）所用的颜色强度计算方法（SWL，SUM，WSUM，TSVSTR）。

5.6 所用的试样放置方法和求平均的方法，例如测量面积、织物层数、若为非标准大气条件则报告温度和相对湿度，以及单独测量中的读数次数。

6. 精确度和偏差

AATCC EP6 是作为辅助参考方法使用的程序。作为试验方法的一部分，必须使用相关 AATCC 试验方法中相应的精确度和偏差声明来对色度结果值进行评价。使用者应注意，精确度和偏差一定程度上会受样品放置方法，求平均方法和所用测色仪自身的重现性和准确性所影响。

7. 引用文献和注释

7.1 ASTM 标准来源于 ASTM，W. Conshohocken PA；网址：www. astm. org。

7.1.1 ASTM E1345《使用多种测试方法降低颜色测量的变化性的标准操作方法》。

7.1.2 ASTM E308《使用 CIE 系统测量物体颜色的标准测试方法》。

7.2 CIE 出版物 15.2018，比色法，第四版，the US National Committee of the CIE 或者 the CIE Webshop（www. tech - street. com/cie/）。验证计算方法正确与否的方法是将 100% 的反射值输入使用的计算机程序，并让系统计算三刺激值。算得的三刺激值应该与相应的照射条件对应的表（源自 ASTM E308）中的值保持相同至第二位小数。

7.3 SAE International，400 Commonwealth Dr.，Warrendale，PA 15096；网址：www. sae. org。SAE J 1545 试验方法：仪器测量外部饰物的颜色差异，纺织品和染色花边。

7.4 Stearns，E. I.，吸光分光光度计的使用方法，Wiley - Interscience，1969。

7.5 Wyszecki and Stiles，颜色科学，第二版。

7.6 ASTM D1776《纺织品调湿和测试标准方法》。

8. 历史

8.1 2021 年修订，以使标准更清晰，并添加了历史部分，以与 AATCC 指南格式保持统一。

8.2 2019 年编辑修订，2016 年修订，2003 年、2008 年重新审定，1998 年重新审定并编辑修订，1996 年、1997 年重新审定。

8.3 AATCC RA36 技术委员会于 1995 年制定。技术上等效于 ISO 105 - J01。

附　录

1. 反射率测试中存在的问题和指导。

1.1 荧光。当使用具有校准样品照明紫外线含量功能的测量仪器时，对于白度的评估可以直接与类似校准仪器的结果进行比较，并且足以用于商业用途。对于不能精确控制照射试样的紫外能量的测色仪，操作者应在光源和样品之间放置一个紫外滤光片，以有效消除紫外产生的荧光。应注意本技术测得的结果同视觉结果可能不一致。还要注意本技术仅适用于通过吸收紫外辐射导致荧光的情况。紫外能量可控的仪器所测得的结果与视觉观测结果更具有一致性，之前测试的数据（标准样、控制样等）不能直接用于比较，除非数据是通过紫外校准的仪器收集的。除非使用可以控制入射光能量和数量的设备进行测试，否则可以吸收可见光能的荧光试样无法进行一致性的测试。如果无法满足这个条件，那么被比较的两个试样应该在几乎相同的时间和在同一台仪器上进行测量。

1.2 含湿量。如果含湿量影响颜色的测量，那么需要对试样进行调湿平衡以使含湿量达到稳定。调湿过程应该在温度和相对湿度恒定不变的房间或箱体内完成，并在此环境下放置足够长的时间使所有样品都能达到平衡。对于大部分含棉或吸湿性纤维的试样来说需要几个小时的时间，但调湿所需的时间会因调湿大气环境的不同而发生明显变化。在测试过程中试样的调湿时间要尽量长。AATCC 规定纺织品测试的标准大气条件为相对湿度 65% ±5% 和温度 21℃ ±2℃（70℉ ±4℉）（见 7.6）。

1.3 透明性。大部分的纺织样品在某些程度上都具有透明性。所有试样必须使用相同的程序进行测量。如果样品量充足，则建议将样品多次折叠直至光线无法穿透层叠试样。当层叠试样以白色瓷砖和以黑色瓷砖作为背衬所得到的测试结果差异不大时，则认为此时试样的层叠次数是足够的。注意多层柔软材料的叠层可能会导致其他问题（见下面的非硬挺材料说明），这时则需要一个折中的办法。在这种情况下一般使用规定层数（各个试样的层叠数相同），并用不含荧光增白剂的相同材料或瓷砖作为背衬。

当没有办法实现完全不透明性时，可以使用修正公式来得到修正过的%R（R_∞）值。R_∞ 值被定义为以白色材料和以黑色材料作为背衬时反射率相同的层叠层数下的不透明反射率值。本程序需要分别对试样以白色瓷砖作为背衬和以黑色瓷砖作为背衬的条件下进行测量。计算各个波长间隔下的修正后%R（R_∞）值的公式如下（见 7.5）：

$$\alpha = 0.5\left(R_W + \frac{R_B - R_W + R_g}{R_B R_g}\right)$$

则：

$$R_\infty = \alpha - (\alpha^2 - 1)^{1/2}$$

式中：R_W——试样以白色瓷砖作为背衬的 R 值；

R_B——试样以黑色瓷砖作为背衬的 R 值；

R_g——白色瓷砖本身的 R 值。

其中 R_W、R_B、R_g 以十进制小数形式表示，例如，0 ~1.0。

1.4 非硬挺性。为避免柔软的试样进入测色仪的测试窗口，需使用以下程序之一进行操作。

1.4.1 将试样缠绕、捆绑或固定在一个纸卡或其他硬性足够的结构上。作为支撑的材料应为非彩色，且所有待测试样是可以再生的材料。同时应满足上述不透明性的要求。当把纱线试样缠绕到卡片上时，必须控制缠绕的张力、方向和密度以保证结果具有重现性。

1.4.2 有一些测色仪器的设计是在测试过程中不与试样发生接触，则被测试样必须是平整的，由刚性材料支撑，且具有足够的厚度以消除透明的影响。

1.4.3 对于分光光度计来说，有些试样在玻璃后面进行测试可以增加颜色测量结果的重现性，尤其是对于纤维和纱线试样来说。此时测得的反射率值必须通过一个玻璃修正公式进行修正，否则玻璃的影响会使测试结果产生偏差。此外，用来将试样贴到玻璃上所使用的材料数量和材料压力必须得到控制。常用的公式为：

$$R_\lambda = \frac{R_g + T_{c-1}}{R_g + T_c - 1.0 - (T_d \times R_g) + T_d}$$

式中：R_λ——没有玻璃情况下的修正后反射率百分比；

R_g——在玻璃下面测得的 R 值；

T_c——玻璃对平行光线的透射率（对于折射率为 1.50 且不吸光的玻璃，该值一般等于 0.92）；

T_d——玻璃对漫射光线的透射率（对上述的玻璃，该值一般等于 0.87）。

注意：所有 R 和 T 值都要用十进制小数形式表示。

1.5 光敏性或热敏性。对光和/或热敏感的试样在实际仪器测试过程中，要使试样暴露在光线下尽量短的时间。闪光照射式仪器和带有自动遮光器的仪器可以控制试样暴露于光线下的时间。必须扫描可见光谱的仪器（每次测试大概需要几秒钟的时间）不适用于此类试样。无论哪种情况，样品准备过程都要小心处理，以尽量避免试样在测量之前暴露于光线。单一波长照射试样的仪器也可以用于此类试样的测试。

1.6 小试样。如果试样太小，则需要使用颜色测量仪器上的 SAV（小孔径）选项，在这种情况下，必须对试样进行多次读数，并取平均值以提高测量的精确度。小于测量孔径的试样得到的测试结果可信度不高。

1.7 表面纹路。对于测量具有明显表面纹路的试样，难度首先在于如何确定哪一个物理属性是使用者感兴趣的。能够将颜色与外观特征进行分离的仪器在这种情况下是具有优势的，但是这种设备在其他情况下却有不足。当仅需要测量试样的颜色时，最有效方法是将试样装在玻璃下面，并应用足够的压力以消除外观结构的影响。此时要遵守上述非硬挺试样使用玻璃时相关的注意事项和要求。如果试样的表面结构引起颜色的方向性偏差，则需要对每次测试重复测量四次，每次测量之后旋转 90°。然后将所有的测试结果取平均，产生一组色度值。为机动车用织物开发的类似操作程序的示例是 SAE J 1545（见 7.3）。

1.8 颜色不均匀。当待测试样的颜色不均匀时，有必要对测试值进行平均（分光光度计得到的光谱数据或色度计得到的三刺激值）以得到均一的、可重现的测量结果。在这种情况下就需要根据可视区域确定得到一个测试值需要的读数次数，使在试样随机确定的另外位置进行相同程序测量后可以得到相同的结果（见 SAE J 1545）。

2. 透射测量问题和指导。

2.1 化学不稳定性。如果溶液的化学性能不稳定，则不能进行测试。必须找出溶液产生化学不稳定性的原因，并研发相应的程序和溶剂以制备化学稳定性的溶液。

2.2 起泡沫、气泡。在试样准备阶段，向溶液中滴加一滴或两滴异丁醇（2 - 甲基丙醇）有助于去除气泡或泡沫。当向透射率比色皿中加入液态试样时，操作员应该将比色皿适当倾斜，然后将溶液沿着比色皿的边缘倒入比色皿，以减少泡沫或气泡的产生。

2.3 pH 敏感性。许多染料对 pH 变化敏感，制备的试样的颜色会随着 pH 的变化而发生明显变化。在这种情况下，制备试样的过程中通常需要使用蒸馏水（或去离子水）以及 pH 缓冲液。

2.4 镀层。染料溶液（尤其是碱性染料）具有在透射比色皿表面形成并附着于比色皿的一层染料分子的趋势。透射比色皿应该用待测溶液进行冲洗（或冲刷），倒空，然后在测量颜色之前注入新的待测溶液。注意上面的步骤是以假设比色皿在测试之前是干净的（无染料分子镀层）为前提的，并且所有试样都用同样的方法进行处理。在具有实际意义的前提下，在测量试样之前应该进行仪器的标准化测量程序，在用染色溶液对参照比色皿进行冲刷之后，再将清澈的溶液（通常为蒸馏水）注入比色皿中。如果使用的是双光线束的仪器（盛放试样的比色皿和盛放参比物的比色皿可以同时进行测量），参比比色皿（盛放清澈的溶液）在注入清澈的溶液之前要先用有色的溶液进行冲洗。在这种情况中，常规的仪器标准化方法是适用的。

2.5 光敏感性或热敏感性（光致变色或热致变色）。如有可能，透射率测量应使用以单色（单一波长）照射试样的仪器来进行。如果条件不允许，可以使用能够提供遮光快门的仪器或用瞬时闪光照射试样的仪器，以减少影响。

2.6 分辨率（波长间隔）。一般来说，染料在溶液中的透射曲线与其在反射率测量中得到的曲线相比，峰形更尖、更明显。分光光度计需要以 10nm 或更小的波长间隔来进行测量以得到准确的、具有重现性的结果。另外，所用仪器的带通必须小于或等于 10nm。

AATCC EP7-2021

仪器评定试样变色

前言

该评定程序由 AATCC RA36 委员会于 1995 年制定。1996 年被采用为 ISO 105 - A05。该方法中使用的度量标准是在 ISO TC38 SCI WG - 7 中制定的。

1. 范围

本评定程序可用于目视 AATCC EP1《变色灰卡评定程序》（见 9.1），是评定试样变色的一种替代方法（见 9.2）。适用于任何色牢度的试验方法，但试样用含有荧光增白剂（FWA）溶液处理的，不能用该方法。

2. 原理

对经过色牢度试验的试样的颜色和未经过处理的相同试样的颜色用仪器进行测量。在 CIE 015：2018 规定，测定两个试样 CIELAB 坐标系中的明度 L^*、彩度 C^*_{ab}和色相 h_{ab}。计算 CIELAB 的色差 L^*、C^*_{ab}和 H^*_{ab}，并通过一系列公式转换为变色牢度的灰卡等级。

3. 引用文献

注：除非另有说明，所有出版物应使用当前版本。

3.1 AATCC 国际测试方法与程序手册，美国纺织化学家与染色家协会，AATCC EP1，可以从 AATCC 获取，地址：P. O. Box 12215，Research Triangle Park NC 27709；电话：+1.919.549.8141；传真：+1.919.549.8933；电子邮箱：ordering@aatcc.org；网址：www.aatcc.org。

3.2 原 9.2 的内容。

3.3 CIE 出版号 15：2018，《色度学》，第四版，可通过美国 CIE 国家委员会或 CIE 网店（www.techstreet.com/cie/）获取。

4. 术语

4.1 色变：颜色的变化，不管是亮度、色相或色度上的任何一种变化，或这些变化的任意组合，通过比较测试样与相应的原样来描述。

4.2 灰卡等级：用于颜色变化（GSc），用于表示试样同原样或未测试样相比较的颜色变化的数值。应报出为 1 到 5 之间的半级（如 1、1.5、2、2.5、3、3.5、4、4.5、5）。

5. 安全和预防措施

使用者必须向测色设备制造商咨询具体使用细节，如设备操作说明和其他建议等。

6. 仪器

满足在 CIE 出版物 15 - 2018 中的子条款 6.4 中所描述的任何一种几何定义的分光光度计或色度计。

7. 测试样和参照试样

7.1 选择一个材料的有代表性的样品，该样品已经过色牢度测试，并且有足够的尺寸满足仪器夹具的要求。用足够厚的原始材料垫于这个试样之后，使试样不透光。（为了精确的测量，需要不透光，或至少是均匀一致的）。另一种方法是，用白色的不含荧光增白剂（FWAs）的材料衬于一层原样的后面，并以同样方式在测试样后衬上一层白色材料。

7.2 按照7.1中的同样层数厚度，制成参照样（原始试样）。

8. 程序

8.1 测量参照试样的颜色，使用这些数据，根据10°观察者和D_{65}光源，计算CIELAB中的L^*、C^*_{ab}和h_{ab}值（见11.1）。

8.2 测量经过色牢度测试的试样颜色，并且进行与参照试样同样的相关计算。然后按照第9部分中描述的公式进行计算。

9. 计算

9.1 符号

9.1.1 下标“ab”表示与CIELAB色差方程的关联。

9.1.2 下标“M”用于表示试样和参照试样的平均函数。

9.1.3 下标“K”用于表示色度校正色相的函数。

9.1.4 下标“F”用于表示特定的灰卡色差，用于区别于一般使用的ΔE。

9.1.5 下标“T”表示被测试样。

9.1.6 下标“R”表示参照试样。

9.1.7 下面使用的“Round”函数Round（x，n）将x的值四舍五入到指定的小数位数n，即以下用法中的“3”。

9.1.8 所有色相角都以度为单位，而不是弧度。

9.2 使用以下伪代码计算ΔE_F。

如果：Abs（$h_{ab,T}-h_{ab,R}$）≤180 则：

$$h_M=(h_{abT}+h_{abR})/2$$

否则：

如果：Abs（$h_{ab,T}+h_{ab,R}$）≤360 则：

$$h_M=(h_{abT}+h_{abR})/2+180$$

否则：

$$h_M=(h_{abT}+h_{abR})/2-180$$

结束条件

结束条件

如果：Abs（h_m-280）≤180 则：

$$x=[(h_m-280)/30]^2$$

否则：

$$x=[(360-\text{Abs}(h_m-280))/30]^2$$

结束条件

$$\Delta L^*=L^*_{abT}-L^*_{abR}$$

$$\Delta C^*_{ab}=C^*_{abT}-C^*_{abR}$$

$$C_M=(C^*_{abT}+C^*_{abR})/2$$

$$D=(\Delta C^*_{ab}\cdot C_M\cdot e^{-x})/100$$

$$\Delta E^*_{ab}=[(\Delta L^*)^2+(\Delta a^*)^2+(\Delta b^*)^2]^{1/2}$$

$$\Delta H^*_{ab}=[(\Delta E^*_{ab})^2-(\Delta L^*)^2-(\Delta C^*_{ab})^2]^{1/2}$$

如果：（$h_{abT}-h_{abR}$）<0 则：

$$\Delta H^*_{ab}=(-1)\cdot\Delta H^*_{ab}$$

$$\Delta C_K=\Delta C^*_{ab}-D$$

$$\Delta H_K=\Delta H^*_{ab}-D$$

$$\Delta C_F=\Delta C_K/[1+(20\cdot C_M/1000)^2]$$

$$\Delta H_F=\Delta H_K/[1+(10\cdot C_M/1000)^2]$$

$$\Delta E_F=[(\Delta L^*)^2+(\Delta C_F)^2+(\Delta H_F)^2]^{1/2}$$

$$\Delta E_F=\text{Round}(\Delta E_F,3)$$

9.3 公式部分

如果：$\Delta E_F\leq 3.400$ 则：

$$GSc=5-\Delta E_F/1.7$$

否则：

如果：$\Delta E_F<13.600$ 则：

$$GSc=5-\text{Log10}(\Delta E_F/0.85)/\text{Log10} \quad (2)$$

否则：

$$GSc=1$$

结束条件

结束条件

此时，GSc是1到5之间的十进制数。

9.4 要产生半等级（即1、1.5、2、2.5、3、

3.5、4、4.5、5)，请执行下式：

$$GSc = Round(GSc, 3)$$

$$GSc = [Int(2 \cdot GSc + 0.5)]/2$$

10. 报告

报告应至少包括以下内容。

10.1 试样颜色变化的灰卡等级（GSc 值），遵循适当的试验方法指出的说明和报告。

10.2 本评定程序的编号和年号，即 AATCC EP7－2021。

10.3 鉴别被测样品的所有必要细节情况。

10.4 所选用的 CIE 的种类。

10.5 所用分光光度计或色度计的规格。

10.6 所采用的是 D_{65} 光源还是 C 光源。

10.7 所采用的是 1964 10°视角还是 1931 2°视角。

11. 注释

允许选择 D65/2°。

12. 历史

12.1 2021 年修订，删除了表格选项，并重建计算公式，以清晰明了。

12.2 2015 年、1998 年修订，2019 年编辑修订，2009 年、2003 年、1996 年重新审定。

12.3 1996 年等同采用为 ISO 105－A05。

12.4 AATCC RA36 委员会于 1995 年制定。

AATCC EP8-2010e(2017)e

AATCC 9级沾色彩卡

AATCC RA36/RA38技术委员会于1996年制定；AATCC RA36技术委员会负责；1997年、1998年重新审定并编辑修订；2002年、2010年修订；2007年、2017年重新审定，2008年技术勘误；2012年、2019年编辑修订。

1. 范围

本评价程序描述了在色牢度试验中，使用9档沾色彩卡对未染色的纺织品进行沾色评定。

2. 原理

在色牢度测试中，用沾色和未沾色织物的颜色差异与沾色彩卡显示的色差进行视觉比较，评价未沾色织物的沾色程度（见7.1）。

3. 术语

3.1 着色剂沾色：由于暴露于有色的或被污的液体媒介中，或者直接与染料或颜料材料接触，通过升华或机械运动（如摩擦），颜色从材料上转移，从而使被作用物沾上颜色。

3.2 色牢度：材料在加工、检测、储存或使用过程中，暴露在可能遇到的任何环境下，抵抗颜色变化和/或向相邻材料转移的能力。

3.3 等级：试验中用以表示质量特性的记号，它以多个标准参照等级中的某一个等级来表示。试样的质量特性表现出相当于标准的某个等级时，该等级即为试样的等级。对来自一个样品的不同试样、或者由不同的评价者评定的级数，通常取其平均值。

3.4 评级：在纺织品测试中，将材料同一个标准参考样卡比较，对材料进行评定或确定级数的过程。

4. 沾色彩卡的描述

4.1 沾色彩卡使用了54个颜色片。从蒙塞尔颜色手册中选择了五种色调（红色、黄色、绿色、蓝色和紫色）。描述行编号5的中性卡片和中性灰色卡片符合沾色灰卡上的灰卡片（见7.1）。

4.2 沾色彩卡的卡片成10行排列在白色纸板上。每一列的每个颜色都显示出深度相似的递增，从顶部的最浅的颜色到底部的最深的颜色。为了评级效果，编号5在最上面一行，表示没有颜色，编号4.5被放在第二行或表示最浅的颜色，依次向下排至编号1被放在最底下的行表示最深的颜色（见7.2）。

4.3 卡片以行的形式放置，行与行之间充分分开，在10行卡片的行之间清楚可见直径为9.5mm（0.375英寸）的圆孔。提供一个白色纸板遮样罩（见图1），以便当它竖直方向平放在彩卡上时，仅能露出彩卡上的一个圆洞及两个邻近的颜色片（见7.3）。

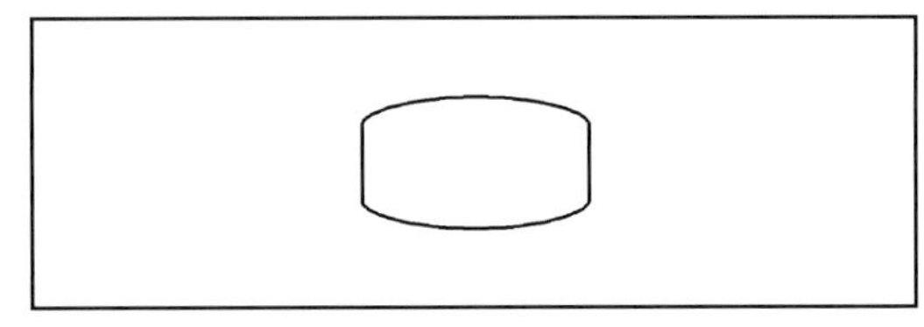

图1　白色纸板遮样罩

5. 沾色彩卡的使用

5.1 用一个模拟日光、照度范围在1080～1340lx（100～125英尺烛光）（见7.4）的光源照射样品表面。光线与样品表面呈90°±5°角，观察方与样品表面呈 45° ±5°角（见图 2）。

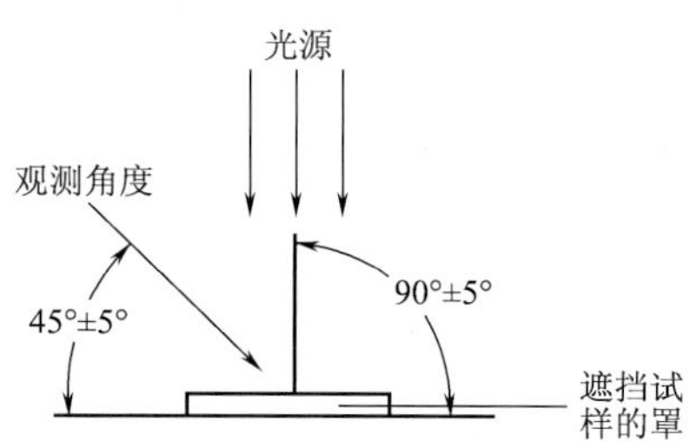

图 2 试样评级的照射和观测角度

5.2 将被评价的沾色材料放在带有色条的卡后，以便通过最接近沾色色调列的一个圆洞可以看见材料上有色部分。对一些比较薄的材料，例如白棉布，进行沾色评级之前，应将一定层数的干净试验布衬在试样后面。对于已经固定在测试卡上，来显示沾色的较薄样品，这个操作也是适用的。纸板的颜色会影响实验人员的判断，除非在试样下面垫上几层干净的试验材料，此操作可在不从板上移走试样的情况下进行。遮样罩放在适合的位置，然后在这列上下移动试样和遮样罩，直到在这列中找到与试样颜色最接近的相似彩度卡片。为了限制或减少沾色卡的孔在试样上造成的阴影，应固定沾色卡以便试样和沾色卡与光线垂直。

5.3 通过比较沾色彩卡上的数值来确定等级，在沾色彩卡中的评级方法见表 1。

表 1 沾色彩卡的评级方法

着色剂沾色（转移）	级数（级）
没有沾色	5
沾色相当于编号 4.5	4.5
沾色相当于编号 4 行	4
沾色相当于编号 3.5	3.5
沾色相当于编号 3 行	3
沾色相当于编号 2.5	2.5
沾色相当于编号 2 行	2
沾色相当于编号 1.5	1.5
沾色相当于编号 1 行	1

6. 结果评价

6.1 用 AATCC 9 级沾色彩卡评级结果，应该与用沾色灰卡（AATCC EP2）评级结果一致（见 7.1）。

6.2 当用统计原理分析结果时，AATCC 9 级沾色彩卡被认为能完成评价的需要。它便于沾色的评价，尤其对经验较少的评级者更是如此。

6.3 报告必须清楚地注明是使用 AATCC 9 级沾色彩卡得出级数而不是使用沾色灰卡。

7. 注释

7.1 9 级沾色彩卡可以从 AATCC 获取，地址：P. O. Box 12215，Research Triangle Park NC 27709；电话：+1.919.549.8141；传真：+1.919.549.8933；电子邮箱：ordering@aatcc.org；网址：www.aatcc.org.cn。

7.2 颜色改变或差异明显大于 1 的任何试样的色牢度可以被评为 0 级。

7.3 沾色彩卡的清洁和物理条件对获得一致的结果是非常重要的。应经常检查彩卡上的指纹或任何其他痕迹。如果认为这些痕迹会干扰评级，则需更换卡。彩卡也会通过触摸而被物理损坏。此外，如果卡片被破坏，例如，边缘破损、卡片松动或弯曲，影响了评级，那么就要换卡。沾色彩卡应定期（至少每年一次）用分光测色计或色差计进行测量，以确保其总色差在规定范围之内。使用球面几何分光光度法测量沾色彩卡时，需要将反射因素考虑在内，或者选择 0°/45°（45°/0°）几何体。色度值应使用 CIE 1964 10°视角，D_{65} 光源的数据计算得到。收到沾色彩卡就应对其颜色进行测量，使用初始颜色数据，每个色彩条的色差 ΔE_{CMC} 不应超过 0.3。CMC 比率应使用 2:1。当不使用时，沾色彩卡应放置在包装袋中。

7.4 日光模拟器和照度选择的注释见 AATCC EP9《纺织品色差的视觉评价》。

AATCC EP9-2021

纺织品色差的视觉评价

1. 目的和范围

本程序提供了将试样与标准进行视觉比较来测定和描述试样色差的基本原则和程序。目的是为了将纺织材料视觉色差评估程序标准化。

2. 原理

在规定的光源和观察条件下，将一个或多个试样的颜色和参考标准比较后进行评估。可识别的色差也能够同允差范围试样进行比较。

3. 术语

3.1 彩度：含有光谱纯色的比例，表示同样亮度下偏离灰色的程度，即较鲜亮的或较暗淡的。

3.2 色相：颜色的属性，即物体是红色、黄色、橙色、绿色、蓝色、紫色或这些颜色的组合。

3.3 明度：从自身不发光的纺织品材料表面所反射的光线的多少，或者用颜色感知的特性，可判断一个样品表面比另一个样品表面反射更多或更少光，即更暗的或更亮的。

3.4 同色异谱：两个有色材料的颜色特征，对于某一个光源和一个观察者是匹配的，但对于另一个不同的光源（具有不同的光谱能量分布）或者另一个观察者则是不匹配的。

3.5 参考标准：一种用于定义想要得到颜色的材料，还可用于定义其他的外观特性，例如整理、质地和结构。

3.6 允差范围试样：在色调、亮度和彩度，或这三个因素的组合上与参考标准偏离的选定试样，且为了评价的目的，在参考标准起强化作用的可识别的色差范围。

4. 使用和限制条件

4.1 本评价程序适用于测定和描述纺织材料同标准颜色试样的色差程度。

4.2 当评价多色的图案时，每种颜色要分别评价。

4.3 为了测定是否存在同色异谱现象，应在多于一个光源照明条件下评价试样。

4.4 只有通过 Farnsworth Munsel 100 色彩测试（见 10.1）以及 Pseudoisochromatic Plate 测试，如颜色视觉测试（见 10.2），对色彩敏感度视觉正常的观察者才能执行本程序。

5. 仪器和材料

5.1 照明条件。在评价之前应确定在哪种光源下做比对，表 1 中任何一种模拟光源均可使用（见 10.3 和 10.4）。

表 1 光源

光 源	种 类	色 温 (K)
D_{65}	日光	6500 ± 200
D_{75}	日光	7500 ± 200
A	白炽灯	2856 ± 200
CWF	冷白荧光灯	4150 ± 350

注 除此之外的其他光源或色温的调整可以合同双方协商决定。

5.1.1 对于荧光增白剂试样的测试（FWAs），可使用紫外光源来观察试样。

5.1.2 推荐在试样上的照度值在 1080 ~ 1340lx（100 ~ 125 英尺烛光）的范围内。

5.2 观察环境。观察环境应处于房间内一个适合观察者正常进行视觉评价的区域，包含一个光源和一个观察平面，观察平面应位于灯箱中或置于桌面上。将试样放置在观察平面上，平面表面均匀，没有变形或凹陷，根据参考标准（见 10.5）的颜色，环境颜色应符合从蒙塞尔 N5/～N7/的灰度范围。观察区域周围的颜色，即灯箱内表面和所在房间的墙壁的颜色应是符合蒙塞尔灰卡为观察表面设定的颜色 +/1N 范围内的不反光平面，观察环境中不应放置其他物品，并且应该遮蔽外来的光线。观察者应身着中性颜色的服装，在试样上应不受到周围表面的反射光。表2 归纳了 ASTM D1729－96 对一般的和临界的色差测量的评价环境的推荐。在表 2 中包含的推荐比本程序规定的更具限制性，但包含在上述描述的界限内。

表 2　背景和周围环境的颜色

评价分类	背景颜色	周围环境颜色	背景和周围环境的最大蒙塞尔彩度
临界的	同标准相似	N5/～N7/	0.2
普通的	N5/～N7/	N5/～N7/	0.3

5.3　观察的几何条件。

5.3.1　选择条件 A。照明光源水平放置。试样平面相对水平面呈 45°±5°夹角，以使光源线与试样平面也呈 45°角入射。观察者以相对于试样呈 90°角观察试样。本条件适用于有光泽的或光滑的试样。

5.3.2　选择条件 B。照明光源和试样平面均水平放置，以使光线以相对试样平面呈 90°角入射。观察者以相对于试样平面呈 45°±5°角来观察试样。本条件适用于有光泽的或表面光滑的试样。

5.3.3　选择条件 C。试样平面和照明光源相互平行，以使光通量入射到试样平面中心，试样平面与水平面呈 35°±5°角。观察者垂直观测试样，本条件不适用于有光泽或不光滑试样，观察者应注意不要阻挡光源的入射光。

5.3.4　举例（见图 1）。条件 A 或者条件 B 是首选的观察条件。

5.4　用于评价光度和色温的仪器。设备须按生产商的操作说明进行操作。确保用于评价光度和色温的仪器在工厂校准范围内。在测量之前，应先打开照明模拟器并使其趋于稳定。一般来说，这可能需要 15～30min。将仪器放置在光线照射的观察区域内。仪器的传感器应该是面对入射光线，且处于观察区域板的中心位置。在光线和传感器之间不能有任何遮挡。测量并记录色度数据或照明数据，确定观察环境在制造商的规定范围内。

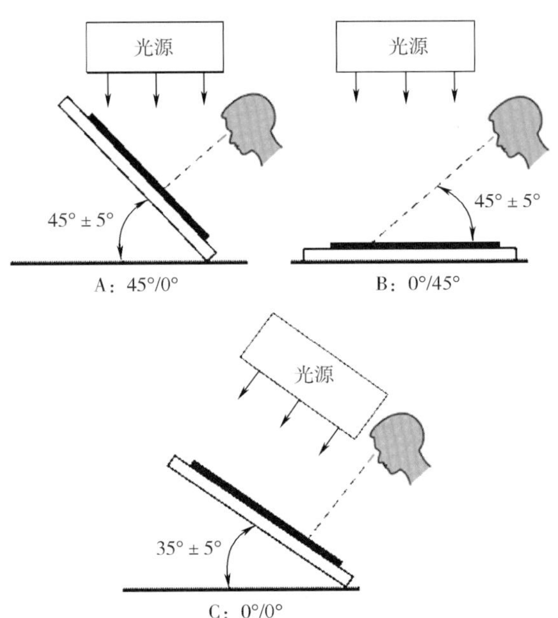

图 1　选择 A（优先选择）、B（优先选择）、C 的观测角度

6. 试样准备

6.1　在评价之前，所有有色标准和试样应调湿，以避免温度和湿度可能导致的差异（见 10.7）。

6.2　如果使用的试验方法没有包含对试样尺寸的要求，使用在下面注释中推荐的试样尺寸（见 10.6）。

6.3　染色机织物或针织物。如可能，试样应是具有代表性的矩形织物，最小尺寸为长 100mm、宽 200mm。多色试样大小应包含图案中的所有颜色。试样表面应干净且没有沾污或被弄脏。从试样上去除破损的边缘并标记或另做记号。应从距布边至少 150mm 的部位裁取试样，并且要避开接缝区域。

6.4 窄幅织物、编带、带子、带状织物。被认为标准的试样应至少为 200mm 的长度全幅。

6.5 散纤维。应将测试样品梳成适当尺寸的一层或一片。

6.6 线或纱线。试样应成束状缠绕在板上形成平行的紧密纱线，或者编织成适合的尺寸。板上线圈要有足够厚度以遮住板，缠绕纱线的张力不会使板变形。

7. 操作程序

7.1 用色温计来测试试样表面的照明条件以确保符合 5.1 中的规定。此外，试验者还应测试观察区域的照度均匀性。从试样中心到边缘的照度偏差不应超过 25%。

光源模拟器每年应该检验四次，也可按设备制造商的推荐进行（见 10.4）。

7.2 在 7.2.1 和 7.2.2 中列出了不同色差的评价程序，这些评价程序可能需要不同的使用条件。这些程序中的每一个都可能与 A、B、C 选择条件中的仪器一起使用。在进行评价之前观察者应至少用 2min 的时间使视觉适应照明条件。如果照明条件改变，这个适应过程还应重新进行，例如，更换了光源。

7.2.1 允差范围试样程序。将参考标准放置在试样所在平面上。允差范围试样放在参考标准旁边，并使两者边缘相接触。试样和参考标准应以长度方向相互平行放置，且除非有其他的规定否则应正面朝上。任何有方向性的试样都应以朝向相同的方向放置。非方向性的试样应以相同的长度方向或相反方向（180°旋转）放置。当进行色差评价时，观察距离应该是 700mm ± 150mm。

7.2.2 试样同参考标准的比较程序。试样和参考标准应以长度方向相互平行地并排放置，且除非有其他的规定否则应正面朝上。任何有方向性的试样都应以朝向相同的方向，非方向性的试样应以相同的长度同方向或相反方向（180°旋转）放置。观察者应该站在正前方，观察方向与试样的平面相垂直，并注意避免挡住光线。当进行色差评价时，观察距离应该是 700mm ± 150mm。

7.3 多个试样的程序。应尽可能快的进行评价，因为延长观察时间会影响观察者的评价能力。

8. 评级

8.1 对照标准测定包括亮度、彩度和色调上的色差。

8.2 评价选项。

8.2.1 允差范围评价。观察者应该确定参考标准和试样之间的色差是否在允差范围之内或大于允差范围。

参考标准和试样间的色差描述应该包括表 3 中的术语。

表 3　色差方向的描述

色　差	方　　向
明度	较亮，较暗
彩度	更多（或更高）彩度和更少（或更低）彩度
色相	较红，较绿，较黄，较蓝

8.2.2 等级评价。用表 4 的确定值，观察者可确定试样和参考标准之间的色差大小。对色牢度试验引起的颜色变化评价，见 AATCC EP1。在染料工业方面的特殊应用见 10.8。关于色差大小的描述语见 10.9。

表 4　色差的等级描述

语言描述	变色灰卡的相应等级
相当的	5
轻微的	4.5
显著的	4
相当大的	3
很大的	2
偏离颜色	1

9. 报告

9.1 根据使用的试验方法报告参考标准和每块试样之间的色差。报告允差内评价接近允差范围的界限值。

9.2 对于规定仪器、程序和评价的任何偏离均应在报告中注明。

9.3 当涉及使用本评价程序获得的数据时，至少应该包括以下信息：

9.3.1 试样的描述和评价的数据。

9.3.2 评价使用的照明模拟器。

9.3.3 所用的观察的几何条件（A、B、C）。

9.3.4 试样类型（平幅织物、绕线板、地毯等）。

9.3.5 试样条件（厚度，折叠层数等）。

9.3.6 评价选项和结果。

9.3.6.1 色差趋势的描述。

9.3.6.2 色差等级的描述。

9.4 操作员和评价的地点。

10. 注释

10.1 使用的 Farnsworth Munsell 100 色彩测试可从 AATCC 获取，地址：P. O. Box 12215，Research Triangle Park NC 27709 ；电话：+1. 919. 549. 8141；传真：+1. 919. 549. 8933，电子邮箱：ordering@ aatcc. org；网址：www. aatcc. org。

10.2 颜色视觉测试方法可以通过多种渠道获得。

10.3 对于在模拟日光照明下进行的视觉评价，推荐将相关色温校准到 6500K ± 200K，并且日光模拟器的品质最好被评定为 BC（CIELAB）或更好，评价方法刊登在 CIE Publication SO12E，Standard method of assessing the specified quality of daylight simulators for visual appraisal and measurement of colour，获取方式为：TechStreet，3916 Ranchero Dr.，Ann Arbor MI 48108，电话：+1. 800. 699. 9277，网址：www. techstreet. com。以上的评级与 ASTM D1729 –96 中的规定《漫射照明不透明材料的颜色和色差的视觉评价准则》是相同的。

10.4 滤光器和灯泡应按照制造商的推荐说明，定期维护和清洗。

10.5 蒙塞尔中性色 N5/ ~ N7/ 可以从以下获取：Munsell Division of X – Rite Inc，地址：4300 44th St. SE，Grand Rapids MI 49512，电话：800/ 248 –9748，网址：www. xrite. com。

10.6 关于为不同类型试样制备的附加推荐见 AATCC EP6《仪器测色方法》的 2. 6 条试样准备。

10.7 关于试样调湿的详细资料，见 AATCC EP6《仪器测色方法》附录 1. 2 含湿量。

10.8 染料工业特殊应用。在设计配方、合成和标准化当中，参考标准和测试样品应逐级染色；即参考标准以 95%、100% 和 105%，测试样品以 95% 和 100%，以方便同参考标准相当的试样饱和度的测定。这个评价通过将一个试样放在两个饱和度不同的参考标准之间来进行，以测定一个参考标准和一个试样在颜色饱和度上是相同的或接近相同。如此一来，参考标准和试样将按照 8. 2 关于色度和色调的色差趋势和等级描述来评估。在这种情况下，由于饱和度的测定，亮度的大小和趋势经常被忽略。

表 4 中包括对整级和半级的描述。一些工业行业需要进一步细化，可用特殊规定的术语来描述中间的等级。例如，“微量”一词被广泛用于汽车工业中 4. 5 级到 5 级之间。

11. 历史

11.1 2021 年修订，更新了表 4，并与 AATCC 指南格式保持统一。

11.2 2002 年、2010 年、2011 年、2017 年修订，2007 年重新审定，2008 年、2012 年、2019 年编辑修订。

11.3 AATCC RA36 技术委员会于 1999 年制定。

AATCC EP10-2018e

多纤维贴衬织物的评定

AATCC RA59 技术委员会于 2005 年制定；2006 年、2007 年、2012 年、2017 年重新审定；2008 年、2013 年、2016 年、2019 年编辑修订；2018 年修订。

1. 目的和范围

本程序通过在规定条件下，对比被测多纤维贴衬织物的各个组分的沾色程度与标准控制多纤维织物的沾色程度，来评定被测多纤维贴衬织物的选用资格。

2. 原理

在一种皂液和四种不同染料的染浴条件下进行沾色实验，通过比较被测多纤维贴衬织物的每一种成分纤维条的沾色程度和标准，控制多纤维织物对应成分纤维条的沾色程度，来评定多纤维织物的选用资格。染浴包括：分散黄染料（Terasil Yellow）2GE 200%，用于评价二醋酯纤维和聚酰胺纤维条的沾色；酸性橙染料（Irgalan Orange）RL - KWL 250%，用于评价聚酰胺纤维条的沾色；直接蓝染料（Solophenyl Blue）GL 250%，用于评定棉纤维条的沾色；分散海军蓝染料（Terasil Navy Blue）BGLN 200%，用于评定聚酯和聚酰胺纤维条的沾色。各组分沾色程度是用比色法测色仪来评级的，以消除视觉评级的主观性。

3. 安全和预防措施

本安全和预防措施仅供参考。本部分有助于测试，但未指出所有可能的安全问题。在本测试方法中，使用者在处理材料时有责任采用安全和适当的技术；务必向制造商咨询有关材料的详尽信息，如材料的安全参数和其他制造商的建议；务必向美国职业安全卫生管理局（OSHA）咨询并遵守其所有标准和规定。

3.1 遵守良好的实验室规定，在所有的试验区域应佩戴防护眼镜。

3.2 所有化学物品应当谨慎使用和处理。

3.3 操作实验室测试仪器时，应按照制造商提供的安全建议。

4. 使用和限制条件

4.1 本程序适用于评定纤维条宽 15mm 的多纤维贴衬织物。如果测色仪能提供更小尺寸的孔径，那么也可对含有较窄纤维条的多纤维贴衬织物进行评定。

4.2 本程序制定了使用沾色程度评级（SSR）值按 ISO 105 - A04（见 15.1）中要求进行计算。这些计算出的 SSR 值可用于确定沾色灰卡报告值（见 15.2）。报告值是在一个范围的基础上，这个范围比通过在 4 和 3 之间计算出的 SSR 值的范围更广（见 15.2）。

5. 仪器和材料（见 15.3）

5.1 加速水洗牢度试验机。

5.1.1 水洗牢度机在恒温水浴中旋转密封罐的转速是 40r/min ± 2r/min。

5.1.2 不锈钢 1 型密封水洗罐，500mL（1 品脱），75mm × 125mm（3.0 英寸 × 5.0 英寸）。

5.1.3 不锈钢2型密封水洗罐，1200mL，90mm×200mm（3.5英寸×8.0英寸）。

5.1.4 装在水洗牢度机旋转轴上的用于固定水洗罐的支架。（见5.1.3）。

5.1.5 特氟龙碳氟衬垫（见11.5和15.4）。

5.2 分光光度计，几何条件d/0°，附有镜面，小面积观察，计算D65/10°公差；允差ΔE_{CMC}0.5。

5.3 pH计，精确到±0.01。

5.4 天平，精确到±0.001g。

5.5 标准控制多纤维织物（见15.6）。

6. 试剂

6.1 皂粉，按照ISO 105－C02中的规定（见15.1和15.3）。

6.2 Terasil Yellow 2GE 200%（见15.5）。

6.3 Irgalan Orange RL－KWL 250%（见15.5）。

6.4 Solophenyl Blue GL 250%（见15.5）。

6.5 Terasil Navy Blue BGLN 200%（见15.5）。

6.6 蒸馏水或去离子水。

7. 试样准备

7.1 标准控制多纤维织物（见15.6），重量3.00g±0.1g。

7.2 测试用多纤维贴衬织物。重量3.00g±0.1g；尺寸约100mm×100mm。

7.3 在试样上做标记，以区别控制试样和被测试样。

8. 试剂准备

8.1 肥皂溶液。在45℃的1L水中溶解50g皂粉。

8.2 Terasil Yellow 2GE 200%分散液。

8.2.1 分散液。用2.45g染料配成1000mL的溶液（见8.6）。

8.2.2 稀释液。用20mL分散液稀释至1000mL。

8.2.3 浓度为0.00049g/L的Terasil Yellow 2GE 200%的测试溶液：用10mL稀释液和100mL肥皂溶液混合稀释成1000mL的溶液（见8.7）。

8.3 Irgalan Orange RL－KWL 250%溶液。

8.3.1 溶液。用1.10g染料配成1000mL的溶液（见8.6）。

8.3.2 浓度为0.011g/L的Irgalan Orange RL－KWL 250%测试溶液：用10mL溶液和100mL的肥皂溶液混合成1000mL的溶液（见8.7）。

8.4 Solophenyl Blue GL 250%溶液。

8.4.1 溶液。用0.775g/L的染料配成1000mL的溶液（见8.6）。

8.4.2 稀释液。用20mL溶液稀释至1000mL。

8.4.3 浓度为0.000155g/L的Solophenyl Blue GL 250%的测试溶液。用10mL稀释液和100mL肥皂溶液混合成1000mL的溶液（见8.7）。

8.5 Terasil Navy Blue BGLN 200%分散液。

8.5.1 分散液。用2.4g染料配成1000mL的溶液（见8.6）。

8.5.2 浓度为0.024g/L的Terasil Navy Blue BGLN 200%测试溶液。用10mL的分散液和100mL的肥皂溶液混合配成1000mL的溶液（见8.7）。

8.6 原始分散液或溶液。在200mL的烧杯中分散或溶解一定量的染料。然后用漏斗将溶液移到1L的容量瓶中。用洗瓶喷洒烧杯的内壁，然后将清洗烧杯的液体加到容量瓶中，重复这个操作直到所有的染料都倒到容量瓶中。加水约至总容量的3/4处，用塞子塞紧，上下翻转几次直到确保充分溶解，然后加水至刻度线。将溶液移到1L的锥形瓶中并用塞子塞好，然后做标记“染料原液”。

8.7 测试溶液。制备橙色和深蓝色染料的测试溶液，摇晃装有“染料原液”的锥形瓶以确保染料原液混合均匀。使用移液管，将规定量的原液转移到相应的容量瓶中。为了避免产生泡沫，要慢慢加入 100mL 的肥皂溶液并加水至容量瓶刻度线。将液体移到一个 1L 的锥形瓶中并用塞子塞紧，在锥形瓶上做标记“测试溶液”。

在制备黄色和蓝色染料的“测试溶液”之前，需要增加一个稀释的步骤。摇晃装有“染料原液”的锥形瓶以确保染料原液混合均匀，然后取规定量的原液到一个 1L 的容量瓶中，加水稀释至刻度线。将稀释后的溶液转移到一个 1L 的锥形瓶中，盖上盖子并且做标记“稀释液”。取规定量的稀释液到一个 1L 的容量瓶中来制备测试溶液。为了避免产生泡沫，要慢慢加入 100mL 的肥皂溶液并加水至容量瓶刻度线。将液体移到一个 1L 的锥形瓶中，塞子塞紧并且在锥形瓶上做标记“测试溶液”。

9. 水洗罐的准备

9.1 先用丙酮清洗，然后用水冲洗所使用的水洗罐。

9.2 将盖子和密封垫浸入装有丙酮的小烧杯中，浸泡 2min，然后用水冲洗。

10. 试样预湿

10.1 在 50℃（122℉）的 1L 水中将试样浸泡 10min。

10.2 用冷水漂洗试样。

10.3 用吸水纸或者小轧车挤压试样，使试样含湿量约 80%。

11. 操作程序

11.1 各种纤维需要有一定的沾色情况。用比色法测色仪来评级，以消除视觉评级的主观性。为了确保结果的再现性需要严格遵循测试程序。

11.2 在四个水洗罐中，每一个都加入一种测试溶液 300mL。

11.3 检查测试溶液的 pH，pH 应该在 9.5 ~ 10 之间。

11.4 控制试样和被测试样放入水洗罐中并且立即搅动 5 ~ 10s。

11.5 将特氟龙衬垫垫在氯丁橡胶垫圈与水洗罐盖子之间，然后盖紧水洗罐的盖子，以防泄露或被污染。

11.6 重复以上步骤，完成其他三个水洗罐。

11.7 尽可能迅速地将水洗罐装入水洗牢度试验机中或类似的设备中。

如果一名操作者进行测试时没有助手协助，推荐一次只准备两个水洗罐进行测试。

11.8 在 20℃ ± 2℃（68℉ ± 4℉）时开始试验，在 20min 内将温度升高到 50℃ ± 2℃（122℉ ± 4℉），然后在此温度下运行 45min。

11.9 停止仪器，取出水洗罐，分别将被染色的试样单独放在 500mL 的烧杯中。用冷水漂洗试样 2min。然后用新鲜水再反复冲洗 2min。

11.10 将试样平铺在吸水纸上，在 50 ~ 60℃ 烘箱中干燥，评级之前将试样放在相对湿度为 65% ± 5% 和温度为 21℃ ± 2℃（70℉ ± 4℉）的条件下调湿至少 4h。

12. 评级

12.1 将试样折叠成两层条状以备测量。以与纹路呈 45°角将试样放置在仪器上。在试样不同部位测量两次，将试样旋转 90°，然后在试样不同部位再测量两次。

12.2 测得以下几种成分的 CIELABL^*、a^*、b^* 和 h_{ab} 值。

12.2.1 二醋酯纤维，经黄色染浴处理过。

12.2.2 聚酰胺纤维，经橙色染浴处理过。

12.2.3 棉纤维，经蓝色染浴处理过。

12.2.4 聚酯纤维和聚酰胺纤维，经深蓝色染浴处理过。

12.2.5 未经处理的控制用多纤维织物以及未经处理测试用的多纤维织物的二醋酯纤维、聚酰胺纤维、聚酯纤维和棉纤维（这些值基本是相同的）。

13. 计算

13.1 使用 AATCC 173《CMC：可接受的小色差计算》条款 4.2.1 中的公式计算 ΔE_{ab}^* 值。沾色程度等级（SSR 值）是根据 ISO 105 – A04 中条款 6.4 和 6.5 中的公式来计算的（见表 1）。

13.2 控制用多纤维织物和测试用多纤维织物的沾色程度等级是以各自的经测试的纤维相对其原样的 CIELAB 值为基础来评定的。

13.3 如果软件不能给出 SSR 值，那么可以用手工计算。当然，在一个 Excel 模板中输入公式更为有效（见表 1）。

13.4 按表 2 中所示将公式准确的输入到模板的单元格 L3、M3、N3 和 O3 中。按等号开始。

表 1 用于 SSR 计算的 Excel 模板

染料	纤维	多纤试样类型	经测试样品				未测试样品				计算值			
			L_S^*	a_S^*	b_S^*	h_S^*	L_R^*	a_R^*	b_R^*	h_R^*	DL^*	DE^*	DE_{GS}	SSR
黄	二醋酯纤维	参比样												
		被测样												
橙色	聚酰胺纤维	参比样												
		被测样												
蓝色	棉	参比样												
		被测样												
蓝色	聚酯纤维	参比样												
		被测样												
	聚酰胺纤维	参比样												
		被测样												

表 2 沾色程度评级公式

单元格 L3	DL^*	= D3 – H3
单元格 M3	DE^*	= SQRT(L3^2 + (E3 – I3)^2 + (F3 – J3)^2)
单元格 N3	DE_{GS}	= M3 – 0.4 * SQRT(M3^2 – L3^2)
单元格 O3	SSR	= IF(6.1 – 1.45 * LN(N3) <4,6.1 – 1.45 * LN(3),5 – 0.23 * N3)

13.5 从仪器的软件中将 CIELAB 值复制到模板中的适当单元格中。

13.6 当 3.00 < SSR < 4.00 时（见 15.2），测试用多纤维贴衬织物的沾色性能是可接受的。

14. 报告

14.1 报告应至少包括以下信息：经每种染料处理过的控制试样和测试样的沾色程度等级（SSR 值）。

14.2 这个程序的编号和版本号，例如，AATCC EP#。

14.3 所有关于被测样品的必要的详细说明。

15. 注释

15.1 ISO 105 – C02《耐水洗色牢度：方法 2》和 ISO 105 – A04《贴衬织物沾色程度的仪器评价方

法》，可以从 ANSI 获取，地址：11 West 42nd St.，New York NY 10036；电话：+1.212.302.1286；传真：+1.212.398.0023；网址：www.ansi.org，或者浏览 ISO 的网站 www.iso.org。

15.2 指定的 SSR 值，要求比传统的灰卡评级的可接受公差更严格。

15.3 有关适合测试方法的设备信息，请登录 http://www.aatcc.org/bg。AATCC 提供其企业会员单位所能提供的设备和材料清单。但 AATCC 没有给其授权，或以任何方式批准、认可或证明清单上的任何设备或材料符合测试方法的要求。

15.4 特氟龙是杜邦公司的注册商标，地址：Wilmington DE 19898。

15.5 可从 AATCC 获取，地址：P.O.Box 12215，Research Triangle Park NC 27709；电话：+1.919.549.8141；传真：+1.919.549.833；电子邮箱：ordering@aatcc.org；网址：www.aatcc.org。

15.6 满足沾色要求的已知织物。

AATCC EP11-2021e

用于荧光增白纺织品的 UV 能量评价程序：分光光度计校准

1. 范围

本评定程序描述了纺织品紫外线校准标准（TUVCS）的使用，TUVCS 用于分光光度计光源中的 UV 含量的内部仪器校准，目的是测量经过荧光增白剂增白的白色或浅色至中等颜色的纺织品。由于用于纺织品的荧光增白剂（FWAs）的紫外吸收特性不同于用于塑料或其他非纺织材料的荧光增白剂的紫外吸收特性，因而其参考标准也就不同于用于这些其他材料的参考标准。这个程序是基于每半年更换的纺织品校准标准，以便于调整分光光度计光源中准确的紫外线含量，使用的纺织材料独立于仪器的结构和用于调整仪器中紫外线能量值所使用的方法。

2. 原理

通过调节光源（机械地或者通过计算），使分光光度计光源中的 UV 能量值标准化，直到光源的校准值同 TUVCS 的 CIE 白度指数（CIE WI）一致（见 7.1）。

3. 术语

3.1 校准程序：调节仪器中某些参数的一种方法，使得来自相同或不同制造商的仪器在特定性能的测试中得出相同的结果。

3.2 CIE 白度指数（CIE WI）：表征材料表面的白色程度，这个白度指数是依据 CIE（国际照明委员会）标准方法之一测定的三刺激值来确定的。

3.3 荧光增白剂（FWA）：能吸收近紫外线并重新发射可见光（紫—蓝）辐射的着色剂。荧光增白剂可使泛黄的材料变的较白（ASTM E284）。

4. 纺织品紫外线校准标准

TUVCS（纺织品紫外线校准标准）由一组四层精梳棉织物组成，这些织物经过漂白、丝光和一定的荧光增白剂处理。织物尺寸规格为（80 ± 5）mm ×（80 ± 5）mm，固定在白色不透明，不含荧光增白剂的吸水纸上，一边固定。这使得操作 TUVCS 时不用接触用于测量的部分。我们发现，在正常仪器操作范围内的温湿度变化不会明显地改变测定的 WI 值，这些变化一般不超过 0.1WI。然而，暴露于光线下则可明显使荧光增白剂（FWA）变质，从而导致 WI 值的改变。因此，当不使用时，TUVCS 一定要放在紫外防护袋中（见 7.4），这一点非常重要。

5. TUVCS 校准标准的使用

5.1 对于积分球或有角度的测量方式，适用于大面积的测量（推荐条件）。采用其他条件或构造时，在一个给定仪器上进行测量需要对各个条件／构造分别进行校准。

5.2 任何的紫外校准标准物必须存储在一个容器中，以防止暴露于紫外光线下。纺织品紫外校准标准物应该存储于所提供的防紫外褐色袋中以防弄脏。同样，在操作过程中不要接触 TUVCS，避免沾污。

5.3 对于一个场所的多台仪器，可以使用同一个 TUVCS。每台仪器必须用 TUVCS 单独进行校准。注意：这种操作最多不要超过三台仪器，因为过度使用 TUVCS 可能会缩短其寿命，使其寿命短于 6 个月。

6. 操作程序

6.1 设置分光光度计颜色测量软件的参数为CIE 标准光源 D_{65}和 CIE 10°（1964）标准观察者（见 7.2）。

6.2 按表 1 所示参数设置仪器条件。根据制造商的校准程序对分光光度计所使用的测量装置进行校准。

表 1 仪器条件

项　目	积分球	45/0（0/45）
测量面积	大	大
紫外线过滤模式	校准	校准
镜面反射光	包括	不包括

6.3 在分光光度计的测色软件中，进入紫外线校准程序。输入印在 TUVCS 校准标准织物标签上的 CIE WI 值，确保将软件已经接受 CIE WI 值，而不是另一种类型的白度指数。

6.4 将 TUVCS 放置在仪器的样品架中心位置使之正好盖住仪器的测量孔径，用白色衬板衬在 TUVCS 后面。在 TUVCS 中使用的白色衬板是完全不透明的，以保证仪器样品夹的颜色对测试结果没有影响（见图 1）。

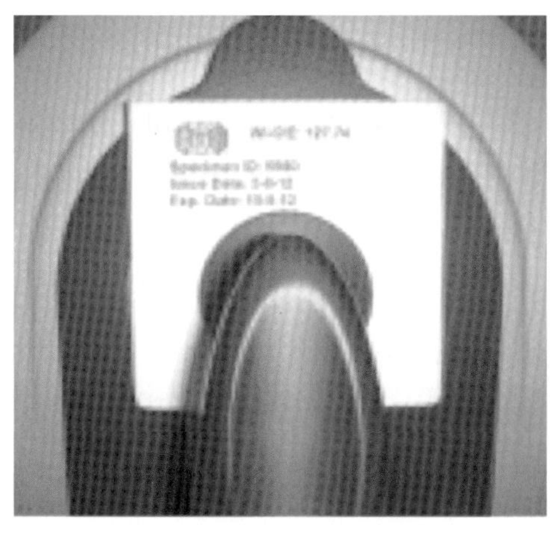

图 1 试样在仪器中的位置

6.5 依照仪器标准，以自动或手动方式进行紫外线能量的校准，得到的能量值应该在上述 6.3 中输入值的 ±0.5 CIE WI 单位之内。

6.6 移开纺织标准样，在紫外线校准模式下进行一个黑色和白色参照标准样的仪器校准。

6.7 在接下来的 6 个月，用纺织品标准每两星期进行一次紫外线校准（见 7.3），在任何其他光学模式下也可选择使用（见 5.1）。

7. 注释

7.1 纺织品紫外线校准标准物可以从 AATCC 获取，地址：P. O. Box 12215，Research Triangle Park NC 27709；电话：+ 1.919.549.8141；网址：www.aatcc.org。由于纺织标准材料对光降解的不稳定性，新的标准样必须每六个月订购一次。不使用时，标准品必须存放在随附的紫外线防护袋中。

7.2 按照 ASTM E308《用 CIE 系统计算物体颜色的标准操作规程》中光源/观察者所示数据进行色度计算，对于非荧光增白材料，在该程序进行之前，仪器参数应该恢复到出厂时原始规定。任何的偏离都会在白度测试结果中反映出来，不能被程序修正。

7.3 仪器不会突然变换光源。除非需要更高的频率，紫外校准每两星期进行一次即可。若仪器进行了维修，则使用之前也应该进行紫外校准。

7.4 在提供的紫外防护袋中存放时，可提供 TUVCS 防护，使织物不易受环境或化学品颜色变化的影响。

8. 历史

8.1 于 2021 年修订，以更新对引用文献 ASTM E308 表格的参考，根据 AATCC 格式添加历史部分，编辑修订 AATCC 订购流程并阐明稳定性和存储要求。

8.2 2019 年编辑修订（标题变更），2016 年修订，2012 年、2010 年编辑修订，2008 年重新审定。

8.3 AATCC 委员会 RA36 于 2007 年制定。

AATCC EP12-2010e(2017)e2

仪器评定沾色程度的方法

AATCC RA36 技术委员会于 2010 年制定；2012 年、2017 年编辑修订并重新审定，2019 年编辑性修订。技术上等效于 ISO 105-A04。

1. 范围

本评价程序可替代视觉评价方法 AATCC EP2《沾色灰卡评定程序》（见 8.1）使用，以评价色牢度测试（见 8.2）中试样的沾色程度。本程序适用于任何要求使用沾色灰卡的测试方法。

2. 原理

在色牢度测试中，将与染色织物接触的贴衬织物与另一块同等的参考贴衬织物进行比较。参考贴衬织物需要在不使用染色织物的前提下经过同样的色牢度测试程序。用 CIELAB 对两个贴衬织物进行比较，并使用专门的公式将结果转化成沾色灰卡的级别。

3. 术语

3.1 着色剂沾色：由于暴露于有色的或被污染的液体媒介中，或者直接与染料或颜料材料接触，通过升华或机械运动（如摩擦），颜色从材料上转移，从而使被作用物沾上颜色。

3.2 色牢度：材料在加工、检测、储存或使用过程中，暴露在可能遇到的任何环境下，抵抗颜色变化和/或向相邻材料转移的能力。

3.3 沾色灰卡：由代表颜色渐进变化的一系列标准灰色条构成的一个卡片，每个标准灰色条对应色牢度的数字级别。

4. 仪器

分光光度计或比色计，需符合 CIE 出版物 15.2 中条款 1.4 关于几何定义的要求（见 8.3）。

5. 评价程序

5.1 将测试用贴衬织物与参考贴衬织物固定到没有进行光学增白的白色板上。

5.2 按照 AATCC EP6《仪器测色方法》。建议用至少两次测试结果的算术平均值。如果仪器允许使用不同的观测条件，那么最好的方法是包含反射要素。

5.3 同样使用 5.2 的操作程序对测试用贴衬织物进行测试。如果贴衬织物的沾色不匀，需要分别进行测试，计算中使用多次测试结果的算术平均值（见 AATCC EP6 的 A1.8 部分）。

6. 计算

6.1 计算参考贴衬织物与测试用贴衬织物之间的 CIELAB 色差 ΔE^* 以及明度差 ΔL^*（见 8.4），如6.1 和6.2 所述，保留两位小数。计算中应采用 CIE 1964 10°附加标准观测者以及光源 D_{65}。CIE 1931 2°观测者以及光源 C 可以替代使用。

6.2 用 ΔE^* 和 ΔL^* 值计算灰卡差异 ΔE_{GS}，保留两位小数，公式如下：

$$\Delta E_{GS} = \Delta E^* - 0.4^* \left[(\Delta E^*)^2 - (\Delta L^*)^2 \right]^{1/2}$$

6.3 计算沾色灰卡的级数（SSG），保留两位小数，公式如下：

$$SSG = 6.1 - 1.45 \times \ln(\Delta E_{GS})$$

如果 SSG >4，则使用如下公式重新计算：

$$SSG = 5 - 0.23 \times \Delta E_{GS}$$

6.4 使用表 1 确定对应沾色灰卡的级数（*GS*s）。

7. 报告

报告应至少包括如下信息。

7.1 按照相关测试方法的要求报告沾色的级数（表 1 中的 *GS*s 值）。

表 1　沾色灰卡级数

计算得到的 SSG	报告的 *GS*s
5.00 ~4.75	5
4.74 ~4.25	4 ~5
4.24 ~3.75	4
3.74 ~3.25	3 ~4
3.24 ~2.75	3
2.74 ~2.25	2 ~3
2.24 ~1.75	2
1.74 ~1.25	1 ~2
小于 1.25	1

7.2 评价程序的编号及年号，如 AATCC EP12 -20 × ×。

7.3 试样特性的必要描述。

7.4 仪器配置。

7.5 所用分光光度计或比色计的型号。

7.6 所用光源，D_{65}或光源 C。

7.7 所用观测者，1964 10°附加标准观测者或 1931 2°观测者。

8. 注释及引用文献

8.1 《AATCC国际测试方法和程序手册》，美国纺织化学家与染色家协会，AATCC EP2《沾色灰卡评定程序》。可从 AATCC 获取，地址：P. O. Box 12215，Research Triangle Park NC 27709；电话：+1.919.549.8141；传真：+1.919.549.8933；电子邮箱：ordering@aatcc.org。

8.2 Jaeckel，S. M.，灰卡评定的可变性以及其对测试方法变化性的影响，Journal of The Society of Dyers and Colourists，Vol. 96，1980，p540 -544。

8.3 Commission Internationale del' Eclairage，Publication CIE No. 15：2004 Colorimetry，3rd ed.，CIE 中央局，维也纳，2004。副本可以从网站：www.cie-usnc.org 获取。

8.4 AATCC TM173《CMC：可接受的小色差计算》，参见 8.3。

AATCC EP13-2021

电子纺织产品的电阻评价程序

前言

该评估程序使用2点探针系统最初主要作为一个工具用于晶体管设计和开发，4点探针系统也适用于质量控制应用，程序可以用于任何电子纺织材料和产品电的阻测试。随着电子纺织品技术的发展，本程序将会随之发展，建立更多专用的测试方法或提供更多地方法可选项。

1. 目的和范围

1.1 本程序主要用于测试电子纺织品的电阻，可评价含有电子回路或线路的电子纺织织物或终端产品。不适用于纱线或纤维的测试。

1.2 样品可能会在收到后立即进行电阻测试，或进行处理例如拉伸或洗涤等后进行测试。处理对电阻测试结果的影响将会计算在内。有关不同暴露条件下暴露前后测试的进一步规范，请参阅AATCC TM210。

2. 原理

样品电阻的测试使用数显式万用表和电子探针。方法1使用4点系统。方法2使用2点系统。如果需要，可以测试样品处理前和处理后的电阻。

3. 引用文献

3.1 AATCC TM76 织物表面电阻率（见15.1）。

3.2 AATCC TM210 不同暴露条件下暴露前后电阻的测量（见15.1）。

3.3 ASTM D1776 纺织品调湿和测试标准方法。

3.4 ASTM E1402，抽样计划的标准指南。

4. 术语

4.1 导电元件：在电子纺织品上永久地嵌入到纺织品中支持电流的一种纤维、织物、油墨、薄膜或其他材料，通常电阻小于500kΩ。

4.2 电阻：在施加电压或电场下，限制电流流动的导电元件。

4.3 电子纺织产品：整体或局部永久嵌入电子回路的织物或纺织产品。

5. 安全与预防措施

5.1 安全预防措施仅作为提供信息的目的。测试程序中规定的安全预防措施是检测程序的辅助措施，但未指出所有可能的安全问题。

5.2 在本标准中，用户有责任参考适用的安全数据表，使用安全和适当的技术，并在处理材料时佩戴适当的个人防护装备。

5.3 使用者有必要向制造商咨询有关材料的详尽信息，如设备操作说明和其他建议。咨询并遵守所有适用的健康和安全法规（如OSHA标准和规则）。

6. 使用和限制条件

6.1 每个测试电路必须是可以接近的，至少测试的两个端点是可以接近的。为了达到可接近性，必须使用连接器。如已知产品最终用途，测试时，试样应尽量模拟产品的终端用途。

6.2 要参考万用表或欧姆表用户手册提供的测量范围。低电阻样品（$<1\Omega$）需使用高精度测试设备，或使用4点探测以消除铅电阻的影响。

6.3 电阻超过$10^5\Omega$的样品，参考AATCC 76。

7. 设备和材料（见 15.2）

7.1 调湿设备、推拉式物品架、打孔架用于平铺试样（见 15.2）。

7.2 具有接地静电释放的工作平台。工作平台至少应比试样大。

7.3 无法去除墨水的记号笔（见 15.1）或针和缝纫线，用来制作基准点。

7.4 万用表或欧姆表。

7.4.1 方法 1（4 点测量），数字万用表或欧姆表，电流稳定，6.5 位分辨率。

7.4.2 方法 2（2 点测量），DMM 或 VOM 数显式万用表。精确到 0.1Ω，精确度在 0.9%。

7.5 与测试材料相适应的探针（见 18.3 和图 1）。

7.5.1 磁性探针，其金属板或铁磁体至少与试样等大。

7.6 精确到毫米的卷尺或直尺。

8. 核查

根据制造商的说明验证万用表或欧姆表的准确性，读数可以通过测量样品电阻范围内的一个或多个电阻器的电阻来验证。

9. 抽样

9.1 测试结果只有在样本具有统计代表性时才有效（见 ASTM E1402）。

9.2 抽样必须是随机的。每个产品单元成为样本的概率必须是相等的，每个样本的每个部分可能成为试样的概率都必须是相等的。

9.3 由于偶然原因，所有样本在偏差范围内必须一致，样本之间不得存在已知原因的差异。

10. 测试试样

10.1 每个导电通路（或选择通路的一部分）作为一个测试试样，测试应尽量模拟样品的终端用途。至少测试 3 个试样。

10.1.1 选取可以平铺测试、且没有拉伸或短路的试样。

10.1.2 为了方便起见，试样长度方向建议为 150～300mm。

10.1.3 终端产品根据设计进行取样，应测试完整的导电通路。

10.2 至少从 3 个样品或终端产品上选取代表性试样进行测试。

10.2.1 对本评价程序而言，样品或终端产品的尺寸和形状并非至关重要。

10.2.2 如对试样进行处理（拉伸、洗涤等）后测试，应针对样品尺寸参考合适的处理标准或 AATCC TM210。

10.3 接触试样时应尽量避免沾污试样，尤其是盐类或手上的湿气，这些都会影响电阻测试结果。

11. 调湿

做标记前，按照 ASTM D1776 调试试样（根据表 1 选择调湿环境，按照纤维成分根据表 2 估算调湿时间）。将每块样品或产品单独放置于打孔架上进行调湿。

12. 试样准备

12.1 在每个试样的端点处进行标记。如使用针线进行标记，确保针洞不在流通回路上。

如果被测流通回路与电子系统相连接，标记应标在回路与电子系统相连接处。

12.2 如测试磨损样品，边缘应进行修整或锁边。

13. 步骤

13.1 对于磁性探针，将金属板放在平坦的工作表面上。

13.2 将第一块试样放置于平坦、绝缘的平台上进行测试。对于磁性探针，将样品直接放在金属板上。试样摊平，消除尽可能多的褶皱，但不要拉伸试样。

13.3 将万用表置于电阻测试模式，单位为欧姆。将探针连接到仪表。使用 4 点系统消除所有测试过程中小于 1Ω 的引线电阻。4 点系统也可用于 1Ω 以上的不作为引线的电阻，这样对读数的影响较小。探针或接触装置应在报告中加以注明。使用不同的探针或接触装置的测试结果不具有可比性。

13.4 方法 1：4 点测量。

将带电压表的正负极分别放在标记点处。电流引线应沿着相同的导电路径，在电压引线之外，但尽可能靠近标记点（见图 1）。为确保整个测试过程中的压力一致可使用加权或磁性探头。

13.5 方法 2：2 点测量。

将仪表正负极分别置于测试标记点。为确保整个测试过程中的压力一致，可使用加权或磁性探头。

13.6 万用表稳定 3s 后应尽快读取电阻数值。每个试样读取 1 个电阻测量结果。

13.7 测试和记录标记点之间的距离，并精确至最近的毫米。

13.8 对剩余试样重复上述操作步骤，进行电阻和距离测试。

如果只能取到一个试样，应对该试样进行 3 次电阻测量，并在报告中加以注明。

14. 处理后的评价（可选项）

14.1 使用合适标准或 AATCC TM210 对试样进行处理，并记录处理细节。

14.2 测试前，重新调湿试样（按 11.1）。

14.3 使用和处理前测量相同的接触系统，并在相同位置测量和记录处理后试样的电阻。

14.4 测量和记录标记点间的距离，精确到毫米。

15. 计算

15.1 计算所有测试试样的电阻平均值，记为 R。

15.1.1 如试样在处理后进行测量，计算所有试样处理前的电阻平均值记为 R_i。

15.1.2 如试样在处理后进行测量，计算所有试样处理后的电阻平均值记为 R_f。

15.1.3 如果仅测试了一个试样，计算同一试样 3 次测量的电阻平均值。

15.2 计算所有试样测量点间距离的平均值，精确到最近的毫米，记为 d。

15.2.1 如试样在处理后进行测量，计算所有试样处理前的测量点间距离平均值记为 d_i。

15.2.2 如试样在处理后进行测量，计算所有试样处理后的测量点间距离平均值记为 d_f。

15.3 如适用，按照式 1 计算电阻变化百分率（%）。

$$RC = \frac{R_f - R_i}{R_i} \times 100\% \qquad （式 1）$$

式中：RC——处理后电阻变化百分率，%；

R_f——处理后，电阻平均值，Ω；

R_i——处理前，电阻平均值，Ω。

16. 报告

16.1 测试样品的描述。

16.2 报告样品使用 AATCC EP13－2020 进行测试。

16.3 报告测试条件。

16.3.1 采用用的方法（方法 1：4 点测量或方法 2：2 点测量）。

16.3.2 如适用，处理方式描述和处理次数。

16.3.3 测试试样数量。

16.3.4 试样描述（测试通路长度，宽度，形状，材料等）。

16.3.5 万用表或欧姆表分辨率和精度。

16.3.6 探针和接触系统型号。

16.3.7 每个试样标记点间距离。

16.3.8 标记点间距离的平均值 d，精确到最近的毫米（如适用，处理前初始距离 d_i，处理后最

终距离 d_f）。

16.4 报告测试结果。

16.4.1 每个试样标记点间电阻值。

16.4.2 标记点间电阻平均值 R（如适用，处理前初始电阻平均值 R_i，处理后最终电阻平均值 R_f）。

16.4.3 如适用，处理后电阻变化百分率。

16.5 任何偏离程序的细节。

17. 精度和偏差

17.1 精度五家实验室之间根据本程序规定的测试方法进行了电子纺织产品电阻测量研究。同时，各家实验室在第二天又进行了重复测试。

17.1.1 样品一块为不锈钢铜丝导电线通过绣花线嵌于机织物上，另一块为镀银 TPU 薄膜与针织物复合织物。镀银复合织物镀银宽度为 0.5mm 和 1.0mm 分别进行单独测试。所有试样长度为 100cm。

17.1.2 方差分析显示第一天和第二天测试结果没有显著差异。五家实验室中，三家实验室的电阻平均值为 5.5Ω，两家实验室的电阻平均值为 4.6Ω。然而五家实验室的标准偏差却很相似，标准偏差值很高，表明测试具有较高变异性，至少需要 3 块试样进行测试。表 1 列出了针对不同尺寸样品实验室内和实验室间精确度值。

表 1　实验室内和实验室间精确度值

n	实验室内部	实验室间
1	0.5278	1.2253
2	0.3738	0.8678
3	0.3047	0.7074
4	0.2639	0.6127
5	0.2360	0.5480
6	0.2155	0.5002

注　所有实验室间电阻的平均值为 5.3Ω；导电线试样平均值为 5.9Ω；宽度 0.5mm 的镀膜试样平均值为 6.7Ω；宽度 1.0mm 镀膜实验平均值为 3.5Ω。

17.2 偏差电子纺织产品电阻仅可以通过方法进行测量。没有独立的方法可以确定电阻真值。作为一项电阻测量方法，尚无已知偏差。

18. 注释

18.1 可向 AATCC 机构咨询获取相关资料，地址：P. O. Box 12215，Research Triangle Park NC 27709，USA；电话：+1.919.549.8141；电子邮箱：ordering@aatcc.org；网址：www.aatcc.org.

18.2 本测试方法所用设备仪器潜在供应商可在 AATCC 网站 www.aatcc.org/bg 根据买家指南获取。AATCC 尽可能提供与其合作的企业的设备和材料信息，但 AATCC 没有对其授权，或以任何方式批准、认可或证明清单上的任何设备或材料符合测试方法的要求。

18.3 加权或磁性探针比手持式探针能提供更稳定的压力。平坦或略圆的接触区域适用于大多数纺织品基材。4 点测量时探针必须沿相同的导电路径对齐且不要使用夹式探针。适用于电子纺织品电阻测量的探针示例如图 1 所示。

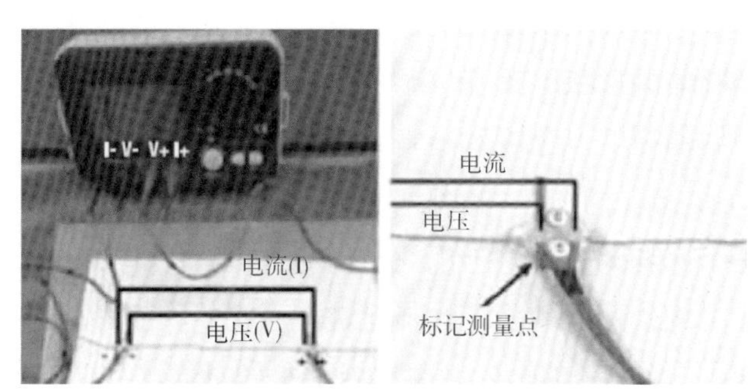

图 1　用于 4 点电阻测量的欧姆表和探头

19. 历史

19.1 2021 年修订，增加了 4 点测量内容。

19.2 2020 年重新审定，2019 年编辑修订，以更正材料来源。

19.3 由 AATCC RA111 委员会于 2018 年建立。

AATCC EP14-2021

小色差的 AATCC 评价程序

1. 目的和范围

1.1 椭圆形色差方程用于根据参考的颜色和指定的容差计算可接受的色差量。CIEDE2000 和 CMC（$l:c$）都是椭圆形色差方程，它们都可以在许多应用中用于纺织品和其他材料的颜色评估。当前数据（参见引用文献 6.1 ~ 6.7）表明 CIEDE2000 指标在与视觉评估的一致性方面表现稍好。因此，建议将其作为主要色差方法用于仪器评估。

1.2 CIEDE2000 公式记为 ΔE_{00}。CMC（$l:c$）公式一般用 ΔE_{cmc} 表示。CIEDE2000 和 CMC（$l:c$）都是 CIE 1976 $L^*a^*b^*$ 色差公式的扩展，它对依赖于亮度、色度和色调的色差感知变化进行了校正。CIEDE2000 还包括对色度交互的校正。

1.3 对 CIELAB 的 CMC（$l:c$）修改为关于参考颜色的接受量提供了一个测量单位。该体积采用椭圆体的形状，其基本半轴分别由 CIELAB 颜色空间中的亮度、色度和色调差异方向上的 SL、SC 和 SH 定义。椭圆体的实际大小和形状通过修改参数因子 l 和 c 进一步控制，见 3.3。

无论标样的颜色和任何试样与其差异的方向如何，CMC（$l:c$）公式依据感知上等效色差的长度的相等性，在整个 CIELAB 颜色空间中系统地改变这三个半轴的长度比。围绕任何给定的标样颜色，$SL:SC:SH$ 的比率是固定的，与工业应用无关。但是，应该注意的是，如果切换标样和试样，色差评估可能会有所不同。注意：在两个方向（标样对试样或试样对标样）计算得到的总色差的差异对于与纺织品应用相关的量级色差（低于 3.0 单位）是不显著的。

对 CIELAB 的 CIEDE2000 修改还提供了关于标样颜色的椭圆体接受体积。在使用三个半轴表示亮度、色度和色调维度时，它类似于 CMC（$l:c$）。CIEDE2000 的开发是为了改善包括 CMC（$l:c$）在内的各种色差方程运用中发现的缺点。然而，CIEDE2000 在某些重要应用中与 CMC（$l:c$）不同。CIEDE2000 确定标样和试样之间的算术平均值，并将其用作 CIELAB 颜色空间中的点来确定椭圆空间的形状。这解决了当标样和试样颠倒时遇到的相关颜色差异。这也导致与单个标样相比，一组样品的接受体积边界有些不精确，因为计算是基于每个试样与标样的关系。由于计算可接受边界的差异，CIEDE2000 可能不适合某些应用，尤其是在使用可视绘图时。

1.4 CIEDE2000 和 CMC（$l:c$）都支持使用分量色差度量，即分别由 CMC（$l:c$）或 CIEDE2000 内部数学对视觉接受度加权的 DL、DC 和 DH 值。DL、DC 和 DH 的这些加权值与视觉颜色评估的相关性比 DL^*、Da^*、Db^*、DC^*、DH^* 等传统指标更强烈，对于 CMC（$l:c$），这些分量色差项分别是 DL_{CMC}、DC_{CMC}、DH_{CMC}。对于 CIEDE2000，这些术语是 DL_{00}、DC_{00} 和 DH_{00}。

1.5 在需要在临界公差范围内或附近进行评级的应用中，可能会在 ΔE_{00} 和 ΔE_{CMC} 中生成由代表不同级别色差的椭圆体体积组成的多个级别。这将产生一组同心体积/公差，提供与一组预定义的术语相关联时的统一评分系统。这方面的一个例子是灰度等级与单词描述的关联，如 AATCC EP9 的表 3 所示。

2. 原理

2.1 与 CIELAB DE^*ab 相比，这些方程显著

改善了视觉评估和仪器测量的色差之间的相关性。在大多数情况下，这些方程的工业用户能够采用单个数字容差来判断颜色匹配的可接受性，而不管标样的颜色和任何试样的色差方向如何。

3. 术语

3.1 CIE 1976 $L^*a^*b^*$ 公式：一个通用的公式，它把 CIE 三刺激值转换成三个尺寸相对应的颜色空间，通常简写为 CIELAB（引用文献 6.1）。

3.2 ΔE_{CMC}：在色差评价中，用一个单独数字，以 CMC（$l:c$）单位来定义试样与标准之间的总色差。

3.3 半轴（S_L、S_C 和 S_H）：在 CMC（$l:c$）色差评价中，CMC 容差体积的基本单个尺寸，分别与亮度、色度和色调相关，其比率由 CIELAB 空间中的参考位置确定。椭圆体的实际半轴由这些值确定并由参数因子 l 和 c 修改。

3.4 参数因子（l 和 c）：在 CMC（$l:c$）色差方程中，根据刺激物表面特性的影响（例如纹理），用于分别调整分量差比、明度和色度的加权因子。值 $l=2$ 和 $c=1$ 通常用于纺织品样品的商业通过/失败容差预测，尽管 l 可能会随着材料的质地而变化。c 值始终设置为 1。

3.5 ΔE_{00}：在色差评估中，一个单独的数字，定义了以 CIEDE2000 为单位的试样与标样的平均总色差，反之亦然。

3.6 参数因子（K_L、K_C和 K_H）：在 CIEDE2000 色差方程中，根据刺激物表面特性的影响（例如纹理），用于分别调整分量差异比、亮度、色度和色调的加权因子。

4. 计算

在以下所有计算中，下标 R 指的是标准材料，下标 S 指的是试样。在一些文档中，这对标记被标为 S（标准）和 B（批样）。在其他文档中，这些也被标为 S（标准）和 T 或 0 和 1（试验样）。用户应明确定义所使用的方法。

4.1 CIELAB 值的计算。

4.1.1 按下面式（1）~（4），用每个试样的 CIE 三刺激值 X、Y、Z 计算 CIELAB 的 L^*、a^*、b^*、C^*_{ab}和 h_{ab}值。

$$L^* = 116f(Q_Y) - 16 \quad (1)$$

$$a^* = 500[f(Q_X) - f(Q_Y)] \quad (2)$$

$$b^* = 200[f(Q_Y) - f(Q_Z)] \quad (3)$$

其中：$Q_X = \frac{X}{X_n}, Q_Y = \frac{Y}{Y_n}, Q_Z = \frac{Z}{Z_n}$

并且，当 $Q > \left(\frac{6}{29}\right)^3$ 时，$f(Q_i) = Q^{1/3}$

则当 $Q_i \leqslant \left(\frac{6}{29}\right)^3$ 时，$f(Q_i) = \frac{841}{108}Q_i + \frac{4}{29}$

这里，i 随 X、Y 和 Z 变化。

$$C^*_{ab} = \sqrt{(a^*)^2 + (b^*)^2} \quad (4)$$

$$h_{ab} = \begin{cases} \arctan\frac{b^*}{a^*} & \text{当 } a^*>0 \text{ 且 } b^*\geqslant 0 \text{ 时} \\ \arctan\frac{b^*}{a^*}+360° & \text{当 } a^*>0 \text{ 且 } b^*<0 \text{ 时} \\ \arctan\frac{b^*}{a^*}+180° & \text{当 } a^*<0 \text{ 时} \\ 90° & \text{当 } a^*=0 \text{ 且 } b^*>0 \text{ 时} \\ 270° & \text{当 } a^*=0 \text{ 且 } b^*<0 \text{ 时} \end{cases} \quad (5)$$

$$h_{ab} = 0, \text{当 } a^*=0 \text{ 且 } b^*=0 \text{ 时} \quad (6)$$

4.1.2 对于这些公式，X_n、Y_n 和 Z_n 是针对选定的光源和观察角度的 CIE 三刺激值。首选的组合是 CIE 标准 D_{65} 光源和 CIE 1964 增补标准（10°视角观察）。表 1 给出了这一组合值和某些其他值。表 1 中没有包含的组合值可参考 ASTM E308（见引用文献 6.11），仅当 ASTM E308 中也没有所需组合值时，可参考 CIE 015：2018（见引用文献 6.10）。

表 1 选定的光源—观察角度组合的三刺激值

光源—观察角度组合	三刺激值		
	X_n	Y_n	Z_n
$D_{65}/10°$	94.811	100.000	107.304
$D_{65}/2°$	95.047	100.000	108.883

4.2 CIELAB 色差值的计算。

4.2.1 CIELAB ΔL^*、ΔC^*_{ab}和 ΔH^*_{ab}色差值的计算如下：

$$\Delta L^* = L^*_S - L^*_R \tag{7}$$

$$\Delta a^* = a^*_S - a^*_R \tag{8}$$

$$\Delta b^* = b^*_S - b^*_R \tag{9}$$

$$\Delta C^*_{ab} = C^*_{ab,S} - C^*_{ab,R} \tag{10}$$

$$\Delta E^*_{ab} = [(\Delta L^*)^2 + (\Delta a^*)^2 + (\Delta b^*)^2]^{1/2} \tag{11}$$

$$\Delta H^*_{ab} = pq[(\Delta E^*_{ab})^2 - (\Delta L^*)^2 - (\Delta C^*_{ab})^2]^{1/2} \tag{12}$$

式中：$m = h_{ab,S} - h_{ab,R}$。

当 $m \geqslant 0$ 时，$p = 1$；当 $m < 0$ 时，$p = -1$。

且当 $|m| \leqslant 180$ 时，$q = 1$；当 $|m| > 180$ 时，$q = -1$。其中的$|\cdots|$表示无论两竖线内表达式的符号如何，都取正值。

4.2.2 ΔH^*_{ab}的计算。

$$\Delta H^*_{ab} = t[2C^*_{ab,S}C^*_{ab,R} - a^*_S a^*_R - b^*_S b^*_R]^{1/2} \tag{13}$$

式中：当 $a^*_S b^*_R \leqslant a^*_R b^*_S$ 时，$t = 1$；当 $a^*_S b^*_R > a^*_R b^*_S$ 时，$t = -1$。

4.3 CIEDE2000 的计算

4.3.1 符号和定义

L^* CIELAB 亮度

a^*, b^* CIELAB a^*, b^* 坐标

C^*_{ab} CIELAB 色度

h_{ab} CIELAB 色相角

L' CIEDE2000 亮度

$\bar{L}'$ 两种颜色刺激的 CIEDE2000 亮度算术平均值

a', b' CIEDE2000 a', b' 坐标

C' CIEDE2000 色度

$\bar{C}'$ 两种颜色刺激的 CIEDE2000 色度的算术平均值

h' CIEDE2000 色相角

$\bar{h}'$ 两种颜色刺激的 CIEDE2000 色相角的算术平均值

G 修改 a^* 中使用的切换功能

$\Delta L'$ CIEDE2000 明度差

ΔC CIEDE2000 色差

$\Delta h'$ CIEDE2000 色相角差

$\Delta H'$ CIEDE2000 色相差

ΔE_{00} CIEDE2000 色差

S_L 亮度加权函数

S_C 色度加权函数

S_H 色调加权函数

T 色调加权函数

R_T 旋转功能

$\Delta\theta$ 旋转函数的色调依赖性

R_C 旋转函数的色度依赖性

K_L 亮度参数因子

K_C 色度参数因子

K_H 色调参数因子

4.3.2 CIEDE2000 计算

本评估程序中的所有角量均应以度为单位进行评估。两个样品的 CIELAB L^*、a^*、b^* 和 C^*_{ab} 坐标应根据 ISO 11664 - 4：2008 / CIE S 014 - 4/E：2008 计算，如式（1）~（13）所示。修改后的 CIELAB 坐标应根据式（14）~（20）计算。

$$L' = L^* \tag{14}$$

$$a' = (1 + G)a^* \tag{15}$$

$$b' = b^* \tag{16}$$

$$h' = \begin{cases} \arctan\dfrac{b'}{a'} & 当 a' > 0 且 b' \geqslant 0 时 \\ \arctan\dfrac{b'}{a'} + 360° & 当 a' > 0 且 b' < 0 时 \\ \arctan\dfrac{b'}{a'} + 180° & 当 a' < 0 时 \\ 90° & 当 a' = 0 且 b' > 0 时 \\ 270° & 当 a' = 0 且 b' < 0 时 \end{cases} \qquad (18)$$

$$h' = 0°，当 a' = 0 且 b' = 0 时 \qquad (19)$$

其中：

$$G = 0.5\left[1 - \sqrt{\frac{(\bar{C}^*_{ab})^7}{(\bar{C}^*_{ab})^7 + 25^7}}\right] \qquad (20)$$

$\bar{C}^*_{ab}$ 是色差对的两个样本的 C^*_{ab} 值的算术平均值。

等式（18）确保 h' 是点 a', b' 在 0 到 360 度范围内从 a', b' 平面中的正 a' 轴测量的角度位置。在 $a' = b' = 0$ 的情况下，h' 是不确定的并且应分配为零值，如式（19）所示。

注 1：L'、a'、b'、C' 和 h' 值应仅用于计算色差，不应用作替代的统一色彩空间。报告 CILEAB 颜色空间坐标时，应使用 L^*、a^*、b^*、C^*_{ab} 和 h_{ab} 值。

下标 R（标准）和 S（试样）表示的两个样品之间的差异应计算如下：

$$\Delta L' = L'_S - L'_R \qquad (21)$$

$$\Delta C' = C'_S - C'_R \qquad (22)$$

$$\Delta H' = 2(C'_R C'_S)^{1/2} \sin\frac{\Delta h'}{2} \qquad (23)$$

其中：

$$h' = 0°，当 C'_R C'_S = 0 时 \qquad (24)$$

$$\Delta h' = h'_S - h'_R，当 C'_R C'_S \neq 0 且 |h'_S - h'_R| \leqslant 180° 时 \qquad (25)$$

$$\Delta h' = h'_S - h'_R - 360°，当 C'_R C'_S \neq 0 且 |h'_S - h'_R| > 180° 时 \qquad (26)$$

$$\Delta h' = h'_S - h'_R + 360°，当 C'_R C'_S \neq 0 且 |h'_S - h'_R| < (-180)° 时 \qquad (27)$$

注 2：当 h'_S 和 h'_R 在不同的象限中或当色度之一为零时，式（24）~（27）避免了可能的计算困难。它们依据 Sharma 等人，2005 年的研究。

注 3：在信息技术和其他领域，有时使用下标 r（标准）和 t（测试）分别代替 0 和 1。类似地，在小色差的工业评价中，有时会使用 s（代表标准）和 b（代表批样）。

两个样品之间的 CIEDE2000 色差 ΔE_{00} 应按下式计算：

$$\Delta E_{00} = \left[\left(\frac{\Delta L'}{K_L S_L}\right)^2 + \left(\frac{\Delta C'}{K_C S_C}\right)^2 + \left(\frac{\Delta H'}{K_H S_H}\right)^2 + R_T\left(\frac{\Delta C'}{K_C S_C}\right)\left(\frac{\Delta H'}{K_H S_H}\right)\right]^{1/2} \qquad (28)$$

式中：

$$S_L = 1 + \frac{0.015(\bar{L}' - 50)^2}{\sqrt{20 + (\bar{L}' - 50)^2}} \qquad (29)$$

$$S_C = 1 + 0.045\,\bar{C}'T \qquad (30)$$

$$S_H = 1 + 0.015\,\bar{C}'T \qquad (31)$$

$$T = 1 - 0.17\cos(\bar{h}' - 30) + 0.24\cos(2\bar{h}') + 0.32\cos(3\bar{h}' + 6°) - 0.20\cos(4\bar{h}' - 63°) \qquad (32)$$

$$R_T = -\sin(2\Delta\theta)\,R_C \qquad (33)$$

$$\Delta\theta = 30°\exp\{-[(\bar{h}' - 275°)/25°]^2\} \qquad (34)$$

$$R_C = 2\sqrt{\frac{\bar{C}'^7}{\bar{C}'^7 + 25^7}} \qquad (35)$$

K_L、K_C 和 K_H 是 3.6 中解释的参数因子。

注 4：式（29）~（35）中使用的 $\bar{L}'$、$\bar{C}'$ 和 $\bar{h}'$ 值是色差对的对应值的算术平均值。这样做的结果是总色差是可逆的，即无论是使用第一个样本还是第二个样本作为计算色差分量的参考，一对之间的总色差都是相同的。

注 5：与参考点的总色差相等的点的轨迹不是精确的椭球体，也不完全以参考点为中心。如果色差对在不同象限中有样本，用户在计算平均色调角时应注意。例如，如果色差对的色调角为 30° 和 300°，则简单平均值 165° 是不正确的，正确值为 345°。为了准确测定平均值，应使用以下式子计算

（Sharma 等人，2005）。

$$\bar{h}' = \frac{h'_0 + h'_1}{2}，当 |h'_0 - h'_1| \leq 180° 且 C'_0 C'_1 \neq 0 时 \quad (36)$$

$$\bar{h}' = \frac{h'_0 + h'_1 + 360°}{2}，当 |h'_0 - h'_1| > 180° 且 (h'_0 + h'_1) < 360° 且 C'_0 C'_1 \neq 0 时 \quad (37)$$

$$\bar{h}' = \frac{h'_0 + h'_1 - 360°}{2}，当 |h'_0 - h'_1| > 180° 且 (h'_0 + h'_1) \geq 360° 且 C'_0 C'_1 \neq 0 时 \quad (38)$$

$$\bar{h}' = h'_0 + h'_1，当 C'_0 C'_1 = 0 时 \quad (39)$$

注 6：CIE 142 - 2001. Luo 等人（2001）和 Sharma 等人（2005）中给出了一些计算示例。Sharma 等人也给出了一些有用的实现说明和数学观。

如果需要，CIEDE2000 色差的分量（ΔL_{00}、ΔC_{00} 和 ΔH_{00}）可按下述计算：

4.3.3 颜色分类和统计质量控制

对于某些应用，例如将色差分配到亮度、色度和色调分量以进行色度分类和统计质量控制，具有基于参考样本位置的这三个方向属性非常重要。实现这一点的最佳方法是使用 CMC 属性 DL_{CMC}、DC_{CMC} 和 DH_{CMC}，如以 4.4.1 中式（41）～（43）中所定义。

4.3.4 结果报告。

建议使用光源 D65 和 10°观察者计算和 1∶1∶1 的（$K_L:K_C:K_H$）比率作为计算 ΔE_{00} 值的标准。如果使用其他 $\Delta E_{00}(K_L:K_C:K_H)$ 比率，则必须将它们指定为值的一部分［即 $\Delta E_{00}(2:1:1)$］，表示使用 $K_L:K_C:K_H$ 比率为 2:1:1 。

4.4 ΔE_{CMC}的计算。

4.4.1 用式（40）计算 CMC（$l:c$）单位中的色差：

$$\Delta E_{CMC} = [(\Delta L^*/lS_L)^2 + (\Delta C^*_{ab}/cS_C)^2 + (\Delta H^*_{ab}/S_H)^2]^{1/2} \quad (40)$$

式中：

对于 $L^*_R > 16$：

$$S_L = 0.040975L^*/(1 + 0.01765L^*)$$

对于 $L^*_R \leq 16$：

$$S_L = 0.511$$

$$S_C = [0.0638C^*_{ab}/(1 + 0.0131C^*_{ab})] + 0.638$$

$$S_H = (FT + 1 - F)\ S_C$$

式中：

$$F = [C^{*4}_{ab}/(C^{*4}_{ab} + 1900)]^{1/2}$$

$$T = 0.36 + \text{abs}[0.4\cos(35 + h_{ab})]$$

除非 h_{ab}在 164°～345°之间，否则：

$$T = 0.56 + \text{abs}[0.2\cos(168 + h_{ab})]$$

对于最后两个公式，“abs”表示方括号内的值取绝对值，也就是说，取正值。

注释 9：如果需要，CMC（$l:c$）色差构成（L_{CMC}，C_{CMC}和 H_{CMC}）可能使用式（40）中圆括号内的定义计算，即：

$$\Delta L_{CMC} = \Delta L^*/lS_L \quad (41)$$

$$\Delta C_{CMC} = \Delta C^*_{ab}/cS_C \quad (42)$$

$$\Delta H_{CMC} = \Delta H^*_{ab}/S_H \quad (43)$$

当 $l=2.0$ 时，公式固定了三个与典型织物样品目测评定相关量（S_L：S_C：S_H）的比率。当表面特征有显著差异时，可能会用到其他取值。例如，被测试样颜色很深时，可能需要用到其他值，但是使用者应该假设 $l=2.0$，直到实际结果说明有必要调整值。实际上，c 总是设置为一致的并且可以从公式中忽略不计的值。

4.4.2 对于 CMC（$l:c$），公式描述了一个椭圆球体的量，轴向分别为一个标准的明度、彩度和色相方向。为给定参考计算的 S_L、S_C和 S_H 的椭球半轴长度描述了包含公差内所有样本的接受体积。

4.4.3 结果报告。推荐用 D65 光源和 10°观察角以及（$l:c$）为 2:1 的比率作为计算 ΔE_{CMC}的标准。如果其他的光源、观察角度或 CMC（$l:c$）比率被使用，它们必须作为结果值的一部分专门声明［例如 ΔE_{CMC}（1.37:1），表示使用 1.37:1（$l:c$）比率］。

5. 实验结果的解释

ΔE 是代表总色差的单个数字，ΔE_{00} 表示 CIEDE2000 色差单位的数量，ΔE_{CMC} 表示试样与参考的 CMC 色差单位的数量。

6. 引用文献

6.1 Luo M.，G Cui 和 B. Rigg，“CIE2000 色差公式的开发”，颜色资源应用程序，（2001），26：340－350。

6.2 Sharma G，W. Wu 和 E. N. Dalal，“CIEDE2000 色差公式：实施说明、补充测试数据和数学观察”，色彩研究与应用，（2005），30，1：21－30。

6.3 CIE 217：2016，用于评估色差公式性能的推荐方法。

6.4 Gay J. 和 R. Hirschler，“CIEDE2000 的现场试验：工业中视觉和仪器通过/失败决策的相关性”。

6.5 CIE Publ. 152：2003，第 25 届 CIE 会议论文集，圣地亚哥，2003. D1－38－41。

6.6 Hinks D.，R. Shamey，L. Cardenas，S. G. Lee，R. Kuehni 和 W. Jasper，“视觉小色差评估的可变性：色差公式性能的意义”，跨社会色彩委员会（ISCC）年会。密苏里州堪萨斯城，（2007），35。

6.7 Shamey R.，R. Cao，W. Sawatwarakul 和 J. Lin，“使用实验黑色数据集评估各种色差公式的性能”，色彩研究与应用，（2014），39，6：589－598。

6.8 Shamey R.，R. Cao，T. Tomasino，S. S. H. Zaidy，K. Iqbal，J. Lin 和 S. G. Lee，“蓝色区域中选择色差公式的性能”，JOSA A，（2014），31，6：1328－1336。

6.9 Aspland R. 和 P. Shanbhag，“人群中的 CMC 色差：权重因素有问题吗” AATCC 年度国际会议和展览论文集，（2003）：134－139。

6.10 CIE Publication No. 015：2018，Colorimetry 第 4 版，可从 www. Techstreet. com 获取。

6.11 ASTM E308，使用 CIE 系统计算物体颜色的实践，可从 ASTM International 获得，地址：100 Bar Harbor，W，Conshohocken PA 19428；电话：+1610. 832. 9500；传真：+ 1. 610. 832. 9555；网站：www. astm. org。

7. 历史

7.1 AATCC 委员会 RA36 于 2021 年制定。

7.2 取代测试方法 173－2009。

AATCC 专论

AATCC M1-2017e

AATCC 标准洗涤剂和常用洗涤剂概况

AATCC RA88 技术委员会于 1995 年制定；1981/1982 年、1991 年、1998 年（更换标题）、2005 年、2017 年（更换标题）修订；2011 年编号，2019 年编辑性修订。

1. 历史背景

1.1 自 20 世纪 60 年代起，AATCC 及其他从事测试和开发的组织就开始将标准纳入洗涤剂领域。AATCC 标准洗涤剂 124 和 AATCC 标准洗涤剂 WOB（不含荧光增白剂）是 AATCC 最早采用的配方，代表了那个时期典型的以磷复配洗涤粉为主的家用洗涤产品。洗涤剂配方的不断变化以及迫于环境压力，含磷洗涤剂的禁用使得 AATCC 标准洗涤剂 124 和 AATCC 标准洗涤剂 WOB 已经过时。

1.2 由于标准洗涤剂 124 和 WOB 的废止，新的具代表性的洗涤剂已投入使用。以下章节介绍了一些具代表性的洗涤剂趋势和 AATCC 标准洗涤剂。

2. 洗涤剂工业现状和未来的发展趋势

2.1 如今的市售洗涤剂产品形式多样，包括粉剂、液剂和单剂量包。所有形式的产品最初都主要由表面活性剂和助洗剂组成（主要含表面活性剂的非复配洗涤液除外）。这些产品也含有一些助剂，使产品在加工和运输过程中保证性能稳定，并含有许多可选择的成分，用于提升性能或美感，例如荧光增白剂、酶、漂白剂、抗再沉淀剂、纤维和染料保护剂、香味剂和泡沫控制剂等。

2.2 洗涤粉和洗涤液之间的不同之处关键在于助洗剂体系。一般洗涤粉的复配比洗涤液的复配要好，因为它有碳酸盐助洗剂体系和增强助洗效果的铝矽酸盐（硅酸盐），并在较大 pH 条件下（pH 为 10）效果最佳。重垢型洗涤液是典型的柠檬酸盐复配洗涤剂，在较小 pH 条件下（pH 为 8.5）效果最佳。单剂量包洗涤剂可包含液剂和/或粉剂成分和相当的复配成分。

在此标准撰写时（2017 年），美国市售洗涤剂约 75% 为液剂，另外有分开销售的粉状和包装洗涤剂。

2.3 洗涤剂市场将随着消费者的需求和化学工业的发展不断变化。未来的洗涤剂将受到许多因素的影响，包括环境、化学品准入、原材料成本、性能所带来的效益大小和消费者需求。因此，有必要确保标准洗涤剂在市场上具有代表性，并能随市场洗涤剂工业的巨大转变进行更新。

3. 使用 1993 AATCC 标准洗涤剂的原理

3.1 在该背景下，尤其是在使用磷酸盐引发了人们对环境的关注情况下，含荧光增白剂和不含荧光增白剂的新型 AATCC 标准洗涤剂自 1993 年开发并沿用至今。这种浓缩洗衣粉配方使用碳酸盐复配而非磷酸盐复配。并且由于在产品的保存期内酶的活性可能会发生变化，因此没有将酶加入该配方中。

3.2 在实验室进行比较，1993 AATCC 标准洗涤剂和目前上市的产品的洗涤性能可能不同。但是，将目前上市的产品进行比较也能发现同样或更大的差异。

3.3 水的硬度的选择在于所使用的是 1993 AATCC 标准洗涤剂和目前一般洗涤剂使用效果存

在差异的原因之一。在硬水条件下，1993 AATCC 标准洗涤剂去油污效果可能更好，因为与大多数市场上可买到的产品相比，其适用的硬度范围更广更有效。

3.4 在 ISO 的一些不同测试方法中，使用了其他标准洗涤剂。在针对世界其他地区出售的家庭洗涤设备的方法中对洗涤剂的使用方法有所规定。

3.5 1993 AATCC 标准适用于上置式加速试验仪（耐洗牢度试验仪）。不适合高效上置式或前置式试验仪。

4. AATCC 液态洗涤剂的原理

4.1 由于液态洗涤剂市场份额的增长，AATCC 根据相应市场需求开发了液态标准洗涤剂。

4.2 虽然洗涤粉和洗涤液都是用于清洁和去污，但实现这些目标的方式有所不同。关键的不同点在于两种产品使用的 pH 范围。洗涤粉在较大 pH（pH 为 10）时效果最佳。较大的 pH 对去除污垢相对有利，因此洗涤粉在去除污垢上非常有效；然而，较大 pH 对织物和染料有不利影响。多年来，研究人员在高 pH 下开发了一些能提高性能的技术，洗涤粉已经能够克服最初的许多缺点。

4.3 洗涤液在较低 pH 条件下（pH 为 8.5）效果最佳。因为这个 pH 比较接近中性，对织物和染料更柔和。多年来，技术的发展使洗涤液的清洁效果更强，同时保持了对织物和染料柔和的特点。因为洗涤粉和洗涤液配方存在很大差异，因此需用不同的、合适的标准洗涤剂来代表它们。

4.4 AATCC 研发的第一款液态洗涤剂是 2003 含有和不含荧光增白剂的 AATCC 标准洗涤剂，且适用于传统的上置式洗衣机。2016 年新的标准洗涤剂开发后，2003 AATCC 标准洗涤剂将不再使用，且 2016 AATCC 标准洗涤剂可以在传统和高效洗衣机上使用。

4.5 2015 高效标准洗涤剂（含有和不含荧光增白剂），是目前推荐的标准洗涤剂，同时适用于传统和高效洗衣机。这种洗涤剂的去污效果可以和目前市售产品相媲美。

5. 实验室测试用标准洗涤剂的原理

5.1 织物的很多特性对于消费者使用和可接受度是很关键的，如尺寸变化、表面或外观平整度、色牢度、去污性和阻燃性会受纺织品洗涤方式的影响。纺织行业已采用标准的洗涤剂和洗涤条件来预测消费者对纺织品的可接受度，并对他们的产品性能作出判断。设计的标准洗涤剂在市场上具有广泛的代表性。

5.2 实验室一般购买本国产品牌洗涤剂，是因为以下几点：

（a）同一品牌洗涤剂在异地和相邻两年间都含有同样成分的假设是不成立的；

（b）本地购买的便利性；

（c）价格。

实验室测试使用现成的洗涤剂，增加了一个标准测试方法和洗涤剂中要控制的变异因素。光学增白剂或荧光增白剂的含量肯定会影响色牢度的评定，消费者购买使用的同一品牌洗涤剂中，其含量是不同的。

5.3 洗涤剂制造商已用其他清洁成分开发出了新型洗涤剂，如非氯颜色安全漂白系列。使用该产品，AATCC 现可以用满水位（洗衣机）方法和快速标准程序检测色牢度，即 AATCC 172《家庭洗涤中耐非氯色牢度》和 AATCC 190《家庭洗涤耐活性氧漂色牢度：快速法》。

5.4 应注意欧洲和亚洲使用的标准洗涤设备和洗涤剂有差异。

AATCC M3-2008(2021)e2

北美高效洗衣机

1. 洗衣机的背景

1.1 过去的50年里，美国的家用洗衣机基本都是中间带有柱状搅拌器的垂直轴（VA）深度很深的洗衣机。大多数的VA洗衣机是在桶状的水中洗涤和漂洗衣物，每次洗涤或大约要用150L（40加仑）水。普通的VA洗衣机满足了消费者洗衣的需求，但是消耗了大量的水和能源。

1.2 由于政府出台减少能源消耗指令和商业竞争的原因，近10年来洗衣机的节能性显著提高。大多数的机械制造商都能够提供高效（HE）洗衣机（见图1）。这些洗衣机主要有两种类型：

1.2.1 水平轴（HA）洗衣机（也叫前装料型洗衣机），这种洗衣机的工作模式是衣物和少量的水一起翻转，取代了传统VA洗衣机将衣物浸在整桶水中的方式。

1.2.2 VA洗衣机的改良模式，带有较短的柱状搅拌器，或者没有柱状搅拌器，用喷射的方式洗涤和漂洗。HE洗衣机明显减少了水的用量，用水量是常规VA洗衣机的20%～66%。

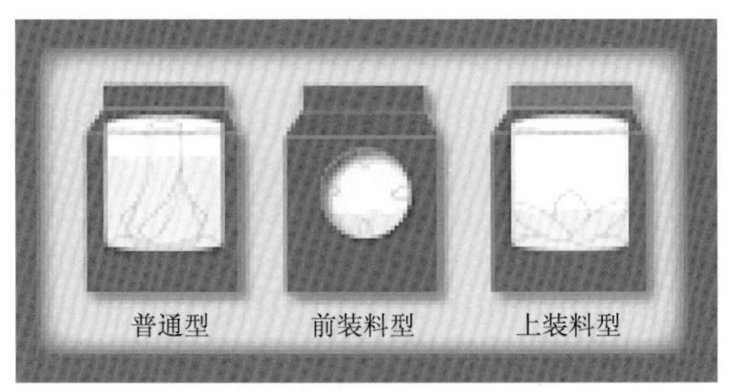

图1 北美不同类型的洗衣机

1.3 HA洗衣机的转笼翻转设计与常规VA洗衣机的设计相比是一项重大的改变。前装料型洗衣机通过转笼顺时针和逆时针的翻转，上装料型HE洗衣机使用另一种不同的机械搅拌装置，不同的生产商把其称作“摇摆盘”或“叶轮”，这种搅拌装置的搅拌方式比搅拌柱柔和。目前，前装料型洗衣机占据了90%的HE洗衣机市场。

2. 能源和水规则

2.1 美国能源部（DOE）规定了使用相对能耗指数（MEF）来表述洗衣机的洗涤效率。MEF是一种能量效率度量，它等于每立方英尺水的清洁能力，除以每个循环消耗总能量的千瓦时数。总能耗是运行洗衣机的能量（发动机和控制系统），加热水的能量及烘干衣物所需能量的总和。计算MEF的公式如下：

$$\mathrm{MEF}=\frac{C}{M_{\mathrm{E}}+E_{\mathrm{T}}+D_{\mathrm{E}}}$$

式中：C——每立方英尺或每升水的清洁能力；

M_{E}——洗衣机每个循环的耗电量；

E_{T}——每个循环加热水所需的能量；

D_{E}——烘干所需能量。

MEF用立方英尺（或升）/千瓦时表示。MEF数值越大，洗衣机的效率越高。

2.2 在洗涤中预计有80%的能量用于加热洗涤用水。前装料型HE洗衣机比传统的VA洗衣机节约60%～65%的水，由于加热水的能量减少了，节能效果明显。而且，由于HE洗衣机的旋转速度更快（900～1300r/min），所以在洗涤程序结束时衣物中残留的水分更少，从而烘干所需时间更短，实际能耗也相应减少。

2.3 2007年1月1日起，所有在美国销售的洗衣机相对能耗指数要达到1.26。生产商要满足

DOE 指定的水耗能耗效率指标。超过最低标准的产品有资格参加星级评定。目前所有的 HE 洗衣机都经过星级认定，且比传统洗衣机节约 50% 的能量。

3. HE 洗涤剂

由于 HE 洗衣机用水量少，使用 HE 洗涤剂（低泡沫型）就显得尤为重要，因为在低泡条件下 HE 洗衣机才能良好运转。HE 洗涤剂性能有两个重要参考量，就是低泡性能和去污性能。首先，HE 洗衣机的转笼翻转模式比上装料波轮式洗涤更易产生泡沫。将衣物翻转，不断地使衣物进出水面导致溶液中进入更多的气体从而产生泡沫。泡沫过多会产生各种问题，例如，过多的泡沫会溢出机器，过多的泡沫会影响洗衣机的机械运动（例如，导致清洁力下降），泡沫阻塞导致洗衣机无法去除水分，当出现泡沫阻塞时，洗衣机会暂时停止，使泡沫消退，然后再添加冷水。这个过程中，洗衣机为矫正泡沫过多的状态，会消耗更多的能源和水量，同时也导致洗涤时间延长（有时要耗费 2 倍的时间）。HE 洗涤剂含有强力的抑制气泡系统，能够控制泡沫并使泡沫更易漂清。HE 洗涤剂的第二个重要方面是污渍处理。尽管 HE 洗衣机用水量仅为上装料洗衣机的 1/3，同时导致水中污渍的浓度大幅度增加。为了处理更多的污渍，HE 洗涤剂中加入了污渍悬浮剂，以防止污渍再度回到衣物上。目前，带有 HE 行业标志的洗涤剂已经在所有食品、药品及生活用品卖场销售。

4. 高效洗衣机的趋势

4.1 一般性能。从 20 世纪 90 年代起，HE 洗衣机开始在北美广泛出现。销售量相对传统洗衣机来说并不大，但是 5 年来销售量经历了快速地增长。制造商对前装料洗衣机的运输量在这段时间增长了 3 倍，从 2001 年的 9% 到 2006 年的 29%。这种快速的增长不仅由于节能节水的需求，也是因为制造商可以通过 HE 洗衣机提供更适合消费者的功能，例如，能洗涤更大量或很少量衣物，有更多的洗涤程序供选择以便更好地保护衣物，能显示洗涤时间的细节以及更加美观时尚的外形等。另外，目前的室内设计将洗衣机的位置由地下室或车库转移到了家中更突出和显眼的位置，消费者对洗衣机的外观也更关注。制造商与过去相比也提供了更多的颜色和款式供选择。而且，洗衣机噪声越来越小，同时由于旋转速度加快，振动也越来越小。

4.2 另一个高端 HE 洗衣机的一般性能是增加了加热水的功能。这种功能也适用于将水加热到 60℃ 以上的特别清洁程序。许多制造商提供的另一个功能是自动感知衣物重量（通过水位和吸水量的相互作用得出）。

4.3 特殊性能。制造商也为改进性能而投资，以推动技术创新。目前的例子包括抗皱、除菌、防水、自清洁和节省洗涤剂等功能。

5. 结论

HE 洗衣机的广泛使用与 AATCC 测试方法的关联应该被注意。首先，测试程序应包含前装料型和上装料型 HE 洗衣机，从而进行全面测试。与传统洗衣机相比，滚筒功能，水洗浓度、水位和水温有显著的不同。其次，HE 洗涤需使用 HE 洗涤剂，如上所述，过度起泡和漂洗的影响十分重要，不容忽视。为保证测试方法的时效性并反映市场的真实变化，AATCC 需要了解市场动态并相应地更新测试方法。

6. 历史

6.1 在 2021 年重新审定和编辑修订历史部分以与 AATCC 格式保持统一。

6.2 2019 年编辑修订，2011 年编号。

6.3 AATCC 委员会 RA88 于 2008 年制定。

AATCC M4-2017e

家庭洗涤用液体织物柔软剂概述

AATCC RA88 技术委员会于 2006 年制定；2011 年编号；2017 年修订，2019 年编辑性修订。

1. 织物柔软剂的背景

1.1 尽管自 20 世纪 60 年代起，AATCC 及其他测试和开发的组织就开始将标准纳入洗涤剂领域，但一直以来却没有标准织物柔软剂。2017 年在美国约有 80% 的家庭经常使用柔软剂。最常用的方法是在织物上使用漂洗型柔软剂和片状柔软剂。超过 40% 的家庭使用漂洗型柔软剂，而超过 60% 的家庭使用片状柔软剂，还有一些家庭两者均使用。本文介绍了有关家庭洗涤用液体织物柔软剂的情况。

1.2 家庭液体织物柔软剂于 19 世纪 60 年代问世，用于保持服装的舒适性。在洗涤过程中的强大外力作用下，织物纤维易缠结，因此反复洗涤后，织物会丧失其某些最初的物理性能。经干燥后，纤维任意地缠结在一起，导致服装变得硬挺，化纤制品在滚筒烘干过程中易产生静电，液体柔软剂可以帮助解决这些问题。

2. 织物柔软剂特点

2.1 柔软性。在漂洗过程中，液体织物柔软剂通过将阳离子活性化合物或某种成分沉淀到织物表面起到柔软织物的作用。双烷基季铵盐柔软剂由一个带正电的氨基和脂肪链构成，一旦季铵盐表面活性剂与织物接触，其脂肪链就会垂直于织物表面，来防止纤维缠结，使织物变得厚实。纤维上的油脂可减小织物表面及纤维间的摩擦，提高织物的手感。在漂洗过程中，柔软剂的活性成分或化合物沉淀会很高，在某些情况下接近 90%。液体织物柔软剂的漂洗沉淀比片状柔软剂更具优势，因为液体柔软剂与织物表面的接触面积更大，更易渗透，使织物手感更好。较柔软的服装也会使消费者的穿着接触感更好。

2.2 静电。静电是由于一些织物表面电子或电荷不平衡产生的。不同材料相互接触，分开后，电子会发生转移，造成了电子不平衡。摩擦和低含湿量条件下更易产生这种现象。比如，当织物在烘干机中干燥时，自然条件下含湿的纤维制品（棉）比化学纤维（涤纶）的静电更易消除。织物柔软剂通过润滑纤维和减小摩擦来防止烘干机中静电的聚集。

2.3 织物气味。大部分的织物柔软剂（无味型或随意型除外）通过在配方中加入芳香剂，使织物具有清新的气味，在某些情况下这种气味可持续数天。很多消费者从织物清新的气味会联想到某件东西被完全洗净。

2.4 外观（颜色）。通常使用体织物柔软剂洗涤后的织物的外观（颜色）更好。柔软成分的沉淀使纤维和纱线润滑，有助于织物外观的保持，并可能延长其寿命。织物摩擦可能会形成表面疵点，如起毛和起球现象，造成褪色和破损。

2.5 减皱。沉淀的柔软剂活性成分润滑了纤维，减小了纤维间摩擦，因此液体柔软剂有助于减少织物褶皱。织物褶皱越少越容易熨烫。

2.6 可燃性。不建议有阻燃标签的儿童睡衣或服装使用液体织物柔软剂，因为它会降低阻燃效果。

3. 液体织物柔软剂

3.1 所有有效的家庭洗涤液体织物柔软剂都含有一种阳离子表面活性剂——季铵化合物。液体柔软剂诞生于19世纪60年代早期，是简单的双二甲基氯化铵（氢化牛油烷基）、芳香剂、电解质、着色剂和水的分散质。双二甲基氯化铵（氢化牛油烷基）是一种非常有效的软化剂和抗静电剂。在18世纪80年代，制造商将一些液体柔软剂通过浓缩，使其活性浓度为原来的3倍，制成了浓缩配方，包装更小、更方便。为了保持预期的柔软效果，制造商使用了双（氢化牛油烷基）二甲基氯化铵和咪唑啉季铵盐活性成分或咪唑啉。

3.2 柔软剂市场继续随着消费者需求的变化不断发展。未来的柔软剂将会受一些因素的影响，如是否可迅速生物降解、节水效果、原材料成本、性能效益、气味更清新的需求，以及其他消费需求。

AATCC M9-1992e2

实验室间测试 ASTM 方法概述

AATCC RA102 技术委员会于 1992 年制定；2011 年编号；2018 年、2019 年编辑修订。

1. 概述

ASTM D2904《产生正态分布数据的纺织品测试方法的实验室间测试的规范》和 ASTM D2906《纺织品精度和偏差描述的规范》是规划用以评估推荐的测试方法的实验室间测试的指南，也是用测试结果撰写正态分布数据精度报告的指南。这些方法和 ASTM D4467《产生非正态分布数据的纺织品测试方法的实验室间测试》旨在作为 AATCC 测试方法中制定精度和偏差陈述信息的指南。该专论是 ASTM 标准的重要部分的概要，也是 AATCC 测试方法中编写精度和偏差报告的最低条件。确定一名操作者在实验室内及实验室间的方差分量的影响。根据方差分量计算出的临界差值显示，对于取自不同样品的 n 个试样的平均值来说，即使是最小的差值在统计上也非常重要。

2. 实验室间测试参数

2.1 材料：至少要有两种有代表性的被测样品。子样品应尽量相似。只要可能，每种材料的性能值应该通过不同方法来确定，以便确定所建议的方法与仲裁方法之间在性能的不同水平上是否存在可变偏差。

2.2 实验室：至少应该有五个实验室参与测试。

2.3 操作员：建议每个实验室内至少有两名操作员，但是由一名操作员进行测试也是可以接受的。

2.4 样品：每个实验室的每名操作员应至少测试每种材料的两个样品。每名操作员测试的样品数应由测试的固定变量（由一个实验室中一名操作员对同一材料的测试确定）和希望能够检测到的较小系统影响来决定。所需样品数的计算步骤在 ASTM D2905 的第 5.5 部分中有详细说明。建议在更多的实验室（每个实验室中至少两名操作员且每名操作员至少做两个测试）对更多的材料进行测试。为了消除任何储存或时间的影响，测试顺序应该是随机的。

2.5 仪器：与仪器相关的影响不应该包含在统计分析中。应当在实验室中使用多种器械时，确定仪器间是否存在差异，如果存在，用已知标准样品来获取校正因子。

3. 程序

3.1 在实验室间测试之前应该先进行初步的预测试。在进行全面测试之前先进行小规模的实验室间测试也是可取的。

3.2 获取足够多的样品和代码分给各实验室。材料应该完全随机地分给各实验室。某些情况下可能需要采用部分随机的方式。例如，不同细纱机的纱、各个机架的样品可以被分给每个实验室进行测试。在分给各实验室之前要确定子样品的一致性。

3.3 在每个实验室，根据被提议的测试方法的程序进行测试。

4. 分析

4.1 方差分析（ANOVA）被用来确定实验室间测试的影响因素（操作员、实验室）的大小。这个程序需假设方差相同。如果方差不同，需要进行像 ASTM D2904 第 11 部分所建议的数值转换。

4.2 单一材料的方差分析。

4.2.1 用一种 ASTM 专门设计的统计包或其他统计软件包（SAS、SPSS）中包含的方差分析程序，为每种材料准备一个单独的方差分析。在后一种情况下，模型中的实验室、实验室内的不同操作员、操作员测试和实验室内的不同样品等影响因素都是方差的来源。分析会产生每种影响因素的 *F* 值，且这些值可以被用来确定操作员之间及实验室之间是否存在明显差异。作为选择，可以使用 ASTM D2904 附录 A2 中的公式人工计算出方差。

4.2.2 用 ASTM 或用其他统计包来确定方差分量。该计算是 ASTM 程序的一部分，但是如果用其他的标准统计包（如 SAS 中的 VARCOMP）时则需要另外一个程序。计算方差分量的公式也在 ASTM D2904 附录 A2 中给出。

4.2.3 用方差分量计算每个影响因素的临界差值。ASTM 程序为选定数量的样品提供了这些临界差值，也可以用 ASTM D2906 的第 8.2 和 8.4 部分中的等式来计算这些临界差值。应该通过比较每种材料的临界差值来确定所有材料的数据放在一张方差分析表中时是否足够相似。应该根据在材料临界差值中观测到的方差的实际重要性做出技术决定。列在 ASTM D2904 第 15 部分的辅助测试对做这一决定是有帮助的。

4.3 所有材料的方差分析。

4.3.1 如果所有材料的临界差值足够相似，则准备一份包含所有材料在内的方差分析表。用 F 测试来确定有意义的影响因素。ASTM 程序将直接进行这些分析。对其他的程序，模型中包含的影响因素是材料、材料与实验室的相互作用、实验室操作员、实验室中材料与操作员的相互作用、操作员和实验室测试的样品。

4.3.2 按以前的方法计算方差分量和临界差值。因为材料是经过精心挑选来体现所关注性能的不同水平，所以通常不计算材料的方差分量。

4.3.3 如果实验室中材料与实验室和材料与操作员的相互关系对样品的影响都不显著，就不要把这些包括在精确度报告中。但是，如果这些因素中的任一个是显著的，方差分量适用于含有一种或一种以上材料的情况。这意味着，当在不同的实验室或由实验室内不同的操作员进行测试时，测试方法对材料的评定不同。在这些情况下，单一材料和多种材料的方差分量都要被计算，且后者包含了材料相互作用的方差。（更深入的解释见 ASTM D2904 的 A2.14.2.2）。

5. 报告或精确度陈述

5.1 根据材料数、实验室数、实验室内操作员数和每个操作员测定的样品数描述实验室间的实验信息。

5.2 针对从包括所有材料在内的分析中确定的每种影响因素，报告所选数量样品的方差分量（作为方差或标准偏差）。如果材料相互作用不显著，报告每个操作员测试的样品间、操作员间和实验室内的操作员间的临界偏差。

5.3 如果材料相互作用是显著的，报告每个操作员、实验室内和实验室之间影响下的单一材料和多种材料的方差分量和临界差值。

5.4 在任意等级或有限的、不连续的其他等级情况下，或有效转换不可用的情况下（如 AATCC 灰卡），推荐使用 ASTM D2906 中的文件 8 一分级特例。许多 AATCC 分级标准都是有限的或不连续的。

附　录

术语的定义（选自 ASTM D123 和 ASTM E456）。

1. 嵌套实验。

一种用来检测两个或多个因素的影响性实验，在该实验中，一个因素的同一水准不能和其他因素的所有水准合用。

2. 粗糙实验。

一种有计划的实验，在该实验中，测试条件的环境因素是有意变化的，以评估这种变化所产生的影响。

3. 标准偏差。

偏差的正数平方根。

4. 样品。

一种材料或实验室样品的特定部分，用于进行测试或为了此目的而准备的（同测试样品）。

5. 方差。

一种测量观测值或测量值二次分布的方法，该测量值或测量值被描述为总平均值/样本均值的离差平方和的函数。

AATCC M10-2018e

横档的目光评定术语

AATCC RA99 技术委员会于 2012 年制定；2018 年修订，2019 年编辑性修订。

1. 概述

横档是指纱线中存在的物理的或染色的差异、织物结构中存在的几何差异或者由这些差异任何组合而形成的一种视觉效果。本专论列出了一系列描述性术语，用来描述圆机针织物横档的外观和/或形式。

2. 术语

横档：无意义的、通常是重复且连续的条状或带状疵点，平行于圆机针织物的横向或机织物的纬向。

3. 横档外观描述性术语（圆机针织物）

3.1 带式：由两行或多行线圈造成的、重复有规律地出现，且在编织循环上有两个或两个以上横列完整连接的带状横档。

3.2 暗条：布面某一部分看起来比布面正常部分暗的一种横档。这种横档可以表现为在反射光下看起来颜色较暗，或在透射光下看起来颜色较暗。

3.3 亮条：布面某一部分看起来比布面正常部分亮的一种横档。这种横档可以表现为在反射光下看起来颜色较亮，或在透射光下看起来颜色较亮。

3.4 多端式：由两行或多行线圈造成的、重复规律出现的横档外观。与带式横档不同的是，多端式横档的两端（在编织方向上）不连接。

3.5 随机式：在织物横向出现的不规律横档。

3.6 重复式：在织物横向重复出现的规律横档。

3.7 单行式：由一行线圈造成的、重复规律出现的横档。

AATCC M14-2020

通用纺织口罩的指南和注意事项：成人

1. 前言

1.1 鉴于 COVID-19 大流行和政府关于在公共场所使用口罩的相关建议，本指南由一个行业利益相关者小组制定，旨在为制造商提供信息。注意事项和建议旨在帮助制造商更有效地设计和生产用于一般用途（非医疗用途）的口罩。本文档包含以下方面的自愿性指导和实际考虑：

监管注意事项；

适合性和尺寸考虑；

材料和构造注意事项；

颗粒过滤注意事项；

呼吸阻力注意事项；

洗涤和使用寿命注意事项；

领带和耳圈注意事项；

产品标签和标识注意事项。

2. 目的和范围

2.1 本专论包含成人通用、可重复使用的纺织口罩的设计、构造和标签的自愿性指南。

2.2 本文件中的指南适用于无症状者日常使用的通用型口罩。

2.3 本文件中所述的口罩仅供成人使用。

2.4 本文件中描述的口罩不是美国食品和药物管理局（FDA）或加拿大卫生部规定的医疗设备，也不是美国国家职业安全和健康研究所（NIOSH）定义的个人防护设备（PPE）。

3. 引用文献

注：除非另有说明，否则使用所有出版物的最新版本。

3.1 行业方法。

3.1.1 AATCC LP1《家庭洗涤的实验室程序：机洗》（见 19.1）。

3.1.2 ASTM D3938《服装和其他纺织品用确定或确认标签用法的标准指南》。

3.1.3 ASTM D4964《弹性织物拉伸性的试验方法（拉力试验机的恒速拉伸试验）》。

3.1.4 ASTM D5034《纺织品断裂强力和伸长率的测试方法（抓样法）》。

3.1.5 ASTM F2100《医疗面罩材料性能的标准规范》。

3.1.6 ASTM F2299《利用胶乳球测定医用面具材料粒子渗透性初始效率的标准试验方法》。

3.1.7 ASTM D73《纺织织物透气性的标准试验方法》。

3.1.8 EN 14683《医用面罩：要求和试验方法》。

3.1.9 ISO 9237《纺织品：织物透气性的测定》。

3.2 美国法规。

3.2.1 16 CFR 300 1939 年的“羊毛产品标识法”的规则制度。

3.2.2 16 CFR 303 纺织纤维产品鉴别法的规则制度。

3.2.3 16 CFR 423 纺织品服装和面料的维护标签。

3.2.4 16 CFR 1610 服用纺织品可燃性测试标准。

3.3 加拿大法规。

3.3.1 加拿大消费品安全法（S. C. 2010，c. 21）

3.3.2 纺织品易燃性规定（SOR/2016-194）

3.3.3 纺织品标签法（R. S. C.，1985，c. T-10）

3.3.4 纺织品标签和广告条例（CR. C., c. 1551）

4. 术语

4.1 呼吸阻力：在恒定的空气流速下，吸入的空气通过被测表面所需的压差。资料来源：EN 14683，FDA 认可的外科口罩共识方法。

注：术语“透气性”也与该定义相关，但由于可能与蒸汽渗透性相混淆，本文件中没有使用该术语。专门为允许汗水以蒸汽形式散发而设计的织物一般不适合用于口罩。

4.2 口罩：旨在减少穿戴者呼吸道飞沫扩散的覆盖物（例如，呼吸、咳嗽和/或喷嚏）。（对比医用面罩）

注：在本指南中，所规定的口罩为：

完全覆盖用户的鼻子和嘴巴；

紧贴脸部两侧，无缝隙；

佩戴时不会造成呼吸困难。

在本指南中，所规定的口罩不包括：

医疗装备；

供医护人员使用的个人防护设备（PPE）。

4.3 贴合：用于口罩，能够覆盖使用者的鼻子和嘴，同时在周边与使用者的脸部保持紧密舒适的接触（见图 1）。

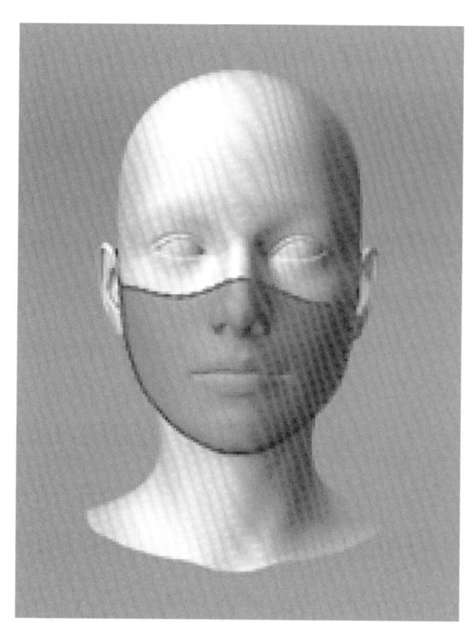

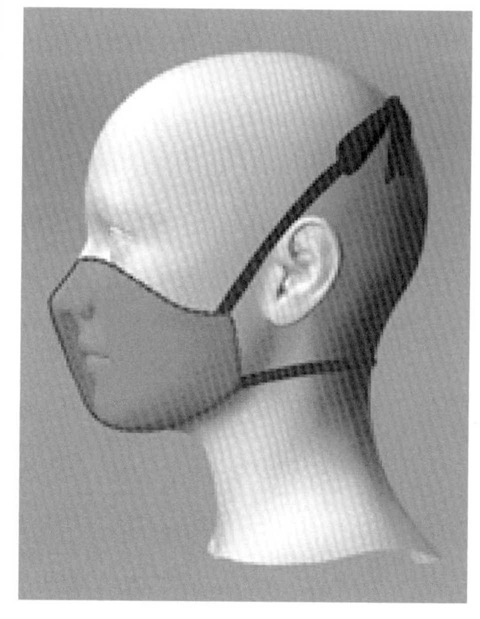

图 1 口罩罩住使用者的鼻子和嘴并在周边（虚线）进行接触

4.4 医护人员（HCP）：所有在医疗环境中工作的人员，不论是有偿的还是无偿的，他们的活动会使他们面临从患者身上传播呼吸道感染的风险。资料来源：疾控中心。

注：这类活动的例子包括需要直接接触病人和/或暴露在病人护理环境中的活动，包括在病人房间或分诊室或检查室或其他可能受污染的区域，以及处理血液、体液、分泌物或排泄物（汗液除外）或被弄脏的医疗用品、设备或环境表面。

4.5 医疗场所：一个提供医疗服务的地方。（对比公共场所）资料来源：FDA。

注：医疗场所包括但不限于：急性护理医院；长期护理设施，如疗养院和专业护理设施；医生办公室；紧急护理中心；门诊诊所；家庭医疗（即由专业医疗服务提供者在家中提供的护理）和紧急医疗服务。环境包括在非保健环境中例行提供保健服务的特定场所（例如，工作场所或学校内的医疗诊所）。

4.6 医疗器械：旨在用于疾病或其他状况诊断或治愈，缓解，治疗或预防疾病的任何物品。资料来源：FDA

4.7 医用面罩：在医疗程序中，为保护佩戴者的脸部，包括鼻子和嘴巴的黏膜区域，防止与血液和其他体液接触而设计的防护用品（对比口罩）。资料来源：ASTM F2100

4.8 颗粒过滤效率：过滤材料捕获气溶胶颗粒的效率，在给定的流速下，以未通过医用面罩材料的已知颗粒数量的百分比来表示。资料来源：ASTM F2299，FDA 认可的外科口罩共识标准。

4.9 个人防护设备（PPE，医用）：服装、头盔、手套、面罩、护目镜、口罩和（或）呼吸器或其他旨在保护佩戴者免受伤害或防止感染或疾病传播的设备。资料来源：FDA。

4.10 公共场所：人们可能与直系亲属或家庭以外的其他人接近的场所（对比医疗环境）。

注：公共场所包括（但不限于）杂货店、药店、公园、公共交通和办公环境。

4.11 使用寿命：对于纺织品来说，指的是在某一物品不能再执行其预期的最终用途之前，可以进行的最大洗涤次数。

注：定义口罩使用寿命的特性有：

用户适应性；

颗粒过滤；

呼吸阻力；

挂耳环带或系带附件；

挂耳环带或系带松紧带恢复（如适用）。

5. 安全防范措施

5.1 本专论中规定的安全预防措施并非包罗万象。

5.2 用户有责任参考适用的安全数据表，使用安全和适当的技术，并在需要时穿戴适当的个人防护设备。

5.3 用户必须向制造商咨询具体细节，如安全数据表、设备操作说明和其他建议。参考并遵守所有适用的健康和安全法规（例如，OSHA 标准和规则）。

6. 局限性

6.1 本指南并不涉及纺织口罩设计和性能的所有方面。

6.2 阻隔性和透气性指标仅适用于织物，不一定能代表整体口罩的性能。本文件不包括评估完整口罩的详细协议。

6.3 本指南不适用于规范的呼吸防护。请参考适用的法规和标准以获得这些项目的指导。

7. 监管方面的考虑

7.1 遵守所有适用的国家和地方法规。以下清单并不全面。可能需要进行额外的测试和/或认证。

7.2 对于美国。

7.2.1 查看美国消费品安全委员会（CPSC）关于 16 CFR 1610 的易燃性指南。根据重量/结构和/或纤维成分，某些织物可能会被豁免测试。

7.2.2 根据 16 CFR 303 和 16 CFR 300，查看美国联邦贸易委员会（FTC）关于纤维标签、原产国和制造商识别的指导。如果非羊毛口罩不覆盖颈部或肩部的任何部位，则可免于标签要求。

7.2.3 审查 FTC 关于 16 CFR 423 的护理标签指南。一般来说，护理标签必须永久贴在服装上，但也可以申请豁免。

7.3 对于加拿大。

7.3.1 审查 SOR/2016 - 194 的易燃性指南。

7.3.2 审查《纺织品标签法》和《纺织品标签和广告条例》，确保产品包括所有适用的标签、纤维含量和声明要求。

7.4 无论是贴在口罩表面还是贴在包装上，标签一般都应该是“显眼的和可获取的”。在网上、印刷媒体或其他销售渠道中，标签信息也应该是显眼的和可获取的。

8. 合身和尺寸考虑因素

8.1 口罩的尺寸要足够覆盖使用者的鼻子和嘴。

8.1.1 参见附录 A，了解 CDC 和加拿大卫生部对自制口罩的尺寸建议。

8.2 设计口罩时，不能遮挡佩戴者的视线。

8.3 设计口罩的周边，使其与使用者的脸部（和下巴下方）保持紧密舒适的接触，最大限度地增加通过口罩材料的气流，并尽量减少侧漏（见图1）。

8.4 在确定口罩尺寸时，需要考虑的主要面部测量值见图 2。

8.4.1 具体测量方法可参考 NIOSH 对呼吸机使用者头面部人体测量数据的调查。（www. nap. edu/resource/11815/ Anthrotech_ report. pdf）

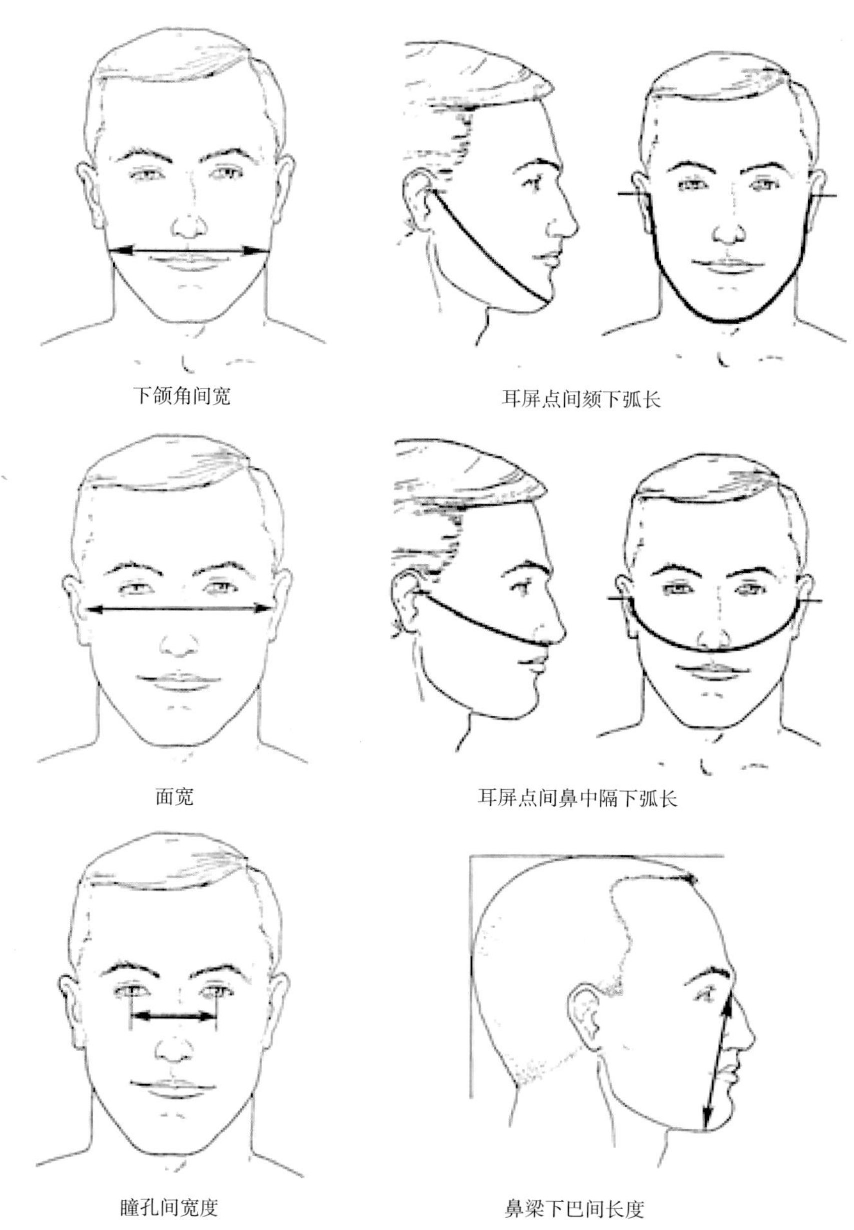

图 2 面部测量要考虑的尺寸

9. 材料和结构方面的考虑

9.1 本节并非旨在限制设计，而是为制造商提供实际的选择，说明哪些织物和加工技术已经证明有前途，哪些没有。

9.2 纤维和织物的选择。

9.2.1 纤维含量、结构和织物重量或纱线支数是良好的筛选工具，但不能保证性能。最终的材料选择应基于颗粒过滤和呼吸阻力的性能特性。

9.2.2 本文件中提到的任何特定织物类型只是一个例子。本节不打算详尽列出适合的材料。

9.2.3 符合法规要求并满足可能适用于口罩的最低行业规范的服装用市场面料。

9.2.4 可使用多层（2～3 层）织物以达到所需性能。单层口罩可能无法提供足够的过滤效果，除非经过测试证明。超过 3 层可能会限制呼吸，并且可能对穿着者造成沉重和笨重的感觉。

9.2.5 考虑多层结构的织物兼容性。对洗涤的尺寸稳定性有显著不同的织物，如果一起使用，可能会导致合身或功能问题。

9.2.6 虽然美学和质量特性超出了本文件的范围，但制造商可能会考虑评估如抗皱、起球、耐弯曲、耐洗涤和耐汗渍等特性。

9.2.7 由于纱线或纤维之间的空隙较小，密度较大的结构和较重的织物通常能提供更好的颗粒过滤效果。需注意，提供高水平颗粒过滤的织物和多层组件也可能具有高呼吸阻力。对功能性口罩来说，需考虑颗粒过滤和呼吸阻力之间的平衡。

9.2.8 具有高拉伸性的织物，包括针织物，可能会带来挑战，因为拉伸会增加纱线之间的空隙。如果使用这类织物，应在口罩的结构中结合使用更稳定的层。

9.2.9 表面有拉丝或拉绒（绒毛）的织物可能会很好地捕捉水滴，但如果直接接触穿戴者的鼻子或嘴，可能会有刺激性。磨砂或绒毛织物最好作为外层或中间层使用，凸起的表面朝向脸部（在凸起的表面和穿戴者的脸部之间至少再放一层）。例如，拉绒面料中的法兰绒。

9.2.10 一些研究表明，由短纤维和纱线制成的织物具有更好的过滤性能。这些纱线可能有助于减少纱线之间和纱线内部的空隙。变形复合长丝纱也可以达到这一效果。

9.2.11 在选择口罩内层面料时，佩戴者的舒适度是一个重要的考虑因素。考虑选择柔软或光滑的面料，以便贴近皮肤使用。

9.2.12 考虑内层和/或中间层的水分管理。有利于脸部散湿或保湿的面料对佩戴者来说可能更舒适。潮湿的环境也会促进较大水滴的形成，这些液滴更容易被口罩保留。

9.2.13 涂层或层压织物可能具有不良特性，包括高呼吸阻力和不适合与口鼻直接接触的化学品。

9.2.14 避免使用含有危险化学品的面料。请查阅适用的限用物质清单（RSL，例如：www.aafaglobal.org/AAFA/Solutions_Pages/RestrictedSubstanceList.aspx）以获得指导。

9.2.15 已进行了测量各种常见织物过滤性能的研究，在选择织物时可参考这些研究（见附录 B）。

9.2.16 织物类型和纤维含量的例子见附录 C。

9.3 口罩结构。

9.3.1 避免不必要的接缝，因为接缝可能带来潜在的渗漏区域。接缝和缝合所产生的孔洞相比未缝合的织物区域，可能会使更多的液滴通过。

9.3.2 避免在口鼻部位接缝，大的接缝会对佩戴者造成压力和不适。

9.3.3 使用适当的接缝结构，防止接缝处影响合身性或透气性，特别是多层组件。

9.3.4 使用适当的针和线，使缝合时的孔洞尽可能小。

9.3.5 使用适当的针脚长度，确保安全施工，避免不必要的孔洞。

9.3.6 使用褶皱、暗褶或其他结构技术来塑造口罩的形状，使其合适。

10. 颗粒过滤效率考虑因素

10.1 过滤效率仅在口罩的织物材料上测量，并表明织物在口罩中有效使用的潜力。它并不提供最终（口罩）产品的有效性。制造商应考虑到口罩的去污和口罩的密封性是非常重要的。

10.2 制造商可以使用以下推荐的方法和规格来评估口罩的织物颗粒过滤效果。

10.3 基本粒子过滤法。ASTM F2299《利用胶乳球测定医用口罩所用材料的粒子渗透性初始效率的标准试验方法》（或同等技术方法）。

10.4 粒径大小。采用小粒径颗粒可获得最佳的防护水平，但这是最难实现的。报告 3μm 的效率。用户也可以考虑在更小的粒径下进行测试，例如，0.5μm 和 1μm 的颗粒将更具有挑战性和代表实际使用条件。

10.5 迎面风速为 10.4cm/s。

10.6 检测。光学检测，可检测范围至少为 0.5～5μm，并能报告 3μm 的有效过滤量。根据 ISO 21501－4 进行校准。

10.7 其他可接受的方法。已确定与上述方法具有实际等同性的方法。

10.8 建议。机织口罩在洗涤前和经过规定循环次数的洗涤后，3μm 的过滤效率应不低于 70%。

10.9 所述的标准过滤测试只能评估织物的性能。口罩作为一种有效的最终产品，关键是评估口罩的性能，而不仅仅是织物的性能。正式的个人防护设备准则将要求进行人体面板测试或头型测试（参见 NIOSH），并要求在使用这些口罩进行防护时，需要对工人进行合适性测试。虽然后者不可能对一般人群的口罩进行测试，但最终产品的贴合度评估仍然是相关的，因此建议并鼓励对口罩的过滤效率进行评估，理想的情况是在颗粒粒径最大 3μm 时能够保持 70% 的防护水平，甚至可能是更小的颗粒。

10.10 可用的方法可能包括人体头部模型，在上述规定的气流和颗粒分布下进行测试。这些测试可能不像织物过滤测试那样容易进行，但对建立完整的口罩性能至关重要，而上述测试只能建立织物性能。

11. 呼吸阻力考虑因素

11.1 口罩不得阻碍佩戴者的呼吸。制造商可使用适当的透气性试验方法评估织物或织物组件的呼吸阻力。在准备试样时，将所有材料裁剪成适用于试验方法中规定的试样尺寸或稍大一些。将各层材料按其在整个口罩中的使用顺序和方向堆叠。在组件的周边粗缝或包缝，缝合所有层，以创建一个用于测试的组件。

11.2 采用以下一种方法对材料组件进行测试。在多层组件中，没有必要评估各层的透气性。

11.2.1 EN 14683（附件 C），使用 8L/min 的空气流量，标准直径为 25mm。

11.2.2 ASTM D737，使用标准 125Pa 压降，使用标准 38.3cm^2的试验面积。

11.2.3 ISO 9237，使用标准 100Pa 压差。

11.3 对于面层，建议采用以下透气值。

11.3.1 对于 EN 14683（附件 C），最大为 36.7Pa/cm^2。

11.3.2 对于 ASTM D737，最小为 1.14L/min/cm^2（37.5 ft^3/min/ft^2）。

11.3.3 对于 ISO 9237，最小为 0.91L/min/cm^2（或 15cm/s）。

11.4 测试其他经多次洗涤循环后的试样（见洗涤和护理注意事项），不要重复测试相同的试样。

11.5 空气渗透性仅在织物上测量。虽然该测试表明了织物在口罩中的有效使用潜力，但结构、印刷和其他工艺也可能影响口罩成品的呼吸阻力。

12. 洗涤和护理注意事项

12.1 最好采用机器洗涤，避免手洗而增加污染的可能性。干洗对于口罩来说也是不切实际的，每次使用后都应清洗。

12.2 在确定护理说明时考虑最敏感的元素（例如，最容易发生尺寸变化的织物层）。

12.3 确定口罩的使用寿命。

12.3.1 按照 AATCC LP1 中的指示进行洗涤，使用口罩护理说明中规定的温度和循环设置（见 15.1）。

12.3.2 在多次洗涤后，评估贴合度、颗粒过滤性、透气性和挂耳环带/系带的附件性能。每个洗涤循环包括洗涤和干燥程序。

12.3.3 为了评估洗涤后的贴合度和挂耳环带/系带的附件性能，要洗涤整个口罩。

12.3.4 为评估洗涤后的过滤性和透气性，按照完整口罩的结构顺序，制备并洗涤一个或多个包括所有织物层的材料组件。

12.3.5 多个口罩和/或组件可以一起洗涤。

12.3.6 使用寿命是指根据本文件、法规和/或内部准则中的建议标准，口罩仍能满足使用要求，所能承受的最大洗涤循环次数。

12.3.7 一般来说，评估每次洗涤循环后的性能是不切实际的，可根据预期或期望的使用寿命选择一个循环间隔。例如，对于使用寿命为 50 次循环，在 25、35、45 和 50 次循环后进行评估。

12.3.8 在每个循环间隔后评估组件的不同区域或不同组件的过滤性。

12.3.9 在每个循环间隔后评估组件的不同区域或不同组件的呼吸阻力。

12.3.10 在每个循环间隔后，评估挂耳环带/系带的附件性能。

12.3.11 在每个循环间隔后，评估不同的挂耳环带/系带的弹性回复性能（如果适用）。

13. 系带和挂耳环带注意事项

13.1 提供系带或挂耳环带，保证口罩固定在使用者的脸上。

系带通常可提供更多的定制服务。

13.2 确保系带和挂耳环带足够耐用，能够保证口罩的正常使用。

13.2.1 使用 ASTM D5034 验证附件强力。

13.2.2 口罩系带和挂耳环带的建议附件强力至少为 44.5N（10lbf）。

13.2.3 测试其他经多次洗涤循环后的试样（参见洗涤和护理注意事项），不要重复测试相同的试样。

13.3 对于弹性系带和挂耳环带，确保充分的弹性回复，以保持形状和贴合。

13.3.1 使用 ASTM D4964 验证弹性回复性。根据宽度确定最大负荷。

宽度≥1 英寸：44.5N（10lbf）

1 英寸＞宽度 ＞$\frac{1}{2}$英寸：22.3N（5lbf）

$\frac{1}{2}$英寸≤宽度：8.93N（2lbf）。

13.3.2 口罩系带和挂耳环带在 60s 后的推荐弹性回复率至少为 90%。

14. 产品标签和标识注意事项

14.1 产品说明。在所有的包装和宣传材料上准确描述产品为口罩。

14.2 成人使用。清楚地标明产品为“成人专用”“不适用于儿童”或等同表述。

14.3 预期用途。不要在产品上贴上任何标签、图像或标记，以表明其用途超出口罩的预期。

14.3.1 预期使用者。不建议医护人员或需要呼吸道保护的使用者使用。

14.3.2 预期使用场所。不建议在任何需要采取特定液体和/或吸气防护措施的场所中使用，如医疗场所或商业场所。

14.3.3 社交距离。不建议使用口罩来减少社交距离。

15. 用户说明标签

15.1 遵守所有适用的国家和地方法规。

15.2 佩戴说明。包括关于使用者如何穿戴、佩戴和取下口罩的说明。

建议：摘除说明的一个例子是："个人应小心不要触及眼睛。"个人在取下口罩时应注意不要接触眼睛、鼻子和嘴巴，取下后应立即洗手。参考CDC、加拿大卫生部或其他官方来源的其他建议。

15.3 洗涤说明。包括家庭洗涤说明（见洗涤和护理注意事项）。

建议：可包括每次使用后清洗的建议。

15.4 使用寿命（最大洗涤循环次数）。包括丢弃前的最大洗涤循环次数（根据护理说明），见洗涤和护理注意事项。

15.5 合身性。包括评估合适性的指导（见合适性考虑因素），并声明指示用户如果口罩不再覆盖口鼻，或周边不再与脸部紧密接触，应将其丢弃。

15.6 弃置说明。包括正确处置口罩的说明。处置说明举例："在使用期限结束时，应将口罩丢弃。""使用寿命结束时，将口罩放入塑料袋中处置，以避免交叉污染。"

16. 性能宣称、广告和宣传材料

16.1 遵循所有适用的国家和地方法规。

16.2 在美国和加拿大，特定的宣称可能是允许的，但必须分别遵循联邦准则（见7. 监管方面的考虑）来证实宣称。考虑到本指南的背景，制造商应避免作出以下具体声明：

用作外科口罩或液体屏障防护；

抗微生物或抗病毒特性；

呼吸道防护和微粒过滤效率（如95%）。

16.3 制造商不应采用会给用户带来不必要风险的宣称和/或将产品归类为"医疗设备"或"个人防护设备"。

16.3.1 产品不应提及医疗用途。

16.3.2 产品不应提及PPE或个人防护设备。

16.4 不要做出暗示获得美国国家职业安全与健康研究所（NIOSH）、美国疾病控制与预防中心（CDC）、加拿大卫生部或其他安全相关机构批准的声明或标识。

16.5 COVID－19（或其他感染疾病）。任何与使用授权口罩有关的印刷品，包括广告或宣传材料，均不得代表或暗示该产品在COVID－19大流行期间对预防或治疗病人是安全或有效的。

17. 建议总结（评价议定书）

表1是以评价议定书形式提出的建议总结，本协议不考虑适用的条例。

18. 说明

可从AATCC机构获取，地址：P. O. Box 12215, Research Triangle Park NC 27709，USA；电话：+1.919.549.8141；邮箱：ordering@aatcc.org；网址：www.aatcc.org。

19. 历史

2020年由亚非贸易理事会RA113委员会制定。

表1 推荐的通用纺织口罩的评价和准则总结

评价	方法/引用	建议准则
一般标签		
产品说明	视觉检查	应准确地描述产品为口罩
预期用途	视觉检查	不应包含任何标签或标记来误导可超出口罩预期的用途

续表

评价	方法/引用	建议准则
目标用户	视觉检查	不应包含任何标签或标记来误导可由医护人员或需要呼吸道防护的用户使用
预期用途设置	视觉检查	不应包含任何标签或标记来误导可用于采取特定液体和/或吸气防护措施的场所，如医疗场所或商业场所
仅供成人使用标签	视觉检查	应标明“仅限成人使用”“不适用于儿童”或等同表述的标签
用户说明标签		
佩戴说明	视觉检查	应包含制造商关于用户如何戴上、佩戴和取下口罩的说明，摘除口罩的说明应包含（或等同表述）：“个人在取下口罩时应注意不要接触眼睛、鼻子和嘴巴，取下后应立即洗手”
洗涤说明	视觉检查	应包含制造商建议的洗涤说明
使用寿命标签	视觉检查	应标明在丢弃前可用的最大洗涤循环次数（根据护理说明）
合身性	视觉检查	应包含声明，指示用户在口罩不再适合的情况下应丢弃
处置说明	视觉检查	应包含合理处置口罩的制造商的推荐程序说明
性能宣称、广告和宣传资料		
医疗设备/医疗用途	视觉检查	该产品不应做出任何相关的用于医疗目的、疾病或其他条件的诊断，或用于治疗、减轻、治疗或预防疾病的宣称
个人防护装备的使用	视觉检查	产品不应做出任何提及 PPE 或个人防护设备的宣称
特殊宣称	视觉检查	不应做出以下宣称： 用作外科口罩，或液体阻隔防护 抗微生物或抗病毒特性 呼吸道防护和微粒过滤效率（如 95%）
卫生机构的标志和批准	视觉检查	不应做出暗示获得美国国家职业安全与健康研究所（NIOSH）、美国疾病控制与预防中心（CDC）、加拿大卫生部或其他安全相关机构批准的声明或标识
COVID-19 相关标签	视觉检查	任何与使用授权口罩有关的印刷品，包括广告或宣传材料，均不得代表或暗示该产品在 COVID-19 大流行期间对预防或治疗病人是安全或有效的
绳带附件		
试样应按方法说明进行试验，验证口罩在宣称的总洗涤次数前后符合以下推荐要求		
松紧带	ASTM D4964	60s 后应具有大于 90% 的回复性，最大负荷由宽度决定 宽度≥1 英寸：44.5N（10lbf） 1 英寸 > 宽度 > $\frac{1}{2}$ 英寸：22.3N（5lbf） $\frac{1}{2}$ 英寸≤宽度：8.93N（2lbf）
可重复使用的口罩上的绳带和附件	ASTM D5034	附件应能承受至少 44.5N（10lbf）的重量

续表

评价	方法/引用	建议准则
洗涤和护理		
试样应按方法说明进行试验		
洗涤	AATCC LP1	洗涤次数达到规定次数后，口罩不应出现以下情况： 颗粒过滤性和/或透气性低于推荐的 70% PFE 或空气渗透率限制 尺寸改变，不再使可接受的用户感到“适身” 物理性能变化，以致口罩不能再使用（例如，绳带失效）
颗粒过滤性		
试样应按说明方法进行试验，验证口罩在宣称的总洗涤次数前后符合以下推荐要求		
过滤效率	ASTM F2299 （或等同技术）	口罩的颗粒过滤效率应大于 70%，在 10.4cm/s 的迎面风速下，最大粒径为 3μm 测试应对“收到的”样品和在宣称的洗涤次数之后进行
呼吸阻力：透气性		
试样应按说明方法进行试验，验证口罩在宣称的总洗涤次数前后符合以下推荐要求		
透气性	EN 14683（附录 C）	使用 8L/min 空气流量，标准直径为 25mm，应达到 36.7Pa/cm^2
	ASTM D737	使用标准的 125Pa 压降，使用标准 38.3cm^2 的测试面积，应至少达到 37.5ft^3/min/ft^2
	ISO 9237	采用标准的 100Pa 压差，应至少达到 0.91L/min/cm^2（或 15cm/s）

附录 A 政府对织物/纺织口罩布的立场

A1 以下是政府有关公众佩戴纺织口罩布的指引链接。

加拿大卫生部：

www.canada.ca/en/public-health/services/diseases/2019-novel-coronavirus-infection/prevention-risks/about-non-medical-coverings-face-coverings.html

www.canada.ca/en/public-health/news/2020/04/ccmoh-communication-use-of-non-medical-coverings-or-facial-coverings-by-the-public.html

美国疾控中心：

www.cdc.gov/coronavirus/2019-ncov/prevent-getting-sick/cloth-face-cover-faq.html

www.cdc.gov/coronavirus/2019-ncov/prevent-getting-sick/cloth-face-cover.html

疾控中心关于自制口罩布的尺寸建议，请参见图 A1。

有关其他信息，请参见纺织口罩上的信息：

疾控中心：

www.cdc.gov/coronavirus/2019-ncov/downloads/cloth-face-coverings-information.pdf

www.cdc.gov/coronavirus/2019-ncov/prevent-getting-sick/cloth-face-cover-faq.html

加拿大卫生部：

www.canada.ca/en/public-health/services/diseases/2019-novel-coronavirus-infection/prevention-risks/about-non-medical-masks-face-coverings.html#_Appropriate_non-medical_mask

www.canada.ca/en/public-health/services/diseases/2019-novel-coronavirus-infection/prevention-risks/sew-no-sew-instructions-non-medical-masks-face-coverings.html#_Sew_method

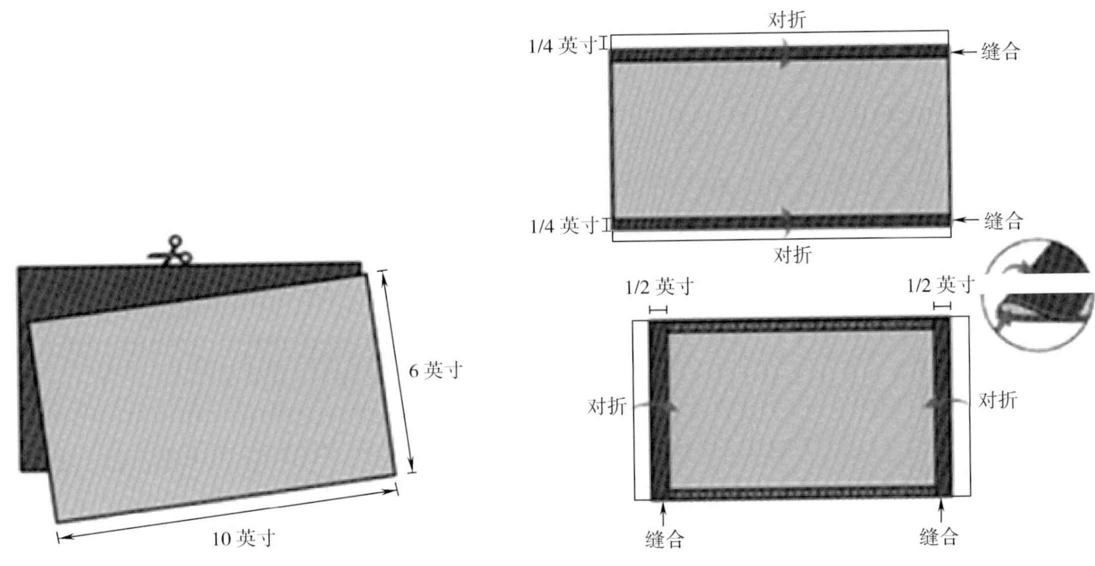

图 A1 CDC 推荐的纺织口罩的尺寸和结构

附录 B 织物过滤和透气性的研究

B1 以下是政府有关公众佩戴纺织口罩的指南链接。

B1.1 测试自制口罩的功效。它们是否能在流感大流行中起到保护作用?

Davies, A., Thompson, K., Giri, K., Kafatos, G., Walker, J., & Bennett, A. (2013). Testing the Efficacy of Home - made Masks: Would They Protect in an Influenza Pandemic? Disaster Medicine and Public Health Preparedness, 7(4), 413 -418. doi: 10.1017/dmp. 2013. 43www. cambridge. org/core/journals/disaster - medicine - and - public - health - preparedness/article/testing - the - efficacy - of - home-made - masks - would - they - protect - in - an - influenza - pandemic/0921A05A69A9419C862FA2F35F819D55/core - reader

B1.2 防毒面具常用织物的气溶胶过滤效率。

Abhiteja Konda, Abhinav Prakash, Gregory A. Moss, Michael Schmoldt, Gregory D. Grant, and Supratik Guha ACS Nano 2020 14 (5), 6339 -6347. doi:10.1021/acsnano.0c03252https://pubs.acs.org/action/showCitFormats? doi = 10.1021%2Facsnano.0c03252&href =/doi/10.1021%2Facsnano.0c03252

B1.3 简单的呼吸防护。评价布制口罩和普通织物材料对 20~1000nm 粒径的颗粒过滤性能。

Samy Rengasamy, Benjamin Eimer, Ronald E. Shaffer, Simple Respiratory Protection—Evaluation of the Filtration Performance of Cloth Masks and Common Fabric Materials Against 20 - 1000 nm Size Particles, The Annals of Occupational Hygiene, Volume 54, Issue 7, October 2010, Pages 789 - 798, https://doi.org/10.1093/annhyg/meq044https://academic.oup.com/annweh/ article/54/7/789/202744

B1.4 制造开发中心在威克森林再生医学研究所的研究。

https://newsroom.wakehealth.edu/News - Releases/2020/04/Testing - Shows - Type - of - Cloth - Used - in - Homemade - Masks - Makes - a - Difference

附录C 纤维成分和织物的考量和实例

C1 表C1列出了研究中使用的纤维成分及织物实例，以供参考。这并不是可接受选项的详尽清单。

注意：纤维成分、结构、织物重量或纱线支数是很好的筛选工具，但不能保证性能。最终材料的选择应基于颗粒过滤和呼吸阻力的性能特性。

表C1 通用纺织口罩用织物示例

外层纤维成分实例
棉或富含棉的混合物（60%以上为佳，因为具有良好的吸水性会吸湿） 参考资料：https：//academic. oup. com/cid/article/41/7/e67/310340 根据织物密度，可以选择聚酯纤维
外层织物实例
机织：平纹、经面缎纹、纬面缎纹、斜纹，190g/m² 及以上 纱线密度400以上，床单/枕套类（纬面缎纹） 180针/英寸的厚重绗缝织物（平纹） 120～160针/英寸的平纹织物 针织：起绒、刷毛/抓毛绒布、间隔、罗纹、珠地网眼
内层纤维成分实例（与皮肤直接接触）
棉花、锦纶、聚酯纤维 参考资料：https：//academic. oup. com/annweh/article/54/7/789/202744
内层织物实例（与皮肤直接接触）
机织：平纹、经面缎纹、纬面缎纹、毛圈 塔夫绸45g/m² 法兰绒（斜纹或平纹）160g/m² 针织：起绒、刷毛/抓毛绒布、间隔、罗纹、珠地网眼 28～36针（更细的针距可编织更薄的织物） 织物密度大于20经/英寸×28纬/英寸
可选过滤层（内层和外层之间）的纤维成分实例
天然或合成纤维垫片 锦纶或聚酯（无纺布）衬布 锦纶超细纤维（机织或针织） 聚丙烯非织造布（如常见的可重复使用的杂货袋） 羊毛毡
可选过滤层（内层和外层之间）的织物实例
机织： 经面缎纹，平纹，斜纹，120～180g/m² 毛圈，300～400g/m² 的纯棉厨房巾 针织：起绒、刷毛/抓毛绒布、间隔、罗纹、珠地网眼（28针或更细） 非织造布：（不能阻碍呼吸）蓝色商店毛巾－亲水针织布 复合/层压布：（不能阻碍呼吸） 不建议使用Gore－tex（50旦，101g/m²） 见 www. gore－tex. com/pressroom/press－release/gore－tex－brand/statement－from－wl－gore－associates－regard－ing－goretex－materials－and－covid－19